现代表面技术

第 2 版

钱苗根　编著

机 械 工 业 出 版 社

本书阐述了现代表面技术的含义、内容、应用和发展，介绍了固体表面和覆盖层的结构以及固体表面的性能，系统分析了各类表面技术的特点、适用范围、技术路线、典型设备、工艺措施和应用实例，论述了表面技术设计和表面测试分析的内容。本书主要内容包括：表面技术概论，固体表面和覆盖层的结构，固体表面的性能，电镀、电刷镀和化学镀，金属表面的化学处理，表面涂覆技术，气相沉积技术，表面改性技术，复合表面技术，表面加工制造，表面技术设计，表面测试分析。

本书可供高等院校材料科学、材料工程、材料物理、材料化学等相关专业在校师生使用，也可供从事产品设计、工艺制订、技术改造、设备维修、质量和技术管理的工程技术人员参考。

图书在版编目（CIP）数据

现代表面技术/钱苗根编著. —2 版. —北京：机械工业出版社，2016.6（2024.11 重印）

ISBN 978-7-111-53677-2

Ⅰ.①现… Ⅱ.①钱… Ⅲ.①金属表面处理 Ⅳ.①TG17

中国版本图书馆 CIP 数据核字（2016）第 095668 号

机械工业出版社（北京市百万庄大街 22 号　邮政编码 100037）
策划编辑：陈保华　责任编辑：陈保华
版式设计：霍永明　责任校对：李锦莉　刘秀丽
封面设计：马精明　责任印制：单爱军
北京虎彩文化传播有限公司印刷
2024 年 11 月第 2 版·第 7 次印刷
184mm×260mm·32.5 印张·807 千字
标准书号：ISBN 978-7-111-53677-2
定价：69.00 元

第 2 版前言

表面技术是一门正在迅速发展的综合性边缘学科，也是一门具有很高使用价值的基础技术。表面技术涉及面十分宽广，各种领域和各行各业都可找到其重要而广泛的应用。表面技术在现代制造、汽车、航空、航天、舰船、海洋、电子、电器、生物、医学、能源、建筑、材料、军事以至人类的日常生活等领域中有着很好的发展和应用前景。

《现代表面技术》自 2002 年出版以来，已印刷 16 次，发行了 3 万多册，深受读者欢迎，有很多学校选作了教材。考虑到该书已出版十多年，这期间表面技术有了较大的发展，很多技术标准进行了修订，所以机械工业出版社委托我对《现代表面技术》进行修订，出版第 2 版。

经过一年的努力，我完成了修订工作。本书特点和有关说明如下：

1）根据近十多年来表面技术的发展情况，对第 1 版的内容进行了增补，而对陈旧、过时的内容予以删除。

2）表面技术涉及的领域很广，知识面很宽，修订时对各类表面技术做了简明扼要的阐述，而对一些重点和难点进行了较为详细的分析。

3）基础理论对表面技术的发展十分重要，而表面技术又是一门应用性很强的学科。因此，本书在修订时加强了理论与实际的紧密联系。

4）本书修订时，增加了不少理论与实际结合的应用实例，鼓励读者自学，勤于思考，丰富想象，激发兴趣，勇于创新。

本书可供高等院校材料科学、材料工程、材料物理、材料化学等相关专业在校师生使用，也可供从事产品设计、工艺制订、技术改造、设备维修、质量和技术管理的工程技术人员参考。

本书修订时，征求了有关教师、学生以及科技人员的意见和建议，并参阅和引录了不少文献资料，同时又得到莫庆华女士和莫强强先生的大力帮助，在此一并表示衷心的感谢。

由于条件和水平有限，本书肯定有不妥之处，希望读者提出宝贵意见。

钱苗根

第1版前言

表面现象和过程在自然界是普遍存在的。广义地说,表面技术是直接与各种表面现象或过程有关的,能为人类造福或被人们利用的技术。它是一个非常宽广的科学技术领域。

多年来,人们对传统表面技术进行了一系列改进、复合和创新,使大量的现代表面技术涌现出来,在各个工业部门以及农业、生物、医药工程乃至人们日常生活中有着广泛而重要的应用。表面技术为国际性的关键技术之一,是新材料、光电子、微电子等许多先进产业的基础技术。大量表面技术属于高技术范畴,在今后知识经济社会发展过程中将占有重要的地位。

表面技术不仅是一门广博精深和具有极高实用价值的基础技术,还是一门新兴的边缘性学科,在学术上丰富了材料科学、冶金学、机械学、电子学、物理学、化学等学科,开辟了一系列新的研究领域。

人们使用表面技术已有几千年的历史。但是,表面技术的迅速发展是从19世纪工业革命开始的,最近30多年则发展得更为迅速。一方面人们在广泛使用和不断试验摸索过程中积累了丰富的经验,另一方面20世纪60年代末形成的表面科学给予了有力的促进,从而使表面技术进入了一个新的发展时期。

表面技术的种类繁多,过去是分散在各个技术领域,它们的发展一般是分别进行的。现在,表面技术开始有了坚实的理论基础,人们将各类表面技术相互联系起来,探讨共性,然后从更高的角度来指导各类表面技术的发展。

大力加强表面技术这门新学科的建设,是教育改革、科技发展和经济建设的客观需要。为此,我们拟对本科生、硕士生、博士生三个层次,分别开设《现代表面技术》《表面工程学》和《表面科学与技术》三门课程。本书是在我们编写《表面技术概论》讲义的基础上,经过一定的教学实践,征求专家和学生们的宝贵意见而重新编写的。本书是上述三门课程的基本教材,可供各大专院校有关专业师生使用,同时也可供各个工业部门以及农业、生物、医药工程等领域中管理、研究、设计、制造方面人员阅读。

本书共分10章,其中第一、二、七、九、十章以及第五章的一、二、六、七、八、九、十节由钱苗根执笔;第六、八章以及第五章的三、四、五节由姚寿山执笔,第三、四章由张少宗执笔编写。

在本书编写过程中,编者参阅和引录了许多文献资料,一些主要的文献资料列在各章末的"参考文献"中。姜祥祺、吴以南、薄鑫涛等教授、专家对本书的有关章节作了认真和细致的审校,提出了许多宝贵的意见。上海交通大学现代表面技术实验室的同事们也给予了许多具体的帮助。在此,我们谨向他们表示衷心的感谢。

由于我们学识水平所限,本书必然会存在不少问题,殷切希望专家和读者批评指正。"现代表面技术"是新开设的一门课程，我们根据我校的实际情况编写了该课程的教学大纲，本书将其作为附录放在书末，供兄弟院校参考。

钱苗根

目　　录

第1章 表面技术概论

人们使用表面技术已有悠久的历史。我国早在战国时代已进行钢的淬火，使钢的表面获得坚硬层。欧洲使用类似的技术也有很长的历史。但是，表面技术的迅速发展是从 19 世纪工业革命开始的，尤其是最近 50 多年发展更为迅速。一方面人们在广泛使用和不断试验的过程中积累了丰富的经验；另一方面自 20 世纪 60 年代末形成的表面科学使表面技术进入了一个新的发展时期。

表面技术是一门正在迅速发展的综合性边缘学科。它是根据人们的需要，运用各种物理、化学、生物的方法，使材料、零部件、构件以及元器件等表面，具有所要求的成分、结构和性能。表面技术的应用有耐蚀、耐磨、修复、强化、装饰等，也有光、电、磁、声、热、化学、生物和特殊机械功能方面的应用。表面技术所涉及的基体材料，不仅是金属材料，也包括无机非金属材料、有机高分子材料以及复合材料的各种固体材料。表面技术在知识经济发展过程中，与新能源、新材料、计算机、信息技术、先进制造、生命科学等一样，具有十分重要的作用。今后表面技术仍将快速发展，努力满足人们日益增加的需求，并且更加重视节能、节材和环境保护的研究，促使绿色的表面技术广泛应用。

本章首先阐述表面技术的含义，接着介绍表面技术所包含的组成部分和内容，以及表面技术的应用，最后着重讨论表面技术的发展方向和前景。

1.1 表面技术的含义

1. 使用表面技术的目的

现在表面技术的应用已经十分广泛。对于固体材料来说，使用表面技术的主要目的是：

1）提高材料抵御环境作用能力。

2）赋予材料表面某种功能特性，包括光、电、磁、热、声、吸附、分离等各种物理和化学性能。

3）实施特定的表面加工来制造构件、零部件和元器件等。

表面技术主要通过以下两条途径来提高材料抵御环境作用能力和赋予材料表面某种功能特性。

1）施加各种覆盖层。主要采用各种涂层技术，包括电镀、电刷镀、化学镀、涂装、黏结、堆焊、熔结、热喷涂、塑料粉末涂覆、热浸涂、搪瓷涂覆、陶瓷涂覆、溶胶-凝胶涂层技术、真空蒸镀、溅射镀、离子镀、化学气相沉积、分子束外延制膜、离子束合成薄膜技术等。此外，还有其他形式的覆盖层，例如各种金属经氧化和磷化处理后的膜层、包箔、贴片的整体覆盖层、缓蚀剂的暂时覆盖层等。

2）用机械、物理、化学等方法，改变材料表面的形貌、化学成分、相组成、微观结构、缺陷状态或应力状态，即采用各种表面改性技术。主要有喷丸强化、表面热处理、化学热处理、等离子扩渗处理、激光表面处理、电子束表面处理、高密度太阳能表面处理、离子注入表面改性等。

表面技术的使用，除了上述目的外，还有通过各种表面加工技术来制造机械零部件或电子元器件。表面加工有超声波加工、磨料加工、化学加工、电化学加工、电子束加工、离子束加工、激光束加工、等离子体加工、光刻加工、机械微细加工，以及微电子工业和微机电系统的微细加工等。目前，高新技术不断涌现，大量先进、高端产品对表面加工技术和精细化的要求越来越高。

2. 与表面现象有关的一些表面技术

由于自然界存在的表面现象或过程随处可见，因而与其直接有关的重要表面技术还有许多，现举例如下：

（1）表面湿润和反湿润技术　湿润是一种重要的表面现象，人们有时要求液体在固体表面上有高度润湿性，而有的却要求有不湿润性，这就需要人们在各种条件下采用表面湿润和反湿润技术。例如洗涤，即除去粘在固体基质表面上的污垢，虽然固体基质和污垢是各种各样的，但能否洗净的基本条件是：洗涤液能湿润且直接附着在基质的污垢上，继而浸入污垢—基质界面，削弱两者之间的附着力，使污垢完全脱离基质形成胶粒而飘浮在洗涤液介质中。又如矿物浮选是借气泡力来浮起矿石的一种物质分离和选别矿物技术，所使用的浮选剂是由捕集剂、起泡剂、pH调节剂、抑制剂和活化剂等配制的，而其中主要成分捕集剂的加入，是使浮游矿石的表面变成疏水性，从而能黏附于气泡上或由疏水性低密度介质湿润而浮起。

（2）表面催化技术　早在18世纪末科学家就已发现固体表面不仅能吸附某些物质，而且有的可使它们在表面上的化学反应速度大大加快。现在表面催化技术已经有了很大的发展，在工业上获得广泛而重要的应用。例如铁催化剂等用于合成氨工业，不仅实现从空气中固定氮而廉价地制得氨，并且建立了能耗低、自动化程度高和综合利用好的完整工业流程体系。催化是催化剂在化学反应过程中所起的作用和发生的有关现象的总称。催化剂指能够提高反应速率，加快到达化学平衡而本身在反应终了时并不消耗的物质。催化有均相和多相两种。前者是催化剂和反应物处于同一物相，而后者是催化剂和反应物处于不同物相。多相催化在化学工业中占有十分重要的地位。它是一种表面过程，例如在固—气体系中催化反应的主要步骤是：反应物在表面上化学吸附；吸附分子经表面扩散相遇；表面反应或键重排；反应产物脱附。微观研究表明，催化剂表面不同位置有不同的激活能，台阶、扭折或杂质、缺陷所在处构成活性中心，这说明表面状态对催化作用有显著影响。

（3）膜技术　这里所说的膜是指选择渗透物质的二维材料。实际上生物体有许多这种膜，例如细胞膜、基膜、覆膜和皮肤等，起着渗透、分离物质、保护机体和参与生命过程的作用。膜是把两个物相空间隔开而又使两者互相关联，发生质量和能量传输过程的一个中间介质相。膜在结构上可以是多孔或是致密的。膜两边的物质粒子由于尺寸大小、扩散系数或溶解度的差异等，在一定的压力差、浓度差、电位差或化学位差的驱动下发生传质过程。由于传质速率的不同，造成选择渗透，因而使混合物分离。根据这样的原理，人们已能模拟生物膜的某些功能而人工合成医用膜，医用膜通常由医用高分子制成。目前生物技术的发展已促使膜在分子水平上合成。实际上膜技术涉及的领域是广阔的，不仅在生物、医学方面，而且在化工、石油、冶金、轻工、食品等许多领域都有重要应用。膜材料也不限于高分子材料，有些无机膜，特别是陶瓷膜和陶瓷基复合膜，具有热稳定性、化学稳定性好，强度高，结构造型稳定及便于清洗、高压反冲等优点，在化工、冶金等部门中很有发展前途。

（4）表面化学技术　这种表面技术涉及面很广，尤其是涉及固—液界面的许多电现象或过程，如电解、电镀、电化学反应、腐蚀和防腐等，它们已为大家所熟悉。实际上还有一些极其重要的表面电化学技术，例如与许多生物现象有关的细胞膜电势和生物电流。研究发现，细胞膜内外电化学位不等于零。如果生物体系建立了完全的热力学平衡，那么就意味着死亡。进一步研究表明，细胞电势是由膜界面区形成双电层而产生的，并且可将细胞的代谢过程描绘成一个基本的生物燃料电池。脑中有脑电波，它有各种不同的形状，表示脑随思考、情绪与睡眠等变化所处的各种状态。这类表面电化学过程的基本机理已应用于针灸、电脉冲针灸、心电图测量及起搏器等。

由此可见，表面技术具有非常广泛的含义。广义地说，表面技术是直接与各种表面现象或过程有关的，能为人类造福或被人们利用的技术。

本书着重讨论表面覆盖、表面改性和表面加工等表面技术，另一些重要的表面技术如表面湿润、表面催化、膜技术等或因限于篇幅而未能包括在内或仅在有关章节做了简略介绍。

1.2　表面技术的内容

表面技术可以从不同的角度进行归纳、分类。例如按照作用原理，表面技术可以分为以下四种基本类型：

1）原子沉积。沉积物以原子、离子、分子和粒子集团等原子尺度的粒子形态在材料表面上形成覆盖层，如电镀、化学镀、物理气相沉积、化学气相沉积等。

2）颗粒沉积。沉积物以宏观尺度的颗粒形态在材料表面上形成覆盖层，如热喷涂、搪瓷涂覆等。

3）整体覆盖。它是将涂覆材料于同一时间施加于材料表面，如包箔、贴片、热浸镀、涂刷、堆焊等。

4）表面改性。用各种物理、化学等方法处理表面，使之组成、结构发生变化，从而改变性能，如表面热处理、化学热处理、激光表面处理、电子束表面处理、离子注入等。

实际上，表面技术有着广泛的含义，综合来看，大致上可分为以下几个部分：

1）表面技术的基础和应用理论。

2）表面处理技术。它又包括表面覆盖技术、表面改性技术和复合表面处理技术三部分。

3）表面加工技术。

4）表面分析和测试技术。

5）表面技术设计。

下面对各部分所包含的内容进行简略介绍。

1. 表面技术的基础和应用理论

现代表面技术的基础理论是表面科学，它包括表面分析技术、表面物理、表面化学三个分支。表面分析的基本方面有表面的原子排列结构、原子类型和电子能态结构等，是揭示表面现象的微观实质和各种动力学过程的必要手段。表面物理和表面化学分别是研究任何两相之间的界面上发生的物理和化学过程的科学。从理论体系来看，它们包括微观理论与宏观理论：一方面在原子、分子水平上研究表面的组成、原子结构及输运现象、电子结构与运动，以及它们对表面宏观性质的影响；另一方面在宏观尺度上，从能量的角度研究各种表面现象。实际上，这三个分支是不能截然分开的，而是相互依存和补充的。表面科学不仅有重要的基础研究意义，而且与许多技术科学密切相关，在应用上有非常重要的意义。

表面技术的应用理论，包括表面失效分析、摩擦与磨损理论、表面腐蚀与防护理论、表面结合与复合理论等，它们对表面技术的发展和应用有着直接的、重要的影响。

2. 表面覆盖技术

（1）电镀　它是利用电解作用，即把具有导电性能的工件表面与电解质溶液接触，并作为阴极，通过外电流的作用，在工件表面沉积与基体牢固结合的镀覆层。该镀覆层主要是各种金属和合金。单金属镀层有锌、镉、铜、镍、铬、锡、银、金、钴、铁等数十种；合金镀层有锌-铜、镍-铁、锌-镍-铁等一百多种。电镀方式也有多种，有槽镀（如挂镀、吊镀）、滚镀、刷镀等。电镀在工业上使用广泛。

（2）电刷镀　它是电镀的一种特殊方法，又称接触镀、选择镀、涂镀、无槽电镀等。其设备主要由电源、刷镀工具（镀笔）和辅助设备（泵、旋转设备等）组成，是在阳极表面裹上棉花或涤纶棉絮等吸水材料，使其吸饱镀液，然后在作为阴极的零件上往复运动，使镀层牢固沉积在工件表面上。它不需将整个工件浸入电镀溶液中，所以能完成许多槽镀不能完成或不容易完成的电镀工作。

（3）化学镀　又称"不通电"镀，即在无外电流通过的情况下，利用还原剂将电解质溶液中的金属离子化学还原在呈活性催化的工件表面，沉积出与基体牢固结合的镀覆层。工件可以是金属，也可以是非金属。镀覆层主要是金属和合金，最常用的是镍和铜。

（4）涂装　它是用一定的方法将涂料涂覆于工件表面而形成涂膜的全过程。涂料（或称漆）为有机混合物，一般由成膜物质、颜料、溶剂和助剂组成，可以涂装在各种金属、陶瓷、塑料、木材、水泥、玻璃等制品上。涂膜具有保护、装饰或特殊性能（如绝缘、防腐标志等），应用十分广泛。

（5）黏结　它是用黏结剂将各种材料或制件连结成为一个牢固整体的方法，称为黏结或黏合。黏结剂有天然胶黏剂和合成胶黏剂，目前高分子合成胶黏剂已获得广泛的应用。

（6）堆焊　它是在金属零件表面或边缘，熔焊上耐磨、耐蚀或特殊性能的金属层，修复外形不合格的金属零件及产品，提高使用寿命，降低生产成本，或者用它制造双金属零部件。

（7）熔结　它与堆焊相似，也是在材料或工件表面熔覆金属涂层，但用的涂覆金属是一些以铁、镍、钴为基，含有强脱氧元素硼和硅而具有自熔性和熔点低于基体的自熔性合金，所用的工艺是真空熔覆、激光熔覆和喷熔涂覆等。

（8）热喷涂　它是将金属、合金、金属陶瓷材料加热到熔融或部分熔融，以高的动能使其雾化成微粒并喷至工件表面，形成牢固的涂覆层。热喷涂的方法有多种，按热源可分为火焰喷涂、电弧喷涂、等离子喷涂（超音速喷涂）和爆炸喷涂等。经热喷涂的工件具有耐磨、耐热、耐蚀等功能。

（9）塑料粉末涂覆　利用塑料具有耐蚀、绝缘、美观等特点，将各种添加了防老化剂、流平剂、增韧剂、固化剂、颜料、填料等的粉末塑料，通过一定的方法，牢固地涂覆在工件表面，主要起保护和装饰的作用。塑料粉末是依靠熔融或静电引力等方式附着在被涂工件表面，然后依靠热熔融、流平、湿润和反应固化成膜。涂膜方法有喷涂、熔射、流化床浸渍、静电粉末喷涂、静电粉末云雾室、静电流化床浸渍、静电振荡法等。

（10）电火花涂覆　这是一种直接利用电能的高密度能量对金属表面进行涂覆处理的工艺，即通过电极材料与金属零部件表面的火花放电作用，把作为火花放电极的导电材料（如 WC、TiC）熔渗于表面层，从而形成含电极材料的合金化涂层，提高工件表层的性能，而工件内部组织和性能不改变。

（11）热浸镀　它是将工件浸在熔融的液态金属中，使工件表面发生一系列物理和化学反应，取出后表面形成金属镀层。工件金属的熔点必须高于镀层金属的熔点。常用的镀层金属有锡、锌、铝、铅等。热浸镀工艺包括表面预处理、热浸镀和后处理三部分。按表面预处理方法的不同，它可分为助镀剂法和保护气体还原法。热浸镀的主要目的是提高工件的防护能力，延长使用寿命。

（12）搪瓷涂覆　搪瓷涂层是一种主要施于钢板、铸铁或铝制品表面的玻璃涂层，可起良好的防护和装饰作用。搪瓷涂料通常是精制玻璃料分散在水中的悬浮液，也可以是干粉状。涂覆方法有浸涂、淋涂、电沉积、喷涂、静电喷涂等。该涂层为无机物成分，并融结于基体，故与一般有机涂层不同。

（13）陶瓷涂覆　陶瓷涂层是以氧化物、碳化物、硅化物、硼化物、氮化物、金属陶瓷和其他无机物为基底的高层涂层，用于金属表面主要在室温和高温起耐蚀、耐磨等作用。主要涂覆方法有刷涂、浸涂、喷涂、电泳涂和各种热喷涂等。有的陶瓷涂层有光、电、生物等功能。

（14）溶胶-凝胶技术　它是一种先形成溶胶再转变成凝胶的过程。溶胶是固态胶体质点分散在液体介质中的体系，而凝胶则是由溶胶颗粒形成相互连接的、刚性的三维网状结构，分散介质填充在它的空隙中的体系。该过程主要有前驱体的水解、缩合、胶凝、老化、干燥和烧结等步骤。溶胶-凝胶法的优点是可制备高纯度、高均匀性的材料，降低反应温度，设备简单等，已成为高性能玻璃、陶瓷、涂层的重要制备方法之一。溶胶-凝胶技术用于涂层领域有着广阔的前景：可以制成具有各种功能的无机涂料，如耐热涂料、耐磨涂料、导电涂料、绝缘涂料、太阳能选择性吸收涂料、耐高温远红外反射涂料、耐热固体润滑涂料等；同时，还可获得有机-无机复合涂料，具有无机与有机两者优点的综合性能。

（15）真空蒸镀　它是将工件放入真空室，并用一定方法加热镀膜材料，使其蒸发或升华，飞至工件表面凝聚成膜。工件材料可以是金属、半导体、绝缘体乃至塑料、纸张、织物等；而镀膜材料也很广泛，包括金属、合金、化合物、半导体和一些有机聚合物等。加热方式有电阻加热、高频感应加热、电子束加热、激光加热、电弧加热等。

（16）溅射镀　它是将工件放入真空室，并用正离子轰击作为阴极的靶（镀膜材料），使靶材中的原子、分子逸出，飞至工件表面凝聚成膜。溅射粒子的动能约 10eV，为热蒸发粒子的 100 倍。按入射离子来源不同，可分为直流溅射、射频溅射和离子束溅射。入射离子的能量还可用电磁场调节，常用值为 10eV 量级。溅射镀膜的致密性和结合强度较好，基片温度较低，但成本较高。

（17）离子镀　它是将工件放入真空室，并利用气体放电原理将部分气体和蒸发源（镀膜材料）逸出的气相粒子电离，在离子轰击的同时，把蒸发物或其反应产物沉积在工件表面成膜。该技术是一种等离子体增强的物理气相沉积，镀膜致密，结合牢固，可在工件温度低于550℃时得到良好的镀层，绕镀性也较好。常用的方法有阴极电弧离子镀、热电子增强电子束离子镀、空心阴极放电离子镀。

（18）化学气相沉积（CVD） 它是将工件放入密封室，加热到一定温度，同时通入反应气体，利用室内气相化学反应在工件表面沉积成膜。源物质除气态外，也可以是液态和固态。所采用的化学反应有多种类型，如热分解、氢还原、金属还原、化学输运反应、等离子体激发反应、光激发反应等。工件加热方式有电阻加热、高频感应加热、红外线加热等。主要设备有气体发生、净化、混合、输运装置，以及工件加热装置、反应室、排气装置。主要方法有热化学气相沉积、低压化学气相沉积、等离子体化学气相沉积、金属有机化合物气相沉积、激光诱导化学气相沉积等。

（19）分子束外延（MBE） 它虽是真空蒸镀的一种方法，但在超高真空条件下，精确控制蒸发源给出的中性分子束流强度按照原子层生长的方式在基片上外延成膜。主要设备有超高真空系统、蒸发源、监控系统和分析测试系统。

（20）离子束合成薄膜技术 离子束合成薄膜有多种新技术，目前主要有两种。

1）离子束辅助沉积（IBAD）。它是将离子注入与镀膜结合在一起，即在镀膜的同时，通过一定功率的大流强宽束离子源，使具有一定能量的轰击（注入）离子不断地射到膜与基体的界面，借助于级联碰撞导致界面原子混合，在初始界面附近形成原子混合过渡区，提高膜与基底间的结合力，然后在原子混合区上，再在离子束参与下继续外延生长出所要求厚度和特性的薄膜。

2）离子簇束（ICB）。离子簇束的产生有多种方法，常用的是将固体加热形成过饱和蒸气，再经喷管喷出形成超声速气体喷流，在绝热膨胀过程中由冷却至凝聚，生成包含 $5 \times 10^2 \sim 2 \times 10^3$ 个原子的团粒。

（21）化学转化膜 化学转化膜的实质是金属处在特定条件下人为控制的腐蚀产物，即金属与特定的腐蚀液接触并在一定条件下发生化学反应，形成能保护金属不易受水和其他腐蚀介质影响的膜层。它是由金属基底直接参与成膜反应而生成的，因而膜与基底的结合力比电镀层要好得多。目前工业上常用的有铝和铝合金的阳极氧化、铝和铝合金的化学氧化、钢铁氧化处理、钢铁磷化处理、铜的化学氧化和电化学氧化、锌的铬酸盐钝化等。

（22）热烫印 它是把各种金属箔在加热加压的条件下覆盖于工件表面。

（23）暂时性覆盖处理 它是把缓蚀剂配制的缓蚀材料，在工作需要防锈的情况下，暂时性覆盖于表面。

3. 表面改性技术

（1）喷丸强化 它是在受喷材料的再结晶温度下进行的一种冷加工方法，加工过程由弹丸在很高速度下撞击受喷工件表面而完成。喷丸可应用于表面清理、光整加工、喷丸校形、喷丸强化等。其中喷丸强化不同于一般的喷丸工艺，它要求喷丸过程中严格控制工艺参数，使工件在受喷后具有预期的表面形貌、表层组织结构和残余应力，从而大幅度地提高疲劳强度和抗应力腐蚀能力。

（2）表面热处理 它是指仅对工件表层进行热处理，以改变其组织和性能的工艺。主要方法有感应淬火、火焰淬火、接触电阻加热淬火、电解液淬火、脉冲淬火、激光淬火和电子束淬火等。

（3）化学热处理 它是将金属或合金工件置于一定温度的活性介质中保温，使一种或几种元素渗入它的表层，以改变其化学成分、组织和性能的热处理工艺。按渗入的元素可分为渗碳、渗氮、碳氮共渗、渗硼、渗金属等。渗入元素介质可以是固体、液体和气体，但都要经过介质中化学反应、外扩散、相界面化学反应（或表面反应）和工件中扩散四个过程，具体方法有许多种。

（4）等离子扩渗处理（PDT） 又称离子轰击热处理，是指在通常大气压力下的特定气氛中利用工件（阴极）和阳极之间产生的辉光放电进行热处理的工艺。常见的有离子渗氮、离子渗碳、离子碳氮共渗等，尤以离子渗氮最普遍。等离子扩渗的优点是渗剂简单，无公害，渗层较深，脆性较小，工件变形小，对钢铁材料适用面广，工作周期短。

（5）激光表面处理 它是主要利用激光的高亮度、高方向性和高单色性的三大特点，对材料表面进行各种处理，显著改善其组织结构和性能。设备一般由激光器、功率计、导光聚焦系统、工作台、数控系统、软件编程系统等构成。主要工艺方法有激光相变非晶化，激光熔覆、激光合金化、激光非晶化、激光冲击硬化。

（6）电子束表面处理 通常由电子枪阴极灯丝加热后发射带负电的高能电子流，通过一个环状的阳极，经加速射向工件表面使其产生相变硬化、熔覆和合金化等作用，淬火后可获细晶组织等。

（7）高密度太阳能表面处理 太阳能取之不尽，无公害，可用来进行表面处理。例如对钢铁零部件的太阳能表面淬火，是利用聚焦的高密度太阳能对工件表面进行局部加热，约在 0.5s 至几秒内使之达到相变温度以上，进行奥氏体化，然后急冷，使表面硬化。主要设备是太阳炉，由抛物面聚焦镜、镜座、机-电跟踪系统、工作台、对光器、温控系统和辐射测量仪等构成。

（8）离子注入表面改性 它是将所需的气体或固体蒸气在真空系统中电离，引出离子束后，用数千电子伏至数十万电子伏加速直接注入材料，达一定深度，从而改变材料表面的成分和结构，达到改善性能之目的。其优点是注入元素不受材料固溶度限制，适用于各种材料，工艺和质量易控制，注入层与基体之间没有不连续界面。它的缺点是注入层不深，对复杂形状的工件注入有困难。

4. 复合表面技术

表面技术种类繁杂，今后还会有一系列新技术涌现出来。表面技术的另一个重要趋向是综合运用两种或更多种表面技术的复合表面技术将获得迅速发展。随着材料使用要求的不断提高，单一的表面技术因有一定的局限性而往往不能满足需要。目前已开发出一些复合表面技术，如等离子喷涂与激光辐射复合、热喷涂与喷丸复合、化学热处理与电镀复合、激光淬火与化学热处理复合、化学热处理与气相沉积复合等。多年来，各种表面技术的优化组合已经取得了突出的效果，有了许多成功的范例，并且发现了一些重要的规律。通过深入研究，复合表面处理将发挥越来越大的作用。复合表面技术还有另一层含义，就是指用于制备高性能复合涂层（膜层）的现代表面技术，其既能保留原组成材料的主要特性，又通过复合效应获得原组分所不具备的优越性能。

5. 表面加工技术

表面加工技术也是表面技术的一个重要组成部分。例如对金属材料而言，表面加工技术有电铸、包覆、抛光、蚀刻等，它们在工业上获得了广泛的应用。

目前高新技术不断涌现，层出不穷，大量先进的产品对加工技术的要求越来越高，在精细化上已从微米级、亚微米级发展到纳米级，对表面加工技术的要求越来越苛刻，其中半导体器件的发展是典型的实例。

集成电路的制作，从晶片、掩模制备开始，经历多次氧化、光刻、腐蚀、处延掺杂（离子注入或扩散）等复杂工序，以后还包括划片、引线焊接、封装、检测等一系列工序，最后得到成品。在这些繁杂的工序中，表面的微细加工起了核心作用。所谓的微细加工是一种加工尺度从亚微米到纳米量级的制造微小尺寸元器件或薄膜图形的先进制造技术，主要包括：

1）光子束、电子束和离子束的微细加工。

2）化学气相沉积、等离子化学气相沉积、真空蒸发镀膜、溅射镀膜、离子镀、分子束外延、热氧化的薄膜制造。

3）湿法刻蚀、溅射刻蚀，等离子刻蚀等图形刻蚀。

4）离子注入扩散等掺杂技术。

还有其他一些微细加工技术。它们不仅是大规模和超大规模集成电路的发展基础，也是半导体微波技术、声表面波技术、光集成等许多先进技术的发展基础。

6. 表面分析和测试技术

各种表面分析仪器和测试技术的出现，不仅为揭示材料本性和发展新的表面技术提供了坚实的基础，而且为生产上合理使用或选择合适的表面技术，分析和防止表面故障，改进工艺设备，提供了有力的手段。

7. 表面技术设计

当前，表面技术设计主要是根据经验和试验的归纳分析进行的。随着研究的逐步深入和经验的不断积累，人们对材料表面技术的研究，已经不满足于一般的试验、选择、使用和开发，而是要力争按预定的技术和经济指标进行严密的设计，逐步形成一种充分利用计算机技术，借助数据库、知识库、推理机等工具，通过演绎和归纳等科学方法，而能获得最佳效益的设计系统。这类设计系统包括：

1）材料表面镀涂层或处理层的成分、结构、厚度、结合强度以及各种要求的性能。

2）基体材料的成分、结构和状态等。

3）实施表面处理或加工的流程、设备、工艺、检验等。

4）综合的管理和经济等分析设计。

目前虽然在许多场合这套设计系统尚不完善，有的差距还很大，但是今后一定能逐步得到完善，使众多的表面技术发挥更大的作用。

表面技术设计首先要保证设计的设备和工艺能使工件和产品达到所要求的性能指标。除了性能这个要素外，表面技术设计还必须符合其他四个要素：经济、资源、能源和环境。表面技术设计，尤其是重大项目设计，必须做严格的环保评估，不仅要重视生产的排污评价工作，还要对项目中使用的材料，从开采、加工、使用到废弃等过程做出全面的评估。

1.3 表面技术的应用

1. 表面技术应用的广泛性和重要性

目前表面技术的应用极其广泛，已经遍及各行各业，包含的内容也十分广泛，可以用于耐蚀、耐磨、修复、强化、装饰等，也可以是光、电、磁、声、热、化学、生物等方面的应用。表面技术所涉及的基体材料不仅有金属材料，也包括无机非金属材料、有机高分子材料及复合材料。表面技术的种类很多，把这些技术恰当地应用于构件、零部件和元器件，可以获得巨大的效益。

表面技术应用的重要性表现在许多方面，例如：

1）材料的疲劳断裂、磨损、腐蚀、氧化、烧损以及辐照损伤等，一般都是从表面开始的，而它们带来的破坏和损失是十分惊人的，例如仅腐蚀一项，全世界每年损耗金属达 1 亿 t 以上，工业发达国家因腐蚀破坏造成的经济损失约占国民经济总产值的 2% ~ 4%，超过水灾、火灾、地震和飓风等所造成的总和。因此，采用各种表面技术，加强材料表面保护具有十分重要的意义。

2）随着经济和科学技术的迅速发展，人们对各种产品抵御环境作用能力和长期运行的可靠性、稳定性提出了越来越高的要求。在许多情况下，构件、零部件和元器件的性能和质量主要取决于材料表面的性能和质量。例如由于表面技术有了很大的改进，材料表面成分和结构可得到严格的控制，同时又能进行高精度的微细加工，因而许多电子元器件不仅可做得越来越小，大大缩小了产品的体积和减轻了重量，而且生产的重复性、成品率和产品的可靠性、稳定性都获得显著提高。

3）许多产品的性能主要取决于表面的特性和状态，而表面（层）很薄，用材十分少，因此表面技术可实现以最低的经济成本来生产优质产品。同时，许多产品要求材料表面和内部具有不同的性能或者对材料提出其他一些棘手的难题，如"材料硬而不脆""耐磨而易切削""体积小而功能多"等，此时表面技术就成了必不可少或唯一的途径。

4）应用表面技术，有可能在广阔的领域中生产各种新材料和新器件。目前表面技术已在制备高临界温度超导膜、金刚石膜、纳米多层膜、纳米粉末、纳米晶体材料、多孔硅、碳60 等新型材料中起关键作用，同时又是许多光学、光电子、微电子、磁性、量子、热工、声学、化学、生物等功能器件的研究和生产上的最重要的基础之一。表面技术的应用使材料表面具有原来没有的性能，大幅度拓宽了材料的应用领域，充分发挥材料的潜力。

2. 表面技术在结构材料以及工程构件和机械零部件上的应用

结构材料主要用来制造工程建筑中的构件、机械装备中的零部件以及工具、模具等，在性能上以力学性能为主，同时在许多场合又要求兼有良好的耐蚀性和装饰性。表面技术在这方面主要起着防护、耐磨、强化、修复、装饰等重要作用。

表面防护具有广泛的含义，而这里所说的"防护"主要指材料表面防止化学腐蚀和电化学腐蚀等能力。腐蚀问题是普遍存在的。工程上主要从经济和使用可靠性角度来考虑这个问题。有时宜用价廉的金属定期更换旧的腐蚀件，但在许多情况下必须采用一些措施来防止或控制腐蚀，如改进工程构件的设计、构件金属中加入合金元素、尽可能减小或消除材料上的电化学不均匀因素、控制环境、采用阴极保护法等。另一方面，许多表面技术通过改变材料表面的成分和结构以及施加覆盖层都能显著提高材料或制件的防护能力。

耐磨是指材料在一定摩擦条件下抵抗磨损的能力。它与材料特性以及载荷、速度、温度等磨损条件有关。耐磨性通常以磨损量表示；为在一定程度上避免磨损过程中因条件变化及测量误差造成的系统误差，也常以相对耐磨性（即两种材料在相同磨损条件下测定的磨损量的比值）来表示。目前对磨损的分类尚未完全统一，大体有磨料、黏着、疲劳腐蚀、冲蚀、气蚀等磨损。正确确定磨损类别，是选材和采取保护措施的重要依据。采用各种表面技术是提高材料或制件耐磨性的有效途径之一。由于不同类型的磨损与材料表面性能的关系不同，所以要合理选择表面技术和具体的工艺。

强化与防护一样，具有广泛的含义。这里所说的强化，主要指通过各种表面强化处理来提高材料表面抵御除腐蚀和磨损之外的环境作用的能力。例如疲劳破坏，它也是从材料表面开始的，通过表面处理，如化学热处理、喷丸、滚压、激光表面处理等，可以显著提高材料的疲劳强度。又如许多制品要求表面强度和硬度高，而心部韧性好，以提高使用寿命，通过合理的选择材料和表面强化处理，能满足这个要求。

在工程上，许多零部件因表面强度、硬度、耐磨性等不足而逐渐磨损、剥落、锈蚀，使外形变小以致尺寸超差或强度降低，最后不能使用。不少表面技术如堆焊、电刷镀、热喷涂、电镀、黏结等，具有修复功能，不仅可修复尺寸精度，而且往往还可提高表面性能，延长使用寿命。

表面装饰主要包括光亮（镜面、全光亮、亚光、光亮缎状、无光亮缎状等）、色泽（各种颜色和多彩等）、花纹（各种平面花纹、刻花和浮雕等）、仿照（仿贵金属、仿大理石、仿花岗石等）多方面特性。用恰当的表面技术，可对各种材料表面装饰，不仅方便、高效，而且美观、经济，故应用广泛。

3. 表面技术在功能材料和元器件上的应用

材料根据所起的作用大致可以分为结构材料和功能材料两大类。但是，确切地说，并非结构材料以外的材料都可称为功能材料。实际上，功能材料主要指那些具有优良的物理、化学和生物等功能及其相互转化的功能，而被用于非结构目的的高技术材料。功能材料常用来制造各种装备中具有独特功能的核心部件，起着十分重要的作用。

功能材料与结构材料相比较，除了两者性能上的差异和用途不同之外，另一个重要特点是材料通常与元器件"一体化"，即功能材料常以元器件形式对其性能进行评价。

材料的许多性质和功能与表面组织结构密切相关，因而通过各种表面技术可制备或改进一系列功能材料及其元器件。表 1-1 是表面技术在功能材料和元器件上的部分应用情况。

表 1-1　表面技术在功能材料和器件上的部分应用情况

作用	简要说明	常用技术	应用举例
光学特性	反射性	电镀、化学转化处理、涂装气相沉积	反射镜
	防反射性		防眩零件
	增透性		激光材料增透膜
	光选择透过		反射红外线、透过可见光的透明隔热膜
	分光性		用多层介质膜组成的分光镜
	光选择吸收		太阳能选择吸收膜
	偏光性		起偏器
	发光		光致发光材料
	光记忆		薄膜光致变色材料

（续）

作用	简要说明	常用技术	应用举例
电学特性	导电性	涂装、化学镀、气相沉积等	表面导电玻璃
	超导性		用表面扩散制成的 Nb-Sn 线材
	约瑟夫逊效应		约瑟夫逊器件
	各种电阻特性		膜电阻材料
	绝缘性		绝缘涂层
	半导体		半导体材料（膜）
	波导性		波导管
	低接触电阻特性		开关
磁学特性	存储记忆	气相沉积、涂装等	磁泡材料
	磁记录		磁记录介质
	电磁屏蔽		电磁屏蔽材料
声学特性	声反射和声吸收	涂装、气相沉积等	吸声涂层
	声表面波		声表面波器件
热学特性	导热性	电镀、涂装、气相沉积等	散热材料
	热反射性		热反射镀膜玻璃
	耐热性、蓄热性		集热板
	热膨胀性		双金属温度计
	保温性、绝缘性		保温材料
	耐热性		耐热涂层
	吸热性		吸热材料
化学特性	选择过滤性	大多数表面技术	分离膜材料
	活性		活性剂
	耐蚀		防护涂层
	防沾污性		医疗器件
	杀菌性		餐具镀银
功能转换	光-电转换	涂装、气相沉积、黏结、等离子喷涂	薄膜太阳能电池
	电-光转换		电致发光器件
	热-电转换		电阻式温度传感器
	电-热转换		薄膜加热器
	光-热转换		选择性涂层
	力-热转换		减振膜
	力-电转换		电容式压力传感器
	磁-光转换		磁光存储器
	光-磁转换		光磁记录材料

4. 表面技术在人类适应、保护和优化环境方面的一些应用

表面技术在人类适应、保护和优化环境方面有着一系列应用，并且其重要性日益突出，举例如下：

（1）净化大气　人类在生产和生活中，使用了各种燃料、原料，产生大量的 CO_2、NO_2、SO_2 等有害气体，引起温室效应和酸雨，严重危害了地球环境，因此要设法回收、分解和替代它们。用涂覆和气相沉积等表面技术制成的触媒载体等是有效的途径之一。

（2）净化水质　膜材料是重要的净化水质的材料，可用来处理污水、化学提纯、水质软化、海水淡化等，这方面的表面技术正在迅速发展。

（3）抗菌灭菌　有些材料具有净化环境的功能。其中，二氧化钛光催化剂很引人注目。它可以将一些污染的物质分解掉，使之无害，同时又因有粉状、粒状和薄膜等形状而易于利用。研究发现，过渡金属 Ag、Pt、Cu、Zn 等元素能增强 TiO_2 的光催化作用，而且有抗菌、灭菌作用（特别是 Ag 和 Cu）。据报道，日本已利用表面技术开发出一种把具有吸附蛋白质能力的磷灰石生长在二氧化钛表面而制成的高功能二氧化钛复合材料。它能够完全分解吸附的菌类物质，不仅可以半永久性使用，而且还可以制成纤维和纸，用作广泛的抗菌材料。

（4）吸附杂质　用一些表面技术制成的吸附剂，可以除去空气、水、溶液中的有害成分，以及具有除臭、吸湿等作用。例如：在氨基甲酸乙酰泡沫上涂覆铁粉，经烧结后成为除臭剂，用于冰箱、厨房、厕所、汽车内。

（5）去除藻类污垢　运用表面化学原理，制成特定的组合电极（如 Cl-Cu 组合电极），用来除去发电厂沉淀池、热交换器、管道等内部的藻类污垢。

（6）活化功能　远红外光具有活化空气和水的功能，而活化的空气和水有利于人的健康。例如：在水净化器中加上能活化水的远红外陶瓷涂层装置，取得很好的效果，已经投入实际应用。

（7）生物医学　具有一定的理化性质和生物相容性的生物医学材料已受到人们的高度重视，而使用医用涂层可在保持基体材料特性的基础上，或增进基体表面的生物学性质，或阻隔基材离子向周围组织溶出扩散，或提高基体表面的耐磨性、绝缘性等，有力促进了生物医学材料的发展。例如在金属材料上涂以生物陶瓷，用作人造骨、人造牙，植入装置导线的绝缘层等。目前制备医用涂层的表面技术有等离子喷涂、气相沉积、离子注入、电泳等。

（8）治疗疾病　用表面技术和其他技术制成的磁性涂层涂覆在人体的一定穴位，有治疗疼痛、高血压等功能。涂覆驻极体膜，具有促进骨裂愈合等功能。有人认为，频谱仪、远红外仪等设备能发出一定的波与生物体细胞发生共振，促进血液循环，活化细胞，治疗某些疾病。

（9）绿色能源　目前大量使用的能源往往有严重的污染，因此今后要大力推广绿色能源，如太阳能电池、磁流体发电、热电半导体、海浪发电、风能发电等，以保护人类环境。表面技术是许多绿色能源装置如太阳能电池、太阳能集热管，半导体制冷器等制造的重要基础之一。

（10）优化环境　表面技术将在人类控制自然、优化环境上起很大的作用。例如人们积极研究能调光、调温的"智慧窗"，即通过涂覆或镀膜等方法，使窗可按人的意愿来调节光的透过率和光照温度。

5. 表面技术在研究和生产新型材料中的应用举例

新型材料又称先进材料，为高技术的一个组成部分。具有优异性能的材料，也是新技术发展的必要的物质基础。由于表面技术的种类甚多，方法繁杂，各种表面技术还可以适当地联合（复合）起来，发挥更大的作用，以及材料经表面处理或加工后可以获得许多不寻常（远离平衡态）的结构形式，因此表面技术在研制和生产新型材料方面是十分重要的。表1-2列出了这方面的一些重要应用，其中有些新型材料将对今后技术和经济的发展产生深远的影响。

表1-2　表面技术在研制和生产新型材料中的应用举例

序号	新型材料	简要说明	表面技术及其所起作用
1	金刚石薄膜（diamond film）	为金刚石结构。硬度高达80～100GPa。室温热导率达到2000W/（m·K），是铜的4.1倍。有较好的绝缘性和化学稳定性。在很宽的光波段范围内透明。与Si、GaAs等半导体材料相比，有较宽的禁带宽度。它在微电子技术、超大规模集成电路、光学、光电子等方面有良好的应用前景，有可能是Ge、Si、GaAs以后的新一代的半导体材料。此外，它也是刀具、磁盘、太阳能电池等优良的涂层材料	过去制备金刚石材料是在高温高压条件下进行的。现在利用表面技术，如热化学气相沉积（TCVD）和等离子体化学气相沉积（PCVD）等在低压或常压条件就可以制得。数十年来，人们已采用了多种激活的方法，如直流等离子体、微波等离子体、电子回旋共振-微波等离子体等，使金刚石化学气相沉积取得了很大的进展。另一方面，用于金刚石膜沉积的物理方法也在研究中
2	类金刚石碳膜（diamond like carbon film）	有两种类型的类金刚石（DLC）薄膜：一是具有非晶态和微晶结构的含氢碳化膜，即含氢DLC，又名i-C膜、a-C∶H膜等，其化学键为sp^3和sp^2，在拉曼谱上特征峰为1552～1558cm^{-1}的漫散峰，而金刚石的特征峰在1333cm^{-1}；二是无氢DLC，即为了稳定sp^3键，氢不是必需的，可以用一定的表面技术在无氢的条件下制得该膜。类金刚石碳膜的一些性能接近金刚石膜，如高硬度，高热导率，高绝缘性，良好的化学稳定性，从红外到紫外的高光学透过率等。可考虑用作光学器件上保护膜和增透膜、工具的耐磨层、真空润滑层等，但是DLC膜最有希望的应用是半导体器件	大致上可用两类气相沉积方法来制备：一是CVD法，如离子束辅助CVD、直流等离子体辅助CVD、射频等离子体辅助CVD、微波放电CVD等；二是PVD法，如阴极电弧沉积、溅射碳靶、质量选择离子束沉积、脉冲激光熔融（PLA）等
3	立方氮化硼薄膜（cubic boron nitride film；C-BN）	具有立方结构。硬度仅次于金刚石，而耐氧化性、耐热性和化学稳定性比金刚石更好，具有高电阻率、高热导率。掺入某些杂质可成为半导体。目前正逐步用于半导体、电路基板、光电开关以及耐磨、耐热、耐蚀涂层	不仅能在高压下合成，也可在低压下合成，具体方法很多，主要有化学气相沉积（CVD）和物理气相沉积（PVD）两类
4	超导薄膜（superconducting film）	用YBaCuO等高温超导薄膜可望制成微波调制、检测器件、超高灵敏的电磁场探测器件，超高速开关存贮器件，用于超高速计算机等	主要采用物理气相沉积如真空蒸发、溅射、分子束外延等方法制备。沉积膜为非晶态，经高温氧化处理后转变为具有较高转变温度的晶态薄膜

（续）

序号	新型材料	简要说明	表面技术及其所起作用
5	LB 薄膜（langmuir blodgett film）	LB膜是有机分子器件的主要材料。它是由羧酸及其盐、脂肪酸烷基族以及染料、蛋白质等有机物构成的分子薄膜。制备时，利用分子活性在气—液界面上形成凝结膜，将该膜逐次叠积在基片上形成分子层。LB膜在分子聚合、光合作用、磁学、微电子、光电器件、激光、声表面波、红外检测、光学等领域中有广泛的应用，近来研究热点较集中在电子和非线性光学方面的应用	将制备的有机高分子材料溶于某种易挥发的有机溶剂中，然后滴在水面或其他溶液上，待溶剂挥发后，液面保持恒温和被施加一定的压力，溶质分子沿液面形成致密排列的单分子膜层。接着用适当装置将分子逐层转移，组装到固体基片，并按需要制备几层到数百层LB膜
6	超微颗粒型材料（ultramicro-grained materials）	超微颗粒是指超越常规机械粉碎的手段所获得的微颗粒，尺寸范围大致为 1～10nm，即小于 1μm。大于 10μm 的颗粒称为微粉，而小于 1nm 的颗粒为原子团簇。处于 1～10nm 的颗粒称为纳米微粒，是目前研究的重点。由于超细颗粒的表面效应、小尺寸效应和量子效应，使超微颗粒在光学、热学、电学、磁学、力学、化学等方面有着许多奇异的特性。例如能显著提高许多颗粒型材料的活性和催化率，增大磁性颗粒的磁记录密度，提高化学电池、燃料电池和光化学电池的效率，增大对不同波段电磁波的吸收能力等；也可作为添加剂，制成导电的合成纤维、橡胶、塑料或者成为药剂的载体，提高药效等	通常用机械粉碎的方法，得到颗粒下限尺寸为1μm，所以超微颗粒要用表面技术来制备。例如用气相沉积的方法，即在低压惰性气体中加热金属或化合物，使其蒸发后冷凝，而控制惰性气体的种类与气压可以得到不同粒径的颗粒
7	纳米固体材料（nanosized materials）	是指由尺寸小于 15nm 的超微颗粒在高压力下压制成形，或再经一定热处理工序后制成的具有超细组织的固体材料。按其材料属性，可分为纳米金属材料、纳米陶瓷材料、纳米复合材料和纳米半导体材料等。它们的界面体积分数很高，界面处原子间距分布较宽，在力学、热学、磁学等性能方面与同成分普通固体材料有很大的差异。例如纳米陶瓷有一定的塑性，可进行挤压和轧制，然后退火使晶粒尺寸长大到微米量级，又变成普通陶瓷。又如纳米陶瓷有优良的导热性；纳米金属有更高的强度等等，因而有广泛的应用	纳米固体材料需要用纳米粉粒做原料，而后者通常是用气相沉积等方法制备的
8	超微颗粒膜材料（ultramicro-grained film materials）	是将超微颗粒嵌于薄膜中构成的复合薄膜、在电子、能源、检测、传感器等许多方面有良好的应用前景	通常用两种在高温互不相溶的组元制成复合靶，然后在基片上生成复合膜。改变靶膜中的组分的比例，可以改变膜中颗粒大小和形态

（续）

序号	新型材料	简要说明	表面技术及其所起作用
9	非晶硅薄膜（amorphous silicon film）	一般所说的非晶硅是指含氢的非晶硅，或称氢化非晶硅（a-Si：H）。它与其他非晶半导体一样，通常以薄膜形式呈现出来。非晶硅太阳电池的转换效率虽不及单晶硅器件，但它具有合适的禁带宽度（1.7~1.8eV），太阳辐射峰附近的光吸收系数比晶态硅大一个数量级，便于采用大面积薄膜工艺生产，因而工艺简便，成本低廉。同时这种薄膜还可制成摄像管的靶，位敏检测器件和复印鼓等，引起了人们的兴趣。随着对非晶硅薄膜的深入研究，已获得一系列新的薄膜材料，如非晶硅基合金薄膜材料、超晶格材料、微晶硅薄膜、多晶硅薄膜、纳米硅薄膜等，它们都有很重要的应用前景	采用辉光放电分解法、溅射法、真空蒸发法、光化学气相沉积法、热丝法等气相沉积技术制备
10	微米硅（microcrystalline silicon；μc-Si）	又称纳米晶。其晶粒尺寸在10nm左右。它的带隙达2.4eV，电子与空穴迁移率都高于非晶硅两个数量级以上，光吸收系数介于晶体硅与非晶硅之间。可取代掺氢的SiC作非晶硅太阳电池的窗口材料以提高其转换效率，也可考虑制作异质结双极型晶体管、薄膜晶体管等	等离子体化学气相沉积、磁控溅射等
11	多孔硅（prous silicon）	多孔硅的孔隙度很大，一般为60%~90%。可用蓝光激发它在室温下发出可见光，也能电致发光。可制成频带宽、量子效率高的光检测器。它的禁带宽度明显超过晶体硅	以硅为原料在以氢氟酸为基的电解液中阳极氧化而制得
12	碳60（buckminster fullerene）	由60个碳原子组成空心圆球状具有芳香性分子。它的四周是由12个正五边形碳环（碳-碳单键结构）和20个正六边形碳环（苯环式）构成，宛如一个"足球"。C_{60}分子的物理性质相对稳定，化学性质相对活泼，它和它的衍生物具有潜在的应用前景。已发现K_3C_{60}以及Rb，Cs等碱金属掺杂的超导性。目前这类材料的临界温度已超过40K，高于其他有机超导体，进一步发展后可望成为一种高性能低成本的超导材料	碳60是Rohlfing等人在1984年将碳蒸气骤冷淬火时通过质谱图发现的
13	纤维补强陶瓷基复合材料（fiber reinforced ceramic matrix composite）	是以各种金属纤维、玻璃纤维、陶瓷纤维为增强体，以水泥、玻璃陶瓷等为基体，通过一定的复合工艺结合在一起所构成的复合材料。这类材料具有高强度、高韧性和优异的热学、化学稳定性，是一类新型结构材料。目前除了纤维增强水泥基复合材料碳-碳复合材料等获得实际应用外，还有许多重要的纤维补强陶瓷仍处于实验室阶段，但在一系列高新技术领域中有着良好的应用前景	对于结构材料来说受力状况是重要的。复合材料在力场中，只有通过界面才能使增强剂和基体二者起到协同作用。界面是影响复合材料性能的关键之一。在一些重要的复合材料中，例如碳纤维补强陶瓷基复合材料等，纤维必须通过一定的表面处理，使纤维与基体"相容"

（续）

序号	新型材料	简要说明	表面技术及其所起作用
14	梯度功能材料（functionally gradient materials）	根据要求选择两种不同性质的材料，连续地改变两种材料的组成和结构使其结合部位的界面消失，得到连续、平稳变化的非均质材料。其组织连续变化，材料的功能随之变化。这种材料用于航空、航天领域，可以有效地解决热应力缓和问题，获得耐热性与力学强度都优异的新功能。此外，还可望在核工业、生物、传感器、发动机等许多领域有广泛的应用	许多表面技术如等离子喷涂、离子镀、离子束合成薄膜技术、化学气相沉积、电镀、电刷镀等，都是制备梯度功能材料的重要方法
15	巨磁电阻薄膜材料（giant magnetoresistance thin film materials）	巨磁阻效率（GMR）是薄膜材料的电阻率因磁化状态的变化而呈现显著改变的现象。后来人们在一系列具有类钙钛矿结构的稀土锰氧化物薄膜中观察到更大磁阻的超大磁电阻效应（CMR）。它们的发现极大地促进了磁电子学的发展，在应用上易使器件小型化、廉价化，可用于高密度记录读出磁头、磁传感器、随机存储器、磁光信息存储以及汽车、机床、电器开关、自动化控制系统等许多领域	目前制备巨磁阻锰氧化物薄膜主要采用激光脉冲沉积（PLD）和磁控溅射两种表面技术
16	石墨烯（graphene）	2004年英国两位物理学家从石墨中分离出石墨烯，证实它可以单独存在，由此获得了2010年诺贝尔物理学奖。石墨烯是一种二维碳材料，为单层石墨烯、双层石墨烯和多层石墨烯的统称。石墨烯具有完整的二维晶体结构，它的晶格由六个碳原子围成六边形而构建，厚度为一个原子层。碳原子之间由 σ 键连接，结合方式为 SP^2 杂化。石墨烯的微观结构决定了它具有十分优异的性能：非常高的硬度和强度，又有很好的弹性，成为最强韧的材料；几乎达到完全透明，又非常致密；热导率高达5300W/（m·K），优于碳纳米管和金刚石；常温下电子迁移率高于纳米碳管和硅，电阻率低于铜或银，是电阻率最小的材料。因此，石墨烯被称为"新材料之王"，在电子、电池、通信、净化、交通工具等众多领域都有良好的应用前景，成为新材料基础和应用研究的热点	石墨烯的制备方法主要有：①机械剥离法，得到的石墨烯保持完整的晶体结构，但片层小，生产率低；②氧化还原法，即先将石墨氧化，增大石墨层之间距，然后用物理法分离，最后用还原法得到石墨烯，此法产量虽高，但质量较低；③SiC外延法，即在超高真空的高温环境下使硅原子升华、脱离，剩下的C原子自组、重构，获得石墨烯，此法产品质量高，但对设备要求高；④CVD法，它是目前最有可能实现工业化制备高质量、大面积石墨烯的方法，正在深入研究和完善，以降低制备成本和提高产品质量。因此，表面技术是制备石墨烯的基础技术

1.4　表面技术的发展

1.4.1　表面技术发展方向

表面技术的使用，自古至今已经历了几千年或更漫长的岁月，每项表面技术的形成往往有着许多的试验和失败。各类表面技术的发展也是分别进行、互不相关的。近几十年来经济和科技的迅速发展，使这种状况有了很大的变化，人们开始将各类表面技术互相联系起来，探讨它们的共性，阐明各种表面现象和表面特性的本质，尤其是 20 世纪 60 年代末形成的表面科学为表面技术的开发和应用提供了更坚实的基础，并且与表面技术互相依存，彼此促进。在这个基础上通过各种学科和技术的相互交叉和渗透，表面技术的改进、复合和创新会更加迅速，应用更为广泛，必将为人类社会的进步做出更大的贡献。

展望今后数十年，结合我国的实际情况，表面技术的发展方向大致可以归纳为以下一些方面：

1. 努力服务于国家重大工程

重点发展先进制造业中关键零部件的强化与防护新技术，显著提高使用性能和工艺形成系统成套技术，为先进制造的发展提供技术支撑。同时，解决高效运输技术与装备（如重载列车、特种重型车辆、大型船舶、大型飞机等新型运载工具）关键零部件在服役过程中存在的使用寿命短和可靠性差等问题。另外，国家在建设大型矿山、港口、水利、公路、大桥等项目中，都需要表面技术的支撑。

2. 切实贯彻可持续发展战略

表面技术可以为人类的可持续发展做出重大贡献，但是在表面技术的实施过程中，如果处理不当，又会带来许多污染环境和大量消耗宝贵资源等严重问题。为此，要切实贯彻可持续发展战略。这是表面技术的重要发展方向，而且在具体实施上有许多事情要做。例如：①建立表面技术项目环境负荷数据库，为开发生态环境技术提供重要基础；②深入研究表面技术的产品全寿命周期设计，以此为指导，用优质、高效、节能、节水、节材、环保的具体方法来实施技术，并且努力开展再循环和再制造等活动；③尽力采用环保低耗的生产技术取代污染高耗生产技术，如在涂料涂装方面尽量采用水性涂料、粉末涂料、紫外光固化涂料等环保涂料，又如对于几何形状不是过分复杂的装饰-防护电镀工件尽可能用"真空镀-有机涂"复合镀工件来取代；④加强"三废"处理和减少污染的研究，如对于几何形状较复杂的装饰-防护电镀铬工件，在电镀生产过程中尽可能用三价铬等低污染物取代六价铬高污染物，同时做好"三废"处理工作。

3. 深入研究极端、复杂条件下的规律

许多尖端和高性能产品，往往在极端、复杂的条件下使用，对涂覆、镀层、表面改性等提出了一些特殊的需求，使产品能在严酷环境中可靠服役，有的还要求产品表面具有自适应、自修复、自恢复等功能，即有智能表面涂层和薄膜。同时，要研究在极端、复杂条件下材料的损伤过程、失效机理以及寿命预测理论和方法，实现材料表面的损伤预报和寿命预测。

4. 不断致力于技术的改进、复合和创新

表面技术是在不断改进、复合和创新中发展起来的，今后必然要沿着这个方向继续迅速发展，具体内容很多，主要有：①改进各种耐蚀涂层、耐磨涂层和特殊功能涂层，根据实际需求开发新型涂层；②进一步引入激光束、电子束、离子束等高能束技术，进行材料及其制品的表面改性与镀覆；③深入运用计算机等技术，全面实施生产过程自动化、智能化，提高生产率和产品质量；④加快建立和完善新型表面技术如原子层沉积（ALD）、纳米多层膜等创新平台，推进重要薄膜沉积设备和自主设计、制造和批量生产；⑤加大复合表面技术的研究力度，充分发挥各种工艺和材料的最佳组合效应，探索复合理论和规律，扩大表面技术的应用；⑥将纳米材料、纳米技术引入表面技术的各个领域，使材料表面具有独特的结构和优异的性能，建立和完善纳米表面技术的理论，开拓表面技术新的应用领域；⑦大力发展表面加工技术，提高表面技术的应用能力和使用层次，尤其关注微纳米加工技术的研究开发，为发展集成电路、集成光学、微光机电系统、微流体、微传感、纳米技术以及精密机械加工等科学技术奠定良好的制造基础；⑧重视研究量子点可控、原子组装、分子设计、仿生表面智能表面等涂层、薄膜或表面改性技术，同时要高度重视表面技术中一些重大课题的研究，如太阳能电池的薄膜技术、表面隐形技术、轻量化材料的表面强化-防护技术、空间运动体的表面防护技术、特殊功能涂层的修复技术等。

5. 积极开展表面技术应用基础理论的研究

表面技术涉及的应用基础理论广泛而深入。许多应用基础理论，如真空状态及稀薄气体理论、液体及其表面现象、固体及其表面现象、等离子体的性质与产生、固体与气体之间的表面现象、胶体理论、电化学与腐蚀理论、表面摩擦与磨损理论等，对于表面工程的应用和发展，有着十分重要的作用，今后必将会不断扩大和深化。同时，通过对应用基础理论的深入研究和对一些关键技术的突破，逐步实现了在原子、分子水平上的组装和加工，制造新的表面，以及借助于计算机等技术，形成从原子分子水平层次上对材料表面的计算和设计。

6. 继续发展和完善表面分析测试手段

现代科学技术的迅速发展为表面分析和测试提供了强有力的手段。对材料表面性能的各种测试以及对表面结构从宏观到微观的不同层次的表征，是表面技术的重要组成部分，也是促使表面工程迅速发展的重要原因之一，今后必将得到继续发展和完善。从实际应用出发，今后需要加快研制具有动态、实时、无损、灵敏、高分辨、易携带等特点的各种分析测试设备和仪器以及科学的测试方法。

1.4.2　表面技术发展前景

表面技术在下面一些领域或工业中有着良好的发展和应用前景：

（1）现代制造领域　表面技术是现代制造领域的重要组成部分，并为制造业的发展提供关键的技术支撑。

（2）现代汽车工业　充分利用表面技术的各种方法，把现代技术与艺术完美地结合在一起，使汽车成为快捷、舒适、美观、安全、深受人们喜爱的交通工具。

（3）航空航天领域　通过涂、镀等各种技术，提高飞机、火箭、卫星、飞船、导弹等在恶劣环境下的防护性能，使航天航空的飞行器避免因环境影响而导致的失效。

（4）冶金石化工业　在冶金石化工业生产中，尤其是在解决各种重要零部件的耐磨、

耐蚀等问题中，表面技术将继续发挥巨大的作用。

（5）舰船海洋领域　表面技术大有发展潜力。例如：涂料要满足海洋环境的特殊要求，不仅用于高性能的舰船，而且还要广泛应用于码头、港口设施、海洋管道、海上构件等，因此必须开发各种新型涂料。

（6）现代电子电器工业　需要通过表面技术来制备各类光学薄膜、微电子学薄膜、光电子学薄膜、信息存储薄膜、防护薄膜等，今后这方面需求将更加迫切。

（7）生物医学领域　在生物医学领域，表面技术的作用日益突出。例如：使用特殊的医学涂层可以在保持基体材料性质的基础上增加生物活性，阻止基材离子向周围组织溶出扩散，并且显著提高基体材料表面的耐磨性、耐蚀性、绝缘性和生物相溶性。随着老龄化高峰的到来，对特殊生物医学材料的需求越来越多。

（8）新能源工业　包括太阳能、风能、氢能、核能、生物能、地热能、海洋潮汐能等工业，都对表面技术提出了许多需求。近年来，核电站重大事故频发，唤起了人们对太阳能等工业迅速发展的渴望，其中薄膜太阳能电池是一个研究重点。

（9）建筑领域　我国每年建成房屋高达 16 亿 ~ 20 亿 m^3，并且还有增长的趋势，但是其中95%以上属于高耗能建筑，单位建筑面积采暖能耗为发达国家新建房屋的 3 倍以上，因此对我国来说，建筑节能刻不容缓。采取的措施有在建筑中使用保温隔热墙体材料、低散热窗体材料、智能建筑材料等，而表面技术如制备低辐射镀膜玻璃、智能窗，是其中的一些重要措施。

（10）新型材料工业　如制备金刚石薄膜、类金刚石碳膜、立方氮化硼膜、超导膜、LB薄膜、超微颗粒材料、纳米固体材料、超微颗粒膜材料、非晶硅薄膜、微米硅、多孔硅、碳60、纤维增强陶瓷基复合材料、梯度功能材料、多层硬质耐磨膜、纳米超硬多层膜、纳米超硬混合膜等，表面技术起着关键或重要的作用。

（11）人类生活领域　如城市建设、生活资料、美化装饰、大气净化、水质净化、杂质吸附、抗菌灭菌等，都与表面技术息息相关。

（12）军事工业　各种军事装备的研究和制造都离不开表面技术，这与其他工业有着共同之处，同时军事上有一些特殊的需求要通过特殊的表面处理来满足，如隐身（与装备结构形成整体）、隐蔽伪装（侧重于外加形式）等。

表面技术还涉及其他许多工业或领域。可以说，表面技术遍及各行各业，并且与人类的生活紧密相连。表面技术是主导 21 世纪的关键技术之一，应用广阔，前景光明。不断发展具有我国特色和自主知识产权的表面技术，是我国科学技术工作者的历史使命。

第 2 章　固体表面和覆盖层的结构

固体表面结构的含义是丰富而多层次的，要全面描述固体表面的结构和状态，阐明和利用各种表面的特性，需从微观到宏观逐层次对固体表面进行分析研究。可能涉及的表面结构主要有表面形貌和显微组织结构、表面成分、表面的结合键、表面的吸附、表面原子排列结构、表面原子动态和受激态、表面的电子结构（即表面电子能级分布和空间分布）等。采用机械、物理、化学、生物等各种表面改性技术，改变固体表面的形貌、化学成分、相组成、微观结构、缺陷状态或应力状态等，就能改变固体表面的特性。表面技术改变固体表面特性的另一个重要途径是施加各种覆盖层。其主要采用各种涂层技术，来提高固体抵御环境作用能力和赋予固体表面某种功能特性。此时，覆盖层的各种宏观、微观结构，在很大程度上决定了固体表面的特性。然而，我们在研究表面技术的实际问题时，通常根据实际情况，着重从某个或多个层次的表面结构进行分析研究。本章扼要介绍了固体表面和覆盖层结构的一些重要情况。

2.1　固体材料和表面界面

2.1.1　固体材料

固体是一种重要的物质结构形态。它大致分为晶体和非晶体两类。晶体中原子、离子或分子在三维空间呈周期性规则排列，即存在长程的几何有序。非晶体包括传统的玻璃、非晶态金属、非晶态半导体和某些高分子聚合物，内部原子、离子或分子在三维空间排列无长程序，但是由于结合键的作用，大约在 $1 \sim 2nm$ 范围内原子分布仍有一定的配位关系，原子间距和成键键角等都有一定特征，然而没有晶体那样严格，即存在所谓的短程序。

在固体中，原子、离子或分子之间存在一定的结合键。这种结合键与原子结构有关。最简单的固体可能是凝固态的惰性气体。这些元素因其外壳电子层已经完全填满而有非常稳定的排布。通常惰性气体原子之间的结合键非常微弱，只有处于很低温度时才会液化和凝固。这种结合键称为范德华键。除惰性气体外，在许多分子之间也可通过这种键结合为固体。例如甲烷（CH_4），在分子内部有很强的键合，但分子间可依靠范德华键结合成固体。此时的结合键又称为分子键。还有一种特殊的分子间作用力——氢键，可把氢原子与其他原子结合起来而构成某些氢的化合物。分子键和氢键都属于物理键或次价键。

大多数元素的原子最外电子层没有填满电子，在参加化学反应或结合时都有互相争夺电子成为惰性气体那样稳定结构的倾向。由于不同元素有不同的电子排布，故可能导致不同的键合方式。例如氯化钠固体是通过离子键结合的，硅是共价键结合，而铜是金属键。这三种键都较强，同属于化学键或主价键。

固体也可按结合键方式来分类。实际上许多固体并非由一种键把原子或分子结合起来，而是包含两种或更多的结合键，但是通常其中某种键是主要的，起主导作用。

固体材料是工程技术中最普遍使用的材料。它的分类方法很多。例如按照材料特性，可将它分为金属材料、无机非金属材料和有机高分子材料三类。金属材料包括各种纯金属及其合金。塑料、合成橡胶、合成纤维等称为有机高分子材料。还有许多材料，如陶瓷、玻璃、水泥和耐火材料等，既不是金属材料，又不是有机高分子材料，人们统称它们为无机非金属材料。此外，人们还发展了一系列将两种或两种以上的材料通过特殊方法结合起来而构成的复合材料。

又如，固体材料按所起的作用可分为结构材料和功能材料两大类。结构材料是以力学性能为主的工程材料，主要用来制造工程建筑中的构件，机械装备中的零件以及工具、模具等。功能材料是利用物质的各种物理和化学特性及其对外界敏感的反应，实现各种信息处理和能量转换的材料（有时也包括具有特殊力学性能的材料）。这类材料常用来制造各种装备中具有独特功能的核心部件。

2.1.2　表面界面

物质存在的某种状态或结构，通常称为某一相。严格地说，相是系统中均匀的，与其他部分有界面分开的部分。所谓均匀的，是指这部分的成分和性质从给定范围或宏观来说是相同的，或是以一种连续的方式变化。在一定温度或压力下，含有多个相的系统为复相系。两种不同相之间的界面区称为界面。其类型和性质取决于两体相的性质。

物质的聚集态有固、液、气三态，由于气体之间接触时通过气体分子间的相互运动而很快混合在一起，成为由混合气体组成的一个气相，即不存在气—气界面，因此界面有固—固、固—液、固—气、液—液、液—气五种类型。但是，习惯上将两凝聚相之边界区域称为界面（interface），两凝聚相与气相形成的界面称为表面（surface）。按此，界面有固—液、液—液、固—固三种类型，表面有固—气、液—气两种类型。

自然界存在着无数与界面和表面有关的现象，人们由此进行深入研究，开发出大量的新技术、新产品。

1. 固—液界面

液体对固体表面有润湿作用以及与润湿密切相关的黏结、润滑、去污、乳化、分散、印刷等作用。润湿是一种重要的表（界）面现象，人们有时要求液体在固体表面上有高度的润湿性，而有的却要求有不润湿性，这就要求人们在各种条件下采用表面湿润及反湿润技术。

催化是另一种重要的界面现象。固体催化剂使液体在表面发生的化学反应显著加快，这种催化作用是一种化学循环，反应物分子通过和催化剂的短暂化学结合而被活化，转化成产物分子最终脱离催化剂，紧接着新来的反应物分子又重复前者，形成周而复始的催化作用，直到催化剂活性丧失。

电极浸入电解液中通直流电后发生电解反应，即正极氧化，负极还原，由此可用来进行各种电化学的制备和生产。除电解外，还有电镀、电化学反应、腐蚀与防腐等许多涉及固—液界面的电现象和过程。

2. 液—液界面

表面张力或表面能是液体的一种特性，通常说的表面张力均是对液—气界面而言的。如果是液—液界面，即两种不互溶的液体接触界面，则为界面张力。

一相的液滴分散在另一相的液体内，构成乳化液，它在热力学上是不稳定的，为了使其较为稳定，必须加入一定的乳化剂，通常是表面活性剂或其混合物，其他有细粉状固体、天然或合成的表面活性聚合物。乳化液在工农业生产和日常生活中得到广泛应用。油基泥浆、牛奶、原油都是乳化液，乳液聚合、农药乳剂制剂、洗涤作用、原油脱水等都与乳化液的形成或破坏有关。

3. 固—固界面

固—固界面分为两类：两固相为同一结晶相，只是结晶学方向不同，该界面称为晶界；若两固相不仅结晶学方向不同，而且晶体结构或成分也不同，即它们是不同的相，则两者的界面称为相界。

晶界的存在状态及其在一定条件下发生的行为，如晶界能、晶界中原子排列或错排、晶界迁移、晶界滑动、晶界偏析、晶界脆性、晶间腐蚀等，对材料变形、相变过程、化学变化以及各种性能都有着极为重要的影响。一般晶界是非共格界面。晶粒内部可出现取向差较小的亚晶粒，而亚晶粒之间的亚晶界可看作由位错行列拼成的半共格界面。完全共格的晶界很少，主要是共格孪生晶界。相对来说，相界的共格、半共格、非共格的特征较为明显，这些特征对材料行为和性能的影响较为显著。

工程上广泛使用各种类型的固体材料，在加工制造过程中会形成各种各样的固—固界面，如由切割、研磨、抛光、喷砂、形变、磨损等形成的机械作用界面，由黏结、氧化、腐蚀以及其他化学作用而形成的化学作用界面，由液相析出或气相沉积而形成的液、气相沉积界面，由热压、热锻、烧结、喷涂等粉末工艺而形成的粉末冶金界面，由焊接等方法而形成的焊熔界面，由涂料涂覆和固化而形成的涂装界面等。深入研究这些界面或形成过程，在工程上具有重要的意义。

4. 液—气表面

液体分子不像气体分子那样可以自由移动，但又不像固体分子（原子）那样在固定位置做振动，而是在分子间引力和分子热运动共同作用下形成"近程有序，远程无序"的结构。液—气表面上的液体分子与液体内部所受的力不相同。表面张力或表面能是液—气表面所具有的一种力或能量。

在液—气表面处，少部分能量较高的液体分子可以克服体相内部对它的引力而逸出液相，形成蒸发过程。在密闭容器中，由液体进入气相中的分子不能跑出容器，在气相分子的混乱运动中，一些分子与液面碰撞有可能被液体分子的引力抓住重新进入液相，形成冷凝过程。

当气体与液体不互溶时，气体可以分散在液膜内部而形成泡沫现象。

5. 固—气表面

通常所说的表面是指固—气表面，这是我们研究的主要对象。其大致可以分为理想表面、清洁表面和实际表面三种类型。人们日常生活中和工程上涉及固—气表面的现象和过程随处可见，例如：

1）气体吸附于固—气表面，形成吸附层。气体或蒸气还可能透过固体表面融入其体相，称为吸收。吸附与吸收的区别在于前者发生在表面上，后者发生在体相内。但是，有时两者难于界定。麦克贝因（Mc Bain）建议将吸附、吸收、无法界定吸附与吸收的作用、毛细凝结统称为吸着。

2）发生在固—气表面的催化反应。催化剂可以是气体、液体或固体，并且催化反应可以发生在各种表面和界面上。对于固—气表面，催化反应的主要步骤是：①反应物在表面上发生化学吸附；②吸附分子经表面扩散相遇；③表面反应或键重排；④反应产物吸附。微观研究表明，催化剂表面不同位置有不同的激活能，台阶、扭折或杂质、缺陷所在处构成活性中心。这说明表面状态对催化作用有显著影响。催化剂可以加速那些具有重要经济价值但速率特慢的反应。合成氨是个典型实例。铁催化剂等用于合成氨工业，不仅显著提高反应速率，实现从空气中固定氮而廉价地制得氨，并且建立能耗低、自动化程度高和综合利用好的、完整的工艺流程体系。

需要指出，有时表面与界面交织在一起而难以区分，并且材料在加工、制造过程中，表面与界面状况经常是变化的。例如：许多固—固界面在形成过程中，不少反应物质先以液态或气态存在，即先出现固—气表面和固—液界面，然后在一定条件下（通常为冷凝）才转变为固—固界面。因此，表面技术经常要涉及多种界面与表面的问题，除了固—气表面之外，固—固等界面也是表面技术的重要研究对象。

2.1.3　不饱和键

固体表面或固体断裂时出现新的表面，存在着不饱和键，又称断键、悬挂键。以金属为例。常见金属的晶体结构主要有面心立方（fcc）、密排六方（hcp）和体心立方（hcc）三种。前两种金属结构是密排型的，配位数为12。体心立方结构的配位数为8，是非密排的。上述的配位数是对晶体内部的原子而言，如果是位于晶体表面的原子，情况则有了变化。图 2-1 为面心立方金属以（110）面作为表面的原子排列示意图，可以看出上面的每一个原子（图中灰色圆球），除了有平面的 4 个最接近的相邻原子（图中实线圆）外，在这个表面的正下方还有 4 个最接近的相邻原子（图中虚线圆），但是在表面上方的能量就会升高，这种高出来的能量就是表面能。同样，面心立方晶体中以（111）面做表面时，表面（111）面上的每个原子的最近邻原子数为 9，断键数为 3。如

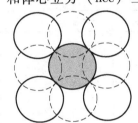

图 2-1　面心立方金属以（110）面作为表面的原子排列示意图

果表面能主要由断键数决定，那么面心立方的（111）面的表面能比（100）面的低。单晶体中表面能是各面异性的。对于面心立方，密排面（111）的表面能最低，体心立方晶体中，（110）面的表面能最低。

2.2　固—气表面的结构

2.2.1　理想表面

固体材料的结构大体分为晶态与非晶态两类。作为基础，我们以晶态物质的二维结晶学来看理想表面的结构。理想表面是一种理论的、结构完整的二维点阵平面。这里忽略了晶体内部周期性势场在晶体表面中断的影响，也忽略了表面上原子的热运动以及出现的缺陷和扩散现象，又忽略了表面外界环境的作用等，在这些假设条件下把晶体的解离面认为是理想表面。

2.2.2　清洁表面

清洁表面是在特殊环境中经过特殊处理后获得的，不存在吸附、催化反应或杂质扩散等物理、化学效应的表面。例如：经过诸如离子轰击、高温脱附、超高真空中解理、蒸发薄膜、场效应蒸发、化学反应、分子束外延等特殊处理后，保持在 $10^{-9} \sim 10^{-6}$ Pa 超高真空下外来沾污少到不能用一般表面分析方法探测的表面。这类表面指的是物体最外面的几层原子，厚度通常为 $0.5 \sim 2$ nm。

晶体表面是原子排列面，有一侧是无固体原子的键合，形成了附加的表面能。从热力学来看，表面附近的原子排列总是趋于能量最低的稳定状态。达到这个稳定态的方式有两种：一是自行调整，原子排列情况与材料内部明显不同；二是依靠表面的成分偏析和表面对外来原子或分子的吸附以及这两者的相互作用而趋向稳定态，因而使表面组分与材料内部不同。表2-1 列出了几种清洁表面的结构和特点，由此来看，晶体表面的成分和结构都不同于晶体内部，一般要经过 $4 \sim 6$ 个原子层之后才与晶体内部基本相似，所以晶体表面实际上只有几个原子层范围。另一方面，晶体表面的最外一层也不是一个原子级的平整表面，因为这样的熵值较小，尽管原子排列做了调整，但是自由能仍较高，所以清洁表面必然存在各种类型的表面缺陷。

表 2-1　几种清洁表面的结构和特点

序号	名称	结构示意图	特　　点
1	弛豫		表面最外层原子与第二层原子之间的距离不同于体内原子间距（缩小或增大；也可以是有些原子间距增大，有些减小）
2	重构		在平行基底的表面上，原子的平移对称性与体内显著不同，原子位置作了较大幅度的调整
3	偏析		表面原子是从体内分凝出来的外来原子
4	化学吸附		外来原子（超高真空条件下主要是气体）吸附于表面，并以化学键合

（续）

序号	名称	结构示意图	特　点
5	化合物		外来原子进入表面，并与表面原子键合形成化合物
6	台阶		表面不是原子级的平坦，表面原子可以形成台阶结构

图 2-2 所示为单晶表面的 TLK 模型。这个模型由 Kossel 和 Stranski 提出。TLK 中的 T 表示低晶面指数的平台（terrace）；L 表示单分子或单原子高度的台阶（ledge）；K 表示单分子或单原子尺度的扭折（kink）。如图 2-2 所示，除了平台、台阶和扭折外，还有表面吸附的原子以及平台空位。

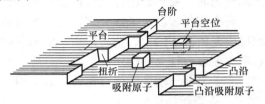

图 2-2　单晶表面的 TLK 模型

单晶表面的 TLK 模型已被低能电子衍射等表面分析结果所证实。由于表面原子的活动能力较体内大，形成点缺陷的能量小，因而表面上的热平衡点缺陷浓度远大于体内。各种材料表面上的点缺陷类型和浓度都依一定条件而定，最为普遍的是吸附（或偏析）原子。

另一种晶体缺陷是位错（线）。由于位错只能终止在晶体表面或晶界上，而不能终止在晶体内部，因此位错往往在表面露头。实际上位错并不是几何学上定义的线而近乎是一定宽度的"管道"。位错附近的原于平均能量高于其他区域的能量，容易被杂质原子所取代。如果是螺位错的露头，则在表面形成一个台阶。无论是具有各种缺陷的平台，还是台阶和扭折都会对表面的一些性能产生显著的影响。例如：TLK 表面的台阶和扭折对晶体生长、气体吸附和反应速度等影响较大。

制备清洁表面是十分困难的，通常需要在 10^{-8} Pa 的超高真空条件下解理晶体，并且进行必要的操作，以保证表面在一定的时间范围内处于"清洁"状态。在几个原子层范围内的清洁表面，其偏离三维周期性结构的主要特征应该是表面弛豫、表面重构以及表面台阶机构。

研究清洁表面需要复杂的仪器设备，并且，清洁表面与实际应用的表面往往相差很大，得到的研究结果一般不能直接应用到实际中去。但是，它对表面可得到确定的特殊性描述。以此为基础，深入研究表面成分和结构在不同真空度条件下的变化规律，对揭示表面的本质和了解影响材料表面性能的各种因素是重要的。

2.2.3　实际表面

实际表面是暴露在未加控制的大气环境中的固体表面，或者经过切割、研磨、抛光、清洗等加工处理而保持在常温和常压下，也可能在高温和低真空下的表面。显然，这种表面的结构会受到各种外界因素的影响而变得复杂化。早在1936年西迈尔兹曾把金属材料的实际表面区分为两个范围（见图2-3）：一是内表面层，包括基体材料层和加工硬化层等；二是外表面层，包括吸附层、氧化层等。对于给定条件下的表面，其实际组成及各层的厚度，与表面的制备过程、环境介质以及材料性质有关。因此，实际表面结构及性质是很复杂的。

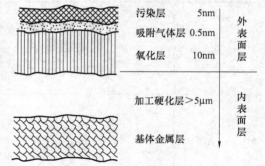

在现代表面分析技术中，通常把一个或几个原子厚度的表面称为表面，而厚一些的表面称为表层。大量实用表面技术所涉及的表面厚度达数十纳米，有的为微米级。因此，在研究

图2-3 金属材料实际表面的示意图

实际表面时，要考虑的范围包括表面和表层两部分。

研究实际表面，虽然受到氧化、吸附和沾污的影响而得不到确定的特性描述，但是它可取得一定的具体结论，直接应用于实际。这在控制材料和器件、零部件的质量以及研制新材料等方面起着很大的作用。

实际表面与清洁表面相比较，有下列一些重要情况。

1. 表面粗糙度

经过切削、研磨、抛光的固体表面似乎很平整，然而用电子显微镜进行观察，可以看到表面有明显的起伏，同时还可能有裂缝、空洞等。

表面粗糙度是指加工表面上具有较小间距的峰和谷所组成的微观几何形状的特性。它与波纹度、宏观几何形状误差不同的是：相邻波峰和波谷的间距小于1mm，并且大体呈周期性起伏，主要是由于加工过程中刀具与工件表面间的摩擦、切削分离工件表面层材料的塑性变形、工艺系统的高频振动以及刀尖轮廓痕迹等原因形成的。

表面粗糙度对材料的许多性能有显著的影响。控制这种微观几何形状误差，对于实现零件配合的可靠和稳定，减小摩擦与磨损，提高接触刚度和疲劳强度，降低振动与噪声等有重要作用。因此，表面粗糙度通常要严格控制和评定。其评定参数大约有30种。

表面粗糙度的测量有比较法、激光光斑法、光切法、针描法、激光全息干涉法、光点扫描法等，分别适用于不同评定参数和不同表面粗糙度范围的测量。

2. 贝尔比层和残余应力

固体材料经切削加工后，在几个微米或者十几个微米的表层中可能发生组织结构的剧烈变化。例如：金属在研磨时，由于表面的不平整，接触处实际上是"点"，其温度可以远高于表面的平均温度，但是由于作用时间短，而金属导热性又好，所以摩擦后该区域迅速冷却下来，原子来不及回到平衡位置，造成一定程度的晶格畸变，深度可达几十微米。这种晶格畸变是随深度变化的，而在最外约5~10nm厚度处可能会形成一种非晶态层，称为贝尔比（Beilby）层，其成分为金属和它的氧化层，而性质与体内明显不同。

贝尔比层具有较高的耐磨性和耐蚀性，这在机械制造时可以利用。但是在其他许多场合，贝尔比层是有害的。例如：在硅片上进行外延、氧化和扩散之前，要用腐蚀法除掉贝尔比层，因为它会感生出位错、层错等缺陷而严重影响器件的性能。

金属在切割、研磨和抛光后，除了表面产生贝尔比层之外，还存在着各种残余应力，同样对材料的许多性能产生影响。实际上残余应力是材料经各种加工、处理后普遍存在的。

残余应力（内应力）按其作用范围大小可分为宏观内应力和微观内应力两类。材料经过不均匀塑性变形后卸载，就会在内部残存作用范围较大的宏观内应力。许多表面加工处理能在材料表层产生很大的残余应力，焊接也能产生残余应力。材料受热不均匀或各部分热胀系数不同，在温度变化时就会在材料内部产生热应力，这也是一种内应力。

微观内应力的作用范围较小，大致有两个层次：一种是其作用范围大致与晶粒尺寸为同一数量级，例如多晶体变形过程中各晶粒的变形是不均匀的，并且每个晶粒内部的变形也不均匀，有的已发生塑性变形，有的还处于弹性变形阶段。当外力去除后，属于弹性变形的晶粒要恢复原状，而已产生塑性流动的晶粒就不能完全恢复，造成了晶粒之间互相牵连的内应力，如果这种应力超过材料的抗拉强度，就会形成显微裂纹。另一种微观内应力的作用范围更小，但却是普遍存在的。对于晶体来说，由于普遍存在各种点缺陷（空位、间隙原子）、线缺陷（位错）和面缺陷（层错、晶界、孪晶界），在它们周围引起弹性畸变，因而相应存在内应力场。金属变形时，外界对金属做的功大多转化为热能而散失，大约有小于 10% 的功以应变能的形式储存于晶体中，其中绝大部分用来产生位错等晶体缺陷而引起弹性畸变（点阵畸变）。

残余应力对材料的许多性能和各种反应过程可能会产生很大的影响，也有利有弊。例如：材料在受载时，内应力与外应力一起发生作用。如果内应力方向和外应力方向相反，就会抵消一部分外应力，从而起到有利的作用；如果方向相同则相互叠加，则起坏作用。许多表面技术就是利用这个原理，即在材料表层产生残余压应力，来显著提高零件的疲劳强度，降低零件的疲劳缺口敏感度。

3. 表面的吸附

固体与气体的作用有三种形式：吸附、吸收和化学反应。固体表面出现原子或分子间结合键的中断，形成不饱和键，这种键具有吸引外来原子或分子的能力。外来原子或分子被不饱和键吸引住的现象称为吸附。固体表面吸附外来原子或分子后可使其自由能减少，趋于稳定。被吸附的物质称为吸附质，起吸附作用的物质称为吸附剂。伴随吸附发生而释放的一定能量称为吸附能。吸附通常是放热的，但也有少数例外，如氢在 Cu、Ag、Au、Co 上的吸附是吸热的。吸附热数据为固体表面性质等研究提供了有益的依据。吸收热可定义为：在一定条件下发生吸附作用时，吸附剂吸附 1mol 吸附质所释放出的热量，单位为 J/mol。反之，将吸附在固体表面上的外来原子或分子除掉称为解吸，而除掉被吸附外来原子或分子所需的能量称为吸附能。吸收则是固体的表面和内部都容纳气体，使整个固体的能量发生变化。吸附与吸收往往同时发生，难于区分。化学反应是固体与气体的分子或离子间以化学键相互作用，形成新的物质，整个固体能量发生显著的变化。

吸附有物理吸附和化学吸附两种。如果固体表面分子与吸附分子间的作用力是范德华力，则为物理吸附，吸附热 ΔH_a 数量级为 $10^2 \sim 10^3$ J/mol。如果固体表面分子间形成强得多的化学键，则为化学吸附，吸附热 ΔH_a 数量级为大于 10^4 J/mol。物理吸附与化学吸附的比较见表 2-2。

表 2-2　物理吸附与化学吸附的比较

吸附性质	物理吸附	化学吸附
作用力	范德华力	化学键
选择性	无	有
吸附热	较小，近于液化热	较大，近于化学反应热
吸附层数	单分子层或多分子层	单分子层
吸附稳定性	不稳定而易解吸	较稳定而不易解吸
吸附效率	较快，一般不受温度影响	较慢，升高温度速率加快
活化能	较小或为零	较大
吸附温度	低于吸附质的临界温度	高于吸附质的沸点

由于范德华力存在于任何分子之间，因此物理吸附没有选择性，即任何固体均可吸附任何气体，吸附量与吸附剂和吸附质的种类有关，通常越容易液化的气体越容易被吸附。吸附可以发生在固体表面分子与气体分子之间，也可以发生在已被吸附的气体分子与未被吸附的气体分子之间，物理吸附层有单分子层和多分子层。物理吸附的速度一般较快，通常不受温度影响，即物理吸附过程不需要活化能或只需要很小的活化能。

在化学吸附中，固体表面分子与气体分子之间形成化学键，有选择性地进行吸附，吸附热接近于化学反应热。这类吸附只能在吸附剂与吸附质之间进行，吸附层总是单分子层的，并且较为稳定，不易解吸。化学吸附与化学反应相似，需要有一定的活化能，吸附与解吸速率都较慢，温度升高时速率加快。

物理吸附与化学吸附有区别，但在同一个吸附体系中两者却可同时或相继发生，往往难于区分。

由于气体分子的热运动，被吸附在固体表面上也会解吸离去，当吸附速率与解吸速率相等时为吸附平衡，吸附量达到恒定值。该值大小与吸附体系的本质、气体的压力、温度等因素有关。对于一定的吸附体系，当气体压力大和温度低时，吸附量就大。

研究实际表面结构时，可将清洁表面作为基底，然后观察吸附表面结构相对于清洁表面的变化。吸附物质可以是环境中外来原子、分子或化合物，也可以是来自体内扩散出来的物质。吸附物质在表面或简单吸附，或外延形成新的表面层，或进入表面层的一定深度。

吸附层是单原子或单分子层，还是多原子或多分子层，与具体的吸附环境有关。例如：氧化硅在压力为饱和蒸气压的 0.2 ~ 0.3 倍时，表面吸附是单层的，只在趋于饱和蒸气压时才是多层的。又如玻璃表面的水蒸气吸附层，在相对湿度为 50% 之前为单分子吸附层，随湿度增加，吸附层迅速变厚，当达到 97% 时，吸附的水蒸气有 90 多个分子层厚。

吸附层原子或分子在晶体表面是有序排列还是无序排列，则与吸附的类型、吸附热、温度等因素有关。例如：在低温下惰性气体的吸附为物理吸附，并且通常是无序结构。

化学吸附往往是有序结构，主要有两种：在表面原子排列的中心处的吸附和在两个原子或分子之间的桥吸附。具体的表面吸附结构与吸附物质、基底材料、基底表面结构、温度以及覆盖度等因素有关。

当吸附达平衡时，吸附在固体表面上气体的量不会改变，此量称为吸附量（r）。设吸附剂的质量为 m，被吸附的气体量为 x，则 $r = x/m$，即 r 为单位质量吸附剂所吸附气体之量。也可以用被吸附气体的体积 V 来表示，即 $r = V/m$。

　　吸附量 r 是一个重要的物理量，它表示吸附剂对吸附质的吸附能力。r 与吸附剂、吸附质的本质有关，同时与温度 T、吸附气体的压力 P 有关。在实验上可以做出吸附等压线、吸附等量线和吸附等温线三种吸附曲线，其中吸附等温线（即一定温度时吸附量与压力之间的曲线）最容易获得，因而最为重要。描述吸附等温线的方程称吸附等温式。其种类很多，有的是经验归纳，有些是理论推导。下面简略介绍两种常用的吸附等温式。

　　（1）兰格缪尔单分子层吸附等温式　1916 年兰格缪尔（Langmuir）从动力学观点出发，提出了固体对气体的单分子吸附理论。该理论认为，当气体分子碰到固体表面时有弹性碰撞和非弹性碰撞。若是弹性碰撞，则气体分子跃回气相，并且与固体表面无能量交换。若为非弹性碰撞，则气体分子就"逗留"在固体表面上，经过一段时间又可能跃回气相。气体分子在固体表面上的这种"逗留"就是吸附。在推导吸附方程时，兰格缪尔做了四个假设：①固体表面对气体的吸附是单分子层；②固体表面均匀；③被吸附的气体分子间无相互作用力；④吸附是动态平衡过程。所谓动态平衡是指吸附速率等于解吸速率。这个过程可表示为

$$\text{气体分子（空间）} \underset{\text{解吸}}{\overset{\text{吸附}}{\rightleftharpoons}} \text{气体分子（被吸附在固体表面上）}$$

　　设固体表面上共有 s 个吸附位置，当有 s_1 个位置被吸附质分子占据时，固体表面覆盖度 $\theta = s_1/s$，θ 表示被吸附分子覆盖表面积占固体总面积的分数，因此（$1-\theta$）表示未被吸附分子覆盖表面积占固体总面积的分数。按照分子运动论，气体在表面上的吸附速率为 $k_1 p$（$1-\theta$），其中 p 为气体压力，k_1 为吸附速率常数。另一方面，气体分子从表面上解吸（脱附）的速率为 $k_2\theta$，其中 k_2 为解吸（脱附）速率常数。达到动态平衡时，则有

$$k_1 p\ (1-\theta) = k_2\theta$$

解得

$$\theta = \frac{k_1 p}{k_2 + k_1 p} \tag{2-1}$$

令 $b = \dfrac{k_1}{k_2}$，b 称为吸附平衡常数，则有

$$\theta = \frac{bp}{1+bp} \tag{2-2}$$

此式称为兰格缪尔吸附等温式。可以看出三种不同情况：①当压力很低或吸附很弱时，$bp \ll 1$，则 $\theta \approx bp$，即 θ 与 p 的关系为直线关系；②当压力足够高或吸附作用很强时，$bp \gg 1$，则 θ 与 p 无关，表面吸附已达分子层饱和；③当压力适中时，θ 与 p 的关系为曲线关系。

　　（2）BET 多分子层吸附等温式　从实验测得的许多等温线看，大多数固体对气体的吸附，尤其是物理吸附，都是多分子吸附层。1938 年，布鲁瑙尔（Brunauer）、埃米特（Emmett）和泰勒（Teller）三人在兰格缪尔单分子层吸附理论的基础上，提出了多分子层吸附理论，简称 BET 吸附理论。

　　BET 吸附理论接受了兰格缪尔关于吸附和解吸是动态平衡，以及吸附分子解吸不受周围其他分子影响的假设；同时又提出固体表面吸附了第一层分子以后，还可吸附第二层分子、第三层分子……形成多分子层吸附的观点。第一层分子是与固体表面直接联系，而第二层以

后的分子则是由相同分子间的范德华力。虽然两者吸附的本质不同，吸附热也必然不同，然而各层之间的吸附和解吸仍然可建立动态平衡。经复杂的推导之后可得

$$V = \frac{V_{\mathrm{m}}cp}{(p_{\mathrm{o}}-p)\left[1+(c-1)(p/p_{\mathrm{o}})\right]} \tag{2-3}$$

式中，V 为各层吸附量的总和，校正为标准状况下的体积；V_{m} 为吸附剂表面被覆盖一层的被吸附气体在标准情况下的体积；p 为被吸附气体在吸附平衡时气相中的分压；p_{o} 为实验温度下吸附质气体与液体平衡时的饱和蒸气压；c 为与吸附热有关的常数。

　　该式称为 BET 方程；由于式中 V_{m} 和 c 都是常数，所以又称为 BET 二常数方程。BET 方程是为适应合成氨工业发展中急需测定固体催化剂的比表面而建立起来的吸附等温式，至今它仍是测量固体比表面最经典的公式。

　　材料的表面吸附方式，受到周围环境的显著影响，有时也会受到来自材料内部的影响，所以在研究实际表面成分和结构时必须综合考虑来自内、外两方面因素。例如：当玻璃处在黏滞状态时，使表面能减小的组分，就会富集到玻璃表面，以使玻璃表面能尽可能低；相反，赋予表面能高的组分，会迁离玻璃表面向内部移动，所以这些组分在表面比较少。常用的玻璃成分中，Na^+、B^{3+} 是容易挥发的。Na^+ 在玻璃成形温度范围内自表面向周围介质挥发的速度大于从玻璃内部向表面迁移的速度，故用拉制法或吹制法成形玻璃表面是少碱的。只有在退火温度下，Na^+ 从内部迁移到表面的速度大于 Na^+ 从表面挥发的速度。但是实际生产中，退火时迁移到表面的高 Na^+ 层与炉气中 SO_2 结合生成 Na_2SO_4 白霜，而这层白霜很容易洗去，结果表面层还是少碱。金属等材料也有类似的情况。例如 Pd-Ag 合金，在真空中表面层富银，但吸附一氧化碳后，由于 CO 与表面 Pd 原子间强烈的作用，Pd 原子趋向表面，使表面富 Pd。又如 18-8 不锈钢氧化后表面氧化铬层消失而转化为氧化铁。

　　吸附除了固体对气体以及一定条件下固体内部的吸附之外，还有固体对液体、固体对另一固体的吸附等。吸附对固体表面的结构及性能可能产生显著的影响，并且涉及的范围很广。研究吸附问题是重要的。

4. 表面反应与污染

　　如果吸附原子与表面之间的电负性差异很大而有很强亲和力时，则有可能形成表面化合物。在这类表面反应中，固体表面上的空位、扭折、台阶、杂质原子、位错露头、晶界露头和相界露头等各种缺陷，提供了能量条件，并且起着"源头"的作用。

　　金属表面的氧化是表面反应的典型实例。金属表面暴露在一般的空气中就会吸附氧或水蒸气，在一定的条件下，可发生化学反应而形成氧化物或氢氧化物。金属在高温下的氧化是一种典型的化学腐蚀，形成的氧化物大致有三种类型：①不稳定的氧化物，如金、铂等的氧化物；②挥发性的氧化物，如氧化钠等，它以恒定的、相当高的速率形成；③在金属表面上形成一层或多层的一种或多种氧化物，这是经常遇到的情况。

　　实际上在工业环境中除了氧和水蒸气外，还可能存在 CO_2、SO_2、NO_2 等各种污染气体，它们吸附于材料表面生成各种化合物。污染气体的化学吸附和物理吸附层中的其他物质，如有机物、盐等，与材料表面接触后，也留下痕迹。图 2-4 所示为金属材料在工业环境中被污染的实际表面示意图。

　　固体表面的污染物在现代工业，特别是高新技术方面，已引起人们的高度关注。例如：集成电路的制造包括高纯度材料制造和超微细加工等技术，其中，表面净化和表面处理在制

作高质量和高可靠性的集成电路中是必须做到的。因为在规模集成电路中，导电带的宽度为微米或亚微米级尺寸，一个尘埃大约也是这个尺寸，如果刚好落在导电带位置，在沉积导电带时就会阻挡金属膜的沉积，从而影响互联，使集成电路失效。不仅是空气，还有清洗水和溶液中，如果残存各种污染物质，而且被材料表面所吸附，那么将严重影响集成电路和其他许多半导电器件的性能、成品率和可靠性。除了空气净化、水纯化等的环境管理和半导体表面的净化处理之外，表面保护处理也是十分重要的，因为不管表面净化得如何细致，总会混入某些微量污染物质，所以为了确保半导体器件实际使用的稳定性，必须采用钝化膜等保护措施。

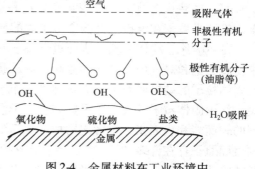

图 2-4　金属材料在工业环境中
被污染的实际表面示意图

5. 特殊条件下的实际表面

实际表面还包括许多特殊的情况，如高温下实际表面、薄膜表面、粉体表面、超微粒子表面等，深入研究这些特殊条件下的实际表面，具有重要的实际意义。下面举例说明：

（1）薄膜表面　薄膜通常是按照一定的需要，利用特殊的制备技术，在基体表面形成厚度为亚微米至微米级的膜层。薄膜的表面和界面所占比例很大，表面弛豫、重构、吸附等会对薄膜结构和性能产生较大影响。气相沉积是薄膜制备的主要方法之一，它涉及气相到固相的急冷过程，形成的薄膜往往是非稳定态结构，外界条件的变化和时间的延长也会对薄膜的结构和性能造成影响。气相沉积薄膜一般具有非化学计量组成。薄膜中往往含有较多的缺陷，如空位、层错、位错、空洞、纤维组织，并且有杂质的混入。薄膜中一般都存在应力，例如真空蒸镀膜层往往存在拉应力，溅射膜层往往存在压应力。用各种工艺方法，控制一定的工艺参数，可以得到不同结构的薄膜，如单晶薄膜、多晶薄膜、非晶态薄膜、纳米级的超薄膜及晶体取向外延薄膜等，应用于各个领域。

（2）微纳米固体粒子的表面　纳米粒子的结构、表面结构和纳米粒子的特殊性质引起了科学界的极大关注。特别是当粒子直径为 10nm 左右时，其表面原子数与总原子数之比达50%，因而随着粒子尺寸的减小，表面的重要性越来越大。

具有弯曲表面的材料，其表面应力正比于其表面曲率。由于纳米粒子表面曲率非常大，所以表面应力也非常大，使纳米粒子处于受高压压缩（如表面应力为负值则为膨胀）状态。例如，对半径为 10nm 的水滴而言，其压力有 14MPa。对于固体纳米粒子而言，如果形状为球形，且假定表面应力各向同性，其值为 σ，那么粒子内部的压力应为 $\Delta p = 2\sigma/r$，这里 r 为纳米粒子半径。由于该式与边长为 L 的立方体推出的结果非常类似，而并非与曲率相关，因而该式也应适于具有任意形状的小面化晶体颗粒。当然不同的小面有不同的表面能，情况要复杂得多。如果由此而发生点阵参数的变化，那么这种变化也将是各向异性的。

粒子尺寸减小的另一重要效应是晶体熔点的降低。由于表面原子有较多的断键，因而当粒子变小时，其表面单位面积的自由能将会增加，结构稳定性将会降低，使其可以在较低的温度下熔化。实验观测表明，纳米金粒子尺寸小于 10nm 时，其熔点甚至可以降低数百摄氏度。

此外，非常小的纳米粒子的结构具有不稳定性。在高分辨电镜中观测发现，Au、TiO_2 等纳米粒子的结构会非常快速地改变：从高度晶态化到近乎非晶态，从单晶到孪晶直至五重孪晶态，从高度完整到含极高密度的位错。通常结构变化极快，但相对稳定态则往往保留稍长时间。这种状态被称为准熔化态，这是由于高的表面体积比所造成的，它大大降低了熔点，使纳米粒子在电镜中高强度电子束的激发下发生结构涨落。

在热喷涂、粉体喷塑、表面重熔等表面技术中经常会和微纳米粉末打交道。由于纳米粉末物质的饱和蒸气压大和化学势高，造成微粒的分解压较大，熔点较低，溶解度较大。对纳米固体粒子的结构研究表明，纳米固体粒子可以由单晶或多晶组成，其形状与制备工艺有关。纳米固体粒子的表面原子数与总原子数之比，随固体粒子尺寸的减小而大幅度增加，粒子的表面能和表面张力也随之增加，从而引起纳米固体粒子性质的巨大变化。纳米固体粒子的表面原子存在许多"断键"，因而具有很高的化学活性，纳米固体粒子暴露在大气中表层易被氧化。例如：金属的纳米固体粒子在空气中会燃烧，无机的纳米固体粒子在空气中会吸附气体，甚至与气体发生化学反应。

2.3　表面特征力学和势场

作用于固体表面原子和分子的力与体内不同，即固体表面存在着一些与作用于固体内部原子和分子所不同的力。这些力的存在都可能对固体表面的结构和性能，以及各种镀层、涂层的结构和性能产生显著的影响。

2.3.1　表面吸附力

考虑固体表面为晶体的固—气表面。晶体内存在的力场在表面处发生突变，但不会中断，会向气体一侧延伸。当其他分子或原子进入这个力场范围时，就会和晶体原子群之间产生相互作用力，这个力就是表面吸附力。由表面吸附力把其他物质吸引表面即为吸附现象。表面吸附力有物理吸附力与化学吸附力两种类型。

1. 物理吸附力

物理吸附力是在所有的吸附剂与吸附质之间都存在的，这种力相当于液体内部分子间的内聚力，视吸附剂和吸附质的条件不同，其产生力的因素也不同，其中以色散力为主。

（1）色散力　色散力是因为该力的性质与光色散的原因之间有着紧密的联系而得到的。它来源于电子在轨道中运动而产生的电矩的涨落，此涨落对相邻原子或离子诱导一个相应的电矩；反过来又影响原来原子的电矩。色散力就是在这样的反复作用下产生的。

实际上，色散力在所有体系中都存在。例如：极性分子在共价键固体表面上的吸附以及球对称惰性原子在离子键固体表面上的吸附中，虽然静电力起明显的作用，但也有色散力存在并且是主要的。由于考虑到金属中传导电子的非定位特性，有人认为，非极性分子在金属表面上的吸附现象似乎不完全符合色散力的近似模型，但其吸引力仍可以考虑为色散力。研究指出，只有非极性分子在共价键固体表面上的物理吸附中的吸引力，才可以认为几乎完全是色散力的贡献。

（2）诱导力　Debye 曾发现一个分子的电荷分布要受到其他分子电场的影响，因而提出了诱导力。当一个极性分子接近一种金属或其他传导物质时，例如石墨，对其表面将有一种诱导作用，但诱导力的贡献比色散力的贡献低很多。

（3）取向力　Keesom 认为，具有偶极而无附加极化作用的两个不同分子的电偶极矩间有静电相互作用，此作用力称为取向力。其性质、大小与电偶极矩的相对取向有关。假如被吸附分子是非极性的，则取向力的贡献对物理吸附的贡献很小。但是，如果被吸附分子是极性的，取向力的贡献要大得多，甚至超过色散力。

2. 化学吸附力

化学吸附与物理吸附的根本区别是吸附质与吸附剂之间发生了电子的转移或共有，形成了化学键。这种化学键不同于一般化学反应中单个原子之间的化学反应与键合，称为吸附键。吸附键的主要特点是吸附质粒子仅与一个或少数几个吸附剂表面原子相键合。纯粹局部键合可以是共价键，这种局部成键强调键合的方向性。吸附键的强度依赖于表面的结构，在一定程度上与底物整体电子性质也有关系。对过渡金属化合物来讲，已证实化学吸附气体化学键的性质，部分依赖于底物单个原子的电子构型，部分依赖于底物表面的结构。

关于化学吸附力提出了许多模型，诸如定域键模型、表面分子（局域键）模型、表面簇模型，这些模型都有一定的适用性，也有一定的局限性。

定域键模型是把吸附质与吸附剂原子间形成的化学吸附键，认为与一般化学反应中的双原子分子成键情况相同，即当作共价键对待。该模型对气体分子在金属表面上的解离吸附较为适用，但由于没有考虑到吸附剂的性质和特点，把化学吸附的键合过于简化，因而不具有普遍性。

表面分子（局域键）模型用形成表面分子的概念来描述被吸附物的吸附情况，该模型假定吸附质与一个或几个表面原子相互作用形成吸附键。因此，它属于局部化学相互作用，在干净共价或金属固体上的吸附和在离子半导体或绝缘体表面上的酸—碱反应（共价键的电子对仅由一个组元提供），用表面分子模型能得到很好的说明。表面簇模型是被吸附物与固体键合的量子模型。前两种模型很少考虑参加成键的原子实际是固体的一部分这一事实。固体中许多能级用宽带来描述比用表面分子图像中所假定的局部原子能级来描述似乎更合理。此模型是将被吸附物和少数基质原子视为一个簇状物，然后进行定量分子轨道近似计算。该模型对吸附行为提供了一个本质性的见解，目前仍在研究中。

3. 表面吸附力的影响因素

（1）吸附键性质会随温度的变化而变化　物理吸附只是发生在接近或低于被吸附物所在压力下的沸点温度，而化学吸附所发生的温度则远高于沸点。不仅如此，随着温度的增加，被吸附分子中的键还会陆续断裂以不同形式吸附在表面上。现以乙烯在 W 上的吸附为例进行说明。当温度达 200K 时，乙烯以完整分子形式吸附在 W（110）表面；当温度升高到 300K 时，它断掉了两个 C—H 键，即以乙炔 C_2H_2 形式吸附在表面；如果再加热到 500K，剩下的两个 C—H 键也断裂，紫外光电子谱（UPS）实验证明在 W 表面上出现 C_2 单元；温度进一步增高到 1100K，C_2 分解，只有碳原子留在表面上。

（2）吸附键断裂与压力变化的关系　由于被吸附物压力的变化，即使固体表面加热到相同的温度，脱附物并不相同。以 CO 在 Ni（111）面的吸附为例，若 CO 的压力小于1333.3Pa或接近真空，加热固体温度到 500K 以上，被吸附的分子脱附为气相，仍为 CO 分子，即脱附之前未解离；可是，如果在较高压力下加热到 500K，CO 分子则解离。其原因是压力不同覆盖度也不一样，较高压力下覆盖度大，那些较长时间停留在表面上的 CO 分子可以解离。

（3）表面不均匀性对表面键合力的影响　如果表面有阶梯和折皱等不均匀性存在，对表面化学键有明显的影响。表现最为强烈的是 Zn 和 Pt。当这些金属表面上有不均匀性存在时，一些分子就分解，而在光滑低密勒指数表面上，分子则保持不变。乙烯在 200K 温度的 Ni（111）面上为分子吸附，而在带有阶梯的 Ni 表面上，温度即使低到 150K 也可完全脱掉氢形成 C_2。有些研究还指出，表面阶梯的出现会大大增加吸附概率。

（4）其他吸附物对吸附质键合的影响　当气体被吸附在固体表面上时，如果此表面上已存在其他被吸附物或其他被吸附物被同时吸附时，则对被吸附气体化学键合有时会产生强烈的影响。这种影响可能是由于这些吸附物质的相互作用而引起的。例如：在镍表面上铜的存在使氧的吸附速度减慢，硫可以阻止 CO 的化学吸附。

2.3.2　表面张力与表面能

表面张力是在研究液体表面状态时提出来的。处在液体表面层的分子与处在液体内部的分子所受的力场不相同。在液—气表面上，气体方面比液体方面的吸引力小得多，因此气—液表面的分子仅受到液体内部垂直于表面的引力。这种分子间的引力主要是范德华力，它与分子间距离的 7 次方成反比，表面分子受邻近分子的吸引力只限于第一、二层分子，超过这个距离，分子受到的力基本是对称的。表面张力本质上是由分子间相互作用力产生，这种范德瓦斯力由色散力、诱导力、偶极力、氢键等分量组成，其中色散力由分子间的非极性相互作用而引起，诱导力、偶极力、氢键等都与分子间的极性相互作用有关，因此表面张力 σ 可分解为色散分量 σ^d 和极性分量 σ^p，即

$$\sigma = \sigma^d + \sigma^p \tag{2-4}$$

从热力学来定义，分子在液体内部运动无须做功，而液体内部的分子若要迁移到表面，必须克服一定引力的作用，即欲使表面增大就必须做功。表面过程既是等温等压过程，也是等容过程，故形成单位面积系统的吉布斯自由能 G_s 的变化与和亥姆霍兹自由能 F_s 的变化是相同的，比表面能可以定义为

$$r = \left(\frac{\partial G_s}{\partial A}\right)_{T,p} = \left(\frac{\partial F_s}{\partial A}\right)_{T,V} \tag{2-5}$$

式中，A 为表面积；G_s 与 F_s 都是总表面能。对于液体来说，表面自由能与表面张力是一致的，是从热力学和力学两个角度对同一表面现象的描述，即

$$\gamma = \sigma \tag{2-6}$$

固体与液体不同，即使是非晶态固体，也受到结合键的制约，固体中原子、分子或离子彼此间的相互运动比液体要困难得多。严格地说，有关固体表面的问题，往往不采用表面张力这个概念。固体的表面能在概念上不等同于表面张力。根据热力学关系，固体的表面能包括自由能和束缚能。设 E_s 为表面总能量（代表表面分子相互作用的总能量），T 为热力学温度，S_s 为表面熵，TS_s 为表面束缚能，则

$$E_s = G_s - TS_s \tag{2-7}$$

表面熵是由组态熵（若为晶体表面，则表示表面晶胞组态简并度对熵的贡献）、声子熵（又

称振动熵，表征晶格振动对熵的贡献）和电子熵（表示电子热运动对熵的贡献）三部分组成，实际上组态熵、声子熵和电子熵在总能量中所做贡献很小，可以忽略不计，因此表面能取决于表面自由能。固体的比表面自由能 r 常简称为表面能。影响表面能的因素很多，主要有晶体类型、晶体取向、表面温度、表面形状、表面曲率、表面状况等。从热力学的角度来看，表面温度和晶体取向是很重要的因素。固体表面能的精确测定十分困难，通常对于不同性质的固体，分别采用劈裂功法、溶解热法、零蠕变法、熔融延伸法和接触角法等。表面能对晶体外形和表面形貌、吸附和表面偏析等具有重要作用；根据固体表面能的测定结果，可了解固体表面润湿、润滑、黏附、摩擦等过程的基本原因。

2.3.3　表面振动与表面扩散

1. 表面振动

晶体中原子的热运动有晶格振动、扩散和溶解等。晶格振动是原子在平衡位置附近做微振动。这种微振动破坏了晶格的空间周期规律性，因而对固体的比热容、热膨胀、电阻、红外吸收等性质，以及一些固态相变有着重要的影响。

晶体中相邻原子的相互制约使原子的振动以格波的形式在晶体中传播。在由大量原子组成的晶体中存在着各种原子组成的格波。格波不一定是简谐的，但可以用傅里叶方法将其他的周期性波形分解成许多简谐波的叠加。当振动微弱时格波就是简谐波，彼此之间作用可以忽略，从而可以认为它们的存在是相互独立的，称为独立的模式。总之，能用独立的简谐振子的振动来表达的独立模式。晶格振动中简谐振动的能量量子称为声子，它具有 E_i 的能量。这就是说，一个谐振子的能量只能是能量单元 $h\upsilon_i$ 的整倍数，具体可写为

$$E_i = \left(n_i + \frac{1}{2} \right) h\upsilon_i \tag{2-8}$$

式中，E_i 为第 i 个谐振子的能量，υ_i 是第 i 个谐振子的能量的频率，h 是普朗克常数，n_i 是任意的正整数。有了声子的概念，振动着的晶体点阵可看作该固体边界以内的自由声子气体，而格波与物质的相互作用理解为声子与物质的碰撞。例如：格波在晶体中传播受到散射的过程可理解为声子同晶体中原子和分子的碰撞。这样，对处理许多问题带来了很大的方便。

表面振动局域在表面层，具有一定的点阵振动模式，称为表面振动模，简称表面模。其每一种振动模式对应一种表面声子，又称为声表面波（SAW）。表面结构呈现点阵畸变，其势场与体内正常的周期性势场不同，振动频谱也不同。另一方面，晶体表面具有无限的二维周期性点阵结构，表面模在晶面平行方向的传播具有平面波性质；而在垂直于晶体表面的方向，声表面波向体内方向迅速衰减，成为迅衰波。对于长波长（大于 10^{-6} cm）的声表面波可近似运用连续介质模型来讨论，而对于短波长（小于 10^{-6} cm）的声表面波，由于晶格的色散很显著，就必须用晶格动力学理论来讨论。

声表面波具有多种形式，其中，在均匀固体半空间表面中的形式称为瑞利波。其速度为（1~6）×10^5 cm/s，沿着表面（平面）传播，其波矢在此平面内。随着深入表面内部，质点运动按指数形式衰减。这种以位移振幅随与表面深度的增加呈指数衰减的波称为平常瑞利波。瑞利表面波的能量 90% 以上集中在距离表面的一个声波波长的深度范围内。在各向同性介质中只能存在平常瑞利波。瑞利波无色散，其简约波仅与介质弹性系数有关，与波的频

率无关。瑞利波可以用中子束或电子束激励，也可以用机械方法（换能器）激励。对于瑞利波的研究，能够得到关于表面吸附层中几个、几十个、几百个原子层的重要信息。在技术应用方面，它对于超声波技术，特别是表面超声波技术及有关的表面声波器件有重要意义。已展开多种器件的研制如与滤波、振荡、放大、非线性、声光等有关的多种器件。

实际晶体比较复杂。不能简单用各向同性模型处理，但在一些特殊方向上传播的表面波基本上具有上述模式。在各向异性介质中，可以存在广义瑞利波。这种声表面波的振幅以振荡形式随距离而衰减。

2. 表面扩散

表面扩散是指原子在固体表面的迁移。原子在多晶体中的扩散可按体扩散（晶格扩散）、表面扩散、晶界扩散和位错扩散四种不同途径进行。其中表面扩散所需的扩散激活能最低。随着温度的升高，越来越多的表面原子可以得到足够的激活能，使它与近邻原子的键断裂而沿表面迁移。表面扩散与表面吸附、偏析等一样，是一种基本的表面过程。表面扩散速度的快慢对原子的吸附过程以及表面化学反应过程（如氧化、腐蚀等）有重要影响。

固体中原子或分子从一个位置迁移到另一个位置，不仅要克服一定的位垒（扩散激活能），还要到达的位置是空着的，这就要求点阵中有空位或其他缺陷。原子或分子在固体中扩散，最主要是通过缺陷来完成的，即缺陷构成扩散的主要机制。同样，缺陷在表面扩散中也起着重要的作用。但是表面缺陷与固体内部的缺陷情况有着一定的差异，因而表面扩散与体扩散也有差异。与块状材料相比，处于材料表面上的原子迁移或扩散更为容易。

固体表面上的扩散包括两个方向的扩散：一是平行表面的运动；二是垂直表面向内部的扩散运动。通过平行表面的扩散可以得到均质的、理想的表面强化层；通过向内部的扩散，可以得到一定厚度的合金强化层，有时候希望通过这种扩散方式得到高结合力的涂层。表面扩散对非均相催化剂表面反应、粉末冶金和陶瓷粉粒的烧结过程、材料表面氧化还原反应动力学等都有很大的影响。目前薄膜技术有了很大的发展，许多薄膜线宽和厚度尺寸已接近原子扩散长度，于是原子的迁移或扩散必将引起膜层中化学组成以及横向和纵向具体结构的改变，还可能形成新的相结构或层状化合物。

另一方面，各种材料内部的少量合金元素、掺杂物、添加剂及一些微量物质，往往在一定条件下通过原子的迁移或扩散富集于材料表面，产生表面偏析，从而改变表面的化学组成和结构。同时，异质界面上原子迁移或扩散也日益受到重视。

材料表面和异质界面上原子迁移和扩散是进行材料表面研究和表面改性，以及器件制备和失效分析时经常遇到的一个共同现象，它对现代技术的发展产生了重大的影响。并且，随着材料和器件尺度的减少，表面积和体积之比值的增加，表面原子迁移或扩散的影响将越来越明显，其影响的程度也越来越重要。

下面讨论完全发生在固体外表面上的扩散行为，即固体表面吸附态。表面空穴将被当作一个吸附的扩散缺陷，表面扩散层仅等于一个晶面间距。

（1）随机行走扩散理论与宏观扩散系数　表面原子围绕它们平衡位置做振动，随着温度升高，原子被激发而振动的振幅加大，但一般情况下能量不足以使大多数的原子离开它们的平衡位置的。要使一个原子离开它们的相邻的原子沿表面移动，对许多金属的表面原子来说，需要的能量一般是 62.7 ~ 209.4kJ/mol。但是，一方面由于原子热运动的不均匀性，随着温度的升高，有越来越多的表面原子可以得到足够的激活能，以断掉与其相邻原子的价键而沿表面进行扩散运动；另一方面，由于表面原子构造的特点，使得许多表面原子的能量比其他地方的高，或者说高于平均表面能，有时在不高的温度下某些原子就可以获得足够高的激活能而发生扩散。当温度升高时，由此引起的表面扩散也将随之加剧。在固体材料的表面处理中，表面扩散往往比体扩散更重要。

如图 2-2 所示，晶体表面存在单原子高的阶梯并带有曲折，平台还有两个重要的点缺陷——吸附原子和平台空位，这两种缺陷也可以发生在阶梯旁。显然这些不同位置原子的近邻原子数目是不相等的，原子间的结合能也是不同的。当表面达到热力学平衡时，表面缺陷的浓度会固定不变。浓度的大小仅是温度的函数。从定性上说，平台—阶梯—曲折表面的最简单的缺陷就是吸附原子和平台空位，它们与表面的结合能比所有其他缺陷的大，至少在相当大的温度范围内是如此。在这样条件下，表面扩散主要是靠它们的移动来实现的。

表面扩散的理论尚不完善。表面扩散可看作是多步过程，即原子离开其平衡位置沿表面运动，直至找到其新的平衡位置。假定仅有吸附原子的扩散，该原子为了跳到相邻的位置需要一定的热能。因为吸附原子在起始和跳跃终结时均只能占据平衡位置，那么在两个位置之间区域，原子一定处于较高的能态，即越过一个马鞍形峰点。

现以面心立方金属在（100）面平台的吸附原子为例，来说明表面扩散与体相内部扩散的不同。由图 2-5 可见，吸附原子扩散的最低能量路径是 1，此路径跨过一个马鞍形峰点，跳跃间距是原子间距的数量级。不过，如果该吸附原子积累了更高的能量，也可能越过一个原子的顶部，沿路径 3 移动，路径 3 比原子间距长得多，因此跳跃路径 3 需要的能量大于路径 1 需要的能量，但要小于原子在表面平台上的结合能 ΔH_s。我们定义，如果吸附原子的能量 ΔH 在路径 1 与路径 3 之间引起的扩散称为一定域扩散；吸附原子的能量 ΔH 在路径 3 与原子在表面上的结

图 2-5　（110）面上吸附原子的扩散

合能 ΔH_s 之间的扩散称为非定域扩散。由此可见，非定域扩散是扩散的缺陷部分地跳到固体外的自由空间，而在体相中就没有这种自由的场所，这也是表面扩散的特点。

按照随机行走（random walk）理论，假定原子运动方向是任意的，原子每次跳跃的距离是等长的，并等于最近的距离 d。设 D 为扩散系数，则有

$$D = z\frac{d^2 v_0}{2b}\exp\left(\frac{\Delta H_m + \Delta H_f}{kT}\right) \qquad (2\text{-}9)$$

式中，T 为热力学温度；k 为玻耳兹曼常数；ΔH_m 为扩散势垒的高度或迁移能；ΔH_f 为吸附原子的生成能；v_0 为原子冲击势垒的频率；b 为坐标的方向数；z 为配位数。

D 与温度 T 呈指数关系，实验证实大部分固体都是如此，D 是一个重要的扩散参量，可求得扩散时间，而且 $\ln D$ 对 $1/T$ 做图可测定表观扩散激活能。

在实际的表面上，不是一个原子而是许多原子同时进行扩散。原子的浓度大约为 $10^{10} \sim 10^{13}\,\mathrm{cm}^{-2}$，因此扩散距离是表面原子扩散长度统计数字的平均值，必须用宏观参量定义扩散过程，假定不同能态吸附原子之间存在着玻耳兹曼分布为特征的平衡，则扩散系数为

$$D = D_0\exp\left(-\frac{Q}{RT}\right) \qquad (2\text{-}10)$$

式中，Q 为整个扩散过程中的激活能；D_0 为扩散常数，可在 $10^{-3} \sim 10^3\,\mathrm{cm/s}$ 一个很宽的范

围内变动。

（2）表面扩散定律　要导出表面沿某个方向（一维）的扩散速率，先建立图2-6的表面原子排列模型。图中A、B、C为相邻的三排原子，取其宽度L、d为排间距。显然在扩散时，对于B排原子来说，从A排和C排都会有原子跳进来，现设A排的原子浓度为c_A，C排的原子浓度为c_C，且$c_A \neq c_C$，或$c_A > c_C$，则会显示出如图的原子扩散流。再设N_B为B排在Ld面积中所占的原子数，f为扩散原子的跳跃频率，则自A排向C排会有一净原子流，通过B排发生迁移，即

$$\frac{dN_B}{dt} = \frac{1}{2}fLd(c_A - c_C) \tag{2-11}$$

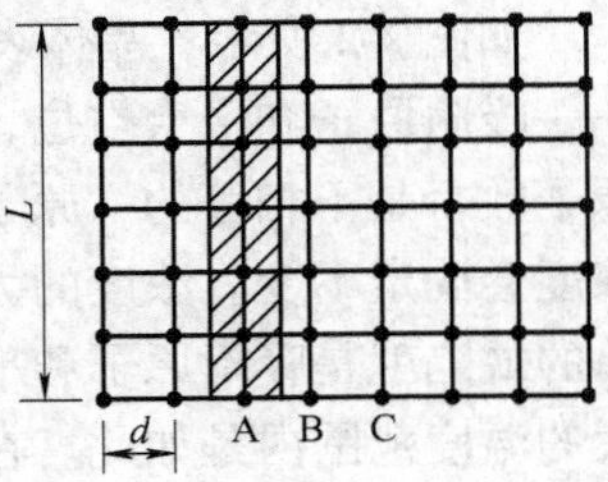

式中，常数1/2表示每排原子具有相等的前后跳越机会。浓度差可以梯度表示，即

图2-6　表面原子扩散模型

$$c_A - c_C = -\frac{\partial c}{\partial x}d \tag{2-12}$$

假定不是稳态扩散，且进入B区的原子多于流出B区的原子。吸附原子在dt时间内自左进入B区的原子数为

$$dN_B^1 = -\left(D\frac{\partial c}{\partial x}\right)_x Ldt \tag{2-13}$$

而向右离开B区的原子数为

$$dN_B^2 = -\left(D\frac{\partial c}{\partial x}\right)_{x+dx} Ldt \tag{2-14}$$

在dt时间内，吸附原子在B区中的净增量为

$$dN_B = dN_B^1 - dN_B^2 = \left[\left(D\frac{\partial c}{\partial x}\right)_{x+dx} - \left(D\frac{\partial c}{\partial x}\right)_x\right]Ldt = \frac{\partial}{\partial x}\left(D\frac{\partial c}{\partial x}\right)dLdt \tag{2-15}$$

在B区中净增加的浓度c为

$$dc = \frac{dN_B}{Ld} = \frac{\partial}{\partial x}\left(D\frac{\partial c}{\partial x}\right)dt \tag{2-16}$$

$$\frac{dc}{dt} = \frac{\partial}{\partial x}\left(D\frac{\partial c}{\partial x}\right) \tag{2-17}$$

上式即为Fick第二扩散定律的一维形式。具体应用时可通过边界条件和初始条件求出扩散原子的浓度分布函数$c = f(x, t)$。

（3）表面的自扩散和多相扩散　在一个单组分的基底上同种原子的表面扩散称为自扩散，在表面上其他种类的吸附原子的扩散称为多相扩散。此外，扩散系数分为本征扩散系数和传质扩散系数，前者是指不包括缺陷生成能的扩散系数，后者是包括缺陷生成能的扩散系数。

在自扩散中，无论本征扩散系数或传质扩散系数，它们对于了解表面缺陷的情况都很重

要。如果求得此两扩散系数与温度的关系，就可以确定扩散缺陷的生成能和迁移能。

从表面传质扩散系数的测量中得到了一些经验关系式。例如：对于一些 fcc 和 bcc 金属将 $\ln D$ 对 T_m/T（T_m 为熔点的热力学温度）做图可得一直线。通过数学处理可得到一些关系式。对于 fcc 金属如 Cu、Au、Ni 等，则有

$$D = 740\exp(-\varepsilon_1 T_m/RT) \qquad 0.77 \leqslant T/T_m < 1 \tag{2-18}$$

$$D = 0.014\exp(-\varepsilon_2 T_m/RT) \qquad T/T_m < 0.77 \tag{2-19}$$

式中，$\varepsilon_1 = 125.8\text{J}/(\text{mol} \cdot \text{K})$；$\varepsilon_2 = 54.3\text{J}/(\text{mol} \cdot \text{K})$

对于 bcc 金属如 W（100）、Nb、Mo、Cr 等，则有

$$D = 3.2 \times 10^4\exp(-\varepsilon_1^1 T_m/RT) \qquad 0.75 \leqslant T/T_m < 1 \tag{2-20}$$

$$D = 1.0\exp(-\varepsilon_2^1 T_m/RT) \qquad T/T_m < 0.75 \tag{2-21}$$

式中，$\varepsilon_1^1 = 146.3\text{J}/(\text{mol} \cdot \text{K})$；$\varepsilon_2^1 = 76.33\text{J}/(\text{mol} \cdot \text{K})$。

测量本征扩散系数的实验较少。Ehrlich 和 Hudden 曾用实验证实吸附原子的均方位移 $<x^2>$ 是扩散时间的线性函数。

$<x^2> = Dt/a$（一维扩散时，$a = 1/2$；表面扩散时，$a = 1/4$）

多相表面扩散大多借助场电子发射显微镜（FEM）和放射性示踪原子技术，一般可观察到三种扩散：一是物理吸附气体的扩散，扩散温度很低，激活能很低；二是覆盖度为 0.3 ~1 个单层时，扩散发生在中温到高温之下，是化学吸附物类的扩散，测量到的激活能高；三是小覆盖的情况，激活能比第二种的情况还要高，仍属于化学吸附物类的扩散，扩散温度更高。CO 和 O_2 在 W 和 Pt 上就能观察到这三种扩散过程。许多表面扩散的研究都指出扩散存在各向异性效应以及与覆盖度的依赖关系，多相表面扩散的激活能与基体表面自扩散激活能相比低很多，这在 W 上表现特别明显。

以上讨论的扩散都是在单组分的基底表面上。如果是多组分，扩散过程可能更复杂。

（4）表面向体内的扩散　固体表面层原子除了蒸发或升华等向外运动外，也会向内扩散，其速度与温度、压力等因素有很大关系。表面向体内的扩散是严格按照 Fick 扩散定律进行的。

1）Fick 第二扩散定律的 Gauss 解。Fick 第二扩散定律一维的表达式为

$$\frac{\partial c(x,t)}{\partial t} = D\frac{\partial^2 c(x,t)}{\partial x^2} \tag{2-22}$$

要解此方程，需要边界条件。我们假设：①扩散介质在表面上的浓度为常数 c_s；②体相为一半无限体积。

由此可知边界条件为

$$c = c_s \qquad (x = 0, \ t)$$

初始条件

$$c = 0 \qquad (x = \infty, t) \tag{2-23}$$

$$c = 0 \qquad (x, \ t = 0)$$

可以推导出 Gauss 解的标准表达式为

$$c = c_s\left[1 - \psi\left(\frac{x}{2\sqrt{Dt}}\right)\right] \tag{2-24}$$

$\psi\left(\dfrac{x}{2\sqrt{Dt}}\right)$ 可根据 Gauss 误差函数求出，见表 2-3。因此，若已知表面浓度 c_s 和时间 t，可根

据式（2-24）求出任—x处的渗层浓度。

表 2-3　Gauss 误差函数表

$\dfrac{x}{2\sqrt{Dt}}$	0.0	0.1	0.2	0.3	0.4	0.5	0.6	0.7
Ψ	0.0000	0.1125	0.2227	0.3286	0.4284	0.5204	0.6039	0.6778
$\dfrac{x}{2\sqrt{Dt}}$	0.8	0.9	1.0	1.1	1.2	1.3	1.4	1.5
Ψ	0.7421	0.7969	0.8427	0.8802	0.9103	0.9340	0.9523	0.9661
$\dfrac{x}{2\sqrt{Dt}}$	1.6	1.7	1.8	1.9	2.0	2.2	2.4	2.7
Ψ	0.9763	0.9838	0.9891	0.9928	0.9953	0.9981	0.9993	0.9999

2）扩散元素沿深度的分布。工程上经常希望知道扩散深度与时间的关系，根据 Fick 第二扩散定律的 Gauss 解，对于不同的时间 t 可以得出浓度沿深度的分布曲线。设 c_0 为元素扩散到某深度 x 处的元素浓度，则可通过 Gauss 解求得

$$c_0 = c_{\mathrm{s}}\left[1 - \psi\left(\frac{x}{2\sqrt{Dt}}\right)\right] \tag{2-25}$$

显然，扩散深度 x 和扩散时间 t 之间呈抛物线关系。

3. 表面浓度低于体相浓度的扩散

如果表面浓度 c 低于材料的原始浓度，钢材在空气中加热时表面脱碳即属此种情况，这时扩散将由内向外进行，Fick 第二扩散定律的 Gauss 解将呈下列形式：

$$c(x,t) = c_{\mathrm{s}} + (c_0 + c_{\mathrm{s}})\psi\left(\frac{x}{2\sqrt{Dt}}\right) \tag{2-26}$$

式中，c_0 为体相扩散物质浓度。显然随时间的增长，会引起体相表面附近更深的浓度下降，在极端的情况下，或 $t \to \infty$ 时，整个体相的 c_0 变为 c_{s}。

2.4　表面覆盖层的结构

材料结构是材料各个组成部分的搭配和排列。如前所述，材料结构从宏观到微观，即按研究的层次，大致可分为宏观组织结构、显微组织结构、原子或分子排列结构、电子结构等。宏观组织结构是人们用肉眼或放大镜所能观察到的晶粒或相的集合状态。显微组织结构是借助光学显微镜和电子显微镜观察到的晶粒或相的集合状态。比显微组织结构更细的层次是原子或分子排列结构，其中原子或分子按一定周期性排列的结构，称为晶体结构。原子中的电子结构是指原子中电子的分布规律，当众多原子聚合成固体材料时，必须考虑众多原子之间的相互作用，这对材料性能产生重要的影响。因此，电子结构应分两部分研究，即孤立原子的电子结构和固体中原子聚合物的电子结构。

分析和解决实际问题时，还需要考虑以下几点：

1）材料结构可有更细致的划分。

2）往往要研究结合键的类型和性质。

3）根据具体情况，着重从某个或多个层次的表面结构进行分析研究。例如：宏观组织

结构和显微组织结构（两者简称组织）对镀层的强度、塑性等力学性能有重要的影响；组织比原子结合键、排列方式更容易随加工工艺而变化，即为非常敏感而重要的结构因素。因此，当研究镀层的力学性能时，宏观组织结构和显微组织结构通常是研究的重点。如果研究镀层的电学、光学等一些物理性能，那么就要深入到电子结构去研究。

在表面技术中，采用各种涂层技术及其他覆盖技术是提高材料抵御环境作用能力和赋予材料某种功能特性的主要途径之一。人们对表面覆盖层的形成工艺、设备和应用已做了大量的研究，并且取得很大的成绩，然而如何从各结构层次来研究表面覆盖层的各种性能以及表面覆盖层在制造和应用过程中的现象，进而控制这些变化过程，虽也做了富有成果的研究，但显得相对薄弱。其中一个重要原因就是表面覆盖层的结构及其影响因素往往较为复杂，分析问题和归纳规律时经常会遇到较大的困难。

结构决定性能，不少科学工作者根据这个基本原理进行了不懈的探索，随着表面覆盖层结构的研究不断深入，表面技术的研究和应用水平将会有很大的提高。经过长期的发展，目前表面覆盖层的种类甚多，下面我们以两种类型的表面覆盖层为例，简述表面覆盖层的结构。

2.4.1　电镀层的结构

电镀是通过电解过程在金属镀件（阴极）上沉积很薄一层其他金属或合金的方法。电镀层金属与用冶金方法制得的同种成分的金属之间，在性能上往往有很大的差异；并且，即使是同一镀种的镀层，在不同电沉积条件下形成，它们的性能也会存在明显的差异。这正是因为结构上的不同所造成的。

电镀是电化学方法应用最广的工艺之一。电化学方法的特点是在溶液中施加外电场，由于在电极/溶液界面形成的双电层厚度很薄，电场强度极强，因此电化学方法属于极限条件下制备材料的方法。在外电流下，反应粒子（包括金属离子或络离子等）于阴极表面发生还原反应并形成新相——金属的过程，称为金属电沉积。由于这个沉积的生成物是金属或合金，通常是晶态物质，所以该过程也称为电结晶。

下面介绍由金属电沉积获得镀层的结构特点。

1. 电结晶生长形态

电结晶生长形态受到晶体内部结构因素的制约，还受到电沉积具体条件的显著影响。在不同条件下用显微镜等仪器观察到的电结晶生长形态主要有：

（1）层状　它是最常见到的形态，具有平行于基体某一结晶轴的台阶边缘，层本身包含无数的微观台阶，晶面上的所有台阶沿着同一方向扩展。

（2）棱锥状　有三角棱锥、四角棱锥和六角棱锥等，它们的侧面一般是高指数面且包含着台阶。

（3）脊状　杂质或表面活性物质的吸附使层状结构转化成条形的脊状。

（4）块状　常被视为棱锥状去尖顶的产物，是因杂质或表面活性物质的吸附使垂直方向受抑制而形成的。

（5）立方层状　为块状与层状之间的过渡结构。

（6）螺旋状　带有分层的棱锥体，顶部呈螺旋状排布。

（7）枝晶　为树枝的结晶，空间构型可能是二维的或三维的。

（8）须晶　为线状的单晶。

还可出现其他的电结晶生长形态。影响生长形态的工艺因素较多，其中过电位是首要因素。所谓过电位，是当某一电流密度流过一块电极时，其电极电位与平衡电极电位的差值，具体称为该电极在此电流密度下的过电位。

2. 电结晶的晶粒大小与过电位的关系

在自然界中，一般生成新相都不能在平衡状态下发生。例如：液体物质在冷却过程中，实际结晶温度总是低于理论结晶温度，此现象称为过冷，而理论结晶温度与实际结晶温度之差值称为过冷度。在电结晶过程中，也只有在一定的过电位下才能生成新相晶粒。

一般来说，当电流密度低于允许电流密度的下限时，由于电流密度低，过电位小，形核速度很小，所以镀层晶粒比较粗大。随着电流密度的增大，过电位增加，当到达允许电流密度的上限时，形核速率明显增加，镀层晶粒细小。但是，如果电流密度超过允许电流密度的上限时，由于阴极附近放电金属离子匮乏，一般在棱角和凸出部分放电，将会出现结瘤和枝晶。若电流密度继续上升，阴极区 pH 值因析氢而升高，形成碱式盐或氢氧化物，吸附于阴极和夹杂在镀层中，形成海绵状沉积物。各种电解液都有最适宜的电流密度范围。通常，主盐浓度增加，pH 值降低，温度升高，搅拌强度增加，都可使允许电流密度的上限升高，从而有利于获得细晶致密的镀层。

3. 不同晶面上金属的沉积速度

在没有杂质吸附的情况下，通常原子排列紧密的晶面生长速率较慢，而原子排列不紧密的晶面生长速率较快。图 2-7 所示为不同晶面生长速率不同时的晶体生长。显然，快生长的晶面趋于消失，而慢生长的晶面保留下来。由此推断，结晶体通常以原子排列紧密的晶面为界面。这一结论与从热力学推断的结论是一致的。然而，在有杂质吸附等情况下，许多金属电沉积的界面不是原子密排的晶面。这说明研究电结晶形态，不仅要考虑热力学因素，还需要考虑动力学等因素。

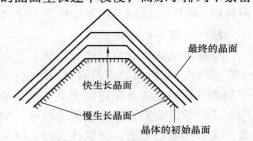

最终的晶面

快生长晶面

慢生长晶面

晶体的初始晶面

图 2-7　不同晶面生长速率
不同时的晶体生长

4. 外延与择优取向

（1）外延　一般来说，当沉积金属与基体金属的晶格常数相差较小（如 15% 以下）时，在沉积的初期可能会发生外延生长，即电结晶层有按原晶格生长并维持原有取向的趋势。外延的厚度一般可以达到 $0.1 \sim 0.5 \mu m$。在某些条件下，外延范围可高达 $5 \mu m$。

（2）择优取向　在初始外延期中沉积层的取向由基体的性质所决定，而与电沉积条件无关。以后基体的外延效应逐渐减弱直至完全消失。在多晶体沉积继续生长过程中，新沉积层与基体的取向关系发生了新的变化，并且在很大程度上取决于电沉积条件。这时新沉积层中有相当数量的晶粒具有某种共同的取向，即发生择优取向，称为织构。影响沉积层织构的因素有溶液组成、电流密度、温度以及金属基体的表面状态等。

5. 电沉积层的组织结构及其影响因素

多年来人们对电镀理论的研究有两个重要方面：一是偏重于电化学方面的研究；二是运用现代显微分析等技术，建立镀层微观结构控制理论，以达到控制镀层有关性能和质量的目标，日本渡边辙及其同事和学生，经过多年的努力，在 1999 年提出了"镀层微观结构可划分为七种类型，而每种类型的微观结构都具有独立性，从而可分门别类地独立加以控制"的理论。图 2-8 所示为镀层中观察到的七类微观结构。虽然该划分中有部分重叠，同时也不够完善，然而它在当时已对传统电镀理论有了重要的突破。

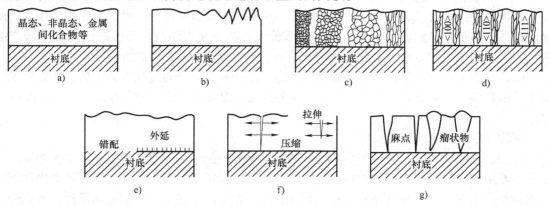

图 2-8　镀层中观察到的七类微观结构

a）金相结构（晶态、非晶态、固溶体、亚稳相、混合物）　b）表面形貌（光滑、粗糙、树枝状、光泽）　c）晶粒大小、晶体形状（尺寸，等轴状、柱状、针状等）　d）结晶取向（平行、垂直、织构）　e）与衬底接触（黏着、外延、连续、错配、位错、错配孪生）　f）残余应力（拉应力、压应力、裂纹）　g）异状物（麻点、瘤状物、晶须等）

影响沉积层结构的因素，除了上述的电流密度、过电位之外，主盐浓度、有机添加剂、温度、搅拌等都会对镀层结构产生显著的影响。

6. 电沉积层的内应力

镀层内应力可分为宏观内应力和微观内应力两类。宏观内应力有拉应力和压应力之分。拉应力是基体反抗镀层收缩的拉伸力，压应力是基体反抗镀层拉伸的收缩力。微观内应力产生的原因可能是晶格参数的变化、沉积物中晶粒尺寸的变化，以及沉积物中晶粒间距离的变化。

电镀层的力学性能受到内应力的影响很大。例如：晶粒细小的镀层虽然强度和硬度较高，但韧性却比较差，这是镀层中存在内应力造成的。许多实验表明，镀层的内应力增大，镀层的脆性也增大。

镀层内应力达到一定程度时，可造成镀层起泡或脱皮，也可能产生裂纹而降低其耐蚀性，还可能因镀层中应力分布不均匀而出现应力腐蚀。

2.4.2　薄膜的结构

在表面技术中，薄膜主要是指一类用特殊方法获得的、依靠基体支承且具有与基体不同结构和性能的二维材料。制备薄膜的方法较多，其中广泛采用的方法是气相沉积法，即通过气态原子凝聚而成。薄膜的结构特点在很大程度上取决于生长过程。在气相沉积过程中，汽化的原子、分子通常以高的能量射到基材和薄膜表面，其中一部分被反射，另一部分会逗留在表面，并且发生表面迁移或扩散。此时有些会逸出表面，而有些被表面吸附，即在极短的时间内凝结为固体。薄膜厚度很小，通常是 $1\mu m$ 至纳米级，甚至低至单原子层，表面效应十分明显。因此，薄膜结构和性能都与一般的三维材料有着很大的差别。

1. 薄膜的形成过程及研究方法

（1）薄膜的形成过程　气相生长薄膜的过程大致上可分为形核和生长两个阶段。基底表面吸附外来原子后，邻近原子的距离减小，它们在基底表面进行扩散，并且相互作用，使吸附原子有序化，形成亚稳的临界核，然后长大成岛和迷津结构。岛的扩展接合形成连续膜，在岛的接合过程中将发生岛的移动及转动，以调整岛之间的结晶方向。

临界核的大小，即所含原子的数目，决定于原子间、原子与基底间的键能，并受薄膜制备方法的影响，一般只含2或3个原子。临界核是二维还是三维，对薄膜的生长模式有决定作用。

薄膜一般有以下三种生长模式：

1）岛状生长。一般的物理气相沉积都是这种生长模式。首先在基底上形成临界核，当原子不断地沉积时，核以三维方向长大，不仅增高而且扩大，形成岛状，同时还会出现新的核继续长大成岛。当岛在基底上不断扩大时，岛会相互联系起来，构成岛的通道。当原子继续沉积，通道的横向也会连接起来，形成连续的薄膜。这种薄膜表面起伏较大，表面粗糙。

2）层状生长。当覆盖度 θ 小于1时，在基底上生成一些分立的单分子层组成的临界核，继续沉积时就会形成一连续的单分子层，然后在第一层上再生长单分子层的粒子。当覆盖度 θ 大于2时，形成两个分子层，并在连续层上再出现分立的单分子层的粒子。继续沉积，将一层一层地生长下去，形成一定厚度的连续膜。

3）层状加岛状生长。随原子沉积量的增加，即有单分子形成，在连续层上又有岛的生长。

影响薄膜形成过程的因素较多，如蒸积速率、原子动能、黏附系数、表面迁移率、成核密度、凝结速率、接合速率、杂质和缺陷的密度及荷电强度等。它们将影响核的形成、生长、粒子的结合、连续膜的形成、缺陷形式、薄膜密度及最终结构。如何影响，要结合实际情况进行分析。

（2）薄膜形成过程的研究方法　目前对薄膜形成过程的研究，主要有以下两种理论模型：

1）形核的毛细作用理论。它是建立在热力学概念的基础上，利用宏观量来讨论薄膜的形成过程。这个模型比较直观，所用的物理量多数能用实验直接测得，适用于原子数量较大的粒子（或岛）。

2）统计物理学理论。它从原子运动和相互作用角度来讨论膜的形成过程和结构。这个模型比毛细作用理论所讨论的范围更广，可以描述少数原子的形核过程，但其物理量有些不容易直接测得。

由于表面分析技术的进步，现在可用多种方法来观察薄膜的形成过程，如透射电子显微镜（TEM）、扫描电子显微镜（SEM）、场离子显微镜（FIM）、扫描隧道显微镜（STM）、原子力显微镜（AFM）等，其中较方便的是原子力显微镜，因为薄膜在不同阶段沉积后，样品可不做任何处理便可直接观察。虽然原子力显微镜的分辨率相当高，但仍然不能看到临界核，所看到的是临界核生成长大后的粒子或岛，然后岛长大、接合，出现迷津结构。随原子沉积增加，使通道加宽，空洞减少，最后形成连续的薄膜。另一方面，随着计算机科学的发展，不少学者采用计算机模拟方法研究薄膜的形成过程，采用的方法大体有蒙特卡罗法和分子动力学法两种（参见本书第11章的相关内容）。

2. 薄膜的生长过程与薄膜结构

由于成膜条件不同，薄膜生长会有显著的差别。按照成膜条件，可将薄膜的生长过程分为非外延式生长和外延式生长两种模式。

（1）非外延生长　现以溅射方法制备的薄膜结构为例。在溅射镀膜过程中随沉积条件不同而可能出现的四种晶带形态如图 2-9a 所示。其中晶带 T 是介于晶带 1 和晶带 2 之间的过渡型组织结构。影响薄膜组织的两个重要因素是相对温度（基体温度 T_s 与沉积物质的熔点 T_m 之比值）和沉积原子自身的能量。后者与溅射气压有关，因为气压越高，入射到基体上粒子所受到的碰撞越频繁，使粒子能量降低。图 2-9b 所示为基体相对温度（T_s/T_m）和溅射时氩气压力对薄膜组织结构的综合影响。

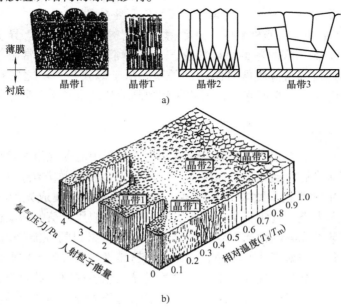

图 2-9　溅射法制备的薄膜结构

a）由溅射法制得薄膜的四种晶带形态　b）基体相对温度（T_s/T_m）和
溅射时氩气压力对薄膜组织结构的综合影响

在图 2-9a 中，晶带 1 为多孔柱状区，呈现细纤维状形态，晶粒内缺陷密度高，晶界外有明显的疏松，即细纤维状组织被许多孔洞包围，力学性能差。晶带 T 为致密纤维状区，气孔少，力学性能提高。晶带 2 为完全致密的柱状晶粒区。晶带 3 已处于基体温度高的区域，导致柱状晶变为等轴晶粒。一般来说，用溅射方法制备的薄膜通常为柱状结构，是由原子或分子在基体具有一定的迁移率所造成的。

用真空蒸镀方法制备的薄膜组织形态，随基体相对温度的变化，如图 2-10 所示。它也可被相应地划分为四个晶带；在 $T_s/T_m \le 0.15$ 时，

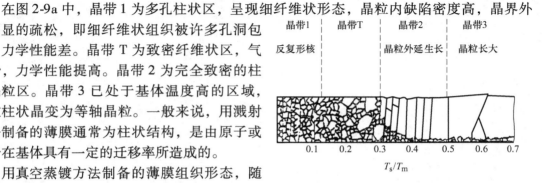

图 2-10　用真空蒸镀法制备的薄膜
组织随基体相对温度的变化

为晶带 1 型；$0.15 < T_s/T_m < 0.3$ 时，转为晶态 T 型；在 $T_s/T_m = 0.3 \sim 0.5$ 时，开始出现晶带 2 型柱状晶。当 $T_s/T_m > 0.5$ 以后，组织变为晶带 3 型的粗大等轴晶。

（2）外延式生长 外延是在适当的衬底（基体）与合适条件下，沿衬底材料晶轴方向逐层生长新单晶薄膜的方法。该新单晶层称为外延层。根据衬底材料与外延材料的化学组分可分为同质外延和异质外延两种类型。外延生长方法主要有分子束外延（MBE）、金属有机化合物气相沉积（MOCVD）、液相外延（LPE）、气相外延（VPE）。

影响外延薄膜结构的因素很多，其中两个重要因素如下：

1）衬底温度。在衬底与薄膜材料之间都有一个临界外延温度。若低于此温度。则外延生长是不完善的。外延薄膜的生长速率（R）与衬底温度（T）、表面扩散激活能（E_D）具有 $R = Ae - E_D/kT$，的关系，式中 A 为常数，K 为玻耳兹曼常数。

2）衬底的晶体结构。同质外延时，外延薄膜的结构与衬底一致。异质外延时，常用失配度（$\Delta a/a$，其中 a 为衬底材料的晶格常数，Δa 为薄膜材料的晶格常数与衬底材料的晶格常数之差值）来描述衬底与薄膜两者结构的关系。由于薄膜与衬底之间存在失配度，并且薄膜中还有较大的内应力和表面张力，因此薄膜中晶粒的晶格常数不同于块状材料中晶粒的晶格常数。

3. 薄膜结构的内涵

上面只是简单介绍了气相沉积薄膜在形成和生长过程中对薄膜组织结构影响的一些基本知识，实际上薄膜结构的内涵是丰富而深入的。薄膜有多种分类方法，如果按用途来分类，薄膜大致上可分为光学薄膜、微电子学薄膜、光电子学薄膜、集成光学薄膜、信息存储薄膜、防护功能薄膜六大类。近年来又不断开发出一些很有应用价值的新型薄膜材料。各种薄膜材料因各自具有某种优异的性能而获得重要应用。薄膜材料的性能是由薄膜结构决定的。薄膜也可按结构来分类，如多晶、单晶、非晶态、超晶格，按特定方向取向、外延生长以及超微粒子、有机分子、纳米多层等；不少薄膜的优异性能还取决于结合键的类型、特性以及电子结构等。因此，深入了解薄膜的结构，并探索结构与成分、制备、性能之间的关系，具有很大的意义。

第3章 固体表面的性能

固体表面的性能包含使用性能和工艺性能两方面。使用性能是指固体表面在使用条件下所表现出来的性能，包括力学、物理和化学性能；工艺性能是指固体表面在加工处理过程中适应加工处理的性能。本章阐述固体表面的使用性能，而有关的工艺性能将在以后章节中结合各种加工处理来阐述。由于固体表面与内部的结构存在明显的差异，因而在使用性能上也存在明显的差异。固体整体的使用性能包含表面与内部两部分，在许多情况下固体表面的使用性能往往对固体整体的使用性能有着决定性的影响。例如：固体的磨损、腐蚀、氧化、烧损以及疲劳断裂和辐照损伤等，通常都是从表面开始的，深入了解和改进固体表面的使用性能具有重要意义。

3.1 固体表面的力学性能

3.1.1 附着力

1. 附着与附着力的概念

附着是指涂层（包括涂与镀）与基材接触而两者的原子或分子互相受到对方的作用。异种物质之间的相互作用能称为附着能。把附着能对其与基材间的距离微分，该微分的最大值为附着力。或者把附着力理解为单位表面积的涂层从基体（或中间涂层）上剥离下来，又不使涂层破坏和变形时所需的最大力。

附着力是涂层能否使用的基本参数之一。涂层成分不当，涂层与基材的热膨胀系数差异较大，涂覆工艺不合理，以及涂前基材预处理不良等因素，都使附着力显著降低，以至涂层出现剥落、鼓泡等现象而难于使用。

2. 附着力的测量方法

目前，按照附着力的物理定义来精确测量附着力是十分困难的。具体的测量方法较多，对于不同类型的涂层有不同的测量方法。尽管测量的结果难以精确，有时测量数据较为分散，但是测量方法仍有较大的实用性。大多数方法是把涂层从基材上剥离下来，测量剥离时所需的力。对于较厚的涂层，较多的采用黏结法，即用黏结剂把一种施力物体贴在涂层表面，加力使涂层剥离。对于薄的涂层，大多采用非黏结法，即直接在涂层上施加力，使涂层剥离。这种方法还适用于具有较高附着力的涂层。定量测定附着力，需要特定的设备和试样，较为复杂和费时。在生产现场，通常采用定性或半定量的检验方法。

涂层附着力的定量评定方法主要有拉伸试验法、剪切试验法和压缩试验法三种，即以抗拉强度、抗剪强度、抗压强度来分别表示涂层单位面积上的附着力。

（1）拉伸试验法 利用试验工具或设备使试样承受垂直于涂层表面的拉伸力，测出涂层剥离时的荷载，以试样的断面积除该荷载，算出涂层的抗拉强度。

（2）剪切试验法 通常将试样做成圆柱形，在圆柱外表面中心部位制备涂层并磨制到要求尺寸，置于间隙配合的凹模中，在万能材料试验机上缓慢加载，测出涂层被剪切剥离时的载荷，算出涂层的抗剪强度。

（3）压缩试验法　试样用高强度材料制成，放在万能材料试验机上缓慢加压，试样受力方向与涂层表面垂直，加压至涂层被破坏，测出此时最大负荷，算出涂层的抗压强度。

在以上三种试验中，涂层抗拉强度是评定附着力的最重要指标。但是有些场合，需要测定涂层的抗剪强度和抗压强度。例如对各种轴承，抗压强度是一项重要的指标。

定性法根据涂层的种类和使用环境可选择多种试验方法，大致有弯曲试验法、缠绕试验法、锉磨试验法、划痕试验法、胶带剥离法、摩擦法、超声波法、冲击试验法、杯突试验法、加热骤冷试验法等。

用 PVD 和 CVD 方法在各种基材表面制备薄膜，薄膜很薄，但具有优异的性能，应用甚广。其附着力的评定方法，有许多是与上述方法相似的，如拉伸法、胶带剥落法、摩擦法、超声波检测法等，也有某些方法是不相同的，主要是划痕法。薄膜的划痕法具有可量化的特点。根据 JB/T 8554—1997《气相沉积薄膜与基体附着力的划痕试验法》，薄膜的划痕法是用划痕仪的压头在镀层上进行直线滑动，滑动时载荷从零不断加大，通过监测声发生信号和滑动摩擦力变化，结合对划痕形貌的观察，定量判断镀层破坏时对应的临界载荷，将此载荷作为薄膜与基材附着力的表征值。

3. 附着的机理和提高附着力的方法

关于附着的机理，目前仍不十分清楚，但是不同物质原子或分子之间最普遍的相互作用力是范德华力，用这种力可以解释许多附着现象。对范德华力有两种理解。一种是将它与分子间作用力等同。另一种是分子间与 $1/r^6$ 有关的三种作用力的总称：静电力，即偶极子—偶极子的相互作用；诱导力，即偶极子—诱导偶极子的相互作用；色散力，即诱导偶极子—诱导偶极子的相互作用。设两个分子间相互作用能为 U，则

$$U = -\frac{3\alpha_A \alpha_B}{2r^6} \frac{I_A I_B}{I_A + I_B} \tag{3-1}$$

式中，α 为分子极化率；r 为分子间距离；I 为分子的离化能；下标 A 和 B 分别表示 A 分子和 B 分子。

在考虑附着力时，还应计入涂层与基材间的电荷交换而在界面上形成双电层的静电相互作用。若涂层与基材都为导体，两者的费米能不同，涂层的形成会从一方到另一方发生电荷转移，界面上形成带电的双层，设涂层与基材间产生的静电相互作用力为 F，则

$$F = \frac{\sigma^2}{2\varepsilon_0} \tag{3-2}$$

式中，σ 为界面上出现的电荷密度；ε_0 为真空中的介电常数。

再有，要考虑到两种异质物之间的扩散，这种扩散特别在涂层与基材之间的两种原子相互作用大的情况下发生，甚至通过两种原子的混合或化合，使界面消失。此时，附着能变成混合物或化合物的凝聚能，而凝聚能要比附着能大。生产上，界面处异种原子的混合或化合而使界面趋于消失的效果，可通过一定的工艺方法来获得。例如：采用离子束辅助沉积（IBAD）工艺，即在镀膜的同时，通过一定功率的大流强宽束的离子源，使具有一定能量的轰击离子不断地射到膜与基材间的界面上，借助于级联碰撞导致界面原子混合，初始界面附近形成原子混合过渡区，提高膜与基材间的附着力，然后在原子混合区上，再在离子束参与

下继续外延生长出所要求的厚度和特性的薄膜。

为了保证涂层与基材间有足够的附着力，涂覆前基材表面的预处理十分重要。基材表面的脏物和油污等，都会大大降低涂层与基材间的附着力，所以一定要清除干净。

在多数情况下，基材表面能较小，为此可通过表面活化方法来提高它的表面能，从而使涂层的附着力增大。活化的方法主要有清洗、腐蚀刻蚀、离子轰击、电清理、机械清理等。

加热也是一种提高附着力的有效方法。加热会提高基材的表面能，也会促进异种原子的互扩散。尤其在真空镀膜等工艺中，加热是一种经常采用的方法。

涂层与基材间相互浸润，可显著提高涂层的附着力。在涂层与基材间难以结合的情况下，可通过与涂层、基材都能良好结合的"中间过渡层"来提高涂层的附着力。这种中间过渡层的重要性可从下面的实验观察体会到：在玻璃表面，金膜的附着是一种弱附着；银膜也是一种弱附着，但随放置时间的增长，其附着力增大；铝膜的附着较强些，且随时间增长而附着力显著增大；铬膜的附着性好，刚镀完就相当牢固。一般定性地说，在玻璃表面上易氧化的金属膜附着性比难氧化的金属膜附着性要好，在空气中经过充分放置后易氧化的金属膜附着性变得更强了，这表明在这种情况下金属氧化膜是一种良好的中间过渡层。但是，也存在一些例外的情况，表明人们对附着的认识有待深入。用中间过渡层来显著提高涂层附着力，是生产中常用的工艺方法。过渡层可以是单层，也可以是多层。

基材的表面从微观看并非平整，微观的粗糙状况往往有利于外来原子的"钉扎"，从而提高涂层的附着力。用各种方法使基材表面微观粗糙化，是生产上常用的工艺。例如：某些工程塑料表面镀膜时，可利用辉光放电的等离子体轰击塑料表面，使之微观粗糙化，就有可能显著提高真空金属镀层的附着力。

3.1.2　表面应力

1. 应力产生的原因

作用在表面或表层的应力称为表面应力。它主要有两种类型：①作用于表面的外应力；②由表层畸变引起的内应力或残余应力。很多工艺过程，如喷丸、表面淬火和表面滚压等均能在表面或表层产生极高的残余压应力，从而显著提高材料的疲劳寿命。沉积于基材表面的薄膜，由于它的热膨胀系数与基材不同，从高温冷却后，薄膜中将存在热残余应力。有些涂层在形成过程中，伴随从液态至固态的转变，发生了体积的变化，或者经历了一些组织结构的变化，都会导致应力的产生。

表面应力的产生原因是多方面的，特别对沉积的薄膜来说，其形成过程中发生了体积的变化，而一个面附着在基材上被固定，发生畸变的晶格在薄膜中得不到修复，致使内应力产生。具体的应力状况与工艺过程有关，例如：同样成分的薄膜用真空蒸镀法制备会得到拉应力或压应力，而用溅射法制备往往得到压应力。实验表明，当薄膜厚度大于 $0.1\mu m$ 时，它的应力通常为确定值。真空蒸镀的金属薄膜中应力大部分为 $-10^8 \sim +10^7 Pa$（拉应力为正，压应力为负）。对于 Fe、Al、Ti 等易氧化的薄膜，因形成条件不同，它的应力状况比较复杂。一般来说，氧化会使应力趋向压应力。在溅射镀膜中，由于高速粒子对薄膜的轰击，使薄膜中原子离开原来的点阵位置，进入间隙位置，产生钉扎作用，高速粒子进入晶格中，从而容易产生压应力。薄膜中存在内应力，即存在应变能，当其大于薄膜与基材间的附着能时，薄膜就会剥落下来，尤其在膜层太厚时更易剥落。

其他涂层也会出现类似的问题。例如：热喷涂涂层存在热残余应力，其大小及方向主要取决于喷涂温度、基材预热温度、涂层的密实度和材料的特性。残余应力影响到涂层的各种性能，较高时会使涂层发生变形、起皱、龟裂、剥落；对于薄板金属，还可能发生弯曲变形。

2. 应力测量方法

残余应力可使薄板样品发生弯曲，拉应力有形成以涂层为内侧的趋势，而压应力则有形成以涂层为外侧的趋势。基于这一现象，形成了经典的涂层残余应力测试方法——薄板弯曲法。1903 年，Stoney 针对薄膜内应力测量提出，当试样为长度远大于宽度的窄薄片时，薄膜的内应力 σ 表现为

$$\sigma = \frac{E}{\sigma(1-v)} \frac{h_s^2}{h_f} \left(\frac{1}{R_2} - \frac{1}{R_1} \right) \tag{3-3}$$

该式称为 Stoney 公式。式中，E 和 v 为基片的弹性模量和泊松比；h_s 和 h_f 分别为基片和薄膜的厚度；R_1 和 R_2 分别是镀膜前后基片弯曲的曲率半径。在其他参数已知的情况下，通过测量镀膜前后基片弯曲的曲率半径就可以计算出薄膜的内应力。测量基片曲率变化的方法有光学干涉法、激光扫描法、触针法、全息摄影法和电微量天平法等。这些方法需要专门制备样品。对于有些基材（例如钢）经历热喷涂、化学气相沉积等高温热循环处理后，有可能由于组织转变或加热—冷却中的不均匀性造成基片曲率的附加变化，从而影响测量的准确性。

另一种常用的方法是 X 射线衍射法。对一个各向同性的弹性体，当表面承受一定的应力 σ 时，与试样表面呈不同位向的晶面间距将发生有规律的变化。因此，用 X 射线从不同的方位测量衍射峰位 2θ 角的位移，就可以求出约 $10\mu m$ 厚涂层的应力值。X 射线衍射法测量材料表面应力有许多具体的测量方法和计算公式。其中一个计算式为

$$\sigma = \frac{E}{2v} \frac{d_o - d}{d_o} \tag{3-4}$$

式中，σ 为涂层的内应力；E 和 v 分别是涂层的弹性模量和泊松比；d_o 和 d 分别为无应力时的某晶面间距和存在内应力 σ 时的该晶面间距，它们是用 X 射线衍射峰的位置来测定的。由这种 X 射线法测量的应力是与基片平行方向上的应力。要注意的是，衍射图像的变化也可能由晶体缺陷引起的，所以有时还要研究来自高指数面 [例如 Au 薄膜的 （111） 面，高指数面为 （222） 等] 的反射。X 射线衍射法原则上可以探测出表面层内点与点或晶粒与晶粒之间随应力产生的空间变化。但是，这种方法仅限于晶化程度较高的各种表面层。对于一些非晶态和具有高度择优取向的薄膜，则由于其晶面的 X 射线衍射峰漫散和仅有强烈织构的低指数衍射峰而无法采用此方法。另外，太薄的膜层所出现的衍射图像显得很不清晰。

3.1.3 表面硬度

1. 显微硬度

硬度是用一个较硬的物体向另一个材料压入而该材料所能抵抗压入的能力。实际上，硬度是被测材料在压头和力的作用下强度、塑性、塑性变形强化率、韧性、抗摩擦性能等综合性能的体现。硬度试验的结果在许多情况下能反映材料在成分、结构以及处理工艺上的差

异。因此，硬度试验经常用于质量检验和工艺研究。

由于基材的影响，要对表面层进行全面的力学性能测试是困难的，因此表面硬度的测试结果成为表面力学性能的重要表征。较厚的表面层如堆焊层、热喷层、渗碳层、渗氮层、电镀层等，厚度通常大于 10 μm，有的可以采用洛氏硬度测试方法。但是，一般采用显微维氏硬度法，即采用显微硬度计上特制的金刚石压头，在一定的静载荷作用下，压入材料表面层，得到相应的正方形锥体压痕，放大一定倍率后，测量压痕对角线的长度，然后按计算式换为显微硬度值。实际使用时可查表获得，或在显示屏上直接显示。为保证测试结果准确和可靠，有一些严格的测试规定。例如：试验力必须使压痕深度小于膜层厚度的 1/10，即显微维氏硬度测定的表面层或覆盖层的厚度应大于或等于 $1.4d$，这里的 d 表示压痕对角线的长度。另一种显微硬度为努氏硬度，其压头所得压痕深度的对角线长短相差很大，长者平行于表面，测定时表面层或覆盖层厚度只要大于或等于 $0.35d$ 就可，因此努氏硬度法可以测量更薄的表面层或覆盖层。显微维氏硬度与显微努氏硬度所用压头的比较见表 3-1。显微硬度的符号、单位和计算公式见表 3-2。由表可见，显微维氏硬度在计算时分母为压痕投影的面积。

表 3-1　显微维氏硬度与显微努氏硬度所用压头的比较

显微维氏硬度（HV）压头	显微努氏硬度（HK）压头
金刚石角锥压头	金刚石菱形压头
相对面夹角 136°	长边夹角 172°30′
相对边夹角 148°6′20″	短边夹角 130°
压痕深度 $t \approx d/7$	压痕深度 $t \approx L/30$

表 3-2　显微硬度的符号、单位和计算公式

符号	测量单位	说　　明	
		显微维氏硬度	显微努氏硬度
F	N	试验力/N	试验力/N
d	μm	压痕两对角线长度和的算术平均值 $d = d' + d''/2$	压痕长对角线的长度
HV	—	维氏硬度值：$0.102F/A_v = 1.854 \times 10^4 \times 0.102F/d^2$	—
HK	—		努氏硬度值：$0.102F/A_k = 14.229 \times 10^6 \times 0.102F/d^2$

注：A_v 为压痕倾斜表面的面积，单位为 mm^2；A_k 为压痕投影的面积，单位为 mm^2。

2. 超显微硬度

对于各种气相沉积薄膜以及离子注入所获得的表面层等，往往有着厚度薄和硬度高的特点。例如：气相沉积硬质薄膜 TiN、TiC 等，硬度高达 20GPa 以上，厚度约为几个微米或更薄，在较小的压入载荷下压痕难于用光学显微镜分辨和测量，而过大的压入载荷则会造成基材变形，无法得到正确可靠的测量结果。

为适应上述需求，硬度测试采用了先进的传感技术，从而一些超显微硬度试验装置相继被研制出来。例如：一种被称为微力学探针的显微硬度仪，可以使压头对材料表面进行小至

纳牛的步进加载和卸载，并用能同步测量加载、卸载过程中压头压入被测表面微小深度时的变化值，由此准确测定显微硬度和弹性模量等性能。

图 3-1 所示为一种纳米压痕仪装置示意图。它装有高分辨率的制动器和传感器，控制和监测压头在材料表面的压入和退出，连续测量载荷和位移，直接从载荷-位移曲线中获得接触面积，从而显著减少测量误差。其最小载荷为 1nN，可测量的位移为 0.1nm。

图 3-2a 所示为一种典型的载荷（P）与位移（压入深度 h）之间的关系曲线，包含加载与卸载两部分。加载时先发生弹性变形，后随着载荷增加逐渐发生塑性变形，加载曲线呈非线性，最大载荷与最大压入深度分别以 P_{max} 和 h_{max} 标记，卸载曲线端部的斜率（$S = \mathrm{d}p/\mathrm{d}h$）称为弹性接触刚度。

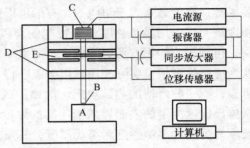

图 3-1　纳米压痕仪装置示意图
A—试样　B—压头　C—加载　D—压头阻尼
E—电容位移传感器

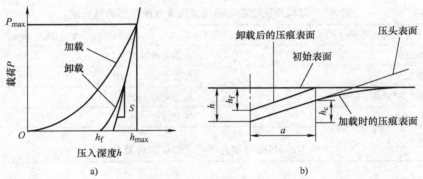

图 3-2　加载和卸载曲线及其压痕剖面变化
a) 典型的加载和卸载曲线　b) 加载和卸载过程中压痕剖面的变化

图 3-2b 所示为加载和卸载过程中压痕剖面的变化，其中 a 是接触圆半径，h_c 是加载后压痕接触深度，h_f 是卸载后残余深度。表面硬度和弹性模量可从 P_{max}、h_{max}、h_f 和 S 中获得。但是，根据载荷与位移数据计算出硬度值，必须准确知道 S 和接触表面的投影面积 A。通过卸载后的残余压痕照片来获得纳米尺度的压痕面积是很困难的，目前用连续载荷-位移曲线计算出接触面积，Olives-Pharr 法是一种常用的方法，计算公式如下：

$$P = B(h - h_f)^m \tag{3-5}$$

式中，B 和 m 是通过测量获得的拟合参数；h_f 为完全卸载后的位移。S 可从该式的微分得到：

$$S = (\mathrm{d}p/\mathrm{d}h)_{h = h_{max}} = Bm(h_{max} - h_f)^{m-1} \tag{3-6}$$

确定接触刚度的曲线拟合只取卸载曲线顶部的 25% ~ 50%。式（3-6）虽然来源于弹性接触理论，但对塑性变形也符合得很好。

接触表面的投影面积 A 通常由经验公式 $A = f(h_c)$ 计算。对于理想的三棱锥压头，$A = 24.56h^2$。对于实际使用的压头，A 通常为一个级数，即

$$A = 24.56h_c^2 + \sum_{i=0}^{T} C_i h_c^{(1/2)i} \tag{3-7}$$

式中，C_i 对不同的压头有不同的值，具体由实验确定。知道 A 后，硬度便可由 $H = P/A$ 求出。

3.1.4　表面韧性与脆性

1. 表面韧性

韧性是表示材料受力时虽然变形但不易折断的性质。进一步说，韧性是材料能吸收能量的性能。能量包含两部分：一部分是材料在塑性流变过程中所消耗的能量，另一部分主要是形成新的表面而需要的表面能所消耗的能量。韧性有以下三种：

（1）静力韧性　它是指材料试样在拉伸试验机中引起破坏而吸收的塑性变形功和断裂功的能量，可从应力—应变曲线下的面积减去弹性恢复的面积来计算，单位是 J/m²。

（2）冲击韧性　它是指材料在冲击载荷下材料断裂所消耗能量，常用冲击吸收能量来衡量。

（3）断裂韧性　它是指含裂纹材料抵抗裂纹失稳扩展（从而导致材料断裂）的能力，可用应力场强因子的临界值 K_{IC}、裂纹扩展的能量释放率临界值 G_{IC}、J 积分临界值 J_{IC} 以及裂纹张开位移的临界值 δ_C 等来衡量。

静力韧性与冲击韧性都包含了材料塑性变形、裂纹萌生和裂纹扩展至断裂所需的全部能量，而断裂韧性只包含了使裂纹扩展至断裂所需的能量。在工程上，尤其对于涂层抗摩擦磨损等应用场合，常需要研究和测量涂层的断裂韧性。对于较薄的涂层，测量断裂韧性是困难的。通常在定性和半定量评价时，采用塑性测量法或结合强度划痕测试法，而在定量评价时则采用选择弯曲法、弯折法、划痕法、压痕法和拉伸法等。现以压痕法中的能量差法为例简要说明如下：

压痕法是较为普遍使用的评价涂层韧性的方法，包括基于应力和基于能量的两种方法。基于能量的方法又有能量差法和碎片脱落法等。能量差法认为，涂层开裂前后的能量差造成了涂层的断裂。能量释放速率 G_C 定义为裂纹扩展单位裂纹面积而释放的应变能，其关系式为

$$K_{IC} = \sqrt{E^* G_C} \tag{3-8}$$

式中，平面应力 I 型断裂时，$E^* = E$；平面应变 I 型断裂时，$E^* = E(1/v^2)$。其中，E 和 v 分别为涂层材料的弹性模量和泊松比。

在载荷可控的压痕实验中，硬质涂层的断裂可简化为如图 3-3 所示的三个阶段，而释放的应变能可用图 3-4 所示的载荷-位移曲线上的相应平台来计算。图 3-4 中 $OACD$ 是加载曲线，DE 为卸载曲线。环状穿膜裂纹形成前后的能量变化为曲线 ABC 下的面积，它是以应变能形式释放而产生裂纹的，因此涂层的断裂韧性可表示为

$$K_{IC} = \left(\frac{E}{(1 - v_f^2)2\pi G_R} \times \frac{\Delta U}{t} \right)^{1/2} \tag{3-9}$$

式中，E 和 v_f 分别为涂层材料的弹性模量和泊松比；$2\pi G_R$ 为涂层表面的裂纹长度；t 为涂层厚度；ΔU 为开裂前后的应变能差。

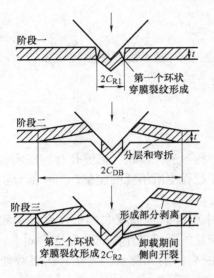

图 3-3　硬质涂层压痕断裂示意图

注：阶段一——接触区的高应力使第一个环状穿膜裂纹在压头周围形成；阶段二——高的侧向应力使涂层/衬底界面的接触区周围出现分层和弯折；阶段三——第二个环状穿膜裂纹形成，因弯折的涂层边缘处的高弯应力而产生剥落。

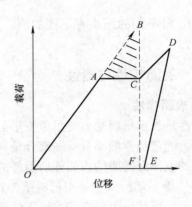

图 3-4　荷载-位移曲线与环状穿膜裂纹形成前后能量变化的示意图

2. 表面脆性

材料受拉力或冲击时容易破碎的性质称为脆性。进一步说，材料宏观塑性变形能力受到抑制就显示脆性，材料的脆性就是宏观变形受抑制程度的度量。本质上是脆性的材料如玻璃、陶瓷、金属间化合物等，通常显示明显的脆性，而本质上是韧性的材料在一定条件下，如降低温度、增大应变速率、受三向应力作用、疲劳、材料含氢、应力腐蚀、中子辐照、浸在液态金属中等，有可能转变为脆性。材料变脆后，塑性与韧性指标如拉伸塑性、冲击韧性、断裂韧性等发生明显的下降；断裂应力低于抗拉强度，甚至低于屈服强度，或者断裂应力强度因子低于断裂韧性；在材料断口中如沿晶、解理或准解理的脆性断口比例明显增加。

表面处理能显著提高材料抵御环境作用的能力，可以赋予材料表面某种功能特性，但是如果处理不当或者处理后未能采取必要的措施，也可能损害材料的使用性能。例如：表面酸洗、电镀和阴极脱脂等处理过程常常是造成金属基体渗氢的主要原因，而金属材料在氢和应力联合作用下可能会造成氢脆，使材料发生早期脆断。某些高强度结构钢特别是超高强度钢，对氢脆非常敏感，因此表面处理后要进行去氢处理。

在许多场合下，表面脆性是材料发生早期破坏失效的重要原因，因此常将表面脆性列为测试项目。例如：电镀层脆性的测试是经常进行的，为镀层质量控制的一项指标。它一般通过试样在外力作用下发生变形，直至镀层产生裂纹，然后以镀层产生裂纹时的变形程度或挠度值大小作为评定镀层脆性的依据。测定镀层脆性的方法有杯突法和静压挠曲法等。其中金属杯突法用得较多，它是用一个规定钢球或球状冲头，向夹紧于规定压模内的试样均匀施加压力，直到镀层开始产生裂纹为止，然后以试样压入的深度值作为镀层脆性的指标。杯突深度越大，脆性越小；反之，则脆性越大。

脆性与韧性是材料一对性能相反的指标，脆性大则韧性小，反之亦然。因此，研究和测试材料的韧性，其结果在很大程度上反映了材料脆性的大小，即可以用韧性的测试结果来作为材料的脆性判据之一。

3.1.5　表面耐磨性能

1. 摩擦与磨损

摩擦是自然界普遍存在的一种现象。相互接触物体在外力作用下发生相对运动或具有相对运动的趋势时，接触面之间就会产生切向的运动阻力——摩擦力，该现象称为摩擦。这种摩擦仅与接触表面的相互作用有关，称为外摩擦。通常在液体或气体内部，阻碍各部分之间相对移动的摩擦，称为内摩擦。

摩擦时一般会伴随着磨损的发生。磨损是物体接触表面时由于相对运动而产生材料逐渐分离和损耗的过程。对于一般的金属材料来说，磨损的全过程多半包括机械力作用下的塑性应变积累、裂纹形成、裂纹扩展以致最终与基体脱离等阶段。实际上，磨损并不局限于机械作用，其他如伴同化学作用而产生的腐蚀磨损、由界面放电作用而引起物质转移的电火花磨损、伴同热效应而造成的热磨损等，都在磨损的范围之内。但是，如橡胶表面老化、材料腐蚀等非相对运动造成的材料逐渐分离和损耗，以及物体内部而非表面材料的损失或破坏，都不属于磨损研究的范畴。

磨损是材料不断损失或破坏的现象。材料的损失包括直接耗失材料以及材料从一个表面转移到另一个表面上；材料的破坏包括产生残余变形、失去表面精度和光泽等。磨损与腐蚀、断裂是结构材料失效的主要形式。这三种失效方式所造成的经济损失是十分巨大的。

2. 摩擦的分类和理论

摩擦有多种分类方法。按摩擦副的运动状态，摩擦有静摩擦与动摩擦之分：前者为一个物体沿另一个物体表面有相对运动的趋势时产生的摩擦，而后者为一个物体沿另一个物体表面相对运动时产生的摩擦。按摩擦副的运动形式，摩擦又可分为滑动摩擦与滚动摩擦两种。若按摩擦副表面的润滑状况，则摩擦可分为以下几种：

（1）干摩擦　无润滑或不允许使用润滑剂的摩擦。

（2）边界润滑摩擦　接触表面被一层厚约一个分子层至 $0.1\mu m$ 的润滑油膜分开，使摩擦力显著降低，磨损显著减少。

（3）液体润滑摩擦　接触表面完全被油膜隔开，由油膜的压力平衡外载荷，此时摩擦阻力决定于润滑油的内摩擦因数（黏度）。在滑动摩擦中，液体润滑摩擦具有最小的摩擦因数，摩擦力大小与接触表面的状况无关。

（4）滚动摩擦　这种摩擦的状况和机理，与滑动摩擦有显著差别，其摩擦因数也比滑动摩擦小得多。

摩擦理论的研究已有 500 多年的历史，大致可以分为滑动摩擦理论与滚动摩擦理论两方面。

滑动摩擦有机械啮合、分子作用、黏着等多种理论。

机械啮合理论认为，摩擦的起因是接触表面因微小凹凸不平相互啮合而产生了阻碍两固体相对运动的阻力所致。该理论完全建立在固体表面的纯几何概念上，摩擦力为所有啮合点的切向阻力的总和，表面越粗糙，摩擦因数越大。但是，这个理论只适用于刚性粗糙表面，当表面粗糙度达到使表面分子吸引力有效发生作用时，例如超精加工表面，摩擦因数反而加大，这个理论就不适用了。

分子作用理论认为，两物体相对滑动摩擦时，某些接触点的分子间距离很小而产生分子斥力，另一些接触点的分子间距离较大而产生分子吸力，这种分子力是产生摩擦力的主要原因。进一步研究认为，摩擦是由分子运动时键的断裂过程所引起，表面和次表面分子周期性的拉伸、破裂和松弛，导致能量的消耗。

黏着理论认为：当金属表面相互压紧时，只有微凸体顶端的接触，才能引起微凸体的塑性变形和牢固黏着，以致形成黏合点，然后在表面相对滑动时被切断。设摩擦力的黏着分量为 F_{adh}，剪切的总面积为 A，焊合点的平均抗剪强度为 τ_b，则 $F_{adh} = A\tau_b$。当较硬材料滑过较软材料的表面时，较硬材料表面的微凸体会对较软材料表面造成犁削作用。摩擦力的犁削分量 F_{pl} 在大多数情况下远小于黏着分量 F_{adh}，因此总的摩擦力 $F = F_{adh} + F_{pl} \approx F_{adh}$。按照阿蒙顿-库伦（Amontons-coulomb）摩擦定律，摩擦力 F 与作用于摩擦面间的法向载荷 N 成正比，即 $F = \mu N$，其中 μ 为摩擦因数。于是，

$$\mu = F_{adh}/N \approx \tau_b A/HA = \tau_b/H \tag{3-10}$$

式中，N 为法向载荷，H 为材料的压入硬度。

关于滚动摩擦的理论，目前认为滚动的摩擦阻力主要来自微观滑动、弹性滞后、塑性变形和黏着作用等。假定一个轮子沿固定基础做无滑动滚动，轮子半径为 R，作用于轮子的法向载荷为 N，平行于固定基础而作用在轮子上的滚动驱动力为 F_o，则滚动摩擦因数 μ_r 定义为驱动力矩 M 与法向载荷 N 之比，即

$$\mu_r = M/N = F_o R/N \tag{3-11}$$

μ_r 是一个具有长度因次的量纲，单位是 mm。

摩擦的大小通常用摩擦因数来表征。对于各类轴承、活塞、液压缸等摩擦副一般要求具有低的摩擦因数，而对于制动摩擦副则要求具有高和稳定的摩擦因数。摩擦过程是复杂的，影响摩擦因数的因素很多，如摩擦副材料、接触表面状况、工作环境和润滑条件等，因此摩擦因数不是材料本身固有的特性，而是与材料、环境有关的系统特性。

3. 影响摩擦的主要因素

现以滑动摩擦为例介绍影响摩擦的主要因素。

（1）材料性质　当摩擦副由同种材料或非常类似的金属组成，而这两种金属有可能形成固溶合金时，则摩擦因数较大，如铜—铜摩擦副的摩擦因数可达 1.0 以上，铝—铁、铝—低碳钢摩擦副的摩擦因数大于 0.8。由不同金属或低亲和力的金属组成的摩擦副，它们的摩擦因数约为 0.3。

如果摩擦副材料的性质一致或接近，而且表面硬度又较低，那么接触点处容易黏合，导致摩擦副较快损坏。材料的弹性模量越高，摩擦因数越低；材料的晶粒越细，强度和硬度越高，抗塑性变形的能力越强，越不容易在接触点处发生黏合，摩擦因数也就越小。

（2）表面粗糙度　摩擦副材料表面粗糙度发生变化时，摩擦机理有可能发生变化。如前所述，通常表面光滑，摩擦因数就小，但是当表面光滑到表面分子吸引力有效发生作用时，摩擦因数反而增大。因此，摩擦副材料一般有某个摩擦因数最小的表面粗糙度区间。

（3）黏合点长大　滑动摩擦时有黏合点长大的现象，从而增大了摩擦因数。从黏着理论可知，$\mu = \tau_b/H$ ［见式（3-10）］，由于黏合点发生破坏一般是在摩擦副较软材料处，式中

抗剪强度 τ_b 和硬度 H 均属较软材料。研究发现，摩擦副滑动时材料的屈服（塑性变形）是由法向载荷造成的压应力 σ 与切向载荷造成的切应力 τ 合成作用的结果。当切应力逐渐增大到材料的剪切屈服强度 τ_s 时，摩擦接触面上的黏合点发生塑性流动，使接触面积增大 ΔA，导致摩擦因数增大，即实际值要大于计算值。与滑动摩擦不同的是，滚动摩擦产生的黏合点分离，其方向垂直于界面，因此没有黏合点长大的现象。

（4）环境温度 升温使摩擦材料的黏合性增大，强度下降，导致黏合程度增加，从而增大了摩擦因数。同时，升温又会使接触表面氧化程度增大，有可能导致摩擦因数的下降。因此，环境温度的影响，要综合多方面影响的结果。

（5）滑动速度 其影响也要综合接触表面微凸体的变形速度、变形程度和表面温度等因素，通常要针对具体的摩擦副进行试验确定。

（6）表面膜 其对摩擦因数的影响很大。摩擦前、摩擦中以及特意加入一些物质，都会存在各种表面膜，如氧化膜、吸附膜、污染膜、润滑膜等。由于摩擦主要发生在表面膜之间，表面膜的抗剪强度一般低于本体材料的抗剪强度，所以摩擦因数较小。只要表面膜能起到润滑剂的作用，就会减轻黏着，降低摩擦因数。除了表面膜的性质，表面膜的厚度、表面膜的自身强度以及表面膜与基体的结合强度都会对摩擦因数产生显著的影响。

4. 磨损的分类

摩擦通常会造成材料的磨损。对于不同材料，或者同一种材料在不同的摩擦系统中，磨损机制可能不相同，并且在同一磨损过程中往往同时有几种机制起作用。按照磨损机制可以将磨损分为以下七类。

（1）磨料磨损 在摩擦过程中由接触表面上硬突起物和粗糙峰以及接触面之间存在的硬颗料所引起的材料损失，称为磨料磨损。按具体条件不同，磨料磨损又可分为三种类型：一是凿削式磨料磨损，即磨料中含有大而尖锐棱角的磨粒，在高应力下冲击材料表面，把材料大块地凿下；二是高应力碾碎性磨料磨损，即磨料与材料表面的接触应力大于磨料的压碎强度，磨料碾碎并且作用到材料表面，引起塑性变形、疲劳断裂和破裂；三是低应力擦伤性磨料磨损，即磨料作用在材料表面上的应力低于磨料的压碎强度，磨料保持完整不碎，磨损的结果是材料表面产生擦伤。

（2）黏着磨损 它是两个相对滑动的材料表面因产生固相黏合作用而使一个表面的材料转移到另一表面所引起的磨损。其基本过程是：在摩擦力的作用下，表面层发生塑性变形，表面的氧化膜或污染膜被破坏，裸露出"新鲜"表面，在接触表面上发生黏合，当外力大于黏合接点的结合力时，黏合接点将被剪断，在强度较高的材料表面上黏附强度较低的材料，即产生黏着磨损，在以后摩擦过程中，黏着物可能从材料表面脱落下来形成磨屑。如果剪切刚好发生在接触表面上，那么没有物质转移，即不产生磨损，若外力小于黏合接点的结合力，由两固体不能做相对运动而产生"咬死"现象。影响黏着磨损的因素很多，如材料间互溶性、点阵结构、硬度、载荷、滑动速度等。通常，降低接触材料的互溶性，提高材料表面硬度和抗热软化能力以及采用六方点阵的金属等，都会减小黏着倾向。

（3）冲蚀磨损 由含有微细磨料的流体以高速冲击材料表面而造成的磨损现象。在自然界和工业生产中存在着大量的冲蚀磨损现象，如锅炉管道被燃烧的粉末冲蚀、喷砂机喷嘴受砂料冲蚀等。微细磨料的粒径、密度和入射速度以及材料表面的硬度、韧性等因素对冲蚀磨损量有着显著的影响。冲蚀磨损量还与磨料冲击角存在一定的关系。冲击角小于 45°时，磨削作用是磨损的主要原因；冲击角大于45°时，由磨料冲击引起材料表面的变形和凹坑是主要的原因。

（4）疲劳磨损　由于交变接触应力引起疲劳而使材料表面出现麻点或脱落的磨损现象。它主要产生于滚动接触的机械零件（如滚动轴承、齿轮、凸轮、车轮等）的表面。一般认为其过程为：两个接触物体相对滚动时，在接触区产生很大的应力和塑性变形，由于交变接触应力的长期反复的作用，使材料表面的薄弱区域出现疲劳裂纹，并逐步扩展，以致最终呈薄片状断裂剥落下来。这种磨损与摩擦条件、材料成分、组织结构、冶金质量等许多因素有关。提高材料硬度和韧性，表面光滑无裂纹，加工精度高以及材料内部没有或很少有非金属夹杂物等，都能降低疲劳磨损量。疲劳除接触疲劳之外，还有热疲劳、腐蚀疲劳、高周疲劳和低周疲劳等，它们具有不同的疲劳特性。

（5）微动磨损　它是接触表面之间经历振幅很小的相对振动而造成的磨损。这种磨损发生在相对静止、但受外界变载荷影响下而有小振幅相对振动的机械零件上，如螺钉联接、键联接、过盈配合体和发动机固定零件等。其过程是：接触应力使材料表面微凸体产生塑性变形和黏着，在小振幅振动的反复作用下，黏合点被剪断，黏着材料脱落，剪切处断口被氧化，由于接触面是紧密配合的，磨屑不易排去，起着磨料的作用，加速了微动磨损的过程。若振动应力足够大，微动磨损处将引发疲劳裂纹，然后可能不断扩展至断裂。微动磨损造成材料表面破坏的主要形式是擦伤、黏着、麻点、沟纹和微裂纹。主要影响因素有材料成分、组织结构、载荷大小、循环次数、振动频率、振幅、温度、气氛、润滑及其他环境条件。能抵抗黏着磨损的材料，接触表面不具有相溶性，加入 Cr、Mo、V、P、稀土等元素，提高材料的强度、耐蚀性和表面氧化物与基体结合能力以及改善抗磨料磨损能力等，都可降低微动磨损程度。

（6）腐蚀磨损　在腐蚀性气体或液体中摩擦时，材料与周围介质发生化学或电化学反应，使表面生成反应物，并在继续摩擦中剥落下来，同时新的表面又继续与介质发生反应而产生新的腐蚀产物及剥落，这种由磨损与腐蚀交互或共同作用所产生的磨损称为腐蚀磨损。按腐蚀机制，腐蚀磨损可分为化学和电化学腐蚀磨损两类。化学腐蚀磨损又可分为氧化磨损和特殊介质腐蚀磨损两种。在磨损过程中，材料受空气中氧化或润滑剂中氧的作用所形成的氧化物的磨损称为氧化磨损。摩擦件在除氧以外的其他腐蚀介质中发生作用而生成的各种产物，经摩擦而脱落，使材料产生损耗，这种磨损称为特殊介质腐蚀磨损。金属摩擦件在酸、碱、盐等电介质中，由于形成微电池电化学反应而产生的磨损，称为电化学腐蚀磨损。在腐蚀磨损过程中，腐蚀与磨损的交互或共同作用，显著加剧了材料的损坏，其程度往往是单纯腐蚀和单纯磨料磨损代数和的几倍至几十倍。材料、介质、载荷、温度、润滑等因素稍有变化，有可能使腐蚀磨损发生很大的变化。

还有一种在柴油机缸套外壁、水泵零件、水轮机叶片及船舶螺旋桨等处经常发生的磨损叫气蚀磨损，可归入腐蚀磨损范围，它的机制为：当零件与液体接触并有相对运动时，若液体与零件接触处的局部压力低于液体的蒸发压力，则会形成气泡，同时溶解在液体中的气体也可能会析出形成气泡，这些气泡流到高压区，在液体与零件接触处的局部压力高于气泡压力的情况下，气泡便溃灭，瞬间产生极大的冲击力及高温，这种气泡形成和溃灭的反复过程使材料表面物质脱落，形成麻点状和泡沫海绵状的磨损痕迹。如果介质与零件有化学反应，会加速气蚀磨损。改进机件外形的结构，使其在运动时不产生或少产生涡流，同时采用抗气蚀性能好的材料，如强韧性较好的不锈钢等，可以减少气蚀磨损的产生。

另一种磨损叫浸蚀磨损，其含义是：材料表面与含有固体颗粒的液体相接触并有相对运动，导致材料表面产生磨损。如果液体中的固体颗粒运动方向与物体表面垂直或接近垂直，那么所产生的磨损称为冲击浸蚀；如果液体中的固体颗粒运动方向与物体表面平行或接近平行，则称为磨料浸蚀。这两种磨损可归入磨料磨损的范围。

（7）高温磨损　在摩擦过程中，由于高温导致软化、熔化和蒸发，或者原子从一固体析出扩散至另一固体，从而使微量材料从表面消失。这种磨损称为高温磨损或称为热磨损。高速飞行的物体与空气摩擦与造成的烧蚀磨损，也可归入高温磨损。高温下材料的硬度会下降，氧化、硫化等反应会加剧，往往导致磨损过程的加速。但是，高温磨损并非都是严重的磨损，例如材料在高温下熔化，如果局限于很薄的界面层，反可使严重的黏着磨损变为较轻微的、缓慢的去除过程。

5. 磨损的评定

材料磨损的评定方法至今尚无统一的标准，常用磨损量、磨损率和耐磨性来表示。

（1）磨损量　材料的磨损量的三个基本参数是长度磨损量 W_l、体积磨损量 W_V 和质量磨损量 W_m。实践中往往是先测定质量磨损量再换算成体积磨损量。对于密度不同的材料，用体积磨损量来评定磨损的程度比用质量磨损量来评定更为合理些。W_l 的单位是 μm 或 mm。W_V 的单位是 mm^3。W_m 的单位是 g 或 mg。

（2）磨损率　它是单位时间或单位摩擦距离的磨损量。以单位时间计的磨损率，符号为 W_t，单位是 mm^3/h 或 mg/h。以单位距离计的磨损率，符号为 W_l，单位是 mm^3/m 或 g/m。除了 W_t 和 W_l 的表示方法之外，磨损率还可以有其他表示方法。例如：完成单位工作量（如旋转一周或摆动一次等）时的材料磨损量，单位为 $\mu m/n$、mm^3/n、mg/n 等（其中 n 为旋转或摆动次数）；冲蚀磨损试验中单位磨料重量产生的材料冲蚀磨损量，单位是 $\mu g/g$、$\mu m^3/g$ 等；在某些情况下，也可采用相对磨损率（即相对于基准材料的磨损率）表示磨损量随时间的变化。

（3）耐磨性　其含义是材料在一定摩擦条件下抵抗磨损的能力。它可分为绝对耐磨性与相对耐磨性两种。绝对耐磨性通常用磨损量或磨损率的倒数来表示，符号为 W^{-1}。磨损量倒数的单位是 1/mm、1/mg、$1/mm^3$；磨损率倒数的单位是 h/mm、m/mg、h/mm^3。相对耐磨性是指两种材料（A 与 B）在相同的磨损条件下测得的磨损量的比值，符号为 ε，即

$$\varepsilon = W_A/W_B \tag{3-12}$$

式中，W_A 和 W_B 分别为标准样（或参考样）与试样的磨损量。ε 是一个无量纲参数。采用相对耐磨性来评定材料的耐磨性，可以在一定程度上避免磨损过程中因条件变化和测量误差造成的系统误差。

磨损的试验方法很多，分为试样试验、零件台架试验及现场试验。一般以试样试验为常见。具体试验方法和设备常因磨损类型和材料不同而不同。例如磨料磨损试验，可考虑多种方法，其中有下面两种方法：一是橡胶轮磨料磨损试验，即用一定粒度的磨料通过下料管以固定的速度落到旋转着的橡胶磨轮与方块试样之间，试样借助杠杆系统受力压在转动的磨轮上，橡胶轮的转动方向与接触面的运动方向、磨料方向一致，经一定摩擦行程后测定试样失重量，二是销盘式磨料磨损试验，即试样做成圆柱状，在其平面端制备涂层，以销钉形式受力压在圆盘砂纸或砂布上，圆盘转动，试样沿圆盘的径向做直线运动，以一定摩擦行程后测

定试样的失重量。

又如涂层的耐冲蚀磨损性可采用吹砂试验来评定，即试样置于喷砂室的电磁盘上，并有橡胶板保护，喷砂枪固定在夹具上，以一定的角度、距离、喷砂空气压力和供砂速率，向试样涂层表面吹砂，经一定时间后测定试样失重量。

实际上，材料的摩擦磨损试验机类型很多。在设计试验机时，要考虑到各种磨损类型、润滑特征、载荷特征、环境条件、磨损配对物特征等。早在1965年，英国流体学会根据相对运动的形式给予简化和分类，介绍了34种类型的磨损试验机。1975年美国润滑工程师学会（ASLE）编著的《摩擦磨损装置》一书中扩大到102种。目前，百种以上的磨损试验机都是为某些摩擦副或磨损零部件的典型工作条件而设计制造的。也就是说，在进行摩擦磨损试验时，应尽可能接近零部件的实际服役条件。虽然摩擦磨损试验机的种类很多，但是国内外经常使用的试验机为数不多。有些试验机是对已有的试验机改造而成，使之更接近服役条件。有的试验机是从实际出发采用了新的设计。例如：对于硬度较低的有机涂层，可考虑使用纸带摩擦磨损试验机，即用纸带在一定负荷下摩擦规定行程后测量涂层失重量，或者涂层局部磨损完时计算纸带行程量。但是，不论采用何种试验机，为保证试验数据的可靠性，必须建立标准、正确的试验规范。试样试验完成后，如有必要，需进一步做零部件台架试验和现场试验。

6. 提高材料耐磨性的途径

（1）正确选择材料 摩擦磨损是一个复杂的过程，影响材料耐磨性的因素很多，并且不同的磨损类型，影响材料耐磨性的因素也有不少的差别。如前所述，按照磨损的机理，大致可将磨损分为七个类型，各类磨损的特点及为了减少磨损而对材料提出的要求见表3-3。

表3-3 各类磨损的特点及为了减少磨损而对材料提出的要求

磨损类型	磨损过程的特点	对材料提出的要求
磨料磨损	在摩擦过程上由接触表面上硬突起物和粗糙峰处及接触面之间存在的硬颗粒引起材料的损失	具有比磨料更高的硬度和较高的加工硬化能力
黏着磨损	两个相对滑动的材料表面因产生固相黏（焊）合作用而使一个表面的材料转移到另一表面	降低接触材料的互溶性，尽量避免使用性质相同或相近的材料；高硬度和良好的抗热软化能力；低的表面能，或高的原子密度
冲蚀磨损	由含有微细磨料的流体以高速冲击材料表面而造成磨损	在小角度冲击时要有高的硬度；在大角度冲击时，除要求有较高的硬度外，还需要较高的韧性
疲劳磨损	由交变接触应力引起疲劳而使材料表面出现麻点或脱落的磨损	高的硬度和良好的韧性；表面光滑和无微裂纹；加工精度高；材料内部没有或有很少的非金属夹杂物
微动磨损	接触表面之间经历振幅很小的相对振动而造成的磨损	接触表面不具有相溶性；良好的耐蚀性；高的抗磨磨损性能；着重考虑采用能抵抗黏着磨损的材料
腐蚀磨损	由磨损与腐蚀交互或共同作用而造成的磨损	优良的耐蚀性，兼有高的抗磨料磨损性；对于气蚀，要求材料有良好的强韧性
高温磨损	在摩擦过程中，由高温导致软化、熔化和蒸发，或者原子从一固相析出扩散至另一固相，使材料从表面去除，造成磨损	对于有些高温磨损，要求材料具有良好的热硬性和抗氧化能力

人们为了提高结构件、零部件、元器件的可靠性和使用寿命，开发出了一系列耐磨性材料，如各种耐磨合金、耐磨有机玻璃、耐磨陶瓷材料等。但是，材料的耐磨性不是材料的固有特性，而是与许多摩擦磨损条件和材料特性有关。因此，所谓的耐磨材料只是针对某一特定的摩擦磨损系统而言的，不存在适用于各种工况条件的耐磨材料。例如，耐磨铸铁有多种类型而适用于不同的工况条件：低合金灰铸铁或球墨耐磨铸铁，其显微组织中的石墨相起着良好的固体润滑作用，磷共晶、钒和钛的化合物、氮化物等硬质相具有较高的硬度和耐磨性，因而适于制作缸套、活塞环、机床导轨等耐磨零件；高铬合金铸铁因存在大量高硬度的 M_7C_3 型碳化物（它们的硬度高达 1300 ~ 1800HV）足以抵抗石英砂（900 ~ 1280HV）的磨损而适于制作球磨机磨球、衬板、磨煤机辊套、杂质泵过流部件，以及输送物料管道等耐磨零部件。

（2）运用表面技术　磨损发生在材料表面，采用各种表面技术可以显著提高材料表面性能和降低摩擦因数，从而有效提高材料的耐磨性。如果表面技术运用恰当，通常可使耐磨性提高一倍、数倍、几十倍甚至上百倍。可选用的表面技术很多，包括各种表面涂层技术、表面改性技术以及复合表面处理三类。

1）表面涂层技术。例如：电镀硬铬，化学镀 Ni-P、Ni-P-SiC、NiP-金刚石，刷镀 Fe、Ni、Ni-SiC、Ni、Ni-Co-SiC，热喷涂氮化铝、氮化铬、镍基或钴基碳化钨，热喷焊自熔性合金 NiCrBSi、NiCrBSi-WC、CoCrBSi、CoCrBSi-WC、铸铁、硅锰青铜，堆焊低合金钢镍基合金、钴基合金、碳化钨复合材料，真空蒸镀 Cr、Ti、Cr-Ti，磁控溅射 TiN、TiC、MoS_2、Pb-Sn，离子镀 TiN、TiC、CrN，化学气相沉积 TiN、TiC，涂装厚膜型聚氨酯硬玉涂料、含有石英粉和重晶石粉等的环氧树脂涂料，轻金属及其合金的阳极氧化、微弧氧化涂层，用化学方法转化的磷化膜、氧化膜等。它们在实际生产中用得很广泛。总之，耐磨涂层的品种非常多，制备的方法也可根据实际需要来择优选择。耐磨涂层在工业、农业和人们日常生活中获得了广泛的应用。

2）表面改性技术。例如：用喷丸方法在工件表面形成储油性良好的大量均匀小坑，而降低摩擦副的摩擦因数；用感应、火焰、接触电阻、电解液、脉冲、激光和电子束等各种加热淬火方法，来提高钢的耐磨性；用渗碳、渗氮、碳氮共渗、渗硼、渗金属等各种化学热处理，在钢的表面形成具有优良耐磨性的处理层；利用激光的高辐射亮度、高方向性和高单色性三大特点，使材料表面改性而得到耐磨层；用高能密度的电子束热源使材料表面的结构发生一定的变化，来显著改善材料的耐磨性；用离子注入 N^+ 和金属离子 Cu^+、Co^+、Fe^+ 等，在材料表面获得薄而耐磨性优良的表层等。

3）复合表面处理。复合表面处理不仅可以发挥各种表面处理技术的特点，而且更能显示组合使用的突出效果。例如：C-N 共渗 + Ni-P 化学镀，离子注入 + PVD，渗氮 + 离子注入 N^+，电镀 + C-N 共渗，等离子喷涂 + 注入 N^+，渗碳 + B-N 共渗，离子渗氮 + 激光淬火，电镀 Cr + 盐浴渗钒，B-C 共渗 + 渗硫，等离子喷涂 Cr_2O_3 + 离子注入 N^+，等离子化学气相沉积（Ti、Si）N + 离子渗氮等。它们可以大幅度提高材料的耐磨性。

（3）改善润滑条件　许多科学家对润滑现象、机制、影响因素及其相互关系曾做过深入的研究。其中之一是 Stribeck 在 1900—1902 年期间在滑动与滚动轴承摩擦综合试验基础上获得了摩擦因数与黏度 η、载荷 F_N、速度 v 之间的关系曲线——Stribeck 曲线，如图 3-5 所示。现在普遍认为，该曲线可以表示润滑运动表面随润滑黏度 η、速度 v 和法向载荷 F_N

而变化的一般特征。在 Stribdck 曲线上，可将润滑分为三个区域和不同的机制。

Ⅰ区：流体动压润滑或弹性流体动压润滑区。在Ⅰ区，物体表面被连续的润滑油膜所隔

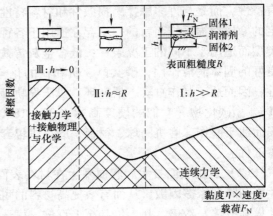

开，油膜厚度远大于物体表面粗糙度，摩擦阻力主要来自润滑油的内摩擦，系统的摩擦学特性取决于润滑油的流变性能，并可以用流体力学的方法进行计算。这属于同曲表面的情况，即两接触表面保持高度的几何相似关系，润滑机制为流体动压润滑。如果是异曲表面，即两接触表面不如同曲表面那样彼此配合紧密，整个载荷是由很小的接触面积承担的，虽然接触面积会随载荷增加而扩大，但仍小于同曲表面的接触面积，此时必须考虑表面的弹性变形和润滑油的压黏特性，润滑机制为弹性流体动压润滑。

图 3-5　Stribeck 曲线及分区示意图

Ⅱ区：部分弹性流体动压流体动压润滑或混合润滑区。在流体动压润滑或弹性流体动压润滑条件下，随载荷增加或速度降低，或润滑油黏度变小，润滑油膜将会变薄，当出现微凸体接触时，润滑状态将进入Ⅱ区，载荷同时由微凸体与油膜承担，摩擦阻力也分别来自微凸体的相互作用力和油膜的剪切力。$\eta v v F_N^{-1}$ 的数值越小，前者的作用越突出，使 Stribeck 曲线上升。

Ⅲ区：边界润滑区。随着 Stribeck 曲线向左移动，油膜润滑零件承受的压力进一步增加，或运行速度太低，油膜厚度将减少到几个分子层甚至更薄，曲线将进入Ⅲ区。如果表面粗糙度值太高，也可能发生油膜刺穿现象，使微凸体之间相互接触而导致磨损增加。在Ⅲ区，润滑剂的流变性质失去意义，摩擦学特性主要由固体与固体、固体与润滑剂之间界面的物理化学作用来决定。尽管如此，从图 3-6 可以看出，边界润滑的摩擦因数虽然比流体动压润滑高得多，但仍比无润滑情况低得多。

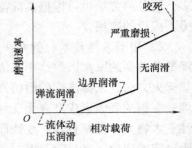

图 3-6　不同润滑机制的摩擦因数

改善润滑条件，可以显著降低摩擦磨损，因而工业上大量使用了各种润滑剂。其大致可以分为气体、液体、半固体和固体四类。最常用的气体润滑剂是空气，如气体轴承。应用最广的液体润滑剂是润滑油，包括矿物油、动植物油、合成油和各种乳剂。半固体润滑剂主要是指各种润滑脂（包括有机脂和无机脂）与油膏，为润滑油、稠化剂和各种添加剂的稳定化合物。固体润滑剂是指能减少摩擦磨损的粉末、涂层和复合材料等。

固体润滑首先是从要求零部件能在高负荷、高温、超低温、强氧化、超高真空、强辐射等苛刻条件下工作的工业部门开始发展的，后来推广到其他工业部门，成为简化工艺、节约材料、提高性能、延长寿命的有效方法。其中润滑涂层可以用于不能使用润滑油和润滑脂的场合，也可用于腐蚀环境、塑料加工、微动磨损和导弹火箭等的润滑。它通常是由固体的润滑剂与黏结剂组成的。常用的固体润滑剂有层状结构物（二硫化钼、二硫化钨、石墨、酞菁、氮化硼）、软金属化合物（氧化铅、硫化铅等）、软金属（银、铟、铅等）、金属盐

（钙、钠、镁、铝盐）和合成树脂（聚四氟乙烯）。常用黏结剂有聚丙烯、聚氯乙烯、聚醋酸乙烯、聚丙烯酸酯、聚氨酯、环氧树脂、酚醛树脂等有机黏结剂及氟化钙、氟化钡、硅酸钠、磷酸铝、硅酸钙、氟硼等无机黏结剂。此外，可利用硫化、磷化、氧化等化学反应，在钢铁表面形成具有低抗剪强度的硫化铁膜、磷酸盐膜和氧化膜，也可在材料表面用电镀、气相沉积方法形成固体润滑膜，其组成主要是软金属和二硫化钼等。

（4）合理设计产品　在产品设计中已经形成了较为完整的体系，其中强度设计往往是重点。随着人们对材料耐磨性、产品可靠性和使用寿命的进一步重视，摩擦学的设计也变得日益重要，使产品在满足工作条件的前提下将磨损速度和数量控制在允许的范围内。

3.1.6　表面抗疲劳性能

1. 疲劳

材料在循环（交变）载荷作用下发生损伤及至断裂的过程称为材料的疲劳。例如：金属材料制成的轴、齿轮、轴承、叶片、弹簧等零部件，在运行过程中各点所承受的载荷（应力）随时间做周期性的变化，即处在循环（交变）载荷（应力）作用下，虽然金属零部件所承受的应力低于材料的屈服强度，但经过长时间运行会产生裂纹或突然发生完全的断裂，这种过程称为金属的疲劳。在疲劳初期，材料内部结构将发生疲劳硬化或软化；接着，出现疲劳裂纹的成核和扩展，一旦达到临界尺寸就会失稳扩展，导致疲劳断裂。疲劳不仅在金属材料中发生，也可能在一些非金属材料中发生。例如：大多数氧化物陶瓷由于含有碱性硅酸盐玻璃相，通常也有疲劳现象。

疲劳是一种危险的失效方式，在最大应力低于屈服强度的情况下，疲劳裂纹也能成核和扩展，从而出现灾难性断裂事故，疲劳与磨损、腐蚀一样，是结构材料的主要失效方式。

2. 疲劳的分类

（1）按失效形式分类　可分为机械疲劳（由外加应力或应变波动造成）、热机械疲劳（由循环载荷与波动温度联合作用造成的）、蠕变—疲劳（由循环载荷与高温联合作用造成的）、腐蚀疲劳（由腐蚀性环境中施加循环载荷而造成的）、接触疲劳（由载荷反复作用与滑移、滚动接触相结合而造成的）、微动疲劳（由循环载荷与表面间来回相对摩擦滑动联合作用造成的）和热疲劳（由周期热应力造成的）等。

（2）按加载方式分类　可分为拉压、弯曲、扭转和复合载荷疲劳等。

（3）按控制变量分类　可分为应力疲劳和应变疲劳。前者应力幅值恒定，应力较低，频率高，断裂周次高，又称为高周疲劳；后者应变恒定，应力高（接近或超过屈服强度），频率低（$<10Hz$），断裂周次低（$<10^5$），又称为低周疲劳。

3. 疲劳断裂的过程

疲劳断裂过程经历了疲劳裂纹成核、疲劳裂纹亚稳扩展和疲劳裂纹失稳扩展三个阶段。下面以金属材料的机械疲劳为例给以说明。

（1）疲劳裂纹成核阶段　当材料受到循环应力作用时，在不同表面层上无规则地产生不同的滑移量，形成挤出峰和挤入槽，引起疲劳裂纹源或疲劳裂纹核心的萌生。循环应力继续作用时，裂纹源逐步扩展成为显微裂纹。其主要在切应力作用下从表面向内部扩展，与拉伸轴大约呈45°角。产生裂纹的循环次数称为孕育期。应力增加时，孕育期减少；应力减小时，孕育期增加。

（2）疲劳裂纹亚稳扩展阶段　在这个阶段，主要断裂面的特征发生了变化，即原来与拉伸轴呈45°角的滑移面转变到与拉伸轴呈90°角的凹凸不平的断裂面，表示由平面应力状态转变为平面应变状态。疲劳裂纹的扩展是在拉应力区进行的，而不能在压应力区内进行。起初裂纹扩展较慢，以后加快。

（3）疲劳裂纹失稳扩展阶段　在交变应力作用下，裂纹扩展尺寸一旦达到临界尺寸时，裂纹扩展便从亚稳扩展转变到失稳扩展阶段，应力循环进行到最后一次，零部件发生瞬时断裂。在这个阶段，断裂由原来与拉伸由呈90°角转变为45°角的方向，受力状态也从平面应变状态转变为平面应力状态。

4. 材料的疲劳性能

疲劳大多发生在材料表面，因此表面抗疲劳性能的好坏，通常可用材料的疲劳性能参量来衡量。

（1）疲劳极限或疲劳强度　疲劳强度是指材料抵抗疲劳破坏的能力。常用疲劳极限来表征材料的疲劳强度。疲劳极限是指材料在交变应力作用下经过无限次循环而不发生破坏的最大应力，一般用 σ_r 表示，其中 $r = \sigma_{min}/\sigma_{max}$ 称为应力比。在对称应力循环时，$r = -1$，这种情况下的疲劳极限用 σ_{-1} 表示。有些材料没有无限寿命的疲劳极限，因而要预先规定循环次数，测定达到这一循环次数而不发生断裂的最大交变应力，称为条件疲劳极限。例如非铁金属材料及其合金在工程上规定循环数到 10^8 次时的最大应力的其条件疲劳极限。一般钢铁材料虽然有无限寿命的疲劳极限，但为了测试方便，通常取循环周期数为 10^7 次时能承受的最大循环应力为疲劳极限。

（2）疲劳寿命　它是指疲劳断裂的循环周次，可用 N_f 表示。

（3）疲劳裂纹扩展速率　材料在交变应力作用下，经应力循环 ΔN 次后裂纹扩展量为 Δa，则应力每循环一次时裂纹的扩展量 $\Delta a/\Delta N$ 称为疲劳裂纹扩展速率，微分形式为 da/dN。

（4）疲劳门槛应力强度因子　从疲劳裂纹扩展机制的研究可知，裂纹的扩展是和裂纹张开相关联的，因此，疲劳裂纹扩展速率 da/dN 与裂纹张开位移 σ 有关，即 $da/dN = f(\sigma)$；而裂纹顶端张开位移 σ 和裂纹前端的应力强度因子 K 有关，因此，da/dN 应与裂纹前端的应力强度因子的差值 $\Delta K_1 = K_{max} - K_{min}$ 有关，即 $da/dN = f(\Delta K_1)$。

具体的函数关系可由实验获得，当 ΔK_1 小于某个界限值 ΔK_{th} 时，裂纹基本上不扩展。当 $\Delta K_1 > \Delta K_{th}$ 时，裂纹开始扩展。该 ΔK_{th} 称为裂纹扩展的门槛值，即疲劳门槛应力强度因子。

5. 疲劳强度的测定

疲劳强度是随交变载荷的构件设计中最重要的力学性能指标之一。测定材料的疲劳强度时，要用较多的试样（至少10个），在预测疲劳极限的应力水平下开始试验，若前一试样发生疲劳断裂，则后一试样的应力水平要下降，反之则应力上升，然后做出疲劳曲线，即做出交变应力 σ 与断裂前的应力循环次数 N 关系曲线。可以按试验规范测定疲劳极限或条件疲劳极限。影响材料疲劳强度的因素很多，如材料的成分、显微组织、夹杂物、内应力状态、试样尺寸、加工精度以及试验方法等，因此要严格按照规范做好试样和试验，同时对分散的试验数据要妥加处理。用对数正态分布函数与韦伯分布函数等进行统计方法处理，是符合疲劳试验结果和要求的。疲劳试验机按交变载荷有旋转弯曲、拉压、扭转等类型。在疲劳强度试验数据中，σ_{-1}是疲劳强度设计的主要参数。疲劳试验费时、费力，数据较分散，通常只有在必要时才进行。

6. 提高表面抗疲劳性能的途径

（1）降低材料表面粗糙度　疲劳裂纹常起源于材料表面，表面粗糙度值越高，材料的疲劳强度就越低。

（2）改善显微组织稳定性和均匀性　合金组织中若存在疏松、发裂、偏析、非金属夹杂物、铁素体条状组织、游离铁素体、石墨、网状碳化物、粗晶粒、过烧、脱碳、大量的残留奥氏体、魏氏组织等缺陷和不均匀分布，都会降低材料的疲劳强度。

（3）采用表面技术　这是提高表面疲劳强度的有效途径。常用的技术很多，如喷丸强化、渗碳、渗氮、低温离子渗氮、碳氮共渗、S-N-C 共渗、渗铬、渗硼、激光表面热处理、离子注入等。

3.2　固体表面的化学性能

3.2.1　表面耐化学腐蚀性能

1. 腐蚀及其分类

腐蚀是材料与环境介质作用而造成材料本身损坏或性能恶化的现象。金属材料与非金属材料都会发生腐蚀，尤其是金属材料的腐蚀给国民经济带来了巨大的损失。

腐蚀的分类方法很多。按照腐蚀原理的不同，可分为化学腐蚀和电化学腐蚀。金属材料的化学腐蚀是在干燥的气体介质或不导电的液体介质中通过化学反应而发生的。金属材料的电化学腐蚀是在液体的介质中因电化学作用而造成的，腐蚀过程中有电流产生。潮湿大气、天然水、土壤和工业生产中采用的各种介质等，都具有不同程度的导电性，统称为电解质溶液。在电解质溶液中，同一金属表面各部位，或者不同金属的相接触，都可以因电位不同而构成腐蚀电池，其中电位较负的部分称为阳极，电位较正的部分称为阴极，阳极上的金属溶解为金属离子进入溶液，放出的电子流到阴极消耗掉。因此，金属腐蚀主要是电化学腐蚀，即为腐蚀电池产生的结果。除上述两类腐蚀外，还有一类是单纯的物理溶解作用而引起的破坏，称为物理腐蚀，本节不做深入讨论。

另外，按环境不同，可将腐蚀分为自然环境腐蚀和工业环境介质腐蚀两类；按腐蚀形态不同，可分为全面腐蚀和局部腐蚀；按腐蚀后的破坏形态不同，可分为均匀腐蚀、点蚀、缝隙腐蚀、晶间腐蚀、应力腐蚀、腐蚀疲劳、磨损腐蚀等。

2. 金属的氧化

金属在高温处的氧化是一种典型的化学腐蚀。其腐蚀产物氧化物大致有三种类型：①不稳定的化合物，如金、铂等的氧化物；②挥发性的氧化物，如氧化钼等，它以恒定且相当高的速率形成；③在金属表面上形成一层或多层的一种或多种氧化物。

热力学计算表明，大多数金属在室温就能自发地氧化，但在表面形成氧化物层之后，扩散受到阻碍，从而使氧化速率降低。因此，金属的氧化与温度、时间有关，也与氧化物层的性质有关。

通常把厚度小于 300nm 的氧化物层称为氧化膜。由于它很薄，在一般的金属零件表面上引起的破坏效果可以忽略不计，相反还可起保护作用。它的厚度是随温度和时间而变化的。例如：钢加热到230～320℃，氧化膜厚度随时间延长和温度升高而增大，所产生的光干涉效应使钢的表面从草黄逐渐变为深蓝色，即所谓的回火色。

氧化物层的厚度大于300 nm后，就称为氧化皮。氧化皮可分为保护性氧化皮和非保护性氧化皮两种。

（1）保护性氧化皮　其形成的基本条件是：氧化皮的体积V_{MeO}比用来形成它的金属体积V_{Me}大。此时氧化皮是连续的，它的形成过程可用图3-7来说明。当氧分子开始与金属表面接触时就发生分解，形成单层的氧原子吸附层，由于氧与电子的亲和力比氧与金属的亲和力大，所以形成负的氧离子，它与正的金属离子结合，逐步生成金属氧化物层。图3-7中所示的情况是：在金属—氧化物界面上发生的是氧化反应，即$Me \rightarrow Me^{2+} + 2e$；在氧化物—气体界面上发生的是还原反应，即$\frac{1}{2}O_2 + 2e \rightarrow O^{2-}$；合起来的全反应便是$Me + \frac{1}{2}O_2 \rightarrow MeO$。由此可见，氧化时金属离子必须向外扩散，或氧离子必须向内扩散，或是两者同时进行。当氧化物层增厚时扩散距离增加，氧化物层的长大速度减缓。因为它是受扩散控制的，故氧化的速率应遵循抛物线规律，即

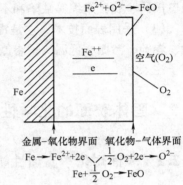

图3-7　金属离子与氧离子通过氧化物层进行双向扩散示意图

$$W^2 = A_1 t \tag{3-13}$$

式中，W为氧化皮的重量，A_1是取决于温度的常数，t是时间。这个规律已在许多实验（如铜及铜合金的氧化等）中得到证实。但是有些具有保护性氧化皮的金属偏离这个规律。例如：铁和镍在温度不高（即中等温度，对于铁和镍，分别在375℃和650℃以下）时，遵循对数规律，即

$$W = A_3 \lg(A_4 t + A_5) \tag{3-14}$$

式中，A_3、A_4、A_5都是取决于温度的常数。这与氧化皮增厚时弹性应力增大和外层变得更致密有关。

铁及其合金在高温下与空气接触会发生氧化，表面氧化膜的结构稳定性与温度、成分有关。铁在高于560℃时，生成三种氧化物：外层是Fe_2O_3；中层是Fe_3O_4；内层是溶有氧的FeO，是一种以化合物为基的缺位固溶体，称为郁氏体。在郁氏体中，铁离子有很高的扩散速率，因而FeO层增厚最快。相对而言，Fe_3O_4与Fe_2O_3层较薄。铁在低于560℃氧化时不存在FeO。氧化膜的生长依靠铁离子向表层扩散，氧离子向内层扩散。由于铁离子半径比氧离子的小，因而氧化膜的生长主要靠铁离子向外扩散。实际上，Fe_2O_3、Fe_3O_4及郁氏体对扩散物质的阻碍均很小，它们的保护性都较差，尤其是厚度较大的郁氏体，其晶体结构不够致密，保护性更差，故碳钢零件一般只能在400℃以下使用。对于更高温度下使用的零件，就需要用抗氧化钢来制造。

要提高钢的抗氧化性，首先要阻止FeO的出现，同时加入能形成稳定而致密氧化膜的合金元素，能使铁离子和氧离子通过膜的扩散速率减慢，并使膜与基体牢固结合。钢中加铬、铝、、硅，可以提高FeO出现的温度。例如：质量分数为1.03%的Cr可使FeO在600℃出现；质量分数为1.14%的Si可使FeO在750℃出现；质量分数为1.1%的Al+质量分数为

0.4% 的 Si 可使 FeO 在 800℃ 出现。当铝和铬含量较高时，钢的表面可生成致密的 Al_2O_3 和 Cr_2O_3 保护膜。通常在含 Al 或 Cr 或 Si 时，可分别在钢的表面生成 $FeAl_2O_4$ 或 $FeCr_2O_4$ 或 $SiFe_2O_4$ 的尖角石类型的氧化膜，它们都有良好的保护作用。尖角石结构通式为 AB_2X_4，A 离子可以是 Mg^{2+}、Fe^{2+}、Mn^{2+}、Co^{2+}、Ni^{2+}、Zn^{2+} 等，B 离子可以是 Al^{3+}、Ca^{3+}、In^{3+}、Fe^{3+}、Co^{3+}、Cr^{3+} 等，X 离子可以是 O^{2-}、S^{2-}、Se^{2-}、F^-、CN^-、Te^{2-} 等。尖晶石结构分为正型及反型两种。在抗氧化钢中，铬是提高抗氧化能力的主要元素，铝也能单独提高钢的抗氧化性能。硅因增加钢的脆性而加入量受到限制，一般用作辅加元素。加入微量稀土金属或少量碱土金属，能提高耐热钢和耐热合金的抗氧化能力，特别在 1000℃ 以上时，能使高温下晶界优先氧化的现象几乎消失。

（2）非保护性氧化皮　如果 V_{MeO} 小于 V_{Me}，则生成的氧化皮是不连续的、多孔的，是保护性低或不具有保护性的氧化皮（见图 3-8），例如镁的氧化属于这种类型。这种氧化皮的生长，是气体中的氧通过氧化物层中的缝隙向内扩展与金属作用而实现的，通常遵循直线规律，即

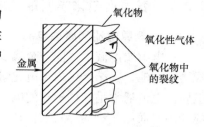

图 3-8　非保护性氧化皮示意图

$$W = A_2 t \qquad (3-15)$$

式中，A_2 是取决于温度的常数。

在钢和合金中加入钨、钼等元素，会降低抗氧化能力。W、Mo 可在金属表面氧化膜内生成含钨和钨的氧化物，而 MoO_3 和 WO_3 具有低熔点和高挥发性，使抗氧化能力变坏。

3. 抗高温氧化涂层

经过多年的发展，高温涂层已获得广泛的应用。高温涂层通常以非金属、金属氧化物、金属间化合物、难熔化合物等为原料，用一定的表面技术涂覆在各种基材上，保护基材不受高温氧化、腐蚀、磨损、冲刷，或赋予材料某种功能。最初有些高温涂层主要用于导弹、火箭等，后来部分技术转向民用，并且获得迅速的发展。

用于抗高温氧化的膜或涂层，称为抗高温氧化涂层，大多用于金属和合金的高温防护。例如：高温结构材料 Ni_3Al 表面渗铬、渗铝，生成 Cr_2O_3、Al_2O_3 保护层，可明显改善 Ni_3Al 在 900~950℃ 下的高温抗氧化性能；钼合金锻模经渗硅及离子渗氮复合处理后，表面形成 Mo-Si-N 复合保护层，表面硬度是基体的 3 倍，至少在 1100℃ 以下能有效地避免灾难性氧化失重，其氧化失重率为钼合金的 1/1400，能承受 15s 内从室温到 1150℃ 的 200 次冷热循环，表面与基体无裂纹；Ni-15Cr-6Al 合金渗铝层离子注入 Y^+，可改变渗铝层的氧化膜形貌，细化晶粒，增强了氧化膜的黏附性，防止剥落；用于石油、化工、冶金等部门的碳钢零件经热浸渗铝处理后，抗氧化性是未浸渗铝的 149 倍，可代替或部分代替不锈钢；用 Si、SiO_2、Si_3N_4 镀层，使不锈钢在 950℃ 和 1050℃ 恒温氧化、循环氧化抗力大大提高；0.5μm 厚的氮化硅膜，可使 TiAl 金属间化合物在 1300K 温度下经受 600h 以上的纯氧气氛中的循环氧化，Si_3N_4 和 Al_2O_3 膜还被用于保护 Ni 及 Ni 基合金免受高温氧化；航空及能源用 Nb 基合金可用多层膜涂层的方法来进一步改善其抗高温氧化性能。

前面谈及的高温氧化问题是针对金属材料来分析的，实际上不少非金属的高温氧化也是很重要的。例如：碳化硅材料具有优异的高温力学性能，是高温结构材料和电热元件等材料的优先选择。它在干燥的高温氧化环境中，当温度超过 900℃ 时，表面会生成致密的 SiO_2，具有优异的抗氧化性能，但在较高温度下 SiO_2 保护膜发生变化，并且其膨胀系数与碳化硅

不同，反复加热冷却易产生裂纹，使碳化硅的电阻率增大，使用寿命缩短。另外，水蒸气及碱性杂质都会加速碳化硅材料的氧化。采取涂层法是提高碳化硅抗氧化能力的有效途径之一。常用的方法有浸渗法、等离子喷涂法、化学气相沉积法、溶胶-凝胶法等。采用莫来石涂层、MoSi 涂层等，可使 SiC 的使用温度达到 1600℃。

又如用作含碳耐火材料的抗氧化涂层，其涂料采用长石粉、蜡石粉、玻璃和金属氧化物做填料，以改性硅酸做结合剂，加入少量性能调节剂，不需专门烧烤，制成涂料后涂覆在含碳耐火材料（如镁碳砖等）上，可以在 650~1200℃ 有效保护含碳耐火材料不被氧化。涂层在高温下形成的特殊釉层热震性强，气密性好，可经历多次升降温循环不开裂。

3.2.2 表面耐电化学腐蚀性能

1. 一般原电池和腐蚀电池

在电解质溶液中，同一金属表面各部位，或者不同金属相接触，都可以因电位不同而构成腐蚀电池，其结果构成了电化学腐蚀。腐蚀电池的工作原理与一般原电池没有本质区别，但腐蚀电池通常是一种短路的电池。因此，腐蚀电池在工作时虽然也产生电流，但其电能不能利用，而以热量的形式散发掉。

图 3-9 所示为 Cu-Zn 原电池示意图。Zn 的电极电位较负，为阳极。两者发生氧化反应，即

$$Zn \rightarrow Zn^{2+} + 2e^- （氧化反应） \tag{3-16}$$

Cu 的电极电位较正，为阴极，发生还原反应时，溶液中的 H 离子与从 Zn 电极流过来的电子相结合放出氢气，即

$$2H^+ + 2e^- \rightarrow H_2 \uparrow （还原反应） \tag{3-17}$$

原电池的总反应为

$$Zn + 2H^+ \rightarrow Zn^{2+} + H_2 \uparrow （总反应） \tag{3-18}$$

随着反应的不断进行，锌极上的锌原子持续放出电子变成锌离子 Zn^{2+} 进入溶液，锌电极上积累的电子通过导线流到铜电极，在外电路形成电流，作为阳极的锌片不断被腐蚀。

腐蚀电池实质是一个短路原电池。如图 3-9 所示，如果将锌与铜直接接触，就构成了锌为阳极、铜为阴极的腐蚀电池：锌（阳极）失去的电子流向与锌接触的铜（阴极），并与铜表面上溶液中的氢离子结合形成氢原子，聚合成氢气逸出。

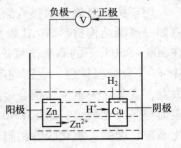

图 3-9 Cu-Zn 原电池示意图

2. 腐蚀电池的类型

（1）宏观腐蚀电池 它通常是指电极可以用肉眼观察到的腐蚀电池。构成方式有以下三种：①异种金属接触电池，即由两种不同金属材料相互接触，或用导线连接，在电解质溶液中电极电位较负的金属材料将不断溶解而腐蚀，电极电位较正的金属材料得到了保护，这种腐蚀称为接触腐蚀或电偶腐蚀；②浓差电池，即同一金属不同部位与不同浓度介质相接触构成的腐蚀电池；③温差电池，即由浸入电解质溶液中的金属材料因处于不同温度区域而形成的温差腐蚀电池，常发生在热交换器、浸式加热器、锅炉等设备中。

（2）微观腐蚀电池　它是因金属材料表面的电化学不均匀性，出现许多微小电极而构成的微电池。其微小电极的极性很难用肉眼分辨出来。引起金属材料表面电化学不均性的原因很多，主要有以下四种情况：①化学成分的不均匀性，例如工业纯金属的杂质、碳钢中碳含量较高的渗碳体，这些物质的电极电位往往高于基体金属，因而构成了微电池；②组织结构的不均匀性，由金属材料内部各相之间的电极电位之差异而构成的微电池；③物理状态的不均匀性，例如金属材料内部因经历各种加工过程而出现各种内应力，或者因光照、温差等的不均匀性而构成的微电池；④表面膜的不完整性，例如表面膜的孔隙、破损处的金属，电极电位较负，成为阳极，从而构成微电池。

3. 双电层理论

金属材料的电化学腐蚀是由不同金属之间或同一金属内部各区域之间存在电极电位差异而造成的。电极电位存在的根本原因在于双电层的产生。

双电层又称电双层，简称双层。任何两个物体相接触时，过剩电荷集中于界面，就会形成双电层。其厚度一般为 0.2 ~ 20nm。由正、负电荷分离而在两相间产生的电势（位）界面电势（位），如果其中一相为气相或真空，则称为表面电势（位）。对电极而言，其金属与电解质的界面同样存在双电层，产生电极电位。这种双电层可以在瞬间自发形成，也可以在外电源作用下建立。根据金属的性质，双电层有图 3-10 所示的两种类型。

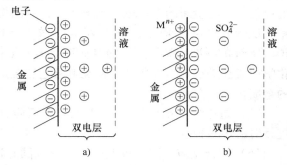

图 3-10　金属表面离子双电层示意图
a）电负性离子双电层　b）电正性离子双电层

（1）电负性离子双电层　电负性较强的锌、镁、铁等金属在酸、碱、盐类的溶液中形成这种类型的双电层，如图 3-10a 所示。金属表面上的金属正离子在溶液中的极性水分子作用下向溶液迁移，而金属中的自由电子又阻碍这个过程，结果是金属表面上具有较高能量的部分正离子摆脱自由电子的库仑引力而进入溶液，使金属一边带负电荷，溶液一边带正电荷。并且，溶液中的正电荷被金属负电荷吸引金属电极表面附近区域。由双电层引起的电位差对金属离子继续转入溶液有阻碍作用，而且有利于返回金属表面。这两个相反的过程逐渐趋于速度相等，最终在相界面建立起稳定的双电层及其电位差。

（2）电正性的离子双电层　它是由正电性金属在含有正电性金属离子的溶液中形成的，例如铜在铜盐溶液中，铂在铂盐溶液中和在银盐溶液中形成的双电层。其特点是金属表面与电解质溶液接触作用时，金属离子不能克服自由电子库仑引力而进入溶液；相反，电解质溶液中部分负离子却沉积在金属表面上，造成金属带正电荷，紧靠金属的溶液层带负电荷，构成了如图 3-10b 所示的电正性双电层。

4. 电极电位

金属与电解质的界面处形成双电层和建立相应的电位，这种金属与电解质的界面处存在的电位差称为金属的电极电位，又称电极电势。电极电位主要是由电极反应引起的，因此某种电极电位总是同一定的电极反应相联系的。所谓电极反应是指电极的金属/电解质界面上发生的化学反应。下面列出一些与电极电位或电极有关的名词术语。

（1）参比电极　又称参考电极。由于单个电极的电位无法测量，因而要采用另一个电位稳、制备较易的电极作为参比，与待测电极组成测量电池，测量电池的电位扣除参比电极的电位，即为待测电极的电位。写出电极电位时，一般都要说明是用哪种参比电极测得的。

（2）标准氢电极　在各种参比电极中，标准氢电极最为重要。它是将镀了铂黑的铂片浸在氢分压为101.3kPa的氢气氛中，氢离子的有效浓度是1g/L，由此构成的电极称为标准氢电极。它的电位在任何温度下都规定为零。

（3）平衡电极电位　它是指电极反应处在平衡态时的电位。

（4）标准电极电位　金属浸在只含该金属盐的溶液中达到平衡时所具有的电极电位，称为该金属的平衡电极电位。当温度为25℃、金属离子的有效浓度是1g/L时，测得的平衡电极电位，称为标准电极电位。由于金属电极电位的绝对值无法测量，因而以氢的标准电极电位为零，将金属的电极电位与氢进行比较测得的，这种电位称为金属的标准电极电位。通常所说的电极电位是指以标准氢电极做参比电极，参加电极反应的物质都处于25℃和101.3kPa的标准状态下测得的电动势数值。根据标准电极电位数值高低，可对各种金属的化学活泼性进行热力学判断。标准电极电位较正的金属化学活泼性小，而标准电极电位较负的金属化学活泼性大。

（5）过电位（超电势）　它是在外电流通过时出现的，反映电极反应按一定方向和速率进行时的难易程度。

（6）多极反应　当电极上有多个反应同时进行时，电极电位将反映速率最快的电极反应的情况；若其中两个电极反应的速率较接近，就形成混合电位，这是金属在腐蚀时常见的。

（7）理想可极化电极　它是在一定条件下不可能发生任何反应的电极，其电位将随外加电压的变化而改变，无固定值。例如：汞在氯化钾水溶液中就会出现这种情况。

（8）理想不极化电极　它是电极反应时正、负方向的反应速率都很大，平衡时电极电位非常稳定的电极。各种参比电极属于这类电极。

（9）膜电极　一些没有电子参与的物理过程，如浓差扩散，可利用膜构制电极，膜两边的浓差可产生电位，这被称为膜电极。

5. 电位-pH 图

（1）金属在电解质中自发进行电化学腐蚀的判别方法　一般有三种：①系统自由能变化值 ΔG，即按照吉布斯自由能减小原理来判断电化学腐蚀是否自发进行；②金属在电解质溶液中的标准电极电位，即利用金属在一定介质条件下的电极电位高低来判断某一电化学腐蚀过程是否自发进行；③电位-pH 图，即根据一些必要的平衡数据，制成以电极反应的平衡电极电位为纵坐标、溶液 pH 值为横坐标的热力学平衡图，表示出在某一电位和 pH 值条件下体系的稳定物态或平衡物态，这样就能直接从图上判断在给定条件下发生电化学腐蚀反应的可能性。

（2）电位-pH 图中线段的类型　金属的电化学腐蚀大多是金属同水溶液相接触时发生的腐蚀过程。电位-pH 图一般是指金属同水溶液体系的热力学平衡数据图。它表示出金属在与水和不涉及络合离子的酸、碱接触时的稳定区（免蚀区）、腐蚀区和钝化区的电位及介质 pH 值的范围，从中可以查出金属同水体系的酸碱平衡、氧化还原平衡以及氧化物和氢氧化物沉淀平衡的稳定区域等。电位-pH 图是由比利时 M. Pourbaix 在 1938 年首先提出的，在 20 世纪 60 年代他及其学派已将当时已知的所有元素的电位-pH 图做出，因此电位-pH 图又称

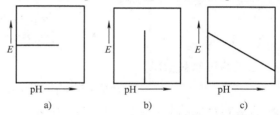

为鄱倍图（pourbaix diagram）。这种图指示人们借助控制电位或改变 pH 值来达到防止金属电化学腐蚀的目的。如果涉及络合平衡和非氧化物以及非氢氧化物的平衡时，则电位-pH 图需要做一定的修正。

图 3-11　电位-pH 图中三种线段
a）水平　b）垂直　c）倾斜

电位-pH 图上有三种类型的线段，如图 3-11 所示。现以 Fe-H_2O 体系所涉及的化学反应为例给予说明。

1）水平线段——只与电极电位有关，而与溶液的 pH 值无关。电极反应有：

$$Fe \rightleftharpoons Fe^{2+} + 2e^-$$
$$Fe^{2+} \rightleftharpoons Fe^{3+} + e^-$$

这类反应的特点是只有电子交换，而不产生氢离子或氢氧离子，即整个反应与 pH 值无关。其平衡电位分别为

$$E_{Fe/Fe^{2+}} = E^{\circ}_{Fe/Fe^{2+}} + \frac{RT}{2F}\ln a_{Fe^{2+}} \tag{3-19}$$

$$E_{Fe^{2+}/Fe^{3+}} = E^{\circ}_{Fe^{2+}/Fe^{3+}} + \frac{RT}{F}\ln \frac{a_{Fe^{3+}}}{a_{Fe^{2+}}} \tag{3-20}$$

式中，$E^{\circ}_{Fe/Fe^{2+}}$ 和 $E^{\circ}_{Fe^{2+}/Fe^{3+}}$ 分别为 Fe/Fe^{2+} 和 Fe^{2+}/Fe^{3+} 的标准电位；$a_{Fe^{2+}}$ 和 $a_{Fe^{3+}}$ 分别为 Fe^{2+} 和 Fe^{3+} 的活度系数；F 为法拉第常数；R 为气体常数；T 为热力学温度。当温度为 25℃时，可得

$$E_{Fe/Fe^{2+}} = -0.441 + 0.0295 \lg a_{Fe^{2+}} \tag{3-21}$$

$$E_{Fe^{2+}/Fe^{3+}} = -0.746 + 0.059 \lg \frac{a_{Fe^{2+}}}{a_{Fe^{3+}}} \tag{3-22}$$

这类反应的电极电位与 pH 值无关，只要已知反应物和生成物的离子活度，就可求出反应的电位。若以 R 表示物质的还原态，O 表示物质的氧化态，并以 x 和 y 表示参与反应物质的摩尔分数，n 表示参与反应的电子数，则一般反应式可写为

$$xR \rightleftharpoons yO + ne^- \tag{3-23}$$

其平衡电位可表示为

$$E_{R/O} = E^{\circ}_{R/O} + \frac{RT}{nF}\ln \frac{a_o^y}{a_R^x} \tag{3-24}$$

2）垂直线段——只与 pH 值有关，而与电极电位无关。化学反应有：

$$Fe^{2+} + 2H_2O = Fe(OH)_2 + 2H^+ （沉淀反应） \tag{3-25}$$

$$Fe^{3+} + H_2O = Fe(OH)^{2+} + H^+ （水解反应） \tag{3-26}$$

这些反应的特点是只有氢离子或氢氧根离子出现，而无电子参与反应，不构成电极反应，不能用斯特方程式来表示电位与 pH 值的关系。因为它们是腐蚀过程中与 pH 值有关的金属离子的水解和沉淀反应，故可以从反应的平衡常数表达式得到表示电位-pH 图上相应曲

线的方程。

在一定温度下，沉淀反应的平衡常数为

$$K = \frac{a_{H^+}^2 a_{Fe(OH)_2}}{a_{Fe}^{2+} a_{H_2O}^2} = \frac{a_{H^+}^2}{a_{Fe}^{2+}} \tag{3-27}$$

上式两边取对数得

$$\ln K = 2\lg a_{H^+} - \lg a_{Fe}^{2+} = -2pH - \lg a_{Fe}^{2+} \tag{3-28}$$

查表得反应的 $\lg K$ 值为 -13.29，所以

$$pH = 6.65 - \frac{1}{2}\lg a_{Fe^{2+}} \tag{3-29}$$

对于水解反应，可得

$$pH = 2.22 + \lg \frac{a_{Fe(OH)^{2+}}}{a_{Fe^{3+}}} \tag{3-30}$$

此类反应的通式可写成

$$\gamma A + ZH_2O \Longrightarrow qB + mH^+ \tag{3-31}$$

$$pH = -\frac{1}{m}\lg \frac{Ka_A^8}{a_B^q} = -\frac{1}{m}\lg K \times \frac{1}{m}\lg \frac{a_A^\gamma}{a_B^q} \tag{3-32}$$

上式可见此类反应的 pH 值与电位关系。

3）倾斜线段——既同电极电位有关，又同溶液 pH 值有关。电极反应有：

$$Fe^{2+} + H_2O \Longrightarrow Fe(OH)^{2+} + H^+ + e^- \tag{3-33}$$

$$Fe^{2+} + 3H_2O \Longrightarrow Fe(OH)_3 + 3H^+ + e^- \tag{3-34}$$

这类反应的特点是氢离子（或氢氧根离子）和电子都参加反应。反应通式可写为

$$xR + zH_2O \Longrightarrow yO + mH^+ + ne^- （沉淀反应） \tag{3-35}$$

$$E_{R/o} = E_{R/o}^\circ + \frac{RT}{nF}\ln \frac{a_o^y a_{H^+}^m}{a_R^x a_{H_2O}^z} = E_{R/o}^\circ - 2.303\frac{mRT}{nF}pH + 2.303\frac{RT}{nF}\ln \frac{a_o^y}{a_R^x} \tag{3-36}$$

上式表明：在一定温度下，反应的平衡条件与电位、pH 值有关，给定 a_o^y/a_R^x 时平衡电位随 pH 值升高而降低，在电位-pH 图上为一斜线，斜率为 $-2.303mRT/nF$。

（3）电位-pH 图的应用　对于给定体系，一般按下列步骤绘制：首先列出体系中各物质的组成、状态及其标准生成自由能或标准化学位；其次，列出有关物质间可能发生的化学反应平衡方程式，并计算相应的电位-pH 表达式；最后，把这些条件用图解法绘制在电位-pH 图上，并且加以汇总而得到综合的电位-pH 图。可见，绘制电位-pH 图是较为复杂的，但是其应用价值较大，主要有以下三方面用途：①预测反应的自发方向，即可从热力学上判断金属腐蚀趋势；②估计腐蚀产物的成分；③预示减缓或防止腐蚀的环境因素，从中选择控制腐蚀的途径。

现以图 3-12 所示的 $Fe-H_2O$ 系简化电位-pH 图为例扼要说明电位-pH 图的一些应用。此时假定以平衡金属离子浓度为 $10^{-6}mol/L$ 作为金属是否腐蚀的界限，即低于这个界限不发生

腐蚀。

图 3-12 中有三种区域：①腐蚀区，即在此区域内金属不稳定，可随时被腐蚀，而可溶的离子、络合离子是稳定的；②免蚀区，即在该区域内，金属处于热力学稳定状态，电位和 pH 的变化将不会引起金属的腐蚀；③钝化区，即在此区域的电位和 pH 值条件下，生成稳定的氧化物、氢氧化物或盐等固态膜，提供了基体金属受保护的必要条件。

作为例子，现判断图 3-12 中 A、B、C、D 四点对应的状态及可能发生的腐蚀情况：

1）Fe 在 A 点，处于免蚀区，不会发生腐蚀。

2）Fe 在 B 点，处于腐蚀区，并且在氢线以下，即处于 Fe^{2+} 和 H_2 的稳定区，铁将发生析氢腐蚀。

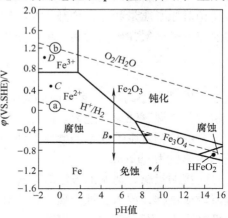

图 3-12 Fe-H_2O 体系的简化电位-pH 图

$$阳极反应：Fe \rightarrow Fe^{2+} + 2e^- \qquad (3-37)$$

$$阴极反应：2H^+ + 2e^- \rightarrow H_2 \uparrow \qquad (3-38)$$

$$总反应：Fe + 2H^+ \rightarrow Fe^{2+} + H_2 \uparrow \qquad (3-39)$$

注：1. 图中 Fe、Fe_3O_4、Fe_2O_3 为 25℃状态。

2. ⓐ线表示 H^+ 还原产生氢气的电极反应：$2H^+ + 2e^- \rightarrow H_2 \uparrow$；ⓑ线表示 O_2 和 H_2O 的电化学反应：$O_2 + 2H_2O + 4e^- \rightarrow 4OH^-$。

3）Fe 在 C 点，处于腐蚀区，并且在氢线以上，Fe^{2+} 和 H_2O 是稳定的，铁将发生吸氧腐蚀。

$$阳极反应：Fe \rightarrow Fe^{2+} + 2e^- \qquad (3-40)$$

$$阴极反应：4H^+ + O_2 + 4e^- \rightarrow 2H_2O \qquad (3-41)$$

4）Fe 在 D 点，处于腐蚀区，生成 $HFeO_2^-$。

由上可见，Fe 在 A、B、C、D 四个位置上，电位、pH 值不同，各腐蚀倾向和腐蚀产物也不同。此外，还可从图中的曲线和区域来选择控制腐蚀的途径。例如 B 点，其移出腐蚀区有三个途径：①采用阴极保护法，降低电极电位至免蚀区；②采用阳极保护法，提高电极电位至钝化区；③调整 pH 值至 9~13，提高溶液 pH 值至钝化区。

电位-pH 图有多方面应用，但也有不少局限性：只能用来预示金属腐蚀倾向的大小，而无法预测金属的腐蚀速度；只表示平衡状态的情况，而实际腐蚀往往偏离平衡态，还可能受环境其他因素的影响；只考虑了 OH^- 阴离子对平衡产生的影响，而忽略了经常存在的 Cl^-、SO_4^{2-}、PO_4^{3-} 等阴离子的影响；在钝化区只预示固体产物膜而未告知这些膜是否具有保护作用。

虽然理论电位-pH 图有局限性，但若补充一些金属钝化方面的实验或实验数据，就可得到经验或实验电位-pH 图，如再综合考虑有关动力学因素，它将在金属腐蚀研究中发挥更广泛的应用。

6. 腐蚀速率

热力学可用来判断金属腐蚀的发展趋势，而腐蚀速率的问题需要用动力学来回答。

腐蚀速率表示单位时间金属腐蚀的程度。测量腐蚀速率的方法很多。最直接的方法有失重法和深度法。除了失重和深度之外，也可用电流密度来表示腐蚀速率。腐蚀电池工作时，阳极金属发生氧化反应，不断失去电子，失去越多，即输出的电量越多，金属溶解的量也越多。金属溶解量或腐蚀量与电量之间的关系服从法拉第定律：电极上溶解（或析出）每一摩尔质量的任何物质所需的电量为 96484C。这表明，若已知电量就能算出溶解物的质量，

即金属腐蚀量为

$$m = \frac{Q}{F}\frac{A}{n} = \frac{It}{F}\frac{A}{n} = N\frac{It}{F} \tag{3-42}$$

式中，m 为金属腐蚀量（g）；Q 为电量（C）；I 为电流（A）；t 为时间（s）；A 和 n 分别为金属相对原子质量和化合价数，$N = A/n$；F 为法拉第常数，$F = 96484C/mol$。按照失重法，腐蚀速率是金属在单位时间、单位面积上所损失的质量，若单位为 g/（m^2·h），则

$$V^- = \frac{\Delta m}{st} = \frac{3600IA}{SnF} \tag{3-43}$$

式中，V^- 为每小时单位面积上金属所损失的质量；S 为面积。由此可见，金属腐蚀电池的电流越大，金属腐蚀速率越大。因此，可用电池电流或电流密度来衡量腐蚀速率的大小。

另一种测量腐蚀速率的常用方法是深度法。它是采用单位时间的腐蚀深度来表示，一般使用的单位为 mm/a。

间接测量腐蚀速率的方法有多种，其中最常用的电化学测量方法是极化电阻法。它是把金属做成试样，放入腐蚀介质中构成腐蚀电位 E，并进行 $\Delta E = 10mV$ 以内的阳极极化，测量阳极电流 I，得到极化电阻 $\Delta E/I$，然后可以根据电化学腐蚀的机制计算出金属的腐蚀速率。在此电位范围内，极化是近似线性的，即 $\Delta E/I$ 接近常数，故该法又称线极化法。

7. 极化

（1）极化的含义　极化是指事物在一定条件下发生两极分化，其性质相对于原来的状态有所偏离的现象。例如：中性分子在外电场作用下电荷分布改变，正负电荷中心不重合，变成偶极子，增大偶极矩，使分子间的作用力增加。又如：球形的离子在周围异号离子电场的作用下发生变形，一般离子半径大的负离子比半径小的正离子容易变形极化，离子的极化使离子晶体的点阵能增加。再如用于光学时，其意为光的偏振。

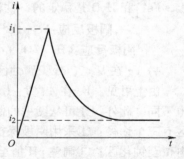

图 3-13　电极极化的 i-t 曲线

在研究腐蚀电池时，极化是指当电极上有净电流通过时，电极电位显著偏离了未通净电流的起始电位值（平衡电位或非平衡的稳态电位）的现象。图 3-13 为电极极化的 i-t 曲线，其表示原电池两个电极刚连通时，电流随时间逐渐上升，达到最大值 i_1 后，就随时间延长而迅速下降到 i_2，因回路中总电阻没有变化，其原因只可能是两个电极之间的电位差发生了变化。

腐蚀电池在开路和短路时阳极与阴极的电位变化如图 3-14 所示。从该图可以看出，电解质溶液中阳极与阴极在短路状态（此时腐蚀电池的阳、阴极之间有电流通过）下测得的电位差，要比开路时测得的电位差小得多。腐蚀电池发生极化可使腐蚀电流减小，从而降低了腐蚀速度。

（2）阳极极化　腐蚀电池接通而有电流时，阳极电位向正方向移动的现象（见图 3-14）称为阳极极化。产生阳极极化的原因主要有三个方面：①活

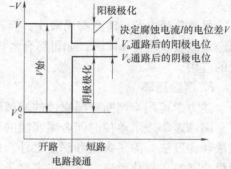

图 3-14　腐蚀电池在开路和短路时
阳极与阴极的电位变化

化极化（或称电化学极化），即因阳极过程进行缓慢，使金属离子进入电解质溶液的速率小于电子由阳极通过导线向阴极的速率，阳极有过多的正电荷积累，改变了双电荷分布及双电层间的电位差，阳极电位向正方向移动；②浓差极化，即金属溶解时，在阳极过程产生的金属离子向外扩散得很慢，使阳极附近的金属离子浓度增加，产生浓度梯度，阻碍金属继续溶解，必然使阳极电位向正方向移动；③电阻极化，即因金属表面生成保护膜，其电阻显著高于基体金属，电流通过时，产生压降，使电位向正向变动。

（3）阴极极化　阴极上有电流通过时，其电位向更负的方向移动（见图 3-14），称为阴极极化。产生阴极极化的原因主要有两个：①活化极化（或电化学极化），即因阴极过程是获得电子的过程，若阴极还原反应速率小于电子进入阴极的速率，使电子在阴极积累剩余电子，阴极越来越负；②浓差极化，即阴极附近反应物或反应产物扩散速率缓慢引起阴极浓差极化，使阴极电位更负。

如上所述，过电位是在外电流通过时出现的，现在可以将它定义为：某一极化电流密度下而发生的电极电位 E 与其平衡电位 E_e 之差的绝对值。同时规定阳极极化时过电位 $\eta_a = E - E_e$，阴极极化时过电位 $\eta_c = E_e - E$。据此，不管是阳极极化还是阴极极化，电极反应的过电位都是正值。应当注意，极化与过电位是两个不同的概念。

（4）去极化　它是极化的相反过程。凡是能消除或抑制原电池阳极或阴极极化的过程，称为去极化；能起到这种作用的物质为去极化剂。对腐蚀电池阳极起去极化作用的，称为阳极去极化；对腐蚀电池阴极起去极化作用的，称为阴极去极化。显然，去极化具有加速腐蚀的作用。

8. 钝化

（1）钝化的概念　一些具有化学活性的金属及其合金，可以在特定的环境中失去化学活性而呈惰性，这种现象称为钝化。从电化学来分析，当金属或合金在一定条件下电极电位朝正值方向移动时，将发生阳极溶解，形成腐蚀电流，电极电位正移到一定值后，一些如铁、镍、铬等过渡金属及其合金，因在表面生成氧化膜或吸附膜而会使腐蚀电流突然下降，腐蚀趋于停止，此时金属或合金便处于钝化状态，简称钝态。但是，金属能处于稳定的钝态，主要取决于氧化膜的性质和致密程度，以及所处的环境条件。例如：镍、铬等金属在空气中会生成致密的氧化膜，处于钝态，具有优良的耐蚀性，而铁表面生成的氧化膜不够致密，仍易生锈。又如：不锈钢因含有一定的镍、铬等元素而经常处于钝态，但在介质中含有大量氯离子时，氧化膜的致密性被破坏，使腐蚀加快。

能使金属钝化的物质称为钝化物，除了氧化性介质外，具有强氧化性的硝酸、硝酸银、氯酸、氯酸钾、重铬酸钾、高锰酸钾、H_2O_2，以及空气或氧气等，都可在一定条件下用作钝化剂。非氧化性介质可使某些金属钝化，例如氢氟酸可使镁钝化。

（2）钝化的分类　金属钝化有化学钝化和阳极钝化之分。化学钝化是指金属与钝化剂的化学作用而产生的钝化现象，又称自钝化。阳极钝化是指用外加阳极电流的方法使金属由活化状态变为钝态的钝化现象，又称电化学钝化。图 3-15 为典型的阳极化曲线，它有四个特性电位（E_{corr}、E_{pp}、E_p、E_{pt}）、四个特性区（活化区、活化-钝化过渡区、钝化区、过钝化区）和两个特性电流密度（i_{pp}、i_p），它们的含义见下面的说明。如果金属的电极电位保持在钝化区，则可大大降低腐蚀速率。

1）四个特性电位说明如下：

E_{corr}——自腐蚀电位（A 点对应的电位，即从 A 点开始，金属进行正常的阳极溶解。A 点对应的电流密度称为金属腐蚀电流密度 i_{corr}）。

E_{pp}——初始钝化电位，或称致钝电位（B 点对应的电位。当电极电位到达 E_{pp} 时，金属表面状态发生突变，电位继续增加，电流急剧下降）。

E_p——初始稳态钝化电位（C 点对应的电位。从 C 到 D 为稳定钝化区，阳极电流密度基本上与电极电位无关）。

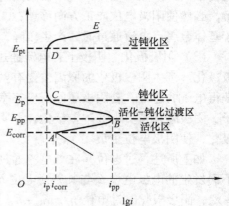

图 3-15 钝化金属典型的阳极极化曲线

E_{pt}——过钝电位（D 点对应的电位。从 D 点开始到 E，阳极电流密度再次随着电极电位升高而增大）。

2）四个特性区说明如下：

活化区——AB 段，即 E_{corr} 到 E_{pp} 之间的金属阳极活化溶解阶段。

活化-钝化过渡区——BC 段，即 E_{pp} 到 E_p 之间的活化-钝化过渡阶段。

钝化区——CD 段，即 E_p 到 E_{pt} 的稳定钝化阶段。

过钝区——DE 段，即从 D 点开始到 E 腐蚀速率再次加快。

3）两个特性电流密度说明如下：

i_{pp}——B 点对应的电流密度，称为致钝电流密度。

i_p——C 点对应的电流密度，称为维钝电流密度。

（3）钝化的理论 目前主要有两种理论：①成相膜理论，认为金属表面生成一层致密的、覆盖性良好的固体产物薄膜（成相膜），厚度为 10～100nm，把金属表面与介质隔离开来，阻碍阳极过程的进行，使金属溶解速率降低；②吸附理论，认为氧或含氧粒子在金属表面吸附，改变了金属与溶液界面的结构，并阳极反应的活化能显著提高，即金属钝化是由于金属本身的活化能力下降，而不是由于膜的机械隔离作用。这两种理论都能解释部分实验结果，但不能解释所有的钝化现象。

9. 工程上常见的腐蚀及防护

工程上常见的腐蚀按破坏形式可分为全面腐蚀和局部腐蚀两类。全面腐蚀是指腐蚀作用均匀遍布材料全部表面或绝大部分表面的腐蚀。局部腐蚀是指腐蚀作用局限在材料表面的某些部分或某个区域，而其他区域未受破坏的腐蚀。局部腐蚀可分为无应力作用和有应力作用两种情况。

（1）全面腐蚀 又称均匀腐蚀，腐蚀作用发生在全部暴露的表面或绝大部分面积上，各处的腐蚀速度基本相同，金属逐渐变薄而最终失效。暴露在大气中的桥梁、设备、管道等钢结构的腐蚀，基本上都为全面腐蚀。又如：锌片在稀硫酸中表面大量析出氢气泡，同时以均匀的速度溶解；铜器件在大气中长时间存放，表面失去金属光泽或生成铜绿。全面腐蚀的机理是：腐蚀电池的阴极与阳极面积很小，这些微阴极与微阳极的位置是变化不定的；整个金属在溶液中处于活化状态，各点随时间有能量起伏，能量高时为阳极，能量低时为阴极。

从腐蚀量看，全面腐蚀造成金属的大量损失，但是从工程观点来分析，这类腐蚀并不可怕，不会造成突然的破坏事故。其腐蚀速率较易测定，例如采用浸泡试验或现场挂片试验，以试验后的失重算出平均腐蚀速度，从而准确估计工程构件或设备的使用寿命。为减缓全面腐蚀速率，可采用多种措施：设计时增加合理的腐蚀裕量；合理选用金属材料；采用表面技术涂覆保护层；加入缓蚀剂；采用阴极保护法。其中涂覆保护层是用得最普遍的方法。

（2）无应力作用下的局部腐蚀　局部腐蚀与全面腐蚀相比较有一些明显的不同点。例如：金属表面某些部分或某个区域的腐蚀速率远大于其他区域的腐蚀速率，造成局部区域的破坏；局部腐蚀时，阳极和阴极通常是截然分开的；阳极面积远小于阴极面积；阳极电位小于阴极电位。常见的无应力作用的局部腐蚀有电偶腐蚀、点蚀、缝隙腐蚀、丝状腐蚀、晶间腐蚀、选择性腐蚀、剥蚀等。

1）电偶腐蚀（接触腐蚀）。主要特征是：①两种不同电位的金属相接触，并浸入电解液，其中电位较负的金属腐蚀加快，而电位较正的金属腐蚀减缓；②腐蚀主要发生在金属与金属或金属与非金属导体的接触边线附近，而远离边线的区域，腐蚀程度轻得多。控制措施有：①避免异种材料接触；②选用电偶序相近的材料；③异种材料接触面或连接处采取绝缘措施；④选用容易更换的阳极部件或使其加厚；⑤采用电化学法；⑥采用涂层保护。

2）点蚀（孔蚀）。主要特征是：①腐蚀集中于金属表面的很小范围内，并深入到金属内部；②形貌多种多样，蚀孔口多数有腐蚀产物覆盖，少数呈开放式；③多发生在表面生成钝化膜的金属材料上或有阴极性镀层的金属上；④发生在有氧化剂以及同时有活性阴离子存在的钝化液中；⑤腐蚀电位超过点蚀电位时，点蚀迅速形成与发展。控制措施有：①选择耐点蚀能力强的材料；②降低介质中氯离子等的含量和介质的温度，增加介质的流速；③采用缓蚀剂；④采用电化学保护措施。

3）缝隙腐蚀。主要特征是：①在金属与金属（或非金属）形成的缝隙处发生腐蚀；②可发生在所有金属材料上，尤其是钝化的耐蚀材料上；③各种介质，尤其是含氯离子的溶液最易造成缝隙腐蚀；④同种金属可发生缝隙腐蚀，其临界电位比点蚀电位低。控制措施有：①设计时，尽量避免缝隙和死角的存在，设计引流孔；②少用铆接与螺栓联接，多用焊接；③正确选材采用含高镍、铬、铝的不锈钢，不宜用吸湿性的材料做垫圈；④采用电化学保护；⑤采用缓蚀剂。

4）丝状腐蚀。主要特征是：①它是缝隙腐蚀的一种特殊形式，发生在一些金属的有机涂层下面，呈浅型的膜下腐蚀；②一旦形成后形成后发展很快，最后形成密集分布的网状花纹，分布于金属表面；③腐蚀产物呈丝状，丝由活性头部和非活性尾巴构成，丝宽为 0.1 ~ 0.5mm；④对于钢铁材料，活性头部呈亚铁离子的蓝绿色，非活性的尾巴呈锈蚀产物 $Fe_2O_3 \cdot H_2O$ 的棕红色。控制措施有：①降低环境中的相对湿度，或采用密封等措施；②采用磷化等表面处理，并消除工艺过程中带来的不良介质；③采用透水率低的涂料。

5）晶间腐蚀。主要特征是：它是金属材料内部沿着晶界发生的腐蚀，使晶粒间的结合力严重损害，导致金属的强度和塑性、韧性大幅度下降，严重时，金属表面虽看不出明显变化，但轻轻一敲打，不但没有金属的声音，而且很易发生破碎，甚至形成粉状。控制措施有：①正确制订热处理工艺；②在不锈钢中减少碳含量；③在不锈钢中加入 Ti、Nb 等固定碳的合金元素；④采用奥氏体与铁素体的双相不锈钢；⑤采用表面技术，使不锈钢表面与腐蚀介质隔离。

6）选择性腐蚀。主要特征是：某些合金在一定条件下，电位低的金属元素或相，被选择性地溶解，留下未被腐蚀掉的金属或非金属。最典型的实例有：①黄铜脱锌，即锌被选择性地溶解，而留下多孔的富铜区；②石墨化腐蚀，即网状石墨分布在铁素体内的灰铸铁，在一定介质中发生铁素体的选择性腐蚀，使石墨沉积在铸铁表面。控制措施有：对于黄铜脱锌，主要是选用对脱锌不敏感的黄铜，如 Zn 的质量分数小于 15% 的铜锌合金，以及在黄铜中加入抑制脱锌的元素。

7) 剥蚀（层蚀）。主要特征是：它是变形铝合金材料的一种特殊的晶间腐蚀形式，腐蚀沿平行于表面的晶界处萌生、逐渐发展，形成的腐蚀产物使金属剥落而呈现层状形貌，多见于挤压材料或经高度冷加工而使晶粒拉长和偏平的材料，尤其是 Al-Cu-Mg 系合金发生最多。控制措施有：①改变晶粒结构，呈等轴晶；②采用适当的热处理工艺，使晶间腐蚀倾向减小或消除；③采用阳极氧化、涂层等保护措施；④采用牺牲阳极的阴极保护法。

(3) 有应力作用的局部腐蚀　常见的有应力腐蚀、腐蚀疲劳、磨损腐蚀、氢脆等。

1) 应力腐蚀。主要特征是：①它是由拉应力与特定腐蚀介质共同作用引起的脆性开裂；②即使塑性很好的金属材料，在这种开裂断口上看不到缩颈及杯锥状现象，断口在腐蚀介质作用下呈黑色或灰黑色，突然脆断区的断口常有放射花样或人字纹；③拉应力的来源有外加应力、残余应力、热应力、焊接应力等，据统计，应力腐蚀裂纹多发生在焊接应力区；④对于每种合金—环境组合，有一个最低的临界应力，称为应力腐蚀开裂门槛值；⑤宏观上裂纹方向与主拉应力方向垂直，裂纹发展有沿晶型、穿晶型和混合型，这与材料及腐蚀条件有关。应力腐蚀与材料、应力、环境三大因素有关，因此控制措施要从这三方面着手：①合理选材，尽量避免合金在容易发生应力腐蚀的环境介质中使用；②控制应力，尽量使金属构件具有最小的应力集中，并与介质接触的部位具有最小的应力；③减弱介质的腐蚀性，即通过各种方法除去环境介质中危害较大的组分；④采用阴极保护，使合金的电位避开敏感电位区；⑤采用涂层技术，隔离腐蚀环境。

2) 腐蚀疲劳。主要特征是：①它是金属材料在腐蚀介质与循环应力共同作用下所发生的破坏；②实际工程中遇到的疲劳破坏大多数是腐蚀疲劳，使疲劳裂纹扩展速度加快和条件疲劳极限降低；③钢铁材料等在腐蚀环境中没有疲劳极限，故设定在 $10^7 \sim 10^8$ 循环次数下不发生断裂的应力值为条件疲劳极限，其与无腐蚀时的疲劳极限之比为损伤比；④除合金外，纯金属同样会发生腐蚀疲劳；⑤其与抗拉强度无直接关系，而与循环应力的频率及波形强烈相关；⑥没有明显的敏感电位范围；⑦其断口通常大面积被腐蚀产物覆盖，只有一小部分是最终脆断造成的粗糙面；⑧常有若干裂纹呈群体出现。控制措施有：①合理选材与设计，例如选用含 Ni、Cr 的不锈钢和慎用高抗拉强度的钢等；②采用阴极保护方法，它可降低氢在裂纹尖端的集中浓度，但是这种方法不宜在酸性腐蚀介质以及有氢脆的环境中使用；③表面预处理或涂层，例如化学热处理和喷丸等工艺使材料表面形成压应力，以及涂覆适当的涂层，都可能显著改善抗腐蚀疲劳的性能；④加缓蚀剂，例如添加重铬酸盐对提高碳钢的抗腐蚀疲劳有显著影响，加碳酸钠对防止蒸馏水中的腐蚀疲劳很有效。

3) 磨损腐蚀（磨蚀）。主要特征是：①它是由腐蚀介质与金属表面间的相对运动引起的金属加速破坏；②磨蚀时，金属材料先在介质中以溶解的离子状态脱离表面，或是生成固体腐蚀产物，而后在机械力冲刷下脱离金属表面；③外表特征是光滑的金属表面上呈现出带有方向性的槽、沟、波纹、圆孔和山谷状。冲击腐蚀是磨损腐蚀的主要形态，控制措施有：①合理选材；②改进设计，例如增加管径可减小流速，并保证层流；③涂层保护；④阴极保护，但在很高的流速下，冲蚀以机械作用为主，阴极保护失效。对于空泡腐蚀，控制措施有：①改进设计，以减小流程中流体动压差；②选用耐空蚀的材料；③精磨表面使表面不形成空泡的核点；④采用塑料或橡胶等弹性保护层；⑤采用阴极保护。对于摩振腐蚀，控制措施有：①在接触表面加强润滑，减少摩擦，并排除氧；②采用磷化处理；③选用硬质合金；④采用冷加工或表面处理提高表面硬度。

4）氢脆（氢损伤）。主要特征是：①氢以某种状态存在与金属中，使材料产生不可逆损伤或塑性下降，或低应力下延迟断裂；②氢分子聚集造成巨大内压，引起氢鼓泡或微裂纹的产生，钢中的白点，酸洗裂纹，H_2S 浸泡产生的鼓泡或裂纹，焊接冷裂纹均属于这一类；③高温氢腐蚀，例如碳钢中 $4H + C \rightarrow CH_4$，甲烷在晶界富集，其内压可产生微裂纹；④氢促进材料中脆性相的产生，例如对 V、Nb、Ti、Zr 等材料可形成脆性的氢化物，使材料的塑性、韧性下降；⑤氢使材料在低应力下产生延迟断裂；⑥对氢含量、缺口敏感；⑦裂纹源一般不在表面；⑧钢的强度越高，氢脆的敏感性往往越大。控制措施有：①为避免氢鼓泡的产生，要设法去除阻碍释放氢的物质；②选用无空穴的镇静钢；③采用不易渗透氢的奥氏体不锈钢或镍的衬里，或橡胶、塑料、瓷砖衬里；④加入缓蚀剂。防止氢脆破断的措施主要有：①在容易发生氢脆的环境中，不用高强度钢，改用 Ni、Cr 合金钢；②在加工处理过程中尽可能减少氢进入材料；③酸洗液中放缓蚀剂；④进行去氢热处理。

10. 在自然环境中的金属腐蚀与防护

自然环境中的金属腐蚀类型很多，主要有大气腐蚀、海水腐蚀、土壤腐蚀、二氧化碳腐蚀和微生物腐蚀。

（1）大气腐蚀　大气又称空气，是包围地球的气体混合物的总称。因受地心引力的作用，大气在垂直地面方向的分布不均匀，按质量计 90% 集中在 30km 以下。大气的主要成分为 N_2、O_2、Ar、CO_2 及 H_2O 等。除水汽外，大气的组成基本上是稳定的，平均组成（体积分数，%）：N_2 为 78.084，O_2 为 20.948，Ar 为 0.934，CO_2 为 0.031，这四种气体占大气总量的 99.997%，剩余的有 He、Ne、Kr、Xe、H_2、CH_4、NO_x、SO_2、O_3、CO 等。

大气腐蚀是金属与所处的大气环境间因环境因素而引起材料变质或破坏的现象。参与金属大气腐蚀过程的主要组成是氧和水汽，其中氧主要参与电化学腐蚀过程，水汽在金属表面形成水膜，成为电解液层，水膜的形成与大气的相对湿度密切相关。根据腐蚀金属表面的潮湿程度，大气腐蚀可分为干大气腐蚀（金属表面没有水膜，仅有几个分子厚的吸附膜）、潮大气腐蚀（大气相对湿度低于 100%，金属表面的水膜厚度在 10nm ~ 1μm）和湿大气腐蚀（大气相对湿度在 100% 左右或雨水直接落在金属表面，水膜厚度在 1μm ~ 1mm，甚至更厚）三类。干大气腐蚀属化学腐蚀中的氧化。潮、湿大气腐蚀的规律符合电化学腐蚀的一般规律，其中潮的大气腐蚀主要受阳极过程控制，而湿的大气腐蚀主要受阴极过程控制。

在阳极进行金属的溶解：$M + nH_2O \rightarrow M^{n+} \cdot nH_2O + ne^-$

在阴极上主要进行氧的去极化作用。若在中性及碱性水膜中进行，则为

$$O_2 + 2H_2O + 4e^- \rightarrow 4OH^-$$

若在酸性水膜中进行，由于氧扩散到阴极的速度较大，氧的去极化作用仍占主要地位，故进行下列反应：

$$O_2 + 4H^+ + 4e^- \rightarrow 2H_2O \tag{3-44}$$

大气腐蚀的影响因素较为复杂，主要有大气的相对湿度、温度、温差、大气成分和污染

物质等。可以根据金属件所处环境和要求来选择控制措施，例如：选用合适的耐蚀材料，采用覆盖保护，控制环境的相对湿度、温度及含氧量，采用缓蚀剂保护和电化学保护等。

（2）海水腐蚀　海水是一种含盐量相当大的腐蚀性介质，盐分的质量分数为 3.5% ~ 3.7%。盐分中主要是 NaCl（质量分数为 77.8%），其次是 $MgCl_2$，故常以质量分数为 3% 或 3.5% 的 NaCl 溶液近似地代替海水。海水的平均电导约为 $4 \times 10^{-2} S/cm$，远远超过了河水（$2 \times 10^{-4} S/cm$）和雨水（$1 \times 10^{-5} S/cm$）。正常情况下，海水表面被空气完全饱和，氧的溶解量随水温大约在 $5 \times 10^{-4}\% \sim 10 \times 10^{-4}\%$ 范围内波动。氧和氯离子含量是影响海水腐蚀的主要因素。

海水腐蚀的电化学过程特征是，除了负电性很强的镁及其合金既有吸氧腐蚀又有析氢腐蚀外，其他金属的海水腐蚀过程都属于氧去极化阴极过程。在含有大量 H_2S 的缺氧海水中，也有可能发生 H_2S 的阴极去极化作用，如 Cu、Ni 是易受 H_2S 腐蚀的金属。大量氯离子的存在，使金属钝化膜易遭破坏，产生孔蚀，不锈钢也难免，只有 Ti、Zr、Nb、Ta 等少数易钝化金属才能在海水中保持钝态，有较强的耐海水腐蚀性能。局部腐蚀除孔蚀外，还易发生缝隙腐蚀以及高流速海水所产生的冲击腐蚀和空泡腐蚀。另外，由于海水的电导率很大，电阻性阻滞很小，在金属表面形成的微电池和宏观电池都有较大的活性，而且在海水中异种金属的接触能造成显著的电偶腐蚀，并且作用强烈，影响范围较远。

按照金属件与海水接触的情况，可将海洋的腐蚀环境大致分为海洋大气区、飞溅区、潮差区、全浸区和海底泥浆区。由于飞溅区金属表面潮湿，海水供应充足，更因为干湿交替，盐分浓缩，腐蚀条件最充分，所以腐蚀速率最大。海底泥浆区氧分不足，虽可能存在海水与泥浆间的腐蚀电池或者微生物腐蚀，但腐蚀速率最小。潮差区相对低潮线以下的全浸区部分形成明显的氧浓差电池，潮差区氧充足为阴极，全浸区供氧较少而为阳极，有较大的腐蚀速率。

影响海水腐蚀的主要因素有含盐量、含氧量、金属件所处腐蚀环境、温度、海水流速和海洋生物等。控制海水腐蚀的方法有：合理选材，涂层保护，电化学保护（阴极保护、外加电流和牺牲阳极法）等。

（3）土壤腐蚀　大多数土壤是中性的，但有些是碱性的砂质黏土和盐碱土，pH 值为 7.5 ~ 9.5，也有的土壤是酸性腐殖土和沼泽土，pH 值为 3 ~ 6。土壤通常由土粒、水和空气组成，是一个复杂的多相结构。土壤颗粒间形成大量毛细管微孔和空隙，空隙中充满空气和水，常形成胶体体系，是一种离子导体。溶解有盐类和其他物质的土壤水，也是一种电解质溶液。土壤的导电性与土壤的干湿程度及含盐量有关。土壤的性质和结构是不均匀的，多变的，土壤的固体部分对埋在土壤中的金属表面来说是固定不动的，而土壤中的气、液相则可做有限运动。另外，要关注的是土壤污染所引起的腐蚀，大量的化石燃料，工矿业的三废排放，农业生产中化肥、农药的使用不当，城市生活污水、垃圾的排放倾倒以及大气污染物的沉降，使土壤中积累了重金属及酸、碱、盐类等无机物和各种难降解的有毒物质、洗涤剂、生物残体、排泄物、塑料残片等有机物，这些污染物与土壤中原有的矿物质、有机质、微生物发生复杂化学反应和生化作用，改变了土壤原来的结构和性质，从而直接影响着土壤腐蚀的过程。

土壤腐蚀是一种电化学腐蚀，其过程包括阳极过程与阴极过程。铁在干燥和透气性良好的土壤中，阳极过程因钝化现象及离子水化的困难而产生很大的极化，其进行方式接近于铁在大气中腐蚀的阳极行为。金属在潮湿、透气不良且含有氯离子的土壤中的阳极极化行为可将金属分成四类：①阳极溶解时没有显著阳极极化的金属，如镁、锌、铝、锰、锡等；②阳极溶解的极化率较低，取决于金属离子化反应过电位的金属，如铁、碳钢、铜、铅等；③因阳极钝化而具有高的起始极化率的金属，在更高的阳极电位下，阳极钝化又因土壤中存在氯离子而受到破坏，如铬、锆和含有铬或铬镍的不锈钢；④在土壤条件下不发生阳极溶解的金属，如钛、钽等。在土壤中，阴极过程是氧的去极化。只有在酸性很强的土壤中才发生氢的去极化。在某些情况下，还有微生物参与的阴极还原过程。

土壤腐蚀主要有以下三种类型：

1）微电池和宏观电池引起的土壤腐蚀。除了因金属组织不均匀性引起的腐蚀微电池外，还可能由于土壤介质的不均匀性引起的腐蚀宏观电池。由于土壤透气性不同，使氧的渗透速度不同。这种土壤介质的不均匀性影响着金属各部分的电位，是促使建立氧浓差电池的主要因素。浓差腐蚀是土壤腐蚀的主要形式之一。

2）杂散电流引起的土壤腐蚀。尤其是应用直流电的大功率电气装置漏失而流入土壤的杂散电流促使地下埋设的金属发生腐蚀，据计算每流入 1A 的电流，每年就会腐蚀掉 9.15kg 铁或 11kg 左右的铜。交流电也会引起这类腐蚀，但破坏作用小得多。

3）由微生物引起的腐蚀。

影响土壤腐蚀的因素有土壤的孔隙度、含水量、导电性、酸碱度、含盐量和微生物等。控制土壤腐蚀的措施有：合理选材，覆盖层保护，处理土壤（减少其腐蚀性，进行阴极保护等）。

（4）微生物腐蚀 微生物如细菌、真菌、病毒等，是生物的一大类，形体微小，构造简单，繁殖迅速，广泛分布在自然中。微生物腐蚀是指由于微生物的存在与生命活动参与下所发生的腐蚀过程。与腐蚀有关的微生物主要有硫酸盐还原菌，硫氧化菌和铁细菌。这些细菌以下列四种方式影响腐蚀过程：①细菌能产生某些腐蚀性的代谢产物，如硫酸、有机酸、硫化物、氨等；②细菌的活动过程影响电极反应，如硫酸盐还原菌的活动过程对腐蚀的阴极去极化过程起促进作用；③细菌的活动过程改变金属所处的环境状况，如氧浓度、盐浓度、pH 值等；④破坏金属表面覆盖层或缓蚀剂的稳定性。由于细菌在自然界中分布广泛，与水、土壤或湿润空气接触的金属件，都能发生微生物腐蚀。最严重的微生物腐蚀发生在微生物群落出现的地方，很多具有不同生理学特点的细菌相互作用，造成点蚀、缝隙腐蚀、沉积膜下腐蚀、选择性腐蚀以及增强电偶腐蚀和冲刷腐蚀等。控制微生物腐蚀的措施往往是针对具体情况制订的，主要从抑制细菌繁殖和抑制电化学腐蚀两方面着手的，例如：在介质中投放高效、低毒的杀菌剂和除垢剂；采用非金属覆盖层、金属镀层；使用有机涂层，必要时加入适当的灭菌剂；外加电流阴极保护或牺牲阳极保护。

（5）二氧化碳腐蚀 二氧化碳是一种无色、无臭、无毒气体，在工业上有重要应用。二氧化碳对金属的腐蚀作用已引起人们关注。二氧化碳溶于水，在 0℃ 时溶解度为 0.385g/100gH$_2$O，在 40℃ 时为 0.097g/100gH$_2$O。在 CO_2 水溶液中极少部分 CO_2 生成 H_2CO_3，绝大部分是 CO_2 的水合物。CO_2 水溶液有很强的腐蚀性，在相同 pH 值条件下总酸度比盐酸高，因此对钢铁的腐蚀很严重。常见的 CO_2 腐蚀为油田井下油管的腐蚀。

二氧化碳腐蚀根据形态可分为点蚀、台地腐蚀和流动诱使局部腐蚀三种。例如：钢质油套管在流动的含 CO_2 水介质中会发生点蚀，并且存在一个温度敏感区间，主要处于 80 ~

90℃的部位；当钢铁表面形成大量碳酸亚铁膜而此膜又不是很致密和稳定时，极易发生台地侵蚀，即局部发生平台状形式的损坏；在湍流介质条件下易造成流动诱使局部腐蚀，此时在被破坏的金属表面形成沉积物层，但表面很难形成具有保护性的膜。

影响二氧化碳腐蚀主要有两类因素：①环境因素，包括介质含水量，介质温度，CO_2 分压，介质 pH 值，介质中 Cl^-、HCO_3^-、H_2S、O_2、细菌等含量，油气混合介质中的蜡含量，介质载荷，流速，运动状态，材料表面垢的结构和性能；②材料因素，包括材料种类合金元素含量、表面膜等。控制二氧化碳腐蚀的措施有：合理选材，定期清理管道，添加缓蚀剂，电化学保护，保护性覆盖层以及改善使用环境等。

11. 金属耐蚀性的评定

金属材料的腐蚀绝大多数为电化学腐蚀。根据腐蚀破坏形式，评定金属耐蚀性有不同的方法，归纳起来大致有下列几种：①重量法，即用失重或增重方法表示；②深度法，即用腐蚀深度表示；③容量法，在析氢腐蚀时，如果氢气析出量与金属腐蚀量成正比，则可用单位时间内试样单位析出的氢气量来表示金属的腐蚀速率；④腐蚀电流密度，即用金属的电极上单位时间通过单位面积的电量表示腐蚀速率；⑤电阻性能指标，即根据腐蚀前后试样电阻的变化来评定腐蚀程度；⑥力学性能指标，如对于某些晶界腐蚀和氢腐蚀，可用试验前后一些力学性能的变化来评定。

在表面技术中，特别对于防护性涂层及防护装饰性涂层，在涂层的耐蚀性指标上有明确和严格的要求。虽然将涂件置于实际使用条件下进行耐蚀性评定可获得准确的结论，但十分费时费力，因此除特定产品外，通常希望采用简便而有效的方法进行评定。目前评定涂层耐蚀性的测试方法一般有以下几类：

（1）使用环境试验　将涂制产品置于实际使用环境的工作过程中进行评定。

（2）大气曝露腐蚀试验　将涂制产品或试样放在室内或室外的试样架上，进行各种自然大气条件（包括工业性大气、海洋性大气、农村大气和城郊大气）下的腐蚀试验，定期观察试件的腐蚀状况，用称重法或其他方法测定腐蚀速度。

（3）人工加速和模拟腐蚀试验　采用人为方法，模拟某些腐蚀环境，对涂件进行快速腐蚀试验，以快速有效的方法评定涂层的耐蚀性。主要有以下几种方法：

1）盐雾试验。即模拟沿海环境大气条件对涂层进行快速腐蚀试验，主要用来评定涂层质量和比较不同涂层抗大气腐蚀的性能。根据试验所用溶液成分和条件的不同，盐雾试验分为三种方法：①中性盐雾试验（MSS），采用一定浓度的氯化钠溶液在加压下以细雾状喷射，实现测定涂层的加速腐蚀作用；②醋酸盐雾试验（ASS），采用中性氯化钠溶液加醋酸酸化后进行喷雾，使涂层腐蚀速度加快；③铜盐加速醋酸盐试验（CASS），它是在醋酸盐雾溶液中加入少量氯化铜，Cu^{2+} 使金属在介质中的腐蚀电池电位差增大，对镍、铬等阴极性涂层具有显著的腐蚀作用，其试验结果也较接近城市大气对金属的腐蚀。

2）腐蚀膏试验（CORR）。该试验是测定涂层腐蚀性的另一种人工加速腐蚀试验方法。它采用由高岭土加入硝酸铜、氯化铁、氧化铵和水后按一定比例和程序配制成腐蚀膏，涂覆在涂层试样表面，经自然干燥后放在潮湿箱中进行腐蚀试验，到规定时间后取出并适当清洗和干燥，即可检查评定。腐蚀膏中三价铁盐、铜盐和氯化物起着加速腐蚀的作用。

3）湿热试验。包括恒温恒湿试验、交变温湿度试验、高温-高湿试验等，用来模拟涂制产品在温度和湿度恒定或交变条件下引起凝露的环境，对涂层做加速腐蚀试验。

4）二氧化碳工业气体腐蚀试验。采用一定浓度的二氧化碳气体，在一定温度和湿度下对涂层进行腐蚀。

5）周期浸润腐蚀试验。该试验是模拟半工业海洋大气对涂层进行加速腐蚀的试验方法。其设备常为各种型号的轮式周浸试验机，对各种涂层都有一定的试验规范。

6）电解腐蚀试验。把试样作为阳极，在规定条件下进行电解和浸渍，然后用含有指示剂的显色液处理，使腐蚀部位显色，最后以试样表面显色斑点的大小、密度来评定其耐蚀性。

7）硫化氢试验。该试验是人为制造一个含硫化氢的空气介质，对涂层进行腐蚀的试验方法。

上述加速腐蚀试验原来都有一定的适用范围，后来随着研究的深入以及新产品、新技术的不断出现，这些试验方法经常有条件地被引用，或经过适当修改后被引用，同时又出现新的试验方法。另一方面，腐蚀试验后材料或涂层耐蚀性的评定方法和所用的仪器也有了很大的发展。在宏观评定方面，除了前述重量法、深度法、容量法、腐蚀电流密度、电阻性能指标、力学能指标六种方法外，还可通过目测、图像仪、色度计等来定性和定量描述腐蚀形态腐蚀面积、腐蚀点密度、腐蚀点平均大小和腐蚀产物的颜色。在微观评定方面，可以用一些先进仪器（如电子探针、扫描电镜、俄歇能谱仪等）来深入观察和分析腐蚀形貌、产物成分、组织结构，做出科学评定。在电化学试验方面，可用多种方法来评定。其中，极化曲线是电极极化引发的电极反应中电流、电压之间各种变化关系的统称，又称伏安图。它是测量和研究金属腐蚀的重要依据，如用恒电位法（即以电位为自变量，让电位恒定有某一数值，测定相应电极表面通过的电流值，得到电位-电流的关系曲线），测出材料的阳极极化曲线，以此了解点蚀及缝隙腐蚀敏感性，并且通过测出各种电位-pH 状态下的电流密度等方法来评定各种电位-pH 状态下合金涂层的腐蚀速度。目前，通过恒电位仪、快速扫描信号发生器、$X—Y$ 记录仪等设备的联合使用，极化曲线的测定方法已趋完善。

3.2.3　非金属材料的耐蚀性

非金属材料包括无机非金属材料和有机高分子材料。前者有陶瓷、玻璃、水泥、耐火材料和半导体等。后者有各种聚合物制得的材料，除塑料、橡胶、纤维三大合成材料外，还有涂料、胶黏剂、化学建材、感光材料、生物医学用的高分子材料、树脂基复合材料、液晶、离子交换树脂和各种高功能性材料及高性能高分子材料等。由于它们的品种繁多，应用甚广，生产量和消费量逐年上升，又大量用于基础设施和重大工程，面临苛刻的自然环境，所以它们的腐蚀与防护受到人们的重视。非金属材料的腐蚀有很大不同，有些方面是完全不同的。

1. 硅酸盐材料的腐蚀及控制

（1）混凝土和钢筋混凝土的腐蚀及控制

1）混凝土腐蚀的分类。按其腐蚀形态可分为五类：①溶出腐蚀，即在水（主要是软水）的作用下水泥石中的 Ca（OH）$_2$ 被溶解和洗出，使水化硅酸盐、水化铝酸盐发生水解，析出 CaO，生成硅酸、氢氧化铝、氢氧化铁等非结合性产物，导致水泥石降低和发生腐蚀，当混凝土中的 CaO 损失达 33％时，混凝土就会被破坏；②分解型腐蚀，主要是酸性溶液和镁盐溶液两种介质，与水泥石中的 Ca（OH）$_2$ 发生反应，分别生成可溶性化合物和无胶结性能的产物，导致 Ca（OH）$_2$ 丧失，使水泥石分解；③膨胀型腐蚀，由溶液中某些离子（例如硫酸盐溶液中的 SO_4^{2-}），与水泥石中 Ca（OH）$_2$ 作用生成体积远远大于反应前组成物体积的新产物，或者一些盐类溶液（例如 Na_2SO_4、Na_2CO_3）在水泥石空隙中结晶引起体积显著增大，造成水泥石的开裂和破坏；④细菌腐蚀，较为典型的是硫杆菌在氧和水存在的条件下，与污水中的硫或来源于矿物、油田中的硫发生反应生成硫酸，使混凝土受到腐蚀；⑤碱集料反应，是水泥石中的强碱 Na_2O 和 K_2O，与骨料中的活性二氧化硅发生反应，在骨料表面生成一层致密的碱—硅酸盐凝胶，其遇水后产生膨胀，使骨料与水泥石之间的界面胀破，导致混凝土整体破坏。

钢筋混凝土按腐蚀形态分为两类：①混凝土被腐蚀破坏，同时钢筋裸露被腐蚀，导致整体结构的破坏；②由于外部介质的作用使混凝土的化学性质发生变化，或者引入了能激发钢筋腐蚀的离子使钢筋表面的钝化作用丧失，而引起钢筋锈蚀。

2）影响混凝土腐蚀的因素。主要是混凝土的化学成分、孔隙率、环境和水。除了混凝土成分和生产质量的影响外，环境因素受到重视。混凝土在自然环境中会发生腐蚀，尤其在海洋、盐渍地区以及在抛洒冰盐的寒冷地区，基础设施的腐蚀较为严重；大气中较高含量的 CO_2、SO_2，则会加快混凝土的腐蚀。

3）混凝土腐蚀的控制。主要有五项措施：①选用耐蚀水泥以及通过混凝土密实度的增加来提高抗渗性能；②在混凝土表面增设耐蚀层，如涂刷氯磺化聚氯乙烯涂料等；③加入阴极型、阳极型、复合型等类型的钢筋阻锈剂，这是一种长期防护钢筋的方法；④采用聚合物水泥混凝土，即在由胶结料与骨料组成的混凝土中用聚合物来改良胶结料，以此提高混凝土的密实度、黏结力、耐蚀性、耐磨性；⑤阴极保护，即采用施加外加电流或牺牲阳极的方法，使混凝土内钢筋受到电化学保护。

（2）玻璃的腐蚀及控制

1）玻璃腐蚀的类型。玻璃是一种由过冷液体形成的非晶态固体物质。广义的玻璃包括单质玻璃、有机玻璃和无机玻璃，狭义上仅指无机玻璃。大规模生产的是以 SiO_2 为主要成分的硅酸盐玻璃。虽然玻璃是较为惰性的材料，但在大气、水、酸或碱等介质参与下也会发生化学、物理侵蚀作用，首先玻璃表面变质，随后侵蚀作用逐渐深入，甚至达到玻璃整体完全变质的程度。玻璃腐蚀大致可分六种类型：①水化，即玻璃与水接触时，可以发生溶解和化学反应（包括水解及在酸、碱、盐水溶液中的腐蚀），而水化的程度与变质层的性质是由玻璃成分、结构、表面积、介质特性等因素决定的，不同条件下玻璃的耐久性可以相差很大，例如低碱硅酸盐玻璃的耐久性好，而含碱量较高的二元或三元硅酸盐玻璃因 SiO_2 含量较低导致耐久性很差；②风化，即玻璃与空气长期接触，在吸附水膜等作用下表面会出现雾状薄膜、点片状白斑、细线状膜、彩虹等，甚至形成白霜及平板玻璃黏片，俗称"玻璃发霉"；③酸侵蚀，即在酸的作用下玻璃发生腐蚀，例如为了获得某些光学性能的光学玻璃，降低 SiO_2 含量和加入大量 Ba、Pb 等重金属氧化物，因这些氧化物的溶解而易使玻璃被醋酸、硼酸、磷酸等弱酸所腐蚀，对于一般的硅酸盐玻璃因有足够的 SiO_2 含量而具有良好的耐蚀性（氢氟酸和磷酸除外）；④碱侵蚀，即在碱的作用下玻璃发生腐蚀，由于 OH^- 破坏了 Si—O—Si 链，形成 Si—OH 及 Si—O—Na，故碱侵蚀较重些，其腐蚀程度不仅与 OH^- 的浓度有关，而且与阳离子和种类有关，顺序为 $Ba^{2+} > Sr^{2+} \geqslant NH_4^+ > Rb^+ \approx Na^+ \approx Li^+ > N(CH_3)_4^+ > Ca^{2+}$；⑤大气侵蚀，即在水汽、二氧化碳、二氧化硫等作用下玻璃发生腐蚀，其过程是表面某些离子吸附空气中的水分子，这些水分子以 OH^- 覆在表面，不断吸收水分和其他物质，形成薄层，若其中碱性氧化物较多，则水膜变成碱金属氢氧化物的溶液，随后进一步吸收水分，使玻璃受到破坏；⑥选择性腐蚀，即一些玻璃通过一定的热处理，形成易蚀的第二相弥散分布在耐蚀的高 SiO_2 含量的基体上，在酸中易蚀的第二相被腐蚀掉，而耐蚀的基体保留下来，制成有弥散小孔的玻璃。

2）影响玻璃腐蚀的因素。主要是玻璃的化学组成、结构、热处理、表面状态与环境。硅酸盐玻璃的耐水性和耐酸性主要决定于硅、氧和碱金属氧化物的含量。例如在 SiO_2 · Na_2O · RO（或 RO_2 或 R_2O_3）的玻璃中，ZrO_2、Al_2O_3、MgO、CaO、BaO、TiO_2、ZnO 等氧化物置换部分 Na_2O 后，表现出不同的化学稳定性：ZrO_2、Al_2O_3 等对耐水性、耐酸性、耐碱性都有良好的影响，ZnO、CaO 等也对耐水性和耐酸性有利，而 BaO 对耐水性、耐酸性和耐碱性都不好。玻璃在退火过程中若缺乏酸性气体的存在，会造成表面碱的富集，使耐蚀性变差；反之，若退火炉中存在较多的二氧化硫等酸性气体，则会与玻璃表面部分碱性氧化物反应生成主要成分为硫酸钠的"白霜"层而易被除去，降低表面的碱性氧化物的含量，使玻璃的耐蚀性提高。在环境因素方面，温度的影响是显著的，在 100℃ 以下每升高 10℃，侵蚀介质对玻璃的腐蚀速率增加 50% ~ 150%，100℃ 以上时除含锆多的玻璃外，对一般玻璃的侵蚀作用显得剧烈。压力的影响也很大，当压力提高（29.4 ~ 98）×10^5Pa 时，玻璃会迅速破坏。

3）玻璃腐蚀的控制。玻璃的种类很多，除了大量使用的以 SiO_2 为主要成分的硅酸盐玻璃外，还有以 B_2O_3、P_2O_5、PbO、Al_2O_3、GeO_2、TeO_2、TiO_2 和 V_2O_5 为主要成分的氧化物玻璃，以硫系化合物（例如 As_2S_3）或卤化物（例如 BeF_2）为主的非氧化物玻璃，还有以某些合金形成的金属玻璃（例如 $Ni_{40}B_{43}$）。除惰性气体外，几乎所有的元素均可引入或掺入玻璃。然而，玻璃化学组成和结构对其耐蚀性的影响往往是复杂的，所以应根据实际需要选择好玻璃。此外，表面处理是改善玻璃耐蚀性的有效途径。例如：在玻璃表面涂覆有机硅或有机硅烷类物质，生成一层有机聚硅氧烷憎水膜，能减缓水对玻璃表面的水化作用。又如：玻璃表面脱碱处理是玻璃生产的一项重要技术，通常是在退火中通以酸性气体（包括能释放气体的固态物质）或喷涂溶液，使玻璃与气体或溶液中的盐类反应，其表面的碱金属离子生成易溶于水的盐类，清洗后的玻璃表面就贫碱，从而提高玻璃的强度和化学稳定性。在安瓿（装注射剂用的密封的小玻璃瓶）、输液瓶等对耐碱性要求高的玻璃制品中，采用此法可大幅度地提高玻璃的耐久性。输液瓶等小口径瓶用气体脱碱时，往往瓶外表面的脱碱效果高于瓶的内壁，若在瓶中放置 $(NH_4)_2SO_4$ 或 $AlCl_3$ 等片剂，退火时片剂分解，放出酸性气体，则能产生脱碱作用。

2. 高分子材料的腐蚀及控制

（1）高分子材料的腐蚀类型　由于高分子材料一般不导电，在介质中通常不以离子形式溶解，其腐蚀过程主要是物理或化学作用过程，而不是电化学过程，这与金属的腐蚀有很大的不同。高分子材料的腐蚀有物理腐蚀与化学腐蚀等类型。

1）物理腐蚀。高分子材料的分子为大分子，本身难以扩散，但由于分子间隙大，分子间作用力弱，腐蚀介质的小分子却容易通过渗透和扩散，进入高分子材料的内部，引起高分子材料的溶剂化过程，产生溶胀及溶解，即造成物理腐蚀。所谓溶剂化是指进入高分子材料内部的介质分子与高分子材料分子亲和力较大时，高分子链段间的结合力削弱，分子链段间距增大，并与介质分子溶为一体。溶剂化的高分子因其结构特征而很难直接扩散到溶剂中，使材料在宏观上体积增大或重量增加，这种现象称为高分子材料的溶胀。然后，能否发生溶解，则取决于高分子材料的结构：若是线性结构，溶胀往往继续发生，直到材料充分溶剂化，此时材料表面开始逐渐溶入介质，形成均匀的溶液，到溶解完成；若是网状结构，溶胀将使交联键伸直，但难使其断裂，故不能溶解；若为结晶态高分子材料，则因分子间作用力强和结构紧密而难于溶胀和溶解。

2）化学腐蚀。进入高分子材料内部的介质分子，有可能与高分子材料发生一些化学反应，尤其在光、热、氧、潮湿、应力、化学侵蚀等环境影响下发生氧化、水解、取代、交联等化学反应，使材料的强度、弹性、硬度、颜色等性能逐渐恶化，即造成材料的老化，甚至裂解破坏，这类腐蚀称为高分子材料的化学腐蚀。其中常见的化学反应有：

①在酸、碱、盐等介质中的水解反应，即高分子材料（化合物）与水作用分解成两个或两个以上的部分，并且经常与水分子中的 H 或 OH 相结合，生成两个或几个产物的反应。或高分子含有易水解的基团，如—CONH—、—COOR—、—CN、—CH$_2$—O—等，则在酸或碱的催化下水解，从而发生降解。所谓降解，是因各种外在因素（如光、热、辐照、氧化、水解、微生物、化学作用、机械作用、超声波作用等），或多种因素共同作用而引起高分子链断裂、相对分子质量下降、相对分子质量分布变宽、力学性能变差的现象。水解降解是其中一种类型。例如：尼龙和线型聚酯较易水解降解，因为它们分别含有亲水的—CONH—基团和易水解的酯基。

②在空气中由于氧、臭氧等作用而发生的氧化反应。例如：天然橡胶、聚丁二烯、聚氯乙烯等烃高分子材料，在辐射或紫外线等外界因素作用下，能与空气中的氧发生作用，使高分子被氧化降解。又如：空气中微量的臭氧可破坏橡胶中的 C＝C 链，使主链破断。

③取代反应，即高分子材料中某些原子或基团被其他原子或基团所置换的反应。高分子材料发生取代反应后，有可能发生腐蚀。例如：聚四氟乙烯是聚乙烯中的氢原子全部被氟原子所取代，氟原子将长碳链严密保护起来的，因此可耐各种介质的腐蚀，但在熔融态金属钠的作用下表面大分子中的氟被置换，又会发生腐蚀。

④交联反应，即造成线性高分子链之间以共价键（含离子键）连接成网状或体形（三维结构）高分子的反应。这种反应可能使高分子材料硬化变脆和耐蚀性下降。

3）应力腐蚀开裂。应力与腐蚀联合作用不仅在金属材料中，而且在非金属材料中都可发生应力腐蚀开裂。对于高分子材料，拉应力可降低化学反应激活能，以及拉开大分子的距离，增加介质分子的渗透和材料的局部溶解，从而促使材料在低于正常断裂应力下产生银纹、裂纹直至断裂。其中银纹是因介质小分子渗入高分子材料内部，使材料表面塑性增加，屈服强度降低，在应力作用下材料表面层产生塑性变形和大分子的定向排列，使表面形成由一定量物质和浓集空穴组成的纤维结构。在更大的应力作用下，一部分大分子与另一部分大分子完全断开而成为裂纹。但是，有的高分子材料在应力腐蚀开裂之前只有很少量的银纹或没有银纹，这与介质特性有关。介质为表面活性物质时，应力腐蚀开裂过程包括出现银纹、裂纹及裂纹扩展几个阶段；介质为溶剂型物质时，大分子链间易于相对滑动，从而在较低应力作用下高分子材料就可发生应力腐蚀开裂，称为溶剂开裂或溶剂龟裂；介质为强氧化介质时，只形成少量银纹，并且迅速发展至开裂，称为氧化应力开裂。

4）微生物腐蚀。微生物对高分子材料的腐蚀，表现在微生物新陈代谢所产生的酸性产物具有腐蚀作用，还有可能使密封圈失去密封性、绝缘件失去绝缘性。

5）选择性腐蚀。在一定的腐蚀环境中，高分子材料的某种或几种成分，有可能选择性地溶出或产生变质破坏，使材料解体。

6）因热造成的腐蚀。高分子材料因其独特的结构而具有一系列优异的性能，但也存在许多不足，其中不耐高温和容易老化是两个突出的问题。从腐蚀的含义来看，高分子材料在热、光、辐射等作用下引起降解或交联而造成本身损坏和性能恶化的现象，都可作为腐蚀问题来研究。

高分子材料受热时发生软化、熔融等物理变化和降解、交联、环化、分解、氧化、水解等化学变化，这些变化都可能使材料的许多性能变坏。其中，热降解使主链断裂，相对分子质量降低，导致力学性能恶化。热降解与化学键的强度密切相关：化学键的键能越大，材料的热稳定性越好。例如聚苯只有苯环结构，其中 C—C 键 C—H 键都很稳定，而聚氯乙烯因含不稳定的 C—Cl 键而热稳定性很差。高分子材料在高温下也可能发生交联，过度的交联会使材料变得硬而脆。因此，为了提高高分子耐热性，不仅要提高玻璃化温度和熔融温度，而且应考虑热降解和高温下可能发生的过度交联。

7）因光造成的腐蚀。太阳光是造成高分子材料光老化的主要影响因素之一。太阳光的波长范围为 10pm ~ 10km，但 97% 以上的太阳光辐射的波长位于 $0.29 ~ 3.0\mu m$。太阳光经过大气层时的衰减主要包括臭氧层对紫外线的吸收、水蒸气对红外线的吸收以及大气中尘埃和悬浮物的散射等。然而，其中波长短、能量高的紫外线与近紫外线，对许多高分子材料有很大的破坏作用，原因是吸收紫外线后，分子和原子跃迁到激发状态，发生光化学反应。特别是有些高分子材料配制结构中具有强烈吸收紫外线的基团（羰基、双键等），例如：涤纶对波长 280nm 的紫外线有强烈的特征吸收而导致光降解，主要产物为 CO、H_2、CH_4，并且降解后的大分子游离基之间还会发生交联反应。空气中的氧、水、材料制品中加入的添加剂、引进的杂质、催化剂的残渣、微量的金属元素（特别是过渡金属及其化合物）、高温等因素都有可能加速光老化速度。由于造成腐蚀的紫外线和近紫外线的波长为 300 ~ 400nm，而不同高分子材料各吸收一定波长的光。例如，醛和酮的羰基吸收光的波长是 187nm、280 ~ 320nm、C—C 键吸收光的波长是 195nm、230 ~ 250nm，羟吸收光的波长是 230nm，所以照射到地球表面的紫外线和近紫外线只能为含有醛、酮羰基的材料所吸收，而只含 C—C 键和羟基的高分子材料将不会发生由紫外线引起的老化。

8）因辐射造成的腐蚀。高能辐射可同时引发高分子材料的降解与交联。哪种反应占优势，则与材料结构有关。通常，聚乙烯、聚丙烯、聚苯乙烯、聚氯乙烯及大多数橡胶品种、尼龙、涤纶等在高能辐射下都以交联占优势，而聚四氟乙烯、聚甲基丙烯酸甲酯、聚异丁烯等则是以降解为主。

（2）影响高分子材料腐蚀的因素　　内在因素主要有：高分子材料的基本组成、化学结构、聚集态结构以及添加剂等。外在因素有：物理因素，包括介质的物理特性、热、光、辐射、机械应力等；化学因素，包括介质的化学特性、氧、臭氧、水、酸、碱等的作用；生物因素，如微生物等。对于不同类型高分子材料腐蚀，各种内外因素的影响有着一定的特点和复杂性。

（3）高分子材料腐蚀的控制　　主要有以下措施：①根据实际要求，选择合适的高分子材料；②在实际使用过程中，尽可能避免或减轻有机溶剂、光、热、辐射、氧、潮湿、水、应力等侵蚀或影响；③在控制微生物腐蚀时，要注意环境的清洁和干燥，以及在有可能的情况下选用不含增塑剂的塑料（因为增塑剂往往含有微生物所必需的养分）；④为保持高分子材料良好的热稳定性，要在高分子链中避免弱键，引入较大比例的环状结构，以及在解决加工成型困难的情况下可考虑采用梯形、螺形、片形结构的高分子材料（因为它们的分子链不容易同时被打断）；⑤为避免或延缓高分子材料的光老化过程，可考虑加入能强烈吸收紫外线的紫外线吸收剂（如邻羟二苯甲酮等）、能反射紫外线或吸收紫外线的光屏蔽剂（炭黑和氧化锌等）、与有加速氧化作用的微量金属元素螯合而使其失去活性的螯合剂，以及能吸收已受激发的分子能量而使高分子材料稳定的能量转移剂（如含镍或钴的络合物）；⑥修补，例如管道或设备发生局部损坏时可考虑用玻璃钢修复。

3.2.4　表面选择过滤与分离性能

1. 过滤与分离过程

过滤与分离是一类重要的科学技术，已深入到国民经济、日常生活和环境保护的各个领域。现代社会对物质的精密分离、资源的循环利用、环保的节能减排等方面提出越来越高的要求，使过滤与分离科学技术的重要性日益突出。

过滤与分离通常需要添加一定的过滤介质或分离剂，在特定的过滤与分离设备中进行。过滤是一种使流体通过滤纸或其他多孔材料，把所含的固体颗粒或有害成分分离出去的过程，即过滤是从固—液两相混合物（悬浮液）中分离出固相粒子的过程。过滤是分离的一个组成部分。分离有着广泛的含义。按照分离过程的基本原理，可将其分为四类：①根据物理颗粒大小不同而实现分离的机械分离过程；②根据物体密度不同而实现分离的重力和离心分离过程；③根据体系平衡状态不同相态（气—液、气—固、液—固等）中浓度不同而实现分离的平衡分离过程；④根据物质分子在外力作用下迁移速率不同而实现分离的速率控制分离过程。其中第二种可归入第一种分离过程，因此可按三种类型的分离过程进行具体分类，见表3-4。

表3-4　分离过程分类

过程		原料	分离剂	产品	分离原理
机械分离过程	过滤	液+固	过滤介质	固+液	固体颗粒大小
	沉降	液+固	重力	固+液	密度差
	离心分离	液+固	离心力	固+液	密度差
	旋风分离	液+固或液	惯性力	气+固或液	密度差
	静电除尘	气+固体细颗粒	电场	气+固	使细颗粒带电
平衡分离过程	蒸发	液	热	液+蒸气	蒸气压不同
	蒸馏	液	热	液+蒸气	蒸气压不同
	吸收	气	不挥发性液体	液+气	溶解度不同
	萃取	液	不互溶液体	液+液	溶解度不同
	结晶	液	冷或热	液+固	利用过饱和度
	离子交换	液	固体树脂	液+固	质量作用定律

（续）

过 程		原 料	分离剂	产 品	分离原理
平衡分离过程	吸附	气+液	固体吸附剂	固+液或气	吸附差异
	干燥	湿物料	热	固+蒸气	湿分蒸发
	浸取	固	溶剂	固+液	溶解度
	泡沫分离	液	表面活性剂	液+液	表面吸附
速率控制分离过程	热扩散	气+液	温度梯度	气+液	热扩散速率不同
	电泳	液（含胶体）	电场	液	胶体的迁移速率不同
	微滤	含细菌等液体	压差+膜	悬浮物、细菌等+液	筛分作用
	超滤	含蛋白质胶体液体	压差+膜	蛋白质、胶体等+液	筛分作用
	纳滤	二价盐、糖等液体	压差+膜	二价盐、糖+液	筛分+溶解扩散机理
	反渗透	小分子、盐等溶液	压差+膜	小分子、盐+溶液	溶解扩散机理
	气体分离	气体	压力差	气体	溶解扩散机理
	电渗析	含盐液体	离子交换膜	盐+液体	离子交换膜选择渗透
	渗析	含盐或溶质的液体	浓度差	含盐或溶质的液体	扩散速度不同
	渗透汽化	液体	分压差	气体或液体	溶解扩散机理
	膜蒸馏	气	温度差	气体	气液平衡
	液膜分离	液	电解质溶液	液体	促进反应+浓差扩散
	膜接触器	液+气	浓度差	液体或扩散	分配系数

上述的平衡分离过程和速率控制分离过程都属于传质分离过程，有别于机械过程。

2. 过滤介质

（1）过滤的基本类型　按机理可将过滤分为三种基本类型：①筛滤，它又分为表面筛滤和深部筛滤两种，前者是尺寸大于过滤介质孔隙的粒子随滤液一起通过介质（如在杆筛、平纹纺织网及膜上的过滤），后者是固体粒子可出现在过滤介质的深处即流道窄小到比固体粒子尺寸还小的地方（如毡子、非织造布及膜等过滤介质）；②深层过滤，其过滤介质具有立体的孔隙结构，能捕集小于孔隙的固体粒子，甚至远小于孔隙（流道）的固体粒子，也能在过滤介质的深部捕集到，它具有复杂的混合机理，包括拦截、惯性碰撞、扩散、重力沉降、流体动力的影响等机理；③滤饼过滤，使固体粒子截留在滤饼表面，而液体则透过滤饼和过滤介质成为滤液，滤饼逐渐增厚，滤液也逐渐清澈。滤饼过滤的目的主要是回收固体，而深层过滤和筛滤的主要目的是澄清，为使过滤变得容易，要选用一定的预处理方法，如改变液体的特性、淘析和分级、结晶法、冻结和融化处理，超声波处理滤浆的预浓缩和稀释等，以及选用凝结剂、絮凝剂、助滤剂等作为预处理材料。过滤完成后要进行后处理，包括洗涤和脱液。

（2）过滤介质的分类　有多种分类方法：按过滤介质构造，可分为柔性、刚性、松散性等类型（见表3-5）；按过滤介质的形状，可分为颗粒状、纤维状等；按过滤介质组成，可分为天然矿物滤料、合金滤料和复合滤料等；按使用场合，可分为用于水中悬浮物去除的悬浮物过滤介质、用于废气中粉尘去除的过滤介质等。

表 3-5 过滤介质的分类及能截留的最小粒径 （单位：μm）

柔性过滤介质			刚性过滤介质		松散性过滤介质
织造介质	非织造介质				
金属丝网（5~40） 天然纤维布（5-10） 合成纤维布（5~10）	板状金属筛（20） 滤纸（2~5） 滤片（0.5~20） 毡（10） 非织造布（0.5~10）		金属条筛（100） 多孔陶瓷（0.2~1） 多孔塑料（10）		天然、合成纤维（1） 纤维素纤维（1） 活性炭（—） 无烟煤（—）
	有机高分子膜	精滤膜（0.1~10） 超滤膜（0.001~0.1） 反渗透膜（0.001~0.01）	烧结金属	纤维毡（3~59） 粉末（5~55） 多层网（2~60）	木屑（—） 石英砂（—） 硅藻土（<0.1） 珍珠岩（<0.1）
			滤芯	表面式（3~5） 深层式（3~5）	

3. 吸附分离材料

（1）吸附分离材料的特性及选择　吸附是一种从液相或气相到固体表面的传质现象。吸附分离是一种传统的化工分离技术，可从液相或气相中收集某些有用的物质或除去某些有害成分，在水处理及环境保护中有着广泛的用途。吸附分离材料按组成大致可分为无机吸附剂、高分子吸附剂和碳质吸附剂三类，此外还有一类生物吸附剂。由于吸附过程主要发生在吸附剂表面，因此吸附剂的表面特性，包括比表面积、表面能和表面化学性能，对吸附有着重要的影响。其中比表面积提供了被吸附物与吸附剂之间的接触机会，表面能是吸附剂具有吸附作用的基本原因，而表面化学性能对吸附过程起着重要的作用。吸附剂在制造过程中会形成一些选择性吸附中心的氧化物。这些氧化物往往有助于对极性分子的吸附，削弱对非极性分子的吸附。

选择吸附分离材料时应遵循两个重要的原则：①相似相溶原则，因为吸附剂与吸附质的组成和结构越接近则吸附分离能力越强，例如，具有类似于石墨（六碳环层状）结构的活性炭对具有高碳氢比的有机物会产生强烈吸附；②孔径匹配原则，因为只有那些内部孔道直径适当大、最好达到吸附质分子 3~6 倍尺寸的吸附剂，才具有最佳的吸附分离能力和最高的分离效率。根据这两个原则，得到的一般规律如下：工业废水中电解质或离子型污染物的去除，宜选择离子交换树脂或离子交换纤维；工业废水中重金属污染物的去除，宜选择整合树脂或螯合纤维；大气中气态分子型污染物的去除，宜选择具有高比表面积和 0.5nm 以下孔径孔道占主导地位的活性炭和分子筛等；气体和废水中分子型有机污染物的去除，宜选用各种类型的吸附树脂。通过这些选择，通常可以获得很高的分离效率，达到最佳的环境净化和控制目标。在有些情况下或在特定的情况下可考虑选择其他材料，例如去除气体或废水中的分子型有机污染物时，在不需要解吸再生和污染物回收利用的特殊情况下，也可选择活性炭。

（2）无机吸附剂　常见的有沸石、膨润土、硅藻土、海泡石等，大多为天然的无机矿物。

1）沸石。沸石是一族含水的碱或碱土金属网状结构的铝硅酸盐晶体，有天然沸石与合成沸石两类，前者发现有 40 余种，后者已有 150 余种。沸石可用 $M_{n/2} \cdot Al_2O_3 \cdot xSiO_2 \cdot yH_2O$ 通式表示，式中 M 为阳离子的碱或碱土金属，n 为其电价，x 为硅铝比。沸石属架状硅酸盐一类结构，［（Si，Al）O₄］四面体以顶角相互连结形成架状硅铝氧骨架，但与其他具有架状骨干的铝硅酸盐不同的是，它的构造开放性较大，有许多大小均一的空洞和孔道，并被离子和水分子占据，经脱水或 Na^+、K^+ 等与硅铝氧骨架联系很弱的阳离子被其他阳离子所置换后，其结构不变，可重新吸水和吸附其他物质分子，此时只有直径小于孔道的分子才能进入孔道，从而起到对分子进行筛选的作用。每种沸石的空洞和孔道的直径不同，因而可筛选的分子大小也不相同。归纳起来，沸石具有阳离子交换、选择吸附和分子筛等作用，加上沸石结构具有坚固的刚性骨架，对较高的温度、氧化还原作用、电离辐射下都是稳定的，不易磨损，比表面积达 $400 \sim 800 m^2/g$，因而广泛用于除氟改良土壤、废水处理、除去或回收重金属离子、放射性废物处理、海水提取钾、海水淡化、硬水软化、气体净化和提纯、除臭等。

2）膨润土。主要成分为蒙脱石，典型化学式为 $Na_{0.7}$（$Al_{3.3}Mg_{0.7}$）Si_8O_{20}（OH）₄ · nH_2O，属 2:1 型层状硅酸盐。天然产出的膨润土以钙基膨润土为主，其他还有钠基、镁基和铝（氢）基膨润土。它们在实际使用时，须先改性处理，包括钠化改性、有机改性、酸化改性等。蒙脱石吸附的阳主离子与晶体的连接不很牢固，易为原子价低的离子所置换，这种交换主要在晶层之间进行，并不影响膨润土的结构。钠化改性时，向钙基膨润土中加入钠盐，用 Na^+ 置换蒙脱石层基的 Ca^{2+}、Mg^{2+}，转化为钠基膨润土。有机改性时，将大分子有机物引入膨润土（一般为钠基膨润土）的层间，使亲水性的无机膨润土改性为亲油性的有机膨润土，即一种无机矿物和有机铵或胺的复合物。酸化改性是用一定浓度和用量的酸以一定方法除去膨润土中部分酸溶性物质（如方解石等），尤其是由 H^+ 取代层间可交换性阳离子，并在不改变原结构的情况下溶出尺寸较大的阳离子，使内部空隙增大，比表面积可由原来 $80 m^2/g$ 增加到 $200 \sim 800 m^2/g$，同时蒙脱石层电荷升高，负电性增强，因而具有更强的吸附性和化学活性。膨润土在水质净化、污水处理等方面很有应用前景，尤其是有机膨润土已用于水处理。

3）硅藻土。硅藻土是一种由硅藻及一部分放射虫类的硅质遗体组成的沉积岩。主要成分是含水的 SiO_2，质量分数为 $63.25\% \sim 88.56\%$，还有少量的 Al_2O_3、Fe_2O_3、CaO、MgO 及一定的有机质等。硅藻土颗粒细小，粒径约 0.5mm，质轻多孔，气孔率 $90\% \sim 92\%$，比表面积达 $3.1 \sim 60 m^2/g$，可溶于浓碱和氢氟酸而不溶于水、酸和稀碱液，性质稳定，吸水和吸附能力强，是一种重要的吸附剂。改性硅藻土在污水处理上有着投资少、占地小、成本低等显著优点。

4）海泡石。海泡石属斜方晶系，为链层状水镁硅酸盐或镁铝硅酸盐矿物，主要成分是硅和镁，基本化学式为 $Mg_8Si_{12}O_{30}$（OH）₄（H_2O）₈H_2O。其结构有两层硅氧四面体，中间一层为镁氧八面体。硅氧四面体的顶层是连续的，沿 c 方向平行延伸，每六个硅氧四面体顶角相反，通过四角的公共氧原子相互连接形成 2:1 的层状结构，上下层相间排列与键平行，形成截面约为 0.38nm × 0.94nm 的孔道，内有水分子和可交换的阳离子 K^+、Na^+、Ca^{2+} 等。海泡石有大的比表面积和较强的离子交换能力。通过加热、酸处理和离子交换等方法对其进行改性处理，可使比表面积增大，吸附性能增强，离子交换容量增加。海泡石在废水处理和气体净化等领域有许多应用。

（3）有机吸附剂　其种类很多，应用广泛，最常用的是离子交换树脂以及在它基础上发展起来的吸附树脂。

1）离子交换树脂。它是一类具有离子交换功能的反应性高分子材料，可与溶液中离子交换功能基的树脂。它有两个基本特点：①由交联的高分子构成骨架或载体，即为网状结构，任何溶剂都不能使其溶解，也不能使其发生熔融；②高分子上所带有的功能基可以离子化，即基体带有离子交换基团且能与其他物质进行离子交换。根据所带离子交换基团的不同，离子交换树脂已商品化的有阳离子交换树脂、阴离子交换树脂、两性交换树脂、氧化还原及螯合树脂等。此外，根据树脂中孔隙又可分为大孔型和凝胶型。外观有小球头、纤维状、膜状等。这种树脂的化学结构基材有苯乙烯、丙烯酸、酚醛、聚氯乙烯、聚丙烯酰胺、环氧烃、丁苯橡胶、聚砜、聚苯醚、聚四氟乙烯等。制备离子交换树脂时，由含功能基的单体在交联剂存在下经缩聚或加聚反应一步合成；或先合成交联的大分子骨架，再进行功能基反应引入离子交换基团。离子交换树脂与离子溶液触时，发生离子交换，逐步除去溶液中原离子。其交换能力的大小，通常以每克干树脂能交换离子的物质的量表示。树脂中被交换的离子可在一定条件下被解吸，使树脂又恢复成原来的形式，经再生可反复使用。离子交换树脂广泛应用于水处理、污水治理、湿法冶金、医药生产、制糖、生化物质的提取、催化剂制备等领域，其中，水处理是最大的应用领域，包括天然水的软化、脱盐和废水处理。

2）吸附树脂。又称树脂吸附剂，为人工合成的孔性高分子聚合物吸附剂，制备时控制工艺条件可得到适合实际要求的结构和性能。通常它是一种不溶于水、直径约为1mm的球状大孔高分子材料，孔隙半径为5nm以上，比表面积大于$800m^2/g$，可发生吸附—解吸反应，既具有类似于活性炭的吸附能力，又比离子交换树脂容易再生。吸附树脂有极性（含吡啶基、酰氨基等高分子材料）、中极性（含酯基等高分子材料）、非极性（烃类高分子材料）等类型，可根据被吸附物的极性大小来选用。吸附树脂当前主要用于药物提取、试剂纯化、色谱载体和废水处理。

（4）碳质吸附材料　有颗粒活性炭、纤维活性炭和膨胀石墨等几种，为非极性类吸附剂，主要用于吸附水中污染物和空气中某些有害物质（如有机蒸气、氮氧化物和二氧化硫等）。

1）颗粒活性炭。活性炭是碳元素存在的一种形式，由含碳原料（例如果壳、动物骨骼、煤和石油焦）在不高于773K温度下缓缓地加热炭化制成致密坚硬的炭，再放入活化炉中，在控制氧气量条件下进行蒸气活化而制得。活性炭为黑色无定型颗粒，多孔结构，具有各种孔隙：微孔直径小于2nm，有着很大的比表面积，表现出很强的吸附能力；中孔（又称中间孔）直径为2~5nm，能用于添载催化剂及化学药品脱臭；大孔直径为50~10000nm，通过微生物及菌类在其中繁殖而发挥生物的功能。这些空隙可能呈散乱分布，形成复杂的网络，大孔和中孔起着通道的作用，而微孔表面积占总表面积的95%以上，由此决定了活性炭的吸附能力。活性炭无臭无味，不溶于任何溶剂，pH值为7~9，密度为1.9~2.1g/cm³（20℃），比表面积为500~1700m²/g，填充密度为0.35g/mL。活性炭可通过高温加热（焙烧）等方法进行再生。

2）纤维活性炭。它是由聚丙烯腈系、沥青系、酚醛系、黏胶系、苯乙烯烃共聚系、高熔点芳香族聚酰胺系、天然纤维系、木质纤维系，经过预处理、炭化、活化三个阶段，制成的纱状、布状或绳状纤维，比表面积达1000~2500m²/g。其微孔都开口在纤维细丝表面，孔道极短，并且不仅孔隙率大，孔径也均一，绝大多数为适合气体吸附的0.0015~0.003μm的小孔和中孔。因此，纤维活性炭在宏观形态和微观结构上都与传统的活性炭有着很大的区别，其吸附最大，吸附速度快，吸附能力较一般的活性炭高 1～10 倍，而且容易再生，可制成纱、布、毡、纸等多种形态，工艺灵活性大。

3）膨胀石墨。石墨是碳的一种同素异构体，为六方层状结构。绝大多数石墨层间化合物以高温快速加热都能发生膨胀。天然鳞片状石墨经插层、水洗、干燥和高温膨化后制得的膨胀石墨，每片石墨沿 c 轴方向膨胀成蠕虫状颗粒，形成网络状孔隙结构，其中多数孔为狭缝或由其衍生形成的多边形柱孔或楔形孔。表面孔一般为开放孔，内部互联孔有开放孔，半封闭孔和封闭孔三种情况，孔径分布较宽，在 1～100nm 数量级之间变化，以大孔和中孔为主，使膨胀石墨适合吸附大分子物质。例如：煤焦油中分子普遍较大，难于进入活性炭的中孔和微孔中，即使有些分子进入，也因煤焦油黏度大、流动性差而难以扩散；膨胀石墨主要由大孔组成，煤焦油分子容易进入，并很快被网络体系的"储油空间"所吸收，直到充满内部网络孔，表现出大的吸附量。膨胀石墨还具有亲油疏水的性质，这对于应用它进行水面清油很重要。膨胀石墨作为一种优良的吸附材料，无论对各种单纯油类、水面浮油以及乳化状液体中的油和低含油废水中的油都有很好的吸附脱除能力。

（5）生物吸附剂　它包括植物和微生物等，目前研究较多的是微生物吸附剂，其中对根霉和枯草芽孢杆菌的研究较为深入。研究表明，一些微生物如细菌、真菌和藻类对重金属有很强的吸附作用。生物吸附的主要机理有络合、螯合、离子交换、细胞转化、细胞吸收和无机微沉淀等。这些机理可以单独起作用，也可以几个机理结合在一起产生作用。络合是指金属离子与几个配基以配位键相结合形成复杂离子或分子的过程。螯合是一个配基上同时有两个以上的配位原子与金属结合形成具有环状结构的配合物的过程。离子交换的细胞物质结合的金属离子被另一些结合能力更强的金属离子代替的过程。细胞转化是指微生物代谢产生的及细胞自身的一些还原性物质将氧化态的毒性重金属都还原为无毒性的沉淀。细胞吸收有主动吸收和被动吸附两种形式：主动吸收是反映活体细胞和的主动吸收，包含转输和沉淀两个过程，需要代谢活动提供能量支撑，一般只对特定元素起作用，速度较慢；被动吸附是指细胞表面覆盖的胞外多糖和细胞壁上的磷酸根、羧基、巯基、氨基等基团以及胞内的一些化学基团与金属之间的结合，速度较快，是微生物处理重金属废水过程中细胞吸收的主要形式。无机微沉淀是金属离子在细胞壁上或细胞内形成无机沉淀物的过程。金属还能以磷酸盐、硫酸盐、碳酸盐或氢氧化物等形式通过晶核作用在细胞壁上或是在细胞内部沉积下来。生物具有的吸附能力与其细胞壁的成分和结构密切相关。生物吸附剂和被吸附的离子本身的性质以及操作的各种环境条件都是生物吸附的影响因素。一般为了使用方便和安全性，微生物通常在固定化以后才作为吸附剂使用。微生物吸附在去除和回收废水中金属离子方面具有良好的前景。

4. 膜分离材料

（1）膜的定义和分类　膜是指两相之间具有选择性透过能力的隔层，并且是在某种外力推动作用下的混合物中的一种或多种组成，能够选择性地透过该隔层而实现混合物的分离。膜分离过程不同于传统的精馏、蒸发、结晶等平衡分离过程，是一种速率控制分离过程。膜的种类很多，用途广泛，有多种分类方法。膜分离过程的推动力可分为以下几种：

1）压力差，包括微滤、超滤、纳滤、反渗透、气体分离。

2）浓度差，包括渗析、渗透汽化、控制释放、液膜、膜传感器。

3）电化学势，包括电渗析、膜电解。

4）温度差，如膜蒸馏。

5）化学反应，如化学反应膜。

此外，还有按膜的作用机理、膜材料、膜的凝聚态、膜的构造、膜的用途、膜的功能、膜的形状等分类方法。

（2）膜的分离机理　有多种机理，主要有三种：

1）筛分机理，即截流比孔径大或与膜孔径相当的微粒（主要针对有孔膜的分离）。

2）荷电机理，包括吸附与电性能等孔径以外的影响因素（主要针对膜中存在固定电荷的荷电型膜的分离）。

3）溶解-扩散机理，即为膜的选择性吸附和选择性扩散共同作用机理（主要针对致密膜的分离）。

（3）微滤膜　微滤是以压力差作为推动力的一种膜分离过程。一般微滤膜的孔径为 $0.02 \sim 10\mu m$，膜材料与溶质、溶剂之间对过滤不产生有影响的相互作用，所以过滤压仅为 $0.01 \sim 0.05MPa$，过滤速度快，截留直径为 $0.03 \sim 15\mu m$ 及以上的颗粒物、微粒和亚微粒，多用于空气过滤及除去液体中的细菌和颗粒物，如水的预处理或终端处理，也用于生物和微生物的检查和水质检验。制造材料有硝酸纤维素、二醋酸纤维素及共混物、三醋酸纤维素、再生纤维素、聚氯乙烯聚酰胺、聚四氟乙烯、聚丙烯、聚砜和聚砜酰胺、聚碳酸酯等高分子材料，以及包括陶瓷、玻璃、金属的无机材料。制备微孔膜常用的方法是相转移法、拉伸、烧结和中子轰击法。微孔滤膜常用组件为百褶裙式过滤器、平板过滤器和中空纤维组件。

（4）超滤膜　超滤是以压力差作为推动力的一种膜分离过程。超滤膜孔径为 $1 \sim 50nm$，能截留的物质大小为 $10 \sim 100nm$，已经达到分子级别，如蛋白质、酶、病毒、胶粒、染料等。膜两侧压力差为 $0.1 \sim 0.5MPa$。超滤膜的性能可用纯水透水速率 $[1/(m^2 \cdot h)]$、截留分子量和截留百分率表示。其构造多为不对称结构，由一层极薄（通常小于 $3\mu m$）、具有一定孔径的皮层和一层较厚、具有海绵状或指状结构的多孔层所组成，截留作用主要发生在皮层，而另一层起支撑作用。少数超滤膜采用对称结构，为各向同性，没有皮层，在所有方向上孔隙都一样，属于深层过滤。制备材料为高分子材料或无机陶瓷。其组件有中空纤维式、板式、卷式和管式等。超滤膜应用广泛，已成为新型化工单元操作之一，用于各种生物制剂、药品、食品工业的分离、浓缩、纯化操作，还用于血液处理、废水处理和超纯水制备的预处理和终端处理。

（5）纳滤膜　纳滤是一种介于超滤和反渗透之间的膜过程，因其膜孔径在 $1nm$ 左右而得名。以压力差为推动力，一般为 $0.5 \sim 1.5MPa$。纳滤膜按膜材料是否荷电，可分为荷电纳滤膜和疏松反渗透膜（不带电荷）两类。前者是指膜中含有固定电荷，当将它置于电解质溶液中时，膜内的电荷会对电解质溶液中的离子产生电荷效应，从而使膜对不同离子具有选择透过性；后者则是由于具有比反渗透膜尺寸更大的"纳米"孔结构，而使膜对分子大小不同的物质具有选择性透过能力（筛分机理）。纳滤膜从形态结构来看，多为非对称结构，并且有整体非对称结构和复合结构之分。整体非对称结构指皮层与多孔支撑层为同种材料构成的，而复合结构中复合层和支撑层是不同材料构成的。纳滤膜大多数是复合膜。制造材料有纤维素类、聚砜类、聚酰胺类、聚乙烯醇缩合物等高分子材料和陶瓷等无机物材料。制备主要有转化法、共混法、荷电化法和复合法四种。纳滤过程的膜组件与超滤相似。纳滤分离过程通常在常温下进行，无相变和化学反应，不破坏生物活性，适合于热敏物质的分离、浓缩和纯化。截留分子大小在 1nm 以上，截留相对分子质量为 200~1000。能截留相对分子质量大于 200 的有机小分子，实现高相对分子质量与低相对分子质量有机物分离，有机物与无机物分离和浓缩，目前已应用于超纯水制备、食品、化工、医药、生化、环保、冶金、海洋等领域。

（6）反渗透膜　渗透是低浓溶液中溶剂通过半透膜向浓溶液扩散的现象。为阻止溶剂渗透所需的静压差称为渗透压。如溶液一方施加的压力超过渗透压，则溶剂将反向通过半透膜流入溶液另一方的现象称反渗透。它以压力差作为推动，利用反渗透膜只能透过水分子（或溶剂）而截留离子或小分子物质的特点，可进行液体混合物分离。反渗透膜非常致密，孔径在 0.1nm 左右，施加的压力差一般为 1.5~10.5MPa，即反渗透过程在高压下运转，故必须配备高压泵和耐高压的管路。反渗透分离的精度最高，可以全部截留悬浮物、溶解物和胶体等，截留最小的物质尺寸为 0.1~1nm。其分离机理有多种理论，一般认为溶解-扩散理论能较好说明反渗透膜的透过现象。制造材料只用高分子材料，主要有醋酸纤维素类、芳香聚酰胺类、聚哌酰胺、聚苯并咪唑酮等。反渗透膜组件有卷式组件、板框式组件、管式组件、中空纤维组件等，其中卷式膜组件应用最多。反渗透膜的制备方法主要有转换法、相转化法和复合法三种。其中复合法以微滤膜或超滤膜作基膜，在其表面复合一层厚为 0.01~0.1μm 的致密均质超薄脱盐层，使膜选择性有较大的增加，因而应用得较多。复合膜超薄脱盐层一般通过层压法、涂覆、界面聚合、原位聚合、等离子聚合、化学交联、等离子体气相沉积等方法制备。反渗透法能有效去除水中溶解的盐类、小分子有机物、胶体、微生物、细菌、病毒等，因而应用广泛，在海水淡化、苦咸水脱盐、超纯水生产、大型锅炉补给水生产等方面显示出巨大的优越性，并且逐步向电子、制药、食品、化工、环保、冶金、纺织等领域发展。

（7）电渗析膜　电渗析是在直流电场作用下，电解质溶液中带电离子以电位差为推动力，利用离子交换膜的选择透过性，把电解质从溶液中分离出来的一种方法。电渗析器主要由膜堆、极区、夹紧装置三部分组成。膜对是最基本的脱盐单元。一个膜对由一张阳离子交换膜、一块浓（淡）水室隔板，一张阴离子交换膜、一块淡（浓）水室隔板，即一个淡水室和一个浓水室组成。一系列膜对组装在一起，称为膜堆。通常一个膜堆有 100~200 个膜对，从浓室引出盐水，从淡室引出淡水。极区位于膜对两侧，主要作用是给电渗析器供给直流电，将原水导入膜堆的配水孔，将淡水和浓水排出电渗析器，并通入和排出极水。阴极可用不锈钢等制成，阳极常用石墨、铅、二氧化钌等。目前电渗析已发展成为一个相当成熟的化工单元过程，在溶液脱盐、盐溶液浓缩、纯水制备、食品工业和废水处理等领域得到了广泛的应用。

（8）膜分离技术的发展　膜分离技术是 21 世纪水处理领域的关键技术。它可以完成其他过滤所不能完成的任务，可以去除水中更细小的杂质、溶解态的有机物和无机物，甚至是盐。上述的微滤、超滤、纳滤、反渗透、电渗析，还有渗析、扩散渗析、膜电解等技术，都可归为第一代膜分离技术，特点是分离的机理相对简单，并且通过适当的分离过程就可达到要求，目前大多已工业化。一些较新的技术，如气体分离渗透汽化、全蒸发、膜蒸馏、膜接触器以及亲和膜分离、智能膜、膜耦合等技术属于第二代膜分离技术，它们的机理较复杂，目前大多处于实验研究队段。

3.2.5　表面防污与防沾污性能

1. 表面防污性能

材料表面常因一些有害物质附着而受到污损,甚至带来严重的后果。例如:在海洋中繁殖着数万种生物和上千种附着生物,其中藤壶类、软体动物类、苔虫类、海绵类等附着动物和海藻类附着植物对海洋设施和舰船危害最大。据国际海事协会(IMO)统计,没有涂装防污涂料的船底浸泡在海水中,在半年内海洋生物的附着可以达到 $150kg/m^2$ 。这样,使舰船性能下降,油耗增加。对于万吨以上的远洋轮,若船底污损5%,燃料消耗将增加10%,每年的经济损失超过100万美元。此外,附着生物的代谢腐蚀介质对钢材腐蚀性很强,生物附着产生的巨大应力会加剧腐蚀。附着生物还显著降低舰船的航速和战斗力。

针对上述情况,采取主要的措施是涂装防污涂料。当前防污涂料主要是利用涂层内部毒剂的缓慢释放,将附着于涂膜表面的海洋生物杀死。这类涂料由基料、毒料,颜料、溶剂及助剂等组成,其中毒料包括氧化亚铜等无机毒料和有机锡等有机毒料两类。对防污涂料性能要求是:①与防锈底漆有良好的配套性,两者结合力强;②有良好的使用性能,耐海水冲刷和浸泡;③对各类海洋生物有特效,防污期长;④对环境污染小,对施工人员危害小。

目前,船用防污涂料大体有四大类:①传统型防污涂料,即在氯化橡胶、合成橡胶、氯乙烯树脂以及天然脂中掺入氧化亚铜或其他有效防污剂,其中,根据毒料渗出机理又分为接触型和溶解型两种;②以有机锡自抛光防污涂料,即以有机锡共聚物为主体的自抛光防污涂料;③无锡自抛光防污涂料,有两种类型,即用铜和锌等金属替换有机锡接枝到高分子材料上以及由氧化亚铜和其他辅助剂加入到可溶性树脂内而组成的涂料;④无毒防污涂料。过去曾使用含砷、镉、铅、汞、铜、锡等的化合物作为防污剂,但这些化合物有毒,目前除铜的化合物和有机锡化合物外,其他已被禁止使用。铜和锡的化合物都有非常有效的防污效果。但是,有机锡防污剂有毒,能在水中稳定积累,引起一些生物体畸形,而且可能进入食物链。国际有关组织提议禁止它作为防污剂使用。因此,低毒和无毒的防污剂是防污涂料的发展方向,有些新型的防污涂料已研究开发出来和商品化。例如:以有机硅或有机氟低表面能树脂作为基料,配以交联剂、低表面能添加剂及其他助剂组成的低表面能防污涂料,可提供一种接触角大于90°且具有特殊弹性的表面,使海洋生物很难在这种表面牢固附着,便于清除。

2. 表面防沾污性能

材料表面被一些有害物质附着会引起不良污损,甚至带来严重的后果。工程上所说的防污、防沾污、防污染等,在含义上基本上是相同或相近的,只是在有害物质的组成、性质方面以及使用场合和要求可能有所不同。

工程上防污染是某些产品的重要性能指标。例如:外墙涂料是一类用量很大的涂料,它装饰及保护建筑物外墙面,使其美观整洁。外墙涂料应具有良好的装饰性、耐候性和防沾污性。这里所说的沾污,主要是指大气中灰尘和其他杂物沾污涂层,并且不易或不便被清洗掉,从而破坏了建筑物的美观。现在,城市中高层建筑不断增多,而高层建筑是难以经常维修和复涂外墙面的,一般均需8~10年大修一次,18层以上的超高层建筑的外墙涂料耐候年限要求在15年以上,因而人工老化性能指标拟定为1000h(而不是通常的250h),防沾污性能指标拟小于5%(而不是通常的15%)。普通乳胶漆中含有大量的乳化剂及各种必需的成膜和分散助剂，随着这些组成的溢出而影响了涂层的耐候性和防沾污性，因此不宜用于高层建筑，尤其是不宜用于超高层建筑的外墙装饰。在溶剂型外墙涂料中，丙烯酸酯、丙烯酸聚氨酯和有机硅丙烯酸酯等涂料受到重视，其中，有机硅丙烯酸酯的耐人工老化可超过3000h，防沾污性小于3%。研究表明，溶剂型涂料的防沾污性一般优于乳胶漆，玻璃化温度较高的树脂所配制的涂料，防沾污性可以得到提高。

3.2.6　表面自洁与杀菌性能

1. 表面自洁性能

在一定条件下，材料表面可获得某种自洁性能，制成一些能够自身洁净的材料，如自洁玻璃、自洁陶瓷、自洁涂料等。它们的制备方法和自洁功能不尽相同。

（1）光催化　其为光照下的催化作用，反应可在固体表面或溶液中进行。光催化剂有半导体物质、叶绿素和络合物等。例如植物借助叶绿素，利用太阳能把二氧化碳和水转化成碳水化合物，并释放出氧气，即产生光合作用。又如一种为络化物的双吡啶钌在光的作用下使水分解成氢与氧等。光催化一般有电子传递（氧化还原）、能量传递、配位作用等基本过程。

自洁材料所用的光催化剂通常为宽禁带的 n 型半导体物质，主要是 TiO_2。它的优点是：光照后不发生光腐蚀，耐酸碱性好，化学性质稳定，对生物无毒性，并且来源丰富，能隙大，产生的光生电子和空穴的电势电位高。TiO_2 有金红石、锐钛矿和板钛矿三种晶体结构。许多研究表明，TiO_2 光催化活性最高的晶体结构为锐钛矿以及锐钛矿与金红石的混合结构，而板钛矿晶型的光催化活性较低，因此用作光催化的 TiO_2 主要是锐钛矿和金红石两种结构。研究又表明，纳米 TiO_2 比常规的 TiO_2 的光催化活性高得多。其原因主要有两个：①纳米材料的量子尺寸效应使导带和价带能级变成分立能级，能隙变宽，导带电位变得更负，而价带电位变得更正，因而具有更强的氧化和还原能力；②纳米 TiO_2 的粒径小或厚度薄，光生载流子更容易通过扩散从内部迁移到表面，有利于获得或失去电子，从而抑制了光生电子和空穴的复合，促进氧化和还原反应的进行。纳米 TiO_2 通常有粉体和薄膜两种形式，其中 TiO_2 粉体粒子非常容易团聚，需要用一定的工艺方法将 TiO_2 纳米粒子稳定地分散在溶剂中，而 TiO_2 纳米薄膜则要用某些表面技术镀覆在基材上。

纳米 TiO_2 是一种宽禁带的 n 型半导体材料，其中锐钛矿的禁带宽度为 3.2eV，金红石的禁带宽度为 3.0eV。纳米 TiO_2 在波长小于或等于 387.5nm 的光照射下，价带中的电子就会被激发到导带上，形成带负电的高活性电子（e^-），同时，在价带上产生带正电的空穴（h^+）。它们的电位值较高，例如在 pH 值为 7 时，相对于标准电极，$E_{导带}$（e^-）=0.84V，$E_{价带}$（h^+）=2.39V，因此成为很强的氧化剂和还原剂。如果系统中反应物的电位与光生电子和空穴的电位相匹配，并且反应物与光生电子或空穴的反应速度大于电子和空穴的复合速度，反应物就可以与光生电子或空穴发生还原或氧化反应。当 TiO_2 内部的光生电子与空穴迁移到表面时，吸附在 TiO_2 表面的氧将俘获电子形成 $\cdot O^{2-}$，而空穴将与吸附在 TiO_2 表面的 OH^- 或 H_2O 反应即氧化成具有强氧化性的 $\cdot OH$，这些反应产生的 $\cdot O^{2-}$ 和 $\cdot OH$ 都具有很强的化学活性，从而容易诱发光化学反应，即具有很强的光催化能力。所产生的光化学反应可破坏有机物中的 C—C 键、C—H 键、C—N 键、C—O 键、N—H 键、H—O 键等，即能高效分解许多有机物，用于杀菌、除臭及消毒。

（2）光催化涂层　它是将具有光催化作用的纳米 TiO_2 或其他的纳米材料混合到适当的成膜物中制备的，要求成膜物不影响光催化反应，具有高的耐候性，并且成膜后能形成多孔性涂膜，如丙烯酸胶乳、硅丙胶乳、氟树脂等。所需的光源为太阳光中的紫外线或室内照明用荧光灯。这种涂料可用于室内外建筑物表面和公路隧道等场合。

（3）自清洁玻璃　它是采用一定的表面技术，在玻璃上镀或涂覆纳米半导体膜层，使玻璃表面吸附的有机污染物在太阳光照射下发生催化降解反应，同时经过处理的表面还具有亲水或憎水性，使附着在玻璃表面的无机灰尘能容易被清洗掉。其中，半导体膜层有 TiO_2 膜、掺杂 TiO_2 膜、$ZnFe_2O_4$ 膜和其他半导体膜几种。膜层有单层和多层两类。膜层制备方法有溶胶-凝胶法、CVD 法、磁控溅射法等。它们各有一定的优缺点。例如：磁控溅射法制备 TiO_2，一般用钛做靶材，充入氩与氧的混合气体，在保持一定氧分压的状态下，使钛氧化成氧化钛沉积在玻璃表面，从而得到自洁净玻璃。为防止钠钙硅玻璃基材中的 Na^+ 渗透到 TiO_2 膜中，往往在镀覆 TiO_2 膜之前，先镀覆一层厚约 50nm 的 SiO_2 膜。磁控溅射法的主要优点是能连续化生产大面积 TiO_2 膜玻璃，膜层比较均匀，可以镀多层和不同成分的复合膜，对环境污染很小。其主要缺点是设备较为复杂，并且要获得高的光催化活性 TiO_2（即锐钛矿结构或锐钛矿与金红石的混合结构），通常要将基材加热到 $450\sim550$℃，这在实际生产中受到一定的限制。若基材温度在 200℃ 左右时，一般得到板钛矿结构，光催化活性较低。如何在较低温度下稳定得到高活性的 TiO_2，需要深入研究。除了在工艺上采用新措施外，可通过掺杂过渡金属、贵金属和稀土元素等方法来提高光催化活性。

另外，亲水性也是自洁净玻璃的一个重要性质。TiO_2 薄膜在紫外线照射下亲水性能有显著的变化：水与 TiO_2 膜接触开始时接触角在数十度以上，当受到紫外线照射后接触角会迅速变小，最后接近 0°，呈现超亲水性能；停止紫外线照射，接触角会逐步升高，而再经照射，又会变成超亲水状态。在紫外线照射下 TiO_2 对油也有很大的亲和性，即 TiO_2 膜具有水油双亲和性。这种现象可用表面结构的变化来解释：在紫外线照射下，TiO_2 膜价带电子被激发到导带，电子和空穴向表面迁移，电子与 Ti^{4+} 反应，空穴与表面的氧离子反应，分别形成 Ti^{3+} 和氧空位。此时，空气中的水离解吸附在氧空位中，形成化学吸附水（即羟基）。它可进一步吸附空气中的水分子而形成物理吸附层，意味着在 Ti^{3+} 缺陷周围形成了高度亲水微区，表面剩余区域仍保持疏水性。这样，就在 TiO_2 表面形成了均匀分布的纳米尺寸分离的亲水区。油也有类似的情况，由于水和油滴的尺寸远大于亲水区和亲油区面积，故宏观上 TiO_2 表面呈现出来亲水性和亲油性，即水和油分别被亲水微区和亲油微区所吸附，从而润湿表面；停止光照后，化学吸附的羟基被空气中的氧取代，又回到疏水状态。自洁净玻璃依靠亲水性，使水容易铺展在表面，便于冲洗掉玻璃表面的灰尘等沾污物，同时也可应用于一些需要防雾的场合如汽车后视镜、浴室镜子、眼镜玻璃、仪器仪表等。

目前，自洁净玻璃已在国内外推广使用，由于使用环境的差别，有些地方或场合的应用效果尚未达到预期目标，尤其对于细小的粉尘，吸附能力很强，难于通过雨水等冲刷将它们洗刷干净。尽管如此，自洁净玻璃的功能是肯定的，它是解决高层建筑（玻璃幕墙、窗户、采光顶等）清洁问题的有效途径之一。同时，它具有净化空气的功能，据研究，1000m^2 自洁净玻璃幕墙相当于 700 棵杨树对空气的净化作用。自洁净玻璃还将在光伏电池、照明、废水处理以及化学工程中的光催化反应等领域有良好的应用前景。

2. 表面杀菌性能

材料表面的杀菌性能日益受到人们的重视，获得这种性能有多种途径，下面列举表面技术中几种常采用的方法。

（1）光催化剂　如上所述，TiO_2 等光催化剂可以将污染的有机物分解掉，使之无害，同时又因有粉状、粒状和薄膜等形状而易于利用。掺入过渡金属 Ag、Pt、Cu、Zn 等元素能增强 TiO_2 的光催化作用，而且有抗菌、灭菌作用（特别是 Ag 和 Cu）。加入铈等稀土元素，也具有类似的作用。

（2）防霉剂　它是指能杀死霉菌或抑制其生长的一类高分子材料添加剂，大致分为以下几种：①有机金属化合物，如油酸苯汞、氧化三丁基锡、8-羟基喹啉铜等；②酚类衍生物，如领苯基苯酚、五氯苯酚、四氯对醌等；③含氮化合物，如水杨酰替苯胺、三（羟甲基）硝基早烷、巯基苯并噻唑、环烷酸季铵盐等；④有机硫化物（如二甲基二硫代氨基甲酸锌等）及有机卤化物、磷化物、砷化物等；⑤无毒的防霉环氧增塑剂环氧四氢邻苯二甲酸二（2-乙基己基）脂。防霉剂广泛用于聚氨酯、醇酸树脂、丙烯酸树脂、醋酸乙烯酯树脂及聚氯乙烯软质制品、涂料、电气与电线电缆被覆层等领域。杀死霉菌和抑制霉菌生长的机理可能包括：破坏霉菌细胞的蛋白质构造，使霉菌细胞功能消失；破坏原生质膜，使霉菌细胞失水死亡；阻止霉菌细胞核染色体的有机分裂；抑制霉菌正常代谢；干扰酶及酶的活动；形成金属螯生物，使霉菌缺少微量元素而死亡；阻碍霉菌体的类酯合成，达到抑菌目的。

（3）红外辐射　在红外辐射环境中，细菌和霉菌的繁殖会受到明显的抑制，并且适当的红外辐射对人体还有一定的保健作用。由此，人们开发了一些具有红外辐射效应的产品。例如有一种涂料，其制备工艺分两步实施：第一步是将氧化镁、氧化锌、氧化铝、石英砂的混合物研磨成 200~300 目的粉末，经 1150~1300℃ 高温煅烧 2~4h，冷却后进行粉碎，研磨成 800~3000 目的粉料，再与硬脂酸、丙烯酸在丙酮中混合搅拌 5~10h，在 70~80℃ 下干燥，制得红外辐射粉末；第二步是将红外辐射粉末与去离子水、氨水、磷酸三丁酯、聚羟酸铵盐、填料一起置于分散机中混合，以 800~1200r/min 的速度搅拌均匀，再加入羟乙基纤维素，在 2500~3500r/min 的速度下搅拌 30~40min，使其均匀，然后以 800~1200r/min 的转速继续搅拌，并且依次加入聚丙烯酸酯乳液、丙二醇、十二醇酯，搅拌 5~10min，使其混合均匀，得到具有红外辐射效应的涂料。它可以有效地防霉、抑菌，从而解决了水性涂料易霉变的问题。该涂料工艺简便，稳定性好，成本低，适合大批量生产，主要用作建筑内墙涂料。

3.3　固体表面的物理性能

近代基础学科的发展，许多精密测试仪器的诞生，各种尖端技术的应用以及材料制备技术的不断提高，使人们对材料的认识进入了分子、原子、电子的微观世界，从而对材料的热、电、磁、光、声等物理性质以及这些物理量在材料中的相互关系，有了越来越深刻的理解，并且研制出一系列具有特殊性能的功能材料以及功能与结构一体化材料，在现代科学技术和经济发展中起着十分重要的作用。同样，固体表面的物理性能对于表面技术来说，也是十分重要的。材料的许多物理性能是属于材料整体性的，难于将表面与内部截然分开，但是这些整体物理性能往往与表面技术有着密切的关系。本节对这两种情况都做一定的阐述。另外，阐述材料物理性能的微观机理和有关的实际应用，通常要运用量子力学、统计物理和固体理论的一些基本概念和原理，可参阅有关文献或教材。本节主要从一些物理性能的参量着手，介绍它们在表面技术中的某些应用。

3.3.1　表面技术中的材料热学性能

1. 材料热学性能参量及特性

（1）热容量　它是描述物质热运动的能量随温度变化的一个物理量。其含义是：在不发生相变和化学反应时，材料温度升高 1K 时所需的热量（Q），常以 C 标记，即在 TK 时

$$C = \left(\frac{\partial Q}{\partial T}\right)_T \tag{3-45}$$

在经典理论中每个原子的平均能量为 $3kT$（k 为波耳兹曼常数），每摩尔原子（或摩尔分子）的能量为 $3RT$（R 为摩尔气体常数），材料的定容摩尔热容量为

$$C_v = \frac{\mathrm{d}Q}{\mathrm{d}T} = 3R = 24.9\mathrm{J/(K \cdot mol)} \tag{3-46}$$

这个规律称为杜隆-珀替（P. Dulong-A. Petit）定律，也是大量材料在高温下实测得的近似值。但是，在低温时材料热容量并非恒量，而是随着温度降低而逐渐减小，这与杜隆-珀替定律不符。不同材料 C_v 由恒值开始下降的温度值也有差异。为了克服这个局限性，必须应用晶格振动的量子理论。用量子理论求热容量的关键在于求频率的分布函数 $\rho(\nu)$，即设 $\rho(\nu)\mathrm{d}\nu$ 表示频率在 ν 和 $\nu + \mathrm{d}\nu$ 之间的格波数。实际晶体的 $\rho(\nu)$ 是很难计算的，通常采用简化的爱因斯坦模型及德拜模型。

1）爱因斯坦模型。它假定晶体中所有的原子都是独立的，并且都以相同的频率 ν 振动。在计算时，引出爱因斯坦温度 $Θ_E$ 这一参数，即

$$kΘ_E = h\nu \quad 或 \quad Θ_E = \frac{h\nu}{k} \tag{3-47}$$

当 $T \gg Θ_E$ 时，经典理论适用；当 $T \ll Θ_E$ 时，量子效应显著，经典理论不再适用，而必须考虑量子化条件。计算表明：当 $T \gg Θ_E$ 时，$C_v \approx 3R$；当 $T \to 0$ 时，$C_v \to 0$。这些结论与实验结果相符。但是在极低温度时，C_v 随着温度的变化比 T^3 更快地趋近于零，与实验结果有较大的偏差，其原因在于爱因斯坦假设过于简单。

2）德拜模型。它认为晶体中相邻原子的振动是相互制约的，并且存在着各种频率的格波。为了克服数学上的困难，德拜把晶体看作各向同性的连续介质，格波是弹性波，并且假定这种弹性波在纵向和横向的波速相同，并且引入德拜温度 $Θ_D$ 这一参数，即

$$h\nu_D = kΘ_D \quad 或 \quad Θ_D = \frac{h\nu_D}{k} \tag{3-48}$$

当温度很低时，可以设 $T \ll Θ_D$ 或 $kT \ll h\nu_D$，计算结果为

$$C_v = \frac{12}{5}\pi^4 R \left(\frac{T}{Θ_D}\right)^3 \tag{3-49}$$

可见在低温下，c_V 正比于 T^3，这叫德拜定律，与实验结果相符。θ_D 涉及电阻率、热导率以及 X 射线的加宽等许多现象，故 θ_D 的数据在固体问题中很有用。表 3-6 列出了一些物质的德拜温度 θ_D。

表 3-6　一些物质的德拜温度 θ_D

物质	θ_D	物质	θ_D	物质	θ_D	物质	θ_D
Hg	71.9	Ag	225	Cu	343	Mo	450
K	91	Ca	230	Li	344	Fe	470
Pb	105	Pt	240	Ge	374	Rh	480
In	108	Ta	240	V	380	Cr	630
Ba	110	Hf	252	Mg	400	Si	645
Bi	119	Pd	274	W	400	Be	1440
Te	153	Nb	275	Mn	410	C	2230
Na	158	Y	280	Ti	420	—	—
Au	165	As	282	Ir	420	KCl	230
Sn	200	Zr	291	Al	428	NaCl	308
Cd	209	Ca	320	Co	445	SiO_2	470
Sb	211	Zn	327	Ni	450	MgO	890

注：表中数据多数是通过极低温度下热量测得到的值。

由德拜的假设可以看出，德拜理论也有不足之处：实际上 θ_D 不是一个与温度无关的常数，实验发现 θ_D 与温度有关；固体热容量不仅与晶格振动能量的变化有关，而且当温度极低时电子运动能量的贡献不能略去，须用费米-狄喇克统计法进行讨论；德拜模型把晶体看作连续介质，这对于原子振动频率较高的部分不适用。

热容量与温度有关。工程上所用的平均热容是指材料从 T_1 温度到 T_2 温度所吸收热量的平均值。单位质量的热容叫比热容。1mol 材料的热容叫摩尔热容。热容与热过程有关：

比定压热容
$$c_p = \left(\frac{\partial Q}{\partial T}\right)_p = \left(\frac{\partial H}{\partial T}\right)_p \tag{3-50}$$

比定容热容
$$c_V = \left(\frac{\partial Q}{\partial T}\right)_V = \left(\frac{\partial H}{\partial T}\right)_V \tag{3-51}$$

式中，H 和 U 分别为焓和内能。通常 $c_p > c_V$，有

$$c_p - c_V = \alpha^2 V_m T / \beta \tag{3-52}$$

式中，α 为体积膨胀系数，$\alpha = \dfrac{dV}{V dT}$；$\beta$ 为压缩系数，$\beta = \dfrac{-dV}{V dp}$；$V_m$ 是摩尔体积。对于凝聚态材料，一般温度下 $c_p \approx c_V$，但在高温下 $c_p > c_V$，两者相差较大。

（2）热传导　材料两端存在温度差时，热量自动地从热端传向冷端，这种现象称为热传导。对于各向同性物质，当在 X 轴方向存在温度梯度 dT/dX，且各点温度不随时间变化即稳定传热时，则在 Δt 时间内沿 X 轴方向传过横截面积 A 的热量 Q，由傅里叶定律得

$$Q = -\lambda \frac{dT}{dX} A \Delta t \tag{3-53}$$

式中，负号表示热流逆向着温度梯度方向；λ 为热导率或导热系数 [W/ (m·K) 或 J/ (m·K·s)]，表示单位温度梯度下，单位时间内通过单位横截面的热量。

如果传热过程不是稳定的，即物体内各处温度分布随时间而变化。例如：一个与外界无热交效换而本身存在温度梯度的物体，随着时间的推移，热端温度不断降低，冷端温度不断升高，最终达到一致的平衡温度，那么，在该物体内温度变化过程中单位面积上的温度随时间变化率为

$$\frac{\partial T}{\partial t} = \frac{\lambda}{\rho c_p} \frac{\partial^2 T}{\partial X^2} \tag{3-54}$$

式中，ρ 为密度；c_p 为比定压热容。$a = \lambda/\rho c_p$ 称为热扩散率或导温系数，单位为 m^2/s，表示材料在温度变化时内部温度趋于均匀的能力。

表征物质导热能力的热导率，对于不同材料可有显著差别。固体金属的热导率较大，一般为 $2.3 \sim 417.6$W/ (m·k)，其他固体的热导率通常比金属小一至几个数量级。在一般情况下，同一物质的热导率，气态的小于液态的，液态的小于固态的，这些差别起因于结构的不同，导热的机理也必然不同。气体和液体的导热是通过分子或原子相互作用或碰撞来实现的。固体导热的基本载子是电子和声子。固体金属的导热主要通过自由电子的相互作用和碰撞来实现的。一般来说，非金属的电子被束缚于原子中，故它的导热主要通过晶格振动来实现，即看成是声子相互作用和碰撞的结果，在高温时还有光子的热传导。

1）金属的热传导。金属的热导率主要是由电子和声子引起的，并且在室温下电子传导通常比声子传导大得多。按照自由电子论，可将金属中大量的自由电子看作自由电子气，因此可借用理想气体的热导率公式：

$$\lambda = \frac{1}{3} c_V \overline{u} l \tag{3-55}$$

式中，c_V 为单位体积气体热容；$\overline{u}$ 为分子平均运动速度；l 为分子运动平均自由程。现做如下改动：用 C 代替 c_V，C 为单位体积的电子气热容量，$C = \frac{\pi^2}{2} \left(nk \frac{T}{T_F} \right)$，其中，$n$ 为单位体积的自由电子数，k 为玻耳兹曼常数，T 为温度，T_F 为费米温度；用电子速度 u_F（通常称费米速度）代替 $\overline{u}$；用 $u_F \tau$ 代替 l，其中 τ 为电子的弛豫时间；又有 $\frac{1}{2} m_e u_F^2 = E_F$，$kT_F = E_F$，其中 m_e 为电子质量，E_F 为费米能量。于是，可得电子热导率计算式为

$$\lambda_e = \frac{\pi^2 nk^2 T\tau}{3m_e} \tag{3-56}$$

2）绝缘体的热传导。根据德拜的设想，绝缘体中的导热过程是声子间的碰撞。其热导率的表达式与气体相似，即上述的 $\lambda = \frac{1}{3} c_V \overline{u} l$，其中，$c_V$ 不是定容热容，而是单位体积的声子热容；$\overline{u}$ 是声子运动的平均速度；l 表示声子的平均自由程。实际上，$\overline{u}$ 是声速（因为格波在晶体中传播为弹性波），比热容在不太低的温度下大致为常数，因此影响绝缘体热导率的主要因素是声子的自由平均程 l。l 的大小基本上是由许多散射过程决定的，如声子间碰撞、声子与点缺陷、声子与晶体表面、声子与位错等引起的散射。每一种散射都相应有一个

平均自由程 l_a、l_b、l_c 等；对于每一个平均自由程有热阻 W_a、W_b、W_c 等。

在实际晶体中格波可以是非谐性的弹性波，不同格波之间存在一定的耦合，并且这些格波或声子的振动频率值是变化的。从波动来说，由于原子间的力为非线性，两个行波能相互干涉，当干涉发生时两波组合而产生一个波，它的频率是原来两个波的频率之和。用量子的语言来说，两个声子碰撞而消失，同时在它们碰撞处产生一个新的声子，这个新的声子保持原来两个声子的能量和动量。反之，单一的声子也能自发地分裂成两个新的声子，同时也保持原来声子的能量和动量。由能量守恒和波矢量守恒定律（相似于动量守恒定律），两个方程所描述的声子相互作用一般称为正常过程（或称 N 过程），此时没有任何附加热阻。显然，如果声子间的相互作用都属于正常过程，则晶体的热导率将无限大。实际上这是不可能的。

为了解决上述问题，派尔斯（R. Peierls）认为格波的干涉与连续介质中波的干涉是不同的。假设有两个在同一方向上传播的短波长的波，则它们合成的波应有更短的波长，并且在同一方向上运动。但是，若这个新波长比两倍的原子间距（$2a$）更短，则就难以预料这个新波会沿什么方向传播。实际上，这个新波可以成为一个长波长的波沿相反方向传播，此时能量守恒而准动量不守恒。派尔斯用 Umklapp 这个词（德文的含义是反转）来描述这种"倒向"过程，简称 U 过程，以区别 N 过程。在 U 过程中，能量传递的方向改变了，还产生了附加的热阻。

U 过程对减少声子的平均自由程有重要的作用。可以证明，晶体中 U 过程的发生率与绝对温度、晶体中原子间非谐力强度的平方成比例。绝缘体的热导率表达式应反映出与频率 ω 的关系，即

$$\lambda = \frac{1}{3}\int c_V(\omega)l(\omega)\,\bar{u}\mathrm{d}\omega \tag{3-57}$$

派尔斯理论已被实验证实。U 过程准动量损失大，沿热导方向净声子准动量流密度衰减，即声子从热端到冷端的速度减慢，导热能力下降。U 过程是绝缘体热阻产生的主要原因之一。

但是，在许多情况下仅考虑声子间的相互作用是不够的。例如：在硅、锗等物质中，低温下热导率的增大比派尔斯所预言的规律要缓慢得多。有人发现，偏差的重要原因之一是所用材料中含高浓度的各种同位素，这些同位素犹如杂质，声子能与之发生散射。声子与其他杂质以及晶界、表面、相界面、位错等都会相互作用而引起散射，使声子平均自由程和晶体的热导率发生变化。此外，晶体还会引起晶格振动的非谐性，从而使声子间相互作用引起的散射加剧，进一步降低热导率。

综合起来，声子导热大致有下述情况：

一是纯晶体在一般温度下，其热阻由 U 过程决定；在低温时，晶体缺陷的影响变得十分重要，尤其是界面的影响更大，因此小试样的热导率显得更小；在极低温度下，晶体的热导率与 T^3 及试样尺寸两者成正比。

二是不纯的晶体如含有同位素混合物或其他杂质时，则在低温范围内杂质引起的散射将成为影响声子平均自由程的主要机构，使热导率与 $T^{\frac{3}{2}}$ 成正比；在极低温度下，界面散射成为主导因素；倘若是多晶试样，则晶粒大小将是决定热导率大小的主要因素；位错的影响主

要在低温下呈现出来，而在较高温度下杂质的影响比位错更重要。

在多数情况下非金属的导热性能是差的，如表3-7所示。但是，如果非金属材料的纯度高，使其热阻在较高温度下主要由U过程决定，并且材料的德拜温度$Θ_D$是高的，U过程的热阻又较小，则可能具有良好的导热性。金刚石就是一个典型的例子，其$Θ_D$约为2000K。纯的金刚石晶体在室温下的热导系数高达2000W/（m·K）而铜是483W/（m·K）。

表3-7　一些常用工程材料的热导率

材　料		热导率 /[W/(m·K)]	材　料		热导率 /[W/(m·K)]
金属	Al	300	陶瓷	Al_2O_3	34
	Cr	158		BeO	216
	Cu	483		MgO	37
	Au	345		SiC	93
	Fe	132		SiO_2	1.4
	Pb	40		尖晶石（$MgAl_2O_4$）	12
	Mg	169		钠钙硅玻璃	1.7
	Mo	179		二氧化硅玻璃	2
	Ni	158	高分子 （无取向）	聚乙烯	0.38
	Pt	79		聚丙烯	0.12
	Ag	450		聚苯乙烯	0.13
	Ta	59		聚四氟乙烯	0.25
	Sn	85		聚异戊二乙烯	0.14
	Ti	31		尼龙	0.24
	W	235		酚醛树脂	0.15
	Zn	132			
	20钢	52			
	不锈钢	16			
	黄铜	120			
碳材料	石墨（平行片层）	1500	半导体	Si	148
	石墨（垂直片层）	10		Ge	60
	Ⅱa金刚石	2000		GaAs	46

非晶态的玻璃和塑料等，因其内部结构较不规整，故有很大的声子散射。它们的平均自由程很小，并且与温度无关。它们在室温时的热导率与比热容成正比，在较低温度下可以成为一些很有效的绝热材料。

在绝缘体的热传导中，尚需补充说明光子传导的问题。格波分为声频支和光频支两类。光频支格波的能量在温度不高时很微弱，此时绝缘体的导热过程主要是声频支格波的贡献，也引入了声子的概念。但是，在高温时光频支格波对热传导的影响很明显，这样，除了声子的热传导外，还要考虑光子的热传导。在高温阶段，电磁辐射能E_T已很高，即

$$E_T = 4\sigma n^3/T^4/c \tag{3-58}$$

式中，σ 为斯蒂芬-玻耳兹曼常数，$\sigma = 5.67 \times 10^{-8}\,W/\,(m \cdot K)$；$n$ 为折射率；c 为光速，$c = 3 \times 10^8 m/s$。

在辐射传热中，比定容热容相当于提高辐射温度所需的能量，故

$$c_V = \frac{\partial E}{\partial T} = \frac{16\sigma n^3 T^3}{c} \tag{3-59}$$

将辐射线在介质中的速度 $\bar{u} = \dfrac{c}{n}$ 代入式（3-59）及式（3-55）中，可得到光子的热传导率

$$\lambda_r = \frac{16}{3}\sigma n^2 T^3 l_r \tag{3-60}$$

式中，l_r 为辐射线（光子）平均自由程。

λ_r 与 l_r 密切有关。在透明介质中，辐射线的热阻很小，l_r 很大；在不透明介质中，热阻较大，l_r 很小；在完全不透明的介质中，$l_r = 0$，辐射传热全失。例如：单晶、玻璃对辐射线较透明，在 773～1273K 辐射传热已很明显；大多数烧结陶瓷材料的透明度差，l_r 较小，故一些耐火氧化物材料在 1773K 高温下辐射传热才明显。

l_r 还与材料对光子的吸收和散射有关。吸收系数小的透明材料，当温度不很高时光辐射是主要的，而吸收系数大的不透明材料，即使在高温下辐射传热也不重要。在陶瓷材料中，光子散射重要，l_r 比玻璃和单晶都小，只是在 1773K 以上，由于陶瓷呈半透明的亮红色，光子传导才变得重要。

（3）热膨胀　表征物体受热时长度或体积增大程度的热膨胀系数，也是材料的重要热学性能之一。温度为 t 时物体的伸长量为

$$\Delta l = \alpha_l l_0 t \tag{3-61}$$

式中，l_0 为物体在温度 0℃时的长度；α_l 为固体的线胀系数，也可定义为温度升高 1℃时固体的相对伸长。因此，温度为 t 时物体的长度为

$$l_t = l_0 + \Delta L = l_0(1 + \alpha_l t) \tag{3-62}$$

这是一个线性关系。但是，实际上 α_l 随温度稍有变化，即随温度的升高而增大，故上述线性关系并不严格成立。

物体的体积随温度变化为

$$V_t = V_0(1 + \alpha_V t) \tag{3-63}$$

式中，V_0 为物体在 0℃时的体积；α_V 为体胀系数。对于各向异性的晶体，要考虑不同方向上的线胀系数有差异。设平行六面体的三个晶轴方向上的线胀系数分别为 α_{l1}、α_{l2}、α_{l3}，0℃时晶体棱边长分别为 l_{10}、l_{20}、l_{30}，当温度升至 t 时边长为：$l_1 = l_{10}\,(1 + \alpha_{l1}t)$，$l_2 = l_{20}\,(1 + \alpha_{l2}t)$，$l_3 = l_{30}\,(1 + \alpha_{l3}t)$，温度为 t 时物体的体积为：$V_t = l_1 l_2 l_3 = l_{10} l_{20} l_{30}\,(1 + \alpha_{l1}t)\,(1 + \alpha_{l2}t)\,(1 + \alpha_{l3}t)$。忽略 α_l 的二次以上的项，得

$$V_t = V_0\left[1 + (\alpha_{l1} + \alpha_{l2} + \alpha_{l3})\,t\right] = V_0\left[1 + \alpha_V t\right]$$

可见，各向异性晶体的体胀系数近似等于三个晶轴方向上的线胀系数之和。

如果固体受热时不能自由膨胀，则在物体内会产生很大的内应力。利用上述公式和胡克

定律可对此做一估算。这种内应力往往有很大的危害性，故在技术上要采取相应的措施，如在铁轨接头处留有空隙等。对许多精密仪器，要使用线胀系数小的材料，如石英、殷钢（一种铁镍合金）等制造。

热膨胀的微观机构与热传导一样，不能用晶体中原子的线性振动（谐振动）来解释。如图 3-16 所示，设两个原子中有一个原子固定在原点，而另一原子的平衡位置为 r_0，位移为 δ，则势能

$$u(r) = u(r_0 + \delta) = u(r_0) + \frac{1}{2}\left(\frac{\partial^2 u}{\partial r^2}\right)\delta^2 + \frac{1}{3} \times \frac{1}{2} \times \left(\frac{\partial^3 u}{\partial r^3}\right)_{r_0}\delta^3 + \cdots$$

如果略去 δ^3 项及更高次项，则势能曲线呈抛物线（图 3-16 中虚线），为对称曲线，温度升高使振幅增大，但平衡位置 r_0 不变，故不会产生热膨胀。如果保留 δ^3 项，则势能曲线是非对称的（图中 3-16 实线），此时平均位置就不是平衡位置，而是向右移动，因而产生了热膨胀。根据玻耳兹曼统计，平均位移是

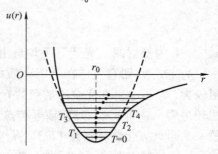

图 3-16 原子间相互作用的势能曲线

$$\bar{\delta} = \frac{\int_{-\infty}^{\infty} \delta e^{-u/kT}d\delta}{\int_{-\infty}^{\infty} e^{-u/kT}d\delta}$$

可以计算得到的线胀系数为

$$\alpha_l = \frac{1}{r_0}\frac{d\bar{\delta}}{dT} = -\frac{k}{2r_0}\left(\frac{\partial^3 u}{\partial r^3}\right)r^0 \Big/ \left(\frac{\partial^2 u}{\partial r^2}\right)^2 r_0 \tag{3-64}$$

这是一个与温度无关的常数。如果计入 $u(r)$ 展开式中的高次项，则 α 将与温度有关。

材料的热学性能除上述热容量、热导率、膨胀系数之外，还有表征均温能力的热扩散率，表征物质辐射能力强弱的热发射率，表征物质吸收外来热辐射能力大小的吸收率等。这些参数都有一系列的重要应用。例如研制高效太阳能集热器，需要善于吸收太阳辐射能、减小热辐射的涂层材料。这些应用日益扩大，越来越受到人们的重视。

（4）**热稳定性** 它是指材料承受温度的急剧变化而不致破坏的能力。

1）热应力。它形成的主要原因有：一是物体因热胀或冷缩受到限制时产生应力，例如杆件弹性模量为 E，线胀系数为 α_l，杆件两端为刚性约束，当温度由 T_0 到 T' 时，所产生的热应力是 $\delta = -E\alpha_l(T' - T_0)$；二是材料中因存在温度而产生应力，通常物体在迅速加热和冷却时表面温度变化比内部快，邻近体积单元的自由膨胀或自由压缩受到限制，于是产生热应力；三是多相复合材料因各相膨胀系数不同而产生的热应力。

热应力可引起材料热冲击破坏、热疲劳破坏以及材料性能的变化等。

2）热冲击破坏。通常，无机非金属材料的热稳定性较差，热冲击破坏有两种类型：一是材料发生瞬时断裂，抵抗这类破坏的性能称为抗热冲击断裂性；二是材料在热冲击循环作用下，材料表面开裂、剥落，并不断发展，最终碎裂或变质，抵抗这类破坏的性能称为抗热冲击损伤性。目前，对材料抗热冲击破坏性能的评定，一般还是采用比较直观的测定方法。

3）热疲劳破坏。对于一些高延性材料，由热应力引起的热疲劳是主要的问题，虽然温

度的变化不如热冲击时剧烈，但其热应力可能接近材料的屈服强度，在温度反复变化下，最终导致疲劳破坏。

2. 材料热学性能在表面技术中的重要意义

表面技术中遇到一些重要问题，经常会涉及材料的热学性能，现举例如下：

（1）材料表面的热障涂层　镍基高温合金广泛用于航空工业，如用来制造燃气涡轮叶片，可承受的最高工作温度在 1200℃ 左右。过去使用温度通常为 960～1100℃，而现在商用飞机的燃气温度已达到 1500℃，军用飞机的燃气温度高达 1700℃。为了解决这个问题，人们研制了具有热障效应的涂层，可在不提高高温合金基体耐热指标的前提下，提高抗燃气温度达 200～300℃ 或更高。对热障涂层的性能要求是：高的熔点和优异的化学稳定性；优良的抗高温氧化性；热导率低的隔热性好；热膨胀系数与基体高温合金匹配良好；涂层及界面有较好的抗介质腐蚀的能力；在交变温度场中热应力较小，有良好的热疲劳寿命；具有稳定的相结构和优良的耐冲击性。由此可见，材料的热学性能有重要意义。

（2）薄膜中不同类型的应力引起界面的破坏　例如：由于薄膜与基材热膨胀系数不同所造成的热应力对于高温下制备的薄膜是非常重要的。这种应力可能是拉应力，也可能是压应力，而拉应力在一般情况下很危险。如果涂层热膨胀系数大于基材的热膨胀系数，那么薄膜在从沉积温度冷却下来后，将受到拉应力。在研究薄膜时，应从热膨胀系数、弹性模数等方面来考虑薄膜与基材的最佳配合，尽可能避免薄膜处产生拉应力。

（3）金刚石薄膜　天然金刚石稀少而昂贵，人工合成的金刚石晶粒颗粒小，一般制作金刚石器件采用热化学相沉积（TCVD）和等离子体化学气相沉积（PCVD）等方法，呈薄膜状态，具有金刚石结构，硬度高达 80～100GPa。纯的金刚石薄膜室温热导率，是铜的 4.14 倍。金刚石是良好的绝缘体，掺杂后可以成为半导体材料。由于金刚石的禁带宽度大，载流子迁移率高，击穿电压高，再加上热导率高，故可用来制造耐高温的高频、高功率器件。此外，金刚石薄膜还具有优良的冷阴极发射性能，被证明是下一代高性能真空微电子器件的关键材料。

3.3.2　表面技术中的材料电学性能

1. 材料电学性能及特性

（1）导电性　材料导电性能可因材料内部组成和结构的不同而有巨大的差别。导电最佳的物质（银和铜）与导电最差的物质（聚苯乙烯）之间，电阻率约相差 23 个数量级。

1）电导率。在大多数情况下，$J = \sigma E$，其中，J 是电流密度，σ 是电导率，E 是电场强度。电导率 σ 的大小反映物质输送电流的能力，其量纲为 S/m。设 n 是单位体积中的电子数，e 为电子的电荷，$\bar{v}_d$ 为电场作用下电子的平均飘移速度，则 $J = ne\bar{v}_d$。根据这两个式子可得

$$\sigma = \frac{ne\bar{v}_d}{E} = ne\mu \tag{3-65}$$

式中，$\mu = \dfrac{\bar{v}_d}{E}$，称为电子的迁移率。实际上，电子运动时要与晶格的声子、空位、位错、杂质等相碰撞而改变方向，令 τ 为两次碰撞相隔的时间即弛豫时间，m_e^* 为电子的有效质量，则可推导得

$$\sigma = \frac{ne^2\tau}{m_e^*} 或 \sigma = \frac{ne^2 l}{m_e^* u_F} \tag{3-66}$$

式中，l 为平均自由程，u_F 为费米速度。

2）电阻率。它是电导率 a 的倒数。马提生（Mathiessen）定则为

$$\rho = \frac{1}{\sigma} = \frac{m_e^*}{ne^2\tau} = \frac{m_e^*}{ne^2}\left(\frac{1}{\tau_l} + \frac{1}{\tau_i}\right) = \rho_l + \rho_i \tag{3-67}$$

式中，τ_l 为电子与晶格振动碰撞的弛豫时间；τ_i 为电子与晶格内杂质碰撞的弛豫时间。其中，由热震动引起的电阻率 ρ_l 与温度关系密切，而由杂质引起的电阻率 ρ_i 与温度无关。一般说来，热震动引起电子的散射大致与温度成正比，故马提生定则又可写为

$$\rho = \rho_i + aT \tag{3-68}$$

式中，a 是一个物质常数。图 3-17 所示为纯金属（正常态）与超导体的电阻率随温度变化示意图。在高温时，$\rho_l \propto T$；低温时，$\rho_l \propto T^5$；极低温时，ρ_l 很小，几乎只剩下 ρ_i 一项。

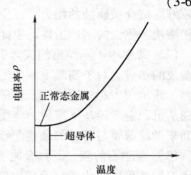

图 3-17　纯金属（正常态）与超导体的电阻率随温度变化示意图

通常在室温下由热震动给出的电子平均自由程约为一百个原子间距，故要使缺陷散射对电阻率贡献大于热震动的贡献，其给出的平均自由程应小于一百个原子间距。在所有的缺陷中，外来原子（杂质或合金元素）的影响最显著。例如金和银都有良好的导电性，但它们组成合金后电阻增大。又如在铜中含有质量分数为 0.05% 左右的杂质，其电导率下降 12%。冷加工、沉淀硬化、高能粒子辐照等都会使电阻增大。

导体的电阻率 $\rho < 10^{-2}\Omega \cdot m$，而绝缘体的电阻率 $\rho > 10^{10}\Omega \cdot m$，半导体的电阻率 $\rho = 10^{-2} \sim 10^{10}\Omega \cdot m$。

3）薄膜电阻。薄膜技术在表面工程中占有重要地位，在研究和使用薄膜时经常要测量薄膜的电阻。测量薄膜电阻的最简单方法是两点法（见图 3-18a），但是这种方法不能把金属电极和试样间的接触电阻与试样本身的电阻区分开来，因此测量结果不够准确。为解决这个问题，通常用四点法（见图 3-18b）。其测量系统由四个对称的、等间距的电极（金属钨）

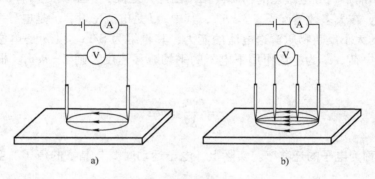

a)　　　　　　　　　　　　　b)

图 3-18　薄膜电阻测量示意图

a）两点法　b）四点法

构成。每个电极的另一端由弹簧支撑，以减小电极尖端对试样表面的损伤。各电极间距一般为 1mm。为避免接触电阻的影响，采用了高输入阻抗的测量仪。当由高阻抗的电流源的电流通过外侧两个电极时，就可以用电势差计测量内侧两电极间的电势差。

设：电极尖端尺寸为无限小；电极间距为 s，一般为 1mm；试样厚度为 d；被测试样为半限大；在试样厚度远大于电极间距（即 $d >> s$）时，两外电极所扩展的电流场近似为半球形分布；对于很薄片试样，即 $d << s$ 时，电流由半球形分布变为环形分布，所测得的薄片电阻用 R_{sh} 表示，可推得

$$R_{sh} = \rho / d = \frac{\pi}{\ln 2} \times \frac{V}{I} \tag{3-69}$$

式中，ρ 为薄片的电阻率；I 为外侧两端间流过的电流；V 为内侧两端间产生的电位差。又设 l 和 w 分别为所测薄膜的长度和宽度，则有

$$R = \frac{\rho l}{\omega d} \tag{3-70}$$

如果 $l = w$，则有

$$R = \rho / d = R_{sh} \tag{3-71}$$

因此，薄片（薄膜）电阻 R_{sh} 可以认为是一个方块薄膜的电阻，又称方块电阻，单位是 $\Omega / \square$。在四点探针仪实际测量中，被测试样的电阻直接由显示屏读出，使用方便。但是，实际试样并非为假设的半无限大的尺寸，测量会有误差，试样面积越大，测量精确度就越高。一般情形下，正方形试样的边长大于探针间距 100 倍时，测量误差可以忽略不计；40 倍时，误差小于 1%，10 倍时，则误差高于 10%。

（2）超导性　金属的电阻通常随温度降低而连续下降，但某些金属在极低温度下，电阻会突然下降到零，表现出异常大的超导性，这种性质称为超导性，如图 3-17 所示。超导性首先由奥涅斯（H. K. Onnes）于 1900 年在汞中观察到。在 4.1K 汞环中所感生的电流能维持数值不衰减，这证实了此时汞的电阻已降为零。发生这种现象的温度称为临界温度，以 T_c 表示。1957 年，巴丁（J. Bardecen），库柏（L. N. Cooper）和斯里弗（J. R. Schriefler）提出了库柏电子对理论，即 BCS 理论，预言在金属和金属间化合物中的超导体 T_c 不超过 30K。20 世纪 60 年代开始在氧化物中寻找超导体。目前某些氧化物的 T_c 已较高，如 Hg-Ba-Cu-O 系的 T_c 温度接近 140K。人们将金属和金属间化合物的超导体称为低温超导体，而把氧化物超导体称为高温超导体。

1）迈斯纳（Meissner）效应。如图 3-19a、b 所示，当超导体低于某临界温度 T_c 时，外加的磁场完全被排除在超导体之外。这是一个重要的效应，称迈斯纳效应。物质从正常态转变为超导态的最深刻的变化是超导体的磁性改变，超导态是完全抗磁的。因此，不能把超导与零电阻简单地等同起来。

实际上磁场产生的磁感应并不在超导体表面突然降到零，而是以一定的贯穿深度 λ 按指数递减至零。λ 大约为

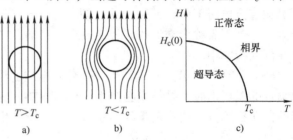

图 3-19　超导状态

a)、b) 迈斯纳效应　c) 磁场和温度对超导态的影响

50nm。在温度低于 T_c 时，若施加的磁场强度增大到 H_c 以上，则可使超导体失去超导性而回到正常状态。H_c 称为临界磁场强度，其值与材料和温度有关。因此，一个超导体要实现超导态，必须同时考虑温度和磁场两个参数。超导体的临界磁场强度与临界温度的关系为

$$\frac{H_c(T)}{H_c(0)} = 1 - \left(\frac{T}{T_c}\right)^2 \tag{3-72}$$

式中，$H_c(T)$ 和 $H_c(0)$ 分别为 T 和 0K 时临界磁场强度，T_c 为临界温度。式（3-72）大致呈抛物线关系。

2）超导临界参数。超导临界参数可归纳为三个：①临界温度 T_c，在 T_c 处一般为瞬间完成从正常态到超导态的转变，但某些高应变合金转变较慢，约 0.1K，而氧化物高温超导体的转变可达几开的转变温区；②临界磁场强度 H_c，不同的物质有不同的 H_c，而且 H_c 与温度有关；③临界电流密度 J_c，即在不加外磁场的情况下，超导体中流过的电流密度 J 达到 J_c 时超导态会转化为正常态，J_c 与物质种类、样品几何形状和尺寸有关，也与温度有关。西尔斯比（Silsbee）认为，电流破坏超导体态的原因是电流产生的磁场。

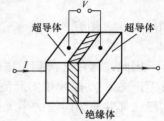

图 3-20　约瑟夫逊
元件示意图

3）约瑟夫逊（B. D. Josephson）效应 1962 年，约瑟夫逊从理论上预测了超导电子的隧道效应，即超导电子（电子对）能在极薄的绝缘体阻挡层中通过，后来实验证实了这个预言，并把这个量子现象称为约瑟夫逊效应。图 3-20 为约瑟夫逊效应元件示意图，它由两块超导体中间夹一层绝缘体构成，倘若绝缘体薄至约 2nm 以下，超导电子便可隧穿该绝缘体而导通。这种效应的基本方程为

$$J_s = J_c \sin(\varphi_2 - \varphi_1) \tag{3-73}$$

$$\partial(\varphi_2 - \varphi_1)/\partial t = (2e/\hbar)V \tag{3-74}$$

式中，J_s 为流过约瑟夫逊元件（$S_1/I/S_2$ 结）的超导电流密度；J_c 为其临界电流密度；φ_1 和 φ_2 分别为两块超导体的宏观量子波函数的位相；$\hbar$ 为 $\dfrac{h}{2\pi}$，其中 h 为普朗克常数，在讨论微观粒子时，要用 $\hbar$ 替代 h；V 为结两侧的电位差。当约瑟夫逊元件上不加任何电场和磁场时，通过元件的电流是直流超导电流，最大达到 J_c，这个现象称为直流约瑟夫逊效应。当元件两侧加直流电压 V 时，元件中就有频率为 $w = (2e/\hbar)V$ 的交流电产生，这个现象称为交流约瑟夫逊效应。目前，超导理论和新材料仍在深入探索中。

（3）霍尔（Hall）效应　当一个带有电流的导体处于与电流方向垂直的磁场内时，导体中会产生一个新电势，其方向与电流和磁场的方向都垂直。这一现象称为霍尔效应，所产生的电势为霍尔电势（见图 3-21）。这个电场称为霍尔电场。

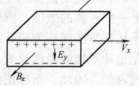

图 3-21　霍尔效应

设霍尔电场强度为 $\vec{E}_H$，$\vec{J}$ 为电流密度，$\vec{B}$ 为磁感应强度，可得霍尔效应定量关系式：

$$\vec{E}_{\mathrm{H}} = R(\vec{J} \times \vec{B}) \tag{3-75}$$

式中，比例系数 R 称为霍尔系数。它与载流子的浓度成反比。电子和空穴两种载流子的 R 的符号相反。金属中载流子浓度比半导体中载流子浓度大得多，所以通常半导体材料的霍尔效应显著。

（4）半导体　半导体的特点不仅表现在电阻率在数值上与导体和绝缘体的差别，而且表现在它的电阻率的变化受杂质含量的影响极大，受热、光等外界条件的影响也很大。半导体材料的种类很多，按其化学成分可以分为元素半导体和化合物半导体；按其是否含有杂质，可以分为本征半导体和杂质半导体；按其导电类型，可以分为 n 型半导体和 p 型半导体。此外，还可分为磁性半导体、压电半导体、铁电半导体、有机半导体、玻璃半导体、气敏半导体等。主要性能与表征参数有能带结构、带限、载流子迁移率、非平衡载流子寿命、电阻率、导电类型、晶向、缺陷的类别与密度等。不同的器件对这些参数有不同的要求。

杂质半导体有 n 型半导体和 p 型半导体。n 型半导体掺有施主杂质，载流子是电子。p 型半导体掺有受主杂质，载流子是空穴。如果一块半导体中的部分是 p 型，另一部分是 n 型，则在它们之间界面附近的区域称为 pn 结。例如，在硅晶片的一边扩散入微量铝（p 型），另一边扩散入微量磷（n 型）就构成了一个 pn 结。pn 结有许多重要的应用。

（5）绝缘体　绝缘体的基本特点是禁带很宽，约为 8×10^{-19}J（4 ~ 5eV），传导电子数目甚少，电阻率很大。在结构上，它们大多是离子键和共价键结合，其中包括氧化物、碳化物、氮化物和一些有机聚合物等。绝缘体的电子通常是紧束缚的，但许多绝缘体中电子可在弱电场的作用下相对于离子做微小的位移，正负电荷不再重合，形成电偶极子，即发生了电子极化过程（见图 3-22a）。此外，还有定向极化（见图 3-22b）和离子极化（见图 3-22c）等。具有这种性质的材料称为电介质。换言之，电介质这个名词一般用来描述具有偶极结构的绝缘体材料。实际上，所有材料都可具有偶极结构，但在导体和半导体中，这种结构所产生的效应通常被传导电子的运动所掩盖。

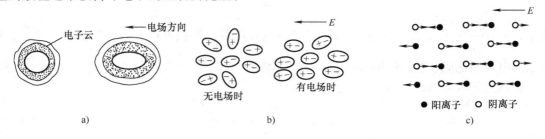

图 3-22　极化的类型

a）电子极化（在电场作用下，原子中的负荷相对于正电荷发生位移）　b）定向极化（其可发生于极性分子构成的物质中，即在电场作用下永久偶极子倾向于沿电场排列）
c）离子极化（其发生于离子材料，即在电场的作用下，正负离子发生方向相反的位移）

设有两极之间填充电介质材料的平板电容器，其介电常数为 ε，而真空的介电常数为 ε_0，定义 $\varepsilon_{\mathrm{r}} = \varepsilon/\varepsilon_0$ 为相对介电常数，又称电介质常数。大多数材料的 ε_{r} 为 1 ~ 10。两极之间有电介质时的电容为

$$C = \varepsilon_{\mathrm{r}} C_0 \tag{3-76}$$

式中，C_0 为在没有电介质时的电容。因具有偶极结构，某些绝缘体特别适于作为电介质而

用于电容器。介电常数的单位为 F/m。一般常将相对介电常数称为介电常数。各向同性介质的介电常数是标量，而各向异性介质的介电常数是二阶张量，用 ε_{mn} 表示。

（6）离子电导　任何一种物质，只要存在载流子，就可以在电场作用下产生导电电流。载流子为电子的电导称为电子电导。载流子为离子的电导称为离子电导。

电子电导和离子电导具有不同的物理效应。霍尔效应起源于磁场中运动电荷所产生的洛伦兹力，该力作用的方向与电荷运动方向及磁场方向都垂直，电子因质量小而容易受力运动，离子质量比电子大得多，难于受力运动，故纯离子的电导不呈现霍尔效应。离子电导的特征是存在电解效应：离子的迁移伴随着一定的质量变化，离子在电极附近发生电子得失而形成新的物质。

离子电导有两种类型：①本征电导，它以离子、空位的热缺陷做载流子，在高温下十分显著；②杂质电导，它以杂质离子等固定较弱的离子作为载流子，在较低温度下电导已很显著。

载流子的迁移率 $\mu = \dfrac{V}{E}$，即载流子在单位电场中的迁移速度，可以推得

$$\mu = \frac{\delta^2 \nu_o q}{6kT} \exp\left(-\frac{U_o}{kT}\right) \tag{3-77}$$

式中，δ 为载流子每跃迁一次的距离；ν_o 为间隙离子在半稳定位置上振动的频率；q 为电荷数，单位 c；k 为玻耳兹曼常数，$k = 0.86 \times 10^{-4} \text{eV/K}$；$U_o$ 为无外电场时的间隙离子的势垒，单位 eV。不同类型的载流子在不同晶体结构中扩散时所需克服的势垒是不同的。空位扩散能通常比间隙离子扩散能小许多。

本征离子电导率的一般表达式为

$$\sigma = A_1 \exp\left(-\frac{W}{kT}\right) = A_1 \exp\left(\frac{B_1}{T}\right) \tag{3-78}$$

式中，$A_1 = \dfrac{N_1 \delta^2 \nu_o q^2}{6kT}$，$N_1$ 为单位体积内离子结点数或单位体积内离子对的数目，$B_1 = \dfrac{W}{k}$，W 为本征电导活化能，包括缺陷形成能和缺陷迁移能。

杂质离子电导率的一般表达式为

$$\sigma = A_2 \exp\left(-\frac{W}{kT}\right) = A_2 \exp\left(\frac{B_2}{T}\right) \tag{3-79}$$

式中，$A_2 = \dfrac{N_2 \delta^2 \nu_o q^2}{6kT}$，$N_2$ 为杂质浓度；$B_2 = \dfrac{W}{k}$，W 为电导活化能，仅包括缺陷迁移能。

离子晶体的电导主要为杂质电导，只有在很高温度下显示本征电导。

2. 材料电学性能在表面技术中的重要意义

表面技术涉及材料电学性能的领域广泛，意义重大，现举例如下：

（1）导电薄膜　用一定的方法在材料表面获得具有优良导电性能的薄膜称为导电薄膜。载流子在薄膜中输运，影响导电性能的主要因素有两个：①尺寸效应，当薄膜厚度可与电子自由程相比拟时，表面的影响变得显著，它等效于载流子的自由程减小，降低了电导率；②杂质与缺陷。导电薄膜有透明导电薄膜、集成电路配线、电磁屏蔽膜等，应用广泛。例如：

透明导电膜是一种重要的光电材料，具有高的导电性，在可见光范围内有高的透光性，在红外光范围内有高的反射性，广泛用于太阳能电池、液晶显示器，气体传感器、幕墙玻璃、飞机和汽车的防雾和防结冰窗玻璃等高档产品。

（2）导电涂层　用一定方法在绝缘体上涂覆具有一定导电能力、可代替金属传导体的涂层称为导电涂层。电导率为 $10^{-12} \sim 10^{-3} \Omega/cm$。导电涂层可分为两种类型：①本征型，它利用某些聚合物本身所具有的导电性；②掺和型，它以绝缘聚合物为主要膜物质，掺入导电填料。涂层的电阻率可用不同电阻率的材料及其含量来调节。导电涂层可用作绝缘体表面消除静电以及加热层。

（3）电阻器用薄膜　电阻器是各类电子信息系统中必不可少的基础元件，约占电子元件总量的 30% 以上，正向小型化、薄膜化、高精度、高稳定、高功率方向发展。薄膜电阻已成为电阻器种类中最重要的一种。薄膜电阻是用热分解、真空蒸镀、磁控溅射、电镀、化学镀、涂覆等方法，将有一定电阻率的材料镀覆在绝缘体表面，形成一定厚度的导电薄膜。按导电物质的不同，导电薄膜可分为非金属膜电阻（RT）、金属膜电阻（RJ）、金属氧化物电阻（RY）、合成膜电阻（RH）等。

（4）超导薄膜　由于超导体是完全反磁性的，超导电流只能在与磁场浸入深度 30 ~ 300nm 相应的表层范围内流动，因此薄膜处于最合适的利用状态。超导体的薄膜化，对于制作开关元件、磁传感器、光传感器等约瑟夫逊效应电子器件来说，是必不可少的基础元件。超导薄膜通常采用磁控溅射、激光蒸镀、分子束外延等方法制备。陶瓷超导膜有 BI 型化合物膜、三元系化合物膜、高温铜氧化膜三种类型。例如：高温铜氧化物超导膜中，Y-123（$YBa_2Cu_3O_{7-x}$）薄膜用激光蒸镀法制备后，$T_c = 91K$，$J_c = 1 \times 10^9 A/cm^2$，几乎达到 J_c 的理论值。又如：Hg1212（$HgBa_2CaCu_2O_{6+x}$）由激光蒸镀后，再经退火处理，可获得 $T_c = 122K$，$J_c = 2 \times 10^6 A/cm^2$（77K）的性能。

（5）半导体薄膜　利用半导体存在禁带，以及载流子数目和种类的人为控制，可以获得一系列功能。许多情况下，所利用的仅为半导体表面附近极薄层的性能。薄膜技术对半导体元件的微细化是不可缺少的；并且，薄膜可以大面积且均匀地制作，其优势更显突出。同质和异质外延生长的半导体薄膜是大规模集成电路的重要材料。半导体薄膜按结构可分为三种类型：①单晶薄膜，由于其载流子自由程长，迁移率大，通过扩散掺杂可以制得高质量的 pn 结，提高微电子器件的质量，而在分子束外延技术中，可以交替外延生长具有长周期排列的超晶格薄膜，成为量子电子器件的基础材料；②多晶薄膜，晶粒取向一般为随机分布，晶粒内部原子按周期排列，晶界处存在大量缺陷，构成不同的电学性能；③无定形半导体薄膜，例如，用等离子体化学气相沉积等方法制作的非晶硅薄膜用于太阳电池的转换效率虽不及单晶硅器件，但它具有合适的禁带宽度（1.7 ~ 1.8eV），太阳辐射峰附近的光吸收系数比晶态硅大一个数量级，便于采用大面积薄膜生产工艺，因而工艺简便，成本低廉，成为非晶硅太阳能电池的主要材料。

（6）介电薄膜　它是以电极化为基本电学特性的功能薄膜。介电薄膜依其电学特性（如电气绝缘、介电性、压电性、热释电性、铁电性等）及光学特性和机械特性等，广泛应用于电路集成与组装、电信号的调谐、耦合和贮能、机电换能、频率选择与控制、机电传感及自动控制、光电信息存储与显示、电光调制、声光调制等方面。介电薄膜通常可用射频磁控溅射、离子束溅射、溶胶-凝胶、金属有机物化学相沉积（MOCVD）、紫外激光熔覆等方法制作。

（7）固体电解质（solid elecrolyte）　离子固体在室温下大多为绝缘体。但在20世纪60年代初，人们发现有些离子固体具有高的离子导电特性，它们被称为固体电解质或快离子导体。最早发现的固体电解质是一些银的盐类，如碘化银、硫化银等；后来又陆续发现一些金属氧化物等在高温下也具有很好的离子导电特性。按离子传导的性质，固体电解质可以分为阴离子导体、阳离子导体和混合离子导体。在材料类型上，它可以分为无机固体电解质和有机高分子固体电解质两类。固体电解质的导电与电子导电不同，即在导电的同时不发生物质的迁移。固体电解质已广泛应用于各种电池、固体离子器件以及物质的提纯和制备等。例如钠-硫电池，其负极和正极的活性物质分别是熔融的金属钠和硫。电解质为固态的β-Al_2O_3，这是一种固态的钠离子导体，同时又兼做隔膜。工作温度为300~350℃。β-Al_2O_3电解质只允许钠离子通过。由于钠负极的还原性很强，使钠原子容易失去电子而变成钠离子，穿越电解质到达正极。正极的硫是一种氧化性很强的物质，获得电子后变成了硫离子，最后与钠离子化合物多硫化钠，同时释放出电能。利用外电源对电池充电时，将出现与上相反的过程。钠-硫电池是一种可反复充放电的"二次电池"。其单体电池的开路电压为2.08V，理论比能量为750W·h/kg，实际比能量约为100~150W·h/kg，属高能电池。其优点是：比能量和比功率高，充放电循环寿命长，原材料丰富，成本低廉。其缺点是：需加热到300℃，否则钠离子在较低温度时不能穿越电解质；熔融钠，尤其是反应产物多硫体钠对电池结构材料有腐蚀作用。提高电导和寿命，克服腐蚀问题，是发展钠-硫电池的主要方向。

3.3.3　表面技术中的材料磁学性能

1. 材料磁学性能参量及特性

（1）磁性　磁性是物质的最基本属性之一。物质按其磁性可分为顺磁性、抗磁性、铁磁性、反铁磁性和亚铁磁性等物质。其中铁磁性和亚铁磁性属于强磁性，通常说的磁性材料是指具有这两种磁性的物质。磁性材料主要有软磁材料、硬磁材料和磁存储材料三类，还有矩磁、旋磁、压磁、磁光等类型。磁性材料有单晶、多晶、薄膜等形式。磁性器件利用磁性材料的磁特性和各种特殊效应，实现转换、传递、存储等功能，广泛用于雷达、通信、广播、电视、电子计算机、自动控制和仪器仪表。随着计算机和信息产业的迅速发展，磁性器件与电子元器件、光电子器件等组合，形成了微电子磁性元器件，实现了器件的微型化、高性能化，显著拓展了磁性材料的应用领域。

（2）磁学基本量　一个磁体的两端具有极性相反而强度相等的两个磁极，它表现为磁体外部磁力线的出发点和汇集点。当磁体无限小时就成为一个磁偶极子。根据电磁原理，磁偶极子可以模拟为线圈中流动的环电流，即一个磁偶极子所产生的外磁场与在同一位置上的一个无限小面积的电流回路（电流元）产生的外磁场相等效，如图3-23所示。环电流的大小为I，其造成的磁偶极矩等于IA，此处A为电流回路所包围的面积，磁偶极矩的方向垂直于所包围的面积。以外界单位磁场作用在磁偶极子上的最大力矩来度量它的偶极矩大小，称为磁偶极矩。磁偶极矩的单位是Wb·m。如果环电流是由N匝构成，则所得磁矩为NIA。原子中的电子绕核运动，故

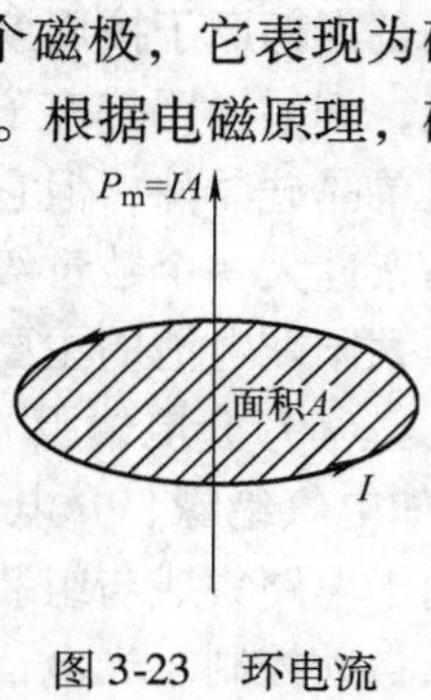

图3-23　环电流

有磁矩，称为轨道磁矩，电子还因自旋而具有自旋磁矩。磁矩的单位是 $A \cdot m^2$。这两种磁矩是物质磁性的起源。

磁偶极矩和磁矩都是矢量。单位体积材料内磁偶极矩的矢量和称为磁极化强度 J，单位是特斯拉（T）；单位体积内材料磁矩的矢量和称为磁化强度 M。

在有外磁场时，轨道磁矩在平行于外磁场方向上的分量为 $m_l \left(\dfrac{eh}{4\pi m_e} \right)$，其中，$m_l$ 为磁量子数；e 和 m_e 分别为电子的电荷和质量；h 为普朗克常数。$\dfrac{eh}{4\pi m_e}$ 称为玻尔磁子，以 μ_B 表示，它是磁学的基本量。显然，已填满的内壳层和亚壳层对原子的轨道磁矩没有贡献；未填满的外壳层或亚壳层，如果磁量子数的总和不为零，则会对原子的轨道磁矩产生贡献，其磁矩平行于外磁场。另一种本征磁矩即自旋磁矩，在自旋量子数 $m_s = +\dfrac{1}{2}$（自旋向上）时，磁矩为 $+\mu_B$（平行于磁场）；当 $m_s = -\dfrac{1}{2}$（自旋向上）时，磁矩为 $-\mu_B$（反平行于磁场）。

根据上述讨论，我们可做如下分析：

1）Ne 和 Mg 等自由原子因没有不成对的电子，并且各个轨道磁矩之和也都为零，故无永久磁矩。Na 原子和 O_2 分子等因有不成对的电子，所以具有永久磁矩。如果还有轨道磁矩，则原子（或分子）磁矩为这两种磁矩之矢量和。

2）上面讨论的磁矩在外磁场中倾向于沿外磁场排列，并且与外磁场发生相互作用。设外磁场强度为 H（单位是 A/m），物质在 H 作用下的磁感应强度为 B（单位是 Wb/m^2），真空中的磁感应强度为 B_0。H 与 B_0 的关系为 $B_0 = \mu_0 H$。式中，$\mu_0 = 4\pi \times 10^{-7} Wb/(A \cdot m)$，称为真空的磁导率。又设导线绕 N 匝所构成的螺线管长为 l，若 $l = \infty$，则产生的磁场强度 $H = \dfrac{NI}{l}$。在真空中与此相应的磁感强度（磁通量密度）为：$B_0 = \mu_0 \dfrac{NI}{l}$。如果螺线管内充有其他物质，则磁场强度不变，而

$$B = \mu_0 H + \mu_0 M \tag{3-80}$$

式中，M 为物质的磁化强度，表示单位体积内平行于外磁场排列的净磁偶极矩。许多物质的磁化强度与磁场强度成正比，即

$$M = \chi H \tag{3-81}$$

式中，χ 称为物质的磁化率。它是表征磁介属性的物理量。将式（3-80）代入（3-79），得

$$B = \mu_0 (1 + \chi) H \tag{3-82}$$

式中的 $(1 + \chi)$ 称为物质的相对磁导率。

3）如果原子或分子没有永偶极矩，则感生的磁化强度是在外加磁场的反方向，而磁化率是负的，此时材料称为抗磁性材料。这是因为原子或分子受到磁场作用后，电子运动受到干扰，以致产生反抗的磁场。这个感生的反向磁矩很弱，磁化率通常很接近于零。惰性气体以及 Bi、Cu、MgO、金刚石等固体都是抗磁性材料，它们的 χ 约为 -10^{-5} 量级，并且与温度无关。实际上所有材料都具有抗磁性，但往往被较大的、会加强外磁场的本征磁矩所掩盖。

4）如果原子或分子有永偶极矩，则在外磁场作用下这些磁矩沿外磁场的方向排列起来，因而得到正的磁化率。此时材料称为顺磁性材料。例如：碱金属原子有一个价电子在满壳层外边，即有一个玻尔磁子的永磁矩，故呈顺磁性。又如：铁原子的电子的排列是 $1s^2 2s^2 2p^6 3p^6 3d^6 4s^2$，根据洪德规则，在未填满的 3d 壳层的 6 个电子中，有 5 个电子排列起来使它们的自旋磁矩互相平行，而第 6 个电子为反平行，故具有大的永磁偶极矩。在金属中，传导电子同时产生顺磁磁矩和抗磁磁矩，通常是前者占优势，故大多数金属的 χ 为正值。也有不少金属表示为抗磁性。

5）在某些材料中，由于电子的自旋及电子自旋之间的强的交换作用，偶极子形成有序排列。当相互作用使所有的偶极子沿同方向排列时，即使没有外磁场，也会有大的磁场强度，这个现象称为铁磁性。磁偶极子有序排列的其他复杂形式会产生反铁磁性和亚铁磁性。

（3）物质的磁性分类 磁化率 χ 反映材料磁化的难易程度。对于各向异性晶体，χ 是二阶张量；对于各向同性和立方对称晶体，χ 是标量。根据物质的磁化率，可以把物质的磁性大致分为五类（见图 3-24）。

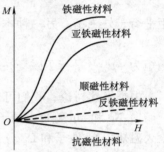

图 3-24 材料在磁性和磁化率的关系

1）抗磁体。磁化率为绝对值很小的负数，大约在 10^{-6} 数量级，即在磁场中受到微弱的斥力。有些抗磁体如铜、银、金、汞、锌等，χ 不随温度变化；而有些抗磁体，χ 随温度变化，且其大小是前者的 10～100 倍，如铜-锆合金中的 γ 相、铋、镓、锑、锡、铟等。

2）顺磁体。χ 为正值，数值为 $10^{-6} \sim 10^{-3}$，即在磁场中受微弱的吸引力。有些顺磁体，如锂、钠、钾、铷等金属，χ 与温度无关；而有些顺磁体如铂、钯、奥氏体不锈钢、稀土金属等，$\chi \propto 1/T$。

3）铁磁体。在较弱的磁场下，就能产生很大的磁化强度。主要特点是：$\chi > 0$，数值大，一般为 $10^{-1} \sim 10^5$；χ 与外磁场呈非线性变化；χ 随 T 和 H 变化，也与磁化历史有关；存在居里温度 T_c，当温度低于居里温度时呈铁磁性，而温度高于居里温度时呈顺磁性。铁磁体材料有铁、镍、钴等。

4）反铁磁体。$\chi > 0$，数值为 $10^{-5} \sim 10^{-3}$，在温度低于一定温度时，它的磁化率与磁场的取向有关；高于这个温度时，其行为有些像顺磁体。反铁磁体材料有 α-Mn、铬、氧化镍、氧化锰等。

5）亚铁磁体。其有些像铁磁体，但 χ 值没有铁磁体那样大。主要特点是：$\chi > 0$，数值为 $10^{-1} \sim 10^4$；χ 是 H 和 T 的函数，且与磁化历史有关；存在居里点 T_c，$T < T_c$ 时为亚铁磁体，$T > T_c$ 时为顺磁性。亚铁磁体材料有磁铁矿（Fe_3O_4）、铁氧体等。

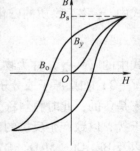

图 3-25 磁滞回线

（4）铁磁性、反铁磁性和亚铁磁性

1）铁磁性。Fe、Co、Ni、Gd、Tb、Dy、Ho、Tm 以及一些合金和化合物是铁磁性物质。它们具有下列特性：①易磁化，在不很强的磁场下就可磁化到饱和，并且得到很高的磁化强度。②磁感强度和外磁感场强度不是线性关系，反复磁化时磁感强度与外磁场的关系是一闭合曲线，称为磁滞回线。达磁饱和后，再加大磁场，磁滞回线的形状基本上不变。如图 3-25 所示，在外磁场去除后，材料仍有剩余磁感强度 B_r，只有加上大小等于矫顽力 H_c 的反向磁场后，才会完全去磁。加上周期性磁场，得到磁滞回线。**B-H** 回线中的面积表示单位体积材料每周期的能量损耗。③磁化强度随温度增加而逐渐减小，并且存在一个转变温度，即居里温度 T_c。当 $T > T_c$ 时铁磁性消失，转变为顺磁性；当 $T < T_c$ 时，磁化率 χ 与温度 T 两者之间遵从居里-外斯定律：$\chi = \dfrac{C}{T - T_c}$，式中 C 为居里常数。④3d 族铁磁物质的基本磁矩为电子的自旋磁矩，轨道磁矩基本上无贡献（即猝灭作用），铁磁稀土物质 4f 电子壳层未填满，外面有 5s 和 5p 壳层，可起屏蔽作用，故 4f 壳层的轨道磁矩作用依然存在，即未猝灭。

为了解释铁磁性的产生原因以及上述的特性，1907 年外斯（P. Weiss）引入两个概念：畴和分子场。具体假设如下：①铁磁物质中包含许多自发磁化的小区域，称作磁畴。即使没有外场磁场自身就有磁化强度，称为自发磁化强度。磁体的磁化强度是各磁畴的自发磁化强度的矢量和。如果磁畴的取向是任意的，取向相反的畴所产生的磁场互相抵消（见图 3-26），磁体的磁化强度将很小甚至为零。在外加磁场时，与磁场同向的磁畴降低了磁能，而与磁场反向的磁畴则升

图 3-26　磁畴

高了磁能，于是取向有利的磁畴通过畴壁的运动，吞并其他磁畴而长大，使磁畴的取向趋于一致，磁体的磁化达到饱和这个假设现已得到证实，磁畴的宽度通常为 10^{-5} m 量级。②磁畴的尺度要比原子和分子的尺度大得多。外斯引用分子场的概念，试图从原子的角度来解释为什么在居里温度下磁体中有磁畴存在，而在这个温度以上又消失了，外斯分子场是以一些物质的原子本身为极小磁体这一假设作为基础的，在居里点温度以下，有一内场使各原子磁矩克服热运动的影响而趋于互相平行取向，因而产生自发磁化。当温度升高时，热运动对磁矩平行取向的破坏作用加强，而在居里温度以上，热运动增加到胜过内场取向的能力，使铁磁物质进入顺磁状态。

1928 年，海森堡和弗化克尔分别提出分子场可能来自原子范围大的电作用力，由于一种量子力学效应，使其以磁作用力的形式出现。具体来说，3d 族铁磁物质的外斯分子场是起源于相邻原子的 3d 电子轨道重叠而产生的量子力学的"交换"能。这个交换能使相邻原子的电子排列成互相平行，因而在材料内部产生一个有效磁场，其数量级为 $10^8 \sim 10^9$ A/m。

2）反铁磁性。在反铁磁性材料中，由于电子之间的相互作用而使得相邻偶极子排列成相反方向，而不像铁磁那样互相平行。图 3-27 所示为氧化锰中的自旋取向，图中箭头表示锰离子的磁矩，在此情况下产生反平行排列的交换能是"通过"氧离子而发生的相互作用所引起的。由于相邻锰离子的磁矩方向相反，故反铁磁材料总的磁化强度为零。但是只有在 0K 时相邻磁矩才会完全反平行排列，而当温度升高时，这种有序化将减弱，达一定温度 T_N 时，有序完全消失。T_N 称为奈耳（N'eel）温度。它可看作反铁磁与顺磁状态之间的转变温度。图 3-28 所示为反铁磁性材料的磁化率与温度的关系，从中可看出奈耳温度以下，材料具有微小的正磁化率，但其磁化率随温度上升而增加，并在 T_N 处达到最大值。在 T_N 以上，磁化率随温度的变化与顺磁性材料相仿，所不同的是由修正的居-里外斯定律得出，即 $\chi = \dfrac{C}{T + \theta}$，其中 θ 为负的温度。

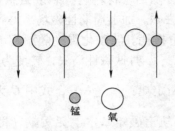

图 3-27 氧化锰中的自旋取向

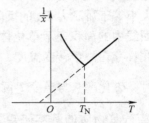

图 3-28 反铁磁性材料的磁化率与温度的关系

反铁磁材料通常是过渡金属的离子化合物,由于其内场非常大,故适用于微波高频。

3)亚铁磁性。亚铁磁性材料与反铁磁性材料不同的是,内部互为反向磁矩的大小并不完全相同,即彼此没有完全抵消,因而可以有一个非零自发磁化强度。铁氧体是应用得最为普遍的亚铁磁材料。它一般是指以氧化铁和其他铁族或稀土族氧化物为主要成分的复合氧化物,其中最常见的形式是 MFe_2O_4,M 代表二价金属原子。在每个分子中,一个铁离子和符号 M 所代表的离子的磁矩方向都与另一个铁离子的磁矩方向相反(见图 3-29c),结果两个铁离子的磁矩互相抵消,而材料的磁矩就由离子 M 产生。一些铁氧体的电阻率比金属的电阻率大 1000 亿倍,故在交变磁场中涡流损耗和趋肤效应都比较小。它在微波电路中有着重要的用途,但其饱和磁化强度较小,故不适用于需要高磁能密度的场合(如电力工业中)。

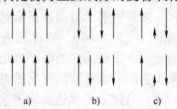

图 3-29 磁有序的三种情形中磁偶极矩的排列

a)铁磁 b)反铁磁 c)亚铁磁

2. 材料磁学性能在表面技术中的重要意义

(1)磁性薄膜的分类及用途 磁性薄膜的分类如下:

1)按厚度可分为厚膜($5 \sim 100 \mu m$)和薄膜($10^{-4} \sim 5 \mu m$)两类。薄膜又可分为极薄薄膜($10^{-4} \sim 10^{-2} \mu m$)、超薄薄膜($10^{-2} \sim 10^{-1} \mu m$)和薄膜($10^{-1} \sim 1 \mu m$)。

2)按结构可分为单晶磁性薄膜、多晶磁性薄膜、微晶磁性薄膜、非晶态磁性薄膜和磁性多层膜等。

3)按制备方法可分为涂布磁性膜、电镀磁性膜、化学镀磁性膜、溅射磁性膜等。

4)按性能可分为软磁薄膜、硬磁薄膜、半硬磁薄膜、矩磁薄膜、磁(电)阻薄膜、磁光薄膜、电磁波吸收薄膜、磁性半导体薄膜等。

5)按磁记录方式可分为水平磁记录薄膜、垂直磁记录薄膜、磁光记录薄膜等。

6)按材料类别可分为金属磁性薄膜、铁氧体磁性薄膜和成分调制薄膜。

磁性薄膜通过各种气相沉积以及电镀、化学镀等方法来制备,用双辊超急冷法制备非晶态薄带磁性材料,用分子束外延单原子层控制技术制备晶体学取向型磁性薄膜、巨磁电阻多层膜、超晶格磁性膜等;还可以用热处理等方法改变微观结构,控制非晶态磁性材料的晶化过程,获得具有优质磁学性能的微晶磁性薄膜。

磁性薄膜的主要参数是磁导率、饱和磁化强度、矫顽力、居里温度、各向异性常数、矩形比、开关系数、磁能积、磁致伸缩常数、克尔磁光系数、法拉第磁光系数等。

磁性薄膜主要用作记录磁头、磁记录介质、电磁屏蔽镀层、吸波涂层、电感器件、传感器件、微型微压器、表面波器件、引燃引爆器、磁光存储器、磁光隔离器和其他光电子器件等，是一类应用广泛且重要的功能薄膜。

（2）磁头薄膜材料　磁记录系统主要由磁头和磁记录介质组合而成。磁头是指能对磁记录介质做写入、读出的传感器，即为信息输入、输出的换能器。制造磁头的材料，要求是能实现可逆电—磁转换的高密度软磁材料，具有高磁导率和饱和磁化强度，低矫顽力和剩余磁化强度，高电阻率和硬度。这种材料分为两类：①金属，如 Fe-Ni-Nb（Ta）系硬坡莫合金、Fe-Si-Al 系合金和非晶合金等，一般硬度较低，寿命短，电阻率较低，用于低频范围；②铁氧体，如（Mn，Zn）Fe_2O_4 和（Ni，Zn）Fe_2O_4 等，具有硬度高、寿命长、电阻率高等优点，显示了很大的优越性，主要用于高频范围。目前，常用开缝的环形锰锌铁氧体类或铁硅铝金属类，通过环上绕的线圈与缝隙处的漏磁场间做电磁信号的相互转换，而对相对运动着的磁记录介质起读出、写入作用。

用薄膜材料制造磁头是发展方向之一。例如：用真空蒸镀或磁控溅射方法制备 Fe-9.5Si-5.5Al 合金薄膜，具有高的磁导率和低的矫顽力，磁致伸缩常数 $\lambda_s \approx 0$，磁各向异性常数 $k \approx 0$，又不含镍和钴，成本较低，电阻率大，耐磨性好，缺点是高频特性欠佳；已制出积层型磁头，可用来做视频记录用磁头和硬盘用磁头等。

又如：利用磁性薄膜磁电阻效应制成的 MR 型磁头，可以使计算机硬盘的存储密度大幅度提高。与电磁感应型磁头不同，MR 型磁头是利用磁场下电阻的变化来敏感地反映接收信号的变化，具有记录再生特性与磁头和记录介质间的相对间隙无关、可低速运行等特点。目前主要使用很小各向异性磁场坡莫合金薄膜，其中用得较多的是磁致伸缩为零的 Ni85Fe15。

（3）磁记录介质　涂覆在磁带、磁盘、磁卡、磁鼓等上面的用于记录和存储信息的磁性材料称为磁记录介质，通常是永磁材料，要求有较高的矫顽力和饱和的磁化强度，矩形比高，磁滞回线陡直，温度系数小，老化效应小，能够长时间保存信息。常用的介质材料有氧化物（如 γ-Fe_2O_3 等）和金属（如 Fe、Co、Ni 等）两种。磁记录介质磁性层大致为两类：①磁粉涂布型，它用涂布法制作；②磁性薄膜型，主要用电化学沉积和真空镀膜方法制作。涂布型介质具有矩形比较小和剩磁不足等缺点，为了使磁记录向高密度、大容量、微型化发展，磁记录介质从非连续颗粒涂布向连续型磁性薄膜演化，成了合理的趋势。

磁记录主要有水平记录和垂直记录两种基本方式。20 世纪 50 年代已出现硬盘，直到 20 世纪 80 年代前，硬盘的存储介质都是铁氧体颗粒介质混合涂料或环氧树脂制成，即在带基上涂覆磁性记录层。带基通常用 PET（聚对苯二甲酸乙二酯），磁记录层用磁性粉末颗粒和聚合物组成（包括黏结剂、活性剂、增塑剂、溶剂等）。磁粉有多种选择：γ-Fe_2O_3（一般是针状颗粒，有明显的形状各向异性）、包覆钴的 γ-Fe_2O_3、CrO_2、以铁为主体的针状磁粉、钡铁氧化磁粉（$MO \cdot 6Fe_2O_3$，其中 M 为钡、铅或锶）等。它们各有一定的特点。后来，又发展了薄膜介质，例如：①电化学沉积薄膜介质，具有代表性的是先在铝合金基盘上电镀（或化学镀）镍基合金，然后电化学沉积 Co-Ni（p）磁性记录层；由微细粒子构成的磁性膜可以获得较高的记录密度，但要在一定程度上切断微细粒子的相互作用才能实现。②真空蒸镀薄膜介质，采用倾斜蒸镀法，例如用钴相对基板倾斜入射，获得真空蒸镀磁带；蒸镀时，向真空室充入少量氧气，使生长粒子的表面少量氧化，缓和微细粒子的交换相互作用。③溅射薄膜介质，例如钴基溅射磁盘断面为"Al 合金基板/Ni（p）（10～20nm）/Cr（100～500nm）/Co 基合金（46～60nm）/C（约30nm）"结构，其中 Ni-P 层为非晶态，Cr 层为微晶铬膜［其（110）面在与基板面平行的方向形成择优取向］，Co 基合金层为溅射微晶钴基合金膜（添加 Co 主要是增大磁晶各向异性）。C 为类金刚石碳膜（为了减少磁头与硬盘之间磨损而镀覆的保护膜），这种薄膜介质具有较高的矫顽力和高的饱和磁通密度。

提高记录密度是磁记录的一个重要方向。水平记录的硬盘薄膜中磁矩都是水平取向的，其记录密度不很高。为了提高记录密度，早在 1975 年日本岩崎俊一教授领导的研究组提出了垂直记录的概念，后来他们在研究磁光记录介质时无意中发现了磁晶各向异性垂直薄膜取向的 Co-Cr 合金薄膜介质。由于退磁场、相邻铁磁颗粒间互相作用以及硬盘系统中各个部分的相互配合等问题，一直到 30 年后，即 2005 年解决了这些问题之后，垂直记录才逐渐替代水平记录。用气相沉积法制作，可以获得垂直方向生长的 Co-Cr 合金柱状晶，并且 c 轴具有沿柱状晶取向的性质。除了 Co-Cr 薄膜外，垂直记录的薄膜介质还有 Co-O 薄膜、钡铁氧体、多层膜等气相沉积膜；也可以用电化学沉积法制作 Co-Ni-P、Co-Ni-Mn-P、Co-Ni-Re-P、Co-Ni-Re-Mn-P 等垂直记录镀层。

（4）电磁屏蔽镀层 电磁辐射会影响人们的身体健康，对周围的电子仪器造成干扰以及泄露信息，因而电磁屏蔽技术迅速发展起来。屏蔽是将低磁阻材料和磁性材料制成容器，把需要隔离的设备包住，限制电磁波传输。电磁波输送到屏蔽材料时发生三种过程：一是在入射表面的反射；二是未被反射的电磁波被屏蔽材料吸收；三是继续行进的电磁波在屏蔽材料内部的多次反射衰减。电磁波通过屏蔽材料的总屏蔽效果按下式计算：

$$SE = R + A + B \tag{3-83}$$

式中，SE 是电磁屏蔽效能（dB）；R 是表面反射衰减（dB）；A 是吸收衰减（dB）；B 是材料内部多次反射衰减（dB）。只在 $A < 15dB$ 情况下，B 才有意义。$SE \geq 90dB$ 时，屏蔽效果为优；$SE = 60 \sim 90dB$ 时，评为良好；$SE = 30 \sim 60dB$ 时，评为中等；$SE = 10 \sim 30dB$ 时，评为较差；$SE \leq 10dB$ 时，评为差；$SE = 0dB$ 时，无屏蔽效果。SE 可采用 SJ 20524—1995《材料屏蔽效能的测量方法》进行测定。

电磁波按频率可大致分为两种类型：①低频电磁波，主要指甚低频（VLF）电磁波和极低频率（ELF）电磁波，它们有较高的磁场分量；②高频电磁波，主要指大于 10kHz 的电磁波，它们有较高的电场分量。这两类电磁波的屏蔽要求有所不同。电屏蔽体的衰减主要由表面反射 R 来决定，而磁屏蔽体的衰减主要由吸收衰减 A 来决定。

实际上应用的电磁屏蔽体及其材料有许多类型，例如：

1）具有高电导率和磁导率的材料或涂层。主要材料有软磁材料（如纯铁、坡莫合金、非晶态软磁合金），高电导率材料（如铝、铜）以及多种涂料等。铜、铝虽是非铁磁性材料，但却是优良的导电体，具有很低的表面阻抗，对高阻抗电场有很好的屏蔽作用，然而对低阻抗磁场的屏蔽却不理想。常见的屏蔽材料有金属箔、金属板等实心金属材料，金属丝网、冲孔金属板等具有孔洞的金属材料，以及表面镀覆金属层的金属材料。在铜材表面镀覆银、镍，可以在较宽广的频率范围内获得优良的屏蔽效果（电磁波的吸收损耗和反射损耗）。在表面镀覆恰当的多层膜，能进一步提高设备的屏蔽效果、耐蚀性和力学性能等。

2）电磁屏蔽玻璃是一类具有电磁屏蔽功能的玻璃制品，通常由玻璃表面镀覆透明电磁屏蔽膜或在夹层玻璃中间敷设金属丝网制成。透明电磁屏蔽膜可以是金属膜或金属氧化物膜，也可以是导体或半导体，通过膜层材料的选择和厚度的控制来调整电磁屏蔽的波长范围和屏蔽效果。常用的金属丝网材料是银、铜或不锈钢，通过丝网材料的选择，并以材料的粗细和网孔的大小来调节屏蔽波段和效果。这种玻璃制品通常可将 1GHz 频率的电磁波衰减 30～50dB，高档产品可以衰减 80dB。镀膜与夹层丝网两种技术还可复合起来，以获得更好的电磁屏蔽效果。

3）单纯的塑料等非导体外壳不能保证电子元器件正常工作。为阻隔电磁波的干扰，可采用各种表面技术，如喷涂、电镀、化学镀、气相沉积、贴敷导电片等，来获得良好的屏蔽效果，其大小与镀覆材料、材料厚度、工艺方法等因素有关。

4）电磁屏蔽复合材料有多种类型，常用的是以高分子材料为基体填充适当的导电材料而制成的，它具有使用性能好、成形工艺简单和成本低等优点。

5）吸波涂层。隐身技术在现代战争和国防事业中有着重大的意义。在隐身技术的研究上，主要集中在结构设计和吸波材料两个方面。吸波材料是利用材料对电磁波的高损耗性能达到全方位隐身效果，具有装备改动少、施工简单、对目标的外形适应性强和对武器系统的机动火力影响小等特点，因此很适用于现代武器装备的需求。吸波材料能将入射的电磁波转化成机械能、电能和热能等能量形式，降低反射波强度。

吸波涂层能够有效地吸收入射电磁波并使其散射衰减，降低被雷达发现的可能性。这种涂层是将吸收剂与黏结剂混合配制成涂料，然后涂覆于目标表面而形成的。它按耗电磁能机理可分为三大类：

①电阻型，如石墨、碳化硅纤维等。电磁能主要损耗在涂层电阻上，只适用于高频段固定设备和微波暗室中。材料吸收厚度 δ 与所吸收的波长 λ 有下列关系：$\delta \approx 0.6\lambda$。若要吸收 100MHz 频率的电波，则材料厚度必须达到 1.8m。

②电介质型，如钛酸钡等。其机理是介电极化弛豫衰减。由于材料的介质损耗与频率有密切关系，故吸收频带较为狭窄。另外，这类材料的成本较高。

③磁介质型，如铁氧体等。其机理是磁滞损耗和铁磁共振损耗。铁氧体吸收效率较高，成本较低，应用较广。

上述的涂层为传统吸波材料。对吸波涂层的要求是厚度薄、质量轻和吸波频带宽。由于纳米材料具有极好的吸波特性，并且具有宽频带、兼容性好、质量小和厚度薄等特点，因而迅速成为新型吸波材料。纳米粒子表面原子数显著增多，悬挂键数目也显著增多，具有高的活性，在电磁场的辐射下，原子和电子运动加剧，增加了电磁波的吸收效果。纳米粒子尺寸远小于雷达发射的电磁波波长，电磁波的透过率比传统材料要高得多，大大减少波的反射率，使雷达接收的反射信号变得很微弱。可做纳米吸收剂的材料很多，主要包括羰基纳米金属粉复合材料和钴、镍、FeNi 等纳米金属粉复合材料两类，此外还有纳米铁氧体、纳米碳化硅等。

吸波涂层不仅用于军事，还广泛用于通信、环保、人体防护等诸多领域。

3.3.4　表面技术中的材料光学性能

1. 材料光学性能参量及特性

（1）电磁波　电磁波是以波的形式传播的电场与磁场的交替变化，在真空中其位移方向与传播方向垂直（即为一种横波）。这种波动在传播过程中不需要任何介质，在真空中行

进的速度大约为 $3 \times 10^8 \mathrm{m/s}$，通常称为光速。电磁波按波长划分为几个区域，如图 3-30 所示。这是大致上的区分，实际上各区之间的界限不很明显。光波是一种电磁波，通常分为紫外、可见、红外三个波段。光波与其他电磁波都具有波粒二象性。一定波长的电磁波可认为是由许多光子构成的，每个光子的能量为；$E = h\nu$，式中 h 为普朗克常量，ν 为光的频率。电磁波的辐射强度就是单位时间射到单位面积上的光子数目。电磁辐射与物质的相互作用表现为电子跃迁和极化效应，而固体材料的光学性质，就取决于电磁辐射与材料表面、近表面，以及材料内部的电子、原子、缺陷之间的相互作用。由于光波的频率范围包括了固体中各种电子跃迁所需的频率，故固体材料对于光的辐射所表现的光学性能是很重要的。

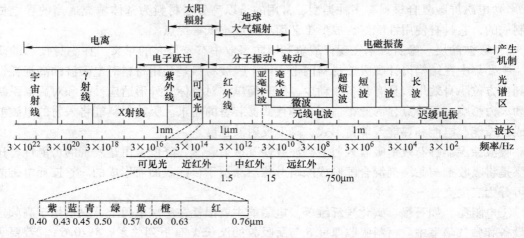

图 3-30　电磁波谱

（2）反射、折射、吸收和透射　光波由某种介质（例如空气）进入另一种介质（例如固体或液体）时，在不同介质的界面上会有一部分被反射；其余部分经折射而进入该介质，如果没有全被吸收，则剩下的部分就透过介质。

如图 3-31 所示，反射光线与入射光线以及界面的法线均在同一平面上，入射角 ϕ_1 与反射角 ϕ_1'，相等，波长和速度都不变。反射光强度与入射光强度之比称为反射率，其值与入射光的波长、反射物质的种类有关，并且入射角越大，表面越光洁及光的吸收越小，反射率越大。折射光线也与入射光线及界面的法线位于同一平面上，入射角 ϕ_1 与折射角

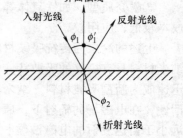

图 3-31　光的反射与折射

ϕ_2 两者的正弦有下列关系：$n_1 \sin\phi_1 = n_2 \sin\phi_2$。$n_1$ 和 n_2 分别为第一介质和第二介质折射率（或称折射系数）。折射率的定义是：$n =$ 真空中的光速/介质中的光速。介质的折射率与频率有关，对低频率的光较小，而对高频率的光较大。此外，介质的密度越大，折射率越高。

设反射率为 R，入射光线强度为 I_0，则射进材料的光线强度为 $(1-R)I_0$。光线在材料中经过距离 $\mathrm{d}x$ 以后，其强度的相对变化 $\mathrm{d}I/T$ 与材料的吸收系数 α 成正比，即 $\mathrm{d}I/I = -\alpha \mathrm{d}x$。积分后，得到 $I = I_0(1-R)\mathrm{e}^{-ax}$。设材料的厚度为 l，射到另一面的光线强度为 $I_0(1-R)$ e^{-al}。考虑到此时部分光线反射回材料内部，得到透射率（即透射强度与入射强度之比）：

$$T = (1 - R)^2 e^{al}$$

又设吸收率为 A，应有下列关系：$T + R + A = 1$，即透射、反射、吸收这三部分光线的强度之和等于入射线强度。对于一定的材料，α 和 R 都与入射光线的频有关，它们是材料的基本参数。

金属具有不透明性和高反射率，即 α 和 R 都很大。其原因是导带中有许多空能级，入射光线使电子提升到这些空能级，从而被吸收。结果是光线进入金属表面很薄的一层就被完全吸收。电子被激发后，会重新跳回到原来较低的能级，因而在金属表面发生再发射。金属在白色光线下所呈现的颜色将取决于这种发射波的频率。例如：银在整个可见光范围内的反射率都很高，结果呈现白色。铜和金在超过一定频率（这个频率位于可见光范围的短波部分）的入射光子激发后，可使已填满的 d 能带中的电子跃迁到 s 能带的空能级中。这些电子直接跳回 d 能带的概率较小，故强烈再发射的主要是长波长的光线，因而呈现为橘红色和黄色。

半导体 Si 和 Ge 等材料的禁宽度约为 $1 \sim 2eV$，可见光的频率已足以使电子从价带激发到导带，因此能全部吸收射来的可见光，使材料呈深灰色，并有暗淡的金属光泽。CdS 的禁宽度为 $2.42eV$，能吸收白色光线的蓝色和紫色部分，从而呈现橙黄色。

理想半导体在 0K 时，价带完全被电子占满，价带内的电子不能被激发到更高的能级，但是如有足够能量的光子使电子激发，就能从价带跃迁到导带。这种由于电子在带与带之间的跃迁所形成的吸收过程称为本征吸收。此外，还存在着其他的光吸收过程，主要有激子吸收、杂质吸收、自由载流子吸收等。研究证明，如果光子能量 $h\nu$ 小于禁带宽度 E_g，价带电子受激后虽然跃出了价带，但还不足以进入导带而成为自由电子，仍然受到空穴的库仑场作用。实际上，受激电子和空穴互相束缚而结合在一起成为一个新的系统，其称为激子，这样的光吸收称为激子吸收。激子实际代表整个晶体的一个激发态，在禁带中有相应的能级。产生一个激子所需的能量低于禁带宽度 E_g。激子呈电中性而不形成电流。通过热激发和其他激发，可使激子分离成自由电子或空穴。也可以是激子中的电子和空穴通过复合，使激子消失而同时发射光子或同时发射光子和声子。半导体还有一种吸收叫自由载流子吸收，它是电子从低能态到高能态的跃迁在同一能带内发生的。由于吸收的光子能量小于 $h\nu$，故一般是红外吸收。有时，在自由载流子吸收中要考虑到价带的各个重叠带之间的跃迁。半导体材料通常含有一定的杂质，束缚在杂质能级上的电子或空穴也可以引起光的吸收，即电子吸收光子跃迁到导带能级或空穴吸收光子跃迁到价带，这种光吸收称为杂质吸收。

绝缘体具有相当宽的禁带，可见光不足以引起电子激发，因此有许多材料（如冰、氯化钠、金刚石、无机玻璃、聚甲基丙烯酸甲酯等）都容易透过可见光。光学透明材料对于垂直射向材料表面的可见辐射，反射率 $R = [(n-1) / (n+1)]^2$，n 为折射率。如果入射光有相当高的频率，如紫外线，则足以激发电子越过禁带而产生强烈的吸收。许多材料中原子振动频率与红外光子频率相近，可通过光子与电偶极（原子振动所感生的）的相互作用产生声子，故对红外线有一定程度的吸收。此外，离子固体还能强烈吸收那些频率可以引起离子极化的红外辐射，并因而产生声子。

研究材料中的光吸收过程，对于了解材料的性质以及扩大材料的利用，都有很大的意义。研究吸收的方法很多，例如：测定吸收光谱（即吸收的强度与频率或波长的关系曲线）是一种经常使用的方法，如果材料只对某些特定的窄的波长范围的光有显著的吸收，则吸收谱上便呈现一系列对应的尖峰，这些尖峰称为吸收谱线。图3-32所示为室温Nd^{3+}：YAG晶体（掺钕的钇铝石榴石）在紫外到近红外波段的吸收光谱，图中吸收谱线是由晶体中钛离子引起的。

在许多原来透明的材料中，如果存在着晶界、相界（包括异相颗粒）、空洞等，由于折射率在这些界面上的变化，引起光线漫散地透射或散射，从而使材料的透射率降低，甚至变得不透明。例如无机玻璃由于形成弥散TiO_2颗粒而可以变得浑浊。

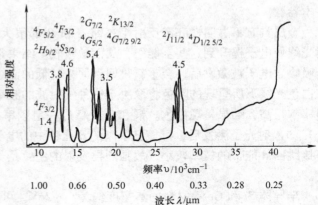

图3-32　室温Nd^{3+}：YAG晶体在紫外到
近红外波段的吸收光谱

（3）色心　19世纪人们发现某些无色透明的天然矿石在一定条件下呈现一定的颜色，而在另一条件下这些颜色又被"漂白"。20世纪20年代玻尔（Pohl）发现碱卤晶体在碱金属蒸汽中加热后骤冷到室温就会有颜色，如氯化钠呈黄色，氯化钾呈红色，这一过程称为着色，从吸收光谱来分析，在可见光某一范围有钟形的吸收带。他认为着色是因晶体中产生了能吸收某一波段可见光的晶体缺陷，并首先提出颜色中心（或色心）这个词来命名这些缺陷。从此色心一词就沿用下来。色心的德文是Farbe-Zentrum，故又称为F心，它产生的吸收带称为F带。温度越高，晶格振动越激烈，吸收带就越宽。后来色心问题日益受到人们的重视，并加以深入研究。

色心根据其形成机理大致可以分为俘获电子心、俘获空穴心和化学缺陷心三大类。它们的形成机理、结构和性能均不相同。现对俘获电子心做一简要的说明。它是一个负离子缺位，因此整个缺陷带正电。例如：在NaCl中，如果Cl^-缺位，其周围离子的电子能量降低了，即在缺位近邻的Na^+上的电子所受束缚比其他Na^+上的电子更紧。由于其他Na^+上的3s态构成NaCl的导带，而Cl^-缺位最邻近的Na^+的3s态电子比导带低一些，在禁带中产生了附加能级（见图3-33）。带正电的Cl^-离子缺位将束缚一个电子为最近邻6个Na^+所共有，晶体受激时这个束缚的电子就可能跃迁到导带中去，从而出现一个新的吸收带。又如：在还原性气氛中生长的N_d^{3+}：YAG

图3-33　F心
a) NaCl示例　b) 能带结构　c) F心示意图
注：A表示负离子缺位所产生的局部能级。

激光晶体，会出现由氧缺位引起的色心，使晶体从原来的紫红色变为棕色，激光输出性能变坏；在吸收光谱曲线上，它对应着360nm附近的一个强的附加吸收峰。经在氧气氛（或空气）中长时内退火后，通过氧的补充，使这种色心消失，附加的360nm吸收峰也随之消失。最简单的俘获电子心就是$F_心$，其他还有负$F_心$、$F_{2心}$、$F_{3心}$、$F_{4心}$、$F_{A心}$、$F_{B心}$、$F_{Z心}$等，它们

都从 $F_{\text{心}}$ 而来。俘获空穴心又称 $V_{\text{心}}$，也可有许多种。化学缺陷心如 $U_{\text{心}}$ 等，它是由一个氢原子的负离子代替一个卤素负离子。总之，在色心的局部地区，电子的能态同晶体其他地区的能态不同，从而在禁带中出现了新的电子或杂质的能级。

色心有其一定的应用。1965 年人们已发现了色心的激射功能。20 世纪 70 年代以后随着激光技术的发展，特别是光纤通信技术等对激光波长的要求（$1\sim3\mu m$），色心应用受到重视。

（4）发光　物质的原子或分子从外部接受能量，成为激发态，当它们从激发态回到基态（有的要经过一系列中间过程）时，就会发出一定频率的光，这种辐射现象称发光。其又可根据吸收与发射之间的时间间隔而分成两类：如果滞后时间少于 10^{8-} s，则这种现象称为荧光；如果衰减时间长些，则称为磷光。

在荧光中，虽然吸收与发射之间的间隔很小，但实际上激发停止后荧光并不立即消失。测量衰减到起始光强的 $1/e$ 所经历的时间称为荧光寿命。发射的荧光辐射频谱是荧光光谱。它是了解物质能级结构及跃迁过程的重要手段，也是选择发光材料、激光材料的依据之一。在化学分析上也有应用。日常用的荧光灯，其内壁涂有特殊的硅酸盐或钨酸盐，汞辉光放电产生的紫外线激发这些化合物而发白光。

磷光体最重要的应用是显示和照明。由于一些磷光体放射可见光，故适用于探测 X 辐射和 γ 辐射。例如：硫化锌在 X 射线的照射下发出黄色光，再与光电导物质配合，就可用来定量测定 X 射线强度。在荧光灯上，为了提高显色性，可加上一些荧光体。在阴极射线的使用上，为了提高显色性，可加上一些荧光体。在阴极射线的使用上，黑白电视采用蓝色材料（ZnS：Ag）和黄色材料［（Zn，Cd）S：Cu，Al］的混合磷光体而获得白色；在彩色电视中，需用蓝、绿、红三种颜色产混合磷光体。还有日常生活中用的夜光时码和指针也使用磷光体。

随着电子工业的迅速发展，固体显示日趋重要。目前，主要有两类发光材料用于固体显示：①本征场致发光材料，其以硫化锌为代表，是将荧光体分散在高介电性介质中，然后把它夹在两片透明的电极之间并加上交变电场使之发光。②注入型场致发光材料，是将 II—IV 族和 III—V 族化合物制成 pn 结二极管，注入载流子，然后在正向电压下，电子和空穴分别由 n 区和 p 区注入到结区并相互复合而发光。这样做成的发光器称为发光二极管。

（5）激光　1917 年，爱因斯坦在用统计平衡观点研究黑体辐射的工作中，得到一个重要的结论：自然界存在两种不同的发光方式，一种叫自发辐射，另一种叫受激辐射。1958 年，人们由红宝石顺磁共振实现了微波的受激辐射放大（microwave amplification by stimulated emissionradiation，缩写为 Maser，译作脉泽）。1960 年，出现了第一台由红宝石脉泽改造而成的红宝石激光器，实现了光的受激辐射放大。将脉泽（Maser）中的微波改成光，就形成激光（laser）。

进一步来说，当激光工作物质的粒子（原子或分子）吸收了外来能量后，就要从基态跃迁到高能态，此时不稳定，要自发地回到一个亚能态。粒子在亚能态的寿命较长，所以粒子数目不断积累增加。这就是泵浦过程。当高能态的粒子数多于基态的粒子数（即所谓粒子数反转）时，如受到波长相当于两态能量之差的电磁波的刺激，粒子就要跌落到基态并放出同一性质的光子，光子又激发其他粒子也跌落到基态，释放出新的光子。它们便起了放大作用。如果在一个光谐振腔里反复作用，便构成光振荡，并发出强大的激光。

激光器通常由工作物质、光学谐振腔和泵浦组成。其又可分为固体激光器、气体激光器、半导体激光器、液体激光器（如染料激光器）、化学激光器和气动激光器等。图 3-34 所示为固体激光器结构示意图。其中工作物质是掺入少量激活离子的晶体或玻璃。如上分析，产生激光的必要条件是实现两个能级间的粒子数反转。通常有两种途径：

图 3-34　固体激光器结构示意图

1）三能级系统，如图 3-35a 所示。泵浦将粒子从 E_1 抽运到 E_3，被抽运到 E_3 的粒子通过无辐射跃迁迅速转移到 E_2，由于 E_1 上的粒子不断被抽运走，而 E_2 是一个寿命较长的能级，于是粒子就在 E_2 积聚起来，从而实现 E_2 与 E_1 两能级间粒子数反转。红宝石单晶是由以 Al_2O_3 为基质、Cr^{3+} 为激活离子制成的。图 3-35b 所示为铬离子的能级图，R_1、R_2 的激光线（$\lambda = 694.3nm$）和 692.8nm 就是利用三能级系统工作的。基态 $^4A_2$ 相当于 E_1，激发态 ^2E 相当于 E_2，$^4T_2$、$^4T_1$ 等起 E_2 的作用。粒子由 $^4A_2$ 抽运到 $^4T_1$、$^4T_2$ 上是通过光泵浦来实现的。

2）四能级系统（见图 3-35c），因其形成粒子数反转的两个能级中，下能级不是基态，此处电子易向基态跃迁而"出空"，所以本系统可利用较小功率的光泵来达到粒子数反转的目的，具体是选择合适的泵浦将粒子从 E_1 抽运到 E_4 上去，从而实现 E_3 与 E_2 两能级间的粒子数反转。Nd^{3+}：YAG 激光器发出的 $1.06\mu m$ 激光就是用四能级系统工作的。Nd^{3+} 离子能级 $^4I_{0/2}$、$^4I_{11/2}$、$^4F_{3/2}$ 分布相当于 E_1、E_2、E_3；能级 $^4F_{5/2}$ 以及比它高的能级起到 E_4 作用。

激光晶体的种类很多，基质有氧化物、复合氧化物、氟化物、复合氟化物、阴离子络合物；激活离子有过渡族金属激活离子、三价稀土激活离子、二价稀土激活离子、锕系激活离子等。目前已知的激光晶体有一百余种，但较为成熟和广泛使用的主要是 Nd^{3+}：YAG 和红宝石晶体；其他种类的激光晶体，正在深入研究，并向多波段、可调谐、高功率、小型化等方面发展。

固体激光的工作物质除激光晶体之外，还有激光玻璃，如钕玻璃等。钕玻璃的成本较低，有很好的光学均匀性，可以制成各种形状和大尺寸材料。它掺钕量高，可达 6%（质量分数），适宜大功率

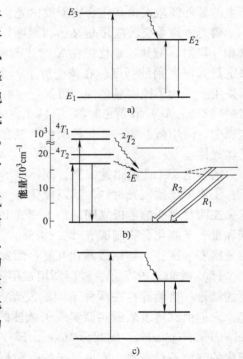

图 3-35　三能级和四能级系统
a）三能级系统　b）红宝石的铬离子能级图
c）四能级系统

和大能量脉冲工作，但效率不很高，并且在高重复脉冲下工作和连续工作时受到限制。

激光是一种新型光源，它与以自发辐射为主的普通光源相比，有下列几个特点：

1）亮度高，它比太阳表面的亮度要高出上百亿倍以上，聚焦后能产生几万摄氏度到几

百万摄氏度的高温，因此可用来对难熔金属、玻璃、陶瓷、半导体、宝石、钻石等进行打孔、切割、焊接等。

2）单色性好，比激光问世之前单色性最好的光源——氪灯发出的谱线提高了几十万倍，因此可用于精密测量等。

3）方向性好，其光束的发散度仅为最好探照灯的几百分之一，因此可用来做激光准直仪，保证准直的高度精确性。

4）相干性好，能形成清晰的干涉图样或接收到稳定的拍频信号，因此可用于干涉度量、全息照相、光学信息处理等光源。

激光是光学、光谱学与电子学发展到一定阶段和相互结合的必然产物，标志着人们掌握和利用光波进入了一个新阶段，它在物理、化学、生物、医学、军事和各种工程技术中都有许多重要的应用。

2. 材料光学性能在表面技术中的重要意义

（1）光学薄膜（optical coatings）　它是由薄的分层介质合成，用来改变光在材料表面上传输特性的一类光学元件。光学薄膜的光学性质除了具有光的吸收外，更主要是建立在光的干涉基础上，通过不同的干涉叠加，获得各种传输特性。为了得到预期的光学性能，要确定必要的膜层参数，即进行膜系数设计。对于实用的光学薄膜，不仅要考虑光学性能，还要考虑膜层与基底的结合力以及其他物理、化学性能。薄膜的各种性能不仅取决于膜系和材料，还依赖于实际制备条件和使用条件。制备条件包括沉积技术和控制技术。沉积技术分物理沉积和化学沉积两类。物理沉积主要有真空蒸镀、溅射镀膜和离子镀三类。化学沉积有化学气相沉积、液相沉积和溶胶-凝胶法等。控制技术主要有薄膜厚度控制、组分控制、温度控制和气体控制等。光学薄膜在空间、能源、光谱、激光、光电科学以及国民经济中有着广泛的应用，其在光学领域中的地位和作用，是其他材料难以取代的。

光学薄膜有多种分类方法。按其应用可分为增透膜、反射膜、干涉滤光膜、分光膜、偏振膜以及光学保护膜等，见表 3-8；按材料可分为金属膜、介质膜、金属介质膜和有机膜；按膜的层数可分为单层膜、双层膜、多层膜等。

表 3-8　光学薄膜按应用分类

序号	名称	涵　　义
1	增透膜	又名减反射膜。它是根据薄膜干涉原理制成的减弱或消除反射光的光学薄膜。按理论计算，在膜层的折射率 n_1 小于基材折射率 n_s 时，该膜层具有增透作用。实现零反射的单层增透膜条件是：$n_1t_1 = \lambda_0/4$，$n_1 = \sqrt{n_0 n_s}$（式中，t_1 为薄膜厚度，n_1t_1 称为膜层的光学厚度；λ_0 为入射光波长；n_0 为 λ 射介质，即一般为空气的折射率）。为用单层实现 100% 的增透效果，则要求膜层 $n_1 = 1.22$，而实际上是很难找到折射率如此低的膜，因此更为有效的增透膜多数是采用多层膜系
2	反射膜	它是增加反射功能的光学薄膜。一般分为两大类 1）消光系数较大、光学性质较稳定的金属反射膜，如铝、银、金、铜等。其中铝、银、铜膜的外侧必须镀 SiO、MgF_2、SiO_2、Al_2O_3 等保护膜，以防止氧化 2）基于多光束干涉效应的全电介质反射膜，即与增透膜相反，选择折射率高于基材的膜层，此外还可以采用多层膜系。最简单的多层反射膜是由高、低折射率的两种材料交替蒸镀的、各层光学厚度为 $\lambda_0/4$ 的膜系

（续）

序号	名称	涵　义
3	干涉滤光膜	滤光镜是能按规定要求改变入射光的光谱强度分布的光学薄膜。它分为吸收型和干涉型两种基本类型。干涉滤光膜便是基于干涉现象来消除那些不需要的光谱或按规定要求分割光谱（或颜色）的一类光学薄膜。其在各类光学薄膜中种类最多、膜系结构最复杂。仅从分割光谱的形状来分，就有带通滤光片、截止滤光片、负滤光片及形状各异的特种滤光片，经常在各种光学系统中做分光元件
4	分光膜	分光膜是把入射光的能量分为透射光和反射光两部分的光学薄膜。膜层的透射率与反射率之比称为分光膜的分光比。根据具体情况，要求有不同的分光比。最常用的是分光比为1的分光镜。其他性能要求还可能是分光效率、分光镜的吸收、分光的光谱宽度和分光的偏振度等。分光膜通常由金属层、介质层或金属加介质层组成。用介质膜堆还可制成偏振分光镜和消偏分光镜
5	偏振膜	偏振膜是用来产生偏振光或抑制薄膜偏振效应的光学薄膜。根据光学原理，当入射光的入射角 θ 满足 $\tan\theta = n$ 时，可获得偏振程度大的反射光。$\arctan n$ 称为布儒斯特角。利用布儒斯特角的多次反射可以产生一束接近完全偏振的面偏振光。偏振膜按几何结构可分为棱镜偏振膜和平板型偏振膜。棱镜型偏振膜通常位于两个对称的直角棱镜中间，光束在膜层界面上实现布儒斯特角入射，使平行入射面的 P 分量光高透过，而垂直入射面的 S 分量光高反射，从而实现偏振分光。用不同膜系和几何结构的棱镜型偏振膜，可以产生部分偏振光、椭圆偏振光、圆偏振光和线偏振光。平板型偏振膜是建立在光束斜入射时薄膜偏振效应的基础上，入射角常选择基材的布儒斯特角。还有一种偏振膜是用来消偏振的，称为消偏振膜。在现代光学系统中，偏振膜可用来代替双折射晶体做偏振元件。平板型偏振膜可以做得很大，而且具有低损耗和高破坏阈值，常在激光系统中用作腔内偏振元件和隔离元件
6	光学保护膜	光学保护膜是沉积在光学材料或薄膜表面，提高其耐蚀性、稳定性、牢固性，以及改善其光学性质的一类光学薄膜。这类薄膜多为介质保护膜，不仅用于金属、半导体，而且还用于介质膜本身。镀铝、银等金属镜面，常用 SiO、SiO_2、SiO_x、Al_2O_3、MgF_2 等介质膜进行保护，提高金属镜面的耐蚀性和力学强度。又如用硫化锌、氟化镁交替镀覆的多层膜冷光镜，常用 SiO 等介质膜做保护膜。有些光学保护膜，不仅可以提高光学材料表面的耐蚀性、耐磨性和稳定性，还可以与其进行光学匹配而改进光学性质。例如：有的红外探测器常用硅、锗等材料做窗口，为提高其耐蚀性、耐磨性和稳定性，可用类金刚石碳膜做保护膜，同时因它们的折射率匹配，又可显著提高一定波段的红外透过率。又如：光存储材料的保护膜，不仅可以隔绝空气和基材存储材料的侵蚀，提高光盘的稳定性和寿命，而且通过匹配设计，可以提高它的写入灵敏度和载噪比。目前实用的光盘体系中，几乎都是由记录介质和匹配介质的多层膜构成的。激光薄膜中的保护膜可用来提高薄膜的抗激光强度

　　（2）光电子材料与镀层　传统的光学薄膜主要以光的干涉为基础，并以此来设计和制备增透膜、反射膜、干涉滤光膜、分光膜、偏振膜和光学保护膜。后来，由于科学技术发展的需要，光学薄膜涉及的光谱范围已从可见光区扩展到红外和软 X 射线区等，制备技术也有了较大的发展。更为突出的是光学与电子相结合形成的光电子学，原来无线电频率下几乎所有传统电子学的概念、理论和技术，原则上都可以延伸到光频波段。光电子学又可称为光频电子学。这门科学和技术的发展有着深远的意义。

　　1）光电子器件和材料。光波频率（约 10^{15} Hz）极高，远高于一般的无线电载波频率（约 10^{10} Hz），因而光载波的信息量极大。例如：在光通信中，如果每个话路的频带宽 4kHz，那么光载波可容纳 100 亿路电话。同时，由于激光的良好的指向性，使激光通信有极强的保密性。近 30 多年来，光波沿光纤传播特性的研究取得丰硕的成果。光纤通信技术将是未来社会信息网的主要传输工具。

目前各种新型激光光源、光调制器以及光电探测器等的研究成功，导致一系列新型的光电子系统的诞生，在测量精度、成像分辨率、抗干扰能力以及机动性等方面有了很大的提高。

光电子技术所用的光电子器件大致可分为两大类：①将电转换成光的器件，主要有电激励或注入的激光器、半导体发光二极管、真空阴极射线管，以及各种电弧灯、钨丝灯、辉光灯、荧光灯等光源；②将光转换成电的器件，主要有光电导器件（如光敏电阻、光敏二极管、光电晶体管）、光生伏特器件（如太阳能电池）、光电子发射器件（如光电倍增管、变像管、摄像管）、光电磁器件（如光电磁探测器）等。

在许多光电子系统中，除了上述两类器件之外，还使用许多传输和控制光束的器件或部件，如透镜、棱镜、反射镜、滤光器、偏振器、分束器、光栅、液晶、光导纤维和集成光学器件等；另外，还有双折射晶体和铁电陶瓷等光调制器件。

光电子学实质上是研究光子（或光频电磁波场）与物质中电子相互作用及其能量相互转换的，因此光电子技术所用的材料主要是用于光子和电子的产生、转换和传输的材料。光电子材料大致上由激光材料、光电探测材料、光电转换材料、光电存储材料、光电子显示材料、光电信息传输、传输和控制光束的材料组成，见表 3-9。

表 3-9　光电子材料

序号	名称	涵义	具体使用材料及作用
1	激光材料	把各种泵浦（电、光、射线）能量转换成激光的材料	一般说的激光材料是指激光工作物质，主要包括以电激励为主的半导体激光材料和以光泵方式为主掺金属离子的分立中心发光的固体激光材料两类。工作物质是激光器的核心部分
2	光电探测材料	把光的信号转变为电信号的材料	主要是硅、锗、Ⅲ-Ⅴ族、Ⅳ-Ⅵ族化合物半导体，用来制造光敏二极管、图像显示器件和接收的列阵光电探测器等
3	光电转换材料	把光能直接转换成电能的材料。它是光电池的核心部分。光电池有两大用途：一是作为光辐射探测器，在许多部门探测太阳光的辐射；二是作为太阳能电源装置	目前使用得较多的是单晶硅、多晶硅、砷化镓、硫化镉等半导体材料，用来制造光电池，即利用光生伏特效应制造的结型光电器件
4	光电存储材料	以光学方法记录和存储并以光电方法读出（检出）的材料，包括光全息存储材料和光盘存储材料	光全息存储材料是在光全息存储中记录物体图像或数字信息的光介质材料。按记录介质中不规则干涉条纹形成的不同机理，可分为卤化银乳剂、光致折变、光色、光导热塑性高分子等材料 光盘存储材料是一种具有记录（写入）存储和读出功能的材料。根据光和材料相互作用有物理、化学反应不同，可分为烧蚀型、变态型、磁光型、相变型、电子俘获型、光子选通型等材料
5	光电显示材料	显示技术是将反映客观外界事物的光、电、声、化学等信息经过变换处理，以图像、图形、数码、字符等适当形式加以显示，供人观看、分析和利用。这里说的光电显示材料，主要指用来制造将电信号转化为光学图像、图形、数码等光信号的显示器件的材料	将电信号转换为光信号的显示器件有：阴极射线管（CRT，常用的有示波器、摄像管、显像管）、液晶显示器（LCD）、等离子体显示器（PDP）、发光二极管（LED）、电致发光显示器（ELD）、激光显示（LD）、电致变色显示（ECD）。这些器件用于电视、计算机终端、医疗、工业探伤图像显示、仪器仪表数码显示、大屏幕显示、雷达显示、波形显示等。这些器件所用的材料很多，如氧化物、硫化物、碳化物、砷化镓、磷化镓、液晶材料等等

（续）

序号	名称	涵　义	具体使用材料及作用
6	光电信号传输材料	用于光传输（通信）的材料	目前，主要用熔石英光导纤维做光通信材料。由于光纤通信系统具有低损耗、宽频带和其他一系列突出的优点，因而发展迅猛，并将成为未来信息社会中各种信息网的主要传输工具。光纤在传感器等方面也有重要应用
7	光学功能材料	在光电子学系统中，除了需要光源、光探测器等外，还需要许多光学功能材料，即利用压光、声光、磁光、电光、弹光以及二次和三次非线性光学效应，对光的强度、位相、偏振等产生变化，从而起光的开关、调制、隔离、偏转等作用	光学功能材料很多，如铌酸锂（$LiNbO_3$）、磷酸氢二钾（KDP）、偏硼酸钡（BBO）、α碘酸（α-HIO_3）、钼酸铅（$PbMoO_4$）、二氧化碲（TeO_2）等

2）光电子技术用的镀层。各种光电子材料是研究、开发和制造光电子器件的重要基础，而大量的光电子材料是用各种气相沉积和外延等技术制备的。表面技术在光电子器件及材料上有着许多重要的应用，现举例如下。

①激光薄膜。在激光技术中应用的光学薄膜，也称激光薄膜。可用作光学薄膜的材料很多，但从光学、力学、热学、化学等综合性质来考虑，理想的材料不很多，而适合于激光薄膜的材料更不多。尽管如此，激光薄膜已在激光技术中起着相当重要的作用。表 3-10 列出了激光薄膜的主要类型、用材和应用。

表 3-10　激光薄膜的主要类型、用材和应用

序号	类型	用　材	应　用
1	反射膜	1）金属：Au、Ag、Al、Cu、Cr、Pt 等	主要用于激光谐振腔和反射器。在固体激光器中，金属反射镜应用最广；金属反射膜上通常涂电介质保护膜
2	增透膜	2）半导体：Si、Ge 等 3）氧化物：TiO_2、SiO_2、SiO、Al_2O_3、ZrO_2、Bi_2O_3、Nd_2O_3、CeO_2、ThO_2、PbO、Sb_2O_3 等	在激光系统中的透镜都要镀增透膜，以防止透镜表面反射损失和避免反射光的反馈干扰而引起激光器件性能降低及部件损坏。根据需要，增透膜有单层、双层和多层
3	干涉滤光片	4）氟化物：MgF_2、CaF_2、BaF_2、NdF_2、CeF_3、ThF_4、Na_3AlF_6 等 5）硫化物：ZnS 等	为激光通信仪中不可少的部件，即在激光接收时用它滤去杂波而仅使激光波通过。一般采用全电介质干涉滤光片
4	薄膜偏振片		将激光变为偏振光，常用于激光调制和隔离

②非晶硅薄膜太阳能电池。用单晶硅制造太阳能电池，成本很高。实际上，晶体硅吸收层厚仅需 25μm 左右，就足以吸收大部分的太阳光。为了大幅度降低成本，薄膜硅太阳能电池是一个重要发展方向。其中，氢化非晶硅太阳能电池引人注目。氢化非晶硅记为 a-Si：H，氢在其中钝化（补偿）硅的悬挂键，因而可以掺杂和制作 pn 结等。氢化非晶硅在太阳辐射峰附近的光吸收系数比单晶硅大一个数量级。它的光学禁带宽度为 1.7 ~ 1.8eV，而迁

移率及少数载流子寿命远比晶体硅低。a-Si：H 作为太阳能电池材料时最薄可达 $1\mu m$，用单晶硅则要 $70\mu m$。a-Si：H 薄膜可以在玻璃、不锈钢等一些廉价的衬底上制备。在制备时，除通入 SiH_4 气体外，还可同时通入 B_2H_6、PH_{33} 而形成 pn 结。目前，a-Si：H 的生产已具有相当的生产规模，除用于太阳能电池外，还可制作薄膜晶体管、复印鼓、光电传感器等。a-Si：H 太阳能电池最高光电转换效率最高只有 13% 左右，一般产品效率不超过 10%，并且尚未完全解决光致衰减的问题，需要深入研究。

③液晶显示器。液晶是具有液体的流动性和表面张力，又具有晶体光学性质的物体。液晶分子在电场的作用下会发生运动，从而改变对环境光线的反射。将液晶置于两个平板之间，每个平板都做成条状电极，且两组电极互相垂直，若配以适当的驱动电路进行选址，则可实现液晶显示。根据液晶种类不同，液晶显示可分为扭曲型液晶显示、超扭曲型液晶显示、铁电液晶显示等。

最早的液晶显示器是扭曲型液晶显示器，如图 3-36 所示。它是用厚度约为 10nm 的液晶层和预制的分子配向层夹于两个透明电极玻璃板之间，四周用气密封材料密封，形成液晶盒，再将此盒放在两个偏振器之间，其中一个偏振器的背后放一反射器。透明电极通常是氧化锡铟薄膜，用磁控溅射等方法镀覆在玻璃表面。其表面电阻约在数十至百欧／□之间，电阻率分布不均匀性小于 1%，而可见光透射率在 90% 以上。电极图形通常用光刻技术制备，也可采用等离子刻蚀技术进行加工。液晶显示器虽有许

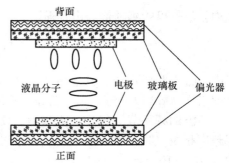

图 3-36　扭曲型液晶显示器的结构示意图

多类型，但基本结构都很相似。在一般情况下，最常用的液晶形态为向列型液晶，分子形状为细长棒形，长宽为 $1\sim 10nm$。

如果把液晶显示与具有存储性能的薄膜晶体管集成在一起，可形成有源矩阵液晶显示。附以背照明光源和滤色片则可实现全彩色显示。

液晶显示主要用于手表、计算器、仪表、手机、文字处理机、游戏机、计算机终端显示和电视等，并且对显示显像产品结构的变化将产生深远的影响。

3.3.5　表面技术中的材料声学性能

1. 材料声学性能参量及特性

（1）声波　声波与电磁波不同，它是一种机械波，即在媒质中通过的弹性波（疏密波），表现为振动的形式。一般在气体、液体中只发生起因于体积弹性模量的纵波，而在固体中因具有体积弹性模量和剪切弹性模量，故除纵波外，还会发生横波与表面波，或其他形式如扭转波或几种波的复合。波可以是正弦的，也可以是非正弦的，而后者可分解为基波和谐波。基波是周期波的最低频率分量，谐波是其频率等于基频整数倍的周期波分量。

声波的发生和传播涉及能量传递过程。单位体积的声能称为声能密度，由下式表达：

$$E = \frac{p^2}{\rho c^2} \tag{3-84}$$

式中，ρ 为密度；c 为声速；p 为声压。疏密波与声压的关系如图 3-37 所示。

在声场中单位时间内，对于某点以一定方向通过垂直于此方向的单位面积上的能量，称为该点这个方向上的声强。例如一个平面波的声强为

$$I = \frac{p^2}{\rho c} = pv = \rho c v^2 \qquad (3-85)$$

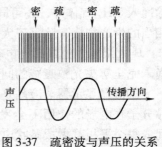

图 3-37　疏密波与声压的关系

式中，v 为质点的速度，其余符号的意义同式（3-94）。ρc 通常为声阻率，是声学材料的重要性能之一。声强和声压的变化较大，常用 dB（分贝）表示它们的大小。测定时各需要设定一个基准值，用与基准值之比的对数来表示，贝数表示比值以基数为 10 的对数量，分贝是贝的 1/10，即

$$声强的强度级 = 10 \lg \frac{I}{I_0}$$

式中，I_0 是可听到的最弱声音强度，其值为 $10^{-12} \mathrm{W/cm^2}$。

$$声压的强度级 = 10 \lg \frac{p^2}{p_0^2}$$

式中，p_0 是可听声压，其值为 $2 \times 10^5 \mathrm{Pa}$。直接测出声强是困难的，故一般是测定声压。其强度级在 90dB 以上时，人耳已经受不住长时间的作用。

声波的频率范围很广，大致有：①声频，$20 \sim 20 \times 10^3 \mathrm{Hz}$；②次声频段，$10^{-4} \sim 20 \mathrm{Hz}$；③超声频段，$20 \times 10^3 \sim 5 \times 10^8 \mathrm{Hz}$；④特超声频段，$5 \times 10^8 \sim 10^{12} \mathrm{Hz}$，此时已接近分子的热震动（$10^{12} \sim 10^{14} \mathrm{Hz}$）。各频段的声波都有一些重要的应用。声波与电磁波各有一定的特点，因而在应用上也各有特色。

（2）声频和水声　声波与其他波一样，也有反射、折射、吸收和衍射。入射到物质中的声，一部分在表面反射，另一部分入射到物质中。其中的一部分被吸收到内部，剩下的部分透过。声的吸收按物质状态（固体，液体、气体）、物质的组成及内部结构等而不同。实际的声场又是由直接声、反射声、衍射产复合而成，很复杂。声音是人类传递信息、表达感情和进行社会交际等的重要工具，也是引起烦恼、干扰甚至疾病的一个来源。因此，深入研究材料的声学性能，利用声音积极的一面，克服消极的一面，将具有重要的意义，现举例说明如下：

1）噪声控制。噪声是目前污染环境的三大公害（污水、废气和噪声）之一。减噪技术可以分成声源、传输路径和个人防护三个方面。综合来看，大力开展减噪工作的关键是材料问题，即吸声和阻尼材料，以及隔声和隔振结构。

吸声材料的功能在于把声能转换为热能。评价吸声材料要从反射、吸声、透射三方面考虑。设 $|r|^2$ 为声能反射系数，α 为吸声系数，$|t|^2$ 为声能透射系数，则 $|r|^2 + \alpha + |t|^2 = 1$，通常要增加吸收，应是减小反射。目前基本的吸声材料是纤维材料（包括玻璃纤维、矿物纤维、陶瓷纤维和高分子纤维）、泡沫材料（如泡沫玻璃、泡沫陶瓷和泡沫塑料等）、粉刷和涂料。

为减少噪声，以及加强军事上（如潜艇等螺旋桨）的隐蔽性等，自 20 世纪 60 年代起人们对"强似钢、声似木"的高阻尼合金做了深入研究。它们是利用材料自身对振动能量的高衰减能力，把较多的机械振动能量以热能形式耗散掉。采用高阻尼合金减振防噪，具有结构简单、体积小、轻量化等优点。已应用的高阻尼合金及其内耗机理大致为：①复合型，

主要是 Fe-C 系（铸铁等），铁素体—石墨界面上振动应力弛豫内耗；②孪晶型，如 Mn-Cu 系，相变孪晶界面的非可逆运动产生的静滞后内耗；③位错型，如 Mg-Zr 型，位错脱离钉扎而引起的静滞后内耗；④强磁性型，如 Fe-Cr-Al、Co-Ni、Fe-Cr-Mo 系，磁畴非可逆运动引起的静滞后内耗。除了上述均质金属类外，还有复合板类（包括非拘束型和拘束型）、粉末金属类。高阻尼合金已用于航天、航空、船舶、汽车、铁路、家用电器及军用车辆等工业中。

隔声材料和隔声结构是指隔绝透射声音为目的的材料和结构，例如做成复合板，由多种材料组合而成的多重结构体，做成两层玻璃的窗等。

2）水声技术。在海水中传播的声波（水声）可为国防建设和国民经济解决很多重大课题，如对水下目标的探测、跟踪和识别，实现海下信息的超远距离传播，探查海洋和海底资源，勘探海底石油和矿藏，测绘海底地貌，清理航道，探测鱼群等。为此，要深入了解海水中声场的空间结构和声波的衰减规律，研究波形在信道中的变化和效应，以及从海洋的各种环境噪声中提取有用的微弱信号。为了可靠地进行水声探测和通信，要求能有效地控制声波的辐射和接收。这就需要进一步发展水声换能器，探讨新的换能方法和换能材料。例如：用一些具有特殊性能的磁性材料、压电材料制造各类声波发射器和水听器等。

（3）次声频段　人耳只能听到声频的声波，次声是频率极低的声波，故人耳听不到。人们对大气中周期大于 1s 的次声测量表明，存在着很多天然的次声源。周期在 10～100s 的次声波可由下列声源产生：火山爆发，喷流受山脉感应产生的旋风，强烈风暴进入对流层，空气动力湍流等。海浪、大流星、宇宙飞船的发射和返回等产生的次声周期较短，而核爆炸、大的火山爆发、地震等产生的次声波周期较长。

次声是一种平面波，沿着与表面平行的方向传播，用次声探测器把接收的次声转换成与声波相应的电流，经调制、放大、记录，最后倍频到音频范围进行鉴别。利用次声波可探测遥远的核爆炸和宇宙飞船，预报破坏性海啸和台风等。

（4）超声频段　超声在许多技术中有着重要的应用。目前制成的各种形式超声换能器已有足够的效率和功率容量用于工业目的。压电材料和磁致伸缩材料是制造超声发生器的重要材料。超声能可用于气体、液体和固体来产生所要求的变化和效应，主要有：

1）空化作用，即在液体中生成空洞或形成气泡，继而压碎气泡或使气泡振动。

2）分散作用，可将高分子物质的键切断，进行乳化和分散。

3）凝聚作用，即由振动使胶体物质的碰撞频率增加，将微粒凝聚沉淀下来。

4）洗涤作用，即用空化作用进行洗涤。

5）发热作用，即物体吸收一部分超声能变成热能。

6）超硬物质加工，即在振动臂的顶端装上工具，边加用水调好的金刚砂等磨料，边以 16～30kHz 的频率使之振动，由冲击作用进行破碎加工。

7）焊接，适用于表面上生成稳定薄膜的铝及其合金，即在焊烙铁的顶端用超声波振动，将薄膜去除进行焊接。

8）催芽、干燥、拉丝等其他用途。

超声还有一类重要用途，就是提供信息，包括提供一些用其他方法不能得到的信息。超声在气体、液体或固体中传播时声速和吸收的变化，可用来分析物质的结构和物理、化学性质。目前超声检测技术较为成熟，新发展起来的声全息技术推动了超声成像技术的进展。

（5）特超声频段 特超声频段已同电磁波的微波相对应，故又称为微声。这种超声波在一些固体内传输同电子可以相互作用进行能量交换，同时也产生沿着物体表面振荡和传输的表面弹性波。声表面波又称表面声子，是仅在材料表面传播的点阵振动模式，其每一种振动模式对应一种表面声子。声表面波具有多种形式，如瑞利波、寻常瑞利波、广义瑞利波等。

固体表面波很早就被人们发现，但未被重视。近30多年来人们发现它具有许多优异的特点，通过声学与电子学结合制成了各种声表面波器件，在无线电电子学领域中，尤其是雷达通信、电子计算机等方面有着重要的应用。

声表面波主要有下列特点：

1）声表面波是90%以上的能量集中在固体表面以下约一个波长深度内的应变，包括纵波和横波两个部分。声波频率越高，表面波应变能量越集中于表面。若超声波频率超过100MHz，则深度仅为20μm左右。这样容易散热，并且可以通过对传输介质表面的适当加工做成器件。

2）表面波不像体波（固体内部传播的声波）只能走直路，还可沿着稍有弯曲的波导或有凹凸的表面传输。它还很稳定，外界电场、磁场对它没有干扰，对外界温度变化也很不敏感。

3）声表面波的传播速度很慢，只有电磁波速度的万分之一，因此器件的体积可以做得很小。

声表面波主要用作信号存贮和信号滤波。声表面波器件具有体积小、功能多、制作简便等优点；还可与大规模集成电路结合组成高功能的固体器件，如脉冲压缩滤波器、信号处理用的记忆相关器、高频稳频振荡器等。

2. 材料声学性能在表面技术中的重要意义

表面技术中有一些重要的技术领域涉及材料声学性能。可用涂装、气相沉积等方法制造声表面器件、吸声涂层、高保真扬声器等。下面着重从减振降噪的角度来举例介绍。

（1）阻尼涂料 这类涂料具有高阻尼特性，使部分机械能转变为热能而降低振幅或噪声。阻尼涂料通常由聚合物、填料、增塑剂、溶剂配制而成，聚合物是基料。当振动或噪声由基体传递到阻尼涂料中时，机械振动转化为聚合物大分子链段的运动。在外力作用下，聚合物大分子链在构象转变过程中要克服运动单元间的内摩擦，需消耗能量，这个过程不能瞬间完成而要经历一定时间，阻尼作用便是在这个松弛过程中实现的。阻尼性能主要由聚合物的玻璃化转变温度 T_g 的高低和宽窄决定。多组分多相高分子体系 T_g 范围较宽，阻尼适应区域较广，阻尼效果较好。填料和增塑剂的主要作用是扩大或移动阻尼涂料的工作温度范围，改善涂料物理、力学性能。

阻尼涂料按分散性质不同可分为水分散型和溶剂型两种；按基料组成可分为单组分涂料和多组分涂料。阻尼涂料是厚涂料，一般多为膏状物。溶剂型阻尼涂料用的基料有聚氨酯树脂、环氧树脂、丙烯酸树脂、乙酸乙烯树脂等。水性阻尼涂料用的基料有丙烯酸乳液（纯丙）、丙烯酸-苯乙烯乳液（苯丙）、丙烯酸-丁二烯乳液等。阻尼涂料用的填料主要是无机材料，如磷酸钙、SiO_2、Al_2O_3、黏土、云母、石棉等，也有采用有机材料（如废橡胶粉等）做填料的。助剂除增塑剂外，还有分散剂、流平剂、固化剂、消泡剂。近些年来，由两种或两种以上的聚合物通过网络互穿缠结而形成的互穿聚合物网络（IPN）阻尼涂料研究发展迅速，它们因具有各组分间的相容性和组分链段运动协同效应的作用而提高了涂层性能。

阻尼涂料可涂覆在金属板状结构表面，施工方便，对结构复杂的表面更显优点，不仅具有减振隔声作用，还有绝热密封功能，广泛用于飞机、船舶、车辆及各种机械。

（2）复合阻尼材料　这是一类能吸收振动能并以热能等形式耗散的复合材料，有下面两种类型：

1）高聚物基体型，即在橡胶、塑料等基体中加入各种适当的填料（颗粒、纤维）复合成型。其结构和减振降噪机理与阻尼涂料相似。

2）金属板夹层型，即在钢板或铝板间夹有很薄的黏弹性高聚物片而构成。其阻尼性能由黏弹性高聚物的高内耗和金属板的约束性来提供，即使在较高温度下也能保证良好的阻尼作用。这种复合材料把材料技术与振动控制技术很好地结合起来。在受到如振动那样外力时，高分子材料表现出固体的弹性和流体的黏性的中间状态，即黏弹状态。当结构发生弯曲振动时，夹在金属板间的芯片受到剪切，因为阻尼材料有较大的应力应变迟滞回线而消耗了振动能量。由于金属板夹型复合阻尼材料具有很强的阻尼性能，使得振动能量大幅度地下降，达到了良好的减振降噪效果，可比普通钢的阻尼性能高出近千倍。

（3）阻尼夹层玻璃　夹层玻璃是指两层或多层玻璃用一层或多层中间层胶合而成的复合玻璃。生产方法主要有胶片热压法（干法）和灌浆法（湿法）两种。目前，干法夹层玻璃大多采用聚乙烯醇缩丁醛（PVB）。PVB 胶片具有特殊的优异性能：可见光透过率达到90% 以上，无色，耐热、耐寒、耐光、耐湿，与无机玻璃有很好的黏结力，力学强度高，柔软而强韧。到目前为止，在无机玻璃之间的黏结尚无其他材料能够完全取代它。从隔声性能来分析，人类周围环境的噪声主要由各种不同频率和强度的声音所组成。人类听觉的范围为20 ~ 20000Hz，最敏感的范围为 500 ~ 8000Hz。人类所能忍受的最大声音强度为130dB。普通浮法玻璃的隔声性能比较差，玻璃厚度每增加一倍，可以多吸收 5dB 的声音，但是由于重量的限制，玻璃厚度不能过分增大。一般厚度的普通浮法玻璃平均隔声量为 25 ~ 35dB。

对于干法夹层玻璃来说，由于两片玻璃之间夹有黏弹性的 PVB 胶片，它赋予夹层玻璃很好的柔性，消除了两片玻璃之间的声波耦合，从而提高了隔声性能，可适当加大 PVB 胶片的厚度（从声音衰减特性来分析，以厚度 1.14mm 为最佳），以及改进 PVB 的阻尼性能。另一种有效的办法是在两片 PVB 胶片之间再放置一个具有优异阻尼性能的特殊树脂片，即两个 PVB 胶片与一个特殊树脂片合为"隔音中间膜"，显著提高了玻璃的隔声效果，可用于高噪声环境以及各种需要隔音来达到安静的场所，包括医院、学校、住房、播音室、候机楼、车辆等。

3.3.6　表面技术中的材料功能转换

1. 材料的功能转换

许多材料具有把力、热、电、磁、光、声等物理量通过物理效应、化学效应、生物效应进行相互转换的特性，因而可用来制作各种重要的器件的装置，在现代科学技术中发挥了重要的作用。

（1）热-电转换　两种金属接触时会产生接触电位差。如果两种金属形成一个回路，而两个接头保持不同的温度，则因两头接头的接触电位不同，电路中将存在一个电动势，即有电流通过。这是一种热电效应，称为塞贝克（Seebeck）效应。其形成的电动势，称为塞贝克电动势，在温差 ΔT 较小时，塞克电动势 $E_{AB} = S_{AB}\Delta T$，式中 S_{AB} 为材料 A 和 B 的相对塞贝克系数。由此可用于制作测温的热电偶，如镍-康铜（55Cu-45Ni）、铜-康铜、镍-铝（94Ni-2Al-3Mn-1Si）、镍-铬（90Ni-10Cr）、铂-铑（Pt-10% Rh）等。

第二种热电效应叫珀耳帖（Peltier）效应。它是塞贝克效应的逆效应，即在两种金属做成的电路中通电流时，在接点的一端吸热，而在另一端放热。该效应所产生的热称为珀耳帖热，其值与通过的电流成正比，即 $Q_{AB} = \pi_{AB}I$，式中，π_{AB} 为材料 A 和 B 间相对珀耳帖系数。用珀耳帖效应可以制成制冷器，尽管其效率低，但体积小，结构简单，适用于小型设备。

第三种热电效应叫汤姆逊效应。汤姆逊发现只考虑两个接头处发生的效应是不完全的，还必须考虑沿单根金属线由于两端的温度差所产生的电动势。设有 A、B 两金属组成一个回路，两接点处的温度为 T_1 和 T_2，则由汤姆逊效应产生的电动势为 $\int_{T_2}^{T_1}\sigma_A dT - \int_{T_2}^{T_1}\sigma_B dT$，式中 σ 称为汤姆逊系数，下标指各金属，两金属中的电动势是反向的。这样，由塞贝克效应和汤姆逊效应所产生的总电动势为

$$V = S_{AB}(T_1) - S_{AB}(T_2) + \int_{T_2}^{T_1}(\sigma_A - \sigma_B)dT \tag{3-86}$$

热电效应被广泛用于测温、加热、致冷和发电。目前，在发电方面的研究受到人们的重视。

（2）光-热转换　光-热转换有了一些应用，其中一个重要用途是太阳辐射的利用。太阳在每秒钟到达地面上的总能量高达 8×10^{13} kW。光-热转换的基本原理是使太阳光聚集，用它来加热某种物体，获得热能。目前，太阳光聚集的装置有平板型集热器和抛物面型反射聚光器。太阳能热水器是最简单的集热器，它由涂黑的采热板以及与采热板接触的水构成，并用透明盖层防止热量的散逸。为提高光-热转换效率，可采用"选择性涂层"。常用的抛物面反射镜把太阳光聚集起来。有的太阳能高温炉是由许多小反射镜组成的。

上述装置用途很广，如供暖、空调、干燥、蒸馏、造冰、制取淡水以及发电等。

（3）光-电转换　有些物质受光照射时其电阻会发生变化，有的会产生电动势或向外部逸出电子。这种光电效应在一些半导体中表现得很显著。例如：一块通电的半导体，在光照射下电阻显著减小。其原因是半导体受光照射时，半导体价带中的电子吸收了能量比禁带宽度大的光子跃迁到导带，产生传导电子和空穴。利用这个现象可制成光敏电阻等。

从能源利用的前景来看，光-电转换将是利用太阳辐射能较为切实的方式。目前使用的太阳能电池是根据光生伏特效应制成的，其效率可达 15% 以上，为说明光生伏特效应，先要了解 pn 结半导体的能级图。它可做如下的想象：把 p 型和 n 型材料看成最初是分开的，如图 3-38a 所示，两费密能级之间的能量差为 eV_0。当两种类型的材料之间的结形成时（例如在原先已掺有施主杂质的晶体中，把过量的受主杂质扩散到半块晶体内），电子在导带中从 n 型区域到 p 型区域，而空穴在价带中以反方向流动。pn 结两边的能级必须相等所得的能级如图 3-38b 所示。图中标出了在附近的电离的施主和受主离子。现假设在 p 型上用扩散法制成一个浅的 pn 结，当太阳光照射在薄的 n 型层的表面时，能量大于禁带宽度的光子，由本征吸收在结的两边产生电子-空穴对。由于 pn 结势垒区内存在较强的内建场（自 n 区指向 p 区），使 p 区的电子穿过结进入 n 区，n 区的空穴进入 p 区，形成自 n 区向 p 区的光生

电流（见图 3-38c）。这样的载流子运动因中和掉部分空间电荷，使内建场势垒降低，从而使正向电流增大。当光生电流和正向电流相等时，结的两端建立起稳定的电势差 V（p 区相对于 n 区是正的），这就是光生电压。这时，势垒降低为 $e(V_0-V)$。在 pn 结开路的情形下，光生电压达到最大值。如将 pn 结与外电路接通，只要光照不停止，就会有源源不断的电流通过电路，pn 结起了电源的作用。这种把光能转变为电能的现象称为光生伏特效应。目前，世界上对太阳能电池的研究正在活跃进行之中，其能否作为一种成本较低的新能源，关键在于材料问题。研究得较多的是硅，包括单晶、多晶、非晶和薄膜等。

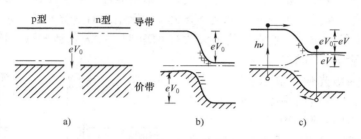

图 3-38　pn 结能带图
a）分开的 p 型和 n 型材料　b）形成 pn 结（无光照）　c）光照激发

（4）力-电转换　有些材料可进行机械能与电能的相互转换。具有压电效应的压电材料是应用潜力很大的功能材料。所谓压电效应，有两个含义：①在一些介电晶体中，由于施加机械应力而产生的电极化；②上述效应的反效应，即在晶体的某些晶面间施加电压而产生的材料机械形变。

所有晶体中铁电态下也同时具有压电性，即对晶体施加应力将改变晶体的电极化。一个晶体可能是压电晶体，但未必具有铁电性。例如：石英是压电晶体，但并非是铁电晶体。钛酸钡既是压电体，又是铁电体。

一般的压电材料都是无机的单晶（如石英晶体和铌酸锂等）和多晶（如钛酸钡和锆钛酸铅等），近年来发现不少有机聚合物如聚氟乙烯等也有良好的压电性能。压电材料被用来制造各种传感器，有许多具体用途。

（5）磁-光转换　在磁场作用下，材料的电磁特性发生变化，从而使光的传输特性发生变化，这种现象称为磁光效应。它主要有：①法拉第效应，即平面偏振光通过材料时，如果材料在沿着光的传输方向被磁化，则光的偏振面将发生旋转；②克尔效应，即平面偏振光从磁化介质的表面反射时变为椭圆偏振光，其偏振面相对于入射光旋转的现象。此外，磁光效应还有其他一些效应。

利用材料的磁-光效应，做成各种磁光器件，可对激光束的强度、相位、频率、偏振方向及传输方向进行控制。例如，利用磁光法拉第效应可制成调制器、隔离器、旋转器、环行器、相移器、锁式开关、Q 开关等快速控制激光参数的器件，可用在激光雷达、测距、光通信、激光陀螺、红外探测和激光放大器等系统的光路中。

许多磁性材料具有突出的磁光效应。目前研究得较多的有亚铁石榴石。其他还有尖晶石铁氧体、正铁氧体、钡铁氧体、二价铕的化合物、铬的三卤化物和一些金属等。

（6）电-光转换　晶体以及某些液体和气体，在外加电场的作用下折射率会发生变化，这种现象称为电-光效应。设 n_0 和 n 分别为晶体在未加电场和外加电场时的折射率，γ 为线性电光系数，p 为平方电光系数，E 为外加场，则

$$\Delta\left(\frac{1}{n^2}\right) = \frac{1}{n^2} - \frac{1}{n_0^2} = \gamma E + pE^2 \tag{3-87}$$

通常，系数 γ、p 与外加电场方向及通光方向有关。利用电光效应可制造光调制元件，以及用于光偏转和电场测定等方面。

电光材料要求在使用波长范围内对光的吸收和散射要小，折射率随温度变化不很大，介质损耗角小，而电光系数、折射率和电阻率要大。实际上现有电光材料（主要是晶体材料）只是在某些指标上较突出。它们在结构上大致有 KDP 型、立方钙钛矿型、铁电性钙钛矿型、闪锌矿型和钨青铜型五类晶体。

图 3-39 所示为电光偏转器示意图。不同振动方向的偏振光在双折射晶体（如方解石）中的不同传播方向实现光束偏移，而利用 KDP 电光晶体改变偏振光的振动方向从而进行控制。

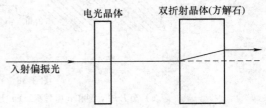

图 3-39 电光偏转器示意图

（7）声-光转换 声波形成的介质密度（或折射率）的周期疏密变化可看成是一种条纹光栅，其间隔等于声波波长。这种声光栅对光的衍射现象称为声光效应。具体来说，有两种声光衍射现象：①拉曼（Raman）声光衍射，即当声波频率较低，光线平行于声波波面通过声光栅时，出现衍射光强的分布与普通光栅相类似的衍射。零级两边对称出现多级衍射极值，强度逐级下降。②布拉格声光衍射，它是在声波频率较高、光传播方向上声场厚度较大，以及光线的布拉格角斜入射到声波光栅时出现的。这种衍射的光强呈不对称分布，只能出现零级或±1级的衍射极限。因此，若能合理选择参数，可使全部入射光集中于零级或±1级衍射极值上，以提能量转换率。

近年来，由于高频声学和激光的发展，使声光技术水平有了迅速提高。例如：利用光束来考察许多物质的声学性质；利用超声波来控制光束的频率、强度和方向，进行信息和显示处理等。常用的声光材料有 α 碘酸（α-HIO_3）、钼酸铅（$PbMoO_4$）、铌酸锂（$LiNbO_3$）、二氧化碲（TeO_2）、GaP、GaAs、重火石玻璃等。它们主要用于制造调制器、偏转器、滤波器和相关器。

2. 材料功能转换在表面技术中的重要意义

表面技术中有许多重要项目都涉及材料的功能转化。可通过涂装、黏结、气相沉积、等离子喷涂等方法来制备选择性涂层、热释电装置、薄膜加热器、电容式压力传感器、磁光存储器、电致发光器件、薄膜太阳能电池等。

（1）热电材料 这是一种将热能与电能进行转换的材料。人们发现热电现象至今已有 100 多年历史，而真正有意义的实际应用始于 20 世纪 50 年代。对热电材料的基本要求是：①具有较高的塞贝克系数；②较低的热导率；③较小的热阻率（使产生的热量低）。设 s 是塞贝克系数，σ 是电导率，k 是热导率，则热电系数为 $Z = s^2\sigma/k$。考虑到 Z 与温度 T 有关，常用热电性指数 ZT 来描述热电材料性能的好坏。一般来说，除绝缘体外，许多物质都有热

电现象，但半导体材料的热电性能明显高于金属材料，最具使用意义的热电材料是掺杂的半导体材料。例如：Bi_2Te_3 是具有高 ZT 值的半导体热电材料，掺杂 Pb、Cd、Sn 等可形成 p 型材料，而有过剩 Te 或掺杂 I、Br、Al、Se、Li 等元素及卤化物的 AgI、CuI、CuBr 等，则形成 n 型材料。在室温下，p 型 Bi_2Te_3 晶体的塞贝克系数 a 最大值约为 $260\mu V/K$，n 型 Bi_2Te_3 晶体的 a 值随电导率的增加而降低，极小值为 $-270\mu V/K$。除 Bi-Te 系列外，还有 Pb-Te、Si-Ge 等系列。

目前，热电材料用于热电发电受到人们的关注。依其工作温度可分为低温用（<500K）、中温用（500~900K）和高温用（>900K）等几大类。按物质系统分主要有硫属化合物系、过渡金属硅化物系，特别是硅-锗（Si-Ge）系、$FeSi_x$ 系、硼系及非晶态材料系。例如：Si-Ge 系是目前较为成熟的一种高温热电材料，美国 1997 年发射的旅行者号飞船中安装了用 Si-Ge 系材料制造的 1200 多个热电发电器，用放射性同位素作为热源，发电后向无线电信号发射机、计算机、罗盘等设备仪器提供动力源，长时间使用过程中无一报废。

材料的热电性能在很大程度上取决于晶体结构。如果人为地改变材料的晶体结构，使其变为非对称结构，或者通过多层化，使材料结构中的电子传导与声子传导相分离，则有可能使热电性能大幅度提高。目前，电子晶体-声子玻璃（PGEC）热电材料，正在深入研究中。

（2）选择性涂层　太阳能辐射谱在 $0.35~2.5\mu m$ 间隔范围内，波长 $2\mu m$ 以下的辐射占太阳辐射量的 90%，对于光-热转换系统，需要认真考虑材料对波长的选择特性。实际上，具有明显太阳光谱选择特性的材料为数不多，通常需要采用真空镀膜、阳极氧化、喷涂热分解、化学转换、电解着色等方法来制备。选择性涂层有多种类型，它们的含义和应用不尽相同。常用的选择性涂层有：

1）选择性吸收涂层。某些半导体材料具有宽的光隙，对太阳辐射有很大的吸收率，而其自身的红外辐射又非常低。将硫化铅（PbS）、硅（Si）、锗（Ge）沉积在高反射基材上，吸收率 a 可达 0.90。

2）多层"介质-金属"干涉膜。如"Al_2O_3-Mo-Al_2O_3-Mo"的干涉膜镀覆在不锈钢基材上，太阳光吸收率 a 为 0.92~0.95，热发射率 ε 为 0.06~0.10。

3）微不平面。如用化学气相沉积、共溅射、等离子刻蚀等方法，可以制造"小丘"间隔约为 $0.5\mu m$ 的微不平面，使入射光经历多次反射，从而增加了太阳光的吸收率。

4）金属-介质复合薄膜。如用金、银、铜、铝、镍、钼等具有高反射率的金属层作为基底，而用很细的金属粒子置于介质的基体内作为吸收层，并且通过选择成分、涂层厚度、粒子浓度、尺寸、形状和粒子的方向来获得最佳吸收层，尤其当吸收层的成分渐变、表层又具有很低折射率的减反射时，则可得到优异的选择性吸收性能。目前广泛应用的"黑铬"就是金属铬与非金属三氧化二铬（Cr_2O_3）的复合材料；表层 Cr 含量低，沿涂层的深度 Cr 含量增加；最表层为微不平面。又如以铜为基底，多层"不锈钢-碳"为吸收层，非晶态含氢碳膜（a-C：H）为最表层，即 a-C：H/SS/C/Cu；以玻璃为底层，渐变的 AlN-Al 为选择性吸收表面，即 AlN-Al/玻璃。a-C：H/SS/C/Cu 和 AlN-Al/玻璃可以用气相沉积法制备，太阳光吸收率 a 达 0.95，热发射率 ε 分别为 0.06 和 0.05。

上面列举的选择性吸收涂层，都是从尽量多地吸收太阳辐射而又尽量减少热发射的角度来考虑的。这些选择性吸收涂层可用于供暖、空调、干燥、蒸馏、发电等领域。下面列举的选择性透射涂层主要是为了保持良好的可见光透过率和提高红外光反射率，使屋内或车内具有良好的采光性、同时又避免热线（红外线）的射入，即显著减少热负荷。

5）氧化铟锡（ITO）薄膜。它是一种体心立方铁锰矿结构（即立方 In_2O_3 结构）的 In_2O_3：Sn 的 n 型宽禁带透明导电薄膜材料，可见光透过率 T 达 75% ~ 85%，在 $0.5\mu m$ 波长处可见光透过率 $T_{0.5\mu m}$ 达 92%，红外线反射率 R 为 80% ~ 85%，紫外线吸收率大于 85%，能隙 $E_g = 3.5 ~ 4.3eV$，电阻率为 $10^{-5} ~ 10^{-3}\Omega \cdot cm$，并且还具有高的硬度和耐磨性，以及容易刻蚀成一定形状的电极图形等优点。

6）减反射多层膜 MgF_2/In_2O_3：Sn/石英基板/MgF_2。可见光透过率 T 约为 90%，红外线反射率 R 为 80% ~ 85%。

7）SnO_2：Sb 薄膜。可见光透过率 T 约为 80%，红外线反射率 R 为 70% ~ 75%，在 $0.5\mu m$ 波长处可见光透过率 $T_{0.5\mu m} \approx 85\%$。

8）Cd_2SnO_4 薄膜。可见光透过率 T 约为 90%，红外线反射率 R 约为 90%。

9）多层膜 $TiO_2/Ag/TiO_2$。可见光透过率 $T = 65\% ~ 70\%$，红外线反射率 $R = 85\% ~ 95\%$，在 $0.5\mu m$ 波长处可见光透过率 $T_{0.5\mu m} \approx 90\%$。

（3）磁光光盘存储材料　为了提高运行速度，计算机中的存储器越来越多地采用多层立体结构。对于要求高速度动作的主存储器及视频存储器，多采用半导体存储器；而对于软件及信息存储用的记录装置，多采用磁盘和光盘。其中，可分为只读型、一次写入型和可擦重写型三类。在可擦重写型光盘中又分为相变方式和磁光方式两种类型。理想的磁光盘存储材料应具有下列性能：

1）磁化矢量垂直于膜面，并且有大的各向异性常数。

2）高矫顽力 H_c，磁滞回线矩形比为 1。

3）低的居里温度，即 T_c 在 300℃ 以下。

4）大的磁光克尔效应 θ_K 或法拉第效应 θ_F。

5）亚微米圆柱体磁畴稳定。

6）使用寿命在 10 年以上。

有两种薄膜材料是较为理想的：一是 Pt/Co 成分调制结构薄膜，其中 Co 厚约 0.4nm，Pt 厚约 1nm，总厚度约 16nm；二是掺 Bi、Ga 的钆石榴石氧化物薄膜。光盘信息记录系统由作为记录介质用的光盘、读出信息及写入信息用的光头系统、记录再生信号处理系统、光控制回路系统、电动机驱动旋转控制系统等构成。

（4）光电转换器件　它主要包括下面三个部分：

1）光电导材料，俗称感光材料。半导体是最简单的光电导材料。其在光线照射下，由于光子会激发价带电子进入导带，使电子浓度和空穴浓度同时增加，导致电导增加，电阻减少。光电导材料是复印机、打印机、扫描仪和数字照相机的核心材料。例如早期用的静电复印机，是用非晶硒涂覆在鼓形版的表面，后来用聚乙烯咔唑、三硝基芴酮、苯二甲蓝染料、氮色素、二萘嵌苯等有机光电导材料（OPC）制造新的激光打印机。OPC 基本上是无毒无害的材料，比硒和硫化镉环保。自 20 世纪 80 年代起，模拟复印机逐渐被数字复印机取代。

2）光敏二极管。它没有栅极。如有栅极的，又被称光电晶体管。外界入射光能使它导通而产生电流。当光照射到光电晶体管的发射极-栅极平面上时，一个入射到 n 区和 p 区之间耗尽层的能量足够大的光子就会产生一个电子-空穴对，然后耗尽层中从 n 区指向 p 区的内禀电场会促使电子往 n 区（发射极）、空穴往 p 区（栅极）运动。这样从发射极流往接收极的电流恰好与入射光的强度呈正比。光电晶体管俗称"电子眼"，它对日光或白炽灯发出的光很敏感，阻抗低，信噪比高，在自动门、电视、电影、电话转接、有线传真和其他许多工业领域都有应用。光电晶体管产生的电能功率高，响应频率也高，故可不加放大线路而直接作为开关应用。

3）光伏器件。它是直接把太阳光变成电能的器件，常称太阳电池。现代的硅太阳能电池在 20 世纪 50 年代由贝尔实验室制成，其结构是在 pn 结上制备导线网格，可以在光照时收集电流。它是最清洁的能源，目前已有重要应用，并且正在探索更廉价有效的技术，努力实现并网发电。

第4章 电镀、电刷镀和化学镀

电镀的发展已有两百多年的历史，逐步形成一个完整的体系，广泛应用于各个工业领域。它不仅能使产品外观变得美丽和新颖，提高表面的防护性能，还可对一些有特殊要求的产品赋予特殊的性能。现在，电镀成为印制板制造业中不可缺少的工艺，因而在现代电子工业和信息产业中发挥重要的作用。

电刷镀是不用镀槽而用浸有专用镀液的镀笔与镀件做相对运动，通过电解来获得镀层的电镀过程。它的显著特点是设备简单，工艺灵活，用同一套设备可在各种基材上镀覆不同镀层，镀速快，耗电少，并且适宜于现场作业，尤其适用于大型零部件的不解体修复，以及窄缝或凹陷部位的电镀。

化学镀主要是利用合适的还原剂，使溶液中的金属离子有选择地在经催化剂活化的基材表面上还原析出而形成金属镀层的一种化学处理方法。化学镀与电镀相比各有一定的优缺点。它在工业生产上已被普遍采用，尤其在电子工业中起着重要的作用。

本章分别简略介绍电镀、电刷镀和化学镀的基本原理、设备工艺和应用概况。在介绍电镀时，还特别强调了预处理的重要性，它对所有表面技术来说都是重要的。

4.1 电镀的基本知识和原理

4.1.1 电镀的范畴和分类

1. 电镀的范畴

电镀是将外电流通入具有一定组成的电解质溶液中，在电极与溶液之间的界面上发生电化学反应（氧化还原反应），进而在金属或非金属制品的表面上形成符合要求、致密均匀的金属层的过程。

电镀是金属电沉积的一类。金属电沉积是在外电流作用下，液相中的金属离子在阴极还原并沉积为金属过程。除电镀外，金属电沉积还有电冶金、电精炼和电铸等。电镀要求沉积层与基体结合牢固，并且致密和均匀；而电冶金、电精炼和电铸要考虑金属沉积层与基体是否容易分离，以及分离的方法。

电镀经过长期的发展，可以从不同角度进行分类，构成一个较为完整的体系。另一方面，电镀的概念已扩展为利用两相界面上发生的电化学反应在经准备的基体表面获得金属或非金属覆盖层的过程。因此，化学镀、置换镀、表面转化、电泳涂装等都可归入电镀的范畴。然而，一般所说的电镀是指金属电沉积中的一类。

2. 电镀的分类

综合基体性质和工艺特点，电镀大致上可分为以下几类：

（1）普通电镀 包括镀铜、镀镍、镀铬、镀镉、镀锡、镀铅、镀铁等。

（2）合金电镀 合金镀层具有单金属镀层不具备的性质，可以满足一些特殊的应用要求，如装饰性的锡钴合金、锡镍合金、锡镍铜合金、铜锡合金、铜锌合金、铜锡锌合金、镍铁合金等，耐蚀性的锌镍合金、锌钴合金、锌铁合金、锡锌合金，焊接性的锡铅合金，磁性的锡钴合金、铁镍合金、镍铁合金等。

（3）贵金属及其合金电镀　包括镀金和金合金、镀银、镀钯和钯镍合金、镀铂、镀铑、镀钌、镀铟等。

（4）特殊基材上电镀　如塑料电镀、玻璃和陶瓷电镀、印制电路板电镀、铝及铝合金电镀、钛和钛合金电镀、不锈钢电镀、锌合金压铸件电镀、铁基粉末冶金件电镀等。

（5）复合电镀　它是在电解质溶液中用电化学或化学方法使金属与不溶性非金属固体微粒或其他金属微粒共同沉积而获得复合材料镀层的工艺。例如：用于耐磨减摩的 Ni-金刚石、Ni-SiC、Fe-Al_2O_3、Ni-氟化石墨、Cu-氟化石墨等复合镀层；用于电接触的 Ag、Au 基体与 WC、SiC、BN、MoS_2、La_2O_3 复合镀层；用于防护装饰性的 Cu/Ni/Cr 多层镀层与 SiO_2、高岭土、Al_2O_3 复合镀层等。

（6）电刷镀　它是一种无槽电镀，由于无须将整个零部件浸入电镀溶液中，所以能完成许多槽镀不能完成或者难以完成的电镀工作。

（7）脉冲电流为主的电镀　它是利用脉冲电流进行的一种电镀。最简单的是在镀件上外加间断直流电，可以控制脉冲速度，以满足特定的要求。目前脉冲电镀层主要有金及其合金、镍、银、铬、锡-铅合金和钯。脉冲镀层几乎无针孔，光滑，晶粒细致，厚度均匀，不加添加剂也不会出现树枝状镀层，电镀速度和电流效率很高。

（8）特种电镀　除了上述各类电镀外，还有某些特种电镀，并且今后可能有新的电镀出现。例如激光增强电镀，它是在电解过程中，用激光束照射阴极，可显著改善激光照射区电沉积特性，迅速提高沉积速度而不发生遮蔽效应，以及改善电镀层的显微结构。

3. 电镀层的分类

电镀层按其用途可分为三类：防护性镀层、防护装饰性镀层和功能性镀层（包括耐磨、减摩、导电性、钎焊性、磁性、光学、热处理用、修复性及其他功能性镀层）。

电镀层按电化学性质可分为两类：在使用环境下电极电位比基体金属负的阳极性镀层和在使用环境下电极电位比基体金属正的阴极性镀层。

电镀层也可按其成分、结构、组合形式等进行分类。

4.1.2　电镀的基本过程和构成

1. 电镀的基本过程

电镀是一种电沉积，类似于一个原电池，但与原电池过程相反。如图 4-1 所示，被镀工件和阳极浸在电解液中，电源采用直流电源或准直流电源。被镀工件接电源负极，阳极接电源正极。阳极有两种类型：①可溶性阳极（牺牲阳极），是由被镀金属制成的；②惰性阳极（永久性阳极），仅起通电作用，不能提供新鲜金属来补充因阴极沉积而从溶液中所消耗的金属离子。铂金和碳通常用作惰性阳极。

大多数电镀采用可溶性阳极。例如镀镍，电源给镍阳极提供的直流电发生氧化反应：$Ni = Ni^{2+} + 2e^-$，即生

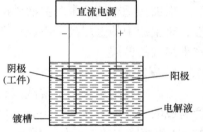

图 4-1　电镀基本过程与设备

成的金属离子来补充阴极反应中金属离子的消耗。在阴极，溶解在电解质溶液中的金属离子于阴极-溶液界面处被还原，从而镀覆在阴极（工件）表面。阳极的溶解速率等于阴极被镀覆的速率，并与电路中通过的电流对应。

有些电镀采用惰性阳极。在电镀过程中，惰性阳极表面处发生某些物质的氧化反应，而金属离子的消耗由添加主盐来补充。

2. 电镀设备的基本构成

（1）镀槽　盛装电镀液（电解液）的器具。电镀液由主盐、附加盐、络合剂、添加剂组成。镀槽内要安装阳极和阴极，并满足电镀过程中加热、冷却等需要。

（2）阳极　采用可溶性阳极或惰性阳极，发生金属的氧化反应。

（3）阴极　为被镀工件，表面处主要发生金属离子或其络离子的还原反应。

（4）电源　采用直流电源或准直流电源。

4.1.3　电镀液

1. 主盐

主盐是指镀液中能在阴极上沉积出所要求镀层金属的盐，用于提供金属离子。镀液中主盐浓度必须在一个适当的范围，主盐浓度增加或减少，在其他条件不变时，都会对电沉积过程及最后的镀层组织有影响。例如：主盐浓度升高，电流效率提高，金属沉积速度加快，镀层晶粒较粗，溶液分散能力下降。

2. 络合剂

在有些情况下，若镀液中主盐的金属离子为简单离子时，则镀层晶粒粗大，因此，要采用络合离子的镀液。获得络合离子的方法是加入络合剂，即能络合主盐中的金属离子形成络合物的物质。络合物是一种由简单化合物相互作用而形成的分子化合物。络合物在溶液中可分离为简单离子和复杂络合离子。络合离子中，中心离子占据中心位置，配位体配位于中心离子的周围。由于中心离子与配位体结合牢固，络合离子在溶液中离解程度不大，仅部分离解，它比简单盐离子稳定，在电解液中有较大的阴极极化作用。

在含络合剂的镀液中，影响电镀效果的主要是主盐与络合剂的相对含量，即络合剂的游离量，而不是络合剂的绝对含量。络合剂的游离量升高，阴极极化作用升高，有利于镀层结晶细化、镀层分散能力和覆盖能力的改善，不利的是降低阴极电流效率，从而降低沉积速度。与对阴极过程影响相反，络合剂的游离量升高，使阳极极化降低，从而提高阳极开始钝化电流密度，有利于阳极的正常溶解。此外，络合剂的游离量还会影响镀层的沉积速度。

3. 附加盐

附加盐是电镀液中除主盐外的某些碱金属或碱土金属盐类，主要用于提高电镀液的导电性，对主盐中的金属离子不起络合作用。有些附加盐还能改善镀液的深镀能力和分散能力，产生细致的镀层。

4. 缓冲剂

缓冲剂是指用来稳定溶液酸碱度的物质。这类物质一般是由弱酸和弱酸盐或弱碱和弱碱盐组成的，能使溶液在遇到碱或酸时，溶液的 pH 值变化幅度缩小。任何缓冲剂都只在一定的 pH 值范围内才有较好的缓冲作用，超过了 pH 值范围，它的缓冲作用较差或没有缓冲作用。

5. 阳极活化剂

镀液中能促进阳极活化的物质称为阳极活化剂。阳极活化剂的作用是提高阳极开始钝化的电流密度，从而保证阳极处于活化状态而能正常地溶解。阳极活化剂含量不足时阳极溶解不正常，主盐的含量下降较快，影响镀液的稳定。严重时，电镀不能正常进行。

6. 添加剂

添加剂是指不会明显改变镀层导电性，而能显著改善镀层性能的物质。根据在镀液中所起的作用，添加剂可分为：光亮剂、整平剂、润湿剂和抑雾剂等。

4.1.4　电镀反应

1. 电化学反应

当在阴阳两极间施加一定电位时，则在阴极发生如下反应：从镀液内部扩散到电极和镀液界面的金属离子 M^{n+} 从阴极上获得 n 个电子，被还原成金属 M，即

$$M^{n+} + ne^- \longrightarrow M$$

另一方面，在阳极则发生与阴极完全相反的反应，即阳极界面上发生金属 M 的溶解，释放 n 个电子生成金属离子 M^{n+}

$$M - ne^- \longrightarrow M^{n+}$$

上述电极反应是电镀反应中最基本的反应。这类由电子直接参加的化学反应，称为电化学反应。

2. 法拉第定律

电流通过镀液时，电解质溶液发生电解反应，阴极上不断有金属析出，阳极金属不断溶解。因此，金属的析出（或溶解）量必定与通过的电荷［量］有关。根据大量实验结果，法拉第建立了析出（或溶解）物质与电荷［量］之间关系的定律。

法拉第第一定律：电极上析出（或溶解）的物质的质量与进行电解反应时所通过的电荷［量］成正比，即

$$m = kQ \tag{4-1}$$

式中，m 为电极上析出（或溶解）物质的质量；Q 为通过的电荷［量］；k 为比例常数。因为 $Q = It$，所以法拉第第一定律又可表达为

$$m = kIt \tag{4-2}$$

式中，I 为电流；t 为通电时间。

只要知道比例常数 k，根据实测的电流 I 和时间 t，就可以用上式来计算电极上析出（或溶解）物的质量。

法拉第第二定律：在不同的电解液中，通过相同的电荷［量］时，在电极上析出（或溶解）物的物质的量相等，并且析出（或溶解）1mol 的任何物质所需的电荷［量］都是 $9.65 \times 10^4 C$。这一常数（即 $9.65 \times 10^4 C/mol$）称为法拉第常数，用 F 表示。

假定某物质的摩尔质量为 M，根据以上定律可知，阴极上通过 1C 电荷［量］所能析出的物质的质量为 $k = M/F$。k 称为该物质的电化当量。常用元素的电化当量可从有关手册中查找。

3. 电流效率

电镀时，阴极上实际析出的物质的质量并不等于根据法拉第定律得到的计算结果，实际

值总小于计算值。这是由于电极上的反应不止一个，例如镀镍时，在阴极上除发生下面的主反应：

$$Ni^{2+} + 2e = Ni$$

还发生下面的副反应：

$$2H^+ + 2e = H_2$$

副反应消耗了部分电荷［量］，使电流效率降低。电流效率就是实际析出物质的质量与理论计算析出物质的质量之比，即

$$\eta = (m'/m) \times 100\% = [m'/(kIt)] \times 100\% \tag{4-3}$$

式中，η 为电流效率；m' 为阴极上实际析出物质的质量；m 为理论上应析出物质的质量。

一般来说，阴极电流效率总是小于 100% 的，而阳极电流效率则有时小于 100%，有时大于 100%。电流效率是电镀生产中的一项重要经济技术指标。提高电流效率可以加快沉积速度，节约能源，提高劳动生产率。电流效率有时还会影响镀层的质量。

4. 电镀液的分散能力

电镀溶液的分散能力是指电镀液所具有的使金属镀层厚度均匀分布的能力，也称均镀能力。电镀液的分散能力越好，在不同阴极部位所沉积出的金属层厚度就越均匀。根据法拉第电解定律可知，阴极各部分所沉积的金属量（金属的厚度）取决于通过该部位电流的大小。故镀层厚度均匀与否，实质上就是电流在阴极镀件表面上的分布是否均匀。因此，要研究厚度的均匀性问题就必须抓住电流在阴极上的分布这一关键。

当电流通过电极时，若不考虑电极极化，则通过阴极电流的大小只与阴阳两极间的距离有关，近阴极上的电流密度大于远阴极上的电流密度，远、近阴极与阳极间距离的差值越大，则电流分布的不均匀程度也越大，通常把这种情况下的电流分布称为初次电流分布。当电极发生极化后，则电流在阴极上重新分布，这时的电流分布称为二次电流分布。距阳极不同距离的两阴极上的电流密度大小可用下式表示：

$$i_1/i_2 = 1 + \Delta l/[(1/\rho)(\Delta \varphi/\Delta i) + l_1] \tag{4-4}$$

式中，i_1、i_2 为近、远阴极电流密度；$\Delta \varphi$ 为近、远阴极电极电位差；Δi 为近、远阴极电流密度差；Δl 为近、远阴极距阳极的距离差；l_1 为近阴极离阳极的距离；ρ 为电镀液的电阻率。

由式（4-4）可以看出，阴极电流分布与电镀液的电阻率 ρ、极化率 $\Delta \varphi/\Delta i$，以及阴阳两极间的距离 l、阴极形状 Δl 有关。

$\Delta l/[(1/\rho)(\Delta \varphi/\Delta i) + l_1]$ 越小，则 $i_1/i_2 \to 1$，电流分布越均匀。显然，Δl 越小，l_1 越大，ρ 越小，$\Delta \varphi/\Delta i$ 越大越好。也就是说，阴极形状越简单，阴阳两极间距离越远，镀液导电性越好，阴极极化率越高，越有利于二次电流的均匀分布。

为了改善电镀液的分散能力，可以采取以下措施：在电镀液中加入一定量的强电解质，采用络合物电解液，加入适量的添加剂，合理安排电极的位置及距离，使用异型电极。

5. 电镀液的覆盖能力

在电镀生产中，常用到的另一个概念是覆盖能力，也称深镀能力，它是指电镀液所具有的使镀件的深凹处沉积上金属镀层的能力。分散能力和覆盖能力不同，前者是说明金属在阴极表面分布均匀程度的问题，它的前提是在阴极表面都有镀层；而后者是指金属在阴极表面的深凹处有无沉积层的问题。

4.1.5　电极反应机理

1. 电极电位

当金属电极浸入含有该金属离子的溶液中时，存在如下的平衡，即金属失电子而溶解于溶液的反应和金属离子得电子而析出金属的逆反应同时存在：

$$M^{n+} + ne^- \rightleftharpoons M$$

当无外加电压时，正、逆反应很快达到动态平衡，表面上，反应似乎处于停顿状态。这时，电极金属和溶液中的金属离子之间建立所谓平衡电位。但由于反应平衡建立以前，以金属失电子的氧化反应为主，电极上有多余的电子存在，而靠近电极附近的溶液区有较多的金属离子，即在金属与溶液的交界处出现双电层，如图 4-2 所示。由于形成双电层就产生了电位差，这种由金属与该金属盐溶液界面之间产生的电位差称为该金属的电极电位。

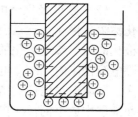

图 4-2　双电层结构

平衡电位与金属的本性和溶液的温度、浓度有关。为了精确比较物质本性对平衡电位的影响，人们规定当溶液温度为 25℃、金属离子的浓度为 1mol/L 时，测得的电位称为标准电极电位。表 4-1 列出了标准电极电位 $\varphi^{\ominus}$ 的数值。标准电极电位的高低反映了金属的氧化还原能力。标准电极电位负值较大的金属都易失掉电子被氧化，而标准电极电位正值较大的金属都易得到电子被还原。

表 4-1　标准电极电位 $\varphi^{\ominus}$

电　极	$\varphi^{\ominus}$/V	电　极	$\varphi^{\ominus}$/V
Li^+/Li	-3.045	In^+/In	-0.25
K^+/K	-2.925	Ni^{2+}/Ni	-0.25
Ba^{2+}/Ba	-2.90	Sn^{2+}/Sn	-0.136
Ca^{2+}/Ca	-2.87	Pb^{2+}/Pb	-0.126
Na^+/Na	-2.71	Fe^{3+}/Fe	-0.036
Mg^{2+}/Mg	-2.37	$2H^+/H_2$	0.00
Ti^{2+}/Ti	-1.63	Sn^{4+}/Sn	0.005
Al^{3+}/Al	-1.66	Cu^{2+}/Cu	0.337
Mn^{2+}/Mn	-1.18	Cu^+/Cu	0.52
Zn^{2+}/Zn	-0.763	Ag^+/Ag	0.799
Cr^{3+}/Cr	-0.74	Pb^{4+}/Pb	0.80
Fe^{2+}/Fe	-0.44	Pt^{2+}/Pt	1.2
Cd^{2+}/Cd	-0.403	$2H^+/O_2$	1.23
In^{3+}/In	-0.34	Au^{3+}/Au	1.50
Co^{2+}/Co	-0.277	Au^+/Au	1.7

2. 极化

所谓极化就是指有电流通过电极时，电极电位偏离平衡电极电位的现象，所以又把电流-电位曲线称为极化曲线。电极上电流密度越大，电极电位偏离平衡电位的绝对值越大。阳极极化时，电极电位随电流密度增大而不断变正；阴极极化时，其有极电位随电流密度增大而不断变负。通常把某一电流密度下电极电位与平衡电位的差值称过电位 $\Delta\varphi$，即 $\Delta\varphi = \varphi -$

$\varphi_{\text{平}}$。过电位由电化学极化过电位、浓差极化过电位和溶液的欧姆电压降构成，用来定量地描述电极极化的状况。产生极化作用的原因主要是电化学极化和浓差极化。

（1）电化学极化　由于阴极上电化学反应速度小于外电源供给电极电子的速度，从而使电极电位向负的方向移动而引起的极化作用，称为电化学极化（阴极极化）。图4-3所示为阴极极化曲线，它显示出阴极过电位 $\Delta\varphi = \varphi_k - \varphi_{\text{平}}$ 与电流密度的关系。电化学极化的特征是：在相当低的阴极电流密度下，阴极电位就出现急剧变负的偏移，也就是出现较大的极化值，过电位较大。

（2）浓差极化　由于邻近电极表面液层的浓度与溶液主体的浓度发生差异而产生的极化称浓差极化，这是由于溶液中离子扩散速度小于电子运动速度造成的。图4-4所示为浓差极化曲线。浓差极化的特征是：当 $i \ll i_l$（极限电流密度）时，即阴极的电流密度远小于极限电流密度时，随着电流密度的提高，阴极电位 φ 与平衡电极电位 $\varphi_{\text{平}}$ 相比较，其值变化不大，即浓差过电位的值不大。当 $i \to i_l$ 时，即阴极的电流密度接近极限电流密度时，阴极表面液层中放电的反应离子浓度接近于零，阴极电位迅速向负变化，即阴极极化的过电位增加很大，从而达到完全浓差极化。

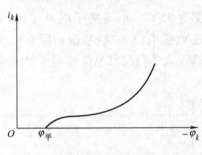

图4-3　阴极极化曲线

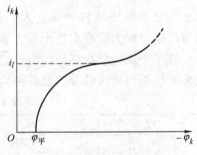

图4-4　浓差极化曲线

4.1.6　金属的电沉积过程

电镀过程是镀液中的金属离子在外电场的作用下，经电极反应还原成金属原子并在阴极上进行金属沉积的过程。图4-5所示为电沉积过程。完成电沉积过程必须经过三个步骤：①液相传质，即镀液中的水化金属离子或络离子从溶液内部向阴极界面迁移，到达阴极的双电层溶液一侧；②表面转化和电化学反应，即水化金属离子或络离子通过双电层，并去掉它周围的水化分子或配位体层，从阴极上得到电子生成金属原子（吸附原子）；③电结晶，即金属原子沿金属表面扩散到达结晶生长点，以金属原子态排列在晶格内，形成镀层。

电镀时，以上三个步骤是同时进行的，但进行的速度不同，速度最慢的一个被称为整个沉积过程的控制性环节。不同步骤作为控制性环节，最后的电沉积结果

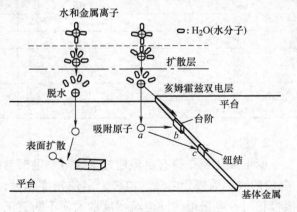

图4-5　电沉积过程

是不一样的。因此，有必要对以上三个步骤及不同步骤作为控制性环节时对电沉积结果的影响进行分析。

1. 液相传质步骤

液相传质有三种方式：电迁移、对流和扩散。在通常的镀液中，除放电金属离子外，还有大量由附加盐电离出的其他离子，使得向阴极迁移的离子中放电金属离子占的比例很小，甚至趋近于零。因此，电迁移作用可略去不计。如果镀液中没有搅拌作用，则镀液流速很小，近似处于静止状态，此时对流的影响也可以不予考虑。扩散传质是溶液里存在浓度差时出现的一种现象，是物质由浓度高的区域向浓度低的区域的迁移过程。电镀时，靠近阴极表面的放电金属离子不断地进行电化学反应得电子析出，从而使金属离子不断地被消耗，于是阴极表面附近放电金属离子的浓度越来越低。这样，在阴极表面附近出现了放电金属离子浓度高低逐渐变化的溶液层，称为扩散层。扩散层两端存在的放电离子的浓度差推动金属离子不断地通过扩散层扩散到阴极表面。因此，扩散总是存在的，它是液相传质的主要方式。

假如传质作为电沉积过程的控制环节，则电极以浓差极化为主。由于在发生浓差极化时，阴极电流密度要较大，并且达到极限电流密度 i_1 时，阴极电位才急剧向负偏移，这时很容易产生镀层缺陷。因此，电镀生产不希望传质步骤作为电沉积过程的控制环节。

2. 表面转化和电化学反应步骤

水化金属离子或络离子通过双电层到达阴极表面后，不能直接放电生成金属原子，而必须经过在电极表面上的转化过程。水化程度较大的简单金属离子转化为水化程度较小的简单离子，配位数较高的络合离子转化为配位数较低的络合金属离子，然后，才能进行得电子的电化学反应。例如：在碱性氰化物镀锌时，电化学反应为

$$Zn(OH)_4^{2-} = Zn(OH)_2 + 2OH^-（配位数减少）$$
$$Zn(OH)_2 + 2e^- = Zn + 2OH^-（脱去配位体）$$

金属离子在电极上通过与电子的电化学反应生成吸附原子。如果电化学反应速度无穷大，那么电极表面上的剩余电荷没有任何增减，金属与溶液界面间电位差无任何变化，电极反应在平衡电位下进行。实际上，电化学反应速度不可能无穷大，金属离子来不及把外电源输送过来的电子立即完全消耗掉。于是，电极表面上积累了更多电子，相应地改变了双电层结构，电极电位向负的方向移动，偏离了平衡电位，引起电化学极化。假如电化学步骤作为电沉积过程的控制环节，则电极以电化学极化为主。电化学极化对获得良好的细晶镀层非常有利，它是人们寻求最佳工艺参数的理论依据。

3. 电结晶步骤

电结晶是指金属原子达到金属表面之后，按一定规律排列形成新晶体的过程。金属离子放电后形成的吸附原子在金属表面移动，寻找一个能量较低的位置，在脱去水化膜的同时，进入晶格。在图 4-5 中的 a、b、c 三个位置，晶粒的自由表面不同，金属原子在自由表面多的位置上受到晶格中其他原子所吸引较小，其能量较高。因此，a、b、c 三个位置的能量依次下降。显然，金属原子将首先进入能量低的位置，因此晶面的生长只能在 c 或 b、c 这样的"生长点"或"生长线"上。外电流密度的大小决定了电结晶按不同的生长方式进行。

在外电流密度较小，过电位较低的情况下，金属离子在阴极上还原的数量不多，吸附原子的能量较小，且晶体表面上"生长点"和"生长线"也不多。吸附原子在电极表面上的扩散相当困难，表面扩散控制着整个电结晶速度。电结晶过程主要是在基体原有的晶体上继

续生长，很少形成新的晶核。在这种生长方式下，晶粒长得比较粗大。如果晶面的生长完全按照图所示的方式进行，则当每一层面长满以后，"生长点"和"生长线"就消失了，晶体的继续增长就要形成新晶核。实际上，绝大多数实际晶体的生长都不是如此。在实际晶体中，由于包含螺旋位错以及其他缺陷，晶面围绕着螺旋位错线生长，"生长线"就永远不会消失。

随着外电流密度增加，过电位增大，吸附原子的浓度逐渐变大，晶体表面上的"生长点"和"生长线"也大大增加。由于吸附原子扩散的距离缩短，表面扩散变得容易，所以来不及规则地排列在晶格上。吸附原子在晶体表面上的随便"堆砌"，使得局部地区不可能长得过快，所获得的晶粒自然细小。这时放电步骤控制了电结晶过程。

在外电流密度相当大，过电位绝对值很大的情况下，电极表面上形成大量吸附原子，它们有可能聚集在一起，形成新的晶核。极化越大，晶粒越容易形成，所得晶粒越细小。为了获得细致光滑的镀层，电镀时总是设法使得阴极极化大一些。但是单靠提高电流密度增大电镀过程的阴极极化也是不行的。因为电流密度过大时，电化学极化增大得不多，而浓差极化却增加得很厉害，结果反而得不到良好的镀层。

4.1.7　影响电镀质量的因素

影响电镀质量的因素很多，包括镀液的各种成分以及各种电镀工艺参数。下面就其中一些主要因素进行讨论。

1. pH 值的影响

镀液中的 pH 值可以影响氢的放电电位，碱性夹杂物的沉淀，还可以影响络合物或水化物的组成以及添加剂的吸附程度。但是，对各种因素的影响程度一般不可预见。最佳的 pH 值往往要通过试验决定。在含有络合剂离子的镀液中，pH 值可能影响存在的各种络合物的平衡，因而必须根据浓度来考虑。电镀过程中，若 pH 值增大，则阴极效率比阳极效率高，pH 值减小则反之。通过加入适当的缓冲剂可以将 pH 值稳定在一定范围。

2. 添加剂的影响

镀液中的光亮剂、整平剂、润湿剂等添加剂能明显改善镀层组织。这些添加剂有无机添加剂和有机添加剂之分。无机添加剂起作用的原因是它们在电解液中形成高分散度的氢氧化物或硫化物胶体，吸附在阴极表面阻碍金属析出，提高阴极极化作用。有机添加剂起作用的原因是这类添加剂多为表面活性物质，它们会吸附在阴极表面形成一层吸附膜，阻碍金属析出，因而提高阴极极化作用。另外，某些有机添加剂在电解液中形成胶体，会与金属离子络合形成胶体-金属离子型络合物，阻碍金属离子放电而提高阴极极化作用。

3. 电流密度的影响

任何电镀液都必须有一个能产生正常镀层的电流密度范围。当电流密度过低时，阴极极化作用较小，镀层结晶粗大，甚至没有镀层。随着电流密度的增加，阴极极化作用随着增加，镀层晶粒越来越细。当电流密度过高，超过极限电流密度时，镀层质量开始恶化，甚至出现海绵体、枝晶状、烧焦及发黑等。电流密度的上限和下限是由电镀液的本性、浓度、温度和搅拌等因素决定的。一般情况下，主盐浓度增大，镀液温度升高，以及有搅拌的条件下，可以允许采用较大的电流密度。

4. 电流波形的影响

电流波形的影响是通过阴极电位和电流密度的变化来影响阴极沉积过程的，它进而影响镀层的组织结构，甚至成分，使镀层性能和外观发生变化。实践证明，三相全波整流和稳压直流相当，对镀层组织几乎没有什么影响，而其他波形则影响较大。例如：单相半波会使镀铬层产生无光泽的黑灰色，单相全波会使焦磷酸盐镀铜及铜锡合金镀层光亮。

5. 温度的影响

镀液温度的升高能使扩散加快，降低浓差极化。此外，升温还能使离子的脱水过程加快。离子和阴极表面活性增强，也降低了电化学极化，导致结晶变粗。另一方面，温度升高能增加盐类的溶解度，从而增加导电和分散能力；还可以提高电流密度上限，从而提高生产效率。

6. 搅拌的影响

搅拌可降低阴极极化，使晶粒变粗，但可提高电流密度，从而提高生产率。此外，搅拌还可增强整平剂的效果。

4.2　电镀预处理

4.2.1　预处理的目的和重要性

1. 预处理的目的

材料的实际表面，例如金属材料表面，存在加工硬化层、氧化层、吸附气体层以及污染层（见图2-3）；工业环境中除了氧和水蒸气外，可能存在 CO_2、SO_2、NO_2 等各种污染气体，它们吸附于金属表面生成各种化合物，污染气体的化学吸附和物理吸附层中常存在有机物、盐等，与金属表面接触后也留下痕迹（见图2-4）。实际表面还可能有毛刺、毛边、结瘤、锈层、灰渣、固体颗粒、手汗等复杂情况。因此，预处理的主要目的是通过各种方法使工件的表面几何形状和洁净程度达到电镀的要求，镀层能获得良好的附着力、耐蚀性和外观质量。有些情况下电镀预处理存在特殊性。例如：对于非金属基体材料，除常规的预处理外，还要采用化学镀、喷镀、真空蒸镀、涂覆导电漆或胶等方法，使非金属基材表面金属化或具有导电性。对于铝合金、镁合金、锌合金等活泼金属基体，为提高镀层与基体的附着力，还要对基体进行预镀、预浸等预处理，如闪镀铜、预镀中性镍等。

2. 预处理的重要性

在电镀生产中，选择预处理方法，正确安排预处理程序，是获得优质镀层的重要前提。许多电镀件的质量事故不是由于电镀工艺本身，而是由于预处理不当造成的。实际使用的基体材料种类繁多，加工过程及存放环境也不尽相同，工件表面状况存在较大的差异，并且对镀层的要求往往不同，因此电镀前要按照实际状况和具体要求做好预处理工作。

4.2.2　预处理方法

电镀预处理工艺主要包括整平、脱脂、除锈和活化处理等工艺。

1. 整平

预处理的第一步，是要使表面粗糙度达到一定的要求。可选用的方法有磨光、机械抛光、滚光、刷光和喷砂等。

2. 脱脂

预处理的第二步是脱脂。镀件在机械加工、半成品存放运输中都会黏附上各种油脂，无论多少，都必须在镀前除尽。可选用的方法有化学脱脂、电化学脱脂、有机溶剂脱脂、超声波脱脂、表面活性剂脱脂等。

3. 除锈和氧化皮（膜）

通常利用化学和电化学方法，通过一定的浸蚀液来除去镀件表面的锈蚀物、氧化皮（膜）。浸蚀前务必脱脂，否则浸蚀液不能与金属氧化物充分接触，达不到预期效果。浸蚀液要根据镀件材质和氧化物的性质来选择。例如：一般钢铁镀件表面氧化物的成分是 FeO、Fe_2O_3 和 Fe_3O_4，通常选用硫酸、盐酸或它们的混合液来浸蚀。对于许多含有铬、镍、硅、铝等元素的合金钢，因镀件表面存在稳定或难溶的氧化物，还要添加硝酸等强酸，例如一个配方（质量分数）是：盐酸13%，硫酸4%，硝酸9%，余为水，温度为 $80 \sim 90℃$。具体配方较多，必须先行试验才能使用。

4. 弱浸蚀（活化处理）

弱浸蚀目的是除去工件待镀过程中所生成的薄层氧化膜，使基体暴露而处于活化状态，保证镀层与基体之间有良好的结合。弱浸蚀液浓度低，处理时间也短，从数秒到1min，并且通常在室温下进行。弱浸蚀也有化学和电化学两种方法。例如：钢铁材料的化学法弱浸蚀，一般采用质量分数为 $3\% \sim 5\%$ 的稀盐酸或稀硫酸溶液，在室温下浸蚀 $0.5 \sim 1.0min$，然后立即清洗进槽电镀。只有弱浸液是电镀液的组成之一或不污染镀液的情况下才可不经清洗而直接进入镀槽。

5. 特殊的表面调整

弱浸蚀是一种活化处理，为常用的表面调整方法，以使下一步电镀工序顺利进行。实际上，表面调整除弱浸蚀外，还有浸渍沉积、置换镀、预镀等方法，有的在基体表面沉积晶核来提高镀层的结晶质量，而有的在基体表面预镀其他金属以改变基体表面的电化学状态。

例如铝及铝合金是一类属于难电镀的金属，其困难在于：铝与氧亲合力强，铝极易氧化；铝是两性金属，在酸、碱中均不稳定；铝的电位很负（标准电位 $-1.56V$），在镀液中容易与具有较正电位的金属离子发生置换，影响镀层附着力；铝的膨胀系数较大，易引起镀层起泡脱落；铸造铝合金镀件的砂眼、气孔也会影响镀层的附着力。因此，铝及铝合金经整平、脱脂、浸蚀之后，还必须进行特殊的预处理。它是铝及铝合金电镀工艺中最为关键的工序。铝及铝合金的特殊预处理有多种，常用的方法有：

（1）化学浸锌处理　操作时将镀件浸入强碱性的锌酸盐溶液中，在清除铝件表面上氧化膜的同时，置换出一层薄而致密、附着力良好的锌层。

（2）化学浸锌合金处理　改善配方和工艺条件，获得一定的锌合金层，结晶细致，附着力好，接着就可直接电镀铜、镍、铬、银等金属。这个方法也克服了化学浸锌法的锌层在潮湿环境中容易发生横向腐蚀而导致表层剥落的缺点。

（3）磷酸阳极氧化处理　用这种方法制备的磷酸氧化膜具有较为均匀的微小凹凸结构、较大的孔隙率和良好的导电性，从而保证电镀层均匀细致，附着力好。

4.2.3　金属的抛光

1. 抛光的目的和种类

如上所述，电镀的预处理主要包括整平、脱脂、除锈和活化处理等工艺。其中整平，又有磨光、机械抛光、滚光、刷光和喷砂等。抛光的目的是镀件经过精磨光后，设法消除镀件表面的细微不平，进一步降低表面粗糙度值，从而使表面呈现镜面光泽。抛光一般用于装饰性或防护-装饰性电镀的预处理以及镀后的精加工，也可以单独作为制品表面精饰加工的方法。

常用的金属抛光方法有机械抛光、化学抛光、电化学抛光（电解抛光）和化学机械抛光。

2. 机械抛光

机械抛光是利用抛光轮、精细磨料（如抛光膏等）对制品表面进行轻微切削和研磨，获得平整光亮表面的过程。抛光时磨料先把凸处的氧化膜抛去，基体金属露出后又很快形成新的氧化膜，再被抛去，如此不断抛光，最终获得光亮表面。

机械抛光的劳动强度大，耗能、耗物多，抛磨下的大量粉尘严重污染环境，甚至引起剧烈的爆炸。因此，大力改进设备和工艺，加强防护措施，势在必行。

3. 化学抛光

化学抛光是将制品放在特定的酸性或碱性溶液中依靠化学浸蚀作用，获得平整光亮表面的过程。其优点是设备简单，能处理带有深孔等形状复杂的零件，生产率高；缺点是使用寿命短，溶液浓度调节和再生较为困难，并且容易产生有害气体污染环境。

化学抛光主要用于不锈钢、铜及其合金以及低碳钢，可作为电镀预处理，也可抛光后直接使用（需辅以必要的防护措施）。

4. 电化学抛光

电化学抛光是将金属制品在一定组成的溶液中进行特殊的阳极处理，获得平整光亮表面的过程，又称电解抛光、电抛光。具体来说，这是一种利用阳极的溶解的作用，使阳极凸起部分发生选择性溶解以形成平滑表面的方法。为此，必须使金属表面生成液体膜或固体膜，并通过此膜按稳速扩散的速度产生金属溶解，这要求电化学液必须同时具有能溶解金属和形成保护膜的机能。虽然该要求与化学抛光时对化学抛光液的要求完全相同，但是电化学抛光的效果通常不是依靠电化学的成分，而是依靠电极反应造成的阳极溶解或阳极氧化的效果来决定的。

电化学抛光的质量通常优于化学抛光。在化学抛光中，由于材料的质量不均匀，会引起局部电位高低不一，产生局部阴阳极区，在局部短路的微电池作用下使阳极发生局部溶解。然而，电化学抛光通过外加电位的作用可以完全消除局部阴阳极区，所以抛光效果更好。它与机械抛光相比，不仅抛光效果好，而且操作简便，抛光厚度易于控制，抛光速度快，能抛形状复杂工件，并且不改变工件的几何形状和金相组织，以及便于自动化生产，节省原材料和劳动力，故有良好的发展前景。

电化学抛光既可作为镀前预处理、镀后表面的精饰，又可作为金属制品的独立精饰方法。现在它也是半导体材料进行抛光的一种方法。

5. 化学机械抛光

化学机械抛光是制品通过化学和机械两者的共同作用，获得平整光亮表面的过程。在化学机械抛光设备中有制品（工件）、抛光浆料和抛光垫三个组成部分。抛光浆料含有腐蚀剂、成膜剂和助剂、磨料粒子。抛光垫通常是由多孔弹塑性材料制成。加入抛光浆料后，工件与抛光垫之间形成一层抛光浆料膜，工件在压盘施加压力的作用下与抛光垫接触。在抛光过程中，抛光浆料的各种化学物质和磨料粒子流动于工件与抛光垫之间，这样工件在化学和机械的共同作用下逐步实现表面的抛光。

抛光浆料按 pH 值大致可以分为两类：①酸性抛光浆料，通常含氧化剂、助氧化剂、抗蚀剂（又称成膜剂）、均蚀剂、pH调制剂和磨料粒子；②碱性抛光浆料，通常含络合剂、氧化剂、分散剂、pH调制剂和磨料粒子。由于碱性抛光浆料只有在强碱中才有很宽的腐蚀范围，故其应用远不如酸性抛光浆料。抛光浆料的配制和选用是重要的，其应满足抛光速率快、抛光均匀、抛后易清洗、不损伤表面等要求。

化学机械抛光避免了机械抛光易损伤工件表面和化学抛光速度慢、抛光一致性差等缺点，显著提高抛光质量，因而受到人们的重视。化学机械抛光技术原主要用于集成电路和超大规模集成电路中对基体材料硅晶片的抛光，后来应用领域迅速扩大。目前，其他材料包括金属的化学机械抛光已被深入研究和扩大应用。

4.3　单金属电镀和合金电镀

4.3.1　单金属电镀

1. 常用的单金属电镀层

（1）锌镀层　锌是一种银白色的两性金属，既溶于酸又溶于碱。相对原子质量为65.38，密度为7.17g/cm³，熔点为420℃。锌在空气中稳定；在潮湿空气中，表面会生成碱式碳酸锌薄膜，阻止其继续腐蚀；在潮湿的海洋性大气中，耐蚀性较差。锌的标准电极电位为-0.76V，比铁更负，所以在铁基体上的阳极性镀层，又称牺牲性镀层，即使铁基体未被锌镀层完全覆盖，也能因锌镀层的"牺牲"而受到保护。锌镀层经过一定化学处理后，表面形成一层钝化膜，使其耐蚀性显著提高。镀锌后在特殊的染料溶液中浸渍，经干燥再涂清漆，便可得到各种颜色的镀层。锌的蕴藏量丰富，而且提炼较为方便。因此，锌镀层广泛用于机械、五金、电子、交通、轻工以及仪器仪表等领域，是应用最广的镀层之一。

（2）铜镀层　铜是玫瑰红色的金属，具有延展性，导电性和导热性好，相对原子质量为63.54，密度为8.9g/cm³，熔点为1083℃。铜在化合物中有一价和二价两种价态，为$\phi^\circ_{Cu^+/Cu} = +0.52V$，$\phi^\circ_{Cu^{2+}/Cu} = +0.34V$。铜的化学稳定性较差：在空气中，表面易生成氧化膜或碱式碳酸铜；遇硫化物，会生成棕色或黑色的硫化铜。因此，铜镀层通常不单独用作防护装饰性镀层，而是作为重要的中间镀层来改善基体与其他镀层的附着力或防止某些基体金属被某些镀液腐蚀。铜镀层经化学处理后做其他精饰处理，可得到美丽的外观，用于表面装饰。此外，铜镀层还用作防渗碳镀层、印制电路板的通孔镀层、塑料电镀的中间层等。

（3）镍镀层　镍是白色微黄的金属，具有铁磁性，相对原子质量为58.7，密度为8.9g/cm³，标准电极电位为-0.25V。在空气中镍表面易形成薄的钝化膜，因而具有较高的化学稳定性。在常温下镍能抵御大气、水和碱液的浸蚀，在碱、盐、有机酸中稳定，但在硫酸和盐酸中缓慢溶解，易溶于稀硝酸。镍镀层可用作防护装饰性镀层，要求具有较高的耐蚀性，并按需要处理成全光亮、半光亮或缎面等外观。然而，一般镍镀层都是多孔的，除少数产品直接使用外，常与其他镀层组合，用作中间层。

（4）铬镀层　铬是稍带蓝色的银白色金属，相对原子质量为52.00，密度为6.9~7.1g/cm³（电解铬），熔点为1890℃，硬度为750~1050HV。铬在未钝化时的标准电极电位-0.74V，比铁负，但铬表面在空气中极易钝化，电位改变为+1.36V，比铁正，此时对钢铁基体来说，铬镀层属阴极性镀层，仅起机械保护作用。铬镀层按用途可以分为以下两类：

1）装饰性铬镀层。该镀层通常是经抛光或电沉积的光亮镀层（如光亮镍层、铜-锡合金层），再镀上 $0.25 \sim 2\mu m$ 的铬层。它广泛用于仪器、仪表、电器、日用五金、汽车、摩托车、自行车等的外部件。

2）功能性铬镀层。该镀层直接镀在基体金属上，厚度为 $2.5 \sim 500\mu m$。根据所用的功能，又分为硬铬层、松孔铬层、黑铬层、乳白铬层等。硬铬层主要用于要求较高的硬度与耐磨性能的零件，虽然采用普通的镀铬液，但其在工艺上有许多特殊的要求。松孔铬层是在镀硬铬前后进行适当的处理，产生点状或沟状的松孔，具有被润滑油浸润的功能，常用于活塞环、气缸、转子发动机内腔等需要承受重负荷的机械摩擦件上。黑铬层主要用于需要消光而又耐磨的零件。乳白铬层主要用于各种量具上。

（5）锡镀层 锡有三种同素异形体：白锡（β 型），灰锡（α 型）和脆锡（γ 型）。常见的是白锡，为银白色金属，密度为 $7.31g/cm^3$，熔点为 231.93℃。锡的相对原子质量为 118.69。它有两种化合价，即二价和四价，其标准电极电位分别为 $\phi^{\circ}_{Sn^{2+}/Sn} = -0.136V$，$\phi^{\circ}_{Sn^{4+}/Sn} = +0.15V$。目前镀锡的最大用途是制作镀锡铁板，即马口铁，用于制造各种罐子。在密闭的容器中，铁基体上的锡镀层是阳极性镀层，而溶解下来的锡对人体的毒性也很小。在空气中，锡镀层对于铁基体是阴极性镀层，只有当其厚度高于 $15\mu m$ 时，才能大大降低孔隙率，获得较好的耐蚀效果。锡镀层的另一个重要用途是在电子工业领域。锡的熔点低，硬度小，具有良好的钎焊性。

2. 单金属电镀工艺

电镀工艺过程一般包括以下三个阶段：

（1）镀前预处理 如前所述，预处理按实际要求有多个目的，但主要是设法得到干净新鲜的金属表面，为最后获得高质量镀层做准备。

（2）电镀 包括工艺规范、镀液的配制、成分和工艺条件的控制、添加剂、电极反应、镀液的维护、故障及处理等内容，以保证获得高质量的镀层。

（3）镀后处理 许多镀件在电镀完成后要进行镀后处理，主要有：

1）钝化处理。所谓钝化处理是指在一定的溶液中进行化学处理，在镀层上形成一层坚实致密的、稳定性高的薄膜的表面处理方法。钝化使镀层耐蚀性大大提高并能增加表面光泽和抗污染能力。这种方法用途很广，镀 Zn、Cu 及 Ag 等后，都可进行钝化处理。

2）除氢处理。有些金属（如锌）在电沉积过程中，除自身沉积出来外，还会析出一部分氢，这部分氢渗入镀层中，使镀件产生脆性，甚至断裂，称为氢脆。为了消除氢脆，往往在电镀后，使镀件在一定的温度下热处理数小时，称为除氢处理。

现以电镀镍为例，简要说明其电镀工艺的主要参数。

镀镍可用作表面镀层，也可作为多层电镀的底层或中间层。表 4-2 是常见的几种镀镍液的配方及工艺条件。其中瓦特镀液应用最广泛；氨基磺酸盐型镀液在一定条件下可得到无应力镀层，因而有其特殊的用途。

表 4-2 镀镍液的配方及工艺条件

溶液各组成的质量浓度/（g/L）		pH 值	温度/℃	电流密度/（A/dm²）	备 注
硫酸镍	250～300	4.1～4.6	50～60	3～4	加入光亮剂，镀得光亮镍层
氯化镍	40～50				
硼 酸	30～45				

（续）

溶液各组成的质量浓度/（g/L）		pH 值	温度/℃	电流密度/（A/dm²）	备　　注
硫酸镍	240~330				
氯化镍	37~52	3~5	45~65	2.5~10	瓦特（Watts）镀液
硼　酸	30~45				
氨基磺酸镍	500~600				
氯化镍	5~10	3.8~4.2	60~70	5~20	可获得无应力的镀层
硼　酸	40				

4.3.2　合金电镀

在阴极上同时沉积出两种或两种以上金属，形成结构和性能符合要求的镀层的工艺过程，称为合金电镀。合金镀层具有许多单金属镀层所不具备的特殊性能，如外观、颜色、硬度、磁性、半导体性、耐蚀以及装饰等方面的性能。此外，通过合金电镀还可以制取高熔点和低熔点金属组成的合金，以及具有优异性能的非晶态合金镀层。研究两种或两种以上金属的共沉积，无论在实践或理论上，都比单金属沉积更复杂，需要考虑的因素太多。因此，合金电镀工艺发展得比较缓慢。这里仅对两元合金电镀的基本原理及应用做一简单介绍。

1. 合金电镀基本原理

（1）金属共沉积的条件　两种金属离子共沉积除具备单金属离子电沉积的条件外，还必须具备下面两个条件：

1）两种金属中至少有一种金属能从其盐类的水溶液中沉积出来。有些金属，如钨、钼等虽不能从其盐的水溶液中沉积出来，但它可以与铁族金属一同共沉积。

2）两种金属的析出电位要十分接近，如果相差太大的话，电位较正的金属将优先沉积，甚至完全排斥电位较负金属析出。

共沉积条件的表达式为

$$\varphi_1^{\ominus} + \frac{LT}{n_1 F}\ln a_1 + \Delta\varphi_1 = \varphi_2^{\ominus} + \frac{LT}{n_2 F}\ln a_2 + \Delta\varphi_2 \tag{4-5}$$

式中，$\varphi_1^{\ominus}$、a_1、$\Delta\varphi_1$ 及 n_1 为第一种金属的标准电极电位、离子活度、析出过电位、平衡电极反应中该金属离子的价数；$\varphi_2^{\ominus}$、a_2、$\Delta\varphi_2$ 及 n_2 为第二种金属的标准电极电位、离子活度、析出过电位、平衡电极反应中该金属离子的价数；L 是阿伏加德罗常数；F 为法拉第常数；T 为温度。若用质量分数 w 近似代替活度 a 时，上式可表达为

$$\varphi_1^{\ominus} + \frac{0.0592}{n_1}\ln w_1 + \Delta\varphi_1 = \varphi_2^{\ominus} + \frac{0.0592}{n_2}\ln w_2 + \Delta\varphi_2 \tag{4-6}$$

根据式（4-6）可知，要使两种金属析出电位接近，以实现金属共沉积，一般可采用如下方法：

1）改变镀液中金属离子的浓度。增大较活泼金属的浓度使它的电位正移，或者降低较贵金属离子的浓度使它的电位负移，从而它们的电位接近。

2）采用络合剂。采用络合剂是使电位差相差大的金属离子实现共沉积最有效的方法，金属络离子能降低离子的有效浓度，使电位较正金属的平衡电位负移的绝对值大于电位较负

的金属。

3）采用适当的添加剂。添加剂在镀液中的含量比较少，一般不影响金属的平衡电位，有些添加剂能显著地增大或降低阴极极化，明显地改变金属的析出电位。

（2）合金共沉积的类型　根据镀液组成和工作条件的各个参数对合金沉积层组成的影响特征，可将合金共沉积分为以下五种类型：

1）正则共沉积。正则共沉积过程的特征是基本上受扩散控制。电镀参数（包括镀液组成和工艺条件）通过影响金属离子在阴极扩散层中的浓度变化来影响合金镀层的组成。因此，可增加镀液中金属的总含量，降低电流密度，提高温度和增强搅拌等增加阴极扩散层中金属离子的浓度的措施，都会增加电位较正金属在合金中的含量。正则共沉积主要出现在单盐镀液中。

2）非正则共沉积。非正则共沉积的特征是过程受扩散控制的程度小，主要受阴极电位的控制。在这种共沉积过程中，某些电镀参数对合金沉积的影响遵守扩散理论，而另一些却与扩散理论相矛盾。与此同时，对于合金共沉积的组成影响，各电镀参数表现都不像正则共沉积那样明显。非正则共沉积主要出现在采用络合物沉积的镀液体系。

3）平衡共沉积。当两种金属从处于化学平衡的镀液中共沉积时，这种过程称为平衡共沉积。平衡共沉积的特点是在低电流密度下（阴极极化不明显）合金沉积层中的金属含量比等于镀液中的金属含量比。只有很少几个共沉积过程属于平衡共沉积体系。

4）异常共沉积。异常共沉积的特点是电位较负的金属反而优先沉积，它不遵循电化学理论，而在电化学反应过程中还出现其他特殊控制因素，因而超脱了一般的正常概念，故称为异常共沉积。对于给定的镀液，只有在某种浓度和某种工艺条件下才出现异常共沉积，而在另外的情况下则出现其他共析形态。异常共沉积较少见。

5）诱导共沉积。钼、钨和钛等金属不能自水溶液中单独沉积，但可与铁族金属实现共析，这一过程称为诱导共析。同其他共沉积比较，诱导共沉积更难推测各个电镀参数对合金组成的影响。通常把能促使难沉积金属共沉积的铁族金属称为诱导金属。

前面三种共沉积形态可统称为常规共沉积，它们的共同点是两金属在合金共沉积层中的相对含量可以定性地依据它们在对应溶液中的平衡电位业推断，而且电位较正的金属总是优先沉积。后面两种共沉积统称为非常规共沉积。表 4-3 是五种类型合金共沉积的典型示例。

表 4-3　合金共沉积的典型示例

类　　型	示　　例	类　　型	示　　例
正则共沉积	Ag-Pb，Cu-Pb	异常共沉积	Zn-Ni，Fe-Zn
非正则共沉积	Ag-Cd，Cu-Zn		
平衡共沉积	Pb-Sn，Cu-Bi	诱导共沉积	Ni-W，Co-W

（3）镀液组分对合金电镀的影响　镀液组成的影响包括以下四个方面：

1）镀液中金属浓度比的影响。影响合金组成的最重要的因素是金属离子在溶液中的浓度比。对于正则共沉积，提高镀液中不活泼金属的浓度，使镀层中不活泼金属的含量也按比例增加。对于非正则共沉积，虽然提高镀液中不活泼金属的浓度，镀层中的不活泼金属的含量也随之提高，但却不成比例。

2）镀液中金属总浓度的影响。在金属浓度比不变的情况下，改变镀液中金属的总浓度，在正则共沉积时将提高不活泼金属的含量，但没有改变该金属浓度时那么明显；对非正则共沉积的合金组分影响不大，而且与正则共沉积不同，增大总浓度，不活泼金属在合金中的含量视金属在镀液中的浓度比而定，可能增加也可能降低。

3）络合剂浓度的影响。在采用单一络合剂同时络合两种离子的镀液中，如果络合物含量增加，使其中某一金属的沉积电位比另一种金属的沉积电位变负得多，则该金属在合金镀层中的含量就下降。例如镀黄铜，铜氰络离子比锌氰络离子稳定，增加氰化物浓度，铜的析出较困难，合金中铜含量将降低。在两种金属离子分别用不同的络合剂络合的镀液中，如氰化物镀铜锡合金，铜呈氰化络离子，锡被碱络合，它们在同一体系中，增加氰化物含量，铜放电困难，合金中铜则减少，同样用碱可方便地调节锡在合金中的含量。因此，铜锡合金电镀中调节合金成分比较方便。

4）pH值的影响。在含简单离子的合金镀液中，pH值的变化对镀层组成影响不大。在含络离子的镀液中，pH值的变化往往影响络合离子的组成与稳定性，对镀层组成影响较大。但pH值的变化对镀层物理性能的影响比对其组成的影响更大，故对电镀一些特殊的合金，控制镀液的pH值是很重要的。

（4）工艺参数对合金电镀的影响　工艺参数的影响包括以下三个方面：

1）电流密度的影响。在合金电镀时，一般情况下提高电流密度会使阴极极化程度加大，从而有利于电位较负金属的析出，即镀层中电位较负金属的含量升高。在少数情况下，也会出现一些反常现象，有的金属含量在电流密度变化时会出现最大值或最小值。这除了几种离子之间的相互影响外，还有在电流密度变化时，几种金属极化值发生不同的变化，有可能是电位较正的金属沉积困难而引起的。

2）温度的影响。温度升高，扩散和对流速度加快，阴极表面液层中优先沉积的电位较正的金属易得到补充，加速了该金属的沉积，于是镀层中电位较正金属含量增加。温度升高，将会提高阴极电流效率，电流效率提高得较多的金属，不管它的电位高低，都会增加它在沉积合金中的含量。

3）搅拌的影响。搅拌使扩散层内电位较正的金属离子的浓度提高，结果该金属在沉积合金中的含量提高。

2. 电镀铜锡合金

现以电镀铜锡合金为例说明合金电镀的一些情况。铜锡合金，俗称青铜，根据镀层中锡的含量可将其分为三种。镀层中锡的质量分数在15%以下的为低锡青铜，在15%~40%之间的为中锡青铜，大于40%的为高锡青铜。随铜含量升高，合金颜色由白经黄到红变化。铜锡合金镀层具有孔隙率低，耐蚀性好，容易抛光及可直接套铬等优点，是目前应用最广泛的合金镀层之一。电镀铜锡合金主要采用氰化物-锡酸盐镀液，该工艺最成熟，应用最广泛。电镀青铜的工艺规范见表4-4。

表4-4　电镀青铜的工艺规范

类　型		低　锡	中　锡	高　锡
镀液各组成的质量浓度/（g/L）	氰化亚铜	20~25	12~14	13
	锡酸钠	30~40		100
	氯化亚锡		1.6~2.4	

（续）

类　型		低　锡	中　锡	高　锡
镀液各组成的 质量浓度/（g/L）	游离氰化钠	4～6	2～4	10
	氢氧化钠	20～25		15
	三乙醇胺	15～20		
	酒石酸钾钠	30～40	25～30	
	磷酸氢二钠		50～100	
	明胶		0.3～0.5	
工艺参数	pH 值		8.5～9.5	
	温度/℃	55～60	55～60	64～66
	电流密度/（A/dm²）	1.2～2	1.0～1.5	8

电镀青铜镀液中，氰化亚铜、锡酸钠或氯化亚锡为主盐，提供在阴极析出的金属，两种金属离子的浓度比对合金镀层的成分起决定作用。随镀液中铜、锡离子的质量浓度比值降低，镀层中铜含量降低，锡含量提高。保持两种离子的质量浓度比例一定，改变溶液中金属离子的总的质量浓度，对镀层成分影响不大。

在低锡青铜镀液中，铜和锡的络合剂分别为 NaCN 和 NaOH，这两种络合剂在镀液中生成铜氰络合物。铜与锡在阴极上发生如下的析出反应：

$$[Cu(CN)_3]^{2-} = [Cu(CN)_2]^- + CN^-$$

$$[Cu(CN)_2]^- + e^- = Cu + 2CN^-$$

$$SnO_3^{2-} + 3H_2O = [Sn(OH)_6]^{2-}$$

$$[Sn(OH)_6]^{2-} + 4e^- = Sn + 6OH^-$$

电镀生产中要控制游离络合剂在适当的范围，游离的络合剂越多，络离子越稳定，不利于金属离子在阴极上的沉积。

随着电流密度的提高，镀层中锡含量有所上升。电流密度过高时，除电流效率相应地降低外，镀层外观变粗，内应力加大。若电流密度过低，则沉积速度太慢，且镀层颜色偏红。

温度的变化对镀层成分和质量有很大影响。电镀低锡青铜时，温度升高，镀层中锡含量将随之提高。若温度过高，则镀液蒸发太快，氰化物的分解加剧，造成镀液组成不稳定，从而影响镀层的成分和质量。若温度过低，则底层中锡含量下降，电流效率又降低，镀层光泽度差，阳极溶解不正常。

需要指出，金属电沉积的结晶条件与一般的结晶条件有很大的不同，尤其是合金电镀比单金属电镀更复杂，所得到的组织结构与平衡相图所确定的组成相及结构有着明显的差异。渡边辙等用硫酸亚锡（$SnSO_4$）和硫酸铜（$CuSO_4 \cdot 4H_2O$）为合金盐，固定金属离子总浓度在 0.5mol/L 不变，以不同的盐比来得到不同成分的合金，并且为防止 Cu^{2+} 和 Sn^{2+} 水解，槽液中添加浓度 1mol/L 的 H_2SO_4，同时加入不会形成夹杂和不改变镀层锡含量的整平剂，基体为多晶铁，在一定电镀规范下得到铜锡合金镀层。他们经仔细分析，发现了文献记载以外的四个亚稳合金相：正方晶体 T（Ⅰ），晶格常数 $a = b = 0.985$nm，$c = 1.1028$nm；正方晶体 T（Ⅱ），晶格常数 $a = b = 0.474$nm，$c = 1.006$nm；八角形晶体 Or，晶格常数 $a = 0.861$nm，

$b=0.419\text{nm}$，$c=0.403\text{nm}$；Cu 在 Sn 中过饱和的固溶合金 Sn（Cu）。将这些分析结果绘成镀层相图，然后沿着 Cu-Sn 平衡相图的温度轴上移至 650℃时，发现镀层相图中的相和相界，与此时 Cu-Sn 平衡相图一一对应。因此得出这样的结论：电镀 Cu-Sn 合金镀层的相结构可以看作是从 650℃淬火过程中形成的。显然，这个结论不具有普遍性，合金镀层的相结构受到许多因素的影响，要具体问题具体分析，但它说明了合金镀层相结合的复杂性。

4.4　电刷镀

4.4.1　电刷镀的基本原理和特点

1. 电刷镀的基本原理

电刷镀是电镀的一种特殊方法，又称接触镀、选择镀、涂镀、无槽电镀等。其原理与电镀原理基本相同，也是一种电化学沉积过程，受法拉第电解定律及其他电化学规律支配。它的工作原理如图 4-6 所示。将表面预处理好的工件与专用的直流电源的负极相连，作为阴极；镀笔与电源的正极连接，作为阳极。刷镀时，使棉花包套中浸满电镀液的镀笔以一定的相对运动速度在镀件表面上移动，并保持适当的压力。这样，在镀笔与镀件接触的区域，镀液中的金属离子在电场力的作用下扩散到镀件表面，在表面获得电子

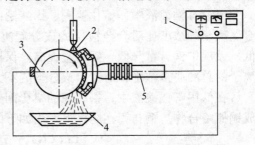

图 4-6　电刷镀的工作原理
1—电源　2—镀液　3—工件　4—集液槽　5—镀笔

而被还原成金属原子，这些金属原子沉积结晶就形成了镀层。随着刷镀时间的延长，镀层逐渐增厚，直至达到需要的厚度。

2. 电刷镀的特点

电刷镀与常规电镀（槽镀）相比，主要有下列特点：

1）设备简单，携带方便，不需要大的镀槽设备。

2）工艺灵活，凡镀笔能触及的地方均可电镀，并且用同一套设备可以在各种基材上镀覆不同镀层。

3）适宜于现场流动作业，尤其适用于不解体机件的现场维修和野外抢修，也适合于大零部件上窄缝或凹陷部位的电镀和难以入槽镀的组合件的电镀。

4）镀层种类多，附着力强，力学性能好，能保证满足各种维修的性能要求。

5）沉积速度快，是一般槽镀的 10～15 倍；需要采用高电流密度进行操作，但耗电量小，是一般槽镀的 1/10。

6）缺点是劳动强度较大，消耗镀液较多，并且要消耗阳极包缠材料。

4.4.2　电刷镀设备

电刷镀设备由专用直流电源、镀笔及供液、集液装置组成。

1. 专用直流电源

专用直流电源由整流电路、正负极性转换装置、过载保护电路及安培计（或镀层厚度

计）等几部分组成。

（1）整流电路 用于提供平稳直流输出，输出电压可无级调节，一般范围为 0～30V，输出电流为 0～150A。

（2）正负极性转换装置 用于满足电刷镀过程中各工序的需要，可任意选择阳极或阴极的电解操作。

（3）过载保护电路 用在刷镀过程中，当电流超过额定值后，快速切断主电源，以保证电源和零件不会因短路而烧坏。

（4）安培计 用于在动态下计量电刷镀消耗的电量，从而能精确地控制镀层厚度。

2. 镀笔

镀笔是电刷镀的重要工具，主要由阳极、绝缘手柄和散热装置组成，如图 4-7 所示。根据需要电刷镀的零件大小与尺度的不同，可以选用不同类型的镀笔。

（1）阳极材料 刷镀阳极材料要求具有良好的导电性，能持续通过高的电流密度，不污染镀液，易于加工等。通常使用高纯石墨、铂-铱合金及不锈钢等不溶性阳极。

（2）阳极形状 根据被镀零件的表面形状，阳极可以加工成不同形状，如圆柱、圆棒、月牙、长方、半圆、细棒和扁条等（见图 4-8），其表面积通常为被镀面的 1/3。

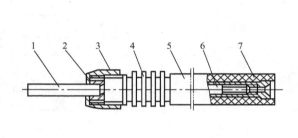

图 4-7 镀笔结构图
1—阳极 2—O 形密封圈 3—锁紧螺母 4—散热器体
5—绝缘手柄 6—导电杆 7—电缆线插座

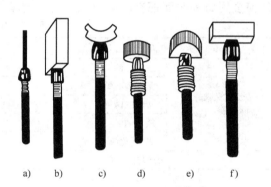

a) b) c) d) e) f)

图 4-8 各种不同形状的阳极
a）圆柱形 b）平板形 c）瓦片形
d）圆饼形 e）半圆形 f）板条形

（3）阳极的包裹 阳极需用棉花和针织套进行包裹，以贮存刷镀用的溶液（包括电镀液、酸洗液及脱脂液），防止阳极与被镀件直接接触，过滤阳极表面所溶下的石墨粒子。棉花最好选用纤维长、层次整齐的脱脂棉。套管材料要求有良好的耐磨性、吸水性，不会污染镀液，可选用涤纶或人造毛材料。包裹时厚度要适当，过厚或太薄都不好，过厚将会使电阻增大，刷镀效率降低；太薄则镀液贮存量太少，不利于热的扩散，造成过热，影响镀层质量。最佳包裹厚度要根据不同阳极而定。

（4）绝缘手柄 绝缘手柄套在用纯铜制作的导电杆外面，常用塑料或胶木制作。导电杆一头连接散热片，另一头与电源电缆接头连接。

（5）散热片 由于刷镀过程中产生大量热量，故镀笔上需要安装散热片。通常散热片选用不锈钢制作，尺寸较大的镀笔也可选用铝合金制作。

（6）镀笔的使用和保养 电刷镀过程中应专笔专用，且不可混用。镀笔和阳极在使用过程中切勿被油脂等污染。阳极包套一旦发现磨穿，应及时更换，以免阴阳两极直接接触发生短路。用毕镀笔，应及时拆下阳极，用水冲洗干净，并按镀种分别存放保管，不能混淆。

3. 供液、集液装置

刷镀时，根据被镀零件的大小，可以采用不同的方式给镀笔供液，如蘸取式、浇淋式和泵液式，关键是要连续供液，以保证金属离子的电沉积能正常进行。流淌下来的溶液一般采用塑料桶、塑料盘等容器收集，以供循环使用。

4.4.3　电刷镀溶液

电刷镀所用的溶液品种很多，根据其作用可分为四大类：预处理溶液、电刷镀镀液、钝化液和退镀液。

1. 预处理溶液

预处理溶液包括电净液和活化液。电净液的作用是用电化学方法去除被镀零件表面的油污。活化液的作用是用化学腐蚀和电解腐蚀的方法，去除被镀零件表面的氧化膜和锈斑，使其露出金属本身组织。

（1）电净液　电净液以磷酸三钠为主体，另加氢氧化钠、碳酸钠等。溶液呈碱性，对任何金属材料表面都有脱脂净化作用。电净液的配方见表4-5。

表 4-5　电净液的配方

项　　目		配方一	配方二
镀液组成的质量浓度/（g/L）	氢氧化钠	20～30	20～30
	无水碳酸钠	20～25	20～25
	磷酸三钠	40～60	40～60
	氯化钠	2～3	2～3
	OP 乳化液		5～10mL/L
操作温度/℃		室温～70	室温～70

（2）活化液　一般活化液都是酸性水溶液，具有较强的去除金属氧化物的能力。表4-6所列的是常用活化液的配方。表4-7所列的是铬活化液的配方，专用于铬、镍及其合金材料或镀铬层的表面活化。

表 4-6　常用活化液的配方

项　　目		配方一	配方二	配方三	配方四
镀液组成的质量浓度/（g/L）	硫酸	80.6			116.5
	硫酸铵	110.9			118.8
	磷酸		25.0		
	氯化钠		140.1		
	柠檬酸三钠			141.2	
	柠檬酸			94.2	
	氯化镍			3.0	
操作条件	pH 值	0.4	0.3	4	0.2
	温度/℃	室温	室温	室温	室温

表 4-7　铬活化液的配方

镀液组成的质量浓度/（g/L）	硫酸	87.5	镀液组成的质量浓度/（g/L）	氟硅酸	5.0
	硫酸铵	100.0	操作条件	pH 值	0.5
	磷酸	5.3		温度/℃	室温

2. 电刷镀镀液

电刷镀使用的金属镀液很多，有上百种，根据获得镀层的化学成分可分为三类：单金属镀液、合金镀液和复合金属镀液。

电刷镀镀液具有如下特点：金属离子含量高，导电性好；大多数镀液是金属络合物水溶液；镀液在工作过程中性能稳定，金属离子浓度和溶液的 pH 值变化不大；镀液的分散能力和覆盖能力较好；镀液无毒、不燃、无爆、腐蚀性小；添加剂种类少、用量少；镀液由专业厂生产，可长期存放。

表 4-8、表 4-9 所列分别是电刷镀镍、镍基合金所用镀液的组成和工艺参数。

表 4-8　电刷镀镍液的组成和工艺参数

	项　目	特殊镍	快速镍	低应力镍	半光亮镍
镀液组成的质量浓度/（g/L）	硫酸镍	396	254	360	300
	氯化镍	15			
	盐酸	21			
	乙酸	69		30mL/L	48mL/L
	乙酸钠			20	
	乙酸铵		23		
	对氨基苯磺酸			0.1	
	十二烷基硫酸钠			0.01	0.1
	草酸铵		0.1		
	氨水		105mL/L		
	无水硫酸钠				20
	氯化钠				20
	柠檬酸铵		56		
工艺参数	pH 值	≈0.3	3～4	3～4	2～4
	温度/℃	15～50	15～50	15～50	15～50
	工作电压/V	10～18	8～14	10～16	4～10
	阴阳极相对运动速度/（m/min）	5～10	6～12	6～10	10～14

表 4-9　电刷镀镍基合金液的组成和工艺参数

	项　目	镍钨合金	镍钨（D）合金	镍钨磷合金
镀液组成的质量浓度/（g/L）	硫酸镍	436.0	393.0	320
	钨酸钠	25.0	23.0	50
	柠檬酸钠	36.0		

（续）

项 目		镍钨合金	镍钨（D）合金	镍钨磷合金
镀液组成的质量浓度/（g/L）	柠檬酸	36.0	42.0	
	乙酸	20mL/L	20mL/L	
	硫酸钠	20.0		
	十二烷基硫酸钠	0.01	0.01	
	甲酸		32.5mL/L	
	硼酸		31.0	
	无水硫酸钠		6.5	
	氟化钠		5.0	
	硫酸钴		2.0	
	硫酸锰		2.0	
	氯化镁		2.0	
	磷酸钠			100
	氯化镍			50
	亚磷酸			20
工艺参数	pH 值	≈0.2	≈1.5	≈1.5
	温度/℃	15～50	15～50	
	工作电压/V	10～15	10～15	
	阴阳极相对运动速度/（m/min）	4～12	～12	

3. 钝化液和退镀液

（1）钝化液 用于在铝、锌、镉等金属表面生成能提高表面耐蚀性的钝态氧化膜的溶液。常用的有铬酸盐、硫酸盐及磷酸盐等的溶液。

（2）退镀液 用于退除镀件表面不合格镀层、多余镀层的溶液。退镀一般是采用电化学方法进行，在反向电流（镀件接正极）下操作。退镀液的品种较多，成分较为复杂，主要由不同的酸类、碱类、盐类、金属缓蚀剂、缓冲剂和氧化剂等组成。使用时，应注意防止退镀液对基体的过腐蚀。

4.4.4 电刷镀工艺

电刷镀一般工艺过程主要包括镀前预处理、镀件刷镀和镀后处理三大部分，每个部分又包含几道工序。操作过程中，每道工序完毕后需立即将镀件冲洗干净。

1. 镀前预处理

（1）表面整修 待镀件的表面必须平滑，故镀件表面存在的毛刺、锥度、圆度误差和疲劳层，都要用切削机床精工修理，或用砂布、金相砂纸打磨，以获得正确的几何形状和暴露出基体金属的正常组织，一般在修整后的镀件表面粗糙度 Ra 应在 $5\mu m$ 以下。对于镀件表面的腐蚀凹坑和划伤部位，可用磨石、细锉、风动指状或片段状砂轮进行开槽修形，使腐蚀坑和划痕与基体表面呈圆滑过渡。通常修形后的宽度为原腐蚀凹坑宽度的两倍以上。对于狭而深的划伤部位应适当加宽，使镀笔可以接触沟槽、凹坑底部。

（2）表面清理　表面清理指采用化学及机械的方法对镀件表面的油污、锈斑等进行清理。当镀件表面有大量油污时，先用汽油、煤油、丙酮或乙醇等有机溶剂去除绝大部分油污，然后再用化学脱脂溶液除去残留油污，并用清水洗净。若表面有较厚的锈蚀物，可用砂布打磨、钢丝刷刷除或喷砂处理，以除去锈蚀物。对于表面所沾油污和锈斑很少的镀件，不必采用上述处理方法而直接用电净法和活化法来清除油污和锈斑。

（3）电净处理　电净处理就是槽镀工艺中的电解脱脂。刷镀中对任何基体金属都用同一种脱脂溶液，只是不同的基体金属所要求的电压和脱脂时间不一样。电净时一般采用正向电流（镀件接负极），对有色金属和对氢脆特别敏感的超高强度钢，采用反向电流（镀件接正极）。电净后的表面应无油迹，对水润湿良好，不挂水珠。

（4）活化处理　活化处理用以去除镀件在脱脂后可能形成的氧化膜，并使镀件表面受到轻微刻蚀而呈现出金属的结晶组织，确保金属离子能在新鲜的基体表面上还原并与基体牢固结合，形成结合强度良好的镀层。活化时，一般采用阳极活化（镀笔接负极）。

2. 镀件刷镀

（1）刷镀打底层　由于刷镀层在不同金属上结合强度不同，有些刷镀层不能直接沉积在钢铁上，故针对一些特殊镀种要先刷镀一层打底层作为过渡，厚度一般为 0.001 ~ 0.01mm。常用的打底层镀液有以下几种：

1）特殊镍或钴镀液。用于一般金属，特别是不锈钢、铬、镍等材料和高熔点金属作为打底层，以使基体金属与镀层有良好的结合力。酸性活化后可不经水清洗，在不通电条件下用特殊镀镍液擦拭待镀表面，然后立即刷镀特殊液。

2）碱铜镀液。碱铜的结合比特殊镍差，但镀液对疏松的材料（如铸钢、铸铁）和软金属（如锡、铝等）的腐蚀性比特殊镍小，所以常作为铸钢、铸铁、锡、铝的打底层。

3）低氢脆镉镀液。对氢特别敏感的超高强度钢，经阳极电净、阴极活化后，用低氢脆镉作为打底层，可以提高镀层与基体的结合强度，并避免渗氢的危险。

（2）刷镀工作镀层　工作镀层是一种表面最终刷镀层，其作用是满足表面的力学性能、物理性能、化学性能等特殊要求。根据镀层性能的需要来选择合适的刷镀溶液。例如：用于耐磨的表面，工作镀层可以选用镍、镍-钨和钴-钨合金等。对于装饰表面，工作镀层可选用金、银、铬、半光亮镍等。对于要求耐腐蚀的表面，工作镀层可选用镍、锌、镉等。

3. 镀后处理

刷镀完毕要立即进行镀后处理，清除镀件表面的残积物，如水迹、残液痕迹等，采取必要的保护方法，如烘干、打磨、抛光、涂油等，以保证刷镀零件完好如初。

4.4.5　电刷镀的应用

1. 修复

电刷镀可修复因机械磨损、腐蚀、加工等原因造成的零件表面缺陷（如凹坑、蚀斑、孔洞和划伤等）以及零件表面尺寸和零件形状与位置精度的超差。

2. 强化

电刷镀可用来对零件表面进行强化处理，提高硬度、耐磨性、减摩性、抗氧化能力等。

3. 改性

电刷镀可用来改善零件材料表面的电学性能、磁学性能、热学性能、光学性能、耐蚀性、钎焊性等。

4. 复合

电刷镀可与其他表面技术复合，以获得单一表面技术难以取得的性能或功能。

4.5　化学镀

4.5.1　化学镀的分类和特点

1. 化学镀的分类

化学镀又称不通电镀、自催化镀。它是在无外电流通过的情况下，利用还原剂将电解质溶液中的金属离子化学还原在呈活性催化的镀件表面，沉积出与基体牢固结合的镀覆层。镀件可以是金属，也可以是非金属。镀覆层主要是金属和合金，最常用的是镍和铜。

化学镀不是由电源提供金属离子还原所需要的电子，而是靠溶液中的还原剂（化学反应物之一）来提供。

化学镀按电子获取途径的不同，可分成三种类型：

1) 置换法。利用基体金属的电位比镀层金属负，将镀层金属离子从溶液中置换在基体金属表面，电子由基体金属给出。这种方法应用不多，原因是放出电子的过程是在基体表面进行的，当表面被溶液中析出的金属完全覆盖时，还原反应立刻停止，因而镀层很薄；同时，还原反应是通过基体金属的腐蚀才得以进行的，这使镀层与基体的附着力不佳。

2) 接触镀。将基体金属与另一种辅助金属（即第三种金属）接触后浸入溶液后构成原电池。辅助金属的电位低于镀层金属，而基体金属的电位比镀层金属正。在上述的原电池中，辅助金属为阳极，被溶解释放出电子，由此再将镀层金属离子还原在基体金属表面。接触镀与电镀相似，区别在于前者的电流是靠化学反应供给的，而后者是靠外电源。接触镀虽然缺乏实际应用意义，但可考虑应用于非催化活性基材上引发化学镀过程。

3) 还原法。在溶液中添加还原剂，利用还原剂被氧化时释放出电子，再把镀层金属离子还原在基体金属表面。这个方法就是本节讨论的化学镀。如果还原反应不加以控制，使反应在整个溶液中进行，这样的沉积是没有实用价值的。因此，这里所说的还原法专指在具有催化能力的活性表面上沉积出金属镀层，由于镀覆过程中沉积层仍具有自催化能力，因而能连续不断地沉积形成一定厚度的镀层。

化学镀还有其他分类方法，主要是：

1) 根据镀覆基体催化活性的不同，分为本征催化活性材料上的化学镀、无催化活性材料上的化学镀和催化毒性材料上的化学镀。

2) 根据主盐种类的不同，分为化学镀镍、化学镀铜、化学镀金、化学镀银、化学镀锡、化学镀钴、化学镀钯、化学镀铬等。

3) 根据还原剂种类的不同，分为磷系化学镀、硼系化学镀、肼系化学镀和醛系化学镀等。

4) 根据 pH 值的不同，分为酸性溶液化学镀和碱性溶液化学镀。

5) 根据温度范围的不同，分为高温化学镀、中温化学镀和低温化学镀。

6) 根据镀层成分的不同，分为化学镀单金属、化学镀合金和化学复合镀等。

2. 化学镀的特点

化学镀与电镀比较，具有下列特点：

1) 化学镀所依据的原理，虽然仍是氧化还原反应，但其电流是靠化学反应提供的，而不是靠外电源。化学镀液需要有提供电子的还原剂，被镀金属（镀件）离子为氧化剂。为了使镀覆的速度得到控制，还需要让金属离子稳定的络合剂，以及提供最佳还原效果的酸碱度调节剂等。

2) 化学镀的设备和工艺都较为简单，无须外加电源，不存在电力线分布不均匀的影响，镀层厚度均匀，孔隙率低，因此适宜于镀覆形状复杂的工件、管件内壁、腔体件、盲孔件等。

3) 通过适当的预处理，化学镀可以在金属、非金属、半导体等各种材料表面上进行，是非金属表面金属化的常用方法，也是非导体材料电镀前做导电底层的方法。

4) 化学镀靠基体的自催化活性才能起镀。其镀层的附着力一般优于电镀、晶粒细、致密，某些化学镀层还具有特殊的性能。

5) 化学镀的镀层品种远少于电镀。其镀液复杂，较难控制，生产成本明显高于电镀。化学镀的预处理要求也更为严格。

化学镀具有不少优点，又能完成电镀所不能完成的一些工件的镀覆，因此在电子、石油、化学化工、航天航空、核能、汽车、机械等领域获得广泛的应用。

4.5.2 化学镀镍

用还原剂将镀液中的镍离子还原为金属镍并沉积到基体金属表面上去的方法称为化学镀镍。化学镀镍使用的还原剂有次磷酸盐、硼氢化物、胺基硼烷、肼及其衍生物等，其中以次磷酸盐为还原剂的酸性镀液是使用最广泛的化学镀镍液。故这里仅以次磷酸盐化学镀镍作为对象进行讨论。

1. 化学镀镍机理

化学镀镍机理目前还没有统一的认识，尚无定论。对化学镀镍反应的解释，主要有三种理论：原子氢态理论、氢化物理论及电化学理论。下面对其中的两种进行扼要的介绍。

（1）原子氢态理论 该理论认为，镀件表面（催化剂、如先沉淀析出的镍）的催化作用使次磷酸根分解析出初生态原子氢，部分原子氢在镀件表面遇到 Ni^{2+} 就使其还原成金属镍，部分原子氢与次亚磷酸根离子反应生成的磷与镍反应生成镍化磷，部分原子态氢结合在一起就形成氢气。

$$H_2PO_2^- + H_2O \longrightarrow HPO_3^- + 2H + H^+$$
$$Ni^{2+} + 2H \longrightarrow Ni + 2H^+$$
$$H_2PO_2^- + H \longrightarrow H_2O + OH^- + P$$
$$3P + Ni \longrightarrow NiP_3$$
$$2H \longrightarrow H_2 \uparrow$$

（2）电化学理论 该理论认为，次磷酸根被氧化释放出电子，使 Ni^{2+} 还原为金属镍。Ni^{2+}、$H_2PO_2^-$、H^+ 吸附在镀件表面形成原电池，电池的电动势驱动化学镀镍过程不断进行，在原电池阳极与阴极将分别发生下列反应：

阳极反应 $\qquad H_2PO_2^- + H_2O \longrightarrow H_2PO_3^- + 2H^+ + 2e^-$

阴极反应 $\qquad Hi^{2+} + 2e^- \longrightarrow Ni$

$$H_2PO_2^- + e^- \longrightarrow 2OH^- + P$$
$$2H \longrightarrow H_2 \uparrow$$

金属化反应　　　　　$3P + Ni \longrightarrow NiP_3$

2. 镀液成分及工艺条件

（1）镀镍工艺　以次磷酸盐为还原剂的化学镀镍溶液有两种类型：酸性镀液和碱性镀液。酸性镀液的特点是溶液比较稳定易于控制，沉积速度较快，镀层中磷的质量分数较高（2% ~11%）。碱性镀液的pH值范围比较宽，镀层中磷的质量分数较低（3% ~7%），但镀液对杂质比较敏感，稳定性较差，难维护，所以这类镀液不常使用。表4-10列出了这两种镀液的典型工艺规范。

表4-10　次磷酸钠化学镀镍的工艺规范

项　　目		酸性镀液			碱性镀液	
		配方一	配方二	配方三	配方四	配方五
镀液组成的质量浓度/（g/L）	氯化镍	21			20	
	硫酸镍		30	28		25
	次磷酸钠	24	26	24	20	25
	苹果酸		30			
	柠檬酸钠				10L	
	琥珀酸	7				
	氟化钠	5				
	乳酸		18	27		
	丙酸			2.5		
	氯化铵				35	
	焦磷酸钠					50
	铅离子			0.001		
中和用碱		NaOH	NaOH	NaOH	NH₄OH	NH₄OH
工艺参数	pH值	6	4 ~5	4 ~5	9 ~10	10 ~11
	温度/℃	90 ~100	85 ~95	90 ~100	85	70
	沉积速度/（μm/h）	15	15	20	17	15

（2）影响镀层质量的因素　镍盐是镀液主盐，一般使用硫酸镍，其次是氯化镍。镍盐浓度高，镀液沉积速度快，但稳定性下降。

次磷酸钠作为还原剂通过催化脱氢，提供活泼的氢原子，把镍离子还原成金属，同时使镀层中含有磷的成分。次磷酸钠的用量主要取决于镍盐浓度，镍与次磷酸钠的物质的量之比为0.3 ~0.45。次磷酸钠含量增大，沉积速度加快，但镀液稳定性下降。

化学镀镍液中的络合剂均为有机酸和它们的盐类，常用的络合剂有：乙醇酸、苹果酸、柠檬酸、琥珀酸、乳酸、丙酸、羟基乙酸及它们的盐类。络合剂与镍离子形成稳定的络合物，用来控制可供反应的游离镍离子含量，控制沉积速度，改善镀层外观；同时还起到抑制亚磷酸镍（指酸性镀液）和氢氧化镍（指碱性镀液）沉淀的作用，使镀液具有较好的稳定性。

　　为了调整沉积速度，有时在镀液中加入增速剂。氟化物有明显的增速作用。

　　稳定剂（铅离子）用于抑制存在于镀液中的固体微粒的催化活性，以防镀层粗糙和镀液自发分解。微量的硫代硫酸盐、硫氰酸盐或硒的化合物都是有效的稳定剂。但稳定剂过量，会降低镀液的沉积速度，甚至抑制镍的沉积。

　　化学镀镍层通常是半光亮的，但也可以加入一些用于电镀镍的光亮剂，来增加化学镀镍层的光亮性。

　　酸性化学镀镍沉积速度随着镀液 pH 值的下降而降低，当镀液 pH 值远小于 4 时，沉积速度很低，已失去实际意义。另一方面，当镀液 pH 值大于 6 时，易产生亚磷酸镍沉淀，引起镀液自发分解。酸性化学镀镍液最佳的 pH 值通常是 4.2 ~ 5.0。pH 值升高时，镀层中的磷含量降低。碱性化学镀镍的沉和速度受 pH 值的影响不大。

　　温度是影响酸性化学镀镍沉积速度的重要因素之一。温度低于 65℃ 时，沉积速度很慢，随温度升高沉积速度加快。同时温度升高，可降低镀层中的磷含量。但温度过高或加热不均匀都会引起镀液的分解。碱性化学镀镍允许在室温下施镀，此时多用于活化过的非金属材料，镀上一层化学镀镍层后再用电镀加厚。

4.5.3　化学镀铜

　　化学镀铜的主要目的是在非导体材料表面形成导电层，目前，在印制电路板孔金属化和塑料电镀前的化学镀铜已广泛应用。化学镀铜层的物理化学性质与电镀法所得铜层基本相似。

　　化学镀铜的主盐通常采用硫酸铜。使用的还原剂有甲醛、肼、次磷酸钠、硼氢化钠等，但生产中使用最普遍的是甲醛。故这里仅以甲醛为还原剂的化学镀铜液作为对象进行讨论。

1. 甲醛还原铜的原理

　　（1）原子氢态理论　在碱性溶液中，甲醛在催化表面上氧化为 $HCOO^-$，同时放出原子氢，原子氢使铜离子还原为金属铜。

$$HCHO + OH^- \longrightarrow HCOO^- + 2H$$

$$HCHO + OH^- \longrightarrow HCOO^- + H_2$$

$$Cu^{2+} + 2H + 2OH^- \longrightarrow Cu + 2H_2O$$

　　（2）电化学理论　甲醛还原镀铜，在金属铜上存在着两个共轭的电化学反应，即铜的阴极还原和甲醛的阳极氧化。

阳极反应：　　　　　　$HCHO + OH^- \longrightarrow HCOO^- + H_2 + 2e^-$

阴极反应：　　　　　　　　　　$Cu^{2+} + 2e^- \longrightarrow Cu$

2. 镀液成分及工艺条件

　　生产中广泛使用的化学镀铜液，以甲醛为还原剂，以酒石酸钾钠为络合剂。表 4-11 为此类化学镀铜的工艺规范。

　　化学镀铜液主要由两部分组成：甲液是含有硫酸铜、酒石酸钾钠、氢氧化钠、碳酸钠、氯化镍的溶液；乙液是含有还原剂甲醛的溶液。这两种溶液预先分别配制，在使用时将它们混合在一起。这是因为甲醛在碱性条件下才具有还原能力，再就是甲醛与碱长期共存，会有下列反应发生：

$$2HCHO + NaOH \longrightarrow HCOONa + CH_3OH$$

$$HCOONa + NaOH \longrightarrow Na_2CO_3 + H_2$$

引起镀液稳定性降低和甲醛消耗。

化学镀铜液配制时发生如下反应：

$$CuSO_4 + 2NaOH \longrightarrow Cu(OH)_2 + Na_2SO_4$$

$$Cu(OH)_2 + 3C_4H_4O_6{}^{2-} \longrightarrow [Cu(C_4H_4O_6)_3]^{4-} + 2OH^-$$

镀液使用一段时间后，反应速度变慢，镀层结合力变差。此时，应将溶液进行澄清或进行过滤，然后加入已配制好的补充液，便可重新使用。补充液同样分甲、乙两种溶液，但各成分的含量视消耗而定。

表 4-11　化学镀铜的工艺规范

项　　目		配方一	配方二	配方三	配方四
镀液组成的质量浓度/（g/L）	硫酸铜	5	10	7	10
	酒石酸钾钠	25	50	23	25
	氢氧化钠	7	10	4.5	15
	碳酸钠			2	
	氯化镍			2	
	甲醛	10	10	25	5~8
工艺参数	pH 值	12.8	12.9	12.5	12.5~13
	温度/℃	15~25	15~25	15~25	15~25
	时间/min	20~30	20~30	20~30	20~30

硫酸铜是化学镀铜液中的主盐。镀液中铜离子含量越高，沉积速度越快，当其含量达到一定值时，沉积速度趋于恒定。铜离子含量多少对镀层质量影响不大，因此，其含量可在较宽范围内变化。

酒石酸钾钠是化学镀铜液中的络合剂，用于与铜离子形成络合物，防止 $Cu(OH)_2$ 沉淀生成。同时酒石酸钾钠又是一种缓冲剂，可以维持反应所需的最适宜的 pH 值范围。

甲醛是一种强还原剂，在化学镀铜中普遍采用。甲醛的还原能力随 pH 值增高而增强，同时，甲醛的还原能力随甲醛浓度的增加而提高。

氢氧化钠的作用是调节镀液的 pH 值，保持溶液的稳定性和提供甲醛具有较强还原能力的碱性环境。

为了提高镀液的稳定性，改善镀层外观和韧性，常在镀液中加入二乙基二硫代氨基甲酸钠、2·2-联吡啶等添加剂。但添加量不能过多，否则，由于它在金属表面的吸附量增多，会使镀铜速度降低。另外，镀液中加入金属离子也会对化学镀过程产生影响，如钙离子可以提高沉积速度；镍离子降低沉积速度，但可提高镀层的结合力；锑和铋离子使沉积速度降低，但可提高镀层的韧性和镀液稳定性。

化学镀铜反应消耗 OH^-，所以随着沉积过程的进行，镀液 pH 值会不断降低；铜层的沉积速度随 pH 值增高而加快，镀层外观也得到改善。因此，化学镀铜溶液的 pH 值不能过低；

但若 pH 值过高，则会引起甲醛分解速度加快，副反应加剧，消耗增大，铜层沉积速度不再增加，导致镀液老化、自然分解。

化学镀铜过程中，必须严格控制反应温度。虽然升高温度能增大沉积速度，提高铜层韧性，降低内应力，但生成的 Cu_2O 也多，镀液稳定性下降。若温度过低，易析出硫酸钠，它附着在镀件表面影响铜的沉积，形成针孔，产生绿色斑点。因此，化学镀铜工作温度应控制在 15～25℃。

搅拌在化学镀铜过程中是必要的，其目的是：①使镀件表面溶液浓度尽可能同槽内部的浓度一致，维持正常的沉积速度；②排除停留在镀件表面的气泡；③使 Cu^+ 氧化成 Cu^{2+}，抑制 Cu_2O 生成，使镀液稳定性得到改善。搅拌方式可采用机械搅拌和空气搅拌。

第5章　金属表面的化学处理

金属表面的化学处理是通过化学或电化学手段，使金属表面形成稳定的化合物膜层的方法。这种经过化学处理生成的膜层称为化学转化膜。其几乎可以在所有的金属表面都能生成，在工业上应用较多的是钢铁表面的氧化处理、有色金属的化学氧化、轻合金的阳极氧化和微弧氧化，以及金属的磷化处理和铬酸盐处理。本章将分别扼要介绍这些化学处理方法。

5.1　化学转化膜

5.1.1　化学转化膜的形成过程和基本方式

1. 化学转化膜的形成过程

化学转化膜的形成过程，实质上是一种人为控制的金属表面腐蚀过程。进一步说，它是金属与特定的腐蚀液接触而在一定条件下发生化学反应，由于浓差极化和阴极极化作用等，使金属表面生成一层附着力良好的、能保护金属不易受水和其他腐蚀介质影响的化合物膜。由于化学转化膜是金属基体直接参与成膜反应的，因而膜与基体的结合力比电镀层和化学镀层这些外加膜层大得多。成膜的典型反应可用下式表示：

$$m\mathrm{M} + n\mathrm{A}^{z-} \longrightarrow \mathrm{M}_m\mathrm{A}_n + nze^-$$

式中，M 为参加反应的金属或镀层金属；A 为介质中的阴离子。

化学转化膜应具有良好的耐蚀性，这要求膜的组成和结晶组织，对外界温度变化和腐蚀性离子的侵蚀等具有足够的稳定性，并且结晶组织十分致密，阻止腐蚀性溶液到达金属表面。

2. 化学转化膜形成的基本方式

（1）成膜型处理剂方式　在处理液与基材金属之间，虽然发生某种程度的溶解现象，但主要是依靠处理液本身含有的重金属离子的成膜作用。

（2）非成膜型处理剂方式　在不含重金属离子的处理液中，基体金属与阴离子反应生成化学转化膜。

5.1.2　化学转化膜的分类和用途

1. 化学转化膜的分类

通常是根据形成膜时采用的介质来分类。

（1）氧化物膜　氧化物膜是金属在含有氧化剂的溶液中形成的膜，其成膜过程称为氧化。

（2）磷酸盐膜　磷酸盐膜是金属在磷酸盐溶液中形成的膜，其成膜过程称为磷化。

（3）铬酸盐膜　铬酸盐膜是金属在含有铬酸或铬酸盐的溶液中形成的膜，其成膜过程习惯上称为钝化。

（4）金属着色膜　金属着色膜是指采用不同方法在金属表面获得一定色彩的膜。

2. 化学转化膜的用途

（1）防锈、耐蚀　化学转化膜能在一定程度上提高金属表面的防锈、耐蚀性，通常要与其他防护层联合使用。

（2）涂装底层　其作用主要有两方面：①作为中间层，提高涂层与基体的附着力；②阻止腐蚀介质透过涂层局部损坏处向基体金属侵蚀。

（3）耐磨　主要是磷酸盐膜，因其具有低的摩擦因数和良好的吸油缓冲作用而减小磨损。

（4）冷变形加工　在钢管、钢丝等工件在冷挤出、深拉延等之前形成磷酸盐膜，加工时可降低拉拔力，延长拉拔模具寿命和减少拉拔次数。

（5）某些特殊应用　一些化学转化膜具有电绝缘性、光的吸收性或反射性、绝热性等，例如磷酸盐膜用作硅钢片的绝缘层。

（6）表面装饰　靠化学转化膜的美丽外观或良好的着色性能而广泛用于建筑、机械、仪器仪表和工艺美术等领域。

5.2　氧化处理

5.2.1　钢铁的化学氧化

钢铁的化学氧化是指钢铁在含有氧化剂的溶液中进行处理，使其表面生成一层均匀的蓝黑到黑色膜层的过程，也称钢铁的发蓝或发黑。根据处理温度的高低，钢铁的化学氧化可分为高温化学氧化和常温化学氧化。这两种方法所用的处理液成分不同，膜的组成不同，成膜机理不同。

1. 钢铁的高温化学氧化

高温化学氧化是传统的发黑方法，采用含有亚硝酸钠的浓碱性处理液，在 140℃ 左右的温度下处理 15 ~ 90min。高温化学氧化得到的是以磁性氧化铁（Fe_3O_4）为主的氧化膜，膜厚一般只有 0.5 ~ 1.5 μm，最厚可达 2.5 μm。氧化膜具有较好的吸附性。将氧化膜浸油或做其他后处理，其耐蚀性可大大提高。由于高温化学氧化膜很薄，对零件的尺寸和精度几乎没有影响，因此在精密仪器、光学仪器、武器及机器制造业中得到了广泛应用。

（1）钢铁高温氧化的机理　钢铁在含有氧化剂的碱性溶液中的氧化处理是一种化学和电化学过程。

1）化学反应机理。钢铁浸入溶液后，在氧化剂和碱的作用下，表面生成 Fe_3O_4 氧化膜，该过程包括以下三个阶段：

钢铁表面在热碱溶液和氧化剂（亚硝酸钠等）的作用下生成亚铁酸钠，反应式为

$$3Fe + NaNO_2 + 5NaOH = 3Na_2FeO_2 + H_2O + NH_3 \uparrow$$

亚铁酸钠进一步与溶液中的氧化剂反应生成铁酸钠，反应式为

$$6Na_2FeO_2 + NaNO_2 + 5H_2O = 3Na_2Fe_2O_4 + 7NaOH + NH_3 \uparrow$$

铁酸钠（$Na_2Fe_2O_4$）与亚铁酸钠（Na_2FeO_2）相互作用生成磁性氧化铁，反应式为

$$Na_2Fe_2O_4 + Na_2FeO_2 + 2H_2O = Fe_3O_4 + 4NaOH$$

在钢铁表面附近生成的 Fe_3O_4，其在浓碱性溶液中的溶解度极小，很快就从溶液中结晶析出，并在钢铁表面形成晶核，而后晶核逐渐长大形成一层连续致密的黑色氧化膜。

在生成 Fe_3O_4 的同时，部分铁酸钠可能发生水解而生成氧化铁的水合物，反应式为

$$Na_2Fe_2O_4 + (m+1)\,H_2O = Fe_2O_3 \cdot mH_2O + 2NaOH$$

含水氧化铁在较高温度下失去部分水而形成红色沉淀物附在氧化膜表面，成为红色挂灰，或称红霜，这是钢铁氧化过程中常见的故障，应尽量避免。

2）电化学反应机理。钢铁浸入电解质溶液后即在表面形成无数的微电池，在微阳极区发生铁的溶解，反应式为

$$Fe \rightarrow Fe^{2+} + 2e^-$$

在强碱性介质中有氧化剂存在的条件下，二价铁离子转化为三价铁的氢氧化物，反应式为

$$6Fe^{2+} + NO_2^- + 11OH^- \rightarrow 6FeOOH + H_2O + NH_3 \uparrow$$

与此同时，在微阴极上氢氧化物被还原，反应式为

$$FeOOH + e^- \rightarrow HFeO_2^-$$

随之，相互作用，并脱水生成磁性氧化铁，反应式为

$$2FeOOH + HFeO_2^- \rightarrow Fe_3O_4 + OH^- + H_2O$$

3）氧化膜的成长。上面讨论了氧化膜的形成过程，氧化膜实际成长时，由于四氧化三铁在金属表面上成核和长大的速度不同，氧化膜的质量也不同。氧化物的结晶形态符合一般结晶理论，四氧化三铁晶核能够长大必须符合总自由能减小的规律，否则晶核就会重新溶解。四氧化三铁在各种饱和浓度下都有自己的临界晶核尺寸。四氧化三铁的过饱和度越大，临界晶核尺寸越小，能长大的晶核数目越多，晶核长大成晶粒并很快彼此相遇，从而形成的氧化膜比较细致，但厚度比较薄。反之，四氧化三铁的过饱和度越小，则临界晶核尺寸越大，单位面积上晶粒数目越少，氧化膜结晶粗大，但膜比较厚。因此，所有能够加速形成四氧化三铁的因素都会使膜厚减小，而能减缓四氧化三铁形成速度的因素能使膜增厚，故适当控制四氧化三铁的生成速度是钢铁化学氧化的关键。

（2）钢铁高温氧化工艺　钢铁高温氧化工艺，有单槽法和双槽法两种工艺，见表5-1。单槽法操作简单，使用广泛，其中配方1为通用氧化液，操作方便，膜层美观光亮，但膜较薄；配方2氧化速度快，膜层致密，但光亮度稍差。双槽法是钢铁在两个质量浓度和工艺条件不同的氧化溶液中进行两次氧化处理，此法得到的氧化膜较厚，耐蚀性较高，而且还能消除金属表面的红霜。由配方3可获得保护性能好的蓝黑色光亮的氧化膜；由配方4可获得较厚的黑色氧化膜。

表 5-1　钢铁高温氧化工艺规范

项　　目		单槽法		双槽法			
		配方1	配方2	配方3		配方4	
				第一槽	第二槽	第一槽	第二槽
氧化液组成的质量浓度/（g/L）	氢氧化钠	550～650	600～700	500～600	700～800	550～650	700～800
	亚硝酸钠	150～200	220～250	100～150	150～200		
	重铬酸钾		25～32				
	硝酸钠					100～150	150～200

（续）

项　目		单槽法		双槽法			
		配方 1	配方 2	配方 3		配方 4	
				第一槽	第二槽	第一槽	第二槽
工艺参数	温度/℃	135 ~ 145	130 ~ 135	135 ~ 140	145 ~ 152	130 ~ 135	140 ~ 150
	时间/min	15 ~ 60	15	10 ~ 20	45 ~ 60	15 ~ 20	30 ~ 60

1）氢氧化钠。提高氢氧化钠的质量浓度，氧化膜的厚度稍有增加，但容易出现疏松或多孔的缺陷，甚至产生红色挂灰；质量浓度过低时，氧化膜较薄，产生花斑，防护能力差。

2）氧化剂。提高氧化剂的质量浓度，可以加快氧化速度，膜层致密、牢固。氧化剂的质量浓度低时，得到的氧化膜厚而疏松。

3）温度。提高溶液温度，生成的氧化膜层薄，且易生成红色挂灰，导致氧化膜的质量降低。

4）铁离子含量。氧化溶液中必须含有一定的铁离子才能使膜层致密，结合牢固。铁离子浓度过高，氧化速度降低，钢铁表面易出现红色挂灰。对铁离子含量过高的氧化溶液，可用稀释沉淀的方法，将以 $Na_2Fe_2O_4$ 及 Na_2FeO_2 形式存在的铁变成 $Fe(OH)_3$ 的沉淀去除，然后加热浓缩此溶液，待沸点升至工艺范围，便可使用。

5）钢铁中碳含量。钢铁中碳含量增加，组织中的 Fe_3C 增多，即阴极表面增加，阳极铁的溶解过程加剧，促使氧化膜生成的速度加快，故在同样温度下氧化，高碳钢所得到的氧化膜一定比低碳钢的薄。

钢铁发黑后，经热水清洗、干燥后，在 105 ~ 110℃ 下的 L-AN32 全损耗系统用油、锭子油或变压器油中浸 3 ~ 5min，以提高耐蚀性。

2. 钢铁常温化学氧化

钢铁常温化学氧化一般称为钢铁常温发黑，这是 20 世纪 80 年代以来迅速发展的新技术。与高温发黑相比，常温发黑具有节能、高效、操作简便、成本较低、环境污染小等优点。常温发黑得到的表面膜主要成分是 CuSe，其功能与 Fe_3O_4 膜相似。

（1）钢铁常温发黑机理　常温发黑机理的研究到目前为止尚不够成熟，下面简单介绍一些观点。

多数人认为，当钢钉浸入发黑液中时，钢铁件表面的 Fe 置换了溶液中的 Cu^{2+}，铜覆盖在工件表面，即

$$CuSO_4 + Fe = FeSO_4 + Cu \downarrow$$

覆盖在工件表面的金属铜进一步与亚硒酸反应，生成黑色的硒化铜表面膜，即

$$3Cu + 3H_2SeO_3 = 2CuSeO_3 + CuSe \downarrow + 3H_2O$$

也有人认为，除上述机理外，钢铁表面还可以与亚硒酸发生氧化还原反应，生成的 Se^{2+} 与溶液中的 Cu^{2+} 结合生成 CuSe 黑色膜，即

$$H_2SeO_3 + 3Fe + 4H^+ = 3Fe^{2+} + Se^{2-} + 3H_2O$$

$$Cu^{2+} + Se^{2-} = CuSe \downarrow$$

尽管目前对发黑机理的认识尚不完全一致，但是黑色表面膜的成分经各种表面分析被一致认为主要是 CuSe。

（2）钢铁常温发黑工艺　表5-2是钢铁常温发黑工艺规范。常温发黑操作简单，速度快，通常为2~10min，是一种非常有前途的新技术。目前还存在发黑液不够稳定、膜层结合力稍差等问题。常温发黑膜用脱水缓蚀剂、石蜡封闭，可大大提高其耐蚀性。

表5-2　钢铁常温发黑工艺规范

项　目		配方1	配方2
发黑液组成的质量浓度/（g/L）	硫酸铜	1~3	2.0~2.5
	亚硒酸	2~3	2.5~3.0
	磷酸	2~4	
	有机酸	1.0~1.5	
	十二烷基硫酸钠	0.1~0.3	
	复合添加剂	10~15	
	氯化钠		0.8~1.0
	对苯二酚		0.1~0.3
pH值		2~3	1~2

常温发黑液主要由成膜剂、pH缓冲剂、络合剂、表面润湿剂等组成。这些物质的正确选用和适当的配比是保证常温发黑质量的关键。

1）成膜剂。在常温发黑液中，最主要的成膜物质是铜盐和亚硒酸，它们最终在钢铁表面生成黑色CuSe膜。在含磷发黑液中，磷酸盐也可参与生成磷化膜，可称为辅助成膜剂。辅助成膜剂的存在往往可以改善发黑膜的耐蚀性和附着力等性能。

2）pH值缓冲剂。常温发黑一般将pH值控制在2~3。若pH值过低，则反应速度太快，膜层疏松，附着力和耐蚀性下降。若pH值过高，反应速度缓慢，膜层太薄，且溶液稳定性下降，易产生沉淀。在发黑处理过程中，随着反应的进行，溶液中的H^+不断消耗，pH值将升高。加入缓冲剂的目的就是维持发黑液的pH值在使用过程中的稳定性。磷酸-磷酸二氢盐是常用的缓冲剂。

3）络合剂。常温发黑液中的络合剂主要用来络合溶液的Fe^{2+}和Cu^{2+}，但对这两种离子络合的目的是不同的。

当钢件浸入发黑液中时，在氧化剂和酸的作用下，Fe被氧化成Fe^{2+}进入溶液。溶液中的Fe^{2+}可以被发黑液中的氧化性物质和溶解氧进一步氧化成Fe^{3+}。微量的Fe^{3+}即可与SeO_3^{2-}生成$Fe_2(SeO_3)_3$白色沉淀，使发黑液浑浊失效。若在发黑液中添加如柠檬酸、抗坏血酸等络合剂时，它们会与Fe^{2+}生成稳定的络合物，避免了Fe^{2+}的氧化，起到了稳定溶液的作用。因此，这类络合剂也称为溶液稳定剂。

另外，表面膜的生成速度对发黑膜的耐蚀性、附着力、致密度等有很大的影响。发黑速度太快会造成膜层疏松，使附着力和耐蚀性下降。因此，为了得到较好的发黑膜，必须控制好反应速度，不要使成膜速度太快。有效降低反应物的浓度，可以使成膜反应速度降低。Cu^{2+}是主要成膜物质，加入柠檬酸、酒石酸盐、对苯二酚等能与Cu^{2+}形成络合物的物质可以有效地降低Cu^{2+}的浓度，使成膜时间延长至10min左右。这类络合剂也称为速度调整剂。

4）表面润湿剂。表面润湿剂的加入可降低发黑溶液的表面张力，使液体容易在钢铁表面润湿和铺展，这样才能保证得到均匀一致的表面膜。所使用的表面润湿剂均为表面活性剂，常用的有十二烷基磺酸钠、OP-10等。有时也将两种表面活性剂配合使用，效果可能会更好。表面润湿剂的用量一般不大，通常占发黑液总质量的1%左右。

5.2.2　有色金属的化学氧化

1. 铝及铝合金的化学氧化

铝及铝合金经过化学氧化可得到厚度为 $0.5 \sim 4\mu m$ 的氧化膜，膜层多孔，具有良好的吸附性，可作为有机涂层的底层，但其耐磨性和耐蚀性均不如阳极氧化膜好。化学氧化法的特点是设备简单，操作方便，生产率高，不消耗电能，成本低。该法适用于一些不适合阳极氧化的铝及铝合金制品的表面处理。

铝在 pH 值为 $4.45 \sim 8.38$ 时均能形成化学氧化膜，但机理尚不清楚，估计与铝在沸水介质中的成膜反应是一致的。铝在沸水中成膜属于电化学的性质，即在局部电池的阳极上发生如下的反应：

$$Al \rightarrow Al^{3+} + 3e^{-}$$

同时阴极上发生下列反应：

$$3H_2O + 3e^{-} \rightarrow 3OH^{-} + \frac{3}{2}H_2$$

阴极反应导致金属与溶液界面液相区的碱度提高，于是进一步发生以下反应：

$$Al^{3} + 3OH^{-} \rightarrow AlOOH + H_2O$$

产生在界面液层中的 $AlOOH$ 转化为难溶的 $\gamma\text{-}Al_2O_3 \cdot H_2O$ 晶体并吸附在表面上，形成了氧化膜。

铝及铝合金化学氧化的工艺按其溶液性质可分为碱性氧化法和酸性氧化法两大类。铝及铝合金的化学氧化工艺规范见表 5-3。按配方 1 得到的氧化膜膜层较软，空隙率高，吸附性好，但耐蚀性差，主要用作有机涂料底层。配方 2 中加入硅酸钠，起缓蚀作用，获得的氧化膜无色，硬度较高，空隙率低，吸附性差，耐蚀性较高。配方 3 得到的氧化膜电阻小，导电性好，耐蚀性较好，但膜很薄，硬度低，不耐磨。由配方 4 得到的氧化膜较薄，韧性好，耐蚀性好，氧化后不必钝化或填充。

表 5-3　铝及铝合金的化学氧化工艺规范

项　　目		配方 1	配方 2	配方 3	配方 4
溶液组成的质量浓度 /(g/L)	碳酸钠	40 ~ 60	40 ~ 50		
	铬酸钠	15 ~ 25	10 ~ 20		
	氢氧化钠	2 ~ 8			
	硅酸钠		0.6 ~ 1		
	铬酐			4 ~ 5	1 ~ 2
	铁氰化钾			0.5 ~ 0.7	
	磷酸				10 ~ 15
	氟化钠			1 ~ 1.2	3 ~ 5
工艺参数	温度/℃	90 ~ 100	90 ~ 95	25 ~ 35	20 ~ 25
	时间/min	3 ~ 5	8 ~ 10	0.5 ~ 1	8 ~ 15
适用范围		钝铝，铝镁、铝锰、铝硅合金	含重金属的铝合金	纯铝 1200 及 3A21、5A03、ZL107、ZL108 等合金	变形铝及其合金、铝铸件

2. 镁合金的化学氧化

用化学氧化法可在镁合金表面上获得厚度为 $0.5 \sim 3\mu m$ 的氧化膜。由于氧化膜薄而软，使用中易损伤，所以一般用作有机涂料的底层，以提高涂料与基体的结合力和防护性能。

镁合金化学氧化的配方很多，使用时应根据合金材料、零件表面状况及使用要求，选择合适的工艺。部分典型的镁合金的化学氧化工艺规范见表5-4。

为提高氧化膜的耐蚀性，凡经表5-4中配方1~3氧化处理的镁合金零件应在下述溶液及条件下进行封闭处理：

重铬酸钾　　　40~50g/L

温度　　　　　90~98℃

时间　　　　　15~20min

表5-4　镁合金的化学氧化工艺规范

项　　目		配方1	配方2	配方3	配方4
溶液组成的质量浓度/(g/L)	重铬酸钾	125~160	40	30~50	15
	铬酐	1~3			
	硫酸铵	2~4			15
	醋酸	10~40		5~8	
	硫酸铬钾		20		
	硫酸铝钾			8~12	
	重铬酸铵				15
	硫酸锰				10
工艺参数	pH值	3~4		2~4	4~5
	温度/℃	60~80	80~90	温度	90~100
	时间/min	0.5~2	0.1~1	3~5	10~20
特　　点		适用于切削加工零件	适用于尺寸精密的电子制件	通用氧化液	黑色氧化

3. 铜及铜合金的化学氧化

通过化学氧化的方法，可以在铜及黄铜、青铜等铜合金表面获得各种颜色的膜层，膜层主要成分是CuO或Cu_2O。铜及铜合金表面漂亮的膜层具有很好的装饰功能。铜及铜合金的化学氧化工艺规范见表5-5。

表5-5　铜及铜合金的化学氧化工艺规范

项　　目		配方1	配方2	配方3
溶液组成的质量浓度/(g/L)	硫酸铜	60	60	
	碳酸铜	10		
	氨水		200	
	高锰酸钾		8	7.5
	硫化铵	40		
	氢氧化钾	20		
工艺参数	温度/℃	35	25	90
	时间/min	15	8	2
色　　泽		红~黑	棕黑	棕

5.3　铝及铝合金的阳极氧化

5.3.1　阳极氧化膜的性质和用途

阳极氧化是指在适当的电解液中，以金属作为阳极，在外加电流作用下，使其表面生成氧化膜的方法。通过选用不同类型、不同浓度的电解液，以及控制氧化时的工艺条件，可以获得具有不同性质、厚度在几十至几百微米（铝自然氧化膜层厚 $0.010 \sim 0.015\mu m$）的阳极氧化膜。下面所述的是铝及铝合金的氧化膜的性质和用途。

1. 氧化膜结构的多孔性

氧化膜具有多孔的蜂窝状结构，膜层的空隙率决定于电解液的类型和氧化的工艺条件。氧化膜的多孔结构，可使膜层对各种有机物、树脂、地蜡、无机物、染料及油漆等表现出良好的吸附能力，可作为涂镀层的底层，也可将氧化膜染成各种不同的颜色，提高金属的装饰效果。

2. 氧化膜的耐磨性

铝氧化膜具有很高的硬度，可以提高金属表面的耐磨性。当膜层吸附润滑剂后，能进一步提高其耐磨性。

3. 氧化膜的耐蚀性

铝氧化膜在大气中很稳定，因此具有较好的耐蚀性，其耐蚀能力与膜层厚度、组成、空隙率、基体材料的成分以及结构的完整性有关。为提高膜的耐蚀能力，阳极氧化后的膜层通常再进行封闭或喷漆处理。

4. 氧化膜的电绝缘性

阳极氧化膜具有很高的绝缘电阻和击穿电压，可以用作电解电容器的电介质层或电器制品的绝缘层。

5. 氧化膜的绝热性

铝氧化膜是一种良好的绝热层，其稳定性可达 $1500℃$，因此在瞬间高温下工作的零件，由于氧化膜的存在，可防止铝的熔化。氧化膜的热导率很低，一般为 $0.419 \sim 1.26W/(m \cdot K)$。

6. 氧化膜的结合力

阳极氧化膜与基体金属的结合力很强，很难用机械方法将它们分离，即使膜层随基体弯曲直至破裂，膜层与基体金属仍保持良好的结合。

5.3.2　阳极氧化膜的形成机理

铝及铝合金的阳极氧化所用的电解液一般为中等溶解能力的酸性溶液，铅作为阴极，仅起导电作用。铝及铝合金进行阳极氧化时，在阳极发生下列反应：

$$H_2O - 2e^- \rightarrow O + 2H^+$$
$$2Al + 3O \rightarrow Al_2O_3$$

在阴极发生下列反应：

$$2H^+ + 2e^- \rightarrow H_2 \uparrow$$

同时酸对铝和生成的氧化膜进行化学溶解，其反应如下：

$$2Al + 6H^+ \rightarrow 2Al^{3+} + 3H_2 \uparrow$$
$$Al_2O_3 + 6H^+ \rightarrow 2Al^{3+} + 3H_2O$$

氧化膜的生成与溶解同时进行，氧化初期，膜的生成速度大于溶解速度，膜的厚度不断增加；随着厚度的增加，其电阻也增大，结果使膜的生长速度减慢，一直到与膜溶解速度相等时，膜的厚度才为一定值。

此外，还可以通过阳极氧化的电压-时间曲线来说明氧化膜的生成规律（见图5-1）。

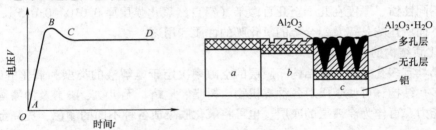

图 5-1　阳极氧化特性曲线与氧化膜生长过程示意图

如图5-1所示，整个阳极氧化电压-时间曲线大致分为三段：

第一段 a：无孔层形成。曲线 AB 段，通电刚开始的几秒到几十秒时间内，电压由零急剧增至最大值，该值称为临界电压。表明此时在阳极表面形成了连续的、无孔的薄膜层。此膜的出现阻碍了膜层的继续加厚。无孔层的厚度与形成电压成正比，与氧化膜在电解液中的溶解速度成反比。

第二段 b：多孔层形成。曲线 BC 段，电压达到最大值以后，开始有所下降，其下降幅度为最大值的 $10\% \sim 15\%$。表明无孔膜开始被电解液溶解，出现多孔层。

第三段 c：多孔层增厚。曲线 CD 段，经过约 20s 的氧化，电压开始进入平稳而缓慢的上升阶段。表明无孔层在不断地被溶解形成多孔层的同时，新的无孔层又在生长，也就是说多孔层在不断增厚，在每一个膜胞的底部进行着膜的生成和溶解的过程。当膜的生成速度和溶解速度达到动态平衡时，即使氧化时间再延长，氧化膜的厚度也不会再增加，此时应停止阳极氧化过程。

5.3.3　铝及铝合金的阳极氧化工艺

铝及铝合金阳极氧化的方法很多，这里主要介绍常用的硫酸阳极氧化、铬酸阳极氧化和草酸阳极氧化。铝及铝合金的其他阳极氧化法还有硬质阳极氧化、瓷质阳极氧化等。

1. 硫酸阳极氧化

在稀硫酸电解液中通以直流或交流电对铝及铝合金进行阳极氧化。可获得 $5 \sim 20\mu m$ 厚，吸附性较好的无色透明氧化膜。该法工艺简单，溶液稳定，操作方便。硫酸阳极氧化的工艺规范见表5-6。

表 5-6　硫酸阳极氧化的工艺规范

项　　目		直流法		交流法
		配方1	配方2	
溶液组成的质量浓度/(g/L)	硫酸	$150 \sim 200$	$160 \sim 170$	$100 \sim 150$
	铝离子 Al^{3+}	< 20	< 15	< 25
工艺参数	温度/℃	$15 \sim 25$	$0 \sim 3$	$15 \sim 25$
	阳极电流密度/(A/dm²)	$0.8 \sim 1.5$	$0.4 \sim 6$	$2 \sim 4$
	电压/V	$18 \sim 25$	$16 \sim 20$	$18 \sim 20$
	氧化时间/min	$20 \sim 40$	60	$20 \sim 40$
适用范围		一般铝及铝合金装饰	纯铝和铝镁合金装饰	一般铝及铝合金装饰

（1）硫酸的质量浓度的影响 硫酸的质量浓度高，膜的化学溶解速度加快，所生成的膜薄且软，空隙多，吸附力强，染色性能好；降低硫酸的质量浓度，则氧化膜生长速度较快，而空隙率较低，硬度较高，耐磨性和反光性良好。

（2）温度的影响 电解液的温度对氧化膜质量影响很大，当温度为 10～20℃时，所生成的氧化膜多孔，吸附性能好，并富有弹性，适宜染色，但膜的硬度较低，耐磨性较差。如果温度高于 26℃，则氧化膜变疏松且硬度低。温度低于 10℃，氧化膜的厚度增大，硬度高，耐磨性好，但空隙率较低。因此，生产时必须严格控制电解液的温度。

（3）电流密度的影响 提高电流密度则膜层生长速度加快，氧化时间可以缩短，膜层化学溶解量减少，膜较硬，耐磨性好。但电流密度过高，则会因焦耳热的影响，使膜层溶解作用增加，导致膜的生长速度反而下降。电流密度过低，氧化时间很长，使膜层疏松，硬度降低。

（4）时间的影响 阳极氧化时间可根据电解液的质量浓度、温度、电流密度和所需要的膜厚来确定。在相同条件下，随着时间延长，氧化膜的厚度增加，空隙增多。但达到一定厚度后，生长速度会减慢下来，到最后不再增加。

（5）搅拌的影响 搅拌能促使溶液对流，使温度均匀，不会造成因金属局部升温而导致氧化膜的质量下降。搅拌的设备有空压机和水泵。

（6）合金成分的影响 铝合金成分对膜的质量、厚度和颜色等有着十分重要的影响，一般情况下铝合金中的其他元素使膜的质量下降。对 Al-Mg 系合金，当镁的质量分数超过 5% 且合金结构又呈非均匀体时，必须采用适当的热处理使合金均匀化，否则会影响氧化膜的透明度；对 Al-Mg-Si 系合金，随硅含量的增加，膜的颜色由无色透明经灰色、紫色，最后变为黑色，很难获得均匀颜色的膜层；对 Al-Cu-Mg-Mn 合金，铜使膜层硬度下降，空隙率增加，膜层疏松，质量下降。在同样的氧化条件下，在纯铝上获得的氧化膜最厚，硬度最高，耐蚀性最好。

2. 铬酸阳极氧化

经铬酸阳极氧化得到的氧化膜厚度为 2～5μm，空隙率低，膜层质软，耐磨性较差。由于铝的溶解少，形成氧化膜后，零件仍能保持原来的精度和表面粗糙度，故该工艺适用于精密零件。铬酸阳极氧化的工艺规范见表 5-7。

表 5-7 铬酸阳极氧化的工艺规范

项 目		配方 1	配方 2	配方 3
铬酐的质量浓度/（g/L）		50～60	30～40	95～100
工艺参数	温度/℃	33～37	38～42	35～39
	阳极电流密度/（A/dm²）	1.5～2.5	0.2～0.6	0.3～2.5
	电压/V	0～40	0～40	0～40
	氧化时间/min	60	60	35
阴极材料		铅板或石墨		
适用范围		一般切削加工件和钣金件	经过抛光的零件	纯铝及包铝零件

（1）铬酐的质量浓度。铬酐含量过高或过低，氧化能力都降低，但稍微偏高是允许的。铬酐含量过低的电解液不稳定，会造成膜层质量下降。

（2）杂质　在铬酸阳极氧化电解液中的氯离子、硫酸根离子和三价铬离子都是有害的杂质。氯离子会引起零件的蚀刻；硫酸根离子数量的增加会使氧化膜从透明变为不透明，并缩短铬酸液的使用寿命；三价铬离子过多会使氧化膜变得暗而无光。

（3）电压　在阳极氧化开始的15min内，使电压从0V逐渐升至40V，每次上升不超过5V，以保持电流在规定的范围内，当槽电压达40V后，一直保持到氧化结束。

3. 草酸阳极氧化

草酸是一种弱酸，对铝及铝合金的腐蚀作用较小，因此草酸阳极氧化得到的氧化膜硬度较高，膜较厚，可达$60\mu m$，耐蚀性好，具有良好的电绝缘性能。随合金元素及含量的不同，膜层可得各种鲜艳的颜色。草酸阳极氧化的工艺规范见表5-8。

表 5-8　草酸阳极氧化的工艺规范

项　目		配方 1	配方 2	配方 3
草酸的质量浓度/（g/L）		27～33	50～100	50
工艺参数	温度/℃	15～21	35	35
	阳极电流密度/（A/dm²）	1～2	2～3	1～2
	电压/V	110～120	40～60	30～35
	氧化时间/min	120	30～60	30～60
电源		直流	交流	直流
适用范围		纯铝材料电绝缘	纯铝和铝镁合金装饰	

草酸阳极氧化电解液对氯离子非常敏感，其质量浓度超过0.04g/L，膜层就会出现腐蚀斑点。三价铝离子的质量浓度也不允许超过3g/L。

5.3.4　阳极氧化膜的着色和封闭

铝及铝合金经阳极氧化处理后，在其表面生成了一层多孔氧化膜，经过着色和封闭处理后，可以获得各种不同的颜色，并能提高膜层的耐蚀性、耐磨性。

1. 氧化膜的着色

（1）无机颜料着色　无机颜料着色机理主要是物理吸附作用，即无机颜料分子吸附于膜层微孔的表面，进行填充。该法着色色调不鲜艳，与基体结合力差，但耐晒性较好。无机颜料着色的工艺规范见表5-9。从该表可见，无机颜料着色所用的染料分为两种，经过阳极氧化的金属要在两种溶液中交替浸渍，直至两种盐在氧化膜中的反应生成物数量（颜料）满足所需的色调为止。

表 5-9　无机颜料着色的工艺规范

颜色	组成	质量浓度/（g/L）	温度/℃	时间/min	生成的有色盐
红色	醋酸钴	50～100	室温	5～10	铁氰化钾
	铁氰化钾	10～50			
蓝色	亚铁氰化钾	10～50	室温	5～10	普鲁士蓝
	氯化铁	10～50			
黄色	铬酸钾	50～100	室温	5～10	铬酸铅
	醋酸铅	100～200			

（续）

颜色	组成	质量浓度/（g/L）	温度/℃	时间/min	生成的有色盐
黑色	醋酸钴	50~100	室温	5~10	氧化钴
	高锰酸钾	12~25			

（2）有机染料着色　有机染料着色机理比较复杂，一般认为有物理吸附和化学反应。有机染料分子与氧化铝化学结合的方式有：氧化铝与染料分子上的磺基形成共价键；氧化铝与染料分子上的酚基形成氢键；氧化铝与染料分子形成络合物。有机染料着色色泽鲜艳，颜色范围广，但耐晒性差。有机染料着色的工艺规范见表5-10。配制染色液的水最好是蒸馏水或去离子水而不用自来水，因为自来水中的钙、镁等离子会与染料分子络合形成络合物，使染色液报废。

表5-10　有机染料着色的工艺规范

颜色	序号	染料名称	质量浓度/（g/L）	温度/℃	时间/min	pH 值
红色	1	茜素红（R）	5~10	60~70	10~20	
	2	酸性大红（GR）	6~8	室温	2~15	4.5~5.5
	3	活性艳红	2~5	70~80		
	4	铝红（GLW）	3~5	室温	5~10	5~6
蓝色	1	直接耐晒蓝	3~5	15~30	15~20	4.5~5.5
	2	活性艳蓝	5	室温	1~5	4.5~5.5
	3	酸性蓝	2~5	60~70	2~15	4.5~5.5
金黄色	1	茜素黄（S）	0.3	70~80	1~3	5~6
		茜素红（R）	0.5			
	2	活性艳橙	0.5	70~80	5~15	
	3	铝黄（GLW）	2.5	室温	2~5	5~5.5
黑色	1	酸性黑（ATT）	10	室温	3~10	4.5~5.5
	2	酸性元青	10~12	60~70	10~15	
	3	苯胺黑	5~10	60~70	15~30	5~5.5

（3）电解着色　电解着色是把经阳极氧化的铝及铝合金放入含金属盐的电解液中进行电解，通过电化学反应，使进入氧化膜微孔中的重金属离子还原为金属原子，沉积于孔底无孔层上而着色。由电解着色工艺得到的彩色氧化膜具有良好的耐磨性、耐晒性、耐热性、耐蚀性和色泽稳定持久等优点，目前在建筑装饰用铝型材上得到了广泛的应用。电解着色的工艺规范见表5-11。电解着色所用电压越高，时间越长，颜色越深。

表5-11　电解着色的工艺规范

颜色	组成	质量浓度/（g/L）	温度/℃	交流电压/V	时间/min
金黄色	硝酸银	0.4~10	温度	8~20	0.5~1.5
	硫酸	5~30			

（续）

颜色	组成	质量浓度/(g/L)	温度/℃	交流电压/V	时间/min
青铜色 →褐色 →黑色	硫酸镍	25	20	7~15	2~15
	硼酸	25			
	硫酸铵	15			
	硫酸镁	20			
青铜色 →褐色 →黑色	硫酸亚锡	20	15~25	13~20	5~20
	硫酸	10			
	硼酸	10			
紫色 →红褐色	硫酸铜	35	20	10	5~20
	硫酸镁	20			
	硫酸	5			
黑色	硫酸钴	25	20	17	13
	硫酸铵	15			
	硼酸	25			

2. 氧化膜的封闭处理

铝及铝合金经阳极氧化后，无论是否着色都需及时进行封闭处理，其目的是把染料固定在微孔中，防止渗出，同时提高膜的耐磨性、耐晒性、耐蚀性和绝缘性。封闭的方法有热水封闭法、水蒸气封闭法、重铬酸盐封闭法、水解封闭法和填充封闭法。

（1）热水封闭法　热水封闭法的原理是利用无定形 Al_2O_3 的水化作用，即

$$Al_2O_3 + nH_2O = Al_2O_3 \cdot nH_2O$$

式中 n 为 1 或 3。当 Al_2O_3 水化为一水合氧化铝（$Al_2O_3 \cdot H_2O$）时，其体积可增加约 33%；生成三水合氧化铝（$Al_2O_3 \cdot 3H_2O$）时，其体积增大几乎 100%。由于氧化膜表面及孔壁的 Al_2O_3 水化的结果，体积增大而使膜孔封闭。

热水封闭工艺：热水温度为 90~100℃，pH 值为 6~7.5，时间为 15~30min。封闭用水必须是蒸馏水或去离子水，而不能用自来水，否则会降低氧化膜的透明度和色泽。

水蒸气封闭法的原理与热水封闭法相同，但效果要好得多，只是成本较高。

（2）重铬酸盐封闭法　此法是在具有强氧化性的重铬酸钾溶液中，并在较高的温度下进行的。当经过阳极氧化的铝件进入溶液时，氧化膜和孔壁的氧化铝与水溶液中的重铬酸钾发生下列化学反应：

$$2Al_2O_3 + 3K_2Cr_2O_7 + 5H_2O = 2AlOHCrO_4 + 2AlOHCr_2O_7 + 6KOH$$

生成的碱式铬酸铝及碱式重铬酸铝沉淀和热水分子与氧化铝生成的一水合氧化铝及三水合氧化铝一起封闭了氧化膜的微孔。封闭液的配方和工艺条件如下：

重铬酸钾　　50~70g/L
温度　　　　90~95℃
时间　　　　15~25min
pH 值　　　 6~7

此法处理过的氧化膜呈黄色，耐蚀性较好，适用于以防护为目的的铝合金阳极氧化后的

封闭，不适用于以装饰为目的着色氧化膜的封闭。

（3）水解封闭法 镍盐、钴盐的极稀溶液被氧化膜吸附后，即发生如下的水解反应：

$$Ni^{2+} + 2H_2O = Ni(OH)_2 + 2H^+$$

$$Co^{2+} + 2H_2O = Co(OH)_2 + 2H^+$$

生成的氢氧化镍或氢氧化钴沉积在氧化膜的微孔中，而将孔封闭。因为少量的氢氧化镍和氢氧化钴几乎是无色的，故此法特别适用于着色氧化膜的封闭处理。表 5-12 是常用的水解盐封闭工艺规范。

表 5-12 常用的水解盐封闭工艺规范

项 目		配方 1	配方 2	配方 3
溶液组成的质量浓度 /(g/L)	硫酸镍	4 ~ 6	3 ~ 5	
	硫酸钴	0.5 ~ 0.8		
	醋酸钴			1 ~ 2
	醋酸钠	4 ~ 6	3 ~ 5	3 ~ 4
	硼酸	4 ~ 5	3 ~ 4	5 ~ 6
工艺参数	pH 值	4 ~ 6	5 ~ 6	4.5 ~ 5.5
	温度/℃	80 ~ 85	70 ~ 80	80 ~ 90
	封闭时间/min	10 ~ 20	10 ~ 15	10 ~ 25

（4）填充封闭法 除上面所述的封闭方法外，阳极氧化膜还可以采用有机物质，如透明清晰、熔融石蜡、各种树脂和干性油等进行封闭。

5.4 微弧氧化

5.4.1 微弧氧化技术的由来与发展

微弧氧化又称为微等离子体氧化、等离子体电解氧化、等离子体增强电化学表面陶瓷化和阳极火花沉积等。这项技术是在普通阳极氧化的基础上，通过电弧放电增强并激活在阳极上发生的氧化反应，从而在铝、镁、钛、锆、铌等金属或合金表面形成陶瓷质氧化物膜的方法。其工艺过程需要施加高电压，氧化时产生火花，即工件放在通常为碱性的电介质水溶液中，并置于阳极，通过高电压和电化学反应，在基体表面微孔中产生火花或微弧放电，形成陶瓷质氧化物膜。

微弧氧化形成的膜硬度高，耐磨，耐蚀，绝缘，美观，并且膜与基体附着力好。微弧氧化与普通阳极氧化相比，还具有下列三方面的工艺优点：①工艺简单，稳定可靠，容易控制；②反应在常温下进行，操作方便，处理效率较高；③所用的溶液通常是弱碱性的，污染环境很小。因此，微弧氧化技术受到了人们的广泛关注。

实际上，早在 20 世纪之前 Sluginov 就已发现金属浸入电解液中通电后会产生火花放电现象。20 世纪 30 年代 Günterschulze 和 Betz 对此现象进行了深入的研究，并且做了报道。他们认为火花对氧化膜具有破坏作用。后来研究发现，利用该现象也可制备氧化膜涂层。20世纪 50 年代有人通过试验将此现象用于表面改性。美国某些兵工厂开始研究阳极火花沉积。20 世纪 70 年代 Markow 和他的助手们深入研究了这种放电现象，并且在铝阳极沉积出氧化物，此后这项技术被称为微弧氧化。自20世纪80年代德国学者利用火花放电在铝表面获得含 α-Al$_2$O$_3$ 的硬质膜层以来，微弧氧化技术取得了很大的发展。

微弧氧化的机理是复杂的，至今仍在探讨之中。Vigh 等人阐述了产生火花放电的原因，提出了"电子雪崩"模型，并用这个模型对放电过程中的析氧反应做了解释。Van 等人随后进一步研究了火花放电的整个过程，指出"电子雪崩"总是在氧化膜最薄弱、最容易被击穿的区域首先进行，而放电时的巨大热应力则是产生"电子雪崩"的主要动力；与此同时，Nikoiaev 等人提出了微桥放电模型。20世纪80年代，Albella 等人提出了放电的高能电子来源于进入氧化膜中电解质的观点。Krysmann 等人获得了膜层结构与对应电压间的关系，并提出了火花沉积模型。近来国内外的研究表明，微弧氧化包括空间电荷在氧化物基体中形成、于氧化物孔中产生气体放电、膜层材料局部熔化、热扩散、胶体微粒的沉积、带负电的胶体微粒迁移进入放电通道、等离子体化学和电化学等多个过程。Apelfeld 等人利用离子背射技术对铝的微弧氧化进行研究，提出如图 5-2 所示的微弧氧化模型。他们

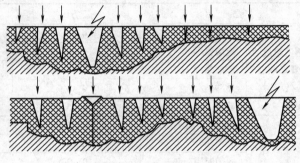

图 5-2　微弧氧化的模型

认为，当小孔内发生微弧放电时，临近区域的氧化层被强烈加热。这期间电解液和基体金属受到热力学激励而发生电化学反应，通过底层包围小孔的阻挡层（绝缘氧化层）向下深入到基体金属。

由于微弧氧化时反应的复杂性，目前还没有可以解释大部分试验现象的机理模型，更多的科学技术人员偏重于工艺条件、设备制造、膜层性能以及实际应用的研究。

5.4.2　微弧氧化设备与工艺

1. 微弧氧化设备

图 5-3 所示为微弧氧化设备示意图。电解槽用不锈钢制成，兼作阴极。电解液通常采用弱碱性溶液，对环境污染小。冷却系统用以控制电解液温度，它是保证工件表面获得良好氧化膜的关键组件之一，主要由冷热交换器、制冷机组和搅拌器组成。制冷机组和冷热交换器都要根据工艺要求的起始和终止温度、升温和降温时间、热损耗系数、电解槽尺寸、液面高度等因素来选用。

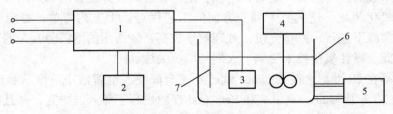

图 5-3　微弧氧化设备示意图

1—高压电源系统　2—控制器　3—工件　4—搅拌器

5—冷却系统　6—电解槽　7—阴极

微弧氧化所用的电源系统多种多样，主要有直流电源、交流电源、脉冲直流电源和非对称性脉冲交流电源。研究发现，使用交流电源和非对称性脉冲交流电源，所得到的陶瓷质氧化物膜的质量和性能较好。

工件经预处理后可挂在电极上浸入电解液中。具体的微弧氧化工艺有直流型、交流型、阳极脉冲型和交流脉冲型。以直流型为例：开启电源后，电压逐渐上升至 200V 左右开始出现微弧（随电解液性质而异）；电压继续升高，直至电压、电流基本保持不变；所用的终极电压、电流密度、处理时间等均按工艺要求来控制。

2. 微弧氧化工艺

一般来说，微弧氧化的工艺流程主要有预处理、微弧氧化处理和氧化后处理三大工序。

（1）预处理　为保证微弧氧化处理效果以及电解液的纯度和稳定性，一定要通过预处理尽可能除去工件表面残留的油污和其他污物。

（2）微弧氧化处理　它突破了普通阳极氧化工作电压的限制，将工作区域引入到高压放电区，将阳极电位由几十伏提高到几百伏，氧化电流由小电流发展到大电流。工件挂在电极上浸入电解液中，当电压逐渐升至数百伏时工件表面被大量细小而看上去像高速游动的弧斑所覆盖。这些细小弧斑的出现就是火花或微弧放电现象。单个弧斑的生存时间很短，寿命只有 $10^{-5} \sim 10^{-4}$ s，并且做随机运动。微弧放电使工件表面形成了大量的瞬间高温、高压微区，在微区内温度高达 2000℃ 以上，压力达数百个大气压，从而为形成陶瓷质氧化物膜提供了必要的条件。

由于微弧区内温度达几千摄氏度，释放的热量很大，如果不及时排热，微弧区周围溶液温度急剧上升，会使形成的膜发生熔解，陶瓷质氧化物膜生长减慢，膜层容易被局部烧焦，所以一般要对溶液进行冷却和强制循环。

影响微弧氧化质量的因素较多，主要是电解液和电参数两方面，尤其是一些电参数的影响很大。

（3）氧化后处理　由于微弧氧化膜表面分布着大量微孔，容易残留微弧氧化处理液和其他杂质，因此微弧氧化处理后对工件要进行充分清洗。为了进一步提高氧化膜的耐蚀性，需要进行封孔处理。其主要采用热水封闭法，即把工件放在 97 ~ 100℃ 的沸水中，保持 10 ~ 30min，使氧化膜表面和孔壁发生水化反应，生成水合氧化铝，体积增加 33% ~ 100%，导致膜孔显著缩小。热水要用蒸馏水或去离子水，不能用自来水，以避免膜孔吸附水垢。若用醋酸将水调节 pH 值至 5.5 ~ 6，则容易得到光亮的表面。在某些更高要求的应用中，封孔处理后还要进行喷涂，以进一步提高工件的耐蚀性。

5.4.3　影响微弧氧化质量的因素

1. 电解液的影响

电解液可分为酸性和碱性两类。酸性电解液常用浓硫酸、磷酸及其相应的盐溶液，有时需要加入一些添加剂。由于这类电解液对环境有污染作用，所以已很少采用。现在广泛使用弱碱性电解液，其优点是可以使金属离子进入和改善膜层的微观结构，并且对环境污染很小。

目前铝合金微弧氧化碱性电解液主要有氢氧化钠、铝酸盐、硅酸盐和磷酸盐四大体系。在这四种电解液中，陶瓷膜的生长规律基本相同，即微弧氧化初始阶段成膜速率都比较快，其中以氢氧化钠和铝酸盐两体系尤为显著,超过一定的氧化时间后,成膜速率开始下降。在一定电压条件下,当膜厚达到一定值后就不再继续增加。各体系都有自身的特点,针对陶瓷膜的不同用途和要求,通常选用合适的复合电解液。

电解液加入一定的添加剂,可以提高电解液的工作能力和陶瓷膜的性能。例如:研究发现在水玻璃-KOH 体系中加入适量的铝酸钠后,能提高膜层的厚度、显微硬度和击穿电压。又如硅酸盐体系加入 NaF、KF 等盐,可以获得强度、硬度适中,结合力、耐蚀性、电绝缘性均优良的陶瓷膜;引入适量的 $WO_{2~4}$、$PO_{3~4}$、$MoO_{2~4}$、$BO_{2~3}$、$Cr_2O_{2~7}$ 等可以调节陶瓷膜的生长速率,制备出性能优异的陶瓷层。

适当增加电解液浓度,能提高溶液电导率,降低起弧电压和正常工作电压,增加膜层厚度,加快成膜速率,改善膜层致密度。然而,当电解液浓度增加到一定程度后,由于引起的放电电流过大,使微孔增大,表层氧化铝晶粒变大,陶瓷膜致密度和均匀性下降,表面粗糙度值增大,硬度下降。当电解液的浓度较高时,会使陶瓷膜的成膜速率和显微硬度随浓度变化而出现较大的波动。

铝合金和氧等离子体反应生成氧化铝的过程是吸热反应过程,适当提高溶液温度有利于正向反应的进行,同时也加快了氧等离子体向工件表面扩散,因而提高了成膜速率。但是,当溶液温度超过 40℃时,成膜速率又会降低。如果溶液温度过高,如前所述还可能造成局部烧焦。因此,为了使反应顺利地进行,必须合理地控制电解液温度。另外,电解液的电导率和 pH 值也显著影响成膜过程及膜层性能,都需要根据实际情况和工艺要求,控制在合理的范围。

2. 电参数的影响

最初的微弧氧化工艺采用直流恒流电源,现在已较少采用。用正弦交流电进行微弧氧化,所得膜层的质量较好,但所需时间较长。目前,常用的交流电源是非对称交流电源和脉冲交流电源。其中非对称交流电流能较好地避免电极表面形成的附加极化作用,并能通过改变正、负半周输出的电容,调节正、反向电位的大小,扩大涂层形成过程的控制范围,并且容易获得表面粗糙度值低而厚度均匀的膜层,所以交流脉冲电源取代直流电源获得了广泛的应用。

对应于不同的电解液,电参数的设置也不相同,电参数的合理配合对制备高质量的膜层至关重要。微弧氧化工艺所选用的电参数主要有下列几项:

(1) 电流密度　研究表明,电流密度是影响膜层厚度、表面粗糙度和性能的关键参数之一。对于不同体系的电解液,在一定范围内膜层厚度随电流密度的增大而增加,硬度也随之增加。但是,电流密度对膜层增长有一个界限,超过这个界限膜层厚度就会出现下降的趋势。对于不同体系的电解液,该界限值是不同的。另一方面,膜层厚度随电流密度增大时,可能使表面粗糙度值明显增大。其原因在于微弧氧化是靠击穿膜层、形成放电通道来进行的;膜层增厚后,绝缘电阻随之增大,要继续进行反应,就必须增加电流密度,这样才有足够的能量击穿陶瓷膜;随着电流密度增加,反应速度加快,反应越剧烈,反应产物就会过早地堵塞较细小的反应通道,使反应不能在工件表面均匀地进行;随着氧化时间的延长膜层不断增厚,击穿变得困难,反应只能在局部进行,因而表面变得粗糙不平。由上述可知,只有选择合适的电流密度才能得到表面质量较好的陶瓷膜,并且在规定的时间内达到要求的厚度。

（2）电压　不同的电解液有不同的工作电压范围。电压过低，陶瓷层生长速度太小，陶瓷层较薄，颜色浅，硬度低。电压过高，工件容易发生烧蚀现象。

（3）脉冲频率　脉冲放电模式属于场致电离放电，火花存活时间短，放电能量大，有利于致密层的较早形成。高脉冲频率下，致密层的质量分数增大，表面粗糙度值降低，膜层硬度增大，耐磨性提高。随着脉冲频率提高，膜层的生长速率先增加后减小，而能耗的变化规律与之相反。

（4）脉冲占空比　一般认为，在高频下，占空比越大，陶瓷层表面粗糙度值越高；占空比越小，表面粗糙度值越低。

5.4.4　微弧氧化陶瓷质氧化物膜的结构和性能

1. 微弧氧化陶瓷质氧化物膜的结构

铝合金的微弧氧化陶瓷质氧化膜具有致密层和疏松层两层结构。致密层处于基体与疏松层之间。致密层与基体的界面结合良好。研究表明，致密层中具有刚玉结构的 $\alpha\text{-}Al_2O_3$ 的体积分数高达 50% 以上。致密层中晶粒细小。疏松层晶粒较粗大，并且存在许多孔洞，其周围又有许多微裂纹向内扩展。致密层和疏松层的相组成均为 $\alpha\text{-}Al_2O_3$、$\gamma\text{-}Al_2O_3$ 和复合烧结相；从外表面到膜内部（离 Al/Al_2O_3 界面较远），$\alpha\text{-}Al_2O_3$ 体积分数逐渐增加，$\gamma\text{-}Al_2O_3$ 体积分数逐渐减少。一种解释是：在微弧氧化过程中，每个火花熄灭瞬间内，熔融 Al_2O_3 迅速固化形成含有 $\alpha\text{-}Al_2O_3$ 和 $\gamma\text{-}Al_2O_3$ 结构的陶瓷层；外表层熔融 Al_2O_3 直接与电解液接触，冷速快，有利于 $\gamma\text{-}Al_2O_3$ 相的形成，而由外向内熔融 Al_2O_3 与电解液直接接触的概率减少，冷速减缓，$\alpha\text{-}Al_2O_3$ 的比例增加。

其他合金，例如镁合金，经微弧氧化处理后也有致密层和疏松层两层结构。疏松层占整个膜层厚度的 20% 左右，有较多的孔洞和孔隙。致密层中孔隙少，其孔隙率低于 5%。孔隙直径一般为几个微米，但其大小与电解质组成、浓度、处理时间以及频率等有关。G. H. Lv 等曾对 Mg-Al-Zn 系铸造镁合金 ZM5 做微弧氧化试验。所用的电解液配方为：NaOH，10.018mol/L；$(NaPO_3)_6$，0.016mol/L；NaF，0.190mol/L。其他参数是：电流密度，2A/dm^2；氧化时间，60min；频率，100Hz 和 800Hz；温度，30℃。结论如下：膜层主要由 MgF_2 和 $Mg_3(PO_4)_2$ 组成。100Hz 下的膜层孔洞直径较大，表面粗糙；800Hz 所得到膜孔洞（或孔隙）较小，但密度大，而耐蚀性要远远好于 100Hz 下的膜层。

2. 微弧氧化陶瓷质氧化膜的性能

国外对铝合金微弧氧化的研究和应用最有代表性的公司主要有 ALGT、Microplasmic Corporation 以及 Keronite 等公司。其中，Keronite 公司是全球铝合金微弧氧化工艺技术商业化最成功的公司，其所制备的微弧氧化膜层的性能见表 5-13。

表 5-13　Keronite 公司铝合金微弧氧化膜层的性能

极高的硬度和耐磨性	硬度范围为 800～2000HV，与所用的合金有关。在铝合金上的耐磨性优于硬质氧化和电镀。最高硬度可以达到 2000HV
极高的结合强度	金属表面自身产生转化形成原子键合，因此，结合强度比等离子喷涂涂层强很多
优良的耐热性	Keronite 涂层能连续在 500℃ 下工作，超过 ASTM 相关标准（热冲击抗力标准测试方法）的要求。被用作好的热障涂层和热保护涂层

（续）

高的耐蚀性	采用美国材料实验标准 ASTMB117 进行中性盐雾实验，具有 Keronite 涂层的合金盐雾试验时间超过 2000h 不受影响
高的绝缘强度	在直流条件下，氧化态涂层的电绝缘性能为 10V/μm；封孔态涂层的电绝缘性能为 30V/μm。Keronite 涂层在 500℃下具有高隔热性能
环境友好性	Keronite 工艺所用的化学试剂材料对环境没有污染

微弧氧化膜层除了上述优良的综合性能外，还可着色成红、蓝、黄、绿、灰、黑等多种颜色以及不同的花纹。

5.4.5　微弧氧化陶瓷质氧化物膜的应用

微弧氧化技术自 20 世纪 80 年代以来，获得了迅速的发展，目前已是轻合金一项重要的表面改性技术，应用于许多工业部门和人们的生活。尤其是微弧氧化陶瓷质氧化物膜所具有的优异耐磨性和耐蚀性，深得人们的青睐。例如，航空、航天、机械领域中的轻合金气动元件、密封件、叶片、轮箍等零部件，石油、化工、船舶领域中的轻合金或钛合金的阀门、动态密封环，日常使用的铝合金电熨斗、水龙头等用品，经微弧氧化处理后，耐磨性、耐蚀性得到很大的提高，从而显著延长了使用寿命。

在仪器仪表领域中，利用微弧氧化膜层的优异电绝缘性，制造铝合金或钛合金的电器元件、探针和传感元件。在汽车领域中，利用微弧氧化膜层良好的耐冲击性和耐磨性，制造铝合金的喷嘴和活塞。在建筑装饰领域中，利用微弧氧化膜层的良好装饰性，制造铝装饰材料。在医疗卫生领域，已用钛合金制造一些人工器官，为提高它们在人体内部的表面耐磨性、耐蚀性，可采用微弧氧化技术。

目前微弧氧化技术虽然还有一些不完善的地方，也有一定的局限性，因而尚未进入大规模生产和应用阶段，但其仍有良好的发展前景，不失为一项先进的表面技术。

5.5　磷化处理

5.5.1　钢铁的磷化处理

把金属放入含有锰、铁、锌的磷酸盐溶液中进行化学处理，使金属表面生成一层难溶于水的磷酸盐保护膜的方法，称为金属的磷酸盐处理，简称磷化处理。磷化膜层为微孔结构，与基体结合牢固，具有良好的吸附性、润滑性、耐蚀性、不黏附熔融金属（Sn、Al、Zn）性及较高的电绝缘性等。磷化膜主要用作涂料的底层、金属冷加工时的润滑层、金属表面的保护层以及用于电机硅钢片的绝缘处理等。磷化膜厚度一般为 $5 \sim 20\mu m$。磷化处理所需设备简单，操作方便，成本低，生产率高，被广泛应用于汽车、船舶、航空航天、机械制造及家电等工业生产中。

1. 磷化膜的形成机理

磷化处理是在含有锰、铁、锌的磷酸二氢盐与磷酸组成的溶液中进行的。金属的磷酸二氢盐可用通式 $M(H_2PO_4)_2$ 表示。在磷化过程中发生如下反应：

$$M(H_2PO_4)_2 \rightarrow MHPO_4 \downarrow + H_3PO_4$$
$$3MHPO_4 \rightarrow M_3(PO_4)_2 \downarrow + H_3PO_4$$

或者以离子反应方程式表示:

$$4M^{2+} + 3H_2PO_4^- \rightarrow MHPO_4 \downarrow + M_3(PO_4)_2 \downarrow + 5H^+$$

当金属与溶液接触时,在金属/溶液界面液层中 Me^{2+} 离子浓度的增高或 H^+ 离子浓度降低,都将促使以上反应在一定温度下向生成难溶磷酸盐的方向移动。由于铁在磷酸里溶解,氢离子被中和同时放出氢气:

$$Fe + 2H^+ = Fe^{2+} + H_2 \uparrow$$

反应生成的不溶于水的磷酸盐在金属表面沉积成为磷酸盐保护膜,因为它们就是在反应处生成的,所以与基体表面结合得很牢固。

从电化学的观点来看,磷化膜的形成可认为是微电池作用的结果。在微电池的阴极上,发生氢离子的还原反应,有氢气析出:

$$2H^+ + 2e^- = H_2 \uparrow$$

在微电池的阳极上,铁被氧化为离子进入溶液,并与 $H_2PO_4^-$ 发生反应。由于 Fe^{2+} 的数量不断增加,pH 值逐渐升高,促使反应向右进行,最终生成不溶性的正磷酸盐晶核,并逐渐长大。下面是阳极反应:

$$Fe - 2e^- = Fe^{2+}$$
$$Fe^{2+} + 2H_2PO_4^- = Fe(H_2P_4)_2$$
$$Fe(H_2PO_4)_2 = FeHPO_4 + H_3PO_4$$
$$3FeHPO_4 = Fe_3(PO_4)_2 \downarrow + H_3PO_4$$

与此同时,阳极区溶液中的 $Mn(H_2PO_4)_2$、$Zn(H_2PO_4)_2$ 也发生如下反应:

$$M(H_2PO_4)_2 = MHPO_4 + H_3PO_4$$
$$3MHPO_4 = M_3(PO_4)_2 \downarrow + H_3PO_4$$

式中的 M 为 Mn 和 Zn。阳极区的反应产物 $Fe_3(PO_4)_2$、$Mn_3(PO_4)_2$、$Zn_3(PO_4)_2$ 一起结晶,形成磷化膜。

2. 磷化膜的组成和结构

磷化膜主要由重金属的二代和三代磷酸盐的晶体组成,不同的处理溶液得到的膜层的组成和结构不同。通常,晶粒大小可以从几个微米到上百微米。晶粒越大,膜层越厚。在磷化膜中应用最广的有磷酸铁膜、磷酸锌膜和磷酸锰膜。

(1)磷酸铁膜　用碱金属磷酸二氢盐为主要成分的磷化液处理钢材表面时,得到的非晶质膜是磷酸铁膜。磷酸铁膜的重量为 $0.21 \sim 0.8 g/m^2$。外观呈灰色、青色乃至黄色。磷化液中的添加物也可共沉积于膜中,并影响膜的颜色。

(2)磷酸锌膜　采用以磷酸和磷酸二氢锌为主要成分,并含有重金属与氧化剂的磷化液处理钢材时,形成的膜由两种物相组成:磷酸锌[$Zn_3(PO_4)_2 \cdot 4H_2O$]和磷酸锌铁[$Zn_2Fe(PO_4)_2 \cdot 4H_2O$]。当溶液中含有较高的 Fe^{2+} 时,就形成一种新相 $Fe_5H_2(PO_4)_4 \cdot 4H_2O$。磷酸锌是白色不透明的晶体,属斜方晶系;磷酸锌铁是无色或浅蓝色的晶体,属单斜晶系。锌系磷化膜呈浅灰色至深灰结晶状。

(3)磷酸锰膜　用磷酸锰为主的磷化液处理钢材时,得到的膜层几乎完全由磷酸锰[$Mn_3(PO_4)_2 \cdot 3H_2O$]和磷酸氢锰铁[$2MnHPO_4 \cdot FeHPO_4 \cdot 2.5H_2O$]组成。磷化膜中锰与铁的比例，随磷化液中铁与锰的比例而改变，但铁的含量远低于锰。此外，膜中还含有少量磷酸亚铁[$Fe_3(PO_4)_2 \cdot 8H_2O$]，而且在膜与基体接触面上还形成了氧化铁。用碱液脱脂后进行磷化时，磷化膜的结构呈板状。

3. 磷化工艺

（1）磷化配方及工艺规范　磷化工艺主要有：高温、中温和常温磷化，见表5-14。根据对钢铁表面磷化膜的不同要求，生产中选用不同的磷化工艺。高温磷化的优点是膜层较厚，膜层的耐蚀性、耐热性、结合力和硬度都比较好，磷化速度快；缺点是溶液的工作温度高，能耗大，溶液蒸发量大，成分变化快，常需调整，且结晶粗细不均匀。中温磷化的优点是膜层的耐蚀性接近高温磷化膜，溶液稳定，磷化速度快，生产率高；缺点是溶液较复杂，调整较麻烦。常温磷化的优点是节约能源，成本低，溶液稳定；缺点是耐蚀性较差、结合力欠佳，处理时间较长，生产率低。

表 5-14　钢铁磷化工艺规范

项　目		高　温		中　温		常　温	
		1	2	3	4	5	6
溶液组成的质量浓度/(g/L)	磷酸二氢锰铁盐	30 ~ 40		40		40 ~ 65	
	磷酸二氢锌		30 ~ 40		30 ~ 40		50 ~ 70
	硝酸锌		55 ~ 65	120	80 ~ 100	50 ~ 100	80 ~ 100
	硝酸锰	15 ~ 25		50			
	亚硝酸钠						0.2 ~ 1
	氧化钠					4 ~ 8	
	氟化钠					3 ~ 4.5	
	乙二胺四乙酸			1 ~ 2			
	游离酸度/点①	3.5 ~ 5	6 ~ 9	3 ~ 7	5 ~ 7.5	3 ~ 4	4 ~ 6
	总酸度/点①	36 ~ 50	40 ~ 58	90 ~ 120	60 ~ 80	50 ~ 90	75 ~ 95
工艺参数	温度/℃	94 ~ 98	88 ~ 95	55 ~ 65	60 ~ 70	20 ~ 30	15 ~ 35
	时间/min	15 ~ 20	8 ~ 15	20	10 ~ 15	30 ~ 45	20 ~ 40

① 点数相当于滴点 10mL 磷化液，使指示剂在 pH3.8（对游离酸度）和 pH8.2（对总酸度）变色时所消耗浓度为 0.1mol/L 氢氧化钠溶液的毫升数。

（2）影响磷化的因素

1）游离酸度。游离酸度是指溶液中磷酸二氢盐水解后产生的游离磷酸的浓度。游离酸度过高时，氢气析出量大，晶核生成困难，膜的晶粒粗大，疏松多孔，耐蚀性差；游离酸度过低时，生成的磷化膜很薄，甚至得不到磷化膜。游离酸度高时，可加氧化锌或氧化锰调整；游离酸度低时，可加磷酸二氢锰铁盐、磷酸二氢锌或磷酸来调整。

2）总酸度。总酸度来源于磷酸盐、硝酸盐和酸的总合。总酸度高时磷化反应速度快，获得的膜层晶粒细致，但膜层较薄，耐蚀性降低；总酸度过低，磷化速度慢，膜层厚且粗糙。总酸度高时可加水稀释，低时加磷酸二氢锰铁盐、磷酸二氢锌或硝酸锌、硝酸锰调整。

3）金属离子的影响。Mn^{2+} 的存在可以使磷化膜结晶均匀，颜色较深，提高膜的耐磨性、耐蚀性和吸附性。Mn^{2+} 含量过高则膜的晶粒粗大，耐蚀性变差；Mn^{2+} 含量过低则使晶粒太细，有磷化不上的趋势。一定量的 Fe^{2+} 能增加磷化膜的厚度，提高力学强度和耐蚀性。

但 Fe^{2+} 在高温时很容易被氧化成 Fe^{3+}，并转化为磷酸铁（$FePO_4$）沉淀，使游离酸度升高，造成磷化结晶几乎不能进行；Fe^{2+} 含量过高时，还会使磷化膜结晶粗大，表面产生白色浮灰。Zn^{2+} 的存在可以加快磷化速度，生成的磷化膜结晶致密、闪烁有光。Zn^{2+} 含量过高时磷化膜晶粒粗大，排列紊乱，磷化膜发脆；Zn^{2+} 含量过低时膜层疏松发暗。磷化液中要控制金属离子的比例，铁与锰的质量浓度之比为 1：9 左右，锌与锰为 1.5～2.1，铁离子（Fe^{2+}）的质量浓度应保持在 0.8～2.0g/L。

4）P_2O_5 的影响。P_2O_5 来自磷酸二氢盐，它能提高磷化速度，使磷化膜致密，晶粒闪烁有光。P_2O_5 含量过高时，膜的结合力下降，表面白色浮灰较多；P_2O_5 含量过低时，膜的致密性和耐蚀性均差，甚至不产生磷化膜。

5）NO_3^-、NO_2^- 和 F^- 的影响。NO_3^- 和 NO_2^- 在磷化溶液中作为催化剂（加速剂），可以加快磷化速度，使磷化膜致密均匀，NO_2^- 还能提高磷化膜的耐蚀性。NO_3^- 含量过高时，会使磷化膜变薄，并易产生白色或黄色斑点。F^- 是一种活化剂，可以加快磷化膜晶核的生成速度，使结晶致密，耐蚀性提高，尤其是在常温磷化时，氟化物的作用非常突出。

6）杂质的影响。除磷酸、硝酸和硼酸以外的酸，如硫酸根（SO_4^{2-}）、氯离子（Cl^-）以及金属离子砷（As^{3+}）、铝（Al^{3+}）、铬（Cr^{3+} 和 Cr^{6+}）、铜（Cu^{2+}）都被认为是有害杂质，其中 SO_4^{2-} 和 Cl^- 的影响更为严重。SO_4^{2-} 和 Cl^- 会降低磷化速度，并使磷化膜层疏松多孔易生锈，两者的质量浓度均不允许超过 0.5g/L。金属离子 As^{3+}、Al^{3+} 使膜层耐蚀性下降，大量的 Cu^{2+} 会使磷化膜发红，耐蚀性下降。

7）温度的影响。温度对磷化过程影响很大，提高温度可以加快磷化速度，提高磷化膜的附着力、耐蚀性、耐热性和硬度。但不能使溶液沸腾，否则膜变得多孔，表面粗糙，且易使 Fe^{2+} 氧化成 Fe^{3+} 而沉淀析出，使溶液不稳定。

8）基体金属的影响。不同成分的金属基体对磷化膜有明显不同的影响。低碳钢磷化容易，结晶致密，颜色较浅；中、高碳钢和低合金钢磷化较容易，但结晶有变粗的倾向，磷化膜颜色深而厚；最不利于进行磷化的是含有较多铬、钼、钨、钒、硅等合金元素的钢。磷化膜随钢中碳化物含量和分布的不同而有较大差异，因此，对不同钢材应选用不同的磷化工艺，才能获得较理想的效果。

9）预处理的影响。预处理对磷化膜的外观颜色和膜的质量有很大的影响。经喷砂处理的钢铁表面粗糙，有利于形成大量晶核，获得致密的磷化膜。用有机溶剂清洗过的金属表面，磷化后所获得的膜结晶细而致密，磷化过程进行得较快。用强碱脱脂，磷化膜结晶粗大，磷化时间长。经强酸腐蚀的金属表面，磷化膜结晶粗大，膜层重，金属基体侵蚀量大，磷化过程析氢也多。

（3）磷化膜的后处理　为了提高磷化膜的防护能力，在磷化后应对磷化膜进行填充和封闭处理。填充处理的工艺是：

重铬酸钾（K_2CrO_7）	30～50g/L
碳酸钠（Na_2CO_3）	2～4g/L
温度	80～95℃
时间	5～15min

填充后，可以根据需要在锭子油、防锈油或润滑油中进行封闭。如需涂漆，应在钝化处理干燥后进行，工序间隔不超过 24h。

5.5.2　有色金属的磷化处理

除钢铁外，有色金属铝、锌、铜、钛、镁及其合金都可进行磷化处理，但其表面获得的磷化膜远不及钢铁表面的磷化膜，故有色金属的磷化膜仅用作涂漆前的打底层。由于有色金属磷化膜应用的局限性，因此，对有色金属磷化处理的研究和应用远远少于钢铁。

有色金属及其合金的磷化与钢铁的磷化基本相同，大多采用磷酸锌基的磷化液。不过，在磷化液中常添加适量的氟化物。铝及铝合金的磷化液的组成是：

　　　铬酐（CrO_3）　　　　　　$7 \sim 12g/L$
　　　磷酸（H_3PO_4）　　　　　$58 \sim 67g/L$
　　　氟化钠（NaF）　　　　　　$3 \sim 5g/L$

为了获得良好的膜层，溶液中 F^- 与 CrO_3 的质量比应控制在 $0.10 \sim 0.40$，pH 值为 1.5 ~ 2.0。

5.6　铬酸盐处理

把金属或金属镀层放入含有某些添加剂的铬酸或铬酸盐溶液中，通过化学或电化学的方法使金属表面生成由三价铬和六价铬组成的铬酸盐膜的方法，称为金属的铬酸盐处理，也称为钝化。铬酸盐膜与基体结合力强，结构比较紧密，具有良好的化学稳定性，耐蚀性好，对基体金属有较好的保护作用；铬酸盐膜的颜色丰富，从无色透明或乳白色到黄色、金黄色、淡绿色、绿色、橄榄色、暗绿色和褐色，甚至黑色，应有尽有。铬酸盐处理工艺常用作锌镀层、镉镀层的后处理，以提高镀层的耐蚀性；也可用作其他金属如铝、铜、锡、镁及其合金的表面防腐蚀。

5.6.1　铬酸盐膜的形成过程

铬酸盐处理是在金属—溶液界面上进行的多相反应，过程十分复杂，一般认为铬酸盐膜的形成过程大致分为以下三个步骤：

1）金属表面被氧化并以离子的形式转入溶液，与此同时有氢气分析。

2）所析出的氢促使一定数量的六价铬还原成三价铬，并由于金属—溶液界面处的 pH 值升高，使三价铬以胶体的氢氧化铬形式沉淀。

3）氢氧化铬胶体自溶液中吸附和结合一定数量的六价铬，在金属界面构成具有某种组成的铬酸盐膜。

以锌的铬酸盐处理为例，其化学反应式如下：

锌浸入铬酸盐溶液后被溶解：

$$Zn + 2H^- \rightarrow Zn^{2+} + H_2 \uparrow$$

析氢引起锌表面的重铬酸离子的还原：

$$Cr_2O_7^{2-} + 8H^+ \rightarrow 2Cr(OH)_3 + H_2O$$

由于上述溶解反应和还原反应，锌—溶液界面处的 pH 值升高，从而生成以氢氧化铬为主体的胶体状的柔软不溶性复合铬酸盐膜：

$$2Cr(OH)_3 + CrO_4^{2-} + 2H^+ \rightarrow Cr(OH)_3 \cdot Cr(OH) \cdot CrO_4 \cdot H_2O + H_2O$$

这种铬酸盐膜像糨糊一样柔软，容易从锌表面去掉，待干燥脱水收缩后，则固定在锌表面上形成铬酸盐特有的防护膜：

$$Cr(OH)_3 \cdot Cr(OH) \cdot CrO_4 \cdot H_2O \rightarrow xCr_2O_3 \cdot yCrO_3 \cdot zH_2O$$

5.6.2　铬酸盐膜的组成和结构

铬酸盐膜主要由三价铬和六价铬的化合物，以及基体金属或镀层金属的铬酸盐组成。不同基体金属，采用不同的铬酸盐处理溶液，得到的膜层颜色和膜的组成也不相同，见表 5-15。

表 5-15　锌、镉、铝的铬酸盐膜的组成和颜色

基体金属	铬酸盐溶液组成	膜的组成	膜的颜色
锌	重铬酸钠、硫酸	α-Gr$_2$O$_3$、ZnO	黄绿色
	铬酸	α-GrOOH、4ZnCrO$_4 \cdot$ K$_2$O $\cdot$ H$_2$O	黄色
镉	铬酸或重铬酸盐	α-CrOOH、Cr(OH)$_3$、γ-Cd(OH)$_2$	黄褐色
	重铬酸钠、硫酸	CdCrO$_4$、α-Cr$_2$O$_3$	绿黄色
铝	铬酸、氟化物、添加剂	α-AlOOH $\cdot$ Cr$_2$O$_3$、α-CrOOH、Cr(NH$_3$)$_3$NO$_2$CrO$_4$	无色、黄色和红褐色
	铬酸、重铬酸盐	α-CrOOH、γ-AlOOH	褐色、黄色

在铬酸盐膜中，不溶性的化合物构成了膜的骨架，使膜具有一定的厚度。由于它本身具有较高的稳定性，因而使膜具有良好的强度。六价铬化合物以夹杂形式或由于被吸附或化学键的作用，分散在膜的内部起填充作用。当膜受到轻度损伤时，可溶性的六价铬化合物能使该处再钝化。一般认为，铬酸盐膜中六价铬化合物的含量越多，其耐蚀性越好。

从表 5-15 中可以看到，膜的颜色与其组成有一定的对应关系。用重铬酸盐和硫酸组成的溶液处理得到的黄色膜层，含以碱式铬酸铬或氢氧化铬以及以可溶性铬酸盐形式存在的三价铬和六价铬。褐色的膜可能含有不同组分的碱式铬酸铬。橄榄色的膜主要是三价铬的化合物。

5.6.3　铬酸盐处理工艺

1. 铬酸盐处理的配方及工艺条件

铬酸盐处理被广泛应用于提高钢铁上镀锌层或镀镉层的耐蚀性。

锌和镉的铬酸盐处理溶液主要由六价铬化合物和活化剂所组成。所用的六价铬化合物为铬酸或碱金属的重铬酸盐；活化剂则可以是硫酸、硝酸、磷酸、盐酸、氢氟酸等无机酸及其盐，以及醋酸、甲酸等有机酸及其盐类，溶液中也经常根据需要添加其他组分。表 5-16 是几种金属及其合金的铬酸盐处理工艺规范。

表 5-16　金属及其合金的铬酸盐处理工艺规范

材料	溶液的质量浓度/（g/L）		pH 值	溶液温度/℃	处理时间/s
锌	铬酐 硫酸 硝酸 冰醋酸	5 0.3mL/L 3mL/L 5mL/L	0.8 ~ 1.3	室温	3 ~ 7

（续）

材料	溶液的质量浓度/（g/L）		pH 值	溶液温度/℃	处理时间/s
镉	铬酐 硫酸 硝酸 磷酸 盐酸	50 5mL/L 5mL/L 10mL/L 5mL/L	0.5~20	10~50	15~120
锡	铬酸钠或 重铬酸钠 氢氧化钠 润湿剂	3 2.8 10 2	11~12	90~96	3~5
铝及其合金	铬酐 重铬酸钠 氟化钠	3.5~4 3.0~3.5 0.8	1.5	30	180
铜及其合金	重铬酸钠 氟化钠 硫酸钠 硫酸	180 10 50 6mL/L		18~25	300~900
镁合金	重铬酸钠 硫酸镁 硫酸锰	150 60 60		沸腾	1800

2. 影响铬酸盐膜质量的因素

（1）三价铬的影响　铬酸盐处理溶液中存在一定量的三价铬有利于形成较厚的膜。在溶液中其他组分不变的情况下，三价铬含量升高，形成的铬酸盐膜数量增多。另外，三价铬化合物的影响与处理溶液的酸度有关，pH 值≥2 时，特别明显。

（2）Cr^{6+} 与 SO_4^{2-} 的质量浓度之比的影响　铬酸盐溶液中，Cr^{6+} 与 SO_4^{2-} 的质量浓度之比直接影响膜的颜色和厚度。图 5-4 给出了在总质量浓度（Cr^{6+}、SO_4^{2-}）一定的条件下，Cr^{6+} 与 SO_4^{2-} 的质量浓度之比变化对膜层颜色的影响。从图中可以看到，在 Cr^{6+} 与 SO_4^{2-} 的质量比不同的溶液中，可以形成颜色相同的膜；选择适当的 Cr^{6+} 与 SO_4^{2-} 的质量浓度之比，可以从同一种铬酸盐溶液中，得到各种颜色的铬酸盐膜。溶液中的活化剂可以用硫酸、硫酸钠、硫酸锌或硫酸铬等物质加入。其中，采用含有硫酸铬的处理液可以获得质量较好的膜。

（3）pH 值的影响　pH 值对膜的形成影响很大，在没有添加酸或碱的

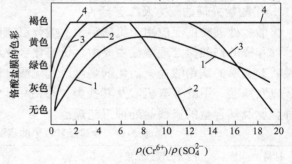

图 5-4　锌的铬酸盐膜的颜色随 Cr^{6+} 与 SO_4^{2-} 的质量浓度之比的变化

初始总的质量浓度：1—0.7g/L　2—1.1g/L
3—7.7g/L　4—22.2g/L

铬酸盐溶液中，是不能形成铬酸盐膜的。只有在 pH 值达到最佳值时，才能得到较厚的铬酸盐膜，大于或小于这个值，膜的厚度都将减薄。

（4）溶液温度的影响　　随铬酸盐溶液温度的升高，膜的生成重量增加。

（5）干燥温度的影响　　经用水清洗过的铬酸盐膜，最好不要在温度高于 50℃ 的条件下干燥。因为铬酸盐膜在此温度下由可溶性转化为不溶性，降低了铬酸盐膜中的六价铬的含量，从而影响铬酸盐膜的自愈合能力。这种转化的程度随温度的升高而加剧，当干燥温度超过 70℃ 后，膜层开始出现龟裂。

应当着重指出：由于六价铬是致癌物质，铬酸盐溶液对人体和环境有害，因此世界各国纷纷立法限制其使用，并正逐渐被非铬酸盐处理方法所取代。

第6章 表面涂覆技术

采用各种方法，将涂料或其他具有一定功能的物质涂覆在材料表面，称为表面涂覆技术。它是表面技术的重要组成部分。涂覆所用的材料和方法很多，应用广泛。限于篇幅，本章只对一些常用而重要的表面技术做简略的介绍。

6.1 涂料与涂装

6.1.1 涂料

涂料的含义是广泛的，即凡涂覆于物体表面而能干结成坚韧、连续涂膜的物料统称为涂料。按基料的组成和性质，涂料可分为有机涂料和无机涂料两大类。其中，有机涂料的应用十分广泛，通常所说的涂料是指有机涂料。使涂料在被涂表面形成涂膜的过程，称为涂装。

涂装用的有机涂料是涂于材料或制件表面而能形成具有保护、装饰或特殊性能（如绝缘防腐、标志等）固体涂膜的一类液体或固体材料之总称。早期大多以植物油为主要原料，故有"油漆"之称，后来合成树脂逐步取代了植物油，因而统称为"涂料"。

现在对于呈黏稠液态的具体涂料品种仍可按习惯称为"漆"外，对于其他一些涂料，如水性涂料、粉末涂料等新型涂料就不能这样称呼了。

涂料有传统涂料和新型涂料之分。常用的传统涂料大致可分为17种，大多为溶剂型涂料。与传统的溶剂型涂料不同，新型涂料是符合环保要求、节省能源、减少污染的现代涂料，为涂料工业的发展方向。

1. 传统涂料

（1）涂料的主要组成 涂料大致由成膜物质、颜料、溶剂和助剂四部分组成，如图6-1所示。

1）成膜物质。成膜物质一般是天然油脂、天然树脂和合成树脂。它们是在涂料组成中能形成涂膜的主要物质，是决定涂料性能的主要因素。

天然油脂主要来自植物油，按化学结构和干燥特征可分为干性油（如桐油、亚麻仁油等，涂膜干燥迅速）、半干性油（如豆油、棉籽油、葵花籽油等，涂膜干燥较慢）和不干性油（如

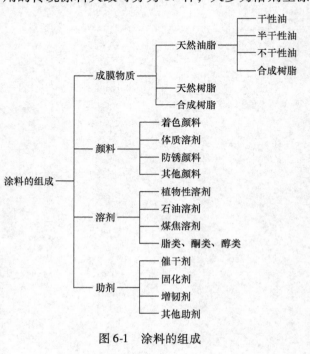

图6-1 涂料的组成

椰子油、花生油、蓖麻油等，不能自行干燥，但可与干性油或树脂混合制成涂料）。如加入树脂，则称为磁性调和漆。

树脂是有机高分子化合物。熔化或溶解后的树脂黏结性很强，涂覆于制件表面干燥后能形成具有较高硬度、光泽、抗水性、耐蚀性等性能的涂膜。天然树脂有松香、虫胶和琥珀等。合成树脂的种类很多，有酚醛树脂、醇酸树脂等。为进一步改进性能，有的涂料中同时加入两种合成树脂。

2）颜料。颜料能使涂膜呈现颜色和遮盖力，还可增强涂膜的耐老化性和耐磨性以及增强膜的防蚀、防污等能力。

颜料呈粉末状，不溶于水或油，而能均匀地分散于介质中。大部分颜料是某些金属氧化物、硫化物和盐类等无机物。有的颜料是有机染料。颜料按其作用可分为着色颜料（如钛白、锌钡白、炭黑、铁红、镉红、铁蓝、铁黄、铬黄、铅铬橙、铜粉、铝粉等，具有着色性和遮盖性以及增强涂膜的耐久性、耐候性和耐磨性）、体质颜料（如大白粉、石膏粉、滑石粉、硅藻土等，具有增加涂膜厚度，加强涂膜经久、坚硬、耐磨等作用）、防锈颜料（如氧化铁红、铝粉、锌粉、红丹、锌铬黄等，能增强涂膜的防锈能力），以及发光颜料、荧光颜料、示温颜料等。

3）溶剂。溶剂使涂料保持溶解状态，调整涂料的黏度，以符合施工要求，同时可使涂膜具有均衡的挥发速度，以达到涂膜的平整和光泽，还可消除涂膜的针孔、刷痕等缺陷。

溶剂要根据成膜物质的特性、黏度和干燥时间来选择。一般常用混合溶剂或稀释剂。按其组成和来源，常用的有植物性溶剂（如松节油等）、石油溶剂（如汽油、松香水）、煤焦溶剂（如苯、甲苯、二甲苯等）、酯类（如乙酸乙酯、乙酸丁酯）、酮类（如丙酮、环己酮）、醇类（如乙醇、丁醇等）。

4）助剂。助剂在涂料中用量虽小，但对涂料的储存性、施工性，以及对所形成涂膜的物理性质有明显的作用。

常用的助剂有催干剂（如二氧化锰、氧化铝、氧化锌、醋酸钴、亚油酸盐、松香酸盐、环烷酸盐等，主要起促进干燥的作用）、固化剂（有些涂料需要利用酸、胺、过氧化物等固化剂与合成树脂发生化学反应才能固化、干结成膜，如用于环氧树脂漆的乙二胺、二乙烯三胺、邻苯二甲酸酐、酚醛树脂、氨基树脂、聚酰胺树脂等）、增韧剂（常用于不用油而单用树脂的树脂漆中，以减少脆性，如邻苯二甲酸二丁酯等酯类化合物、植物油、天然蜡等）。除上述三种助剂外，还有表面活性剂（改善颜料在涂料中的分散性）、防结皮剂（防止油漆结皮）、防沉淀剂（防止颜料沉淀）、防老化剂（提高涂膜理化性能和延长使用寿命）以及紫外线吸收剂、润湿助剂、防霉剂、增滑剂、消泡剂等。

涂料的制备包含两个方面：一是成膜物质的制备，包括油脂的精漂与熬炼、天然树脂的改性和各种合成树脂的制备，大多属化学过程；二是将成膜物质和颜料、填料拌和研磨达到要求的细度，再加入溶剂、助剂等调配成涂料，这一过程基本属于物理过程。也有个别清漆（如 T01-18 虫胶清漆）是将天然树脂溶解在溶剂中制成，只有物理分散过程。

（2）涂料的分类

1）按涂料形态分类，可分为溶剂性涂料、高固体分涂料、无溶剂涂料、水性涂料、非水分散涂料、粉末涂料等。

2）按涂料用途分类，可分为建筑涂料、工业涂料、维护涂料。每种涂料根据用途又可细分为许多种涂料，如工业涂料包括汽车涂料、船舶涂料、飞机涂料、木器涂料、皮革涂料、纸张涂料、卷材涂料、塑料涂料等。

3）按涂膜功能分类，可分为防锈漆、防腐漆、绝缘漆、防污漆、耐高温涂料、导电涂料等。

4）按成膜工序分类。有底漆、腻子（或原子灰）、中涂（或二道浆）、二道底漆、面漆、罩光漆）等。

5）按施工方法分类，可分为喷漆、浸漆、电泳漆、自泳涂料及烘漆等。

6）按所含颜料情况分类，可分为清漆、色漆、磁漆等。其中磁漆又称瓷漆，外观类似搪瓷的色漆，一般由树脂、颜料、助剂等组成。

7）按成膜机理分类。涂料涂覆在材料或制件表面后，还要继续进行变成固态连续膜的过程，即称为干燥或固化。按成膜机理可分为两大类：①非转化型，指物理成膜方式，主要依靠涂膜中的溶剂或其他分散介质的挥发，涂膜黏度逐渐增大而形成固体涂膜，主要是热塑性涂料，包括挥发性涂料、热塑性粉末涂料、乳胶漆、塑溶胶等；②转化型，指成膜过程中发生了化学反应，涂料主要依靠发生化学反应成膜，包括气干性涂料、固化剂固化涂料、烘烤涂料、辐射固化涂料等。实际上，许多涂料不是单一方式成膜，而是依靠多种方式最终成膜。

8）按成膜物质分类，可分为油脂涂料、天然树脂涂料、酚醛树脂涂料、沥青涂料、醇酸树脂涂料、氨基树脂涂料、硝化纤维素涂料、纤维素涂料、过氯乙烯树脂涂料、乙烯树脂涂料、丙烯酸树脂涂料、聚酯树脂涂料、环氧树脂涂料、聚氨酯涂料、元素有机涂料、橡胶涂料、其他涂料，共计17类涂料。涂料用辅助材料，包括稀释剂、防潮剂、催干剂、脱漆剂和固化剂等。

（3）常用涂料的基本性能

1）酚醛树脂涂料。该涂料可分为两类：

①改性酚醛树脂涂料。其中以松香改性酚醛树脂涂料为主，特点是干得快，耐水性、耐久性好，价格低廉，广泛用作建筑和家用涂料。

②纯酚醛树脂涂料。它是由纯酚醛树脂与植物油熬制而成，耐水性、耐化学腐蚀性、耐候性、绝缘性都非常优异，多用于船舶、机电产品、食品罐头内壁等。

酚醛树脂还可与一些物质调制成醇溶性酚醛清漆、水溶性酚醛漆料，用于不同场合。

2）醇酸树脂涂料。醇酸树脂是由多元醇、多元酸和脂肪酸经缩聚而得到的一种特殊的聚酯树脂。植物油在配方中的比例，称为油脂的油度，分短、中、长三种油度。不含植物油的称为无油醇酸树脂。为了改进醇酸涂料的性能，还可用其他树脂或单体进行改性。

醇酸树脂涂料成膜后具有良好的柔韧性、附着力和强度，颜料、填料能均匀分散，颜色均匀，遮盖力好，外观丰满，耐久、保光性好，并且耐溶剂、耐热较好。缺点是耐水性较差。这大类涂料的产量在我国涂料中居首位，品种甚多，使用面极广。

3）氨基树脂涂料。常用的氨基树脂有三聚氰胺甲醛树脂、烃基三聚氰胺甲醛树脂、脲醛树脂、共聚树脂等。它们的涂膜很脆，附着力差，因此必须与其他树脂拼混使用，主要有下列涂料：

①氨基醇酸烘漆。它是目前使用最广的工业用漆，用于不同工业领域。其干燥成膜温度低，时间短，光泽和丰满度好，具有良好的耐化学药品性、耐磨性，不易燃烧，绝缘性好。

②酸固化型氨基树脂涂料。常温下能固化成膜，光泽好，外观丰满，但耐热性与耐水性较差，主要用于木材、家具等涂装。

③氨基树脂改性的硝化纤维素涂料。氨基树脂增强了硝基透明涂料的耐候性、保光性等性能，提高了固体含量。

④水溶性氨基树脂涂料。其物化性能优于溶剂型氨基醇酸树脂，但耐老化性不及溶剂型的好。

4）丙烯酸树脂涂料。丙烯酸树脂是由丙烯酸或其酯类或（和）甲基丙烯酸酯单体经加聚反应而成，有时还用其他乙烯系单体共聚而成。这大类涂料分热塑性与热固型两类。共同特点是：涂膜高光泽，耐紫外线照射，不泛黄，户外曝晒不开裂，长期保持色泽和光亮，在170℃下不分解和不变色，耐化学药品性和耐污性较好。它们用途广泛，如用于轿车、冰箱、洗衣机、仪器仪表、有色金属表面及食品罐头内外壁等。除溶剂型外，还可做成水溶性丙烯酸热固性漆、电泳漆、乳胶漆等。

5）聚氨基甲酸酯涂料。聚氨基甲酸酯简称聚氨酯，也称氰酸酯。生产聚氨酯涂料所用的氰酯品种较多，如二苯甲烷二异氰酸酯（MDI）、已二异氰酸酯（HDI）等。

聚氨酸涂料的主要品种有氨酯油涂料、双组分聚氨酯涂料、封闭型聚氨酯涂料、预聚物潮气固化型聚氨酯涂料、弹性聚氨酯涂料等。这大类涂料成膜后坚硬耐磨，附着力好，柔坚，光亮、丰满、耐油、耐化学品等，耐蚀性特好，可以室温固化或烘干，绝缘，同时可与多种树脂拼混而制成多品种涂料。不足之处是价格较贵，生产操作与施工要求高。广泛用于化工、石油、航空、船舶、机车、桥梁、机械、电机、木器、建筑等领域，兼作防护与装饰之用。

2. 新型涂料

（1）非水分散体涂料（NAD）　它是将高相对分子质量的聚合物，以胶态质点的形式分散在低或非极性的有机稀释剂中而制得涂料产品。其与乳胶相类似，但其分散介质是烃类溶剂而不是水。分散质点是主要成膜组分。常用的是丙烯酸类聚合物，分散介质以低极性的脂肪族烷烃为主。分散稳定剂是由可溶于分散介质的部分与难溶于分散介质而亲聚合物质点的部分相互组成的接枝共聚物，成为连接质点与介质的"桥"，在非水分散体涂料中起着"空间稳定作用"。NAD 的固体含量高而黏度低，涂膜厚而不流挂，即有很好的涂刷性能，主要用来配制金属闪光漆，应用于汽车、轻工产品表面的装饰涂层。其缺点是溶剂量仍偏高。

（2）高固体分涂料　它是指相对于传统涂料固体含量有显著提高而挥发性低的溶剂型涂料。为了降低溶剂量，要求用相对分子质量分布很窄和活性功能基分布均匀的低相对分子质量聚合物与相应的交联剂作为成膜物。主要品种有高固体分氨基无油醇酸烘漆、高固体分热固性丙烯酸树脂涂料、双组分聚氨酯涂料等。其因固体含量高，涂膜性能与一般涂料相同或更好，并且可以利用现有的涂料生产和涂装设备，故是一种低污染、性能好的涂料，是溶剂型涂料的发展方向。它的缺点是配方和制漆工艺要求严格，对施工条件也有特殊要求，否则容易出现弊病。在其涂装过程中，常用提高施工温度来降低黏度的方法，改善涂装质量。这种低污染涂料已广泛用于汽车、飞机表面的涂装，尤其在日本、美国等国家的汽车涂装中，其用量已超过低固体分溶剂型涂装。

（3）水性涂料　它是以水为溶剂或分散介质的涂料，可分为以下四种：

1）水溶性涂料。常用的有电泳涂料、水溶性自干漆和水溶性烘漆。这种涂料是在成膜聚合物中引入亲水或水可增溶的基团，一般是引入羧基或氨基，并使它成盐而水溶。

2）乳胶漆。它由水分散聚合物乳液加颜料水浆制成，在水分不断蒸发后，微小的聚合物颗粒聚集、挤压、变形，最后融合成连续的漆膜。其主要用作墙漆：丙烯酸系列的乳胶漆耐候性优良，用作外墙漆；聚醋酸乙烯乳胶漆比较易老化，主要用作内墙漆。乳胶漆加入防锈颜料，可用作钢铁制品表面的防锈底漆。

3）水可稀释涂料。它是指以水可稀释性树脂为主要成膜物的涂料。在合成阶段通过向预聚物中引入亲水基团，或引入羧基或氨基，然后进行中和，均可使预聚物分散于水中，得到水可稀释性预聚体。它大都是热固性的，主要有丙烯酸树脂、醇酸树脂、聚酯树脂、环氧树脂和聚氨酯等，可用作喷漆、浸涂漆等一般涂料，最主要的是电泳漆。

4）乳液涂料。它是指以乳液为成膜物的涂料。乳液由两种或更多种不互溶（或不完全互溶）的液体所形成的分散体系。乳液不稳定，容易发生分层现象，乳液涂料通常要加入较多的乳化剂用量，以增加其稳定性。主要类型有环氧树脂乳液、醇酸乳液等，用于建筑、家具、工业等领域。

（4）粉末涂料 它是指一种完全不含溶剂的、以粉末状进行涂装并形成涂膜的涂料。其与传统的液态涂料相比，在性能、制造方法和涂装作业等各方面都有很大的差异。它的制造方法是由各种聚合物、颜料、助剂等混合后粉碎加工而成。粉末涂料与液体涂料的涂装性能的比较见表6-1。

表6-1 粉末涂料与液体涂料的涂装性能比较

项 目	粉 末 涂 料	液 体 涂 料
可使用的树脂	必须能热融的固态树脂	必须能分散在溶剂中的树脂
喷涂损失（质量分数）	10%以下	20%～50%
涂料回收使用	可能	不可能，困难
溶剂挥发	无	有
热损失	无	有
一次涂厚性	良好	易流挂
薄膜涂装	难以进行，不平滑	良好
涂装次数	1次	2～3次
晾干	不需要	需要
边角覆盖性	良好	不良
涂装时更换颜色	困难	容易
涂料调色	困难	容易
自动化	适用	适用

粉末涂料可以分为两大类：①热固性粉末涂料，包括环氧树脂系、聚酯系和丙烯酸树脂系；②热塑性粉末涂料，包括乙烯树脂系、聚酰胺系、纤维素系和聚酯系。粉末涂料主要优点是工序简单，节约能源和资源，无环境污染，生产率高，并且降低了涂装作业的中毒危害性和火灾隐患，提高了涂膜厚度和涂膜质量。但是，粉末涂料也有一些不可忽视的缺点：易凝集、堵塞，易吸湿，易黏附，在气流带动下易飞散和流动，需要专用的生产和施工设备，尤其需要加强通风等措施，严防粉尘在空气中爆炸；并且，其固化温度较高，流动性一般较

差，改色和调色较困难，难以得到较薄的涂层，不能用于对热敏感和大的部件。

粉末涂料主要用于金属制品表面，如汽车部件、输油管道、机电、仪器、建材以及化工防腐、电气绝缘等涂装；目前，其应用逐步扩大到玻璃、陶瓷、纤维等领域。

（5）辐射固化涂料　它是指用紫外线或电子束照射，引发树脂中含乙烯基成膜物质与活性稀释剂进行自由基或阳离子聚合，从而固化成膜的涂料。这种涂料具有固化速度快、VOC 值低、污染小、耗能少等特点，尤其是在低温下快速固化而适宜于塑料、木材、纸张等热敏材料的涂装。辐射固化涂料主要有以下两种：

1）紫外光固化涂料（UVC）。它是指在 250～450mm 波长紫外线的化学作用下进行固化的一类涂料。其特点是：固化温度低；速度快；固化时间短，一般为 1～100s；成膜能力强，可一次施涂达到膜厚要求，操作管理简单，可靠性好，不需预热和保温，适宜于自动流水线作业，消耗能源约为热固化的 1/10；涂膜性能好，固化时几乎无溶剂挥发；体积收缩很小，真空状态下性能优良。由于大多数着色颜料对紫外线的透过率低，难于制成色漆，所以目前已工业化的光固化涂料多为清漆。

光固化涂料广泛用于木材涂装，特别是组合家具的生产自动流水线涂装；用于塑料的面漆，尤其是与真空镀膜相结合，开辟了"干法镀"的广阔天地；也可用于预涂金属、包装纸和广告的照光清漆，以及建筑材料、导电漆料、电器绝缘、印刷等。

光固化涂料主要由光敏剂、光敏树脂和活性稀释剂等组成，此外还加入流平剂、稳定剂、促进剂、染料、颜料等。

光敏剂（光聚合引发剂）是在紫外线作用下能产生自由基的物质，引发光敏树脂中含有的双键发生自由基聚合反应而固化成膜。光敏剂种类很多，较普遍使用的是安息香醚类，其中安息已醚最容易获得。二苯甲酮的引发效果也较好。其他如硫杂蒽酮类化合物，与 N，N'—二甲基乙醇胺合用时能获得极高硬度的涂膜。在选择光敏剂时，除考虑本身性能外，还要考虑光源的波长和强度、光敏剂浓度和单体性能等因素。光敏剂对光固化速度影响极大，对不同类型的光敏树脂应使用不同的光敏剂。

光敏树脂（聚合型树脂）是含有双键的预聚物或低聚物，常用的品种有不饱和聚酯、丙烯酸聚酯、丙烯酸化聚氨酯、丙烯酸化环氧酯等。其中不饱和聚酯价格便宜，用得较多，但固化速度较慢，与金属附着力较差。丙烯酸聚酯的性能较好，价格适中。丙烯酸化聚氨酯具有良好的性能，价格较高。

活性稀释剂是含有不饱和双键的单体或低聚物，常用的有苯乙烯、丙烯酸丁酯、丙烯酸-2-乙基己酯、三羟甲基丙烷三丙烯酸等。其作用是降低树脂黏度，以及参与共聚反应而起到使树脂交联固化的作用。

光固化涂料的流平性能较差，容易形成各种缺陷。加入流平剂就可改善涂料的表面张力，促进涂膜迅速流平。常用的流平剂品种有纤维素类、硅油类、含氟的丙烯酸单体、山梨糖醇类表面活性剂。

稳定剂可提高光固化涂料的稳定性，常用的有柠檬酸-N-亚硝基环己胺基羟胺甲盐、新戊二醇羟基叔戊酸酯等。

促进剂可提高光敏剂的催化效率，常用的有二甲基乙醇胺和亚磷酸三苯酯等。

2）电子束固化涂料（EBC）。它是指以电子束引发的反应进行交联的涂料。其在辐照前稳定性好，可长期保存；应用时，一经辐照可在室温下迅速交联，特别适合于对热敏感的材料的涂装。EBC 的结构与 UVC 相同，只是不加光引发剂。由于电子束的能量大，足够使涂料中的含乙烯基低聚物产生自由基，并能穿透颜料，所以 EBC 可制成色漆，涂层厚度可达 1mm。目前它多用于大批量的木器、塑料、纸张、金属等材料的表面涂装。EBC 的固化程度与电子束剂量和加速电压有关，在合适的相关参数情况下，它比热固化涂料更容易控制，不会出现烘烤过度或不足的现象。

EBC 的缺点是设备比较昂贵，并且需要特殊的防护装置。

6.1.2　涂装

涂装要根据工件的材质、形状、使用要求、涂装用工具、涂装时的环境、生产成本等加以合理选用。涂装工艺的一般工序是：涂前表面预处理→涂布→干燥固化。

1. 涂前表面预处理

为了获得优质涂层，涂前表面预处理是十分重要的。对于不同工件材料和使用要求，它有各种具体规范，总括起来主要有以下内容：①清除工件表面的各种污垢；②对清洗过的金属工件进行各种化学处理，以提高涂层的附着力和耐蚀性；③若前道切削加工未能消除工件表面的加工缺陷和得到合适的表面粗糙度，则在涂前要用机械方法进行处理。

2. 涂布

目前涂布的方法很多，扼要介绍如下：

（1）手工涂布法

1）刷涂，是用刷子涂漆的一种方法。

2）搓涂，是用手工将蘸有稀漆的棉球揩拭工件，进行装饰性涂装的方法。

3）滚刷涂，用一直径不大的空心圆柱，表层由羊毛或合成纤维做的多孔吸附材料构成，蘸漆后对平面进行滚刷，生产率较高。

4）刮涂，采用刮刀对黏稠涂料进行厚膜涂布。

（2）浸涂、淋涂和转鼓涂布法

1）浸涂，是将工件浸入涂料中吊起后滴尽多余涂料的涂布方法。

2）淋涂，是用喷嘴将涂料淋在工件上形成涂层的方法。

3）转鼓涂布法，将工件置于鼓形容器中利用回转的方法来涂布。

（3）空气喷涂法　用压缩空气的气流使涂料雾化，并使其在气流带动下涂布到工件表面。喷涂装置包括喷枪、压缩空气供给和净化系统、输漆装置和胶管等，并需备有排风及清除漆雾的装备。

（4）无空气喷涂法　用密闭容器内的高压泵输送涂料，以大约 100m/s 的高速从小孔喷出，随着冲击空气和高压的急速下降，涂料内溶剂急剧挥发，体积骤然膨胀而分散雾化，然后高速地涂布在工件上。因涂料雾化不用压缩空气，故称为无空气喷涂。

（5）静电涂布法　以接地的工件作为阳极，涂料雾化器或电栅作为阴极，两极接高压而形成高压静电场，在阴极产生电晕放电，使喷出的漆滴带电，并进一步雾化，带电漆滴受静电场作用沿电力线方向被高效地吸附在工件上。

（6）电泳涂布法　将工件浸渍在水溶性涂料中作为阳极（或阴极），另设一与其相对应的阴极（或阳极），在两极间通直流电，通过电流产生的物理化学作用，使涂料涂布在工件表面。电泳涂布可分为阳极电泳（工件是阳极，涂料是阴离子型）和阴极电泳（工件是阴极，涂料是阳离子型）两种。

（7）粉末涂布法 粉末涂料不含溶剂和分散介质等液体成分，不需稀释和调整黏度，本身不能流动，熔融后才能流动，因此不能用传统的而要用新的方法进行涂布。目前在工业上应用的粉末涂装法主要有：

1）熔融附着方式，包括喷涂法（工件预热），熔射法、流动床浸渍法（工件预热）。

2）静电引力方式，包括静电粉末喷涂法、静电粉末雾室法、静电粉末流化床浸渍法、静电粉末振荡涂装法。

3）黏附（包括电泳沉积）方式，包括粉末电泳涂装法、分散体法。

（8）自动喷涂 用机器代替人的操作而实现喷涂自动化。例如，用于汽车车身的自动喷漆机主要有喷枪做水平方向往复运动的顶喷机和喷枪做垂直方向往复运动的侧喷机两种。它们都由往复运动机构、上下升降机构、涂料控制机构、喷枪、自动换色装置、自动控制系统及机体等部分组成。

（9）幕式涂布法 使涂料呈连续的幕状落下，使装载在运输带上的工件通过幕下时上漆，主要用于平面涂布，也可涂布一定程度的曲面、凹凸面和带槽物面，生产率很高。

（10）辊涂法 在辊（辊筒）上形成一定厚度的湿涂层，随后工件通过辊筒时将部分或全部湿涂层转涂到工件上去。辊涂法可涂一面，也可同时涂双面，生产率高，不产生漆雾，一般用于胶合板、金属板、纸、布等的涂装。

（11）气溶胶涂布法 在压力容器（既是涂料容器，又是增压器）中密封灌入涂料和液化气体（喷射剂），利用液化气体的压力进行自压喷雾。

（12）抽涂和离心涂布法 抽涂是将工件顶推经过有孔的捋具，边捋边涂。它最适于棒状或线状物的涂布。

离心涂布法是将工件装入金属网篮，浸入涂料中再提起，经高速旋转，将多余的涂料用离心力甩掉。小型工件在大量涂装时宜采用此法。

3. 干燥固化

涂料主要靠溶剂蒸发以及熔融、缩合、聚合等物理或化学作用而成膜。大致分成以下三种成膜类型：

（1）非转化型

1）溶剂挥发类，如硝基漆、过氯乙烯漆等，是靠溶剂挥发后固态的漆基留附在工件上形成漆膜。温度、风速、蒸气压等都是影响成膜的因素。

2）熔融冷却类，如热塑性粉末涂料，是在加热熔融后冷却成膜的。

由上可见，非转化型涂料是靠溶剂发挥或熔融后冷却等物理作用而成膜的。为了使成膜物质转变为流动的液态，必须将其溶解或熔化，而转为液态后，就能均匀分布在工件表面。由于成膜时不伴随化学反应，所形成的漆膜能被再溶解或热熔以及具有热塑性，因而又称为热塑性涂料。

（2）转化型

1）缩合反应类，如酚醛树脂涂料、脲醛树脂涂料等，它们的漆基靠缩合反应由液态固化形成漆膜。湿度、触媒、光能等是影响成膜的因素。

2）氧化聚合反应类，如油性涂料、油改性树脂涂料等，它们的漆基与空气中的氧进行氧化后聚合成膜。温度等是影响成膜的因素。

3）聚合反应类，如不饱和聚涂料、环氧涂料等，它们的漆基靠聚合反应由液态固化形成漆膜。温度等是影响成膜的因素。

4）电子束聚合类，即电子束固化涂料在电子束照射后产生活性游离基引发聚合成膜。

5）光聚合类，即光固化涂料，用紫外线照射引发聚合成膜。

转化型涂料的漆基本身是液态或受热能熔融的低分子树脂，通过化学反应变成固态的网状结构的高分子化合物，所形成的漆膜不能再被溶剂溶解或受热融化，因此又称为热固型涂料。

（3）混合型　它的成膜过程兼有物理和化学作用。可分为以下几类：

1）挥发氧化聚合型涂料，如油性清漆、油性磁漆、干性油改性醇酸树脂涂料、酚醛树脂涂料等。

2）挥发聚合型涂料，如氨基烘漆等含溶剂的聚合型涂料。

3）加热熔融固化型涂料，如环氧粉末、聚酯粉末、丙烯酸粉末等热固性粉末涂料等。它们是靠静电涂布在工件后加热熔融固化成膜。

涂料和漆膜都必须进行严格的质量检验。

6.2　溶胶-凝胶技术

6.2.1　溶胶-凝胶法简介

1. 溶胶与凝胶

溶胶-凝胶法是先形成溶胶后转变成凝胶，即一种通过液相反应合成材料的方法。

（1）溶胶　它可看作一种特殊溶液的分散体系，其中溶质粒子又称胶粒，尺寸通常为1~100nm，即用肉眼和一般仪器不能观察到的分散粒子。溶胶是透明或半透明的。依分散介质的不同，溶胶分为水溶胶、醇溶胶和气溶胶。溶质和溶剂之间存在着明显的相界面；溶质具有很大的比表面积和很高的表面能，并具有一定的稳定性；溶质与溶剂之间存在着相互作用。研究发现，胶体粒子具有双电层结构，胶核及其周围电量相等的反向离子使溶胶具有电中性，胶体粒子的形状也很复杂；聚集态胶粒呈树枝状，而非聚集态胶粒呈球状。

胶粒容易聚结而沉淀。要得到稳定的溶胶，必须在制备过程中加入稳定剂（如电解质或表面活性物质），也称为胶溶剂。制备方法原则上有两种：①分散法，即通过研磨法、超声波分散法、胶溶法等，使固体粒子变小的方法；②凝聚法，即通过化学反应法（包括水解法、复分解法、氧化法、还原法、分解法）、改换溶剂法、电弧法等，使分子或离子聚结成胶粒的方法。

用上述方法新制备的溶胶，通常含有过多的电解质或其他杂质，不利于溶胶的稳定存在，需要用溶胶的净化方法予以除去。净化的方法主要是离子交换或渗析。

下面举例介绍硅溶胶的制备过程。硅溶胶是二氧化硅水溶液的简称，即二氧化硅的胶体微粒分散于水中的胶体溶液。硅溶胶外观为乳白色半透明的胶体溶液，多呈稳定的碱性，少数呈酸性。硅溶胶中二氧化硅固体含量一般为10%~35%，高时可达50%。硅溶胶中粒子比表面积为50~400m^2/g，粒径范围一般为5~100nm。

硅溶胶的制备可以采用不同的工艺路线，在工业上广泛采用硅酸钠的水溶液（即无机水玻璃）通过酸化而制备的方法。硅酸钠水溶液与酸作用得到硅酸。在稀溶液中，刚生成的硅酸并不立即沉淀，而是以单分子形式存在于溶液中，放置一段时间后硅酸就逐渐缩合成多硅酸，形成硅酸溶胶。

在制备硅溶胶时，经水玻璃酸化处理后就要通过离子交换或渗析除去硅酸钠中的钠离子，并得到低聚硅酸；然后，加入少量氢氧化钠，通过调节 Na_2O 与 SiO_2 的质量比来得所需要的粒径；接下来，硅酸在一定条件下聚合；最后，浓缩以达到所需固体含量。

硅溶胶的稳定性非常重要，因此要控制好二氧化硅的粒径和浓度、pH 值、温度等重要因素。此外，硅溶胶中二氧化硅粒子是亲水性的，可用改性剂（如烷氧基硅烷）来提高二氧化硅粒子对有机材料的亲和性。

（2）凝胶　它是一种常见的分散体系：分散相粒子相互连接形成网状结构，分散介质填充于其间。凝胶可分为两种类型：①弹性凝胶，如明胶凝胶，它在失去分散介质时体积明显缩小，再加入分散介质仍可恢复原状；②刚性凝胶，如硅胶，失去分散介质后，再置于分散介质中不能恢复原状。脱去分散介质的凝胶称为干胶。

2. 溶胶-凝胶法分类及原理

溶胶-凝胶法的工艺过程和技术种类很多，按其凝胶产生的机制可分为以下三类：

（1）传统胶体型溶胶-凝胶法　在溶胶-凝胶法应用的早期，传统胶体型因在粉体制备方面的成功而受到重视。其以无机盐为原料，通过沉淀-胶溶过程形成溶胶和凝胶：无机盐溶液 $\xrightarrow{沉淀}$ 氢氧化物沉淀 $\xrightarrow{水洗}$ 纯净氢氧化物 $\xrightarrow{胶溶}$ 稳定的溶胶 $\xrightarrow{胶凝}$ 凝胶。

该型溶胶中胶体颗粒之间的相互作用为物理性质的范德华力、静电力和布朗运动，化学作用只局限于表面和氢键作用。其化学过程是调节 pH 值或加入电解质中和胶体粒子表面电荷，或者依靠蒸发溶剂，迫使胶体粒子形成凝胶网络。

（2）无机聚合物型溶胶-凝胶法　20 世纪 80 年代，溶胶-凝胶法的研究重点集中在该型上。它是将金属化合物，包括金属醇盐、金属有机酸盐、金属有机化合物等，而主要是金属醇盐，放在适当的溶液中分散，经过水解、缩聚等一系列化学反应，最后生成具有连续无机网络的凝胶。

前驱体（即母体）金属醇盐的溶胶-凝胶过程的最基本反应为水解和缩聚。

金属醇盐 $[M(OR)_n]$ 只能稳定存在于无水介质中，如果向金属醇盐加入水就会使它发生水解，即水分子中的氧原子与醇盐中的金属原子进行亲核结合，并生成两个或几个产物。反应式如下：

$$M(OR)_n + xH_2O \rightarrow M(OH)_x(OR)_{n-x} + xROH \tag{6-1}$$

其中 n 为金属 M 的原子价。反应可持续进行，甚至生成 $M(OH)_n$。

几乎在水解反应进行的同时发生聚合反应：

$$—M—OH + HO—M— \longrightarrow —M—O—M— + H_2O \quad （失水缩聚） \tag{6-2}$$

$$—M—OH + RO—M— \longrightarrow —M—O—M— + ROH \quad （失醇缩聚） \tag{6-3}$$

该型溶胶-凝胶法由溶胶转为凝胶是一个较复杂的过程，包括前驱体的水解、缩聚、胶凝、老化、干燥和烧结等步骤。该型凝胶的特点是前驱体水解缩聚形成无机聚合物型 M—O—M 凝胶网络，并且凝胶是透明的。

（3）络合物溶胶-凝胶法　用无机聚合物型溶胶-凝胶法可用来制备薄膜、粉体、块体和纤维等，在工业上得到了成功的应用。但是，其过程需要可溶于醇的金属醇盐作为前驱体，而许多低价金属醇化物难溶于醇，在制备和应用上受到限制；同时，不同的金属醇盐在水解速率上存在着差异，有时难于做到化学组成的均匀性。为此，人们开发了络合物型溶胶-凝胶法。它以可溶性无机盐为原料，加入络合剂形成稳定的金属络合物溶液，然后经过一定的过程形成凝胶。其基本过程为：金属盐溶液 $\xrightarrow{\text{络合剂}}$ 稳定的络合物溶液 $\xrightarrow{\text{溶剂蒸发}}$ 络合物凝胶 $\xrightarrow{\text{干燥、煅烧}}$ 氧化物。

该方法的适用范围是薄膜、粉体和纤维。其前驱体是可溶性无机盐，一般不含可以发生缩聚反应的活性基团，相互间不能发生反应连接起来。化学过程是络（螯）合剂与金属离子发生络（螯）合反应生成络离子。凝胶的形成是通过蒸发溶剂使络合物分子相互靠近，彼此之间通过氢键相连。此凝胶的另一个特点是容易潮解。

需要指出，关于溶胶-凝胶法的定义范围，有着两种不同的看法：第一种看法认为溶胶-凝胶法应体现出溶胶的性质，是采用金属氧化物等的溶液制备胶态溶液，然后加入合适的稳定剂和调节剂控制凝胶过程，再经历凝胶的干燥和煅烧过程；第二种看法认为溶胶-凝胶过程包括液体溶液、硅胶、金属酸、金属氯化物等胶体悬浮液和金属醇盐溶液中所有的凝胶过程，定义的关键是过程中凝胶生成，而不强调凝胶生成过程中是否形成了溶胶。实际上，第二种看法拓宽了溶胶-凝胶法的内涵。络合物溶胶-凝胶法虽然与胶体化学中传统的溶胶-凝胶过程不同，但其过程中有凝胶生成，即随着溶剂蒸发，络离子相互靠近，彼此之间以氢键相连而形成络合物凝胶，因此它可归属溶胶-凝胶法范畴。这个方法可以将各组分均匀地分散在凝胶中，并且比其他溶胶-凝胶法更有广泛的适用性。

3. 溶胶-凝胶法的特点和应用

（1）溶胶-凝胶法的特点

1）优点。溶胶-凝胶法与其他方法相比，具有下列独特的特点：

①所用原料基本上是醇盐或无机盐，易于提纯，因此制得的合成材料纯度高。

②所用的原料首先被分散到溶剂中形成低黏度的溶液，可在很短时间内获得分子水平（或原子水平）上混合，继而在形成凝胶时得到分子水平上混合和实现材料化学组成的精确控制。

③经过溶液反应过程，容易将一些微量元素，定量和均匀地掺入合成材料，实现分子水平上的均匀掺杂，这对制备许多先进材料尤为重要。

④该方法为一种通过液相反应合成材料的方法。与固相反应相比，其化学反应容易进行，并且合成温度较低，从而可以加入有机化合物，制得许多功能性新材料以及用传统方法难以得到或者不能得到的材料。它又是一种目前制备有机/无机杂化纳米复合涂料最好的技术。

⑤在材料制备的初期，通过化学途径，对材料的微观结构进行有效的控制，以及对后来的干凝胶密度、比表面积、孔的大小和分布等进行调节。

⑥热处理温度低，例如 Al_2O_3 陶瓷的烧成温度高达 1900℃ 左右，而用溶胶-凝胶法制备的 Al_2O_3 涂层，热处理温度可降至 1050℃。这与溶胶-凝胶法涂层的特殊微观结构有关。

2）缺点。溶胶-凝胶法也存在下列一些缺点：

①原料的成本较高，一些有机物原料对人体有害。

②凝胶化、干燥、热处理很费时间。

③凝胶中存在大量微孔，在干燥过程中又将会逸出许多气体及有机物，并产生收缩。

④产物中往往含有较多的水分和有机物,在干燥和热处理阶段失重较多,易发生破裂。

（2）溶胶-凝胶法的应用　其应用领域很多,范围很广,举例如下:

1）薄膜或涂层领域。溶胶-凝胶法在这个领域应用有很大的优势:很容易对所制备的氧化膜进行定量掺杂,并能达到很高的均匀性;在大面积曲面和特定非均一涂层等方面,既容易实施又能获得很高的质量;工艺简单,无须真空条件和复杂设备;可以制得含有众多均匀分布微孔的薄膜,为制备气敏材料和薄膜催化剂等提供了重要的基础;又可用来制得有机-无机复合涂层和多层涂层。因此,目前已有许多用途的薄膜或涂层采用溶胶-凝胶法来制得,如钝化涂层、多孔涂层、导电涂层、光学薄膜、透明导电薄膜、生物相容涂层、防污涂层等。

2）高温超导领域。超导材料的特性在很大程度上取决于成分。溶胶-凝胶法在控制材料成分方面有独特的优越性。络合物溶胶-凝胶法尤其适合多组分复合氧化物的制备。此外,由溶胶-凝胶法制备的陶瓷材料晶粒细化、结晶度高、致密度高、晶界无序区域窄等特点,都有利于超导材料性能的提高。

3）超细粉末和纳米材料领域。溶胶-凝胶法能在低温下合成所需的材料,并且能从分子水平控制粉末的化学均匀性,对粉末的粒度、比表面积、孔容积、孔分布、颗粒形态、粒度分布等做出相应的控制,因此成为制备超细粉末和纳米材料的重要方法之一。

4）药物领域。以色列的溶胶-凝胶技术公司开发了一系列以溶胶-凝胶法二氧化硅为载体的药物和酶。把药物分子包入多孔二氧化硅的孔隙中,既能使其缓慢释放,如果外用,又能解决大量药物与皮肤直接接触而引发疾病等问题。

图 6-2 所示为溶胶-凝胶技术的一个大致小结。通过这种方法可以制备用传统技术难以合成的不同无机材料形态,如超细陶瓷粉末、陶瓷纤维、无机薄膜或涂层、气溶胶等。

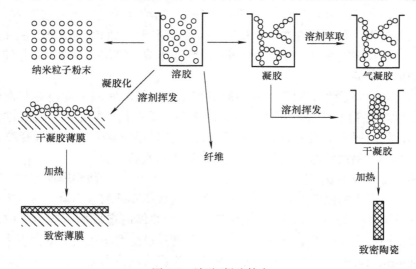

图 6-2　溶胶-凝胶技术

6.2.2　溶胶-凝胶法薄膜或涂层

1. 溶胶-凝胶法薄膜或涂层原理

目前大多采用无机聚合物型溶胶-凝胶法制备这类薄膜或涂层,即以金属醇盐或其他无机盐作为前驱体,在液相下均匀混合,溶剂是水或有机溶剂,通过一系列的水解、缩聚反应，生成物聚合成众多约几个纳米大小的粒子，与溶剂（分散介质）一起组成溶胶，再以溶胶为涂液对基材或制品进行涂膜，然后经凝胶化及干燥处理得到干燥胶膜，最后在一定的温度下烧结制得所需的涂层。

2. 溶胶-凝胶法工艺过程

通常要经历溶胶制备、溶胶的凝胶化、凝胶干燥、凝胶热处理等工艺过程。现以溶胶-凝胶法二氧化硅为例，简述其过程。

（1）溶胶制备 制备硅溶胶时，采用无机水玻璃为前驱体。在制备硅溶胶过程中，二氧化硅的粒径和浓度、pH值、温度等，都是影响硅溶胶稳定性的重要因素，因此要控制好这些因素。例如：实验表明，硅溶胶最不稳定的pH值在5左右；在pH=2~3时，硅溶胶稳定性相当好。为了减少pH值对硅溶胶稳定性的影响，二氧化硅粒子的表面可用铝酸钠进行改性；表面铝化的硅溶胶在pH值为3~10时都稳定。又如：硅溶胶的贮存温度为5~30℃。如果温度低于水的冰点，二氧化硅粒子就会析出；而温度高于30℃，则会促进微生物的生长，并且有可能降低硅溶胶的贮存稳定性。

除了水玻璃外，四乙氧基硅烷（TEOS）也是常用的二氧化硅前驱体之一。它因在水中溶解度较小，一般需要通过在醇中与水反应，得到二氧化硅在乙醇和水混合溶剂中的溶胶体系。pH值、水的用量和溶剂对该前驱体的水解和缩聚反应影响很大。

（2）溶胶的凝胶化 溶胶向凝胶的转化是溶胶分散体系的解稳过程，可通过加盐、改变pH值或溶剂挥发等来实现这种转化。溶胶的凝胶化可表述为：由水解、缩聚反应形成的无机聚合物粒子，长大为粒子族并逐步连接为骨架或三维网络结构，失去流动性，而溶剂保留在骨架或三维网络中。

凝胶形成后，其性质将随时间延长而继续变化。这称为凝胶的老化或时效，包括聚合、粗化和相转变等过程。聚合是指进一步缩合，从而提高网络之间的连通性。粗化过程是小粒子逐步消失，小的孔隙被填充，使整个体系的界面积下降，平均孔径增大。相转变主要指宏观相分离，如形成沉淀等。

（3）凝胶干燥 湿凝胶的网络孔隙中的液相需要较长时间的干燥使之蒸发而除去。干燥方式和速度对溶胶-凝胶法二氧化硅材料的结构和性质有很大的影响。一般推荐缓慢方式或恒速干燥，以保留固有的凝胶结构并防止破裂。若采用快速干燥，则因凝胶表面过早收缩，造成闭孔结构，毛细管内蒸气压较高，而最终导致凝胶破裂。

研究表明，薄膜应力σ_1与膜厚d存在如下关系：$\sigma_1 = d^{0.5}$。薄膜厚度越大，其内应力越大。当膜厚过大，产生的内应力超过一定值时就会造成薄膜开裂或剥落。另一方面，溶胶中沉淀的大颗粒以及外来的尘埃粒子等，会在薄膜干燥收缩时造成局部应力集中，形成微裂纹，进而导致薄膜的开裂或剥落。因此，一次成膜的厚度应严格控制，通常不大于$1\mu m$。

凝胶内部微孔结构不均匀是凝胶干燥过程中产生应力的主要原因。由于饱和蒸气压、毛细管力存在差异，大孔的干燥要先于小孔，必然使大孔区域与小孔区域之间产生应力，当应力足够大时就会导致凝胶开裂。因此如何使凝胶内部孔结构均匀化，是解决薄膜在干燥过程中避免开裂的重要问题。影响孔结构的重要因素有pH值、温度、化学添加剂、电解质含量、老化、水解和缩聚反应及其速度等。其中，加入化学添加剂是防开裂的常用方法。化学添加剂有两种：一是表面活性剂，用来降低液相的表面张力，从而减小干燥过程中凝胶所受到的毛细管力；二是干燥控制化学添加剂（DCCA），不同的DCCA，作用机理不尽相同，但都能提高干燥速度，使孔径大而分布均匀。

提高凝胶的力学性能（增强凝胶骨架），也是防止薄膜开裂的一项措施。凝胶的老化通常能提高凝胶的力学性能，因而有利于防止薄膜的开裂。

（4）凝胶热处理 干凝胶含有杂质（部分烷氧剂或无机阴离子盐），并呈非晶态结构，故需经过煅烧和烧结，除去杂质和获得所需的晶体结构（如氧化钛涂层转变为金红石相结构等），并使薄膜或涂层致密化。

干凝胶煅烧后要进行烧结，以获得致密涂层。现以无定形二氧化硅为例，说明干凝胶加热时质量损失和体积收缩的变化情况（见图6-3）。它可以分为三个区域。

第一区域：约在200℃以下，由于孔隙中溶剂挥发，使质量损失较大，但体积收缩小，并且结构无大变化。

第二区域：从200℃加热到500～600℃，质量损失和体积收缩均为明显。此区域有三个过程可能发生，即失去有机基团、继续进行缩聚反应和结构松弛。

第三区域：加热到600℃以上，体积明显收缩，而质量缓慢损失。此转化温度已接近材料的玻璃态转化温度，系统中有足够的能量使结构重组，并使其进入黏流状态而致密化。

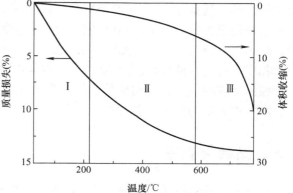

图6-3 干凝胶加热质量损失和体积收缩示意图

3. 涂膜方法

如前所述，溶胶制备后，要以溶胶为涂液对基材或制品进行涂膜。具体的涂膜方法有多种，目前常用的方法是浸渍提拉法和旋涂法。

（1）浸渍提拉法 它是将经过预处理的基材浸入制备好的溶胶中，然后以精确控制的均匀速度将基材平稳地从溶胶中提拉出来，基材表面形成一层均匀的液膜，然后溶剂迅速蒸发，溶胶发生凝胶化，液膜转变为凝胶膜。浸渍提拉法所需溶胶黏度一般在 $(2～5) \times 10^{-3}$ Pa·s，提拉速度为 $1～20$ cm/min。薄膜的厚度取决于溶胶的浓度、黏度和提拉速度。

（2）旋转涂覆法 一般是在匀胶机上进行。它将基材水平固定在匀胶机上，滴管放在基材的正上方，然后把制备好的溶胶通过滴管滴在匀速旋转的基材上，在匀胶机旋转产生的离心力作用下溶胶迅速均匀地铺展于基材表面。形成的薄膜厚度主要取决于溶胶的浓度和匀胶机转速；即使基材不平整，也能得到很均匀的涂层。

4. 溶胶-凝胶法薄膜或层的应用前景

薄膜或涂层在现代工业和科学技术中得到了广泛的应用，也是材料科学和工程中最为活跃的研究领域之一。

溶胶-凝胶法是一种独特的制备薄膜或涂层的技术。它具有组分纯度高、组成高度均匀、可按要求均匀掺杂、合成温度低、有效控制微观结构以及热处理温度低等优点，确立了它在以下两方面的较大优势：

1）制备具有各种功能的无机涂料，如耐热涂料、耐磨涂料、太阳能选择性吸收涂料、耐高温远红外线反射涂料、导电涂料、耐热固体润滑涂料、户外长期耐候涂料等。

2）制备有机/无机复合涂料，赋予涂层有机和无机的优良综合性能。有机材料具有成膜性能好、柔韧性佳、可选择强等优点，但硬度低，不耐热；而无机材料具有硬度高、耐老化、耐溶剂、价廉等长处，但柔韧性差，加工困难。

纳米复合材料是指在不同组分构成的复合体系中的一个或多个组分至少有一维以纳米尺寸均匀分散在另一组分的基体中。这种复合体系又称杂化材料。纳米复合材料技术应用于涂料领域，使原来的涂料成为纳米改性涂料，许多性能得到显著的提高。采用溶胶-凝胶法、熔融共混法、聚合物溶液插层、聚合物熔融插层法、单体插层原位缩聚法、单体插层原位加聚法等，都可制备有机/无机纳米复合材料。其中，溶胶-凝胶法是制备有机/无机纳米复合涂料的一种很重要的方法。由这种涂料制得的涂层，既具备有机涂层良好的抗渗性、耐蚀性、柔韧性等特点，又具有无机涂层优良的耐磨性、耐热性、耐蚀性等优点。而且起始反应在液相中进行，有机/无机分子之间混合相当均匀，所制备的材料也相当均匀。此外，还可严格控制涂层的成分，可实施分子设计和剪裁，制得的材料纯度又高。这种涂层的用途较广，既可作为结构材料，也可作为功能材料。

6.3 黏结与黏涂

从日常生活到高科技领域，胶黏剂得到了广泛的应用。用胶黏剂将各种材料或制件连结成为一个牢固整体的方法，称为黏结或黏合。作为黏结技术的一个分支，黏涂技术获得迅速的发展。它是将特种功能的胶黏剂直接涂覆于材料或制件表面，成为一种有效的表面强化和修补手段。

6.3.1 黏结技术

1. 胶黏剂的分类

胶黏剂又名黏合剂，俗称胶。它由基料、固化剂、填料、增韧剂、稀释剂及其他辅料配合而成。胶黏剂的分类如图6-4所示。

无机胶黏剂有硅酸盐、磷酸盐、氧化铅、硫黄、氧化铜-磷酸等。天然有机胶黏剂有植物、动物、矿物胶黏剂之分，资源丰富，价格低廉，多数是水溶性、水分散性或热熔性，无毒或低毒的，生产工艺简单，使用方便，但耐水性不好，质量不稳定，易受环境影响，黏结强度不够理想，部分品种不耐霉菌腐蚀。近年来，由于高分子化学和合成材料工业的进步，促使了合成胶黏剂的迅速发展，品种繁多，性能各异，用途广泛，几乎已可取代天然胶黏

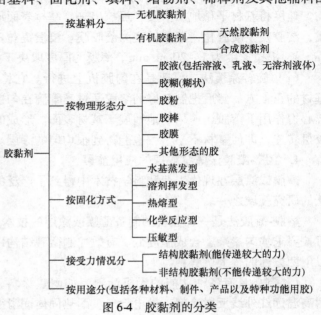

图6-4 胶黏剂的分类

剂。合成胶黏剂虽然耐热性和耐老化性通常不如无机胶黏剂，但具有良好的电绝缘性、隔热性、抗振性、耐蚀性以及产品多样性，因而已占胶黏剂的主导地位。

胶黏剂可黏结各种材料，特别适合于黏结弹性模量与厚度相差较大，不宜采用其他方法连接的材料，以及薄膜、薄片材料等。黏结也可作为修补零部件的一种方法。

2. 黏结原理

黏结是个复杂的过程，主要包括表面浸润、胶黏剂分子向被黏结物工件表面移动，扩散和渗透、胶黏剂与被黏物形成物理和机械结合等。

黏结有许多理论，如浸润理论、溶解度参数理论、机械理论、吸附理论、扩散理论、静电理论、化学键理论、投锚理论等，这些理论常在分析各种问题时应用。另外还有分析内应力、应力松弛、流变性能等问题的理论。现以溶解度参数理论为例，做一扼要的说明。

根据热力学理论，如果黏结两相混合前后的吉布期自由能变化 ΔG 是负的，则混合可以自发进行，即

$$\Delta G = \Delta H - T\Delta S \leqslant 0$$

式中，ΔH 和 ΔS 分别是混合前后焓与熵的变化；T 为混合时的温度。

由 Flory 理论知，高分子与高分子混合时 ΔS 很小，ΔH 为正时 ΔG 都大于零，所以这两种物质很难相混。为了 $\Delta G \leqslant 0$，就要使 ΔH 尽可能小。通过理论推算可得

$$\Delta H = V_m \varphi_1 \varphi_2 z (\delta_1 - \delta_2)^2$$

式中，V_m 为混合系的总体积；φ_1 为分子 1 的体积分数；φ_2 为分子 2 的体积分数；z 为配位数；δ 为溶解度参数。$\delta = (CED)^{1/2} = (U/V_m)^{1/2}$，$CED$ 为凝聚能，U 为混合系的热力学内能。

通常 $\Delta H \geqslant 0$，当 $\delta_1 = \delta_2$ 时，ΔH 达极小值，也就是说黏结剂与被黏结物的溶解度参数之差接近零时，黏结强度较高。

每个理论都有一定的局限性。溶解度参数理论仅适合液态胶黏剂用于高分子固体，上述的 ΔH 公式是在弱相互条件下推得的，在强相互作用的场合（如强极性键、氢键和酸-碱结合）便不能使用。

3. 被黏结物的表面预处理

被黏结物的表面预处理很重要，主要有两个目的：①除去不利于黏结的各种污垢；②改变被黏结物的物理、化学性质，以利黏结。最常用的方法有：溶剂（包括水）擦洗；溶剂脱脂和蒸汽脱脂；机械打毛，如摩擦、喷砂、喷丸等；化学清洗和腐蚀；脱脂、机械粗化和化学处理联合使用。

对一些表面活性较小的聚合物与金属，还可采用物理处理和特种化学处理。例如对于一些较难黏结的聚合物可有下列表面处理：

（1）物理处理　聚乙烯、聚丙烯等非极性聚合物，用火焰处理后表面氧化，形成含碳的极性表面。聚烯烃类、聚酯等非极性聚合物，用气体放电处理后表面氧化和交联，形成具有极性的表面。所有聚合物，特别是难黏结的高分子材料，利用高频电场连续供给能量，使气体形成等离子体，然后轰击被黏结物的表面，形成极性层。

（2）特种化学处理　如酸和强氧化剂处理方法、溶剂自处理方法、偶联剂处理方法、表面接枝处理方法、氧化处理方法、射线辐照方法等，以不同的方式，使原来不与胶黏剂反应的表面产生活性基团，从而有利于黏结强度的提高。

4. 主要胶黏剂简介

（1）环氧树脂胶黏剂 它由环氧树脂添加适当的固化剂、稀释剂、增韧剂、填料等配制而成，是一种热固性树脂胶黏剂。其优点是：黏结强度高，收缩率小（<2%），耐化学药品性能良好，电气性能优异（电阻率为 $10^{13} \sim 10^{16}\,\Omega \cdot cm$，介电强度为 $30 \sim 50kV/mm$），易于改性，施工工艺简便。缺点是胶接接头脆性大，耐热性能不够理想。

环氧胶黏剂是在固化剂作用下通过进一步聚合的交联固化而实现黏结的。固化剂有碱性、酸性和合成树脂三类。其中室温固化胶常用低分子聚酰胺（属于合成树脂）、脂肪族多胺（属于碱性）等；耐高温胶多采用双氰胺（碱性）、芳香族多胺（碱性）、酸酐（酸性）等作为固化剂。

目前用于胶黏剂的环氧树脂大多是双酚 A 和环氧氯丙烷的缩合物。环氧树脂用其他树脂或橡胶掺混、接枝、共聚可以得到高性能黏结剂，如具有很好耐热性和耐化学介质性能的酚醛-环氧胶，具有高强度和高韧性的环氧-丁腈胶，以及氧-聚硫、环氧-尼龙、环氧-有机硅胶等。

环氧树脂胶黏剂可用于各种材料的黏结，还有密封、绝缘、防漏、紧固、装饰等功能，用途十分广泛。

（2）酚醛树脂胶黏剂 它是以酚醛树脂为基料的胶黏剂。未改性的酚醛树脂胶黏剂大致分为三类：酚钡树脂胶（其中游离酚的质量分数为 20% 左右）、醇溶性酚醛树脂胶（游离酚的质量分数小于 5%）、水溶性酚醛树脂胶（游离酚的质量分数小于 2.5%）。这些胶主要用于黏结木材、木质层压板、胶合板、泡沫塑料及其他多孔性材料。水溶性酚醛树脂用得较为广泛，因游离酚含量低而对人体危害较小，用水为溶剂可以节约大量有机溶剂，涂胶操作中容易清洗，黏结力强，在 300℃ 仍保持较高黏结强度，但性脆，剥离强度低。

酚醛树脂胶可用某些柔性高分子进行改性。例如用丁腈橡胶改性的酚醛-丁腈橡胶胶黏剂，柔韧性好，耐热，黏结力强，耐候，耐水，耐盐雾，耐汽油和工业醇等化学介质，广泛用于各种金属、陶瓷、玻璃、塑料和纤维等黏结。

（3）脲醛树脂胶黏剂 它是由脲醛树脂、固化剂、填充剂、发泡剂、防臭剂和防老剂等组成，广泛用于胶合板生产和竹、木制品的黏结。其制造简单，溶于水，污染少，成本低，室温及 100℃ 以上均能很快固化，固化后无色，不污染制品，但耐水性及黏结强度比酚醛树脂胶差。脲醛树脂胶黏剂可用糠醇、苯酚、聚酰胺、环氧树脂、丁腈橡胶等进行改性。

（4）聚氨酯胶黏剂 它的主要原料有异氰酸酯、多元醇、含羟基的聚醚、聚酯和环氧树脂、填料、催化剂、溶剂等。其化学组成可调节，制得从刚性到柔性、弹性结构的胶黏剂，具有优异的低温黏结强度，良好的耐磨性、耐振性、抗疲劳性，极高的黏结性以及较好的黏结工艺性。缺点是耐热性以及长期耐湿热性较差。聚氨酯胶黏剂主要有多异氰酸酯、溶剂型聚氨酯、单组分聚氨酯、水乳型聚氨酯四种类型。聚氨酯胶黏剂通常用作非结构型胶黏剂，广泛用于金属与橡胶、织物、塑料、木材、皮革等的黏结，以及储存液氮、液氧和液氢等极低温设备的黏结。

（5）聚酰亚胺胶黏剂 聚酰亚胺是分子主链上含有酰亚胺环状结构的芳杂环高分子。以这种树脂为基料制成的聚酰亚胺胶黏剂是一种耐高温的特种胶黏剂，可在 280℃ 长期使用，间断使用温度可达 420℃ 或更高，而高剂量辐照性好，耐低温性能和电绝缘性能优良，对金属黏结力强。缺点是在碱性条件下易水解，需加压于 280℃下固化。聚酰亚胺胶黏剂主要用作铝合金、钛合金、陶瓷及复合材料等结构的黏结，如宇航、导弹、飞机等耐热结构和高能射线下工作的器件的黏结。

（6）厌氧胶黏剂　它是以丙烯酸双酯或特殊丙烯酸酯为基料的胶黏剂。其特点是在与空气（氧）接触下存放一两年不会固化，而与空气（氧）隔绝时几分钟到几十分钟能黏结定位和固化。它的用量少，使用方便，收缩率低，有较好的渗透性、吸振性、密封性，无溶剂，低毒，耐化学品，胶缝外胶料易除去。缺点是对多孔材料、大缝隙被胶结构件等不太适用。厌氧胶黏剂主要用于机械制造和设备安装等，如螺栓紧固、轴承固定、管道接头和平面法兰耐压密封、圆筒形或平面零件黏结等。

（7）氰基丙烯酸酯胶黏剂　它是由 α-氰基丙烯酸酯单体和少量稳定剂、增塑剂等配制而成的。其特点是在使用时不需要固化剂，在室温下几秒至十几分钟就能快速固化。工件表面无须做特殊处理，使用方便，黏结强度较高，铺展性好，用量少，有良好的耐溶剂、耐药品、耐油性。缺点是价格昂贵，不宜大面积使用，脆性较大，剥离强度低，耐热性和稳定性欠佳，耐碱、耐水性不良。这类胶黏剂主要用于电子、电器、精仪、车辆、机械、文物、饰物等领域的小型部件，以及用作生物医用胶黏剂（包括软组织的黏结）。

（8）橡胶型胶黏剂　它是以合成橡胶或天然橡胶为基料制成的胶黏剂，其中氯丁橡胶胶黏剂即使不在硫化情况下，也有高的内聚强度和黏结强度，同时具有良好的耐候性、耐臭氧性、耐油性、耐溶剂性等，所以得到了广泛的使用。天然橡胶胶黏剂的产量仅次于氯丁橡胶胶黏剂，特点是原料来源方便，价格便宜，弹性好，耐低温性良好，但不耐油，不耐热。

橡胶型胶黏剂多用于胶接柔软的或热胀系数相差悬殊的材料，如金属与非金属材料的黏结。

（9）聚硫橡胶密封胶　密封胶黏剂以合成树脂或橡胶为基料，再加入硫化剂、增黏剂、填料等，在施工时为液体、黏稠体或膏状物，黏结后能防止气体或液体在构件内外渗透。聚硫橡胶密封胶是其中重要的胶种，具有良好的耐油性、耐化学介质性、耐臭氧性、耐老化性、耐冲击性、高的气密性，优异的低温挠曲性。缺点是耐热性、电性能、黏结性能较差，有硫化物的臭味。聚硫橡胶密封胶主要用作密封胶，多用于交通工具的填充剂、密封胶黏剂，以及公路、桥梁、房屋、水坝等的修补。

（10）压敏胶黏剂　它简称压敏胶，俗称不干胶，涂于工件表面后在室温或适当加热下溶剂挥发，再加一定压力就能黏结起来。压敏胶有橡胶型和合成树脂型两大类。前者多用天然橡胶，也可用合成橡胶为弹性体，再加增黏剂、增塑剂、硫化剂、填料等；后者以丙烯酸酯类压敏胶为主。压敏胶按形态又可分为溶剂型、乳液型、热熔型和液体固化型。压敏胶可以单独使用，也可涂于基材上制成压敏胶带，主要用于医疗、电器绝缘、粘贴、密封包装、局部遮蔽、防腐、装饰等，用途十分广泛。

（11）光敏胶黏剂　它是由光敏树脂、增感剂、交联剂、光敏剂（光引发剂）、稳定剂、溶剂等组成，通常在一定强度和波长的紫外线作用下实现固化。特点是耗能少，固化快，单组分，避光可以长期保存，使用方便，适用于流水线操作。缺点是紫外线易使氧变臭氧，对人体健康不利。光敏胶黏剂适用于透光材料或金属、塑料、陶瓷、光学透镜等的黏结，可作为光致抗蚀剂（光刻胶）用于微型电路和集成电路元件的制造。

（12）无机胶黏剂　它以无机化合物为基料。特点是耐高温（最高达 1500℃，瞬间可耐3000℃），黏结强度优良，成本低廉，热胀系数小，耐久性甚好。缺点是质脆，对某些材料黏结强度不高。其品种较多，按固化机理可分为：①气干型，如水玻璃、黏土等；②水固型，如石膏、水泥等；③热熔型，如低熔点金属、玻璃、玻璃陶瓷、硫黄等；④化学反应型，如硅酸盐、磷酸盐、硫酸盐、硼酸盐、齿科胶泥等。工业上以磷酸盐或硅酸盐为主体的无机胶黏剂用得较为广泛。磷酸盐无机胶黏剂用于包装箱瓦楞纸板、精铸造型砂的黏结，以及陶瓷零件、陶瓷与金属、金属与金属的黏结。

5. 胶黏剂的应用

目前胶黏剂品种甚多，应用甚广，遍及工农业和国防各个部门和人们生活各个方面，现举例如下：

（1）机械工业　例如：钻探机械制动衬片和离合器面片用改性酚醛胶黏剂制成；机械紧固采用了厌氧胶；立车侧刀架用快固化丙烯酸酯结构胶定位，再用无机胶装配；大型制氧设备用聚氨酯超低温胶修复等。

（2）电子电器工业　例如：印制电路板上安装芯片使用液型环氧胶或 UV 固化型胶黏剂；彩电调谐器、录像机、摄像机、计算机、程控交换机的组装生产采用单组分高温快固化环氧胶；微型电机、继电器开关处用有机硅胶黏剂等。

（3）汽车工业　例如：发动机罩内外挡板和行李箱用氯丁胶黏剂；风窗玻璃和后窗玻璃用一液湿气固化聚氨酯胶；车身两侧粘的聚氯乙烯保护条及装饰条用双面压敏胶带等。

（4）航空宇航工业　目前小型机体、大型机械50%以上连接部采用黏结结构。胶黏剂以 120℃固化的环氧-丁腈胶为主，并以胶膜形式使用；超音速飞机机体表面温度可达 260～316℃，因而采用了一系列耐高温聚酰亚胺胶黏剂等。

（5）纺织工业　例如：黏合衬布是在织物上均匀涂布聚乙烯、EVA、聚酯、聚酰胺等热熔胶制成；生产非织造物需大量胶黏剂，其中以丙烯酸酯共聚乳液占多数；织物印花使用交联型胶黏剂等。

（6）木材工业　例如：木材和木制品黏结广泛使用聚醋酸乙烯乳液；生产胶木板一般使用脲醛树脂胶热层压；装饰板、粗纸板、纤维板生产多使用三聚氰胺甲醛树脂等。

（7）医疗卫生业　例如：α-氰基丙烯酸正辛酯与氟利昂-12 等配制喷雾型胶，约 2～3s 钟能止血、吻合；纤维蛋白原液和胶原蛋白液混合用于外科和皮肤；纤维蛋白原、凝血酶等混合物使骨片粘合复位、愈合快等。

6.3.2　黏涂技术

1. 黏涂技术的特点

黏涂技术是指将加入各种特殊填料（如金属粉末、陶瓷颗粒、纤维材料、减摩材料、耐蚀材料等）的胶黏剂，直接涂覆于材料或制件表面，除了具有黏结作用外，还使之具备耐磨、耐蚀、绝缘、导电、保温、防辐射等功能的一项表面技术。黏涂技术主要有下列五个特点：

1）黏涂材料中不含有机溶剂，呈膏状或液状，黏度较高，大多为双组分。

2）黏涂层的形成由基料与固化剂发生化学反应，构成三维网络，并且把填料固定下来，涂层性能在很大程度上取决于黏料的活性和填料的性质。

3）黏涂层与基材黏结强度高，往往是一般涂料的几十倍，并且其耐磨、耐蚀等性能因含有大量特殊填料而远高于一般涂料。

4）黏涂技术具有黏结技术的许多优点，如室温固化、应力分布均匀、能黏涂不同的材料等；作为一种表面修复和强化技术，与堆焊、电镀、电刷镀、热喷涂相比，其工艺简便，不需专门设备，室温操作，常温固化，无热影响和变形，并且黏涂层厚度可以从几毫米到几厘米，这是许多表面技术难以达到的。

5）与黏结技术相比，主要不同之处在于它不仅具有黏结使用，涂层还具备一些特种功能，多用于表面修复和预保护。

2. 黏涂层的分类和组成

（1）黏涂层的分类　黏涂层的分类如下：

1）从成分考虑，按基料可分为无机涂层和有机涂层（树脂型、橡胶型、复合型）；按填料可分为金属修补层、陶瓷修补层、陶瓷金属修补层、橡胶修补层等。

2）按用途分类，可分为填补涂层、密封堵漏涂层、耐磨涂层、耐腐蚀涂层、导电涂层、耐高（低）温涂层，以及保温、导磁、绝缘、抗辐射等涂层。

3）其他分类方法，如按应用方法分为一般修补涂层和紧急修补涂层，按被涂表面状态分为一般修补涂层、带油脱修补涂层、带水修补涂层、带锈修补涂层等。

（2）黏涂层的组成　黏涂层材料品种繁多，一般由基料、固化剂、特殊填料及辅助材料四部分组成。

1）基料主要有热固性树脂、合成橡胶等，是黏涂层的基材。其中，环氧、酚醛、聚氨酯、不饱聚酯、丙烯酸酯等应用较多。

2）固化剂的作用是与黏料发生化学反应，形成网状立体聚合物，把填料包络在网状体中，形成三向交联结构。

3）特殊填料在黏涂层中起着重要的作用，应是中性或弱碱性的，耐热，分散性好，并要求有一定的纯度，避免引起树脂降解的杂质混入。填料是包括一种或多种具有一定大小的粉末或纤维，如金属粉末、氧化物、碳化物、氮化物、石墨、二硫化钼、聚四氟乙烯等。

4）辅助材料包括增塑剂、增韧剂、稀释剂、固化促进剂、偶联剂、消泡剂、防老剂等。

以上四种组分是根据要求混合配制的，具体配方很多，各组分应按一定的比例进行配制使用。

3. 黏涂层的涂覆工艺和应用

涂覆工艺的一般过程如下：

（1）初清洗　先用汽油、柴油或煤油粗洗，最后用丙酮清洗。

（2）预加工　涂胶前进行适当的机械加工。

（3）最后清洗及活化处理　用丙酮或专门清洗剂进行清洗，然后可用喷砂或火焰、化学处理提高表面活性。

（4）配胶　各组分按一定比例配制。

（5）涂覆　按具体要求选择施工方法，如刮涂法、刷涂压印法、模具或成形法等。

（6）固化　一般室温固化需 24h，加温固化（约 80℃）需 2～3h。

（7）修整、清理或后加工　对于不需后续加工的涂层可用工具将多余的胶去除；对于需要后续加工的涂层，可用车削或磨削的方法进行。

黏涂是材料或零件表面的一种强化手段，也可使表面获得某种特殊的功能。此外，黏涂在修补方面有着重要的应用，例如零件划伤、铸造缺陷、裂纹、磨损、腐蚀以及许多特殊情况部件的修复或修补。

几十年来国内外在黏涂技术上做了大量的研究工作，并且开发了许多修补剂。例如：美国 Belzona Molecular 公司的系列产品可用来修补金属、混凝土、木材、橡胶、陶瓷等部件，其他如美国 Devecon 修补剂、德国 DIAMANT 产品、瑞士 MeCaTeC 产品等已进入我国市场。我国在黏涂技术上也发展迅速。例如：北京市天山新材料技术公司已开发了金属填补（聚合金属）、耐磨修补（超级金属）、耐腐蚀修补（聚合陶瓷）、紧急修补、特殊工况修补、橡胶修补（超级橡胶）等天山系列工业修补剂，还有广州机床研究所的 HNT 涂层、北京第一机床厂的 BNT 涂层、襄樊胶黏技术研究所的 AR-4、AR-5 等许多产品都已在生产上获得了应用，并在不断发展中。

6.4 热喷涂与冷喷涂

热喷涂是指利用某种热源将喷涂材料迅速加热到熔化或半熔化状态，再经过高速气流或焰流使其雾化，并以一定速度喷射到经过预处理的材料或制件表面，从而形成涂层的一种表面技术。它具有工艺相对简单、灵活、可喷涂材料种类多、涂层质量好等优点，已获得广泛应用，发展迅速。

冷喷涂又称气体动力喷涂（GDS）、气体动力冷喷涂（GDCS）、超音速冷喷涂、运动金属化等。它是一种金属喷涂工艺，但与热喷涂不同的是，它不需要将喷涂的金属粒子熔化或半熔化，而是以压缩空气加速金属粒子到超音速，直击到基材表面发生物理形变并牢固地附着，形成一种新的涂层。目前这项新的表面技术已被逐渐推广。

6.4.1 热喷涂

1. 热喷涂分类和特点

（1）热喷涂分类　热喷涂技术通常按热源分类，大致有五种类型的热源，采用这些热源加热熔化不同形态的喷涂材料，构成了不同热喷涂方法，如图 6-5 所示。

（2）热喷涂特点

1）适用范围广。涂层材料可以是金属和非金属（如聚乙烯、尼龙等塑料，氧化物、氮化硅、氮化硼等陶瓷）以及复合材料。被喷涂工件也可以是金属和非金属（如木材）。用复合粉末喷成的复合涂层可以把金属和塑料或陶瓷结合起来，获得良好的综合性能。其他方法难以达到。

2）工艺灵活。施工对象小到 10mm

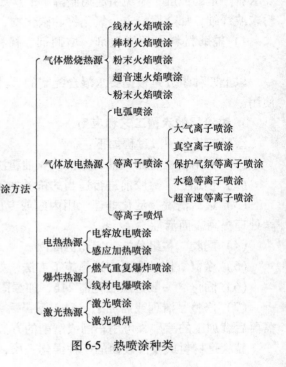

图 6-5　热喷涂种类

内孔，大到铁塔、桥梁等大型结构。喷涂既可在整体表面上进行，也可在指定区域内涂覆，既可在真空或控制气氛中喷涂活性材料，也可在野外现场作业。

3）喷涂层的厚度可调范围大。涂层厚度可从几十微米到几毫米，表面光滑，加工量少。用特细粉末喷涂时，不加研磨即可使用。

4）工件受热程度可以控制。除喷熔外，热喷涂是一种受热影响小的工艺，例如氧乙炔焰喷涂、等离子喷涂或爆炸喷涂，工件受热程度均不超过 250℃，钢铁件等一般不会发生畸变，不改变其金相组织。

5）生产率较高。大多数工艺方法的生产率可达到每小时喷涂数千克喷涂材料，有些工艺方法可高达 50kg/h 以上。

6）操作环境较差。尤其是存在粉尘、烟雾和噪声等问题，必须加强防护措施。

2. 热喷涂原理

热喷涂技术是利用一定的热源将喷涂材料熔融或软化，借助热源本身动力或外加的压缩空气流，使喷涂材料雾化成微粒，形成快速离子流，然后喷射到基材表面，获得涂层。虽然热喷涂方法很多，但是喷涂过程和涂层形成基本相同。

（1）喷涂过程　热喷涂过程如图 6-6 所示。喷涂材料从进入热源到形成涂层可以划分为四个阶段：

1）喷涂材料的熔化阶段。该阶段利用热源将喷涂材料加热到熔化或半熔化状态。

2）熔化或半熔化状态的喷涂材料发生雾化阶段。线材喷涂时，进入热源高温区的线材熔化成液滴被高速气流或焰流雾化成细小熔滴向前喷射；粉末喷涂时，往往直接被高速气流或焰流推动而向前喷射。

3）粒子的飞行阶段。熔化或半熔化的细小颗粒首先被高速气流或焰流加速，当飞行一定距离后速度减慢。

4）粒子的喷涂阶段。具有一定速度和温度的细小颗粒到达基材表面，并且发生强烈的碰撞。

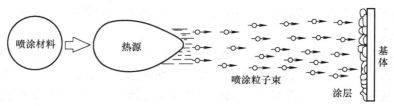

图 6-6　热喷涂过程

（2）涂层的形成　粒子在强烈碰撞基材表面及经碰撞已形成的涂层的瞬间，把动能转化为热能后传给基材，同时粒子在凹凸不平的基材表面发生变形而形成扁平状粒子，并且迅速凝固成涂层。喷涂时，细小的粒子不断飞至基材表面，产生碰撞—变形—冷凝的过程，变形粒子与基材之间及粒子与粒子之间相互交叠在一起，形成涂层。热喷涂涂层形成过程如图 6-7 所示。

喷涂层是由无数变形粒子互相交错呈波浪式堆叠在一起的层状组织结构。颗粒之间不可避免存在一部

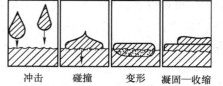

冲击　　碰撞　　变形　　凝固—收缩

图 6-7　热喷涂涂层形成过程

分孔隙或空洞，其孔隙率一般为 4% ~20%。涂层中还可能存在氧化物或其他夹杂物。采用等离子弧等高温热源、超声速喷涂以及低压或保护气氛喷涂，可减少上述缺陷，改善涂层结构和性能。

（3）涂层结合机理　涂层的结合包括涂层与基材的结合及涂层与涂层的结合。前者的结合强度称为结合力，后者的结合强度称为内聚力。

涂层与基材之间的结合机理可能有以下几种类型：

1）机械结合，又称抛锚效应，其与基材表面的粗糙程度密切相关，使用喷砂、粗车、车螺纹、化学腐蚀等粗化基材表面的方法，可以提高结合力。

2）物理结合，即熔融粒子撞击基材表面后两者距离达到晶格常数范围内时，产生范德华力，这要求基材表面达到干净和活化状态，例如喷砂后立即热喷涂可以提高结合力。

3）扩散结合，即熔融粒子撞击基材表面，基材表面的原子得到足够的能量，通过扩散形成一层固溶体或金属间化合物，增加了涂层与基材之间的结合强度。

4）冶金结合，即在一定情况下（如基材预热、喷涂粒子有高的熔化热、喷涂粒子本身发生放热化学反应），熔融粒子与局部熔化的基材之间发生"焊合"现象，形成微区冶金结合。

涂层与涂层之间的结合主要是机械结合。上述的其他几种结合也有一定的效果。

3. 热喷涂材料

（1）热喷涂线材　热喷涂线材大致上有以下 10 种：

1）碳钢及低合金钢丝。最常用的是 85 优质碳素结构钢丝和 T8A 碳素工具钢丝。一般采用电弧喷涂，用于喷涂曲轴、柱塞、机床导轨等常温工作的机械零件滑动表面耐磨涂层及磨损部位的修复。

2）不锈钢丝。12Cr13、29Cr13、39Cr13 等马氏体不锈钢丝主要用于强度和硬度较高、耐蚀性要求不太高的场合。其涂层不易开裂。10Cr17 在氧化性酸类、多数有机酸、有机酸盐水溶液中有良好的耐蚀性。12Cr18Ni9 等奥氏体不锈钢丝有良好的工艺性能，在多数氧化性介质和某些还原性介质中都有较好的耐蚀性，用于喷涂水泵轴等。由于不锈钢涂层收缩率大，易开裂，适于喷涂薄层。

3）铝丝。铝和氧有很强的亲和力，铝在室温下大气中就能形成致密而坚固的 Al_2O_3 氧化膜，能防止铝进一步氧化。纯铝喷涂除大量用于钢铁件保护涂层外，还可作为抗高温氧化涂层、导电涂层和改善电接触的涂层。铝丝杂质含量的增加，会影响到铝在氧化时形成氧化膜的连续性，特别在含有铁、硅和铜等元素时，耐蚀性降低。因此，一般铝丝纯度（质量分数）应大于 99.7%。铝丝直径为 $\phi2 \sim \phi3mm$，喷涂时，表面不得有油污和氧化膜。

4）锌丝。在钢铁件上，只要喷涂 0.2mm 的锌层，就可在大气、淡水、海水中保持几年至几十年不锈蚀。为了避免有害元素对锌涂层耐蚀性的影响，最好使用纯度（质量分数）在 99.85% 以上的纯锌丝。在锌中加铝可提高涂层的耐蚀性，若铝的质量分数为 30%，则耐蚀性最佳。但由于拉拔困难，各国使用铝的质量分数在 16% 以下的锌铝合金。锌喷涂广泛用于大型桥梁、铁路配件、钢窗、电视台天线、水闸门和容器等。

5）钼丝。钼与氢不产生反应，可用于氢气保护或真空条件下的高温涂层。钼是一种自黏结材料，可与碳钢、不锈钢、铸铁、蒙乃尔合金、镍及镍合金、镁及镁合金、铝及铝合金等形成牢固的结合。钼可在光滑的工件表面上形成 $1\mu m$ 的冶金结合层，常用作打底层材料。

如机床导轨喷涂钢时，用钼作为打底层可增加钢喷涂层与基体的结合强度。钼的摩擦因数小，适用于喷涂活塞环和摩擦片。但钼不能作为铜及铜合金、镀铬表面和硅铁表面的涂层。

6）锡及锡合金丝。锡涂层具有很高的耐蚀性，常用作食品器具的保护涂层，但锡中砷的质量分数不得大于 0.015%。含锑和钼的锡合金丝具有摩擦因数低、韧性好、耐蚀性和导热性良好等特性。在机械工业中，广泛应用于轴承、轴瓦和其他滑动摩擦部件的耐磨涂层。此外，锡可在熟石膏等材料上喷涂制成低熔点模具。

7）铅及铅合金丝。铅具有很好的防 X 射线辐射的性能，在核能工业中广泛用于防辐射涂层。含锑和铜的铅合金丝材料的涂层具有耐磨和耐蚀等特性，用于轴承、轴瓦和其他滑动摩擦部件的耐磨涂层。但涂层较疏松，用于耐腐蚀时需经封闭处理。由于铅蒸气对人体危害较大，喷涂时应加强防护措施。

8）铜及铜合金丝。铜主要用于电器开关的导电涂层、塑料和水泥等建筑表面的装饰涂层；黄铜涂层则用于修复磨损及超差的工件，如修补有铸造砂眼、气孔的黄铜铸件，也可作装饰涂层。黄铜中加入质量分数为 1% 左右的锡，可改善耐海水腐蚀性能。铝青铜的强度比一般黄铜高，耐海水、硫酸和盐酸的腐蚀，有良好的耐磨性和抗腐蚀疲劳性能，采用电弧喷涂时与基体结合强度高，可作为打底涂层，常用于水泵叶片、气闸活门、活塞及轴瓦等的喷涂。磷青铜涂层比其他青铜涂层更为致密，有良好的耐磨性，可用来修复轴类和轴承等的磨损部位，也可用于美术工艺品的装饰涂层。

9）镍及镍合金丝。蒙乃尔合金对氨水、海水、照相用药剂、酚醛、甲酚、汽油、矿物油、酒精、碳酸盐水溶液及熔盐、脂肪酸以及其他有机酸的耐蚀性优良，对硫酸、醋酸、磷酸和干燥氯气等介质的耐蚀性较好；但对盐酸、硝酸、铬酸等介质不耐蚀。常用于水泵轴、活塞轴、耐蚀容器的喷涂。80Ni20Cr 在高温下几乎不氧化，是最好的耐热耐蚀材料，常用于高温耐腐蚀涂层。镍铬耐热合金丝涂层致密，与母材金属的结合性好，常用于 Al_2O_3、ZrO_2 等陶瓷涂层的打底层，但不能用于硫化层、亚硫酸气体以及砂酸和盐酸介质中。

10）复合喷涂丝。用机械方法将两种或更多种材料复合压制成的喷涂线材称为复合喷涂丝。不锈钢、镍、铝等组成的复合喷涂丝，利用镍、铝的放热反应使涂层与多种基体（母材）金属结合牢固，而且因复合了多种强化元素，改善了涂层的综合性能，涂层致密，喷涂参数易于控制，便于火焰喷涂。因此，它是目前正在扩大使用的喷涂材料，主要用于液压泵转子、轴承、气缸衬里和机械导轨表面的喷涂，也可用于碳钢和耐蚀钢磨损件的修补。

（2）热喷涂粉末　热喷涂材料应用最早的是一些线材，而只有塑性好的材料才能做成线材。随着科学技术的发展，发现任何固体材料都可以制成粉末，所以粉末喷涂材料越来越得到广泛应用。粉末材料可分为金属及合金粉末、陶瓷材料粉末和复合材料粉末。

1）金属及合金粉末有下面两种：

①喷涂合金粉末（又称冷喷合金粉末）。这种粉末不需或不能进行重熔处理。按其用途分为打底层粉末和工作层粉末。打底层粉末用来增加涂层与基体的结合强度；工作层粉末保证涂层具有所要求的使用性能。放热型自黏结复合粉末是最常用的打底层粉末。工作层粉末熔点要低，具有较高的伸长率，以避免涂层开裂。氧乙炔焰喷涂工作层粉末最常用的是镍包铝复合粉末与自熔性合金的混合粉末。

②喷熔合金粉末（又称自熔性合金粉末）。因合金中加入了强烈的脱氧元素如 Si、B 等，在重熔过程中它们优先与合金粉末中氧和工件表面的氧化物作用，生成低熔点的硼硅酸

盐覆盖在表面，防止液态金属氧化，改善对基体的润湿能力，起到良好的自熔剂作用，所以称之为自熔性合金粉末。喷熔用的自熔性合金粉末有镍基、钴基、铁基及碳化钨四种系列。

2）陶瓷属高温无机材料，是金属氧化物、碳化物、硼化物、硅化物等的总称，其硬度高，熔点高，但脆性大。常用的陶瓷粉末有：

①氧化物。它是使用最广泛的高温材料。氧化物陶瓷粉末涂层与其他耐热材料涂层相比，绝缘性能好，热导率低，高温强度高，特别适合用作热屏蔽和电绝缘涂层。

②碳化物。它包括碳化钨、碳化铬、碳化硅等，很少单独使用，往往采用钴包碳化钨或镍包碳化钨，以防止喷涂时产生严重失碳现象。为保证涂层质量，须严格控制喷涂工艺参数，或在含碳的保护气氛中喷涂。碳化钨是一种超硬耐磨材料，由于温度和均匀度等因素，其组织及性能很难达到烧结碳化钨硬质合金的性能。碳化铬、碳化硅也可用作耐磨或耐热涂层。

3）复合材料粉末是由两种或更多种金属和非金属（陶瓷、塑料、非金属矿物）固体粉末混合而成。其特点是：

①复合粉的粉粒是非均相体，在热喷涂作用下形成广泛的材料组合，从而使涂层具有多功能性。

②复合材料之间在喷涂时可发生某些希望的有利反应，改善喷涂工艺，提高涂层质量。例如：可制成放热型复合粉，使涂层与基体除机械结合外，还有冶金结合，提高涂层结合强度。

③包覆型复合粉的外壳，在喷涂时可对核心物质提供保护，使其免于氧化和受热分解。

按照复合粉末的结构，一般分为包覆型、非包覆型和烧结型。包覆型复合粉末的芯核被包覆材料完整地包覆着；非包覆型粉末的芯核被包覆材料包覆程度是不均匀和不完整的。

按照复合粉末形成涂层的机理可分为自黏结（增效或自放热）复合粉末和工作层粉末。工作层复合粉末品种较多。自黏结复合粉末多用作基体与工作层间的过渡层，即打底层粉末。它在喷涂时产生放热反应，有助于涂层与基体的结合，形成致密而又粗糙的过渡层，有效地改善涂覆性能。

按照涂层功能，复合粉末有硬质耐磨复合粉末、耐高温和隔热复合粉末、耐腐蚀和抗氧化复合粉末、绝缘和导电复合粉末以及减摩润滑复合粉末等多种。硬质耐磨复合粉末的芯核材料为各种碳化物硬质合金颗粒，包覆材料为金属和合金。如 Co-WC、Ni-WC、Fe-WC、NiCr-WC、NiCr-Cr_3C_2、Ni-$WTiC_2$、Co-Cr_3C_2 等。加入有自黏结作用的镍包钼复合粉末后，可增加涂层与基体的结合强度，提高涂层的致密性和抗氧化性。减摩润滑复合粉末的芯核材料是固体润滑剂颗粒，如石墨、MoS、硅藻土、WSe_2、$NbSe_2$、WS_2、聚四氟乙烯等，它们的摩擦因数和硬度低，并有自润滑性能，是一种多孔的软质材料。其包覆材料为金属 Co、Ni、Ag、Fe、Cr、W、Mo、Ti、青铜等。

耐高温和隔热复合粉末分为金属型、陶瓷型和金属陶瓷型三类。金属型复合粉末主要有 Ni-Al、NiCr-Al、NiCr-Co、NiCr-AlY、CoCr-AlY 等，涂层致密性好，导热快，是良好的耐高温涂层。陶瓷型复合粉末主要有 ZrO_2、Al_2O_3、Cr_2O_3、TiO_2、MgO、NiO、Y_2O_3 等，其涂层孔隙多，传热和散热均缓慢，是良好的高温隔热涂层。金属陶瓷型复合粉末由金属型和陶瓷型两种复合粉末按不同组成和配比复合而成，涂层性能介于前两者之间，是良好的耐高温和隔热涂层。

耐腐蚀和抗氧化复合粉末也分为金属型、陶瓷型和金属陶瓷型三类。

导电复合粉末是在镍粉上涂覆 Cu、Ag、Pb、Pt 和 Au 等制成，喷涂在绝缘体上制备导电涂层。

绝缘复合粉末由陶瓷氧化物组成，如富铝红柱石（Al_2O_3 的质量分数为 71.8%，SiO_2 的质量分数为 28.2%）、钛酸钙（$CaO \cdot TiO_2$）、灰色氧化铝（TiO_2 的质量分数为 2.5%）等都有极好的电绝缘性能，用热喷涂方法可在导体表面制备电绝缘性能优异的涂层。

红外线辐射和防辐射复合粉末有 Al_2O_3-TiO_2、$Al_2O_3 \cdot TiO_2$-ZrO_2、NiO-Cr_2O_3、Al_2O_3-FeO $\cdot TiO_2$ 等。这些复合粉末涂层在较低温度下有很好的热辐射特性，同时吸收热辐射能力弱。远红外辐射复合粉末主要有钛锆系、钛铁系、硅铁系材料按不同配比制成，该涂层在受热时能辐射出波长为 $6 \sim 50\mu m$ 的远红外波。含稀土和铅的复合粉末涂层具有防 X 射线等的辐射能力。含 BN、B_6Si 等复合粉末可用作中子吸收装置的涂层。

4. 热喷涂装置和设备

（1）氧乙炔焰喷涂装置　图 6-8 所示典型的氧乙炔喷枪示意图。喷枪主要由两部分组成：产生火焰的氧、乙炔供给系统和喷涂粉末供给系统。进行热喷涂时，氧气和乙炔在喷嘴燃烧，同时粉末随氧气输送到喷嘴，粉末被喷嘴的高温火焰加热熔化或半熔化后喷射到工件表面形成所需要的涂层。

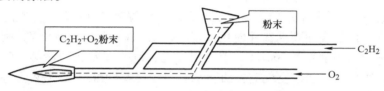

图 6-8　典型的氧乙炔喷枪示意图

（2）等离子喷涂装置　等离子喷涂装置包括电源、控制系统、喷枪、冷却系统和供气系统。图 6-9 所示为等离子喷涂装置示意图。

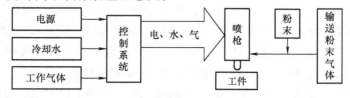

图 6-9　等离子喷涂装置示意图

等离子喷涂装置的电源采用直流电源，常用的有直流发电机电源、硅整流饱和电抗器型电源以及晶闸管型电源。电源应具有陡降的特性，具有一定的起弧空载电压和可调的电功率。

等离子喷枪分为外圆喷枪和内圆喷枪两大类。外圆喷枪用于零件的外表面喷涂，也可用于较大直径的浅内孔表面的喷涂，较深内孔表面的喷涂则采用内圆喷枪。

5. 热喷涂预处理

为了提高涂层与基体表面的结合强度，在喷涂前，应对基体表面进行清洗、脱脂和表面粗糙化等预处理。

（1）基体表面的清洗、脱脂。

1）碱洗法。碱洗法是将基体表面放到氢氧化钠或碳酸钠等碱性溶液中，待基体表面的油脂溶解后，再用水冲洗干净。

2）溶液洗涤法。溶液洗涤法采用挥发性溶液，如丙酮、汽油、三氯乙烯和过氯乙烷乙烯等，它们的主要作用是把基体表面的矿物油溶解掉，再加以清除。

3）蒸气清洗法。蒸气清洗法是采用三氯乙烯蒸气进行清洗，尽管这种方法的清洗效果很好，但是对人体有一定的危害。

4）对疏松表面的清洗、脱脂。对疏松表面（如铸铁件）的清洗、脱脂是比较困难的。尽管油脂不在工件表面，但在喷涂时，由于基体表面的温度升高，疏松孔中的油脂就会渗透到基体表面，对涂层与基体的结合极为不利。因此，对疏松基体表面，经过清洗、脱脂后，还需要将其表面加热到250℃左右，尽量将油脂渗透到表面，然后再加以清洗。

（2）基体表面氧化膜的处理　一般采用机械方法，如切削加工方法和人工除锈法，也可以采用硫酸或盐酸进行酸洗。

（3）基体表面的粗化处理　基体表面的粗化处理是提高涂层与基体表面机械结合强度的一个重要措施。喷涂前4～8h内必须对工件表面进行粗糙化处理，并戴手套搬动粗糙化处理后的工件。常用的表面粗化处理方法如下：

1）喷砂法。喷砂是最常用的粗糙化工艺方法。砂粒有冷硬铁砂、氧化铝砂、碳化硅砂等多种，可根据工件的表面硬度选择使用。若基体材料硬度低于360HV，则选用白口冷硬铁砂等；若基体材料硬度高于360HV，则选用氧化铝刚玉或碳化硅砂等。喷砂前工件表面要清洗、脱脂，喷砂用的压缩空气应去油和水。用专用喷砂机进行喷砂。砂粒应清洁锐利，污染和磨损的砂粒不能使用。用白口冷硬铁砂时，空气压力为0.3～0.7MPa；用氧化铝砂时，砂粒尺寸为0.5～1mm，空气压力为0.15～0.4MPa。若工件的表面硬度在510HV以上又不容许去除硬表面层时，喷砂后还须先涂覆结合层以增加喷涂层与基体的结合强度。结合层材料主要有钼、镍、铝和铝青铜等，选用时应注意结合层材料的适用范围，如钼不适用于铜、铜合金和渗氮层表面，镍铝合金不适用于铜及铜合金工件表面，铝青铜不适用于渗氮层表面。喷砂时要有良好的通用吸尘装置。必要时，须做比较性试验，以选择具有最佳涂层附着力的工艺参数，喷砂后除极硬的材料表面外，不应出现光亮表面。喷砂表面粗化完成后，工件表面要保持清洁，并尽快（一般不超过2h）转入喷涂工序。

2）机械加工法。对轴、套类零件表面的粗化处理，可采用车螺纹、开槽、滚花等简便切削加工方法，这样它可限制涂层的收缩应力，增加涂层与基体表面的接触面积，提高涂层与基体以及涂层间的结合强度。对承受静载荷为主的工件，表面边缘应倒90°～135°圆弧，其根部半径应大于涂层厚度的一半，至少为0.75mm；对承受动载荷为主的工件，表面边缘和端部应加工成较大半径的圆角或与表面成小于30°的斜面，以适应喷涂需要。

对涂层结合力要求不高的轴类工件，可在要求修复的区域内进行车螺纹和滚压处理，形成粗糙表面。一般为每厘米10条纹左右，需高结合力时，则每厘米可车20条纹左右。车削形成为阶梯状，阶梯的尖角最好加工成圆角，喷涂后不易产生缺陷。

工件有裂纹时，应在裂纹处开槽，其宽度约为裂纹宽度的3～4倍。槽的侧面深0.6mm左右，并与基体呈略小于90°的锐角。凹面修复的预加工也可采用类似方法，即在磨损部位边缘加工成深0.6mm略小于90°的锐角。但凹面深度大于0.75mm时，则采用预埋钉的方法以增加涂层结合力。工件上的气孔应加工全部敞开，侧面深 0.6mm，并与孔基面成小于 90°的锐角。

平面修复可采用开槽法增加涂层结合力。槽长为 10 ~ 15mm，槽深度和宽度均应小于 1.5mm，槽间距为 10 ~ 15mm。

2）化学腐蚀法。基体表面进行化学腐蚀，由于晶粒上各个晶面的腐蚀速度不同，可形成粗糙的表面。

4）电弧法（又称电火花拉毛法）。将直径比较细的镍（或铝）丝作为电极，在电弧作用下，电极材料与基体表面局部熔合，产生粗糙的表面。这种方法适用于硬度比较高的基体表面，但不适用于比较薄的零件表面。

（4）基体表面的预热处理　涂层与基体表面的温度差会使涂层产生收缩应力，从而引起涂层开裂和剥落。基体表面的预热可降低和防止上述不利影响。但预热温度不宜过高，以免引起基体表面氧化而影响涂层与基体表面的结合强度。一般基体表面的预热温度为 200 ~ 300℃。

预热可直接用喷枪进行，如用中性氧乙炔焰对工件直接加热。预热也可采用电阻炉、高频设备加热，具体用什么方法可根据生产条件选择。

（5）非喷涂表面的保护　在喷砂和喷涂前，必须对基体的非喷涂表面进行保护，其保护方法可根据非喷涂表面的形状和特点，设计一些简易的保护罩。保护罩材料可采用薄铜皮或铁皮。对基体表面上的键槽和小孔等不允许外物进入的部位，喷砂前可以用金属、橡胶或石棉绳等堵塞，喷砂后换上碳素物或石棉等，以防止熔融的热喷涂材料进入。

6. 热喷涂工艺

工件经清整处理和预热后，一般先在表面喷一层打底层（或称过渡层），然后再喷涂工作层。具体喷涂工艺因喷涂方法不同而有所差异。

（1）氧乙炔焰喷涂与喷熔　氧乙炔焰喷涂有以下两种：

1）气体火焰线材喷涂。将线材或棒材送入氧乙炔火焰区加热熔化，借助压缩空气使其雾化成颗粒，喷向粗糙的工件表面形成涂层。这种喷涂设备简单，成本低，手工操作灵活方便，广泛应用于曲轴、柱塞、轴颈、机床导轨、桥梁、铁塔、钢结构防护架等。缺点是喷出的熔滴大小不均匀，导致涂层不均匀和孔隙大等缺陷。

2）气体火焰粉末喷涂。它也是以氧乙炔焰为热源，借助高速气流将喷涂粉末吸入火焰区，加热到熔融或高塑性状态后再喷射到粗糙的工件表面，形成涂层。其工艺过程包括表面制备、喷涂打底层粉末、喷涂工作层粉末、涂层加工。打底层一般喷涂放热型铝包镍复合粉末。喷涂前工件用中性焰或弱碳化焰预热到 100 ~ 200℃，喷涂火焰为中性焰，喷涂距离为 150 ~ 260mm。打底层粉末起结合作用，其厚度一般为 0.10 ~ 0.15mm。工作层粉末不是放热型，粉末所需热量全部由火焰提供。喷涂火焰也采用中性焰或碳化焰，喷涂距离为 180 ~ 200mm。喷涂时火焰功率要大些，以粉末加热到白亮色为宜。采用间断喷涂可防止工件过热。火焰粉末喷涂工件受热温度低，主要用于保护或修复已经精加工的或不容许变形的机械零件，如轴、轴瓦、轴套等。

氧乙炔焰喷熔以氧乙炔焰为热源，将自熔性合金粉末喷涂到经制备的工件表面上，然后对该涂层加热重熔并润湿工件，通过液态合金与固态工件表面间相互溶解和扩散，形成牢固的冶金结合，它是介于喷涂和堆焊之间的一种新工艺。粉末喷涂涂层与基体呈机械结合，结合强度低，涂层多孔不致密；堆焊层熔深大，稀释率高，加工余量大；而经喷熔处理的涂层，表面光滑，稀释率极低，涂层与基体金属结合强度高，致密无气孔。喷熔的缺点是重熔温度高，须达到粉末熔点温度，工件受热温度高，会产生变形。

喷熔工艺包括：工件表面制备、工件预热、喷涂合金粉末、重熔处理、冷却、涂层后处理。

根据喷涂粉末和重熔处理的先后次序，氧乙炔喷熔可分为一步法和二步法。一步法时，喷粉和重熔交替或几乎同时进行。一步法要求粉末的粒度细，粉末直接喷入熔池。这种方法输入到工件的热量较少，工件变形较小，涂层厚度一般为0.8～1.2mm，涂层表面光滑平整度稍差，适合于大工件上小面积或小尺寸零件的喷熔，主要用于喷铜、镍和不锈钢等耐腐蚀的涂层。二步法时，先在零件表面均匀喷粉，达到一定厚度后再重熔，而且不一定使用同一热源。二步法使用的粉末粒度较粗，输入工件的热量较多，工件的变形较大。二步法适用于要求表面涂层厚度均匀、光滑平整的工件，特别适用于尺寸大的零件和圆柱面的喷熔。它主要喷熔钴基、镍基合金等。

（2）电弧线材喷涂　电弧线材喷涂是将金属或合金丝制成两个熔化电极，由电动机变速驱动，在喷枪口相交产生短路而引发电弧、熔化，借助压缩空气雾化成微粒并高速喷向经预处理的工件表面，形成涂层。一般采用不锈钢丝、高碳钢丝、合金工具钢丝、铝丝和锌丝等作喷涂材料，广泛应用于轴类、导辊等负荷零件的修复，以及钢结构防护涂层。

与火焰喷涂相比，它具有以下特点：涂层与基体结合强度高，抗剪强度高；以电加热，热能利用率高，成本低；熔覆能力大，如喷锌线可达30～40kg/h；采用两根不同成分的金属丝可获得合金涂层，如铝青铜和Cr13钢丝等。

（3）等离子喷涂　等离子喷涂是利用等离子焰流，即非转移等离子弧作为热源，将喷涂材料加热到熔融或高塑性状态，在高速等离子焰流引导下高速撞击工件表面，并沉积在经过粗糙处理的工件表面形成很薄的涂层。涂层与母材的结合主要是机械结合。其原理见图6-10。

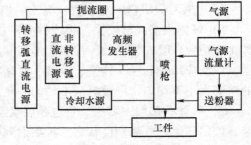

图6-10　等离子喷涂原理

等离子焰温度高达10000℃以上，可喷涂几乎所有固态工程材料，包括各种金属和合金、陶瓷、非金属矿物及复合粉末材料等。

等离子焰流速达1000m/s以上，喷出的粉粒速度可达180～600m/s，得到的涂层致密性和结合强度均比火焰喷涂及电弧喷涂高。

等离子喷涂工件不带电，受热少，表面温度不超过250℃，母材组织性能无变化，涂层厚度可严格控制在几微米到1mm左右。

若等离子弧功率过低，则粉末熔化不良，从而降低涂层的结合强度和沉积效率；若功率过大，粉末过热蒸发大，沉积率低。功率大小取决于粉末种类、性质和送粉量的大小。氮气等离子弧电流一般为250～400A；氩气等离子弧电流一般为400～600A。电弧电压与喷枪结构、工作气种类及流量有关，氮气等离子弧电压为70～90V；氩气等离子弧电压则为20～40V。目前，工业上应用的功率范围为25～40kW。工作气一般推荐采用氮气或氮-氩混合气，成本低。对易氧化或涂层质量要求高的可选用氩气或氢气。

送粉气一般与工作气相同，其流量与送粉气种类及送粉量大小有关，一般为工作气流量的 1/5 ~ 1/3。送粉量过大，粉末熔化不良；过小，则粉末易过热。

　　喷涂距离小，则喷涂效率高；喷涂距离大，喷涂效率会明显下降，涂层气孔率增加。但喷涂距离过小，则又导致工件受热产生大的变形。对金属粉末来说，喷涂距离为 100 ~ 150mm，喷嘴与工件的夹角以 10° ~ 45° 为宜。喷枪移动速度以一次喷涂厚度不超过 0.25mm 为宜。

　　(4) 爆炸喷涂　爆炸喷涂是氧乙炔焰喷涂技术中最复杂的一种方法：把一定量的粉末注入喷枪的同时，引入一定量的氧与乙炔混合气体，将混合气体点燃引爆产生高温（可达 3300℃），使粉末加热到高塑性或熔融状态，以每秒 4 ~ 8 次的频率高速（可达 700 ~ 760m/s）射向工件表面，形成高结合强度和高致密度的涂层。爆炸喷涂主要用于金属陶瓷、氧化物及特种金属合金，如 91WC9Co、86WC4Cr10Co、60Al$_2$O$_3$40TiO$_2$、65Cr$_3$C$_2$·35NiCr、55Cu41Ni4In 等。被喷涂的基体材料为金属和陶瓷材料。基体表面的温度不超过 205℃ 为宜，涂层厚度一般为 0.025 ~ 0.30mm，涂层的表面粗糙度 Ra 可小于 1.60μm，经磨削加工后 Ra 可达 0.025μm。涂层与基体的结合为机械结合，结合强度可达 70MPa 以上。

　　爆炸喷涂在航空产品零件上已经得到广泛应用，如高低压压气叶片、涡轮叶片、轮毂密封槽、齿轮轴、火焰筒外壁、衬套、副翼、襟翼滑轨等零件。

　　爆炸喷涂后的零件使用效果也是十分明显的，在航空发动机一、二级钛合金风扇叶片的中间阻尼台上，爆炸喷涂一层 0.25mm 厚的碳化钨涂层后，其使用寿命可从 100h 延长到 1000h 以上。在燃烧室的定位卡环上喷涂一层 0.12mm 厚的碳化钨涂层后，零件寿命从 4000h 延长到 28000h 以上。

　　氧乙炔焰爆炸喷涂技术为美国联合碳化物公司专利。爆炸喷涂设备包括爆炸喷枪、氧气和乙炔供给装置等。操作时噪声极大，需在隔音室内遥控操作。

　　(5) 超音速火焰喷涂　它是指燃烧火焰焰流速度超过音速的火焰喷涂方法。根据不同结构的喷涂枪，可选用的燃料有氢气、乙炔、丙烷、丙烯、煤油等。燃料与氧气以较高压力和流量送入喷枪，混合气体燃烧后产生高速射流。火焰喷射速度可达 2 倍以上的音速。图 6-11 所示为超音速火焰喷涂原理。焰流速度可达 2200m/s，喷涂粒子的速度可高达 1000 ~ 1200m/s。改变喷涂枪结构和采用液体燃料（如煤油等），可节省大量的供气装置。

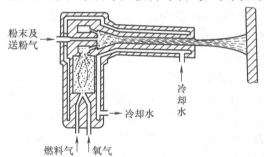

图 6-11　超音速火焰喷涂原理

　　超音速火焰喷涂的火焰是连续燃烧的，喷涂颗粒在焰流中的加热时间较长，所以能较均匀地加热。另一方面，由于颗粒的高速飞行，几乎与大气不发生反应，因而受到损害很小。用该技术制得的涂层具有较高的密度、硬度、结合强度，良好的耐磨性、耐蚀性，以及含氧量较低而光滑的喷涂表面。例如：用该技术喷涂镍基自熔性合金粉末时，结合强度达 70MPa，涂层致密度大于 99%。尤其是喷涂金属碳化物材料，可防止或减少碳化物的脱碳与分解，制得的涂层具有很高的耐磨性。

　　该技术需要有一个庞大的供气系统，所消耗的气体远多于一般的火焰喷涂。随着液体燃料喷枪的出现，这一缺点逐步被克服。

7. 热喷涂涂层后处理和检测

（1）热喷涂涂层的后处理　工件在热喷涂后因温升不高，一般可直接空冷。对于细长、薄壁等零件，为防止变形，可采取缓冷方法。涂层应尽快进行后处理。例如：镍基或钴基自熔性粉末热喷后，应在1050～1300℃进行熔融处理；较小的工件可在氢保护气氛炉内加热熔融。有的涂层在热喷涂后可迅速加热到规定的温度，保温15min，然后在静止空气中冷却。

涂层表面需封闭的工件应在喷涂后立即进行。根据工件使用状态选择涂层封闭剂，常用封闭剂有：高熔点蜡类，耐蚀、减摩的不溶于润滑油的合成树脂，如烘干酚醛、环氧、环氧酚醛、水解乙基硅酸盐等。

涂层精加工时，为避免涂层局部过热，可采用冷却剂冷却。切削刀具必须锋利。

（2）热喷涂涂层的检测　对大多数涂层来说，涂层性能的检测内容和方法主要有：

1）外观。检查裂纹、局部剥离、翘曲、工件形变和过热。用目测或放大镜判别。

2）厚度。用测厚仪、金相法测定膜层厚度。

3）结合强度。采用拉伸法、折弯法、杯突试验机分别测定涂层抗拉强度、涂层抗弯性能、涂层杯突值。

4）气孔率。用称重法、金相图像分析法分别测定涂层密度、涂层气孔率。

5）硬度。用硬度计、显微硬度计分别测定涂层表面洛氏硬度、涂层断面显微硬度。

6）化学成分。用化学分析、光谱、电子能谱等仪器检测涂层的化学成分和涂层的氧化，测定涂层材料在喷涂前后的差异。

7）组织结构。用显微镜、X射线衍射仪等仪器，检测涂层组织结构、颗粒变形、氧化、结合状况等项目。

8）耐磨性。将涂层制成试样，在专用试验机上进行耐磨试验。

9）耐蚀性。用中性盐雾试验和盐水浸泡试验来评定。

8. 热喷涂技术的应用

现在一种新的材料设计理念已被人们广泛接受：在基材与涂层恰当组合下，基材主要满足强度的要求，而涂层主要满足表面性能的要求，从而显著提高材料或制件的使用性能和使用寿命。

热喷涂技术可按需要在各种材料表面喷涂形成耐磨、耐蚀、抗氧化、耐高温以及具有防热辐射、导电、屏蔽、润滑、可磨密封等特殊功能的涂层，因而已成为应用广泛的表面技术。近年来，热喷涂在生产过程机械化和自动化方面不断进步，一系列先进技术和超音速火焰喷涂、超音速等离子喷涂、真空等离子喷涂、高速电弧喷涂、纳米热喷涂等逐步完善或深入研究，呈现出良好的发展前景。

6.4.2　冷喷涂

1. 冷喷涂原理

冷喷涂技术是在20世纪80年代由苏联科学院Antolli Papyrin博士及其同事首先提出的。20世纪90年代苏联解体后该技术得到了公开。其原理（见图6-12）是：气体加压装置使气体（氦气或氮气等）成为高压气体；加热器有两套，分别为载体加热器和气体加热器，把载气和工作气加热到一定的温度；载气在载体加热器受热后，经加粉器成轴向将粉末送入喷枪；另一路的工作气在气体加热器预热到100～600℃，以加大粉末颗粒的流速，进入喷枪；

喷枪后部是腔膛，送入的粉末与进入的工作气相混合，经喉管进入喷嘴，该喷嘴专门设计为收敛-扩展型拉乌尔（Laval）喷嘴，以使气体得到加速；工作气从喷嘴进口处 1.5 ~ 3.5MPa 的压力膨胀到常压，造成一种超音速气流，随喷嘴结构和大小、工作气类别、进气压力与温度、粉末颗粒大小和密度等因素的不同，颗粒速度有所不同，一般为 500 ~ 1000m/s，与基材撞击产生变形，并牢固附着在基材上，形成涂层。工作气的预热，有利于颗粒速度的提升，又会使颗粒受热，在撞击基材时容易变形。由于工作气温度明显低于材料的熔点，因而不会出现熔化时那样的氧化和相变。为了获得所希望的涂层，要掌握颗粒尺寸、密度、温度和速度之间的平衡。

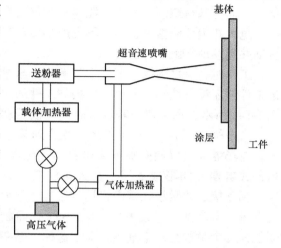

图 6-12　冷喷涂工艺原理

2. 冷喷涂的特点

1）喷涂温度较低。这与传统的热喷涂有显著的区别。冷喷涂无须熔化金属粒子，降低了设备和涂层的热应力、热变形，涂层厚度可达数毫米或更多。

2）能量来自压缩气体和加热单元。这与传统的热喷涂也不同，例如火焰喷涂的能量来源是氧乙炔火焰，等离子体电弧喷涂是等离子体喷枪，电弧喷涂是电弧，爆炸喷涂是爆炸气体喷枪（火花点燃），超音速火焰喷涂是燃料、氧气、氢气及燃烧室。冷喷涂的能量来源与它们不同，在设备、工艺和控制上具有自身的特点。

3）涂层性能良好。冷喷涂涂层的气孔率很低，基材与涂层的热负荷小，材料氧化少，结晶化较为均匀。冷喷涂涂层的突出特点是致密和含氧量低，有利于喷铜、钛等材料。

3. 高压与低压冷喷涂

高压冷喷涂的压缩气体压力在 15atm（1atm = 101.325kPa）以上，低压冷喷涂的压缩气体压力在 10atm 以下。低压冷喷涂的噪声较小（低于 60dB），没有高温、火焰、辐射、化学废料、危险气体，可操作性强，安全性高，喷涂定向性好，因此目前正在逐渐推广使用。高压冷喷涂因噪声较大（高于 100dB）、压力要求高、设备庞大、安全性较低、成本较高等问题，所以推广应用还存在较大的困难。

目前我国一些高校和研究所已建立冷喷涂设备和开展研究工作。国际上俄罗斯 OPSC、德国 CGT、美国 Inovati、日本等离子技研公司等正在推广冷喷涂设备和工艺，可制备致密的高温合金、钛合金等涂层。

6.5　电火花表面涂覆

6.5.1　电火花表面涂覆的原理和特点

1. 电火花表面涂覆的原理

电火花表面涂覆较为传统的名称为电火花沉积（ESD），随着研究的深入，对其原理着重点的认识有差异，又有不同的命名，如电火花合金化（ESA）、脉冲电弧沉积（PAAD）、脉冲电极沉积（Pulse electrode surfacing，PES）、电火花强化（ESH）等。它是通过火花放电的作用，把作为电极的导电材料熔渗进金属基材或制件的表层，形成合金化的表面强化层，从而使基材或制件表面性能得到改善的表面技术。

电火花表面涂覆设备结构图见图6-13。其中脉冲电源供给瞬间放电能量，振动器使电极振动并周期地接触工件。

工作时，电极随振动器做上下振动。当电极接近工件但还没有接触工件时，电极与工件的状态如图6-14a所示，图中箭头表示该时刻电极振动的方向。当电极向工件运动而接近工件达到某个距离时，电场强度足以使间隙电离击穿而产生电火花，这种放电使回路形成通路。在火花放电形成通路时，相互接近的微小区域内将瞬时流过非常大的放电电流，电流密度可达 $10^5 \sim 10^6 \mathrm{A/cm^2}$，而放电时

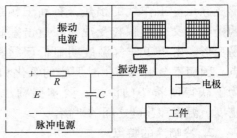

图6-13　电火花表面涂覆设备结构图

间仅为几个微秒至几个毫秒。由于这种放电在时间上和空间上的高度集中，在放电微小区域内会产生约5000~10000℃的高温，使该区域的局部材料熔化甚至气化，而且放电时产生的压力使部分材料抛离工件或电极的基体，向周围介质中溅射。此时状态如图6-14b所示。接着，电极继续向下运动，使电极和工件上熔化了的材料挤压在一起，如图6-14c所示。由于接触面积的扩大和放电电流的减小，使接触区域的电流密度急剧下降，同时接触电阻也明显减小，因此这时电能不再能使接触部分发热。相反，由于空气和工件自身的冷却作用，熔融的材料被迅速冷却而凝固。接着，振动器带动电极向上运动而离开工件，如图6-14d所示。通过这一过程，电极材料脱离电极而黏结在工件上，成为工件表面的涂覆点。因此，电火花涂覆的原理是直接利用电火花放电的能量，使电极材料在工件表面形成特殊性质的合金层或表面渗层；并且，电火花放电的骤热骤冷作用具有表面淬火的效果等。

电火花放电过程是在极短暂的时间内完成的，它包括三个阶段：

（1）高温高压下的物理化学冶金过程　放电所产生的高温使电极材料和工件表面的基体材料局部熔化，气体受热膨胀产生的压力以及稍后电极机械冲击力的作用，电极材料与基体

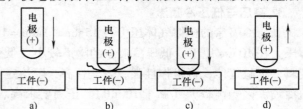

图6-14　电火花涂覆过程的电极状态

a）电极移向工件　b）火花放电

c）电极挤压熔化区　d）电极离开工件

材料熔合并发生物理的和化学的相互作用以及电离气体元素（如氮、氧等）的作用，使基体表面产生特殊的新合金。

（2）高温扩散过程　扩散过程既发生在熔区内，也发生在液—固相界面上。由于扩散时间非常短，液相元素向基体的扩散是有限的，扩散层很浅。但这一新合金层与基体有较好的冶金结合，这是电火花涂覆具有实用价值的重要因素之一。

（3）快速相变过程　由于热影响区的急剧升温和快速冷却。使材料（例如钢）基体熔区附近部位经历了一次奥氏体化和马氏体转变。细化了晶粒，提高了硬度，并产生残余压应

力，对提高疲劳强度有利。

2. 电火花表面涂覆的特点

（1）电火花表面涂覆的优点　电火花表面涂覆比离子渗氮、等离子喷涂、激光淬火等表面处理工艺有以下独特的优点：

1）设备简单，造价低。因为电火花涂覆是在空气中进行的，不需要特殊的、复杂的处理装置和设施。目前设计的手持小功率电火花涂覆机主要由脉冲电源和振动器两部分组成，没有传动机构、工作台等机械构件，携带方便，使用灵活，设备和运行费用低。

2）涂覆层与基体的结合非常牢固，不会发生剥落现象。

3）工件心部不升温或升温很低，无组织和性能变化，工件不会退火和变形。

4）耗能少，材料消耗低，而且电极材料可以根据用途自由选择。

5）对处理对象无大小限制，尤其适合特大型工件的局部处理。

6）表面涂覆层强化效果显著。

7）可用来修复某些磨损件。

8）操作方法容易掌握。

（2）电火花表面涂覆存在的缺点

1）表面涂覆层较浅。一般深度为 $0.02 \sim 0.05 \mathrm{mm}$。

2）表面粗糙度值不可能很低，Ra 一般为 $1.25 \sim 5 \mu \mathrm{m}$。

3）小孔、窄槽难处理。

4）只能作单件处理。涂覆层的均匀性、连续性较差。

5）手工操作的涂覆速度较慢。涂覆生产率为 $0.2 \sim 0.3 \mathrm{cm^2/min}$。

6.5.2　电火花涂覆工艺及应用

1. 电火花涂覆工艺

（1）涂覆前的准备

1）确定涂覆部位和要求。首先要了解工件的材料、硬度、工作表面或刃口的状况、工作性质和涂覆技术要求。一般碳钢、合金工具钢、铸铁等钢铁材料是可以涂覆的，但其涂覆层的厚度是有差别的，合金钢较厚，碳钢次之，铸铁最薄。而有色金属如铝、铜等是很难涂覆的。进行修复时，由于涂覆层较薄，对于磨损量在 0.06mm 以上的零件就难以用电火花涂覆工艺进行修复。对于要求表面粗糙度较低的量具，修复量就更小了。

一般情况下，需涂覆的工件部位是工件最易磨损的局部区域。被涂覆工件表面的油污应该用酒精、丙酮等溶剂去除，并用砂纸、油石等擦去锈斑，以免影响涂覆层质量。

2）选择电极材料。选择电极材料以提高工件寿命为目的时，常用 YG、YT、YW 类硬质合金、石墨、合金钢做电极；以修复为目的时，则应根据工件对硬度、厚度等的要求采用硬质合金、碳钢、合金钢、铜、铝等材料做电极。一般电火花涂覆时，电极材料为正极，工件为负极，以提高涂覆效率。

3）电火花涂覆设备的选择。选择电火花涂覆设备时要考虑以下因素：必要的放电能量和适当的短路电流；电气参数调整方便；有较高的放电频率；较高的电能利用率；运行可靠和便于维修。

4）电火花涂覆电规准选择。D9110 型电火花涂覆机放电电容有 $1 \mu \mathrm{F}$、$5 \mu \mathrm{F}$、$25 \mu \mathrm{F}$、

65μF 四种可供选择；D9130 型电火花涂覆机放电电容有 20μF、40μF、80μF、160μF、220μF、300μF 六种可供选择。选择的原则是获得理想的涂覆层厚度、硬度和表面粗糙度。

（2）电火花涂覆操作方法　电火花涂覆时，电极与工件涂覆表面的夹角的大小要根据所用设备振动器的性能、工件表面形状以及加工条件随时予以调整，以获得稳定的火花放电和均匀的涂覆层。电极移动的方式多种多样，移动的速度要根据电规准选择，速度应均匀，尽可能使涂覆层均匀细致。涂覆结束后，对涂覆表面进行清理和修整，必要时应进行涂覆层厚度测试、小负荷硬度试验和金相试验，有些工件还要进行研磨和回火处理才可使用。

2. 电火花涂覆的应用

电火花涂覆在许多方面取得了明显的技术经济效果，其应用举例和效果见表6-2。

表6-2　电火花涂覆举例和效果

涂覆类别	涂覆工件名称	涂覆效果
模具涂覆	冲模、压弯模、拉深模、挤压模、压铸模和某些热锻模具	提高寿命0.5~2倍
刀具涂覆	车刀、刨刀、铣刀、铰刀、拉刀、推挤刀、钻头、丝锥和某些齿轮刀具	提高寿命1~3倍
机器零件表面涂覆	机床导轨、工夹具、导向件、滚轮、凸轮等	延长使用期限
磨损件微量修补	量具、模具和机械零件的磨损超差后，可用电火花涂覆使工件表面微量增厚，进行微量修补	

电火花沉积技术既可以作为表面强化手段，对具有耐磨损、耐腐蚀、抗氧化要求的表面进行强化处理，或者通过"微量增厚"进行表面修复，也可以制备各种特殊的功能涂层。目前，电火花沉积技术广泛应用于刀具与模具，内科、牙科、整形外科工具，木材和纸业，高科技的运动装备，核反应堆、石油系统等使用的零部件的表面耐磨耐蚀涂层，以及各种机枪、赛车发动机与航天涡轮发动机零件的现场修复。

电火花表面涂覆技术在进一步发展，不仅是自身的改进，还与其他加工技术复合，从而将拓展它的应用领域。

6.5.3　电火花涂覆层的特性

1. 电火花涂覆层的形貌

电火花涂覆所形成的表面形貌与传统的切削加工方法所形成的表面形貌不同。切削加工所形成的表面形貌，是由切削刃或磨料运动痕迹所形成的，是有一定规律的带方向性的表面。而电火花涂覆表面的形貌是由无数密集的涂覆点和放电凹坑所构成的，宏观呈银灰色的桔皮状。这种表面形貌对改善工件表面的耐磨性是有利的。

由于电火花涂覆的表面是由多次脉冲放电所形成的放电凹坑和涂覆点所构成的，脉冲放电能量越大，所熔化的金属微滴也越大，所形成的放电凹坑和涂覆点也就越大，所以电火花涂覆的表面粗糙度值随着脉冲能量的增加而增加。

如果既要获得一定厚度的涂覆层，又要求较低的表面粗糙度值和较高的生产率，则应采用如下的工艺方法：先采用粗规准机械涂覆以获得较厚的涂覆层，然后逐渐降低电规准对涂覆表面机械修整来降低表面粗糙度值。若需要很低的表面粗糙度值，则应对涂覆表面进行研磨抛光。

2. 电火花涂覆层的金相组织

电火花涂覆时，放电微区的电极材料和工件表面的基体材料之间发生了高温物理化学冶金反应。在此冶金过程中，电极材料和被电离的空气中的氮离子等熔渗、扩散到工件表面，使工件表面重新合金化。在金相组织分析时，由于表层不易被硝酸酒精溶液腐蚀而呈白亮状态，通常把这一亮层称为白亮层或白层。此白亮层是由电极和工件材料的元素及其化合物以及氧化物、氮化物所组成，其组织在普通光学显微镜下无法分辨，经电子显微镜分析可知，该组织主要是一些具有特殊结构的碳化物。在白亮层的内侧为稍暗的扩散区，它是由电极材料的组成元素熔渗、扩散到基体金属材料中随后被高速淬火而形成的，其组织为超细马氏体中分布一些特殊的碳化物。再往内层是过热影响区，硝酸酒精腐蚀时呈暗色。再向内为正常的基体组织。

3. 电火花涂覆层的化学元素分布

电火花涂覆层的化学成分与电极和基体金属材料的化学成分及周围介质有关，而化学成分在涂覆层中的分布情况与涂覆的工艺规范有关。图 6-15 为硬质合金涂覆钢时涂覆层内各元素的分布情况。

由于电火花涂覆时，放电微区的电极材料和工件表面的基体材料之间发生了高温物理化学冶金反应，在此冶金过程中，电极材料和被电离的空气中的氮离子等熔渗、扩散到工件表面，使工件表面重新合金化。

4. 电火花涂覆层的结构

电火花涂覆层的组织结构与电极材料、工件材料和涂覆工艺规范有关。电火花涂覆绝不是简单的涂覆过程，而是由组成电极和工件的全部元素及空气中氮等电离的离子发生剧烈而复杂的熔渗、扩散和重新合金化、氮化等物理

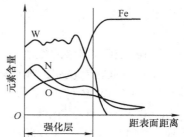

图 6-15　硬质合金涂覆钢时涂覆层内各元素的分布情况

化学反应，产生了一系列特殊结构的碳化物，达到改善工件表层的力学、物理和化学性能。例如：用 YG8 硬质合金电极涂覆灰铸铁时，其白亮层的主要结构为 Co_3W_3C 和少量的 Fe_3W_3C。用 YG8 硬质合金电极涂覆经淬火、低温回火的 Cr12 钢，再经 500℃ 去应力退火 4h，其白亮层外层主要是 M_6C 型碳化物，是在 Fe_3W_3C 的基体上分布着一定数量的 Cr_7C_3、$\varepsilon\text{-}Fe_3N$ 和 CrN 等；而白亮层内层为在 $\varepsilon\text{-}Fe_3N$ 的基体上弥散分布极细小的 CrN。

5. 电火花涂覆层的厚度

（1）涂覆层厚度与电容量的关系　当电压相同时，电容量增加，放电电流的脉宽增大，平均放电电流相应增加，因此涂覆层厚度也随之增加。

（2）涂覆层厚度与脉冲能量的关系　不同的涂覆时间条件下，涂覆层厚度随脉冲能量的增加而增加。

（3）涂覆层厚度与短路电流的关系　在放电阶段和短路阶段，放电微区将流过短路电流，其大小主要取决于直流电源电压和充电回路的阻抗。短路电流增加会提高放电脉冲的能量，增加涂覆层厚度。但短路电流过大，不但增加直流电源功耗，而且涂覆层变薄，表面粗糙度值增大。

（4）涂覆层厚度与电极材料的关系　不同的电极材料和工件材料组对时，即使在相同的涂覆条件下，所形成的涂覆层也具有不同的性状，其显微硬度、表面粗糙度、厚度以及连续性往往有很大的差异。

（5）不同材料的电火花涂覆白亮层厚度与涂覆设备功率的关系　涂覆层的厚度是白亮层厚度和扩散层厚度的总和。大量试验表明，该白亮层的厚度与工件涂覆后的增厚量相近，所以通常近似地用白亮层厚度来表示涂覆层的厚度。

涂覆层的厚度随着涂覆设备的功率大小（即电规准的强弱）而变化。用D9119A型涂覆设备用YG8涂覆不同工件材料的试验表明，涂覆层厚度随涂覆设备功率的增加而增加。

（6）涂覆时间对工件材料涂覆量的影响　连续均匀的涂覆层是由适当次数的电极放电形成的，即涂覆一定的面积需要适当的涂覆时间。通常，在涂覆的初期，工件增重；但涂覆一定时间后，工件开始失重；当继续涂覆时，工件又开始增重，即出现了周期变化的规律。研究还表明，有时长时间的涂覆会使已有的涂覆层产生裂纹等明显缺陷，对涂覆质量产生不利影响。因此，选择最佳涂覆时间具有实用意义。

6. 电火花涂覆层的残余应力

电火花涂覆后，在涂覆层表面产生明显的残余拉应力，这对工件的疲劳强度和耐磨性是不利的。实践表明，在电火花涂覆后再进行适当的回火处理，可有效地降低涂覆层的表面残余拉应力。

7. 电火花涂覆层的性能

（1）电火花涂覆层的显微硬度和热硬性　涂覆层显微硬度与电极材料以及基体金属材料有关。GCr15基体显微硬度为766HV0.1，用YG8涂覆的表面白亮层显微硬度达1200HV0.1，并且在760℃保温2.5h仍能保持硬度基本不变。45钢涂覆Cr_3C_2、NbC和硼化钛时，显微硬度分别达1250HV0.1、1635HV0.1和3300HV0.1。

（2）电火花涂覆层的耐磨性和耐蚀性　研究表明，经涂覆后零件表面硬度、耐磨性和耐蚀性都有明显提高，但疲劳强度下降。

6.6　堆焊与熔结

堆焊是用电焊或气焊等方法把金属熔化，堆覆在基材或制件表面上进行处理，以获得要求的表层性能或尺寸的制造及维修技术。堆焊通常起到表面强化作用，提高耐磨性、耐冲击性、耐蚀性、抗氧化性、抗冷热疲劳性能等，显著提高基材或制品的使用寿命，合理使用材料，降低制造维修费用，因而广泛应用于矿山、冶金、建筑、电站、农机、石油、化工及工模具等制造及维修领域。

金属表面强化有许多技术，其中表面冶金强化是经常采用的一种技术，包括表面熔化-结晶处理、表面熔化-非晶态处理、表面合金化和先涂层熔化后凝结于表面四个方面。将涂层熔化、凝结于表面，可以是直接喷焊，也可以是先喷后熔，冷凝后形成与基体具有冶金结合的表面层，通常把这种表面冶金强化方法简称为熔结。它与表面合金化相比，特点是基体不熔化或熔化很少，因而涂层成分不会被基体金属稀释或轻微的稀释。这项表面技术主要用于制备耐磨耐蚀涂层、多孔润滑涂层、高比表面积涂层、非晶态涂层，以及钎焊、封孔、修复等。

6.6.1　堆焊

1. 堆焊材料的分类

所有堆焊材料可归纳为铁基、镍基、钴基、碳化钨基和铜基等几种类型。铁基堆焊材料性能变化范围广，韧性和耐磨性匹配好，能满足许多不同的要求，而且价格低，所以应用最广泛。镍基、钴基堆焊材料价格较高，但高温性能好，耐腐蚀，主要用于要求耐高温磨损、耐高温腐蚀的场合。铜基堆焊材料耐蚀性好，并能减少金属间的磨损。碳化钨基堆焊材料价格较高，但在耐严重磨料磨损的条件下，堆焊仍然占有重要地位。

2. 常用堆焊材料

（1）铁基堆焊合金

1）低合金钢堆焊材料。低合金钢堆焊材料中合金元素总的质量分数小于 5%，根据堆焊材料的金相组织又可分为珠光体钢堆焊材料和马氏体钢堆焊材料两类。

①珠光体钢堆焊材料。常用珠光体钢堆焊材料碳的质量分数一般小于 0.5%，主要合金元素有 Mn、Cr、Mo、Si 等。焊后自然冷却时，堆焊层主要是珠光体类组织，硬度为 20 ~ 38HRC。当合金元素含量偏高或冷却较快时，可能产生部分马氏体。

珠光体钢堆焊材料焊接性能优良，其堆焊层金属多在焊态下使用，热处理可改善堆焊层性能。该堆焊层硬度中等，具有一定的耐磨性、良好的韧性和可加工性，价格便宜。该堆焊材料主要用于堆焊耐磨层之前恢复母材尺寸的堆焊、过渡层的堆焊，也可用于不要求高硬度的零件表面的堆焊，如车轮、齿轮、轴类、拖拉机辊子、链轮牙、履带板、连铸机夹送辊、送料台辊子及离心铸造模的堆焊。

②马氏体钢堆焊材料。常用马氏体钢堆焊材料包括低碳、中碳和高碳马氏体钢堆焊焊条及药芯焊丝。这类钢堆焊的金相组织为马氏体，有时也会出现少量珠光体、托氏体、贝氏体和残留奥氏体。其硬度范围为 25 ~ 65HRC，硬度的大小主要决定于碳含量和马氏体转变量，并受到冷却速度和合金元素含量的影响。

马氏体钢堆焊材料是韧性、强度和耐磨性综合性能最好的、最经济的堆焊材料，也是堆焊更脆、更耐磨或更高强度材料前的过渡层堆焊材料。其耐磨性随碳含量和铬含量的增加而增加，对黏着磨损和低应力磨料磨损有很好的抵抗力，但耐高应力磨料磨损的性能不很好，而且耐冲击性能不如珠光体钢和奥氏体钢堆焊材料。此外，除少数品种外，马氏体钢堆焊层金属耐热性和耐蚀性都不好。这类堆焊材料主要用于齿轮、挖泥斗、铧犁、拖拉机刮板、水力、矿山机械磨损件、推土机、动力铲滚轮、汽车环链、农业、建筑磨损件、轧辊、破碎机部件、挖掘机等的斗齿、螺旋桨、掘进机滚刀、叶片等的堆焊。

2）中、高合金钢堆焊材料。中、高合金钢堆焊材料主要包括工具钢堆焊材料、高锰钢及铬锰钢堆焊材料、高铬钢及铬镍钢堆焊材料等。

①工具钢堆焊材料。工具钢堆焊材料都属于马氏体钢类型，其焊接性、硬度等与马氏体钢相近似。高速工具钢属热加工工具钢的一个类型。其淬火回火组织为马氏体加碳化物。高速工具钢具有较高的热硬性，在常温和高温（590℃）都具有很好的耐磨料磨损性能。这类钢主要用于金属切削刀具、木工刀具、热剪刀具、冲头、冲裁凹模等的堆焊。

热作工具钢即热加工工具钢堆焊金属，碳含量比高速工具钢堆焊材料低些。具有较高的高温硬度、较高的强度和抗冲击韧性、较高的冷热疲劳强度以及高的高温抗氧化性和耐磨性。热锻模钢堆焊材料主要用于热锻模及热轧辊的堆焊与修复。热轧辊钢堆焊材料主要用于大型板坯连铸机导辊、轧机卷取机助卷辊、夹送辊、热轧开坯辊、型材轧辊的堆焊。

冷作工具钢有较高的常温硬度和抗黏着磨损性能。其堆焊材料主要用于冲模、剪刀等的堆焊，冲裁及修边模堆焊制造及修复，冲模堆焊制造及修复。

②高锰钢及铬锰钢堆焊材料。高锰钢也叫奥氏体锰钢，碳的质量分数为 0.7% ~ 1.2%，锰的质量分数为 10% ~ 14%，组织为奥氏体，硬度约为 200HBW，几乎全部以铸件形式应用。这种钢受强烈冲击后能转变成马氏体，硬度可提高到 450 ~ 500HBW。铬锰钢堆焊材料与高锰钢堆焊材料具有相同的金相组织和相近的冷作硬化作用，在低应力磨料磨损条件下耐磨性差，但在重冲击时由于表面冷作硬化，耐磨性大大提高。用途也基本相同，只是铬锰钢焊接性更为优良。

高锰钢堆焊金属只有在单相奥氏体状态时才有良好的塑性和韧性，其组织取决于碳和锰的含量和冷却速度。当快速冷却时，碳的质量分数为 0.8% ~ 1.8%、锰的质量分数为 12% ~ 20% 的堆焊金属均为稳定的奥氏体；但当冷却速度较慢时，则奥氏体晶界有碳化物析出，使堆焊金属的塑性和韧性急剧下降。此外，高锰钢堆焊金属容易发生晶粒过热长大现象，以及堆焊层因热导率小和热胀系数大而产生裂纹，但这种裂纹对其使用寿命没有大的影响。

③高铬钢及铬镍钢堆焊材料。这类钢的共同特点是具有优良的耐蚀性和一定的高温抗氧化性。Si、C、B 等元素含量较高的铬镍不锈钢堆焊材料和高铬不锈钢堆焊材料还具有优良的耐磨性、冷热疲劳强度、耐气蚀性和耐中高温擦伤性能。锰的质量分数为 5% ~ 8% 的铬镍锰奥氏体钢堆焊材料和铁素体含量相当高的 Cr29Ni9 型堆焊材料还具有高韧性、较高的冷作硬化性、耐气蚀性和耐磨性。铬镍不锈钢堆焊材料和高铬不锈钢堆焊材料包括焊条、焊丝、带极和合金粉末。

铬镍奥氏体不锈钢在核容器、化工容器、管道制造中获得广泛应用。C、Si、B 等元素含量较高的铬镍不锈钢堆焊材料主要用于阀门密封面的堆焊；Cr19Ni19Mn6 型铬镍奥氏体堆焊材料和铁素体含量高的 Cr29Ni 型堆焊材料耐气蚀性好，可用于水轮机过流部件耐气蚀堆焊，由于具有好的耐热和耐高温冲击能力，也可用于热冲压、热挤压工具的堆焊。

高铬马氏体不锈钢堆焊材料耐热性好，热强度高，耐蚀性也较好，主要用于中温（300 ~ 600℃）耐黏着磨损面的堆焊，如中温中压阀门密封面的堆焊，含碳和钼的 Cr13 型堆焊材料具有较高的耐磨性和一定的抗冲击能力，用于连铸机的导辊、拉矫辊的堆焊。

3）合金铸铁堆焊材料。合金铸铁堆焊材料按成分和堆焊层的金相组织可分为马氏体合金铸铁堆焊材料、奥氏体合金铸铁堆焊材料和高铬合金铸铁堆焊材料三大类。

①马氏体合金铸铁堆焊材料以 C-Cr-Mo、C-Cr-W、C-Cr-Ni 和 C-W 为主要的合金系统。碳的质量分数一般控制在 2% ~ 5%，铬的质量分数多在 10% 以下，合金元素总的质量分数一般不超过 25%。这类合金属于亚共晶合金铸铁，由马氏体 + 残留奥氏体 + 含有合金碳化物的莱氏体所组成。堆焊层硬度为 50 ~ 60HRC，具有很高的耐磨料磨损性能，耐轻度冲击，耐热性、耐蚀性和抗氧化性也较好。该堆焊材料主要用于有轻度冲击的磨料磨损条件下工作的零件的堆焊，也可用于一些黏着磨损零件的堆焊，如成形轧辊、切割工具、刮板机等的堆焊。

②奥氏体合金铸铁堆焊材料中碳的质量分数为 2.5% ~ 4.5%，铬的质量分数为 12% ~ 28%，组织为奥氏体 + 莱氏体共晶。其堆焊层硬度为 45 ~ 55HRC，具有良好的耐低应力磨料磨损性能，耐蚀性和抗氧化性较好，能承受中等冲击，对开裂和剥离的敏感性比马氏体合金铸铁和高铬合金铸铁堆焊层小，抗裂性能稍优于马氏体合金铸铁，适用于中度冲击及低应力磨料磨损和腐蚀条件下工作的零件的堆焊。

③高铬合金铸铁堆焊材料中碳的质量分数为 1.5% ~ 6%，铬的质量分数为 15% ~ 35%。

这类合金又可根据 W、Mo、Ni、Si 和 B 等元素含量的多少分为奥氏体型、马氏体型和多元合金强化型三类，它们的共同特点是含有大量初生的高硬度针状 Cr_7C_3，大大提高了耐低应力磨料磨损能力。由于高铬合金铸铁堆焊材料中含有合金碳化物和硼化物，硬度高，耐磨性好，而且具有一定的耐热性、耐蚀性和抗氧化性，生产中应用很广。但除了高铬奥氏体合金铸铁耐中度冲击外，其他的只能耐轻度冲击。

（2）镍基堆焊材料

1）镍基堆焊材料的成分与性能。镍基堆焊材料中除了高镍堆焊材料用于铸铁堆焊时常作为过渡层外，其他常用镍基堆焊材料是 Ni-Cr-B-Si 型、Ni-Cr-Mo-W 型，以及后来开发研制的 Ni-Cr-W-Si（如 NDG-2）和 Ni-Mo-Fe（如 Ni60Mo20Fe20）。

Ni-Cr-B-Si 型堆焊材料具有较低的熔点（1040℃），较好的润湿性和流动性，主要用于粉末等离子堆焊和氧-乙炔焰喷涂。其堆焊层组织是奥氏体 + 硼化物 + 碳化物。该堆焊层具有优良的耐低应力磨料磨损和耐金属间磨损性能，以及耐高温、耐腐蚀和抗氧化性。但耐高应力磨料磨损性能和耐冲击性能不好，常温硬度为 62HRC，540℃时硬度为 48HRC。

Ni-Cr-Mo-W 型堆焊材料硬度低，可加工性好。堆焊层组织是奥氏体 + 金属间化合物。堆焊层强度高，韧性好，耐冲击，耐热，可用作高温耐磨零件堆焊。

2）镍基堆焊材料的应用。镍基堆焊材料比铁基有更高的热强度和更好的耐热腐蚀性，但价格远高于铁基，故应用相当有限。只有要求堆焊层耐热或耐腐蚀及耐低应力磨料磨损时，才用镍基堆焊材料。另外，镍基堆焊材料比钴基价廉，所以在许多场合可代替钴基。在核能工程的阀门和各种密封件的堆焊中，Co、B 在辐照中会转化为带放射性的同位素，从而污染核设备的二次回路，使得代钴无硼的镍基堆焊材料获得了一定的发展和应用。例如：NDG-2 在很多性能上达到或优于斯太利 NO6 钴基堆焊材料，Ni377 也有很好的抗黏着磨损性能，它们都是核容器密封面理想的堆焊材料。

（3）钴基堆焊材料　钴基堆焊材料主要指钴铬钨堆焊材料，即通常所谓斯太利合金。该堆焊层在 650℃左右仍能保持较高的硬度，这是钴基堆焊材料得到较多应用的重要原因。此外，该堆焊层具有一定的耐蚀性，优良的抗黏着磨损性能。其强度随碳含量的增加而提高。生成的 Cr_7C_3 使它具有优良的抗磨料磨损性能。

钴基堆焊材料价格昂贵，所以尽量用镍基和铁基堆焊材料代替。钴基堆焊合金加工后的表面粗糙度值低，具有高的抗擦伤能力和低的摩擦因数，所以特别适用于金属间黏着磨损的场合。由于还具有较高的抗氧化性、耐蚀性和耐热性，可用于高温腐蚀和高温磨损工况条件下工件的堆焊。

（4）铜基堆焊材料　其分为纯铜、黄铜、青铜和白铜四类堆焊材料，形式有焊条、焊丝和堆焊用带极。

铜基堆焊材料有较好的耐大气、海水和各种酸碱溶液的腐蚀，耐气蚀以及耐黏着磨损的性能。但易受硫化物和氨盐的腐蚀，耐磨料磨损性能不良，所以不适于在高应力磨料磨损和温度高于 200℃的条件下工作。铜基堆焊材料受核辐照不会变成放射性材料，所以在核工业中应用较多。铜基堆焊材料主要用来制造要求耐腐蚀、耐气蚀和金属间磨损的以铁基材料为母材的双金属零件或修补磨损的工件。

（5）碳化钨堆焊材料　碳化钨是硬质合金的重要成分。堆焊用的碳化钨分为铸造碳化钨和烧结碳化钨两类。铸造碳化钨中碳的质量分数为 3.7% ~ 4.0%、钨的质量分数为 95%

~96%，它是 WC 和 W_2C 的混合物。这类合金硬度高，耐磨性好，但脆性大，加入质量分数为 5% ~15% 的钴可降低熔点，增加韧性。随钴含量的提高，烧结碳化钨堆焊层硬度下降，韧性增加。此外，碳化钨颗粒越细，耐磨性越高。

碳化钨堆焊材料堆焊层实质上是含有碳化钨硬质颗粒和较软胎体金属的复合材料堆焊层。胎体金属可以是铁基合金（碳钢、合金钢）、镍基合金、钴基合金和铜基合金。这种复合材料在磨料磨损的工况条件下，胎体金属优先被割削，从而使硬质颗粒在表面稍微凸起。如果干净表面容许在磨损过程中存在一定程度的不平，则碳化钨的切削作用使这类堆焊层磨料磨损性能最佳。如果所选胎体金属足够强韧或所选碳化物为烧结型，则堆焊层同时可抗轻度和中度冲击。不同胎体金属还使得堆焊金属具有不同程度的高温抗氧化性和耐蚀性。

碳化钨复合材料堆焊在石油及修井设备工具中应用较普遍，在冶金、矿山及煤炭开采、土建施工、建材、制糖、发电等领域应用也越来越多。

铸造碳化钨以铁基为胎体材料，比烧结碳化钨硬度高，脆性大，堆焊层易开裂，合金颗粒在工作中也易脱落。因此，在石油钻井、修井及打捞工具等的堆焊中，已开始被烧结型碳化钨和以铜基合金（或镍基合金）为胎体材料的 YD 型焊条所取代。

3. 堆焊方法

几乎所有熔化焊方法均可用于堆焊。常用的堆焊方法有下面几种：

（1）氧乙炔堆焊　它是气焊用于堆焊的一种常用方法。气焊是指以燃料气体与氧或空气混合燃烧形成的火焰为热源进行焊接的一类方法。最常用的燃料气体是乙炔。气焊设备十分简单，尤其在无电源区更显灵活、方便。氧乙炔火焰的温度较低（3050 ~3100℃），用于堆焊时能得到很小的稀释率（1% ~10%）和小于 1mm 厚的均匀薄堆焊层。其缺点是生产率低，劳动强度大。常用合金铸棒及镍基、铜基的实芯焊丝。该方法通常应用于批量少和堆焊较小的零件，如内燃机排气阀阀面、农机零件等。

（2）焊条电弧堆焊　它是焊条电弧焊用于堆焊的一种方法。电弧焊是利用电弧作为热源的熔焊方法，种类很多，焊条电弧焊是其中一种。焊条由焊芯和药皮两部分构成。堆焊焊条可以通过药皮中添加某些元素的合金粉以获得特殊性能的堆焊层。焊条电弧堆焊的设备简单，机动灵活，成本低，应用实心堆焊焊条和管状焊条能获得范围较大的堆焊合金，因此应用范围广。缺点是它的稀释率较高，生产率较低，堆焊层不太平整，堆焊后的加工量较大，通常用于小批量零件的修复和强化。

（3）埋弧堆焊　它是埋弧焊用于堆焊的一种方法。埋弧焊也称为焊剂层下电弧焊。电弧在颗粒状焊剂覆盖下的焊丝和焊件之间引燃，并连续送入焊丝实施焊接，形成熔融状熔渣保护电弧、熔池及焊缝的电弧焊方法。单丝堆焊的熔深大，稀释率高（30% ~60%），生产率中等。多丝埋弧堆焊电弧可以周期性地从一根焊丝移向另一根焊丝，熔覆率大大提高，而稀释率大为降低。带极埋弧堆焊是用金属带来代替焊丝做电极，其熔深浅，稀释率低，熔覆率很高。

（4）气体保护电弧堆焊　它是气体保护电弧焊用于堆焊的一种方法。气体保护电弧焊是采用焊炬喷射气流保护被电弧熔化的焊接熔池金属的电弧焊方法。焊炬也称焊枪，是火焰钎焊、气焊的火焰调节喷射器，或气体保护电弧焊、等离子弧焊等提供保护气流、引燃并维持电弧的焊接电弧发生器。按焊炬中所采用电极特征，分为熔化极（即焊丝）气体保护电弧焊和非熔化极（钨极）气体保护电弧焊，两者所采用的保护气体有明显差别。

1）熔化极气体保护堆焊。它仅用氩气或氩气加 5%（体积分数）的氢气作为保护气体。这种堆焊有较高的熔覆率，但是稀释率也较高（15%～25%）。

2）非熔化极气体保护堆焊。它常采用氩气或氩气加 5% 的二氧化碳（体积分数），或氩气加 2%（体积分数）的氧气为保护气体，纯氩气用于有色金属，后者则用于碳钢等钢铁材料。非熔化极气体保护堆焊，主要以手工送进各种合金焊丝进行堆焊。这种方法的保护效果好，合金元素的过渡系数高，稀释率较低，但是生产率低。

（5）振动电弧堆焊　它是在普通电弧堆焊的基础上给焊丝端部加上振动的一种堆焊方法。细直焊丝相对于零件表面做一定频率和振幅的振动，使焊丝与工件之间产生短路和脉冲放电，从而使焊丝可以在较低的电压（12～22V）下，以较小的熔滴稳定而均匀地过渡到工件表面，形成薄而均匀的堆焊层。该方法具有熔深浅、热影区小、零件变形小、生产率高、劳动条件较好等优点；缺点是电弧区保护作用差，焊层氢含量高，堆焊层组织和硬度不均匀等。其常向电弧区喷射一定的水蒸气、二氧化碳等气体或采用焊剂作为保护介质。

（6）电渣堆焊　它是用电渣焊实施的堆焊。以电流通过熔融状渣池所产生电阻热作为热源的熔焊方法称为电渣焊。电渣堆焊的优点是熔覆率高，极板电渣焊的熔覆率可达 150kg/h，堆焊的厚度也很大，而稀释率不高。其缺点是堆焊层严重过热，焊后需要热处理，堆焊层一般不能太薄。因此，它适用于需要较厚堆焊层、堆焊表面形状比较简单的大、中型零件。

（7）等离子弧堆焊　它是用等离子弧焊实施的堆焊。等离子弧焊也称压缩电弧焊，为钨极氩弧焊的派生方法，即利用等离子弧焊炬所设置的水冷喷嘴，使钨极所产生氩弧的弧柱有效面积缩小，能量密度和温度都提高到可以形成稳定小孔效应的单面焊双面成形的熔焊方法。等离子弧堆焊由于等离子弧的温度很高，故有高的堆焊速度和高的熔覆率，稀释率很低（最低可达 5% 左右）。其缺点是设备成本高，堆焊时有很强的紫外线辐射和臭氧污染，需要必要的防护。

4. 异种金属堆焊与堆焊层组织结构

（1）异种金属堆焊　堆焊时异种金属熔覆在一起，会出现下面几种情况：

1）由于焊层金属与基体金属在化学成分和晶格类型存在差别，过渡区不可避免的引起晶格畸变等缺陷。

2）在熔合区的焊缝边界上形成化学成分介于基体金属与焊缝金属之间的过渡层，其厚度随焊接电流的增大而减小。

3）堆焊过程中，固态基体金属与液态金属相互作用，引起熔合区内某种程度的异扩散，其速度大小取决于温度、接触时间、浓度梯度和原子迁移率。

（2）堆焊层组织结构　由于熔池体积很小，冷速很快，焊缝的一次结晶组织以柱状晶为主，等轴晶较少。焊层金属在冷却过程中若有相变发生，则出现二次结晶。研究发现，两种金属尽管在合金化特性上差异很大，但是只要它们的晶格相同，熔化区就有相容性。而且，若熔合区内没有组织畸变，则金相组织类型相同的异种金属接头、晶界的吻合也是清晰的。

对于组织类型不同的钢，例如在珠光体钢上堆焊奥氏体钢，熔合区内出现从一种晶格过渡到另一种晶格的原子层，过渡层总是存在一定的应力；并且，堆焊产生的过渡层通常是高硬度的脆性马氏体，导致堆焊或焊后的使用过程中裂纹的形成。

堆焊时在熔合区中发生的异扩散，会使熔合线附近形成一个化学成分变化不定的扩散过渡层，这往往会损害焊层的性能。

6.6.2　熔结

熔结有许多方法，如氧乙炔焰喷焊、等离子堆焊、真空熔结、火焰喷涂后激光加热重熔等，其中用得较多的熔结方法是氧乙炔焰喷焊。最理想的喷熔材料是自熔合金。

1. 自熔性合金

（1）自熔性合金的特点　自熔性合金是在1937年研制成功，1950年开始用于喷焊技术的，现已形成系列，广泛用来提高金属表面的耐磨性和耐蚀性。它有下列特点：

1）绝大多数的自熔性合金是在镍基、钴基、铁基合金中添加适量的硼、硅元素而制得的，并且通常为粉末状。

2）加热熔化时，B、Si 扩散到粉末表面，与氧反应生成硼、硅的氧化物，并与基体表面的金属氧化物结合生成硼硅酸盐，上浮后形成玻璃状熔渣，因而具有自行脱氧造渣的能力。

3）B、Si 与其他元素形成共晶组织，使合金熔点大幅度降低，其熔点一般为 900 ~ 1200℃，低于基体金属的熔点。

4）B、Si 的加入，使液相线与固相线之间的温度区域展宽，一般为 100 ~ 150℃，提高了熔融合金的流动性。

5）B、Si 具有脱氧作用，净化和活化基材表面，提高了涂层对基材的润湿性。

（2）自熔性合金的类型

1）镍基自熔性合金。以 Ni-B-Si 系、Ni-Cr-B-Si 系为多，显微组织为镍基固溶体和碳化物、硼化物、硅化物的共晶。具有良好的耐磨性、耐蚀性和较高的热硬性。

2）钴基自熔性合金。以 Co 为基，加入 Cr、W、C、B、Si，有的还加 Ni、Mo。显微组织为钴基固溶体，弥散分布着 Cr_7C_3 等碳化物。合金强度和硬度可保持到 800℃。由于价格高，这种合金只用于耐高温和要求具有较高热硬性的零部件。

3）铁基自熔性合金。该合金主要有两类：一是在不锈钢成分基础上加 B、Si 等元素，具有较高的硬度、耐热性、耐磨性、耐蚀性等性能；二是在高铬铸铁成分基础上加 B 和 Si，组织中含有较多的碳化物和硼化物，具有高的硬度和耐磨性，但脆性大，适宜用于不受强烈冲击的耐磨零件。

4）弥散碳化钨型自熔性合金。它是在上述镍基、钴基、铁基自熔性合金粉末中加入适量的碳化钨而制成的，具有高的硬度、耐磨性、热硬性和抗氧化性。

2. 氧乙炔焰喷焊

（1）一步法（直接喷熔）　其工序为：工件清洗脱脂→表面预加工（去掉不良层，粗化和活化表面）→预热工件→预喷粉（预喷保护粉，以防工件表面氧化）→喷熔→冷却→喷熔后加工。

喷熔的主要设备是喷熔枪。火焰集中在工件表面局部，使之加热，当此处预喷粉开始润湿时，喷送自熔性合金粉末，待熔化后出现"镜面反光"现象后，将喷熔枪匀速缓慢地移至下一区域。

（2）两步法（先喷后熔）　它的前四道工序与一步法相同，接下来分两步进行：

1）喷粉。工件预热后先喷 0.1～0.15mm 厚的保护粉，然后升温到 500℃ 左右喷上自熔性合金粉末，每次喷粉厚度不宜大于 0.2mm。如果喷焊层要求较厚，必要时先重熔一遍后再喷粉。火焰应为中性焰或微碳化焰。

2）重熔。它是把喷粉层加热到液相线与固相线之间，使原来疏松的粉层变成致密的熔覆层。重熔要在喷粉后立即进行。氧气和乙炔的流量要加大。必要时，可增加喷熔枪数目。除了氧乙炔焰外，也可采用感应加热、炉内加热、激光加热等重熔方法。

（3）一步法与两步法之比较 两者除了工序及有关要求上的差别外，还有下列不同之处：

1）用于一步法的合金粉末较细，粒度分布较分散；而用于两步法的粉末较粗，粒度分布集中。

2）一步法通常用手工操作，简单、灵活；而两步法易于实现机械化操作，喷熔层均匀平整。

3）一步法适用于小工件表面保护和修复，以及中型工件的局部处理；而两步法适用于大面积工件以及圆柱形或旋转工件。

3. 真空熔结

（1）真空条件下的表面冶金过程 真空熔结是在一定的真空条件下迅速加热金属表面的涂层，使之熔融并润湿基体表面，通过扩散互溶而在界面形成一条狭窄的互溶区，然后涂层与互溶区一起冷凝结晶，实现涂层与基体之间的冶金结合。

在表面冶金过程中，涂层能否很好润湿基体表面，对熔结质量有很大的影响。润湿性除与涂层、基体成分以及温度等因素有关外，还与表面状态及环境介质有关。有些金属表面在空气中生成某些氧化物会降低润湿性，而在真空条件下因削弱氧化膜而使润湿性提高。但是有些金属，如含有 Al、Ti 的钢材，由于在低真空条件下仍会在表面形成较为致密稳定的 Al_2O_3、TiO_2 氧化膜，而现有的自熔性合金在熔结过程中都不能置换 Al_2O_3、TiO_2 中的 Al 和 Ti，难于润湿 Al_2O_3、TiO_2，因此往往需要预镀一层厚度为 3～5μm 的镀铁层。

熔结温度对扩散互溶过程有显著的影响。温度越高，互溶区越宽；对于有些金属表面还可能出现一些新相。例如，用 Ni-Cr-B-Si 系涂层合金熔结于 4Cr10Si2Mo 钢的基体上，经金相分析发现，当熔结温度达到 1130℃ 时涂层因有大量的 Fe 从基体上扩散过来而生成一些恶化性能的针状相。因此，控制熔结温度也是重要的。

（2）真空熔结工艺 真空熔结包括以下几个工艺步骤：

1）调制料浆。料浆由涂层材料与有机黏结剂混合而成。涂层材料除了前述的几种自熔性合金粉末外，还可根据需要选用铜基合金粉（如 Cu-Sn、Cu-Al-Fe-Ni、Cu-Ni-Cr-Fe-Si-B 系，用于机床导轨、轴瓦等的摩擦部件）、锡基合金粉（如 Sn-Al 系，用于涡轮叶片榫部的防护）、抗高温氧化元素粉（如 Si-Cr-Ti、Si-Cr-Fe、Mo-Cr-Si、Mo-Si-B 系，用于钼基和铌基合金高温部件的抗氧化性能），以及元素粉或合金与金属间化合物的混合物（如在 NiCrBSi 合金粉中加入 WC 硬质化合物，以提高耐磨性等）。黏结剂常用的有汽油橡胶溶液、树脂、糊精或松香油等。

2）工件的表面清洗、去污与预加工。

3）涂覆和烘干，即把调制好的料浆涂覆在工件表面，在 80℃ 的烘箱中烘干，然后整修外形。

4）熔结。熔结主要在真空电阻炉中进行，真空度通常为 1 ~ 10Pa。如果粉料中含 Al、Ti 等活性元素，则真空度应更高。真空对涂层和基体有防氧化作用，同时能排除气体夹杂。另外，也可用感应加热、激光加热等进行熔结。

5）熔结后加工。

（3）真空熔结的应用

1）熔结涂层主要用于：

①耐磨耐蚀涂层，应用广泛。

②多孔润滑涂层。如在氩气保护下，用激光法将 70Mo-18.8Cr$_3$C$_2$-5Ni-1.2Cr-5Si 合金熔结于活塞环工作面凹槽内，由于 Si 的挥发形成多孔润滑涂层，深部为碳化铬耐磨层。

③高比表面积涂层。如用真空炉熔法先在电极表面熔结 Co-Cr-W 合金涂层，再在较低温度下熔结一层铬含量较高而粗糙的 Ni-Cr-B-Si 涂层，使比表面积增加 3 倍以上；

④非晶态涂层。如在钢的表面上先涂覆和烧结一层 82.7Ni-7Cr-2.8B-4.5Si-3Fe 合金层，然后用激光法以 645cm/s 速率扫描，以 8×10^6 K/s 速度冷却，可得到耐磨、耐蚀、耐热的非晶态层。

2）熔结成形。先在耐火托板上或坩埚内用真空熔结法制成耐磨镶块，然后在较低温度下熔结焊接在工件的特定部位上。

3）其他应用，如熔结钎焊、熔结封孔、熔接修复等。

6.7　热浸镀

热浸镀简称热镀，是将工件浸在熔融的液态金属中，在工件表面发生一系列物理和化学反应，取出冷却后表面形成所需的金属镀层。这种涂覆主要用来提高工件的防护能力，延长使用寿命。

6.7.1　热浸镀层的种类

热浸镀用钢、铸铁、铜作为基体材料，其中以钢最为常用。镀层金属的熔点必须低于基体金属，而且通常要低得多。常用的镀层金属是低熔点金属及其合金，如锡、锌、铝、铅、Al-Sn、Al-Si、Pb-Sn 等。

锡是热浸镀用得最早的镀层材料。热镀锡钢板因镀层厚度较厚，消耗大量昂贵的锡，并且镀层不均匀，因此逐渐被镀层薄而均匀的电镀锡钢板所代替。

镀锌层隔离了钢铁基体与周围介质的接触，又因锌的电极电位较低而能起牺牲阳极的作用，加上较为便宜，所以锌是热浸镀层中应用最多的金属。为了提高耐热性，多种锌合金镀层得到了应用。

铝、锌、锡的熔点分别为 658.7℃、419.45℃、231.9℃。铝的熔点较高。镀铝硅钢板和镀纯铝钢板是镀铝钢板的两种基本类型。镀铝层与镀锌层相比，耐蚀性和耐热性都较好，但生产技术较复杂。Al-Zn 合金镀层综合了铝的耐蚀性、耐热性和锌的电化学保护性，因而受到了重视。

热镀铅钢板能耐汽油腐蚀，主要用作汽车油箱。由于铅对人体有害，热镀铅钢板已部分被热镀锌板所代替。热镀铅镀层中含有质量分数为 4% 左右的锡，以提高铅对钢的浸润性。

6.7.2　热浸镀工艺

热浸镀工艺的基本过程为预处理、热浸镀和后处理。按预处理不同，可分为助镀剂法和保护气体还原法两大类。目前助镀剂法主要用于钢管、钢丝和零件的热浸镀；而保护气体还原法通常用于钢板的热浸镀。

1. 助镀剂法

工艺流程为：预镀件→碱洗→水洗→酸洗→水洗→助镀剂处理→热浸镀→镀后处理→成品。

热碱清洗是工件表面脱脂的常用方法。在镀锌前，通常用硫酸或盐酸的水溶液除去工件上的轧皮和锈层。为避免过蚀，常在硫酸和盐酸溶液中加入抑制剂。

助镀剂处理是为了除去工件上未完全酸洗掉的铁盐和酸洗后又被氧化的氧化皮，清除熔融金属表面的氧化物和降低熔融金属的表面张力，同时使工件与空气隔离而避免重新氧化。助镀剂处理有以下两种方法：

1）熔融助镀剂法（湿法）。它是将工件在热浸镀前先通过熔融金属表面的一个专用箱中的熔融助镀剂层进行处理。该助镀剂是氯化铵或氯化铵与氯化锌的混合物。

2）烘干助镀剂法（干法）。它是将工件在热浸镀前先浸入浓的助镀剂（$600 \sim 800$g/L 氯化锌 $+60 \sim 100$g/L 氯化铵）水溶液中，然后烘干。

热浸镀的工作温度一般是 $445 \sim 465$℃。当温度到达 480℃ 或更高时，铁在锌中溶解很快，对工件和锌锅都不利。涂层厚度主要取决于浸镀时间、提取工件的速度和钢铁基体材料。浸镀时间一般为 $1 \sim 5$min，提取工件的速度约为 1.5m/min。

镀后处理主要有两种：

1）用离心法或擦拭法去除工件上多余的锌。

2）通常对热镀锌后的工件进行水冷，从而抑制金属间化合物合金层的生长。

2. 保护气体还原法

这是现代热浸镀生产线普遍采用的方法。典型的生产工艺通称为森吉米尔法。其特点是将钢材连续退火与热浸镀连在同一生产线上。钢材先通过用煤气或天然气直接加热的微氧化炉，钢材表面的残余油污、乳化液等被火焰烧掉，同时被氧化形成氧化膜，然后进入密闭的通有由氢气和氮气混合而成的还原炉，在辐射管或电阻加热下，使工件表面氧化膜还原为适合于热浸镀的活性海绵铁，同时完成再结晶过程。钢材经还原炉的处理后，在保护气氛中被冷却到一定温度，再进入热浸镀锅。

6.7.3　热浸镀锌

热浸镀锌简称热镀锌。

1. 热镀锌的生产

（1）带钢的热镀锌生产　热镀锌带钢是热镀锌产品中产量最多、用途最广的产品，它有多种工艺方法。现代生产线主要采用改进的森吉米尔法，并吸取了其他方法的优点。典型的热镀锌生产线流程为：开卷→测厚→焊接→预清洗→入口活套→预热炉→退火炉→冷却炉→锌锅→气刀→小锌花装置→合金化炉保温段→合金化炉冷却段→冷却→锌层测厚→光整→拉伸矫直→闪镀铁→出口活套→钝化→检验→涂油→卷取。

改进的森吉米尔法是将预热炉与退火炉连为一体，不采用氧化性气氛，多为辐射管加热，预热温度高，使工件表面油污挥发，并把带钢快速加热到550℃以上。退火段保持还原气氛，露点控制在 −40℃左右，以保证使带钢表面的氧化铁还原，带钢退火后在还原性气氛中冷却到470℃左右，然后在 450～465℃的锌锅中完成镀锌过程。带钢出锌锅后，由气刀控制镀层厚度。若要进行小锌花处理，则在气刀上方向还未凝固的锌层喷射锌粉或蒸汽等介质。在需要进行合金化处理时，带钢应进入合金化处理炉。若产品为普通锌花表面，则从气刀以后直接进行冷却。有的生产线在出口段增加 2 或 3 个电镀模槽，闪镀一定厚度的 Fe-Zn 或 Fe-P 合金层，生产双层镀层钢板。

（2）钢管热镀锌的生产　它主要有助镀剂法和森吉米尔法，包括镀前预处理、热镀锌、后处理三部分。助镀剂法的镀前预处理有脱脂、除锈、盐酸处理和助镀剂处理，其中助镀剂处理时通常采用碱性的氯化铵和氯化锌的复盐。钢管从助镀剂中取出后应立即烘干。接着钢管在 450～460℃含质量分数为 0.1%～0.2% 铝的锌液中进行热镀锌。

用森吉米尔法进行钢管热镀锌的工艺流程为：微氧化预热→还原→冷却→热镀锌→镀层控制→冷却→镀后处理。

（3）零部件热镀锌的生产　零部件的基件材料多为可锻铸铁和灰铸铁，热镀锌工艺通常采用烘干助镀剂法。

2. 钢的热镀锌层结构及影响因素

（1）Fe-Zn 相图　钢的镀锌层形成过程如下：铁基表面被锌液溶解形成铁锌合金相层；合金层中的锌原子进一步向基体扩散，形成铁锌固溶体；合金层表面包络一薄锌层。从 Fe-Zn 相图来看，镀锌层可能有以下几个相：

1）α 相。锌在 α 铁中的固溶体，体心结构。

2）Γ 相。Fe_3Zn_{10} 硬而脆，体心结构。

3）$Γ_1$ 相。$FeZn_4$，面心结构。

4）δ 相。塑性较好，六方结构。

5）ζ 相。$FeZn_{13}$，很脆，单斜结构。

6）η 相。铁在锌中的固溶体，塑性较好，密排六方结构。

图 6-16 所示为靠近 Zn 一侧的部分 Fe-Zn 相图。由该图可以看出，普通低碳钢在标准热浸镀温度（445～465℃）时，可能仅形成 $δ_1$、ζ、Γ、η 四个相层。

实际生产的镀层结构和性能受到许多具体因素的影响。

（2）钢基成分对镀层的影响　钢基成分对镀层有显著的影响，其中影响最大的是碳和硅。

在低碳钢中，碳含量越高，铁与锌反应通常越激烈，铁的重量损失越大，铁与锌金属间化合物合金层越厚，镀层脆性增

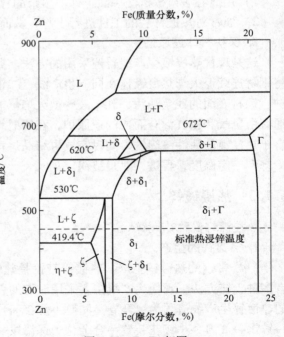

图 6-16　Zn-Fe 相图

加，塑性降低。另外，碳在钢中存在的形式影响了铁在锌液中的溶解速率。实践指出，在钢中碳以粒状珠光体和层状珠光体存在时，铁在锌中的溶解速率最快。

硅对铁与锌反应的影响是较为激烈的。当硅的质量分数小于0.04%时影响较小；而在0.06%~0.09%之间时，就会强烈促进铁锌合金层的生长，并容易生成灰色的镀层；当达到0.12%~0.25%时，硅的影响又减小。

其他元素在一般含量下对镀层影响不大。但要注意磷的不利影响，它会促进金属间化合物层的生长，增加脆性。

综上所述，为保证热镀锌的质量，在一般情况下要控制钢基成分。当钢铁中碳的质量分数<0.25%，磷的质量分数<0.05%，锰的质量分数<1.35%，硅的质量分数<0.05%时，无论其存在形式是游离态还是化合态，通常都可使用常规工艺镀锌。对于铸铁，为避免铁锌合金层产生脆性，磷和硅的含量必须低，如磷和硅的质量分数分别控制在0.01%和0.12%时为好。

（3）锌液成分对镀层的影响　铝能改善镀层质量。加入质量分数为0.005%~0.02%的铝就可在镀层表面形成Al_2O_3膜，阻止镀锌层与氧的化合，同时也减少锌锅表面锌的氧化。现代热镀锌生产中锌液通常含质量分数为0.15%~0.20%的铝，除上述作用外，还能优先形成一层Fe_2Al_5，从而抑制锌-铁脆性相的生长，并提高附着力。但是铝的这个作用有一定的时间性，超过有效期就会丧失。

铅是锌的伴生杂质。它能降低锌液的凝固温度，延长锌花晶体的生长时间，得到大锌花。镀锌生产中，锌液因有铁的混入而降低锌液对钢板的浸润能力，这可通过铅的加入来消除铁的不利影响。锌液中通常加入质量分数为0.20%左右的铅。

锌液有害元素除铁外，还有砷、镉等。锡、锑、铋可使镀层形成有光泽的锌花，但加入量多时就会产生有害影响，所以要加以控制，如锡的质量分数不能超过0.5%。

（4）锌液温度和浸镀时间对镀层的影响　对工业纯铁与铁饱和锌液反应的研究结果表明，在不同温度范围内铁损随浸镀时间的变化规律是：

1）430~490℃，铁损（Δm）与浸镀时间（t）呈抛物线关系，即$\Delta m = At^{1/2}$，其中A为常量，生成的合金层连续而致密。

2）490~530℃，$\Delta m = Bt$，即呈直线变化，生成的合金层不连续，是破碎的。

3）530℃以上，$\Delta m = A't^{1/2}$，即又呈抛物线关系，其中A'为常量，生成的镀层质量很差。

实际生产的锌液温度严格控制在445~465℃。镀锌层厚度如果没有气刀控制，则决定于拉出速度和锌液温度。

3. 热镀锌钢材的性能和应用

（1）普通热镀锌钢材　钢材镀锌后，锌起隔离和牺牲阳极的作用，显著提高了钢材的耐蚀性。例如，镀锌层在城市大气中的腐蚀速度为2~7μm/a，其中二氧化硫对腐蚀速率影响较大。因此，热镀锌钢材在城市大气中的寿命主要取决于镀层厚度和空气中SO_2含量。如果镀层较厚，则可使用数十年。其他环境下的镀锌层腐蚀速率大致是：农村大气，1μm/a；工业大气，4~20μm/a；海洋大气，1~7μm/a；热带大气，<3μm/a。

室内空气下使用的镀锌层，通常寿命比室外大气高5倍以上，但在高温潮湿气氛中因结露会产生白锈，严重时将出现蚀孔。水中的情况较复杂，在硬水中锌的腐蚀速率约比软水中小10倍。同时水质也决定了锌腐蚀速率最高的温度，如工业用水是40℃，而饮用水为

90℃。海水中氯化物、硫酸盐等是影响锌层腐蚀的主要因素。氯化物加快锌的腐蚀，镁和钙离子能抑制腐蚀。镀锌层在土壤中的腐蚀速率与地面上相比通常将明显加速，主要是因为土壤含有钠、钾、钙、镁等形成碱的元素以及碳酸盐、硫酸盐等多种电解质。

镀锌层的其他性能如附着力、焊接性能等，如果钢材和锌液成分适当，工艺条件正常，则都能满足一般的使用要求。

普通热镀锌钢材（包括板、带、管、丝以及做成的零件）在建筑、交通运输、机械制造、石油、化工、电力等领域应用广泛。

（2）合金化热镀锌钢板　钢材在热镀锌后、镀层尚未凝固之前，进入加热炉加热到550℃左右，使镀层的锌与钢材的铁相互扩散，在表面形成锌铁合金层，这种钢板称为合金化热镀锌钢板。它具有优异的焊接性、涂漆性和耐蚀性，主要用作汽车车体内、外板和彩色涂层钢板的基体。

（3）锌铝合金热镀钢板　该钢板由国际铅锌组织和比利时科克里尔公司共同开发的产品，称为 Galfan，其镀层成分是质量分数为 5% 的 Al，少量的 Ce 和 La（质量分数分别约为0.02%），其余是 Zn。Galfan 镀层附着力强，柔韧性好，主要用于建筑和家电行业，通常做彩色涂层钢板的基板。

6.7.4　热浸镀铝

热浸镀铝简称热镀铝。

1. 热镀铝的生产

铝的熔点是 660℃，故热镀铝溶液的温度高于热镀锌温度，并且对工件表面净化要求高。工件热镀铝后表面易被沾污或形成氧化铝膜条纹，因此热镀铝比热镀锌要复杂。

钢板热镀铝通常也用森吉米尔法生产，工序与热镀锌相似。由于铝的化学活性高于锌，铝容易与保护气体中残存的氧和水反应生成 Al_2O_3 颗粒，同时钢板表面残存的氧化铁会被铝还原成铁和生成 Al_2O_3。如果这些 Al_2O_3 颗粒黏附在钢板表面，就会破坏铝液与钢板表面的接触，因而使钢板镀铝后出现针孔或漏镀。因此，对钢板在镀前的清洁度提出了很高的要求。主要措施是提高保护气体中的氢含量（体积分数达到 30%~40%），降低氧和水的含量。

钢丝、钢管和零件的热镀铝通常采用助镀剂法。所用的助镀剂有氟化钛、氟化锆或复盐氟化钾锆，也可以用硼砂和氯化铵的混合物。有的助镀剂是直接覆盖在铝液上面，即工件穿过助镀剂层进入铝液，此工艺称一浴法；有的助镀剂与铝液分开放置，称为二浴法。

2. 钢的热镀铝层结构及影响因素

从图 6-17 所示的 Fe-Al 相图来看，镀铝温度（约 700℃）时有 $FeAl_2$（ε）、Fe_2Al_5（η）、$FeAl_3$（θ）三种稳定的金属间化合物，其中 Fe_2Al_5（η）是实际镀层中经常出现的一种。

当液态铝与固态铁接触时，发生铁原子溶解和铝原子的化学吸附，形成铁铝化合物，同时进行铁、铝原子的扩散过程和合金层的生长。所形成的镀铝层分两层：靠近基体的铁铝合金及外部的纯铝层。随着铝中铁浓度增大，形成金属间化合物 $FeAl_3$（θ）相。开始时，θ 相不向铝液内部生长，同时在工件（铁）表面产生铝的固溶体。Al 和 Fe 两种金属原子相互扩散达到一定程度时产生 Fe_2Al_5（η）相，沿 c 轴快速生长形成柱状晶。同时，Fe 穿过 $FeAl_3$ 向铝中渗透。当 Al 进一步扩散时，Fe_2Al_5 变成 $FeAl_3$。由于 Fe_2Al_5 的生长及铁向铝中的快速扩散，使铝在铁中固溶区消失，η 相成为扩散层的主要组成。

热镀铝钢板的镀层附着力随镀层中合金层的增加而明显下降，同时镀层也随之变得硬而脆，因此要控制合金层的厚度。主要影响因素有：

1）铝液温度。其越高，合金层生长越快。

2）浸镀时间。其越长，合金层越厚，一般呈倒抛物线关系。

3）铝液中的合金元素。有人曾在这方面做过大量研究，但目前只有硅获得实际应用。硅能有效地抑制合金层的生长。

4）钢基成分。钢中 C、Si、Mn、Cr、Ni、Cu、Mo、V、Ti、Zr 均能抑制合金层的生长，但能力不同。钢中的硅所起的抑制作用比铝液中的硅要小。

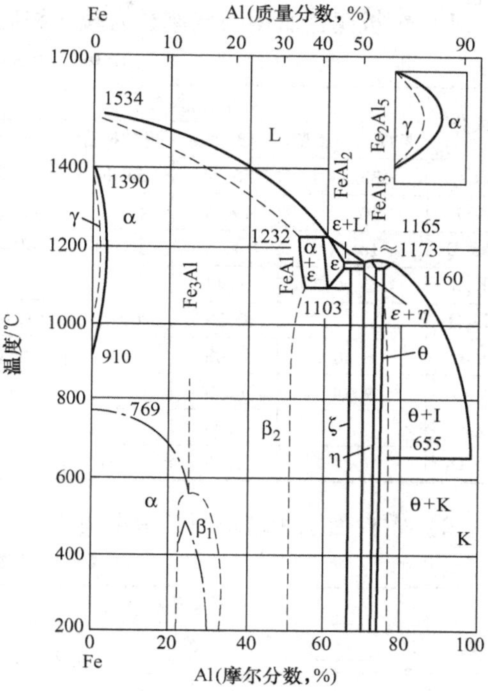

3. 热镀铝钢材的性能和用途

热镀铝工艺较为复杂，但热镀铝钢板与热镀锌钢板相比，具有下列优点：

1）在海洋、工业、潮湿等条件下，耐蚀性更好。此外还有良好的耐硫化物腐蚀的性能。

2）优良的耐热性。致密的氧化膜可以阻止镀层进一步氧化，因此镀铝钢板可在 500℃长期使用。

3）良好的热反射性。

4）无毒。

图 6-17　Fe-Al 相图

目前热镀铝钢材主要有Ⅰ型（热镀铝层含质量分数为 8% 左右的硅）和Ⅱ型（镀纯铝）两种。它们可以用作汽车的消声器和排气管、屋面板、烤箱、炉体材料等，也可作为彩色涂层钢板的基板等。

6.8　搪瓷涂覆

搪瓷是将玻璃质瓷釉涂覆在金属基材表面，经过高温烧结，瓷釉与金属之间发生物理化学反应而牢固结合，在整体上有金属的力学强度，表面有玻璃的耐蚀、耐热、耐磨、易洁和装饰等特性的一种涂层材料。它主要用于钢板、铸铁、铝制品等表面，应用广泛。

6.8.1　瓷釉的基本成分和釉浆

钢板和铸铁用搪瓷分为底瓷和面瓷。底瓷含有能促进搪瓷附着于金属基体的氧化物；涂在底瓷上面的面瓷能改善涂层的外观质量和性能。

1. 瓷釉的基本成分——玻璃料

它是一种由熔融玻璃混合物急冷产生的细小粒子组成的特殊玻璃。因为搪瓷都是根据具体应用而设计的，故玻璃料的差别往往较大。一般瓷釉主要由四类氧化物组成：①RO_2 型，如 SiO_2、TiO_2、ZrO_2 等；②R_2O_3 型，如 B_2O_3、Al_2O_3 等；③RO 型，如 BaO、CaO、ZnO 等；

④R_2O 型，如 Na_2O、K_2O、Li_2O 等。此外，还有 R_3O_4 等类型。

（1）钢板用玻璃料　钢板用玻璃料主要包括钢板底瓷用玻璃料和钢板面瓷用玻璃料。

1）钢板底瓷所用的玻璃料为碱性硼硅酸盐，具体成分根据应用确定，见表6-3。

表6-3　钢板底瓷用玻璃料的成分

成分	质量分数（%）				成分	质量分数（%）			
	常规蓝黑搪瓷	耐碱搪瓷	耐酸搪瓷	耐水搪瓷		常规蓝黑搪瓷	耐碱搪瓷	耐酸搪瓷	耐水搪瓷
SiO_2	33.74	36.34	56.44	48.00	ZrO_2		2.29		8.52
B_2O_3	20.16	19.41	14.90	12.82	TiO_2			3.10	
Na_2O	16.74	14.99	16.59	18.48	CuO			0.39	
K_2O	0.90	1.47	0.51		MnO_2	1.43	1.49	1.12	0.52
Li_2O		0.89	0.72	1.14	NiO	1.25	1.14	0.03	1.21
CaO	8.48	4.08	3.06	2.90	Co_3O_4	0.59	1.00	1.24	0.81
BaO	9.24	8.59			P_2O_3	1.04			0.20
ZnO		2.29			F_2	2.32	2.33	1.63	1.94
Al_2O_3	4.11	3.69	0.27						

2）钢板面瓷用玻璃料的成分见表6-4。

表6-4　钢板面瓷用玻璃料的成分

成分	质量分数（%）			成分	质量分数（%）		
	二氧化钛白搪瓷		抗风蚀蓝搪瓷		二氧化钛白搪瓷		抗风蚀蓝搪瓷
	815°下熔融态	耐碱搪瓷			815°下熔融态	耐碱搪瓷	
SiO_2	41.55	43.10	43.97	ZnO	1.13		
B_2O_3	12.85	13.81	6.51	Al_2O_3			0.43
Na_2O	7.18	5.99	13.83	ZrO_2		2.05	
K_2O	7.96	10.12	0.21	TiO_2	21.30	19.39	5.86
Li_2O	0.59	0.57	2.37	P_2O_5	3.03	0.54	
CaO			2.68	Co_3O_4			3.72
PbO			14.96	F_2	4.41	4.43	5.46

（2）铸铁用玻璃料　铸铁用玻璃料的成分取决于玻璃是采用干涂法还是湿涂法，见表6-5。大铸铁件通常用干涂法。

表6-5　铸铁用玻璃料的成分

成分	质量分数（%）				成分	质量分数（%）			
	底瓷（干涂法）	面瓷				底瓷（干涂法）	面瓷		
		不透明锆搪瓷（干涂法）	不透明锑搪瓷（干涂法）	耐酸搪瓷（干涂法或湿涂法）			不透明锆搪瓷（干涂法）	不透明锑搪瓷（干涂法）	耐酸搪瓷（干涂法或湿涂法）
SiO_2	77.7	28.0	22.9	37.0	ZnO		6.1	7.5	5.9
B_2O_3	6.8	8.8	11.2	4.9	Al_2O_3	7.2	4.5	6.4	1.9
Na_2O	4.3	10.0	12.3	16.8	Sb_2O_3			13.9	13.1
K_2O		4.1	6.0	1.7	ZrO_2		6.1		
PbO	4.0	17.8	9.8	8.8	TiO_2				7.9
CaO		8.7	8.0	2.0	F_2		5.9	2.0	

（3）铝材用玻璃料　铝材用玻璃料通常以硅化铅和硅化镉为基，有时以磷酸盐或钡盐为基，见表6-6。

表 6-6　铝制品用玻璃料的成分

成　　分	质量分数（%）			成　　分	质量分数（%）		
	铅基搪瓷	钡搪瓷	磷酸盐搪瓷		铅基搪瓷	钡搪瓷	磷酸盐搪瓷
PbO	14 ~ 45			Al_2O_3		3	23
SiO_2	30 ~ 40	25		BaO	2 ~ 6	12	
Na_2O	14 ~ 20	20	20	P_2O_3	2 ~ 4		40
K_2O	7 ~ 12	25		F_2			5
Li_2O	2 ~ 4		4	TiO_2	15 ~ 20	①	①
BaO_3	1 ~ 2	15	8				

①　在瓷泥的粉制过程中往玻璃料中添加质量分数为7% ~ 9%的TiO_2。

2. 釉浆

瓷釉是将一定组成的玻璃料熔块与添加物一起进行粉碎混合制成釉浆，然后涂烧在金属表面上而形成的涂层。

根据瓷釉的化学成分，将硼砂、纯碱、碳酸盐、氧化物等各种化工原料和硅砂、锂长石、氟石混合后熔化。用量较大的熔块由玻璃池炉连续生产，其玻璃熔滴由轧片机淬冷成小薄片；用量不大的熔块，用电炉、回转炉间歇式生产，它是将熔融的玻璃液投入水中淬冷成碎块。冰晶石等各种矿物原料按比例配料混合，然后熔融成玻璃液再经淬冷成碎块或薄片，这样就制得玻璃熔块。

玻璃熔块加入到球磨机后，再加入球磨添加物如陶土、膨润土、电解质和着色氧化物，最后加水，经充分球磨后就制得釉浆。但是，静电干涂用玻璃料是不加水粉磨而制成的。

6.8.2　搪瓷的金属基材及表面清洁处理

1. 搪瓷的金属基材

搪瓷的金属基材有低碳钢、铸铁、耐热合金、铝合金等。基材先进行剪切、冲压、铸造、焊接等加工成坯体，然后经表面清洁处理再涂覆、烧结，因此基材的成分、性能、材质和外形结构要符合搪瓷制品的使用和工艺要求。

2. 表面清洗处理

金属坯体在搪瓷前必须碱洗、酸洗或喷砂，以去锈、脱脂并清洗干净。有的还要进行其他表面处理。一种典型的表面清洁处理流程为：碱洗→温漂洗→酸蚀→冷漂洗→镍沉积→冷漂洗→中和→温空气干燥。

6.8.3　釉浆的涂覆和搪瓷烧成

1. 釉浆的涂覆（涂搪）

釉浆的涂覆方法较多，有手工涂搪或喷搪、自动浸搪或喷搪、电泳涂搪、湿法或干粉静电喷搪等多种。对一种特定制件来说，要根据制品数量、质量要求、原材料、生产率、经济成本等来合理选择涂覆方法。

干粉静电自动喷搪是一种适合大批量搪瓷制品的生产技术。它将带电的专用瓷釉干粉输送到绝缘式喷枪内，喷涂到放在传送器上的带正电的坯体上完成涂搪作业，没有涂到制品上的瓷釉干粉由空气输送循环使用，釉粉利用率高，涂搪后制品不用干燥即可烧成。

2. 搪瓷烧成

搪瓷烧成是在燃油、天然气、丙烷或电加热炉内进行的。炉子有连续式、间歇式或周期式，其中马弗或半马弗炉用得较多。烧成包括黏性液体的流动、凝固，以及涂层形成过程中气体的逸出，对于不同制品要选择合适的温度和时间。

6.8.4　搪瓷制品的分类和应用

1. 搪瓷制品的分类

1）按基体材料分为钢板搪瓷、铸铁搪瓷、铝搪瓷和耐热合金搪瓷等。

2）按用途分为日用搪瓷、艺术搪瓷、建筑搪瓷、电子搪瓷、医用搪瓷、化工搪瓷等。

3）按瓷釉组成结构和性能分为锑白搪瓷、钛白搪瓷、微晶搪瓷、耐酸搪瓷、高温搪瓷等。

2. 搪瓷制品的应用

搪瓷涂层用来提高表面质量和保护金属表面，它以其突出的玻璃特性和应用类型区别于其他陶瓷涂层，而以其无机物成分和涂层融结于金属基体表面上区别于漆层。

搪瓷制品广泛用于日用品、艺术品、建筑、电子、医疗、化工等领域，并在不断地扩大。新的应用如建筑搪瓷墙面板和复合搪瓷墙面板、厚膜电路基板搪瓷、红外加热器热辐射面用搪瓷和太阳能集热器集热面用搪瓷、表面具有玻璃特性的耐酸搪瓷、表面具有微晶玻璃特性的微晶搪瓷、表面具有陶瓷耐热性和耐高温燃气腐蚀的高温搪瓷。

6.9　塑料涂覆

自20世纪80年代以来，塑料粉末涂料已趋于稳步发展并成为新型的主流涂料之一，广泛用于各种金属结构的涂装，主要起良好的防蚀作用。从环境、安全和改进性能的角度来分析，它是取代溶剂型涂料的发展趋势之一。由于在原料、工艺、设备上的特殊性，以及发展的重要性，本节对塑料涂覆做单独的介绍。

6.9.1　塑料粉末涂料

1. 热固性粉末涂料

热固性粉末涂料主要有环氧树脂系、聚酯系、丙烯酸树脂系等。这些树脂能与固化剂交联后成为大分子网状结构，从而得到不溶、不熔的坚韧而牢固的保护涂层，适宜于性能要求较高的耐蚀性或装饰性的器材表面。目前以环氧和环氧改性的粉末用途最广。从今后发展来看，丙烯酸有广阔的发展前途。

2. 热塑性粉末涂料

热塑性粉末涂料由热塑性合成树脂作为主要成膜物质，特别是一些不能为溶剂溶解的合成树脂，如聚乙烯、聚丙烯、聚氯乙烯、碳氟树脂及其他工程塑料粉末等。这种涂料经熔化、流平，在水或空气中冷却即可固化成膜，配方中不加有固化剂。由于这类涂层容易产生小气孔，附着力比热固性粉末差些，故需要有底漆，通常适于做厚涂层的保护涂层和防腐蚀涂层。

3. 塑料粉末涂料的特点

（1）优点　塑料粉末涂料的优点是：①无溶剂的挥发扩散，降低了大气污染公害；②不担心有机溶剂的中毒，安全卫生；③不会因有机溶剂而引起火灾；④由于粉末涂料可回收使用，涂料利用率可接近100%；⑤降低了水质污染的危险性；⑥涂装工艺易自动化；⑦涂装一次可获得较厚（100~300μm）的涂层，简化了工艺；⑧边角的覆盖性优良；⑨涂层性能优良。

（2）缺点　塑料粉末涂料的主要缺点是：①一般来说制造成本较高；②需要专用的涂装设备和回收设备；③粉末涂料的烘烤温度比普通涂料高得多；④所获得的涂层难于薄到15~30μm的厚度，即制厚易、制薄难；⑤更换涂料颜色、品种比普遍涂料麻烦。

6.9.2　塑料粉末涂覆方法

1. 静电喷涂法

静电喷涂法是利用高压静电电晕电场，在喷枪头部金属上接高压负极，被涂金属工件接地形成正极，两者之间施加30~90kV的直流高压，形成较强的静电场。当塑料粉末从储粉筒经输粉管送到喷枪的导流杯时，导流杯上的高压负极产生电晕放电，由密集电荷使粉末带上负电荷，然后粉末在静电和压缩空气的作用下飞向工件（正极）。随着粉末沉积层的不断增加，达到一定厚度时，最表层的粉末电荷与新飞来的粉末同性而相斥，于是不再增加厚度。这时，将附着在工件表面的粉末层加热到一定温度，使之熔融流平并固化后形成均匀、连续、平滑的涂层。

该方法主要采用热固性粉末，也可采用一些热塑性粉末。粉末应疏松，流动性好，具有稳定的储存性、合适的细度（80~100μm），最好是球状粒子并均匀一致；粉末是极性的或容易极化的粉种；粉末的体积电阻要适当，粉末涂料表面的电阻要高。

该方法不需预热工件，粉末利用率高达90%以上，涂层薄而均匀且易于控制，无流挂现象，可手工操作也可用于自动流水线，还可与溶剂性涂料或电泳沉积涂料配套混合喷涂，在防腐、装饰以及绝缘、导电、阻燃、耐热等方面广泛应用。缺点是涂层较薄而不宜用于强腐蚀介质环境，需要专用烘干室，烘干温度较高；需要封闭的涂装室和回收装置；不适宜形状复杂工件，并且工件大小受烘箱尺寸限制。

2. 流动浸塑法

流动浸塑法是将塑料粉末放入底部透气的容器，下面通入压缩空气使粉末悬浮于一定高度，然后把预先加热到塑料粉末熔融温度以上的工件浸入这个容器中，塑料粉末就均匀地黏附于工件表面，浸渍一定时间后取出并进行机械振荡，除掉多余粉末，最后送入塑化炉流平、塑化再出炉冷却，得到均匀的涂层。

该方法要求塑料粉末有合适的粒度，良好的流平性，优良的化学稳定性，无毒，稳定的储存性，较大的熔融温度与裂解温度差。常用的有聚乙烯、聚氯乙烯、聚酰胺等。

该方法的优点是耗能小，无污染，生产率高，质量好，涂层厚，耐久，耐蚀，外观佳，粉末损耗少，设备简单，用途广泛（特别是电机的绝缘层，防腐蚀管道、阀门和各种钢铁制品）。缺点是不易涂覆约75μm以下膜厚的涂层，工件必须预热，容器要大到足以将工件完全浸没，形状复杂和热容量小的工件涂覆困难，不宜用于直径或厚度小于0.6mm的工件。

3. 其他塑料粉末涂覆方法

（1）静电流浸法　它是综合上面两种方法的原理而设计的，即在浸塑容器的多孔板上安装了能通过直流高压的电极，使容器内空气电离，带电离子与塑料粉末碰撞，使粉末带负电，而工件接地带正电，粉末被吸附于工件表面，再经加热熔融固化成涂层。

（2）挤压涂覆法　它是将塑料粉末加热并挤压，经破碎、软化、熔融、排气、压实，以黏流状态涂覆于工件表面，然后冷却形成均匀的涂层。

（3）分散液喷涂法　它分悬浮液喷涂和乳浊液喷涂两种，是将树脂粉末、溶剂混合成分散液，用喷、淋、浸、涂等方法涂覆于工件表面，然后在室温或一定温度使熔剂挥发，从而在工件表面形成松散的粉状堆积区，再加热高温烧结使其成为整体涂层。烧结后冷却可再继续涂下一层。

（4）粉末火焰喷涂法　它是利用燃气（乙炔、氢气、煤气等）与氧气或空气混合燃烧产生的热量将塑料粉末加热至熔融状态及半熔融状态，在压缩空气或其他运载气体的作用下喷向经过预处理的工件表面，液滴经流平形成涂层。

（5）金属-塑料复合膜粘贴法　它是先用粉末共热法制膜技术预制成各种规格的金属-塑料复合膜，一面是耐蚀塑料层，另一面是很薄的金属层。施工时，将金属层的一面用胶黏剂粘贴于金属工件表面。

（6）空气喷涂法　它是将工件加热到粉末熔融温度以上，再将塑料粉末用喷枪喷射到工件表面，然后经烘烤流平，固化成膜。

（7）真空吸引法　它是使管道内部处于真空状态，将粉末涂料迅速吸入，并受热熔融而在管道内壁成膜。

（8）静电振荡粉末涂装法　在涂装箱内四周装有电极，工件接正极，施加 5×10^4 V 电压并呈周期性变化，使两电极之间的粉末激烈振荡，从供料漏斗洒下的粉末涂料带负电荷，由静电作用而吸附于工件表面，达一定厚度后，涂层不再增厚。

（9）静电隧道粉末涂装法　它是在静电隧道涂装设备中用空气把带电的粉末涂料吹到工件表面，并由静电作用吸附起来。

此外，还有流水线静电流浸法、薄膜辊压法、散布法、电泳涂装法、蒸汽固化法、等离子喷涂法等。

6.10　无机涂料与纳米复合涂料

如6.1节所述，涂料按基料的组成和性质可分为有机涂料和无机涂料两大类，而通常所说的涂料是指有机涂料。目前无机涂料的使用相对于有机涂料要少得多。无机涂料至今尚无明确、统一的定义。学术界常把无机涂料较狭义地定义为：以硅酸盐或磷酸盐为基料和通常用金属锌做颜料的涂料。也有将无机涂料较广义地定义为：以无机物为主要成膜物质的涂料。现在，无机涂料使用得较多的有下列三种：①船舶与其他工业领域使用的硅酸锌底漆，或称无机锌底漆；②以碱金属硅酸盐水溶液和胶体二氧化硅的水分散液两种成膜物，加入颜料、填料及各种助剂，制成硅酸盐和硅溶胶（胶体二氧化硅）无机涂料，用作房屋建筑的内、外墙涂料等；③硅溶胶涂料与有机物复合制成有机-无机复合涂料，用于建筑、机械、汽车、电子等工业领域。无机涂料相对于有机涂料有一些独特的优点，随着人们对环保以及一些性能要求越来越严格，无机涂料将获得迅速的发展，其内涵也将深化和扩展。

纳米复合涂料又称纳米材料改性涂料，是指将纳米材料加入涂料中而使得某些性能显著提高或获得某些特殊性能的一类涂料。目前在涂料中加入的纳米材料主要有二氧化硅、二氧化钛、碳酸钙、氧化锌、氧化铁、三氧化二铝等；开发出许多纳米复合涂料，如纳米 SiO_2 耐磨涂料、纳米 Al_2O_3 陶瓷涂料、纳米双超罩面涂料、纳米 $CaCO_3$ 增韧涂料、纳米负离子内墙涂料、纳米抗菌功能涂料、纳米 $BaTiO_3$ 导电涂料等。由于纳米材料的表面活性相当高，除了它的尺寸和性质外，如何将其均匀分散到涂料基体中并保持稳定存在，是纳米复合涂料的技术关键。

6.10.1　无机涂料

1. 无机涂料的特点

对无机涂料与有机涂料做比较，可以较为深入了解它的一些独特优点和存在的问题。

有机涂料品种繁多，性能各异，用途广泛，使用方便，价格低廉，具有良好的装饰和保护性能，因而取得了十分广泛的应用。但是，现代涂料的主要原料是合成树脂，而合成树脂的原料主要为石油与天然气及煤焦油产品与电石。加工时会产生大量的副产品和挥发性溶剂及剩余的单体，造成了环境污染，并且有机涂料及其涂层在使用过程中及自然环境作用下会发生挥发、老化、变质、鼓泡和开裂等，既污染环境又影响制品的使用寿命。

相对于有机涂料存在的缺陷，无机涂料具有下面四个优点：

1）基料多直接取自于自然界和来源丰富。例如，硅酸盐是硅、氧与金属组成的化合物总称或看作 SiO_2 与金属氧化物形成的化合物，种类繁多的天然硅酸盐为构成地壳的主要成分。硅酸盐是无机涂料使用较多的基料。

2）无机涂料在生产和使用过程中对环境的污染相对较小。无机涂料多以水为分散介质，对人体的不良影响很小。

3）不少无机涂料在适合的基材上可以通过分子交代（交换代替）作用等形成化学键而具有特别好的附着力。

4）无机涂料可具备某些优异的使用性能，较为突出的是耐老化性、耐高温性、不燃性、耐水性、透气性、抗污染性、不褪色性等。这些性能是有机涂料难以达到或不能达到的。

无机涂料与有机涂料相比，也存在一些缺点或问题，例如在储存性、流平性、装饰性及一般条件下的综合性能等方面往往比有机涂料差。另外，人们对无机涂料的研究尚少，又不够深入。因此，无机涂料是一个正在发展中的研究和应用领域。

2. 无机富锌涂料

（1）富锌涂料简介　富锌涂料是指一类含有大量锌粉的涂料。这类涂料根据成膜基料不同可分为有机富锌涂料与无机富锌涂料两种。有机富锌涂料常用环氧酯、环氧树脂、氯化橡胶、乙烯型树脂和聚氨酯树脂为成膜物质。锌粉在干膜中的质量分数高达 85% ~ 92%。它适宜做暴露在大气中的石油化工装置、构筑物的防锈底漆或防腐蚀涂料等。

无机富锌涂料由锌粉和水玻璃、正硅酸乙酯或水泥浆等组成。按其固化方式不同，可分为后固型和自固型两类。其大部分是以水为溶剂的，但也有以有机溶剂为稀释剂的。这类涂料的耗锌量很大，以干膜计，锌的质量分数均需在 90% 以上，有的高达 95%。该涂料的涂层具有良好的耐蚀性、耐热性、耐海水性、耐油性、耐溶剂性、耐候性、耐磨性、抗辐射性和抗振性等。无机富锌涂料是承受严重海水腐蚀的钢结构表面的标准底漆，并可用于任何要求高性能涂层的钢结构件。一般情况下，其施工比较麻烦，常需要经过涂覆、酸化（作固化用）和水洗三道工序，即涂完一层要酸化处理并水洗至中性，干燥后才涂下一层。过去它仅限于做底漆或水下防腐蚀涂料，现在经过深入研究，其应用领域已有了较大的拓展。

富锌涂料具有优良的耐蚀性，主要由下面几个作用来获得：

1）牺牲阳极作用。锌相对于铁具有足够负的电位，因此锌对钢铁表面可构成牺牲阳极。大量锌粉的存在使涂膜导电，与钢铁基体形成电化学回路，保证了牺牲阳极的作用。

2）屏蔽作用。锌的腐蚀产物随腐蚀介质不同而有氧化锌、碱式碳酸锌、氢氧化锌等，造成体积膨胀，填充漆膜中的孔隙，从而防止钢铁表面与氧、水等介质的进一步接触，起着物理屏蔽作用。锌粉从颗粒状变化为鳞片状可加强物理屏蔽作用。

3）涂膜的自修补作用。若涂膜某些区域被机械损伤后露出基体金属，则在较小面积内腐蚀电流流向钢铁露出区域，锌的腐蚀产物沉积在此处，形成保护膜，延缓腐蚀继续发生。

（2）无机硅酸盐富锌涂料　这类涂料的基料（漆料）有多种类型。如果用水玻璃作为成膜物质时，由于水玻璃的模数不同，可以制成两种类型的无机富锌底漆。水玻璃模数小于3.4时为后固型，其模数大于3.9时为自固型。后固型涂膜需加热或化学药品（如磷酸或氯化镁溶液）处理才能完全固化；自固型涂膜可以在室温下靠吸收空气中的二氧化碳而完全固化。水玻璃又称泡化碱，是一类多硅酸钠产品。其有不同状态的产品：固态水玻璃（$Na_2O \cdot nSiO_2$）、水合水玻璃（$Na_2O \cdot nSiO_2 \cdot mH_2O$）、无色透明或带浅灰色黏稠状的液态水玻璃。$SiO_2$ 与 Na_2O 的摩尔比称为模数，水玻璃的性质与其有关。

无机硅酸盐富锌涂料有水性和溶剂型之分。水性无机硅酸盐富锌涂料是由水性无机硅酸盐（钠、钾、锂等）、锌粉、颜料等组成。目前市场上广泛应用的是水性自固化无机硅酸盐富锌涂料。

溶剂型无机硅酸盐涂料以硅酸乙酯为基料，因为硅酸乙酯可以溶于有机溶剂，涂料喷涂在基材表面后，在溶剂挥发的同时，硅酸乙酯中的烷氧基吸收空气中水分并发生水解反应，交联固化成高分子硅氧烷聚合物，即为硅酸乙酯水解缩聚并形成网状高聚物涂膜的过程。

无机硅酸盐富锌漆层组成与分类见表6-7。

表6-7　无机硅酸盐富锌漆层组成与分类

类　　型	漆料（质量分数）	颜　　料	质　量　比
I A 后固化（硅酸钠）			
A	3.2 比率硅酸钠，22% SiO_2，重铬酸钠	Zn 粉 + 红 Pb	2.8
B	3.2 比率硅酸钠，24% SiO_2，重铬酸钾	Zn 粉	3.2
I B 自固化（硅酸钾）			
A	2.9 比率硅酸钾，14% SiO_2，重铬酸钠，MgO	Zn 粉	2.9
B	2.4 比率硅酸钾，9.25% SiO_2	Zn 粉	2.0
C	2.8 比率硅酸钾，18% SiO_2，氨水，可溶胺，炭黑	Zn 粉 + 红 Pb	2.8
D	3.2 比率硅酸钾，15% SiO_2，氨水，可溶胺，炭黑	Zn 粉	2.5

（续）

类　　　型	漆料（质量分数）	颜　　料	质　量　比
自固化（硅酸锂）			
	硅酸锂-钠，19%SiO_2，重铬酸钠	Zn 粉 + 氧化铁	3.3
自固化（硅溶胶）			
	硅溶胶，32%SiO_2，重铬酸钾，炭黑	Zn 粉 + 红 Pb	4.1
自固化（硅酸胺）			
A	硅酸铵，32%SiO_2	Zn 粉	2.5
B	硅酸铵，硅酸钠，20%SiO_2	Zn 粉	2.5
I C 自固化（硅酸乙酯）			
A	部分水解硅酸乙酯，10%SiO_2，黏土填料	Zn 粉	2.2
B	部分水解硅酸乙酯，22%SiO_2	Zn 粉	3.4
C	部分水解硅酸乙酯，15%SiO_2，黏土填料	Zn 粉 + 氧化铁	2.4
D	多元烷基硅酸盐，20%SiO_2	Zn 粉	2.2
II	环氧树脂 + 助剂	Zn 粉	

　　水性无机硅酸盐富锌涂料在成膜初期溶于水，但在固化后却耐水性能优良，在室温条件下放入自来水中浸泡半年，涂层不起泡、不脱落、不腐蚀。据报道，环氧富锌涂层和溶剂型无机富锌涂层在海洋大气条件下的使用寿命分别为 3 ~ 5a 和 12 ~ 15a；而水性无机富锌涂层，无论是后固型还是自固型，使用寿命高达 25a。

　　水性无机富锌涂料由于无有机溶剂，不污染环境，不燃不爆，并且施涂工艺相对简单和灵活，综合成本较低，防腐蚀年限又长，因而大有取代传统的热喷锌（铝）之势。此外，热喷锌的孔隙率一般为 3% ~ 5%，而水性无机富锌涂层的孔隙率一般在 1% 以下，因此可作为热喷锌表面的封闭剂。

　　无机硅酸盐富锌涂料在涂覆前钢基体必须喷砂，表面粗糙度 Rz 达到 30 ~ 40μm，并且只能在环境温度为 5 ~ 30℃、相对湿度为 30% ~ 90% 的条件下施工，不能在阳光暴晒或雨天条件下施工。

　　（3）无机磷酸盐富锌涂料　磷酸盐有正磷酸盐（如 Na_3PO_4）、一氢盐（如 Na_2HPO_4）和二氢盐（如 NaH_2PO_4）几种，通常指正磷酸盐。PO_4^{3-} 是正四面体结构。磷酸盐是含 PO_4^{3-}（磷酸根）的任一无机盐的通称，或看作具有由磷和氧构成的四面体离子基团（PO_4^{3-}）特征的矿物化合物。

　　无机磷酸盐富锌涂料由无机磷酸盐改性黏结剂、锌粉、溶剂、助剂等配制而成。它对钢件具有阴极保护、化学缓蚀、磷化、屏蔽等作用，优良的耐蚀、耐热、耐候、耐水、耐油、耐溶剂等性能，并且具有优异的附着力，可在镀锌件、铝合金件及钢铁件表面牢固附着。该涂料主要用于金属件的防腐蚀涂装，包括恶劣环境条件下钢件的防腐蚀处理。由于其涂层对高强度钢无氢脆危害，所以可应用于一些高强度钢制件的处理。

　　多年来，无机磷酸盐富锌涂料的研究开发受到重视，一些新品种获得推广应用。例如开发的一些水溶性环保型无机磷酸盐富锌涂料，不仅性能优良和环保，而且在工艺上可适当降低预处理的要求，经除锈、脱脂后即可刷涂，有的无机磷酸盐长效防腐涂料甚至可在带微锈、微油钢铁件表面涂刷，达到了长期以来我国无机硅酸锌涂料和富锌涂料难以实现的严格脱脂、除锈的要求。

3. 无机建筑涂料

（1）建筑涂料简介　建筑涂料是指经涂装后可在建筑物表面形成一层连续，具有一定厚度、强度、柔软性或功能的涂膜材料。其品种繁多：按应用场合大致可分为外墙涂料、内墙涂料、地面涂料和功能涂料；按用途可分为装饰涂料、保温涂料、防火涂料、防水涂料、抗菌涂料、耐候性涂料、防霉涂料、防结露涂料、防炭化涂料等；按分散溶剂可分为水性涂料、溶剂型涂料、水和溶剂复合型涂料；按材料组成和性质可分为无机涂料、有机涂料和有机-无机复合型涂料；按装饰感可分为平面型涂料、仿天然石涂料、凹凸多层涂料、沙壁状等涂料。

建筑涂料一般由基料、颜（填）料、助剂和水（或溶剂）等组成。近年来，国内外建筑涂料在品种、用量、质量以及研究水平上都有了很大的发展。在我国和工业发达国家中，建筑涂料用量约占涂料总用量的 30% ~ 50% 。

建筑涂料直接关系到人们的生活和健康环境，反映着国家的富强和人民的生活水平。当前，环境保护已成为人类共同的事业。建筑涂料在生产和使用过程中排放的挥发性有机物（VOC）是主要的环境污染源之一，因此如何减少 VOC 排放量是建筑涂料发展的重要趋势。同时，功能复合化以及高性能、高档次和降低生产成本也是建筑涂料的发展方向。

（2）无机建筑涂料的发展　近几年来，我国住宅竣工面积年均超过 10 亿 m^2，成为促进经济发展的重要支柱之一，而无机涂料相对于有机涂料又具有前面所述的四个重要优点，因此无机建筑涂料受到了人们的重视。我国无机建筑涂料采用的基料主要是硅酸盐溶液和硅溶胶，再根据实际要求加入适当的颜料、填料和溶剂、助剂、添加剂等，以及运用妥善的制备工艺，已陆续开发出一系列无机建筑涂料，如双组分硅酸钾外墙涂料、耐水和耐候的无机建筑涂料、改性钠水玻璃无机涂料、硅溶胶无机建筑涂料、无机高分子建筑涂料、无机防水涂料、无机防结露涂料、无机绝热涂料等。

（3）无机建筑外墙涂料　外墙涂料的主要功能是装饰和保护建筑物的外墙面。主要要求是：丰富的色彩，装饰效果好；良好的耐水性和耐候性；必要的耐污染性，易于清洗，使建筑物外观整洁美观。外墙涂料主要有乳液型涂料、溶剂型涂料、无机硅酸盐涂料等。其中，无机硅酸盐涂料有水玻璃和硅溶胶两个系列。

1）硅酸钾无机建筑涂料。其用作一般建筑物的外墙涂料。配方有白、铁红、橘红、绿等多种颜色。以白色配方为例，其配方（质量份）为：硅酸钾（钾水玻璃）35，钛白粉 2，立德粉 8，滑石粉 25.3，石英粉 10，云母粉 2，六偏磷酸钠（分散剂）0.2，润湿剂 0.2，消泡剂 0.3，增稠剂 2，高沸点醚类成膜助剂 0.5，外罩剂（防水剂）12，缩合磷酸铝（固化剂）2.5，水适量。配料时固化剂分开，其余成分混合，搅拌均匀，经砂磨机研磨至细度合格后过滤包装。施工时按配方加入分装的固化剂（缩合磷酸铝），充分调匀。施工前要清理墙面和整平。用刷涂或辊涂法施工。

2）硅溶胶无机建筑涂料。以橘红色配方为例，其配方（质量份）为例：硅溶胶 27，50%（质量分数）苯丙乳液 5，氧化铁红 8，氧化铁黄 8，滑石粉 28.3，沉淀硫酸钡 15，六偏磷酸钠（分散剂）0.2，润湿剂 0.2，消泡剂 0.3，增稠剂 1.5，高沸点醚类成膜助剂 0.5，水 6。配料时，将硅溶胶、颜料、填料、各种添加剂和水混合，搅拌均匀，经砂磨机研磨至细度合格，再加入苯丙乳液或调色浆，充分调匀，过滤包装。清理墙面和整平后用刷涂或辊涂法施工。其工艺参数和性能如下：遮盖力为 $3.2N/cm^2$，干燥时间为 2h，最低成膜温度为 $-5℃$，黏度（涂-4 杯）为 $18 \sim 25s$，储存稳定性（常温）为 6 个月，附着力为 100%，硬度大于 6H，耐水性（常温下浸泡水中 60d）无异常，耐碱性（饱和石灰水浸泡 30d）无异常，耐酸性（5% 盐酸溶液浸泡 30d）无异常，耐热性（试验规范为 600℃ 以下 5h，实际试验温度为 600℃）无异常。这种涂料可用作一般建筑物的外墙涂料。

（4）无机建筑内墙涂料　内墙涂料与外墙涂料不同，它与人们的生活和工作关系更加密切，对室内环境产生较大的影响，尤其不能含有毒、有害物质。内墙涂料虽不要求具有像外墙涂料那样高的物理性能、化学性能和耐候性，但也必须具备足够的耐水性、耐碱性和耐擦洗性等。内墙涂料的装饰效果更会受到人们的关注，个性化更为突出。内墙涂料是功能建筑涂料，根据实际需要而具备某些特殊的功能，如防火、防霉、防潮、绝热、防结露、吸声、抗菌、负离子发生等。因此，内墙涂料的种类很多，并且不少是属于功能性涂料。

在内墙涂料中，无机建筑内墙涂料因其具有一些独特的优点而得到发展，举例如下：

1）改性硅溶胶内墙涂料。该涂料主要通过加入水溶性三聚氰胺和多元醇对硅溶胶进行改性，添加其他助剂后得到耐候性、防水性优良的内外墙涂料。它有两个配方，其中一个配方（kg）是：硅溶胶 $10 \sim 20$，水溶性三聚氰胺 $0.2 \sim 0.5$，丙二醇 $1 \sim 2$，钛白粉（或轻质碳酸钙）$65 \sim 90$，增稠剂 $0.05 \sim 0.2$，有机硅消泡剂 2.0，色料适量，水 $14.4 \sim 17.1L$。按此配方，在水中依次加入各物料，高速搅拌分散均匀即得涂料。用墙面涂覆器涂覆或彩砂涂料机喷涂施工。

2）无机防霉涂料。有机涂料因含有微生物及其生长的营养成分，只要环境温度和湿度合适，微生物就会大量繁殖，使漆层质量下降、变污而失去装饰效果，甚至腐败变质，所以不能防霉。无机涂料的装饰效果虽然不如有机涂料，但防霉效果较为可靠。

无机防霉涂料有多个配方，其中一个配方（质量份）是：钾水玻璃（成膜物质）$30.0 \sim 35.0$，苯乙烯-丙烯酸酯共聚乳液 $10.0 \sim 12.3$，AMP-9 多功能助剂（调节 pH 值等）20.0，羟乙基纤维素 $0.10 \sim 0.15$，碱活化增稠剂（如 TR-115）$0.5 \sim 1.2$，醇酯（助成膜）$0.2 \sim 0.3$，阴离子型分散剂（如 H-30A）$0.3 \sim 0.5$，六偏磷酸钠（质量分数为 10% 溶液）$1.0 \sim 1.5$，消泡剂（消泡）适量，丙二醇（冻融稳定）$0.1 \sim 0.3$，锐钛型钛白粉（颜料）$8.0 \sim 14.0$，凹凸棒土（高吸附性填料）$2.0 \sim 4.0$，重质碳酸钙（填料）$12.0 \sim 16.0$，水（分散介质）补充余量。

无机防霉涂料通常要求密度约为 $1.5g/cm^3$，理论涂布率为 $160 \sim 180g/m^2$；湿膜厚度为 $80\mu m$，干膜厚度为 $40\mu m$；复涂时间最短为 24h（25℃），最长为两个月。

防霉一直是水性涂料生产和使用的重要问题。恒温恒湿车间、仓库、储藏室等的墙面、地面、顶棚、地下工程等结构部位，以及食品加工厂、酿酒厂、制药厂、烟厂等的墙面、地面、顶棚等，都需要注意防霉，而涂覆无机防霉涂料是一项有效措施。

4. 有机-无机复合涂料

（1）有机-无机复合涂料的特点及类型　有机-无机复合涂料是以有机高分子材料与无机物复合而成的涂料。有机高分子材料具有成膜性好、柔韧性好、可选择性强等优点，但硬度低，不耐热。无机材料具有硬度高、耐老化、耐溶剂、耐热等优点，但柔韧性差，加工困难。将两者恰当地复合，可以互相取长补短，得到具有优良综合性能的涂料。其中关键的技术是要解决两种材料的界面亲和性。

实际上目前广泛使用的有机涂料通常都包含一定数量的无机物。涂料一般由成膜物质、溶剂、颜料及助剂组成（粉末涂料中不含有溶剂）。颜料是一类不被分散介质所溶解，也不与介质发生物理和化学反应的有色粉状物料。颜料用于涂料中具有以下一种或多种作用：提供颜色，遮盖底材，改进涂料的应用性能，改善漆膜的性能，降低成本。颜料可分为天然颜料和合成颜料两类。天然颜料多为矿物性。现代涂料广泛使用合成涂料，其中有机合成颜料不断发展，但仍以使用无机颜料为主。因此，多数有机涂料的成分中包含无机物。然而，我们通常所说的有机-无机复合涂料主要指下面两种复合涂料：

1）将有机涂料的基料与无机涂料的基料复合配制成混合液或分散液。例如前面所述的无机防霉涂料，实际上是一种有机-无机复合涂料，其中无机基料钾水玻璃与有机基料苯乙烯-丙烯酸酯共聚乳液复合，并添加了其他有效物质，取得了良好的涂覆效果。又如将硅溶胶与苯丙乳液或纯丙乳液复合制得的有机-无机复合涂料，由于复合工艺不复杂，涂料储存稳定，涂覆固化后涂层致密，耐沾污性好，并且克服了无机建筑涂料性脆的缺点，因而获得了较好的应用。

2）在无机物的表面上用有机聚合物接枝制成悬浮液。例如前面所述的一种改性硅溶胶内墙涂料，主要是通过加入水溶性三聚氰胺和多元醇对硅溶胶（即二氧化硅的胶体微粒分散于水中的胶体溶液）进行改性，添加其他助剂后得到的耐候性、防水性优良的建筑涂料。

（2）有机-无机复合涂料的应用　有机高分子与无机物的恰当配合，可以得到具有优良综合性能的涂料，因而受到人们的重视，研究与应用日益扩大。这种复合涂料在建筑涂料中已取得较大的成功，不仅在一般的外墙、内墙涂料中，而且在防霉涂料、绝热涂料、防火涂料等功能涂料中也有一些成功的范例。

有机-无机复合涂料的应用潜力是大的。下面仍以前面多次提及的硅溶胶为例，分析复合涂料的应用前景。

硅溶胶的分子式为 $m\mathrm{SiO_2} \cdot n\mathrm{H_2O}$，多呈稳定的碱性，少数呈酸性。硅溶胶中 $\mathrm{SiO_2}$ 的质量分数一般为 10% ~ 35%，高时可达 50%。硅溶胶粒子比表面积为 50 ~ 400$\mathrm{m^2/g}$，粒子直径一般为 5 ~ 100nm，与一般粒径为 0.1 ~ 10μm 的乳液相比，其粒径小得多。

硅溶胶属胶体溶液，无臭，无毒。胶体粒子是无色透明的。黏度较低，水能渗透的地方它都能渗透。因此，它与其他物质混合时，分散性和渗透性都很好。

硅溶胶中无数胶团的聚合会产生无数网络结构空隙，在一定条件下能对无机物及有机物具有一定的吸附作用。

硅溶胶无须固化剂，在水分被蒸发后胶体粒子能牢固地附着于物体表面，形成坚固的膜，成膜温度低。

硅溶胶自身风干就会有一定的黏结性，但强度较小，如硅溶胶加入某种纤维或粒状材料，经干燥固化即可形成坚硬的凝胶结构，会产生较大的黏结性。

硅溶胶具有良好的耐热性，一般可耐 1600℃ 左右。它具有绝缘性，但加入导电物质又会具有一定的导电性。

硅溶胶具有高度的分散性、较好的耐磨性和良好的透光性，还具有较好的亲水性和憎油性，但加入有机物或多种金属离子又可能产生憎水性。

硅溶胶的生产原料丰富，便于生产，价格低廉。

由于硅溶胶具有上述优点，自20世纪40年代以来，它作为一种用途广泛的无机硅化合物在众多领域得到了应用。特别是在涂料领域，硅溶胶与有机高分子乳液复合取得了良好的效果，引起了世界范围内涂料科技人员的关注，并且成为热门的研究领域。

硅溶胶的稳定性是一个重要的问题，在前面6.2节中曾谈及这个问题。硅溶胶属于胶体范畴。20世纪40年代，由苏联科学家德加固因（Derjaguin）、朗道（Landau）和荷兰科学家威尔韦（Verwey）、奥威毕克（Overbeek）四人提出了胶体的稳定性理论——DLVO理论。其基本要点是：决定胶体稳定性的因素有两种作用力，一种是相互吸引的范德华力，一种是胶体质点相互接近时，由于双电层重叠而产生的斥力，胶体的稳定性如何，取决两种作用力的平衡。若吸引力大于斥力则胶体相互靠近最终引起聚沉；若斥力大于吸引力则胶体稳定存在。

DLVO理论的出发点之一是胶体质点双电层重叠而产生的排斥作用。但是，在非水介质中双电层的作用相当模糊，即便是在水系统中，大量的实验表明，加入非离子表面活性剂或高分子能使胶体稳定性大大提高。这些事实表明除了电因素之外，还有一种稳定机制在起作用，这主要是由于大分子吸附在质点表面上，形成了保护层，阻止了质点的聚结。这一类稳定作用通常称为空间稳定作用。

上述胶体理论为研究和开发新的有机-无机复合涂料提供了指导作用，也预示有机-无机复合涂料有着良好的发展前景。

6.10.2　纳米复合涂料

1. 纳米复合涂料的特点

涂料是一类涂覆于基材表面形成坚韧、连续漆膜，能起装饰、保护、标志等作用或具有一定功能的液体（溶液）、固体物质的统称。多年来，涂料工作者通过成膜物质组成和结构匠改进，颜料、填料的精心选择，特殊助剂的使用，配方中颜料体积浓度（PVC）的变化，以及制备技术的更新等，使涂料工业有了很大的发展。传统技术和思路是重要的，也是今后进一步发展的基础，然而要满足新形势飞速发展的要求，除了继承好的传统外，还需要新的思维方式和独特的思路。纳米科学技术是21世纪的关键技术之一，也为涂料工业的飞跃发展提供了新的机遇。

纳米复合涂料又称纳米材料改性涂料。纳米材料是在三维空间中至少有一维的大小处于纳米尺度范围内（1~100nm）或由它们作为基本单元构成的材料。纳米材料可以是纳米粒子、纳米薄膜和固体。纳米材料的基本单元为原子团簇、纳米粒子、纳米丝、纳米管、纳米棒、超薄膜、多层膜等。纳米材料可用化学气相沉积法、惰性气氛沉积法、溅射法、溶胶-凝胶法、喷雾法、水热法、共沉淀法、还原法和机械球磨法等制备，可制成纯金属、合金、半导体、陶瓷、玻璃等纳米材料。

涂料中恰当地加入纳米材料，可以显著提高涂料性能或使涂料获得某些特殊功能，其原因在于纳米材料具有独特的性质和效应。

1）纳米材料有很大的比表面积。以纳米粒子为例：纳米粒径为5nm时，比表面积为$180m^2/g$；粒子直径为2nm时，比表面积增大到$450m^2/g$。同时，粒子表面能随粒径减少而增大。高表面能大大增加了纳米材料与涂料各组分链接、交联和重组的概率。

2）纳米材料具有小尺寸效应。它会显著影响涂料涂层的光、电、磁、热、声等性能。例如：在传统的涂料生产中，树脂中加入颜料、填料，往往会引起光散射，从而使涂膜透明度降低，甚至消失；而纳米粒子的尺寸为 1～100nm，明显比可见光（其尺寸为 400～800nm）小，无机纳米粒子加到清漆中，对可见光的传输只有很小的影响或没有影响。

3）纳米材料具有量子尺寸效应。这可在金属和半导体中表现出来。对于大块金属物体，因其所含总电子数趋于无穷大，故费米能级附近的电子能级为准连续能级。对于纳米金属粒子，因其所含总电子数少，故费米能级附近的电子能级形成分立的能级；当分立的能级间隔大于热能、磁能和光子能量等特征能量时，则表现出与宏观物体不同的新特征。例如：纳米金属粒子都是黑色的，对可见光不反射；一般金属是导电的，在低温下某些纳米金属粒子就会出现电绝缘性能。

综上所述，纳米复合涂料的基本特征是：涂料中加入的纳米材料可以有不同类型，但其在三维空间中至少有一维的大小处于纳米尺度范围内（1～100nm），并且由于纳米材料的加入，能使涂料性能显著提高，或具有新的功能。

2. 纳米复合涂料用的纳米材料

目前，纳米复合涂料所用的纳米材料主要是无机纳米材料，如纳米二氧化硅、二氧化钛、碳酸钙、氧化锌、氧化铁、三氧化二铝，以及纳米黏土、碳纳米管等。

（1）纳米二氧化硅　制备纳米二氧化硅的方法较多。纳米二氧化硅的主要用途是制备有机-无机杂化材料，即有机与无机组分在亚微米到纳米尺度上互相穿插而形成的均匀混合物。其有机组分是聚合物，无机组分有二氧化硅、层状硅酸盐等。对于涂料来说，有机与无机组分协同的相互作用易于形成互穿网络聚合物，不仅使得使用性能显著提高，而且可改善工艺性能。

（2）纳米二氧化钛　二氧化钛的天然矿物为金红石，还有部分以锐钛矿型和极钛矿型 TiO_2 存在。金红石 TiO_2 呈白色，四方晶系。其折射率为 2.71，在白色颜料中是最高的。涂料用的颜料级金红石 TiO_2 粒径一般为 300～400nm。如果粒径降低到 40～80nm，那么其表面积为颜料级金红石 TiO_2 的 5 倍。纳米 TiO_2 对 400nm 以下的紫外线有较强的吸收能力，因而起较强的紫外线屏蔽剂的作用。这可用来防止漆膜的泛黄和木材的老化，并且长期使用不失效，也无毒性。通常纳米金红石 TiO_2 的加入量为 5%～10%。纳米金红石 TiO_2 另一个重要用途是，利用这种纳米材料表面产生的过氧化自由基和羟基自由基的氧化作用，来制备防沾污、自清洁涂料。纳米 TiO_2 还在增加涂膜强度与耐久性，以及制备耐磨涂料等领域发挥作用。

（3）纳米黏土　黏土的主要组成是黏土矿物，即一类含水的层状硅酸盐矿物，颗粒极细，粒径小于 0.0039mm，加水后具可塑性和黏结性。黏土还具有吸水膨胀性、干缩性、耐火性、烧结性、离子交换性（吸附性）等多种特殊性能。蒙脱土是黏土的主要组成矿物。其实际化学组成十分复杂，变化不定，四面体中 Si^{4+} 可被 Al^{3+} 和少量 Fe^{3+}、Ti^{4+} 类质同象置换，八面体中 Al^{3+} 可被 Fe^{3+}、Mg^{2+} 置换。这种异价离子置换造成的电荷不平衡，主要靠进入层间的 Na^+、Ca^{2+} 等阳离子来补偿，这些阳离子与进入层间的水分子结合成水合阳离子。为了在制备纳米复合材料中聚合物与蒙脱土有良好的相容性，将蒙脱土有机化改性是必要的。通过插层聚合、溶液插层、熔融插层等方法可以将聚合物链插入蒙脱土的片层之间，形成具有插层结构或剥离结构的聚合物-蒙脱土纳米复合材料。它与纯聚合物相比，在弹性模量、抗拉强度、耐磨性、阻隔性、耐热性、阻燃性等方面都有了显著的提高。

（4）纳米碳酸钙　碳酸钙（$CaCO_3$）通常为白色斜方晶体或白色粉末，在自然中以方解石存在。方解石是自然界最普通的矿物之一。碳酸钙也可人工制造，例如向石灰乳中通入CO_2，所得的蓬松粉末状$CaCO_3$称为沉淀碳酸钙。根据碳酸钙粉体平均粒径（d）的大小，可将其分为微粒碳酸钙（$d > 5\mu m$）、微粉碳酸钙（$1\mu m < d \leqslant 5\mu m$）、微细碳酸钙（$0.1\mu m < d \leqslant 1\mu m$）、超细碳酸钙（$0.02\mu m < d \leqslant 0.1\mu m$）和超微细碳酸钙（$d \leqslant 0.02\mu m$）。用特殊的工艺方法制备的纳米碳酸钙（通常粒径为$30 \sim 50nm$）做体质颜料，有助于满足人们对涂料日益严格的性能要求。例如它具有空间位阻效应，在制备水性乳胶漆中，能使配方中密度较大的立德粉和钛白粉悬浮，起到防沉降的作用。涂膜白度增加，光泽度增加，透明，稳定，快干，而遮盖力不降低。

（5）纳米三氧化二铝　表面能很高的纳米Al_2O_3，加入涂料后，均匀嵌在树脂固化后形成的三维网状结构中，可有效增强树脂内部的结合力，因而能够承受更大的应力而不致被破坏；并且涂膜表面较为光滑，在摩擦过程中，纳米Al_2O_3又能在涂膜表面富集，充当自润滑剂的作用，即使涂膜表面的树脂被磨损，在表面富集的纳米Al_2O_3足以形成完整的润滑膜，再加上纳米Al_2O_3表面可吸附分子链，因而使涂膜的耐磨性显著提高。纳米Al_2O_3陶瓷涂料可用于热力输送管网、石油和天然气输送管道，以及各种工业储罐等。

（6）纳米碳管　碳既普通又很奇特，其原子间除以sp^3杂化轨道形成单键外，还能以sp^2及sp杂化轨道形成稳定的双键和三键，从而能形成零维（C_{60}，C_{36}）、一维（纳米碳管）到二维（石墨）、三维（金刚石）等结构和性质完全不同的碳材料。其中，一维纳米碳材料，包括纳米碳管、纳米碳棒、纳米碳线、纳米碳纤维，已是纳米材料的一个重要分支。纳米碳管是由类似石墨的六边形网格所组成的管状物，一般由多层网络组成，两端封闭，直径在几纳米到几十纳米之间，长度可达数微米。管壁相当于石墨碳原子层闭合卷成，卷曲的角度不同，纳米碳管的结构和性能各异，可以为导体、半导体。管端闭合为笼状结构。根据组成石墨片层数的不同，纳米碳管可分为单壁管（SWNTs）和多壁管（MWNTs）。纳米碳管的强度、导热性、导电性、长径比高，具有化学惰性。单壁纳米碳管的可弯曲性好，能承受较高的温度和压力，发生变形而不至于断裂，用作复合材料纤维增强体，使材料表现出非常好的强度、弹性和抗疲劳性。纳米碳管的制备方法有石墨电极电弧法、电弧催化法、碳氢化合物热解催化法、等离子沉积法、电解法等。将纳米碳管用于纳米复合涂料，除了考虑显著提高涂层的强度、弹性、耐热性等性能外，还用来设计防静电、抗电磁干扰、光电应用等涂料。例如：纳米碳管在较少的加入量情况下，仍有良好的导电性，并且不影响可见光透过率。

3. 纳米微粒表面修饰

（1）纳米微粒表面修饰的意义　纳米微粒的表面修饰是纳米材料领域中十分重要的研究课题。它是用物理、化学方法改变纳米微粒表面的结构和状态，实现对纳米微粒表面的控制。

如前所述，纳米微粒有很大的比表面积。随着粒径的减少，微粒表面原子数与总原子数之比急剧增大。分析表明，当粒径降到$1nm$时，表面原子数比例达到约90%以上，即原子几乎全部集中到纳米微粒的表面。纳米微粒表面原子数迅速增多，造成配位数不足和高的表面能，极易与周围其他原子结合，发生纳米微粒的团聚，纳米微粒的优势由此失去。如何避免纳米微粒的团聚，成了纳米复合涂料的一项关键技术。表面修饰除用于改善纳米微粒分散性外，还能提高或控制微粒表面活性，使微粒表面产生新的性质或功能，以及改善纳米微粒与其他物质之间的相容性等。

（2）纳米微粒表面物理修饰　其特点是改性物质与纳米微粒表面不发生化学反应，而是通过范德华力、沉积包覆等物理的相互作用达到改善或改变纳米微粒表面特性的目的。

表面活性剂法就是在范德华力作用下，将改性剂吸附在纳米微粒表面，达到纳米微粒分散和稳定悬浮等目的的。例如：纳米 Cr_2O_3、Mn_2O_3 微粒表面通过以十二烷基磺酸钠为表面活性剂的修饰后，能稳定地分散在乙醇中。

表面沉积包覆法是将改性剂沉积在纳米微粒表面，形成与微粒表面无化学结合的一个异质包覆层，来实现纳米微粒表面改性的目的。例如在制备 Fe_3O_4 的磁性液体中，采用油酸包覆在磁性纳米 Fe_3O_4 微粒表面，防止了磁性纳米 Fe_3O_4 微粒的团聚。

（3）纳米微粒表面化学修饰　其特点是通过改性剂与纳米微粒表面之间发生化学反应而改变纳米微粒表面的成分、结构及电化学特性等，达到表面改性的目的。这是一种表面改性较为稳定可靠的方法，但是过程复杂，主要有以下三种类型。

1）偶联剂法。通常无机纳米微粒的表面能较高，与表面能较低的有机体的亲和性差，两者在相互混合时难于相容。偶联剂的特点是分子中含有两种性质不同的基团：一种基团能与无机物很好结合或化合，另一种基团能与树脂（聚合物）结合。纳米微粒经偶联剂处理后可以与有机物产生很好的相容性，并且同时将无机物与树脂很好地黏合起来。偶联剂有多种类型，要根据不同树脂和无机填充剂进行选择。例如：硅烷偶联剂对于表面具有羟基的无机纳米微粒最有效，而对羟基含量少的碳酸钙、炭黑、石墨和硼化物陶瓷材料不适用。

2）酯化反应法。酯化反应是生成酯的反应的统称。它尤其指羧酸与醇作用生成酯的反应，这个反应是可逆的，而逆向反应称为皂化反应。在纳米微粒表面修饰中，可利用金属氧化物与醇的酯化反应使原来亲水疏油的表面变成亲油疏水的表面。酯化反应采用的醇类最有效的是伯醇，其次是仲醇，而叔醇是无效的。这个修饰法对于表面为弱酸性和中性的纳米微粒（如 SiO_2、Fe_3O_4、TiO_2、Al_2O_3、Fe_2O_3、ZnO、Mn_2O_3 等）最为有效。纳米微粒表面有大量的悬挂键，极易水解生成—OH，因而具有较强的亲水极性表面，可以产生氢键、共价键、范德华力等来吸附一些物质。利用酯化反应，可使纳米微粒表面修饰为亲有机疏无机的表面，有利于其在有机物中均匀分散，并与有机物进行有效的结合。例如用铁黄 $\alpha\text{-}FeO$（OH）与高沸点的醇进行反应，在200℃左右脱水后得到 $\alpha\text{-}FeO_3$，而在275℃脱水，得到了亲油疏水的 Fe_3O_4。

3）表面接枝改性法。该方法通过化学反应将高分子链接到无机纳米微粒表面上。它可分为以下几种类型：

①偶联接枝法。该方法通过纳米微粒表面的官能团与高分子的直接反应实现接枝。这种方法的优点是接枝的量可以控制，而且效率高。

②颗粒表面聚合生长接枝法。单体在引发剂作用下直接从无机颗粒表面开始聚合，诱发生长，从而完成颗粒表面高分子包覆。这种方法接枝率较高。

③聚合与表面接枝同步进行法。该方法要求无机纳米微粒表面具有较强的自由基捕捉能力，单体在引发剂作用下完成聚合的同时，立即被无机纳米微粒表面较强自由基捕获，使高

分子链与无机纳米微粒表面化学连接。这种方法对炭黑等纳米微粒特别有效。

纳米微粒经高分子接枝后，要与一定的溶剂相适应。例如：铁氧体纳米微粒经聚丙烯酰胺接枝后，在水中具有良好的分散性；而用聚苯乙烯接枝后，在苯中才有良好的稳定分散性。

4. 纳米复合涂料的制备方法和设备

（1）纳米复合涂料的制备方法 纳米复合涂料的制备方法主要有以下四种：

1）插层复合法。它是制备聚合物-层状硅酸盐（PLS）纳米复合材料的方法。首先将单体或聚合物插入经插层剂处理的层状硅酸盐片层之间，进而破坏硅酸盐的片层结构，使其剥离成厚度为1nm、面积约为100nm×100nm的层状硅酸盐基本单元，并均匀分散在聚合物基体中，以实现高分子与黏土类层状硅酸盐在纳米尺度上的复合。插层剂通常为有机阳离子，通过离子交换使层间距增大，并改善层间微环境，使黏土内外表面由亲水转变为疏水，降低硅酸盐表面能。常用的插层剂有烷基铵盐、季铵盐、吡啶类衍生物等。插层复合法按复合的过程可分为两类：一是插层聚合，即先将聚合物单体分散、插层进入硅酸盐片层中，然后原位聚合，利用聚合时放出的大量热量克服硅酸盐片层间的库仑力，使其剥离；二是聚合物插层，即将聚合物熔体或溶液与层状硅酸盐混合，利用化学或热力学作用使层状硅酸盐剥离成纳米尺度的片层，并且均匀分散在聚合物基体中。

PLS纳米复合材料按结构可分为插层型和剥离型两种类型，如图6-18所示。图6-18中粗直线代表层状硅酸盐基本结构单元（晶片）的横切面，弯曲的细线代表高分子链。由图6-18可以看出：插层型PLS纳米复合材料中层状硅酸盐在近程仍保留其层状有序结构（一般为10~20层），而远程是无序的；剥离型PLS纳米复合材料中层状硅酸盐有序结构皆被破坏。因此，两者在性能上有很大的差异。由于高分子链输运特性在层间的受限空间与层外空间有很大不同，所以宜做各向异性的功能材料，而剥离型PLS纳米复合材料是较为理想的强韧型材料。

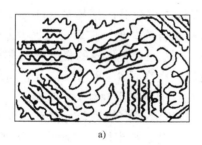 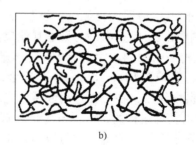

a) b)

图6-18 PLS纳米复合材料结构示意图

a）插层型 b）剥离型

2）溶胶-凝胶法。在6.2节中已对这项技术做了介绍。用它制备有机-无机纳米复合材料已显示出应用上的巨大潜力，尤其在制备有机-无机杂化材料（即有机与无机组分在亚微米到纳米尺度上互相穿插而形成的均匀混合物）方面有着很大的优势。

3）共混法。共混的方法可以追溯到1846年，那年通过天然橡胶与古塔波胶的混合，制成了雨衣，并形成了两种橡胶混合改性制品性能的思路。后来，聚合物共混改性是获得综合性能优异的高分子材料的卓有成效的途径。聚合物共混是指两种或两种以上聚合物通过物理的或化学的方法进行混合。在塑料工程界，高聚物共混物通常称为聚合物合金或高分子合金。共混改性是利用组分中不同聚合物的性能，取长补短。在共混体系中不同聚合物的质量相差较大时，可把量少的聚合物作为量大聚合物的改性剂，两者共混取得显著的效果；此外，共混改性还能改善聚合物的加工性能和降低成本。如今，共混改性的思路已引入纳米复合涂料的制备上，即通过溶液共混、悬浮液、乳液共混、熔融共混等方式来制备有机-无机纳米复合涂料。例如：把聚苯乙烯溶于苯乙烯中，加入 Al_2O_3 纳米微粒，再使苯乙烯聚合，制得聚苯乙烯（PS）/Al_2O_3 复合材料。又如：先用羟基丙烯酸处理二氧化硅后，将其分散在甲基丙烯酸甲酯中进行本体聚合，制得 PMMA/SiO_2 纳米复合材料。

4）原位分散聚合法。原位复合来源于原位结晶和原位聚合的概念。其原理是：按要求选择适当的反应剂，在适当条件下与基材之间发生物理、化学反应，原位生成分布均匀的第二相。原位复合有下列特点：①原位生成的第二相与基材之间的界面无杂质污染，可显著改善两相之间界面的结合状况；②省去了第二相的预合成，简化了工艺；③避免传统工艺可能发生的第二相分散不均匀、界面结合不牢固等问题；④能够实现材料的特殊显微结构设计，使涂层获得特殊性能。

原位复合材料是指在材料过程中，在基体材料上原位生成增强相所构成的复合材料。目前金属基和陶瓷基的原位复合材料研究得较多，如原位生长钛基复合材料、原位生长铝基复合材料、原位生长微晶增强陶瓷基复合材料、原位生长晶片或晶粒增强陶瓷基复合材料，以及原位生长金属间化合物复合材料等。树脂基原位复合材料的一个典型例子是将热致液晶高聚物加入某种树脂基体中，在加工时所造成的流动场和应力的作用下，诱导结晶形成微纤维增强相来增强树脂基体，使其力学性能，尤其是弹性模量和冲击强度显著提高。

原位复合在纳米复合涂料的制备上受到了重视，并且其含义有了扩展和延伸。例如有一种利用纳米二氧化硅原位制备快速结晶型聚酯的方法：采用纳米二氧化硅为结晶成核剂，首先对其进行有机包覆表面改性，使其能均匀分散在聚酯聚合的单体之一乙二醇中，将配好的纳米二氧化硅/乙二醇浆料再经过高温预处理，保证二氧化硅的平均粒径小于100nm，最后在酯化过程中加入反应釜内，与聚酯其他单体进行聚合或共聚，在聚合过程中原位得到纳米二氧化硅/聚酯复合材料。由含有1%（质量分数）纳米二氧化硅的复合材料非等温结晶熔融峰温度提高到213.4℃，185～200℃等温结晶速度提高了4～8倍。该复合材料可在特种耐磨复合涂料中使用；在工程塑料领域，它具有优良的可加工性和力学性能。

（2）纳米复合涂料的制备设备　纳米微粒在有机涂料中的均匀分散和稳定悬浮，是成功制备纳米复合涂料的关键。它可以通过正确制定工艺、纳米微粒表面改性以及加入助分散等方法来解决。选用的设备要保证工艺的实施，主要设备有以下几种：

1）超声波分散设备。一般超声波的频率为 $10^4 \sim 10^8$ Hz，微波超声波为 $10^8 \sim 10^{12}$ Hz，光波超声波达 $10^{12} \sim 10^{14}$ Hz。在超声波传播过程中，介质质点振动的加速度非常大，而在液体介质中，当超声波的强度达到一定值后会产生空化现象。利用超声波的特点，可用于纳米微粒的分散。

2）高速分散机。它是由轴向装置的叶轮组成的一种分散机。当叶轮高速旋转时赋予剪切作用，使固体分散于液体中。其分散强度取决于叶轮线速而不是分散时间。这种设备分散纳米微粒的效果较好。

3）高速搅拌设备。

4）研磨机。它是使固体通过粉碎、研磨或压碎而成微细颗粒的装置，主要有球磨机、三辊研磨机等。通过选择合适的工艺条件，如分散时间和分散方法，使纳米微粒能均匀、稳定地分散到基料中。

5）干燥设备。

6）各种制备纳米复合材料的专用设备。

7）涂料性质及性能测定设备。

5. 纳米复合涂料的应用及其前景

（1）纳米复合涂料的应用　由于纳米材料具有独特的性质和效应，若能恰当地加入到涂料中，可以显著提高涂料的性能，或者使涂料获得某些特殊的功能。目前关于纳米复合涂料的分类尚无统一的意见。其中一种分类意见被较普遍的采纳，即按由涂料形成的涂层所起的作用来分类：一类是结构涂层，这种涂层提高基体的某些性质或性能；另一类是功能涂层，其赋予基体所不具备的性质或性能，从而获得传统涂层所没有的功能。虽然这种分类方法与结构材料、功能材料的含义不完全对应，但却较为切合涂料的实际情况。结构涂层有耐腐蚀涂层、抗氧化涂层、耐磨涂层、超硬涂层、耐热涂层、阻燃涂层、装饰涂层等。功能涂层有导电涂层、半导体特性涂层、磁性涂层、光反射涂层、光选择吸收涂层、湿敏涂层、氧敏涂层、气敏涂层等。实际的涂层很多，并且不断有新的涂层出现，有些涂层还兼有结构与功能两者的作用。

（2）纳米复合涂料的应用前景　在传统涂料的基础上，添加或原位形成纳米材料，获得传统涂料难以达到的性能水平或不具备的功能，显示出强大的生命力。近 10 多年来，越来越多的新型纳米复合涂料涌现出来，为经济发展和人们生活环境的改善做出了不平凡的贡献，例如：水性环保纳米乳胶漆、纳米负离子内墙涂料、环保（无苯）氟碳纳米涂料、水性隔热保温纳米涂料、纳米防水涂料、油气田管道纳米瓷膜漆、纳米双超罩面涂料、纳米稀土发光涂料等。

目前人们对纳米复合涂料的研究正在不断地深入和加强，如进一步探讨纳米材料在涂料中的作用机理，开拓新涂料的设计理念，开发新的制备方法，研制新涂料的制备装置，实现对纳米微粒尺寸、形态和分布的精确控制，得到性能符合设计要求的纳米复合涂料等。其应用前景将会更加光明和诱人。

6.11　陶瓷涂层

陶瓷涂层是以氧化物、碳化物、硅化物、硼化物、氮化物、金属陶瓷和其他无机物为原料，用各种方法涂覆在金属等基材表面而使之具有耐热性、耐蚀性、耐磨性，以及某些光、电等特性的一类涂层。它的主要用途是作为金属等基材的高温防护涂层，故又称高温涂层。

无机非金属材料包括除金属材料、有机高分子材料以外的几乎所有的材料，如陶瓷、玻璃、水泥、耐火材料、碳材料，以及以此为基础的复合材料。陶瓷是无机非金属材料中研究最多、应用最广的材料，所以经常将陶瓷作为无机非金属材料的代表。相应的，许多学者将陶瓷涂层拓展为无机涂层。

无机涂层是指以金属氧化物、金属间化合物、难熔化合物等无机化合物及金属粉末为原料，用各种工艺涂覆在结构底材上，保护底材不受高温氧化、腐蚀、磨损、冲刷，并能隔热或有新的光、电等性能的一类材料。按组成，它可分为玻璃质涂层、陶瓷涂层、金属陶瓷涂层、金属间化合物涂层、无机胶黏剂黏结涂层及复合涂层。按工艺，它又可分为高温熔烧涂层、高温喷涂涂层、热扩散涂层、低温烘烤涂层以及热解沉积涂层等。实际上由6.10节所述的无机涂料涂覆在基材表面、经干燥固化后制得的涂层，也是非常重要的无机涂层。但是，在学术界和工程中所说的无机涂层通常在高温下使用，所以无机涂层又称高温无机涂层。

　　无机涂层有较为广泛的含义，有些无机涂层已在前面做了介绍，因此本节专门介绍陶瓷涂层。

6.11.1　陶瓷涂层的分类和选用

1. 陶瓷涂层的分类

（1）按涂层物质分类

1）玻璃质涂层。它包括以玻璃为基与金属或金属间化合物组成的涂层、微晶搪瓷等。

2）氧化物陶瓷涂层。

3）金属陶瓷涂层。

4）无机胶黏物质黏结涂层。

5）有机胶黏剂黏结的陶瓷涂层。

6）复合涂层。

（2）按涂覆方法分类

1）高温熔烧涂层

2）高温喷涂涂层。它包括火焰喷涂、等离子喷涂、爆震喷涂涂层等。

3）热扩散涂层。它包括固体粉末包渗、气相沉积渗、流化床渗、料浆渗涂层等。

4）低温烘烤涂层。

5）热解沉积涂层。

（3）按使用性能分类

1）高温抗氧化涂层。

2）高温隔热涂层。

3）耐磨涂层。

4）热处理保护涂层。

5）红外辐射涂层。

6）变色示温涂层。

7）热控涂层。

2. 陶瓷涂层的选用

在选择合适陶瓷涂层时，必须考虑下列因素：

1）涂层与基材的相容性和结合力。

2）涂层抵御周围环境影响的必要能力。

3）在高温长时间使用时，涂层与基材的相互作用和扩散应避免基材性能的恶化，同时要考虑选择能适应基材蠕变性能的涂层。

4）高温瞬时使用的涂层应避免急冷急热条件下发生破碎或剥落。

5）选择最适合的涂覆方法。

6）选择最佳的适用厚度。

7）确定允许的储存期和储运方法。

8）涂层的再修补能力。

6.11.2 陶瓷涂层的工艺及其特点

1. 熔烧

（1）釉浆法 搪瓷是其典型代表。该方法的优点是涂层成分变化广泛，质地致密，与基材结合良好；缺点是基材要承受较高温度，有些涂层需在真空或惰性气氛中熔烧。

（2）溶液陶瓷法 它是将涂层成分中各种氧化物先配制成金属硝酸盐或有机化合物的水溶液（或溶胶），喷涂在一定温度的基材上，经高温熔烧形成约 $1\mu m$ 厚的玻璃质涂层。如需加厚，可重复多次涂烧。其优点是熔烧温度比釉浆法低，但涂层薄，并且局限于复合氧化物组成。

2. 高温喷涂

（1）火焰喷涂法 它是用氧乙炔焰，将条棒或粉末原料熔融，依靠气流将陶瓷熔滴喷涂在基材表面形成涂层。其优点是设备投资小，基材不必承受高温，但涂层多孔，涂层原料的熔点不能高于2700℃，涂层与基材结合较差。

（2）等离子喷涂法 它是用等离子喷枪所能产生的1500～8000℃高温，以高速射流将粉末原料喷涂到工件表面；也可将整个喷涂过程置于真空室进行，以提高涂层与基材的结合力和减少涂层的气孔率。该方法适用于任何可熔而不分解、不升华的原料，底材不必承受高温，喷涂速度较快，但设备投资较大，又不大适用于形状复杂的小零件，工艺条件对涂层性能有较大影响。

（3）爆震喷涂法 它是用一定混合比的氧、乙炔气体在爆震喷枪上脉冲点火爆震，即以脉冲的高温（约3300℃）冲击波，夹带熔融或半熔融的粉末原料，高速（800m/s）喷涂在基材表面。其优点是涂层致密，与基材结合牢固，但涂层性能随工艺条件变化大，设备庞大，噪声达150dB，对形状复杂的工件喷涂较困难。

3. 热扩散

（1）气相或化学蒸气沉积扩散法 它是将涂层原料的金属蒸气或金属卤化物经热分解还原而成的金属蒸气，在一定温度的基材上沉积并与之反应扩散形成涂层。其优点是可以得到均匀而致密的涂层，但工艺过程需在真空或控制气氛下进行。

（2）固相热扩散法（又称粉末包埋渗镀法） 它是将原料粉末与活化剂、惰性填充剂混合后装填在反应器内的工件周围，一起置于高温下，使原料经活化、还原而沉积在工件表面，再经反应扩散形成涂层。其优点是设备简单，与基材结合良好，但涂层组成受扩散过程限制。

（3）液相扩散法 它是将工件浸入低熔点金属熔体内，或将工件上的涂层原料加热到熔融或半熔状态，使原料与基材之间发生反应扩散而形成涂层。其优点是适合于形状复杂的工件，能大量生产，但涂层组成有一定的限制，需进行热扩散及表面处理附加工艺。

（4）流化床法 它是涂层原料在带有卤素蒸气的惰性气体流吹动下悬浮于吊挂在反应

器内的工件周围，形成流化床，并在一定温度下使原料均匀地沉积在工件表面，与之反应扩散，形成涂层。流化床加静电场还可进一步提高涂层的均匀性。这种方法的优点是工件受热迅速、均匀，涂层较厚、均匀，对形状复杂的工件也适用。其缺点是需消耗大量保护气体，涂层组成也受一定的限制。

4. 低温烘烤

它是将涂层原料预先混合，再与无机黏结剂或有机黏结剂及稀释剂等一起球磨成涂料，用喷涂、浸涂或涂刷等方法涂覆在工件表面，然后自然干燥或在300℃以下低温烘烤成涂层。其优点是设备、工艺简单，化学组成广泛，基材不承受高温，基材与涂层之间有一定的化学作用而结合较牢固，但含无机黏结剂的涂层一般多孔，表面易沾污，含有机黏结剂的涂层一般耐高温性能较差。

5. 热解沉积

它是将原料的蒸气和气体在基材表面上高温分解和化学反应，形成新的化合物定向沉积形成涂层。其优点是涂层与基材结合良好，涂层致密，但基材需加热到高温，仅适用于耐热结构基材，并且涂层内应力高，需退火。

6.11.3　几种典型的陶瓷涂层

陶瓷涂层种类很多，应用广泛，这里简略地介绍几种典型的高温无机涂层。

1. 火焰喷涂氧化铝涂层

涂层原料：质量分数为98%的 Al_2O_3，$\phi2.5mm$，棒料。

喷涂工艺参数：O_2，$0.12 \sim 0.20MPa$；C_2H_2，$0.1 \sim 0.15MPa$；空气，$0.4 \sim 0.6MPa$。

性能：涂层气孔率为8%~9.5%；涂层抗折强度为31~33MPa；涂层热导率为（6.4~7.0）$\times 10^{-3}W/(cm \cdot ℃)$（400~750℃）；涂层线胀系数为 $7.4 \times 10^{-6}/℃$（20~1000℃）；氧化气氛中长期使用最高温度为1200℃，瞬时<2000℃。

用途：隔热、防热、耐磨零部件，如柴油机活塞、阀门、气缸盖，熔炼金属用坩埚内表面，铸造合金泵、柱塞、高温滚筒等涂层。

2. 等离子喷涂涂层

这类涂层的品种较多，举例如下：

（1）Al_2O_3 涂层　用于耐磨、耐蚀、硬度较高、电绝缘、低热导、抗急冷急热性零部件。

（2）Cr_2O_3 涂层　用于高温耐磨、耐蚀零部件。

（3）$Al_2O_3 + TiO_2$ 涂层　用于耐磨、耐蚀零部件。

（4）$WC + Co$ 涂层　用于高温耐磨、耐蚀零部件。

（5）$Cr_3C_2 + NiCr$ 涂层　用于高温耐磨、耐蚀零部件。

（6）$TiO_2 + ZrO_2 + Nb_2O_5$ 涂层　用于红外加热元件的涂层。

（7）$ZrO_2 + NiO + Cr_2O_3$ 涂层　用于红外加热元件的涂层。

（8）$ZrO_2 +$ 金属涂层　用于低热导、抗急冷急热的零部件。

（9）ZrO_2 涂层　用于隔热、抗金属熔体侵蚀的零部件，也可用于一些生物体的表面层。

（10）生物玻璃涂层　用于生物体的表面层。

（11）羟基磷灰石涂层　用于生物体的表面层。

（12）NiCr、NiAl、NiCrAly 涂层　常用于金属基材与陶瓷涂层之间的过渡层。

3. 爆震喷涂涂层

下面列举两种典型的爆震喷涂涂层：

（1）Al_2O_3 涂层　气孔率为 1% ~2%；抗折强度为 132MPa；线胀系数为 7.0×10^{-6}/℃（70 ~1800℃）；显微硬度为 1000 ~1200HV（载荷为 2.95N）；与 1Cr18Ni9 不锈钢基材结合强度为 23.1MPa；氧气氛中最高使用温度为 1000℃。该涂层可用于耐磨、耐蚀、抗氧化零部件。

（2）WC + 13% ~15% Co 金属陶瓷涂层　气孔率为 0.5% ~1.0%；抗折强度为 590 ~657MPa；线胀系数为 8.1×10^{-6}/℃（70 ~1000℃）；显微硬度为 1150 ~1250HV（载荷 2.95N）；氧气氛中最高使用温度为 500 ~550℃。该涂层可用于耐磨、抗冲击、抗急冷急热性的零部件。

4. 热扩散涂层

它主要是难熔金属及其合金的硅化物涂层和高温合金的铝化物涂层，其同特点是防护金属基材而使之具有高温抗氧化性。例如：

（1）钼及钼合金的二硅化钼涂层　对于钼及含钛的钼合金，用气相热扩散法，在 1000 ~1250℃质量分数为 40% 的 $SiCl_4$ 的氢气流中热扩散 10 ~240min，基材表面形成 $MoSi_2$ 涂层。

（2）铌合金的热扩散硅化物涂层　Nb-10W-25Zr 的铌合金用 Si-20Cr-20Fe 料浆在真空（0.1Pa）、137℃熔体热扩散 1h，得到厚度约为 90μm 的多元硅化物涂层。外层的 $NbSi_2$ 为主相，中间层为复杂硅物相，内层以 Nb_5Si_3 为主相。

（3）钽合金的热扩散硅化物涂层　Ta-10W 合金用 Si-20Ti-10Mo 料浆在真空（0.1Pa）、1370 ~1400℃熔体热扩散 1h，得到厚度约为 100μm 的硅化物涂层。

（4）铁基合金的铝化物涂层　铁锰铝铸造合金（Fe 基，其他合金成分的质量分数为：3.3%Al，30% Mn，5.95% W + Mo + V + Nb，0.4% C，0.1% B，0.15% RE，< 0.35% Si，<0.035%P + S）采用 40%（质量分数，下同）铁铝粉（50% Fe，50% Al）、10% Al、50% Al_2O_3 料浆（外加 2% 硝化纤维素，与适量的稀释剂丙酮—酒精，一起球磨混合 50h），在氩气包箱内经 700℃、10h 热扩散，得到厚度约为 20 ~25μm 的多元铝化物涂层。外层以 $FeAl_3$ 相为主，中间层以 FeAl 和 Fe_3Al 为主相，内层以 Fe_3Al 相为主。

（5）K403 铸造高温合金的铝化物涂层　K403 合金用 50Al50Fe 的铁铝粉（加质量分数为 1% ~3% 的 NH_4Cl）在氩气包箱中 950℃热扩散 90min，这样的粉末包埋渗涂法处理后得到厚度约为 20 ~40μm 的铝化物涂层。它是单一层，以 Ni_2Al_3 及 NiAl 为主相。

（6）钢和不锈钢的热扩散铝化物涂层　可用粉末包埋热扩散、液相热扩散、喷涂铝后的热扩散等方法得到不同厚度的铝化物涂层，用于各种耐温、耐蚀零部件。

5. 低温烘烤陶瓷涂层

这类涂层又称陶瓷涂料，已有许多用途，大致有：

（1）热处理保护陶瓷涂料　例如 1306 高抗氧化防脱碳陶涂料，是用氧化铝粉（约 45 质量份）、氧化硅粉（约 45 质量份）、碳化硅粉（约 10 质量份）、硅酸钾（约 10 质量份）与水球磨混合成涂料，用喷、浸、刷等方法涂覆在去锈脱脂的干燥工件表面，形成厚度为 0.1 ~0.3mm 的涂层。

（2）高温隔热陶瓷涂料　例如用刚玉、镁砂、氧化铬等粉末作为陶瓷基料，加磷酸铝黏结剂和水，混合后涂覆于玻璃钢表面，在 100~200℃ 固化成涂层，能在 2000℃ 下瞬时使用。

（3）示温变色陶瓷涂料 有单变色型、脱水变色型、多变色型等。例如用镉红、锶黄、氧化铝、偏硼酸钠、碳酸钡、三氧化二钴作为基料，加环氧改性有机硅树脂（黏结剂）和二甲苯或二甲苯与异丁醇（稀释剂），配成多变色型陶瓷涂料。该涂料 220℃ 时绿变棕，550℃ 时红棕变红黄，550℃~600℃ 时红黄变青黄，600℃~700℃ 时青黄变浅棕，700℃~800℃ 时浅棕变浅绿，800℃~900℃ 时浅绿变蓝绿。

（4）红外辐射陶瓷涂料 它以红外波发射率较高的陶瓷粉末为基料，水玻璃或有机硅树脂为黏结剂，水或有机溶液为稀释剂，均匀混合形成涂料，涂覆于金属、陶瓷或耐火材料表面。这种涂层有明显的节能效果。具体配方较多。表6-8 为某些因素对红外辐射涂料性能的影响。

表6-8 某些因素对红外辐射涂料性能的影响

影响因素			400℃时法向发射率（红外分波段）ε			
			全辐射	1~14μm	1~8μm	1~4μm
黏结剂含量对涂料性能的影响（基料为氧化铁）	氧化铁:水玻璃:水（质量比）	1:1:0	0.88	0.89	0.86	0.79
		4:3:0	0.83	0.82	0.80	0.67
		5:2.5:1	0.80	0.77	0.74	0.59
		20:5:9	0.76	0.72	0.69	0.47
基料种类对涂料性能的影响（黏结剂为水玻璃）	碳化硅		0.87	0.87	0.86	0.78
	氧化铁		0.85	0.84	0.82	0.78
	氧化铁经 1000℃ 煤气充分接触热处理		0.95	0.94	0.93	0.92
涂层厚度对 ε 的影响			层厚 30μm，ε 约为 0.80；层厚 60μm，ε 约为 0.86；层厚 > 70μm，ε 约为 0.88；			

6.12 达克罗涂覆技术

达克罗涂覆技术诞生于 20 世纪 50 年代末，而在 20 世纪 70 年代美国 Diamand Shamrock 公司将它开发成一种先进的实用表面处理技术，用以替代电镀锌、热浸锌、电镀镉、锌合金镀层等传统防腐处理技术。

达克罗涂层具有优异的耐蚀性，良好的耐热性，无氢脆，并且再涂覆性能好，深涂能力强，因而受到人们的很大关注。无铬的达克罗涂覆工艺可能将成为一种真正的清洁生产方式，从而具有重要的意义。

目前达克罗涂覆技术主要应用于汽车行业。通用、福特、克莱斯勒、雷诺、本田、丰田、三菱、大众、菲亚特等汽车制造公司都已形成了标准化规范，规定部分汽车零部件必须采用达克罗涂覆技术进行表面处理。

自 20 世纪 90 年代达克罗涂覆技术引入我国以来，得到了迅速发展。这项技术的应用已不限于汽车工业，我国越来越多的领域采用该项技术，如神舟三号飞船与神舟五号飞船、铁路、桥梁、隧道、港口、化工、建筑、舰船、摩托车、电子电器、电力系统、能源设施、发射塔、坦克、潜艇、军用器材等。达克罗涂覆技术的应用将不断扩大，该技术有着广阔的发展前景。

6.12.1　达克罗涂覆技术的由来与发展

达克罗涂覆技术诞生于20世纪50年代末。在严寒的冬天，道路上厚实的冰层严重阻碍了机动车的行驶，人们用盐撒在地上的方法加快冰雪的融化以缓解道路通行难的问题，但是盐中的氯离子也加速了汽车底盘等钢铁材料的腐蚀。美国科学家迈克·马丁为解决氯离子严重侵蚀钢铁材料的问题，研制出高分散水溶性涂液，进而发展成了达克罗涂覆技术。

达克罗是英文 DACROMET 的中译名，它的学术名称是片状锌基铬盐防护涂层。传统的达克罗涂液主要是由片状锌粉（质量分数约为70%）、片状铝粉（质量分数约为10%）、无水铬酸（质量分数约为7%~8%）和乙二醇等（质量分数约为12%）组成。将溶液中物质分散均匀后，置于涂槽中。钢铁工件先后进行脱脂和喷丸处理，然后放入涂槽内经受浸涂（对于一些大工件，往往做静电喷涂处理）。钢铁工件在涂覆后进入烘道或烘箱，温度约为300℃，有的高达350℃，使涂料完全固化成牢固的涂层。

为避免钢铁工件表面有氢渗入而造成氢脆，在预处理中，通常用二氯甲烷溶剂进行脱脂，并用超声振荡将油脂等物从工件表面清除掉。然后工件进入喷丸工序，用细小的铸钢丸冲击工件表面，除去表面氧化皮。

为提高涂层附着力等性能，工件通常要进行两次涂覆，有的甚至进行三次涂覆。这样，才能保证涂层达到必要的厚度。

涂覆工件在烘箱或烘道中涂液固化时，六价铬离子（Cr^{6+}）与乙二醇等有机物发生化学反应，还原为三价铬离子（Cr^{3+}），生成不溶于水的无定型 $nCrO_3 \cdot mCr_2O_3$，其作为黏结剂，与鳞片状锌粉和铝粉构成保护层，牢固地附着于零件表面。因此，固化后的涂层结构为锌片、铝片和 $nCrO_3 \cdot mCr_2O_3$ 等组成。由于化学反应可能不十分完全，或者为了提高涂层的性能而有意保存极少量的 Cr^{6+}，故达克罗涂层通常残留着质量分数约为0.05%~2%的六价铬离子。

1972年，第一个达克罗涂覆技术实用专利由美国 ohiho 州 Heighis 大学的 Mulkin 注册，并由美国 Diarnand Shamrock 公司代理。该专利指出：用金属粉末和铬酸水溶液等混合后涂在工件表面，可以得到具有导电性、钎焊性和优异耐蚀性的涂覆层。

1973年，美国 Diarnand Shamrock 公司在澳大利亚申请了专利，并指出：达克罗涂液的组成，除了金属粉末和铬酸水溶液之外，还有 pH 调节剂、表面活性剂、分散剂和还原剂等。

1976年前后，美国 Diarnand Shamrock 公司将达克罗涂覆技术分别转让给美国 Metal coating international 公司（MCI 公司）、日本 Nippon Dacro Shamrock 公司（NDS 公司）和法国 Dacral 公司等。他们将世界达克罗涂覆市场划分为美洲、亚太和欧非三大市场，在全球范围内谋求共同利益。这三家公司在全球拥有这个技术领域的专利达数十项，每年处理量在200万t以上。日本是个岛国，四面环海，每年钢铁设施和设备腐蚀严重，特别关注防腐蚀技术，因此达克罗涂覆技术发展迅速，很快建起了100多家涂覆厂以及70余家生产相应涂液的公司。

达克罗涂覆技术起源于汽车行业，现在除了在汽车行业进一步发展外，还在摩托车、铁路、桥梁、建筑、输配供电、电器、通信、五金、军工、航天、航空等领域得到了广泛的应用，逐步形成了一个庞大的市场。

1993年前，我国在达克罗涂覆领域还是个空白，尽管有人做过小范围的实验室研究，但无多大进展，更不能产业化。直到1993年，南京宏光空降装备厂才首次从日本引进了达克罗涂覆技术，随后上海、天津、浙江一些企业也相继引进该技术。现在，经过20多年的发展，我国江苏、上海、吉林、浙江、云南、贵州、重庆、广东、河北等省市都已建立了达克罗涂覆生产线，多达400多条。

我国从2003年开始，达克罗涂覆产业得到了迅速的发展，其原因主要有五个：一是达克罗涂层具有优异的性能，如耐蚀性高于电镀锌5~10倍；二是其生产为闭合的处理过程，尤其在采用无铬达克罗涂液后更能达到环保的要求；三是我国先后出台了一系列有关产品质量和产业环保的政策或法规，污染大的电镀行业越来越受到限制；四是我国初步实现了涂覆设备和涂料的国产化，尤其是云南等省的一些生产企业在达克罗涂液配方以及鳞片状锌粉制备方面取得了突破性进展，迫使进口达克罗原液的价格有了大幅度的下降；五是我国加大了改革开放力度，使一些有实力的企业能及时引进国外先进装备，提高了产品质量和生产率。随着我国经济持续迅速发展，防腐蚀的需求日益增大，电镀行业受到更大的限制，新的无铬达克罗涂液不断问世，达克罗工艺技术和装备进一步改进，达克罗涂覆市场将显著扩大。

6.12.2　达克罗涂层的结构与耐蚀机理

1. 达克罗涂层的结构

目前达克罗涂液大致由A、B、C三组分组成：A组分主要由鳞片状锌粉、铝粉、乙二醇、分散剂（OP）和溶剂油组成；B组分由铬酐、氧化锌、硼酸、碳酸钡和蒸馏水构成；C组分是水溶性纤维素醚。原来达克罗涂液A组分中鳞片状粉末仅为锌粉，后来研究发现，添加少量分铝粉可显著提高耐蚀性，所以改变为锌粉与铝粉混合。图6-19所示为达克罗涂层结构示意图。由该图可以看到，涂层中除鳞片状锌粉与铝粉外，还含有无定形复合铬酸盐化合物膜（$nCrO_3 \cdot mCr_2O_3$）。

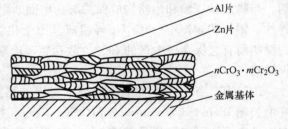

图6-19　达克罗涂层结构示意图

Al片
Zn片
$nCrO_3 \cdot mCr_2O_3$
金属基体

2. 达克罗涂层的耐蚀机理

达克罗具有优异的耐蚀性，比电镀锌和热浸镀锌层耐蚀性高得多，这与其涂层结构有关。

（1）鳞片状锌粉与铝粉的物理屏蔽作用　它们与无定形复合铬酸盐化合膜（$nCrO_3 \cdot mCr_2O_3$，具有黏结作用）一起阻止腐蚀介质与金属接触。

（2）电化学阴极保护作用　锌片和铝片对钢铁具有牺牲阳极的作用。

（3）钝化作用　铬酸对金属表面有钝化的作用。

6.12.3　达克罗涂覆工艺流程

达克罗涂覆工艺流程主要分为涂液的配制、涂覆过程和产品检验三部分。

1. 涂液的配制

如上所述，目前达克罗涂液由 A、B、C 三部分组成。A、B、C 三组分的配比如下：A 组分 8.3kg，B 组分 11.7kg（喷涂时可适当增加 B 组分），C 组分为 0～50g（根据不同加工黏度的要求来确定）。

涂液配制过程大致为：将称量好的 A 组分和 B 组分放于杯中，并且置于温度为 25℃ ± 2℃的恒温水浴槽→用变频搅拌机充分搅拌 A 组分，使锌浆完全分散均匀→加入 B 组分，温度上升至 35℃，开动制冷装置保持在 35℃搅拌→连续快速搅拌 1～2h→加入 C 组分，再搅拌 12h，使达克罗涂液熟化→用 100 目不锈钢振动筛过滤。

在连续作业时，必须每 8h 测试涂液，指标要求：pH 值为 3.8～5.0；Cr^{6+} 的质量浓度 ≥ 25g/L，相对密度为 1.33 ± 0.13（喷涂）或 1.33 ± 0.03（浸涂）；黏度为 20～60s（喷涂）或 60～80s（浸涂）；使用温度为 20℃ ±2℃。

在配料中，一般锌粉和铝粉的鳞片厚度为 0.2～0.3μm，粒径为 4～6μm。锌粉与铝粉的质量比约为 9:1。在涂液配制前，锌粉与铝粉一定要充分干燥和过滤，除去表面不溶于水的有机物，以免制出的涂层表面粗糙和影响耐蚀性。然后要经整平介质处理，以保证金属粉在涂层中能平铺于工件表面，形成致密叠加膜层。整平介质有 2-乙氧基乙醇、4-丁氧基乙醇、二丙酮醇等。锌粉与铝粉的加入量都要适当，否则会影响膜层质量：锌粉过少，涂层耐蚀性下降，而过多又影响成膜；铝粉过多，会使膜层脱落。

B 组分中的铬酐与硼酸混合后，使用效果更好。铬酸与硼酸的质量比为 6:4。两者总量与金属粉的质量比一般控制在 1/5～3/10 为宜。酸不足，金属粉之间黏结不牢；酸过多，涂层呈黄色且耐蚀性降低。铬酸除具有黏结金属粉的作用外，还使锌粉免受大气腐蚀、保护涂层外观质量，以及与锌粉反应生成无机铬的化合物，成为膜层的主要成分之一。

组分中乙二醇、纤维素等一些高沸点有机物是还原剂，其作用是在膜固化过程中将六价铬转化为三价铬，形成无机铬的化合物，同时将有机物分解，除去膜中残存有机物，以及防止 CrO_3 析出导致膜脱落。选择高沸点的有机还原剂，是为了防止固化过程中因加热过早挥发而影响六价铬的还原。

除了还原剂外，还要添加其他一些成分，如用于增稠、消泡、防沉淀等。涂液的 pH 值为 3.5～5.0 时，稳定性与膜质量最佳，并且涂液使用过程中 pH 值会发生变化，故需监控调整。ZnO、$CaCO_3$ 等为常用的 pH 值调整剂。

上面所述的 A、B、C 组分是一个实例，实际生产有多种配比，可用的还原剂和其他添加剂有着许多选择，尤其是近 20 年发展起来的无铬达克罗涂液，在组分上已有显著的变化。

2. 涂覆过程

涂覆基本过程为：表面脱脂→喷丸除锈→涂覆（浸涂或刷涂或喷涂）→离心甩干→预热→烧结固化→冷却。

表面脱脂有三种方法：①高温脱脂；②中性水机脱脂剂脱脂；③二氯甲烷等有机溶剂脱脂。脱脂后要求工件表面能够被水完全浸润。

喷丸除锈和去除毛刺所使用的钢丸直径为 0.1～0.6mm。喷丸后工件温度高达 60℃左右，待降至 20℃时才可进行下道工序。除锈与去毛刺不彻底的工件严禁直接涂覆。

经预处理的清洁工件必须尽快进行涂覆。涂覆主要有浸涂、喷涂和刷涂三种方式。浸涂时需增加甩干工序。对于大工件，在涂覆后挂在传送带上进行自然沥干。

工件涂覆后必须尽快在60～80℃温度下预烘10～15min（根据工件吸热量定），使涂液水分蒸发，流平均匀。

涂覆工件经预烘后，进行烧结固化，即在280～330℃保温25～40min，具体规范根据工件实际情况来确定。小工件通常用网带输送，大工件通常用悬挂等方法固化。工件之间必须分离，互不粘连。

固化后的工件，要进行强冷，以缩短冷却时间，减少固化炉的长度。

不同工件在不同的环境条件下，对达克罗涂层厚度的要求也不一样。除少数采用一涂一烧外，更多的工件要求多涂多烧，以获得较厚的达克罗涂层。例如一般汽车零部件多采用二涂二烧；对于重防腐零部件，通常需要三涂三烧处理。

在达克罗涂覆生产中各道工序所采用的设备十分重要。应选用运行快、自动化程度高和封闭性好的设备，以便不断提高产品质量、生产率，并满足环保要求，从而获得广大用户的信任，保持高度的竞争优势。

3. 产品检验

工件涂覆后，要按规定进行检验。一般为成批产品中随机抽验。除外观检验，主要是性能检验。耐蚀性的指标通常为：

一涂一烧产品，涂层厚度为4μm，中性盐雾试验寿命为240h。

二涂二烧产品，涂层厚度为5μm，中性盐雾试验寿命为480h。

二涂二烧产品，涂层厚度为8μm，中性盐雾试验寿命为720h。

三涂三烧产品，涂层厚度为9μm，中性盐雾试验寿命为960h。

目前，达克罗涂层产品的常用检测项目有12项：外观、硬度、涂覆量和涂层厚度、附着强度、硝酸铵法快速检测、耐水性能、耐热腐蚀性能、耐摩擦性能、耐盐雾性能、耐盐水性能、耐氨水性能、耐湿热性能。具体检验项目和指标，必须按产品要求和有关标准严格检验。

6.12.4 达克罗涂覆技术的优点与不足

1. 达克罗涂覆技术的优点

（1）优异的耐蚀性 工件经达克罗涂覆后，中性盐雾试验寿命可达1000h甚至2000h，比电镀锌和热浸涂锌层的耐蚀性高得多。其原因可进一步归纳为以下四方面：①层层重叠的锌鳞片、铝鳞片及含铬无定型复合物具有屏蔽作用；②锌和铝的电极电位比铁负，具有牺牲阳极的作用；③固化过程中六价铬化合物与锌、铝片及基体反应，生成Zn、Al、Fe的铬盐化合物膜，具有钝化作用；④达克罗涂层中约留有2%（质量分数）的未反应的氧化铬（CrO_3），当钝化膜破损时CrO_3能将金属表面物质重新氧化以修复钝化膜，即具有自修复作用。

（2）良好的耐热性能 达克罗涂层是经300℃左右烧结固化的，涂层中的铬酸聚合物不含结晶水，因此在较高温度下长期使用仍能保持良好的耐蚀性，外观色泽基本不变，也不产生龟裂。

（3）不存在氢脆问题 金属氢脆是一种危害性较大的腐蚀问题。其主要特征是氢以某种状态存在于金属中，使金属韧性或塑性下降，并可能产生低应力下延迟断裂。达克罗涂液无氢的析出，并且工件在预处理过程中采用二氯甲烷溶剂脱脂和喷丸去除氧化皮，也没有氢的析出，因此不会发生氢脆。

（4）优良的渗透性　达克罗涂液是水溶性的，可以渗入到工件的深孔、夹缝、管件内壁上，经烧结固化后形成完整的涂层。

（5）再涂覆能力强　达克罗涂层与基体金属的附着力好，并且其表面微观粗糙度较大，故可在其上再涂覆各种涂料，以改善工件的装饰性和耐磨性等性能。

（6）配合精度好　达克罗涂层厚度可控制在 $6 \sim 8 \mu m$，因此紧固件的配合精度可以符合 $6g/6H$ 的精度，不会出现像镀锌紧固件在使用过程中易破坏涂层的现象。

（7）避免发生钢与铝合金之间的电偶腐蚀　工程上钢铁工件经常与铝或铝合金制品接触，由于它们的电位相差较大，很容易造成电偶腐蚀，又称接触腐蚀。电偶腐蚀的主要特征是：两种不同电位的金属相接触，并浸入电解液，其中电位较负的金属腐蚀加快，而电位较正的金属腐蚀减缓；腐蚀主要发生在金属与金属，或金属与非金属导体的接触边线附近，而远离边线的区域，腐蚀程度轻得多。钢铁工件涂覆达克罗涂层后，避免与铝或铝合金制品直接接触，而达克罗涂层主要由锌片和铝片构成，其电位与铝或铝合金的电位接近，从而避免了电偶腐蚀。

（8）达到环保要求　达克罗涂覆是一个闭合的处理过程，基本上没有排放问题和大气污染、水质污染问题。但是，传统的含铬达克罗涂层中仍含有质量分数为 0.05% ~2% 未反应的六价铬，而它是一种危害性很大的致癌物质。近年来，无铬达克罗涂覆有了迅速的发展，这种新技术使达克罗涂覆真正达到了严格的环保要求。

2. 达克罗涂覆技术的不足

（1）涂覆成本较高　自1996年开始实现达克罗涂液国产化以来，迫使进口涂液的价格不断下降，从原来的每吨20多万元降到现在的每吨3.5万元左右，但是这个价格相对于电镀锌来说还是较高的。

（2）含铬涂液不环保　过去曾认为达克罗涂液是一个闭合的处理过程，将这项技术作为绿色表面技术加以推广，后来发现涂层中残存十分有害的六价铬，引起人们的高度关注，从而开始大力研究无铬涂液。

（3）烧结固化温度较高　由于达克罗涂液的烧结固化温度较高，时间也较长，因而能耗较大。此外，处理温度较高，又会降低部分金属件的一些性能。

（4）硬度和耐磨性不高　达克罗涂层是一种优良的耐蚀涂层，但其硬度和耐磨性不高，在应用上受到限制。

（5）导电性能尚待提高　达克罗涂层的导电性能不理想，使其不宜用于导电连接的零件，如电器的接地螺栓等。

（6）色泽单调　达克罗涂层为银灰色，虽较美观，但颜色单一，难以满足现代社会对色彩的个性化要求。

6.12.5　达克罗涂覆技术的应用

1. 达克罗涂覆技术的应用领域

达克罗涂覆技术原主要应用汽车行业，由于其具有一系列优点，故作为一项先进的表面技术，已广泛应用于以下领域：

（1）交通运输领域　如地铁、轻轨、桥梁、隧道等所用的金属构件、标准件、紧固件、预埋件，以及高速公路护栏；还有港口、舰船等使用的金属构件和零部件。

（2）电子电器和电力装备领域　如各种家用电子电器产品、通信器材、高低压配电柜；输配电的金属件和结构件，包括输配电、城市供电、线路铁塔等的金属构件，以及变压器罩壳等。

（3）军事领域　如坦克、潜艇、各种军用器械所用的金属构件和零部件。

（4）其他重要领域　如化工、建筑、海洋、航天、能源、市政建设等所用的金属构件和零部件。

2. 达克罗涂覆技术的应用前景

金属表面处理的种类很多，应用广泛。达克罗涂覆技术是一种先进的防腐蚀涂装技术，与传统的电镀锌、电镀镉、热镀锌、热渗锌等金属表面处理技术相比，有着一些突出的优点，尤其对于许多对耐蚀性要求较高的金属构件和零部件，采用达克罗涂覆技术越来越多，因此它有良好的应用前景。

达克罗涂覆技术适用于300℃温度以下使用的钢铁工件的防腐蚀保护，以及高强度结构钢的防腐蚀保护。它也可用于铝、镁、铜、镍等及其合金的防腐蚀保护。

达克罗涂覆技术在扩大应用上面临的一个突出的问题是涂料、涂层的无铬化。传统的达克罗涂层中还残存一些毒性大的六价铬，它的使用受到严格的限制。因此，高性能与低VOC结合的环保型无铬达克罗涂覆技术是发展的必然趋势，也成为达克罗涂覆技术研究的热点。

目前无铬达克罗涂液已取得很大的进展，有些已成为商品，在达克罗生产中使用，还有些研究成果正在实施产业化、商品化。

第7章　气相沉积技术

气相沉积是利用气相中物理、化学反应过程，在各种材料或制品表面沉积单层或多层薄膜，从而使材料或制品获得所需性能的工艺方法。气相沉积过程包括气相物质的产生、气相物质的输运和气相物质在材料或制品表面沉积形成固态薄膜三个基本环节。气相沉积技术是表面技术的重要组成部分，也是表面技术中发展最快的领域之一。许多气相沉积技术属于高新技术，与国家建设、国防现代化和人民生活密切相关，其应用有着十分广阔的前景。

本章首先扼要介绍薄膜的特点、种类和应用以及气相沉积的分类。接下来介绍真空技术方面的一些基本知识，这是因为薄膜在尺寸和结构上的特殊性，加上许多用途对薄膜制品提出了各种严格的要求，制备薄膜时若采用一般的非真空技术则往往难于实施，尤其是物理气相沉积一般都是在真空条件下进行的。然后，将分别介绍各类气相沉积的原理、特点、技术和应用。

7.1　气相沉积与薄膜

7.1.1　薄膜的定义与特征

1. 薄膜的定义

表面工程中所说的薄膜主要是指一类用特殊方法获得的、依靠基体支承并且具有与基体不同结构和性能的二维材料。

2. 薄膜的特征

（1）厚度　通常具有几十纳米至微米级厚度。有人提议厚度小于 $25\mu m$ 为薄膜，大于 $25\mu m$ 为厚膜。但是，这没有取得一致意见。有些膜材料，如近毫米厚的金刚石膜也被称为薄膜。另一方面，薄膜厚度已向纳米级延伸。

（2）基体　几乎所有的固体材料都能制成薄膜材料。由于薄膜很薄，因而需要基体支承，薄膜和基体是不可分割的。基体的类型很多，根据薄膜用途的不同，对基体的要求也不同。

（3）结构　从原子尺度来看，薄膜的表面呈不连续性，高低不平；薄膜内部有空位、位错等缺陷，并且有杂质的混入。用各种工艺方法控制一定的工艺参数，可以得到不同结构的薄膜，如单晶薄膜、多晶薄膜、非晶态薄膜、亚微米级超薄膜、纳米薄膜以及晶体取向外延薄膜等。

（4）性能　薄膜的结构决定了薄膜的性能。薄膜具有下列一些基本性能：

1）力学性能。其弹性模量接近体材料，但抗拉强度明显地高于体材料，有的高达200倍左右。这与薄膜内部高密度缺陷有关。

2）导电性。其与电子平均自由程 λ_f 和膜厚 t 有关。在 $t < \lambda_f$ 时，如果薄膜为岛状结构，则电阻率极大；t 增大到数十纳米后，电阻率急剧下降；多晶薄膜因晶界的接触电阻大而使其电阻比单晶薄膜大。在 $t \gg \lambda_f$ 时，薄膜的电阻率与体材料接近，但比体材料大。

3）电阻温度系数。一般金属薄膜的电阻温度系数也与膜厚 t 有关，t 小于数十纳米时为负值，而大于数十纳米时为正值。

4）密度。一般来说，薄膜的密度比体材料低。

5）时效变化。薄膜制成后，它的部分性能会随时间延长而逐渐变化；在一定时间或在高温放置一定时间后，这种变化趋于平缓。

实际上，薄膜在不同条件下形成的各种特殊结构，可使薄膜获得一些特殊性能。

（5）附着力和内应力　薄膜在基体上生长，彼此有相互作用。薄膜附着在基体上受到约束和产生内应力。附着力和内应力是薄膜极为重要的固有特征，具体大小不仅与薄膜和基体本质有关，还在很大程度上取决于制膜的工艺条件。

7.1.2　薄膜的形成过程与研究方法

1. 薄膜的形成过程

气相生长薄膜的过程大致上可分为形核和生长两个阶段。基底表面吸附外来原子后，邻近原子的距离减小，它们在基底表面进行扩散，并且相互作用，使吸附原子有序化，形成亚稳的临界核，然后长大成岛和迷津结构。岛的扩展接合形成连续膜，在岛的接合过程中将发生岛的移动及转动，以调整岛之间的结晶方向。

临界核的大小，即所含原子的数目，决定于原子间、原子与基底间的键能，并受薄膜制备方法的影响，一般只含 2~3 个原子。临界核是二维还是三维，对薄膜的生长模式有决定作用。

薄膜一般有下面三种生长模式：

（1）岛状生长　一般的物理气相沉积都是这种生长模式。首先在基底上形成临界核，当原子不断地沉积时，核以三维方向长大，不仅增高而且扩大，形成岛状，同时还会出现新的核继续长大成岛。当岛在基底上不断扩大时，岛会相互联系起来，构成岛的通道。当原子继续沉积，通道的横向也会连接起来，形成连续的薄膜。这种薄膜表面起伏较大，表面粗糙。

（2）层状生长　当覆盖度 θ 小于 1 时，在基底上生成一些分立的单分子层组成的临界核，继续沉积时就会形成一连续的单分子层，然后在第一层上再生长单分子层的粒子。当覆盖度 θ 大于 2 时，形成两个分子层，并在连续层上再出现分立的单分子层的粒子。继续沉积，将一层一层地生长下去，形成一定厚度的连续模。

（3）层状加岛状生长　随原子沉积量的增加，既有单分子形成，在连续层上又有岛的生长。

影响薄膜形成过程的因素较多，如蒸积速率、原子动能、黏附系数、表面迁移率、成核密度、凝结速率、接合速率、杂质和缺陷的密度及荷电强度等。它们将影响核的形成与生长、粒子的结合、连续膜的形成、缺陷形式、薄膜密度及最终结构。如何影响，要结合实际情况进行分析。

2. 薄膜形成过程的研究方法

目前对薄膜形成过程的研究，主要有两种理论模型：

（1）形核的毛细作用理论　该理论建立在热力学概念的基础上，利用宏观量来讨论薄膜的形成过程。这个模型比较直观，所用的物理量多数能用试验直接测得，适用于原子数量较大的粒子（或岛）。

（2）统计物理学理论　该理论从原子运动和相互作用角度来讨论膜的形成过程和结构。这个模型比毛细作用理论所讨论的范围更广，可以描述少数原子的形核过程，但其物理量有些不容易直接测得。

由于表面分析技术的进步，现在可用多种方法来观察薄膜的形成过程，如透射电子显微镜（TEM）、扫描电子显微镜（SEM）、场离子显微镜（FIM）、扫描隧道显微镜（STM）、原子力显微镜（AFM）等，其中最方便的是原子力显微镜，因为薄膜在不同阶段沉积后，样品可不做任何处理便可直接观察。虽然原子力显微镜的分辨率相当高，但仍然不能看到临界核，所看到的是临界核生成长大后的粒子或岛，然后岛长大、接合，出现迷津结构。随原子沉积增加，使通道加宽，空洞减少，最后形成连续的薄膜。

7.1.3　薄膜的种类和应用

1. 薄膜的种类

科学和经济技术的迅速发展，对薄膜材料和技术提出了各种各样的要求：

1）从成分讲，有金属、合金、陶瓷、半导体、化合物、塑料及其他高分子材料等，有些对纯度、合金的配比、化合物的组分比有严格的要求。

2）从膜的结构讲，有多晶、单晶、非晶态、超晶格、按特定方向取向、外延生长等。

3）从表面形貌讲，有的对表面凹凸有极高的要求，如光导膜表面要控制在零点几纳米之内。

4）从尺寸上讲，厚度从几纳米到几微米，长度从纳米、微米级（如超大规模集成电路的图形宽度）到数十米以上（如磁带），有的要求工件表面尺寸稳定，有的要求严格控制厚度。

可从上述各种角度对薄膜进行分类，尤其是按成分和膜的结构来划分。另一种常用的分类方法是按用途来划分，大致可分为光学薄膜、微电子学薄膜、光电子学薄膜、集成光学薄膜、信息存储膜、防护和装饰功能薄膜六大类。表7-1列出了这六大类薄膜的主要用途和具有代表性的薄膜。

表7-1　薄膜的应用领域及代表性薄膜

薄膜分类	光学薄膜	阳光控制膜、低辐射系数膜、防激光致盲膜、反射膜、增反膜、选择性反射膜、窗口薄膜	Al_2O_3、SiO_2、TiO、Cr_2O_2、Ta_2O_3、NiAl、金刚石和类金刚石薄膜、Au、Ag、Cu、Al
	微电子学薄膜	电极膜、电器元件膜、传感器膜、微波声学器件膜、晶体管膜、集成电路基片膜、热沉或散射片膜	Si、GaAs、GeSi、Sb_2O_3、SiO、SiO_2、TiO_2、ZnO、AlN、In_2O_3、SnO_2、Al_2O_3、Ta_2O_3、Fe_2O_3、TaN、Si_3N_4、SiC、YBaCuO、BiSrCaCuO、$BaTiO_3$、金刚石和类金刚石薄膜、Al、Au、Ag、Cu、Pt、NiCr、W
	光电子学薄膜	探测器膜、光敏电阻膜、光导摄像靶膜	HE/DFCL、COIL、Na^{3+}、YAG、HgCdTe、InSb、PtSi/Si、GeSi/Si、PbO、$PbTiO_3$、(Pb、La)TiO_3、$LiTaO_3$
	集成光学薄膜	光波导膜、光开光膜、光调制膜、光偏转膜、激光器膜	Al_2O_3、Nb_2O_3、$LiNbO_3$、Li、Ta_2O_3、$LiTaO_3$、Pb、(Zr、Ti)O_3、$BaTiO_3$
	信息存储膜	磁记录膜、光盘存储膜、铁电存储膜	磁带、硬磁盘、磁卡、磁鼓等、r-Fe_2O_3、CrO_2、FeCo、CoNi、CD-ROM、VCD、DVD、CD-E、GdTbFe、CdCo、$SrTiO_3$、(Ba、Sr)TiO_3、DZT、CoNiP、CoCr
	防护功能薄膜	耐腐蚀膜、耐冲蚀膜、耐高温氧化膜、防潮防热膜、高强度高硬度膜、装饰膜	TiN、TaN、ZrN、TiC、TaC、SiC、BN、TiCN、金刚石和类金刚石薄膜、Al、Zn、Cr、Ti、Ni、AlZn、NiCrAl、CoCrAlY、NiCoCrAlY + HfTa

2. 薄膜的应用

薄膜因具有特殊的成分、结构和尺寸效应而使其获得三维材料所没有的性能，同时用材很少，因此有着非常重要的应用。例如集成电路、集成光路等高密度集成器件，只有利用薄膜及其具有的性能才能设计、制造。又如大面和廉价太阳能电池以及许多重要的光电子器件，只有以薄膜的形式使用昂贵的半导体材料和其他贵重材料，才能使它们富有生命力。特别是随着电子电路的小型化，薄膜的实际体积接近零这一特点显得更加重要。随着薄膜工艺的发展和某些重大技术的突破，并伴随着各种类型新材料的开发和新功能的发现，它们蕴藏着的极大发展潜力得到进一步挖掘，这为新的技术革命提供了可靠的基础。

薄膜的应用非常广泛，现在已经扩大到各个领域，薄膜产业迅速崛起，如卷镀薄膜产品、塑料表面金属化制品、建筑玻璃制品、光学薄膜、集成电路薄膜、液晶显示器用薄膜、刀具硬化膜、光盘用膜等，都已有了很大的生产规模。近年来，薄膜产业在新能源工程、环境工程等一些重要领域也发展迅速。在今后一个相当长的时期内，薄膜产业必然将不断发展。

7.1.4　薄膜制备方法和气相沉积法分类

1. 一般的制备方法

具体的薄膜制备方法很多，许多表面技术可用来制备薄膜。这里以半导体器件为例再给予简略的说明。在各种半导体器件制造过程中，晶片表面必须覆盖多层不同的金属膜或绝缘膜，即导电薄膜和介质薄膜。它们的制备方法按环境压力可分为真空、常压和高压三类，按压力高低的排列顺序为：①真空蒸镀（10^{-3}Pa以下）；②离子镀膜（10^{-1} ~ 10^{-3}Pa）；③溅射镀膜（10^{-1}Pa）；④低压化学气相沉积 LPCVD（10 ~ 10^{-1}Pa）；⑤等离子体化学气相沉积 LCVD（10 ~ 10^{-2}Pa）；⑥常压化学气相沉积 CVD（常压）；⑦氧化法（常压）；⑧电镀（常压）；⑨涂覆、沉积法（常压）；⑩高压氧化法（高于常压）。

2. 气相沉积方法分类

上述制备方法的排列顺序中①至⑥为气相沉积方法，它大致可分为两大类（见图7-1）。

（1）物理气相沉积（PVD）它是在真空条件下，利用各种物理方法，将镀料汽化成原子、分子，或离子化为离子，直接沉积到基体表面上的方法，主要包括真空蒸镀、溅射镀膜、离子镀膜等。还有一种分子束外延生长法，是以真空蒸镀为基础的晶体生长法，在高技术中有重要应用。

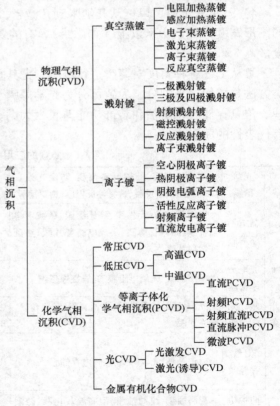

图 7-1　气相沉积方法的分类

（2）化学气相沉积（CVD）　它是把含有构成薄膜元素的一种或几种化合物、单质气体供给基体，借助气相作用或在基体表面上的化学反应生成所要求薄膜的方法，主要包括常压化学气相沉积、低压化学气相沉积和兼有 CVD 和 PVD 两者特点的等离子体化学气相沉积（PCVD）等。还有金属化学气相沉积（MOCVD）和激光化学气相沉积（LCVD）等方法，在高技术中也有重要的应用。

需要指出的是，上述的分类并不是严格的，因为在不少气相沉积过程中，物理反应与化学反应往往交叉在一起，难以分清楚。但是，这种分类仍然被普遍采用。

7.2　真空技术基础

7.2.1　真空度和真空区域的划分

1. 真空度的单位

真空是指在指定的空间内压力低于 101.325Pa 的气体状态。

真空度用来表示真空状态下气体的稀薄程度，通常用压力表示。压力的单位过去一般用托（Torr）表示，是为纪念 Torricelli 而命名的；现在规定用国际单位制中的压力单位，即帕（Pa）表示，$1Pa = 1N/m^2$。

2. 真空区域的划分

低真空：$10^5 \sim 10^2 Pa$

中真空：$< 10^2 \sim 10^{-1} Pa$

高真空：$< 10^{-1} \sim 10^{-5} Pa$

超高真空：$< 10^{-5} Pa$

7.2.2　真空的特点和应用

真空具有下列特点：

1）排除了空气的不良影响，可防止金属氧化、物体腐烂。

2）除去或减少气体、杂质污染，提供清洁条件。

3）减少气体分子之间的碰撞次数。

4）真空的绝热性强。

5）可降低物质的沸点或汽化点。

真空因有这些特点，故应用十分广泛，如宇航环境的模拟、加速器技术、可控热核反应技术、真空输送、真空过滤、真空干燥、真空蒸馏、真空制盐、真空浓缩、真空除臭、真空结晶、冷冻干燥、真空浸渍、真空调湿、真空渗金属、真空热处理、真空离子渗氮、真空制冷、真空烧结、真空熔炼、真空镀膜、低温绝热等。

7.2.3　真空中的气体分子特性

1. 气体定律

真空技术中所研究的稀薄气体可以用理想气体的状态方程及其定律来描述。设 p 为气体的压力，m 为气体的质量，V 为气体的体积，T 为热力学温度，M 为气体的摩尔质量，R 为摩尔气体常数，则相关状态方程如下：

1）$pV = (m/M)RT$（理想气体状态方程）。

2）$pV = C_1 m = $ 常数，$C_1 = (R/M)T$（波义耳-马略特定律，即一定质量的气体，如果其温度保持不变，气体的压力和体积的乘积为常数）。

3）$V = C_2 T$，$C_2 = (m/p)(R/M) = $ 常数（盖-吕萨克定律，即一定质量的气体，如果维持其压力不变，气体的体积与其热力学温度成正比）。

4）$p = C_3 T$，$C_3 = (m/V)(R/M) = $ 常数（查理定律，即一定质量的气体，如果维持其体积不变，气体的压力同其热力学温度成正比）。

5）$p = p_1 + p_1 + \cdots + p_n$（道尔顿定律，即相互不起化学作用的混合气体的总压力等于各气体分压力之总和）。

2. 气体的压力、质量、密度及速度

1）理想气体的压力：$p = (1/3)nm_0\bar{v}^2$ 或 $p = nkT$（m_0 为一个气体分子的质量；n 为气体的体积分子数；$\bar{v}^2$ 为气体分子速度平方的平均值；k 为玻耳兹曼常数，$k = 1.38066 \times 10^{-23}$ J/K。

2）理想气体的分子质量：$m_0 = pVM/RT$。

3）理想气体的密度：$\rho = m_0 n$。

4）气体分子的运动速度如下：

①最可几速度：$v_m = \sqrt{2RT/M}$。

②算术平均速度：$\bar{v} = \sqrt{8RT/(\pi M)}$。

③均方根速度：$v_s = \sqrt{3RT/M}$。

$v_m : \bar{v} : v_s = 1 : 1.128 : 1.224$

3. 气体分子的平均自由程

一个气体分子相邻前后两次碰撞所经历的路程称为自由程。所有气体分子彼此碰撞间所经历的平均距离，或者同一气体分子在规定时间内连续碰撞间所经历距离的平均值，称为平均自由程，用 $\bar{\lambda}$ 表示。经计算和修正可得到 $\bar{\lambda}$ 的经验公式：

$$\bar{\lambda} = \frac{kT}{\pi\sqrt{2}d^2 p\left(1 + \dfrac{C}{T}\right)}$$

式中，d 为分子直径（m）；p 为气体压力（Pa）；C 为肖节伦德常数（K）；T 为热力学温度（K）；k 为玻耳兹曼常数，$k = 1.38066 \times 10^{-23}$ J/K。

部分气体的 d 值与 C 值见表7-2。

表7-2　部分气体的分子直径 d 及肖节伦德常数 C

气体	N_2	O_2	Ar	CO_2	Ne	Kr	H_2	Xe	H_2O	空气	He
$d/10^{-10}$ m	2.74	3.01	3.00	3.36	2.35	3.17	2.41	3.53	2.53	3.13	1.19
C/K	116	125	142	254	56	188	84	252	659	112	80

4. 饱和蒸气压

每一种气体都有一个特定的温度，在这个温度以上，无论怎样压缩，气体也不会液化，这个温度称为气体的临界温度。利用这个温度来区分物质是气体还是蒸气。温度高于临界温度的气态物质称为气体，而低于临界温度的气态物质称为蒸气。

不同物质有不同的临界温度，例如：氦，$-267.9℃$；氢，$-240℃$；氖，$-228.3℃$；氮，$-147.2℃$；氧，$-118.9℃$；空气，$-140℃$；氩，$-122.0℃$；氪，$-62.5℃$；氙，$14.7℃$；二氧化碳，$31℃$；水，$374.2℃$；汞，$1450℃$；铁，$3700℃$。在实际工作中，通常以室温为标准来区分物质气体还是蒸气。氦、氢、氖、氮、氧、空气等的临界温度低于室温，所以在室温下它们是气体，而水蒸气、气态金属等均为蒸气。

任何固体、液体置于密闭的容器中，在任何温度下蒸发，蒸发出来的蒸气形成蒸气压。在一定的温度下，当单位时间蒸发出来的分子数与凝结在器壁和回到蒸发物质中的分子数相等，即蒸气与其凝聚相处于平衡状态时，该物质的蒸气压力称为饱和蒸气压。饱和蒸气压与温度有关，随温度上升而增加，随温度下降而下降。

在真空技术中，要求真空系统所用材料的饱和蒸气压高于该系统所规定的真空度，一般需要高出两个数量级。

5. 气体在真空容器中的流动

当容器尺寸远大于气体分子的平均自由程时，气体在容器中的流动以分子之间的碰撞为主，称为黏性流；反之，则以气体分子与器壁碰撞为主，称为分子流。真空镀膜所用的真空室，压力很低，大致上属于分子流。

7.2.4　真空的获得

目前真空技术所涉及的压力范围为 $10^5\text{Pa} \sim 10^{-13}\text{Pa}$，这样宽的压力范围是任何一种获得真空的设备——真空泵都不能单独实现的，因而需要用不同结构的真空泵来实现。下面按工作原理介绍几类真空泵。

1. 机械真空泵

利用转动或滑动等机械运动获得真空的泵称为机械真空泵，其可分为以下几种：

（1）往复真空泵　它是借泵腔内活塞往复运动，将气体压缩并排出的变容真空泵。极限真空度：单级约达 10^3Pa；双级约达 10Pa。抽气速率为 $45 \sim 20000\text{m}^3/\text{h}$。

（2）水环真空泵　它是利用水环旋转变容的真空泵。极限真空度：单级约达 10^3Pa；双级约达 10^2Pa。抽气速率为 $0.25 \sim 500\text{m}^3/\text{h}$。

（3）油封旋转式真空泵　它是用油保持密封，靠旋转的偏心凸轮在缸内旋转而抽气的泵，包括定片真空泵、旋片真空泵、滑阀真空泵和余摆线真空泵。在气相沉积技术中，旋片真空泵用得很多，极限真空度约达 10^{-1}Pa（单级）和 10^{-2}Pa（双级）。抽气速率为 $1 \sim 500\text{L/s}$。另外，也有采用滑阀真空泵，极限真空度约达 10Pa（单级）和 10^{-1}Pa（双级）。抽气速率 $1 \sim 600\text{L/s}$。

（4）罗茨真空泵　它是泵内装有两个反向同步旋转的双叶形或多叶形转子，转子间以及转子与泵壳内壁都保持一定间隙的旋转变容真空泵。该泵在 $10^2 \sim 1\text{Pa}$ 之间有较大的抽速，完全可以弥补旋转机械泵和油扩散泵在此压力范围内抽速不足的缺陷，在真空系统中起增压作用，故又称机械增压泵。其极限真空度约达 10^{-2}Pa。抽气速率为 $15 \sim 40000\text{L/s}$。罗茨泵不能单独使用，必须和前级泵串联使用。

（5）涡轮分子泵　它是一种机械高真空泵，装有带槽的圆盘或带叶片的转子。转子在定子对应圆盘间旋转，线速度转动的数量级与气体分子相同，泵正常工作适于在分子流状态下。极限真空度约达 10^{-8}Pa 或更高，抽气速率一般在 5000L/s 以下。

2. 蒸气流泵

它是利用液体的蒸气流作为工作介质的真空泵。根据蒸气流对被抽气体的作用方法可分为以下三种类型：

（1）扩散泵　它是以低压高速蒸气流（油或汞等蒸气）作为工作介质的气体动量传输泵。气体分子扩散到蒸气射流中，被送到出口。在射流中气体分子密度始终是低的。这种泵适于在分子流条件下工作，必须配前置真空泵。常用的扩散泵是油扩散泵，即以低饱和蒸气压的扩散泵油为工质，在前级真空（$1 \sim 10^{-1}$Pa）条件下可以获得 $10^{-1} \sim 10^{-7}$Pa 真空度或更高，抽气速率为 $2 \sim 40000$L/s。另一种扩散泵是用汞作为工作介质的汞扩散泵，主要用于忌讳油蒸气及其分解物的场合。

（2）喷射泵　它是由高速射流在泵内建立一低压空间，使高压力的被抽气体不断流向该处，与射流表面大量的旋涡相互掺合并被带走，再经压缩而被排除的一种动量传输泵。该泵适于在黏滞流和过渡流条件下工作，真空度一般为 $10^4 \sim 10^{-1}$Pa 范围。按所用工质的不同，可分为水蒸气喷射泵、油蒸气喷射泵和汞蒸气喷射泵等。

（3）扩散喷射泵　它又称油增压泵，是一种有扩散泵特性的单级或多级喷嘴和具有喷射特性的单级或多级喷嘴组成的动量传输泵。该泵用油蒸气作为工质，工作压力范围为 $10 \sim 10^{-2}$Pa，正好弥补了油扩散泵和旋转机械泵在此压力范围工作能力的不足。

3. 物体化学泵

它是用吸附、电离或低温冷凝等物理、化学方法排除一特定容器内的气体以获得真空的泵，主要有吸附泵、升华泵、离子泵和低温泵等几种类型。

7.2.5　真空泵型号和真空机组

1. 真空泵型号编制方法

真空泵型号由基本型号和辅助型号两部分组成，中间用半字线隔开：

（基本型号）　　　（辅助型号）

基本型号中 ①表示级数，用数字表示；②表示产品名称，用代号表示，如往复真空泵用 W，水蒸气喷射泵用 P，水喷射泵用 PS，定片真空泵用 D，旋片真空泵用 X，滑阀真空泵用 H，机械增压泵用 ZJ，涡轮分子泵用 F，油增压泵用 Z，油扩散泵用 K，超高油扩散泵用 KC，溅射离子泵用 L，升华泵用 S，回旋泵用 HX，分子筛吸附泵用 IF，冷凝泵用 N；③表示结构特征，用代号表示，如卧式用 W，直联用 Z，升华器用 S，多片多元用 D，磁控用 C。

辅助型号中 ④、⑤、⑥分别表示使用特点（代号）、产品性能参数（数字）、产品设计序号（代号）。不同泵有不同的参数单位，如旋片真空泵用抽速（L/s），涡轮分子泵也用抽速（L/s），油扩散泵用口径（mm）等。

例：2X-15 为双级旋片真空泵，抽气速率为 15L/s；ZJ-600 为机械增压泵，抽气速率为 600L/s；Z-800 为油增压泵，入口口径为 800mm。

2. 真空机组

它是由产生真空、测量真空和控制真空的组件组成的抽气装置，有低真空机组、高真空机组、超高真空机组之分。例如工作在 $10^{-2} \sim 10^{-4}$ Pa 的高真空机组的主泵有扩散泵、扩散增压泵、分子泵、钛泵、低温泵等。这些泵都不能直接向大气排气，必须设置前级泵。有的为了防止气压波动，改善机组性能，还配有储气罐。

机组型号也由基本型号和辅助型号两部分组成，中间用半字线隔开。共四项：① 为机组代号，用 J 表示；② 为机组中主泵代号；③ 为主泵性能参数，用阿拉伯数字表示；④ 为机组设计序号，用代号表示。

例：JK-400 为油扩散泵机组，泵入口口径为 400mm；JF-600 为涡轮分子泵机组，泵抽气速率为 600L/s。

7.2.6 真空测量和检漏

1. 真空测量

真空计由测量仪表、连接导线和传感器组成，用于测量真空度。真空计按物理特性分类如图 7-2 所示。

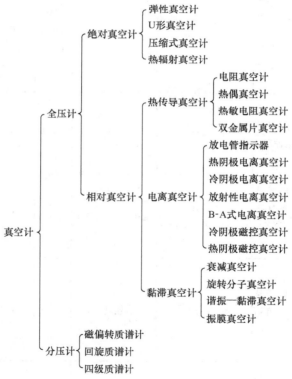

图 7-2　真空计按物理特性分类

（1）全压真空计　测量混合气体全压力的真空计称为全压真空计。它又可分为绝对真空计和相对真空计两大类。绝对真空计是不参考其他真空计而只通过测定的物理量本身来确定压力的真空计。相对真空计是通过测量与压力有关的物理量，并与绝对真空计比较来确定压力的真空计。全压式真空计的原理及性能见表7-3。

表7-3　全压式真空计的原理及性能

名　称	原　理	测量范围/133.3Pa	精　度	所测压力	与气体种类有无关系	优　点	缺　点
汞U形真空计 油U形真空计	利用液柱差直接测量绝对压力值	$760 \sim 1$ $20 \sim 1 \times 10^{-2}$	$0.1 \times 133.3\text{Pa}$ 1%	全压力	无	绝对真空规,小型,坚固,耐用,可做标准	测量范围窄
弹性真空计 电容式薄膜真空计 电感式薄膜真空计	利用弹性原件在压差作用下产生应变进行测量	$760 \sim 1$ $1 \sim 10^{-4}$ $10^{-1} \sim 10^{-2}$	<10% <10% 0.03% ~2%	全压力	无	可直读,小型,坚固,耐用	精度低,有弹性后效,有必要校准
压缩式真空计	利用汞或油压缩气体,根据波义耳定律按压缩前后体积变化算出压力值	$1 \sim 10^{-5}$ $1 \sim 10^{-3}$	<3%	不凝结气体分压力	无	精度高,可靠性好,绝对真空规,可做标准	不能连续测量,易损,汞有毒
黏滞真空计	利用气体的黏性原理	$10^{-1} \sim 10^{-6}$	12%	全压力	有	反应快,量程宽,可测蒸气和腐蚀性气体压力	规管灵敏度与气体种类有关
振膜真空计	利用膜片振动受气阻尼作用的原理	$10^{-2} \sim 10^{-4}$ 特殊可达5000 ~10^{-6}	$\leq \pm (1\% \sim 2\%)$	全压力	有	量程宽,精度高,反应快	规管制造要求精度高
克努曾真空计	热分子浮动量使铂箔旋转	$10^{-3} \sim 10^{-7}$	较高	全压力	无	可连续测量,绝对真空计,可供校对,与气体种类无关	不能受振动
放射性电离真空计 α射线真空计 β射线真空计	放射源射线使气体电离所产生的离子流与压力有关	$100 \sim 10^{-3}$ $50 \sim 10^{-3}$	10%	全压力	有	精度高,稳定牢固,使用方便	放射线对人体有害

（续）

名　称	原　理	测量范围/133.3Pa	精　度	所测压力	与气体种类有无关系	优　点	缺　点
冷阴极电离真空计	冷阴极放电使气体电离产生的离子流与压力有关	$10^{-2} \sim 10^{-7}$	$\pm20\% \sim \pm50\%$	全压力	有	结构坚固无发热,阴极可连续测量	测量误差大,结构笨重,规管互换性差,放电稳定性差
潘宁真空计	利用电场和磁场中的冷阴极放电现象测量压力	$10^{-2} \sim 10^{-5}$	$\pm30\%$	全压力	有	量程宽,可连续测量,寿命长	精度差,非线性,不稳定
冷阴极磁控真空计　正磁控真空计　反磁控真空计	磁场内冷阴极放电增高了电离灵敏度	$10^{-5} \sim 10^{-13}$	$\pm20\% \sim \pm50\%$	全压力	有	量程宽,结构牢固,寿命长	误差大,须高压电源及笨重磁钢,超高真空下仅有数量级意义
放电管指示器	高压下从冷阴极放电的颜色和形状与气体压力有关	$10 \sim 10^{-3}$	低	全压力	有	结构简单,使用方便	精度低
热传导真空计　皮拉尼真空计　热偶电阻真空计　热敏真空计　双金属片真空计	气体热传导与压力有关	$1 \sim 10^{-3}$	10%	全压力	有	结构简单,使用方便可连续测量	精度低,反应慢,受环境温度影响
热阴极电离真空计　晶体管式真空计　高压力电离真空计	加热阴极发射电子使气体电离	$10^{-3} \sim 5 \times 10^{-8}$	$\pm10\% \sim \pm20\%$	全压力	有	量程宽,可连续测量,稳定可靠	使用不当,易烧坏阴极
B-A 式电离真空计	利用减小收集极面积的办法以避免软 X 射线照射,并降低其极限值的一种热阴极电离真空计	$10^{-3} \sim 10^{-11}$	20%	全压力	有	线性好,误差较小,量程宽,稳定性好使用方便	仪器线路较复杂,热阴极寿命短,工作时遇大气将烧毁

（续）

名　称	原　理	测量范围/133.3Pa	精　度	所测压力	与气体种类有无关系	优　点	缺　点
热阴极磁控真空计	利用磁场增大热规电离灵敏度	$10^{-4} \sim 10^{-14}$	10%	全压力	有	测量下限很低,规管灵敏度很高	性能不稳定,不可靠
场致显微镜	利用钨尖电子发射器上的吸附速率与压力成正比的关系	$10^{-7} \sim 10^{-11}$（或 10^{-13}）	较低	全压力	有	理论上的超高真空绝对真空计,$10^{-13} \times 133.3Pa$ 为理论上的下限	误差大,不能直读,仅能测活性气体,时间长

（2）分压真空计　分压真空计是用来测量混合气体组分分压力的真空计,目前基本上都是将气体分子电离,然后用电场或磁场将它们按质量进行分离来测量或分析的。分压真空计的种类很多,常用的有:

1）磁偏转质谱计。它是加速的离子在磁场的作用下被分成不同圆弧路径的一种质谱计。工作压力范围为 $10^{-1} \sim 10^{-11}Pa$。

2）回旋质谱计。它是由相互垂直的射频电场和稳定磁场所产生回旋谐振效应,使离子按照增大半径的螺旋路径被分离的一种质谱计。工作压力范围为 $10^{-3} \sim 10^{-9}Pa$。

3）四极质谱计。它是离子进入四电极（通常为杆）组成的四极透镜系统,用已成临界比的射频和直流电场加到透镜上,仅有一定的质荷比的离子出现的一种质谱计。工作压力范围为 $10^{-1} \sim 10^{-8}Pa$。

由上可以看到,真空计的种类很多,在选用时要综合考虑,考虑的因素包括测量范围,测量精度和可靠性,测全压还是分压,被测气体对真空计的影响,安装和操作,寿命和价格等。目前在工厂和实验室用得较为普遍的是热偶真空计和热阴极电离真空计,并且两者往往联合使用,构成复合真空计,测量范围较为宽广,使用也较方便。

（3）复合真空计简介　目前真空镀膜设备通常采用由热偶真空计和热阴极电离真空计联合构成的复合真空计来测量真空镀膜室内的真空度。

1）热偶真空计。它借助于热电偶直接测量热丝温度的变化,由热电偶产生的热电势表征规管内的压力。其一般测量范围为 $10^{2} \sim 10^{-1}Pa$。

热偶真空计的结构原理如图 7-3 所示。它由两部分组成:①主要由热丝和热电偶组成的热偶规管,热电偶的热端与热丝相连,另一端作为冷端经引线引出管外,接至测量热

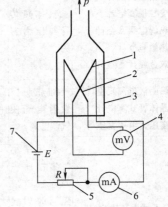

图 7-3　热偶真空计的结构原理
1—热线　2—热电偶　3—管壳
4—毫伏表　5—限流电阻
6—毫安表　7—恒压电源

偶电势用的毫伏表；②测量线路，包括热丝的供电回路和热偶电势的显示回路。

测量时，热丝通以一定的加热电流。在较低压力下，热丝温度及热电偶电势 E 取决于规管内的压力 p。当 p 降低时，气体分子传导走的热量减少，热丝温度随之升高，故热电偶电势 E 增大。反之，热电偶电势 E 减小。在加热电流一定的情况下，如果预先已测出 E 与 p 的关系，那么可根据毫伏表的指示值直接给出被测系统的压力。

2）热阴极电离真空计。它的基本原理如下：在热阴极电离真空计规管中，由具有一定负电位的高温阴极灯丝发射出来的电子，经阳极加速后获得足够的能量，与气体分子碰撞时可引起分子的电离，产生正离子与电子；由于电子在一定的飞行路程中，与气体分子碰撞的次数正比于单位体积中的分子数即密度 n，也就是正比于气体的压力 p，因此电离碰撞所产生的正离子数也与气体压力成正比，利用收集极将正离子接收，然后根据所测离子流的大小来指示气体压力的大小。

图 7-4 所示为热阴极电离真空计规管及其线路。该规管要把非电量的气体压力转变成电量的离子流，不但应具有发射出一定数量电子流 I_e 的热灯丝 F（阴极），而且还必须具有产生电子加速场并可收集离子流 I_i 的离子收集极 C。这三个电极各自配有控制和显示电流。

在一定压力范围内，I_i 与 I_e、p 呈现线性关系，即

$$I_i = kI_e p \qquad (7\text{-}1)$$

式中，k 为电离真空计规管系数（即电离真空计灵敏度），单位为 Pa^{-1}。对于一定气体，当温度恒定时，k 为一定值。k 是经校准得到的，所以电离真空计是相对真空计。

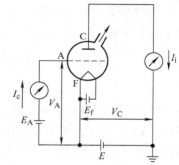

热阴极电离真空计按式（7-1）给出的线性范围可分为三种类型：①普通型，压力测量范围大致为 $10^{-1} \sim 10^{-5} Pa$；②超高型，$10^{-1} \sim 10^{-8} Pa$，有的下限可到 $10^{-10} Pa$；③高压力型，$100 \sim 10^{-3} Pa$。目前普通型应用最为广泛。其特点是：可测量气体及蒸气的全压力；能实现连续、远距离测量；校准曲线为线性；响应迅速。它的不足之处是读数与气体种类有关；低压下测量准确度会受高温灯丝的电清除作用、化学清除作用，以及规管的放气作用等影响；高压力下尤其是意外漏气或大量放气时灯丝易烧毁。

图 7-4　热阴极电离真空计规管
及其线路
F—热丝阴极　　A—电子加速阳极
C—离子收集极

2. 真空检漏

真空设备在使用过程中由于密封不当或存在各种漏孔，使一侧气体漏到另一侧，从而不断降低真空度，为此就要采用恰当的方法对漏孔位置及漏气率（单位是 Pa·m/s）进行检测。检漏大致分成以下两大类方法：

（1）压力检漏法　它是借助于检测被检容器中的示漏气体或液体从容器中漏出的情况来测漏孔的方法，包括气泡法、氨检法、听声法、超声检漏法、卤素检漏法、卤素检漏仪法、卤素喷灯法、气敏半导体检漏法、氦质谱检漏仪加压法等。

（2）真空检漏法　它是利用示漏气体漏入抽空的被检容器中检测漏孔的方法，包括放置法、离子泵检漏法、真空计法、氦质谱检漏仪抽空法、火花检漏器、放电管法、卤素检漏仪内探头法等。

7.3 物理气相沉积

7.3.1 真空蒸镀

1. 真空蒸镀原理

（1）膜料在真空状态下的蒸发特性 真空蒸镀是将工件放入真空室，并且用一定的方法加热，使镀膜材料（简称膜料）蒸发或升华，沉积于工件表面凝聚成膜。蒸镀薄膜在高真空环境中形成，可防止工件和薄膜本身的污染和氧化，便于得到洁净致密的膜层，并且不对环境造成污染。

图7-5所示为一种最简单的电阻加热真空蒸发镀膜设备示意图。真空蒸镀的基本过程为：用真空抽气系统对密闭的钟罩进行抽气，当真空罩的气体压强足够低即真空度足够高时，通过蒸发源对膜料加热到一定温度，使膜料汽化后沉积于基片表面，形成薄膜。

真空蒸镀需要有一定的真空条件。在真空罩中气体分子的平均自由程 $L(\mathrm{cm})$ 与气体压力 $p(\mathrm{Pa})$ 成反比，近似为

$$L = \frac{0.65}{p} \tag{7-2}$$

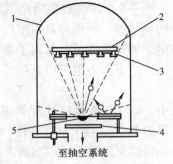

至抽空系统

图7-5 真空蒸发镀膜设备示意图
1—真空罩 2—基片架和加热器
3—基片 4—挡板 5—蒸发源

在 1Pa 的气压下，气体分子平均自由程为 $L = 0.65\mathrm{cm}$；在 $10^{-3}\mathrm{Pa}$ 时，$L = 650\mathrm{cm}$。为了使蒸发的膜料原子在运动到基片的途中与残余气体分子的碰撞率小于 10%，通常需要气体分子平均自由程 L 大于蒸发源到基片距离的 10 倍。对于一般的真空蒸镀设备，蒸发源到基片的距离通常小于 65cm，因而蒸镀真空罩的气压大致在 $10^{-2} \sim 10^{-5}\mathrm{Pa}$。蒸镀时高真空度是必要的，但并非真空度越高越好，这是因为它要增大设备投资和镀膜时需化费更长的时间。另一方面，真空罩内真空度超过 $10^{-6}\mathrm{Pa}$ 时，往往要对真空系统进行烘烤去气才能达到，而这可能会造成基片的污染。

真空条件下物质蒸发比在常压下容易得多，因此所需的蒸发温度就显著下降。例如铝在一个大气压下需加热到 2400℃ 才能有效蒸发，而在 $10^{-3}\mathrm{Pa}$ 的真空条件下只需要加热到 847℃ 就可以大量蒸发。单位时间内膜料单位面积上蒸发出来的材料质量称为蒸发速率。理想的最高速率 $G_{\mathrm{m}}[\mathrm{kg}/(\mathrm{m}^2 \cdot \mathrm{s})]$ 为

$$G_{\mathrm{m}} = 4.38 \times 10^{-3} P_{\mathrm{s}} \sqrt{A_{\mathrm{r}}/T} \tag{7-3}$$

式中，T 为蒸发表面的热力学温度（K）；P_{s} 为温度 T 时的材料饱和蒸气压（Pa）；A_{r} 为膜料的相对原子质量或相对分子质量。蒸镀时一般要求膜料的蒸气压在 $10^{-1} \sim 10^{-2}\mathrm{Pa}$ 量级。材料的 G_{m} 通常处在 $10^{-4} \sim 10^{-1}\mathrm{kg}/(\mathrm{m}^2 \cdot \mathrm{s})$ 量级范围，因此可以估算出已知蒸发材料的所需加热温度。膜料的蒸发温度最终要根据膜料的熔点和饱和蒸气压等参数来确定。表7-4 和表7-5 分别列出了部分元素和化合物的熔点以及饱和蒸气压为 1.33Pa 时相应的蒸发温度。从表中可以看出，某些材料如铁、锌、铬、硅等可从固态直接升华到气态，而大多数材料则是先到达熔点，然后从液相中蒸发。一般来说，金属及其他热稳定化合物在真空中只要加热

到能使其饱和蒸气压达到1Pa以上，均能迅速蒸发。在金属中，除了锑以分子形式蒸发外，其他金属均以单原子进入气相。

表7-4　部分元素的蒸发特性（饱和蒸气压为1.33Pa）

元　　素	熔点/℃	蒸发温度/℃	蒸发源材料	
			丝、片	坩埚
Ag	961	1030	Ta、Mo、W	Mo、C
Al	659	1220	W	BN、TiC/C、YiB$_2$-BN
Au	1063	1400	W、Mo	Mo、C
Cr	~1900	1400	W	C
Cu	1084	1260	Mo、Ta、Nb、W	Mo、C、Al$_2$O$_3$
Fe	1536	1480	W	BeO、Al$_2$O$_3$、ZrO$_2$
Mg	650	440	W、Ta、Mo、Ni、Fe	Fe、C、Al$_2$O$_3$
Ni	1450	1530	W	Al$_2$O$_3$、BeO
Ti	1700	1750	W、Ta	C、ThO$_2$
Pd	1550	1460	W（镀Al$_2$O$_3$）	Al$_2$O$_3$
Zn	420	345	W、Ta、Mo	Al$_2$O$_3$、Fe、C、Mo
Pt	1770	2100	W	ThO$_2$、ZrO$_2$
Te	450	375	W、Ta、Mo	Mo、Ta、C、Al$_2$O$_3$
Rh	1966	2040	W	ThO$_2$、ZrO$_2$
Y	1477	1649	W	ThO$_2$、ZrO$_2$
Sb	630	530	铬镍合金、Ta、Ni	Al$_2$O$_3$、BN、金属
Zr	1850	2400	W	
Se	217	240	Mo、Fe、铬镍合金	金属、Al$_2$O$_3$
Si	1410	1350		Be、ZrO$_2$、ThO$_2$、C
Sn	232	1250	铬镍合金、Mo、Ta	Al$_2$O$_3$、C

表7-5　部分化合物的蒸发特性（饱和蒸气压为1.33Pa）

化合物	熔点/℃	蒸发温度/℃	蒸发源材料	观察到的蒸发种
Al$_2$O$_3$	2030	1800	W、Mo	Al、O、AlO、O、O$_2$、（AlO）$_2$
Bi$_2$O$_3$	817	1840	Pt	
CeO	1950		W	CeO、CeO$_2$
MoO$_3$	795	610	Mo、Pt	（MoO$_3$）$_3$、（MoO$_3$）$_{4,5}$
NiO	2090	1586	Al$_2$O$_3$	Ni、O$_2$、NiO、O
SiO		1025	Ta、Mo	SiO
SiO$_2$	1730	1250	Al$_2$O$_3$、Ta、Mo	SiO、O$_2$
TiO$_2$	1840			TiO、Ti、TiO$_2$、O$_2$
WO$_3$	1473	1140	Pt、W	（WO$_3$）$_3$、WO$_3$
ZnS	1830	1000	Mo、Ta	
MgF$_2$	1263	1130	Pt、Mo	MgF$_2$、（MgF$_2$）$_2$、（MgF$_2$）$_3$
AgCl	455	690	Mo	AgCl、（AgCl）$_3$

（2）蒸气粒子的空间分布　蒸气粒子的空间分布显著地影响了蒸发粒子在基体上的沉积速率以及在基体上的膜厚分布。这与蒸发源的形状和尺寸有关。最简单的理想蒸发源有点和小平面两种类型。在点源的情况下，以源为中心的球面上就可得到膜厚相同的镀膜。如果是小平面蒸发源，则发射具有方向性。现在已有一些理论计算方法。

实际蒸发源的发射特性应按具体情况加以分析。例如用螺旋状钨铰丝做蒸发源，可以简化为一系列小点源构成的一个短圆柱形蒸发源，但对于距离相对很大的平板工件（例如平板玻璃）来说，这种假设的计算结果几乎完全等效于点源模型。在忽略空间残余气体分子及膜材料蒸气分子间的碰撞损失情况下，单一空间点源对于平板工件上任一点 B 处的沉积膜厚为

$$t = (m/4\pi\rho)h/(h^2 + L^2)^{3/2}$$

式中，t 为任一点 B 处的膜层厚度；m 为一个点源蒸发出的总膜料质量，h 为点源中心到平板工件的垂直距离（即蒸距）；L 为 B 点至 A 点的距离（即偏距，A 是平板工件上与点源垂直的点处）；ρ 为膜材料的密度。

显然，A 点处（$L = 0$）的膜层厚度最大，其值为

$$t_0 = m/(4\pi\rho h^2)$$

任一点 B 处相对于 A 处的相对膜厚为

$$t/t_0 = [1 + (L/h)^2]^{-3/2} \tag{7-4}$$

2. 真空蒸镀技术

真空蒸镀有电阻加热蒸发、电子束蒸发、高频加热蒸发、激光加热蒸发和电弧加热蒸发等多种方式，其中以电阻加热蒸发方式用得最为普遍。

（1）电阻加热蒸发技术　它是用丝状或片状的高熔点导电材料做成适当形状的蒸发源，将膜料放在其中，接通电源，电阻加热膜料使其蒸发。这种技术的特点是装置简单，成本低，功率密度小，主要蒸镀熔点较低的材料，如铝（Al）、银（Ag）、金（Au）、硫化锌（ZnS）、氟化镁（MgF_2）、三氧化二铬（Cr_2O_3）等。

对蒸发源材料的基本要求是：高熔点，低蒸气压，在蒸发温度下不会与膜料发生化学反应或互溶，具有一定的强度。实际上对所有加热方式的蒸发源都有这样的要求。另外，电阻加热方式还要求蒸发源材料与膜料容易润湿，以保证蒸发状态稳定。常用的蒸发源材料有钨、钼、钽石墨、氮化硼等。电阻蒸发源的形状是根据蒸发要求和特性来确定的，一般加工成丝状或舟状，如图 7-6 所示。若膜料可以加工成丝状，则通常将其加工成丝状，放置在用钨丝、钼丝、钽丝绕制的螺旋丝形蒸发源上。如果膜料不能加工成丝状时，将其粉状或块状膜料放在钨舟、钼舟、钽舟、石墨舟或导电氮化硼做的舟上。螺旋锥形丝管一般用于蒸发颗粒或块状膜料以及与蒸发源润湿的膜料。

真空蒸镀工艺是根据产品要求制订的，一般

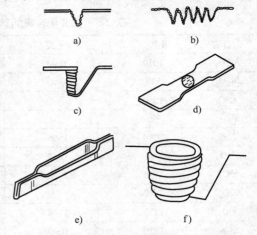

图 7-6　各种形状的电阻加热蒸发源
a）丝状　b）螺旋形　c）筐篮形
d）、e）舟形　f）坩埚

非连续镀膜的工艺流程是：镀前准备→抽真空→离子轰击→烘烤→预热→蒸发→取件→镀后处理→检测→成品。

镀前准备包括工件清洗、蒸发源制作和清洗、真空室和工件架清洗、安装蒸发源、膜料清洗和放置、装工件等。这些工作是重要的，它们直接影响了镀膜质量。对于不同基材或零部件有不同的清洗方法。例如：玻璃在除去表面脏物、油污后用水揩洗或刷洗，再用纯水冲洗，最后要烘干或用无水酒精擦干；金属经水冲刷后用酸或碱洗，再用水洗和烘干；对于较粗糙的表面和有孔的基板，宜在用水、酒精等清洗的同时进行超声波洗净。塑料等工件在成型时易带静电，如不消除，会使膜产生针孔和降低膜的结合力，因此常需要先除去静电。有的工件为降低表面粗糙度，还应涂厚度为 $7 \sim 10 \mu m$ 的特制底漆。

工件放入真空室后，先抽真空至 $1 \sim 0.1 Pa$ 进行离子轰击，即对真空室内铝棒加一定的高压电，产生辉光放电，使电子获得很高的速度，工件表面迅速带有负电荷，在此吸引下，正离子击工件表面，工件吸附层与活性气体之间发生化学反应，使工件表面得到进一步的清洗。离子轰击一定时间后，关掉高压电，再提高真空度，同时在一定的温度下进行加热烘烤，使工件及工件架吸附的气体迅速逸出。达到一定真空度后，先对蒸发源通以较低功率的电流，进行膜料的预热或预熔，然后再通以规定功率的电流，使膜料迅速蒸发。

合金中各组分在同一温度下具有不同的蒸气压，即具有不同的蒸发速率，因此在基材上沉积的合金薄膜与合金膜料相比，通常存在较大的组分偏离，为消除这种偏离，可采用下列工艺：

1）多源同时蒸镀法。将各元素分别装在各自的蒸发源中，然后独立控制各蒸发源的蒸发温度，设法使到达基材上的各种原子与所需镀膜组成相对应。

2）瞬时蒸镀法（闪蒸发）。把合金做成粉末或细颗粒，放入能保持高温的加热器和坩埚之类的蒸发源中。为保证一个个颗粒蒸发完后就有下次蒸发颗粒的供给，蒸发速率不能太快。颗粒原料通常是从加料斗的孔一点一点出来，再通过滑槽落到蒸发源上。除一部分合金（如 Ni-Cr 等）外，金属间化合物如 GaAs、InSb、PbTe、AlSb 等，在高温时会发生分解，而两组分的蒸气压又相差很大，故也常用闪蒸法制薄膜。图 7-7 所示为闪蒸发原理。

化合物在真空加热蒸发时，一般会发生分解。可根据分解难易程度，采用两类不同方法：

1）对于难分解或沉积后又能重新结合成原膜料组分配比的化合物（前者如 SiO、B_2O_3、MgF_2、NaCl、AgCl 等，后者如 ZnS、PbS、CdTe、CdSe 等），可采用一般的蒸镀法。

2）对于极易分解的化合物如 In_2O_3、MoO_3、MgO、Al_2O_3 等，必须采用恰当蒸发源材料、加热方式、气氛，并且在较低蒸发温度下进行。例如蒸镀 Al_2O_3 时得到缺氧的 Al_2O_{3-x} 膜，为避免这种情况，可在蒸镀时充入适当的氧气。

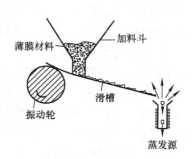

图 7-7 闪蒸发原理

氧化物、碳化物、氮化物等材料的熔点通常很高，而且要制取高纯度的化合物很昂贵，因此常采用反应蒸镀法来制备此类材料的薄膜。具体做法是在膜料蒸发的同时充入相应气体，使两者反应化合沉积成膜，如 Al_2O_3、Cr_2O_3、SiO_2、Ta_2O_5、AlN、ZrN、TiN、SiC、TiC 等。如果在蒸发源和基板之间形成等离子体，则可提高反应气体分子的能量、离化率和相互间的化学反应程度，这称为活性反应蒸镀。

蒸发原子或分子到达基材表面时能量很低（约0.2eV），加上已沉积粒子对后来到达的粒子造成阴影效果，使膜层呈含有较多孔隙的柱状颗粒状聚集体结构，结合力差，又易吸潮和吸附其他气体分子而造成性质不稳定。为改善这种状况，可用离子源进行轰击，镀膜前先用数百电子伏的离子束对基材轰击清洗和增强表面活性，然后蒸镀中用低能离子束轰击，这种技术称为离子束辅助蒸镀法。离子常用氩气。也可以进行掺杂，例如用锰离子束辅助蒸镀ZnS，得到电致发光薄膜ZnS：Mn。另外，还可用这种方法制备化合物薄膜等。

真空蒸镀的应用广泛，根据镀膜的具体要求可以选择合适的镀膜设备，或者设计制造新的设备。具体的类型很多，形状各异，有立式、卧式、箱式等，在生产上又有间歇型、半连续型、连续型之分。真空镀膜设备主要由镀膜室、真空抽气系统和电控系统等部分组成。在镀膜室内有蒸发源、挡板、工件架、转动机构、烘烤装置、离子轰击电极、膜厚测量装置等。室体可采用钟罩式或前开门式结构。钟罩式体通常用于较小的镀膜设备，而前开门式室体一般用于较大的镀膜设备。室体上设置若干观察窗。真空蒸镀设备的真空抽气系统要按实际需要来配备，常用的主泵是油扩散泵，前级泵配旋片的机械泵。扩散泵的上方设有水冷阱及高真空阀。在较大的镀膜设备中，为提高$10^2 \sim 10^{-2}$Pa真空镀范围的抽气速率，在扩散泵、机械泵抽气系统中增加机械增压泵。真空测量规管安装在能真实反映镀膜室的真空度，同时又不被膜蒸气污染的位置。设备电源主要供电给真空泵、蒸发源和离子轰击电极等部分。电控系统用作膜的顺序控制和安全保护控制。

在镀膜过程中，特别是光学镀膜，对膜厚的测量和控制是非常重要的，有的产品要求镀多层膜，层数甚至多达几十层，而每层膜厚仅纳米级，所以需要用特殊技术来测量。目前常用的有光干涉极值法和石英晶体振荡法两种。前者基于光线垂直入射到薄膜上，其透射率和反射率随薄膜厚度而变化，适用于透明光学薄膜，测量仪器主要有调制器、单色仪（或滤光片）和光电倍增管。后者是基于石英晶片的振荡频率随沉积薄膜厚度而变化，目前已广泛使用。测量仪器主要有石英晶体振荡片、频率计数器、微分电路或数字电路等。

（2）电子束蒸发技术　它是利用加速电子轰击膜料，电子的动能转换热能，使膜料加热蒸发。这种技术所用的蒸发源有直射式和环形，但以电子轨迹磁偏转270°而形成的e型枪应用最广。图7-8所示为e型枪的工作原理。发射体通常用热的钨阴极做电子源，阴极灯丝加热后发射出具有0.3eV初始动能的热电子，在灯丝阴极与阳极之间受极间电场制约，可按一定的会聚角形成电子束，并且在磁场作用下沿$E \times B$的方向偏转。到达阳极孔时，电子能量可提高到10kV。通过阳极孔之后，电子束只运行于磁场空间，偏转270°后入射到盛放到水冷铜坩埚中的膜料上。膜料受电子束轰击，加热蒸发。

电子束蒸发技术的主要特点是功率密度大，可达$10^4 \sim 10^9$W/cm^2，使膜料加热到3000～6000℃，

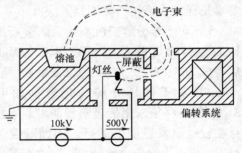

图7-8　e型枪的工作原理

为蒸发难熔金属和非金属材料（如钨、钼、锗、SiO$_2$、Al$_2$O$_3$等）提供了较好的热源，并且热效率高，热传导和热辐射损少。另一个重要特点是，膜料放在水冷铜坩埚内，避免容器材料的蒸发，以及膜料与容器材料之间的反应，这对于半导体元件等镀膜来说是重要的。

（3）高频加热蒸发技术　它是在高频感应线圈中放入氧化铝或石墨坩埚，对膜料进行

高频感应加热。感应线圈通常用纯铜管制造。此法主要用于铝的大量蒸发。其优点是蒸发速率大，在铝膜厚度为 40nm 时，卷绕速度可达 270m/min（高频加热卷绕式高真空镀膜机）比电阻加热蒸发法大 10 倍左右；蒸发源温度均匀稳定，不易产生铝滴飞溅现象，成品率提高；可一次装膜料，不需要送丝机构，温控容易，操作简单；对膜料纯度要求略宽些，生产成本降低。

（4）激光加热蒸发技术　它是用激光照射在膜料表面，使其加热蒸发。由于不同材料吸收激光的波段范围不同，因而需要选用相应的激光器。例如：SiO、ZnS、MgF_2、TiO_2、Al_2O_3、Si_3N_4 等膜料，宜采用二氧化碳连续激光（波长为 $10.6\mu m$、$9.6\mu m$）；Cr、W、Ti、Sb_2S_3 等膜料宜选用玻璃脉冲激光（波长为 $1.06\mu m$）；Ge、$GaAs$ 等膜料宜采用红宝石脉冲激光（波长为 $0.694\mu m$、$0.692\mu m$）。这种方式经聚焦后功率密度可达 $10^6 W/cm^2$，可蒸发任何能吸收激光光能的高熔点材料，蒸发速率极高，制得的膜成分几乎与料成分一样。

上述的激光器产生红外区和可见光区的激光，能量很高，如果采用能量更高的紫外区的准分子激光，则有可能获得更高质量的膜层，这为高温超导体和铁电体等多元新材料及陶瓷薄膜等的制备，提供了一种很有效的方法。在文献中，常将采用脉冲紫外激光源的薄膜制备方法称为脉冲激光熔射（PLA），以与一般的激光蒸镀相区别。图 7-9 所示为脉冲激光熔射成膜装置示意图。有人认为，由高功率密度、高光子能量蒸发的粒子，不仅成分偏离很小，而且还含有各种活性成分，因而对膜层质量的改善十分有利。

（5）电弧加热蒸发技术　它是将膜料制成电极，在真空室中通电后依靠调节电极间距的方法来点燃电弧，瞬间的高温电弧使电弧端部产生蒸发，从而实现镀膜。控制电弧的点燃次数或时间就可沉积出一定厚度的薄膜。这项技术的优点是加热温度高，适用于熔点高和具有导电性的难熔金属和石墨等的蒸发并且装置较

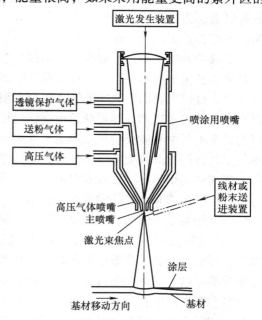

图 7-9　脉冲激光熔射成膜装置示意图

为简单和价廉。另一个优点是可以避免电阻加热材料或坩埚材料的污染。缺点是电弧放电过程中容易产生微米量级大小的电极颗粒，影响膜层质量。

3. 真空蒸镀应用

真空蒸镀可镀制各种金属、合金和化合物薄膜，应用于众多的科技和工业领域。

（1）真空蒸镀铝膜制镜　用这项技术制成镜的反射率高，映像清晰，经济耐用，又不污染环境，故大量应用于人们的日常生活中，也应用于科技和工业中。制镜有许多方法，其中用箱式真空蒸镀设备制镜是一种经济实用的方法，图 7-10 所示为其镀膜室结构简图。蒸发源用多股钨绞丝制成螺旋状，操作中将一定长度的铝丝放入螺旋孔内。蒸发源由铜排、导电柱等供电，与玻璃片平行排列，一起设置在小车上。小车由底板上的导轨推入室体，并且由接触电极与电源相连。镀膜室由真空机抽成高真空，钨绞丝蒸发源通电后使电阻加热，将

铝丝蒸发,使玻璃片表面镀覆一层铝膜。向镀膜室充入空气后,推出小车,取出镀铝玻璃,然后在镀层表面涂覆保护漆,制成铝镜。蒸发源的数目、间距以及蒸发源与玻璃片的距离等参数要优化设计,以保证膜层厚度的均匀性。一排钨绞蒸发源可对左右两边的玻璃片同时镀膜。小车上蒸发源可设置多排,以提高生产率。一台设备可配备多个小车,一小车镀完推出后,另一小车即可推入。

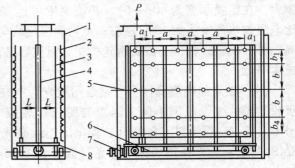

图7-10　箱式真空蒸发镀膜室结构示意图
1—室体　2—烘烤设施　3—玻璃基片　4—导电柱
5—蒸发源　6—铜排　7—电极　8—小车

（2）真空蒸镀光反射体　采用真空蒸镀铝膜来提高灯的照明亮度和装饰性已很普遍。反射罩可用各种金属、玻璃、塑料等制成。为提高膜层的平整度和反射效果,往往在镀铝之前,先涂一层涂料。

灯具的种类很多,反射膜不仅是铝等金属,还可以是其他材料;镀层可以是单层,也可以是多层甚至多达几十层,并且每层厚度都要精确控制,这对真空蒸镀提出了高要求。在玻璃罩冷光灯碗内表面镀覆冷光膜是一个典型的例子。冷光膜的光学特性是具有高的可见光反射率和红外线透过率,即可获得很强的可见光反射而红外线透过玻璃罩散去的效果。冷光膜可用两个不同中心波长的长波通滤光片耦合而成。生产上常采用低折射率的氟化镁和高折射率的硫化锌两种薄膜交替排列组合,每层厚度按计算设定,分别为几十纳米至一百多纳米不等。镀膜时要用膜厚测试仪器监控。冷光膜通常由20多层膜组合起来,除具有良好的光学特性外,还要求有良好的附着性、致密性、防潮性和耐蚀性等。对于这样的多层膜,仅用真空蒸镀来制备是不够的,一般要采用离子束辅助沉积来帮助（见第9章）。

（3）塑料表面金属化　它是利用物理或化学的方法,在塑料表面镀覆金属膜,获得如电性、磁性、金属光泽等金属所具备的某些性能,用于电学、磁学、光学、光电子学、热学和美学等领域。具体的制备方法有电镀、化学镀、真空蒸镀、磁控溅射镀和化学还原法。其中,真空蒸镀因工艺简单、成本低廉、种类多样、质量容易控制和没有环境污染而得到广泛应用。塑料表面金属化主要有以下两个方面:

1）塑料制品表面金属化。例如:在塑料制品表面蒸镀铝形成金属质的光亮表面,还可通过染色得到鲜艳的各种色彩,可用于玩具、灯饰、家具、纽扣、钟表、饰品、化妆品容器、工艺品、日用品等。镀铝前后通常用有机涂料分别进行底涂和面涂。

2）塑料膜带表面金属化。其通常用半连续卷绕镀膜设备进行生产。卷绕速度可达每分钟数百米。塑料膜（带）材料有聚酯、聚丙烯、聚氯乙烯、聚乙烯、聚碳酸酯等。主要镀铝和其他金属,用作装饰膜、压光膜、电容器膜、包装膜等。

装饰膜的产品很多,其中一个实例是制作金银丝:在聚酯表面镀铝（高级装饰用金、银）,再涂透明保护膜,经切丝可得银色丝;若铝膜染上透明油溶性染料,可制成金色或其他色泽的丝;把金色膜与银色膜黏合、再切丝,就制成双层结构的金、银丝。金银丝用于制造布料、台布、手工艺品、帘布面料、腰带、服饰、席垫布边等装饰材料。

压光膜是以聚酯等塑料做基片,依次涂（镀）覆下涂层（在压印加热加压时易于从基片上脱落的石蜡类脱膜层或染色层）、镀膜层和上涂层（感热性黏着剂层）然后在纸、塑料制品、人造革、皮革的表面上进行热压印。上涂层瞬间粘贴在被压印工件上，剥去基片，染色的下涂层变成了表层，而用真空蒸镀制得的金属膜层（通常是铝，要求高耐蚀时镀镍、铬或其合金），具有良好的金属光泽，从而呈现出一般印刷技术所达不到的装饰效果。压光膜的种类繁多，应用面甚广，如明信片、图书、化妆盒、标签、塑料容器、日历、铅笔、收音机和电视机的装饰图案，以及汽车水箱前栅格、内饰件等。

电介质薄膜材料镀金属膜后可以制造电容器。金属膜层电容器制造工序简单，局部击穿后，因它周围区域的导电膜层消失，马上会恢复这部分的绝缘性能，即有自恢复功能而得到广泛的应用。常用的镀膜材料为锌和铝。添加少量的银、锡、铜等元素，可提高锌与基片材料的附着性能。

包装用真空蒸镀铝膜塑料是在 1972 年石油危机后，为节省资源和能源而开发的铝箔替代品。该产品以其良好的防潮、防氧化变质、遮光、保香和装饰效果而迅速占领了广大市场。

塑料膜（带）表面蒸镀，采用半连续卷绕镀膜设备后，生产率显著提高。图 7-11 所示为半连续真空蒸发镀膜机的镀膜室结构。图 7-11a 所示单室镀膜机适用于幅度较窄的塑料膜（带）基体的镀膜，而图 7-11b 所示双室镀膜适用于宽幅度、大卷径的塑料膜（带）基体的镀膜。单室镀膜机的镀膜室主要由室体、卷绕机构、送丝机构、膜料蒸发源及其挡板等组成，室体为卧式钟罩结构。在达到工作真空度后，加热蒸发源，起动送丝机构和卷绕机构，连续将膜料丝送至加热蒸发源处，实现均匀连续的镀膜。双室镀膜机有镀膜室和卷绕室两室，分别采用各自的真空系统抽气，两室之间用狭缝相连，用以通过工件和保证两室间的压差。镀膜室真空度小于 2.5×10^{-2} Pa，卷绕室约为 1Pa，并且采用数个感应加热式蒸发源或数个电阻加热式蒸发源来有效提高卷绕速度。

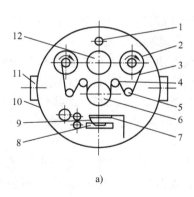
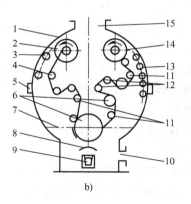

a)　　　　　　　　　　　b)

图 7-11　半连续真空蒸发镀膜机的镀膜室结构

a) 单室镀膜机

1—照明灯　2—放卷辊　3—基带　4—导向辊　5—张紧辊　6—水冷辊　7—挡板
8—坩埚　9—送丝机构　10—室体　11—观察窗　12—抽气口

b) 双室镀膜机

1—室体　2—收卷辊　3—照明灯　4—导向辊　5—观察窗　6—水冷辊　7—隔板
8—挡板　9—蒸发源　10—镀膜室抽气口　11—橡胶辊　12—铜辊　13—烘烤装置
14—放卷辊　15—卷绕室抽气口

7.3.2　溅射镀膜

1. 溅射镀膜原理

（1）溅射现象　用几十电子伏或更高动能的高能粒子轰击材料表面，使表面原子获得足够的能量而溅出进入气相，这种溅出的、复杂的粒子散射过程称为溅射。它可以用于刻蚀、成分分析（二次离子质谱）以及镀膜等。由于溅射出的原子具有一定的能量，因而可以重新凝聚在另一固体表面形成薄膜，这称为真空溅射镀膜。

被高能粒子轰击的材料称为靶。高能粒子的产生可有两种方法：①阴极辉光放电产生等离子体（称为内置式离子源），由于离子易在电磁中加速或偏转，所以高能粒子一般为离子，这种溅射称为离子溅射。②高能离子束从独立的离子源引出，轰击置于高真空中的靶，产生溅射和薄膜沉积，这种溅射称为离子束溅射。

入射一个离子所溅射出的原子个数称为溅射产额，单位通常为原子个数/离子。显然溅射率越大，生成膜的速度就越高。影响溅射率的因素很多，大致分为以下三个方面：

1）与入射离子有关。包括入射离子的能量、入射角、靶原子质量与入射离子质量之比、入射离子的种类等。入射离子的能量降低时，溅射率就会迅速下降；当低于某个值时，溅射率为零。这个能量称为溅射的阈值能量。对于大多数金属，溅射阈值为 20～40eV。当入射离子数量增至 150eV，溅射率与其平方成正比；增至 150～400eV，溅射率与其成正比；增至 400～5000eV，溅射率与其平方根成正比，以后达到饱和；增至数万电子伏，溅射率开始降低，离子注入数量增多。

2）与靶有关。包括靶原子的原子序数（即相对原子质量以及在周期表中所处的位置）、靶表面原子的结合状态、结晶取向以及靶材所用材料。溅射率随靶材原子序数的变化表现出某种周期性，随靶材原子 d 壳层电子填满程度的增加，溅射率变大，即 Cu、Ag、Au 等最高，而 Ti、Zr、Nb、Mo、Hf、Ta、W 等最低。

3）与温度有关。一般认为溅射率在和升华能密切相关的某一温度内，溅射率几乎不随温度变化而变化；当温度超过这一范围时，溅射率有迅速增长的趋向。

溅射率的量级一般为 10^{-1}～10 个原子/离子。溅射出来的粒子动能通常在 10eV 以下，大部分为中性原子和少量分子，溅射得到离子（二次离子）一般在 10% 以下。在实际应用中，从溅射产物考虑也是重要的，包括有哪些溅射产物，状态如何，这些产物是如何产生的，其中有哪些可供利用的产物和信息，还有原子和二次离子的溅射率、能量分布和角分布等。

（2）直流辉光放电。在真空容器中存在稀薄气体，如果气体中有宏观电流流过，那么这种气体的导电现象称为气体放电。其中，辉光放电是在 10^{-2}～10Pa 真空度范围内，在两个电极之间加上高压时产生的放电现象。它是离子溅射镀膜的基础，即离子溅射镀膜中的入射离子一般利用气体放电法得到。

气体放电时，两电极之间的电压和电流的关系不能用简单的欧姆定律来描述，而是用图 7-12 所示的变化曲线来描述：开始加电压时电流很小，AB 区域为暗光放电；随电压增加，有足够的能量作用于荷能粒子上，它们与电极碰撞产生更多的带电荷粒子，大量电荷使电流稳定增加，而电源的输出阻抗限制着电压，BC 区域称汤逊放电；在 C 点以后，电流自动突然增大，而两极间电压迅速降低，CD 区域为过渡区；在 D 之后，电流与电压无关，两极间产生辉光，此时增加电源电压或改变电阻来增大电流时，两极间的电压几乎维持不变，D 至 E 之间区域为辉光放电；在 E 点之后再增加电压，两极间的电流随电压增大而增大，EF 区域称非正常放电；在 F 点之后，两极间电压降至一很小的数值，电流的大小几乎是由外电阻的大小来决定的，而且电流越大，极间电压越小，FG 区域称为弧光放电。

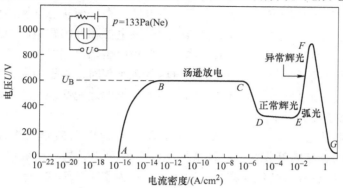

图 7-12　直流辉光放电特性

正常辉光放电的电流密度与阴极物质、气体种类、气体压力、阴极形状等有关，但其值总体来说较小，所以在溅射和其他辉光放电作业时均在非正常辉光放电区工作。

气体放电进入辉光放电阶段即进入稳定的自持放电过程，由于电离系数较高，产生较强的激发、电离过程，因此可以看到辉光。但仔细观察则可发现辉光从阴极到阳极的分布是不均匀的，可分为如图 7-13 所示的八个区。自阴极起分别为：阿斯顿暗区、阴极辉光区、克鲁克斯暗区（以上三个区总称为阴极位降区，辉光放电的基本过程都在这里完成）、负辉光区、法拉弟暗区、正离子光柱区、阴极辉光光、阳极暗区。各区域随真空度、电流、极间距等改变而变化。

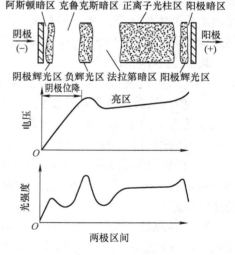

图 7-13　直流辉光放电图形

阴极位降区是维持辉光放电不可缺少的区域，极间电压主要降落在这个区域之内，使辉光放电产生的正离子撞击阴极，把阴极物质打出来，这就是一般的溅射法。若其他条件不变，仅改变阴极间距离，则阴极位降区始终不变，而其他各区相应缩短。阴极与阳极之间的距离至少应比阴极位降区即阴极与负辉光区的距离长。

（3）射频辉光放电　上面分析了直流辉光放电的情况。在气体放电时产生的正离子向阴极运动，而一次电子向阳极运动。放电是靠正离子撞击阴极产生二次电子，通过克鲁克斯暗区被加速，以补充一次电子的消耗来维持。如果施加的是交流电，并且频率增高到 50Hz 以上，那么会发生两个重要的效应：

1）辉光放电空间电子振荡达到足够产生电离碰撞能量，故减少了放电对二次电子的依赖性，并且降低了击穿电压。

2）由于射频电压可以耦合穿过各种阻抗，故电极就不再要求是导电体，完全可以溅射任何材料。

在二极射频溅射过程中，由于电子质量小，其迁移率高于离子，所以光靶电极通过电容耦合加上射频电压时，到达靶上的电子数目远大于离子数，电子又不能穿过电容器传输出去，这样逐渐在靶上积累电子，使靶具有直流负电位。在平衡状态下靶的负电位使到达靶的电子数目和离子数目相等，因而通过电容与外加射频电源相连的靶电路中就不会有直流电通过。实验表明，靶上形成的负偏压幅值大体上与射频电压峰值相等。对于介质材料，正离子因靶面上有负偏压而能不断轰击它，在射频电压的正半周时，电子对靶面的轰击能中和积累在靶面上的正离子。如果靶为导电材料，则靶与射频电源之间必须串入 $100 \sim 300pF$ 的电容，以使靶具有直流负电位。

（4）反应溅射原理 自从人们发明射频溅射装置以后就能比较容易地制取 SiO_2、Al_2O_3、Si_3N_4、TiO_2、玻璃等蒸气压比较低的绝缘体薄膜。但是，在采用化合物靶时，多数情况下所获得的薄膜成分与靶化合物成分发生偏离。为了对薄膜成分和性质进行控制，特地在放电气体中加入一定的活性气体而进行溅射，这称为反应溅射，以此可得到所需要的氧化物、氮化物、碳化物、硫化物、氢化物等。它既可用直流溅射，又可用射频溅射。若制取绝缘体薄膜，一般用射频溅射。

一般认为，化合物薄膜是到达基底的溅射原子和活性气体在基底上进行反应而形成的。但是，由于在放电气氛中引入了活性气体，在靶上也会发生反应，依化合物性质不同，除物理溅射外也可能引起化学溅射，后者在离子的能量较低时也能发生。如果离子能量升高，会加上物理溅射，使溅射率随溅射电压成比例增加。人们以沉积速率与活性气体压力之密切关系的实验结果为依据，提出了在靶面上由表面沿厚度方向的反应模型、由吸附原子在靶面上的反应模型、被溅射原子的捕集模型等，试图说明反应溅射的机制，取得了一定的成功。

2. 溅射镀膜技术

（1）溅射镀膜的特点 溅射镀膜与真空蒸镀相比，有以下几个特点：

1）溅射镀膜是依靠动量交换作用使固体材料的原子、分子进入气相，溅射出的粒子平均能量约为 10eV，高于真空蒸发粒子的 100 倍左右，沉积在基底表面上之后，尚有足够的动能在基底表面上迁移，因而膜层质量较好，与基底结合牢固。

2）任何材料都能溅射镀膜，材料溅射特性差别不如其蒸发特性差别大，即使高熔点材料也易进行溅射，对于合金、化合物材料易制成与靶材组分比例相同的薄膜，因而溅射镀膜应用非常广泛。

3）溅射镀膜中的入射离子一般利用气体放电法得到，因而其工作压力在 $10 \sim 10^{-2}Pa$ 范围内，所以溅射粒子在飞行到基底前往往与真空室内的气体发生过碰撞，其运动方向随机偏离原来的方向，而且溅射一般是从较大靶表面积中射出的，因而比真空蒸镀容易得到厚度均匀的膜层，对于具有沟槽、台阶等镀件，能将阴极效应造成的膜厚差别减小到可忽略不计的程度。但是，较高压力下溅射会使薄膜中含有较多的气体分子。

4）溅射镀膜除磁控溅射外，一般沉积速率都较低，设备比真空蒸镀复杂，价格较高，但是操作单纯，工艺重复性好，易实现工艺控制自动化。溅射镀膜比较适宜大规模集成电路、磁盘、光盘等高新技术产品的连续生产，也适宜于大面积高质量镀膜玻璃等产品的连续生产。

（2）溅射镀膜方式　溅射镀膜有多种方式，各有特点，见表7-6。

表7-6　溅射镀膜方式

序号	溅射方式	原　理	工艺参数	特　点
1	二极溅射	直流二极溅射是利用气体辉光放电来产生轰击靶的正离子,工件与工件架为阳极(通常接地),被溅射材料做成靶作为阴极。射频二极溅与直流二极溅射的主要区别是电源不同相应的镀膜原理也有所不同	DC:1～7kV,0.15～1.5mA/cm^2;RF:0.3～10kW,1～10W/cm^2;氩气压力约为1.3Pa	构造简单,在大面积的工件表面上可以制取均匀的薄膜,放电电流阴郁压力和电压的变化而变化
2	三极或四极溅射	通过热阴极和阳极形成一个与靶电压无关的等离子区,使靶相对于等离子区保持负电位,并通过等离子区的离子轰击靶来进行溅射。有稳定电极的,称为四极溅射;没有稳定电极的,称为三极溅射。稳定电极的作用就是使放电稳定	DC:0～2kV;RF:0～1kW;氩气压力:1×10^{-1}～6×10^{-2}Pa	可实现低气压、低电压溅射,放电电流和轰击靶的离子能量可独立调节控制,可自动控制靶的电流,也可进行射频溅射
3	磁控溅射	在靶的背面安装一个环形永久磁铁,使靶上产生环形磁场。以靶为阴极,靶下面接地的罩为阳极。当真空室内充以低压Ar气为10^{-1}～10^{-2}Pa时,在靶的表面附近产生辉光放电。在磁场的作用下,电子被约束在环状空间内,形成高密度的等离子环,其中电子不断地使Ar原子变成Ar离子,它们被加速后打向靶表面,将靶上原子溅射出来,沉积在基片上,形成薄膜	0.2～1kV(高速低温),3～30W/cm^2;氩气压力:10^{-1}～10^{-2}Pa	溅射速率高,在溅射过程中基片的温升低
4	对向靶溅射	两个靶对向放置,在垂直于靶的表面方向加上磁场,以此增加溅射的电离过程	用DC或RF,氩气压力:10^{-1}～10^{-2}Pa	可以对磁性材料进行高速低温溅射
5	射频溅射	在靶上加射频电压,电子在被阳极收集之前,能在阳、阴极之间来回振荡,有更多机会与气体分子产生磁撞电离,使射频溅射可在低气压(1～10^{-1}Pa)下进行。另一方面,当靶电极通过电容耦合加上射频电压后,靶上便形成负偏压,使溅射速率提高,并能沉积绝缘体薄膜	RF:0.3～10kW,0～2kV,频率通常为13.56MHz;氩气压力:约1.3Pa	既能沉积绝缘体薄膜,也能沉积金属膜
6	偏压溅射	相对于接地的阳极(例如工件架等)来说,在基底上施加适当的偏压,使离子的一部分也流向基底,即在薄膜沉积过程中基底表面也受到离子轰击,从而把沉积膜中吸附的气体轰击出去,提高膜的纯度	在基底上加0～500V范围内的相对于阳极正或负的电位。氩气压力:约1.3Pa	在镀膜过程中同时清除H$_2$O、H$_2$等杂质气体

（续）

序号	溅射方式	原　　理	工艺参数	特　　点
7	非对称交流溅射	采用交流溅射电源,但正负极性不同的电流波形是非对称的,在振幅大的半周期内对靶进行溅射,在振幅小的半周期内对基底进行较弱的离子轰击,把杂质气体轰击出去,使膜纯化	AC:1~5kV,0.1~2mA/cm^2;氩气压力:约1.3Pa	能获得高纯度的薄膜
8	吸气溅射	备有能形成吸气面的阳极,能捕集活性的杂气体,从而获得洁净的膜层	DC:1~7kV,0.15~1.5mA/cm^2;RF:0.3~10kW,1~10W/cm^2;氩气压力:约1.3Pa	能获得高纯度的薄膜
9	反应溅射	在通入的气体中掺入易与靶材发生反应的气体,因而能沉积靶材的化合物膜	DC:1~7kV,RF:0.3~10kV;在氩气中掺入适量的活性气体	沉积阴极物质的化合物薄膜
10	ECR溅射	当磁场强度一定时,带电粒子回旋运动的频率也一定,而与其速度无关,若施加与此频率相同的变化电场,则带电粒子被接力加速,这称为电子回旋加速(ECR)。用ECR得到的高能量电子与其他粒子碰撞,虽制约了本身能量的继续增加,但使真空室内获得更充分的气体放电。靶受ECR等离子体中正离子的溅射作用,被溅射出的原子沉积在基片上	0~数千伏;氩气压力:1.33×10^{-3}Pa	ECR等离子体密度高,即使在10^{-3}Pa的低气压下也能维持放电。靶可以做得很小。等离子体由微波引入,且被磁场约束。由于不采用热阴极,不受环境的沾污,因此等离子体纯度高,有利于高质量膜层沉积
11	自溅射	其电极结构与磁控溅射相似,但对靶表面的磁通密度有更严格的要求,通过实验来确定。磁力线均匀且集中紧贴靶上方的一个狭窄范围内。溅射时不用氩气,沉积速率高达每分钟数微米,被溅射原子(例如Cu)由于不受Ar分子碰撞而以直线且呈束状进入基板微细孔中,一部分原子被离化向靶入射,从而发生自溅射	靶表面的磁通密度50mT,7~10A(ϕ100mm靶);氩气压力≈0(起动时,1.33×10^{-1}Pa)	具有镀入细孔的能力,即优良的孔底涂覆率,特别是压力低时埋入孔底的膜层平坦
12	离子束溅射	从一个与镀室隔开的离子源中引出高能离子束,然后对靶进行溅射。这样,镀膜室真空度可达10^{-4}~10^{-8}Pa,有利于沉积高纯度、高结合力的膜层。另一方面,靶上放出的电子或负离子不会对基底产生轰击的损伤作用。此外,离子束的入射角、能量、密度都可在较大范围内变化,并可单独调节,因而对薄膜的结构和性能做较大范围的调控	用DC;氩气压力:约10^{-3}Pa	在高真空下利用离子束溅射镀膜是非等离子状态下的成膜过程。成膜质量高,膜层结构和性能可调节和控制。但束流密度小,成膜速率低,沉积大面积薄膜有困难

（3）溅射镀膜设备　溅射镀膜设备的真空系统与真空蒸镀相比较，除增加充气装置外，其余均相似；基材的清洗、干燥、加热除气、膜厚测量与监控等也大体相同。但是主要的工作部件是不同的，即蒸发镀膜机的蒸发源被溅射源所取代。现以目前普遍使用的磁控溅射镀膜机为例对溅射镀膜设备做扼要的介绍。

磁控溅射的沉积速度快，基片的温升低，膜层的损伤小，因而磁控溅射是一种低温高速溅射方法。磁控溅射镀膜机主要由真空室、排气系统、磁控溅射源系统和控制系统四个部分组成，其中磁控溅射源有多种结构形式，具有各自的特点和适用范围。尽管不同磁控溅射源在结构上存在差异，但都具备两个条件：①磁场与电场垂直；②磁场方向与阴极（靶）表面平行，并组成环形磁场。各种磁控溅射源在工作原理上是相同的。

1）平面磁控溅射源。它按靶面形状又分为圆形和矩形两种。在溅射非磁性材料时，磁控靶一般采用高磁阻的锶铁氧体或钕铁硼永磁体做磁体，溅射铁磁材料时则采用低磁阻的铝镍钴永磁铁或电磁铁，保证在靶面外有足够的漏磁以产生溅射所要求的磁场强度。用平面磁控溅射源制备的膜厚均匀性好，对大面积的平板可连续溅射镀膜，适合于大面积和大规模的工业化生产。

图 7-14 所示为平面磁控溅射靶基本结构。图 7-15 所示为磁控溅射工作原理图。从图中可以看到，阴极靶背面安装的磁体，使二极溅射的阴极靶面上建立一个环形的封闭磁场。它具有平行于靶面的横向磁场分量。该横向磁场与垂直于靶面的电场构成正交的电磁场，成为一个平行于靶面的约束二次电子的电子捕集阱。

图 7-15 中电子 e^- 在电场 E 作用下加速飞向基体过程中，与 Ar 原子发生碰撞，若电子具有足够的能量（约 30eV），则电离出 Ar^+ 和一个电子 e^-，电子飞向基片，Ar^+ 在电场 E 作用下加速飞向阴极靶，以高能量轰击靶的表面，使靶材产生溅射。

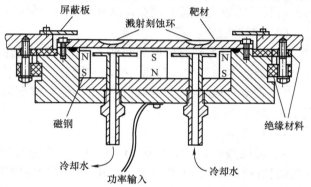

图 7-14　平面磁控溅射靶基本结构

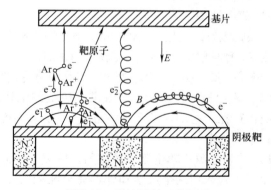

图 7-15　磁控溅射工作原理

在溅射出的粒子中，中性的靶材料原子或分子飞向基片，沉积在基片上成膜；二次电子 e_1^- 在阴极位降区被加速为高能电子后，并不能直接飞向阳极，而是落入电子捕集阱中，在正交电磁场内通过洛伦兹力的作用，做来回振荡，同时不断地与气体分子发生碰撞，把能量传递给气体分子，使之电离，而本身变为低能电子，最终沿磁力线漂移到阴极附近的辅助阳极上，进而被吸收。在磁极轴线处电场与磁场平行，电子 e_2^- 将直接飞向基片，但此处离子密度很低，e_2^- 电子也就很少，故对基片温升作用不大。这些因素避免了高能电子对基片的强烈轰击，消除了二极溅射中基片被轰击加热和被电子辐射照引起损伤的根源，体现了磁控溅射中基片"低温"的特点。

另一方面，正因为磁控溅射产生的电子来回振荡，一般要经过上百米的飞行才最终被辅助阳极吸收，而气体压力为 $10^{-1}Pa$ 量级时电子的平均自由程只有 10cm 量级，所以电离效率很高，易于放电，它的离子电流密度比其他形式溅射高出一个数量级以上，溅射速率高达 $10^2 \sim 10^3 nm/min$，体现了高速溅射的特点。

2）圆柱面磁控溅射源。它有多种形式，特点是结构简单，可有效地利用空间，在更低的气压下溅射成膜。例如用空心圆管制作，管内装有圆环形永磁铁，相邻两磁铁同性磁极相对放置，并沿圆管轴线排列，形成了所需的磁场。圆柱面磁控溅射源适用于形状复杂几何尺寸变化大的镀件，内装式镀管子内壁，外装式镀管子外壁。

3）S枪型磁控溅射源。其靶呈圆锥形，制作困难，可直接取代蒸发镀膜机上的电子枪，用于对蒸发镀膜机设备的改造。这种源适合于科研用小型设备。

（4）溅射镀膜工艺

以磁控溅射为例，如果是间歇式的，一般工艺如下：

1）镀前表面处理。与蒸发镀膜相同。

2）真空室的准备。包括清洁处理，检查或更换靶（不能有渗水、漏水，不能与屏蔽罩短路），装工件等。

3）抽真空。

4）磁控溅射。通常在 $0.13 \sim 0.066Pa$ 真空度时通入氩气，其分压为 $1.6 \sim 0.66Pa$。然后接通靶冷却水，调节溅射电流或电压到规定值时进行溅射。自溅射电流达到开始溅射的电流时算起，到时停止溅射，停止抽气。这是一般的操作情况，实际上不同材料和产品所采用的工艺条件是不一样的，应根据具体要求来确定，有些条件要严格控制。

5）镀后处理。

连续式溅射镀膜是分室进行的，即先将基材输送到低真空室，然后接连地在真空条件下进入加热室、预溅射室、溅射室，溅射结束后工件又回到低真空室，最后回到大气下。这种镀膜方式生产率高，又可防止人工误操作，产品质量容易得到保证，但投资大，适合于大批量生产。

（5）磁控溅射技术的重要改进　传统的磁控溅射技术有着许多优点，获得了广泛的应用，但也存在一些明显的不足。近30多年来，科技人员做了大量的研究工作，取得良好的成果，举例如下。

1）中频电源的孪生靶磁控溅射。中频电源的孪生靶磁控溅射普通装置如图7-16a所示。实际使用中常采用两个尺寸和外形完全相同的靶（平面靶或圆柱靶）并排配制，也称为孪生靶。中频电源的两个输出端与孪生靶相连。在溅射过程中，当其中一个靶上所加的电压处于负半周时作为阴极，靶面为溅射状态，同时对靶面上可能沉积的介质层进行清理，而另一个靶则处于正电位作为阳极，等离子体中的电子被加速到达靶面，中和了在靶面绝缘层上累积的正电荷。在下半个周期，原来的阴极变为阳极，而原来的阳极变为阴极。两个磁控靶交替地互为阳极与阴极，不但保证了在任何时刻都有一个有效的阳极，消除了"阳极消失"现象，而且还能抑制普通直流反应磁控溅射中的"靶面中毒"（即阴极位降区的电位降减小到零，放电熄灭，溅射停止）和弧光放电现象，使溅射过程得以稳定地进行。

孪生靶使用时，要求双靶在结构、材料、形状、尺寸、加工与安装精度、工作环境都严格一致。交流电的波形对溅射工艺有影响，目前通常使用 40kHz 正弦波形、对称供电、带有自匹配网络的中频交流磁控溅射电源。

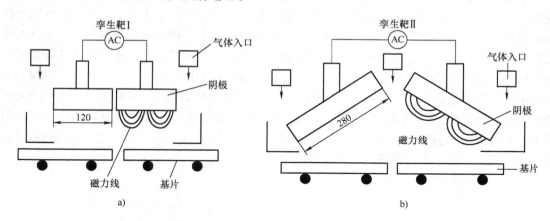

图 7-16　中频电源的孪生靶磁控溅射装置
a) 普通型　b) 改进型

　　这项技术在反应溅射方面有一些突出的优点，如沉积的薄膜质量高，沉积速度快，溅射稳定，中频电源与靶的匹配较容易等，因而在工业生产中得到推广应用。

　　图 7-16b 所示为中频电源的孪生靶磁控溅射改进型装置。双靶相互倾斜一定角度，彼此靠得很近；在两靶之间增加一个气体入口，使得整个靶面的气体分布均匀；靶的宽度从原来的 120mm 增加到 280mm，进一步改进靶前的磁场分布，使密集的等离子体区域变宽，获得较高的靶材利用率。由于靶材储存量的增加和靶材料利用率的提高，改进型孪生靶的寿命是普通型孪生靶的 4 倍。

　　2）非对称脉冲溅射。脉冲电源的引入对各类真空镀膜的质量和效率都有良好的影响。在溅射镀膜中，脉冲的引入不仅可以显著提高工艺的稳定性（即溅射反应可以在一种长时间的、稳定的、高速的状态下完成），而且有效增加粒子轰击基片的能量（约比直流溅射提高一个数量级）。脉冲磁控溅射一般使用矩形波电压，为保持较高的溅射速度，正脉冲的持续时间在脉冲周期中占着很小的比例。正电压一般不高于 100V，但也不能过低，否则难于在较短的正脉冲持续时间内完全中和靶面绝缘层上累积的正电荷。由于所用的脉冲波形是非对称的，因此取名为非对称脉冲磁控溅射。它与中频孪生靶溅射不同，一般只使用一个靶。这两项技术的出现促进了化合物反应溅射镀膜工业化的实现。

　　3）非平衡磁控溅射。在普通的磁控溅射镀膜中，为了形成连续稳定的等离子体区，必须采用平衡磁场来控制等离子体。其结果是电子被靶面平行磁场紧紧约束在靶面附近，辉光放电产生的等离子体也分布在靶面附近，只有中性的粒子不受磁场的束缚而飞向工件，但其能量较低，一般为 4 ~ 10eV，故沉积在工件表面不足以形成很致密的、结合力很好的膜层。如果将工件安置在靶面附近，虽可改善膜层性能，但距靶过近，则会使沉积的膜层不均匀，内应力大，也不稳定，因而限制了工件的几何尺寸，并且形状也不能复杂。为解决这些问题，1985 年，澳大利亚 B. Window 等首先提出"非平衡磁控溅射"方案，其要点是：改变阴极磁场，使内外两个磁极端面的磁通量不相等，一部分磁力线在同一阴极靶面上不形成闭合曲线，将等离子体扩展到远离靶处，工件浸没在其中，等离子体直接干涉工件表面的成膜过程，从而改善了膜层的性能。

建立非平衡磁控溅射系统有多种方法，主要有四种：一是设法使靶的外围磁场强于中心磁场，图7-17所示的是非平衡磁控溅射靶的磁场分布，其心部采用工业纯铁，而周围外圈采用钕铁硼永磁体，该靶所产生的磁场，使靶面附近的一部分磁力线保持封闭性，实现高的溅射速度，另一部分磁力线则指向离子靶面更远的地方；二是依靠附加电磁线圈来增加靶周边的额外磁场；三是在阴极和工件之间增加辅助磁场，用来改变阴极和磁场之间的磁场，并以它来控制沉积过程中离子和原子的比例；四是采用多个溅射靶组成多靶闭合的非平衡磁控溅射系统。图7-18所示为由四个非平衡磁控溅射靶和辅助磁场构成闭合磁场的磁控溅射镀膜机，它除了靶面前有磁场分布外，靶与靶之间设有辅助磁场，镀膜室内整个空间形成了磁场相互交连，从而显著增高等离子体密度。

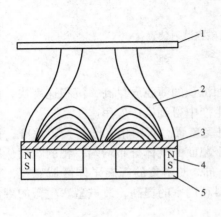

图7-17 一种非平衡磁控溅射靶的磁场分布
1—工件 2—磁场分布曲线 3—靶材
4—外圈磁钢 5—磁极靴

图7-18 由四个非平衡磁控溅射靶和辅助
磁场构成闭合磁场的磁控溅射镀膜机

3. 溅射镀膜应用

（1）溅射镀膜的应用领域 真空镀膜技术初现于20世纪30年代，20世纪中叶开始出现工业应用，到了20世纪80年代实现大规模生产，以后在电子、宇航、光学、磁学、建筑、机械、包装、装饰等各个领域都得到了广泛的应用。其中，溅射镀膜占有很重要的地位。20世纪60年代初，贝尔实验室和Western Electric公司利用溅射方法制备钽膜集成电路。1965年，IBM公司用射频溅射法实现了绝缘膜的沉积，以后溅射技术进入快速发展时期，尤其是1974年，J. Chapin发表有关平面磁控溅装置的文章后，使高速、低温溅射镀膜成为现实。溅射镀膜技术从此以崭新的面貌出现，经过不断改进和完善，凭其操作单纯、工艺重复性好、镀膜种类的多样性、膜层质量以及容易实现精确控制和自动化生产等优点，广泛应用于各类薄膜的制备和工业生产，并且成为许多高新技术产业的核心技术。表7-7列出了溅射镀膜的某些应用领域和典型应用。

（2）溅射镀纯金属膜 溅射镀膜与真空蒸镀相比较，各有优缺点。两种镀膜的沉积粒子虽都是中性原子，但能量不同，真空蒸镀约为0.1~1eV，而溅射镀膜约为1~10eV。溅射镀膜的质量普遍较高。例如镀制铝镜时，溅射铝的晶粒细，密度高，镜面反射率和表面平滑性优于蒸发镀铝。又如在集成电路制作中，溅射铝膜附着力强，晶粒细，台阶覆盖好，电阻率低，焊接性好，因而取代了蒸发镀铝。

表 7-7 溅射镀膜的某些应用领域和典型应用

应用分类		用 途	薄 膜 材 料
大规模集成电路及电子元器件	导体膜	电阻薄膜，电极引线	Re,Ta$_2$N,TaN,Ta-Si,Ni-Cr,Al,Au,Mo,W,MoSi$_2$,WSi$_2$,TaSi$_2$
		小发热体薄膜	Ta$_2$N
		隧道器件，电子发射器件	Ag-Al-Ge,Al-Al$_2$O$_3$-Al,Al-Al$_2$O$_3$-Au
	介质膜	表面钝化，层间绝缘，LK 介质	SiO$_2$,Si$_3$N$_4$,Al$_2$O$_3$,FSG,SiOF,SOG,HSQ
		电容，边界层电容 HK 介质	BaTiO$_3$,KTN(KTa$_{1-x}$Nb$_x$O$_3$),PZT,PbTiO$_3$
		压电体，铁电体	ZnO,AlN,γ-Bi$_2$O$_3$,Bi$_{12}$GeO$_{20}$LiNbO$_3$,PZT,Bi$_4$Ti$_3$O$_{12}$
		热释电体	硫酸三甘肽(TGS),LiTaO$_3$,PbTiO$_3$,PLZT
	半导体膜	光电器件，太阳能利用	Si,a-Si,Au-ZnS,InP,GaAs,CdS/Cu$_2$S,CIS,CIGS
		薄膜晶体管	a-Si,LTPS,HTPS,CdSe,CdS,Te,InAs,GaAs,Pb$_{1-x}$Sn$_x$Te
		电致发光	ZnS:稀土氟化物,In$_2$O$_3$-Si$_3$N$_4$-ZnS 等
		磁电器件，传感器等	InSb,InAs,GaAs,Ge,Si,Hg$_{1-x}$Cd$_x$,Te,Pb$_{1-x}$Sn$_x$Te
	超导膜	约瑟夫森器件	Pb-B/Pb-Au,Nb$_3$Ge,V$_3$Si,YBaCuO 等高温超导膜
		超导量子干涉计，记忆器件等	Pb-In-Au,PbO/In$_2$O$_3$,YBaCuO 等高温超导膜
磁性材料及磁记录介质	磁记录	水平磁记录	γ-Fe$_2$O$_3$,Co-Ni
		垂直磁记录	Co-Cr,Co-Cr/Fe-Ni 双层膜
	光磁记录	光盘	MnBi,GdCo,GdFe,TbFe,GdTbFe
	磁学器件	磁头材料	Ni-Fe,合金膜,Co-Zr-Nb 非晶膜
		磁泡器件，霍尔器件，磁阻器件	Y$_3$Fe$_5$,γ-Fe$_2$O$_3$
CRT 及平板显示器		CRT	ZnS:Ag,Cl,ZnS:Au,Cu,Al,Y$_2$O$_2$S:Eu,Zn$_2$SiO$_4$:Mn,As
		LCD	ITO,用于 TFT-LCD 的 a-Si、LTPS、HTPS,MoTa,SiO$_x$,SiN$_3$
		PDP	ITO,MgO 保护膜,Cr-Cu-Cr、Cr-Al、Ag 汇流电极
		OLED 及 PLED	小分子有机发光材料,HIL,HTL,ETL,EIL,a-Si,LTPS,HTPS,RGB 发光层,ITO 高分子有机发光材料
		LED	三元及四元系化合物半导体薄膜,发蓝光的 SiC 膜,Ⅱ-Ⅵ族化合物半导体膜
		ELD	ZnS:Mn,ZnS:Sm、F,CaS:Eu,Y$_2$O$_3$,SiO$_2$,Si$_3$N$_4$,BaTiO$_3$,ITO
		FED	W,Mo,CNT 膜,金刚石薄膜,DCL,Ta$_2$O$_5$,Al$_2$O$_3$,HfO$_2$,ITO
光学及光导通信		保护膜,反射膜,增透膜	Si$_3$N$_4$,Al,Ag,Au,Cu
		光变频、光开关	TiO$_2$,ZnO,YIG,GdIG,BaTiO$_3$,PLZT,SnO$_2$
		光记忆器件,高密度存储器	GdFe,TbFe
		光传感器	InAs,InSb,Hg$_{1-x}$Cd$_x$Te,PbS

（续）

	应用分类	用　途	薄膜材料
能源科学	太阳能利用	光电池、透明导电膜	$Au-ZnS$，$Ag-ZnS$，$CdS-Cu_2S$，SnO_2，In_2O_3
	第一壁材料	耐热、抗辐照、表面保护	TiB_2/石墨，TiB_2/Mo，TiC/石墨，B_4C/石墨，B/石墨
	核反应堆用	元件保护，防腐蚀、耐辐照	Al/U
机械应用	耐磨，表面硬化	刀具、模具、机械零件、精密部件	TiN，TiC，TaN，Al_2O_3，BN，HfN，WC，Cr，金刚石薄膜，DCL
	耐热	燃气轮机叶片	$Co-Cr-Al-Y$，Ni/ZrO_2+Y，$Ni-50Cr/ZrO_2+Y$
	耐蚀	表面保护	TiN，TiC，Al_2O_3，Al，Cd，Ti，$Fe-Ni-Cr-P-B$ 非晶膜
	润滑	宇航设备、真空工业、原子能工业	MoS_2，聚四氟乙烯，Ag，Cu，Au，Pb，$Pb-Sn$
塑料工业	装饰、硬化、包装	塑料表面金属化	Cr，Al，Ag，Ni，TiN

溅射镀纯金属膜按产品要求有间歇式和连续式等生产方式。在间歇式生产时，镀膜机可采用双门结构，工件架安装在门上，当一扇门载着工件进行溅射镀膜时，另一扇门上可装卸工件，两扇门上的工件轮换镀膜，显著提高了生产率。溅射膜的靶材是镀膜材料，溅射时无须加热源或坩埚内融化材料，靶可以任意位置和角度安装，并且只要能做成靶材，一般都能溅射镀膜。由于溅射时可以不需要热源，所以对不耐热的柔性材料上连续镀膜来说，溅射法是一个很好的选择。

（3）溅射镀合金膜　溅射法适宜于镀制合金膜。采用两个或更多的纯金属靶同时对工件进行溅射的多靶溅射法，可以通过调节各靶的电流来控制膜层的合金成分，获得成分连续合金膜。另一种方法是合金靶溅射法，它是按要求的成分比例制成合金靶。还有一种是镶嵌靶溅射法，是将两种或多种纯金属按设定的面积比例镶嵌成一块靶材，同时进行溅射。镶嵌靶的设计是根据膜层成分要求，考虑各种元素的溅射产额，来计算每种金属所占靶面积的份额。

（4）溅射镀化合物膜　过去通常用以下三种方法来镀制化合物膜：

1）直流溅射法。采用导电的化合物靶材，如 SnO_2、ITO（氧化铟锡）、$MoSi_2$ 等，它们一般用粉末冶金法制成，价格昂贵。

2）射频溅射法。虽不受靶材是否导电的限制，但其设备昂贵，还有人身防护问题，故一般只用于镀制绝缘模。

3）反应溅射法。如果采用直流电源，一般容易出现阳极消失、靶面中毒和弧光放电等问题，溅射过程难以稳定进行。中频孪生靶溅射和非对称脉冲溅射等新技术的出现和应用，有力地促进了化合物反应溅射镀膜生产的发展。

7.3.3　离子镀

1. 离子镀的概念和特点

（1）离子镀的概念　离子镀（IP）是在真空条件下，利用气体放电使气体或被蒸发物质部分离化，在气体离子或被蒸发物质离子轰击作用下，把蒸发物质或其反应物质沉积在基底上的工艺方法。它是一种将真空蒸发与真空溅射结合的镀膜技术，兼具蒸发镀的沉积速度快和溅射镀的离子轰击清洁表面的特点，特别具有膜层附着力强、绕射性好、可镀材料广泛等优点，因此这一技术获得了迅速的发展。

实现离子镀，有两个必要的条件：①造成一个气体放电的空间；②将镀料原子（金属原子或非金属原子）引进放电空间，使其部分离化。目前离子镀的种类多种多样。镀料的汽化方式以及汽化分子或原子的离化和激发方式也有许多类型，不同的蒸发源与不同的离化、激发方式又可以有许多种的组合。实际上许多溅射镀从原理上看，可归为离子镀，也称溅射离子镀，而一般说的离子镀常指采用蒸发源的离子镀。两者镀层质量相当，但溅射离子镀的基底温度要显著低于采用蒸发源的离子镀。

一般采用蒸发源的离子镀，其沉积过程为：先将真空室抽到 $10^{-3} \sim 10^{-4}$ Pa 真空度，然后充入一定气体，使真空度达 $1 \sim 10^{-1}$ Pa，当基片（工件）相对蒸发源加上负高压之后，基片与蒸发源之间形成一个等离子区；处于负高压的基片被等离子所包围，不断地受到等离子体中的离子轰击，有效地清除基片表面所吸附的气体和污物，使成膜过程中的膜层始终保持清洁状态，同时膜料蒸气粒子因受到等离子体中正离子和电子的碰撞而部分被电离成离子，这些正离子在负高压电场的作用下，被吸引到基片上成膜。

（2）离子镀的特点　从离子镀技术本身而言，一个重要特征就是在基片上施加负高压，也称负偏压，用来加速离子，增加沉积能量。负偏压的供电方式有可调式直流偏压和高频脉冲偏压。后者的频率、幅值、占空比可调，有单极脉冲，也有双极脉冲。实际上，离子镀与真空蒸镀、溅射镀膜的本质区别在于前者施加负偏压，而后面两种技术在基片上未加负偏压。因此，前述的各种真空蒸镀和溅射镀膜中，若能在基片（导电基材）上施加一定的负偏压，就可称为蒸发离子镀和溅射离子镀，归为离子镀范畴。从离子镀技术的工艺和膜层的性质来看，它具有下列特点：

1）膜层附着力好。这是因为在离子镀过程中存在着离子轰击，使基片受到了清洗，增加了表面粗糙度，并产生加热效应。

2）膜层组织致密。这也是与离子轰击有关。

3）绕射性能优良。其原因有两个：①膜料蒸气粒子在等离子区内被部分离化为正离子，随电力线的方向而终止在基片的各部位；②膜料粒子在真空度 $1 \sim 10^{-1}$ Pa 的情况下经与气体分子多次碰撞后才能到达基片，沉积在基片表面各处。

4）沉积速率快。其通常高于其他镀膜方法。

5）可镀基材广泛。它可在金属、塑料、陶瓷、橡胶等各种材料上镀膜。

表 7-8 为物理气相沉积三种基本方法的比较。

表 7-8　物理气相沉积三种基本方法的比较

项　　目		真空蒸镀	溅射镀膜	离子镀
沉积粒子能量/eV	中性原子	0.1 ~ 1	1 ~ 10	1 ~ 10(此外还有高能中性原子)
	入射离子			数百至数千伏特
沉积速率/(μm/min)		0.1 ~ 70	0.01 ~ 0.5（磁控溅射可接近真空蒸镀）	0.1 ~ 50

（续）

项 目		真空蒸镀	溅射镀膜	离子镀
膜层特点	密度	低温时密度较小但表面平滑	密度大	密度大
	气孔	低温时多	气孔少,但混入溅射气体较多	无气孔,但膜层缺陷较多
	附着力	不太好	较好	很好
	内应力	拉应力	压应力	依工艺条件而定
	绕射性	差	较好	好
被沉积物质的汽化方式		电阻加热、电子束加热、感应加热、激光加热等	镀料原子不是靠源加热蒸发,而是依靠阴极溅射由靶材获得沉积原子	辉光放电型离子镀有蒸发式、溅射式和化学式,即进入辉光放电空间的原子分别由各种加热蒸发、阴极溅射和化学气体提供。另一类是弧光放电型离子镀,其中空心热阴极放电离子镀时利用空心阴极放电产生等离子电子束,产生热电子电弧;多弧离子镀则为非热电子电弧,冷阴极是蒸发、离化源
镀膜的原理及特点		工件不带电;在真空条件下金属加热蒸发沉积到工件表面,沉积粒子的能量和蒸发时的温度相对应	工件为阳极,靶为阴极,利用氩离子的溅射作用把靶材原子击出而沉积在工件(基片)表面上。沉积原子的能量由被溅射原子的能量分布决定	沉积过程是在低气压气体放电等离子体中进行的,工件表面在受到离子轰击的同时,因有沉积蒸发物或其反应物而形成镀层

2. 离子镀的类型

离子镀按离子来源可分为以下两类：

（1）蒸发离子镀 它是通过各种加热方式使镀膜材料蒸发形成金属蒸气，然后引入气体放电空间，即以某种激励方式使之电离或金属离子，并且到达施加负偏压的基材上沉积成膜。其类型较多：按膜材的汽化方式，有电阻加热、电子束加热、等离子体束加热、高频或中频感应加热、电弧放电加热蒸发等；按汽化分子或原子的离化和激励方式，有辉光放电型、电子束型、热电子束型、等离子束型、磁场增强型及各种离子源等。由此不同组合可形成许多种蒸发源型离子镀方法，如直流放电式（二极或三极）离子镀、电子枪蒸发或空心阴极蒸发的反应蒸发离子镀、高频电离式离子镀、电弧放电式离子镀（柱形阴极弧源或平面阴极弧源）、热阴极电弧强流离子镀和离化团束离子镀等。

（2）溅射离子镀 它是采用高能离子对膜材表面进行溅射，产生金属粒子，然后在气体放电空间电离成金属离子，并且到达施加负偏压的基材上沉积成膜。例如：磁控溅射离子镀、非平衡磁控溅射离子镀，中频交流磁控溅射离子镀，射频溅射离子镀。

此外，还有其他分类方法。例如：按有无反应气体参与镀膜过程以及沉积产物，可分为真空离子镀和反应离子镀；按基材负偏压的高低和放电方式，可分为辉光放电型和弧光放电型两大类，前者有直流二极型离子镀、活性反应离子镀（直流三极型）、射频离子镀等，后者有空心阴极放电离子镀、真空阴极电弧离子镀等。

3. 几种常用的离子镀技术

常用的离子镀技术有多种，下面介绍其中三种在工业上较常使用的离子镀技术。

（1）空心阴极离子镀　空心阴极离子镀又称空心阴极放电（HCD）离子镀。空心阴极放电分为冷阴极放电和热阴极放电两种。在离子镀中通常采用热空心阴极放电，即空心阴极离子镀是在空心热阴极弧光放电技术和离子镀技术的基础上发展起来的一种沉积薄膜技术。

图 7-19 所示为空心阴极离子镀装置。设有聚焦线圈的水冷 HCD 枪内的空心薄壁钽管是电子发射源（负极），盛有蒸发材料的水冷坩埚是蒸发源（正极），工件（基板）安置在坩埚上方的工件转架上（施加负偏压）。钽管开口端附近设有起引弧作用的辅助阳极（图中未画出）。镀膜室抽真空到 $10^{-2} \sim 10^{-3}$ Pa 后，由钽管向镀膜室通入氩气（Ar），真空度降至 $10 \sim 1$ Pa（或 10^{-1} Pa），接通引弧电源，此时钽管与坩埚之间产生异常辉光放电，电压降为 $100 \sim 150$ V，电流到达几十安。氩气的正离子不断轰击钽管使其温度达到 $2300 \sim 2400$ K，钽管产生热电子发射，异常辉光放电立即转变为弧光放电，在电场和聚焦磁场的作用下引出等离子束，经 90° 偏转到达坩

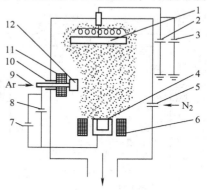

图 7-19　空心阴极离子镀装置
1—基板　2—轰击负偏压电源　3—镀膜基板负
偏压电源　4—坩埚　5—反应气体进气系统
6—坩埚聚焦线圈　7—主弧电源　8—引弧
电源　9—氩气进气系统　10—钽管
11—第一聚焦线圈　12—偏转磁场

埚，使镀料金属蒸发。HCD 枪发射的等离子电子束的密度很高，其与金属蒸气原子的碰撞概率也很高，因而蒸气原子被大量地电离或激活，然后在工件的负偏压的作用下沉积到工件表面形成金属膜层；如果向镀膜室通入反应气体，那么可以沉积获得化合物镀层。

HCD 枪产生的等离子体电子束既是镀料汽化的热源，又是蒸气粒子的离子源。其束流具有数百安和几十电子伏能量，因此离化离可达 20% ~40%，明显高于其他离子镀。同时，由于放电气体和蒸气粒子在通过空心阴极产生的等离子区时，与离子发生共振型电荷交换碰撞，使每个粒子平均可带有几电子伏至几十电子伏的能量，因此镀膜室内产生大量的高能中性粒子，在大量离子和高能中性粒子轰击下，即使基片偏压比较低，也能起到良好的溅射清洗效果。再者，高能粒子轰击促进基片与膜层原子间结合和扩散以及膜层原子的扩散迁移。综合上述因素，空心阴极离子镀可获得附着力、致密度均好的镀层。这种镀膜方法还具有绕镀性好、基片温度低、膜层损伤小、设备结构简单和操作安全等优点。

空心阴极离子镀所用的钽管较为昂贵，工作寿命较短、损耗大，因此要深入研究，予以改进。这种镀膜方法是制备硬质膜和超硬膜的重要方法之一。

（2）阴极电弧离子镀　它是把真空弧光放电用于蒸发源的离子镀技术，也称真空弧光蒸镀法。由于蒸镀时阴极表面出现许多非常小的弧光辉点，所以又称为多弧离子镀。

多弧离子镀不是空心阴极放电的那种热电子电弧，而是一种非热电子电弧。它的电弧形式是在冷阴极表面上形成阴极电弧斑点。图 7-20 所示为多弧离子镀原理。真空室中有一个或多个作为蒸发离化源的阴极以及放置工件的阳极（相对于地来讲也处于负电位）。蒸发离

化源可以设计成由圆板状阴极、圆锥状阳极、引弧电极、电源引线极、固定阴极的座架、绝缘体等组成。阴极有自然冷却和强制冷却两种。图7-21所示为阴极强制冷却的多弧离子镀蒸发离化源。绝缘体将圆锥状阳极与圆板状阴极隔开。在蒸发离化源周围放磁场线圈。引弧电极安装在有回转轴的永久磁铁上。磁场线圈有两个作用：①无电流时，引弧电极被弹簧压向阴极，当线圈通电时，作用于永久磁铁的磁力使轴回转，引弧电极从阴极离开，瞬间产生火花，并实现引弧；②增强弧光蒸发源产生的离子束做定向运动。

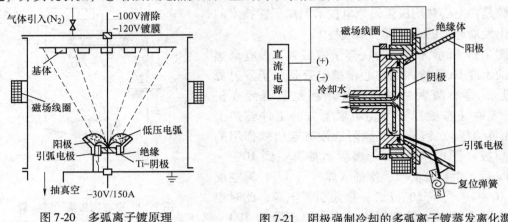

图7-20　多弧离子镀原理　　　　　图7-21　阴极强制冷却的多弧离子镀蒸发离化源

电弧被引燃后，低压大电流电源将维持圆板和圆锥状阳极之间弧光放电过程的进行，其电流一般为几安至几百安，工作电压为10～25V。在阴极电弧放电时，可以看到阴极表面有许多高度明亮的小点，即所谓的阴极斑点。它们是不连续而随机运动的，尺寸和形状也是多种多样的、易变的。每个斑点都是发射一股高度电离的金属等离子体，含有大量的一价及高价离子，向空间扩散。多个斑点发射出的等离子体流就在阴极、阳极之间汇合成等离子体云。

斑点电流最大值称为斑点的特征电流。其取决于阴极材料，从镉为10A到钨为300A。当电弧电流加大时，阴极斑点数将随之增加。一个斑点熄灭时，其他斑点会分裂，以保持电弧放电的总电流。对于每一个肉眼所能分辨的阴极斑点，它们都由若干个小斑点组成。阴极斑点实际上是一团在高温、高压下，具有较小体积的、紧挨阴极表面的、迅速而随机运动的高密度等离子体。以铜的阴极斑点为例：斑点直径为10^{-4}cm，特征电流为100A，斑点在阴极表面的迁移速度为10^4cm/s，斑点电流密度为$10^6 \sim 10^8$A/cm^2，斑点表面温度（理论平均值）为4030K，斑点表面蒸气压（理论平均值）为3.5MPa，斑点与阴极表面之间的电位降落距离为$10^{-7} \sim 10^{-6}$cm，斑点区电子密度为$10^{20} \sim 10^{21}$个/m^2。

从弧光辉点放出的物质，大部分是离子和熔融粒子，中性原子的比例为1%～2%。阴极材料如Pb、Cd、Zn等低熔点金属，离子是一价的。金属熔点越高，多价的离子比例就越大。Ta、W的离子中还有5价和6价的。定向运动的、具有能量为10～100eV的蒸发原子和离子束流可以在基材表面形成具有牢固附着力的膜层，沉积速度达10nm/s～1μm/s甚至更高。通常在系统中还设置磁场，使等离子体加速运动，增加阴极发射原子和离子的数量，提高束流的密度和定向性，减小微小团粒（熔滴）的含量，因而提高了沉积速率、膜层质量以及附着性能。如果在工作室中通入所需的反应气体，则能生成致密均匀、附着性能优良的化合物膜层。

多弧离子镀可设置多个弧源（见图 7-22），为了获得好的绕射性，可独立控制各个源。这种设备可用来制作多层结构膜、合金膜、化合物膜。

多弧离子镀的特点是：①从阴极直接产生等离子体，不用熔池，弧源可设在任意方位和多源布置；②设置结构较简单，可以拼装，适于镀各种形状的工件，弧源既是阴极材料的蒸发源，又是离子源、加热源和预轰击净化源；③离化率高，一般可达 60% ~ 80%，沉积速率高；④入射离子能量高，沉积膜的质量和附着性能好；⑤采用低电压电源工作，较为安全。

多弧离子镀虽然有许多优点，但也存在一些突出的问题，其中最主要的是大颗粒的污染：阴极弧源在发射大量电子及金属蒸气的同时，由于局部区域的过热而伴随着一些直径约为 10μm 的金属液滴的喷射，以

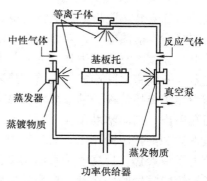

图 7-22　多个真空弧光蒸发离化源围着基材蒸镀

及中性粒子团簇伴随着等离子体喷发出来，它们飞落到正在沉积生长的薄膜表面。这种大颗粒的污染会使镀层表面粗糙度增加，镀层附着力降低，并出现剥落现象和镀层严重不均匀等现象。这一缺点也使它根本不能用来制作高质量，尤其是纳米尺度的功能薄膜，严重限制了多弧离子镀技术的应用范围。因此，要尽可能消除这种大颗粒的污染。解决方法主要有两类：①抑制大颗粒的发射，消除污染源；②采用大颗粒过滤器，使大颗粒不混入镀层之中。

减少或消除大颗粒发射，可采取多方面措施，如降低弧电源、加强阴极冷却、增大反应气体分压、加快阴极弧斑运动速度和脉冲弧放电等。但是，这些措施要顾及正常工艺的实施，避免顾此失彼。近年来，生产中通过在弧源处叠加电磁场等方法取得了良好的效果。

从阴极等离子流束中把颗粒分离出来的主要解决方法有三个：①高速旋转阴极靶体；②遮挡屏蔽，即在阴极弧源与基片中间安置挡板，使大颗粒不能到达基片，而大部分离子流束通过偏压的作用绕射到基片上；③磁过滤，采用弯曲型磁过滤方法是一种较为彻底的消除大颗粒污染的方法。图 7-23 所示为一种弯管磁过滤式多弧离子镀装置结构。它由等离子体源、弯管磁过滤系统及镀膜室构成。弯管磁过滤系统由一个等离子体压缩部分和一个 45°弯曲的等离子导管组成。弯管四周有电磁线圈。金属离子沿设定的弯曲轨迹进入镀膜室，沉积到基片（工件）上。大颗粒由于是电中性或者荷质比小，因此不能偏转而被过滤掉。用磁过滤管电弧源可获得高离化度的等离子束，并且能够彻底消除大颗粒的污染而镀制高质量的薄膜。磁过滤器有许多类型，经过多年研究已趋成熟，人们可以根据需要来选择或设计合理的

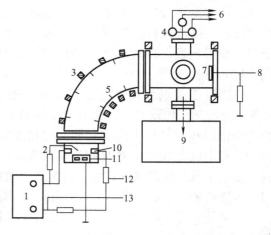

图 7-23　一种弯管磁过滤式多弧离子镀装置结构
1—电源　2—触发器　3—电磁线圈　4—真空规
5—过滤弯管　6—接控制与记录系统　7—基底
8—离子流测量　9—真空系统　10—阳极
11—阴极　12—弧电压测量　13—弧电流测量

磁过滤器。但是，采用磁过滤器，设备成本会增加不少，并且系统的沉积效率也显著下降，因此是否采用磁过滤器要根据实际情况来确定。

（3）热阴极强流电弧离子镀　图7-24所示为热阴极强流电弧离子镀装置。在离子镀膜室的顶部安装热阴极低压电弧放电室。热阴极用钽丝制成，为外热式热电子发射极。钽丝通电加热至发射热电子，与通入低压电弧放电室（离化室）的氩气（分子）碰撞，发生弧光放电，在放电室内产生高密度的等离子体。在放电室的下部有一气阻孔，与镀膜室相通，放电室与镀膜室之间形成气压差。热阴极与镀膜室下部的辅助阳极（或坩埚）之间施加电压，其中热阴极接负极，辅助阳极（或坩埚）接正极，于是放电室内的等离子体中的电子从气阻孔引出，射向辅助阳极（坩埚），在镀膜室空间形成稳定的、高密度的低能电子束，起着蒸发源和离化源的作用。图7-24中上聚焦线圈的作用是使电子聚束；下聚焦线圈的作用是使电子束聚焦，提高电子束的功率密度，从而达到提高蒸发速率的目的。轴向磁场有利于电子沿镀膜室做圆周运动，提高带电粒子与金属蒸气粒子、反应气体分子之间的碰撞概率。

具体工艺过程如下：先将镀膜室抽真空至 1×10^{-3} Pa，向离化室充入氩气，基体（工件）接电源正极，电压为50V；钽丝通电，发射电子使氩气分子离化成等离子体，产生等离子体电子束，进入镀膜室后受基体（工件）吸引加速，轰击基体（工件），使之加热至350℃；再将基体（工件）电源切断而加到辅助阳极上，基体（工件）接 -200V偏压，放电在阴极与辅助阳极之间进行，基体（工件）吸引 Ar^+，被 Ar^+ 溅射净化；然后将辅助阳极电源切断，再加到坩埚上，此时电子束被聚焦磁场汇聚到坩埚上，轰击加热镀料使之蒸发，并在基体（工件）表面沉积成膜。若通入反应气体，则与镀料蒸气粒子一起被高密度的电子束碰撞或激发，在基体（工件）表面沉积得到化合物薄膜。

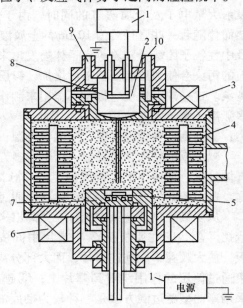

图7-24　热阴极强流电弧离子镀装置
1—热灯丝电源　2—离化室　3—上聚焦线圈
4—基体（工件）　5—蒸发源　6—下聚焦线圈
7—阳极（坩埚）　8—灯丝　9—氩气
进气口　10—冷却水

热阴极强流电弧离子镀的特点是一弧多用，即热灯丝等离子枪既是蒸发源又是基体的加热源、轰击净化源和镀料粒子的离化源。它在镀膜室约为1Pa真空度时起弧，并对镀膜室污染小。由于高浓度电子束的轰击清洗和电子碰撞离化效应好，因此镀膜质量非常好，成为工具硬质膜和超硬膜的重要镀制方法之一。

这项技术的缺点是可镀区域相对较小，均匀可镀区更小，因此一般用于重要的工具镀膜。

4. 离子镀的应用

（1）离子镀应用概况　由于离子镀技术具有膜层附着力好、膜层组织致密、绕射性能优良、沉积速度快以及可镀基材广泛等优点，因而获得了非常广泛的应用。表7-9列出了离子镀的部分应用情况。从表中可以看到离子镀的应用领域广泛，但其较为突出的应用是制备硬质薄膜（或涂层）。

表 7-9　离子镀的部分应用情况

镀层材料	基体材料	功能	应用
Al,Zn,Cd	高强度,低碳钢螺栓	耐蚀	飞机,船舶,一般结构用件
Al,W,Ti,TiC	一般钢,特殊钢,不锈钢	耐热	排气管,枪炮,耐热金属材料
Au,Ag,TiN,TiC	不锈钢,黄铜	装饰	手表,装饰物(着色)模具,机器零件
Al	塑料		
Cr,Cr-N,Cr-C	型钢,低碳钢		
TiN,TiC,TiCN,TiAlN,HfN,ZrN,Al_2O_3,Si_3N_4,BN,DLC,TiHfN	高速工具钢,硬质合金	耐磨	刀具,模具
Ni,Cu,Cr	ABS 树脂	装饰	汽车,电工,塑料,零件
Au,Ag,Cu,Ni	硅	电极,导电模	电子工业
W,Pt	铜合金	触点材料	
Cu	陶瓷,树脂	印制电路板	
Ni-Cr	耐火陶瓷绕线管	电阻	
SiO_2,Al_2O_3	金属	电容,二极管	
Be,Al,Ti,TiB_2	金属,塑料,树脂	扬声器振动膜	
Pt	硅	集成电路	
Au,Ag	铁镍合金	导线架	
NbO,Ag	石英	陶瓷—金属焊接	
In_2O_2-SnO_2	玻璃	液晶显示	
Al,In(Ca)	Al/CaAs,Tn(Ca)/CdS	半导体材料电接触	
SiO_2,TiO_2	玻璃	光学	镜片(耐磨保护层)
玻璃	塑料		眼镜片
DLC	硅,镍,玻璃		红外光学窗口(保护膜)
Al	铀	核防护	核反应堆
Mo,Nb	ZrAl 合金		核聚变实验装置
Au	铜壳体		加速器
MCrAlY	Ni/Co 基高温合金	抗氧化	航空航天高温部件
Pb,Au,Mg,MoS_2	金属	润滑	机械零部件
Al,MoS_2,PbSn,石墨	塑料		

（2）离子镀在制备硬质膜上的应用　所谓硬质膜是指镀覆于工具、模具以及机械零部件等表面而能显著提高其硬度和耐磨性的覆盖膜层。硬质膜的显微硬度一般为 10～30GPa。如果是显微硬度在 40GPa 以上的共价键化合物膜层，则称为超硬膜；也有学者把超硬膜的显微硬度值定在 80GPa 以上。硬质膜和超硬膜材料通常是一些过渡族金属与非金属构成的化合物，这些化合物一般由金属键、共价键、离子键或离子键与金属键的混合键给以键合。它们除了熔点和硬度高之外，还具有良好的化学稳定性和热稳定性。当膜中添加 Al、Cr 或

Ni 等能够生成致密氧化物的元素时，其高温抗氧化性和高温耐蚀性也会得到显著提高。

工程上往往将厚度在 $1\mu m$ 以下的膜层称为薄膜，而在 $1\mu m$ 以上的膜层则称为涂层。这是习惯上的称呼，并非严格的界定。由于实际用于硬质和耐磨等防护的膜层厚度一般在 $1\mu m$ 以上，所以硬质膜和超硬膜常分别称为硬质涂层和超硬涂层。

硬质涂层按化学成分主要有下列几种：①金属氮化物涂层，通常由过渡族金属 Ti、Cr、V、Ta、Nb、Zr、Hf 等与氮原子结合生成的金属氮化物构成；②金属碳化物涂层，由金属 Ti、V、W、Ta、Zr、Mo、Cr 等与碳原子结合生成的金属氮化物构成；③金属氧化物涂层，如 Al_2O_3、ZrO_2、Cr_2O_3、TiO_2 等涂层；④金属硼化物涂层，如 TiB_2、VB_2、TaB_2、W_2B_6、ZrB_2 等涂层；⑤其他金属合金及化合物涂层，如 Fe-Al、Ti-Al、Ni-Al、Ni-Co-Cr-Al-Y、磷化物、硅化物等涂层。

超硬涂层按化学成分主要有下列几种：①金刚石涂层；②类金刚石（DLC）涂层，其按有无含氢又可分为含氢 DLC 和无氢 DLC 两种；③立方氮化硼（C-BN）涂层，其由人工合成；④氮化碳（晶态 β-C_3N_4 和 CN_x）涂层；⑤硼碳氮（BCN）涂层，其有立方 BCN（c-BCN）和六方 BCN（h-BCN）两种结构；⑥纳米晶复合涂层和纳米多层结构涂层，前者是指由纳米尺寸的晶粒（颗粒）或纳米颗粒镶嵌于某种涂层所构成的涂层，后者是指由两种或多种成分、结构不同的纳米尺寸单层膜交替沉积而得到的涂层。值得注意的是，两种或多种硬度不太高的硬质膜交替沉积的纳米多层结构涂层，硬度可能会大幅度提高而构成超硬涂层。

一些典型的硬质涂层及衬底材料的性能数据见表 7-10。

表 7-10　一些典型的硬质涂层及衬底材料的性能数据

材　　料		熔点/℃	显微硬度/GPa	密度/(g/cm³)	弹性模量/GPa	线胀系数/(10⁻⁶/K)	热导率/[W/(m·K)]
共价键和离子键化合物	Al_2O_3	2047	21	3.98	400	6.5	约25
	TiO_2	1867	11	4.25	200	9.0	9
	ZrO_2	2710	12	5.76	200	8.0	1.5
	SiO_2	1700	11	2.27	151	0.55	2
	B_4C	2450	≈40	2.52	660	5	
	BN	2730	≈50	3.48	440		
	SiC	2760	26	3.22	480	5.3	84
	Si_3N_4	1900	17	3.19	310	2.5	17
	AlN	2250	12	3.26	350	5.7	
金属间化合物	TiB_2	3225	30	4.50	560	7.8	30
	TiC	3067	28	4.93	460	8.3	34
	TiN	2950	21	5.40	590	9.3	30
	HfN					6.9	13
	HfC	3928	27	12.3	460	6.6	
	TaC	3985	16	14.5	560	7.1	23
	WC	2776	23	15.7	720	4.0	35

（续）

材　料		熔点/℃	显微硬度/GPa	密度/(g/cm³)	弹性模量/GPa	线胀系数/(10⁻⁶/K)	热导率/[W/(m·K)]
金属间化合物	ZrC	3445	25.09	6.63	400	7.0~7.4	
	ZrN	2982	15.68	7.32	510	7.2	
	ZrB₂	3245	22.54	6.11	540	5.9	
	VC	2648	28.42	5.41	430	7.3	
	VN	2177	15.23	6.11	460	9.2	
	VB₂	2747	21.07	5.05	510	7.6	
	NbC	3613	17.64	7.78	580	7.2	
	NbN	2204	13.72	8.43	480	10.1	
	NbB₂	3036	25.48	6.98	630	8.0	
	Cr₂C₃	1810	21.07	6.68	400	11.7	
	CrN	1700	19.78	6.12	400	≈23	
	CrB₂	2188	22.05	5.58	540	10.5	
	TaB₂	3037	20.58	12.58	680	8.2	
	W₂B₅	2365	26.46	13.03	770	7.8	
	Mo₂C	2517	16.27	9.18	540	7.8~9.3	
	Mo₂B₅	2140	2.30	7.45	670	8.6	
衬底材料	高速工具钢	1400	9	7.8	250	14	30
	硬质合金		15		640	5.4	80
	Ti	1667	2.5	4.5	120	11	13
	高温合金	1280		7.9	214	12	62

　　制备硬质涂层和超硬涂层的方法很多，有物理气相沉积、化学气相沉积、热喷涂、化学热处理、热反应扩散沉积、化学镀、复合镀、溶胶-凝胶、阳极氧化、微弧氧化等。由于物理气相沉积制备的涂层质量好，结构和涂层厚度易精确控制等，所以常用来制备硬质涂层和超硬涂层。离子镀是其中一项重要的制备技术，如采用热阴极强流电弧离子镀 TiN 涂层。

　　采用热阴极强流电弧离子镀制备 TiN 涂层的工艺过程为：将块状金属钛放入坩埚中（见图 7-24），抽真空至 10^{-2} Pa，N_2 从进气口进入离化室，通过小孔再进入镀膜室；真空泵对镀膜室抽气，维持离化室 N_2 气压为 5Pa，镀膜室 N_2 气压为 0.52Pa，然后接地的热阴极（用钽丝制成）以 1.5keV 加热，而在阳极上加 +70V，短时间把阳极电压加在离化室与镀膜室之间的隔离壁上，点燃低压电弧，电子束引入镀膜室，射向坩埚，钛被熔化并以 0.3g/min 的速度蒸发；由于热阴极与阳极之间的低压电弧放电引起 N_2 和 Ti 蒸发粒子强烈离化效应，在基体（工件）表面沉积得到金黄色高硬度的 TiN 涂层。这种技术的特点是一弧多用，热灯丝等离子枪既是蒸发源，又是基体的加热源、轰击净化源和镀料粒子的离化源。我国在20 世纪 80 年代曾对用空心阴极离子镀、阴极电弧离子镀和热阴极强流电弧离子镀三种方法镀制的麻花钻涂层做对比，结果表明用热阴极强流电弧离子镀制备的 TiN 涂层麻花钻头的使用寿命最长。这与该技术具有热弧装置有关，即因高浓度电子束的轰击清洗和高效的电子碰撞离化效应，使 TiN 涂层的品质非常好。后来，巴尔泽斯又将热弧技术与电弧技术或磁控溅射技术组合在一起，以热弧进行离子轰击或辅助沉积，依靠电弧或磁控溅射进行镀膜，从而拓展了沉积膜层种类和镀制产品范围。沉积的主要膜系有 TiN、TiCN、TiAlN、CrN、CrC、TiAlN + WC/C、WC/C、DLC 和金刚石膜等。

7.3.4　离子束沉积

1. 离子束在薄膜合成中的应用

离子束与激光束、电子束一起合称为三束，在表面技术中有着重要的应用。离子注入作为一项重要的表面改性技术将在第 8 章介绍，而本章介绍离子束在气相沉积技术中的应用。

离子束沉积法利用离化的粒子作为镀膜物质，在比较低的基材温度下能形成具有优良特性的薄膜。它已引起人们的广泛注意。在光电子、微电子等领域的各种薄膜器件的制作中，要求各种不同类型的薄膜具有极好的控制性，因而对沉积技术提出了很高的要求。而且，在材料加工、机械工业的各个领域，对工件表面进行特殊的薄膜处理，可以大大提高制品的使用寿命和使用价值，因此镀膜技术在这方面的应用十分广泛。通过对电气参数的控制，可以方便地控制离子，这是离子束沉积的独特优点，所以离子束沉积是非常有吸引力的薄膜形成法。

离子束在薄膜合成中的应用大致可分为六类：①直接引出式离子束沉积；②质量分离式离子束沉积；③离子镀，即部分离化沉积；④簇团离子束沉积；⑤离子束溅射沉积；⑥离子束增强沉积。在所有这些离子束沉积法中，可以变化和调节的参数包括：入射离子的种类、入射离子的能量、离子电流的大小、入射角、离子束的束径、沉积粒子中离子所占的百分比、基材温度、沉积室的真空度等。

上述六类方法中，离子束溅射沉积和离子镀已分别在本章前面做了介绍，下面介绍其他四类离子束沉积法。

2. 直接引出式离子束沉积

这是一类非质量分离式离子束沉积，最早（1971 年）由 Aisenberg 和 Chabot 用于碳离子制取类金刚石碳膜。用离子源产生碳离子，阴极和阳极的主要部分都是由碳构成。把氩气引入放电室中，加上外部磁场，在低压条件下使其发生辉光放电，依靠离子对电极的溅射作用产生碳离子。碳离子和等离子体中的氩离子同时被引到沉积室中，由于基材上施加负偏压，这些离子加速照射在基材上。根据实验结果，室温下用能量为 50 ~ 60eV 的碳离子，在 Si、NaCl、KCl、Ni 等基材上，得到了类金刚石碳膜，电阻率高达 $10^{12}\Omega \cdot cm$，折射率约为 2，不溶于无机酸和有机酸，有很高的硬度。

3. 质量分离式离子束沉积

离子束沉积的特点是易于控制沉积离子的能量，可以使离子束偏转，因而可以用质量分析器净化离子束，获得高纯度的膜层。这种装置主要由离子源、质量分离器和超高真空沉积室三部分组成。通常，基材和沉积室处于接地的电位，因此照射基材的沉积离子的动能由离子源上所加的正电位（0 ~ 3000V）来决定。另一方面，为从离子源引出更多的离子流，质量分离器和束输运所必要的真空管路的一部分施加负高压（ −30 ~ −10kV）。

在这种方式中，为了形成高纯度膜，应尽可能减少沉积室中残留气体在基材上附着。例如离子源部分利用两台油扩散泵，质量分离后采用涡轮分子泵，沉积室中采用离子泵排气，以保证在 $10^{-6}Pa$ 的真空度下进行离子照射。

离子束沉积采用的离子源通常要求用金属离子直接做镀料离子。这类离子是由电极与熔融金属之间的低压弧光放电产生的。离子能量为 100eV 左右，镀膜速率受离子源提供离子速率的限制，远低于工业生产采用的蒸镀和磁控溅射。离子束沉积主要用于新型薄膜材料的研制。

4. 簇团离子束沉积

簇团离子束沉积（ICBD）是用离子簇束进行镀膜的方法。离子簇束的产生有多种方法。图 7-25 所示为一种常用的簇团离子束沉积装置。坩埚中被蒸发的物质由坩埚的喷嘴向高真空沉积中喷射，利用由绝热膨胀产生的过冷现象，形成由 $5 \times 10^2 \sim 2 \times 10^3$ 个原子相互弱结合而成的团状原子集团（簇团）。经电子照射使其离化，每个集团中只要有一个原子电离，则此团块就带电。在负电压的作用下，这些簇团被加速沉积在基片上。没有被离化的中性集团，也带有一定的动能，其大小与喷嘴喷出时的速度相对应。因此，被电离加速的簇团离子和中性簇团粒子都可以沉积在基材表面层生长。

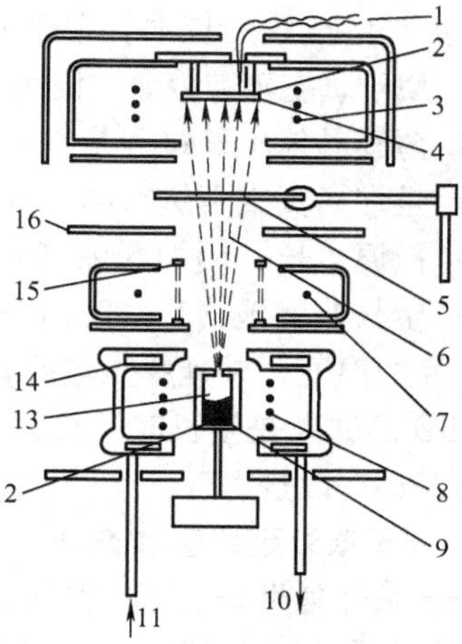

由于簇团离子的电荷与质量比小，即使进行高速沉积也不会造成空间粒子的排斥作用或膜层表面的电荷积累效应。通过各自独立地调节蒸发速率、电离效率、加速电压等，可以在 $1 \sim 100eV$ 的范围内对每个沉积原子的平均能量进行调节，从而有可能对薄膜生长的基本过程进行控制，得到所需物性的膜层。

图 7-25　簇团离子束沉积装置
1—热电偶　2—基片支架　3—加热器　4—基片　5—挡板　6—簇团离子及中性粒子团束　7—离化用热电子灯丝　8—坩埚加热器　9—坩埚　10—冷却水出口　11—冷却水进口　12—蒸镀物质　13—喷射口　14—冷却水　15—电离化所用电子引出栅极　16—加速电极

ICBD 法可以制取金属、化合物、半导体等各种膜，也可采用多蒸发源直接制取复合膜，并且膜层性能可以控制，因而是一种具有实用意义的制膜技术。

5. 离子束增强沉积

离子束增强沉积（IBED）将离子注入与镀膜结合在一起，即在镀膜的同时，使具有一定能量的轰击（注入）离子不断地射到膜与基材的界面上，借助于级联碰撞导致界面原子混合，在初始界面附近形成原子混合过渡区，提高膜与基材之间的结合力，然后在原子混合区上，再在离子束参与下继续生长出所要求厚度和特性的薄膜。

离子束增强沉积经常称为离子束辅助沉积（IBAD）。在真空蒸镀时采用 IBAD 法，即在蒸镀的同时，用离子束轰击基材。除了用电子束或电阻加热的蒸镀方式外，IBED 沉积方式也可以是离子束溅射沉积、分子束外延等。这种技术具有下列优点：

1）原子沉积和离子注入各参数可以精确地独立调节。

2）可在较低的轰击能量下，连续生长几微米厚的、组分一致的薄膜。

3）可在室温下生长各种薄膜，避免高温处理对材料及精密零部件尺寸的影响。

4）在膜和基材界面形成连续的原子混合区，提高附着力。

IBED 所用的离子束能量一般为 $30 \sim 100keV$。对于光学薄膜、单晶薄膜生长以较低能量离子束为宜，而合成硬质薄膜时用较高能量的离子束。该方法还可用来合成梯度功能薄膜、智能材料薄膜等新颖的表面材料。

7.3.5　分子束外延

1. 分子束外延的特点

分子束外延（MBE）是在超高真空条件下，精确控制蒸发源给出的中性分子束流强度，在基片上外延成膜的技术。它有下列一些特点：

1）属于真空蒸镀范畴，但因严格按照原子层逐层生长，故又是一种全新的晶体生长方法。

2）薄膜晶体生长过程是在非热平衡条件下完成的、受基片的动力学制约的外延生长。

3）是在高真空下进行的干式工艺，杂质混入少，可保持表面清洁。

4）低温生长，例如 Si 在 500℃ 左右生长，GaAs 在 500～600℃ 下生长。

5）生长速度慢（1～10μm/h），能够严格控制杂质和组分浓度，并同时控制几个蒸发源和基片的温度，外延膜质量好，面积大而均匀。

MBE 的缺点是生长时间长，表面缺陷密度大，设备价格昂贵，分析仪器易受蒸气分子的污染，还需改进。

2. 分子束外延装置和方法

分子束外延设备由真空系统、蒸发源、监控系统和分析测试系统构成。蒸发源由几个克努曾槽型分子束盒构成。分子束盒由坩埚、加热器、热屏蔽、遮板构成，用水冷却，周围有液氮屏蔽。分子加热和遮板的开闭是精确控制的关键。

图 7-26 所示为一种由计算机控制的分子束蒸镀装置。该装置为超高真空系统，在一个真空室中安装了分子束源、可加热的基片支架、四极质谱仪、反射高能电子衍射装置、俄歇电子谱仪、二次离子质量分析仪等。这种方法开辟了薄膜生长基本过程可原位观察的新途径，并且观测数据立刻反馈，用计算机控制薄膜生长，全部过程实现自动化。这种早期使用的装置为单室结构。现在的 MBE 设备一般是生长室、分析室和基片交换室的三室分离型设备。

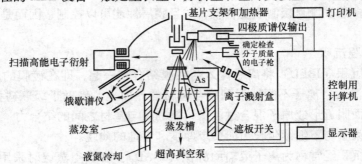

图 7-26　用计算机控制的分子束蒸镀装置

现以 GaAs 为例说明用 MBE 法制备Ⅲ-Ⅴ族半导体单晶膜的情况。对经过化学处理的 GaAs 基片在 10Pa 的超高真空下用 As 分子束碰撞，经 1min 加热，基片温度达到 650℃，获得清洁的表面，生长温度可选择在 500～700℃。Ga 和 As 分子束及分子束盒射至基片上，形成外延生长。分子束强度按一定关系求得，并用设置在分子束路径上的四极质量分析仪进行检测，调节分子束盒的温度和遮板开闭。

3. 分子束外延的应用

目前用 MBE 法，已在 GaAs、InP、AlGaAs、InGaP、InGaAs 等 Ⅲ-Ⅴ 族半导体单晶膜外延的掺杂控制（原子面掺杂、平面掺杂）上取得良好效果。另外，还制备出了 Ⅱ-Ⅵ 族 ZnS 单晶膜，GaF_2、SrF_2、BaF_2 等绝缘膜，$PtSi$、Pb_2Si、$NiSi_2$、$CoSi_2$ 等硅化物，并制备了多种异质外延构件和器件。用 MBE 法在 (100) $SrTiO$ 和 (100) MgO 基片上逐层生长铋、锶、钙、铜层，得到了典型的单晶生长高能电子衍射图，得到的铋钙铜氧膜具有超导性，临界温度 $T_c = 85K$。用同法在 (100) $SrTiO_3$ 和 (100) Zr 基片生长的 $DyBa_2Cu_3O_7$ 膜，T_c 分别为 88K 和 87K。后者的临界电流线密度 J_c 达到 $0.16 \times 10A/cm$，说明了人类在原子尺度上进行材料微结构控制和材料制备的巨大成功。

7.4　化学气相沉积

7.4.1　化学气相沉积的反应方式与条件

1. 化学气相沉积的反应方式

化学气相沉积（CVD）是借助空间气相化学反应在基材表面上沉积固态薄膜的工艺技术。所采用的化学反应类型（△表示加热）如下：

（1）**热分解**　例如：$SiH_4 \xrightarrow{\triangle} Si + 2H_2$；$W(CO)_6 \xrightarrow{\triangle} W + 6CO$；$SiI_4 \xrightarrow{\triangle} Si + 2I_2$。

（2）**氢还原**　例如：$SiCl_4 + 2H_2 \xrightarrow{\triangle} Si + 4HCl$。这种反应是可逆的，温度、氢与反应气体的浓度比、压力等都是很重要的参数。

（3）**金属还原**　它是金属卤化物与单质金属发生还原反应，例如：$BeCl_2 + Zn \xrightarrow{\triangle} Be + ZnCl_2$。

（4）**基材还原**　这种反应发生在基材表面，反应气体被基材还原生成薄膜。例如金属卤化物被硅基片还原：$WF_6 + \frac{3}{2}Si \longrightarrow W + \frac{3}{2}SiF_4$。

（5）**化学输送**　在高温区被置换的物质构成卤化物或者与卤素反应生成低价卤化物，它们被输送到低温区域，由非平衡反应在基材上形成薄膜。例如：在高温区，$Si(s) + I_2(g) \longrightarrow SiI_2(g)$；在低温区，$SiI_2 \longrightarrow \frac{1}{2}Si(s) + \frac{1}{2}SiI_4(g)$，总反应为

$$2SiI_2 \underset{\text{高温}}{\overset{\text{低温}}{\rightleftharpoons}} Si + SiI_4$$

（6）**氧化**　氧化反应主要用于在基材上制备氧化物薄膜。例如：$SiH_4 + O_2 \longrightarrow SiO_2 + 2H_2$；$SiCl_4 + O_2 \xrightarrow{\triangle} SiO_2 + 2Cl_2$；$POCl_3 + 3/4O_2 \longrightarrow 1/2P_2O_5 + 3/2Cl_2$；有机金属化合物 $AlR_3 + 3/4O_2 \longrightarrow \frac{1}{2}Al_2O_3 + R'$。

（7）**加水分解**　例如：$2AlCl_3 + 3H_2O \longrightarrow Al_2O_3 + 6HCl$。其中，$H_2O$ 是由 $CO_2 + H_2 \longrightarrow H_2O + CO$ 反应得到的。由于常温下 $AlCl_3$ 能与水完全发生反应，故制备时须把 $AlCl_3$ 和 H_2O 混合气体输至基材上。

（8）与氨反应　例如：$SiH_2Cl_2 + 4/3NH_3 \longrightarrow 1/3Si_3N_4 + 2HCl + 2H_2$；$SiH_4 + 4/3NH_3 \longrightarrow 1/3Si_3N_4 + 4H_2$。

（9）合成反应　几种气体物质在沉积区反应于工件表面，形成所需物质的薄膜。例如：$SiCl_4$ 和 CCl_4 在 $1200 \sim 1500℃$ 下生成 SiC 膜。

（10）等离子体激发反应　用等离子体放电使反应气体活化，可以在较低温度下成膜。

（11）光激发反应　例如：在 $SiH-O_2$ 反应系中水银蒸气为感光性物质，用 253.7nm 紫外线照射，并被水银蒸气吸收，在这一激发反应中可在 100℃ 左右制备硅氧化物。

（12）激光激发反应。例如有机金属化合物在激光激发下发生反应：$W(CO)_6 \longrightarrow W + 6CO$。

2. 化学气相沉积的反应条件

化学气相沉积是一种化学反应过程，必须满足进行化学反应的热力学和动力学条件，同时又要符合该技术本身的以下特定要求：

1）必须达到所要求的沉积温度。

2）在规定的沉积温度下，参加反应的各种物质必须有足够的蒸气压。

3）参加反应的物质都是气态（源物质可以是气态、液态和固态，但参加反应时由液态蒸发或固态升华成气态），而生成物除了所需的涂层材料为固态外，其余必须是气态，即反应物在反应条件下是气相，沉积在基材表面的涂层为生成物之一的固相。

从热力学分析，一个反应能够进行的条件是其反应的自由焓变 $\Delta G^{\ominus}$ 为负值。根据热力学状态函数的数据，可以计算一些有关反应的标准自由焓变 $\Delta G^{\ominus}$ 随温度变化情况，然后从多种反应中选择最合适的反应来沉积所要求的涂层。图 7-27 所示为 5 种化学反应的 $\Delta G^{\ominus}\text{-}T$ 图。由该图可以看出，在同一温度下，$TiCl_4$ 与 NH_3 反应的值比 $TiCl_4$ 与 N_2、H_2 反应的值小，这表明对同一种生成物（如 TiN）来说，采用不同的反应物进行不同的化学反应，其温度条件是不同的。因此，寻找新的反应物质，力求在较低的温度下沉积得到性能良好的涂层是有可能的。

化学气相沉积过程包括下列几个部分：

1）反应气体到达基材表面。

2）反应气体分子被基材表面吸附。

3）在基材表面产生化学反应。

4）固体生成物在基材表面形核和生长。

5）多余的反应产物从系统中排出。

7.4.2　化学气相沉积的方法与分类

1. 化学气相沉积的方法

化学气相沉积所用的设备主要包括气体的发生、净化、混合及输运装置，反应室，基材加热装置和排气装置。其中基材加热可采用电阻加热、高频感应加

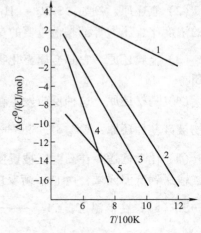

图 7-27　五种化学反应的 $\Delta G^{\ominus}\text{-}T$ 图

$1—TiCl_4 + \frac{1}{2}N_2 + 2H_2 = TiN + 4HCl$

$2—TiCl_3 + \frac{1}{2}N_2 + \frac{3}{2}H_2 = TiN + 3HCl$

$3—TiCl_4 + \frac{1}{2}H_2 + NH_3 = TiN + 4HCl$

$4—TiCl_4 + 2NH_3 = TiN + 4HCl + H_2 + \frac{1}{2}N_2$

$5—TiCl_2 + H_2 + \frac{1}{2}N_2 = TiN + 2HCl$

热和红外线加热等。这是热化学气相沉积的一般情况；如果是等离子体化学气相沉积、光激发化学气相沉积、激光(诱导)化学气相沉积等，那么在设备中要加上相应的激励装置以及改变相关的装置。

为了用化学气相沉积法制备高质量的膜层，必须妥善选择反应体系。对普通的热化学气相沉积来说，主要工艺参数是基材温度、气体组成以及气体的流动状态，它们决定了基材附近温度、反应气体的浓度和速度的分布，从而影响了薄膜的生长速率、均匀性及结晶质量。

反应室是化学气相沉积设备的最基本部件。根据其结构不同，可将化学气相沉积技术分为流通式沉积法和封闭式沉积法两种基本类型。

(1)流通式沉积法　其反应室的特点是：反应气体混合物连续补充，而废弃的反应产物不断排出；物料的输运一般是靠外加不参与反应的惰性气体来实现的。反应气体混合物在进入沉积区之前不希望它们之间相互反应，否则应予以隔开。由于至少有一种反应产物可以连续地从沉积区排出，这就使反应总是处于非平衡状态，从而有利于形成沉积层。为使废气从系统中排出，流通式沉积法通常是在一个大气压或稍高于一个大气压下进行的。反应室有水平型、垂直型、圆筒型、连续型、管状炉型等类型。反应室的几何形状、结构类型是由该系统的物理、化学性能要求及工艺参数决定的。另外，反应室按加热方式不同可分为冷壁式和热壁式两种。热壁式反应室用直接加热法或其他方式进行加热，反应室壁通常是设备中最热的部分。冷壁式反应室只有基材本身加热，因此基材温度最高。热壁式反应室可防止反应物的冷凝。冷壁式反应室适合于反应物在室温下是气体或者具有较高的蒸气压。

流通式沉积法是化学气相沉积技术中最常用的方法。

(2)封闭式沉积法　将反应物与基材(工件)分别放置在反应室两端，室内抽真空后充入一定的输运气体，然后封闭；再将反应室置于双温区加热炉内，使反应室内形成一个温度梯度；在温度梯度(或浓度梯度)的推动下，物料的反应室的一端输运到另一端并沉积下来。该方法要求反应室中进行反应的平衡常数接近于1。若平衡常数太大或太小，则输运反应中所涉及的物质至少有一种的浓度会变得很低，从而使反应速度变得缓慢。

封闭式沉积法比较简单，有毒物质也可以沉积，而且无须连续抽气就可以保持室内一定的真空度，对于必须在真空条件下进行的沉积十分方便。它还可沉积蒸气压高的材料。该方法的主要缺点是沉积速度慢，不适宜进行大批量生产。还应注意的是，目前其反应室通常用石英管制造，在封闭又不能测定管内压力的情况下，因温度控制失灵而造成压力过大时，就有爆炸的危险。

2. 化学气相沉积的分类

化学气相沉积技术有多种分类方法。按激发方式可分为热化学气相沉积、等离子体化学气相沉积、光激发化学气相沉积、激光(诱导)化学气相沉积等。按反应室压力可分为常压化学气相沉积、低压化学气相沉积等。按反应温度的相对高低可分为超高温化学气相沉积($>1200℃$)、高温化学气相沉积(HTCVD，$900\sim1200℃$)、中温化学气相沉积(MTCVD，$500\sim800℃$)、低温化学气相沉积($<200℃$)。有人把常压化学气相沉积称为常规化学气相沉积，而把低压化学气相沉积、等离子体化学气相沉积、激光化学气相沉积等列为非常规化学气相沉积。也有按源物质归类，如金属有机化合物化学气相沉积、氯化物化学气相沉积等、氢化物化学气相沉积等。

7.4.3　几类化学气相沉积简介

1. 热化学气相沉积

热化学气相沉积（TCVD）是利用高温激活化学反应进行气相生长的方法。按其化学形式又可分为三类：化学输运法、热解法、合成反应法。

这些反应过程已在前面介绍的化学气相沉积原理中列出。其中，化学输运法虽然能制备薄膜，但一般用于块状晶体生长；热分解法通常用于沉积薄膜；合成反应法则两种情况都用。

热化学气相沉积应用于半导体和其他材料。广泛应用的化学气相沉积技术，如金属有机化学气相沉积、氢化物化学沉积等都属于这个范围。

表 7-11 和表 7-12 分别列出了一些采用热化学气相沉积技术沉积金属薄膜和化合物薄膜的工艺条件。

表 7-11　化学气相沉积金属薄膜的工艺条件

沉积物	金属反应物	其他反应物	沉积温度/℃	压力/kPa	沉积速度/(μm/min)
W	WF_6	H_2	250 ~ 1200	0.13 ~ 101	0.1 ~ 50
	WCl_6	H_2	850 ~ 1400	0.13 ~ 2.7	0.25 ~ 35
	WCl_6	—	1400 ~ 2000	0.13 ~ 2.7	2.5 ~ 50
	$W(CO)_6$	—	180 ~ 600	0.013 ~ 0.13	0.1 ~ 1.2
Mo	MoF_6	H_2	700 ~ 1200	2.7 ~ 46.7	1.2 ~ 30
	$MoCl_5$	H_2	650 ~ 1200	0.13 ~ 2.7	1.2 ~ 20
	$MoCl_5$	—	1250 ~ 1600	1.3 ~ 2.7	2.5 ~ 20
	$Mo(CO)_6$	—	150 ~ 600	0.013 ~ 0.13	0.1 ~ 1
Re	ReF_6	H_2	400 ~ 1400	0.13 ~ 13.3	1 ~ 15
	$ReCl_5$	—	800 ~ 1200	0.13 ~ 26.7	1 ~ 15
Nb	$NbCl_5$	H_2	800 ~ 1200	0.13 ~ 101	0.08 ~ 25
	$NbCl_5$	—	1880	0.13 ~ 2.7	2.5
	$NbBr_5$	H_2	800 ~ 1200	0.13 ~ 101	0.08 ~ 25
Ta	$TaCl_5$	H_2	800 ~ 1200	0.13 ~ 101	0.08 ~ 25
	$TaCl_5$	—	2000	0.13 ~ 2.7	2.5
Zr	ZrI_4	—	1200 ~ 1600	0.13 ~ 2.7	1 ~ 2.5
Hf	HfI_4	—	1400 ~ 2000	0.13 ~ 2.7	1 ~ 2.5
Ni	$Ni(CO)_4$	—	150 ~ 250	13.3 ~ 101	2.5 ~ 3.5
Fe	$Fe(CO)_5$	—	150 ~ 450	13.3 ~ 101	2.5 ~ 50
V	VI_2	—	1000 ~ 1200	0.13 ~ 2.7	1 ~ 2.5
Cr	CrI_3	—	1000 ~ 1200	0.13 ~ 2.7	1 ~ 2.5
Ti	TiI_4	—	100 ~ 1400	0.13 ~ 2.7	1 ~ 2.5

表7-12 化学气相沉积化合物薄膜的工艺条件

化合物类型	涂层	化学混合物	沉积温度/℃	应用
碳化物	TiC	$TiCl_4$-CH_4-H_2	900～1000	耐磨
	HfC	$HfCl_x$-CH_4-H_2	900～1000	耐磨/抗腐蚀/氧化
	ZrC	$ZrCl_4$-CH_4-H_2	900～1000	耐磨/抗腐蚀/氧化
		$ZrBr_4$-CH_4-H_2	>900	
	SiC	CH_3SiCl_3-H_2	100～1400	耐磨/抗腐蚀/氧化
	B_4C	BCl_3-CH_4-H_2	1200～1400	耐磨/抗腐蚀
	W_2C	WF_6-CH_4-H_2	400～700	耐磨
	Cr_7C_3	$CrCl_2$-CH_4-H_2	1000～1200	耐磨
	Cr_3C_2	$Cr(CO)_6$-CH_4-H_2	1000～1200	耐磨
	TaC	$TaCl_5$-Cl_4-H_2	1000～1200	耐磨、导电
	VC	VCl_2-CH_4-H_2	1000～1200	耐磨
	NbC	$NbCl_5$-CCl_4-H_2	1500～1900	耐磨
氮化物	TiN	$TiCl_4$-N_2-H_2	900～1000	耐磨
	HfN	$HfCl_x$-N_4-H_2	900～1000	耐磨、抗腐蚀/氧化
		$HfCl_4$-NH_3-H_2	>800	
	Si_3N_4	$SiCl_4$-NH_3-H_2	1000～1400	耐磨、抗腐蚀/氧化
	BN	BCl_3-NH_3-H_2	1000～1400	导电、耐磨
		$B_3N_3H_6$-Ar	400～700	
		BF_3NH_3-H_2	1000～1300	
	ZrN	$ZrCl_4$-N_2-H_2	1100～1200	耐磨、抗腐蚀/氧化
		$ZrBr_4$-NH_3-N_2	>800	
	TaN	$TaCl_5$-N_2-H_2	800～1500	耐磨
	AlN	$AlCl_3$-NH_2-H_2	800～1200	导电、耐磨
		$AlBr_3$-NH_2-H_2	800～1200	
		$Al(CH_3)_3$-NH_3-H	900～1100	
	VN	VCl_4-N_2-H_2	900～1200	耐磨
	NbN	$NbCl_5$-N_2-H_2	900～1300	耐腐蚀、导电
氧化物	Al_2O_3	$AlCl_3$-CO_2-H_2	900～1100	耐磨、抗腐蚀/氧化
	TiO_2	$TiCl_4$-H_2O	800～1000 25～700 25～700	耐磨、抗腐蚀、导电

2. 低压化学气相沉积

低压化学气相沉积（LPCVD）的压力范围一般为 $1～4×10^4Pa$。由于低压下分子平均自由程增加，因而加快了气态分子的输运过程，反应物质在工件表面扩散系数增大，使薄膜均匀性得到了改善。对于表面扩散动力学控制的外延生长，可增大外延层的均匀性，这在大面积大规模外延生长中（例如大规模硅器件工艺中的介质膜外延生长）是必要的。但是对于由质量输送控制的外延生长，上述效应并不明显。低压外延生长，对设备要求较高，必须有精确的压力控制系统，增加了设备成本。低压外延有时是必须采用的手段，如当化学反应对压力敏感时，常压下不易进行的反应，在低压下变得容易进行。低压外延有时会影响分凝系数。

3. 等离子体化学气相沉积

等离子体化学气相沉积（PVCD）也称等离子体增强化学气相沉积（PECVD）。在常规的化学气相沉积中，促使其化学反应的能量来源是热能，而等离子体化学气相沉积除热能外，还借助外部所加电场的作用引起放电，使原料气体成为等离子体状态，变为化学上非常活泼的激发分子、原子、离子和原子团等，促进化学反应，在基材表面形成薄膜。PCVD由于等离子体参与化学反应，因此基材温度可以降低很多，具有不易损伤基材等特点，并有利于化学反应的进行，使通常从热力学上讲难于发生的反应变为可能，从而能开发出各种组成比的新材料。

PCVD法按加给反应室电力的方法可分为以下几类：

（1）直流法 利用直流电等离子体的激活化学反应进行气相沉积的技术称为直流等离子体化学气相沉积（DCPCVD）。它在阴极侧成膜，此膜会受到阳极附近的空间电荷所产生的强磁场的严重影响。用氩稀释反应气体时膜中会进入氩。为避免这种情况，将电位等于阴极侧基材电位的帘栅放置于阴极前面，这样可以得到优质薄膜。

（2）射频法 利用射频离子体激活化学反应进行气相沉积的技术称为射频等离子体化学气相沉积（RFPCVD）。

DCPCVD法只能应用于电极和涂层都具有良好导电性的场合。RFPCVD法就可以避免这种限制，可用于沉积绝缘膜。

射频法中供应射频功率的耦合方式大致分为电容耦合方式和电感耦合方式两种。在选用管式反应腔体时，这两种耦合电极均可置于管式反应腔体外。在放电中，电极不会发生腐蚀，也不会有杂质污染，但往往需要调整电极和基材的位置。这种装置结构简单，造价较低，然而不宜用于大面积基材的均匀沉积和工业化生产。

较为普遍使用的是在反应室内采用平行圆板形的电容耦合方式，它可获得比较均匀的电场分布。图7-28所示为平板形反应室的截面图。反应室外壳一般用不锈钢制作。圆板电极可选用铝合金，其直径比外壳略小。基材台为接电电极，两极间距离较小；极间距一般只要大于离子鞘层，即暗区厚度的5倍，能保证充分放电即可。基材台可用红外加热。下电极可旋转，以改善膜厚的均匀。

电源通常采用功率为50W至几百瓦，频率为450kHz或13.56MHz的射频电源。工作时，一般先抽真空至 10^{-1} Pa，然后充入反应

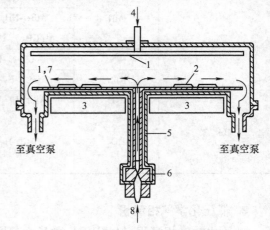

图7-28 平板形反应室的截面图

1—电极 2—基材 3—加热器 4—RF输入
5—转轴 6—磁转动装置 7—旋转基座 8—气体入口

气体至 10Pa 左右。为提高沉积薄膜的性能，设备上对等离子体施加直流偏压或外部磁场。

电极耦合的 PCVD 存在下列缺点：①电极将能量耦合到等离子体过程中，电极表面会产生较高的鞘层电位，在其作用下离子高速撞击基材和阴极，从而会造成阴极的溅射和涂层的污染；②在功率较高、等离子体密度较大的情况下，辉光放电会转变为弧光放电，损伤放电电极，从而使射频功率以及所产生的等离子体密度受到一定的限制。

无电极耦合的 PCVD 技术可以克服上述缺点。图 7-29 所示为电感耦合的射频 PCVD 装置。这是一种无电极耦合的 PCVD 技术，等离子体密度可以达到很高值，例如达到 10^{12} 个/cm^3 电子水平；同时，甚至可以在 101325Pa 的高气压下工作，形成高温等离子体射流。但是，这种技术的等离子体均匀性较差，不易实现在较大面积的基材上实现涂层的均匀沉积。

（3）微波法　用微波等离子体激活化学反应进行气相沉积的技术，称为微波等离子体化学气相沉积（MW-PCVD）。

由于微波等离子体技术的发展，获得各种气体压力下的微波等离子体已不成问题。现在已有多种 MW-PCVD 装置。例如：用一个低压 CVD 反应管，其上交叉安装共振腔及与之匹配的微波发射器，以 2.45GHz 的微波，通过矩形波导入，使 CVD 反应管中被共振腔包围的气体形成等离子体，并能达到很高的电离度和离解度，再经轴对称约束磁场打到基材上。微波发射功率通常在几百瓦至一千瓦以上，这可根据托盘温度和生长过程满足质量输运限速步骤等条件决定。这项技术具有下列优点：①可进一步降低材料温度，减少因高温生长造成的位错缺陷、组分或杂质的互扩散；②避免了电极污

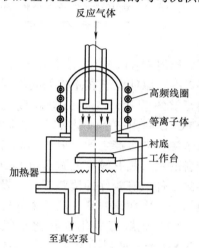

图 7-29　电感耦合的射频 PCVD 装置

染；③薄膜受等离子体的破坏小；④更适合于低熔点和高温下不稳定化合物薄膜的制备；⑤由于其频率很高，所以对系统内气体压力的控制可以大大放宽；⑥也由于其频率很高，在合成金刚石时更容易获得晶态金刚石。

图 7-30 所示为一种 MWPCVD 装置。从微波发生器产生的 2.45GHz 频率的微波能量耦合到发射天线，再经过模式转换器，最后在反应腔体中激发流经反应腔体的低压气体，形成均匀的等离子体。其微波放电很稳定，从 10^{-3}Pa 至大气压的范围内，所产生的等离子体没有与反应室壁接触，非常有利于高质量薄膜的制备。然而，由于微波等离子体放电空间受限制，难以实现大面积均匀放电。近年来，通过改进装置，这个难题已得到较好的解决。

电子回旋共振（ECR，即输入的微波频率等于电子回旋频率）等离子体化学气相沉积是 MWPCVD 的一种方式。它利用电子回旋产生等离子体，在低温低压条件下沉积各种高质量薄膜。图 7-31 所示为电子回旋共振微波等离子体化学气相沉积（ECR-MWPCVD）装置。该装置使用频率为 2.45GHz 的微波来产生等离子体，即微波能量由波导耦合进入反应室后，诱发反应气体放电击穿而产生等离子体。在装置中设有磁场线圈，产生与微波电场相垂直的磁场，由此促进等离子体中电子从微波场中吸收能量。电子在微波场和磁场的共同作用下发生回旋共振现象，即电子在沿气流方向运动的同时，还按照共振频率发生回旋运动。电子回旋运动时，与气体分子不断碰撞和能量交换，使气体分子发生电离。

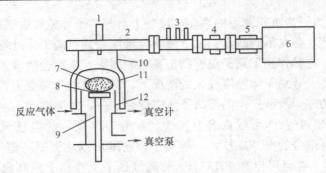

图 7-30　MWPCVD 装置

1—发射天线　2—矩形波导　3—三螺钉调配器　4—定向耦合器　5—环行器　6—微波发生器

7—等离子体球　8—基材　9—样品台　10—模式转换器　11—石英钟罩　12—均流罩

ECR-MWPCVD 方法要求真空度较高，约为 $10^{-1} \sim 10^{-3}\text{Pa}$，以使电子在碰撞的间隔时间内从回旋运动中获得足够的能量，气体的电离度已接近 100%，比一般 RFPCVD 高出三个能量级以上，因此 ECR 装置就是一个离子源，并且产生的等离子体具有很高的反应活性。其制备的涂层具有较高的致密度和良好的性能，对形状复杂的工件也有较好的覆盖度，以及具有低温沉积、无电极污染、沉积速率高、离子束的可控性好等优点。

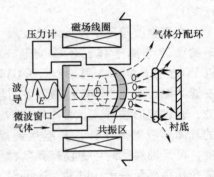

图 7-31　ECR-MWPCVD 装置

（4）金属有机化合物化学气相沉积（MOCVD）

MOCVD 是一种利用金属有机化合物热分解反应进行气相外延生长的方法，即把含有外延材料组分的金属有机化合物通过载气输运到反应室，在一定温度下进行外延生长。该方法现在主要用于化学半导体气相生长上。由于其组分、界面控制精度高，广泛应用于Ⅱ-Ⅵ族化合物半导体超晶格量子阱等低维材料的生长。

金属有机化合物是一类含有碳-金属键物质。它要适用于 MOCVD 法，应具有易于合成和提纯，在室温下为液体并有适当的蒸气压、较低的热分解温度，对沉积薄膜沾污小和毒性小等特点。目前常用的金属有机化合物（通常称为 MO 源）主要是Ⅱ-Ⅶ族的烷基衍生物：

Ⅱ族：$(C_2H_5)_2Be$，$(C_2H_5)_2Mg$，$(CH_3)_2Zn$，$(C_2H_5)_2Zn$，$(CH_3)_2Cd$，$(CH_3)_2Hg$。

Ⅲ族：$(C_2H_5)_3Al$，$(CH_3)_3Al$，$(C_2H_5)_3Ga$，$(CH_3)_3Ga$，$(C_2H_5)_3In$，$(CH_3)_3In$。

Ⅳ族：$(CH_3)_4Ge$，$(C_2H_5)_4Sn$，$(CH_3)_4Sn$，$(C_2H_5)_4Pb$，$(C_2H_5)_4Pb$。

Ⅴ族：$(CH_3)_3N$，$(CH_3)_3P$，$(C_2H_5)_3As$，$(CH_3)_3As$，$(CH_5)_3Sb$，$(CH_3)_3Sb$。

Ⅶ族：$(C_2H_5)_2Se$，$(CH_3)_2Se$，$(C_2H_5)_2Te$，$(CH_3)_2Te$。

在室温下，除 $(C_2H_5)_2Mg$ 和 $(CH_3)_3In$ 是固体外，其他均为液体。制备这些 MO 源有多种方法，并且为了适应新的需求和 MOCVD 工艺的改进，新的 MO 源被不断地开发出来。

现以生长Ⅲ-Ⅴ族化合物为例。载气高纯氢通过装有Ⅲ族元素有机化合物的鼓泡瓶携带其蒸汽与用高纯氢稀释的Ⅴ族元素氢化物分别导入反应室，衬底放在高频加热的石墨基座上，被加热的衬底对金属有机物的热分解具有催化效应，并在其上生成外延层，这是在远离热平衡状态下进行的。在较宽的温度范围内，生长速率与温度无关，而只与到达表面源物质量有关。

MOCVD 技术所用的设备包括：温度精确控制系统、压力精确控制系统、气体流量精确控制系统、高纯载气处理系统、尾气处理系统等。为了提高异质界面的清晰度，在反应室前通常设有一个高速、无死区的多通道气体转换阀；为了使气体转换顺利进行，一般设有生长气路和辅助气路，两者气体压力保持相等。

根据 MOCVD 生长压力的不同，又分为常压 MOCVD 和低压 MOCVD。将 MOCVD 与分子束外延（MBE）技术结合，发展出 MOMBE（金属有机化合物分子束外延）和 CBE（化学束外延）等技术。

与常规 CVD 相比，MOCVD 的优点是：①沉积温度低；②能沉积单晶、多晶、非晶的多层和超薄层、原子层薄膜；③可以大规模、低成本制备杂组分的薄膜和化合物半导体材料；④可以在不同基材表面沉积；⑤每一种或增加一种 MO 源可以增加沉积材料中的一种组分或一种化合物，使用两种或更多 MO 源可以沉积二元或多元、二层或多层的表面材料，工艺的通用性较广。MOCVD 的缺点是：①沉积速度较慢，仅适宜于沉积微米级的表面层；②原料的毒性较大，设备的密封性、可靠性要好，须谨慎管理和操作。

（5）激光（诱导）化学气相沉积（LCVD）　这是一种在化学气相沉积过程中利用激光束的光子能量激发和促进化学反应的薄膜沉积方法。所用的设备是在常规的 CVD 设备的基础上添加激光器、光路系统及激光功率测量装置。为了提高沉积薄膜的均匀性，安置基材的基架可在 x、y 方向做程序控制的运动。为使气体分子分解，需要高能量光子，通常采用准分子激光器发出的紫外线，波长在 157nm（F_2）和 350nm（XeF）之间。另一个重要的工艺参数是激光功率，一般为 $3 \sim 10 W/cm^2$。

LCVD 与常规 CVD 相比，可以大大降低基材的温度，防止基材中杂质分布受到破坏，可在不能承受高温的基材上合成薄膜。例如：用 TCVD 制备 SiO_2、Si_3N_4、AlN 薄膜时基材需加热到 $800 \sim 1200℃$，而用 LCVD 则需 $380 \sim 450℃$。

LCVD 与 PCVD 相比，可以避免高能粒子辐照在薄膜中造成的损伤。由于给定的分子只吸收特定波长的光子，因此，光子能量的选择决定了什么样的化学键被打断，这样使薄膜的纯度和结构能得到较好的控制。

7.4.4　化学气相沉积的特点与应用

1. 化学气相沉积的特点

（1）薄膜的组成和结构可以控制　由于化学气相沉积是利用气体反应来形成薄膜的，因而可以通过反应气体成分、流量、压力等的控制，来制取各种组成和结构的薄膜，包括半导体外延膜、金属膜、氧化物膜、碳化物膜、硅化物膜等，用途很广泛。

（2）薄膜内应力较低　薄膜的内应力主要来自两个方面：①薄膜沉积过程中，荷能粒子轰击正在生长的薄膜，使薄膜表面原子偏离原有的平衡位置，从而产生所谓的本征应力；②高温沉积薄膜冷却到室温时，由于薄膜材料与基体材料的热膨胀系数不同，从而产生热应力。据研究，薄膜内本征应力占主要部分，而热应力占的比例很小。物理气相沉积（PVD），尤其是在溅射镀膜和离子镀膜过程中，高能量粒子一直在轰击薄膜，会产生很高的本征应力；正因为 PVD 薄膜存在很大的内应力，因而难以镀厚。化学气相沉积薄膜的内应力主要为热应力，即内应力小，可以镀得较厚，例如化学气相沉积的金刚石薄膜，厚度可达 1mm。

（3）薄膜均匀性好 由于 CVD 可以通过控制反应气体的流动状态，使工件上的深孔、凹槽、阶梯等复杂的三维形体上，都能获得均匀的沉积薄膜。对于 PVD 来说，往往难于做到这样的薄膜均匀性和深镀能力。

（4）不需要昂贵的真空设备 CVD 的许多反应可以在大气压下进行，因而系统中不需要真空设备。

（5）沉积温度高 这样可以提高镀层与基材的结合力，改善结晶完整性，为某些半导体用镀层所必需。但是，一般的 CVD 工艺需在 900 ~ 1200℃ 高温下反应，使许多基体材料的使用受到很大的限制。例如：许多钢铁材料在高温下发生软化、晶粒长大和变形等，从而不能正常使用或造成失效。

（6）CVD 大多反应气体有毒性 气源以及反应后的余气大多有毒，必须加强防范。

2. 化学气相沉积的应用

（1）在微电子工业上的应用 CVD 技术的应用已经渗透到半导体的外延、钝化、刻蚀、布线和封装等各个工序，成为微电子工业的基础技术之一。

（2）在机械工业中的应用 CVD 技术可用来制备各种硬质镀层，按化学键的特征可分为三类：①金属键型，主要为过渡族金属的碳化物、氮化物、硼化物等镀层，如 TiC、VC、WC、TiN、TiB$_2$；②共价键型，主要为 Al、Si、B 的碳化物及金刚石等镀层，如 B$_4$C、SiC、BN、C$_3$N$_4$、C（金刚石）；③离子键型，主要为 Al、Zr、Ti、Be 的氧化物等镀层，如 Al$_2$O$_3$、ZrO$_2$、BeO。在 20 世纪 60 年代到 80 年代，CVD 技术曾广泛应用于切削刀具等产品上硬质涂层的制备。在 20 世纪 80 年代后期，由于 PVD 技术迅速发展，使得用 CVD 技术制备硬质涂层已经急剧减少。然而，CVD 技术具有自身的一些特点，在有些硬质涂层产品上仍有良好的应用价值和潜力。

（3）等离子体化气相沉积（PCVD）的应用 与常规 CVD 比较，PCVD 有如下特点：①沉积温度较低，这是等离子体参与化学反应的结果，基体温度一般可降低到 600℃ 以下，因热而损伤基材较小，并且许多采用常规 CVD 的、进行缓慢或不能进行的反应能以较快速度进行；②改善膜层厚度的均匀性和提高膜层的质量，包括针孔减少、组织致密、内应力小，不易产生微裂纹，并且低温沉积有利于获得非晶态和微晶薄膜；③可用来制备性能独特的薄膜，一些热平衡态下不能发生的反应在 PCVD 系统中可能发生；④可制备一些特殊结构的多层膜，这主要得益于低温沉积条件下有些化学反应能否有效进行取决于等离子体是否存在，即把等离子体作为沉积反应的开关，从而制备出具有特殊结构的多层膜；⑤低温沉积也会带来某些负面影响，例如反应过程中产生的副产物气体和其他气体的解吸进行得不彻底，故容易残留在膜层中而影响到膜层的性能；⑥等离子体中的正离子被电场加速后轰击基材，可能损伤基材表面，在薄膜中产生较多的缺陷，并且等离子体的存在可能使化学反应增多而导致反应产物难以控制，也不易得到纯净的物质。PCVD 有上述优缺点，其中优点是主流的，从而获得了推广应用。PCVD 最重要的应用之一是沉积氮化硅、氧化硅或硅的氮氧化物一类的绝缘薄膜，这对超大规模集成芯片的生产至关重要。此外，PCVD 在摩擦磨损、腐蚀防护、工具涂层及光学纤维涂层等领域的应用也引人注目。

表 7-13 列出了 PCVD 与 TCVD 典型的沉积温度范围。由该表可以看出，PCVD 的沉积温度显著低于热 CVD。表 7-14 列出了 PCVD 技术沉积的膜层材料。由该表可以看出，采用

PCVD 技术，在较低沉积温度下可得到一系列重要的薄膜或涂层。

表 7-13　PCVD 与 TCVD 典型的沉积温度范围

沉积薄膜	沉积温度/℃	
	TCVD	PCVD
硅外延膜	1000 ~ 1250	750
多晶硅	650	200 ~ 400
Si_3N_4	900	300
SiO_2	800 ~ 1100	300
TiC	900 ~ 1100	500
TiN	900 ~ 1100	500
WC	1000	325 ~ 525

表 7-14　PCVD 技术沉积的膜层材料

材　料	沉积温度/K	沉积速度/(cm/s)	反　应　物
非晶硅	523 ~ 573	$10^{-8} ~ 10^{-7}$	SiH_4,SiF_4-H_2,$Si(s)$-H_2
多晶硅	523 ~ 673	$10^{-8} ~ 10^{-7}$	SiH_4-H_2,SiF_4-H_2,$Si(s)$-H_2
非晶锗	523 ~ 673	$10^{-8} ~ 10^{-7}$	GeH_4
多晶锗	523 ~ 673	$10^{-8} ~ 10^{-7}$	GeH_4-H_2,$Ge(s)$-H_2
非晶硼	673	$10^{-8} ~ 10^{-7}$	B_2H_6,BCl_3-H_2,BBr_3
非晶磷	293 ~ 473	$\leqslant 10^{-5}$	$P(s)$-H_2
As	< 373	$\leqslant 10^{-6}$	AsH_3,$As(s)$-H_2
Se,Te,Sb,Bi	$\leqslant 373$	$10^{-7} ~ 10^{-6}$	Me-H_2
Mo,Ni			$Me(CO)_4$
类金刚石	$\leqslant 523$	$10^{-8} ~ 10^{-5}$	C_nH_m
石墨	1073 ~ 1273	$\leqslant 10^{-5}$	$C(s)$-H_2,$C(s)$-N_2
CdS	373 ~ 573	$\leqslant 10^{-6}$	Cd-H_2S
GaP	473 ~ 573	$\leqslant 10^{-8}$	$Ga(CH_3)$-PH_3
SiO_2	$\geqslant 523$	$10^{-8} ~ 10^{-6}$	$Si(OC_2H_5)_4$,SiH_4-O_2,N_2O
GeO_2	$\geqslant 523$	$10^{-8} ~ 10^{-6}$	$Ge(OC_2H_5)_4$,GeH_4-O_2,N_2O
SiO_2/GeO_2	1273	$\sim 3 \times 10^{-4}$	$SiCl_4$-$GeCl_4$-O_2
Al_2O_3	523 ~ 773	$10^{-8} ~ 10^{-7}$	$AlCl_3$-O_2
TiO_2	473 ~ 673	10^{-8}	$TiCl_4$-O_2,金属有机化合物
B_2O_3			$B(OC_2H_5)_3$-O_2
Si_3N_4	573 ~ 773	$10^{-8} ~ 10^{-7}$	SiH_4-H_2,NH_3
AlN	$\leqslant 1273$	$\leqslant 10^{-6}$	$AlCl_3$-N_2
GaN	$\leqslant 873$	$10^{-8} ~ 10^{-7}$	$GaCl_4$-N_2
TiN	523 ~ 1273	$10^{-8} ~ 10^{-6}$	$TiCl_4$-H_2 + N_2
BN	673 ~ 973		B_2H_6-NH_3
P_3N_5	633 ~ 673	$\leqslant 5 \times 10^{-6}$	$P(s)$-N_2,PH_3-N_2

（续）

材　料	沉积温度/K	沉积速度/(cm/s)	反　应　物
SiC	473 ~ 773	10^{-8}	SiH_4-C_nH_m
TiC	673 ~ 873	$10^{-8} \sim 10^{-6}$	$TiCl_4$-$CH_4(C_2H_2)$ + H_2
GeC	473 ~ 573	10^{-8}	
B_xC	673	$10^{-8} \sim 10^{-7}$	B_2H_6-CH_4

（4）金刚石薄膜或涂层的沉积　金刚石不仅是自然界最硬的物质，而且还具有优异的热学性能、电学性能、光学性能和声学性能等性能。用 CVD 方法制备得到的金刚石薄膜或涂层，在许多性能指标上都与天然金刚石相近，见表7-15。更重要的是有不少方面 CVD 金刚石薄膜或涂层还优于天然和高温高压合成的块体金刚石，如可以掺杂制成大面积及复杂形状等，因而在应用上引起人们的高度重视。

表 7-15　天然金刚石与 CVD 金刚石涂层性能的比较

材　料　性　能	天然金刚石	CVD 金刚石涂层
硬度/GPa	100	90 ~ 100
弹性模量/GPa	1200	接近天然金刚石
室温热导率/[W/(cm·K)]	20	10 ~ 20
纵波声速/(m/s)	18000	—
密度/(g/cm³)	3.6	2.8 ~ 3.5
折射率(在 590nm 处)	2.41	2.4
禁带宽度/eV	5.5	5.5
透光范围/nm	225 至远红外	接近天然金刚石
电阻率/Ω·cm	10^{16}	$>10^{12}$
介电强度/(V/cm)	10^{17}	—
电子迁移率/(cm³/V)	2200	—
空穴迁移率/(cm³/V)	1600	—
介电常数	5.5	5.5
饱和电子速度/(cm/s)	2.7×10^7	—

用 CVD 法沉积金刚石膜层的原理是以高度激发的含有活化氢和含碳气团的等离子体，在基材表面不断进行置换反应，同时又抑制非金刚石相（如石墨、无定形碳）的生长，最终实现金刚石相的沉积。具体的方法较多，主要有热丝化学气相沉积、直流等离子喷射法、微波等离子体法、电子回旋共振微波法、火焰燃烧化学气相沉积等。

CVD 金刚石膜层有许多应用，主要有：金刚石涂层刀具（镀在硬质合金、Si_3N_4 等基材表面）和其他涂层耐磨件（如拉丝模）；实现金刚石膜的表面金属化，制备出高热导金刚石厚膜，用于光通信领域的半导体激光器及其列阵的热沉（散热片）；用于大功率激光窗口及制导系统的光学部件；用掺硼半导体多晶金刚石膜制作的二极管，各种传感器（如温度、生物、声等传感器）；声学大功率半波换能器及声学反射镜等。

（5）金属有机化合物化学气相沉积（MOCVD）的应用　MOCVD 法可以沉积各种金属、氧化物、氮化物、碳化物等膜层，也可以制备 GaAs、GaAlAAs、InP、GaInAsP 以及 III_A-V_A 族、II_B-VI_A 族化合物半导体膜层，与常规 CVD 相比，更加具有应用的广泛性和通用性。MOCVD 的缺点是沉积速度较慢，并且原料的毒性较大，对设备的密封性、可靠性要求高，所有的原料与设备都较昂贵，因此，只有当要求制备高质量膜层时才考虑采用它。MOCVD 主要用来沉积半导体外延膜层以及电子器件、光器件等用的半导体膜层。某些 MO 化合物对聚集的高能光束和粒子束有很好的灵敏度，适合于制备细线条和图形，用作微电子工业中的互连布线和有关元件。

（6）激光（诱导）化学气相沉积（LCVD）的应用　LCVD 是一种先进表面沉积技术，虽然目前还主要处于试验研究阶段，但是应用潜力较大。其优点已在前面做了介绍，可望在半导体器件、集成电路、光通信、航天航空、化工、石油工业、能源、机械等领域获得广泛的应用。

第8章 表面改性技术

表面改性的含义广泛，可泛指经过一定的表面处理以获得某种表面性能的技术。各种表面覆盖技术可看作表面改性技术，但是为了使覆盖技术归类完整起见，本章所述的表面改性技术是指表面覆盖以外的，用机械、物理、化学等方法，改变材料表面及近表面形貌、化学成分、相组成、微观结构、缺陷状态或应力状态，以获得某种表面性能的技术。

材料的表面改性技术种类很多，发展迅速，应用甚广。对于不同类型的材料和性能要求，表面改性技术又有不同的特点和内容。表面改性技术是表面技术的一个重要组成部分。本章按金属材料、无机非金属材料和有机高分子材料来分别阐述它们的表面改性技术。

8.1 金属材料表面改性

8.1.1 金属表面形变强化

1. 表面形变强化的主要方法

金属表面形变强化是通过机械方法，在金属表层发生压缩变形，产生一定深度的形变硬化层，其亚晶粒得到很大的细化，位错密度增加，晶格畸变度增大，同时又形成高的残余压应力，从而大幅度地提高金属材料的疲劳强度和抗应力腐蚀能力等。表面形变强化是国内外广泛研究、应用的工艺之一，强化效果显著，成本低廉。常用的方法主要有滚压、内挤压和喷丸等，尤以喷丸强化应用最为广泛。实际上，喷丸不仅用于强化材料，而且还广泛用于表面清理、光整加工和工件校形等。

几种常用的表面形变强化方法简介如下：

（1）滚压 图 8-1a 所示为表面滚压强化示意图。目前，滚压强化用的滚轮、滚压力大小等尚无标准。对于圆角、沟槽等可通过滚压获得表层形变强化，并能在表面产生约 5mm 深的残余压应力，其分布如图 8-1b 所示。

（2）内挤压 内孔挤压是使孔的内表面获得形变强化的工艺措施，效果明显。

（3）喷丸 喷丸是国内外广泛采用的一种再结

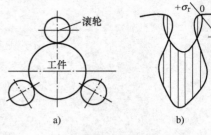

图 8-1 表面滚压强化及表面残余应力分布
a）表面滚压强化 b）表面残余应力分布

晶温度下的表面强化方法，即利用高速弹丸强烈冲击零部件表面，使之产生形变硬化层并引起残余压应力。喷丸强化已广泛用于弹簧、齿轮、链条、轴、叶片、火车轮等零部件，可显著提高抗弯曲疲劳、抗腐蚀疲劳、抗应力疲劳、抗微动磨损、耐点蚀（孔蚀）的性能。

2. 喷丸强化技术及应用实例

（1）喷丸材料 大致有以下七种：

1）铸铁弹丸。冷硬铸铁弹丸是最早使用的金属弹丸。冷硬铸铁弹丸碳的质量分数为

2.75%～3.60%，硬度很高，为 58～65HRC，但冲击韧度低。弹丸经退火处理后，硬度降至 30～57HRC，可提高弹丸的韧性。铸铁弹丸尺寸 $d = 0.2 \sim 1.5$mm。使用中，铸铁弹丸易于破碎，损耗较大，要及时分离排除破碎弹丸，否则会影响零部件的喷丸强化质量。目前这种弹丸已很少使用。

2）铸钢弹丸。铸钢弹丸的品质与碳含量有很大关系。其碳的质量分数一般为 0.85%～1.20%，锰的质量分数为 0.60%～1.20%。目前国内常用的铸钢弹丸成分为：$w(\text{C}) = 0.95\% \sim 1.05\%$，$w(\text{Mn}) = 0.6\% \sim 0.8\%$，$w(\text{Si}) = 0.4\% \sim 0.6\%$，$w(\text{P})$、$w(\text{S}) \leq 0.05\%$。

3）钢丝切割弹丸。当前使用的钢丝切割弹丸是用碳的质量分数一般为 0.7% 的弹簧钢丝（或不锈钢丝）切制成段，经磨圆加工制成的。常用钢丝以直径 $d = 0.4 \sim 1.2$mm，硬度为 45～50HRC，为最佳。钢弹丸的组织最好为回火马氏体或贝氏体。使用寿命比铸铁弹丸高 20 倍左右。

4）玻璃弹丸。这是近三十几年发展起来的新型喷丸材料，已在国防工业和飞机制造中获得广泛应用。玻璃弹丸应含质量分数 67% 以下的 SiO_2，直径 $d = 0.05 \sim 0.40$mm，硬度为 46～50HRC，脆性较大，密度为 2.45～2.55g/cm^3。目前市场上按直径分为 ≤ 0.05mm、0.05～0.15mm、0.16～0.25mm 和 0.26～0.35mm 四种规格。

5）陶瓷弹丸。弹丸硬度很高，但脆性较大，喷丸后表层可获得较高的残余应力。

6）聚合塑料弹丸。这是一种新型的喷丸介质，以聚碳酸酯为原料，颗粒硬而耐磨，无粉尘，不污染环境，可连续使用，成本低，而且即使有棱边的新丸也不会损伤工件表面，常用于消除酚醛或金属零件毛刺和耀眼光泽。

7）液态喷丸介质。液态喷丸介质包括二氧化硅颗粒和氧化铝颗粒等。二氧化硅颗粒粒度为 40～1700μm，很细的二氧化硅颗粒可用于液态喷丸、抛光模具或其他精密零件的表面，常用水混合二氧化硅颗粒，利用压缩空气喷射。氧化铝颗粒也是一种广泛应用的喷丸介质。电炉生产的氧化铝颗粒粒度为 53～1700μm。其中颗粒小于 180μm 的氧化铝可用于液态喷丸光整加工，但喷射工件中会产生切屑。氧化铝干喷则用于花岗岩和其他石料的雕刻、钢和青铜的清理、玻璃的装饰加工。

应当指出的是，强化用的弹丸与清理、成形、校形用的弹丸不同，必须是圆球形，不能有棱角毛刺，否则会损伤零件表面。

一般来说，钢铁材料制件可以用铸铁丸、铸钢丸、钢丝切割丸、玻璃丸和陶瓷丸。有色金属如铝合金、镁合金、钛合金和不锈钢制件表面强化用喷丸则须采用不锈钢丸、玻璃和陶瓷丸。

（2）喷丸强化用的设备　喷丸采用的专用设备，按驱动弹丸的方式可分为机械离心式喷丸机和气动式喷丸机两大类。喷丸机又有干喷和湿喷之分。干喷式工件条件差，湿喷式是将弹丸混合液态中成悬浮状，然后喷丸，因此工作条件有所改善。

1）机械离心式喷丸机。机械离心式喷丸机又称叶轮式喷丸机或抛丸机。工作时，弹丸由高速旋转的叶片和叶轮离心力加速抛出。弹丸的速度取决于叶轮转速和弹丸的重量。通常，叶轮转速为 1500～3000r/min，弹丸离开叶轮的切向速度为 45～75m/s。这种喷丸机功率小，生产率高，喷丸质量稳定，但设备制造成本较高，主要适用于要求喷丸强度高、品种少、批量大、形状简单、尺寸较大的零部件。

2）气动式喷丸机。气动式喷丸机以压缩空气驱动弹丸达到高速度后撞击工件的表面。

这种喷丸机工件室内可以安置多个喷嘴，因其调整方便，能最大限度地适应受喷零件的几何形状，而且可通过调节压缩空气的压力来控制喷丸强度，操作灵活，一台喷丸机可喷多个零件，适用于要求喷丸强度低、品种多、批量少、形状复杂、尺寸较小的零件。它的缺点是功耗大，生产率低。

气动式喷丸机根据弹丸进入喷嘴的方式又可分为吸入式、重力式和直接加压式三种。吸入式喷丸机结构简单，多使用密度较小的玻璃弹丸或小尺寸金属弹丸，适用于工件尺寸较小、数量较少、弹丸大小经常变化的场合，如实验室等。重力式喷丸机结构比吸入式复杂，适用于密度和直径较大的金属弹丸。

不论采用哪一种设备，喷丸强化的全过程必须实行自动化，而且喷嘴距离、冲击角度和移动（或回转）速度等的调节都稳定可靠。喷丸设备必须具有稳定重现强化处理强度和有效区的能力。

（3）喷丸强化工艺参数的确定　合适的喷丸强化工艺参数要通过喷丸强度试验和表面覆盖率试验来确定。

1）喷丸强度试验。将一薄板试片紧固在夹具上进行单面喷丸。由于喷丸面在弹丸冲击下产生塑性伸长变形，喷丸后的试片产生凸向喷丸面的球面弯曲变形，如图8-2所示。试片凸起大小可用弧高度f表示。弧高度f与试片厚度h、残余压应力层深度d之间有如下关系：

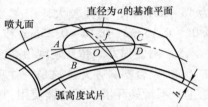

$$f = \frac{3a^2 \ (1-v) \ \sigma d}{4Eh^2}$$

图8-2　单面喷丸后试片的变形及弧高度的测量位置

式中，E为试片弹性模量；v为泊松比；a为测量弧高度的基准圆直径；σ为强化层内平均压应力。

试片材料一般采用具有较高弹性极限的70弹簧钢。试片尺寸应根据喷丸强度来选择，常用的三种弧高度试片的规格见表8-1。

表8-1　三种弧高度试片的规格

规　格	试　片　代　号		
	N（或Ⅰ）（73~76HRC）	A（或Ⅱ）（44~50HRC）	C（或Ⅲ）（44~50HRC）
厚度/mm	0.79±0.025	1.3±0.025	2.4±0.025
平直度公差/mm	±0.025	±0.025	±0.025
（长/mm）×（宽/mm）	$(76±0.2)×19_{-0}^{0.1}$	$(76±0.2)×19_{-0}^{0.1}$	$(76±0.2)×19_{-0}^{0.1}$
表面粗糙度Ra/μm	>0.63~1.25	>0.63~1.25	>0.63~1.25
使用范围	低喷丸强度	中喷丸强度	高喷丸强度

当用试片A（或Ⅱ）测得的弧高度$f<0.15$mm时，应改用片N（或Ⅰ）来测量喷丸强度；当用试片A（或Ⅱ）测得的弧高度$f>0.6$mm时，则应改用试片C（或Ⅲ）来测量喷丸强度。

在对试片进行单面喷丸时，初期的弧高度变化速率快，随后变化趋缓，当表面的弹丸坑占据整个表面（即全覆盖率）之后，弧高度无明显变化，这时的弧高度达到了饱和值。由此做出的试片的弧高度f与喷丸时间t的关系曲线如图8-3所示。饱和点所对应的强化时间一般均在 20 ~ 50s 范围之内。

　　当弧高度 f 达到饱和值，试片表面达到全覆盖时，以此弧高度 f 定义为喷丸强度。喷丸强度的表示方法是 0.25C 或 $f_C = 0.25$，字母或下标代表试片种类，数字表示弧高度值（单位为 mm）。

　　2）表面覆盖试验。喷丸强化后表面弹丸坑占有的面积与总面积的比值称为表面覆盖率。一般认为，喷丸强化零件要求表面覆盖率达到表面积的 100%，即全面覆盖时，才能有效地改善疲劳性能和抗应力腐蚀性能。但是，在实际生产中应尽量缩短不必要的过长的喷丸时间。

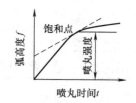

图 8-3　试片的弧高度 f 与喷丸时间 t 的关系

　　3）选定喷丸强化工艺参数。金属材料的疲劳强度和抗应力腐蚀性能并不随喷丸强度的增加而直线提高，而是存在一个最佳喷丸强度，它由试验确定。

　　（4）旋片喷丸工艺　　旋片喷丸工艺是喷丸工艺的一个分支。美国波音公司已制定通用工艺规范并广泛用于飞机制造和维修工作。20 世纪 80 年代初，旋片喷丸工艺在我国航空维修中得到应用，并在其他机械设备的维修中逐步推广。旋片喷丸工艺由于设备简单、操作方便、成本低及效率高等突出优点而具有广阔的发展前景。

　　1）旋片喷丸介质。旋片喷丸的旋片是把弹丸用胶黏剂黏结在弹丸载体上所制成。常用弹丸有钢丸、碳化钨丸等，但须进行特殊表面处理（如钢丸应采用磷化处理），以增加胶黏剂对弹丸表面的浸润性与亲和力，提高旋片的使用寿命。常用的胶黏剂为 MH-3 聚氨酯，其弹性、耐磨性和硬度均较优良。弹丸的载体是用尼龙织成的平纹网或锦纶制成的网布。制成的旋片被夹缠在旋转机顶构上高速旋转，并反复撞击零件表面而达到形变强化的目的。

　　2）旋片喷丸用设备。风动工具是旋片喷丸的动力设备。要求压缩空气流量可调，输出转矩和功率适当，噪声小，重量轻等。常用设备有美国的 ARO，最高转速达 12000r/min，重量为 1100g；我国的 Z6 型风动工具最高转速达 17500r/min，重量为 900g，功率为 184W，噪声为 85dB。旋片喷丸适用于大型构件、不可拆卸零部件和内孔的现场原位施工。

　　（5）喷丸表面质量及影响因素

　　1）喷丸表面的塑性变形和组织变化。金属的塑性变形来源于晶面滑移、孪生、晶界滑动、扩散性蠕变等晶体运动，其中晶面间滑移最重要。晶面间滑移是通过晶体内位错运动而实现的。金属表面经喷丸后，表面产生大量凹坑形式的塑性变形，表层位错密度大大增加。组织结构将产生变化，由喷丸引起的不稳定结构向稳定态转变。例如：渗碳钢层表层存在大量残留奥氏体，喷丸时，这些残留奥氏体可能转变成马氏体而提高零件的疲劳强度；奥氏体不锈钢特别是镍含量偏低的不锈钢喷丸后，表层中部分奥氏体转变为马氏体，从而形成有利于电化学反应的双相组织，使不锈钢的耐蚀性下降。

　　2）弹丸粒度对喷丸表面粗糙度的影响。表 8-2 列出了四种粒度的钢丸喷射（速度均为 83m/s）热轧钢板表面产生的表面粗糙度 Ra 的实测情况。由表可见，表面粗糙度值随弹丸粒度的增加而增加。但在实际生产中，往往不是采用全新的粒度规范的球形弹丸，而是采用含有大量细碎粒的弹丸工作混合物，这对受喷表面质量也有重要影响。表 8-3 列出了新弹丸和工作混合物对低碳热轧钢板喷丸后表面粗糙深度的实测值 Rt。由表可见，用工作混合物喷射所得表面粗糙度较小。

表 8-2 弹丸直径对表面粗糙度的影响

弹丸粒度	弹丸名义直径/mm	弹丸类型	表面粗糙度 Ra/μm
S-70	0.2	工作混合物	4.4—5.5—4.5
S-110	0.3	工作混合物	6.5—7.0—6.0
S-230	0.6	新钢丸	7.0—7.0—8.5
S-330	0.8	新钢丸	8.0—10.0—8.5

表 8-3 新弹丸和工作混合物对低碳热轧钢板喷丸后表面粗糙深度的影响

弹丸粒度	表面粗糙深度 Rt/μm	
	新弹丸	工作混合物
S-70	20 ~ 25	19 ~ 22
S-110	35 ~ 38	28 ~ 32
S-170	44 ~ 48	40 ~ 46

3）弹丸硬度对喷丸表面形貌的影响。弹丸硬度提高时，塑性往往下降，弹丸工作时容易保持原有锐边或破碎而产生新的锐边。反之，硬度低而塑性好的弹丸，则能保持圆边或很快重新变圆。因此，不同硬度的弹丸工作时将形成具有各自特征的工作混合物，直接影响受喷工件的表面结构。具有硬锐边的弹丸容易使受喷表面刮削起毛，锐边变圆后，起毛程度变轻，起毛点分布不均匀。

4）弹丸形状对喷丸表面形貌的影响。球形弹丸高速喷射工件表面后，将留下直径小于弹丸直径的半球形凹坑，被喷面的理想外形应是大量球坑的包络面。这种表面形貌能消除前道工序残留的痕迹，使外表美观。同时，凹坑起贮油作用，可以减少摩擦，提高耐磨性。但实际上，弹丸撞击表面时，凹坑周边材料被挤隆起，凹坑不再是理想半球形。另一方面，部分弹丸撞击工件后破碎（玻璃丸、铸铁丸甚至铸钢丸均可能破碎），弹丸混合物包含大量碎粒，使被喷表面的实际外形比理想情况复杂得多。

锐边弹丸后的表面与球形丸喷射的表面有很大差别，肉眼感觉比用球形弹丸喷射的表面光亮，细小颗粒的锐边弹丸更容易使受喷表面出现所谓的"天鹅绒"式外观。细小颗粒的锐边弹丸对工件表面有均匀轻微的刮削作用，经刮削的表面起毛使光线散射，微微出现银色的闪光。

5）喷丸表层的残余应力。喷丸处理能改善零件表层的应力分布。喷丸后的残余应力来源于表层塑性变形和金属的相变，其中以不均匀的塑性变形最重要。工件喷丸后，表层塑性变形量和由此导致的残余应力与材料的强度、硬度关系密切。材料强度高，表层最大残余应力就相应增大。但在相同喷丸条件下，强度和硬度高的材料，压应力层深度较浅；硬度低的材料产生的压应力层则较深。

常用的渗碳钢经喷丸后，表层的残留奥氏体有相当大的一部分将转变成马氏体，因相变时体积膨胀而产生压应力，从而使得表层残余应力场向着更大的压应力方向变化。

在相同喷丸压力下，大直径弹丸后的压应力较低，压应力层较深；小直径弹丸后表面压应力较高，压应力层较浅且压应力值随深度下降很快。对于表面有凹坑、凸台、划痕等缺陷或表面脱碳的工件，通常选用较大的弹丸，以获得较深的压应力层，使表面缺陷造成的应力集中减小到最低程度。表 8-4 为铸钢丸直径对 20CrMnTi 渗碳钢喷丸表面的残余应力的影响。用直径大的弹丸喷丸，虽然表面残余应力较小，但压应力层的深度增加，疲劳强度变化不很显著，见表 8-5。

表 8-4　铸钢丸直径对 20CrMnTi 渗碳钢喷丸表面的残余应力的影响

工件材料	弹丸材料	弹丸直径 /mm	残余应力值/MPa			
			表层	剥层 0.04mm	剥层 0.06mm	剥层 0.12mm
20CrMnTi 渗碳钢（渗层深度为 0.8 ~ 1.2mm，硬度为 58 ~ 64HRC）	铸钢丸（硬度为 45 ~ 50HRC）	0.3 ~ 0.5	−850	−750	−400	
		0.5 ~ 1.2	−500	−950		−320
		1.0 ~ 1.5	−400	−820		−600

表 8-5　钢弹丸尺寸对疲劳强度的影响

钢弹丸直径/mm	工件材料	工件表面状态	弯曲疲劳试验	
			应力幅 σ_a/MPa	断裂循环周数 N
0.8	18CrNiWA（厚 3mm）	未喷	600	1.40×10^5
	18CrNiWA（厚 3mm）	喷丸	600	$>1.04 \times 10^7$
	18CrNiWA（厚 3mm）	喷丸	700	3.97×10^7
1.2	18CrNiWA（厚 3mm）	喷丸	700	$>1.04 \times 10^7$

表 8-6 为不同弹丸材料对残余应力的影响。可以发现，由于陶瓷丸和铸铁丸硬度较高，喷丸后残余应力也较高。

表 8-6　不同弹丸材料对残余应力的影响

弹丸材料	弹丸直径 /mm	残余应力/MPa		
		表面	剥层（0.09mm）	剥层（0.12mm）
铸钢丸	0.5 ~ 1.0	−500	−900	−325
切割钢丸	0.5 ~ 1.0	−500	−1100	−400
铸铁丸	0.5 ~ 1.0	−600	−1150	−550
陶瓷丸	片状	−1000		

喷丸速度对表层残余应力有明显影响。试验表明，当弹丸粒度和硬度不变时，提高压缩空气的压力和喷射速度，不仅增大了受喷表面压应力，而且有利于增加变形层的深度，试验结果见表 8-7。

表 8-7　压缩空气压力对喷丸强度和残余应力的影响

压缩空气压力/10^5Pa	1	2	3	4	5	6	7
喷丸强度（试片 A）/mm	0.06	0.08	0.15	0.16	0.18	0.19	0.20
表面残余应力/MPa	−573	−675	−950	−900	−850	−900	−875
剥层残余应力/MPa	−500	−500	−700	−1100	−1100	−1300	−1350

6）不同表面处理后的表面残余应力的比较。不同表面处理后的表面残余应力及疲劳极限见表 8-8。表面滚压强化可获得最高的残余应力。经喷丸或滚压后，疲劳极限也明显提高。

表 8-8 不同表面处理后的表面残余应力及疲劳极限

表面状态	疲劳极限/MPa	疲劳极限增量/MPa	残余应力/MPa	硬度 HRC
磨削	360	0	−40	60~61
抛光	525	165	−10	60~61
喷丸	650	290	−880	60~61
喷丸 + 抛光	690	330	−800	60~61
滚压	690	330	−1400	62~63

（6）喷丸强化的效果检验 弧高度试验不仅是确定喷丸强度的试验方法，同时又是控制和检验喷丸质量的方法。在生产过程中，将弧高度试验片与零件一起进行喷丸，然后测量试片的弧高度 f。如 f 值符合生产工艺中规定的范围，则表明零件的喷丸强度合格。这是控制和检验喷丸强化质量的基本方法。

检验喷丸强化的工艺质量就是检验表面强化层深度和层内残余压力的大小和分布。弧高度试片给出的喷丸强度，是金属材料的表面强化层深度和残余应力分布的综合值。若需了解表面强化层的深度、组织结构和残余应力分布情况，还应进行组织结构分析和残余应力测定等一系列检验。

被喷丸的零件表面粗糙度明显增加，而且表面层晶格发生严重畸变，表面层原子活性增加，有利于化学热处理。但是经喷丸的零件使用温度应低于该材料的再结晶温度，否则表面强化效果将降低。

（7）喷丸强化的应用实例

1）20CrMnTi 圆辊渗碳淬火回火后进行喷丸处理，残余压应力为 −880MPa，寿命从 55 万次提高到 150~180 万次。

2）40CNiMo 钢调质后再经喷丸处理，残余压应力为 −880MPa，寿命从 4.6×10^5 次提高到 1.04×10^7 次以上。

3）铝合金 6A02 经喷丸处理后，寿命从 1.1×10^6 次提高到 1×10^8 次以上。

4）在质量分数为 3% 的 NaCl 水溶液工作的 45 钢，经喷丸处理后，其疲劳强度 σ_{-1} 从 100MPa 提高到 202MPa。

5）铝合金 $[w(Zn) = 6\%, w(Mg) = 2.4\%, w(Cu) = 0.7\%, w(Cr) = 0.1\%]$ 悬臂梁试样，经喷丸处理后，应力腐蚀临界应力从 357MPa 提高到 420MPa。

6）耐蚀镍基合金（Hastelloy 合金）鼓风机叶轮在 150℃ 热氮气中运行，6 个月后发生应力腐蚀破坏。经喷丸强化并用玻璃去污，运行了 4 年都未发生进一步破坏。Hastelloy 合金 B_2 反应堆容器在焊接后，局部喷丸以对应力腐蚀裂纹进行修复，在未喷丸表面重新出现裂纹，而经喷丸处理的部分几乎未产生进一步破裂。

7）液体火箭推进剂容器的钛制零部件未喷丸强化时，在 40℃ 下使用 14h 就发生应力腐蚀破坏；容器内表面经玻璃珠喷丸强化后，在同样条件下试验 30 天还没有产生破坏。

此外，喷丸和其他形变强化工艺还在汽车工业中的变速器齿轮、宇航飞行器的焊接齿轮、喷气发动机的铬镍铁合金（Incone1718）涡轮盘等制造中获得应用。

8.1.2 金属表面热处理

表面热处理是指仅对零部件表层加热、冷却，从而改变表层组织和性能而不改变成分的一种工艺，是最基本、应用最广泛的材料表面改性技术之一。当工件表面层快速加热时，工件截面上的温度分布是不均匀的，工件表层温度高且由表及里逐渐降低。如果表面的温度超过相变点以上达到奥氏体状态时，随后的快冷可获得马氏体组织，而心部仍保留原组织状态，从而得到硬化的表面层，即通过表面层的相变达到强化工件表面的目的。

表面热处理工艺包括：感应淬火、火焰淬火、接触电阻加热淬火、浴炉加热表面淬火、电解液淬火、高密度能量的表面淬火及表面光亮热处理等。

1. 感应淬火

（1）感应加热表面处理的基本原理 生产中常用工艺是高频和中频感应淬火。后来又发展了超音频、双频感应淬火工艺。其交流电流频率范围见表 8-9。

表 8-9 感应淬火用交流电流频率范围

名 称	高频	超音频	中频	工频
频率范围/Hz	$(100 \sim 500) \times 10^3$	$(20 \sim 100) \times 10^3$	$(1.5 \sim 10) \times 10^3$	50

1）感应加热的物理过程。当感应线圈通以后，感应线圈内即形成交流磁场。置于感应线圈内的被加热零件引起感应电动势，所以零件内将产生闭合电流即涡流。在每一瞬间，涡流的方向与感应线圈中电流方向相反。由于被加热的金属零件的电阻很小，所以涡电流很大，从而可迅速将零件加热。对于铁磁材料，除涡流加热外，还有磁滞热效应，可以使零件加热速度更快。

2）感应电流透入深度。感应电流透入深度，即从电流密度最大的表面到电流值为表面的 $1/e$（$e = 2.718$）处的距离，可用 Δ 表示。Δ 的值（单位为 mm）可根据下式求出：

$$\Delta = 56.386 \sqrt{\frac{\rho}{\mu f}}$$

式中，f 为电流频率（Hz）；μ 为材料的磁导率（H/m）；ρ 为材料的电阻率（$\Omega \cdot cm$）。超过失磁点的电流透入深度称为热态电流透入深度（$\Delta_\text{热}$）；低于失磁点的电流透入深度称为冷态电流透入深度（$\Delta_\text{冷}$）。热态电流透入深度比冷态电流透入深度大许多倍。对于钢，$\Delta_\text{热}$ 和 $\Delta_\text{冷}$ 的值（单位均为 mm）为

$$\Delta_\text{冷} \approx \frac{20}{\sqrt{f}}; \quad \Delta_\text{热} \approx \frac{500}{\sqrt{f}}$$

3）硬化层深度。硬化层深度总小于感应电流透入深度。这是由于工件内部传热能力较大所致。频率越高，涡流分布越陡，接近电流透入深度处的电流越小，发出的热量也就比较小，又以很快的速度将部分热量传入工件内部，因此在电流透入深度处不一定达到奥氏体化温度，所以也不可能硬化。如果延长加热时间，实际硬化层深度可以有所增加。

实际上，感应淬火硬化层深度取决于加热层深度、淬火加热温度、冷却速度和材料本身淬透性等因数。

4）感应淬火后的组织和性能。感应淬火获得的表面组织是细小隐晶马氏体，碳化物呈弥散分布。表面硬度比普通淬火的硬度高 2 ~ 3HRC，耐磨性也提高，这是因为快速加热时在细小的奥氏体内有大量亚结构残留在马氏体中所致。喷水冷却时，这种差别会更大。表层因相变体积膨胀而产生压应力，从而降低了缺口敏感性，大大提高了疲劳强度。感应淬火工

件表面氧化、脱碳少，变形小，质量稳定。感应淬火的加热速度快，热效率高，生产率高，易实现机械化和自动化。

（2）中、高频感应加热表面处理　感应加热是一种用途广泛的热处理方法，可用于退火、正火、淬火和各种温度范围的回火以及各种化学热处理。感应加热类型和特性见表8-10。

表8-10　感应加热类型和特性

特　　性	感应加热类型	
	传导式加热（表层加热）	透入式加热（热容量加热）
含义	电流热透入深度小于淬硬层深度，超过$\Delta_{热}$的淬硬层，其温度的提高来自热传导	电流热透入深度大于淬硬层深度，淬硬层的热能由涡流产生，层内温度基本均匀
热能产生部位	表面	淬硬层内为主
温度分布	按热传导定律	陡，接近直角
表面过热度	快速加热时较大	小（快速加热时也小）
非淬火部位受热	较大	小
加热时间	较长（按分计），特别在要求淬硬深度大、过热度小时	较短（按秒计），在要求淬硬深度大、过热度小时也相同
劳动生产率	低	高
加热热效率 η	低，当表面过热度 $\Delta T = 100℃$ 时，$\eta = 13\%$	高，当表面过热度 $\Delta T = 100℃$ 时，$\eta > 30\%$

感应加热方式有同时加热和连续加热。用同时加热方式淬火时，零件需要淬火的区域整个被感应器包围，通电加热到淬火温度后迅速浸入淬火槽中冷却。此法适用于大批量生产。用连续加热方式淬火时，零件与感应器相对移动，使加热和冷却连续进行。此法适用于淬硬区较长，设备功率又达不到同时加热要求的情况。

选择功率密度要根据零件尺寸及其淬火条件而定。电流频率越低、零件直径越小及所要求的硬化层深度越小，则所选择的功率密度值越大。高频感应淬火常用于零件直径较小、硬化层深度较浅的场合，中频感应淬火常用在大直径工件和硬化层深度较深的场合。

（3）超高频感应加热表面处理

1）超高频感应淬火。超高频感应淬火又称超高频冲击淬火或超高频脉冲淬火，是利用27.12MHz超高频率的极强的趋肤效应，使 $0.05 \sim 0.5mm$ 的零件表层在极短的时间内（$1 \sim 500ms$）加热至上千摄氏度（其能量密度可达 $100 \sim 1000W/mm^2$，仅次于激光和电子束，加热速度为 $10^4 \sim 10^6℃/s$，自激冷却速度高达 $10^6℃/s$），加热停止后表层主要靠自身散热迅速冷却，达到淬火目的。由于表层加热和冷却极快，故畸变量较小，不必回火，淬火表层与基体间看不到过渡带。超高频感应淬火主要用于小、薄的零件，如录音器材、照相机械、打印机、钟表的零部件及纺织钩针、安全刀片等，可明显提高质量，降低成本。

2）大功率高频脉冲淬火。所用频率一般为 $200 \sim 300kHz$（对于模数小于 1mm 的齿轮使用 1000kHz），振荡功率为 100kW 以上。因为降低了电流频率，增加了电流透入深度（$0.4 \sim 1.2mm$），故可处理的工件较大。一般采用浸冷或喷冷，以提高冷却速度。大功率高频脉冲淬火在国外已较为普遍地应用于汽车行业，同时在手工工具、仪表耐磨件、中小型模具上的局部硬化也得到应用。

普通高频感应淬火、超高频感应淬火和大功率高频脉冲淬火技术特性的比较见表 8-11。

表 8-11　普通高频感应淬火、超高频感应淬火和大功率高频脉冲淬火技术特性的比较

技术参数	普通高频感应淬火	超高频感应淬火	大功率高频脉冲淬火
频率/kHz	200 ~ 300	27120	200 ~ 1000
发生器功率密度/(kW/cm²)	0.2	10 ~ 30	1.0 ~ 10
最短加热时间/s	0.1 ~ 5	0.001 ~ 0.5	0.001 ~ 1
稳定淬火最小表面电流穿透深度/mm	0.5	0.1	
硬化层深度/mm	0.5 ~ 2.5	0.05 ~ 0.5	0.1 ~ 1
淬火面积/mm²	取决于连续步进距离	10 ~ 100（最宽 3mm/脉冲）	100 ~ 1000（最宽 10mm/脉冲）
感应器冷却介质	水	单脉冲加热无须冷却	通水或埋入水中冷却
工件冷却	喷水或其他冷却	自身冷却	埋入水中或自冷
淬火层组织	正常马氏体组织	极细针状马氏体	细马氏体
畸变	不可避免	极小	极小

(4) 双频感应淬火和超音频感应淬火

1) 双频感应淬火。对于凹凸不平的工件（如齿轮等），当间距较小时，无论用什么形状的感应器，都不能保持工件与感应器的施感导体之间的间隙一致。间隙小的地方电流透入深度就大，间隙大的地方电流透入深度就小，难以获得均匀的硬化层。要使低凹处达到一定深度的硬化层，难免使凸出部过热，反之低凹处得不到硬化层。

双频感应淬火就是采用两种频率交替加热，较高频率加热时，凸出部温度较高；较低频率加热时，则低凹处温度较高。这样凹凸处各点的加热温度趋于一致，达到了均匀硬化的目的。

2) 超音频感应淬火。使用双频感应淬火，虽然可以获得均匀的硬化层，但设备复杂，成本也较高，所需功率也大。而且对于低淬透钢，高、中频感应淬火都难以获得凹凸零部件均匀分布的硬化层。若采用 20 ~ 50kHz 的频率可实现中小模数齿轮（$m = 3 ~ 6mm$）表面均匀硬化层。由于频率大于 20kHz 的波称为超音频波，所以这种处理称为超音频感应热处理。在上述模数范围内一般采用的频率按下式计算：

$$f_1 = \frac{6 \times 10^5}{m^2}$$

式中，f_1 为齿根硬化频率（Hz）；m 为齿轮模数（mm）。

如果模数超过这个范围，最好采用双频感应淬火。齿顶硬化频率 f_2（Hz）由下式确定：

$$f_2 = \frac{2 \times 10^6}{m^2}$$

一般 $f_2/f_1 \approx 3.33$。

(5) 冷却方式和冷却介质的选择　感应淬火冷却方式和冷却介质可根据工件材料、形状、尺寸、采用的加热方式以及硬化层深度等综合考虑确定。感应淬火常用的淬火冷却介质见表8-12。

表8-12　感应淬火常用的淬火冷却介质

序号	淬火冷却介质	温度范围/℃	简　要　说　明
1	水	15~35	用于形状简单的碳钢件，冷速随水温、水压（流速）而变化。水压为0.10~0.4MPa时，碳钢喷淋密度为10~40cm³/（cm²·s）；低淬透性钢为100cm³/（cm²·s）
2	聚乙烯醇水溶液[①]	10~40	常用于低合金钢和形状复杂的碳钢件，常用的质量分数为0.05%~0.3%，浸冷或喷射冷却
3	乳化液	<50	用切削油或特殊油配成乳化液，质量分数为0.2%~24%，常用5%~15%，现逐步淘汰
4	油	40~80	一般用于形状复杂的合金钢件，可浸冷、喷冷或埋油冷却。喷冷时，喷油压力为0.2~0.6MPa，保证淬火零件不产生火焰

①　聚乙烯醇水溶液配方为（质量分数）：聚乙烯醇≥10%，三乙醇胺（防锈剂）≥1%，苯甲酸钠（防腐剂）≥0.2%，消泡剂≥0.02%，余量为水。

2. 火焰淬火

火焰淬火是应用氧乙炔或其他可燃气体对零件表面加热，随后淬火冷却的工艺。与感应淬火等方法相比，火焰淬火具有设备简单、操作灵活、适用钢种广泛、零件表面清洁、一般无氧化和脱碳、畸变小等优点，常用于大尺寸和重量大的工件，尤其适用于批量少、品种多的零件或局部区域的表面淬火，如大型齿轮、轴、轧辊和导轨等。但加热温度不易控制，噪声大，劳动条件差，混合气体不够安全，不易获得薄的表面淬火层。

（1）氧乙炔焰特性　氧乙炔焰分为氧化焰、中性焰和碳化焰，其火焰又分为焰心区、内焰区和外焰区三层。其特性比较见表8-13。火焰淬火的火焰选择有一定的灵活性，常用氧、乙炔混合体积比为1.5的氧化焰。氧化焰较中性焰经济，减少乙炔消耗量20%时，火焰温度仍然很高，而且可降低因表面过热而产生废品的危险。

表8-13　氧乙炔焰特性比较

火焰类别	混合比β[①]	焰心	内焰	外焰	最高温度/℃	备注
氧化焰	>1.2，一般为1.3~1.7	淡紫蓝色	蓝紫色	蓝紫色	3100~3500	无碳素微粒层，有噪声，氧含量越高，整个火焰越短，噪声越大
中性焰	1.1~1.2	蓝白色圆锥形，焰心长，流速快，温度>950℃	淡橘红色，还原性，长10~20mm，距焰心2~4mm处温度最高，为3150℃	淡蓝色，氧化性，温度1200~2500℃	3050~3150	焰心外面分布有碳素微粒层
碳化焰	<1.1，一般为0.8~0.95	蓝白色，焰心较长	淡蓝色，乙炔量大时，内焰较长	橘红色	2700~3000	可能有碳素微粒层，三层火焰之间无明显轮廓

①　β指氧气与乙炔的体积比。

（2）火焰淬火方法和工艺参数的选择　　火焰淬火方法可分为同时加热方法和连续加热方法，见表 8-14。

表 8-14　火焰淬火方法

加热方法	操作方法	工艺特点	适用范围
同时加热	固定法（静止法）	工件和喷嘴固定，当工件被加热到淬火温度后喷射冷却或浸入冷却	用于淬火部位不大的工件
	快速旋转法	一个或几个固定喷嘴对旋转（75～150r/min）的工件表面加热一定时间后冷却（常用喷冷）	适用于处理直径和宽度不大的齿轮、轴颈、滚轮等
连续加热	平面前进法	工件相对喷嘴做 50～300mm/min 直线运动，喷嘴上距火孔 10～30mm 处设有冷却介质喷射孔，使工件淬火	可淬硬各种尺寸平面型工件表面
	旋转前进法	工件以 50～300mm/min 速度围绕固定喷嘴旋转，喷嘴上距火孔 10～30mm 处有孔喷射冷却介质	用于制动轮、滚轮、轴承圈等直径大、表面窄的工件
	螺旋前进法	工件以一定速度旋转，喷嘴以轴向配合运动，得螺旋状淬硬层	获得螺旋状淬硬层
	快速旋转前进法	一个或几个喷嘴沿旋转（75～150r/min）工件定速移动，加热和冷却工件表面	用于轴、锤杆和轧辊等

　　工艺参数的选择应考虑火焰特性、焰心至工件表面距离、喷嘴或工件移动速度、淬火冷却介质和淬火方式、淬火和回火的温度范围等。

（3）火焰淬火的质量检验

1）外观。表面不应有过烧、熔化、裂纹等缺陷。

2）硬度。表面硬度应符合表 8-15 的规定。

表 8-15　表面硬度的波动范围

工 件 类 型		表面硬度波动范围 ≤					
		HRC		HV		HS	
		≤50	>50	≤500	>500	≤80	>80
火焰淬火回火后，只有表面硬度要求的零件	单件	6	5	75	105	8	10
	同一批件	7	6	95	125	10	12
火焰淬火回火后，有表面硬度、力学性能、金相组织、畸变量要求的零件	单件	5	4	55	85	6	8
	同一批件	6	5	75	105	8	10

3. 接触电阻加热淬火

　　接触电阻加热淬火是利用触头（铜滚轮或碳棒）和工件间的接触电阻使工件表面加热，并依靠自身热传导来实现冷却淬火。这种方法设备简单，操作灵活，工件变形小，淬火后不需回火。接触电阻加热淬火能显著提高工件的耐磨性和抗擦伤能力，但淬硬层较薄（0.15～0.30mm），金相组织及硬度的均匀性都较差，目前多用于机床铸铁导轨的表面淬火，也用于气缸套、曲轴、工模具等的淬火。

4. 浴炉加热表面淬火

将工件浸入高温盐浴（或金属浴）中，短时加热，使表层达到规定淬火温度，然后激冷的方法称为浴炉加热表面淬火。此方法不需添置特殊设备，操作简便，特别适合于单件小批量生产。所有可淬硬的钢种均可进行浴炉加热表面淬火，但以中碳钢和高碳钢为宜，高合金钢加热前需预热。

浴炉加热表面淬火加热速度比高频感应淬火和火焰淬火低，采用的浸液冷效果没有喷射强烈，所以淬硬层较深，表面硬度较低。

5. 电解液淬火

电解液淬火原理如图8-4所示。工件淬火部分置于电解液中为阴极，金属电解槽为阳极。电路接通，电解液产生电离，阳极放出氧，阴极工件放出氢。氢围绕阴极工件形成气膜，产生很大的电阻，通过的电流转化为热能将工件表面迅速加热到临界点以上温度。电路断开，气膜消失，加热的工件在电解液中实现淬火冷却。此方法设备简单，淬火变形小，适用于形状简单小件的批量生产。

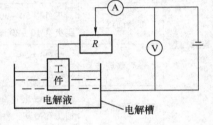

图8-4　电解液淬火原理

电解液可用酸、碱或盐的水溶液，质量分数为5%~18%的Na_2CO_3溶液效果较好。电解液温度不可超过60℃，否则影响气膜的稳定性和加速溶液蒸发。常用电压为160~180V，电流密度为4~10A/cm²。加热时间由试验决定。

6. 高密度能量的表面淬火

高密度能量包括激光、电子束、等离子体和电火花等，其原理和应用分别参见有关章节。

7. 表面光亮热处理

对高精度零件进行光亮热处理有两种方法，即真空热处理和保护热处理。最先进的方法是真空热处理。真空热处理设备投资大，维护困难，操作技术比较复杂。保护热处理分为涂层保护和气氛保护。气氛保护热处理的工艺多种多样，有的设备投资大，气体消耗多，成本高，因此常采用保护气体箱。涂层保护热处理投资少，操作简便，虽然目前我国研制的涂层的自剥性和保护效果还不能令人满意，价格也较贵，但涂料品种多，工艺成熟，应用广泛。表面光亮热处理在各种钢材的淬火、固溶、时效、中间退火、锻造加热或热成形时均可应用。

（1）涂层保护光亮热处理

1）涂层的一般要求。涂料应耐高温、抗氧化、稳定、不与零件表面反应，并能防止零件表面加热时烧损、脱碳或形成氧化皮。涂料应安全无毒，成本低，操作简单；涂层在室温下具有一定强度，操作过程不易脱落，但在一次处理后能自行脱落。

2）涂层成分。一般处理涂层多数采用有机材料与无机材料混合配制的涂料。这类涂料在常温下可以通过有机黏结剂组成均匀完整的涂层。在热处理时，涂层中的有机组分被分解或炭化，而其余的组分如玻璃、陶瓷等材料则转变为一层均匀致密的无机涂层，能隔绝周围气氛对金属的作用，冷却后，由于涂层与金属的热胀系数不同，涂层能自行脱落，从而起到保护被处理金属表面的作用。表8-16~表8-18分别列出了英、美和我国的主要热处理涂料配方。

表 8-16　英国主要热处理涂料配方

牌号	各组成物的质量/kg														物理性质			
	膨润土	滑石粉	高岭土	云母粉	丙烯酸树脂	染料	甲苯	三氯乙烯	20A玻璃料	2B玻璃料	钾玻璃	钠玻璃	氧化硅	氧化铝	颜色	密度/(g/cm³)	剥落性	使用温度/℃
B-12	7.5	3.0	1.0		8.0	0.5	410L								红	0.9～0.95		600～1100
B-22	12.0	7.0		7.0	11.0	0.5		380L								1.32～1.46		600～1100
B-104	12.0		6.1	4.0	3.5	0.5	196L		9.3	9.3	5.1	7.0	4.6	2.9	黄	0.05～1.02	自剥	1000～1250
B-204	2.0		6.1	4.0	3.5	0.5		190L	9.3	9.3	5.1	7.0	4.6	2.9	蓝紫	1.49～1.55	自剥	1000～1250

表 8-17　美国主要热处理涂料配方

编号		各组成物的质量/kg															使用温度/℃
		膨润土	黏土	水	BaO	K_2O	MgO	Li_2O	CaO	ZnO	Sb_2O_3	B_2O_3	Al_2O_3	SiO_2	TiO_2	P_2O_5	
1	底层	0.5	9.0	30.0		2.0	24.0	1.0					23.0	50.0			870～1100
	面层	0.5	9.0	30.0		8.5		3.8	5.4	1.5	2.5	3.2	1.0	37.4	19.9	2.5	565～705
2	底层	0.5	9.0	30.0		8.0	19.0						18.0	55.0			870～1100
	面层	0.5	9.0	30.0	5.1	30.0		5.8				25.8	4.5	23.6	1.9		565～705

表 8-18　我国主要热处理涂料配方

编号	各组成物的质量分数(%)											用　途
	03玻璃料	04玻璃料	11玻璃料	氧化铬	氧化铝	云母氧化铁	钛白粉	滑石粉	膨润土	质量分数为30%虫胶液	质量分数为80%乙醇+质量分数为20%丁醇	
3		20	15	4		8		10	3	20	20	30CrMnSiA 中温处理
4	10	10	26	2	6			4	2	20	20	用于 12Cr18Ni9 及 GH1140 等高温合金等
5	3	6	25				11		3	21	21	

我国热处理涂料有定型产品，涂料配方中除表 8-18 所列三种外，常用的还有 1306 号涂料，其成分为（质量分数）：Al23.67%，C6.47%，K5.52%，Na0.16%，Si25.3%，余量为氧及其他微量元素。

3）涂覆工艺。涂覆工艺主要注意以下四点：①涂料必须存放在 10～20℃环境中，并有一定有效期，使用前搅匀并用铜网过滤，再用溶剂调节涂料黏度；②零件表面必须彻底清除铁锈、氧化皮、油脂和油漆等污物，且存放时间不宜超过 20～24h，操作时戴干净手套；③涂层应致密、厚度均匀，最好在通风的恒温间进行，可采用浸涂、刷涂和喷涂；④按规定进行热处理。

4）涂料的应用。涂料可用于保护零件处理表面质量，防止和减少表面脱碳。1306 号涂料用于镍基高温合金时，热处理后涂层能完全自剥，表面呈灰白氧化色，不产生氧化皮。表 8-18 中 3 号涂料涂于 30CrMnSiA 上于 900℃热处理，加热时间为 60min，处理后涂层自剥，材料表面为银灰色，无腐蚀现象。4号涂料用于国产不锈钢12Cr18Ni9和高温合金GH1140，在1050℃加热15~20min，无论空冷或水冷，涂层均能自剥。水冷的零件表面呈银灰色，局部有轻微氧化色。空冷的零件表面为蓝氧化色，无腐蚀现象。

涂料可减少热处理中零件尺寸和质量的变化。3号涂料涂于30CrMnSiA上于900℃热处理，一般在保温1~3h时，其热处理损耗只有不涂涂层材料的1/6~1/5。在上述试验条件下，无论涂何种涂层，大多数情况下，零件尺寸膨胀0.005~0.01mm；少数情况下，尺寸减小不超过0.005mm。而不涂涂层的材料尺寸减小0.05~0.5mm。

金相检验表明，涂层不产生晶间腐蚀，使用1306号涂料晶界氧化深度为0.0069~0.0138mm，而未涂涂层的氧化深度为0.020~0.035mm。未发现元素渗入问题。研究还表明，涂层不影响材料淬透性，也不影响常规力学性能和高温疲劳性能。

（2）惰性气体保护光亮热处理　常用惰性气体有Ar、He。由于N_2与钢几乎不发生反应，所以N_2相对于钢来说是惰性气体。用惰性气体保护在光亮状态下加热，应特别注意气体中杂质的种类及含量，氧的体积分数应低于$(1~2)×10^{-4}\%$，水分量在露点-70℃以下。

（3）真空热处理　真空热处理的最大优点是能得到良好的光亮面。把金属放在真空中加热时，将产生脱氧、油脂分解、氧化物的离解现象。真空热处理后可得到光亮的金属表面。但要注意合金元素蒸发的影响，如不锈钢真空热处理时会产生脱铬现象，使耐蚀性明显下降。

8.1.3　金属表面化学热处理

1. 概述

（1）金属表面化学热处理过程　金属表面化学热处理是利用元素扩散性能，使合金元素渗入金属表层的一种热处理工艺。其基本工艺过程是：首先将工件置于含有渗入元素的活性介质中加热到一定温度，使活性介质通过分解（包括活性组分向工件表面扩散以及界面反应产物向介质内部扩散）释放出欲渗入元素的活性原子，然后活性原子被表面吸附并溶入表面，最后溶入表面的原子向金属表层扩散渗入形成一定厚度的扩散层，从而改变表层的成分、组织和性能。

（2）金属表面化学热处理的目的

1）提高金属表面的强度、硬度和耐磨性。例如：渗氮可使金属表面硬度达到950~1200HV；渗硼可使金属表面硬度达到1400~2000HV等，因而工件表面具有极高的耐磨性。

2）提高材料疲劳强度。例如：渗碳、渗氮、渗铬等渗层中由于相变使体积发生变化，导致表层产生很大的残余压应力，从而提高疲劳强度。

3）使金属表面具有良好的抗黏着、抗咬合的能力和降低摩擦因数，如渗硫等。

4）提高金属表面的耐蚀性，如渗氮、渗铝等。

（3）化学热处理渗层的基本组织类型

1）形成单相固溶体，如渗碳层中的α铁素体相等。

2）形成化合物，如渗氮层中的ε相（$Fe_{2~3}N$），渗硼层中Fe_2B等。

3）化学热处理后，一般可同时存在固溶体、化合物的多相渗层。

（4）化学热处理的性能　化学热处理后的金属表层、过渡层与心部在成分、组织和性能上有很大差别。强化效果不仅与各层的性能有关，而且还与各层之间的相互联系有关，如渗碳的表面层碳含量及其分布、渗碳层深度和组织等均可影响材料渗碳后的性能。

（5）化学热处理种类 根据渗入元素的介质所处状态不同，化学热处理可分为以下几类：

1）固体法，包括粉末填充法、膏剂涂覆法、电热旋流法、覆盖层（电镀层、喷镀层等）扩散法等。

2）液体法，包括盐浴法、电解盐浴法、水溶液电解法等。

3）气体法，包括固体气体法、间接气体法、流动粒子炉法等。

4）等离子法，包括离子渗碳、离子渗氮等。

2. 渗硼

渗硼主要是为了提高金属表面的硬度、耐磨性和耐蚀性，可用于钢铁材料、金属陶瓷和某些有色金属材料，如钛、钽和镍基合金。这种方法成本较高。

（1）渗硼原理 渗硼就是把工件置于含有硼原子的介质中加热到一定温度，保温一段时间后，在工件表面形成一层坚硬的渗硼层。

在高温下，供硼剂砂与介质中 SiC 发生反应：

$$Na_2B_4O_7 + SiC \longrightarrow Na_2O \cdot SiO_2 + CO_2 + O_2 + 4 \; [B]$$

若供硼剂为 B_4C，活性剂为 KBF_4，则有以下反应：

$$KBF_4 \xrightarrow{\text{加热}} KF + BF_3$$

$$4BF_3 + 3SiC + 1.5O_2 \longrightarrow 3SiF_4 + 3CO + 4B$$

$$+ 3SiF_4 + B_4C + 1.5O_2 \longrightarrow 4BF_3 + SiO_2 + CO + 2Si$$

$$\overline{B_4C + 3SiC + 3O_2 \xrightarrow[BF_3]{SiF_4} 4B + 2Si + SiO_2 + 4CO}$$

（2）渗硼层组织 硼原子在 γ 相或 α 相的溶解度很小，当硼含量超过其溶解度时，就会产生硼的化合物 Fe_2B （ε）。当硼的质量分数大于 8.83% 时，会产生 FeB （η'）。当硼的质量分数为 6% ~16% 时，会产生 FeB 与 Fe_2B 白色针状的混合物。一般希望得到单相的 Fe_2B。铁-硼相图如图 8-5 所示。

钢中的合金元素大多数可溶于硼化物层中（例如铬和锰），因此认为硼化物指（Fe，M）$_2$B 或（Fe，M）B 更为恰当（其中 M 表示一种或多种金属元素）。碳和硅不溶于硼化物层，而被硼从表面推向硼化物前方而进入基材。这些元素在碳钢的硼化物层中的分布如图 8-6 所示。硅在硼化物层前方的富集量可达百分之几。这会使低碳铬合金钢硼化物层前方形成软的铁素体层。只有降低钢的硅含量才能解决这一问题。碳的富集会析出渗碳体或硼渗碳体（例如 $Fe_3B_{0.8}C_{0.2}$）。

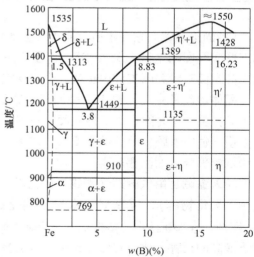

图 8-5 铁-硼相图（部分）

（3）渗硼层的性能

1）渗硼层的硬度很高。如 Fe_2B 的硬度为 1300～1800HV；FeB 的硬度为 1600～2200HV。由于 FeB 脆性大，一般希望得到单相的、厚度为 0.07～0.15mm 的 Fe_2B 层。如果合金元素含量较高，由于合金元素有阻碍硼在钢中的扩散作用，则渗硼层厚度较薄。硼化铁的物理性能见表 8-19。

2）在盐酸、硫酸、磷酸和碱中具有良好的耐蚀性，但不耐硝酸。

3）热硬性高。在 800℃ 时仍保持高的硬度。

4）在 600℃ 以下抗氧化性能较好。

（4）渗硼方法 渗硼方法有固体渗硼、气体渗硼、液体渗硼、等离子渗硼等。

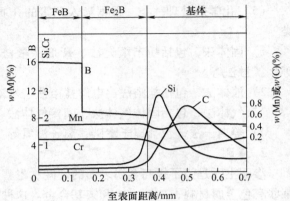

图 8-6 硼化物层中及其前方的元素分布

表 8-19 硼化铁的物理性能

硼化铁类型	$w(B)$（%）	晶格常数	密度 /（g/cm^3）	线胀系数 （200～600℃）/（10^{-6}/℃）	弹性模量 /MPa	硼在铁中的扩散系数 （950℃时）/（cm^2/s）
Fe_2B	8.83	正方（$a=5.078, c=4.249$）	7.43	7.85	3×10^5	1.53×10^{-7}（扩散区）
FeB	16.23	正交（$a=4.053, b=5.495, c=2.946$）	6.75	23	6×10^5	1.82×10^{-8}（硼化物层）

1）固体渗硼。它在本质上属于气态催化反应的气相渗硼。供硼剂在高温和活化剂的作用下形成气态硼化物（BF_2、BF_3），在工件表面不断化合与分解，释放出活性硼原子，不断被工件表面吸附并向工件内扩散，形成稳定的铁的硼化物层。

固体渗硼是将工件置于含硼的粉末或膏剂中，装箱密封，放入加热炉中加热到 950～1050℃ 保温一定时间后，工件表面上获得一定厚度的渗硼层的方法。这种方法设备简单，操作方便，适应性强，但劳动强度大，成本高。欧美国家多采用固体渗硼。常用的固体渗硼剂有粉末渗硼与膏剂渗硼两类。

粉末渗硼是由供硼剂（硼铁、碳化硼、脱水硼砂等）、活性剂（氟硼酸钾、碳化硅、氯化物、氟化物等）、填充剂（木炭或碳化硅）等组成。其配方（质量分数）有：$B_4C5\%$（供硼剂）$+ KBF_45\%$（活性剂）$+ SiC90\%$。各成分所占比例与被渗硼的材料有关。对于铬含量最高的钢种，建议在渗硼粉中加入适量铬粉。部分固体渗硼的具体配方和渗硼效果见表 8-20。

膏剂渗硼是将供硼剂加一定比例的黏结剂组成一定黏稠膏状物涂在工件表面上进行加热渗硼处理。膏渗硼的配方（质量分数）有两种：①由碳化硼粉末（0.063～0.056mm）50% 和冰晶石 50% 组成，用水解四乙氧基甲硅烷做黏结剂组成膏状物质，渗硼前，先在 200℃ 干燥1h后再进行渗硼;②B_4C(0.100mm)5%~50%+冰晶石(粉末状)5%~50%+氟化钙(0.154mm)40%~49%,混合后用松香30%+酒精70%调成糊状,涂在工件上,获得厚度大于2mm的涂层,然后晾干密封装箱,最后装入加热炉中进行渗硼。若膏剂渗硼是在高频感应加热条件下进行,不仅可以得到与炉子加热条件下相同的渗硼层,而且可大大缩短渗硼时间。

表8-20 部分固体渗硼的具体配方和渗硼效果

编号	渗硼材料组成物的质量分数(%)									渗硼工艺		渗硼层	
	B_4C	B-Fe	$Na_2B_4O_7$	KBF_4	NH_4HCO_3	SiC	Al_2O_3	木炭	活性炭	温度/℃	时间/h	组织	厚度/μm
1		7		6	2	余量		20		850	4	双相	140
2		5		7		余量		8	2	900	5	单相	95
3		10		7		余量		8	2	900	5	单相	95
4	1			7		余量		8	2	900	5	单相	90
5	2			5		余量	MnFe:10			850		单相	110
6		20		5	5		70			850	4	单相	85
7	5			5		余量	Fe_2O_3:3			850	4	单相	120
8		25		5		余量				850	4	单相	55
9			30		Na_2CO_3:3	Si:7		石墨:60		950	4	单相	160

2)气体渗硼。与固体渗硼的区别是供硼剂为气体。气体渗硼需用易爆的乙硼烷或有毒的氯化硼,故没有用于工业生产。

3)液体渗硼(也叫盐浴渗硼)。这种方法应用广泛。它主要是使用由供硼剂砂+还原剂(碳酸钠、碳酸钾、氟硅酸钠等)组成的盐浴进行渗硼。生产中常用的配方(质量分数)有:$Na_2B_4O_7$80%+SiC20%或$Na_2B_4O_7$80%+Al10%+NaF10%等。

4)等离子渗硼。等离子渗硼可以用与气体渗硼类似的介质。这一领域已进行了研究,但还没有工业应用的处理工艺。

(5)钢铁材料渗硼 最合适的钢种为中碳钢及中碳合金钢。渗硼后,为了改善基体的力学性能,就进行淬火+回火处理,但应注意以下几点:①渗硼件应尽量减少加热次数并用缓冷;②渗硼温度高于钢的淬火温度时,渗硼后应降温到淬火温度后再进行淬火;③渗硼温度低于钢的淬火温度时,渗硼后升温到淬火温度后再进行淬火;④淬火冷却介质仍使用原淬火冷却介质,但不宜用硝盐分级与等温处理;⑤渗硼粉中B_4C含量对不同钢种的硼化物层中FeB相的影响见表8-21。

表8-21 渗硼粉中B_4C含量对不同钢种的硼化物层中FeB相的影响(900℃渗硼5h)

钢 种	$w(B_4C)$(%)			
	2.5	5	7.5	10
15钢	A	A	B	C
45钢	A	A	B	C
42CrMo4	A	B	C	D
61CrSiV5	A	B	C	E

（续）

钢 种	$w(B_4C)(\%)$			
	2.5	5	7.5	10
XC100（法国弹簧钢）	A	B	C	E
100Cr6	A	C	D	E
145Cr6	B	D	E	E
奥氏体不锈钢	E	E	E	E

注：A—不含FeB；B—仅边角处有FeB；C—个别锯齿有FeB；D—FeB未形成封闭层；E—FeB形成封闭层。

渗硼在生产中的应用实例见表8-22。

表8-22 渗硼应用实例

模具名称	模具材料	被加工材料	处理工艺	寿命/（万件/模）
冷镦六方螺母凹模	Cr12MoV	Q235	原处理工艺	0.3 ~ 0.5
			渗硼	5 ~ 6
冲模	CrWMn	25钢	淬火 + 回火	30 ~ 50
			渗硼	0.5 ~ 1
冷轧顶头凸模	65Mn	Q235螺母	淬火 + 回火	0.3 ~ 0.4
			渗硼	2
热锻模	5CrMnMo	40Mn2（齿轮）	淬火 + 回火	0.03 ~ 0.05
			渗硼	0.06 ~ 0.07

（6）有色金属渗硼 有色金属渗硼通常是在非晶态硼中进行的。某些有色金属（如钛及钛合金）必须在高纯氩或高真空中进行，且必须在渗硼前对非晶硼进行除氧。大多数难熔金属都能渗硼。

钛及钛合金的渗硼最好在1000 ~ 1200℃进行。在1000℃处理8h可得12μm致密的TiB_2层；15h后为20μm。硼化物层与基体结合良好。

钽的渗硼也用类似条件，获得单相硼化钽层。在1000℃处理8h可得12μm的渗层。镍合金IN-100（美国牌号）在940℃渗硼8h，获得60μm厚的硼化物层。

3. 渗碳、碳氮共渗与渗氮、氮碳共渗

渗碳、碳氮共渗与渗氮、氮碳共渗等可提高材料表面硬度、耐磨性和疲劳强度，在工业中有十分广泛的应用。

（1）渗碳、碳氮共渗

1）结构钢的渗碳。结构钢经渗碳后，能使工件表面获得高的硬度、耐磨性、耐侵蚀磨损性、接触疲劳强度和弯曲疲劳强度，而心部具有一定强度、塑性、韧性。常用的渗碳方法有三种：

一是气体渗碳。它是生产中应用最为广泛的一种渗碳方法，即在含碳的气体介质中通过调节气体渗碳气氛来实现渗碳目的，一般有井式炉滴注式渗碳和贯通式气体渗碳两种。

二是盐浴渗碳。它是将被处理的零件浸入盐浴渗碳剂中，通过加热使碳剂分解出活性的碳原子来进行渗碳，如一种熔融的渗碳盐浴配方（质量分数）：Na_2CO_3 75% ~ 85%，NaCl 10% ~ 15%，SiC 8% ~ 15%，10 钢在 950℃保温 3h 后，可获得总厚度为 1.2mm 的渗碳层。

三是固体渗碳。它是一种传统的渗碳方法，使用固体渗碳剂，其中的膏剂渗碳具有工艺简单方便的特点，主要用于单件生产、局部渗碳或返修零件。

为了提高渗碳速度和质量引进了快速加热渗碳法，真空、离子束、流态层渗碳等先进的工艺方法。

2）高合金钢的渗碳。目前高合金钢（主要是一些高铬钢、工具钢等）的渗碳越来越受到重视。工具钢经渗碳后，其表面具有高强度、高耐磨性和高热硬性。与传统的模具钢制造的工具相比，寿命可得到提高。

3）碳氮共渗。液体碳氮共渗以往称氰化。碳氮共渗比渗碳温度低（700 ~ 880℃），变形小，且由于氮的渗入提高了渗碳速度和耐磨性。

（2）渗氮、氮碳共渗　渗氮、氮碳共渗是在含有氮，或氮、碳原子的介质中，将工件加热到一定温度，钢的表面被氮或氮、碳原子渗入的一种工艺方法。渗氮工艺复杂，时间长，成本高，所以只用于耐磨性、耐蚀性和精度要求高的零部件，如发动机气缸、排气阀、阀门、精密丝杆等。

钢经渗氮后获得高的表面硬度，在加热到 500℃时，硬度变化不大，具有低的划伤倾向和高的耐磨性，可获得 500 ~ 1000MPa 的残余压应力，使零件具有高的疲劳极限和耐蚀性，在自来水、潮湿空气、气体燃烧物、过热蒸气、苯、不洁油、弱碱溶液、硫酸、醋酸、正磷酸等介质中均有一定的耐蚀性。

1）渗氮的分类。大致分为以下两类：

一是低温渗氮。它是指渗氮温度低于 600℃的各种渗氮方法，有气体渗氮、液体渗氮、离子渗氮等，主要用于结构钢和铸铁。目前广泛应用的是气体渗氮法，即把需渗氮的零件放入密封渗氮炉内，通入氨气，加热至 500 ~ 600℃，氨发生以下反应：

$$2NH_3 = 3H_2 + 2[N]$$

生成的活性氮原子 [N] 渗入钢表面，形成一定深度的氮化层。根据 Fe-N 相图，氮溶入铁素体和奥氏体中，与铁形成 γ' 相（Fe_4N）和 ε 相（$Fe_{2~3}N$），也溶解一些碳，所以渗氮后，工件最外层是白色 ε 相或 γ' 相，次外层是暗色 $\gamma' + \alpha$ 共析体。

二是高温渗氮。高温渗氮是指渗氮温度高于共析转变温度（600 ~ 1200℃）下进行的渗氮，主要用于铁素体钢、奥氏体钢、难熔金属（Ti、Mo、Nb、V 等）的渗氮。

2）各种材料渗氮。各种材料的渗氮情况简介如下：

结构钢渗氮：任何珠光体类、铁素体类、奥氏体类以及碳化物类的结构钢都可以渗氮。为了获得具有高耐磨、高强度的零件，可采用渗氮专用钢种（38CrMoAlA）。后来出现了不采用含铝的结构钢的渗氮强化。结构钢渗氮温度一般为 500 ~ 550℃，渗氮后可明显提高疲劳强度。

高铬钢渗氮：工件经酸洗、喷砂去除氧化膜后才能进行渗氮。为了获得耐磨的渗层，高铬铁素体钢常在 560 ~ 600℃进行渗氮。渗氮层深度一般不大于 0.15mm。

工具钢渗氮：高速工具钢切削刀具短时渗氮可提高寿命 0.5 ~ 1 倍。推荐渗层深度为 0.01 ~ 0.025mm，渗氮温度为 510 ~ 520℃。对于小型工具（<ϕ15mm）渗氮时间为 15 ~

20min，对较大型工具（$\phi16\sim\phi30$mm）为25～30min，对大型工具为60min。上述规范可得到高硬度（1340～1460HV），热硬性为700℃时仍可保持700HV的硬度。Cr12模具钢经150～520℃、8～12h的渗氮后可得到0.08～0.12mm的渗层，硬度可达1100～1200HV，热硬性较高，耐磨性比渗氮高速工具钢还要高。

铸铁渗氮：除白口铸铁、灰铸铁、不含Al与Cr等的合金铸铁外均可渗氮，尤其是球墨铸铁的渗氮应用更为广泛。

难溶合金渗氮：用于提高硬度、耐磨性和热强性。

钛及钛合金离子渗氮：经850℃、8h的渗氮后可得到TiN，渗层深度为0.028mm，硬度可达800～1200HV。

钼及钼合金离子渗氮：经1150℃以上温度渗氮1h，渗层深度为150μm，硬度达300～800HV。

铌及铌合金渗氮：在1200℃渗氮可得到硬度大于2000HV的渗氮层。

4. 渗金属

渗金属是使工件表面形成一层金属碳化物的一种工艺方法，即渗入元素与工件表层中的碳结合形成金属碳化物的化合物层，如（Cr、Fe）$_7$C$_3$、VC、NbC、TaC等，次层为过渡层。此类工艺方法适用于高碳钢，渗入元素大多数为W、Mo、Ta、V、Nb、Cr等碳化物形成元素。为了获得碳化物层，基材的碳的质量分数必须超过0.45%。

（1）渗金属层的组织　渗金属形成的化合物层一般很薄，约为0.005～0.02mm。层厚的增长速率符合抛物线定则$x^2=kt$。式中，x为层厚；k是与温度有关的常数；t为时间。经过液体介质扩渗的渗层组织光滑而致密，呈白亮色。当工件的碳的质量分数为0.45%时，除碳化物层外还有一层极薄的贫碳α层。当工件的碳的质量分数大于1%时，只有碳化物层。

（2）渗金属层的性能　渗金属层的硬度极高，耐磨性好，抗咬合和抗擦伤能力也很高，并且具有摩擦因数小等优点。渗金属的硬度HV0.1见表8-23。

表8-23　渗金属的硬度HV0.1

渗层	Cr12	GCr15	T12	T8	45
铬碳化物层	1765～1877	1404～1665	1404～1482	1404～1482	1331～1404
钒碳化物层	2136～3380	2422～3259	2422～3380	2136～2280	1580～1870
铌碳化物层	3254～3784	2897～3784	2897～3784	2400～2665	1812～2665
钽碳化物层	1981～2397	2397	2397～2838	1981	

（3）渗金属方法

1）气相渗金属法。气相渗金属有两种常用的方法：①在适当温度下，可以挥发的金属化合物（如金属卤化物）中析出活性原子，并沉积在金属表面上与碳形成化合物，其工艺过程是将工件置于含有渗入金属卤化物的容器中，通入H$_2$或Cl$_2$进行置换还原反应，使之析出活性原子，然后进行渗金属操作；②使用羰基化合物在低温下分解的方法进行表面沉积，例如W（CO）$_6$在150℃条件下能分解出W的活性原子，然后渗入金属表面形成钨的化合物层。

2）固相渗金属法。固相渗金属法中应用较广泛的是膏剂渗金属法。它是将渗金属膏剂涂在金属表面上，加热到一定温度后，使渗入元素渗入工件表面层。一般膏剂由活性剂、熔剂和黏结剂组成。活性剂多数是纯金属粉末，尺寸为 0.050 ~ 0.071mm。熔剂的作用是与渗金属粉末相互作用后形成相应化合物的卤化物（被渗原子的载体）。

黏结剂一般用四乙氧基甲硅烷制备，它起黏结作用并形成膏剂。

（4）渗铬

1）渗铬层的组织和性能。中碳钢渗铬层有两层，外层为铬的碳化物层，内层为 α 固溶体。高碳钢渗铬在表面形成铬的碳化物层，如 $(Cr、Fe)_7C_3$、$(Cr、Fe)_{23}C_6$、$(Fe、Cr)_3C$ 等。渗铬层厚仅有 0.01 ~ 0.04mm，硬度为 1500HV。

工件渗铬后可显著改善在强烈磨损条件下以及在常温、高温腐蚀介质中工作的物理、化学、力学性能。中碳钢、高碳钢渗铬层性能均优于渗碳层和渗氮层，但略低于渗硼层。特别是高碳钢渗铬后，不仅能提高硬度，而且还能提高热硬性，在加热到 850℃ 后，仍能保持 1200HV 左右的高硬度，超过高速工具钢。同时渗铬层也具有较高的耐蚀性，对碱、硝酸、盐水、过热空气、淡水等介质均有良好的耐蚀性，但不耐盐酸。渗铬件能在 750℃ 以下长期工作，有良好的抗氧化性，但在 750℃ 以上工作时不如渗铝件。

2）渗铬方法。渗铬主要有两种方法：①气体渗铬，即在气体渗铬介质条件下进行，采用接触法直接加热或高频感应加热可加快气体渗铬速度；②固体膏剂渗铬，它是利用活性膏剂进行渗铬的方法，一般膏剂由渗铬剂（尺寸为 0.050 ~ 0.071mm 金属铬或合金铬粉末）、熔剂（形成铬的卤化物后，再与金属表面反应，常用冰晶石）和黏结剂（品种较多，其中以水解硅酸乙酯效果较好）三种物质组成。

（5）渗钛　其目的是为了提高钢的耐磨性和气蚀性，同时也可提高中、高碳钢的表面硬度和耐磨性，常见的渗钛方法有气体渗钛（包括气相渗钛和蒸气渗钛）、活性膏剂渗钛和液体渗钛三种。

1）气相渗钛。如工业纯钛在 $TiCl_4$ 蒸气和纯氩气中发生置换反应，产生活性钛原子，高温下向工件表面吸附与扩散：

$$TiCl_4 + 2Fe \longrightarrow 2FeCl_2 \uparrow + [Ti]$$

若此过程采用电加热，可缩短渗钛时间。

若渗钛温度为 950 ~ 1200℃，$TiCl_4$ 蒸气与氩气体积比为 1/9 时，炉内加热速度为 1℃/s，保温时间为 9min，无渗钛层。若采用电加热，加热速度为 100 ~ 1000℃/s，保温时间为 3 ~ 8min，可得到 20 ~ 70μm 厚的渗钛层。由此可见，快速加热可缩短渗钛时间。

2）蒸气渗钛。它是在 $TiCl_4$ 和 Mg 蒸气混合物中进行渗钛。Mg 起还原剂的作用，载气是用净化过的氩气。把 $TiCl_4$ 带进放置有熔化金属 Mg 的反应中，则 $TiCl_4$ 与 Mg 的蒸气相互作用获得原子钛 [Ti]：

$$TiCl_4 + 2Mg \longrightarrow 2MgCl_2 + [Ti]$$

在 1150℃ 下用 $TiCl_4$ + Ar 的混合气渗钛，1h 后才见到渗钛层。而在同一温度下用 $TiCl_4$ + Ar + Mg 进行渗钛，1h 后可见到 20 ~ 80μm 厚的渗钛层。

3）活性膏剂渗钛。活性膏剂渗钛是一种固体渗钛法。在活性膏剂中，主要成分是活性钛源（主要元素质量分数分别为：Ti30.05%，Si5.16%，Al17.08%），其质量分数为 70% ~ 95%。此外，还加入冰晶石，其主要作用是去除工件表面的氧化物，促使氟化钛的形成，而氟化钛是原子钛的供应源。实践证明，使用成分（质量分数）为 Ti95% + NaF5% 或用

（Fe-Ti）40% + Ti55% + NaF5%的膏剂效果最好。同样，快速加热能缩短渗钛时间。

4）液体渗钛。液体渗钛是使用电解或电解质方法进行渗钛。电解时采用可溶性钛做阳极，电解液为 KCl + NaCl + TiCl$_2$。电解在氩气中进行。最佳电流密度视过程的温度不同而在 0.1~0.3A/cm^2 的范围内变化，温度为 800~900℃时，渗钛层可达几十微米，扩散层仅几微米。

（6）渗铝　渗铝是指铝在金属或合金表面扩散渗入的过程。许多金属材料，如合金钢、铸铁、热强钢和耐热合金、难熔金属和以难熔金属为基的合金、钛、铜等材料都可进行渗铝。渗铝的主要目的在于提高材料的热稳定性、耐磨性和耐蚀性，适用于石油、化工、冶金等工业管道和容器、炉底板、热电偶套管、盐浴坩埚和叶片等零件。

1）渗铝层的性能。当钢中铝的质量分数大于 8% 时，其表面能形成致密的铝氧化膜。但铝含量过高时，钢的脆性增加。低碳钢渗铝后能在 780℃ 以下长期工作；低于 900℃ 以下能较长期工作；900~980℃仍可比未渗铝的工件寿命提高 20 倍。因此，渗铝的抗高温氧化性能很好。此外，渗铝件还能抵抗 H$_2$S、SO$_2$、CO$_2$、H$_2$CO$_3$、液氮、水煤气等的腐蚀，尤其是抵抗 H$_2$S 腐蚀能力最强。

2）渗铝方法。工业上获得应用的渗铝方法主要有以下三种：

一是固体粉末渗铝，即用粉末状混合物进行，其主要成分为铝粉、铝铁合金或铝钼合金粉末、氯化物或其活性剂，氧化铝（惰性添加剂）等。粉末渗铝是在专用的易熔合金密封的料罐中进行的。在固体渗铝中，常用的方法之一是活性膏剂渗铝。它是一种由铝粉、冰晶石和不同比例的其他组分的粉末组成的混合剂，并用水解乙醇硅酸乙酯作为黏结剂涂在工件表面，厚度为 3~5mm，在 70~100℃ 温度下烘干 20~30min。为了防止氧化，可用特殊涂料覆盖层作为保护剂涂在活性膏剂层的外面。膏剂渗铝的最佳成分（质量分数）为 Fe-Al88%、石英粉 10%、NH$_4$Cl2%（活化剂）。

二是在铝浴中渗铝。工件在铝浴或铝合金浴中于 700~850℃ 保温一段时间后，就可在表面得到一层渗铝层。这种方法的优点是渗入时间较短，温度不高，但坩埚寿命短，工件上易黏附熔融物和氧化膜，形成脆性的金属化合物。为降低脆性，往往在渗铝后进行扩散退火。

三是表面喷镀铝再扩散退火的渗铝法。在经过喷丸处理或喷砂处理的构件表面，使用喷镀专用的金属喷镀装置（电弧喷镀/火焰喷镀等）按规定的工艺规程喷镀铝。铝层厚度为 0.7~1.2mm。为防止铝喷镀层熔化、流散和氧化，应在扩散退火前采用保护涂料，然后于 920~950℃ 进行约 6h 扩散退火。

（7）渗钒　渗钒是在粉末混合物（供钒剂钒铁、活化剂 NH$_4$Cl 和稀释剂 Al$_2$O$_3$ 的混合物）或硼砂盐浴中进行的。希望获得 VC 型单相碳化钒层。渗钒的目的主要是改善耐磨性。渗钒层硬度可达 3000~3300HV，且有良好的延展性。

5. 渗其他元素

（1）渗硅　渗硅是将含硅的化合物通过置换、还原和加热分解得到的活性硅，被材料表面吸附并向内扩散，从而形成含硅的表层。渗硅的主要目的是提高工件的耐蚀性、稳定性、硬度和耐磨性。渗硅层表面的组织为白色、均匀、略带孔隙的含硅的 α-Fe 固溶体。渗硅层的硬度为 175~230HV。若把多孔的渗硅层工件置入 170~220℃ 油中浸煮后则其有良好的减摩性。渗硅层具有一定的抗氧化和抗还原性酸类的性质，但高温抗氧化性不如渗铝、渗铬，它只能在 750℃ 以下工作。由于渗硅层的多孔性，使其应用受到了限制。常用的渗硅方法有以下几种：

1）气体渗硅。气体渗硅是用碳化硅为渗硅剂，通入 1000℃ 高温的氯气形成四氯化硅，然后再与工件表层产生置换反应，使工件表面获得渗硅层。

2）电解渗硅。电解渗硅是将工件放入碳酸盐、硅酸盐氟化物和熔剂的电解液中，在 950 ~ 1100℃ 的温度下加热电解后，就可在工件上获得一层渗硅层。

3）粉末渗硅。粉末渗硅是将含硅的粉末状渗硅剂（硅、硅铁、硅钙合金等）、填充剂（氧化铝、氧化镁等）、活化剂（卤化物，如 NH_4Cl、NH_4F、NaF 等）按一定比例混合装箱并将工件埋入混合物中，加热到高温下进行渗硅的方法。

（2）渗硫　渗硫的目的是在钢铁零件表面生成 FeS 薄膜，以降低摩擦因数，提高抗咬合性能。工业上应用较多的是在 150 ~ 250℃ 进行的低温电解渗硫。电解渗硫周期短，渗层质量较稳定，但熔盐极易老化。低温电解渗硫主要用于经渗碳淬火、渗氮后淬火或调质的工件。渗层 FeS 膜厚度为 5 ~ 15μm。若处理不当，除 FeS 外，可出现 FeS_2、$FeSO_3$ 相，使减摩性能明显降低。渗硫剂成分和工艺参数见表 8-24。

表 8-24　渗硫剂成分和工艺参数

序号	渗硫剂成分（质量分数）	工艺参数			备注
		温度 /℃	时间 /min	电流密度 /(A/dm³)	
1	75% KCN + 25% NaCNS	180 ~ 200	10 ~ 20	1.5 ~ 3.5	零件为阳极，盐槽为阴极，到温度后计时。因 FeS 膜生成速度快，保温 10min 后增厚甚微，故无须超过 15min
2	75% KCN + 25% NaCNS + 0.1% $K_4Fe(CN)_6$ + 0.9% $K_3Fe(CN)_6$	180 ~ 200	10 ~ 20	1.5 ~ 2.5	
3	73% KCNS + 24% NaCNS + 2% $K_4Fe(CN)_6$ + 0.07% KCN + 0.03% NaCN，通氨气搅拌，流量为 59m³/h	180 ~ 200	10 ~ 20	2.5 ~ 4.5	
4	60% ~ 80% KCNS + 20% ~ 40% NaCNS + 1% ~ 4% $K_4Fe(CN)_6$ + Sx 添加剂	180 ~ 250	10 ~ 20	2.5 ~ 4.5	
5	30% ~ 70% NH_4CNS + 70% ~ 30% KCNS	180 ~ 200	10 ~ 20	3 ~ 6	

（3）多元共渗

1）多元渗硼。多元渗硼是硼和另一种或多种金属元素按顺序进行扩散的化学热处理。这种处理分两步进行：先用常规方法渗硼，获得厚度至少为 30μm 的致密层，允许出现 FeB；然后在粉末混合物（例如渗铬时用铁铬粉、活化剂 NH_4Cl 和稀释剂 Al_2O_3 的混合物）或硼砂盐中进行其他元素的扩散。采用粉末混合物时，在反应室中通入氩气或氢气可防止粉末烧结。

2）氧氮共渗。氧氮共渗又称氧氮化，是一种加氧的渗氮工艺。氧氮共渗所采用的介质有氨水（氨最高质量分数可达 35.28%）、水蒸气加氨气、甲酰氨水溶液或氨加氧。氧氮共渗后钢材表面形成氧化膜和氮的扩散层。氧化膜为多孔的 Fe_3O_4，有减摩作用，抗黏着性能好。扩散层提高了表层硬度，也提高了耐磨性。因此，氧氮共渗兼有蒸汽处理和渗氮的双重性能，能明显提高刀具和某些结构件的使用寿命。目前，氧氮共渗主要用于高速工具钢切削刀具的表面处理。

6. 表面氧化和着色处理

在水蒸气中对金属进行加热时，在金属表面将生成 Fe_3O_4。处理温度约为550℃。通过水蒸气处理后，金属表面的摩擦因数将大为降低。用阳极氧化法可使铝、镁表面生成氧化铝、氧化镁膜，改善耐磨性等性能。

金属着色是金属表面加工的一个环节。用硫化法和氧化法等可使铜及铜合金生成氧化亚铜（Cu_2O）或氧化铜（CuO）的黑色膜。钢铁材料，包括不锈钢也可着黑色。铝及铝合金可着灰色和灰黑色等多种颜色，起到了美化装饰作用。

7. 电化学热处理

大多数化学热处理时间长，局部防渗困难，能耗大，设备和材料消耗严重和污染环境等。采用感应、电接触、电解、电阻等直接加热进行化学热处理，即电化学热处理，能改善上述问题，因而获得了较快的发展。

（1）电化学热处理的特点 一般认为，电化学热处理之所以比普通化学热处理优越，主要有以下原因：

1）电化学热处理比一般化学热处理的温度高得多，加速了渗剂的分解和吸附，而且，随着温度的升高，工件表面附着物易挥发或与介质反应，工件表面更清洁，更有活性，也促进了渗剂的吸附。

2）快速电加热大都是先加热工件，渗剂可直接镀或涂在工件表面，由于加热从工件开始，加热速度快，保温时间短，渗剂不易挥发和烧损，有利于元素渗扩。

3）特殊的物理化学现象加速渗剂分解和吸附过程。

4）由于电化学热处理比一般化学热处理的温度高得多，大大提高了渗入元素的扩散速度。

5）快速电加热在工件内部和介质中形成大的温度梯度，不但有利于界面上介质的分解，并且外层介质温度低而不会氧化或分解，因此有利于渗剂的利用。

（2）电化学渗金属 常用的电化学渗金属的元素有 Cr、Al、Ti、Ni、V、W、Zn 等。

1）钢铁电化学渗铬。工业纯铁（碳的质量分数小于0.02%）表面镀铬时，通交流电，以不同速度加热，到温后保温2min。加热速度和温度对纯铁渗铬层深度的影响见表8-25。由表8-25可见，随着加热速度提高，渗层厚度明显增加。

表8-25 加热速度和温度对纯铁渗铬层深度的影响

加热速度 /(℃/s)	渗铬层深度/μm							
	915℃	930℃	950℃	1000℃	1050℃	1100℃	1150℃	1200℃
0.15	1.5	1.5	2	4	12	23	40	61
50	3	4	5	8	18	31	56	94
3000	6	7	9	14	23	42	104	130

涂膏法电加热渗铬也是一种有效渗铬方法。在需要渗铬的表面刷涂或喷涂或浸渍一层渗铬膏剂。膏剂成分（质量分数）为75%铬粉（粒度为0.063～0.080mm）+25%冰晶石（Na_2AlF_6）。涂膏剂时可用硅酸乙酯黏结剂黏结。工件用2kW的3MHz高频电源感应加热，

渗铬温度为 1250℃，从膏剂干燥到渗铬完成的时间约为 75s，渗层深度约为 0.05mm。工件可直接在空气中冷却，也可在水中淬火。这种渗铬方法比普通渗铬方法所用时间少得多。

2）钢的电加热化学渗铝。传统的渗铝工艺温度高（1100℃ 以上），时间长（30h 以上），工件变形大。渗铝后工件心部性能变坏，须重新热处理。电加热渗铝可克服上述缺点。

快速电加热渗铝的方法主要有粉末法、膏剂法、气体法、液体法和喷铝后高频加热复合处理法。粉末法是将铝粉与特制的氯化物混合，在 600～650℃ 化合成铝的氯化物。也可使用 FeAl 与 NH_4Cl 或 $FeAl + Al_2O_3 + NH_4Cl$ 等物质。对于 35CrMoA 钢，在 800～1000℃ 电加热 25s，可获得 20μm 渗层；纯铁在 1200～1300℃ 电加热 8s，可获得 300μm 的渗层。

常用膏剂渗铝的配方（质量分数）有 80%FeAl + 20%Na_2AlF_6，68%FeAl + 20%$NaAlF_6$ + 10%SiO_2 + 2%NH_4Cl，75%Al + 25%Na_2AlF_6，98%FeAl + 2%I_2 等，一般认为 88%FeAl + 10%SiO_2 + 2%NH_4Cl 配方较好。黏结剂可用亚硝酸纸浆溶液，以 50℃/s 的速度加热至 1000℃，渗层达 22～28μm。

喷铝的 4Cr9Si2 和 4Cr10Si2Mo 钢用高频感应加热至 700℃，保温 10～20s，渗层达 15～20μm；加热至 900℃，渗层达 130μm。

8. 电解化学热处理

（1）电解渗碳　电解渗碳是把低碳零件置于盐浴中加热，利用电化学反应使碳原子渗入工件表层。这是一种新型的渗碳方法。渗碳介质以碱土金属碳酸盐为主，加一些调整熔点和稳定盐浴成分的溶剂。阳极为石墨，工件为阴极，通以直流电后盐浴电解产生 CO，CO 分解产生活性碳原子渗入工件表层。

（2）电解渗硼　电解渗硼是在渗盐浴中进行的。工件为阴极，用耐热钢或不锈钢坩埚做阳极。这种方法设备简单，速度快，可利用便宜的渗剂。渗层的相组成和厚度可通过调整电流密度进行控制。常用于工模具和要求耐磨性和耐蚀性强的零件。

（3）电解渗氮　电解渗氮又称电解气相催渗渗氮。电解液是含盐酸的氯化钠水溶液。石墨为阳极，工件为阴极。这种方法设备简单，成本低廉，操作方便，催渗效果好，并具备大规模渗氮的生产条件。

9. 真空化学热处理

真空化学热处理是在真空条件下加热工件，渗入金属或非金属元素，从而改变材料表面化学成分、组织结构和性能的热处理方法。

（1）真空化学热处理的物理和化学过程　真空化学热处理由三个基本的物理和化学过程所组成。

1）活性介质在真空加热条件下，可防止氧化，分解、蒸发形成的活性分子活性更强，数量更多。

2）真空中，材料表面光亮无氧化，有利于活性原子的吸收。

3）在真空条件下，由于表面吸收的活性原子的浓度高，与内层形成更大的浓度差，有利于表层原子向内部扩散。

（2）真空化学热处理的优缺点　真空化学热处理可用于渗碳、氮、硼等各种非金属和金属元素，工件不氧化，不脱碳，表面光亮，变形小，质量好；渗入速度快，生产率高，节省能源；环境污染少，劳动条件好。缺点是设备费用大，操作技术要求高。

8.1.4　等离子体表面处理

1. 等离子体的物理概念

等离子体是一种电离度超过 0.1% 的气体，是由离子、电子和中性粒子（原子和分子）所组成的集合体。等离子体整体呈中性，但含有相当数量的电子和离子，表现出相应的电磁学等性能，如等离子体中有带电粒子的热运动和扩散，也有电场作用下的迁移。等离子体是一种物质的能量较高的聚集状态，被称为物质第四态。利用粒子热运动、电子碰撞、电磁波能量以及高能粒子等方法可获得等离子体，但低温产生等离子体的主要方法是利用气体放电。

离子轰击阴极表面时将发生一系列物理、化学现象，包括中性原子或分子从阴极表面分离出来的阴极溅射现象（也可看作蒸发过程）、阴极溅射出来的粒子与靠近阴极表面等离子体中活性原子结合的产物吸附在阴极表面的凝附现象、阴极二次电子的发射现象，以及局部区域原子扩散和离子注入等现象。

2. 离子渗氮

离子渗氮是一种在压力低于 10^5Pa 的渗氮气氛中，利用工件（阴极）和阳极间稀薄的含氮气体产生辉光放电进行渗氮的工艺。这是一种成熟的工艺，已用于结构钢、不锈钢、耐热钢的渗氮，并已发展到有色金属渗氮，特别在钛合金渗氮中取得了良好效果。

离子渗氮设备不但引入了计算机控制技术，实现了工艺参数优化和自动控制，还研制发展了脉冲电源离子渗氮炉、双层辉光离子渗金属炉等，达到了节能、节材、高效的目的。

（1）离子渗氮的理论

1）溅射和沉积理论。这一理论由 J. Kolbel 于 1965 年提出的。他认为，离子渗氮时，渗氮层是通过反应阴极溅射形成的。在真空炉内，稀薄气体在阴极、阳极间的直流高压下形成等离子体，N^+、H^+、NH_3^+ 等正离子轰击阴极工件表面，轰击的能量可加热阴极，使工件产生二次电子发射，同时产生阴极溅射，从工件上打出 C、N、O、Fe 等。Fe 能与阴极附近的活性氮原子形成 FeN，由于背散射又沉积到阴极表面，FeN 分解，$FeN \rightarrow Fe_2N \rightarrow Fe_3N \rightarrow Fe_4N$，分解出的氮原子大部分渗入工件表面内，一部分返回等离子区。

2）氮氢分子离子化理论。M. Hudis 在 1973 年提出了分子离子化理论。他对 40CrNiMo 钢进行离子渗氮研究得出，溅射虽然明显，但不是离子渗氮的主要控制因素。他认为对渗氮起决定作用的是氮氢分子离子化的结果，并认为氮离子也可以渗氮，只不过渗层不那么硬，深度较浅。

3）中性原子轰击理论。1974 年，Gary. G. Tibbetts 在 N_2-H_2 混合气中对纯铁和 20 钢进行渗氮，他在离试样 1.5mm 处加一网状栅极，其间加 200V 反偏压进行试验，得出对离子渗氮起作用的实质上是中性原子，NH_3 分子离子化的作用是次要的。但他未指出活性的中性氮原子是如何产生的。

4）碰撞离析理论。我国科学家认为，无论在 NH_3、N_2-H_2 或纯 N_2 中，只要满足离子能量条件，就可以通过碰撞裂解产生大量活性氮原子进行渗氮。

显然，上述四种理论都有一定的实验和理论分析基础，氮从气相转移到工件表层可能并不限于一种模式，哪种模式起主要作用可能与辉光放电的具体条件，如气体种类、成分、压力、电压等有关。

（2）离子渗氮的主要特点

1）离子渗氮速度快，尤其是浅层渗氮更为突出。例如：渗氮层深度为 0.3 ~ 0.5mm 时，离子渗氮的时间仅为普通气体渗氮的 1/5 ~ 1/3。这是由于：①表面活化是加速渗氮的主要原因，粒子将金属原子从试样表面轰击出来，使其成为活性原子，并且由于高温活化，C、N、O 这类非金属元素也会从金属表面分离出来，使金属表面氧化物和碳化物还原，同时也对表面产生了清洗作用；②试样表面对轰击出来的 Fe 和 N 形成的 FeN 进行吸附，提高了试样表面氮浓度，Fe 还有对 NH_3 分解出氮的催化作用，也提高氮浓度，从而加快了氮向试样内部扩散；③阴极溅射产生表面脱碳，增加位错密度等，也加速了氮向内部扩散的速度。

2）热效率高，节约能源、气源。

3）渗氮的氮、碳、氢等气氛可调整控制，可获得 5 ~ 30μm 深的脆性较小的 ε 相单相层或不大于 8μm 厚的韧性 γ 相单层，也可获得韧性更好的无化合物的渗氮层。

4）离子渗氮可使用氨气，压力很低，用量极少，所以污染少，劳动条件好。

5）离子渗氮温度可在低于 400℃ 以下进行，工件畸变小。但准确测定工件温度较麻烦，不同零件同炉渗氮时，各部位温度难于均匀一致。

6）可用于不锈钢、粉末冶金件、钛合金等有色金属的渗氮。由于存在离子溅射和氢原子还原作用，工件表面钝化膜在离子渗氮过程中可清除。也可进行局部渗氮。

7）由于设备较复杂，投资大，调整维修较困难，对操作人员的技术要求较高。

（3）离子渗氮的设备和工艺

1）离子渗氮的设备。图 8-7 所示为离子渗氮设备。该设备装有电压、电流、温度、真空度和气体流量的测试仪表，有温控和记录系统。阴极、阳极间在非真空状态下绝缘电阻应不低于 4MΩ（1000V 兆欧表测），能承受 $2U_0 + 1000V$ 的耐压试验（U_0 为整流输出最高电压），1mm 而无闪烁或击穿现象。极限真空度不低于 6.7Pa。在空炉时，将大气抽到极限真空度的时间应不大于 30min；而且在工作气体最大流量时，真空泵应能保持真空度在 66.7 ~ 1066Pa 范围内；压升率应不大于 1.3×10^{-1}Pa/min。设备有可靠的灭弧装置。

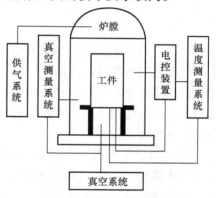

图 8-7 离子渗氮设备

2）离子渗氮的工艺。离子渗氮的工艺参数见表 8-26。

表 8-26 离子渗氮的工艺参数

工艺参数	选择范围	备 注
辉光电压	一般保温阶段保持在 500 ~ 700V	与气体电离电压、炉内真空度以及工件与阳极间距离有关
电流密度	0.5 ~ 15mA/cm²	电流密度大，加热速度快；但电流密度过大，辉光不稳定，易打弧
炉内真空度	133.322 ~ 1333.22Pa，常用 266 ~ 533Pa（辉光层厚度为 5 ~ 0.5mm）	当炉内压力低于 133.322Pa 时达不到加热目的；当炉内压力高于 1333.22Pa 时，辉光将受到破坏而产生打弧现象，造成工件局部烧熔
渗氮气体	液氨挥发气，热分解氨或氮、氢混合气	液氨使用简单，但渗层脆性大；体积比为 1:3 的氮、氢混合气可改善渗层性能；调整氮、氢混合气氮势，可控制渗层相组成

（续）

工艺参数	选择范围	备　注
渗氮温度	通常为 450～650℃	一般不含铝的钢采用 500～550℃ 的一段渗氮工艺；含铝的钢采用二段渗氮法，第一阶段 520～530℃，第二阶段 560～580℃
渗氮时间	渗氮层深度为 0.2～0.6mm 时，渗氮时间约为 8～30h	渗层深度可用公式 $\delta = k\sqrt{D\tau}$ 计算。式中，δ 为渗层深度；k 为常数；D 为扩散系数；τ 为渗氮时间

3. 离子渗碳、离子碳氮共渗

离子渗碳及离子碳氮共渗，和离子渗氮相似，是在压力低于 10^5Pa 的渗碳或碳氮混合气氛中，利用工件（阴极）和阳极间产生辉光放电进行渗碳或同时渗碳氮的工艺。

（1）离子渗碳　离子渗碳是渗碳领域较先进的工艺技术，是快速、优质、低能耗及无污染的工艺。离子渗碳原理与离子渗氮相似，工件渗碳所需活性碳原子或离子可以从热分解反应或通过工作气体电离获得。以渗碳气丙烷为例，在等离子体渗碳中反应过程如下：

$$C_3H_8 \xrightarrow[900～1000℃]{辉光放电} [C] + C_2H_6 + H_2$$

$$C_2H_6 \xrightarrow[900～1000℃]{辉光放电} [C] + CH_4 + H_2$$

$$CH_4 \xrightarrow[900～1000℃]{辉光放电} [C] + 2H_2$$

式中，[C] 为活性碳原子和离子。

离子渗碳具有高浓度渗碳、深渗层渗碳以及对于烧结件和不锈钢等难渗碳件进行渗碳的能力。渗碳速度快，渗层碳浓度和深度容易控制，渗层致密性好。渗剂的渗碳效率高，渗碳件表面不会产生脱碳层，无晶界氧化，表面清洁光亮，畸变小，处理后工件的耐磨性和疲劳强度比常规渗碳件高。

（2）离子碳氮共渗　其基本原理与离子渗碳相似，只是通入气体中含有氮原子。离子碳氮共渗速比普通碳氮共渗快 2～4 倍。在一定设备条件下，可采用碳氮复合离子渗，即渗碳—渗氮或渗氮—渗碳交替进行，获得的渗层组织是碳化物＋氮化物的复合层。这种复合渗工艺，不仅时间短，而且性能也好。

4. 离子渗金属

（1）离子渗金属的特点　它是将待渗金属在真空中电离成金属离子，然后在电场的加速下轰击工件表面，并渗入其中。这类技术具有渗速快、渗层均匀以及劳动条件好等特点，但成本较高。

（2）离子渗金属的方法　要实现离子渗金属，必须使待渗金属在真空中电离成金属离子。目前主要有气相电离、溅射电离和弧光电离等方法，因而相应地有下列几种离子渗金属方法：

1）气相辉光离子渗金属法。向真空室有控制地适量通入待渗元素的氯化物蒸发气体，如离子渗钛时通入 $TiCl_4$，离子渗硼时通入 BCl_3，离子渗铝时通入 $AlCl_3$，离子渗硅时通入 $SiCl_4$ 蒸气，通过调节蒸发器的温度和蒸发面积，控制输入真空室的流量。同时，按一定比例向真空室通入工作气体（氢或氢与氩的混合气体）。以工件为阴极，炉壁为阳极，在阴极与阳极之间施加直流电压，形成稳定的辉光放电及产生待渗金属的离子。这些金属离子在电场的加速下轰击工件表面，并且在高温下向工件内部扩散而形成辉光离子渗金属层。例如离子渗铝，将 $AlCl_3$ 热分解成气体后输入真空室，在高压电场的作用下，电离成铝离子和氯离子：

$$AlCl_3 \longrightarrow Al^{3+} + 3Cl^-$$

然后在电场的作用下，铝离子轰击工件表面而获得电子，成为活性铝原子：

$$Al^{3+} + 3e \longrightarrow [Al]$$

而氯离子在阳极失去电子，还原成氯气，排出真空室。这项技术的优点是只需配备热分解制气的装置，就可以利用常规离子渗氮炉进行离子渗金属，但是氯气会引起设备的腐蚀和对大气的污染。

2）双层辉光离子渗金属法。它是在离子扩渗炉的阴极与阳极之间插入一个用待渗元素金属丝制成的栅极，栅极与阴极的电压差为 80~200V，相对阳极而言，它也是一个阴极。离子渗金属时，在阴极和栅极附近同时出现辉光，故取名为双层辉光。氩离子轰击工件表面，使其温度升高到 1000℃ 左右，同时氩离子轰击栅极，使待渗金属原子溅射出来，并且电离成金属离子，在电场加速下轰击工件表面，经吸附和扩散进入工件而形成渗金属层。用这项技术可实现金属单元渗和多元渗，渗层厚度可达数百微米。如果待渗金属为高熔点金属，如 W、Mo、Cr、V、Ti 等，可将它们制成栅极，并且利用它们自身电阻进行加热，即栅极在辉光放电加热和自身电阻加热的双重作用下升温到白炽化程度，显著促进待渗金属的汽化和电离，从而加快渗金属速度。

3）多弧离子渗金属法。它是在多弧离子镀（阴极电弧离子镀）的基础上发展而成的。将待渗金属或合金做成阴极靶，引弧点燃后，待渗金属迅速在弧斑处汽化和电离，所形成的金属离子流在偏压作用下轰击工件表面使其加热到高温，经吸收和扩散而形成渗金属层。这项技术具有放电电压低（20~70V）、电流密度大（$>100A/cm^2$）的特点，因而渗金属的效率较高。例如，08 钢在 1050℃ 进行 20min 多弧离子渗铝，可获得深度为 $70\mu m$ 的渗铝层；在 1050℃ 进行 13min 离子渗铬，可获得深度为 $60\mu m$ 的渗铬层。目前，离子渗金属的处理温度一般高达 1000~1050℃，不仅生产成本高，而且工件材料也受到很大的局限。因此，如何降低处理温度，是该技术发展的重要课题。

8.1.5 激光表面处理

激光表面处理是高密度表面处理技术中的一种主要手段。在一定条件下它具有传统表面处理技术或其他高能密度表面处理技术不能或不易达到的特点，这使得激光表面处理技术在表面处理的领域内占据了一定的地位。目前，国内外对激光表面处理技术进行了大量的试验研究，有的已用在生产上，有的正逐步为实际生产所采用，获得了很大技术经济效果。研究和应用已表明，激光表面处理技术已成为高能粒子束表面处理方法中的一种最主要的手段。

激光表面处理的目的是改变表面层的成分和显微结构，激光表面处理工艺包括激光相变硬化、激光熔覆、激光合金化、激光非晶化和激光冲击硬化等（见图 8-8），从而提高表面性能，以适应基体材料的需要。激光表面处理的许多效果是与快速加热和随后的急速冷却分不开的，加热和冷却速度可达 $10^6 \sim 10^8 ℃/s$。激光表面处理设备包括激光器、功率计、导光聚焦系统、工作台、数控系统和软件编程系统。目前，激光表面处理技术已用于汽车、冶金、石油、机车、机床、军工、轻工、农机以及刀具、模具等领域，并正显示出越来越广泛的工业应用前景。

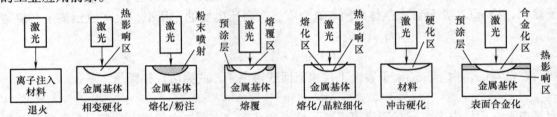

图 8-8　激光表面处理技术

1. 激光的产生

处于热平衡物体的原子和分子中各粒子是按统计规律分布的，且大都处于低能级状态。原子受激发到高能级后，会很快自发跃迁到低能级态。原子处于高能级激发态的平均时间称为该原子在这一能级的平均寿命。通常处于激光态的原子平均寿命极短，对于平均寿命较长的能级称为亚稳态能级。如红宝石中铬离子 E_3 能级的平均寿命为 $0.01\mu s$，而 E_2 能级的平均寿命达几个毫秒，比 E_3 能级的平均寿命长几百万倍。氦、氖、氩、钕离子、二氧化碳分子等也有这种亚稳态能级。

某些具有亚稳态能级结构的物质受外界能量激发时，可能处于亚稳态能级的原子数目大于处于低能级的原子数目，此物质称为激活介质，处于粒子数反转状态。如果这时用能量恰好与此物质亚稳态和低能态的能量差相等的一束光照射此物质，则会产生受激辐射，输出大量频率、位相、传播和振动方向都与外来光完全一致的光，这种光称为激光。

2. 激光的特点

（1）高方向性　激光光束的发散角可以为 1mrad 到几个毫弧度，可以认为光束基本上是平行的。一般的平行平面型谐振腔的激光发射角 θ 由下式表示：

$$\theta = 2.44\lambda/d$$

式中，d 为工作物质直径；λ 为激光波长。

（2）高亮度性　激光器发射出来的光束非常强，通过聚焦集中到一个极小的范围内，可以获得极高的能量密度或功率密度，聚集后的功率密度可达 10^{14}W/cm^2，焦斑中心温度可达几千摄氏度到几万摄氏度，只有电子束的功率密度才能和激光相比拟。

（3）高单色性　激光具有相同的位相和波长，所以激光的单色性好。激光的频率范围非常窄，比过去认为单色性最好的光源，如 Kr^{86} 灯的谱线宽度还小几个数量级。

3. 激光的模

激光的模系指激光束在截面上能量分布的形式。

在激活介质（放大器）两端各加一块放大镜 M_1、M_2。其中，M_1 为全反射镜，M_2 为部分反射镜，组成激光器的谐振腔，如图 8-9 所示。受激光放大或增益是激活介质中的正过程。同时存在光通过介质产生折射和散射损耗，以及通过透镜和反射镜产生透射、衍射、吸收等损耗的逆过程。当增益大于损耗时，沿谐振腔轴向传播的光的一部分将从激光输出镜射出。若此光波经 $2L$ 光程后与初始波位相相同，则满足谐振条件。其位相差为

$$\Delta\Phi = (2\pi/\lambda)2L = 2q\pi$$

式中，λ 为激活介质中光的波长；q 为正整数，称为纵模序数。上式改写为

$$L = q\lambda/2$$

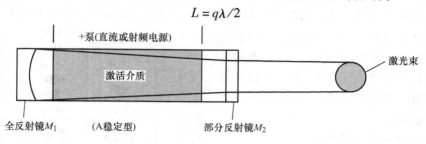

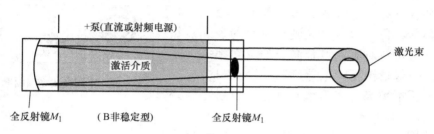

图 8-9　激光器谐振腔结构

这就是沿 $+Z$ 方向传播的波与沿 $-Z$ 方向返回的波形成稳定驻波场的条件。这种沿腔轴方向形成的驻波场称为纵模。具有一个频率的纵模激光器称为单纵模激光器，具有几个频率的纵模激光器称为多纵模激光器。

稍微偏离腔轴的近轴光线在两镜之间做"Z字形"传播，当这种光克服损耗而逐渐放大，在轴横截面上可形成各种复杂稳定的光强图案（见图 8-10 和图 8-11），称为激光的模，用 TEM_{mnq} 标记。TEM 表示横电磁波，m、n 和 q 分别为光斑在 X、Y 和 Z 方向上节线的数目（q 值很大，通常省略）。TEM_{00} 称为基横模（基模），其余的横模称为低阶模与高阶模。基模光斑呈圆形，能量较集中。基模与低阶模通常用于激光加工和处理，如焊接、切割等。高阶模由于强度分布较均匀，常用于材料表面均匀加热，可避免局部熔化。

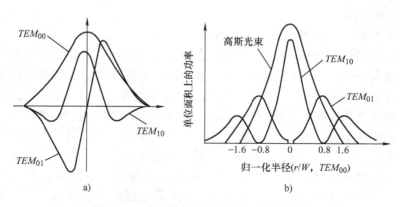

图 8-10　不同模式的振幅变化与强度分布
a）振幅变化　b）强度分布

4. 激光的功率密度

设激光束在透镜焦平面上汇聚的光斑直径为 D_0，透镜焦距为 F，发射角为 θ，则有 $D_0 = F\theta$。此光斑的功率密度 $P_0 = 4P/[\pi(F\theta)^2]$。式中，$P$ 为激光器的输出功率。激光光斑越大，光斑上功率密度越小。因此，选择透镜的焦距和调节工件表面离开透镜的位置对功率密度有重要影响。

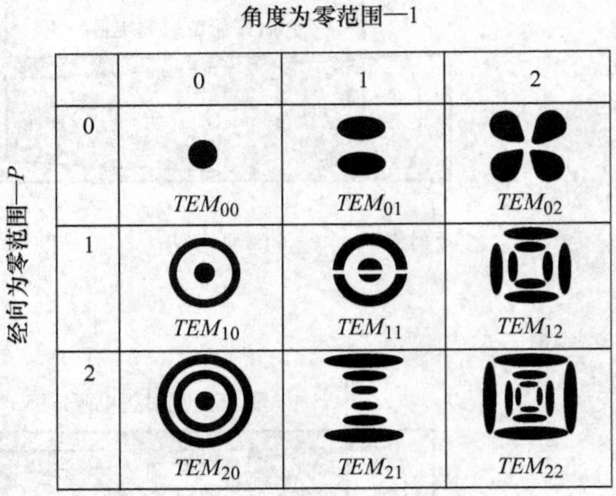

5. 激光与材料的相互作用

激光与材料的相互作用主要是通过电子激发实现的。只有一部分激光被材料所吸收而转化为热能，另一部分激光则从材料的表面反射。不同材料对不同波长激光的反射率是不同的。一般情况下，电导率高的金属材料对激光的反射率高，表面粗糙度值小反射率也高。

角度为零范围—1

经向为零范围—P

	0	1	2
0	TEM$_{00}$	TEM$_{01}$	TEM$_{02}$
1	TEM$_{10}$	TEM$_{11}$	TEM$_{12}$
2	TEM$_{20}$	TEM$_{21}$	TEM$_{22}$

图 8-11　不同模式光强图案

6. 激光器

（1）激光器的种类　激活物质（也称工作物质）、激活能源和谐振器三者结合在一起称为激光器。现已有几百种激光器，常用的主要有以下五种：

1）固体激光器，包括晶体固体激光器（如红宝石激光器、钕-钇铝石激光器等）和玻璃激光器（如钕离子玻璃激光器）。

2）气体激光器，包括中性原子气体激光器（如 He-Ne 激光器）、离子激光器（如 Ar^+ 激光器，Sn、Pb、Zn 等金属蒸气激光器）、分子气体激光器（如 CO_2、N_2、He、CO 以及它们的混合物激光器）、准分子激光器（如 Xe^* 激光器）。

3）液体激光器，包括螯合物激光器、无机液体激光器、染料激光器。

4）半导体激光器（砷化镓激光器）。

5）化学激光器。

这些激光器发生的激光波长有几千种，最短的为 21nm，位于远紫外区；最长的为 4mm，已和微波相衔接。

（2）固体激光器　固体激光器主要有两种：

1）红宝石激光器，为最早投入运行的激光器，至今还是最重要的激光器之一。作为激光材料通常是由 Cr_2O_3（质量分数约为 0.05%）与 Al_2O_3 的熔融混合物中用晶体生长方式获得，呈棒状，直径为 10mm 或再粗些，长几毫米到几十毫米。红宝石采用光泵浦激发方式，输出方式通常为脉冲式，激光波长为 0.69μm，脉冲 Xe 灯可以作为光泵浦灯。

2）钕-钇铝石激光器，又称 YAG 激光器，工作物质是钇铝石榴石 $Y_3Al_5O_{12}$ 晶体中掺入质量分数为 1.5% 左右的钕而制成，其激光是近红外不可见光，保密性好，工作方式可以是连续的，也可以是脉冲式的，激光波长为 1.06μm，不易变形零件的表面处理应选用连续 YAG 激光器，否则应选用脉冲输出的激光器。固体激光器输出功率高，广泛用于工业加工方面，且可以做得小而耐用，适用于野外作业。

（3）CO_2 气体激光器　目前工业上用来进行表面处理的激光器大多为大功率的 CO_2 气

体激光器，效率高达 33%，比较实用的功率多为 2.5~5kW，还有 6~20kW 和更大功率的 CO_2 气体激光器。

CO_2 气体激光器是以气体为激活媒质，发射的是中红外波段激光，波长为 10.6μm。一般是连续波（简称 CW），但也可以脉冲式工作。其特点有以下四个方面：①电-光转换功率高，理论值可达 40%，一般为 10%~20%，其他类型的激光器如红宝石的仅为 2%；②单位输出功率的投资低；③能在工业环境下长时间连续稳定地工作；④易于控制，有利于自动化。CO_2 是一种三原子气体。C 原子在中间，两个 O 原子各在一边呈直线排列。虽然分子的能态系由电子能态 E_0、振动能态 E_N 及转动能态 E_r 组成，但在发射激光的过程中，CO_2 分子的电子能态并不改变，仅振动能态起主要作用。其振动形态有：两个 O 原子均同时接近和远离 C 原子的对称振动能态，称为 100 能级；两个 O 原子同时一个接近一个远离的非对称振动能态，称为 001 能级。此外还有做弯曲振动的形态，但和发射 CO_2 激光没有关系。CO_2 气体激光器中的工作气体还有 N_2、He 等，以提高输出功率。CO_2 与 N_2、He 的体积比为 1∶1.5∶6。其中，CO_2 是激活媒质；He 有使整个气体冷却及促进下能级空化的作用；N_2 的作用为放电的电子首先冲击它，使它从基态激发到第一激发能级上。由于氮分子只有两个原子，故只有一个振动模。其能量为 0.29eV，和 CO_2 分子的非对称振动 001 能级（0.31eV）很接近。由于氮分子多于 CO_2 分子，就很容易使 CO_2 分子激发到 001 能级。这样，$CO_2$001 能级就对对称振动 100 能级（0.19eV）形成了"粒子数反转"。当 CO_2 分子从 001 能级跃迁到 100 能级时，辐射出波长为 10.6μm 的激光。

工业用大功率 CO_2 气体激光器主要有以下两种类型：

1）直管型（纵向流动）激光器。直管型 CO_2 气体激光器的构造如图 8-12 所示。管壳大都由石英玻璃制成，多在准封离状态下使用，即换一次气体工作一段时间后，排除旧气换成新气再重新工作。一般设计功率为 50W 左右，常见的多为 50~600W 的水平。这种激光器在长时间工作中由于气体发热及劣化、管子变形等原因，功率不易维持，常有达不到设计功率一半的情况。采用气体纵向快速流动的激光器功率达 2~5kW，电-光转换效率可达 20%~25%，发射角仅 0.6~2mrad。输出稳定性很好。缺点是噪声大，造价昂贵。

2）横流型 CO_2 气体激光器。横流型 CO_2 气体激光器的主要特点是放电方向、气体流动方向均与光轴垂直。其构造如图 8-13 所示。阴极为管型，阳极为许多小块状拼成的板形物。放电距离仅为 100~150mm，所以放电电压低，仅 1000V 左右。由于气体在放电区停留时间短，可以注入的电功率更高，因而较小的体积可获得更大的输出功率。表 8-27 为美国、英国和日本等生产的大功率横流型激光器。我国已生产 1~5kW 以及更大功率的横流型激光器。

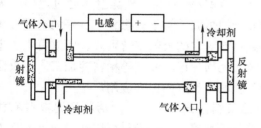

图 8-12　直管型 CO_2 气体激光器的构造

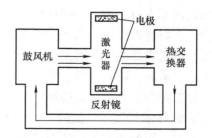

图 8-13　横流型 CO_2 气体激光器的构造

表 8-27　美国、英国和日本等生产的大功率横流型激光器

制造厂	功率/kW	放电腔形式	光束模式
AVCO	10	三轴相互垂直型	环形模
	15	（电子束预电离式）	环形模
Spectra-Physics	1.2	三轴相互垂直型	多模
	2.5		
	5.0		
Coherent	0.525	低速轴流	单模
Control Laser	0.5	高速轴流型	单模
	2.0		
三菱电机	1.0	三轴相互垂直型	多模
	3.0		
	5.0		
	10.0		
松下电器	0.5	低速轴流	准单模
	1.2		
日立制作所	2.5	高速轴流型	多模
	5.0		
东京芝浦电气	1.5(1.0)	二轴相互垂直型	准单模
	1.2		准单模
	3.0(1.5)		多模
	5.0		多模
大阪变压器厂	2.0	高速轴流型	准单型
	5.0		

　　输出光口是激光器向外发射激光的出口，应对激光（对 CO_2 气体激光器来说为 10.6μm）透明。对它的要求是必须能承受大功率激光通过，对激光光能吸收少，导热好，热膨胀小，运行中不过热、不破碎。反射镜用于谐振腔的非输出光口做全反射用。在高功率激光器中多用铜合金制成，背部可全部水冷。

　　（4）准分子激光器　准分子激光器的单光子能量高达 7.9eV，比大部分分子的化学键能高，因此能深入材料表面内部进行加工。CO_2 激光和 YAG 激光的红外能量是通过热传递方式耦合进入材料内部的，而准分子激光不同。准分子的短波长易于聚焦，有良好的空间分辨率，可使材料表面的化学键发生变化，而且大多数材料对它的吸收率特别高，所以可用于半导体工业、金属、陶瓷、玻璃和天然钻石的高清晰度无损标记、光刻等精密冷加工。在表面重熔、固态相变、合金化、熔覆、化学气相沉积等表面处理方面也有应用。

　　（5）液体激光器　这类激光器中重要的品种是染料激光器。它的激活物质是某些有机染料在乙醇、甲醇或水等液体中的溶液。激活物质制备简单，更换染料可以使激光器在从近红外到近紫外的任何波长得到振荡。

7. 激光表面处理的外围装置

（1）光学装置　光学装置包括转折反射镜、聚焦镜和光学系统。

激光器输出的激光大多是水平的。为了将激光传输到工作台上，至少需要一个平面反射镜使它转折 90°，有时则需要数个能达到目的。一般都使用铜合金镀金的反射镜。短时间使用时可以不必水冷，但长时间工作必须强制水冷。

聚焦镜的作用是将激光器的光束（一般直径数十毫米）集聚成直径为数毫米的光斑，以提高功率密度。聚焦镜可分为透射型和反射型两种。透射型透射镜的材料目前多为 ZnSe 和 GaAs，形状为平凸型或新月型，双面镀增透膜。GaAs 可承受 2kV 左右的功率，只能透过 $0.6\mu m$ 的激光。而 ZnSe 可承受 5kV 左右的功率，除能透过 $10.6\mu m$ 的激光外，还能透过可见光，所以附加的 He-Ne 激光（红色）对准光路较方便，焦距多为 50~500mm。短焦距多用于小功率及切割、焊接，中长焦距则用于焊接及表面强化。反射型聚焦镜简单地用铜合金镀金凹面镜即可，焦距多为 1000~2000mm，光斑较大，可用于激光表面强化。它常与转折平面反射镜组合使用。为节约安装空间，也有使用反射望远镜的，如图 8-14 所示。

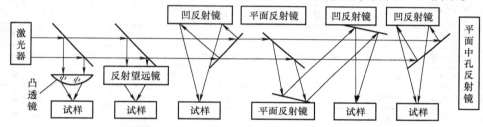

图 8-14　转折反射镜与聚焦镜的几种组合使用示意图

为充分发挥激光束的效用，必须采用光学系统，如振动学系统、集成光学系统、转镜光学系统等。

（2）机械装置　机械装置有三种类型：

1）光束不动（包括焦点位置不动），零件按要求移动的机械系统。

2）零件不动，光束按要求移动（包括焦点位置移动）的机械系统。

3）光束和零件同时按要求移动的机械系统。

（3）辅助装置　它包括的范围很广，有遮蔽连续激光工作间断式的遮光装置、防止激光造成人身伤害屏蔽装置、喷气和排气装置、冷却水加温装置、激光功率和模式的监控装置以及激光对准装置等。

8. 激光表面处理技术及应用

（1）激光束加热金属的过程　激光束向金属表面层的热传递，是通过逆韧辐射效应（inverse bremsstrahlung effect）实现的。金属表层和其所吸收的激光进行光—热转换。当光子和金属的自由电子相碰撞时，金属导带电子的能级提高，并将其吸收的能量转化为晶格的热振荡。由于光子能穿过金属的能力极低（仅为 $10^{-4}mm$ 的数量级），故仅能使其最表面的一薄层温度升高。由于导带电子的平均自由时间只有 $10^{-3}s$ 左右，因此这种热交换和热平衡的建立是非常迅速的。从理论上分析，在激光加热过程中，金属表面极薄层的温度可在微秒（$10^{-6}s$）级，甚至纳秒（$10^{-9}s$）级或皮秒（$10^{-12}s$）级内就能达到相变或熔化温度。这样，形成热层的时间远小于激光实际辐照的时间，其厚度明显远低于硬化层的深度。

（2）激光处理前表面的预处理　材料的反射系数和所吸收的光能取决于激光辐射的波长。激光波长越短，金属的反射系数越小，所吸收的光能也就越多。由于大多数金属表面对波长为 $10.6\mu m$ 的 CO_2 激光的反射率高达 90% 以上，严重影响了激光处理的效率，而且金属表面状态对反射率极为敏感，如表面粗糙度、涂层、杂质等都会极大改变金属表面对激光的反射率。而反射率变化 1%，吸收能量密度将会变化 10%，因此在激光处理前，必须对工件表面进行涂层或其他预处理。常用的预处理方法有磷化、黑化和涂覆红外能量吸收材料（如胶体石墨、含炭黑和硅酸钠或硅酸钾的涂料等）。磷化处理后对 CO_2 激光吸收率约为 88%，但预处理工序烦琐，不易清除，其工艺过程见表 8-28。黑化方法简单，黑化溶液（如胶体石墨和含炭黑的涂料）可直接刷涂或喷涂到工件表面，激光吸收率高达 90% 以上。

表 8-28　磷化处理工艺过程

工序号	工序名称	溶液配方	工艺条件		备注
			温度/℃	时间/s	
1	化学脱脂	磷酸三钠 50~70g/L，碳酸钠 25~30g/L，氢氧化钠 20~25g/L，硅酸钠 4~6g/L，水余量	80~90	3~5	脱脂槽，蛇形管蒸汽加热
2	清洗	清水	室温	2	冷水槽
3	酸洗除锈	质量分数为 15%~20% 的硫酸或盐酸水溶液	室温	2~3	酸洗槽
4	清洗	清水	室温或 30~40	2~3	清水槽
5	中和处理	碳酸钠 10~20g/L，肥皂 5~10g/L，水余量	50~60	2~3	中和槽
6	清洗	清水	室温	2	清水槽
7	磷化处理	碳酸锰 0.8~0.9g/L，硝酸锌 36~40g/L，磷酸（质量分数为 80%~85%）2.5~3.5mL/L，水余量	60~70	5	磷酸槽，蛇形管蒸汽加热

（3）激光表面强化　激光淬火的应用实例见表 8-29。

表 8-29　激光淬火实例

材料或零件名称	采用的激光设备	效　　果
齿轮转向器箱体内孔（铁素体可锻铸铁）	5 台 500W 和 12 台 1kW CO_2 气体激光器	每件处理时间 18s，耐磨性提高 9 倍，操作费用仅为高频感应淬火或渗碳处理的 1/5
EDN 系列大型增压采油机气缸套（灰铸铁）	5 台 500W CO_2 气体激光器	15min 处理一件，提高耐磨性，成为 EMD 系列内燃机的标准工艺
轴承圈	1 台 1kW CO_2 气体激光器	用于生产线，每分钟淬 12 个
操纵器外壳	CO_2 气体激光器	耐磨性提高 10 倍
渗碳钢工具	2.5kW CO_2 气体激光器	寿命比原来提高 2.5 倍
中型货车轴管圆角	5kW CO_2 气体激光器	每件耗时 7s
特种采油机缸套	每生产线 4 台 5kW CO_2 气体激光器	每 2min 处理一个缸套（包括辅助时间），大大提高耐磨性和使用寿命
汽车转向机导管内壁	每生产线 3 台 2kW 激光器	每天淬火 600 件，耐磨性提高 3 倍
轿车发动机缸体内壁	"975"4kW 激光器	取消了缸套，提高了寿命

（续）

材料或零件名称	采用的激光设备	效　果
汽车缸套	3.5kW 激光器	处理一件需 21s
汽车与拖拉机缸套	国产 1~2kWCO$_2$ 气体激光器	提高寿命约 40%，降低成本 20%，汽车缸套大修期从 10 万~15 万 km 提高到 30 万 km。拖拉机缸套寿命达 8000h 以上
手锯条(T10 钢)	国产 2kWCO$_2$ 气体激光器	使用寿命比国家标准提高了 61%，使用中无脆断
发动机气缸体	4 条自动生产线 2kWCO$_2$ 气体激光器	寿命提高一倍以上，行车超过 20 万 km
东风 4 型内燃机气缸套	2kWCO$_2$ 气体激光器	使用寿命提高到 50 万 km
2-351 组合机导轨	2kWCO$_2$ 气体激光器	硬度和耐磨性远高于高频感应淬火的组织
硅钢片模具	美国 820 型横流 1.5kWCO$_2$ 气体激光器	变形小，模具耐磨性和使用寿命提高约 10 倍
采油机气缸套	HJ-3 型千瓦级横流 CO$_2$ 气体激光器	可取代硼缸套，耐磨性和配副性优良
轴向器壳体	2kW 横流 CO$_2$ 气体激光器	耐磨性比未处理的提高 4 倍

（4）**激光表面涂覆**　该工艺主要用于激光涂覆陶瓷层和有色金属激光涂覆。火焰喷涂、等离子喷涂和爆燃枪喷涂等热喷涂的方法广泛用来进行陶瓷涂覆。但所有这些方法都不能令人满意，因为它们获得的涂层含有过多的气孔、熔渣夹杂和微观裂纹，而且涂层结合强度低，易脱落，这会导致高温时由于内部硫化、剥落、机械应变降低、坑蚀、渗盐和渗氧而使涂层早期变质和破坏。使用激光进行陶瓷涂覆，即可避免产生上述缺陷，提高涂层质量，延长使用寿命。

激光表面涂覆可以从根本上改善工件的表面性能，很少受基体材料的限制。这对于表面耐磨性、耐蚀性和抗疲劳性都很差的铝合金来说意义尤为重要。但是，有色金属特别是铝合金表面实现激光涂覆比钢铁材料困难得多。铝合金与涂覆材料的熔点相差很大，而且铝合金表面存在高熔点、高表面张力、高致密度的 Al$_2$O$_3$ 氧化膜，所以涂层易脱落、开裂、产生气孔或与铝合金混合生成新合金，难以获得合格的涂层。研究表明，避免涂层开裂的简单方法是工件预热。一般铝合金预热温度为 300~500℃；钛合金预热温度为 400~700℃。西安交通大学等对 ZL101 铝合金发动机缸体内壁进行激光涂覆硅粉和 MoS$_2$，获得 0.1~0.2mm 的硬化层，其硬度可达基体的 3.5 倍。

（5）**激光表面非晶态处理**　激光表面非晶态至熔融状态后，以大于一定临界冷却速度激冷至低于某一特征温度，以防止晶体成核和生长，从而获得非晶态结构，也称为金属玻璃。这种方法称为激光表面非晶态处理，又称激光上釉。非晶态处理可减少表层成分偏析，消除表层的缺陷和可能存在的裂纹。非晶态金属具有高的力学性能，在保持良好韧性的情况下具有高的屈服强度和非常好的耐蚀性、耐磨性，以及特别优异的磁性和电学性能，受到材料界的广泛关注。

纺纱机钢令跑道表面硬度低，易生锈，造成钢令使用寿命短，纺纱断头率高。用激光非晶化处理后，钢令跑道表面的硬度提高到 1000HV 以上，耐磨性提高 1～3 倍，纺纱断头率下降 75%，经济效益显著。汽车凸轮轴和柴油机铸钢套外壁经激光表面非晶态处理后，强度和耐蚀性均明显提高。激光表面非晶态处理对消除奥氏体不锈钢焊缝的晶界腐蚀也有明显效果，还可用来改善变形镍基合金的疲劳性能等。

（6）激光表面合金化　它是一种既改变表层的物理状态，又改变其化学成分的激光表面处理技术。方法是用镀膜或喷涂等技术把所需合金元素涂覆在金属表面（预先或与激光照射同时进行），这样激光照射时使涂覆层合金元素和基体表面薄层熔化、混合，而形成物理状态、组织结构和化学成分不同的新表层，从而提高表层的耐磨性、耐蚀性和高温抗氧化性等。

美国通用汽车公司在汽车发动机的铝气缸组的活门座上熔化一层耐磨材料，选用激光表面合金化工艺获得性能理想、成本较低的活门座零件。在 Ti 基体表面先沉积 15nm 的 Pb 膜，再进行激光处理，形成几百纳米深的 Pb 的摩尔分数为 4% 的表面合金层，具有较高的耐蚀性能。由 Cr-Cu 相图可知，用一般冶金方法不可能产生出 Cr 的摩尔分数大于 1% 的单相 Cu 合金，但用激光表面合金化工艺可获得铬的平均摩尔分数为 8% 的深约 240nm 的表面合金层，在电化学试验时表面出现薄的氧化铬膜，保护 Cu 合金不发生阳极溶解，耐蚀性显著提高。

由于激光功率密度、加热深度可调，并可聚焦在不规则零件上，激光表面合金化在许多场合可替代常规的热喷涂技术，得到广泛的应用。

（7）激光气相沉积　它是以激光束作为热源在金属表面形成金属膜，通过控制激光的工艺参数可精确控制膜的形成。目前已用这种方法进行了形成镍、铝、铬等金属膜的试验，所形成的膜非常洁净。还可以在金属表面用激光涂覆陶瓷，以提高表面硬度，用激光气相沉积可以在低级材料上涂覆与基体完全不同的具有各种功能的金属或陶瓷，这种方法节省资源效果明显，受到人们的关注。

采用 CO_2 连续激光辐照 $TiCl_4 + H_2 + CO_2$ 或 $TiCl_4 + CH_4$ 的混合气体，由于激光的分解作用，在石英板等材料上可化学气相沉积 TiO_2 或 TiC 薄层。

采用短波长激光照射 Al $(CH_3)_3$ 和 Si_2H_6 或它们与 NO_2 的混合气体，利用激光的分解作用，可在其体表面形成 Al 和 Si（或 Al_2O_3 和 SiO_2）薄层。日本等国已研制成功制造金刚石薄膜的激光化学气相沉积装置。

在真空中采用连续 CO_2 激光把陶瓷材料蒸发沉积到基体材料表面，可以在软的基体材料表面获得硬度达 2000～4500HV 的非晶 BN 薄层。

8.1.6　电子束表面处理

高速运动的电子具有波的性质。当高速电子束照射到金属表面时，电子能深入金属表面一定深度，与基体金属的原子核及电子发生相互作用。电子与原子核的碰撞可看作弹性碰撞，因此，能量传递主要是通过电子束的电子与金属表层电子碰撞而完成的。所传递的能量立即以热能形式传给金属表层原子，从而使被处理金属的表层温度迅速升高。这与激光加热有所不同，激光加热时被处理金属表面吸收光子能量，激光并未穿过金属表面。目前电子束加速电压达 125kV，输出功率达 150kW，能量密度达 $10^3 MW/m^2$，这是激光无法比拟的。因此，电子加热的深度和尺寸比激光大。

1. 电子束表面处理主要特点

1）加热和冷却速度快。将金属材料表面由室温加热至奥氏体化温度或熔化温度仅几分之一到千分之一秒，其冷却速度可达 $10^6 \sim 10^8$℃/s。

2）与激光相比使用成本低。电子束处理设备一次性投资比激光少（约为激光的 1/3），每瓦约 8 美元，而大功率激光器每瓦约 30 美元；电子束实际使用成本也只有激光处理的一半。

3）结构简单。电子束靠磁偏转动、扫描，而不需要工件转动、移动和光传输机构。

4）电子束与金属表面耦合性好。电子束所射表面的角度除 3°~4° 特小角度外，电子束与表面的耦合不受反射的影响，能量利用率远高于激光。因此，电子束处理工件前，工件表面不需加吸收涂层。

5）电子束是在真空中工作的，以保证在处理中工件表面不被氧化，但带来许多不便。

6）电子束能量的控制比激光束方便，通过灯丝电流和加速电压很容易实施准确控制，根据工艺要求，很早就开发了计算机控制系统（见图 8-15）。

7）电子束辐照与激光辐照的主要区别在于产生最高温度的位置和最小熔化层的厚度不同。电子束加热时熔化层至少几个微米厚，这会影响冷却阶段固—液相界面的推进速度。电子束加热时能量沉积范围较宽，而且约有一半电子作用区几乎同时

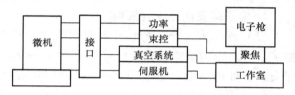

图 8-15　计算机控制电子束处理系统示意图

熔化。电子束加热的液相温度低于激光，因而温度梯度较小，激光加热温度梯度高且能保持较长时间。

8）电子束表面激发 X 射线，使用过程中应注意防护。

2. 电子束表面处理工艺

（1）电子束表面相变强化处理　用散焦方式的电子束轰击金属工件表面，控制加热速度为 $10^3 \sim 10^5$℃/s，使金属表面加热到相变点以上，随后高速冷却（冷却速度达 $10^8 \sim 10^{10}$ K/s）产生马氏体等相变强化组织。此方法适用于碳钢、中碳低合金钢、铸铁等材料的表面强化处理。例如：用 2 ~ 3.2kW 电子束处理 45 钢和 T7 钢的表面，束斑直径为 6mm，加热速度为 3000 ~ 5000℃/s，钢的表面生成隐针马氏体，45 钢表面硬度达 62HRC，T7 钢表面硬度达 66HRC。

（2）电子束表面重熔处理　利用电子束轰击工件表面产生局部熔化并快速凝固，从而细化组织，达到硬度和韧性的最佳配合。对某些合金，电子束重熔可使各组相间的化学元素重新分布，降低某些元素的显微偏析程度，改善工件表面的性能。目前，电子束重熔主要用于工模具的表面上，以便在保持或改善工模具韧性的同时，提高工模具的表面强度、耐磨性和热稳定性。例如：高速工具钢孔冲模的端部刃口经电子束重熔处理后，获得深 1mm、硬度为 66 ~ 67HRC 的表面层，该表层组织细化，碳化物极细，分布均匀，具有强度和韧性的最佳配合。

由于电子束重熔是在真空条件下进行的，表面重熔时有利于去除工件表层的气体，因此，可有效地提高铝合金和钛合金表面处理质量。

（3）电子束表面合金化处理　先将具有特殊性能的合金粉末涂覆在金属表面上，再用电子束轰击加热熔化，或在电子束作用的同时加入所需合金粉末使其熔融在工件表面上，形成一种新的具有耐磨、耐蚀、耐热等性能的合金表层。电子束表面合金化所需电子束功率密度约为相变强化的3倍以上，可增加电子束辐照时间，使基体表层的一定深度内发生熔化。

（4）电子束表面非晶化处理　电子束表面非晶化处理与激光表面非晶化处理相似，只是所用的热源不同而已。利用聚焦的电子束所特有的高功率密度以及作用时间短等特点，使工件表面在极短的时间内迅速熔化，而传入工件内层的热量可忽略不计，从而在基体和熔化的表层之间产生很大的温度梯度，表层的冷却速度高达 $10^4 \sim 10^8$℃/s。因此，这一表层几乎保留了熔化时液态金属的均匀性，可直接使用，也可进一步处理以获得所需性能。

电子束表面非晶化处理有待深入研究。

此外，电子束覆层、电子束蒸镀及电子束溅射也在不断发展和应用。

3. 电子束表面处理设备

电子束表面处理设备包括：高压电源、电子枪、低真空工作室、传动机构、高真空系统和电子控制系统。

4. 电子束表面处理的应用

（1）汽车离合器凸轮电子束表面处理　汽车离合器凸轮由 SAE5060 钢（美国结构钢）制成，有八个沟槽需硬化。沟槽深度为 1.5mm，要求硬度为 58HRC。采用 42kW 六工位电子束装置处理，每次处理三个，一次循环时间为 42s，每小时可处理 255 件。

（2）薄形三爪弹簧片电子束表面处理　三爪弹簧片材料为 T7 钢，要求硬度为 800HV。用 1.75kV 电子束能量，扫描频率为 50Hz，加热时间为 0.5s。

（3）航空发动机主轴轴承圈的电子束表面相变硬化技术　用 Cr 的质量分数为 4.0%、Mo 的质量分数为 4.0% 的美国 50 钢所制造的航空发动机主轴轴承圈，容易在工作条件下产生疲劳裂纹而导致突然断裂。采用电子束进行表面相变硬化后，在轴承旋转接触面上得到 0.76mm 的淬硬层，有效地防止了疲劳裂纹的产生和扩展，提高了轴承圈的寿命。

8.1.7　高密度太阳能表面处理

太阳能表面处理是利用聚集的高密度太阳能对零件表面进行局部加热，使其表面在短时间（半秒到数秒）内升温到所需温度（对钢铁件加热到奥氏体相变温度），然后冷却的处理方法。

1. 太阳能表面处理设备

（1）高温太阳炉结构　太阳炉由抛物面聚集镜、镜座、机电跟踪系统、工作台、对光器、温度控制系统以及辐射测量仪等部件组成。常用的高温太阳炉的主要技术参数为：抛物面聚焦镜直径为 1560mm，焦距为 663mm，焦点为 6.2mm，最高加热温度为 3000℃，跟踪精度即焦点漂移量小于 ±0.25mm/h，输出功率达 1.7kW。

（2）太阳炉加热特点

1）加热范围小，具有方向性，能量密度高，加热温度高，升温速度快。

2）加热区能量分布不均匀，温度呈高斯分布。

3）能方便实现在控制气氛中加热冷却，操作和观测安全。

4）光辐照强度受天气条件的影响。

2. 太阳能表面淬火

（1）单点淬火　用聚焦的太阳光束对准工件表面扫描，获得与束斑大小相同的硬化带，这种工艺称为太阳能单点淬火。可淬硬的材料与其他高能密度热处理相同。

（2）多点淬火　在单点淬火中，一次扫描硬化带最大宽度约为7mm。因此，若需更宽的硬化带，必须采用多点搭接的扫描方式。但在搭接处会产生回火现象。这种回火现象造成金属表面硬度呈软硬间隔分布，有利于提高工件表面在磨粒磨损条件下的耐磨性。

3. 太阳能表面处理的应用

太阳能表面处理从节能的角度来看优点是很突出的。在表面淬火、碳化物烧结、表面耐磨堆焊等方面很有发展前途，是一种先进的表面处理技术。

（1）太阳能相变硬化　太阳能淬火是一种自冷淬火，可获得均匀的硬度，而且方法简便。太阳能淬火后的耐磨性比普通淬火（盐水淬火）的耐磨性好。表8-30为太阳能表面处理相变硬化实例。

表8-30　太阳能表面处理相变硬化实例

被处理零件名称	零件材料	工艺参数	表面硬度　HRC
气门阀杆顶端	40Cr（气门） 4Cr9Si2（排气门）	太阳能辐［射］照度为0.075W/cm²，加热时间为2.4s	53
直齿铰刀刃部	T10A	太阳能辐［射］照度为0.075W/cm²，加热速度为4mm/s	851HV
超级离合器	40Cr	多点扫描	50～55

（2）太阳能合金化处理　太阳能合金化使工件表面获得具有特殊性能的合金表面层。表8-31为太阳能合金化处理应用实例。

表8-31　太阳能合金化处理应用实例

工件材料	太阳能辐［射］照度 /(W/cm²)	扫描速度 /(mm/s)	合金化带宽度 /mm	合金化带深度 /mm
45钢	0.075	2.34	2.60	0.036
	0.077	2.30	2.89	0.039
	0.093	3.87	3.90	0.051
	0.091	3.71	4.16	0.066
T8	0.091	4.11	3.97	0.060
	0.091	4.06	4.20	0.075
20Cr	0.091	4.11	4.42	0.090

（3）太阳能表面重熔处理　太阳能表面重熔处理是利用高能密度太阳能对工件表面进行熔化—凝固的处理工艺，以改善表面耐磨性等性能。铸铁件经太阳能表面重熔处理后，硬化区可达4～7mm，表面硬度达860～1000HV，表面平整，尤其以珠光体球墨铸铁的表面质量最佳，回火稳定性强，经400℃回火后仍能保持700HV，具有良好的耐磨性。

4. 几种高能密度表面改性技术用于金属表面热处理的比较

高能密度表面改性技术用于金属热处理的方法有激光、电子束、太阳能、超高频感应脉冲和电火花等。它们在工艺和处理结果等方面有许多类似的地方。表 8-32 比较了它们的特性。

表 8-32 几种高能密度表面改性技术的比较

表面改性技术	优　点	缺　点
激光	灵活性好，适应性强，可处理大件、深孔等，可用流水线生产	表面粗糙度值高，处理需吸光材料，光—电转换效率低，设备一次性投资高
电子束	表面光亮，真空有利于去除杂质，热电转换效率达 90%；设备和运行成本比激光低，输出稳定性可控制在 1%，比激光(2%)高	需真空条件，处理灵活性和适应性差，只能处理小尺寸件，生产率较低
电火花	设备简单，耗电少，处理费用低	须按要求配用不同性能电极，电极消耗大
超高频感应脉冲	设备比激光、电子束简单，成本较低	须根据零件形状配感应线圈，须加冷却液

8.1.8　离子注入表面改性

1. 离子注入技术的发展概况

离子注入是在室温或较低温度及真空条件下，将所需物质的离子在电场中加速后高速轰击工件表面，使离子注入工件一定深度的表面改性技术。其中离子的来源有两种：①由离子枪发射一定浓度的离子流来提供，这样的离子注入可称为离子束注入技术；②由工件表面周围的等离子体来提供，采用等离子体的离子注入技术与此有关。本节所介绍的离子注入表面改性技术主要是离子束注入技术。

20 世纪 60 年代以来，离子注入技术应用于半导体器件和集成电路的精细掺杂工艺之中，形成了微细加工技术，为蓬勃发展的电子工业做出了重要的贡献。20 世纪 70 年代初期，人们开始用离子注入法进行金属表面合金强化的研究，使离子注入技术成为活跃研究方向之一。离子注入在表面非晶化、表面冶金、表面改性以及离子与材料表面相互作用等方面取得了可喜的研究成果，特别是在工件表面合金化方面有了很大的进展。用离子注入方法可在工件表面获得高度过饱和固溶体、亚稳定相、非晶态和平衡合金等不同组织结构形式，显著改善了工件的使用性能。离子束与薄膜技术相结合的离子束混合技术为制备许多新的亚稳非晶相开辟了新的途径。金属蒸发真空弧离子源（MEVVA）和其他金属离子源的问世为离子束材料改性提供了强金属离子源。离子注入与各种沉积技术、扩渗技术结合形成复合表面处理新工艺，如离子束增强沉积（IBED）、等离子体源离子注入（PSII）以及 PSII-离子束混合等，为离子注入技术开拓了更广阔的前景。

2. 离子注入的原理

图 8-16 所示为离子注入装置。该装置包括离子源、质量分析器（分选装置）、加速聚焦系统、离子束扫描系统、试样室（靶室）和排

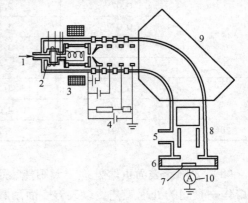

图 8-16　离子注入装置

1—进气口　2—放电室　3—离子源　4—静电加速器
5—真空通道　6—注入室　7—试样　8—XY 扫描
9—质量分析器　10—电流积分器

气系统等。从离子发生器发出的离子由几万伏电压引出，进入质量分析器（一般采用磁分析器），将一定的质量/电荷比的离子选出，在几万至几十万伏电压的加速系统中加速获得高能量，通过扫描机构扫描轰击工件表面（扫描目的是为了加大注入面积和提高注入元素分布的均匀性）。离子进入工件表面后，与工件内原子和电子发生一系列碰撞。这一系列碰撞主要包括三个独立的过程：

1）核碰撞。入射离子与工件原子核发生弹性碰撞，碰撞结果使固体中产生离子大角度散射和晶体中产生辐射损伤等。

2）电子碰撞。入射离子与工件内电子发生非弹性碰撞，其结果可能引起离子激发原子中的电子或使原子获得电子、电离或 X 射线发射等。

3）离子与工件内原子做电荷交换。

无论哪种碰撞都会损失离子自身的能量，离子经多次碰撞后能量耗尽而停止运动，作为一种杂质原子留在固体中。离子进入工件后所经过的路线称为射程。入射离子的能量、离子和工件的种类、晶体取向、温度等因素都影响着射程及其分布。离子的射程通常决定离子注入层的深度，而射程分布决定着浓度分布。研究表明：离子注入元素的分布，根据不同的情况有高斯分布、埃奇沃思分布、皮尔逊分布和泊松分布。具有相同初始能量的离子在工件内的投影程（即射程在离子入射方向上的投影）符合高斯函数分布。因此，注入元素在离表面 x 处的体积离子数 $n(x)$ 为

$$n(x) = n_{max} e^{-\frac{1}{2}x^2}$$

式中，n_{max} 为峰值体积离子数。

设 N 为单位面积离子注入量（单位面积的离子数），L 是离子在工件内行进距离的投影，d 是离子在工件内行进距离的投影的标准偏差，则注入元素的浓度可由下式求出：

$$n(x) = \frac{N}{d\sqrt{2\pi}} \exp\left[-\frac{(x-L)^2}{2d}\right]$$

离子进入固体后对固体表面性能发生的作用除了离子挤入固体内的化学作用外，还有辐照损伤（离子轰击产生晶体缺陷）和离子溅射作用，它们在改性中都有重要意义。

3. 沟道效应和辐照损伤

高速运动的离子在注入金属表层的过程中，与金属内部原子发生碰撞。由于金属是晶体，原子在空间呈规则排列。当高能离子沿晶体的主晶轴方向注入时，可能与晶格原子发生随机碰撞，若离子穿过晶格同一排原子附近而偏转很小并进入表层深处，这种现象称为沟道效应。显然，沟道效应必然影响离子注入晶体后的射程分布。实验表明，离子沿晶向注入，则穿透较深；离子沿非晶向注入，则穿透较浅。实验还表明，沟道离子的射程分布随着离子剂量的增加而减少，这说明入射离子使晶格受到损伤；沟道离子的射程分布受到离子束偏离晶向的显著影响，并且随着靶温的升高沟道效应减弱。

离子注入除了在表面层中增加注入元素含量外，还在注入层中增加了许多空位、间隙原子、位错、位错团、空位团、间隙原子团等缺陷。它们对注入层的性能有很大影响。

具有足够能量的入射离子，或被撞出的离位原子，与晶格原子碰撞，晶格原子可能获得足够的能量而发生离位，离位原子最终在晶格间隙处停留下来，成为一个间隙原子，它与原先位置上留下的空位形成空位-间隙原子对，这就是辐照损伤。只有核碰撞损失的能量才能

产生辐照损伤，与电子碰撞一般不会产生损伤。

辐照增加了原子在晶体中的扩散速度。由于注入损伤中空位数密度比正常的高许多，原子在区域的扩散速度比正常晶体的高几个数量级。这种现象称为辐照增强扩散。

4. 离子注入的特点

1）离子注入法不同于任何热扩散方法，可注入任何元素，且不受固溶度和扩散系数的影响。因此，用这种方法可能获得不同于平衡结构的特殊物质。这是开发新型材料的非常独特方法。

2）离子注入温度和注入后的温度可以任意控制，且在真空中进行，不氧化，不变形，不发生退火软化，表面粗糙度值一般无变化，可作为最终工艺。

3）可控制和重复性好。通过改变离子源和加速器能量，可以调整离子注入深度和分布；通过可控扫描机构，不仅可以实现在较大面积上的均匀化，而且可以在很小范围内进行局部改性。

4）可获得两层或两层以上性能不同的复合材料。复合层不易脱落。注入层薄，工件尺寸基本不变。

但从目前的技术水平看，离子注入还存在一些缺点，如注入层薄（$<1\mu m$），离子只能直线行进而不能绕行，对于复杂的和有内孔的零件不能进行离子注入，设备造价高，所以应用尚不广泛。

5. 离子注入机

（1）离子注入机的分类　主要有四种分类方法：①按能量大小分类，可分为低能注入机（5～50keV）、中能注入机（50～200keV）和高能注入机（0.3～5MeV）；②按束流强度大小分类，可分为低、中束流注入机（几微安到几毫安）和强束流注入机（几毫安到几十毫安），后者适用于金属离子注入；③按束流状态分类，可分为稳流注入机和脉冲注入机；④按用途特点分类，可分为质量分析注入机、工业用氮注入机、气体-金属离子注入机、多组元的金属和非金属元素混合注入的离子注入机、等离子源离子注入机（主要从注入靶室中的等离子体产生离子束）等。

质量分析注入机主要用于半导体集成电路等的生产与研究。金属材料的表面改性对离子注入机的要求，与用于半导体材料掺杂的离子注入有不同之处。由于对注入离子的纯度没有很高的要求，并且为了提高束流密度、缩短注入所需时间，所以在这类注入机中往往没有质量分析器。另外，用于材料表面改性，常需要大的离子注入剂量以及各种气体和多样化的离子。

（2）离子源的结构和种类　离子源是决定离子注入机主要用途的关键部件。它主要由两部分组成：①放电室，气体及固体蒸气或汽化成分在此处电离；②输出装置，用于将离子形成离子束，输送到聚焦和加速系统中。

金属材料表面改性用的离子源有多种类型，各有特点和主要用途，其中较为典型的有弗利曼（Freeman）和金属蒸发真空弧（MEVVA）两种离子源。

1）弗利曼离子源。图8-17所示为弗利曼离子源结构。其放电室用石墨制作，并作为阳极。在阳极上开出长条形引出小孔。放电室内接近小孔处安放钨丝阴极，直径为1～2mm。放电室外有钼片做热屏蔽，以提高放电室温度。先对放电室抽真空，然后将气体或固体蒸气输入放电室进行电离，形成等离子体，经过引出小孔形成长条形离子束。这种离子源可以引出气体离子和各种固体离子，因此它是用途最广的离子源之一。由于长条形引出小孔与阴极的位置很接近，再配合强的阴极辉光电流（约 100A）以及磁场方向垂直于离子输出方向的磁场作用（图 8-17 中的 B 方向），因而在小孔对面获得了最大等离子体密度。

　　除了上述的弗利曼离子源外，伯纳斯（Bernes）、尼尔逊（Nielsen）等其他低压放电型离子源也经常使用。还有一种具有电子振荡的潘宁源（F. M. Penning）也很有特色。其中，最有名的是希德尼斯（G. Sidenius）源，可以获得密集的等离子体和较高的离化效率。

　　2）金属蒸发真空弧离子源。1986年，美国加州大学布朗（I. G. Brown）等人发明的金属蒸发真空弧离子源能提供几十种金属离子束，并且能使大面积、高速率的金属离子注入变得较为简单易行。图 8-18 所示为 MEVVA 离子源原理和结构。在放电室中有阴极（由注入金属制造）、阳极和触发极。离子引出系统是普通的三电极系统。MEVVA 离子源为脉冲工作方式。在每个脉冲循环加上一个脉冲触发电压，使阴极和触发极之间产生放电火花，引燃阴极与阳极之间的主弧，从而将阴极材料蒸发到放电室中，被蒸发的原子在等离子放电过程中电离成为等离子状态。等离子受磁场的约束以减少离子在室壁上的损失。当等离子体向真空中扩散时，大部分流过阳极中心孔，到达引出栅极，使离子从中被引出，形成离子束。其束流达安培级，束斑大且相当均匀，离子的纯度也相当好。1993 年，我国北京师范大学低能核物理研究所也研制出这种带 MEVVA 离子源的注入机，并且在改善金属部件的耐磨等性能上取得很大成功。

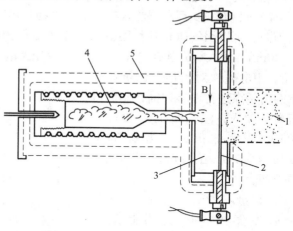

图 8-17　弗利曼离子源结构
1—离子束　2—灯丝　3—放电室　4—蒸发炉　5—热屏蔽

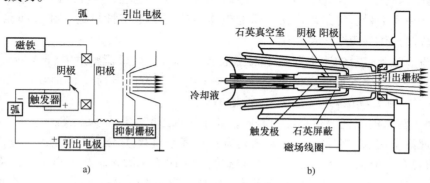

图 8-18　MEVVA 离子源原理和结构
a）原理图　b）结构图

（3）强束流离子注入机实例简介

1）工业用强束流氮离子注入机。弗利曼等人研制出的强束流离子注入机采用的是弗利曼离子源，束流强度可达50mA。通入离子源的气体为高纯氮，引出的是高纯离子束。引出的束流由多条束构成，束流直径可达到1m，因此也省略了偏转扫描系统。由于设备简单，所以能实现多个离子源多方位注入，而注入机的靶室可以做得很大。

2）丹物1090型离子注入机。丹麦丹物公司制造的丹物1090型离子注入机采用尼尔逊离子源，可以用气体和各种固体物质作为工作物质，引出相应的离子，束流强度可以达到5~40mA。注入机先加速电压为50kV，后加速电压为200kV。有90°的分析磁铁，分辨率为250。用电磁铁对引出、分析和聚焦的离子束进行偏转扫描，而后进行离子注入，注入面积为40cm×40cm，靶室体积尺寸为0.7m×0.7m×0.7m，工件可做平移和双向转动。

3）金属离子注入机。图8-19所示为美国ISM公司制造的MEVVA离子注入机结构。在真空靶室顶端排列四个离子源，距离源1.6m外形成2m×1m的离子加工面积。每个源可引出75mA的束流，总束流达300mA。每个源有六个阴极，可旋转更换。加速电压为80kV。

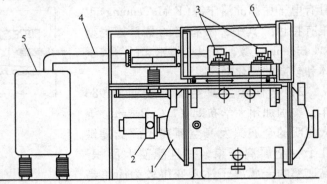

图8-19 美国ISM公司制造的MEVVA离子注入机结构
1—真空靶室 2—抽气口 3—离子源 4—高压电缆 5—高压电源 6—X射线屏蔽罩

6. 离子注入工艺

（1）离子注入的工艺参数 工艺参数有离子种类、离子能量、离子注入剂量、束流（靶流）、离子束流均匀性、束斑大小、基体材料、基体温度等。现将部分工艺参数说明如下：

1）离子能量。它为离子源的加速电压。多数注入的能量为30~200keV。一般情况下，离子能量越高，离子注入深度越大；注入离子和基体原子越轻，则注入深度越大。

2）离子注入剂量。它是以样品表面上被撞击的离子数来计量的。在表面改性应用中，注入剂量通常为$10^{15}~10^{20}/cm^2$。

3）束流。注入过程的速率取决于束流电流I（mA）或束流密度j（mA/cm^2）。设注入时间为t（s），D为注入剂量（cm^{-2}），q是一个离子所带的电荷（$1.6×10^{-19}$C），注入面积为S（cm^2），则$t=qDS/I$。I越大，t就越小。

（2）离子注入的工艺 根据应用需要，离子注入工艺大致分为三类：

1）普通离子注入。它是用离子束入射方式将离子直接注入工件表面，一般应用于无预镀覆材料的表面合金化，合金元素所占质量分数为10%~20%。注入离子大致有三类：①非金属离子，如N、P、B等；②金属离子，如Cr、Ta、Ag、Pb、Sn等；③复合离子，如Ti+C、Cr+C、Cr+Mn、Cr+P等。普通离子注入是人们最早使用、研究最多的离子注入工艺。

2）反冲离子注入。它是由惰性气体离子轰击材料表面的薄膜来完成的。薄膜用PVD或CVD等技术预镀而成。薄膜中原子在惰性气体离子的轰击下获得合适的能量，使膜层与基底之间，或者膜层与膜层之间，通过原子的碰撞而相互混合，显著提高膜层的结合力。反冲离子注入的工艺参数要恰当选择。同时，利用这个工艺还可使薄膜中的原子进入到基底表面，注入水平可高达 50%，但此时离子能量一般要超过 150eV，束流为 0.01 ~ 100mA，注入时间为 0 ~ 100s/cm²。普通离子注入的能量通常不到 60keV。

3）离子束动态混合注入。它采用了一种离子混合方式，其混合过程既可发生在基材同时被两个或更多离子束注入期间，也可发生在镀膜过程中（即为第 7 章所述的离子束增强沉积或称离子束辅助沉积）。这种工艺不仅显著提高膜层与基材之间的结合力，还改善了薄膜的微观结构，因而是一种先进的工艺。

图 8-20 所示为几种离子注入过程。

7. 等离子体源离子注入

等离子体源离子注入（PSII）又称全方位离子注入、浸没式离子注入等。由于金属材料表面改性所处理的工件有着各种各样的几何形状，而不像半导体工业中通常遇到的是平面，因此为克服常规离子束"视线性"的限制，1986 年美国威斯康星州大学 J. Conrad 和 C. Forest 提出把工件浸没在等离子体中进行离子注入的设想，并且做了深入的研究。

图 8-21 所示为 PSII 电路图和设备结构。工作时，先将真空抽气到合适的工作气压（典型值为 10^{-3} ~ 10^{-1}Pa），然后将

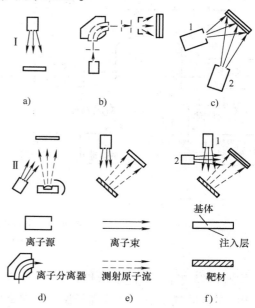

图 8-20　几种离子注入过程
a）离子束直接注入　b）利用离子分离器的离子注入
c）双重离子注入　d）辅助以蒸发的离子束　e）由喷射沉积的离子束　f）双离子束沉积
Ⅰ—初级或第二级离子注入　Ⅱ—离子束混合，离子束辅助以用 PVD 方法的涂层沉积
1—第一离子源　2—第二离子源

工件置于等离子体中加上负电位，负电位可从几千伏到 100kV，脉冲宽度从几微秒到 150μs，脉冲重复频率从几赫到 3kHz。在负电位的作用下，包围工件的等离子鞘层中，电子被迅速推开，同时正离子被加速射向工件和注入工件表面。这种离子注入方式称为 PSII。由于在工件上施加负脉冲电位，所以注入离子能量较高。

有关 PSII 工作原理的几点说明如下：

1）等离子体的产生有多种方法。其中有直流灯丝加热放电源、微波激发源、电子回旋共振激发源、射频激发源、电容或电导耦合激发源。如果需要金属离子，则需要 MEVVA 离子源。

2）等离子体鞘层。等离子体本身具有电中性的强烈倾向，故离子和电子的电荷密度几乎相等，此种情况称为准中性。但是，在直流电或低频辉光放电中往往会发生局部性的等离子体不满足电中性的情况，特别是在与等离子体接触的工件表面附近，由于电子附着，基底形成负电位，而附近的等离子中正离子的空间电荷密度增大。这种空间电荷分布称为离子鞘，由此形成的空间称为等离子体鞘层。所有的等离子体与固体接触时都会在固体表面的交界处形成一个电中性被破坏了的空间电荷层，即等离子体鞘层。正是这种鞘层作用赋予了等

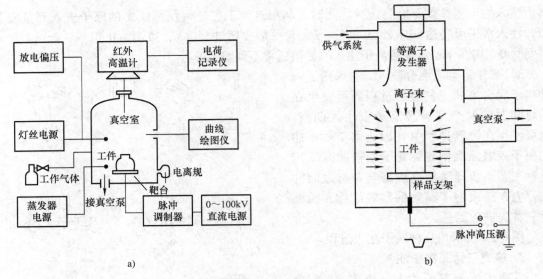

图 8-21　PSII 电路图和设备结构

a) PSII 电路图　b) PSII 设备结构

离子体对材料表面处理时的活性。

3）在合适气压下，当等离子源工作时真空室中形成等离子体。工件上施加负高压脉冲后，工件表面附近等离子体鞘层中的电子迅速被推开，而正离子被加速，射向工件表面并注入。当负脉冲电压再度来临时，则又重复上述过程。表面导电的金属工件由于电场垂直于工件表面，只要靠近表面处的等离子体和电分布比较均匀，则形状复杂的工件都可获得相当均匀的离子注入表层。

4）离子注入量可用下式计算：

$$D_i = N/e \int j_s \mathrm{d}\tau = it/e$$

式中，N 是脉冲数，e 是电子电荷，j_s 是脉冲电流密度，τ 是脉冲宽度，i 为平均电流密度，t 为总的加工时间。如果 i 为 $0.4 \sim 1.2\mathrm{mA/cm^2}$，注入量要求为 $10^{19} \sim 10^{20}/\mathrm{cm^2}$，总的加工时间约为 4h。

5）通常在工件上施加的负高压不会很高，离子注入层一般很浅。因此，为了提高注入深度，可以对工件加温，即在工件加温和离子轰击升温双重作用下，促使注入原子向里扩散。

PSII 与常规离子注入相比较，主要优点是可对复杂形状工件进行处理，并且不需要复杂的工作转动台。PSII 也适用于大而重的工件加工。PSII 另一个优点是因省掉了复杂的转动设备而使工件的加热和冷却变得容易，这在实际使用中是重要的。例如：PSII 在室温下注入深度很浅，通常小于 $1\mu\mathrm{m}$，而加热到 400℃ 时注入深度可达 $10\mu\mathrm{m}$。另外，PSII 的注入均匀性要比常规离子注入复杂形状工件的均匀性要好得多。PSII 设备不很复杂，并且适用于工业生产。

PSII 的主要缺点是在室温下改性层厚度小于 $1\mu\mathrm{m}$，并且因高能量离子注入而溅射效应很强，使注入量达到饱和，注入效率降低。对此，人们对 PSII 设备和工艺做了许多改进。

PSII 与其他表面技术（如气相沉积等）相结合将在表面工程中发挥重要的作用，目前已应用于许多形状复杂或精密的零部件和工模具的处理中。

8. 离子注入金属材料性能的改变及机理

（1）离子注入金属材料性能的改变　选择良好的离子注入设备和适当的工艺方法和参数，可以改善金属材料的许多性能：

1）力学性能，主要有耐磨性、摩擦因数、疲劳强度、硬度、塑性、韧性、附着力等性能。

2）化学性能，主要有耐蚀性、抗氧化性以及催化、电化学等性能。

3）物理性能，主要有超导、电阻率、磁学、反射等性能。

（2）离子注入金属材料表面改性的机理　离子注入涉及直接注入、级联碰撞、离子溅射、辐射损伤、热峰效应、增强扩散、原子沉积、等离子化学反应等较为复杂的机理。离子注入可以将一种或多种元素选择性地注入金属材料表面（未经涂覆或经过涂覆），并且可以偏离热力学平衡，得到过饱和固溶体、介稳相、非晶结构等，以及大量溶质原子、空位、位错等各种缺陷。这些在材料改性中都有重要的作用。现举例说明某些表面改性机理。

1）离子注入提高硬度、耐磨性和疲劳强度的机理。研究表明，离子注入提高硬度是由于注入原子进入位错附近或固溶体产生固溶强化的缘故。当注入的是非金属元素时，常常与金属元素形成化合物，如氮化物、碳化物或硼化物的弥散相，产生弥散强化。离子轰击造成的表面压应力也有冷作硬化作用，这些都使得离子注入表面硬度显著提高。

离子注入之所以能提高耐磨性，其原因是多方面的。离子注入能引起表面组分与结构的改变。大量的注入杂质聚集在因离子轰击产生的位错线周围，形成柯氏气团，起钉扎位错的作用，使表层强化，加上高硬度弥散析出物引起的强化，提高了表面硬度，从而提高耐磨性。另一种观点认为，耐磨性的提高是离子注入引起摩擦因数的降低起主要作用；还认为，可能与磨损粒子的润滑作用有关。因为离子注入表面磨损的碎片比没有注入的表面磨损碎片更细，接近等轴，而不是片状的，因而改善了润滑性能。

有人认为，离子注入改善疲劳性能是因为产生的高损伤缺陷阻止了位错移动及其间的凝聚，形成可塑性表面层，使表面强度大大提高。分析表明，离子注入后在近表面层可能形成大量细小弥散均匀分布的第二相硬质点而产生强化，而且离子注入产生的表面压应力可以抑制表面裂缝的产生，从而延长了疲劳寿命。

2）离子注入提高抗氧化的机理。离子注入显著提高抗氧化性的原因主要有四个：①注入元素在晶界富集，阻塞了氧的短程扩散通道，防止氧进一步向内扩散；②形成致密的氧化物阻挡层，某些氧化物，如 Al_2O_3、Cr_2O_3、SiO_2 等能形成致密的薄膜，其他元素难以扩散通过这类薄膜，起到了抗氧化的作用；③离子注入改善了氧化物塑性，减少了氧化产生的应力，防止氧化膜开裂；④注入元素进入氧化膜后，改变了膜的导电性，抑制阳离子向外扩散，从而降低氧化速率。

3）离子注入提高耐蚀性的机理。离子注入不但形成致密的氧化膜，而且改变材料表面电化学性能，提高耐蚀性，如 Cr^+ 注入 Cu，能形成一般冶金方法不能得到的新亚稳态表面相，改善了钢的耐蚀性；用 Pb^+ 注入 Ti 后，在沸腾的浓度为 1mol/L 的 H_2SO_4 中耐蚀电位接近纯铅，使耐蚀性大大提高。

9. 离子注入的应用

（1）注入冶金学 注入冶金学是一门新学科。它利用离子注入作为物理冶金的一种研究手段，注入冶金学包括两大研究领域：制备新合金系统；测定金属和合金的某些基本性质。

1）离子注入金属表面合金化。离子注入金属表面会改善材料的耐磨性、耐蚀性、硬度、疲劳寿命和抗氧化性等。其原因是多方面的。以下从六个微观角度分析离子注入改善性能的可能机制：①辐照损伤强化。离子注入产生的辐照损伤增加了各种缺陷的密度，改变了正常的晶格原子的排列，但研究表明，辐照本身不能改善材料耐磨性，耐磨性和耐蚀性的改善与注入元素的化学作用有关，注入离子阻止位错滑移，从而使表面层强化，并降低表面疲劳裂纹形成的可能性，然而对疲劳裂纹的扩展影响不大。②固溶强化。离子注入可获得过饱和度很大的固溶体，固溶强化效果较强，而且注入离子对位错的钉扎作用也使材料得到强化。③沉淀强化。注入元素可能与基体材料中的元素形成各种化合物，使表面离子注入层产生强化，如 Ti^+ 注入含有 C 的钢或合金中，有可能形成 TiC 微粒沉淀。④非晶态化。当离子注入剂量达到一定值时，可使基体金属形成非晶态表面层，因此可降低钢的摩擦因数，提高耐磨性，且非晶态表面没有晶界等缺陷，可显著提高耐蚀性。⑤残余压应力。离子注入可产生很高的残余压应力，有利于提高材料表的耐磨性和疲劳性能。⑥表面氧化膜的作用。离子注入引起温度升高和元素扩散的增加，使氧化膜增厚和改性，从而降低摩擦因数，并且通过改变注入的离子种类可改变氧化膜的性质，如氧化膜的致密性、塑性和导电性等。

2）离子注入用于材料科学研究。主要有两个方面：①注入元素位置的测定。轻元素的晶格位置对金属的性能起决定性作用，美国萨达实验室用氢的同位素氘注入铬、钼、钨，靶温达 90K，而用核反应 D $(^3He, P)^4He$ 进行分析和沟道技术测量，可测定氢是在四面体间隙还是在八面体间隙的位置。②扩散系数的测定。在室温将 Cu^+ 注入单晶铍，然后扩散退火，用离子背散射沟道方法测定扩散前后铜在铍中的分布，从而测出铜在铍中的扩散系数接近 10^{-15} cm^2/s，这是用通常方法不可能测出的。

此外，利用离子注入还可进行相变和三元相图的研究。

（2）离子注入在表面改性中的应用 应用对象主要是金属固体，如钢、硬质合金、钛合金、铬和铝等材料。应用最广泛的金属材料是钢铁材料和钛合金。但是，用离子注入方法强化面心立方晶格材料是困难的。注入的离子有 Ni、Ti、Cr、Ta、Cd、B、N、He 等。

经离子注入后可大大改善基体的耐磨性、耐蚀性、抗疲劳性能和抗氧化性能。各类冲模和压制模一般寿命为 2000～5000 次，而经过离子注入后寿命达 50000 次以上。有的钢铁材料经离子注入后耐磨性提高 100 倍以上。用作人工关节的钛合金 Ti-6Al-4V 耐磨性差，用离子注入 N^+ 后，耐磨性提高 1000 倍，生物性能也得到改善。铝、不锈钢中注入 He^+，铜中注入 B^+、He^+、Al^+ 和 Cr^+，金属或合金耐大气腐蚀性明显提高。其机理是离子注入的金属表面上形成了注入元素的饱和层，阻止金属表面吸附其他气体，从而提高了金属耐大气腐蚀性能。在低温下向工件注入氢或氘离子可提高韧脆转变温度，并改善薄膜的超导性能。在钢表面注入氮和稀土，可获得异乎寻常的高耐磨性。如在 En58B 不锈钢表面注入低剂量的 Y^+（$5 \times 10^{15}/cm^2$）或其他稀土元素，同时又注入 $2 \times 10^{17}/cm^2$ 的氮离子，磨损率起初阶段减少到原来的 0.11%，5h 后磨损率为原来的 3.3%。铂离子注入钛合金涡轮叶片中，在模拟高温发动机运行条件下进行试验，结果表明疲劳寿命提高 100 倍以上。表 8-33 是离子注入在提高金属材料性能上的应用实例。

表 8-33　离子注入在提高金属材料性能上的应用实例

离子种类	母材	改善性能	适用产品
$Ti^+ + C^+$	Fe 基合金	耐磨性	轴承、齿轮、阀、模具
Cr^+	Fe 基合金	耐蚀性	外科手术器械
$Ta^+ + C^+$	Fe 基合金	抗咬合性	齿轮
P^+	不锈钢	耐蚀性	海洋器件、化工装置
C^+、N^+	Ti 合金	耐磨性、耐蚀性	人工骨骼、宇航器件
N^+	Al 合金	耐磨性、脱模能力	橡胶、塑料模具
Mo^+	Al 合金	耐蚀性	宇航、海洋用器件
N^+	Zr 合金	硬度、耐磨性、耐蚀性	原子炉构件、化工装置
N^+	硬 Cr 层	硬度	阀座、搓丝板、移动式起重机
Y^+、Ce^+、Al^+	高温合金	抗氧化性	涡轮机叶片
$Ti^+ + C^+$	高温合金	耐磨性	纺丝模口
Cr^+	铜合金	耐蚀性	电池
B^+	Be 合金	耐磨性	轴承
N^+	WC + Co	耐磨性	工具、刀具

8.2　无机非金属材料表面改性

8.2.1　玻璃的表面改性

1. 玻璃的表面强化

玻璃的实际强度比理论强度要低几个数量级，这是由于实际玻璃中存在着微观和宏观缺陷，特别是表面缺陷，如表面微裂纹等，使实际强度大为降低。提高玻璃强度的方法基本上可以分为三个方面：①改变成分；②改进工艺制度；③采用表面处理。其中，表面处理因不必改变原有玻璃成分和熔制成形工艺、方法简便、增强效果显著而得到广泛应用。玻璃的表面增强方法很多，通常可分为热处理增强、化学处理增强、离子交换增强和表面涂层增强四类，本节介绍前面三类表面增强方法。

（1）玻璃的热处理增强　其包括以下两种方法：

1）淬冷法增强（钢化玻璃）。20 世纪 20 年代开始用空气淬冷的方法生产平板玻璃，称为钢化玻璃。它是将玻璃均匀加热到玻璃转化温度 T_g 以上的钢化温度范围，此时黏度 $\eta = 10^{8.5} \sim 10^{9.2} Pa \cdot s$，对于钠钙玻璃来说，温度为 630 ~ 650℃，然后保温一定时间，再淬冷。其有风冷、自然冷却、液体介质冷却和固体质量冷却等方法，其中风冷法最常用。淬冷后玻璃表面形成压应力，内部形成拉应力，在玻璃厚度方向上呈抛物线分布。当钢化玻璃受到弯曲载荷时，由于力的合成结果，最大压应力在表面，而最大拉压力移向玻璃的内部。由于玻璃是耐压而不抗拉的，特别是表面存在微裂纹时，抗拉强度更低，因此这种受载荷以后的应力合成，使钢化玻璃可以经受较非钢化玻璃更大的弯曲载荷，从而提高了玻璃的强度。钢化玻璃与同厚度的普通玻璃性能比较见表8-34。

表8-34　钢化玻璃与同厚度的普通玻璃性能的比较

性　　能	钢化玻璃	普通玻璃
热冲击温度/℃	175～190	75
可经受温度突变范围/℃	250～320	70～100
227g钢球破坏功/J	7.35～14.7	0.69～2.35
225g钢球落球破坏高度/cm	250～400	48～71
抗弯强度/MPa	150	7.5～50

钢化玻璃品种很多，它们不仅具有较高的抗弯强度、抗机械冲击和抗热震性能，而且破碎后的碎片不带尖锐棱角，从而减少了对人的伤害。钢化玻璃不能进行机械切割、钻孔等加工，主要用于交通工具的镶嵌玻璃、建筑装嵌、光技术器械、水表圆盘、气压表盘等。

2）加热拉伸增强。玻璃在加热时以一定的速度沿一定的方向拉伸，称为加热拉伸。它能提高玻璃强度的原因可能有三个：①裂纹沿拉伸方向定向，使与拉应力垂直的危险裂纹变成与拉应力平行的裂纹；②拉伸后玻璃表面积增加，使单位面积上裂纹数量减少；③结构定向，特别是链状结构在拉伸时沿中心轴强键定向。一般平板玻璃和玻璃棒的拉伸程度是有限的，增强效果不如淬冷法，故实际上很少采用。但是，玻璃纤维在喷嘴拉丝过程中拉伸程度较大，对强度可产生明显的影响。

（2）玻璃的离子交换增强　在一定的温度下，当含有某种阳离子的玻璃与含有另外一种阳离子的熔盐或其他介质相接触时，玻璃中的阳离子将与熔盐中的阳离子互相交换，产生互扩散，即

$$(A^+)_{玻璃} + (B^+)_{熔盐} = (B^+)_{玻璃} + (A^+)_{熔盐}$$

这种互扩散可称为离子交换，是化学扩散的一种，以化学位为推动力。利用离子交换可进行玻璃的化学增强与着色。化学增强有低温型和高温型两种类型的离子交换。

1）低温型离子交换。其通常指在玻璃 T_g 点以下，用大离子来交换小离子，如以熔盐中的 K^+ 来代替玻璃中的 Na^+ 离子（K^+ 的离子半径比 Na^+ 的离子半径大）。工艺有浸渍法、喷吹法和多步法。其中，浸渍法是最常用的方法。它是将玻璃浸没在欲交换的离子熔盐中一定时间，进行离子交换，流程如下：

玻璃→清洗→预热→浸入熔盐→清洗→干燥→检验

熔盐通常采用硝酸钾 KNO_3。为了加速离子交换和改善表面质量，在熔盐中加入少量 KOH 或其他添加剂。熔盐温度为 440～460℃（按玻璃成分做适当调整），时间从几十分钟到十几小时。纯硝酸钾熔盐交换时间为 2～8h。加入添加剂后，在达到同样抗冲击强度（0.7～0.8J/cm²）的条件下，可以降低交换温度，缩短交换时间。玻璃中的 Na^+ 与熔盐中的 K^+ 发生离子交换。由于 K^+ 离子的半径比 Na^+ 离子大，故使表面"挤塞"膨胀，产生压

应力，比值与交换后体积变化大小有关，即玻璃表面产生的压应力 σ_c^1 为

$$\sigma_c^1 = \frac{1}{3}\left(\frac{E}{1-\nu}\right)\left(\frac{\Delta V}{V}\right)$$

式中，E 为玻璃的弹性模量，ν 为玻璃的泊松比，V 为交换前的玻璃摩尔体积，ΔV 为交换后产生的摩尔体积变化。离子交换后，玻璃表面产生的压应力为 690～1000MPa，内部拉应力约为6.9MPa，表面应力层深度为 10～100μm。而玻璃经淬冷处理后，表面压应力约为137.9MPa，内部拉应力约为68.9MPa。

玻璃经离子交换后强度明显提高，但要注意随着使用温度的增大，有可能使强度下降，即产生热疲劳。例如：Li$_2$O-Al$_2$O$_3$-SiO$_2$ 玻璃在 NaNO$_3$ 熔盐中于 400℃ 交换 4h 后，再在空气中加热（此时缺乏离子源），若温度超过 300℃，强度显著下降，这是由于温度升高，出现质点黏滞流动使应力松弛之故。

2）高温型离子交换。这种交换在 T_g 点以上进行，玻璃容易变形，实际生产困难较多。如果玻璃成分选择适当（一般选用 Na$_2$O-Al$_2$O$_3$-SiO$_2$ 系统的玻璃），以锂离子交换钠离子，表面微晶化后析出 β-锂霞石（β-Li$_2$O · Al$_2$O$_3$ · 2SiO$_2$）线胀系数比较小，冷却后表面产生很高的压应力而达到增强要求。此法又称表面微晶化或膨胀差法。控制晶粒尺寸，使之小于光波波长，玻璃仍能保持透明。此类产品硬度较高，不易磨损，在 600℃ 下长期使用，强度不下降，可用于宇宙飞船的观察窗玻璃、飞机和汽车的风窗玻璃及防弹玻璃等。

除了低温型和高温型之外，也可以把两者结合起来，目的是把单一方法中的最佳部分组合在一起，使玻璃强度增加，同时具有良好的断裂性能、热稳定性和化学稳定性，并且应力层比较深。这种方法又称为多级（步）离子交换法，有二步法、三步法等，处理级数越多，应力分布形状越复杂。

离子交换增强还有一个特点，就是处理后仍可进行切割和其他机械加工，这是由于其内层拉应力比淬冷法小得多，但是这种玻璃破碎后碎片与普通玻璃一样有尖刺的小块。

（3）玻璃表面酸处理增强　其原理理通过酸浸蚀去除玻璃表面微裂纹层，或者在原有微裂纹深度不变的情况下，通过酸蚀使微裂纹曲率半径增加，裂纹尖端变钝，减少应力集中，从而提高强度。所用的酸主要是氢氟酸。为避免不溶性盐附着在玻璃上而造成表面不平整，可采取两种方法：①将氢氟酸稀释 10 倍，浸蚀速度降低到 1μm/min 左右，同时进行搅拌和不时更换溶液；②加入其他可溶解沉淀的酸类，包括硫酸、磷酸和硝酸。例如：平板玻璃用质量分数为 20% 的 HF 酸洗，时间为 10min，而用质量分数为 14% 的 HF 加质量分数为60% 的 H$_2$SO$_4$ 酸洗，虽然浸蚀时间要增加到 20min 以上，但能均匀地除去微裂纹层且获得光滑的表面。酸洗法的工艺流程如下：

$$玻璃 \rightarrow 清洗 \rightarrow 干燥 \rightarrow 酸洗 \rightarrow 水洗 \rightarrow 干燥 \rightarrow 检验$$

$$\left.\begin{array}{c} 氢氟酸 \rightarrow 计量 \\ 硫酸 \rightarrow 计量 \end{array}\right] 混合$$

酸洗前玻璃表面要用 Na$_2$CO$_3$ 和 NaOH 的溶液清洗，除去表面吸附物质。酸洗温度一般为 15～50℃。酸洗时间根据玻璃成分、制品大小、酸液浓度等来确定。酸洗要适当搅拌酸液以及定时补充和更换酸液。氢氟酸的挥发会对环境造成污染，因此必须做好有关环保工作。

酸洗法可显著提高玻璃的强度。当浸蚀深度不超过 0.1mm 时，强度可提高 3～4 倍。玻

璃强度最高可提高 10 ~ 14 倍。平板玻璃经酸洗后，抗折强度可达到 500 ~ 600MPa，能弯曲成 U 形而不断裂。目前最大的困难仍然是氢氟酸的污染、废液回收，以及酸对设备的浸蚀。

（4）用表面脱碱法提高玻璃强度　玻璃表面脱碱是在退火温度范围内，通以气体（包括能释放气体的固体）或喷涂溶液，使玻璃与气体或溶液中的盐类反应，将玻璃表面的碱金属离子生成易溶于水的盐类，经清洗后玻璃表面贫碱，导致表面层的线胀系数比玻璃内部的线胀系数低，冷却时表面层比玻璃内层的收缩少，因而产生压应力，提高了玻璃的强度。

脱碱过程包括三个步骤：首先是玻璃表层中碱金属离子扩散到玻璃表面，其次是玻璃表面的碱金属离子与脱碱介质中的离子发生离子交换而生成反应物，最后是用水洗等方法将玻璃表面反应物除去。

玻璃表面脱碱在生产上获得了应用。典型的是钠钙玻璃用 SO_2 进行表面处理（SO_2 通入加热的玻璃退火炉中），在玻璃表面形成"白霜"似的硫酸钠层（称为"硫霜化"）。主要反应有：

$$Na_2O（玻璃表面）+ SO_2 + \frac{1}{2}O_2 \Longrightarrow Na_2SO_4（玻璃表面）$$

$$Na_2O \cdot SiO_2 + SO_2 + \frac{1}{2}O_2 \Longrightarrow Na_2SO_4 + 2SiO_2$$

Na_2SO_4 易溶于水，经水洗后，玻璃表面贫碱。由于 Na_2O 的线胀系数比较高，所以表面脱碱后，形成了压应力表层。表面脱碱处理不仅提高玻璃的强度，还明显提高玻璃的化学稳定性。

又如玻璃瓶在含 SO_2 废气的明火加热退火炉中退火，比在不含 SO_2 废气的马弗式退火炉中退火的强度要高。有人将 13 种不同形状和尺寸共 130000 只玻璃瓶，分别在这两种退火炉中退火，然后用水压机以 454N/s 速度快速加压，测定爆裂压力值，结果表明，在含 SO_2 废气的明火加热退火炉中退火的瓶子，比在不含 SO_2 废气的马弗式退火炉中退火的瓶子强度都提高了，强度增加率为 15.2% ~ 26.1% 。

但是，需要注意的是，只有退火温度超过 500℃ 并在含 SO_2 气氛中暴露 2h 后，强度才会提高，否则虽生成 Na_2SO_4，但只是 H^+ 代替 Na^+，而不是 Na_2O 的析出，并且反应后形成影响强度的多孔表面。此外，玻璃强度的提高也与表面的 Na_2SO_4 含量有关，只有玻璃表面上 Na_2SO_4 膜超过 0.015mg/cm^2，玻璃强度才会明显提高。

2. 玻璃的表面着色

可用多种方法把无色玻璃表面着成各种颜色，这样不仅装饰了玻璃，而且还使玻璃的某些性能得到提高。表面着色与整体着色相比较，其具有整体着色所达不到的某些效果（如虹彩、珠光等色彩），而且工艺简便，但是容易受环境作用而褪色。表面着色有表面镀膜、表面扩散、表面辐照、电浮法等方法。现介绍一些除表面镀膜之外的表面着色方法。

（1）玻璃表面扩散着色　它是在高温下用着色离子蒸气、熔盐或盐类糊膏覆盖在玻璃表面上，使着色离子与玻璃中的离子进行交换（互扩散）而实现表面着色。有些金属离子还需要还原为原子，由原子聚集成胶体而着色。

常用 Ag 和 Cu 作为表面扩散的着色离子。其着色过程通常经历离子交换反应、着色离子向玻璃表层扩散、着色离子还原为原子和色基形成四个阶段。以着色离子 Ag^+ 为例，其着色过程如下：①离子交换反应，玻璃表面涂的银蓝中的 Ag^+ 与玻璃表面的碱离子 R^+ 发生离子交换，R⁺（玻璃中的）＋Ag⁺（熔盐中的）→Ag⁺（玻璃中的）＋R⁺（熔盐中的），在一定温度下这种离子交换可达到平衡；②着色离子向玻璃表层扩散，其深度与着色离子盐的种类、玻璃成分、扩散温度和时间有关，如将 $AgNO_3$ 和一定添加剂的盐糊涂在钠钙玻璃器皿表面，在 550℃保持 1.5h，测得 Ag^+ 的深度分布呈高斯曲线，深度为 20μm；③着色离子还原为原子，即扩散到玻璃表层中 Ag^+ 离子被玻璃中的某些氧化物（As_2O_3、SbO_3、FeO 以及 SnO、CoO、NiO 等）还原为 Ag 原子，也可在高温下用 CO、H_2 气体还原，或用电子、阴极射线等辐照使金属离子获得电子而还原；④色基的形成，金属离子还原为金属原子的同时会发生再结晶，然后再结晶原子互相聚集为胶体微粒而显色。一般认为，金属胶体聚集体在 60～100nm 才显色，大于 100nm 时发生晶化现象。

表面扩散着色工艺有蒸气法着色、盐类糊（着色料膏）法着色和熔盐法着色三种。第一种方法对设备要求高，我国已不采用。第二种方法的工艺流程如下：

玻璃制品 → 洗净 → 干燥 → 印刷或描绘 → 干燥 → 烘烤 → 清洗 → 检验

着色剂盐类 → 称量

黏结剂 → 称量 ｝调合 → 盐糊 → 制板

（2）玻璃表面电浮法着色　电浮法是利用电解现象将金属离子渗入到玻璃表层来生产颜色浮法玻璃的一种方法。其原理见图 8-22。在锡槽内温度较高的玻璃表面设置阳极装置，而以锡液作为阴极。玻璃与阳极之间置有电镀液，如铜-铝合金等。当通直流电后，金属离子迁移到玻璃表层内，经还原、胶体化而使玻璃表面着色。由此可见，玻璃表面电浮法着色是在浮法生产基础上发展的一种制造颜色玻璃的工艺。

用电浮法着成何种颜色取决于选用的正极金属，如用 Ag-Bi 合金做正极就可以得到黄色；用 Ni-Bi 合金做正极得到红色等。由于玻璃处于高温状态，周围环境为还原性气氛，所以在低电压下离子容易渗入到玻璃表层，并且被还原成胶体状，显示出强的着色。这种玻璃对可见光和红外光有特殊吸收和反射性能，主要用于热反射玻璃的生产，还可以生产着色图案的浮法玻璃，其颜色和图案可以随观察角度和光照条件不同而不同。

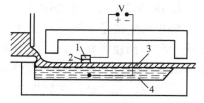

图 8-22　玻璃表面电浮法着色原理
1—电极　2—电镀液
3—平板玻璃　4—熔融金属

（3）玻璃表面辐照着色　玻璃具有远程无序而近程有序的结构，在 γ 射线等高能电磁波和高能粒子辐照下有可能产生各种色心，被用来着色。

对于玻璃，例如在含碱的硅酸盐玻璃中，存在着各种类型的缺陷，当 γ 射线辐照时，会产生多种色心，其中由氧离子缺位俘获电子所引起的色心产生光吸收，玻璃呈黄色到棕色。γ 射线辐照所用的放射源 Co^{60}，辐照后不会在玻璃中残留微辐射，处理时可对运输带上的玻璃制品进行连续辐照。硼硅酸盐玻璃西马克斯〔玻璃化学成分（质量分数）为 SiO_2 80%，B_2O_3 12.5%，Al_2O_3 2.4%，CaO 0.3%，Na_2O 3.8%，K_2O 1%〕制成空心玻璃砖，未辐照前玻璃带有黄绿色调，γ 射线辐照后呈美丽的金灰色，砌筑在捷克布拉格著名的民族剧院外墙上的即为这种玻璃制品。许多玻璃制品都可采用辐照处理，并且对不需要着色的部位用铅板或铅屑屏蔽，形成美丽的花纹和图案。

γ 射线辐照着色后，颜色会逐渐减弱，一般存放 2～4 个月，颜色便稳定下来。若玻璃制品在 120～160℃进行辐照处理，颜色立即稳定。γ 射线辐射着色的玻璃，加热到 140℃或更高时，颜色会完全消失；在100℃以下使用这种玻璃，颜色很稳定。

除 γ 射线辐照着色外，用紫外线辐照着色在生产上也得到应用。它是指玻璃成分中含有过渡族金属离子在紫外线辐照下电离，发生价数的变化而着色。此法所用玻璃以钠钙玻璃为宜，例如：化学成分（质量分数）为 SiO_2 76%，CaO 8.5%，ZnO 0.5%，Na_2O 13%，K_2O 2%，加入 0.02% ~ 0.2% CeO 和 0.02% ~ 0.1% V_2O_5 的玻璃，部分 K_2O 可由 KNO_3 引入，能起澄清剂作用。配料放入坩埚中于1400℃熔化，再进行吹制或压制成形，经退火后进行紫外线辐照处理，发生如下反应：

$$Ce^{3+} + kv \longrightarrow Ce^{4+} + e^-$$
$$V^{3+} + e^- \longrightarrow V^{2+}$$

V^{3+} 呈淡绿色，而 V^{2+} 则变为紫色。辐照时间以20min为最佳。颜色在室温下是稳定的，只有加热到400℃以上，颜色才会淡化至完全消失。

8.2.2　传统陶瓷的表面改性

传统陶瓷又称普通陶瓷，是使用黏土、长石、石英等自然界的硅酸盐矿物，经原料处理、成形、干燥、烧成等工序制成的各种陶器和瓷器产品。陶器是多孔透气的强度较低的产品；瓷器是加了釉层，质地致密而不透气的强度较高的产品。根据其使用领域的不同，可分为日用陶瓷、建筑卫生陶瓷、化学瓷、电瓷及其他工业用陶瓷。这些陶瓷制品是人们日常生活中经常接触到的物品。由于社会的进步，人们对传统陶瓷制品的使用性能和外观装饰提出了许多新的要求，因而需进行表面改性处理。

1. 陶瓷墙地砖的表面改性

陶瓷墙地砖是由黏土和其他无机原料制成的内墙砖、外墙砖和地砖等制品。其中，玻化砖是一种高档建筑材料，具有华丽的外表和高强、高硬、耐磨、耐蚀、抗冻、抗污等特点。由于 K_2O-Al_2O_3-SiO_2 系具有原料丰富、价格低廉、烧结温度范围宽、坯体强度高、热稳定性好等特点，故常被用来制作玻化砖。

吸水率低于0.5%的陶瓷砖都被称为玻化砖。实际上玻化砖是一种高温烧制的瓷质砖，为所有瓷砖中最硬的一种。吸水率越低，玻化程度越高，理化性能越好。对 K_2O-Al_2O_3-SiO_2 系玻化砖来说，如果沿用传统长石质瓷的组成范围，那么烧结温度很难低于1250℃。为了降低生产成本、扩大烧成设备的使用范围和节能降耗，可参照 K_2O-Al_2O_3-SiO_2 三元系相图和扩散试验的结果来选择适合于低温烧结的化学组成。除此之外，还必须考虑所用原料的矿物组成及其所具有的反应活性。传统的 K_2O-Al_2O_3-SiO_2 系瓷选用的主要原料为石英、长石和高岭土。研究表明，在保证坯体成形性能和干燥性能的前提下，选用一定量的伊和石黏土或蒙脱石黏土能有效地降低坯体的烧结温度。

2. 抛光砖的表面防污处理

抛光砖由玻化砖进行镜面抛光而得。其耐磨、耐蚀、光亮，可进行丰富多彩的渗花处理，已成为陶瓷行业中一类主流产品。但是，由于抛光作用，将玻化砖表面烧成中形成的玻璃面抛除掉，使微细气孔外露，形成开口气孔，故容易吸入污染物。"易脏"成为抛光砖的一个严重缺点。

抛光砖的表面改性处理主要是将一些表面活性介质吸附于抛光砖的表面上，形成一层低表面张力的吸附膜，这些膜具有憎水性，从而使抛光砖具备良好的抗污能力。

目前用于抛光砖表面防污处理的憎水性表面活性剂主要有以下三类：

1）小分子憎水性表面活性剂。如硬脂酸、棕榈酸、油酸、环烷酸混合物、松香酸以及它们的碱金属水溶性盐，表面张力为 30～40N/m，具有一定的防污效果，但吸附膜结合不牢固，易在外界作用下脱落，耐久性与防污性欠佳。

2）有机硅。它具有低的表面张力，可低至 21～22mN/m，并且还具有优异的耐候性、耐久性和化学反应活性。与一般表面处理剂不同，有机硅表面防污处理剂是通过与抛光砖表面发生化学反应而生成几个分子厚的不溶性憎水树脂薄膜，不仅具有良好的防污性能，而且还能保持抛光砖的正常透气作用。

3）含氟化合物。它具有很低的表面能，全氟烷烃的表面张力低至 10mN/m。虽然含氟化合物具有更优良的防污性，但因其价格较为昂贵，故应用很少。

8.2.3　先进陶瓷的表面改性

先进陶瓷又称高性能陶瓷、精细陶瓷、新型陶瓷或高技术陶瓷，是有别于传统陶瓷而言的。它在许多方面与传统陶瓷有很大的不同或截然不同。先进陶瓷是以精制的高纯、超细人工合成的无机化合物为原料，采用精密控制的制备技术，获得的具有远高于传统陶瓷性能的新一代陶瓷。广义的先进陶瓷还包括人工单晶、非晶态（玻璃）、陶瓷基复合材料、半导体和陶瓷薄膜材料等。其按用途特性可分为结构陶瓷与功能陶瓷两大类。生物陶瓷可以归入功能陶瓷也可以单独列为一类。表面改性技术在先进陶瓷中有着许多重要的应用，并且具有显著的特点。

1. 先进陶瓷的离子注入

（1）半导体材料的离子注入　如前所述，离子注入技术应用于半导体器件和集成电路的精细掺杂工艺，为微电子工业的发展做出了重要的贡献。图 8-16 所示为用于精细掺杂的质量分析离子注入装置。从离子源中引出的离子经过加速管加速电位的加速获得很高的能量，而后进入质量分析器（一般为磁分析器），将不需要的杂质分离掉，使注入元素纯化率达到 99% 以上。将分离后的离子束利用偏转扫描系统使其沿两个垂直方向扫描：一个方向上低频扫描（每秒几次至几十次），另一个方向上高频扫描（每秒几千次）。经过扫描后，注入元素的均匀性显著提高。例如，注入 3in（1in = 25.4mm）硅片上掺杂量的均匀性偏差可小于 1%，注入批次重复性偏差也小于 1%。离子注入法均匀性高于其他掺杂方法，包括常用的化学源扩散法、平面扩散法、固态源扩散法等。离子注入法的掺杂温度低（<300℃），在剂量小时甚至可在室温下注入，而各种扩散法一般在 900～1200℃。离子注入的元素不受溶解度限制，可实现非平衡态下掺杂，各种掺杂剂均可使用。注入元素的种类、能量、剂量都可精确控制。离子注入具有直进性，无横向扩散。这些突出的特点，使离子注入技术成为大规模集成电路微细加工支柱技术之一。离子注入的缺点是高浓度注入时间长，注入后晶格损伤较大而通常需对工件进行退火，设备费用昂贵。

离子注入在半导体微电子学中除广泛用于掺杂外，还用来制作绝缘隔离层，形成硅化物及合成 SOI 材料（绝缘体生长硅外延片）等。SOI 为异质结外延的一种结构，它是能在绝缘体衬底上外延生长硅单晶薄膜结构材料。一种制备方法是：先用离子注入氧在硅片上形成 SiO_2，称为注氧隔离（SIMOX），注入层经退火后在表面形成一个单晶硅薄层，然后用 SiH_2Cl_4 化学气相外延生长所需的外延层。

（2）陶瓷材料的离子注入　先进结构陶瓷材料具有许多优异的性能，但是脆性大、韧性差和不耐急冷急热又是陶瓷材料突出的缺点，如何改善这些性能是研究重点。改善的途径有多个，其中离子注入是一个有效的方法。氧化铝、氮化硅和氧化锆等几种重要的结构陶瓷，无不采用离子注入作为主要的改性方法之一，这是因为：

1）离子注入使陶瓷材料抗弯强度提高。陶瓷抗弯强度与表面状态密切相关。陶瓷构件和零部件的失效常发生在施加膨胀应力的工作周期中，并且始于表面裂纹等缺陷处。离子注入时会产生大量的空位和间隙原子，引起陶瓷表面体积的增大，从而形成压应力，改善了陶瓷的抗弯强度。例如，在注入靶温 300K 条件下，将 Ar 和 N 离子注入单晶 Al_2O_3（蓝宝石）后，抗弯强度提高 15%。

2）离子注入使陶瓷材料断裂韧度增加。例如：在 300keV 能量下，剂量为 $1 \times 10^{17}/cm^2$ 的 Ni 离子注入到靶温为 300K 的 Al_2O_3 中，相对断裂韧度 K_C 提高 80%；在靶温为 100K 时，注入层形成无序态，相对断裂韧度 K_C 提高 100%。又如离子注入 SiC，在未形成无序态时断裂韧度 K_C 提高 32%，而无序层出现后，其断裂韧度 K_C 可提高 20%～28%；离子注入 TiB_2，断裂韧度 K_C 可提高 80%～100%。

此外，在一定条件下离子注入可时陶瓷表面硬度增加，例如剂量为 $3 \times 10^{16}/cm^2$ 的 Y 注入 Al_2O_3 中后，Al_2O_3 硬度可增加 1.57 倍；$2 \times 10^{16}/cm^2$ 的 Ti 注入 MgO 中后，MgO 硬度可增加 2.3 倍；$3 \times 10^{16}/cm^3$ 的 Ti 注入 ZrO 中后，ZrO 硬度可增加 1.6 倍；$1 \times 10^{17}/cm^2$ 的 Ni 注入 TiB_2 中后，TiB_2 硬度可增加 1.7～2.1 倍。但是，当注入量达到能形成无序态时，表面硬度开始下降；在注入层全部无序化时，其硬度是低于未注入区的硬度。

离子注入还可改善陶瓷材料的摩擦性能，即降低摩擦因数，注入后形成无序态时，摩擦因数最低。例如，SiC 晶体在较低剂量的离子注入时，摩擦因数可降到 0.5，当注入量加大而形成无序态时，摩擦因数还进一步降到 0.3。

以上阐述的是一般情况，实际上离子注入的影响是复杂的，所以要具体问题具体分析。

（3）陶瓷薄膜的离子注入　先进陶瓷有多种存在形态，陶瓷薄膜是其中重要的一类材料。它以无机化合物为原料，采用特殊工艺，在基材表面镀（涂）覆厚度在数微米以下、仍保持陶瓷性质的镀层材料。还可通过一些镀后处理，提高性能，发挥更大作用。其中离子注入是有效的。例如：TiN 和 TiC 是工业上两种广泛实用的薄膜材料，它们具有高硬度、低摩擦因数以及优良的热稳定性和化学稳定性；缺点是薄膜与基底结合力差，抗疲劳性能较低。TiN 和 TiC 两种薄膜经过离子注入后，形成三元固溶体的复杂结构，从而使力学性能和化学性能获得显著提高。

人们对 C 和一些金属离子注入 TiN 薄膜做了对比研究。例如：对 C、Zr、Al 和 Cr 的注入硬化效果进行比较，发现 C 离子注入硬化效果最好，最高硬可达到 5000HV，是未注入 TiN 膜硬度的 2.65 倍，抗磨损效果也最好。Zr 和 Cr 注入硬化效果次之，抗磨损效果比 C 离子注入差。Al 注入硬化效果最差，退火前的最大硬化率仅在注入量为 $4 \times 10^{17}/cm^2$ 和束流密度低到 $17\mu A/cm^2$ 时才能达到 1.13 倍；较大的束流密度下注入使 TiN 膜软化，但是摩擦因数低，抗磨损效果却比 Zr 离子注入效果好。X 射线分析表明，C 或金属离子注入 TiN 膜后，部分 TiN 相与注入原子形成了三元固溶体相。

关于离子注入对薄膜的抗氧化特性的影响，研究结果表明，Al 离子经过 $3 \times 10^{17}/cm^2$ 注入 TiN 和 TiC 薄膜后，分别在 1100K 和 1150K 时出现氧化增重量明显增加，而未注入的 TiN

和 TiC 薄膜分别在 750K 和 1000K 时就会出现氧化增重量明显增加。这说明 Al 注入后 TiN 和 TiC 膜的抗氧化性能得到较显著的改善。

2. 阳离子萃取技术

萃取过程可使物质分离和富集或提纯，通常是指液—液萃取。在一定条件下，也可实现固—固萃取。氮化硅陶瓷采用阳离子萃取技术，明显地改善了抗氧化性能。

氮化硅（Si_3N_4）具有高强度、高硬度、自润滑、耐高温、抗热震及稳定性好等优点，是一种优良的高温结构陶瓷材料。但是，Si_3N_4 在常压下没有熔点，如用 CVD、高温热等静压方法制备纯的 Si_3N_4 陶瓷，则成本太高。通常 Si_3N_4 陶瓷是添加 MgO、Al_2O_3、Y_2O_3、La_2O_3、CeO_2 等烧结助剂后由热压、气压或反映烧结而制成的多相体。这些烧结助剂的离子虽有助熔、促进烧结的作用，但又使 Si_3N_4 陶瓷的高温抗氧化性大大降低，其高温氧化速率约比用 CVD 法制造的 Si_3O_4 陶瓷高 2~3 个数量级，并且在伴有水蒸气、杂质及其他可反应的气相和液相存在时，氧化速率将进一步提高。如何降低 Si_3N_4 陶瓷的高温氧化速率，是一个重要的课题。用一些涂覆、离子注入法都可有效提高氮化硅的高温抗氧化性能，而采用阳离子萃取技术也是一种行之有效的改性方法。它主要由以下三个步骤组成：

1）氧化。即在高温下氧化气氛中保温适当时间，使 Si_3N_4 陶瓷表面生成一定厚度的氧化层。

2）萃取。将氧化处理过的陶瓷置于 Ar 气氛中萃取适当时间，使大量烧结助剂离子由晶界向氧化层扩散。

3）腐蚀。将充分扩散后的陶瓷，置于 HF 溶液中，使表面氧化层腐蚀掉。

经上述处理后，氮化硅陶瓷的抗氧化性能约可提高 3~4 倍。影响工艺效果的主要因素是预氧化的温度和时间，以及萃取的时间和温度。通常选择氧化速度较快、氧化层平整时的温度作为预氧化的温度。预氧化层较厚，萃取温度较高，萃取时间较长，都有利于良好纯化层的形成。待良好纯化层形成后，再增加萃取时间，则对高温抗氧化性能的提高效果不明显。

3. 高能束辐射技术

先进陶瓷的发展趋势之一，是由单相、高纯材料向多相复合陶瓷方向发展，即制备出具有优异性能的各种复合材料。其中，纤维增强陶瓷基复合材料为重要的一类复合材料。

复合材料由基体材料和增强相构成，增强相是材料的主要承载体，应具有高于基体材料的强度和模量。基体相主要起黏结剂的作用，对纤维相有湿润性，保证基体相与纤维相之间的良好结合，并且把力通过两者界面传递给纤维相。陶瓷纤维是多晶和单晶陶瓷纤维以及晶须的总称，具有有机纤维无法比拟的耐高温、抗氧化、高强度和高模量的特点。它包括氧化物纤维（如 Al_2O_3、SiO_2、ZrO_2 等纤维）和非氧化物纤维（如 BN、SiC、Si_3N_4、B 等纤维）两类。制备的方法主要有三种：①化学气相沉积法（CVD），例如在钨或碳芯上用 CVD 法制备的 SiC 纤维；②聚合物前驱体分解法，例如用有机金属聚合物碳硅烷前驱体，经高温分解反应制备的 SiC 纤维；③溶胶-凝胶法，例如制备 Al_2O_3 纤维时，先配制溶胶，浓缩成黏滞的凝胶，纺丝成前驱体纤维，最后焙烧成 Al_2O_3 纤维。同一种陶瓷纤维可能有多种制备方法。例如氮化硼（BN）纤维属多晶纤维类，有 BN 复合纤维和纯 BN 纤维两种。BN 复合纤维是在钨丝上用 CVD 法制得的；而纯 BN 纤维，可以由 B_2O_3 纤维氮化而来，也可以有硼氮烷类聚合物先驱体纤维裂解转化而来。

陶瓷纤维有不少重要用途，用作复合材料增强相时，不仅用于陶瓷基复合材料，也可用于聚合物基、金属基复合材料。尤其在陶瓷基复合材料中，通常要求陶瓷纤维具有高强度、高模量、耐高温、抗氧化、化学稳定、与基体材料接近的热膨胀系数等性质。要达到这些要求，除了选择好基体材料和陶瓷纤维之外，还通常需要进行合适的表面处理。其具体方法较多，大致可分为两类：涂层法以及涂层法之外的表面改性法。后一类表面改性法中，高能束辐射是一种实际实用的方法。

以碳化硅纤维为例。它以 β-SiC 纤维为主，纤维密度为 $2.55 \sim 2.1\,g/cm^3$，直径为 $10 \sim 14\mu m$，抗拉强度为 $2.6 \sim 3GPa$，模量为 $220 \sim 420GPa$，耐热温度为 $1200C$，属半导体，其电阻率可在 $10^{-1} \sim 10^7\,\Omega \cdot cm$ 之间调节，具有高强度、高模量、耐高温和抗氧化等性能。前驱体法是生产碳化硅纤维的一种方法，虽然 SiC 纤维和工作温度较高，可达 $1000C$，然而其氧含量高达 $10\% \sim 15\%$（质量分数），在更高温度下，SiC_xO_y 复合相分解逸出小分子气体，使纤维显著失重，内部产生缺陷，并伴随着晶粒迅速长大，导致纤维性能急剧下降。纤维中氧的引入主要是不熔化处理时氧化交联的结果；为提高 SiC 纤维的耐高温性能，必须降低纤维中的氧含量。日本学者在 20 世纪 90 年代初，将有机金属聚合物碳硅烷前驱体经高温分解制备的 SiC 纤维（商品名：Nicalon），在氦（He）气中用电子束辐射，使纤维中氧含量大幅度降低，从而制备出低含氧量的 SiC 纤维（商品名：Hi-Nicalon）。随后，根据 Si 和 C 的原子配比，研制出接近理想配比的 S 型 Hi-Nicalon 纤维。

又如氮化硅纤维，可用多元碳硅化物为先驱体，在高于 $300℃$ 的温度下形成有机高分子纤维，然后在氨气氛中用高能束（2MeV）对纤维进行辐射处理。由于多元碳硅化物分子间产生相互交联，所以纤维随温度升高仍保持原有形状，再在氨气氛下加热至 $1000℃$，就转化为氮化硅纤维，室温抗拉强度为 $2.5GPa$，而在 $900 \sim 1300℃$ 高温下的抗拉强度远高于氧化铝和石英玻璃纤维，并且具有良好的绝缘性。

8.2.4　生物无机非金属材料的表面改性

生物材料又称生物医学材料，是一类与生物系统相结合，用来诊断、治疗或替换生物机体中的组织、器官或增强它们功能的材料。生物材料与其他功能材料的主要区别是：不仅要求有稳定的力学性能和物理性能，而且必须满足生物相容性和具有必要的化学惰性的要求以及安全和卫生。所谓生物相容性是指生物材料在特定的应用中，可引起适当的宿主反应和产生有效作用的能力，并且与生物体接触时并无不利的影响，自身性能和机能也不受生物体组织的影响。生物材料有金属材料、无机非金属材料、高分子材料和复合材料四大类；它可以是天然材料、合成材料或两者的结合，也可以是有生命力的活体细胞或天然组织与无生命的材料结合而成的杂化材料。

生物无机非金属材料包括生物玻璃、生物陶瓷、生物水泥以及生物玻璃陶瓷等。它们的优点主要是在生物体内化学稳定性好，生物相容性好，抗压强度高，易于高温消毒等；而缺点是脆性大，抗冲击性能差，加工成形困难等。为使生物无机非金属材料具有较适宜的表面性能或具有某些特定的功能，可对其进行表面处理，有时也称表面修饰。

1. 生物陶瓷的表面改性

生物陶瓷可以分为四大类：①接近惰性的生物陶瓷，例如氧化铝、氧化锆、碳纤维等都是能长期使用的惰性生物陶瓷；②表面生物活性陶瓷，这类材料的组成中含有能够通过人体正常的新陈代谢途径进行置换的钙、磷等元素，或含有能与人体组织发生键合的羟基（—OH）等基团，与生物组织表面发生化学键合，表现出极好的生物相容性；③可吸收生物陶瓷，如β-磷酸三钙、磷酸钙骨水泥等，它们是一种暂时性的替代材料，植入人体后会被逐渐吸收和降解；④生物陶瓷复合材料，包括生物陶瓷或生物陶瓷与其他材料的复合。生物陶瓷在临床上主要用于肌肉、骨骼系统等硬组织的修复和替换，以及用于心血管系统的修复和制作药物释放的传递载体。还有一些陶瓷材料在使用时不与生物基体直接接触，主要用于固定酶、分离细菌和病毒以及作为生物化学反应的催化剂等。这类材料被广义地归为生物陶瓷。

生物陶瓷的表面改性受到了人们的重视，不少研究成果已用于临床或治疗。

研究发现，生物陶瓷表面形态对生物材料的活性发挥是有影响的：表面粗糙或设计成螺旋状可提高种植体与周围组织的接触面积，从而使其活性得到更大发挥；有报道称，表面粗糙度有一个最佳范围，当表面粗糙度 Ra 为 $1 \sim 3 \mu m$ 时，可显著促进细胞在材料表面的附着生长和降低包囊组织的厚度，更粗糙和更光滑的表面则无此效应；表面平整光洁的材料与生物组织接触后，周围形成的是一层较厚的、与材料无结合的包囊组织，这种组织由纤维细胞平行排列而成，容易形成炎症和瘤；进一步研究表明，与骨接触的材料表面具有一定表面粗糙度，会促进骨与材料的接触，可显著促进矿化作用；粗糙表面的形态还对细胞生长有"接触诱导"作用，即细胞在材料表面的生长形态受材料表面形态的调控，并且在随后的组织生长过程中仍会影响组织生长的取向。因此，生物陶瓷在用于种植体等场合时，需要通过一定的表面处理来获得合适的表面粗糙度和表面形态。

羟基磷灰石生物活性陶瓷是由羟基磷灰石（HA）构成的生物活性陶瓷，具有优良的生物相容性，其 Ca 与 P 摩尔比为 1.67，在 1250℃ 以下是稳定的，致密 HA 的抗压强度为 400 ~917MPa，抗弯强度为 80 ~ 195MPa，用于人体硬组织的修复和替换，如人工骨、牙种植体、骨充填材料等。但是，块状的 HA 陶瓷的脆性大，在生理条件下易发生疲劳破坏，所以单独作为承载种植材料是困难的。人们将羟基磷灰石颗粒与氧化物陶瓷组成羟基磷灰石-氧化物陶瓷复合材料，将羟基磷灰石颗粒与高分子聚乙烯组成羟基磷灰石增强聚乙烯复合材料。另一方面，将羟基磷灰石作为涂层材料，用等离子喷涂、涂覆-烧结、电化学、溶胶-凝胶、仿生溶液生长、激光熔覆、爆炸喷涂等表面技术，涂覆在金属基体表面，既改变了金属材料的无生物活性、易腐蚀的特点，又能克服生物陶瓷材料力学性能差的缺陷，成为一种较为理想的硬组织植入材料。其中，利用等离子喷涂法，将羟基磷灰石喷涂在钛（Ti）种植体的表面，显著改善了钛种植体的生物相容性，制成良好的骨替代产品。它还存在一些问题，需要通过表面改性等方法来解决。例如：怎样更好地发挥活性物质的作用？研究表明，减小材料表面的晶粒尺寸，增多表面缺陷，有利于对活性物质的吸收。研究还表明，纳米级的 HA 微观结构类似于天然骨基质，因此纳米粒子在植入人体后，可以很好地与人体骨组织结合，加快涂层与骨的键合，提高种植体的稳定性。

2. 生物玻璃的表面改性

生物玻璃是一类具有生物活性、能诱发生物学反应从而实现一定生物学功能的医用玻璃。其主要由 $Na_2O\text{-}CaO\text{-}SiO_2\text{-}P_2O_5$ 等系统为基础形成，植入人体内能在其表面形成羟基磷灰石层，与组织形成化学键结合，主要用于人工骨、指骨、关节等的制备。另一种实用状态为涂层，即在医用金属或生物惰性陶瓷基底上形成生物玻璃涂层，用作骨、牙等硬组织的替换材料。常用的基底有 Fe-Cr-Ni-Co 合金、Ti-6Al-4V 合金等。

$Na_2O-CaO-SiO_2-P_2O_3$ 系统的生物活性玻璃，与人体相容性好，可与骨骼牢固地结合在一起，经多年临床试验，现已批量生产。这种玻璃是在 1971 年由美国 Hench 教授发明的。生物玻璃的活性与其组成有关：SiO_2 的质量分数应低于 60%，并且具有高含量的 Na_2O 和 CaO 以及高的 CaO 与 P_2O_5 摩尔比。用溶胶-凝胶法制备的多孔玻璃材料可以进一步提高原材料的生物活性。另一类具有良好表面活性的生物玻璃是生物微晶玻璃，人们先后开发了多种实用的生物微晶玻璃，如由德国 vogel 教授研制的 $CaO-K_2O-MgO-Na_2O-P_2O_5-SiO_2$ 系统的生物微晶玻璃，由日本小久保正教授发明的 $CaO-MgO-P_2O_5-SiO_2-F$ 系统的生物微晶玻璃（成为 A-W 微晶玻璃）等。A-W 微晶玻璃具有很高的抗折强度和优异的生物活性，可用于脊椎、胸骨等部位，现已批量生产。这些成果给生物玻璃的表面改性研究以良好的启迪。

8.3　高分子材料表面改性

高分子材料的表面性质由表面结构和化学组成决定。现有的表面性质往往不能满足实际应用的需要。例如：PP、PE、PS、PVC、PTTE 等聚烯烃材料是经常使用的高分子材料，而这些材料因其表面能低，故表面呈惰性，对水不浸润，施涂性、染色性和印刷性差，与其他材料接触时产生静电等，严重影响了使用或后续加工。为了改善高分子材料表面性质，如亲水性、疏水性、导电性、抗静电性、表面粗糙度、光泽、黏结性、润滑性、抗污性、生物相容性、表面硬度、耐磨性、抗划伤性等，就需要进行涂装、电镀、化学镀、热喷涂、真空镀、印刷等覆盖处理，以及偶联剂处理、化学改性、辐照处理、等离子体改性、火焰处理、生物酶表面改性等各种表面改性处理。本节介绍几种重要的高分子材料表面改性技术。

8.3.1　偶联剂处理

偶联剂是一类能使两种性质截然不同、原本不易结合（黏结）的材料经它处理后，通过化学的和（或）物理的作用较牢固地结合（黏结）起来的特殊化学物质。其分子结构中存在两种官能团，一种官能团可与高分子基体发生化学反应或至少有好的相容性，另一种官能团与无机物（玻璃、填充剂、金属）形成化学键，以此可以改善高分子材料与无机物之间的界面性能，提高其界面黏结性。主要品种有：硅烷偶联剂、钛酸酯偶联剂、有机铬偶联剂、铝酸锆偶联剂及高分子偶联剂等。常用的品种是硅烷偶联剂和钛酸酯偶联剂。

1. 硅烷偶联剂

1945 年美国联碳（UC）和道康宁（Dow Corning）等公司公布硅烷偶联剂之后，已有了系列产品（如改性氨基硅烷偶联剂、含过氧基硅偶联剂、叠氮基硅烷偶联剂等）问世。它们的通式为 $R_nSiX_{(4-n)}$，其中：

1）R 为非水解的、可与有机基体进行反应的活性官能团，如乙烯基、环氧基、甲基丙烯酯基、疏基等。

2）X 为能够水解的基团，如甲氧基、乙氧基、卤基、过氧化基、多硫原子基团等，它们在水溶液、空气中的水分或无机物表面吸附水分的作用下均可引起分解，与无机物表面有较好的反应性。

硅烷偶联剂可用在各种环境条件下做有机高分子材料与无机物之间的黏结增进剂，起提高复合材料性能和增强黏结强度的作用。硅烷偶联剂有不少品种，可参考改性材料的化学结构来选用。硅烷偶联剂中有机官能团对聚合物的反应有选择性，如氨基易与环氧树脂、尼龙、酚醛树脂反应，而乙烯基易与聚酯等反应。

2. 钛酸酯偶联剂

20 世纪 70 年代，美国 Kenrich 石油化学公司首先开发出这类偶联剂，至今已有几十个品种。其通式为（RO）$_m$Ti（OXR'Y）$_n$，其中：

1）RO 基团与无机填料表面的羟基、表面吸附水和 H$^+$ 起作用，形成能包围填料单分子层的基团。

2）Ti（OX）为与聚合物原子连接的原子团（粘合基团），可以是烷氧基、羟基、硫酰氧基、磷氧基、亚磷酰氧基、焦磷酰氧基等。这类基团决定着钛酸酯偶联剂的特性。

3）R'为长链部分，可与聚合物分子缠绕，即长链的缠绕基团，保证与聚合物的分子混溶，提高材料的冲击强度，对于填料填充体系而言，可降低填料的表面能，使体系的黏度显著降低，并具有良好的润滑性和流变能。

4）Y 是与钛酸酯可进行交联的官能团，即固化反应基团，包括不饱和双键、氨基、羟基等。

5）通式中 m、n 为官能团数，可据此控制交联程度。

钛酸酯偶联剂按分子结构和偶联机理可分为单烷氧基型钛酸酯、单烷氧基焦磷酸酯基钛酸酯、螯合型钛酸酯和配位体型钛酸酯。不同类型的钛酸酯偶联剂处理不同的无机物：单烷氧基型钛酸酯只适合不含游离水而含化学键键合或物理结合水的干燥填充剂（如碳酸钙、水合氧化铝）体系；单烷氧基焦磷酸酯基钛酸酯适合于含湿量较高的填料（如陶土、滑石粉）体系；螯合型钛酸酯适用于高湿填料和含水聚合物体系；配位体钛酸酯适合于多种填充体系。

钛酸酯偶联剂是为了解决硅烷偶联剂对聚烯烃等热塑性塑料缺乏偶联效果而研制的，它在使用中有相当好的效果。

8.3.2　化学改性

高分子材料表面的化学改性主要有三个含义：①采用某种化学试剂处理聚合物的表面，使其形成一定的粗糙结构或将其表面蚀刻成多孔性结构，改善表面的附着力；②通过化学反应，在聚合物表面产生羟基、羧基、氨基、磺酸基、不饱和基团，或是在聚合物表面接枝一定的改性链段，从而活化聚合物的表面，提高它与其他物质的黏结能力；③赋予聚合物表面的某种特性。

1. 化学表面氧化

它是主要采用氧化剂，使聚合物表面氧化或磺化，以改变表面粗糙度和表面极性基团含量的一种表面改性方法。对于不同的聚合物，要恰当选择氧化剂。例如聚烯烃类塑料制品，常用的氧化剂有无水铬酸-四氯乙烷系、铬酸-硫酸系、氯酸-硫酸系、重铬酸盐-硫酸系、铬酸-乙酸系、（NH$_4$）$_2$S$_2$O$_3$AgNO$_3$ 等。又如氟塑料制品，一般采用碱金属氨分散液、芳香烃稠环化合物及醚类等。

（1）铬酸-硫酸氧化法　在诸多的氧化剂中，铬酸-硫酸系是最常用的氧化剂，可在多种塑料的表面引入 C＝0、—COOH、＝C—OH、—SO$_3$H 等极性基团，使塑料由低表面能变为高表面能，增强了塑料表面的结合力。同时在氧化过程中，聚合物表层部分分子链断裂，形成一定的凹坑结构，增加表面粗糙度，从而增强了表面结合力。现以 PP 和 PE 的表面处理为例说明如下：

1) 选用 H_2SO_4-CrO_3 系的氧化剂。它的强氧化作用使 PP 和 PE 表面上的双键 $C=O$ 氧化成醚键基、羰基、羟基和烷基磺酸酯基 R-SO_3H 等极性基团。其反应过程是先生成初生态 $[O]$，即 $H_2SO_4 + CrO_3 \longrightarrow Cr_2(SO_4) + H_2O + [O]$，然后由 $[O]$ 对 PP 和 PE 表面进行强烈的氧化。在极性基团中，特别是在羟基中，可使塑料表面活化，在表面链断裂处产生较多亲水性极性基团，显著提高了塑料表面的亲水性，有利于化学结合力和涂层黏结力的增强。

2) 用 H_2SO_4-CrO_3 系进行表面处理。其中，H_2SO_4 为强酸，CrO_3 为强氧剂，能使 PP 和 PE 表面分子被腐蚀（蚀刻）和断链（氧化），即长链高分子断裂成短链高分子，再变为小分子，从而得到粗化的效果。

在氧化剂处理时，要注意以下几点：①依据聚合物的耐酸及氧化能力，选择合适的酸和氧化剂；②选择合适的处理温度，一般应低于聚合物热变形温度 15～30℃；③要通过试验来确定处理液中各组分的用量和时间。

（2）臭氧及过氧化物氧化法　臭氧的氧化能力较强，可以对聚合物表面进行改性。例如：聚丙烯经臭氧氧化处理后，表面的接触角由 97° 下降到 67°，临界表面张力由 2.95×10^{-5} N/cm 增加到 36.0×10^{-5} N/cm。过氧化物是含有过氧离子 O_2^- 或过氧链—O—O—的化合物，一般具有强氧化性，可用作一些聚合物的表面改性。例如：在兔毛纤维等蛋白质类纤维材料中，所用的蛋白酶的分子较大，不易进入兔毛纤维鳞片层的内部，或存在酶处理不均匀，故需进行过氧化氢的预处理，使纤维表面鳞片疏松、膨胀、软化，并且相对于一些还原剂、氧化剂等处理剂，过氧化氢对兔毛蛋白质的氧化比较缓和，且无污染。

（3）钠蚀刻法　对于化学稳定和难以黏结的氟碳聚合物，可用这个方法来提高黏结性能。例如：聚四氟乙烯（PTFE）的分子链上由强氟碳键构成，具有优异的耐化学腐蚀性能，但难于黏结。为提高它的黏结性能，可利用高反应活性的钠-萘溶液进行表面改性。钠-萘溶液的常用配方是：四氢呋喃 1L，萘 128g，钠 23g。处理时，PTFE 表面上的部分氟原子因 C—F 键的破坏而被除掉，并且留下碳化层和羰基 $\diagdown C = O \diagup$、羧基 $-\overset{\overset{O}{\|}}{C}-OH$ 等极性基团，从而使 PTFE 的表面能增加，接触角减小，湿润性提高，采用氯 T-酚醛黏结剂粘合，180° 剥离强度可达 32.0MPa。

（4）碱处理法　这种表面处理法常用于天然纤维和合成纤维的表面改性。例如：在棉纤维的丝光处理过程中，小分子的碱液较容易进入纤维结晶的链片间隙，使片间氢键破裂，还除去部分粘连物质，从而分散成直径较小的纤维。经碱液处理后，其他反应试剂更容易接触纤维表面的羟基，并与之发生反应。

2. 化学法表面接枝

聚合物的表面接枝与一般所说的接枝共聚物是不相同的。

（1）接枝共聚物　又称接枝聚合物，其高分子主链是由一种（单体）结构单元连结而成的均聚物，而支链则由另一种（单体）结构单元形成的均聚物。接枝共聚物的制备，通常由两种单体分别经预聚后再相互反应而成，或将两种单体中的一种单体的均聚物分子主链上引入一些接枝点或可反应功能团，再加入第二种单体进行反应形成支链。此类共聚物往往具有构成它的两种或三种均聚物性能加合的特性。例如：丙烯腈—丁二烯—苯乙烯共聚物（ABS 树脂）就是一种接枝共聚物，兼有聚苯乙烯良好的加工性、聚丁二烯的韧性与弹性、聚丙烯腈的高度耐化学稳定性与硬度等，综合性能优良。

（2）表面接枝　这是一类非均相反应，接枝改性的材料是固体，而接枝单体则多为气相或液相，接枝反应仅发生在固体高分子材料表面，改性材料的本体仍保持原状。因此，表面发生接枝的产物不能称为接枝共聚物，只能称为表面接枝改性聚合物。这层从表面上生成的接枝聚合物层具有特殊的性能，从而在本体性能不受影响的情况下使聚合物得到显著的表面改性效果。例如：聚丙烯纤维增强混凝土，为提高纤维的表面亲水性，可通过强氧化剂氧化，在纤维表面形成接枝活性点，再与带活性官能团的单体发生接枝反应；所采用的引发剂包括过氧化苯甲酰（BPO）、高锰酸钾/硫酸体系，接枝单体包括丙烯酸单体、不饱和羧酸等。

8.3.3　辐射处理

聚合物表面辐射处理是指利用各种能量射线进行辐射，促使聚合物表面氧化、接枝、交联等，从而实现表面改性的一种方法。可进行辐射处理的射线类型较多，如激光、电子束、紫外线、X 射线、γ 射线等。

1. 紫外线辐射处理

例如：聚丙烯可用 γ 射线、X 射线及紫外线等进行辐射黑醋栗，使聚丙烯材料表面发生氧化、交联及与极性单体的接枝共聚，生成极性基团，从而提高表面的极性和黏结性。其中，紫外线辐射是经常使用的一种表面改性方法。研究表明：在紫外线波长小于 253.7nm、存在氯气以及压力小于 0.13kPa 的条件下辐射 30min 后，其附着剥离强度迅速增加；当以中压汞灯为光源，辐照温度为 40℃，处理聚丙烯后，在表面发现羰基和羟基等极性基团增加，同时出现了聚合物键的断裂现象。

又如聚酯类塑料也经常采用紫外线辐射处理：以低压汞灯为光源，经紫外线辐射处理的聚酯，其附着力可比未处理的提高 15 倍左右。聚酯采用紫外线处理的效果较显著，主要是因为其含有苯环，光学活性大。

2. 辐射接枝改性

利用电离辐射，尤其是能量高、穿透力强的 γ 射线辐射，对固态纤维进行接枝改性时，可以在整个纤维中均匀地形成自由基，便于接枝反应的进行，因而比化学法接枝更为均匀有效。常用的辐射接枝法按照辐射与接枝程序的不同，可以分为以下两种：①共辐射接枝法，即辐照与接枝同步进行；②预辐射接枝法，即辐照与接枝分步进行。

预辐射接枝法是将聚合物 A 在有氧或真空条件下辐照，然后在无氧条件下放入单体 B 中进行接枝聚合。其缺点是产生的自由基存活时间不长，接枝时的自由基利用率低。

共辐射接枝法是指待接枝的聚合物 A 和乙烯基单体 B 共存的条件下辐照，其中 B 可以是气态、液态或溶液状态，与 A 保持良好的接触。辐照会在聚合物 A 和单体 B 上同时产生活性粒子，相邻两个自由基成键，单体发生接枝聚合反应。其优点是聚合物自由基的利用率可高达 100%，共辐射接枝要求辐射剂量较低，同时单体 B 对聚合物 A 有一定的保护作用。它的缺点是在体系发生接枝反应的同时，单体 B 会发生均聚反应，降低了接枝效率，并且生成的均聚物附着在聚合物的表面而增加了去除均聚物的难度。

通过共辐射接枝，可以改善聚合物的亲水性、耐油性、染色能力、抗静电性、可印刷性、防霉性、抗溶剂性、导电性、生物相容性等。例如：将乙烯基单体接枝在聚偏氟乙烯超滤膜上，再进行磺化，使聚偏氟乙烯成为具有磺酸基团的聚偏氟乙烯，改善了膜表面的亲水性，有利于提高膜的抗污染性能。在改性过程中，增加辐射剂量，延长接枝反应时间，适当提高磺化反应温度和延长磺化反应时间，这样可增加膜的交换容量。

共辐射接枝的表面改性处理还有其他一些重要的应用，如改善共混体系的相容性，提高增强纤维与树脂基体的黏结性，以及制备一些具有某种特殊性能的功能材料。

8.3.4 等离子体改性

利用非聚合性无机气体（如 Ar、N_2、H_2、O_2 等）的辉光放电等离子体，可以对塑料、纤维、聚合物薄膜等高分子材料进行表面改性处理，有效地改善其表面性质以适合各种用途。

等离子体表面处理的优点主要是：作用深度仅为高分子材料表面的极薄一层，厚度在几微米以下，即表面得到改性而材料体相不受影响；它为一种干式工艺，省去了湿法化学处理工艺中不可缺少的烘干、废水处理等环节，节能而且环保；处理效果显著，并且处理效果的持续时间也比较长。因此，高分子材料的等离子体表面改性技术获得了普遍使用。

1. 等离子体与高分子材料表面的作用

（1）物理作用 即等离子体中带电粒子轰击聚合物表面，形成了微细的凹凸群和增大了表面积，对附着力或黏结性的改善起了很大的作用。带电粒子的轰击，一方面引起聚合物表面的溅射侵蚀，而表面的晶体部分和非晶部分被侵蚀的速率不同，造成微细的凹凸群，另一方面被溅射出来的物质分解生成的气态成分在等离子体中受到激励后又会向表面逆扩散。这样边侵蚀边重新聚合的结果，使聚合物表面形成大量凸起物，进一步增大了表面粗糙度和表面积。

（2）化学作用 等离子体表面处理能有效地使聚合物表面产生大量自由基，实际上这种过程在数十秒到几秒的短时间内就产生了。例如 O_2 等离子体的辉光放电可产生多种活性成分：

$$O_2 \xrightarrow{\text{等离子体化}} h\nu + e + O_2^+ + O_2^{\cdot} + O^{\cdot} + \cdots$$

式中，$h\nu$ 为等离子体辐射的紫外线；O_2^+ 为 O_2 放出一个电子成为正离子；$O_2^{\cdot}$ 和 $O^{\cdot}$ 为氧自由基。等离子体中的这些活性成分与聚合物表面发生一系列自由基反应，新产生的自由基还可以继续参与各种反应。例如：在表面导入各种官能团，与其他高分子单体反应形成表面接枝层或形成交联结构的表面层等。显然，这些后续反应对表面改性起重要作用。

由等离子体产生的表面自由基，通过气体等离子体的辉光放电，可以把相应的官能团导入高分子材料表面，并且进而加以固定。其中含氧官能团的导入更为普遍，如—OH、—OOH 等。最典型的例子是当聚合物表面与氧等离子体接触时，产生自由基羟基化或羧基化，使聚合物表面产生了含氧基团，对改善聚合物表面的润湿性、附着力或黏结性起着显著的作用。

2. 等离子体改性的实例

1）在纤维增强聚合物基复合材料中，所使用的纤维如碳纤维、芳纶、聚苯并双恶唑

（PBO）等，与聚合物如环氧、酚醛等基体材料之间的黏结性差，极易形成复合界面的弱层结构。利用等离子体表面处理，可以显著改善纤维与基体材料的黏结性。

2）利用氧化性的气体等离子体对 PP 进行表面处理，并将其在真空下热压到低碳钢板上，可以大大提高热压材料的抗剪强度。

3）为了提高溅射镍层在有机玻璃（聚甲基丙烯酸甲酯，PMMA）上的附着力，有机玻璃在溅射镀镍之前先进行等离子体表面处理。例如：将有机玻璃放在工作室内，抽真空至 2×10^{-2}Pa，再充氩气至真空度 2.2Pa，加轰击电压为 3000V，电流为 0.2A，轰击 3min，离子轰击后关闭氩气阀和轰击电源，抽高真空达 6×10^{-3}Pa，充氩气至真空度 1.7×10^{-1}Pa，接上溅射电源，电流为 40A，电压为 480V，溅射时间为 1min。这种等离子体的表面处理，显著提高了溅射镀镍层在有机玻璃上的附着力。生产上一种简便的判别方法是用标准黏胶纸做拽拉试验。试验表明，未做表面改性的，当用标准黏胶纸紧贴有机玻璃表面后迅速拽拉，黏附在胶纸上的镍层就会与有机玻璃脱离。等离子体表面处理后，这种现象就不会出现，即溅射镍层牢固地附着在有机玻璃表面上。

4）高密度聚乙烯（HDPE）薄膜分别用 O_2 和空气做辉光放电的工作气体，进行等离子体表面处理，然后测定薄膜与蒸馏水接触角 θ 随处理时间 t 变化的曲线。测试表明：处理前，HDPE 薄膜与蒸馏水的接触角为 84°；用 O_2 工作气体处理 1s 时，接触角下降至 51°，在 10s 内下降较快，1min 后趋于平缓，大约为 27°；用空气处理 1s，接触角下降至 53°，在 10s 内也下降较快，但比 O_2 处理略慢些，1min 后基本上与 O_2 处理一致，最后接触角趋于 27°左右。

8.3.5　酶化学表面改性

1. 酶的特性

酶是生物体内自身合成的生物催化剂。多数酶的化学组成为蛋白质，现已鉴定出 3000 种以上的酶。根据酶的作用可以分为六大类：氧化还原酶、转移酶、水解酶、裂解酶、异构酶和连接酶（合成酶）。这些酶都有一定的功能和作用。例如：用于化妆品的超氧化物歧化酶（SOD），能清除人体内过多的超氧化性物质和超氧自由基（人体的致衰老因子）；含 SOD 的化妆品有防止皮肤衰老、起皱作用，并有消除色素沉着、增白及防晒等功效。

酶具有催化效率高、专一性强以及容易受外界（强酸、强碱、高温等）作用而失活等特点。酶通常以亲液胶体形态存在，分子大小为 3～100nm。酶在催化作用上通常具有如下三个特点：①选择性很高，即具有作用专一性或底物专一性，后者表示一种酶对其作用底物具有严格选择性；②效率（活性）很高，如一个过氧化氢分解酶分子在 1min 内可分解 5000 万个过氧化氢分子；③反应条件温和，可在室温、常压和中性 pH 值下进行。

近年来发现，某些核糖核酸（RNA）分子也具有酶的活性，因此，蛋白质不是生物催化剂组成中的唯一物质。酶在水溶液中一般不很稳定，使用过程中易流失，回收困难，不能重复使用，故常将水溶性酶用一定方法处理，使其成为不溶于水但仍保持酶活性的酶的衍生物，成为固定化酶。酶在生理学、生物化学、农业、工业等领域具有重大意义。

2. 酶在聚合物表面改性中的应用

主要应用在天然纤维织物和皮革制品方面，也可应用于合成纤维等聚合物方面。现举例如下：

1）为提高纱线的强度、纤维抱合力、纱的润滑性和抗静电性，常用淀粉浆（棉）。PVA、羧甲基纤维素、聚丙烯酸酯（涤、锦）等对其进行上浆处理。如果采用碱退浆，则存在堆置时间长、不利于生产的连续化、织物再沾污以及造成环境污染等大问题。酶退浆是绿色纺织的一项重要技术，它是利用酶的特点，将淀粉催化水解变成可溶状态的小分子，易于洗去，达到高效、环保退浆的目的，同时对纤维的损伤不大。对于淀粉浆料，可用 α-淀粉酶对其进行降解，最终得到小分子的葡萄糖。

2）牛仔布的"酶洗"。它是将牛仔布上的浆料充分去除，利用纤维素酶对牛仔布表面的剥蚀作用，使部分纤维素水解，造成纤维在洗涤时借助于摩擦而脱落，并把吸附在纤维表面的靛蓝染料一起去除掉，从而产生石磨洗涤的效果。酶洗工艺可减少浮石用量，减少浮石对机器的损伤，降低浮石尘屑对环境的污染；同时也缓和对缝线、边角、标记的磨损。酶洗可以使牛仔布获得艳丽的外表和柔软的手感，以及通过多种酶的组合和不同的工艺而取得数百种的外观效果。

3）制革是一个复杂的过程，从裸皮到成革，需要上百种化工原料和几十道工序。其中，脱毛和修饰是两个重要环节，使用酶制剂，相对于传统的处理工艺，具有快捷、高效和环保的优点。酶制剂是从动物、植物、微生物中提取的具有酶活力的酶制品。由于微生物具有繁殖快、品种多、制备成本低等特点，酶制剂的原料几乎都被微生物所取代。酶制剂广泛应用于制药、食品、制革、酿造和纺织工业，对改革工艺、降低成本、节约能源、保护环境起着很好的作用。

第9章 复合表面技术

单一的表面技术往往有着一定的局限性，不能满足人们对材料越来越高的使用要求，因此综合运用两种或两种以上的表面技术进行复合处理的方法得到了迅速发展。将两种或两种以上的表面技术用于同一工件的表面处理，不仅可以发挥各种表面技术的特点，而且更能显示组合使用的突出效果。这种优化组合的表面处理方法称为复合表面处理或复合表面技术。

复合表面技术还有另一层含义，就是指用于制备高性能复合膜层（涂层）的现代表面技术。这里所说的高性能复合膜层与一般材料膜层的简单混合有本质的区别，其既能保留原组成材料的主要特性，又通过复合效应获得原组分所不具备的优越性能。尤其是近 20 多年来迅速发展的在纳米尺度上形成的无机-无机、无机-有机及纳米薄膜交替叠加的复合膜层，由于纳米结构和界面效应可产生许多特异的效能，如较好的力学、电学、热学、磁学、光学、化学性能，以及良好的生物活性、生物相容性和可降解性等，从而使现代表面技术进一步拓宽了应用领域和上升到新的高度。

复合表面技术把各种表面技术及基体材料作为一个系统进行优化设计和优化组合，多年来通过深入研究和不断实践，已经取得了突出的效果，有了许多成功的范例，并且发现了一些重要规律。本章通过某些典型实例的介绍和分析，介绍复合表面技术的重要意义和发展趋势。

9.1 电化学技术与某些表面技术的复合

9.1.1 电化学技术与物理气相沉积的复合

电化学是化学的一个分支，涉及电流与化学反应的相互作用，以及电能的相互转化。电化学的应用领域广泛，在表面处理中主要涉及四个领域：①电化学镀膜，包括电镀、电铸等；②电化学转化，即金属工件在电解液中通过对外电流的作用，与电解液发生反应，使金属工件表面形成结合牢固的保护膜，包括耐蚀阳极氧化、黏结阳极氧化、瓷质阳极氧化、硬质阳极氧化、微弧等离子体阳极氧化和阳极氧化原位合成等；③电化学涂装，即利用电化学原理进行涂装，称为电泳法或电沉积法，包括阳极电泳和阴极电泳两种；④电化学加工，包括电解抛光，以及在电解抛光的基础上，利用金属在电解液中因电极反应而出现阳极溶解的原理，对工件进行打孔、切槽、雕模、去毛刺等加工。

物理气相沉积（PVD）又称为真空镀膜，主要包括真空蒸镀、溅射镀膜、离子镀膜等。真空镀膜属于干法成膜技术，而电镀通常属于湿法成膜技术，两者各有显著的特点。真空镀膜与电镀相比较，主要优点在于：①可对各种基材（包括金属材料、无机非金属材料和高分子材料）进行直接镀膜；②可镀制膜层的材料和色泽种类很多；③镀膜过程和镀膜成分容易控制；④基体材料的前处理较为简单；⑤能耗较低，耗水量和金属材料消耗都很少；⑥不存在废水、废渣的污染，尤其是不存在有毒重金属离子的污染。但是，真空镀膜与电镀相比，也存在一些明显的缺点：①镀层很薄，一般镀层厚度在几微米以下，超过一定厚度后，镀层容易脱落；②通常用来镀覆形状较为简单的工件，而对形状复杂的工件，真空镀膜往往存在较大的困难；③制造大型或高精度的真空镀膜设备，一般需要较大的费用。

电化学技术在表面处理中有着良好的应用前景。如果将电化学技术与物理气相沉积技术优化组合，相互取长补短，就有可能发挥更大的作用。

1. 镁合金的表面处理

镁的密度小（$1.74g/cm^3$），镁合金具有高的比强度、良好的加工焊接性能和阻尼性能，以及尺寸稳定、价格低廉、可以回收利用等优点，因而越来越受到人们的重视。我国是镁资源大国，储量居世界首位，原镁的生产量约占世界的 2/3，目前正在努力从资源优势向经济优势转化，从原镁生产大国向镁合金产品加工和应用的强国迈进。镁的化学性质活泼，Mg 和 Mg^{2+} 的标准电极电位为 $-2.37V$（25℃，离子活度为 1，分压为 $1 \times 10^{-5}Pa$），是非常负的，很差的耐蚀性严重地制约了镁合金的实际应用。采用电化学技术，可以显著改善镁合金的耐蚀性，目前已经取得很大的进展，成为镁合金表面处理的重要方法。然而，单一的电化学处理仍然面临较大的困难。例如：镁合金属于难镀的材料，要在镁合金表面获得优良的电镀层，必然会遇到很大的困难，并且还存在环保等问题。将电化学技术与其他表面技术进行优化组合，是解决这些问题的一个有效途径。其中一个优化组合，是将镁合金表面的防护装饰层设计成由四部分组成（由内向外）：微弧氧化层、电泳镀层、离子镀层、中频磁控溅射镀层。

微弧氧化采用等离子体电化学方法，在镁合金表面形成陶瓷质氧化物膜（包括立方晶 MgO 等多种氧化物），具有高硬度和优良的致密性，大大提高了镁合金表面的耐磨性、耐压性、绝缘性、抗高温冲击性能。膜层厚度可根据需要，通过工艺调整，控制在 $5 \sim 70\mu m$，中性盐雾试验可达 500h，显微硬度约为 400HV，漆膜附着力为 0 级。镁合金微弧氧化层通常具有三层结构，由内到外分别为界面层、致密层和疏松层。界面层是致密层与镁合金基体的结合处，氧化物与基体相互渗透，为一种冶金结合。致密层通常占整个膜厚的 60% ~ 70%，疏松层约占膜厚的 20%。它们的厚度可通过工艺来调节。

虽然微弧氧化层具有优良的性能，但对许多产品来说，在防护和装饰两个方面还不能满足实际需要。采用真空镀膜，可以在微弧氧化层的基础上显著提高表面的防护装饰性能。真空镀膜需要一种平坦和附着力好的基底层。从显微镜观察来看，镁合金微弧氧化层表面有许多沟壑和孔隙。针对这个情况，在微弧氧化处理后，采用电泳涂装是一个较好的方法。作为真空镀与微弧氧化之间的过渡层，通常用具有高 pH 值、高电压、高泳透力的阴极电泳涂料来进行涂装，涂膜厚度为 $18 \sim 20\mu m$，pH 值为 6 左右，施工电压 200V 左右，泳透力（钢管法）> 75%。

有了均匀平坦的电泳涂层，便能用真空镀膜的方法镀覆一层高质量的金属或合金薄膜。真空镀膜在工程上主要有真空蒸镀、磁控溅射和离子镀三种方法，可根据实际要求来选择。例如真空镀铬，可以采用离子镀。它的主要特征是工件上施加负高压（也称负偏压），用来加速离子，增加沉积能量。离子镀的优点主要是膜层附着力好，膜层组织较为致密，绕射性能优良，沉积速度快，可镀基材广泛。目前，生产上使用最多的离子镀是阴极电弧离子镀。这种离子镀的优点很多，尤其是高效和经济，但也存在一些突出的问题，最主要的是"大颗粒"的污染。虽然可采用一定方法减少这种污染，但完全消除是困难的。

　　为了进一步提高真空镀层的性能和可靠性，可在表面再镀覆一层透明的化合物薄膜。一般选择透明的氧化物薄膜，并且采用中频磁控溅射法进行镀覆。实际使用中常采用两个尺寸和外形完全相同的靶（平面靶或圆柱靶）并排配置，称为孪生靶。中频电源的两个输出端与孪生靶相连。两个磁控靶交替地互为阳极和阴极，不但保证了在任何时刻都有一个有效的阳极，消除了"阳极消失"的现象，而且还能抑制普通直流反应磁控溅射中的"靶中毒"（即阴极位降区的电位降减到零，放电熄灭，溅射停止）和弧光放电现象，使溅射过程得以稳定进行。

　　通过上述设计的实施，该复合膜的附着力、表面硬度、耐蚀性、耐热性、耐温变性能等都良好，有可能在汽车、航空、机械、电子等领域获得重要的应用。

2. 高分子材料的表面处理

　　（1）印制板的溅射/电镀复合处理　　经过长期发展，电镀技术已达到高度先进化的程度，从应用领域来看，它已不局限于传统的表面装饰和用作防护层，而且在微电子工业部门成为制备功能材料或微观结构体的重要方法。

　　印制板是印制电路板（PCB）与印制线路板（PWB）的通称，包括刚性、挠性和刚挠结合的单面、双面和多层印制极等。习惯上把 PCB 和 PWB 统称为 PCB。它们都是在绝缘基材上制备的。用于制造 PCB 的绝缘材料中，基材主要有绝缘浸渍纸、玻璃布和塑料薄膜等。绝缘树脂主要有酚醛树脂、环氧树脂、聚酰亚胺树脂和聚四氟乙烯等。印制板制造方法可分为三种：①减成法，即选择性地除去部分不需要的导电箔而形成导电图形的工艺；②全加成法，即在未镀覆箔的基材上完全用沉积法沉积金属而形成所要求的导电图形的工艺；③半加成法，即在未镀覆箔的基材上用沉积法沉积金属，结合电镀或蚀刻，或者三者并用形成导电图形的工艺。

　　在高密度（HDI）板方面，传统的减成法已越来越不适用，半减成法将逐步替代减成法成为高密度板生产的主要工艺，线宽/间距可达 $15\mu m/15\mu m$。要制作微细电路，需要克服侧蚀难点，因此要用超薄铜箔（$5\sim9\mu m$）的覆铜板。在这个趋势下，半导体生产中常用的真空镀膜工艺，特别是磁控溅射镀膜工艺被引用到 PCB 生产工艺中来，成为一种新的工艺技术发展方向。半加成法制作时，先用溅射法在绝缘基板上形成薄的导电层，称为籽晶层。由于绝缘基板与铜的结合力差，需要在两者之间镀覆过渡层，如涂覆 Ni、Cr、NiCr 等。制作完籽晶层后，再电镀 Cu 增厚到 $5\sim7\mu m$。在这项技术中，溅射法所具有的优点，如膜层致密、结晶性好、均匀性好、附着力强、适合大面积生产、无废水废气污染等，得到了充分的体现。溅射法与电镀法的优化组合，是印制板生产的发展方向之一。

　　（2）有机导电纤维和织物表面的电镀/真空镀复合镀　　导电纤维是比电阻小于 $10^5\Omega\cdot$ cm 的纤维，可用作无尘服、无菌服、手术服、抗静电工作服、地毯、毛毯、过滤袋、消电刷、人工草坪、发热元件和电磁波屏蔽的材料，也可用于海底探矿、飞机导线及其他轻质导电材料。

　　目前，已生产使用的导电纤维大体有两类：①金属纤维、碳纤维等本身具有导电性的纤维；②有机导电纤维。第二种导电纤维按导电成分的分布可分为三种：一种是添加型，它是根据需要添加银粉、铜粉、碳粉、石墨粉、镍化合物粉等，使涤纶、棉纶和腈纶等具有一定的导电性，电阻率为 $10^2\sim10^4\Omega\cdot cm$；二是复合型，它可按不用的复合形式分为皮芯型、共轭（并列）型和海岛型等，由复合成分之一产生导电性；三是被覆型，它是靠长丝或织物表面镀覆金属或合金而赋予导电性。

织物表面镀覆金属既方便、迅速，又可得到导电性能优良和可靠的镀层。镀覆时，可先采用卷筒型真空镀机进行连续镀膜，所用的金属镀料要与织物表面结合良好，并且稳定可靠。然后在这些金属镀层的基础上连续电镀两层，使镀层增厚，其中一层的金属可与真空镀层一致，另一金属镀层（通常为 Cu）的导电性能优良。电镀后，可考虑用真空镀方法镀覆一层材料做保护层，并达到所需的色泽等要求。

9.1.2　电化学技术与表面热扩散处理的复合

电镀后的工件再经过适当的表面热扩散处理，使镀覆层金属原子向基体扩散，不仅增强了镀覆层与基体的结合强度，同时也能改变表面镀层本身的成分，防止镀覆层剥落并获得较高的强韧性，可提高表面抗擦伤性、耐磨性和耐蚀性。现举例如下：

1）在钢铁工件表面电镀 $20\mu m$ 左右含铜（铜的质量分数约为 30%）的 Cu-Sn 合金，然后在氮气保护下进行热扩散处理。升温到 200℃ 左右保温 4h，再加热到 $580 \sim 600$℃ 保温 $4 \sim 6h$，处理后表层是 $1 \sim 2\mu m$ 厚的锡基含铜固溶体，硬度约为 170HV，有减摩和抗咬合作用。其下为 $15 \sim 20\mu m$ 厚的金属间化合物 Cu_4Sn，硬度约为 550HV。这样，钢铁表面覆盖了一层具有高耐磨性和高抗咬合能力的青铜镀层。

2）铜合金先镀 $7 \sim 10\mu m$ 锡合金，然后加热到 400℃ 左右（铝青铜加热到 450℃ 左右）保温扩散，最表层是抗咬合性能良好的锡基固溶体，其下是 Cu_3Sn 和 Cu_4Sn，硬度为 450HV（锡青铜）或 600HV（含铅黄铜）左右。提高了铜合金工件的抗咬合、抗擦伤、抗磨料磨损和黏着磨损性能，并提高了表面接触疲劳强度和耐蚀性。

3）在钢铁表面上电镀一层锡锑镀层，然后在 550℃ 进行扩散处理，可获得表面硬度为 600HV（表层碳的质量分数为 0.35%）的耐磨耐蚀表面层。也可在钢表面上通过化学镀获得镍磷合金镀层，再在 $400 \sim 700$℃ 扩散处理，提高了表面层硬度，并具有优良的耐磨性、密合性和耐蚀性。这种方法已用于模具、活塞和轴类等零件。

4）在铝合金表面同时镀 $20 \sim 30\mu m$ 厚的铟和铜，或先后镀锌、铜和铟，然后加热到 150℃ 进行热扩散处理。处理后最表层为 $1 \sim 2\mu m$ 厚的含铜与锌的铟基固溶体，第二层是铟和铜含量大致相等的金属间化合物（硬度为 $400 \sim 450HV$）；靠近基体的为 $3 \sim 7\mu m$ 厚的含铟铜基固溶体。该表层具有良好的抗咬合性和耐磨性。

9.2　真空镀膜与某些表面技术的复合

9.2.1　真空镀膜与涂装技术的复合

真空镀层与有机涂层的复合技术是一种应用广泛的表面复合处理技术，已经有几十年的发展历史，在塑料、金属基体上制备装饰镀层以及防护装饰镀层等方面，国内外已形成很大的生产规模。相对于湿法电镀而言，有些技术专家为方便起见，把真空镀层与有机涂层的复合简称为"干法镀"。实际上真空镀膜是一种气相沉积方法，而有机涂层通常是由有机聚合物涂液经固化成膜的。

一般的真空镀层与有机涂层的复合工艺流程如图 9-1 所示，处理后具有三层结构：底涂层/真空镀层/面涂层。有些对防护性或其他性能要求较高的产品，各涂（镀）层可能由若干膜层组成。

1. 塑料制品的真空镀膜与涂装技术的复合

（1）预处理　首先，在不损伤塑料制品的前提下，对制品表面进行清洗和干燥。对各种矿物油脂采用乳化力较强的洗衣粉、洗洁精或专用的清洗剂等进行清洗；对动植物油脂用 10%（质量分数）氢氧化钠溶液，或乙醇、丙酮等有机溶剂进行清洗；对表面残留的硅酮脱模剂的塑料制品，采用三氯乙烯或全氯乙烯进行清洗。由

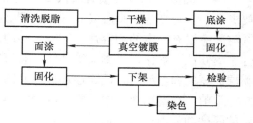

图 9-1　一般的真空镀层与有机涂层的复合工艺流程

于一般塑料都有一定的吸水性，所以在上底涂料之前应进行干燥。通常采用烘烤法，尽可能去除水分。干燥后，还要用经过滤、去水气的压缩空气进行吹灰处理。

（2）底涂　许多塑料制品在真空镀膜之前要涂覆底涂层，其主要原因是：

1）塑料形成后，表面不可避免产生一定的表面粗糙度，例如 $Ra0.5\mu m$。真空镀膜层很薄，难以掩盖基材表面的凹凸不平。采用有机聚合物涂料进行底涂，涂层厚约为 10 ～ 30μm，依靠涂料的流平性，涂层的表面粗糙度 Ra 可在 0.1μm 以下，因此可大大提高镀层的光亮度。

2）塑料中含有水分、残留溶剂、单体、低聚合物、增塑剂等，挥发性小分子会在真空或升温环境下逸出表面，严重影响真空镀层对基材的附着力，而采用底涂技术就可以阻碍这些小分子的逸出，提高真空镀层对基材的附着力。

3）塑料基材与真空镀层（通常为金属）两者热膨胀系数相差很大，在真空镀膜升温、降温过程中膜层容易破裂；膜层越厚，破裂的可能性越大。因此，选用合适的涂层作为过渡层，可以减少内应力的积累和破裂的发生。

选择底涂料时，应考虑以下五个方面：①底涂料与基材及真空镀膜层都有良好的结合力，并且相互之间不发生化学反应；②底涂料在真空条件下很少有挥发物成分，并且不吸收湿气和水分；③底涂料在固化后具有良好的封闭性能，阻止塑料基体在随后过程中逸出气体和其他挥发物；④底涂料的固化温度必须低于塑料基体的热变形温度，即底涂料固化后塑料基体没有变形，并且底涂料的固化表面具有高度光滑性；⑤底涂料必须具有足够的耐蚀性、耐热性、抗温差骤变形以及抗龟裂性。

对于不同的塑料基材，底涂料的选择及使用方法存在较大的差异。ABS、PVC 等极性塑料使用的底涂料容易选择，而聚丙烯、聚乙烯等表面无极性的塑料，要找到适合的底涂料比较困难。最常用的底涂料是聚氨酯涂料和双酚 A 型环氧树脂以及两者的混合涂料。其他还有丙烯酸树脂、醇酸树脂、有机硅等涂料。

（3）真空镀膜　塑料制品的真空镀膜有真空蒸镀、磁控溅射和离子镀三种方法。

塑料制品采用真空蒸镀方法进行镀膜，已经很普遍。按照蒸发源的种类，有电阻加热蒸发、电子枪加热蒸发、高频感应加热蒸发和激光加热蒸发四种方法。其中，最常用的电阻加热蒸发和电子枪加热蒸发两种。

磁控溅射常用直流平面靶和圆柱靶以及中频孪生靶。离子镀常用阴极电弧离子镀方法。磁控溅射和离子镀对底涂层的耐热性和耐辐射性提出了高的要求，主要是在承受离子轰击时

不会变质和产生破坏。

（4）面涂　真空镀膜后通常要涂覆面涂层，使真空镀膜层得到保护。对面涂层的基本要求是：①与真空镀膜层（一般是金属镀层）的附着力要好；②固化后涂层无大的内应力；③与底涂层有一定的相容性；④有足够的硬度、耐划伤性、耐磨性以及较高的耐水性、耐蚀性、耐候性、耐化学品影响等性能；⑤有适宜的黏度和良好的流平性。对于需要突出真空镀膜层的亮度和色泽时，面涂层还应具有高的可见光透过率和表面光泽度。

目前，在塑料镀膜中，常用的面涂料有聚氨酯涂料、聚乙烯醇涂料和有机硅涂料。面涂层的厚度约为 $10 \sim 25 \mu m$。

真空镀层很薄，通常不会超过几个微米，在整个复合镀层中只占很小的比例，但是底涂与面涂往往在很大程度上是按照真空镀层的要求来选择涂料及施涂方法的。目前，塑料制品的真空镀膜种类很多，如铝、铜、镍铬合金、12Cr18Ni9 不锈钢、SiO、SiO_2、Al_2O_3、Gd_2O_2、Y_2O_3、ZnS-SiO（七彩膜）等，尤其是铝最为常用。

与真空镀层相配合使用的有机聚合物涂料主要有热固化和紫外线固化两种。其中用紫外线固化的涂料（简称光固化涂料）日益受到人们的重视。它的主要特点是：①固化速度快，在紫外灯辐照下只需几秒或几十秒就可固化完全；②对环境友好，在光照时大部分或绝大部分的成分参与交联聚合而进入膜层；③节约能源，紫外线固化所用的能量约为溶剂型涂料的1/5；④可涂装各种基材，避免因热固化时高温对热敏感基材（如塑料、纸张或电子元件等）可能造成的损伤；⑤费用低，由于节省大量能耗、涂料中有效成分含量高以及简化工序、显著减少厂房占地面积等因素而降低了生产成本。由上分析可见，光固化涂料在真空镀膜工业中的应用具有广阔的前景。

图 9-2 所示为适合于平板和单件产品连续式生产的光固化生产线。它主要包括以下六个部分：①涂料存放及检查部分，涂料应在安全、清洁的地方存放，涂装前要仔细检查涂料的表观黏度、流动性和稳定性等；②工件的预处理部分，主要是清除基材表面的油污、残存的脱模剂、静电和灰尘；③涂料的涂覆部分，根据工艺规范选择喷涂、淋涂、辊涂等；④涂料的流平部分，即涂覆后有一定的流平时间，有时还要加热到一定温度（如 $40 \sim 60 ℃$）来促进流平和溶剂挥发；⑤涂料的光固化部分，主要是将流平后的工件放入光固化段，用事先选择好的光源种类、数量、排布方式以及与工件的距离等，换算成紫外线辐照能量，使涂膜迅速固化；⑥涂料固化后的延伸部分，主要是将工件放入真空镀膜设备。

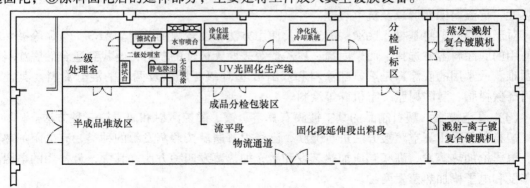

图 9-2　适合于平板和单件产品连续式生产的光固化生产线

目前，塑料的真空镀层与光固化有机涂层的复合，一般较多采用真空镀铝与光固化有机涂层的复合，在防护等性能上受到很大的限制。真空镀铬层具有比铝镀层更美丽的银白色金属光泽，在大气中有很强的钝化性能，在碱、硝酸、硫化物、碳酸盐、有机酸等腐蚀介质中较稳定，还有较高的硬度，良好的耐磨性和耐热性。电镀铬存在六价铬等重金属离子，对人体会产生很大的危害，而真空镀铬却不存在六价铬等重金属离子，其生产是清洁的。由于铬的熔点为 1900℃，在 1397℃ 时铬的蒸气压为 1.33Pa，铬的蒸发温度高，用电阻加热蒸发镀铬较为困难，故生产上一般采用磁控溅射和离子镀方法进行真空镀铬。例如：采用阴极电弧离子镀方法镀铬，可以获得与电镀铬一样的色泽。

真空镀铬时，要求底涂层具有足够的耐热性和耐辐射性，与基材及真空镀铬层有良好的结合力而不发生化学反应，并且在真空条件下只有很少的挥发成分，有良好的流平性，固化后表面高度光滑。同时，又要考虑到塑料的热变形温度一般都低，涂料的固化温度不能太高。目前能满足这些要求的涂料还很少。据研究，光固化脂环族环氧树脂改性丙烯酸酯涂料基本上能满足上述要求。脂环族环氧树脂是环氧树脂的一个分支，其结构中的环氧基不是来自环氧丙烷，而是直接连在脂环上。因此，在性能上与双酚 A 型环氧树脂相比较，脂环族环氧树脂具有良好的热稳定性、耐候性、安全性、工艺性以及优异的绝缘性。然而，脂环族环氧树脂与普通环氧树脂一样，有质脆的缺点，故在实际应用中要设法进行增韧改性。例如：加入一定的物质，在碘盐的引发作用下进行阳离子聚合，使制得的分子链中含有软链段结构的聚合物。

由于真空镀铬层具有优异的性能，因而在许多应用场合，可以用真空镀透明陶瓷薄膜来替代原来的有机聚合物面涂层，使综合使用性能与工艺性能有了进一步提高。

工程上经常使用 ABS、PC、PC + ABS 这三种塑料。ABS 塑料是由丙烯腈（A）、丁二烯（B）和苯乙烯（S）三元共聚物组成的热塑性塑料，密度为 1.05g/cm³，成型收缩率为 0.4% ~ 0.7%，成型温度为 200 ~ 240℃，工作温度为 - 50 ~ + 70℃，其使用性能取决于三种单体的比例以及苯乙烯-丙烯腈连续相和聚丁烯分散相两者中的分子结构。PC 通常为双酚 A 型聚碳酸酯，在结构上是较为柔软的碳酸脂链与刚性的苯环相连的聚合物，硬度与强度较高，耐冲击力强，耐候性、耐热性都较好，可在 - 60 ~ + 120℃ 下长期工作，热变形温度为 130 ~ 140℃，玻璃化温度为 149℃，极性小，吸水率、收缩率低，耐电晕性好，电性能优秀，缺点是容易产生应力开裂，耐化学试剂、耐腐蚀性较差，高温下易水解。用一定比例的 PC 加入到 ABS 中组成的 PS + ABS 塑料，可以获得优良的综合性能。为了进一步提高这些工程塑料的防护与装饰性能，可采用新的真空镀膜与涂料涂装复合处理技术，即将其镀制成具有 "脂环族环氧改性丙烯酸酯涂层/离子镀铬层/钛的氧化物镀层" 结构的真空镀铬制品。其中，离子镀铬是在耐热、耐辐射的脂环族环氧树脂改性丙烯酸酯底涂层上进行的，这是一种清洁镀膜方法。钛的氧化物镀层是用中频孪生靶磁控溅射法镀制的，在组成上为二氧化钛和其他钛的氧化物混合体。其在可见光波段是透明的，并且对真空镀铬层有很好的保护作用。复合镀层的主要性能如下：表面色泽为银白色；60° 光泽 ≥90%；铅笔硬度为 1 ~ 2H；附着力（百格）100%；CASS 腐蚀加速试验 72h。作为防护与装饰性用途，这类复合镀膜制品，可以广泛取代电镀铬塑料制品，实现塑料镀铬的清洁生产，同时节约铜、镍等金属资源，大量减少水、电的消耗，显著简化了生产工序和降低了生产成本。

2. 铝合金制品的真空镀膜与涂料涂装的复合

铝合金材料及加工、处理技术的发展是当今世界铝产量和应用量大幅度增加的关键。其中，铝合金表面处理技术的发展，越来越受到人们的关注。下面以复合镀涂铝合金轮毂为例分析铝合金表面处理技术的发展趋势。

（1）电镀铝合金轮毂的生产工艺　全世界汽车、摩托车的生产量巨大。目前，由于铝合金的重量轻，节能效果显著，散热快，整车安全性高，行驶性能好，以及款式多变，更适合现代人的要求，因而成为轮毂制造的主要产品。所用的铝合金主要是 Al-Si7-Mg0.3，变质剂主要有 Sb、Sr、Na 等，且多以压铸成形。表面处理主要有涂装、抛光、电镀、真空镀膜，用得最多的是涂装和电镀。

电镀生产技术已趋成熟，所镀制的铝合金轮毂具有很高的表面质量。铝合金属于难电镀的金属材料，电镀工艺复杂，通常需要几十道工序。电镀铝合金轮毂存在的主要问题是三废的治理难度大，成本高，同时在生产过程中要消耗大量的水资源和铜、镍、铬等金属资源。另外，铝合金成形后表面平面度误差大，至少有几十微米，故在预处理中，先要进行非常细致的抛光，耗时多，成本高，劳动条件差，还可能发生粉尘爆炸的重大事故。电镀铝合金轮毂的综合生产成本高。

（2）复合涂镀铝合金轮毂的生产工艺　采用复合技术，可以显著改善上述情况。其主要特征是用"有机聚合物涂料底涂层/真空镀层/有机聚合物涂料面涂层"的镀层结构取代电镀的"镍/铜/铬"三金属镀层的结构。例如一种工艺流程是：毛坯→检验→脱脂→清洗干燥→预处理→粉末涂料喷涂及热固化→研磨Ⅰ→甲基丙烯酸甲酯—丙烯酸酯（共聚）涂料喷涂及热固化→研磨Ⅱ→聚丁二烯耐高温涂料喷涂及热固化→真空镀铝→丙烯酸酯—异氰酸酯透明涂料喷涂及热固化→检验包装。复合涂镀层结构如图9-3所示。这种复合处理的铝合金轮毂具有较好的表面性能，已经投入大量生产。用真空镀铬取代真空镀铝，并且底涂层与面涂层做相应的调整，可以进一步提高轮毂的综合使用性能。

过去真空镀膜与涂装技术的复合主要用于装饰，真空镀膜往往以真空蒸镀方法为主，相应的有机聚合物涂料的底涂和面涂要求也较低。随着经济的迅速发展以及社会对产品质量、环保、节能、节水、节材等要求越来越高，所采用的工艺技术有了新的发展。复合涂镀铝合金轮毂的真空镀膜通常采用磁控溅射法。这种方法的溅射功率尤其是溅射电压的选择很重要。这是因为在一般有机聚合物涂层上进行溅射镀膜时，涂层中会有某些物质逸出，如果沉积粒子的能量和速率不高，就会影响真空镀层与有机底涂层之间的附着力，同时也会影响到膜层的色泽和深镀的能力。

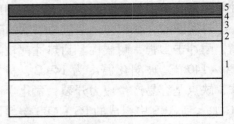

图9-3　复合涂镀层结构
1—环氧聚酯粉末涂层　2—甲基丙烯酸甲酯丙烯酸酯（共聚）涂层　3—聚丁二烯耐高温绝缘涂层
4—真空镀铝层　5—面涂层：丙烯酸酯—异氰酸酯透明涂层

复合涂镀铝合金轮毂取得了良好的效益：①环保方面得到了明显的改善，尤其避免了六价铬离子的危害；②能耗约为电镀的1/3~1/2；③用水量约为电镀的1/8~1/7；④不用铜和镍，只用廉价的有机聚合物涂料和少量的铝或铬，节约了大量的金属资源；⑤生产工序显著减少，约为电镀的1/2；⑥综合生产成本约为电镀的1/3~1/2。另外，有机底涂层尤其是第一层的粉末涂层，厚度通常达 $80\mu m$，利用涂料的流平性，使轮毂表面的平面度误差得到了有效的消除，故可省去镀前繁重的抛光工序。在用有机聚合物涂料底涂时，前两种形式底涂后要用砂纸进行适当的研磨，但劳动强度和工作环境得到了很大的改善。

9.2.2　真空镀膜与离子束技术的复合

本节所述的离子束，是指利用离子源中电离产生的离子，引出后经加速、聚焦形成离子束后，向真空室中的工件表面进行轰击或注入。真空镀膜与离子束技术的复合主要发生在下面四种情况下：①真空镀膜过程中伴随着离子束轰击，增加了沉积原子的能量，包括纵向与横向的运动能量，并产生其他一些效应，从而减少膜层内空洞的形成，显著改善沉积膜层的质量；②真空镀膜过程中，不仅由于离子束轰击，而且由于离子束中的一些离子成分也成为沉积膜层的组分，因而形成新的、高质量的薄膜；③先用离子束轰击基材表面，将离子注入表面，改变表面成分和结构，形成过渡层，然后再进行真空镀膜，结果增强了薄膜与基材表面的结合力，改善了使用性能；④先在基材表面沉积薄膜（真空镀膜），然后用离子束轰击薄膜，将离子注入薄膜而达到表面改性的目的。

真空镀膜与离子束技术的复合，使真空镀膜技术得到迅速发展，出现了许多新设备和新工艺，特别是拓展了在高技术和工业中的应用领域，这在第7、8两章中已做了介绍，本节对此再进行深入阐述。

1.　离子束辅助沉积技术

（1）真空蒸镀离子束辅助沉积　离子束辅助沉积（IBAD）又称离子束增强沉积（IBED），最初在1979年由 Weissmantel 等人提出，后来获得了推广应用，实现了工业生产。现介绍20世纪90年代上海交通大学表面技术研究人员开发的一个工业应用项目。

多层薄膜复合材料在工业上有许多应用，冷光灯镀膜是其中之一。所谓冷光灯，是指具有高的可见光反射比和红外光透过比光学特性的反射灯，即能使大量热量透过玻璃壳而散失，同时又有强烈的可见光反射。该膜系由两个不同中心波长的长波通滤光片耦合而成的。后来设计确定为23层薄膜，厚度为几十纳米至一百多纳米不等，高折射率薄膜与低折射率薄膜交替排列。真空蒸镀 IBAD 设备系统如图9-4所示。镀膜室尺寸（宽×深×高）为 1200mm × 958mm × 1250mm。蒸发源有电子枪和电阻加热两种。工件架为球面

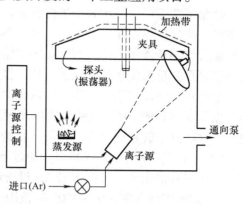

图9-4　真空蒸镀 IBAD 设备系统

行星、公自转结构，夹具数量为三个，各可装数十个冷光灯的玻璃壳。烘烤采用管状加热器辐射加热方式。

由于真空蒸镀23层薄膜，即连续生长几微米厚的复合膜层，所以镀覆的膜层很不致密，并且膜层的附着力很差。为此，该研究采用了 IBAD 法，也就是在真空蒸镀的同时，具有一定能量的离子不断地轰击膜与工件的界面，借助于级联碰撞导致界面原子混合，在初始界面附近形成的原子混合区上，再在离子束参与下继续生长出所要求厚度和特性的薄膜。IBAD 所用的离子束能量一般在 $0.03 \sim 100 keV$ 之间。对于光学薄膜、单晶薄膜以及功能性复合薄

膜等，通常以较低能量的离子束为宜，而合成硬质薄膜一般要用较高能量的离子束。

冷光灯镀膜达23层，每层几何精度要求严格，用一般的人工操作和半自动控制都难以保证镀膜的可靠性和稳定性，必须用计算机监控系统进行全自动控制，或者至少在镀膜过程中进行全自动控制。这个控制系统主要由以下六个部分组成：①控制对象，主要是蒸发挡板，即根据工艺要求选择接通哪个蒸发源，调节加在蒸发源上的电流大小，打开或关闭蒸发源挡板；②执行器，包括控制蒸发源挡板开合的气缸和控制蒸发源开合的继电器等；③测量环节，它是频率采集系统，即通过监测与被镀工件接近的石英晶片固有频率的变化来获得镀膜厚度、瞬时蒸发速率；④数字调节器，计算机是它的核心，而数字调节器的控制规律是由编制的计算机程序来实现的；⑤输入通道，包括多路开关、采样保持器、模-数转换器；⑥输出通道，包括数-模转换器及保持器。真空镀膜计算机控制系统框图如图9-5所示。

在镀膜过程中，除了精确控制每层膜厚外，有效控制蒸发速率也是非常重要的。由于蒸发速率的调节具有非线性及各种不确定性，难以建立精确的数学模型，因此设计了模糊控制器。蒸发速率的控制包括两个阶段，即先打开蒸发源后让蒸发源电压迅速从零达到某指定值，然后打开模糊控制器让蒸发速率控制在某一范围。模糊化是将检测出的输入变量变换成相应的论域，将输入数据

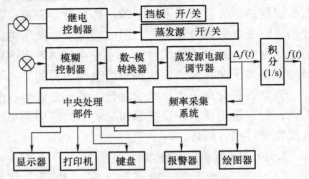

图9-5　真空镀膜机计算机控制系统框图

转换成合适的语言值，如"正大""正中""正小""零""负小""负中""负大"。

镀膜工艺为：工件放置于工件架夹具中，进入镀膜室后，先抽真空至 1×10^{-2} Pa，然后充氩气，使气压稳定在 $(5 \sim 6) \times 10^{-2}$ Pa。离子源放电电压为50V，放电电流为 $2 \sim 3$A，整个镀膜过程用计算机监控。蒸发速率控制在 $1 \sim 2$nm/s。这样制备得到的 ZnS/MgF_2 冷光膜具有高的可见光反射比和红外光透过比、良好的附着性、强度、防潮性、致密性和耐蚀性。其中一个生动的测试结果是：用真空蒸镀法制得的冷光膜浸入沸水后很快便脱离基材表面且粉碎，而用真空蒸镀 IBAD 法镀制的冷光膜，浸在沸水中 0.5h 后仍保持完好且未与基材表面脱离。这项技术转移到企业后即投入批量生产。

（2）离子束辅助沉积的特点　通过上面实例的介绍，可以对 IBAD 设备和工艺的基本要求有一个直观的印象。实际上 IBAD 设备和工艺根据使用要求的不同，有着很多的变化：

1）离子束能量在 0.03 ~ 100keV 范围内变动；使用的束流密度在 $1 \sim 100 \mu A/cm^2$ 量级范围内变动；到达靶面的轰击离子数与沉积粒子流中原子数的比在 $10^{-2} \sim 1$ 的量级范围内变动。

2）IBAD 有两种不同的离子束轰击方式：一种是轰击与沉积同时进行的，另一种是沉积与离子束对沉积膜生长面的轰击是交替进行的。

3）除了真空蒸镀外，溅射镀膜等也可进行离子束辅助沉积。在溅射沉积条件下用作溅射的可以是惰性气体离子，也可以是活性气体离子。对于后者，不仅从溅射靶及射向沉积面的离子会参与膜的生成，并且活性气体离子到达溅射靶后，与溅射靶的原组分反应生成化合物，这时，从溅射靶上溅射出来的粒子流中拥有大量的离子成分，它们必然会参与沉积膜的组成。此外，镀膜室中的残余气体以及在某些工艺中专门充入的活性气体，也会参与进来。

4）离子束轰击所诱发的级联碰撞，除了它本身所起的物质输运作用外，还可能增强基材表面的原子扩散，把基体中的组分带入沉积膜。离子束辅助沉积薄膜组分的来源如图 9-6 所示。

虽然离子束辅助沉积的设备和工艺可有许多变化，然而它有以下三个基本特点：①可在室温条件下给工件表面镀覆上与基材完全不同且厚度不受轰击能量限制的薄膜；②可在薄膜与基材之间建立宽的过渡区，使薄膜与基材牢固结合；③可以精密调节离子种类、离子能量、束流密度（或轰击离子与沉积离子的到达比，简称到达比）以及离子束轰击的功率密度等要素，用以控制沉积膜的生长，调整膜的组成和结构，使沉积膜达到使用要求。

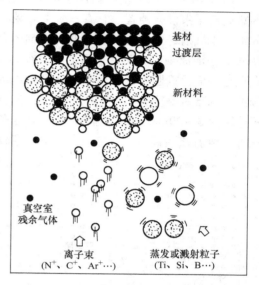

图 9-6　离子束辅助沉积薄膜组分的来源

（3）离子束辅助沉积的机理　IBAD 的薄膜组分来自多方面，这些组分如何聚合成膜，涉及许多物理和化学变化，包括粒子的碰撞、能量的变化、沉积粒子及气体吸附粒子的黏附、表面迁移和解吸、增强扩散、形核、再结晶、溅射、化学激活、新的化学键形成等。因此，离子束辅助沉积是一个包括许多因素相互竞争的复杂过程。它在总体上是非平衡态的，但也包含了局部的平衡或准平衡态的过程。人们对 IBAD 机理的认识正在逐步深化，目前有些观点获得了较多的认同。例如：

1）在沉积原子（能量约为 $0.15 \sim 20 \text{eV}$）与轰击离子（能量约为 $10 \sim 15^5 \text{eV}$）同时到达基材表面时，离子与沉积原子、气体分子发生电荷交换而中和。沉积原子受到离子轰击而获得能量，提高了迁移率，从而影响晶体生长过程以及晶体结构的形成。

2）轰击离子与电子发生非弹性碰撞，而与原子发生弹性碰撞，原子可能被撞出原来的点阵位置。在入射离子束方向和其他方向上发生材料的转移，即产生离子注入、反冲注入和溅射过程。其中，某些具有较高能量的撞击原子又会发生二次碰撞，即级联碰撞，导致沿离子入射方向上原子的剧烈运动，形成了膜层原子与基材原子的界面过渡区。在该区内，膜层原子与基材原子的浓度是逐渐过渡的。级联碰撞完成了离子对膜层原子的能量传递，增大了膜原子的迁移能力及化学激活能力，有利于原子点阵排列的调整而形成合金相。级联碰撞也可能发生在远离离子入射方向上。

3）离子轰击会造成表面粒子的溅射和亚溅射。后者是指由级联碰撞造成的表面原子外向运动因不能越过表面势垒而折回表面的现象。溅射和亚溅射都会引起已凝聚原子的脱逸及在表面上的再迁移。有些离子轰击及能量沉积所引发的非平衡态声子分布及其交联，不仅给沉积粒子的凝聚造成差异的微区"热"背景，而且会降低表面迁移势垒，与溅射及亚溅射一起具有增强原在表面漂移粒子的迁移及脱逸的作用。

4）离子轰击会引起辐照损伤，产生晶体表面缺陷。当入射离子沿生长薄膜的点阵面注入时，将会产生沟道效应。这些因素都会影响沉积粒子的黏附和形核等过程。

图 9-7 形象地表达了离子束辅助沉积的各种微观过程。

（4）离子束辅助沉积的应用 IBAD 技术已有 30 多年的发展历史，主要用于某些高性能光学膜、硬质膜、金属与合金膜、功能模、智能材料等薄膜的镀制。

1）图 9-8 所示为由中国科学院上海冶金研究所研制的离子束溅射和离子束轰击相结合的宽束离子束混合装置。它有三个考夫曼源。从圆形多孔网栅引出的离子束具有圆形截面，分别用于溅射、中能离子轰击及低能离子轰击。离子能量相应为 2keV、5 ~ 100keV、0.4 ~ 1keV。中能离子束在靶台平面上的直径为 4200mm，最大束流密度为 $60\mu A/cm^2$。低能束斑在靶台平面呈椭圆形，束流小于 $120\mu A/cm^2$。水冷靶台的直径为 350mm，可绕台轴旋转和倾斜。基础真空度为 $6.5 \times 10^{-4}Pa$。工作时因离子源气体泄出而降至约 $10^{-2}Pa$ 时，薄膜的沉积速率为 3 ~ 20nm/min。在溅射靶座上可安装三个溅射靶，可以在不破坏真空的条件下沉积三种材料。该装置因工作室较大，可处理较大的部件和数量较多的小部件。

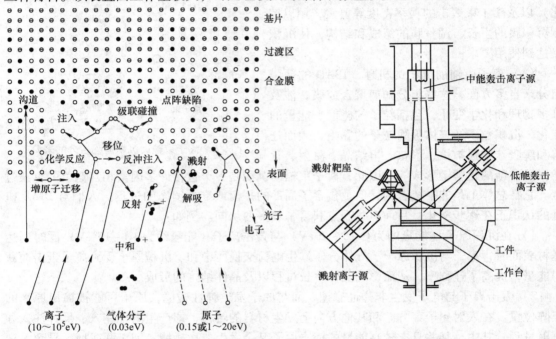

图 9-7 离子束辅助沉积的各种微观过程   图 9-8 宽束离子束混合装置

2）图 9-9 所示为美国 Eaton 公司制造的以电子束蒸发与离子束轰击相结合的 Z-200 离子束辅助沉积装置。图中下方为电子束蒸发装置，蒸发台上有四个坩埚。沉积靶台与蒸发粒子流及离子束都成 45°。由弗里曼离子源引出的离子束在靶台处成 8in × 1in（即 20.32cm × 2.54cm）的矩形，通过离子源与引出电极系统的同步摇摆实现离子束在靶台的机械扫描。离子能量在 20 ~ 100keV 内可调，束流最大可达 6mA。该装置工作室的基础真空可达 $6.5 \times 10^{-5}Pa$，工作时由离子源中气体的泄出而下降至 $1.2 \times 10^{-2}Pa$。通常膜生长速率在 0.1 ~ 1.0nm/s 的范围内。该装置用于在 GCr15 或 Cr12 纪念币压制模表面沉积 TiN 膜，取得了很好的效果。

3）图 9-10 所示为中国科学院空间中心与清华大学合作研制的多功能离子束辅助沉积装置。该装置有三台离子源：中能宽束轰击离子源 1，离子能量为 2 ~ 50keV，离子束流为 0 ~

30mA；低能大均匀区轰击离子源8，离子能量为100～750keV，离子束流为0～80mA；可变聚的溅射离子源7，离子能量为1～2keV（2～4keV），离子束流为0～180mA。该装置轰击离子能量范围广，覆盖面大，可在50～750keV和2～50keV均可获得辅助沉积所需离子束流。

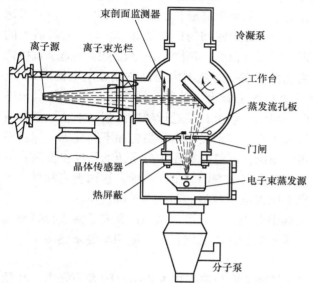

图9-9　Z-200离子束辅助沉积装置

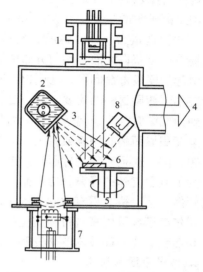

图9-10　多功能离子束辅助沉积装置
1—轰击离子源　2—四工位靶　3—靶材
4—真空系统　5—样品台　6—样品
7—溅射离子源　8—低能离子源

4）目前，霍尔离子源是用于离子束辅助沉积最具代表性的离子源。图9-11所示为霍尔离子源的工作原理。它是一种热阴极离子源，依靠热阴极发射电子束来维持放电。发射出来的电子沿磁力线向阳极移动。由于在阳极表面附近区域内的磁力线和电力线几乎成正交，因而电子在电磁场作用下被束缚在该区域。这些电子绕着磁力线旋转且做飘逸，形成环形的霍尔电流，增加了电子与所充入的中性气体分子或原子间的碰撞概率，因而提高了气体的离化率，在阳极和通气孔相交区域形成一个球状的等离子体团，其中，离子团在阴-阳极电位差以及电磁场所形成的霍尔电流两者共同加速下从离子源中引出。

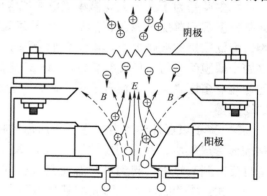

图9-11　霍尔离子源的工作原理
E—电场　B—磁场

霍尔离子源中热阴极发射的电子除了向放电区中提供电子外，还补偿了离子束的空间电荷，使离子源发射的离子束成为做一定程度补偿的等离子束。由于离子在离开加速区时，正好处于磁场的端部，并且引出的离子束在离子源出口处被阴极发射的部分电子中和，形成等离子体，因此，这种离子源又称为端部霍尔离子源。

霍尔离子源的外形有圆柱形和条形两种，在结构上一般分为有灯丝与无灯丝两类。无灯丝的霍尔离子源通过内部磁场的改变，将靶面附近的电子都束缚在靶面的周围，同样起到提供大量电子的目的。

在霍尔离子源中，阳极放置在一端，阴极一般为钨丝或空心阴极，并且位于源的顶部。磁路设计对霍尔离子源是至关重要的。磁路组件主要有永久磁铁和磁极靴等。

霍尔离子源的主要特点有：①结构较为简单，不需要栅极，引出的束流很大，最大可达3A，离子束能量为70~280keV，距源出口500mm处束密均匀区可达ϕ700mm，采用适当的电磁场设计可获得大面积均匀分布的离子束；②因无栅级，消除了由电荷交换和离子直接轰击而引起的栅极寿命问题；③引出的离子束能量可在一定范围内通过改变放电电流来调节，以适应不同镀层材料的需要；④引出的离子束在离子源出口处就与阴极发射的部分电子中和，到达靶区时已为等离子体，故对导电膜与绝缘膜都可直接进行辅助沉积，不会因基材表面的电荷积累而引起闪烁或打火；⑤在离子源工作时灯丝受到离子轰击而不断变细，存在寿命问题，同时这批镀膜工件因灯丝损坏而可能报废；⑥灯丝型霍尔离子源的污染主要来自灯丝，为了减少灯丝的污染，应控制离子轰击能量和灯丝表面原子的热能，这两者之和要小于溅射阈值，更严格、更有效的方法是改用空心阴极电子源型的霍尔离子源。

霍尔离子源可用来进行高质量的离子束辅助沉积，并且可以采用这种离子源进行基材的清洗和活化。在表面技术的研究和生产中，霍尔离子源辅助沉积法的应用将越来越多。

2. 离子束混合技术

离子束混合技术（ion beam mixing）常泛指离子束与薄膜技术相结合的表面技术。在第8章阐述离子注入工艺时，把它分为普通离子注入、反冲离子注入和离子束动态混合注入三类。后两类实际上都归为离子束混合。有时，又把反冲离子注入的多种情况分开阐述，例如：

1）离子束混合技术专门指"先沉积单层或多层薄膜，然后用离子束轰击薄膜，通过原子的级联碰撞等效应，使膜层与基底的界面或多层膜界面逐步消失，形成原子尺度上的均匀混合，而在基材上生成新的合金表面"的技术。这一技术首先是由Mayer提出来的。提出这一技术主要是为了适应大规模集成电路浅级欧姆接触的需要而研制硅化物。具体方法是先在硅基材上沉积单层金属膜，然后用离子束轰击该金属膜，使膜层与基材的界面处形成硅化物，降低欧姆的接触电阻。离子束混合除了可以在膜层与基材的界面处进行之外，也可以在多层金属膜间进行，使交替叠加的A、B金属膜层（每层很薄，约10nm）组分混合，逐步均匀化。多层膜离子束混合适用于研究合金相的形成、固态反应、形态聚集生长以及固体中的缺陷等。

2）离子束反冲注入专门指"将所需的材料，尤其是难熔金属，用PVD等方法，先在基材表面形成膜层，然后用惰性离子（如X_e^+、Ar^+、Kr^+等）进行轰击，使膜层的原子在撞击时反冲到基材中，起到对所需元素进行间接注入作用"的技术。这种反冲离子分为下面两种方式：①静态注入，即先在基材表面真空镀膜（几十纳米），然后在离子注入机的真空靶室中用几十万电子伏的惰性气体离子轰击镀膜层，使镀层原子反冲注入基材中；②动态注入，即用多功能离子注入机同时进行镀膜和反冲注入，其过程是一个动态过程，与离子束辅助沉积类同。其中，动态注入通常单独列为离子束动态混合技术。进行静态注入时，轰击离子的能量和种类必须与薄膜的材料和厚度相匹配，薄膜厚度不能太厚，以避免反冲注入效果不佳。在较高温度下进行反冲离子注入，称为离子轰击扩散镀膜。它使反冲离子在金属基体内的扩散得到加强，形成较厚的合金化表面层，显著提高使用性能。例如：在 Ti-6Al-4V 钛合金的表面先镀一层厚约 70nm 的 Sn 膜，然后在 450～500℃，用剂量为 4×10^{17} 离子数/cm² 的 N^+ 离子进行轰击，检测表明 Sn 的扩散深度达 3～5μm，Ti 合金的摩擦因数和磨损速度明显下降，同时还因 N^+ 产生的化学作用而使 Ti 合金的抗氧化性得到提高。

3. 离化团束沉积

离化团束沉积又称簇团离子束沉积（ICBD），是日本 Takagi 和 Yamada 等人在 1972 年首先提出来的。ICBD 已在第 7 章中做了初步的介绍，它实际上是一种真空蒸镀和离子束反冲注入相结合的、在非平衡条件下的薄膜沉积技术。

采用 ICBD 法，能形成与基材附着力强的薄膜，薄膜的结晶性好，结构致密；而且，它可以在金属、半导体以及绝缘体上沉积各种不同的蒸发物质，镀制金属、化合物、复合物、半导体等薄膜。由于离子簇束的电荷与质量比小，即使进行高速沉积也不会造成空间粒子的排斥作用或膜层表面的电荷积累效应。通过各自独立地调节蒸发速率、电离效率和加速电压等，可以在 1～100eV 的范围内对沉积原子的平均能量进行调节，从而有可能对薄膜沉积的基本过程进行控制，得到所需要特性的膜层。

ICBD 与离子镀相比较，每个入射原子的平均能量小，即对基材及薄膜的损伤小，因此可用于半导体膜及磁性膜等功能薄膜的沉积。

ICBD 与离子束沉积相比较，尽管每个入射原子的平均能量小，但因不受空间电荷效应的制约，即可大量输运沉积原子，所以沉积速率高。

ICBD 可以用来镀制高质量的薄膜，目前已广泛应用在电子、光学、声学、磁学、超导等领域，今后将有更大拓展。

9.3　表面镀（涂）覆与纳米技术的复合

在表面技术中，镀（涂）覆与纳米技术的复合表面处理是众多学者、工程技术人员所关注和研究的热点之一，不少研究成果已用于生产，呈现出良好的发展前景。其涉及的领域较广，目前主要有：①复合电镀、复合电刷镀和复合化学镀；②纳米材料改性涂料与涂膜；③纳米黏结、黏涂；④纳米晶粒薄膜和纳米多层薄膜；⑤纳米热喷涂；⑥纳米固体润滑膜与纳米润滑自修复膜。

本节以上述①、③和⑤三项为例，对镀（涂）覆与纳米技术的复合表面处理进行介绍。第②项已在第 6 章 6.3 节做了介绍。第④项将在本章 9.6 节和 9.7 节分别做专题介绍。

9.3.1　复合电镀、复合电刷镀和复合化学镀

1. 复合镀的概念、分类和特点

（1）复合镀的概念和分类　复合镀是将不溶性的固体微粒添加在镀液中，通过搅拌使固体微粒均匀地悬浮于镀液，用电镀、电刷镀和化学镀等方法，与镀液中某种单金属或合金成分在阴极上实现共沉积的一种工艺过程。复合镀得到的镀层为固体微粒均匀地分散在金属或合金的基质中，故又称为分散镀或弥散镀。其中，用电镀方法制备复合镀层的称为复合电镀，而用电刷镀方法制备复合镀层的称为复合电刷镀，两者合称电化学复合镀；用化学镀方法制备复合镀层的，则称为化学复合镀。

复合镀也可按基质金属分类，目前镍基复合镀应用较广泛，其他还有锌基、铜基、银基复合镀等。

根据使用的不溶性微粒种类，可以将复合镀层分为三类：①无机复合镀层，使用的微粒有碳化物（SiC、WC、B_4C、ZrC、氟化石墨等）、氧化物（Al_2O_3、TiO_2、ZrO_2、Cr_2O_3 等）、氮化物（BN、TiN、Si_3N_4 等）；②有机复合镀层，目前使用最多的有机微粒是聚四氟乙烯树脂（PTFE）、环氧树脂、聚氯乙烯、有机荧光染料等；③金属复合镀层使用的金属微粒主要指不同于基质金属的另一种金属微粒。除了上述固体微粒之外，还可用某些非金属或金属的短纤维和长丝作为复合相，用电镀法制备高强度和优良热稳定性的增强复合镀层。

另外一种分类方法，是按照复合镀层的用途分为耐磨复合镀层、自润滑复合镀层、分散强化合金复合镀层、电接点用复合镀层、耐蚀复合镀层、装饰性复合镀层等。

目前生产上复合镀使用的固体微粒尺寸一般为微米级，从零点几个微米到几个微米不等。微粒的数量按每升计，有几克、十几克，也有几十克、上百克的，甚至达几百克，因此在复合镀过程中必须有良好的搅拌措施。

自20世纪90年代起，人们就在复合镀中引入纳米微粒尺寸大约在30～80nm，将纳米粒子独特的物理及化学性质赋予金属镀层而形成纳米复合镀技术，除了传统的复合镀层用途外，许多具有特殊性能的功能复合镀层也陆续研制出来。然后，这项技术尚需深入研究和完善。在镀覆工艺上重点是如何正确选择和配制纳米不溶性微粒，镀覆过程中如何将微粒输送到阴极（工件）表面，并且在基质金属中保持均匀弥散分布。

（2）复合镀的特点　复合镀的特点主要有下列几个方面：

1）保持普通电镀、电刷镀和化学镀的优点，仍使用原有基本设备和工艺，但要配制复合镀溶液并对工艺做适当调整或改进。

2）复合镀层由基质金属与弥散分布的固体微粒构成。

3）在同一基质金属的复合镀层中，固体微粒的成分、尺寸和数量可在较宽的范围内变化，从而获得不同性能的镀层材料。

4）固体微粒的尺寸有微米级和纳米级的，它们的复合镀工艺、机理和镀层性能往往存在一定的差异。

2. 复合电镀

（1）复合电镀工艺　复合电镀工艺主要包括以下四部分：

1）基质金属与固体微粒的选择。镀液体系对复合镀层有重要影响，如铜和 AL_2O_3 微粒在酸性硫酸铜溶液中几乎不能共同沉积，但在氰化物镀铜溶液却很容易共同沉积。复合镀液主要由电镀基质溶液、固体微粒和共沉积促进剂组成。固体微粒必须是高纯度的，并且在复合镀层中的量直接影响着镀层的性能。用化学符号表示复合镀层时，一般将基质金属写在前面，固体微粒写在后面，两者之间用短线或斜线链接。当基质金属为合金时，可用括号将基质金属与固体微粒分开，如（Cu-Sn）-SiC。

2）固体微粒的活化处理。多数固体微粒是经粉碎制备的，表面受到污染，故对微粒进行活化处理是必要的。通常进行以下三步处理：①碱液处理，可使用质量分数为10%～20%的 NaOH 溶液煮沸 5～10min，也可使用化学脱脂溶液，用热水和冷水冲洗数遍，以达到除去微粒表面油污的目的；②酸处理，可分别使用盐酸、硫酸或硝酸洗涤，一般使用的酸的质量分数为10%～15%，然后用清水彻底洗掉微粒表面含有的可溶性杂质，如 Cl^-、

NO_3^-、SO_4^{2-} 等；③表面活性剂处理，对于憎水性强的固体微粒，如石墨、氟化石墨、聚四氟乙烯等，在进入镀液前应先与适量的表面活性剂混合，高速搅拌 1h 至数小时，静置后待用。

当使用的微粒很细小时，直接加入到镀液中会出现结块现象，为此可用少量镀液润湿微粒并调成糊状，再倒入镀液中。对于一些导电能力较强的固体微粒，特别是金属粉末，在共沉积时复合镀层表面很快会变得粗糙。为防止这种情况发生，一个较方便的方法是向镀液中加入一些对这种微粒有强烈吸附作用的表面活性剂，即把微粒包围和隔开。

有些固体微粒不直接加入到镀液中，而是以可溶性盐的形式加入镀液，发生反应，生成固体沉淀。例如：在瓦特镍镀液中电沉积 Ni-BaSO_4 复合镀层时，向镀液中加入需要的 $BaCl_2$ 水溶液，与硫酸根离子生成 $BaSO_4$ 沉淀。这种加入方法不用碱液、酸液处理，镀层中存在的微粒较小，呈球状，并且容易均匀分布。

3）固体微粒在镀液中的悬浮方法。在复合电镀中，必须配备良好的搅拌装置，使微粒均匀地悬浮在镀液中。目前所用的搅拌方式，大都是连续搅拌，具体方式多种多样，如机械搅拌法、压缩空气搅拌法、超声波搅拌法、板泵法和镀液高速回流法等，也可采用联合搅拌法。除连续搅拌外，也有间歇搅拌。间歇搅拌可使镀层中微粒含量提高，但搅拌时间与间歇时间之比对不同微粒的材质和粒径都有一个最佳值。

4）基质金属与固体微粒共沉积。现以 Ni-SiC 复合镀为例予以说明。镀液配方和相关数据为：硫酸镍（NiSO_4·7H_2O）250～300g/L，氯化镍（NiCl_2·6H_2O）30～60g/L，硼酸（H_3BO_3）35～40g/L，碳化硅微粒（1～3μm）100g/L，镀层中微粒的质量分数 2.5%～4.0%；pH 值 3～4，温度 45～60℃，阴极电流密度 5A/dm^2。采用机械搅拌或板泵法搅拌。其中，机械搅拌是用调速电动机带动搅拌棒，按规定的速度旋转，其速度以镀液上部没有清液、下部没有微粒沉淀为宜。板泵法是在镀槽的近底处，放置一块开有许多小孔的平板，它与槽底平行，驱动平板以一定频率和振幅上下往复运动，使槽底的微粒搅起，均匀而充分地悬浮在镀槽中。固体微粒的嵌入，使镀层的硬度和耐磨性得到显著的提高。

（2）复合电镀机理　研究者对基质金属与固体微粒共沉积的机理提出了一些理论，主要有：①吸附机理，认为共沉积的先决条件是微粒在阴极上的吸附；②力学机理，认为共沉积过程只是一个力学过程；③电化学机理，认为共沉积的先决条件是微粒有选择地吸附镀液中的正离子而形成较大的正电荷密度，荷电的微粒在电场作用下运动（电泳迁移）是微粒进入复合镀层的关键因素。根据这几种理论，研究者建立了不少模型，即从不同侧面描述共沉积的过程，虽然目前尚无普遍适用的理论，但共沉积过程大致可以分为以下三个步骤：

1）悬浮于镀液中的微粒，在镀液循环系统的作用下向阴极（工件）表面输送，其效果主要取决于镀液的搅拌方式和搅拌强度。

2）微粒黏附于阴极。这种黏附不仅与微粒的特性有关，而且与镀液的成分和性能以及具体的操作工艺等因素有关。

3）微粒被沉积金属包埋，沉积在镀层中。附着于阴极上的微粒，必须停留超过一定时间后才有可能被沉积金属俘获。

由上可以推知，在基质金属与固体微粒的共沉积过程中，搅拌方式、微粒特性、微粒在镀液中的载荷量、添加剂、电流密度、温度、pH 值、电流波形、超声波、磁场等因素都会产生影响，并且对不同的镀液和微粒会有不同的影响。

（3）复合电镀的应用 目前镍基复合镀应用较多，其次是锌基、铜基和银基等复合镀。按用途大致有：

1）耐磨复合镀层。基质金属是镍、镍基合金、铬等。固体微粒有 SiC、WC、AlO₃ 等。例如：在氨基磺酸盐镀镍液中加 $1 \sim 3\mu m$ 尺寸的 SiC 微粒，就可获得质量分数为 2.3% ~ 4.0% 的 Ni-SiC 复合镀层，用来做汽车发动机气缸内腔表面的电镀层，其磨损量只有铁套气缸的 60%，比镀铬降低成本 20% ~30%。

2）自润滑复合镀层。这种镀层具有自润滑特性，不必另加润滑剂。例如：镍与 MoS_2、WS_2、氟化石墨 $(CF)_n$、石墨、聚四氟乙烯 PTFE、BN、CaF_2 等微粒可通过共沉积获得这类镀层。

3）分散强化合金复合镀层。它是一种金属微粒弥散分布在另一种金属基体上的复合镀层，其后通过热处理可获得新合金镀层。例如：将 Mo、Ta、W 等金属粉末加入到镀铬液中，获得的复合镀层在 1100℃ 下热处理，可获得 Cr-Mo、Cr-Ta、Cr-W 等分散强化合金镀层。

4）提高金属基材与有机涂层结合强度的复合镀层。在工程中为了提高金属基材与有机涂层之间的结合力，常采用磷化镀锌或铬酸盐钝化处理方法，然而在有些场合采用复合镀方法就能很好地解决这方面的结合强度问题。例如：在酸性镀锌液中加酚醛树脂微粒 30g/L，在钢板上沉积锌-酚醛树脂复合层 $5\mu m$ 厚，可使钢与有机涂层的结合力大大提高。

5）电接触复合镀层。Au、Ag 常用作电接触镀层，缺点是耐磨性差，摩擦因数大，Ag 层又易变色，抗电弧烧蚀性能较差，为此可采用 Au-WC、Au-BN、$Ag-La_2O_3$、Ag-石墨、$Ag-CeO_2$ 等复合镀层，来改善性能，提高使用寿命。

6）耐蚀性复合镀层。它是将一些 TiO_2、SiO_2、$BaSO_4$ 等非导电微粒加入到镀镍液中，获得 $Ni-TiO_2$、$Ni-SiO_2$ 等复合镀层，然后镀铬得到微孔铬层，显著提高耐蚀性。

（4）纳米复合电镀。它是在电解质溶液中加入纳米尺度（1 ~ 100nm，通常为 30 ~ 80nm）的不溶性固体颗粒，并且均匀悬浮于其中，利用电沉积原理，使金属离子被还原、沉积在工件表面的同时，将纳米尺度的不溶性固体颗粒弥散分布在金属镀层中的工艺方法。

纳米微粒的高表面活性使其极易以团聚状态存在，团聚后往往失去其特性，所以分散技术是纳米复合电镀的关键技术之一。分散技术有机械搅拌、球磨、超声分散、表面改性、添加高分子团聚电解质和表面活性剂等。例如：先进行 1 ~ 5h 球磨或搅拌纳米微粒的悬浊液，然后再用超声波处理，这样可以消除某些纳米微粒的团聚。又如：在纳米复合电镀液中添加某些表面活性剂，可以使电镀液迅速润湿纳米微粒，使其吸附在微粒表面防止微粒之间的团聚，而吸附在已经团聚的微粒团缝隙表面的微粒又可使微粒团重新分散开来，从而成为一类有效的分散物质。

纳米复合电镀的过程与普通复合电镀的过程大致相同，即包括复合电镀液的配制、镀前工件处理、复合电镀和镀后处理四部分。镀液配制时，先根据使用要求选择基质镀液及对镀渡的理化性能进行调整，同时选择好纳米微粒的成分和尺寸，并对其进行预处理，然后以一定的比例加入到镀液中，予以充分的复合，使纳米微粒在基质镀液中均匀悬浮，最后检测合格后投入使用。镀前工件处理主要有六项：①机械预处理，包括磨光、抛光、喷砂等；②脱脂处理，包括采用有机溶剂、化学、电化学、超声波等处理方法；③去氧化膜处理，通常采用酸侵蚀方法，对于易发生氢脆而不宜用酸侵蚀的工件可采用喷细沙、磨光、滚光等方法；

④弱侵蚀，使工件表面处于活化状态；⑤中和，一般在30~100g/L的碳酸钠溶液中浸10~20s，以防止工件在弱侵蚀后表面的残液带入镀液；⑥预镀，即在复合电镀前，先镀一层很薄的镀层，以防止钢铁基体在某些镀液中被溶解而置换出结合强度不高的镀层。复合电镀时，要开启镀液搅拌装备，使纳米微粒始终保持悬浮状态。镀后处理包括干燥、涂油和去应力等。

目前，纳米微粒与基质金属共沉积的机理尚缺乏深入研究，主要有选择性吸附、外力输送和络合包覆等理论。前两种理论与普通复合电镀的理论相似。络合包覆理论的要点是：纳米微粒经预处理后加入到基质镀液中，进行充分的搅拌，同时加入表面活性剂、络合剂等作为分散纳米微粒的物质，使纳米微粒与金属正离子同时被络合包覆在一个络合离子团内。这些络合离子团到达阴极（工件）表面后，发生表面活性剂或络合物的脱附反应，在金属离子被还原沉积在工件表面的同时，纳米微粒陆续被镶嵌到镀层中去。

3. 复合电刷镀

（1）复合电刷镀工艺 电刷镀是不用镀槽而用浸有专用镀液的镀笔与镀件做相对运动，通过电解而获得镀层的电镀过程。由于电刷镀的特殊性，在复合电刷镀中，人们更多地研究了纳米复合电刷技术。

常用的纳米复合电刷镀溶液体系见表9-1。

表9-1 常用纳米复合刷镀溶液体系

基质金属	纳 米 微 粒
Ni，Ni 基合金	Cu，Al_2O_3，TiO_2，ZrO_2，ThO_2，SiO_2，SiC，B_4C，Cr_3C_2，TiC，WC，BN，MoS_2，金刚石，PTFE
Cu	Al_2O_3，TiO_2，ZrO_2，SiO_2，SiC，ZrC，WC，BN，Cr_3O_2，PTFE
Fe	Cu，Al_2O_3，SiC，B_4C，ZrO_2，WC，PTFE
Co	Al_2O_3，SiC，Cr_3C_2，WC，TaC，ZrB_2，BN，Cr_3B_2，PTFE

纳米复合电刷镀过程包括下列八道工序：①表面准备，即用机械或化学方法去除表面油污、修磨表面和保护非镀表面；②电净，镀笔接正极，进行电化学脱脂；③进行强活化，镀笔接负极，电解蚀刻表面，进行除锈等工作；④进行弱活化，镀笔接负极，电解蚀刻表面，去除碳钢表面炭黑；⑤镀底层，镀笔接正极，提高表面结合强度；⑥镀尺寸层，镀笔接正极，使用纳米复合电刷镀液，快速恢复尺寸；⑦镀工作层，镀笔接正极，使用纳米复合电刷镀液，确保工件尺寸精度和表面性能；⑧镀后处理，按使用要求选择吹干、烘干、涂油、去应力、打磨、抛光等。每道工序间须用清水冲洗。

影响镀层质量的工艺参数较多，主要有工作电压、镀液温度、镀笔与工件相对运动速度以及电源极性等。纳米复合电刷镀的工艺参数选择范围通常为：工作电压10~40V；镀液温度15~50℃；镀笔与工件相对运动速度6~10m/min；电源极性正接或反接。

（2）纳米复合电刷镀层的组织 在纳米复合电刷镀过程中，镀笔与工件保持一定的相对运动速度，镀液中的金属正离子仅在镀笔（阳极）与工件（阴极）接触的部位被还原。当镀笔移开后，此部位的还原过程即终止。只有镀笔移回该部位时，还原过程又开始。因此，纳米复合电刷镀层是断续结晶形成的，具有超细晶组织、高密度位错，还有大量的孪晶和其他晶体缺陷。弥散分布的纳米微粒起到了强化镀层的作用。

此外，从横截面形貌分析发现，纳米复合电刷镀层与基底结合良好。例如：在20钢表面先电刷镀特镍做底层，再进行 $n\text{-}Al_2O_3/Ni$ 纳米复合电刷镀，然后对镀层的横截面进行显微观察，分析表明，镀层与特镍间基本不存在裂纹和孔隙等缺陷。$n\text{-}Al_2O_3/Ni$ 复合电刷镀层的组织由微晶、纳米晶和非晶组成。

（3）纳米复合电刷镀层的性能　其性能主要有下列特点：

1）硬质纳米微粒的加入可以显著提高电刷镀层的硬度，并且随纳米微粒的增加而增高，达最大值后开始下降。

2）纳米复合镀层的结合强度大于普通电刷镀层，只是在纳米复合电刷镀之前须有底镀。

3）纳米复合电刷镀层的耐磨性比普通电刷镀层好。例如：$n\text{-}Al_2O_3/Ni$ 纳米复合电刷镀层的磨损失重量明显比快镍电刷镀层小，当 $n\text{-}Al_2O_3$ 微粒含量为 20g/L 时，磨损失重量最小。

4）纳米复合电刷镀层的抗接触疲劳性能在一定条件下显著提高。例如：在一定的电刷镀工艺参数下，当 $n\text{-}Al_2O_3$ 纳米微粒含量为 20g/L 时，$n\text{-}Al_2O_3/N$ 纳米复合镀层的抗接触疲劳特征寿命（载荷为 $3kN/mm^2$）可达到 2×10^6 周次，而普通快镍电刷镀层仅为 10^5 周次，但是在 $n\text{-}Al_2O_3$ 纳米微粒含量超过 20g/L 后，其抗接触疲劳性能急剧下降，这可能是因为纳米微粒含量很高时受到电刷镀液分散能力的限制而出现微粒团聚体，引发了初始微裂纹的形成。

5）纳米复合电刷镀层的高温硬度和高温耐磨性等高温性能得到明显的提高，普通电刷镀层一般只适宜在常温下使用，而纳米复合电刷镀层，尤其是 $n\text{-}Al_2O_3/Ni$ 纳米复合电刷镀层在 400℃ 时仍具有较高的硬度和良好的耐磨性，可以在 400℃ 条件下使用。

4. 复合化学镀

（1）复合化学镀工艺　化学镀是在无外电流通过的情况下，利用还原剂将电解质溶液中的金属离子化学还原到呈活性催化的工件表面，沉积出与基材牢固结合的镀覆层。复合化学镀工艺的难点之一在于固体微粒不能促进化学镀液的稳定性，为此要适量添加稳定剂。同时，选用的固体微粒尽可能是对基质金属催化活性低的材料。影响复合化学镀层质量的工艺参数主要有镀液的固体微粒含量、微粒在镀液和镀层中的分散程度、微粒的尺寸、pH 值、反应温度、搅拌方法和速度等。一种复合化学镀 Ni-P-SiC 的工艺规范如下：

硫酸镍（$NiSO_4 \cdot 7H_2O$）	21g/L
次磷酸钠（$NaH_2PO_2H_2O$）	24g/L
乙醇胺（$NH_2C_2H_5O$）	12g/L
丙酸（$C_3H_6O_2$）	2.2g/L
氟化钠（NaF）	2.2g/L
硝酸铅［$Pb(NO_3)_2$］	0.002g/L
碳化硅（SiC）（$1\sim10\mu m$）	10g/L
pH 值	4.4~4.6
温度	93~95℃
镀层中微粒含量	4.5%~5%（质量分数）
搅拌	机械法或其他方法

（2）复合化学镀的应用　例如：Ni-P-SiC 复合化学镀层具有良好的耐磨性，可显著提高

了模具的使用寿命，在塑料、纺织、造纸、机械等工业部门迅速获得了推广使用。

在复合化学镀层中，所用的固体微粒除 SiC 外，还可采用 Al_2O_3、金刚石、氟化石墨、PTFE 的弥散型镍磷复合镀层及 Zr、Nb、Mo、W 等合金型镍磷复合镀层。例如：Ni-P-PTFE 复合化学镀层虽然硬度不高，镀态硬度值约为 300HV，但具有减摩、自润滑特性。它的耐磨性，在磨损初期不如 Ni-P 化学镀层（因为 Bi-P 具有高的硬度），但在磨损后期，由于 Ni-P-PTFE 镀层中 PTFE 的自润滑作用，使其具有更好的抗黏着磨损的性能。Ni-P-PTFE 镀层的摩擦因数比 Ni-P 镀层大大降低了。

9.3.2　纳米黏结、黏涂和纳米热喷涂

1. 纳米黏结、黏涂

如第 6 章 6.3 节所述，从日常生活到高科技领域，胶黏剂得到了广泛的应用。胶黏剂是通过界面（表面）层分子（原子）间相互作用，把两个固体材料表面连接在一起的物质或材料。它可用于相同或不同的材料连接，特别适用于黏结那些弹性模量与厚度相差比较大而不宜采用其他连接方法的材料，以及薄膜、薄片材料等。作为黏结技术的一个分支，黏涂是将具有特种功能的胶黏剂直接涂覆于材料或制件表面，成为一种有效的表面强化和修补手段。

虽然胶黏剂分子结构中大多含有强极性的、化学活泼的基团，能与材料之间产生优良的化学黏结力，然而在实际应用中一些品种的胶黏剂仍然存在诸多不足，如耐水性、耐溶剂性、耐高温等性能较差，尤其是许多领域和新产品对胶黏剂的性能提出了越来越高的要求。因此，具有优异特性的纳米材料在胶黏剂中的应用研究已成为黏结领域关注的一个热点。

例如：纳米材料在环氧树脂胶黏剂中的应用研究。环氧树脂胶黏剂是由环氧树脂添加适当的固化剂、稀释剂、增韧剂、填料等配制而成的，是一种热固性树脂胶黏剂。其优点是黏结强度高，固化收缩率小，耐化学介质稳定性好，电绝缘性能优良，以及工艺性能良好，制品尺寸稳定，耐候性能良好，吸水率低。但是，它也存在较为明显的缺点，主要是操作黏度大，固化物性脆，剥离强度低，以及耐机械冲击和热冲击性能差。如何进一步发挥它的长处，改善它的短处？研究表明，用纳米材料进行改性，是一条有效的途径。表 9-2 列出了纳米 SiO_2 的添加量对 SiO_2/环氧树脂胶黏剂力学性能的影响。由该表可以看出：在一定范围内，随着纳米 SiO_2 添加量的增加，SiO_2/环氧树脂胶黏剂的冲击强度、拉伸强度和断裂伸长率逐渐增加，当用量为 5g 时，各性能达到最大值，而后则随纳米 SiO_2 添加量的增加，各性能值逐步下降；纳米 SiO_2 添加量为 5g 时，其冲击强度、拉伸强度和断裂伸长率，与未加 SiO_2 微粒的纯 E-54 环氧树脂胶黏剂相比，分别提高了 94%、9.8% 和 46%。这表明纳米 SiO_2 具有优良的填充特性，起到了增强、增韧的作用。

表 9-2　纳米 SiO_2 的添加量对纳米 SiO_2/环氧树脂胶黏剂力学性能的影响

纳米 SiO_2 添加量/g	冲击强度/(kJ/m^2)	拉伸强度/MPa	断裂伸长率（%）
0	9.29	48.84	20.94
1	10.78	50.53	25
2	13.5	51.41	26.8
3	15.0	51.94	28
4	16.51	52.99	29

（续）

纳米 SiO_2 添加量/g	冲击强度/(kJ/m^2)	拉伸强度/MPa	断裂伸长率(%)
5	18.0	53.55	30.6
6	16.31	52.08	28.6
7	12.40	50.37	24.2

注：表中环氧树脂100g，m（偶联剂）；m（纳米 SiO_2）=5:100，DMBA 8g，固化条件为80℃×1h，120℃×1h。

添加纳米 TiO_2，对环氧树脂胶黏剂力学性能的影响，有着与表9-2相似的规律。随着纳米 TiO_2 添加量的增加，TiO_2/环氧树脂胶黏剂的拉伸强度、拉伸弹性模量、弯曲强度、弯曲弹性模量都逐渐增加；当纳米 TiO_2 添加量为5%（质量分数）时，强度和模量达到最大值，其中拉伸强度和弯曲强度，与未加纳米 TiO_2 的环氧树脂胶黏剂相比，分别提高了383%和245%。稍有区别的是，冲击强度的最大值是在纳米 TiO_2 添加量为3%（质量分数）处。

2. 纳米热喷涂

运用各种表面技术与纳米技术复合的方法，可以制备具有许多优异性能的纳米结构涂层，其中将热喷涂技术与纳米技术复合而成的纳米热喷涂受到人们的高度关注。

如第6章6.4节所述，热喷涂是指利用某种热源将喷涂材料迅速加热到熔化或半熔化状态，再经过高速气流或焰流使其雾化，并以一定速度喷射到经过预处理的材料或制件表面，从而形成涂层的一种表面技术。该技术具有工艺相对简单、灵活、可喷涂材料种类多、涂层质量好等优点。

热喷涂材料有线材和粉末两种类型。如果是粉末，其粒度范围通常为140～325目。纳米粉末的粒径和质量太小，并且在热喷涂过程中容易烧损，以及纳米粉末极易吸附在送粉管的管壁，造成送粉困难甚至堵塞，因此纳米粉末不能直接用于热喷涂。

要将纳米粉末用于热喷涂，通常是把纳米颗粒材料制备成具有一定尺寸、能够直接热喷涂的纳米颗粒喂料。纳米热喷涂的原理可以归纳为下列过程：

合成纳米粒子→重构的粒子→热喷涂的粒子→在基材或制品表面热喷涂形成纳米结构涂层

纳米结构颗粒喂料主要采用构筑式方法制备，即由纳米结构颗粒材料（合成纳米粒子）构筑成微米尺寸的纳米结构颗粒喂料。具体方法主要有下列几种：

1）液相分散喷雾干燥法。它先在液相中用超声波等方法分散纳米粉末材料，然后用胶黏剂黏结成含有纳米粉末的溶胶状材料，最后用热空气雾化吹干等方法制成可用于热喷涂的纳米结构喂料。其形状大致为球形和椭球形，尺寸约在几微米至几十微米范围内。选择合适的胶黏剂、分散剂以及消泡剂，对获得高固含量、低黏度的浆料以及提高喷雾造粒效率非常重要。胶黏剂一般选用能溶解于水或有机溶剂，具有一定黏结性能且为无灰型的高聚物，如醋酸纤维素、硝基纤维素等。

2）原位生成喷雾合成法。它是先用液相合成法生成纳米颗粒，例如沉淀法，即选择合适的可溶性金属盐，计量配制溶液，用合适的沉淀剂，通过水解等步骤，在溶液中原位生成纳米颗粒。然后，运用超滤、渗透、反渗透和超离心等方法除去纳米颗粒以外的组分，加入适当的液相介质和其他组分，再用液相分散喷雾干燥法制备纳米结构颗粒喂料。

3）机械研磨合成法。它是通过机械研磨、高能球磨等方法，将微米粉、非晶金属箔加工成纳米结构颗粒喂料。加工过程中，要在高真空容器内通入保护气体，或加入 CH_3OH 和液 N_2 介质，控制好各工艺参数，使高速运转的磨球与原料相互碰撞，粉末颗粒反复进行熔结、断裂、再熔结，晶粒不断细化，达到纳米尺寸。除去 CH_3OH 和液 N_2 介质后，纳米颗粒在静电引力作用下团聚为微米尺寸的纳米结构颗粒喂料。

纳米热喷涂的喷涂方法主要有等离子喷涂和超音速火焰喷涂法等，也可采用冷喷涂法。

纳米热喷涂制得的纳米结构涂层与一般热喷涂制得的传统涂层有明显的不同。如上所述，一般热喷涂颗粒的粒度范围为 140～325 目，过细的粉末会产生烧损和飞扬等问题。近 20 年来，由于高速火焰喷涂（HVOF）和高功率等离子喷涂（HPPS）的出现，它们的焰流和颗粒飞行速度高，缩短了颗粒在焰流中的受热时间，大粒度颗粒在未熔化之前就已经抵达基材表面，难以形成理想涂层，因此喷涂颗粒在高速喷涂背景下正在向细微级发展。即使在一般热喷涂过程中，由于受热时间很短，热喷涂传统微米级颗粒仅在颗粒表面产生熔融。然而在纳米热喷涂时，因纳米团聚体颗粒的活性高而极易被加热熔融，并且颗粒内部的熔融程度及均匀性都很好，同时纳米颗粒碰撞基材表面后发生剧烈变形，形成的涂层显微结构较为致密，显微裂纹显著减少，层状结构不明显，涂层孔隙率明显降低，表现在使用性能上，就是结合强度和硬度高，断裂强度好，耐蚀性优良。

目前，采用纳米热喷涂方法研究纳米结构涂层的主要有：WC/CO 系列，Ti/Al 等金属间化合物，ZrO_2，Al_2O_3/ZrO_2，Al_2O_3/TiO_2，316 不锈钢，Cr_2O_3，Si_3N_4，生物陶瓷等。例如：美国纳米材料公司用特殊黏结处理制得的纳米结构颗粒喂料，纳米热喷涂形成 Al_2O_3/TiO_2 涂层，致密度高达 98%，结合强度比商用普通粉末涂层提高 2～3 倍，耐磨性提高 3 倍，抗弯强度提高 2～3 倍。除力学性能和致密度显著提高外，纳米结构涂层还可以获得电、磁、光、声等方面的特殊功能。

实际上，纳米热喷涂是一项复杂的表面技术，目前在生产过程中真正达到纳米结构和高致密度涂层并非易事，但是它良好的应用前景正在吸引着人们对此不断深入研究。

9.4　表面热处理与某些表面技术的复合

9.4.1　复合表面热处理

将两种或两种以上表面热处理方法复合起来，往往比单一的表面热处理具有更好的效果，因而发展了许多复合表面热处理技术，在生产实际中获得了广泛的应用。

1. 复合表面化学热处理

（1）渗钛与离子渗氮的复合表面处理　它是将工件进行渗钛，然后再进行离子渗氮的复合表面化学热处理。经过这两种化学热处理的复合表面处理后，在工件表面形成硬度高、耐磨性好且具有较好耐蚀性的金黄色 TiN 化合物层。其性能明显高于单一渗钛层和单一渗氮层的性能。

（2）渗碳、渗氮、碳氮共渗与渗硫复合处理　渗碳、渗氮、碳氮共渗对提高零件表面的强度和硬度有十分显著的效果，但这些渗层表面抗黏着能力并不十分令人满意。在渗碳、渗氮、碳氮共渗层上再进行渗硫处理，可以降低摩擦因数，提高抗黏着磨损的能力，提高耐磨性。例如：渗碳淬火与低温电解渗硫复合处理工艺是先将工件按技术条件要求进行渗碳淬火，在其表面获得高硬度、高耐磨性和较高的疲劳性能，然后再将工件置于温度为190℃±5℃的盐浴中进行电解渗硫。盐浴成分（质量分数）为75% KSCN + 25% NaSCN，电流密度为2.5~3A/dm²，时间为15min。渗硫后获得复合渗层。渗硫层是呈多孔鳞片状的硫化物，其中的间隙和孔洞能储存润滑油，因此具有很好的自润滑性能，有利于降低摩擦因数，改善润滑性能和抗咬合性能，减少磨损。

2. 表面热处理与表面化学热处理的复合强化处理

表面热处理与表面化学热处理的复合强化处理在工业上的应用实例较多，例如：

（1）液体碳氮共渗与高频感应淬火的复合强化　液体碳氮共渗可提高工件的表面硬度、耐磨性和疲劳性能。但该项工艺有渗层浅、硬度不理想等缺点。若将液体碳氮共渗后的工件再进行高频感应淬火，则表面硬度可达60~65HRC，硬化层深度达1.2~2.0mm，零件的疲劳强度也比单纯高频感应淬火的零件明显增加，其弯曲疲劳强度提高10%~15%，接触疲劳强度提高15%~20%。

（2）渗碳与高频感应淬火的复合强化　一般渗碳后经经过整体淬火和回火，虽然渗层深，其硬度也能满足要求，但仍有变形大、需要重复加热等缺点。使用该项工艺的复合处理方法，不仅能使表面达到高硬度，而且可减少热处理变形。

（3）氧化处理与渗氮处理的复合处理工艺　氧化处理与渗氮处理的复合称为氧氮化处理。这种处理工艺就是在渗氮处理的氨气中加入体积分数为5%~25%的水分，处理温度为550℃，适合高速工具钢刀具。高速工具钢刀具经过这种复合处理之后，钢的最表层被多孔性质的氧化膜（Fe_3O_4）覆盖，其内层形成由氮与氧富化的渗氮层。其耐磨性、抗咬合性能均显著提高，改善了高速工具钢刀具的切削性能。

（4）激光与离子渗氮复合处理　钛的质量分数为0.2%的钛合金经激光处理后再离子渗氮，硬化层硬度从单纯渗氮处理的600HV提高到700HV；钛的质量分数为1%的钛合金经激光处理后再离子渗氮，硬化层硬度从单纯渗氮处理的645HV提高到790HV。

9.4.2　表面热处理与表面形变强化处理的复合

普通淬火、回火与喷丸处理的复合处理工艺在生产中应用很广泛，如齿轮、弹簧、曲轴等重要受力件经过淬火、回火后再经喷丸表面形变处理，其疲劳强度、耐磨性和使用寿命都有明显提高。表面热处理与表面形变强化的复合，同样有良好的效果，例如：

（1）复合表面热处理与喷丸处理的复合工艺　离子渗氮后经过高频感应淬火后再进行喷丸处理，不仅使组织细致，而且还可以获得具有较高硬度和疲劳强度的表面。

（2）表面形变处理与表面热处理的复合强化工艺　工件经喷丸处理后再经过离子渗氮，虽然工件的表面硬度提高不明显，但能明显增加渗层深度，缩短化学热处理的处理时间，具有较高的工程实际意义。

9.5　高能束表面处理与某些表面技术的复合

高密度光子、电子、离子组成的激光束、电子束、离子束，可以通过一定的装置，聚集到很小的尺寸，形成极高能量密度（达10^3~10^{12}W/cm²）的粒子束。这种高能束作用于材料表面，可以在极短的时间内以极快的加热速度使表面特性发生改变，因而在材料表面改性等领域中得到了广泛的应用。高能束表面处理与某些表面技术恰当地复合，则可发挥更大的作用。现以激光束为例介绍如下。

9.5.1　激光表面合金化、陶瓷化和增强电镀

1. 激光表面合金化

利用各种工艺方法先在工件表面上形成所要求的含有合金元素的镀层、涂层、沉积层或薄膜，然后再用激光、电子束、电弧或其他加热方法使其快速熔化，形成一个符合要求的、经过改性的表面层。例如：

柴油机铸铁阀片经过镀铬、激光合金化处理，表层的表面硬度达 60HRC，该层深度达 0.76mm，延长了使用寿命。45 钢经过 Fe-B-C 激光合金化后，表面硬度可达 1200HV 以上，提高了耐磨性和耐蚀性。

复合表面处理在有色金属表面处理中也获得了应用，ZL109 铝合金采用激光涂覆镍基粉末后再涂覆 WC 或 Si，基体表面硬度由 80HV 提高到 1079HV。

表 9-3 列出了 AISI6150 钢（相当于我国 50CrVA 钢）激光表面合金化前等离子喷涂材料。这些材料先用等离子喷涂，再用 1.2kW CO₂ 激光器进行熔融和合金化。

表 9-3　AISI6150 钢激光表面合金化前等离子喷涂材料

Metco 粉末	名称	组成元素的质量分数（%）											
		Cr	Si	B	Fe	Cu	Mo	W	WC+8Ni	C	Ni	碳化铬	ZrO$_2$
19E	S/FNi-Cr 合金	16.0	4.0	4.0	4.0	2.4	2.4	2.4		0.5	余量		
36C	S/FWC 合金	11.0	2.5	2.5	2.5				35.0	0.5	余量		
81VF-NS	碳化铬-Ni-Cr	余量									20.0	75.0	
201B-NS-1	ZrO$_2$-陶瓷								CaCO$_3$ 8.0				92.0
	Mo						99.0						

在激光照射前，工具的预涂覆还可采用电镀沉积（镍和磷）、表面固体渗（硼等）、离子渗氮（获得氧化铁）等。激光处理层的问题是出现裂纹，通过调整激光参数、涂覆材料和激光处理方法可减少裂纹。

2. 激光表面复合陶瓷化

利用激光束与镀覆处理复合，可以在金属基材表面形成陶瓷化涂层，例如：

1）供给异种金属粒子，并利用激光照射使之与保护气体反应而形成陶瓷层。研究表明，在 Al 表面涂覆 Ti 或 Al 粒子，然后通入氮气或氧气，同时用 CO₂ 激光照射，可形成高硬度的 TiN 或 Al₂O₃ 层，使耐磨性提高 $10^3 \sim 10^4$ 倍。

2）在材料表面涂覆两层涂层（例如在钢表面涂覆 Ti 和 C）后，再用激光照射使之形成陶瓷层（例如 TiC）。

3）一边供给氮气或氧气一边用激光照射，使 Ti 或 Zr 等母材表面直接氮化或氧化而形成陶瓷层。

3. 激光增强电镀

在电解过程中，用激光束照射阴极，可极大地改善激光照射区的电沉积特性。激光增强

电沉积，可迅速提高沉积速度而不发生遮蔽效应，能改善电镀层的显微结构，可在选择性电镀、高速电镀和激光辅助刻蚀中获得应用。例如：在选择性电镀中，一种称为激光诱导化学沉积的方法尤其引人注目，即使不施加槽电压，对浸在电解液中的某些导体或有机物进行激光照射，也可选择性地沉积 Pt、Au 或 Pb-Ni 合金，具有无掩膜、高精度、高速率的特点，可用于微电子电路和金属电路的修复等高新技术领域。在高速电镀中，当激光照射到与之截面面积相当的阴极面上时，不仅其沉积速率可提高 $10^3 \sim 10^4$ 倍，而且沉积层结晶细致，表面平整。

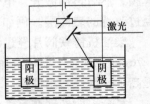

图 9-12 激光增强电镀试验装置

成都表面装饰应用研究所采用如图 9-12 所示的一种激光电镀试验装置，研究了在高强度 CO_2 激光束照射下，瓦特镍 Ni/Ni$^+$ 电极体系电沉积镍层的性质和变化规律。研究表明，激光照射能提高阴极极化效果。虽然激光电沉积镍层为微裂纹结构，但与基体结合力高，在一定的光照时间内，可获得结晶细致、表面平整的镍镀层。这类装置也可用来电镀 Cu、Au 等金属，并取得了良好的效果。

钛合金采用激光气相沉积 TiN 后再沉积 Ti（C，N），形成复合层，硬度可达 2750HV。

9.5.2 激光束表面处理与等离子喷涂的复合

等离子喷涂是热喷涂的一种方法，它是利用等离子弧发生器（喷枪）将通入喷嘴内的气体（常用氩、氮和氢等气体）加热和电离，形成高温高速等离子射流，熔化和雾化喷涂材料，使其以很高速度喷射到工件表面上形成涂层的方法。等离子弧焰温度高达 10000℃ 以上，几乎可喷涂所有固态材料，包括各种金属和合金、陶瓷、非金属矿物及复合粉末材料等。喷涂材料经加热熔化或雾化后，在高速等离子焰流引导下高速撞击工件表面，并沉积在经过粗糙处理的工件表面形成很薄的涂层。其与基材表面的结合主要是机械结合，在某些微区形成了冶金结合和其他结合。等离子弧流速度高达 1000m/s 以上，喷出的粉粒速度可达 180 ~ 600m/s。得到的涂层氧化物夹杂少，气孔率低，致密性和结合强度均比一般的热喷涂方法高。等离子弧喷涂工件不带电，受热少，表面温度不超过 250℃，基材组织性能无变化，涂层厚度可严格控制到几微米到 1mm 左右。因此，在表面工程中，可利用等离子喷涂的方法，先在工件表面形成所需的含有合金化元素的涂层，然后再用激光加热的方法，使它快速熔化，最终冷却形成符合性能要求、经过改性的优质表面层。

1. 钢铁材料等离子喷涂与激光表面处理的复合

低碳钢具有良好的塑性和韧性，容易变形加工，但表面硬度低，不耐磨。经等离子喷涂 CrC_2-80NiCr 或 WC-17Co 再进行 CO_2 激光表面熔化处理后，表面硬度大幅度提高，如 WC-Co 喷涂层达 1000HV，并改善了喷涂层的耐磨性，而低碳钢的韧性没有改变。

又如低碳钢经等离子喷涂司太立 6 号粉料，涂层厚 0.1 ~ 0.3mm，然后进行激光表面熔化处理，结果消除了涂层的孔隙，改善了均匀性，提高涂层与基材的结合力。

奥地利 GFM 公司生产的大型精锻机被世界大多数国家采用，其芯棒是用美国联合碳化公司垄断的涂层技术制造的，即采用爆炸喷涂工艺在芯棒表面制备一层耐高温、耐冲击、耐磨蚀、抗疲劳的薄涂层。这项技术可被其他技术所替用，其中之一就是采用等离子喷涂与激光重熔的复合表面处理。具体方法是：先用超音速等离子喷涂法，将平均粒度为 7.3μm 的

WC-10Cr-4Cr 粉末，喷涂到 $\phi76mm$ 的精锻机芯棒表面上，然后进行 CO_2 激光表面熔化，使涂层更加致密和相结合更稳定，并使涂层中的组分对芯棒基材有一定的扩散作用，进一步提高了 WC-10Co-4Cr 涂层与芯棒基材的结合强度，延长了芯棒在 $850\sim900\,^{\circ}\mathrm{C}$ 高温高速的锻造条件下的使用寿命。

2. 有色金属材料等离子喷涂与激光表面处理的复合

一般的有色金属材料与钢铁材料相比较，具有热导率与电导率高、易加工、比强度高、密度小、抗冲击等优点，而主要缺点是硬度低、不耐磨、易腐蚀。有色金属材料若采用单一的表面硬化涂层，则因受力时发生塑性变形，削弱了硬化层的结合强度及硬化层与基体的附着力，使硬化层塌陷，并且会脱离而形成为磨粒，导致材料的早期失效。为了解决这个问题，可以采用复合表面处理方法：先采用激光合金化，增加基材的承载能力，然后再复合一层所需的硬化层，提高耐磨性和耐蚀性。有时，对工况复杂的零件，虽进行了两种表面技术的复合处理，仍难以满足工况要求，因此需要采用由两种以上表面技术组成的复合处理。例如：钛合金进行了物理气相沉积 TiN 和离子渗氮复合处理后，虽然提高了表面耐磨性，但因表层厚度仅为 $1\sim3\,\mu m$（PVD），经离子渗氮后也仅为 $10\,\mu m$，当该零件达到临界接触应力时发生基体的塑性变形，使表面硬化层塌陷和脱落，形成磨粒，导致早期失效。如果在 PVD 和离子渗氮处理前，先进行高能束氮的合金化，增加基体承载能力，这样可避免表面硬化层的塌陷。

对于有些有色金属材料，则是另一种情况。例如：燃烧室和叶片多用镍基耐热合金等材料制造，为了提高隔热性能，可使用陶瓷热障涂层（TBC），或称隔热涂层。TBC 具有热导率低、可隔绝热传导的作用，使耐热合金表面温度降低几百摄氏度，让具有较高强度的合金能在较低温度范围内工作。它有多种类型，其中高温隔热涂层主要采用等离子喷涂法，这种涂层有适用范围广、简单实用的特点，但在涂层中存在气孔、裂纹及未熔化的粉末粒子，使涂层的力学性能受到影响，同时它们也成为腐蚀气体的通道，使中间结合层氧化和耐蚀性降低。研究表明：激光表面重熔等离子喷涂 TBC 可获得等离子喷涂层所不具备的外延生长致密的柱状晶组织，从而可改善结合强度，降低气孔率，提高涂层力学性能及热震性。

9.6　纳米晶粒薄膜和纳米多层薄膜

9.6.1　纳米薄膜概述

1. 纳米薄膜的分类

纳米薄膜是尺寸在纳米量级的晶粒（或颗粒）构成的薄膜和每层厚度在纳米量级的多层膜之总称。由此可以将纳米薄膜分为以下两类：

1）纳米晶粒（或颗粒）薄膜，即尺寸在纳米量级的晶粒（或颗粒）构成的薄膜。纳米晶粒薄膜的厚度可超出纳米量级，但由于薄膜内有纳米晶粒或原子团簇的掺入（嵌入）而可能呈现出一些奇特的效应。嵌入的颗粒一般为晶粒，但也可以是非晶等颗粒。在基质薄膜内嵌有纳米晶粒时，该薄膜可称为纳米晶复合薄膜。近些年来，在非晶基质薄膜内嵌入纳米晶粒的非晶纳米晶复合薄膜，尤其是用热喷涂等方法制备的非晶纳米晶复合涂层受到了人们的高度关注。它具有一些奇特的性能，又有高效和低成本等特点，因而有望成为一类较为广泛使用的新型材料。

2）纳米多层膜，即每层厚度在纳米量级的多层膜。纳米多层膜是由两种或两种以上不同的、具有纳米量级厚度的薄膜相互交替生长而形成的多层结构材料。每相邻两层形成一个周期，称为调制周期，其厚度用 λ 表示。在制备纳米多层膜时，可按实际需要改变和控制组成膜层的厚度及层数。这类薄膜在厚度方向上有纳米量级的周期性，具有一个双层厚度（5～10nm）的基本固定的超点阵周期，故也称超点阵薄膜或超晶格薄膜。由于纳米多层膜组成材料及结构上的特点及其各层间具有复杂的界面情况，因此在力学、电学、磁学、光学等方面呈现出奇特的性质，成为人们研究的热点。

纳米薄膜还有其他分类方法：按用途可分为纳米结构薄膜和纳米功能薄膜，前者着重于力学和机械方面的应用，后者着重于物理、化学和生物方面的应用；按薄膜的构成与致密程度，可分为颗粒膜和致密膜，前者是纳米颗粒粘在一起而形成颗粒间有极小缝隙的薄膜，后者则是连续、致密的薄膜。

2. 纳米薄膜的制备方法

已有的薄膜制备方法很多，如真空蒸镀、溅射、离子镀、分子束外延、液相外延生长、热壁外延生长、有机金属化学气相沉积、热氧化生长、热化学气相沉积、等离子体增强化学气相沉积、光化学气相沉积、激光化学气相沉积、溶胶-凝胶法、电镀、化学镀、阳极反应沉积、LB 技术等。其中绝大多数的制备方法已在前面有关章节做过介绍。通常将这些方法加以适当的改进，控制必要的参数，有可能制备出纳米薄膜。有的制备涂层的工艺方法，例如热喷涂，通过适当的改进和控制，可以制备得到性能优异的非晶纳米晶复合薄膜或涂层。

由纳米颗粒构成纳米颗粒薄膜，以及将纳米晶粒嵌入基质薄膜的纳米晶复合薄膜，是纳米薄膜的一个发展趋向。另一个发展趋向是纳米多层膜。它又有两种模式：①用不同性质的单层膜复合在一起，构成综合性能优良或具有特殊功能的膜系；②利用两种不同成分和性质的、具有纳米量级厚度薄膜，以数十层乃至更多膜层重复交叠，构成性能优异的纳米多层膜。制备纳米多层膜的方法也很多，目前最常见、最方便的方法有磁控溅射、阴极电弧离子镀、多源的等离子辅助化学气相沉积、带离子源的阴极电弧离子镀与非平衡磁控溅射组合的复合镀膜等。通常是在同一个设备中，通过不同靶源的开启、关闭或屏蔽，或者利用工件的旋转来反复通过不同部位的靶源照射区，制得纳米多层膜。一般要根据工件的性质、尺寸、形状和性能要求，选择或设计设备及源物质和工作气体，制订和实施工艺规范。

9.6.2 纳米晶复合薄膜

纳米晶复合薄膜（或涂层）可以用多种方法来制备，并且获得一些奇特的性能和有趣的现象。例如：在发光领域，按照量子理论，纳米硅的电子结构与纳米硅粒的大小有密切的关系。因此，改变纳米硅粒的大小可以改变纳米硅的光学性质。举例如下：单晶硅材料只能在近红外区发出很弱的光致发光，然而单晶硅材料经氢氟酸阳极氧化后所获得的纳米硅材料，在可见光区就能发出很强的光致发光。据报道，以高氢稀释硅烷为反应气源，用等离子体增强化学气相沉积制备含有纳米晶粒硅薄膜，未经任何后处理过程，在室温下观察到可见光致发光；此光发射归因于纳米硅晶粒中发生载流子在量子尺寸效应下产生的光子能量高于硅单晶本体的能隙。同样，在用等离子体增强化学气相沉积方法制得的嵌有纳米晶粒硅薄膜中观测到电致发光，发光谱处在 500～800nm 之间，它有两个分别位于 630～680nm 和

730nm 附近的峰，两个峰的强度与薄膜的电导率有密切关系。又如，研究人员采用 630nm 波长的激发光，在室温下对镶嵌有锗纳米晶的 SiO_2 薄膜进行了光致发光研究，在室温下观察到由于双光子吸收而导致的蓝色荧光峰。再如，研究人员用溶胶-凝胶法在浮法玻璃表面制备嵌入纳米银晶粒的 SiO_2 薄膜，在室温下测定其可见光透过率和光致发光谱，并确定样品的光致发光强度与纳米银的掺入量、镀膜时的提拉速度和热处理温度之间的关系。

下面举例说明采用激光熔覆、热喷涂和气相沉积三种表面技术制备得到纳米晶复合薄膜（或涂层）的某些研究和应用情况。

1. 激光熔覆法制备纳米晶复合涂层

选用特定纳米材料和技术手段，可以在金属或非金属表面形成具有纳米结构的涂层（nc）。目前构成 nc 的物质单元主要有金属粉末和纳米颗粒两种。所用的金属粉末有镍、钴等。由于它们的熔点相对较低、韧性好，在 nc 中起黏结的作用，而纳米陶瓷颗粒和各种纳米氧化物和碳化物等起强化作用。利用激光的高能量密度、功率可控性、快速熔化和凝固，使激光表面改性或熔覆具有独特的精密性和局部热作用。激光熔覆法就是将纳米复合粉末（如 Ni、Co + Al_2O_3、WC 等纳米粒子）预涂或自动送粉至金属基材表面，经高功率密度的激光束加热，使金属粉末先熔化成为熔池，纳米陶瓷颗粒弥散分布在熔池中，在随后快速冷却过程中，金属凝固、结晶，获得纳米晶结构，纳米陶瓷颗粒分布在金属晶粒之间保持纳米尺寸，形成金属-陶瓷复合纳米结构涂层。

激光熔覆过程是一种表面冶金过程，涂层与基材呈冶金结合，不易脱落，并且为快速凝固过程，冷却速度一般超过 10^4℃/s，因此可直接获得纳米晶结构。

激光熔覆制备纳米结构涂层的工艺，大致分为纳米材料的预置和激光熔覆两部分。前者通常采用电化学复合镀或刷涂法；后者一般采用多模横流大功率 CO_2 激光器，激光功率为 3~4kW，同时要控制好扫描速度、光斑等参数。在激光熔覆中，由于纳米粉体颗粒非常细小，溶覆时容易汽化、飞溅，造成材料浪费、污染环境以及涂层缺陷的增多，并且纳米粉体表面积大，相互吸引力增加，容易堵塞送粉管，因此一般先将纳米粉体通过组装制成特殊的喂料或由组装分散预制在表面。该组装有喷雾造粒法和金属包覆法两种。例如：对纳米 Al_2O_3 粒子，采用金属包覆法时先将纳米 Al_2O_3 进行清洗、粗化和催化等预处理，然后进行化学镀镍，使直径约为 50nm 的 Al_2O_3 粒子被镍包覆后颗粒直径变为 100~200nm。涂层制作前，先向镍包纳米氧化铝粉末中加入适当的黏结剂和分散剂，经充分搅拌混合均匀后制成膏状物，涂覆于基材表面达一定厚度，干后进行表面激光熔覆。

用激光熔覆法制得的纳米结构涂层在不改变材料整体性能的前提下，使表面具有较高的硬度、耐磨性、耐蚀性和回火稳定性等，在机械工业领域有良好的应用前景。例如：在材质为 H13（相当于 4Cr5MoSiV1）的汽车万向十字轴的热锻模内腔表面预涂纳米复合材料，即纳米碳管（质量分数为 1%）+ 镍包 Al_2O_3（质量分数为 99%），CO_2 激光功率为 4kW，光斑为 9mm×1mm，搭接 1mm，扫描速度为 2.5m/min，经多种热锻模具使用显示，平均使用寿命提高 35.7%。

2. 热喷涂法制备纳米晶复合涂层

非晶纳米晶复合涂层具有一系列优异性能，在机械、电子、航空、海洋等领域具有广阔的应用前景，但是多年来由于制备技术等限制，它没有获得大规模推广应用。

非晶金属或称金属玻璃，是某些金属合金通过熔体急冷、气相沉积、固态反应、高能粒子轰击等方法制得，具有独特的力学性能、磁性能、电性能和耐蚀性。非晶金属虽然不具有长程原子有序的结构，但其原子排列并非完全无规则，而是比液态金属保持更大程度的短程有序。它具有较高的自由能，属于热力学的亚稳态，随时间延长或温度上升，会发生结构弛豫、相分离和晶化，即非晶向能量较低的另一种亚稳态或稳态转变。非晶金属通过晶化温度和时间的控制，可获得不同晶粒尺寸的纳米晶金属。非晶金属通过晶化，若得到普通的晶粒，耐磨性、耐蚀性等性能往往是下降的；如果晶化得到纳米晶，那么很可能得到相反的情况，即耐磨性、耐蚀性等性能反而上升，此趋势与具体的材料、制备的工艺有关。

20世纪90年代初，研究人员采用热喷涂方法进行纳米金属粉喷涂试验，喷涂后发现纳米金属粉末没有完全熔融，原料粉的纳米结构仍保留在涂层中。在这个发现启示下，用热喷涂技术制备纳米结构涂层的研究不断深入。所采用的热喷涂技术有等离子喷涂、超音速火焰喷涂、气体爆炸喷涂、激光喷涂以及高速电弧喷涂等。

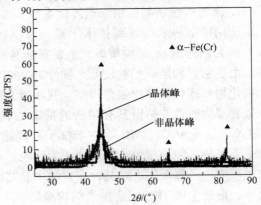

图9-13　FeCrBSiNb非晶纳米晶涂层的
XRD图谱及曲线拟合图

电弧喷涂具有非平衡的熔化加热、快速凝固的特点，熔融的喷涂粒子在扁平化过程中具有极高的冷却速度，容易获得非晶纳米晶复合涂层，而且适于大面积制备。图9-13所示为FeCrBSiNb非晶纳米晶涂层的XRD图谱及曲线拟合图。其中在$2\theta \approx 45$（°）处出现了一个漫散射峰，这说明在电弧喷涂过程中已经形成了非晶相。梁秀兵等人通过Verdon方法对XRD图谱进行Pseudo-Voigt函数拟合，宽峰为涂层内部非晶母相，尖锐峰为涂层中析出晶体峰，通过拟合的数据计算得到非晶相的含量为63.2%（体积分数）。图谱中还存在强度不高的晶化峰，这说明涂层在沉积过程中形成了少量的晶体相，经分析为α-Fe（Cr）相。图谱中没有氧化物峰存在，这说明涂层在沉积过程中B元素的脱氧作用明显。

截面组织形貌分析表明：涂层厚约0.8mm，层内和界面处无裂纹，只有少量孔隙。利用图像分析软件测量涂层的孔隙率仅为1.7%。透射电镜分析结果为：涂层在沉积过程中在非晶母相中原位生成平均晶粒尺寸为$40 \sim 60$nm的α-Fe（Cr）相纳米晶粒。涂层与基体结合强度为53.7MPa。图9-14所示为FeCrBSiNb涂层显微硬度沿深度方向分布曲线。涂层硬度的提高归因于：均匀分布的纳米晶粒起到弥散强化和阻滞裂纹扩散的作用，而包含较多的非晶相本身就有较高的硬度和优异的耐蚀性；涂层具有低的孔隙率和高的致密度。此外，

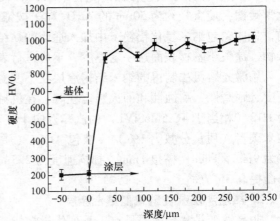

图9-14　FeCrBSiNb涂层显微硬度沿
深度方向分布曲线

在载荷为 500N、线速度为 0.84m/s 的干摩擦试验条件下测试结果表明：FeCrBSiNb 非晶纳米晶复合涂层的相对耐磨性为 30Cr13 涂层的 2.6 倍，为 45 钢的 12.8 倍。

3. 气相沉积法制备纳米晶复合涂层

制备纳米晶复合涂层的气相沉积法有多种，如磁控溅射、阴极电弧离子镀、脉冲激光沉积和等离子体增强化学气相沉积等。其中对磁控溅射法研究较多。例如：采用两种不同纯金属靶同时溅射，获得双相纳米晶复合涂层。在制备时，首先考虑调整好某靶的溅射功率，连续改变涂层这种金属元素的含量，然后设法控制晶粒长大，如利用各种元素竞相形核生长或元素反应后形核生长，也可利用低能离子轰击，造成急速冷却效果而能抑制晶粒生长，形成纳米晶复合涂层。

纳米晶复合涂层有晶态/非晶态和晶态/晶态两种类型。下列几种搭配研究得较多（其中，nc 代表纳米晶，a 代表非晶相，Me 代表 Ti、Zr、V、Nb、W）：

1）nc-MeN/a-氮化物，例如 nc-TiN/a-Si$_3$N$_4$、nc-WN/a-Si$_3$N$_4$、nc-VN/a-Si$_3$N$_4$。

2）nc-MeN/nc-氮化物，例如 nc-TiN/nc-BN。

3）nc-MeN/金属，例如 nc-ZrN/Cu、nc-CrN/Cu。

4）nc-MeC/a-C，例如 nc-TiC/a-C、nc-WC/a-C。

5）nc-MeN 或 nc-MeC/a-硼化物。

从上述组合可以看到，不仅有两种硬相组合，也有硬相与软相组合。后者是超硬涂层一种增韧的方法。在纳米晶复合涂层中，随着化学组分和结构的不同，其硬度可以从 10GPa 到 50～70GPa 的大范围变化。各种体系的纳米晶复合涂层有着较大的差别。

现以 nc-MeC/a-C 为例说明气相沉积制备非晶纳米晶复合涂层的某些特点。Me 代表 Ti、W 等金属，a-C 为非晶态的类金刚石碳（DLC）。nc-MeC/a-C 为纳米尺寸的碳化物被 a-C 包裹着的非晶-纳米晶结构。它与纯的类金刚石碳膜相比，硬度较低，但比 MeC 高，属于硬质涂层或超硬涂层。更重要的是，它的内应力比 DLC 明显降低，涂层与基材的结合强度得到改善，而塑性更是提高数倍，具有很高的摩擦韧性，从而使耐磨性大幅度提高。此外，它的弹性恢复、断裂韧度和热稳定性也都有了增强。

9.6.3　纳米多层膜

如前所述，纳米多层膜因其组成材料和结构上的特点及其各层间具有复杂的界面情况而在力学、电学、磁学、光学等方面呈现出奇特的性质，因此受到人们的高度关注。

1. 纳米多层膜的力学性能

纳米多层膜在力学性能上有着一些显著的特点：超模效应，超硬效应，提高耐磨性，增加结合强度，改善韧性、抗裂纹扩展能力和热稳定性等。

（1）超模效应　弹性模量反映材料抵抗变形能力，其物理本质表征着原子间结合力。弹性模量 E 与 a^m 成反比，其中 a 为原子间距离，m 为常数。较大的变形仅引起百分之几的弹性模量降低，即使更大的原子重组，所引起的弹性模量变化也不会超过 50%。早在 20 世纪 70 年代，研究人员就发现，Ag-Pd、Cu-Ni 等合金的超晶格薄膜中弹性模量呈现异常增大。其增大量与调制周期 λ（即纳米多层膜中每组相邻两层的厚度）有关，λ 达到某一定值时增量出现最大值，偏离这个 λ 值时超模效应逐渐消失。最大的弹性模量增量可从百分之几十到百分之几百。纳米多层膜的超模效应，有量子电子效应、应变协调、非协调应力等多种理论，它们都与界面引起的电子结构或应力的变化有关。

（2）超硬效应 纳米多层膜按薄膜组成，常见的有 5 种类型：①氮化物/氮化物；②碳化物/碳化物；③氧化物/氧化物；④金属多层结构涂层；⑤氮化物、碳化物、硼化物或金属组合多层结构涂层。并非所有纳米多层膜都有超硬效应，例如许多金属纳米多层结构涂层的硬度很低。然而，氮化物、碳化物、硼化物及它们组合的纳米多层结构涂层是超硬材料，硬度达 45～55GPa，获得单一组分涂层所无法达到的硬度值。例如：TiN 和 NbN 的硬度分别为 21GPa 和 14GPa，而 TiN/NbN 纳米多层膜在周期 λ 为 5nm 时的硬度高达 52GPa。又如：TiN/VN 硬度为 56GPa；TiC/VC 硬度为 52GPa；TiC/NbC 硬度为 45～55GPa；WC/TiN 硬度为 40GPa；TiC/NbN 硬度为 45～55GPa。许多实验结果表明：在一定周期的尺度范围内多层膜的硬度（或强度）不仅高于多层膜硬度的平均值，而且随周期 λ 的减小而增大，当周期 λ 减小到几个纳米时多层膜的硬度达到饱和值，有的还会随 λ 的进一步减小而硬度降低。

目前关于纳米多层膜超硬效应机理的探讨仍在深入进行，如模量差异致硬、协调应变致硬、结构势垒致硬、Hall-Petch 关系、Orowan 模型、固溶体致硬等。一般认为：超硬效应主要取决于组元成分的晶体结构、弹性模量差异以及调制周期等参数。不少研究人员认为，弹性模量差异大是产生超硬效应的主要因素。例如：NbN 与 VN 几乎具有相同的切变模量，对 NbN/VN 纳米多层膜的硬度进行测量，结果表明，该多层膜的硬度相对于每个单体材料的硬度没有增加。另外，对 $V_{0.6}Nb_{0.4}N/NbN$ 多层膜的硬度测试结果也显示硬度没有增加，而 $V_{0.6}Nb_{0.4}N/NbN$ 的点阵错配度为 3.6%，几乎与 TiN/NbN 的点阵错配度相同，如上所述 TiN/NbN 纳米多层膜具有显著的超硬效应。这说明：在纳米多层膜系统中，相关应变在硬度增强过程中只起到次要作用，但切变模量差异是纳米多层膜硬度增加的前提条件。此外，与沉积条件有关的层间互扩散将使切变模量调制幅度变小，从而使硬度降低，因此清晰无扩散界面在多层膜硬度提高过程中起到决定性作用。纳米多层膜的层间互扩散问题在实际应用时是重要的，因为它会造成硬度的变化，或称超硬膜的退化，故要设法在材料设计等方面防止层间互扩散，另一方面设法拓宽最大硬度调制周期的范围也是有效的措施。

（3）良好的韧性、耐磨性和热稳定性 在纳米晶复合薄膜中，当纳米晶尺寸很小（约几个纳米）时，理论分析和实验结果表明晶粒内部不存在位错，也就不存位错滑移等机制，晶粒强度很高。而在纳米多层膜中，当膜层厚度很薄（约几个纳米）时，薄晶内是否存在位错，尚在探讨中，大量界面及界面相的引入则是肯定的。它们对位错产生映象力及钉扎是纳米多层膜硬度和强度提高的原因之一。界面处对裂纹的反射并分散吸收裂纹扩展能量，从而改善了纳米多层膜的韧性。深入研究断裂韧度与各种材料耐磨性之间的关系，结果表明硬度与断裂韧度的配合才能获得最大的耐磨性。多相细晶组织具有大量界面，通常会增加韧性，阻止裂纹扩展，有益于耐磨性的提高。在纳米多层膜中由于存在平行于基体表面的大量界面，这种作用同样存在。

Koehler 通过建立模型，预言通过交替涂覆高剪切模量材料的薄膜和低剪切模量材料的薄膜，可以制备出高屈服强度的材料。在法向载荷作用下，多层膜内部比单层膜内部产生的弯曲应力要小得多。交替沉积获得的膜层可提供一个剪切应变区，硬而脆的膜层在法向载荷作用下弯曲而不发生脆性断裂。同时，裂纹在强度低的界面发生偏转，裂纹尖端由于塑性变形被强度高的界面包围，可抑制裂纹的扩展，提高膜层抗断裂强度，从而提高膜层的韧性。

图 9-15 所示为高速工具钢工具经 TiB_2、TiC 两种薄膜的单层镀和 TiC/TiB_2 多层镀膜

（调制周期 λ 为 8nm）以及未镀基体的切割磨损-时间曲线。由该图可以看到，有镀层高速工具钢工具的耐磨性显著高于未镀的基体，而 TiC/TiB_2 纳米多层膜的耐磨性又明显好于 TiC、TiB_2 单层膜。

在许多应用领域，材料的热稳定性是很重要的。例如：工具在高速切削或干式切削过程中，刀具刃口因剧烈摩擦，温度可能高达 800℃ 以上，一些镀层刀具因高温而失效。此时，高温抗氧化性、高温硬度、高温韧性等都是很重要的。研究表明，常用的 TiN 镀膜刀具，表面抗氧化温度仅为 400～800℃，而 AlN/TiN 纳米多层膜在 1000℃ 时微结构没有明显变化，到 1100℃ 时界面尖锐程度开始变差，硬度也开始急剧下降。又如：TiN/CrN 纳米多层膜的热稳定性提高到 700℃，而单层 TiN 膜为

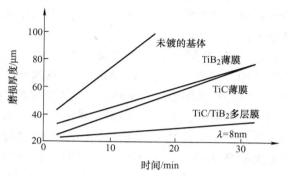

图 9-15　有无镀层对高速工具钢工具切割磨损性能的影响

注：单层膜 TiB_2、TiC 和多层膜 TiC/TiB_2 均为 $4\mu m$ 厚。

550℃，CrN 为 600℃。实际上，纳米多层膜镀层刀具使用寿命的显著提高，还与它对被加工零件的摩擦因数降低有关，因为这样可以有效地减少由摩擦产生的热量，从而降低了刀具的表面温度。

近年来，纳米多层膜镀层工具的应用不断增多，对纳米多层膜的研究也在不断深入。

2. 纳米多层膜的物理性能

纳米多层膜的优异性能，不仅表现在力学性能，还表现在物理性能（磁、光、电等）和化学性能（耐蚀、催化等）上，展现了它的良好应用价值。下面简要介绍纳米多层膜在磁学和光学领域的某些应用。

（1）磁学领域的某些应用　薄膜材料的电阻率由于磁化状态的变化而呈现显著改变的现象，称为巨磁电阻（GMR）效应。它通常用磁电阻变化率表征。1988 年 Baibich 等人首次发现 $(Fe/Cr)_n$ 多层膜的 GMR 效应：在温度为 4.2K、磁感应强度为 2T 时，电阻率为无外磁场时的一半，磁电阻变化率 $\Delta\rho/\rho$ 约为 50%，比 FeNi 合金的各向异性磁电阻效应约大一个数量级，呈现负值，各向同性。后来人们在研究金属和合金巨磁电阻薄膜的同时，对一系列具有类钙钛矿结构的稀土锰氧化物 $RE_{1-x}A_xMnO_3$（其中 RE 为 La、Nd、Y 等三价稀土离子，A 为 Ca、Sr、Ba 等二价碱金属离子）薄膜及块状材料中观察到具有更大磁阻的超大磁电阻（CMR）效应，又称庞磁电阻效应。为简单起见，仍可用 GMR 记述 CMR 效应。

一些磁性与非磁性金属组合的磁性超晶格多层膜表现出 GMR 效应。这类多层膜一般表示为 $(A/B)_n$。其中，A 为磁性金属层，由 Fe、Ni、Co 或其合金组成；B 为非磁性金属层，主要由 Cu、Ag、Cr、Au 或氧化物组成；n 为复层数，单层膜厚几纳米。此外，还有其他的多层膜类型，如 [CoNiFe（4nm）/CoFe（1.5nm）/AgCu（1.5nm）/CoFe（1.5nm）/CoNiFe（4nm）]$_{10}$ 等。

GMR 效应的发现极大地促进了磁电子学的发展和完善，对物理学、材料科学和工程技术的发展有重要意义。巨磁电阻材料易使器件小型化、廉价化。它与光电传感器相比，具有功耗小、可靠性高、价廉和更强的输出信号，以及能工作于恶劣的环境等优点。目前，人们

对它的应用做了多方面的探索，如读写磁头、自旋阀器件、激光感生电压、微磁传感器、辐射热仪、高密度磁盘等，有着良好的应用前景。

（2）光学领域的某些应用　陶瓷光学薄膜有着许多重要的应用，包括反射、增透、光选择透过、光选择吸收、分光、偏光、发光、光记忆等。现就纳米多层膜在光学上的应用举例如下：

1）介质薄膜材料。介质又称电介质、介质体，指电导 $< 10^{-6} s$ 的不良导体。MgF_2、ZnS、TiO_2、ZrO_2、SiO_2、Na_3AlF_6 等一系列介质薄膜在光学应用中起着很大的作用。例如：按照全电介质多层膜的光学理论，当光学厚度为 $\lambda_0/4$ 的高、低折射率材料膜交替镀覆在玻璃表面时，可以在 λ_0 处获得最大的光反射。高折射率介质膜 TiO_2 与低折射率介质膜 SiO_2 构成的多层膜便是其中一例。光学厚度为材料折射率 n 与薄膜厚度 t 的乘积，即在 λ_0 处获得最大的光反射条件是 $nt = \lambda_0/4$。TiO_2 的折射率是 1.9（$0.55\mu m$，30℃），SiO_2 的折射率为 $1.45 \sim 1.46$（$0.55\mu m$），λ_0 为 550nm（即 $0.55\mu m$），由此可以计算出，这两种薄膜厚度分别是 72.37nm 和 94.18nm，都在 100nm 以下。这种薄膜设计可写成 HLHL……HLH，其中 H 和 L 分别表示具有 $\lambda_0/4$ 厚的高折射率和低折射率材料，膜层数为奇数。由薄膜光学计算得知，入射光波长处的反射率与 n_H/n_L（即两者折射率之比）及膜系层数有关，其中膜系层数越多，反射率越大。

2）低辐射膜。在玻璃表面涂镀低辐射膜，称为低辐射玻璃。它在降低建筑能耗上具有重要意义。在住宅建筑中，对室内温度产生影响的热源有两个方面：①室外的热源，包括太阳直接照射进入室内的热能（主要集中在 $0.3 \sim 2.5\mu m$ 波段）以及太阳照射到路面、建筑物等物体上而被物体吸收后再辐射出来的远红外热辐射（主要集中在 $2.5 \sim 40\mu m$ 波段）；②室内的热源，包括由暖气、火炉、电器产生的远红处热辐射，以及由墙壁、地板、家具等物体吸收太阳辐射热后再辐射出来的远红外热辐射，两者都集中在 $2.5 \sim 40\mu m$ 波段。低辐射膜能将 80% 以上的远红外热辐射反射回去（玻璃无低辐射膜时，远红外反射率仅在 11% 左右），使低辐射玻璃在冬季的时候，将室内暖气及物体散发的热辐射的绝大部分反射回室内，节省了取暖费用；在炎热的夏季，可以阻止室外地面、建筑物发出的热辐射进入室内，节省空调制冷费用。目前，低辐射玻璃主要有离线和在线两种生产方式。离线法是将玻璃原片经切割、清洗等预加工后进行磁控溅射镀膜。在线法是对浮法玻璃在锡槽部位成形过程中采用化学气相沉积技术进行镀膜，此时玻璃处于 650℃ 以上的高温，保持新鲜状态具有较强的反应物性，膜层依次由 SnO_2（厚度 $10 \sim 50nm$）、氧化物过渡层（厚度 $20 \sim 200nm$）和 SiO_2 半导体膜（厚度 $10 \sim 50nm$），膜层与玻璃通过化学键结合很牢固，并且具有很好的化学稳定性与热稳定性。低辐射玻璃的表面辐射率为 84%，有着很好的节能效果，而且可见光透过率可达 80% ~ 90%，光反射率低，完全满足建筑物采光、装饰、防光污染等要求。用离线法制备低辐射玻璃，其膜系结构是 5 ~ 9 层的纳米多层膜。

纳米多层膜的特殊光学性能还在深入研究中。例如：对光的宽频带吸收效应以及薄膜的吸收系数与光强之间的非线性关系，在工程上有着多种重要的应用，而控制好膜厚、层数的膜内、界面的微结构及组分，是实现应用目标的重要条件。

目前纳米多层膜的制备较多，有真空蒸镀、溅射、离子镀、金属有机物气相沉积、等离子体化学气相沉积、电沉积、溶胶-凝胶法等。它们各有一定的优缺点和适用范围，故要合理选用这些方法。

第 10 章　表面加工制造

表面加工制造，尤其是表面微细加工，是表面技术的一个重要组成部分。经济建设的不断发展和先进产品的大量涌现，对表面加工制造的要求越来越高，在精细化上已从微米级、亚微米级发展到纳米级，表面加工制造的重要性日益提高。

例如，微电子工业的发展在很大程度上取决于微细加工技术的发展。集成电路的制作，从晶片、掩模制备开始，经历多次氧化、光刻、腐蚀、外延、掺杂等复杂工序，以后还包括划片、引线焊接、封装、检测等一系列工序，最后得到产品。在这些繁杂的工序中，表面的微细加工起了核心作用。对于微电子工业来说，所谓的微细加工是一种加工尺度从微米到纳米量级的元器件或薄膜图形的先进制造技术。

微电子工业的发展，是电子元器件从宏观单体元器件向结构尺寸达到几十纳米的、包含极大量元器件的过程，不仅使人类进入信息化的时代，而且也使微细加工技术得到迅速的发展。目前，几何尺寸达到以微米和纳米计量的微细加工又称为微纳加工，其应用领域已远超微电子技术的范围，涵盖了许多技术领域，如集成光学、微机电系统、微传感、微流体、纳米工艺、生物芯片、精密机械加工等，并有着不断扩大的趋势。

本章先简略介绍一些表面加工技术，包括微细加工和非微细加工，然后分别介绍微电子工业和微机电系统的微细加工制造。

10.1　表面加工技术简介

10.1.1　超声波加工

超声波通常指频率高于 16kHz 以上，即高于人工听觉频率上限的一种振动波。超声波的上限频率范围主要取决于发生器，实际使用的在 5000MHz 以内。超声波与声波一样，可以在气体、液体和固体介质中传播，但由于频率高、波长短、能量大，所以传播时反射、折射、共振及损耗等现象很显著。超声波具有下列主要性质：①能传递很强的能量，其能量密度可达 100W/m² 以上；②具有空化作用，即超声波在液体介质传播时局部会产生极大的冲击力、瞬时高温、物质的分散、破碎及各种物理化学作用；③通过不同介质时会在界面发生波速突变，产生波的反射、透射和折射现象；④具有尖锐的指向性，即超声波换能器设为小圆片时，其中心法线方向上声强极大，而偏离这个方向时，声强就会减弱；⑤在一定条件下，会产生波的干涉和共振现象。

超声波加工又称超声加工，不仅能加工脆硬金属材料，而且适合于加工半导体以及玻璃、陶瓷等非导体。同时，它还可应用于焊接、清洗等方面。

超声波加工原理如图 10-1 所示。由超声波发生器产生的 16kHz 以上的高频电流作用于超声换能器上，产生机械振动，经变幅杆放大后可在工具端面（变幅杆的终端与工具相连接）产生纵向振幅达 0.01~0.1mm 的超声波振动。工具的形状和尺寸取决于被加工面的形状和尺寸，常用韧性材料制成，如未淬火的碳素钢。工具与工件之间充满磨料悬浮液（通常是在水或煤油中混有碳化硼、氧化铝等磨料的悬浮液，称为工作液）。加工时，由超声换能器引起的工具端部的振动传送给工作液，使磨料获得巨大的加速度，猛烈地冲击工件表面，再加上超声波在工作液中的空化作用，可实现磨料对工件的冲击破碎，完成切削功能。通过选择不同工具端部形状和不同的运动方法，可进行不同的微细加工。

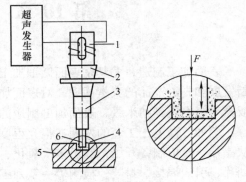

图 10-1 超声波加工原理
1—换能器 2、3—变幅杆 4—工作液
5—工件 6—工具

超声波加工适合于加工各种硬脆材料，尤其是不导电的非金属硬脆材料，如玻璃、陶瓷、石英、铁氧体、硅、锗、玛瑙、宝石、金刚石等。对于导电的硬质金属材料如淬火钢、硬质合金等，也能进行加工，但加工效率较低。加工的尺寸精度可达 ±0.01mm，表面粗糙度 $Ra = 0.08 \sim 0.63\mu m$。超声波加工主要用于加工硬脆材料的圆孔、弯曲孔、型孔、型腔等；可进行套料切割、雕刻以及研磨金刚石拉丝模等；此外，也可加工薄壁、窄缝和低刚度零件。

超声波加工在焊接、清洗等方面有许多应用。超声波焊接是两焊件在压力作用下，利用超声波的高频振荡，使焊件接触面产生强烈的摩擦作用，表面得到清理，并且局部被加热升温而实现焊接的一种压焊方法。用于塑料焊接时，超声振动与静压力方向一致，而在金属焊接时超声振动与静压力方向垂直。振动方式有纵向振动、弯曲振动、扭转振动等。接头可以是焊点，相互重叠焊点形成连续焊缝。用线状声极一次焊成直线焊缝，用环状声极一次焊成圆环形、方框形等封闭焊缝。相应的焊接机有超声波点焊机、缝焊机、线焊机、环焊机。超声波焊接适于焊接高导电、高导热性金属，以及焊接异种金属、金属与非金属、塑料等，也可焊接薄至 $2\mu m$ 的金箔，广泛用于微电子器件、微电机、铝制品工业以及航空、航天领域。

超声波清洗是表面技术中对材料表面常用的清洗方法之一。其原理主要是基于超声波振动在液体中产生的交变冲击波和空化作用。图 10-2 所示为超声波清洗装置。清洗液通常使用汽油、煤油、酒精、丙酮、水等液体。超声波在清洗液中传播时，液体分子高频振动产生正负交变的冲击波，声强达

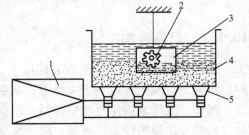

图 10-2 超声波清洗装置
1—超声波发生器 2—被清洗工件
3—清洗篮 4—清洗槽 5—换能器

到一定数值后液体中急剧生长微小空化气泡并瞬时强烈闭合，产生微冲击波，使材料表面的污物遭到破坏，并从材料表面脱落下来，即使是窄缝、细小深孔、弯孔中的污物，也很容易被清洗干净。

10.1.2 磨料加工

磨料加工是采用一定的方法使磨料作用于材料表面而进行加工的技术。下面介绍几种在表面技术中使用的磨料加工技术。

1. 磨料喷射加工

磨料喷射加工是利用磨料细粉与压缩气体混合后经过喷嘴形成的高速束流，通过高速冲击和抛磨作用来去除工件表面毛刺等多余材料或进行工件的切割。图 10-3 所示为磨料喷射加工示意图。磨料室往往利用一个振动器进行激励，以使磨料均匀混合。压气瓶装有一氧化碳或氯气，气体必须干燥和洁净，并具有适当的压力。喷嘴靠近工件表面，并具有一个很小的角度。喷射是在一个封闭的防尘罩内进行的，并安置了能排风的集收器，以防止粉尘对人体的危害。不能用氧作为运载气体，以避免氧与工件屑或磨料混合时可能发生的强烈化学反应。

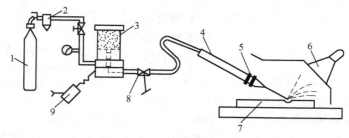

图 10-3　磨料喷射加工示意图

1—压气瓶　2—过滤器　3—磨料室　4—手柄　5—喷嘴　6—集收器　7—工件　8—控制阀　9—振动器

磨料喷射加工有不少用途，如脆硬材料的切割、去毛刺、清理和刻蚀，小型精密零件和一些塑料零件的去毛刺，不规则表面的清理；磨砂玻璃、微调电路板、半导体表面的清理，混合电路电阻器和微调电容的制造等。

2. 磁性磨料加工

磁性磨料加工在精密仪器制造业中使用日益广泛，适用于对精密零件进行抛光和去毛刺。目前这类加工主要有两种方式：①磁性磨料研磨加工，其原理在本质上与机械研磨相似，只是磨料是导磁的，磨料作用于工作表面的研磨力是由磁场形成的；②磁性磨料电解研磨加工，它是在普通的磁性磨料研磨的基础上，增加了电解加工的阳极溶解作用，以加速阳极工件表面的整平过程，提高工艺效果。

图 10-4 所示为磁性磨料研磨加工示意图。它是以圆柱面磁性磨料研磨加工为例的。在垂直于工件圆柱面轴线方向加磁场，工件处于一对磁极 N、S 所形成的磁场中间，在这个磁场中填充磁性磨料，即工件置于磁性磨料中。磁性磨料吸附在磁极和工件表面上，并沿磁力线方向排列成有一定柔性的磨料刷，或称磁刷。旋转工件，使磁刷与工件产生相对运动。磁性磨粒在工件表面上的运动状态通常有滑动、滚动和切削三种形式。当磁性磨粒受到的磁场力大于切削阻力时，磁性磨粒处于正常的切削状态，从而将工件表面上很薄的一层金属及毛刺去除掉使表面逐步整平。

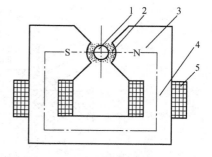

图 10-4　磁性磨料研磨加工示意图

1—工件　2—磁性磨料　3—磁极
4—铁心　5—励磁线圈

图 10-5 所示为磁性磨料电解研磨加工示意图。它对工件表面的整平效果是在三重因素

作用下产生的：①电化学阳极溶解作用，即阳极工件表面原子失去电子成为金属离子而溶入电解液，或在工件表面形成氧化膜、钝化膜；②磁性磨料的切削作用，若工件表面形成氧化膜、钝化膜，则切削除去这些膜，使外露的新金属原子不断发生阳极溶解；③磁场的加速和强化作用，即电解液中的正、负离子在磁场中受到洛仑兹力的作用，使离子运动轨迹复杂化，增加了运动长度，提高了电解液的电离度，促进电化学反应和降低浓差极化。

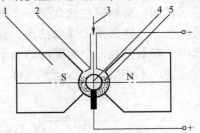

磁性磨料既有对磁场的感应能力，又有对工件的切削能力。常用的原料包括两种类型：①铁粉或铁合金，如硼铁、锰铁、硅铁；②陶瓷磨料，如 Al_2O_3、SiC、WC 等。磁性磨料的一般制造方法是将一定粒度的 Al_2O_3 或 SiC 与铁粉混合、烧结，然后粉碎、筛选，制成一定尺寸的磁性磨料；也有将两

图 10-5　磁性磨料电解研磨加工示意图
1—磁极　2—阴极及喷嘴　3—电解液
4—工件　5—磁性磨料

种原料混合后用环氧树脂等黏结成块，然后粉碎和筛选成不同粒度。

磁性磨料加工的特点是只要将磁极形状大体与加工表面形状吻合，就可精磨有曲面的工件表面，因而适用于一般研磨加工难以胜任的复杂形状零件表面的光滑加工。

3. 挤压珩磨

挤压珩磨又称磨料流动加工，最初主要用于去除零件内部通道或隐蔽部分的毛刺，后来扩大应用到零件表面的抛光。

挤压珩磨的原理如图 10-6 所示。工件用夹具夹持在上、下料缸之间，黏弹性流体磨料密封在由上、下料缸及夹具、工件构成的密闭空间中。加工时，磨料先填充在下料缸中，在外力（通常为液压）的作用下，料缸活塞挤压磨料通过工件中的通道，到达上料缸，而工件中的通道表面就是要加工的表面，这一加工过程类似于珩磨。当下料缸活塞到达顶部后，上料缸活塞开始向下挤压磨料再经工件中的通道回到下料缸，完成一个加工循环。在实际加

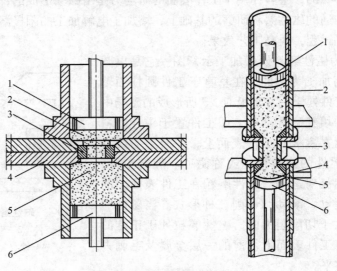

图 10-6　挤压珩磨的原理

1—上活塞　2—上部磨料室和黏性磨料　3—工件　4—夹具　5—下部磨料室和黏性磨料　6—下活塞

工过程中，上、下活塞是同步移动的，使磨料反复通过被加工表面。通常加工需经过几个循环完成。

流动磨料是由具有黏弹性的高分子聚合物与磨料以一定比例混合组成的半固态物质，磨料可采用氧化铝、碳化硅、碳化硼、金刚石粉等。黏弹性高分子聚合物是磨料的载体，可以与磨料均匀黏结，而与金属工件不发生黏附，且不挥发，主要用来传递压力，保证磨料均匀流动，同时还起着润滑作用。流动磨料根据实际需要还可加入一定量的添加剂如减黏剂、增塑剂、润滑剂等。

挤压珩磨能适应各种复杂表面的抛光和去毛刺，有良好的抛光效果，可以去除在 0.025mm 深度的表面残余应力以及一些表面变质层等。它的另一个突出优点是抛光均匀，现已广泛应用于航天、航空、机械、汽车等制造部门。

10.1.3　化学加工

化学加工是利用酸、碱、盐等化学溶液对金属的化学反应，使金属腐蚀溶解而改变工件尺寸、形状或表面必能的一种加工方法。化学加工的种类较多，主要有化学蚀刻、化学抛光、化学镀膜、化学气相沉积和光化学腐蚀加工等方法。本节对化学蚀刻（或称化学铣切）和化学抛光做简单介绍，而化学镀膜和化学气相沉积已在前面做了介绍，本节不再重复。光化学腐蚀加工简称光化学加工是光学照相制版和光刻（化学腐蚀）相结合的一种微细加工技术，它与化学蚀刻的主要区别是不靠样板人工刻形和划线，而是用照相感光来确定工件表面要蚀除的图形和线条，因此可以加工出非常精细的图形，这种加工方法在表面微细加工领域占有非常重要的地位，将在后面做单独介绍。

1. 化学蚀刻

化学蚀刻加工又称化学铣切，其原理如图 10-7 所示。先把工件非加工表面用耐蚀涂层保护起来，让需要加工的表面暴露出来，浸入到化学溶液中进行腐蚀，使金属特定的部位溶解去除，达到加工的目的。

金属的溶解作用不仅沿工件表面垂直深度方向进行，而且在保护层下面的侧向也进行溶解，并呈圆弧状，成为"钻蚀"，如图 10-7 中的 H、R，其中 $H \approx R$。

化学蚀刻主要用于较大工件金属表面的厚度减薄加工，适宜于对大面积或不利于机械加工的薄壁、内表层的金属进行蚀刻，蚀刻厚度一般小于 13mm，也可以在厚度小于 1.5mm 的薄壁零件上加工复杂的型孔。

化学蚀刻的主要工序有三个：①在工件表面涂覆耐蚀保护层，厚度约为 0.2mm 左右；②刻形或划线，一般用手术刀沿样板轮廓切开保护层，把不要的部分剥掉；③化学腐蚀，按要求选定溶液配方和腐蚀规范进行加工。

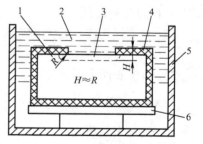

图 10-7　化学蚀刻加工的原理
1—工件材料　2—化学溶液　3—化学腐蚀部分　4—保护层　5—溶液箱　6—工作台

2. 化学抛光

化学抛光是通过抛光溶液对样品表面凹、凸不平区域的选择性溶解作用消除磨痕、浸蚀整平的一种方法，用来改善工件的表面质量，使表面平滑化、光泽化。抛光溶液一般采用硝酸或磷酸等氧化剂溶液，在一定条件下使工件表面氧化，形成的氧化层又能逐渐溶入抛光溶液，表面微凸处被氧化得较快且多，微凹处则被氧化得较慢且少。同样，凸起处的氧化层比凹处扩散快，更多地溶解到溶液中，从而使工件表面逐渐被整平。

金属材料化学抛光时，有时在酸性溶液中加入明胶或甘油等添加剂。溶液的温度和时间要根据工件材料和溶液成分经试验后确定最佳值，然后严格控制。除金属材料外，硅、锗等半导体基片经机械研磨平整后，最终用化学抛光去除表面杂质和变质层，所用的抛光溶液常采用氢氟酸和硝酸、硫酸的混合溶液，或过氧化氢和氢氧化铵的水溶液。

化学抛光可以大面积地或多件地对薄壁、低刚度零件进行抛光，精度较高，抛光产生的破坏深度较浅，可以抛光内表面和形状复杂的零件，不需外加电源，操作简单，成本低。缺点是抛光速度慢，抛光质量不如电解抛光好，对环境污染严重。

10.1.4　电化学加工

电化学加工是指在电解液中利用金属工件做阳极所发生的电化学溶蚀或金属离子在阴极沉积进行加工的方法。它按作用原理可以分为三类：①利用电化学阳极溶解来进行加工，主要有电解加工和电解抛光；②利用电化学阴极涂覆（沉积）进行加工，主要有电镀和电铸；③利用电化学加工与其他加工方法相结合的方法进行电化学复合加工，如电解磨削（包括电解珩磨、电解研磨）、电解电火花复合加工、电化学阳极加工等。这些复合加工都是阳极溶解与其他加工（机械刮除、电火花蚀除）的复合。本节扼要介绍电化学抛光、电解加工和电铸。

1. 电化学抛光

电化学抛光是指在一定电解液中对金属工件做阳极溶解，使工件的表面粗糙度值下降，并且产生一定金属光泽的一种方法。图 10-8 所示为电化学抛光加工示意图。它是将工件放在电解液中，并使工件与电源正极连接，接通工件与阴极之间的电流，在一定条件下使零件表层溶解，表面不平处变得平衡。

电化学抛光时，工件（阳极）表面上可能发生以下一种或几种反应：

1）金属氧化成金属离子溶入电解液中：

$$Me \rightarrow Me^{n+} + ne^-$$

2）阳极表面生成钝化膜：

$$Me + nOH^- \rightarrow \frac{1}{2}Me_2On + \frac{n}{2}H_2O + ne^-$$

3）气态氧的析出：

$$4OH^- \rightarrow O_2 + 2H_2O + 4e^-$$

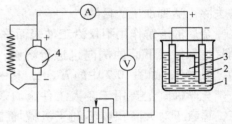

图 10-8　电化学抛光加工示意图
1—电解液　2—阴极　3—阳极　4—发电机

4）电解液中各组分在阳极表面的氧化。

电解液有酸性、中性和碱性三种，具体种类较多，通用性较好的酸性电解液为磷酸-硫酸系抛光液。在抛光液中加入少量添加剂可显著改善溶液的抛光效果。通常采用的有机添加剂有三类：含羟基、羧基类添加剂，主要起缓蚀作用；含氨基、环烷烃类添加剂，主要起整平作用；糖类及其他杂环类添加剂，主要起光亮剂作用。这些添加剂相互匹配可发挥多功能的作用。

电化学抛光的工艺主要由三部分组成：

1）预处理，先使工件表面粗糙度达到抛光前的基本要求，即 Ra 达到 $0.08 \sim 0.16\mu m$，然后进行化学处理，去除工件表面上的油脂、氧化皮、腐蚀产物等。

2）电化学抛光，先将抛光液加热到规定温度，把夹具带工件放入抛光液中，工件上部离电解液表面不小于 $15 \sim 20mm$，接通电源，控制好电流密度和通电时间，同时要加强搅拌，到预定时间后切断电源，用流动水冲洗取出的工件约 $3 \sim 5min$，然后及时干燥。

3）后处理，要保持清洁和干燥，对于钢件，为了显著提高表面耐蚀性，在冷水清洗后，再放入质量分数为 10% 的 NaOH 溶液中，再于 $70 \sim 95℃$ 进行 $15 \sim 20min$ 的处理，以加强钢件表面钝化膜的紧密性。工件经此处理后，先在 $70 \sim 90℃$ 的热水中清洗，然后用冷水清洗干净并及时干燥。

电化学抛光后，材料表层的一些性能会发生变化，如摩擦因数降低，可见光反射率增大，耐蚀性显著提高，变压器钢的磁导率可增大 10% ~ 20%，而磁滞损失降低，强度几乎不变。电化学抛光能消除冷作硬化层，这会降低工件的疲劳极限，另一方面表面光滑化能提高疲劳极限，因此工件的疲劳极限是提高还是降低，由综合因素来决定。

电化学抛光有机械抛光及其他表面精加工无法比拟的高效率，能消除加工硬化层，材料耐蚀性等性能得到提高，表面光滑、美观，并且适用于几乎所有的金属材料，因而获得了广泛的应用。

2. 电解加工

电解加工是利用电化学阳极溶解的原理对工件进行加工。它已广泛用于打孔、切槽、雕模、去毛刺等。

电解加工的优点是：加工不受金属材料本身硬度和强度的限制；加工效率约为电火花加工的 5 ~ 10 倍；可达到 $Ra = 1.25 \sim 0.2\mu m$ 的表面粗糙度和 $\pm 0.1mm$ 的平均加工精度；不受切削力影响，无残余应力和变形。其主要缺点是难以达到更高的加工精度和稳定性，并且不适宜进行小批量生产，电解液有腐蚀性。

电解加工时，把按照预先规定的形状制成的工具电极与工件相对放置在电解液中，两者距离一般为 $0.02 \sim 1mm$，工具电极为负极，工件接电源正极，两级间的直流电压为 $5 \sim 20V$，电解液以 $5 \sim 20m/s$ 的速度从电极间隙中流过，被加工面上的电流密度为 $25 \sim 150A/cm^2$。加工开始时，工具与工件相距较近的地方通过的电流密度较大，电解液的流速也较高，工件（正极）溶解速度也就较快。在工件表面不断被溶解（溶解产物随即被高速流动的电解液冲走）的同时，工具电极（负极）以 $0.5 \sim 3.0mm/min$ 的速度向工件方向推进，工件被不断溶解，直到与工具电极工作面基本相符的加工形状形成和达到所需尺寸时为止。

电解液通常采用 NaCl、$NaNO_3$、NaBr、NaF、NaOH 等，要根据加工材料的具体情况来配置。

电解加工除上述用途外，还可用于抛光。例如，将电解与其他加工方法复合在一起，构成复合抛光技术，显著提高了生产率与抛光质量。而电解研磨复合抛光是把工件置于 $NaNO_3$ 水溶液（$NaNO_3$ 与水的质量比为 $1/10 \sim 1/5$）等"钝化性电解液"中产生阳极溶解，同时借助分布在透水黏弹性体上（无纺布之类的透水黏弹性体覆盖在工具表面）的磨粒，刮擦工件表面波峰上随着电解过程产生的钝化膜。如图 10-9 所示，工件接在直流电源的正极上，电解液经透水黏弹性体流至加工区，磨料含在透水黏弹性体中或浮游在电解液中。这种抛光技术能以很少的工时使钢、铝、钛等金属表面成为镜面，甚至可以降低波纹度和改善几何形状精度。

目前，传统的电解加工技术已引入计算机控制等先进技术，开发出不少新工艺和新设备，从而使电解加工的应用有了扩展。例如：用周期间歇脉冲供电代替连续直流供电的脉冲电流电解加工技术，从根本上改善了电解加工间隙的流场、电场及电化学过程，从而可采用较小的加工间隙（如小于0.1mm），得到较高的集中蚀除能力，在保证加工效率的前提下大幅度提高电解加工精度。又如精密电解加工（PECM）技术，代表了新的发展方向。它具有下列特点：

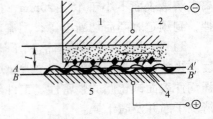

图10-9　电解研磨复合抛光原理
AA'—起始加工位置　BB'—最终加工位置
1—工具电极　2—黏弹性体　3—电解液
4—钝化膜　5—工件

1）阴极工具进行30~50Hz的机械振动。

2）脉冲电流的脉宽与频率可通过编程控制。

3）可按需要，实现正负脉冲的组合。

4）可随时从传统电解加工模式切换到精密电解加工模式。

5）是可识别电流波形的异常变化，实现自动断电，短路保护时间为200ns。

6）工艺参数控制系统智能化。精密电解加工的成形精度一般为0.03~0.05mm，最高为0.003~0.005mm，而传统电解加工的一般成形精度为0.25~0.45mm，最高为0.08~0.1mm。

3. 电铸

电铸的原理与电镀相同，即利用金属离子阴极电沉积原理。但电镀仅满足于在工件表面镀覆金属薄层，以达到防护或具有某种使用性能，而电铸则是在芯模表面镀上一层与之密合的、有一定厚度但附着不牢固的金属层，镀覆后再将镀层与芯模分离，获得与芯模型面凹凸相反的电铸件。

电铸的特点主要有：

1）能精密复制复杂型面和细微纹路。

2）能获得尺寸精度高、表面粗糙度$Ra \leqslant 0.1\mu m$的复制品，生产一致性好。

3）芯模材料可以是铝、钢、石膏、环氧树脂等，使用范围广，但用非金属芯模时，需对表面做导电化处理。

4）能简化加工步骤，可以一步成形，而且需要精加工的量很少。

5）主要缺点是加工时间长，如电铸1mm厚的制品，简单形状的需3~4h，复杂形状的则需几十个小时。电铸镍的沉积速度一般为0.02~0.5mm/h；电铸铜的沉积速度为0.04~0.05mm/h。另外，在制造芯模时，需要精密加工和照相制版等技术。电铸件的脱模也是一种难度较大的技术，因此与其他加工相比电铸件的制造费用较高。

电铸加工的主要工艺过程为：芯模制造及芯模的表面处理→电镀至规定厚度→脱模、加固和修饰→成品。

芯模制造前要根据电铸件的形状、结构、尺寸精度、表面粗糙度、生产量、机械加工工艺等因素来设计芯模。芯模分永久性的和消耗性的两大类。前者用在长期制造的产品上，后者用在电铸后不能用机械方法脱模的情况下，因而要求选用的芯模材料可以通过加热熔化、分解或用化学方法溶解掉。为使金属芯模电铸后能够顺利脱模，通常要用化学或电化学方法使芯模表面形成一层不影响导电的剥离膜，而对于非金属芯模则需用气相沉积和涂覆等方法使芯模表面形成一层导电膜。

从电镀考虑，凡能电镀的金属均可电铸，然而顾及性能和成本，实际上只有少数金属如铜、镍、铁、镍钴合金等的电铸才有实用价值。根据用途和产品要求来选择电镀材料和工艺。

电镀后，除了较薄电铸层外，一般电铸层的外表面都很粗糙，两端和棱角处有结瘤和树枝状沉积层，故要进行适当的机械加工，然后再脱模。常用的脱模方法有机械法、化学法、熔化法、热胀或冷缩法等。对某些电铸件如模具，往往在电铸成形后需要加固处理。为赋予电铸制品某些物理、化学性能或为其提高防护与装饰性能，还要对电铸制品进行抛光、电镀喷漆等修饰加工。

电铸制品包括分离电铸和包覆电镀两种。前者是在芯膜上电镀后再分离，后者则在电镀后不分离而直接制成电镀制品。目前电镀制品的应用主要有以下四个方面：

1）复制品，如原版录音片及其压模、印模，以及美术工艺制品等。

2）模具，如冲模、塑料或橡胶成型模、挤压模等。

3）金属箔与金属网。电铸金属箔是将不同的金属电镀在不锈钢的滚筒上，连续一片地剥离而成，如印制电路板上用的电铸铜箔片。电铸金属网的应用较广，如电动剃须刀的刀片和网罩，食品加工器中的过滤帘网，各种穿孔的金属箍带，印花滚筒等。

4）其他，如雷达和激光器上用的波导管、调谐器，可弯曲无缝波导管，火箭发动机用喷射管等。

电铸与其他表面加工一样，可积极引入一些先进技术，来提高电铸质量和效率，扩展应用范围。例如：在芯模设计和制造上，开发了现代快速成形技术，它是由 CAD 模型设计程序直接驱动的快速制造各种复杂形状三维实体技术的总称。具体方法较多，直接得到芯模的方法有光固化成形（SL 工艺）、融丝堆积成形（FDM 工艺）、激光选择性烧结（SLS 工艺）、激光分层成形（LOM 工艺）等；间接得到芯模的方法有三维印刷（3D 打印工艺）、无模铸型制造（PCM 工艺）等。又如微型电铸与微蚀技术相结合，现在已发展成为微细制造中的一项重要的加工技术。

10.1.5　电火花加工

电火花加工是指在一定的介质中，通过工件和工具电极间的脉冲火花放电，使工件材料熔化、汽化而被去除或在工件表面进行材料沉积的加工方法。电火花表面涂覆已在第 6 章中做了介绍，这里仅简略介绍电火花加工去除材料的过程、特点和工艺。

1. 电火花加工过程

电火花加工是基于工件电极与工具电极之间产生脉冲性的火花放电。这种放电必须在有一害绝缘性能的液体介质中进行的，通常是低黏度的煤油或煤油与全损耗系统油、变压器油的混合液等。此类液体介质的主要作用是：在达到击穿电压之前为非导电性，达到击穿电压时电击穿瞬间完成，在放完电后迅速熄灭火花，火花间隙就能消除电离，具有较好的冷却作用，并会带走悬浮的切削粒子。火花放电有脉冲性和间隙性两种，放电延续时间一般为 $10^{-7} \sim 10^{-4}$ s，使放电所产生的热量不会有效扩散到工件的其他部分，避免烧伤表面。电火花加工采用了脉冲电源。

工件电极与工具电极之间的间隙一般为 $0.01 \sim 0.02\text{mm}$，视加工电压和加工量而定。当放电点的电流密度达到 $10^4 \sim 10^7 \text{A/mm}^2$ 时，将产生 5000℃ 以上的高温。间隙过大，则不发生电击穿；间隙过小，则容易形成短路接触。因此，在电火花加工过程中，工具电极应能自动进送调节间隙。经实验分析，每次电火花蚀除材料的微观过程是电力、磁力、热力和流体动力等综合作用的过程，连续经历了电离击穿、通道放电、熔化、汽化热膨胀、抛出金属、消除电离、恢复绝缘及介电强度等几个阶段。

2. 电火花加工的特点

1）脉冲放电的能量密度较高，可加工任何硬、脆、韧、软、高熔点的导电材料。

2）用电热效应实现加工，无残余应力和变形，同时脉冲放电时间为 $10^{-6} \sim 10^{-3}\text{s}$，因而工件受热的影响很小。

3）自动化程度高，操作方便，成本低。

4）在进行电火花通孔和切割加工中，通常采用线电极结构方式，因此把这种电火花加工方式称为无型电极加工或称为线切割加工。

5）主要缺点是加工时间长，所需的加工时间随工件材料及对表面粗糙度的要求不同而有很大的差异。此外，工件表面往往由于电介质液体分解物的黏附等原因而变黑。

3. 电火花加工工艺

在电火花加工设备中，工具电极为直流电源的负极（成形电极），工件为正极，两极间充满液体电介质。当正极与负极靠得很近时（几微米到几十微米），液体电介质的绝缘被破坏而发生火花放电，电流密度达 $10^4 \sim 10^7 \text{A/cm}^2$，然而电源供给的是放电持续时间为 $10^{-7} \sim 10^{-4}\text{s}$ 的脉冲电流，电火花在很短时间内就消失，因而其瞬间产生的热来不及传导出去，使放电点附近的微小区域达到很高的温度，金属材料局部蒸发而被蚀除，形成一个小坑。如果这个过程不断进行下去，便可加工出所需形状的工件。使用液体电介质的目的是为了提高能量密度，减小蚀斑尺寸，加速灭弧和清除电离作用，并用能加强散热和排除电蚀渣等。电火花加工可将成形电极按原样复制在工件上，因此加工所用的电极材料应选择耐消耗的材料，如钨、钼等。

对于线切割加工，工具电极通常为 $\phi0.03 \sim \phi0.04\text{mm}$ 的钨丝或钼丝，有时也用 $\phi0.08 \sim \phi0.15\text{mm}$ 的铜丝或黄铜丝。切割加工时，线电极一边切割，一边又以 $6 \sim 15\text{mm/s}$ 的速度通过加工区域，以保证加工精度。切割的轨迹控制可采用靠模仿形、光电跟踪、数字程控、计算机程序控制等。这种方法的加工精度为 $0.002 \sim 0.004\text{mm}$，表面粗糙度 Ra 达 $0.4 \sim 1.6\mu\text{m}$，生产速率达 $2 \sim 10\text{mm/min}$ 以上，加工孔的直径可小到 $\phi10\mu\text{m}$。孔深度为孔径的5倍为宜，过高则加工困难。

电化学加工已获得广泛应用，除加工各种形状工件，切割材料以及刻写、打印铭牌和标记等，还可用于涂覆强化，即通过电火花放电作用把电极材料涂覆于工件表面上。

10.1.6 电子束加工

电子束加工是利用阴极发射电子，经加速、聚焦成电子束，直接射到放置于真空室中的工件上，按规定要求进行加工的。这种技术具有小束径、易控制、精度高以及对各种材料均可加工等优点，因而应用广泛。目前主要有两类加工方法：

1）高能量密度加工，即电子束经加速和聚焦后能量密度高达 $10^6 \sim 10^9 \text{W/cm}^2$，当冲击到工件表面很小的面积上时，于几分之一微秒内将大部分能量转变为热能，使受冲击部分到达几千摄氏度高温而熔化和汽化。

2）低能量密度加工，即用低能量电子束轰击高分子材料，使之发生化学反应，然后进行加工。

1. 电子束加工装置

电子束加工装置通常由电子枪、真空系统、控制系统和电源等部分所组成。电子枪产生一定强度的电子束，可利用静电透镜或磁透镜将电子束进一步聚成极细的束径。其束径大小随应用要求而确定，如用于微细加工时约为 $10\mu m$ 或更小，用于电子束曝光的微小束径是平行度好的电子束中央部分，仅有 $1\mu m$ 量级。

2. 电子束高能量密度加工

电子束高能量密度加工有热处理、区域精炼、熔化、蒸发、穿孔、切槽、焊接等。在各种材料上加工圆孔、异形孔和切槽时，最小孔径或缝宽可达 $0.02 \sim 0.03mm$。在用电子束进行热加工时，材料表面受电子束轰击，局部温度急剧上升，其中处于束斑中心处的温度最高，而偏离中心的温度急剧下降。图 10-10 所示为在电子束轰击下半无限大工件表面的温度分布。图中 θ_0 表示电子束轰击时间 $t \to \infty$ 时平衡态下的表面中心温度，称为饱和温度。t_c 表示表面中心温度为 $0.84\theta_0$ 所需的时间，称为基准时间。有

$$t_c = \pi\alpha^2\rho c/\lambda$$

$$\theta_0 = \Phi/\pi\alpha\lambda$$

式中，α 为电子束斑半径；ρ 为材料密度；c 为材料比热容；λ 为材料的热导率；Φ 为电子束输入的热流量。由图 10-10 可以看出，电子束轰击时间达 t_c 后，中心处的温度为 $0.84\theta_0$，离中心约 α 处的温度为 $0.25\theta_0$，两者相差很大。因此，在电子束热加工中，可以做到局部区域蒸发，其他区域则温度低得多。若反复进行多脉冲电子束轰击，可以形成急陡的温度分布，用于打孔、切槽等。

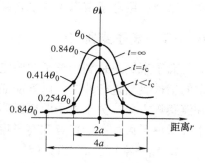

图 10-10　在电子束轰击下半无限大
工件表面的温度分布

3. 电子束低能量密度加工

它的重要应用是电子束曝光，即利用电子束轰击涂在晶片上的高分子感光胶，发生化学反应，制作精密图形。电子束曝光分为两类：

1）扫描曝光，它是将聚焦到小于 $1\mu m$ 的电子束斑在大约 $0.5 \sim 5mm$ 的范围内自由扫描，可曝光出任意图形，特点是分辨率高，但生产率低。

2）投影曝光，是使电子束通过原版，这种原版是用别的方法制成的，它比加工目标的图形大几倍，然后以 $1/10 \sim 1/5$ 的比例缩小投影到电子抗蚀剂上进行大规模集成电路图形的曝光，既保证了所需的分辨率，又使生产率大幅度提高，可以在几毫米见方的硅片上安排十万个晶体管或类似的元件。

为说明电子束曝光的工作原理，图 10-11 给出了典型的扫描电子束曝光系统框图。电子枪阴极发射的电子经阳极加速汇聚后，穿过阳极孔，由聚光镜聚成极细的电子束，对工件进行扫描。完成一个扫描后，由计算机控制工件台移动一个距离。经许多次扫描后，完成对整个工件面的曝光。工件台移动时由激光干涉仪实时检测，分辨率可达到 0.6nm。计算机在比较工件台理想位置与激光干涉仪实测位置后，计算出位置误差，再通过束偏转器移动电子束

斑位置，对工件台位置误差进行实时修正。电子检测器通常用于电子光学参数检测和图形的套刻对准。

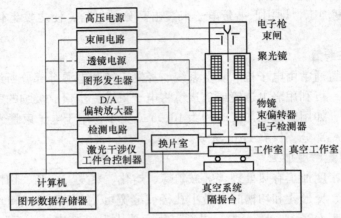

图 10-11　典型的扫描电子束曝光系统框图

电子束曝光技术主要用于掩膜版制造，微电子机械、电子器件的制造，全息图形的制作，以及利用电子束曝光技术直接产生纳米微结构（称为电子束诱导表面沉积技术）等。

10.1.7　离子束加工

离子束加工是利用离子源中电离产生的离子，引出后经加速、聚焦形成离子束，向真空室的工件表面进行冲击，以其动能进行加工的。它主要用于离子束注入、刻蚀、曝光、清洁和镀膜等方面。关于离子源以及离子束注入、清洁和镀膜的应用都在第7、8章中做了介绍。本节对离子束加工的特点和离子束刻蚀、离子束曝光进行简单介绍。

1. 离子束可以加工的特点

1）离子束可以通过电子光学系统进行聚焦扫描，而离子束流密度及离子能量可以精确控制，因此离子束加工是一种最精密、最微细的加工方法。

2）离子束加工是在高真空中进行的，污染少，适宜于易氧化的金属材料和高纯度半导体材料的加工。

3）离子束加工所造成的加工应力和热变形很小，适合于对各种材料和低刚度零件的加工。

4）设备费用很高，加工效率低，因此应用范围受到限制。

2. 离子束蚀刻

离子束蚀刻又称离子束铣、离子束研磨、离子束溅射刻蚀或离子刻蚀，是离子束轰击工件表面，入射离子的动量传递到表面原子，当传递能量超过原子间的键合力时，原子就从工件表面溅射出来，从而达到刻蚀目的的一种加工方法。为了避免入射离子与工件材料发生化学反应，必须采用惰性元素的离子。其中，氩的原子序数大，并且价格便宜，所以通常用氩离子进行轰击刻蚀。由于离子直径很小，约十分之几个纳米，可以认为刻蚀的过程是逐个原子剥离的过程，刻蚀的分辨率可达微米甚至亚微米级，但刻蚀速度很低，剥离速度大约每秒剥离一层到几层原子。例如：在1000eV、1mA/cm^2 垂直入射条件下，Si、Ag、Ni、Ti 的刻蚀率（单位为 nm/min）分别是 36、200、54、10。

蚀刻加工时，主要工艺参数如离子入射能量、束流大小、离子入射到工件上的角度、工作室气压等，都能分别调节控制。用氩离子蚀刻工件时，其效率取决于离子能量和入射角度。离子能量升到 1000eV，刻蚀率随离子能量增加而迅速提高，而后速率逐渐减慢。离子刻蚀率起初随入射角 θ 增加而提高，一般在 $\theta = 40° \sim 60°$ 时刻蚀效率最高，θ 再增加则会使表面有效束流减小。

离子刻蚀在表面微细加工中有许多重要应用，如用于固体器件的超精细图形刻蚀、材料与器件的减薄、表面修琢与抛光及清洗等，因而成为研究和制作新材料、新器件的有力手段。

3. 离子束曝光

离子束曝光又称离子束光刻，是利用原子被离化后形成的离子束流作为光源，可对耐蚀剂进行曝光，从而获得微细线条图形的一种加工方法。

离子束曝光与电子束曝光相比，主要有四个特点：

1）有更高的分辨率，原因是离子的质量比电子大得多，而离子射线的波长又比电子射线的波长短得多。

2）可以制作十分精细的图形线条，这是因为离子束曝光克服了电子散射引起的邻近效应。

3）曝光速度快，对于相同的抗蚀剂，它的灵敏度比电子束曝光灵敏度高出一到二个数量级。

4）可以不用任何有机抗蚀剂而直接曝光，并且可以使许多材料在离子束照射下产生增强性腐蚀。

离子束曝光技术相对于较为完善的电子束曝光技术，是一项正在积极发展的图形曝光技术，出现了与电子束曝光相对应的聚焦离子束曝光与投影离子束曝光。聚焦离子束曝光的效率较低，难于在生产上应用，因此投影离子束曝光技术的发展受到重视。

10.1.8 激光束加工

激光束加工是利用激光束具有高亮度（输出功率高），方向性好，相干性、单色性强，可在空间和时间上将能量高度集中起来等优点，对工件进行材料去除、变形、改性、沉积、连接等的一种加工方法。当激光束聚焦在工件上时，焦点处功率密度可达 $10^7 \sim 10^{11} \mathrm{W/cm}^2$，温度可超过 1000℃。

1. 激光束加工的优点

1）不需要工具，适合于自动化连续操作。

2）不受切削力影响，容易保证加工精度。

3）能加工所有材料。

4）加工速度快，效率高，热影响区小。

5）可加工深孔和窄缝，直径或宽度可小到几微米，深度可达直径或宽度的 10 倍以上。

6）可透过玻璃对工件进行加工。

7）工件可不放在真空室中，也不需要对 X 射线进行防护，装置较为简单。

8）激光束传递方便，容易控制。

目前用于激光束加工的能源多为固体激光器和气体激光器。固体激光器通常为多模输出，以高频率的掺钕钇铝石榴石激光器为最常使用。气体激光器一般用大功率的二氧化碳激光器。

2. 激光束加工技术的主要应用

1）激光打孔，如喷丝头打孔，发动机和燃料喷嘴加工，钟表和仪表中的宝石轴承打孔，金刚石拉丝模加工等。

2）激光切割或划片，如集成电路基板的划片和微型切割等。

3）激光焊接，目前主要用于薄片和丝等工件的装配，如微波器件中速调管内的钽片和钼片的焊接，集成电路中薄膜的焊接，功能元器件外壳密封焊接等。

4）激光热处理，如表面淬火，激光合金化等。

实际上激光加工有着更广泛的应用。从光与物质相互作用的机理看，激光加工大致可以分为热效应加工和光化学反应加工两大类。

激光热效应加工是指用高功率密度激光束照射到金属或非金属材料上，使其产生基于快速热效应的各种加工过程，如切割、打孔、焊接、去重、表面处理等。

光化学反应加工主要指高功率密度激光与物质发生作用时，可以诱发或控制物质的化学反应来完成各种加工过程，如半导体工业中的光化学气相沉积、激光刻蚀、退火、掺杂和氧化，以及某些非金属材料的切割、打孔和标记等。这种加工过程的热效应处于次要地位，故又称为激光冷加工。

3. 准分子激光技术及其在微细加工中应用

如前所述，掺钕钇铝石榴石（Nd: YAG）和二氧化碳（CO_2）两种激光器，大量应用于打孔、切割、焊接、热处理等方面。另有一种激光器叫准分子激光器，则在表面微细加工方面发挥了很大的作用。

准分子是一种在激发态能暂时结合成不稳定分子，而在基态又迅速离解成原子的缔合物，因而又称为受激准分子。其激光跃迁发生在低激发态与排斥的基态（或弱束缚）之间，荧光谱为一连续带，可实现波长可调谐运转。由于准分子激光跃迁的下能级（基态）的粒子迅速离解，激光下能级基本为空的，极易实现粒子数反转，因此量子效率接近100%，且可以高重复频率运转。准分子激光器输出波长主要在紫外线可见光区，波长短、频率高、能量大、焦斑小、加工分辨率高，所以更适合于高质量的激光加工。

准分子激光器按准分子的种类不同可分为以下几类（＊表示准分子）：

1）惰性气体准分子，如氙（Xe_2^*）、氩（Ar_2^*）等。

2）惰性气体原子和卤素原子结合成准分子，如氟化氙（XeF^*）、氟化氩（ArF^*）、氯化氙（$XeCl^*$）等。

3）金属原子和卤素原子结合成准分子，如氯化汞（$HgCl^*$）、溴化汞（$HgBr^*$）等。

准分子激光器上能级的寿命很短，如 KrF^* 上能级的寿命为9ns，$XeCl^*$ 为40ns，不适宜存储能量。因此，准分子激光器一般输出脉宽为 $10\sim100ns$ 的脉冲激光。输出能量可达百焦耳量级，峰值功率达千兆瓦以上，平均功率高于200W，重复频率高达1kHz。

准分子激光技术在医学、半导体、微机械、微光学、微电子等领域已有许多应用，尤其对脆性材料和高分子材料的加工更显示其优越性。准分子激光在表面微细加工上有一系列应用。例如：在多芯片组件中用于钻孔；在微电子工业中用于掩模、电路和芯片缺陷修补，选择性去除金属膜和有机膜，刻蚀，掺杂、退火、标记、直接图形写入，深紫外线曝光等；液晶显示器薄膜晶体管的低温退火；低温等离子化学气相沉积；微型激光标记、光致变色标记等；三维微结构制作；生物医学元件、探针、导管、传感器、滤网等。

10.1.9　等离子体加工

在现代加工或特种加工领域中，等离子体加工通常指等离子弧加工，即利用电弧放电，使气体电离成过热的等离子气体流束，靠局部熔化及汽化来去除多余材料。目前，在工业中广泛采用压缩电弧的方法来形成等离子弧，即把钨极缩入喷嘴内部，并且在水冷喷嘴中通以一定压力和流量的离子气，强迫电弧通过喷嘴孔道，以形成高温、高能量密度的等离子弧，此时电弧受到机械、热收缩和电磁三种压缩作用，直径变小，温度升高，气体的离子化程度提高，能量密度增大，最后与电弧的热扩散作用相平衡，形成稳定的压缩电弧。这种工业中的等离子弧作为热源，广泛应用于等离子弧焊接、切割、堆焊和喷涂等。

在表面技术中，等离子加工有着广泛的含义，即利用等离子体的性质和特点，对材料表面进行各种非微细加工和微细加工，尤其是将等离子体化学与真空技术、等离子体诊断技术和放电技术等结合，实现低温等离子体及其应用。

关于辉光放电等离子体技术与应用、微波放电等离子体技术与应用、放电等离子体技术及其在薄膜制备中的应用以及等离子体表面处理等已在第7、8两章中做过介绍、下面简单介绍等离子体蚀刻技术的概况。

1. 等离子体溅射蚀刻和离子束蚀刻

蚀刻是通过腐蚀等物理、化学手段，有选择性地去除表面薄层的物质，以形成某种薄膜微细结构的一种加工方法。早在20世纪60年代等离子刻蚀（干法）已开始逐步取代化学腐蚀（湿法）刻蚀。目前，这仍是一种最成功、最广泛应用的微刻蚀技术。湿法刻蚀在很大程度上被干法刻蚀所取代，主要原因之一是湿法刻蚀难以实现垂直向下的各向异性刻蚀。等离子溅射刻蚀是干法刻蚀中的一个重要方法。其刻蚀时，等离子体内的离子在电场加速作用下轰击被刻蚀的工件。在导体表面附近电场近似垂直表面，离子轰击表面也近似于垂直，形成纵向刻蚀，以最大程度减少蚀刻的误差和钻刻的发生，从而提高微细加工的质量，同时在等离子体产生的物质组分具有更大的化学活性。等离子体溅射蚀刻的过程可以用气体放电的电参数控制，均匀度达到 ±1% ～ ±2%，重复性也较好。此外，这种蚀刻方法没有液相腐蚀的废液和废渣等问题，对大规模集成电路的制作非常重要。等离子体溅射刻蚀的主要缺点是蚀刻选择性较差。

另一种干法蚀刻方法是离子束蚀刻，其离子束由一个离子源和加速-聚焦系统产生，再注入高真空度的工作室内。这种蚀刻加工有时又被称为离子铣，即利用离子束的溅射作用，精确定位对工件表面原子一层一层地进行剥离加工，形成立体的微细结构；工作时，可以不使用掩模。如果工件表面的物质是非导体，可在工作室内设辅助电子枪，轰击电子的负电荷可以中和离子轰击的充电正电荷。离子束蚀刻是纯粹的轰击溅射，具有非常好的蚀刻纵向方向性。

2. 基于化学作用的等离子体蚀刻

蚀刻按物理和化学作用可以分为三类：

1）化学作用型蚀刻，即利用液体腐蚀剂或气体腐蚀剂进行蚀刻，特点是可按工件物质的不同来选择腐蚀剂，具有多样性和选择性，缺点是缺乏纵向蚀刻的各向异性。

2）物理作用型蚀刻，主要利用低气压等离子体中高能量离子轰击工件表面引起的溅射作用，特点是具有高度的纵向蚀刻各向异性，但缺乏必要的选择性。

3）混合型蚀刻，既利用气体放电等离子体中具有特殊化学性质的增强腐蚀剂的腐蚀作用，又利用等离子体中的电子和离子轰击增强腐蚀剂的化学腐蚀作用。其蚀刻的选择性与纵向蚀刻的各向异性，介于前面两种类型之间。

基于物理作用的离子溅射蚀刻缺乏选择性，即不同物质溅射去除的速率相差不大，对实现多种工艺的目标很不利，而依靠化学反应的等离子体蚀刻，在许多情况下，不仅蚀刻速率显著提高，而且不同物质溅射去除的速率可存在很大的差异。基于化学作用的等离子体蚀刻有高压强等离子体蚀刻、反应离子蚀刻和高密度等离子体蚀刻。

高压强等离子体蚀刻是使用较多的蚀刻方法，其气体放电的工作气体不是惰性气体，而是具有化学活性的气体。通常是把 CF_4 之类的气体导入反应器，放电产生等离子体。在大约 50Pa 的压强下，CF_4 的密度大约为 $3 \times 10^{16} cm^{-3}$。单纯的 CF_4 不能腐蚀硅（Si），Si-Si 的化学键非常强。但在等离子体中，能量较高的电子的碰撞，使部分 CH_4 分子离解，因而除 CH_4 之外，还有 CF_3、CF_2、C 和 F 等原子和分子及其电离后的离子，可称为化学基，具有很高的化学活性，其中以 CF_3^+ 的丰度最高。这种高化学活性的化学基与 Si 反应，达到蚀刻目的。CH_4 等离子体的蚀刻作用是选择性的，在室温下它对 Si 及 SiO_2 的蚀刻速率比值为 50：1，在 -30℃ 时达到 100：1，加入一定量的 O_2、H_2、H_2O 等气体还可使这种选择性得到增强或减弱。

10.1.10　光刻加工

光刻加工的最初含义是照相制版印刷。在微电子和光电子工艺中，光刻加工是一种复印图像与蚀刻相结合的综合技术，其目的在于利用光学等方法，将设计的图形转换到芯片表面上。

光刻加工的基本原理是利用光刻胶在曝光后性能发生变化这一特性。光刻胶又称为光致抗蚀剂，是一类经光照可发生溶解度变化并有抗化学腐蚀能力的光敏聚合物。光刻工艺按技术要求不同而有所不同，但基本过程通常包括涂胶、曝光、显影、坚膜、蚀刻、去胶等步骤。在制造大规模、超大规模集成电路等场合，需采用电子计算机辅助设计技术，把集成电路的设计和制版结合起来，进行自动制版。

图 10-12 所示为一个光刻加工实例。硅片氧化，表面形成一层 SiO_2（见图 10-12a）→涂胶，即在 SiO_2 层表面涂覆一层光刻胶（见图 10-12b）→曝光，它是在光刻胶层上面加掩模，然后利用紫外光进行曝光（见图 10-12c）→显影，即曝光部分经显影而被溶解除去（见图 10-12d）→蚀刻，使未被光刻胶覆盖的 SiO_2 这部分被腐蚀掉（见图 10-12e）→去胶，使剩下的光刻胶全部去除（见图 10-12f）→扩散，即向需要杂质的部分扩散杂质（见图 10-12g）。

为实现复杂的器件功能和各元件之间的互连，现代集成电路设计通常要分成若干工艺层，通过多次光刻加工。每一个工艺层对应于一个平面图形，不同层相互对应的几何位置须通过对准套刻来实现。光刻是微电子工艺中最复杂和关键的工艺，其加工成本约占 IC 总制造成本的 1/3 或更多。光刻加工主要由光刻和蚀刻两个步骤组成，前面有关电子束、离子束、激光束、等离子体加工的介绍中，已涉及光刻或蚀刻的内容，下面将对光刻和蚀刻技术做一较完整的简介。

1. 光刻胶

光刻胶又称光致抗蚀剂，是涂覆在硅片或金属等基片表面上的感光性耐蚀涂层材料。光刻胶最早用于印刷制版，后来应用到集成电路、全息照相、光盘制备与复制、光化学加工等领域。在微细加工中，光刻过程是光子被光刻胶吸收，通过光化学作用，使光刻胶发生一定的化学变化，形成了与曝光物一致的"潜像"，再经过显影等过程，获得由稳定的剩余光刻胶构成的微细图形结构。显然，其中所包含的光化学过程与照相的光化学过程有着实质上的区别。

光刻胶可分为两大类：①正型光刻胶，以邻重氮萘醌感光剂—酚醛树脂型为主，其特点是光照后发生光分解、光降解反应，使溶解度增大；②负型光刻胶，以环化橡胶-双叠氮化合物、聚乙烯醇肉桂酸酯及其衍生物等为主，特点是光照后发生交联、光聚合，使溶解度减小。正型光刻胶中被曝光的部分将会在显影溶液里基本上是不溶解的，以后能够充分地保留其抗腐蚀的掩模能力。对于负型光刻胶，情况恰好相反，即曝光部分的光刻胶在显影溶液中基本上不溶解，而未曝光的部分则在显影溶液中迅速溶解掉。通常正型光刻胶比负型光刻胶有更高的分辨率，因而在集成电路的光刻工艺中较多使用。

为了提高分辨率，以制造更高密度的超大规模集成电路，可采用其他方法。例如：从光学上采用相位移技术，在化学上可使用反差增强技术。

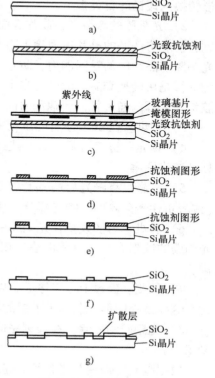

图 10-12　光刻加工实例
a) 硅片氧化　b) 光致抗蚀剂膜涂覆
c) 曝光　d) 显影　e) SiO_2 的腐蚀
f) 除去光致抗蚀剂　g) 扩散

光刻胶的主要技术指标有两个：①曝光的灵敏度，即光刻胶充分完成曝光过程所需的单位面积的光能量（mJ/cm^2），这意味着灵敏度越高，曝光时间越短；②分辨率，即光刻胶曝光和显影等工艺过程限定的、通过光刻工艺能够再现的微细结构的最小特征尺寸。

科学工作者为提高光刻胶的性能，做了很大的努力，并且取得了一定的成效。近来，为了提高光刻胶曝光的灵敏度，化学增幅光刻胶成为研究热点之一。

2. 光刻

根据曝光时所用辐照源波长的不同，光刻可分为光学光刻法、电子束光刻法、离子束光刻法、X 射线光刻法等。

（1）光学光刻法　目前大规模集成电路制造中，主要使用电子束曝光光刻技术来制备掩模，而使用紫外线光学曝光光刻技术来实现半导体芯片的生产制造。通常用水银蒸气灯做紫外线光源，其光波波长为 435nm（G 线）、405nm（H 线）和 365nm（I 线）。后来开始使用工作波长为 248nm（KrF）或 193nm（ArF）的激光以得到更高的曝光精度。因光刻胶对黄光不敏感，为避免误曝光，光刻车间的照明通常采用黄色光源，这一区域也通常被称为黄光区。

光学光刻的基本工艺包括掩模的制造、晶片表面光刻胶的涂覆、预烘烤、曝光、显影、后烘、刻蚀以及光刻胶的去除等工艺，各步骤的主要目的及其方法依次说明如下：

1）掩模的制造。形成光刻所需要的掩模。它是利用电子束曝光法将计算机 CAD 设计图形转换到镀铬的石英板上。

2）光刻胶的涂覆。在晶片表面上均匀涂覆一层光刻胶，以便曝光中形成图形。涂覆光刻胶前应将洗净的晶片表面涂上附着性增强剂或将基片放在惰性气体中进行热处理，以增加光刻胶与晶片间的黏附能力，防止显影时光刻图形脱落及湿法刻蚀时产生侧面刻蚀。光刻胶的涂覆是用转速和旋转时间可自由设定的甩胶机来进行的，利用离心力的作用将滴状的光刻胶均匀展开，通过控制转速和时间来得到一定厚度的涂覆层。

3）预烘。在 80℃ 左右的烘箱中惰性气氛下预烘 15～30min，以去除光刻胶中的溶剂。

4）曝光。将高压汞灯的 G 线或 I 线通过掩模照射在光刻胶上，使其得到与掩模图形同样的感光图案。

5）显影。将曝光后的基片在显影液中浸泡数十秒钟时间，则正性光刻胶的曝光部分（或者负性光刻胶的未曝光部分）将被溶解，而掩模上的图形就被完整地转移到光刻胶上。

6）后烘。为使残留在光刻胶中的有机溶液完全挥发，提高光刻胶与晶片的粘接能力及光刻胶的蚀刻能力，通常将基片在 120～200℃ 的温度下烘干 20～30min，这一工序称为后烘。

7）蚀刻。经过上述工序后，以复制到光刻胶上的图形作为掩模，对下层的材料进行蚀刻，这样就将图形复制到了下层的材料上。

8）光刻胶的去除。在蚀刻完成后，再用剥离液或等离子蚀刻去除光刻胶，完成整个光刻工序。

根据曝光时掩模与光刻胶之间的位置关系，可分为接触式曝光、接近式曝光及投影式曝光。在接触式曝光中，掩模与晶片紧密叠放在一起，曝光后得到尺寸比例为 1∶1 的图形，分解率较好。但如果掩模与晶片之间进入了粉尘粒子，就会导致掩模上的缺陷。这种缺陷会影响到后续的每次曝光过程。接触式曝光的另一个问题是光刻胶层如果有微小的不均匀现象，会影响整个晶片表面的理想接触，从而导致晶片上图形分辨率随接触状态的变化而变化。不仅如此，这个问题随后续过程的进行还会变得更加严重，而且会影响晶片上的已有结构。

在接近式曝光中，掩模与晶片间有 10～50μm 的微小间隙，这样可以防止微粒子进入而导致掩模损伤。然而由于光的波动性，这种曝光法不能得到与掩模完全一致的图形。同时，由于衍射作用，分辨率也不太高。采用波长为 435nm 的 G 线，接近距离为 20μm 曝光时，最小分辨率约为 3μm。而利用接触式曝光法，使用 1μm 厚的光刻胶，分辨率则为 0.7μm。

由于上述问题，两种方法均匀不适合现代半导体生产线。然而在微技术领域，对最小结构宽度要求较少，所以这些方法仍然有重要意义。在现代集成电路制造中用到的主要是采用成像系统的投影式曝光法。该方法又分为等倍投影和缩小投影，其中缩小投影曝光的分辨率最高，适合做精细加工，而且对掩模无损伤。它一般是将掩模上的图形缩小为原图形的 1/10～1/5 复制到光刻胶上。

缩小投影曝光系统的主要组成是高分辨率、高度校正的透镜，透镜只在约 $1cm^2$ 的成像区域内，焦距为 1μm 或更小的情况下才具备要求的性能。因此，这种光刻过程中，整个晶片是一步一步、一个区域一个区域地被曝光的。每步曝光完成后，工作台都必须精确地移动到下一个曝光位置。为保证焦距正确，每部分应单独聚焦。完成上述重复曝光的曝光系统称为步进机。

在缩小投影曝光中一个值得关注的问题是成像时的分辨率和焦深。由光学知识可知，波长的减小和数值孔径的增大均可以提高图形的分辨率，但同时也可能导致焦深的减小。当焦深过小时，晶片的不均匀性、光刻胶厚度变化及设备误差等很容易导致不能聚焦。因此，必须在高分辨率和大焦深中寻找合适的值以优化工艺。调制传递函数（MTF）规定了投影设备的成像质量，通过对衍射透镜系统 MTF 的计算可以知道，为了得到较高的分辨率，使用相干光比非相干光更有利。

（2）电子束光刻法　它是利用聚焦后的电子束在感光膜上准确地扫描出所需要的图案的方法。最早的电子束曝光系统是用扫描式电子显微镜修改而制成的，该系统中电子波长约 $0.005 \sim 0.02nm$，可分辨的几何尺寸小于 $0.1\mu m$，因而可以得到极高的加工精度，对于光学掩模的生产具有重要的意义。在工业领域内，这是目前制造出纳米级尺寸任意图形的重要途径。

电子束在电磁场或静电场的作用下会发生偏转，因此可以通过调节电磁场或静电场来控制电子束的直径和移动方式，使其在对电子束敏感的光刻胶表面刻写出定义好的图形。根据电子束为圆形波束（高斯波束）或矩形波束可分为投影扫描或矢量扫描方式，这些系统都以光点尺寸交叠的方式刻写图形，因而速度较慢。

为生成尽可能精细的图形，不仅需要电子束直径达到最小，而且与电子能量、光刻胶及光刻胶下层物质有很大的关系。电子在进入光刻胶后，会发生弹性和非弹性的散射，并因此而改变其运动方向直到运动停止。这种偏离跟入射电子能量和光刻胶的原子质量有很大的关系。当光刻胶较厚时，在入射初期电子因能量较高运动方向基本不变，但随能量降低，散射将使其运动方向发生改变，最后电子在光刻胶内形成上窄下宽的"烧瓶"状实体。为得到垂直的侧壁，需要利用高能量的电子对厚光刻胶进行曝光，以增大"烧瓶"的垂直部分，如图 10-13a 所示。

然而，随着入射电子束能量的加大，往往产生一种被称为邻近效应的负面结果。在掩模刻写过程中，过高的能量可能导致电子完全穿透光刻胶而到达下面的基片。由于基片材料的原子质量较大，导致电子散射的角度也很大，甚至可能超过 90°。因此光刻胶上未被照射的部分被来自下方的散射电子束曝光，这种现象称为邻近效应。当邻近区域存在微细结构时，这种效应可能导致部分细结构无法辨认（见图 10-13b）。

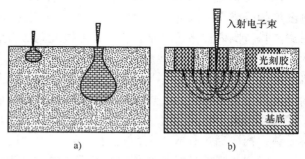

图 10-13　电子能量对曝光的影响
a）不同能量电子在光刻胶中的深度分布
b）光刻胶内电子的邻近效应

邻近效应是限制电子束光刻分辨率的一个因素，它受入射电子的能量、基片材料、光刻胶材料及其厚度、对比度和光刻胶成像条件等的影响，通过改变这些参数或材料可以降低影响。另外，还可将刻写结构分区，不同的区域依其背景剂量采用相应的参数，如采用不同的电子流密度或不同的曝光方法等来补偿邻近效应的影响。

采用电子束光刻法时，因其焦深比较大，故对被加工表面的平坦度没有苛刻的要求。除此之外，相对于光学光刻法电子束光刻法还具有如下特点：

1）电子束波长短，衍射现象可忽略，因此分辨率高。

2）能在计算机控制下不用掩模直接在硅晶片上生成特征尺寸在亚微米范围内的图案。

3）可用计算机进行不同图案的套准，精度很高。电子束光刻法没有普遍应用在生产中的原因：邻近效应降低了其分辨率；与光学方法相比，曝光速度较慢。

（3）离子束光刻法　除离子源外，离子束曝光系统和电子束曝光系统的主要结构是相同的。它的基本工作原理是，通过计算机来控制离子束使其按照设定好的方式运动，利用被加速和被聚焦的离子直接在对离子敏感的光刻胶上形成图形而无须掩模。

离子束光刻法的主要优点：

1）邻近效应很小，这是因为离子的质量较大，不大可能出现如同电子般发生大于 90° 的散射而运动到邻近光刻胶区域的现象。

2）光敏性高，这是由于离子在单位距离上聚集的能量比电子束要高得多。

3）分辨率高，特征尺寸可以小于 10nm。

4）可修复光学掩模（将掩模上多余的铬去掉）。

5）直接离子刻蚀（无须掩模），甚至可以无须光刻胶。

虽然有众多的优点，但离子束光刻法在工业上大规模推广应用的主要困难在于难以得到稳定的离子源。此外，能量在 1MeV 以下的重离子的穿入深度仅 30～500nm，并且离子能穿过的最大深度是固定的，因此离子光刻法只能在很薄的层上形成图形。离子束光刻法的另一局限性表现为，尽管光刻胶的感光度很高，但由于重离子不能像电子那样被有效地偏转，离子束光设备很可能不能解决连续刻写系统的通过量问题。

离子束光刻法最有吸引力之处是它可以同时进行刻蚀，因而有可能把曝光和刻蚀在同一工序中完成。但离子束的聚焦技术还没有电子束的成熟。

（4）X 射线光刻法　X 射线的波长比紫外线短 2～3 个数量级，用作曝光源时可提高光刻图形的分辨率，因此，X 射线曝光技术也成为人们研究的新课题。但由于没有可以在 X 射线波长范围内成像的光学元件，X 射线光刻法一般采用简单的接近式曝光法来进行。

产生可利用的 X 射线源包括高效能 X 射线管、等离子源、同步加速器等。采用 X 射线管产生 X 射线曝光的基本原理是，采用一束电子流轰击靶使其辐射 X 射线，并在 X 射线投射的路程中放置掩模版，透过掩模的 X 射线照射到硅晶片的光刻胶上并引起曝光。而等离子源 X 射线是利用高能激光脉冲聚射靶电极产生放电现象，结果靶材料蒸发形成极热的等离子体，离子通过释放 X 射线进行重组。

X 射线的掩模材料包括非常薄的载体薄片和吸收体。载体薄片一般由原子数较少的材料如铍、硅、硅氮化合物、硼氮化合物、硅碳化合物和钛等构成，以使穿过的 X 射线的损失最小化。塑料膜由于形状稳定性和 X 射线耐久性差，不适合使用。吸收体材料一般采用电镀金，也可以使用钨和钽。为了使照射过程中掩模内的变形最小，掩模的尺寸一般不超过 50mm×50mm，所以晶片的曝光应采用分步重复法完成。

对简单的接近曝光法而言，X 射线的衍射可忽略不计，影响分辨率的主要原因是产生半阴影和几何畸变。其中半阴影大小跟靶上斑的尺寸、靶与光刻胶的距离及掩模与光刻胶的距离有关；而因入射 X 射线跟光刻胶表面法线不平行所导致的几何畸变，则跟曝光位置偏离 X 射线光源到晶片表面垂直点的距离有关，距离越大畸变也越大。

除了波束不平行容易导致几何畸变外，采用 X 射线管和等离子源的最大缺点还在于 X 射线产生和曝光的效率低，在工业应用中还不够经济。而采用同步加速器辐射产生的 X 射线则具备下列优点：①连续光谱分布；②方向性强，平行度高；③亮度高；④时间精度在 10^{-12}s 范围内；⑤偏振；⑥长时间的高稳定性；⑦可精确计算等。就亮度和平行度而言，这种光源完全能够满足光刻法要求的边界条件。

多年来，人们一直在讨论 X 射线光刻法在半导体制造业中的应用，目前存在的主要技术问题是如何提高掩模载体薄片的稳定性以及校正的精确性。近年来，由于光学光刻领域取得了显著成就，使得可制造的最小结构尺寸不断缩小，因此推迟了 X 射线光刻技术的应用。但采用同步加速辐射 X 射线光刻法，以其独特的光谱特性在制作微光学和微机械结构中发挥了重要的作用。

3. 蚀刻

蚀刻是紧随光刻之后的微细加工技术，是指将基底薄膜上没有被光刻胶覆盖的部分，以化学反应或者物理轰击的方式加以去除，将掩模图案转移到薄膜上的一种加工方法。蚀刻类似于光刻工序中的显影过程，区别在于显影是通过显影液将光刻胶中未曝光的洗掉，而蚀刻去掉的则是未被覆盖住的薄膜，这样在经过随后的去胶工艺后即可在薄膜上得到加工精细的图形。最初的微细加工是对硅或薄膜的局部湿化学蚀刻，加工的微元件包括悬臂梁、横梁和膜片，至今，这些微元件还在压力传感器和加速度计中使用。

根据采用的蚀刻剂不同，蚀刻可分为湿法蚀刻和干法蚀刻。湿法蚀刻是指采用化学溶液腐蚀的方法，其机理是使溶液内的物质与薄膜材料发生化学反应生成易溶物。通常硝酸与氢氟酸的混合溶液可以蚀刻各向同性的材料，而碱性溶液可以蚀刻各向异性的材料。干法蚀刻则是利用气体或等离子体进行的，在离子对薄膜表面进行轰击的同时，气体活性原子或原子团与薄膜材料反应，生成挥发性的物质被真空系统带走，从而达到蚀刻的目的。

理想的蚀刻结果是在薄膜上精确地重现光刻胶上的图形，形成垂直的沟槽或孔洞。然而，由于实际蚀刻过程中往往产生侧向的蚀刻，会造成图形的失真。为尽可能得到符合要求的图形，蚀刻工艺通常要着重考虑一些技术参数：蚀刻的各向异性、选择比、均匀性等。

蚀刻的各向异性中的"方向"包含两重含义。其一是指有不同晶面指数的晶面，通常用在半导体芯片以外的微机械加工中。对晶体进行蚀刻处理时，某些晶面的蚀刻速度比其他晶面要快得多，例如：采用某些氢氧化物溶液和胺的有机酸溶液蚀刻时，（111）晶面比（100）和（110）晶面要慢得多。这种各向异性在微细加工中有重要意义，它使微结构表面处于稳定的（111）晶面。另一种含义是指蚀刻中的"横向"和"纵向"，通常用在半导体加工中。在要求形成垂直的侧面时，应采用合适的蚀刻剂和蚀刻方法使垂直蚀刻速度最大而侧向蚀刻速度最小，从而形成各向异性蚀刻。此时，若采用各向同性蚀刻，侧向的蚀刻会导致线条尺寸比设计的要宽，达不到要求的精度。蚀刻方向性如图 10-14 所示。

在蚀刻过程中，同时暴露于蚀刻环境下的两

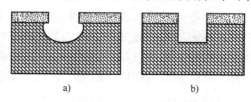

图 10-14　蚀刻方向性

a）各向同性　b）各向异性

种物质被蚀刻的速率是不同的，这种差异往往用选择比来度量。一般将同一蚀刻环境下物质 A 的蚀刻速率和物质 B 的蚀刻速率之比称为 A 对 B 的选择比。例如：除了裸露的基底薄膜被蚀刻去除外，光刻胶也被蚀刻剂减薄了，尤其对于干法蚀刻，离子轰击导致光刻胶被蚀刻得更加明显，此时，薄膜的蚀刻速率与光刻蚀刻速率之比被称为薄膜对光刻胶的选择比。一般而言，选择比越大越好，在采用湿法蚀刻时选择比甚至可以接近无穷大。

蚀刻均匀性是衡量同一加工过程中蚀刻形成的沟槽或孔洞蚀刻速率差异的重要指标。在晶片不同位置接触到的蚀刻剂浓度、蚀刻等离子体活性原子、离子轰击强度不同是造成蚀刻速率差异的主要原因。此外，蚀刻孔洞的纵横比（深度和直径之比）不同也是造成蚀刻速率差异的重要原因。

（1）湿法蚀刻　湿法蚀刻的反应过程同一般的化学反应相同，反应速率跟温度、溶液浓度等有很大关系。例如：在采用氢氟酸来蚀刻二氧化硅时，发生的是各向同性蚀刻，典型的生成物是气态的 SiF_4 和水。在现代半导体加工中这种蚀刻往往是各向同性的，因侧壁的腐蚀可能会导致线宽增大，当线宽度要求小于 $3\mu m$ 时通常要被干法蚀刻所代替。而在硅的微机械加工中，由于具有操作简单、设备价格低廉等优点，湿法蚀刻仍有广泛的用途。在硅的湿法蚀刻技术使用至今 30 多年的时间内，生产出了大量的微结构产品，如由硅制造或者建立在硅基础上的膜片、支撑和悬臂，光学或流体中使用的槽、弹簧、筛网等，至今仍被广泛应用于各种微系统中。

在半导体加工领域，湿法蚀刻具有如下特点：

①反应产物必须是气体或能溶于蚀刻液的物质，否则会造成反应产物的沉淀，从而影响蚀刻过程的正常进行。

②一般而言，湿法蚀刻是各向同性的，因而产生的图形结构是倒八字形而非理想的垂直墙。

③反应过程通常伴有放热和放气。放热造成蚀刻区局部温度升高，引起反应速率增大；反过来温度会继续升高，从而使反应处于不可控的恶劣环境中。放气会造成蚀刻区局部地方因气泡使反应中断，形成局部缺陷及均匀性不够好等问题。解决上述问题可通过对溶液进行搅拌、使用恒温反应容器等。

根据不同加工要求，微机械领域通常使用的蚀刻剂包括 HNA 溶液（HF 溶液 + NHO_3 溶液 + CH_3COOH 溶液 + H_2O 的混合液）、碱性氢氧化物溶液（以 KOH 溶液最普遍）、氢氧化铵溶液（如 NH_4OH、氢氧化四乙胺、氢氧化四甲基铵的水溶液，后两者可分别缩写为 TEAH 和 TMAH）、乙烯二胺-邻苯二酚溶液（通常称为 EDP 或 EDW）等，分别具有不同的蚀刻特性，可用于不同材料的蚀刻。其中，除 HNA 溶液为各向同性的蚀刻外，其他几种溶液均为各向异性蚀刻，对不同晶面有不同的蚀刻速率。

采用各向异性的蚀刻剂可制造出各种类型的微结构，在相同的掩模图案下，它们的形状由被蚀刻的基体硅晶面位置和蚀刻速度决定。（111）晶面蚀刻很慢，而（100）晶面和其他晶面蚀刻相当快。（122）晶面和（133）晶面上的凸起部分因为速度快而被切掉了。利用这些特性可以制造出凹槽、薄膜、台地、悬臂梁、桥梁和更复杂的结构。

对蚀刻的结果主要是通过控制时间来进行的，在蚀刻速率已知的情况下，调整蚀刻时间可得到预定的蚀刻深度。此外，采用阻挡层是半导体加工中常用的方法，即在被蚀刻薄膜下所需深度处预先沉积一层对被加工薄膜选择比足够大的材料作为阻挡层，当薄膜被蚀刻到这一位置时将因蚀刻速率过低而基本停止，这样可以得到所要求的蚀刻深度。

（2）干法蚀刻　它是以等离子体来进行薄膜蚀刻的一种技术。因为蚀刻反应不涉及溶液，所以称为干法蚀刻。在半导体制造中，采用干法蚀刻避免了湿法蚀刻容易引起重离子污染的缺点，更重要的是它能够进行各向异性蚀刻，在薄膜上蚀刻出纵横比很大、精度很高的图形。

干法蚀刻的基本原理是，对处于适当低压状态下的气体施加电压使其放电，这些原本中性的气体分子将被激发或离解成各种不同的带电离子、活性原子或原子团、分子、电子等。这些粒子的组成称为等离子体。等离子体是气体分子处于电离状态下的一种现象，因此，等离子体中有带正电的离子和带负电的电子，在电场的作用下可以被加速。若将被加工的基片置于阴极，其表面的原子将被入射的离子轰击，形成蚀刻。这种蚀刻方法以物理轰击为主，因此具备极佳的各向异性，可以得到侧面接近 90°垂直的图形，但缺点是选择性差，光刻胶容易被蚀刻。另一种蚀刻方法是利用等离子体中的活性原子或原子团，与暴露在等离子体下的薄膜发生化学反应，形成挥发性物质的原理，与湿法蚀刻类似，因此具有较高的选择比，但蚀刻的速率比较低，也容易形成各向同性蚀刻。

现代半导体加工中使用的是结合了上述两种方法优点的反应离子蚀刻法。它是一种介于溅射蚀刻与等离子体蚀刻之间的蚀刻技术，同时使用物理和化学的方法去除薄膜。采用反应离子蚀刻法可以得到各向异性蚀刻结果的原因在于，选用合适的蚀刻气体，能使化学反应的生成物是一种高分子聚合物。这种聚合物将附着在被蚀刻图形的侧壁和底部，导致反应停止。但由于离子的垂直轰击作用，底部的聚合物被去除并被真空系统抽离，因此反应可继续在此进行，而侧壁则因没有离子轰击而不能被蚀刻。这样可以得到一种兼具各向异性蚀刻优点和较高选择比与蚀刻速率的满意结果。

对硅等物质的蚀刻气体，通常为含卤素类的气体如 CF_4、CHF_3 和惰性气体如 Ar、XeF_2 等。其中，C 用来形成以 $-[CF_2]-$ 为基的聚合物，F 等活性原子或原子团用来产生蚀刻反应，而惰性气体则用来形成轰击及稳定等离子体等。

干法蚀刻的终点检测通常使用光发射分光仪来进行，当到达蚀刻终点后，激发态的反应生成物或反应物的特征谱线会发生变化，用单色仪和光点倍增器来监测这些特征谱线的强度变化就可以分析薄膜被蚀刻的情况，从而控制蚀刻的过程。

干法蚀刻在半导体微细加工中具有重要地位。主要存在的问题包括：①离子轰击导致的微粒污染问题；②整个晶片中的均匀性问题，包括所谓的微负载效应（被蚀刻图形分布的疏密不同导致蚀刻状态的差异）；③等离子体引起的损伤，包括蚀刻过程中的静电积累损伤栅极绝缘层等。

10.1.11　LIGA 加工

为了克服光刻法制作的零件厚度过薄的不足，20 世纪 70 年代末德国卡尔斯鲁厄原子研究中心提出了一种进行三维微细加工颇有前途的方法——LIGA 法。它是在一种生产微型槽分离喷嘴工艺的基础上发展起来的。LIGA 一词源于德文缩写，代表了该工艺的加工步骤。其中，LI（Lithograhic）表示 X 射线光刻，G（galvanofornung）表示金属电镀，A（abformung）表示注塑成型。

自 LIGA 工艺问世以来，德国、日本、美国、法国等相继投入巨资进行开发研究，我国也逐步开始了在 LIGA 技术领域的探索应用。上海交通大学在 1995 年利用 LIGA 技术成功地研制出直径为 2mm 的电磁微马达的原理性样机。上海冶金所采用深紫外线曝光的准 LIGA 技术，电铸后得到了 10μm 的 Ni 微结构，且零件表面性能优良。由此可见，LIGA 技术在微细加工领域具有巨大的潜力。

LIGA 工艺具有适用多种材料、图形纵横比高，以及任意侧面成形等众多优点，可用于制造各种领域的元件，如微结构、微光学、传感器和执行元件技术领域中的元件。这些元件在自动化技术、加工技术、常规机械领域、分析技术、通信技术和化学、生物、医学技术等许多领域得到了广泛的应用。

1. LIGA 的工艺过程

（1）X 射线光刻　这是 LIGA 工艺的第一步，包括：①将厚度约为几百微米的塑料可塑层涂于一个金属基底或一个带有导电涂覆层的绝缘板上作为基底，X 射线敏感塑料（X 射线抗蚀剂）直接被聚合或黏合在基底上；②由同步加速器产生的平行、高强度 X 射线辐射，通过掩模后照射到 X 射线抗蚀剂上进行曝光，完成掩模图案转移；③将未曝光部分（对正性抗蚀剂而言）通过显影液溶解，形成塑料的微结构。

（2）金属电镀　这是指在显影处理后用微电镀的方法由已形成的抗蚀剂结构形成一个互补的金属结构，如铜、镍或金等被沉积在不导电的抗蚀剂的空隙中，同导电的金属底板相连形成金属模板。在去除抗蚀剂后，这一金属结构既可作为最终产品，也可以作为继续加工的模具。

（3）注塑成型　这是将电镀得到的模具用于喷射模塑法、活性树脂铸造或热模压印中，几乎任何复杂的复制品均可以相当低的成本生产。由于用同步 X 射线光刻及其掩模成本较高，也可采用此塑料结构进行再次电镀填充金属，或者作为陶瓷微结构生产的一次性模型。LIGA 工艺基本过程如图 10-15 所示。

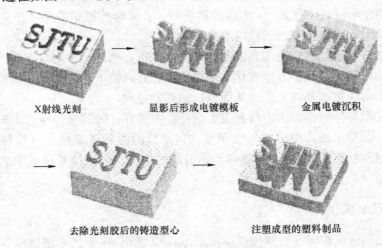

X射线光刻　　　　　显影后形成电镀模板　　　　　金属电镀沉积

去除光刻胶后的铸造型心　　　　　注塑成型的塑料制品

图 10-15　LIGA 工艺基本过程

2. LIGA 加工的特点

LIGA 加工是一种超微细加工技术。由于 X 射线平行性很高，使微细图形的感光聚焦深度远比光刻法为深，一般可达 25 倍以上，因而蚀刻的图形厚度较大，使制造出的零件具有较大的实用性。此外，X 射线波长小于 1nm，可以得到精度极高、表面光洁的零件。对那些降低要求后不妨碍精度和小型化的结构而言，X 射线光刻也可用光学光刻法来代替，同时也应采用相应的光刻胶。但由于光的衍射效应，获得的微结构在垂直度、最小线宽、边角圆化方面均有不同程度的损失。采用直接电子束光刻也可完成这一步骤，其优缺点见本章关于光刻的叙述。

综上所述，采用 LIGA 技术进行微细加工具有如下特点：

1）制作的图形结构纵横比高（可达 100:1）。

2）适用于各种材料，如金属、陶瓷、塑料、玻璃等。

3）可重复制作，可大批量生产，成本低。

4）适合制造高精度、低表面粗糙度要求的精密零件。

3. LIGA 技术的发展

为最大限度地覆盖所有可能的应用范围，由标准的 LIGA 工艺又衍生出了很多工艺和附加步骤，比较典型的如牺牲层技术、三维结构附加技术等。

如果采用传统的微机械加工方法来制造微机械传感器和微机械执行装置，那么在许多情况下必须设计静止微结构和运动微结构。通常，运动微结构和静止微结构都是集成的，难以混合装配，即使能混合装配也往往受到所需尺寸公差的限制。此时，通过引入牺牲层，也可以用 LIGA 工艺来生产运动微结构。因此，对运动传感器和执行装置的生产而言，由很多材料可以使用，同时可以生产没有侧面成形限制的结构。

牺牲层一般采用与基底和抗蚀剂都有良好附着力的材料，与其他被使用的材料一样均有良好的选择蚀刻的能力和良好的图案形成能力等。牺牲层参与整个 LIGA 过程，在形成构件后被特定的蚀刻剂全部腐蚀掉，钛层由于具备上述优良的综合性能，通常被选作 LIGA 工艺中的牺牲层材料。

尽管标准的 LIGA 工艺难以生产复杂的三维结构，但通过附加的其他技术，如阶梯、倾斜、二次辐射等技术，就可以生产出结构多变的立体结构。例如：通过在不同的平面上成形，将掩模和基底相对于 X 射线偏转一定角度，有效地利用来自薄片边缘的荧光辐射，就可以分别加工出台阶状、倾斜、圆锥形等结构。

由于需要昂贵的同步辐射 X 光源和制作复杂的 X 射线掩模，LIGA 加工技术的推广应用并不容易，并且与 IC 技术不兼容。因此，1993 年人们提出了采用深紫外线曝光、光敏聚酰亚胺代替 X 射线光刻胶的准 LIGA 工艺。

除了光刻和 LIGA 加工以外，采用微细机械加工和电加工技术来制造微型结构的例子也并不少见。这些方法包括机械微细加工、放电微细加工、激光微细加工等，它们往往是几种技术的结合体，能够完成一些非常规的加工工艺。

10.1.12 机械微细加工

用来进行机械微细加工的机床，除了要求有更加精密的金刚石刀具外，还需要满足一系列苛刻的限制条件，主要包括：各轴须有足够小的微量移动、低摩擦的传动系统、高灵敏高精度的伺服进给系统、高精度定位和重复定位能力、抗外界振动和抗干扰能力，以及敏感的监控系统等。虽然各部件的尺寸在毫米或厘米量级，但机械微细加工的最小尺寸却可以达到几个微米。

　　金属薄片式结构和其他凸形（外）表面的切削，大多可以用单晶金刚石微车刀或微铣刀两种精密刀具来加工完成。典型的金刚石微刀具的切削宽度是 $100\mu m$，头部楔形角为 $20°$，切削深度为 $500\mu m$。金属薄片微结构体可以应用于各种场合。除此之外，微结构也可以使用非常小的钻头和平底铣刀加工。在加工凹形（内）表面时，最小的加工尺寸受刀具尺寸的限制，如用麻花钻可加工小至 $50\mu m$ 的孔，更小的则无麻花钻商品，可采用扁钻。

　　机械微细加工中精确的刀具姿态和工件位置是保证微小切除量的前提条件。其中，最关键的问题是刀具安装后的姿态及其与主轴轴线的同轴度是否和坐标一致。为此，可在同一机床上制作刀具后再进行加工，使刀具的制作和微细加工采用同一工作条件，避免装夹的误差。如果在机床上采用线放电磨削制作铣刀，这样的铣刀可以铣出 $50\mu m$ 宽的槽。

　　机械微细加工为钢模的三维制造提供了一种选择，除此以外还可以获得较高的表面质量。使用前述的光刻，蚀刻等微结构制造技术进行轮廓加工是很困难的，因此机械微细加工是对这些传统微结构制造技术的补充，特别是当加工比较大的复杂结构（大于 $10\mu m$）时，机械微细加工更为有效。

　　采用机械微细加工生产的产品，很多已投入到实际的应用中。以德国 FZK 研究中心的成果为例，在航空、生物、化工、医疗等各种领域获得广泛应用的产品，包括微型热交换器、微型反应器、细胞培养的微型容器、微型泵、X 射线强化屏等。随着与其他微加工机械的相结合，机械微细加工产品必然会应用于更加广泛的领域。

10.2　微电子工业和微机电系统的微细加工

10.2.1　微电子工业的微细加工

1. 微细加工技术对微电子技术发展的重大影响

　　近 50 多年来，微电子技术的迅速发展，使人们的生产和生活发生了很大的变化。所谓微电子技术，就是制造和使用微型电子器件、元件和电路而能实现电子系统功能的技术。它具有尺寸小、重量轻、可靠性高、成本低等特点，使电子系统的功能大为提高。这项高技术是以大规模集成电路为基础发展起来的，而集成电路又是以微细加工技术的发展作为前提条件的。在一块陶瓷衬底上可包封单个或若干个芯片，组成超小型计算机或其他多功能电子系统。同时，可与系统设计、芯片设计自动化、系统测试等其他现代科技技术相结合，组成微电子技术整体。它还能与其他技术互相渗透，逐步演变成极其复杂的系统。

　　自 1958 年世界上出现第一块平面集成电路以来，集成电路的集成度不断提高：一个芯片包含几个到几十个晶体管的小规模集成电路（SSI）→包含几千、几万个晶体管的大规模集成电路（LSL）→包含几十万、几百万、几千万个晶体管的超大规模集成电路（VLSL），然后又从特大规模集成电路（VLSI）向吉规模集成电路（GSI 或称吉集成）进军，可在一个芯片上集成几亿个、数十亿个元器件。由上可见，一个芯片上的集成度有了高速度发展，而这样巨大的变化首先应归功于高速发展的微细图形加工技术。

　　微电子技术的发展除了不断提高集成度之外，另一个方向就是不断提高器件的速度。要发展更高速度集成电路，一是把集成电路做得小，二是使载流子在半导体内运动更快。提高电子运动速度的基本途径是选用电子迁移率高的半导体材料，如砷化镓等材料，它们的电子迁移率比硅高得多。另一类引人注目的材料是超晶格材料。这是通过材料内部晶体结构的改变而使电子迁移率显著提高的。如果把一种材料与另一种材料周期性地放在一起，比如把砷化镓和镓铝砷一层一层夹心饼干似地生长在一起，并且每一层做得很薄，达几个原子厚度，就会使材料的横向性能和纵向性能不一样，形成很高的电子迁移率。原来认为工业生产这种超晶格材料很难，但是由于分子束外延（MBE）和有机化学气相沉积（MOCVD）等生产超薄层表面技术的发展，在制作工艺上取得了重大突破。

当晶体管本身的速度上去了，在许多情况下集成电路延迟时间的主要矛盾会落在晶体管与晶体管之间的引线（互联线）上。要降低引线的延迟时间，可采用多层布线，减少线间电容。据估计，多层布线达 8 ~ 10 层，才能使引线对延迟时间的影响不起主要作用。多层布线是一项重要的微细加工技术，人们关注它的发展，不仅在于它的功能、质量，还在于它的成本。

人们为满足不同领域的应用需要，生产了许多标准通用集成电路。目前全世界集成电路（IC）的品种多达数万种，但是仍然不能满足用户的广泛需要。用标准 IC 组合起来很难满足各种不同的用途，同时增加了 IC 块数、器件的体积和重量，并且可能降低器件的性能和可靠性，于是专门集成电路（ASIC）便应运而生。ASIC 的生产，例如采用门阵列的方式，把门阵列预先设计制作在半导体内，有的把第一次布线也布好了。然后根据需要进行第二次布线，做成需要的品种。这种方法能做到多品种、小批量的生产，周期短，成本低，使超大规模集成电路的应用范围大大扩展。

综上所述，表面微细加工技术是微电子技术的工艺基础，并且对微电子技术的发展有着重大的影响。

2. 微电子微细加工技术的分类和内容

从目前的研究和生产情况来归纳，微电子微细加工技术主要由微细图形加工技术、精密控制掺杂技术和超薄层晶体及薄膜生长技术三部分组成，见表 10-1。

表 10-1　微电子微细加工技术

类　别	含　义	内　容
微细图形加工技术	在基板表面上微细加工成所要求的薄膜图形，具体方法有反向蚀刻法、一般光刻法和掩模法等。目前，通常采用掩模法，包括光掩模制作技术（简称制版）和芯片集成电路图形曝光蚀刻技术（简称光刻）	1）掩模制作技术，包括计算机辅助设计、计算机辅助制版、中间掩模版制作技术、工作掩模制作技术、掩模缺陷检查技术、掩模缺陷修补技术 2）图形曝光技术，包括遮蔽式复印曝光技术、投影成像曝光技术、扫描成像技术 3）图形蚀刻技术，包括湿法蚀刻技术、干法蚀刻技术
精密控制掺杂技术	应用离子掺杂技术，精密地控制掺杂层的杂质浓度、深度及掺杂图形几何尺寸	1）离子注入技术 2）离子束直接注入成像技术
超薄层晶体及薄膜生成技术	在集成电路生产过程中，半导体基板表面上生长或沉积各种外延膜、绝缘膜或金属膜的工艺技术	1）离子注入成膜技术 2）离子束外延技术 3）分子束外延技术 4）低温化学相沉积技术 5）热生长技术

3. 集成电路的制作

图 10-16 所示为集成电路制作过程。其中，芯片的制造是整个集成电路制作过程的核心，它所用到的技术很多，如掩模生长和沉积（如氧化、CVD），图形生成（如光刻），掺杂（如扩散、离子注入），隔离（如介质隔离、PN 结隔离、等平面隔离等），金属化互连（如蒸镀、溅射、合金镀、剥离、蚀刻、多金属化），钝化（如低压 CVD、溅射、阳极氧化），以及工艺检测和监控技术等。

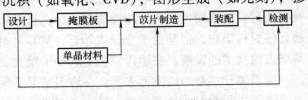

图 10-16 集成电路制作过程

下面以 CMOS 集成电路为例，对集成电路的制作过程做简要的介绍。

先说明一下关于 MOS 晶体管的概念。它是一个有代表性的有源器体，是金属-氧化物-半导体场效应晶体管（MOSFET）的简称。其有四个电极（见图 10-17）：源（S）、漏（D）、栅（G）、衬底（B）。源和漏是 P 型硅表面高浓度磷元素形成的两个 N^+ 扩散区；栅是用真空蒸镀法在绝缘体 SiO_2 上形成的金属电极。通常，衬底与源是通过把硅表面上的金属连接起来使用的，故此时 MOS 晶体管可看作三电极器件。

MOS 晶体管有多种分类方法。按沟道类型可分为 N 沟道增强型、N 沟道耗尽型、P 沟道增强型和 P 沟道耗尽型四种。所谓增强型，是指在零栅压下源-漏之间基本上无电流通过，只有当源-漏电压超过阈电压时才有明显的电流。所谓耗尽型是指在零栅极下已有明显电流，只有外加适当大小的负栅压时才能使电流消失。

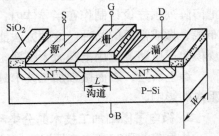

图 10-17 MOS 晶体管的基本结构图

互补金属-氧化物-半导体（CMOS）集成电路由 NMOS 和 PMOS（即 N 沟道 MOS 管和 P 沟道 MOS 管）两种类型器件组成。它的基本电路单元是倒相器和传输门。前者，PMOS 和 NMOS 器件相串联；后者，PMOS 和 NMOS 器件相并联。由它们或它们的变型，可组成各种 CMOS 电路。CMOS 是一种适合于超大规模集成电路的结构。实现 CMOS 电路的工艺技术有多种。图 10-18 所示为 CMOS 单元复合图和等效电路。图 10-19 所示为 CMOS 集成电路的制作过程实例。

图 10-19a 所示为原始基片准备：硅圆片 $\phi76 \sim \phi100mm$，其电阻率 $\rho = 2 \sim 4\Omega \cdot cm$；对硅片表面进行高温氧化（初氧化），$900 \sim 1050℃$，形成厚度为 $80 \sim 150nm$ 的 SiO_2 薄膜；采用 LPCVD（低压 CVD）方法在 SiO_2 表面生长一层厚度为 $80 \sim 150nm$ 的 Si_3N_4 薄膜；第一次光刻，形成图中所示的场区；采用等离子蚀刻法，将露出的

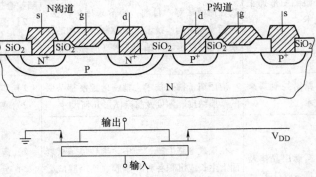

图 10-18 CMOS 单元复合图和等效电路

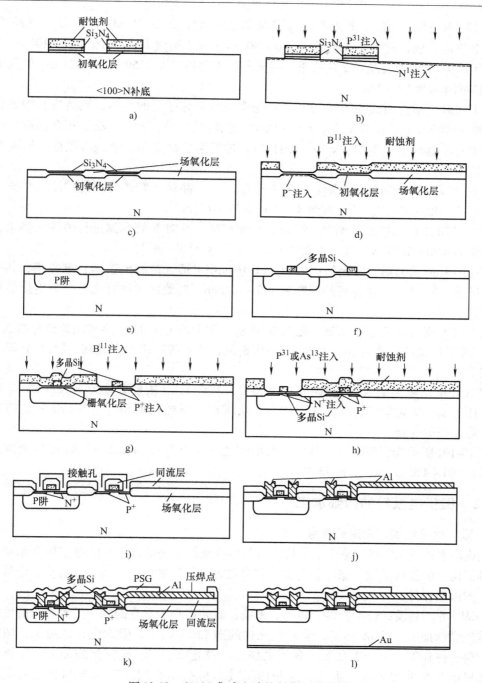

图 10-19　CMOS 集成电路的制作过程实例

Si_3N_4 和 SiO_2 去除。

图 10-19b 所示为场区磷注入：离子注入能量 $E = 100 \sim 150keV$；注入剂量 $D = 6 \times 10^{12} \sim 6 \times 10^{13} cm^{-2}$。

图 10-19c 所示为场氧化：$950 \sim 1050℃$，水气氧化时间为 $6 \sim 15h$，厚度 $d_{SiO_2} = 1 \sim 7\mu m$。

图 10-19d 所示为第二次光刻：对 P 阱进行光刻，先腐蚀 SiO_2，然后用等离子蚀刻 Si_3N_4；P 阱注入硼，离子注入能量 $E = 40 \sim 80keV$，注入剂量 $D = 1 \times 10^{12} \sim 2 \times 10^{12} cm^{-2}$。

图 10-19e 所示为去胶和 P 阱推进：将光刻胶去除后，在 $1150 \sim 1200℃$、N_2 气氛中推进 P 阱，扩散时间为 $12 \sim 24h$。

图 10-19f 所示为腐蚀 SiO_2 和栅氧化：先腐蚀掉有源区上的 SiO_2，然后进行栅氧化，工艺为 $900 \sim 1000℃$ 下形成厚度 $d_{SiO_2} = 60 \sim 90nm$ 的氧化层；用 LPCVD 法沉积多晶硅，厚度为 $400 \sim 600nm$；掺磷方块电阻 $\rho = 30 \sim 45\Omega /$口；进行第三次光刻，蚀刻多晶硅，形成多晶硅引线图案。

图 10-19g 所示为第四次光刻：蚀刻 P 管源漏区，并对 P 管源漏进行硼注入掺杂，离子注入能量 $E = 40 \sim 60keV$，注入剂量 $D = 4 \times 10^{14} \sim 10^{15} cm^{-2}$。

图 10-19h 所示为第五次光刻：蚀刻 N 管源漏区，并对 N 管源漏进行磷注入掺杂，离子注入能量 $E = 80 \sim 150keV$，注入剂量 $D = 8 \times 10^{14} \sim 4 \times 10^{15} cm^{-2}$。

图 10-19i 所示为第六次光刻：用 LPCVD 法沉积 PSG（硅酸磷玻璃）绝缘膜，其中磷的质量分数为 $7\% \sim 9\%$，绝缘膜的厚度为 $400 \sim 800nm$；对绝缘膜进行光刻，刻出接触孔和腐蚀接触孔。

图 10-19j 所示为第七次光刻：在蒸镀 Al 前，用 $H_2SO_4 + H_2O_2$ 溶液加质量分数为 5% 的 HF 对表面进行漂洗；蒸镀 Al，膜厚 $0.6 \sim 0.8\mu m$；然后进行第七次光刻，蚀刻 Al 膜，形成导电层。

图 10-19k 所示为第八次光刻：$400 \sim 500℃$，在含 H_2（质量分数为 30%）的 N_2 气氛中测试；用等离子体化学气相沉积（PECVD）法沉积一层钝化膜 SiO_2-PSG-SiO_2；进行第八次光刻，形成压焊焊盘。

图 10-19l 所示为背面减薄，最后在背面蒸镀一层厚度 $d_{Au} = 0.2 \sim 0.4\mu m$ 的金膜。工艺条件为：$380 \sim 420℃$，在 N_2 气氛中。

10.2.2 微机电系统的微细加工

1. 微机电系统加工制造的特点

微机电系统（MEMS）是微电子技术与微型机械技术相结合制造的微型机电系统。它是集微型机构、微型传感器、微型执行器、信号处理与控制的电路、接口、通信、电源等组成于一体的微型器件。

MEMS 的产品设计包括器件、电路、系统、封装四部分。它的加工技术有：硅的表面加工、体硅微细加工、LIGA 加工、紫外线光刻的准 LIGA 加工、微细电火花加工、超声波加工、等离子体加工、电子束加工、离子束加工、激光束加工、机械微细加工、立体光刻成形、微机电系统的封装等。虽然，这些加工技术包括非微细加工和微细加工两类，但是 MEMS 的加工核心是微细加工。

MEMS 的制造过程可有两条途径：①"由大到小"，即用微细加工的方法，将大的材料割小，形成结构或器件，并与电路集成，实现系统微型化；②"由小到大"，即采用分子、原子组装技术，把具有特定性质的分子、原子，精细地组成纳米尺度的线、膜和其他结构，进而集成为微系统。

MEMS 具有体积小、重量轻、能耗低、惯性小、谐振频率高、响应时间短等优点，同时能把不同的功能和不同的敏感方向形成的微传感器阵列、微执行器阵列等集成起来，形成一个智能集成的微系统。

MEMS 涉及电子、机械、光学、材料、信息、物理、化学、生物学等众多学科或领域。它既能充分利用微电子工艺发展起来的微纳米加工和器件处理技术，又不需要微电子工业那样巨大的规模和投资，因此今后会取得巨大的进展。目前，半导体加工尺度为几十到几百纳米，印制电路板加工尺度为几十到几百微米，两者之间有未覆盖的空白区，而 MEMS 的加工尺度一般为几微米至几十微米，正好填补这个空白区，因而将会产生新的元件功能和加工技术。MEMS 通过特有的微型化和集成化，可以探索出一些具有新原理、新功能的元器件与集成系统，开创一个新的高技术产业。

2. 微机电系统的现状与发展

MEMS 器件的研制始于 20 世纪 80 年代后期。1987 年，美国研制出转子直径为 $\phi60 \sim \phi120\mu m$ 的硅微静电电动机，执行器直径约为 $\phi100\mu m$，转子与定子的间隙约为 $1 \sim 2\mu m$，工作电压为 35V 时，转速达 15000r/min，这是主要用刻蚀等微细加工技术在硅材料上制作三维可动机电系统。1993 年，美国 ADI 公司将微型加速度计商品化，大量用于汽车防撞气囊。近 20 多年来，MEMS 技术与产品在全世界获得了迅速的发展，主要表现在如下一些方面：

1）微型传感器。例如：微型压力传感器、微型加速度计、喷墨打印机的微喷嘴、数字显微镜的显示器件等已实现产业化。

2）微型执行器。微型电动机是典型的微型执行器，其他有微开关、微谐振器、微阀、微泵等。

3）微型燃料电池。例如：先在硅晶圆上用 4 次光刻工序做成互连结构；然后用干法蚀刻，在硅晶圆上开孔，制成燃料 H_2 的供应口；最后，用光刻技术形成高 $100\mu m$ 左右的同心圆状筒结构，形成三维电极，并在筒内充满聚苯乙烯（PS）微粒的胶体溶液，使其干燥以形成 PS 微粒堆积物。

4）微型机器人。

第 11 章　表面技术设计

表面技术在工农业和国防建设等各个领域中发挥了巨大作用，同时对节能、节水、节材和保护环境具有重要的意义。表面技术的实施，必须有科学的设计，在技术上要满足材料或产品的性能及质量要求，在经济上要以最少的投入获得最大的效益，而且还必须满足资源、能源和环境三方面的实际要求。这对表面技术设计提出了更高、更严格的要求。反过来，表面技术设计的不断改进和完善，对表面技术项目的实施，起着关键的引领作用。

表面技术是一门涉及力学、物理、化学、数学、生物、计算机、材料科学、工程科学等的边缘性学科，而它的应用又遍及冶金、机械、电子、建筑、宇航、兵器、能源、化工、轻工、仪表等各个工业部门乃至农业、生物、医药和人们日常生活中，包括耐蚀、耐磨、修复、强化、装饰、光、电、磁、声、热、化学、特殊力学性能等方面的性能要求。因此，表面技术在长期发展过程中积累了丰富的经验，归纳了众多的实验，总结了科学的理论，以及形成了演绎的方法。这为表面技术设计奠定了较为坚实的基础，同时也显示了表面技术设计的多样性和复杂性。

当前，表面技术设计主要是根据经验和试验的归纳分析进行的，需要花费较多的人力、物力和时间，并且会受到各种条件的限制而难以获得最佳的结果。另一方面，由于近代物理和化学等基础学科的发展和各种先进分析仪器的诞生，使人们能够对材料表层或表面做深入到原子或更小物质尺度的研究，并且随着计算技术的长足进步，特别是人工智能、数据库和知识库、计算机模拟等技术的发展，使一种完全不同于传统设计的计算设计正在逐步形成，尽管离目标尚有很长路程，但是它代表了一种重要的发展方向。

本章主要阐述表面技术设计的要素与特点，介绍表面技术设计的类型与方法。

11.1　表面技术设计的要素与特点

11.1.1　表面技术设计的要素

材料的表层或表面是材料的一个组成部分，因此表面技术设计的要素在很大程度上与材料设计一致。

1. 性能

表面技术设计首先要保证设计的设备和工艺能使工件和产品达到所要求的性能指标。如第 3 章所述，材料表面的性能包含使用性能和工艺性能两方面。使用性能是指材料表面在使用条件下所表现出来的性能，包括力学、物理和化学性能；工艺性能是指材料表面在加工处理过程中的适应加工处理的性能。

质量是表示工件或产品的优劣程度。实际上质量指标就是性能指标。另一方面，材料表面质量又常指表面缺陷、表面粗糙度、尺寸公差等，而这些质量问题直接影响到材料的性能，如果工件或产品达不到性能指标，就成为废品。

2. 经济

表面技术设计必须进行成本分析和经济核算。一般情况下，以最少的投入获得最大的经济效益，是表面技术设计所追求的目标。同时，对表面技术项目进行成本分析，从中可以找出降低成本的环节，从而改进设计。

3. 资源

表面技术项目的实施，必然涉及资源的使用。由于地球资源的有限性，特别是有些资源属于国家战略性资源或者是国内稀缺资源，故表面技术设计要力求做到单位工件或产品所用的资源尽可能少或由尽量多的可再生资源构成，有的稀缺资源尽可能用较丰富的资源来代替。

4. 能源

能源种类和能源消耗，涉及一些重大的问题，尤其涉及污染物的排放和经济可持续发展。此外，也涉及效益。因此，表面技术设计要严格审核所需要能源的种类，以及如何节约使用能源。

5. 环境

表面技术项目的实施往往对周围环境的影响很大，有的还对地球自然环境和气候产生不利的影响。因此，表面技术设计，尤其是重大项目设计，必须做严格的环保评估，不仅要重视生产的排污评价工作，还要对项目中使用的材料，从开采、加工、使用到废弃等过程做出全面的评估。表面技术项目要尽可能采用清洁生产方式。

11.1.2　表面技术设计的特征

材料表层或表面虽属材料的一部分，但是由于材料表面的结构与内部存在很大的差异，因而在性能上存在明显的差别，并且材料表面性能对材料整体性能在不少方面有着决定性的影响。因此，表面技术设计具有一些明显的特点。

1. 作为一个系统进行优化设计

应把各类表面技术和基体材料，以及经济核算、资源选择、能源使用、环境保护等作为一个系统来进行优化设计，以最佳的方式满足工程需要。

2. 十分重视表面技术优化组合的设计

表面技术大致可分为表面覆盖、表面改性和表面加工三大类。将两种或两种以上的表面技术应用于同一工件或产品，不仅可以发挥各种表面技术的特点，而且更能显示组合使用的突出效果。这种优化组合的复合表面技术在现代表面技术中得到越来越广泛的使用。因此，现代表面技术十分重视表面技术优化组合的设计。

3. 在局部设计上可以实现计算设计

表面技术设计大致可分为三种类型的设计：选用设计、计算设计、以及兼有选用和计算的混合设计。其中，计算设计是高层次的设计，要在总体设计上做到这一点是十分困难的，但在局部设计上却有可能实现。

11.2 表面技术设计的类型与方法

11.2.1 表面技术设计的类型

1. 总体设计与局部设计

（1）总体设计 主要包括下列内容：

1）材料或产品的技术、经济指标。

2）表层或表面的化学成分、组织结构、处理层或涂镀层厚度、性能要求。

3）基本材料的化学成分、组织结构和加工状态等。

4）实施表面技术的流程、设备、工艺、质量监控和检验等设计。

5）环境评估与环保设计。

6）资源和能源的分析和设计。

7）生产管理和经济成本的设计。

8）厂房、场地等设计。

（2）局部设计 它是对总设计中某一部分的内容进行设计，或对表面技术中某种要求进行设计。

2. 选用设计、计算设计和混合设计

（1）选用设计 表面技术设计包含多方面内容。在技术方面，它包括从原材料到应用的全过程。通常要经历原料准备、外界条件的确定、试样制备、组织结构分析、各种性能测试、评价、改进等过程，从小型试验到中间试验，一直到用户确认，最后完成技术设计。

表面技术经过长期的发展，已积累了丰富的经验和研究成果，为合理选用和优化设计提供了良好的条件。选用设计不完全是经验设计。它可以借助于现代计算机技术，通过数据库、知识库等工具，从分析比较中选择最佳的方案或参数；同时，可在已积累的经验、归纳的实验规律和总结的科学原理的基础上，制订几套方案或参数，经过严格的试验研究，从中选择最佳的方案或参数。选用设计是当前表面工程设计的主导。

（2）计算设计 它对技术设计来说，主要是通过理论模型和模拟分析的建立，用数学计算来完成设计。表面技术计算设计的形成，得益于物理、化学、力学、数学和计算机学科的发展，但其主要依据还在于材料科学。材料表层或表面结构决定了性能，外界条件通过结构的变化来改变性能。定量描述材料表层或表面的结构、性能和外界条件三者关系是表面技术计算设计的基本原理。计算设计的重要意义在于：使表面技术的选用设计逐步走向科学预测的新阶段，为新技术、新材料、新产品的研制和工程实施指明了方向和提供依据，并且节省了大量的人力和物力。当前，计算设计尚处在初级阶段，但它是一个重要发展方向。

（3）混合设计 它是兼有选用设计和计算设计的一种设计类型。

11.2.2 表面技术设计的方法

材料表层或表面是材料的一个组成部分，表面技术设计与材料设计有不少共同之处，材料设计的部分理念和方法适用于表面技术设计。另一方面，材料表面与材料内部有明显的差别，材料表面的结构和性能，不仅与材料内部组织结构有关，而且又受到周围环境很大的影响。因此，表面技术设计的某些理念与方法有着明显的个性。概括起来，表面技术设计大致有下列理念和方法。

1. 全寿命成本及其控制方法

材料的全寿命成本及其控制是影响社会发展的重大课题。人们在面临技术、经济、能源、资源、环境等重大挑战时，材料设计必须充分考虑其全寿命成本，既要实现技术、经济目标，又要减少能源、资源的消耗，以及尽量避免对环境的污染和破坏。材料的全寿命成本是材料寿命周期中对资源、能源、人力、环境等消耗的叠加，包括原料成本、制造成本、加工成本、组装成本、检测成本、维护成本、修复成本，以及循环使用成本或废弃处置成本等。这种全寿命成本及其控制的理念和方法，对表面技术设计是同样重要的。

2. 从结构或性能着手进行技术设计

材料表面的性能取决于材料表面的结构，要全面描述材料表面结构，阐明和利用各种性能，须从宏观到微观逐层次对表面进行研究，包括表面形貌和显微组织结构、表面成分、表面原子排列结构、表面原子动态和受激态、表面的电子结构（表面电子能级分布和空间分布）。材料的部分物理性能，如光学、磁学性能，通过电子结构层次的研究和计算，可以解决不少问题；而对于力学等一些性能，则往往与宏观组织结构多层次结构密切相关，需要多层次地联合模拟来进行研究和计算。这是很复杂的情况，目前往往要利用一些经验和半经验以及试验研究的数据或模型来进行计算设计。

当前，表面技术设计一般都为选用设计。如果设计对象的结构与性能的因果关系明确，那么除了从性能着手外，也可从结构或者从结构—性能同时着手进行选用设计，有的还要从几套方案或参数中，经过试验研究和分析比较，选择最佳方案参数。如果设计对象的结构—性能因果不明确，尤其是复合表面技术等新兴技术，则更多地从所要求的性能着手，进行优化设计。

在表面技术设计时，必须清楚了解工件或产品的整体要求和有关情况，如工件的技术要求、工件的特点、工况条件、工件的失效机理、工件的制造工艺过程等。同时，对所选择的表面技术要有深刻的理解，如技术原理、工艺过程、设备特点、前后处理、表面性能等。对于具体的工件，怎样从众多可用的表面技术中选择一种或多种技术进行复合，达到规定的技术、经济指标，符合资源、能源、环保要求，是表面技术设计中运用各种方法的根本目的。

3. 数据库和知识库

数据库和知识库都是随着计算机技术的发展而出现的新兴技术。现在已建立了许多类型的数据库和知识库。例如：材料数据库和知识库是以存取材料知识和数据为主要内容的数值数据库。材料数据库一般包括材料成分、性能、处理工艺、试验条件、应用、评价等内容。材料知识库通常是材料成分、结构、工艺、性能间的关系以及有关理论研究成果。数据库中存储的是具体数据，而知识库存储的是规则、规律，通过推理运算，以一定的可信度给出所需的性能等数据。在有些场合下，两者没有严格的划分而统称为数据库。当前，表面技术已陆续出现多种形式的数据库和设计软件，发挥了较大的作用，但较为分散，期望由表面技术、材料、物理、化学、生物、计算机等领域的科学工作者和技术人员通力合作，逐步建立信息收集齐全、有权威的表面技术数据库和知识库。这不仅对选用设计很有帮助，而且有利于计算设计的发展。

4. 表面技术设计的专家系统

表面技术设计的专家系统是指具有丰富的与表面技术有关的各种背景知识，并有能运用这些知识解决表面技术设计中有关问题的计算机程序系统。它主要有三类：

1）以知识检索、简单计算和推理为基础的专家系统。

2）以模式识别和人工神经网络为基础的智能专家网络系统，主要是依据表面结构—外界条件—性能三者关系，从已知实验模拟和计算数据归纳总结出数学模型，预测材料的表面性能及相应的组成配比和工艺。

3）以计算机为基础的表面技术设计系统，即在对材料表面性能已经了解的前提下，有可能对材料的结构与性能关系进行计算机模拟或用相关的理论进行计算，预测表面性能和工艺规范。

目前，专家系统的设计结果只是初步方案，尚须进行实验验证，并须对初步方案进行修正，然后将修正后的实验结果输入数据库系统，不断丰富和完善专家设计系统。

5. 表面技术设计的模拟与设计

（1）计算设计与模拟设计　　这两种设计实际上有着不同的含义。例如：材料的计算设计有第一性原理计算、相图计算、专家系统设计等；模拟设计通常有物理模拟和数值模拟。但是，相对于选用设计来说，本书将模拟设计归入计算设计。

（2）第一性原理　　按照材料所起的作用，材料大致分为结构材料和功能材料两大类。这样的分类反映了电子结构特性的分类。在本质上，电子结构特性决定了材料的特性。从电子结构的角度来看，结构材料的基础是大量电子的集团，而功能材料则是基于少量电子的集团，可分别称为多子和少子。多子与少子的运动应该遵循第一性原理，即万物运动服从的基本原理。用第一性原理计算，或从头算起，基本方法有固体量子理论和量子化学理论。这一理论特别适用原子级、纳米级工程的材料，超小型器件用材料，电子器件材料等方面的计算设计。

实际上，材料中的电子运动是十分复杂的，其粒子数之多，边界条件之无穷尽，使人们难以用第一性原理通过计算来设计材料。现代计算机技术的发展，虽然可以处理数十个粒子的系统，但是这与实际要求相差甚远。解决的办法是：既要基于第一性原理，又必须采用合理的假设予以简化及做近似处理。许多研究成果表明，这个方法是探索材料微观世界规律的有效途径。

第一性原理的计算方法很多，如密度泛函理论、准粒子方程、Car-Parrinello方法、紧束缚方法、赝势方法、Monte-Carlo方法等，目前还在不断发展着。所有的方法都须在不同的应用情况下做某些合理的假设和近似计算。当前，表面技术的一些研究者，正在用第一性原理的计算方法来解决表面技术的某些重要问题，并且取得了较好的进展。

（3）多尺度关联模型　　材料的性能取决于结构，要全面描述材料的结构，须从宏观到微观逐层次进行研究，而量化地预测结构与性能的变化关系，显得十分困难，所以有必要采用各种模型的模拟方法进行研究，尤其对不能给出严格解析或不易在实验上进行研究的问题，应用模型和模拟方法更为重要。模型和模拟，实质上具有相同的含义。

材料设计包括表面设计在内，需要对设计层次做一划分。大致可分为三个层次：

1）宏观设计层次，尺度对应于宏观材料。

2）介观设计层次，典型尺度约1μm数量级，对应于材料中组织结构，材料被视为连续介质。

3）微观设计层次，典型尺度约 1nm 数量级，对应于材料中的电子、原子、分子层次。由于单一层次的设计局限性大，必将被多层次设计所代替。

多层次设计必须要建立多尺度材料模型（MMM）和各层次间相互关联的数理模型。发展多层次理论的主要目的在于建立微观结构参数与性能的定量关系。

多尺度材料模型包含了一定空间和时间的多尺度材料模拟，结合了上述各个尺度的模拟方法。目前主要有下列几种模型：

1）大尺度原子模拟方法，即要求不断增加系统的尺寸，直至大于所研究问题的本征尺寸，如微裂纹长度。

2）原子模拟的边界技术，即因大尺度原子模拟系统的大小受到计算机能力的限制而发展了柔性边界技术和位移边界技术等有效增加原子系统尺寸的方法。

3）原子模拟方法与有限元方法耦合技术，即基于内部完全的原子区和外层有限元区的直接耦合。

4）本构关系逼近法，基本思想是在远离缺陷的体材料区假设一个标准的组分模型（如线弹性），同时在缺陷附近区域描述材料的特殊行为（如应用运动位错 Peierls 模型描述特殊的应力-应变关系等）。

每种方法都有一定的优缺点。它们虽然离实现理想的计算材料模型尚有较大的距离，但在多尺度材料过程的模拟计算中发挥了重要的作用，并且可以在一定场合下应用到表面技术设计中。

（4）表面技术设计的计算机模拟　　计算机模拟是介于实验与理论之间的一种方法：与实验相比，需要建立一定的数学模型，依赖于有关的科学定律，通过模拟可以很快确定结构与性能的关系，并且能完成苛刻条件下一般实验难以进行的工作；与理论方法相比，计算机模拟更接近实际情况，虽然一些经验方程缺少理论根据，然而却是非常实用的。

表面技术实施过程中，材料表面所处的状态多半为非平衡状态，有的还是远离平衡态。例如：用物理气相沉积法制备薄膜，其生长过程所发生的现象都涉及非平衡过程的问题。此时的薄膜形成过程可采用计算机模拟方法来预测，常用的具体方法为蒙特卡罗（MC）法和分子动力学（MD）法。

1）蒙特卡罗模拟，又称为随机模拟法或统计试验法。处理问题时，先要建立随机模型，然后制造一系列随机数用以模拟这个过程，最后再做统计性处理。MC 模拟方法是介观尺度组织结构模拟的有效方法。现举例说明如下：

设原子间相互作用采用球对称的 Lennard-Jones 势能 $V(r)$：

$$V(r) = 4\varepsilon \left[\left(\frac{\sigma}{r} \right)^{12} - \left(\frac{\sigma}{r} \right)^{6} \right]$$

式中，r 为原子间距离，ε 为 Lennard-Jones 势能高度，σ 与 r 有相同量纲，势能 $V(r)$ 在 $r = 2.5\sigma$ 处截断，原子间相互作用时间间隔 $\Delta t = 0.03\sigma/(m/\varepsilon)^{1/2}$，$m$ 是薄膜原子的质量。

在处理离子与原子，特别是惰性气体离子与原子相互作用时，采用排斥的 Moliere 势能 $\phi(r)$：

$$\phi(r) = \frac{Z_1 Z_2 e^2}{r} \left(0.35 e^{\frac{-0.3r}{a}} + 0.55 e^{\frac{-1.2r}{a}} + 0.1 e^{\frac{-6.0r}{a}} \right)$$

式中，a 是 Firsov 屏蔽长度，$a = 0.4683 \left(Z_1^{1/2} + Z_2^{1/2} \right)^{-2/3}$，$Z_1$ 和 Z_2 分别是离子和薄膜原子的原子序数，r 是原子间距离。

在模拟薄膜形成过程中，可将气相原子入射到基体表面以及吸附、解吸、吸附原子的凝结、表面扩散、成核、形成聚集体和小岛等都看成独立过程，并做随机现象处理。若入射的气相原子与基体原子是 Lennard-Jones 势能相互作用，则沉积气相原子在基体表面吸附过程中因表面势场作用而具有一定的横向迁移运动能量，并将沿势能最低方向从一个亚稳定位置跃迁到另一个亚稳定位置。沉积原子的迁移能量因不断转化为晶格的热运动能而逐渐降低。如果在它周围的适当距离内存在着其他沉积原子或原子聚集体，那么它们之间相互作用使沉积原子损失更多的迁移运动能量。当沉积原子能量低于某一临界值时，停止移动，吸附于基体表面。假设垂直入射的气相原子转换为水平迁移运动时，其动能在一定范围内是随机分布的。以此为基础编制计算程序，可模拟出沉积原子在基体表面上吸附分布状态，如图 11-1 所示。

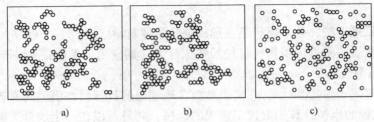

图 11-1　计算机模拟沉积原子在基体表面上的吸附分布

a) $E_0 = 0.2$　b) $E_0 = 15$　c) $E_0 = 30$

注：E_0 为势垒高度，沉积速率 $J = 1$，原子数为50。

MC 模拟法的数学步骤有三个：①建立描述随机过程的控制微分方程，并给出其积分表达式；②利用权重或非权重随机抽样方法对控制方程式进行积分求解；③求出状态方程的根值，以及相关联的函数、结构信息和蒙特卡洛动力学参数。根据随机数分布中随机数的选择，可分为简单抽样 MC 法和重要抽样 MC 法。简单抽样使用均匀分布随机数；重要抽样采用与所研究的问题和谐一致的分布，即在被积函数具有大值的区域使用大的权重，而在被积函数取小值的区域则采用小的权重。

2）分子动力学模拟。它最早由 Alder 和 Waingh 在 1957 年及 1959 年间应用于理想"硬球"的液体模型，后来又在模拟理论和方法上得到不断发展。在气相沉积中，假定是球状原子或分子随机到达基体表面，可以出现两种情况：①黏附在某个位置上，即迁移率为零，对于这个假说，能模拟出松散聚集的链状结构薄膜，链状分枝和合并则是随机的；②移动到由三个原子支持的最小能量位置上，即对应于非常有限的迁移率，能模拟出直径为几个分子尺度的、从基体向外生长的树枝状结构。在上述研究基础上，提出了如图 11-2 所示原理的二维分子动力学模拟方法。其假设为：基体表面是无缺陷的理想表面，平行于 x 轴的每层含有 40 个紧密排列的原子；与基体表面垂直的 z 轴为薄膜生长方向，入射的原

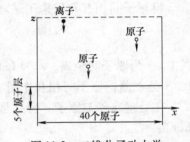

图 11-2　二维分子动力学计算机模拟原理

子和离子都垂直于基体表面；基体温度为 0℃，忽略热效应对结构变化的影响；原子与原子相互作用采用 Lennard-Jones 势能，惰性气体离子与原子相互作用采用排斥的 Moliere 势能。

图 11-3 所示为在上述假设条件下的二维分子动力学模拟薄膜生长。其中，E 为气相原子动能，ε 为 Lennard-Jones 势能。由图 11-3 可以看到，E 较小时薄膜有较大的孔洞，而 E 较大时薄膜中空洞减少。

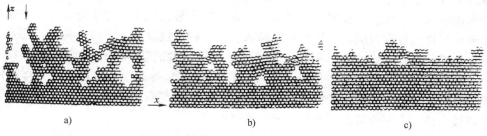

图 11-3　二维分子动力学模拟薄膜生长
a）$E = 0.05\varepsilon$　b）$E = 0.3\varepsilon$　c）$E = 1.5\varepsilon$

图 11-4 所示为 Ti 在薄膜形成过程中离子束辅助薄膜生长的计算机模拟。从图 11-4 中可以看到，离子轰击可有效地抑制柱状结构的生长。真空蒸镀时，Ti 原子动能约为 0.1eV，形成的柱状结构很明显；用动能为 50eV 的 16% Ar^+ 轰击，Ti 原子的迁移能量增大，薄膜中孔洞显著减少；用 Ti^{4+} 离子对 Ti 薄膜进行轰击，因两者质量相同彼此吸引，Ti^{4+} 被注入 Ti 薄膜中，使结构更加致密。

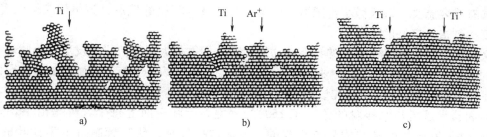

图 11-4　离子束辅助薄膜生长的计算机模拟
a）真空蒸镀　b）50eV，16% Ar^+ 轰击　c）50eV，16% Ti^{4+} 轰击

蒙特卡洛方法和分子动力学方法是原子尺度模拟的主要方法。除了原子尺度模拟计算方法之外，还有以连续介质为基础的显微尺度模拟计算方法，以及宏观尺度的模拟计算方法。由于表面技术中的许多问题是关注原子或分子是如何结合形成材料表面的，所以 MC 和 MD 这两种模拟计算方法在表面技术计算设计中起着重要的作用，尤其对材料表面在非平衡状态下预测结构和性能，以及模拟预报许多转变过程，有很大的帮助。

6. 仿生表面的设计

（1）仿生表面的作用　仿生表面是仿制天然生物的材料表面，包括仿制天然生物结构或功能的材料表面及制备有生物活性的材料表面，主要应用于工程和医学。仿生表面除了具有某种生物结构或功能的材料表面之外，还有将生物体组装所具有的刺激响应功能引入到工业材料中并开发成智能材料表面，有的尚有自组装、自诊断、自修复等功能，在许多工程或产品中起着重要的作用。

目前，具有某种生物结构或功能的仿生表面已开发出了许多。例如：生物金属材料具有较高的强度、良好的韧性等优点，但存在耐蚀性和生物相容性差的缺点。在改善耐蚀性方面，除了发展一些耐蚀合金外，还加强了金属材料表面钝化和涂覆的研究。在改善相容性方面，发展了等离子喷涂和涂覆以形成羟基磷灰石 $[Ca_{10}(PO_4)_6(OH)_2]$ 晶相层，将生物活性玻璃粉末加热软化后覆盖于金属材料表面，或者通过电解、浸涂、化学处理等方法在金属材料表面形成生物活性陶瓷层。上述的羟基磷灰石、生物活性玻璃、磷酸三钙等，都是生物活性无机非金属材料，它们的组成中含有能够通过人体正常的新陈代谢进行置换的 Ca、P 等元素，或含有能与人体组织发生化学键合的羟基（—OH）等基因，使材料在人体内能与组织表面发生化学键合，表现出极好的生物相容性。羟基磷灰石和磷酸钙在人体组织液及酶的作用下可被人体完全吸收降解，并诱发新生骨的生长。

从植物、动物到人类的生物体，一个显著特点是对环境的适应。人们以此得到启发，开发出一系列具有自组装、自诊断、自修复以及自清洁、流体减阻、防污降噪、超疏水、防冰雪等功能的仿生材料和仿生表面。例如：树木表面受到损伤后，其内部会分泌出一种黏液填充到损伤缺口上，黏液固化后在表面形成坚硬的物质，达到自愈合目的，这说明生物具有自诊断、自修复的功能。从仿生角度看，可在人造材料中加入一些容易扩散的元素或物质，当材料表面出现微细裂纹时，扩散元素或物质到达裂纹处，实现自修复。仿生表面的自诊断是通过材料表面组分或结构的变化所产生的信号而进行的。自诊断的内容包括应力状态、应变量、缺陷或裂纹发展过程等。这种仿生表面对飞机、航天器、桥梁构件来说，为防止突然事故，具有重要意义。现代微小传感器、微电子芯片及计算机的发展，为仿生表面的自诊断、自修复，创造了良好的条件。

又如荷叶等植物叶子表面的自清洁功能引起人们的很大兴趣。研究发现，荷叶表面微米结构的乳突上存在着纳米结构，这种复合结构是引起荷叶表面具有超疏水性的根本原因。乳突的平均直径为 $5 \sim 9\mu m$，水在该表面上的接触角和滚动角分别为 $161.0° \pm 2.7°$ 和 $2°$。超疏水性表面通常是指与水接触的角大于 $150°$ 的表面。荷叶表面上每个乳突是由平均直径为 $124.3nm \pm 3.2nm$ 的纳米结构分支组成的。根据这一发现，研究者制备了类荷叶的 ACNT膜。其中，纳米管的平均外径为 $30 \sim 60nm$，而乳突的平均直径和乳突之间的平均间距分别为 $2.89\mu m \pm 0.32\mu m$ 和 $9.61\mu m \pm 2.92\mu m$。这种膜表面的接触角约为 $160°$，滚动角约为 $3°$。另外，还制备了具有蜂房状、岛状、柱状管等阵列碳纳管膜。蜂房的平均直径为 $3 \sim 15\mu m$，每个碳纳米管的平均直径约 $25 \sim 50\mu m$。超疏水性表面可用来防污染、抗氧化和防雪等。除了碳纳米管阵列结构之外，还用高分子材料成功地制备了具有超疏水性表面的聚丙烯腈纳米纤维、聚乙烯醇纳米纤维等。

水滴在超疏水表面上滚动，有些是各向同性的，也有些是各向异性的。例如：水滴在荷叶表面可以在各个方向任意滚动，而在水稻叶表面存在着滚动的各向异性。研究表明，水稻叶表面的乳突沿着平行于叶边缘的方向有序排列，而沿着垂直方向则呈无序的任意排列。

（2）仿生表面设计内容　仿生实质上也是一种模拟。仿生表面设计内容大致可分为三类：

1）结构仿生。可以从不同层次进行材料表面的结构仿生。例如：上述的类荷叶 ACNT膜，因模拟荷叶表面的微米-纳米结构而获得了超疏水性能。又如：钛基体表面，用等离子喷涂等方法可以涂覆羟基磷灰石，做人体植入材料，但这些方法价格高以及难以精确控制羟基磷灰石的成分和结构，后来又开发一种利用 NaH_2PO_4 制得含高钙和磷酸根离子的溶液，将钛基体沉浸一定时间后，其表面形成一层较为理想的涂层，而且效率高。

2）功能仿生。生物体的一个非常重要的特点是具有自我调节功能，即在一定程度上调节自身的性质来适应周围环境。人们正在努力研究具有自我调节功能的仿生材料或仿生表面。例如：在陶瓷/碳复合材料中以 SiC、B_4C 微米级颗粒为主要陶瓷相，并添加一定量的 SiC 和 Si_3N_4 纳米粉。其中，B_4C 氧化后生成 B_2O_3，在 550℃ 以上呈液态，能够很好地浸润并覆盖碳材料的表面，这种涂层起到防止碳材料氧化的作用。因此，在高温时氧气通过陶瓷颗粒边界和空隙向碳材料处输运，受到致密玻璃层的阻挡，这一过程被称为碳材料的自愈合抗氧化过程。B_2O_3 保护膜的缺点是在 1000℃ 以上、特别在有水蒸气存在时容易生成硼酸而大量蒸发。加入 SiC 后，其在 1100℃ 以上氧化成 SiO_2 可以提高碳材料的抗高温氧化能力，并且能够与 B_2O_3 生成复相陶瓷，可以防止 B_2O_3 的过分蒸发。组分和颗粒大小的选择是十分重要的。B_4C-SiC 是一种良好的组合，但最大的缺点是在 900～1100℃ 范围内因 B_2O_3 的蒸发及 SiO_2 仍呈固态而生成的玻璃相中存在大量气孔，造成较大的失重。除自愈合外，功能仿生表面的作用更多地体现在生物传感器、生物芯片等方面。

3）过程仿生。例如：人们研究发现，鲍鱼的食物是海水中的坐土，即碳化钙。一层层的碳化钙靠化学键的结合极有规律地整齐排列起来，形成了坚硬的壳，同时，碳化钙层能在有机蛋白质上滑动，故又很有韧性，可在发生变形和变态之时不破裂。仿照这个过程，研究人员将铝分子充满在碳化硼分子之间，开发新的陶瓷材料。这种仿生表面，除了坚硬、柔软之外，还能感测并适应周围环境的变化。又如：生物体在一定场合下可能发生自组装过程，而某些仿生表面也可通过自组装过程来形成。$CdTe$ 纳米颗粒在几何尺寸、表面化学等方面与蛋白质相似，$CdTe$ 纳米颗粒自组装形成了类似于表面层（S-层）蛋白质的系统。用半经典的 PM_3 量子力学模型进行计算，并进行了蒙特卡洛分子动力学模拟，结果表明，偶极矩、小的正电荷和定向厌水性引力是该自组装的以驱动力，在介观尺度下模拟得到特别的薄板状组织结构。

第12章　表面测试分析

表面测试分析在表面技术中起着十分重要的作用。对材料表面性能的各种测试和对表面结构从宏观到微观的不同层次的表征是表面技术的重要组成部分。通过表面测试，正确客观地评价各个表面技术实施后以及实施过程中的表层或表面质量，不仅可以用于技术的改进、复合和创新以获得优质或具有新性质的表面层，还可以对所得的材料和零部件的使用性能做出预测，对服役中的材料和零件的失效原因进行科学的分析。因此，掌握各种表面分析方法和测试技术并结合各种表面的特点，对其正确应用非常重要。

由于电测技术、真空技术、计算机技术以及表面制备技术等一系列先进技术的迅速发展，各种显微镜和分析谱仪不断出现和完善，为表面研究提供了良好的条件，有可能精确地获取各种表面信息，有条件从电子、原子、分子水平去认识表面现象。另一方面，工程技术上各种表面的检测，对保证产品质量和分析产品失效原因乃是必要的，也是重要的。就表面分析而言，通常在分析前要对大量的或大面积的性能进行测量，以及对有关项目进行检测，这样才能对表面分析的结果有正确或合理的解释。

需要指出的是，表面分析经过多年的发展，在分析的层次与精度上有了显著的提高，功能上也有了较大的扩展。有些精密的分析仪器，能同步完成材料表面的微观结构表征与原位性能测试。例如：用 TEM 在研究微观结构的同时，对纳米管、纳米带和纳米线的力学性质、碳纳米管的电学性质、碳纳米管针尖的功函数等进行原位测量。又如：用特殊设计的样品杆原位研究在温度、应力、电场、磁场等外场作用下的微观结构演变。另一方面，表面分析还能对加工进程本身进行观察、监测和分析，这对微细加工具有特别重要的意义。

表面测试已在第3章和其他有关章节中做了介绍，本章简要阐述表面分析的类别、特点和功能，然后对某些重要的表面分析技术做一简介。

12.1　表面分析的类别、特点和功能

12.1.1　表面分析用主要仪器

目前，表面分析用的仪器主要有三大类：①显微镜；②分析谱仪；③显微镜与分析谱仪的组合仪器，这类仪器主要是将分析谱仪作为显微镜的一个组成部分，它们在获得高分辨图像的同时还可获得材料表面结构和成分的信息。有的分析仪器可以观察和记录表面的变化过程，也有些先进的分析仪器能同步完成材料表面的微观结构表征与原位性能测试。

1. 显微镜

肉眼和放大镜的辨别能力很低，而用光学显微镜可以将微细部分放大成像便于人们用肉眼观察，已成为常用的分析工具。然而，由于受到可见光波长的限制，其分辨最大为200nm，远远不能满足表面分析的需要。为此，相继出现了一系列高分辨率的显微分析仪器：以电子束特性为技术基础的电子显微镜，如透射电子显微镜、扫描电子显微镜等；以电

子隧道效应为技术基础的扫描隧道显微镜、原子力显微镜等；以场离子发射为技术基础的场离子显微镜；以场电子发射为技术基础的场发射显微镜等；以声学为技术基础的声学显微镜等。其中有的显微镜，分辨率可以达到原子尺度水平，约0.1nm。显微镜及其特点和功能见表12-1。

表12-1 显微镜及其特点和功能

序号	显微镜名称	特 点	主 要 功 能
1	光学显微镜（OM）	1）用可见光（波长 400～760nm）作为照明源以获得微细物体放大像 2）一般由光、聚光镜、物镜和目镜等元件组成，也有用记录装置代替目镜 3）放大倍数：$(5\sim2)\times10^3$，最大分辨率 0.2μm	1）观察材料显微组织 2）观察微细浮雕和测量其高度 3）高温光学显微镜可以用来观察显微组织随温度的变化情况 4）有些光学显微镜具有显示与数据分析处理系统
2	激光扫描共焦显微镜（LSCFM）	1）利用聚焦的激光光束做光源，其获取光学图像的形式是扫描成像 2）图像信号是随时间变化的扫描（电）信号，易于进行图像处理，成像的景深特别短，可以通过变化成像平面的位置，由合成处理来获得分层图像或三维的表面轮廓图像 3）是一种新型的光学显微镜，其分辨率略高于传统光学显微镜 4）图像散射背景小，图像因而比较清晰，信噪比高 5）几乎没有色差，相干的程度非常高，还可利用入射光与样品作用产生的荧光，构成荧光显微镜	1）测定表面的形貌图像 2）测定反射率图像 3）测定透射率图像 4）测定三维层析图像 5）可用来进行微细加工等
3	透射电子显微镜（TEM）	1）其构造原理与光学显微镜相似，也由照明系统和成像系统构成，只是把照明源由光束改为电子束；把成像系统的光学透镜改为电磁透镜 2）放大倍数：$10^2\sim10^6$，最大分辨率 0.2～0.3nm 3）样品为厚度小于 200nm 的薄膜或覆膜	1）单独利用透射电子束或衍射电子束成像，可获反映材料微观组织和结构的明场或暗场像 2）同时利用透射电子束和衍射电子束成像可获得材料内部原子尺度微观结构的高分辨结构
4	扫描电子显微镜（SEM）	1）用聚焦得非常细的电子束作为照明源，以光栅状扫描方式照射到样品上，然后把激光发出的表面信息加以处理放大 2）放大倍数 $(5\sim2)\times10^3$，最大分辨率 3nm 3）样品无特殊要求，包括形状和厚度等	1）对表面形貌进行立体观察和分析 2）相组织的鉴定和观察，放大倍数连续可变，能实时跟踪观察 3）对局部微区进行结晶学分析和成分分析
5	高压电子显微镜（HVEM）	1）与常规电子显微镜的主要区别是其加速电压很高（可达 1000kV 以上）；透镜的励磁电流强 2）分辨率高，点分辨率达 0.1nm 3）可观察较厚的样品。加速电压为 1000kV 时，可观察钢铁样品的厚度 2μm，铝为 6μm，硅为 9μm	1）对材料内部组织的高分辨观察 2）试样室很大，可以安装各种试验台，以便分析微观结构和缺陷的动态变化
6	分析电子显微镜（AEM）	将扫描电子技术应用到透射电子显微镜上，用更小的电子束（典型束斑直径 10nm），依次扫描产生电子像，该仪器称为扫描透射电子显微镜。在此基础上结合能量分析仪和各种能谱仪就构成了分析电子显微镜。这是一种能收集、测定和分析从样品局部区域（被高能电子束照射时）发射出的各种不同信号的仪器。放大倍数 $10^2\sim10^6$，最大分辨率 3nm	1）材料相组织观察 2）晶体缺陷的衍衬像观察 3）从样品的极微小区域得到电子衍射花样，进行晶体结构分析 4）微区成分分析 5）材料表面电子结构分析

（续）

序号	显微镜名称	特　点	主要功能
7	场离子显微镜（FIM）	它由超高真空室、液氮致冷头、稳压高压电源、像增强系统和成像气体供给系统等构成。试样为曲率半径为 20~50nm 的极细针尖，当施加数千伏正电压时针尖表面原子会逸出，并呈正离子态，在电场力线的作用下，以放射状飞至荧光屏，形成场离子像。放大倍数 10^6，最大分辨率 0.3nm	1）直接观察材料内部的原子排列 2）配置飞行时间质谱仪就构成了原子探针，可用来确定单个原子的化学种类
8	场发射电子显微镜（FEEM，FEM）	用单晶制成针状样品，经浸蚀，置于约 10^{-9} Pa 超高真空中，在约 10^7 V/cm 的阳极正电压作用下，针尖发射电子，电子飞至荧光屏。该仪器由于分辨率低于 FIM，又不便与其他方法结合，所以使用不多	1）观察清洁表面的形貌和晶体结构 2）观察加热过程中表面形貌变化和晶体转变 3）研究吸附过程和催化作用
9	声学显微镜（AM）	由超声探头、检测电路、机械装置、计算机等构成，通过检测散射声幅度、相位和分布，获得样品内部结构参数图像。其分辨率接近样品内声波波长，最高为 50nm，是一种无损检测设备	1）无损检测。可测出极细微裂纹（厚度 10nm 量级）和不反光表面微坑（微米量级） 2）测定弹性模量、密度、应力、应变状态等参数 3）材料微区结构分析
10	扫描隧道显微镜（STM）	由三维扫描控制器、样品逼近装置、减振系统、电子控制系统、计算机控制数据采集和图像分析系统等构成。其工作原理基于量子隧道效应。当把极细的金属针尖调节到距待测样品表面 1nm 以内的距离时，在外加偏压作用下，两电极间产生对距离十分敏感的隧道电流。这种仪器能实时、实空间地观察样品最表面层的局域信息，分辨率达到原子级，并可在真空、大气、常温、低温、电解液等不同环境下工作	1）观察材料表面形貌 2）分析表面电子结构 3）测量样品表面的势垒变化
11	原子力显微镜（AFM）	它是在扫描隧道显微镜的基础上发展起来的一种新型分析仪器。其主体结构比较简单，主要由一个一端固定而另一端装有针尖的弹性微悬臂，以及检测器、样品台等组成。当样品在针尖下面扫描时，同距离有关的针尖及样品间相互作用力（吸引或排斥）会引起微悬臂的形变，如果用一束激光经微悬臂背面反射到光电检测器上时，检测器不同象限接收到的激光强度差值与微悬臂的形变量之间形成了一定的比例关系。如果微悬臂的形变小于 0.01nm，激光束反射到光电检测器后变成 3~10nm 的位移，足够产生可测量的电压差。反馈系统根据检测器电压的变化不断调整针尖或样品 z 轴方向的位置，以保持针尖与样品间作用力恒定不变。这样，通过测量检测器电压对应样品扫描位置的变化，就可得到样品的表面形貌图像或其他表面性质与结构的信息。AFM 有接触、非接触和轻敲三种操作模式	1）与 STM 相比较，AFM 不需要加偏压，所以适用于包括绝缘体在内的所有材料 2）AFM 能够探测各种类型的力，于是派生出一系列的（扫描）力显微镜，如磁力显微镜（MFM）、电力显微镜（EFM）、摩擦力显微镜（FFM）化学力显微镜（CFM）等 3）AFM 不仅可以进行高分辨率的三维表面成像和测量，还可以对材料的各种不同性质进行研究。同时，轻敲模式的发展为在许多表面上进行弱相互作用力和更高分辨率成像提供了可能

2. 分析谱仪

分析谱仪是利用各种探针激发源（即入射粒子或场）与材料表面物质相互作用，以产生各种发射谱（即出射粒子或场；出射粒子可以是经过相互作用后的入射粒子，也可以是由入射粒子激发感生的另一种出射粒子），然后进行记录、处理和分析的。

目前，各种分析谱仪的入射粒子或激发源主要有电子、离子、光子、中性粒子、热、电场、磁场和声波八种，而能接收自表面出射、带有表面信息的粒子（发射谱）有电子、离子、中子和光子四种，因此总共有 32 种基本分析方法。如果考虑到激发源能量、进入表面深度以及伴生的物理效应等不同，那么又可派生出多种方法，加起来有一百多种分析方法。

用分析谱仪检测出射粒子的能量、动量、荷质比、束流强度等特征，或出射波的频率、方向、强度以及偏振等情况，就可以得到有关表面的信息。这些信息除了能用来分析表面元素组成、化学态以及元素在表面的横向分布和纵向分布等表面数据外，还有分析表面原子排列结构、表面原子动态和受激态、表面电子结构等功能。

表 12-2 列出了一些常用分析谱仪的名称和主要用途。

表 12-2　常用分析谱仪的名称和主要用途

序号	入射粒子	出射粒子	分析谱仪名称	主 要 用 途
1	电子	电子	低能电子衍射（LEED）	分析表面原子排列结构；研究界面反应和其他反应
2	电子	电子	反射式高能电子衍射（RHEED）	分析表面结构；研究表面吸附和其他反应
3	电子	电子	俄歇电子能谱（AES）	分析表面成分；能分析除 H、He 外的所有元素；还可用来研究许多反应
4	电子	电子	扫描俄歇微探针（SAM）	分析表面成分及各种元素在表面的分布
5	电子	电子	电离损失谱（ILS）	分析表面成分；研究表面结构
6	电子	电子	俄歇电子出现电势谱（AEAPS）	分析表面成分；研究表面原子和吸附原子的电子态
7	电子	光子	软 X 射线出现电势谱（SXAPS）	分析表面成分；研究表面原子和吸附原子的电子态
8	电子	电子	消隐电势谱（DAPS）	分析表面成分；对表面特别灵敏，可获 1~3 个原子层的信息
9	电子	电子	电子能量损失谱（EELS）	分析表面成分；研究元素的化学状态和表面原子排列结构；其中低能电子能量损失谱（LEELS），又称高分辨率电子能量损失谱（HREELS），所探测到的是表面几个原子层的信息
10	电子	离子	电子诱导脱附（ESD）	分析表面成分；研究表面原子吸附态
11	电子	电子	能量弥散 X 射线谱（EDXS）	分析表面结构和元素化合态
12	离子	离子	离子微探针质量分析（IMMA）	分析表面成分
13	离子	离子	静态次级离子质谱（SSIMS）	分析表面成分；可用来研究实际表面、固-液界面或溶液中分子以及易热分解的生物分子
14	离子	中性粒子	次级中性粒子质谱（SNMS）	分析表面成分和进行深度剖析
15	离子	离子	离子散射谱（ISS）	分析表面成分；具有只检测最外层原子的表面灵敏度，尤其适用于研究合金表面偏析和吸附等现象；也适用于半导体和绝缘体的分析
16	离子	离子	卢瑟福背散射谱（RBS）	分析表面成分和进行深度剖析；只适于对轻基质中重杂质元素的分析
17	离子	电子	离子中和谱（INS）	分析表面成分；研究表面原子电子态

（续）

序号	入射粒子	出射粒子	分析谱仪名称	主 要 用 途
18	离子	光子	离子激发X射线谱（IEXS）	分析表面结构
19	光子	电子	X射线光电子谱（XPS）	分析表面成分；研究表面吸附和表面电子结构；目前已成为一种常规表面分析手段
20	光子	电子	紫外线光电子谱（UPS）	分析表面成分；更适合于研究价电子状态，与XPS互相补充
21	光子	电子	同步辐射光电子谱（SRPES）	分析表面成分；研究表面原子的电子结构；同步辐射是最理想的激发光源
22	光子	光子	约外吸收谱（IR）	分析表面成分；研究表面原子振动
23	光子	光子	拉曼散射谱（RAMAN）	分析表面成分；研究表面原子振动
24	光子	电子	角分解光电子谱（ARPES）	分析表面成分；研究表面吸附原子的电子结构
25	光子	光子	表面灵敏扩展X射线吸收谱细致结构（SEXAFS）	分析表面原子排列结构
26	光子	离子	光子诱导脱附（PSD）	分析表面成分；研究表面原子吸附态
27	电场	电子	场电子发射能量分布（FEED）	研究表面原子的电子结构
28	热	中性粒子	热脱附谱（TDS）	获得有关吸附状态、吸附热、吸附动力学等信息
29	中性粒子	光子	中性粒子碰撞诱导辐射（SCANIIR）	分析表面结构
30	中性粒子	中性粒子	分子束散射（MBS）	分析表面结构

12.1.2　依据结构层次的表面分析类别

如第11章所述，要全面描述材料表面结构和状态，阐明和利用各种表面特征，需从宏观到微观逐层次地对表面进行分析研究，包括表面形貌和显微组织结构、表面成分、表面原子排列结构、表面原子动态和受激态、表面的电子结构。

1. 表面形貌和显微组织结构

材料、构件、零部件和元件器在经历各种加工处理后或在外界条件下使用一段时间之后，其表面或表层的几何轮廓及显微组织上会有一定的变化，可以用肉眼、放大镜和显微镜来观察分析加工处理的质量以及失效原因。肉眼与放大镜的分辨能力低，而用各种显微镜（见表12-1）可在宽广的范围内观察分析表面形貌和显微组织结构。

2. 表面成分分析

目前已有许多物理、化学和物理化学分析方法可以测定材料的成分。例如：利用各种物质特征吸收光谱分析，以及利用各种物质特征发射光谱的发射光谱分析，都能正确、快速地分析材料的成分，尤其是微量元素。又如：X射线荧光分析，是利用X射线的能量轰击样品，产生波长大于入射线波长的特征X射线，再经分光作为定量或定性分析的依据。这种分析方法速度快、准确，对样品没有破坏，适宜于分析含量较高的元素。但是，这些方法一般不能用来分析材料量少、尺寸小而又不宜做破坏性分析的样品，因此通常也难于做表面成分分析。

如果分析的表层厚度为 $1\mu m$ 的数量级，那么这种分析称为微区分析。电子探针微区分析（EPMA）是经常采用的微区分析方法之一。它是一种 X 射线发射光谱分析，用高速运动的电子直接轰击被分析的样品，而不像 X 射线荧光分析那样是用一次 X 射线轰击样品。高速电子轰击到原子的内层，使各种元素产生对应的特征 X 射线，经分光后根据波长及其强度做定性和定量分析。电子探针可与扫描电子显微镜结合起来，即在获得高分辨率图像的同时，进行微区成分分析。

在现代表面分析技术中，通常把一个或几个原子厚度的表面才称为表面，而厚一些的表面称为表层。上述的 EPMA 是表层成分分析方法之一，所以在一些科学文献中不把这类分析方法列入表面分析方法内。但是许多实用表面技术所涉及的表面厚度通常为微米级，因此本书谈到的表面分析，实际是包括表面和表层两部分。

对于一个或几个原子厚度的表面成分分析，需要更先进的分析谱仪（见表 12-2），即利用各种探针激发源（入射粒子）与材料表面物质相互作用以产生各种发射谱（出射粒子），然后进行记录、处理和分析。主要的方法有 AES、XPS、SNMS 等。

3. 表面原子排列结构分析

表面原子或分子的排列情况与体内不一。如第 2 章所述，晶体表面大约要经过 4~6 层原子层之后原子排列才与体内基本相似。晶体表面除重构和弛豫等之外，还有台阶、扭折、吸附原子、空位等缺陷。这是晶体清洁表面的情况。实际表面有更复杂的结构。表面吸附、偏析、化学反应以及加工处理，都会引起表面结构的变化。

测定表面结构，对于阐明许多表面现象和材料表面性质是重要的。目前经常采用 X 射线衍射和中子衍射等方法来测定晶体结构。X 射线和中子穿透材料的能力较强，分别达几百微米和毫米的数量级，并且它们是中性的，不能用电磁场来聚焦，分析区域为毫米数量级，难以获得来自表面的信息。电子与 X 射线、中子不同，它与表面物质相互作用强，而穿透能力较弱，一般为 $0.1\mu m$ 数量级，并且可以用电磁场进行聚焦，因此电子衍射法经常被用作微观表面结构分析，如对材料表面氧化、吸附、沾污以及其他各种反应物进行鉴定和结构分析。利用电子衍射效应进行表面结构分析的谱仪较多，如表 12-2 所列的低能电子衍射（LEED）和反射式高能电子衍射（RHEED），还有未列入该表的反射电子衍射（RED）、电子通道花样（ECP）、电子背散射花样、X 射线柯塞尔花样（XKP）等。

除了利用电子衍射效应进行分析外，其他如离子散射谱（ISS）、卢瑟福背散射谱（RBS）、表面灵敏扩展 X 射线吸收细微结构（SEXAFS）、角分解光电子谱（ARPES）、分子束散射谱（MBS）等，都可直接或间接用来分析表面结构。

现在已经使用一些先进的显微镜来直接观察材料表面原子排列和缺陷情况，如表 12-1 中所列的高压电子显微镜（HVEM）、分析电子显微镜（AEM）、场离子显微镜（FIM）、场发射电子显微镜（FEM）、扫描隧道显微镜（STM）等。

4. 表面原子动态和受激态分布

这方面主要包括表面原子在吸附（或脱附）、振动、扩散等过程中能量或势态的测量，由此可获得许多重要的信息。

例如：用热脱附谱（TDS），通过对已吸附的表面加热，加速已吸附的分子脱附，然后测量脱附率在升温过程中的变化，由此可获得有关吸附状态、吸附热、脱附动力学等信息。其他分析谱仪如电子诱导脱附谱（ESD）、光子诱导脱附谱（PSD）等也可用来研究表面原子吸附态。TDS 是目前研究脱附动力学，测定吸附热、表面反应阶数、吸附态数和表面吸附分子浓度使用最为广泛的方法。它与质谱技术结合，还可测定脱附分子的成分。

又如表面原子振动与体内原子振动有差异。在完整晶体中，一个振动模式常扩展到整个晶体。若是实际晶体，则在缺陷附近有可能存在局域的振动模式。对材料表面而言，由于晶格的周期在此发生中断，因而也可能存在局域表面附近的振动模式，在距表面远处其振幅趋于零。这种表面振动影响着表面的光学、热学、电学性质，以及对电子或其他粒子的散射等产生影响。电子能量损失谱（EELS）、红外光谱（IR）、拉曼散射谱（RAMAN）等分析谱仪可用来分析表面原子振动。IR 和 RAMAN 主要是分子振动谱，利用这些振动谱，通过对表面原子振动态的研究可以获得表面分子的键长、键角大小等信息，并可推知分子的立体构型或根据所得的力常数可间接获得化学键的强弱信息。

5. 表面的电子结构分析

表面电子所处的势场与体内不同，因而表面电子能级分布和空间分布与体内有区别。特别是表面几个原子层内存在一些局域的电子附加能态，称为表面态，对材料的电学、磁学、光学等性质以及催化和化学反应都起着重要的作用。

表面态有两种。一种是本征表面态，它是由晶体内部的周期性势场至表面附近时突然中断而产生的电子附加能态。另一种是外来表面态，它是由表面附近的杂质原子和缺陷引起的电子附加能态。因为晶体的周期性势场至杂质原子和缺陷附近时会突然中断，而表面处的杂质原子和缺陷比体内多得多，所以表面的这种电子附加能态也是重要的。

目前半导体制备技术已经达到很高的水平，可以制备出纯度和完整性非常高的半导体材料，体内杂质和缺陷极少，因此半导体的表面态是较为容易检测的。玻璃、金属氧化物和一些卤化物由于禁带中有电子、空穴和各种色心等引起的附加能级，所以表面态不容易从这些附加能级中区分开来。金属没有禁带，而体电子在费米能级处的能级密度很高，表面态也难以区分。虽然金属和绝缘体材料的表面态检测有困难，但是随着分析谱仪技术的发展，这些困难将逐步得到克服。

研究表面电子结构的分析谱仪主要有 X 射线光电子能谱（XPS）、角分解光电子谱（ARPES）、场电子发射能量分布（FEED）、离子中和谱（INS）等。XPS 测定的是被光辐射激发出的轨道电子，是现有表面分析方法中能直接提供轨道电子结合能的唯一方法。UPS 通过光电子动能分布的测定，可以获得表面有关的价电子的信息。此外，XPS 和 UPS 还广泛用于研究各种气体在金属、半导体及其他固体材料表面上的吸附现象以及表面成分分析。

12.2　常用表面分析仪器和测试技术简介

目前表面分析方法有一百多种，其中较为常用的有：透射式电子显微镜（TEM）、扫描电子显微镜（SEM）、扫描隧道显微镜（STM）、原子力显微镜（AFM）、X 射线光电子谱（XPS）和电子探针（EPMA）、俄歇电子谱（AES）、二次离子质谱（SIMS）、红外吸收谱（IR）、拉曼散射谱（RAMAN）等。下面对这些方法及相关方法做简略的介绍。

12.2.1 电子显微镜

1. 透射式电子显微镜 (TEM)

电子被加速到 100keV 时，其波长仅为 0.37nm，为可见光的十万分之一左右，因此用电子束来成像，分辨率大大提高。现在电子显微镜的分辨率可高达 0.2nm 左右。

透射式电子显微镜是应用较广的电子显微镜。电子穿过电磁透镜与光线穿过光学透镜有着相似的成像规律。如图 12-1 所示，在高真空密封体内装有电子枪、电磁透镜（双聚光镜、物镜、中间镜及投影镜）、样品室和观察屏（底片盒）等。电子枪由阴极（灯丝）、栅极和阳极组成。电子枪发出的高速电子经聚光镜后平行射到试样上。试样要加工得很薄，也可按被观察实物的表面复制成薄膜。穿过试样而被散射的电子束，经物镜、中间镜和投影镜三级放大，在荧光屏上成像。在物镜的后焦面处装有可控制电子束的入射孔径角的物镜光阑，以便获得最佳的像衬度和分辨率。

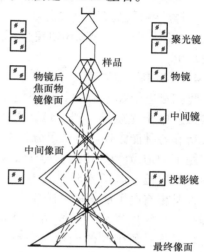

图 12-1 透射电镜的构造及光路

注：实线表示中间镜物平面与物镜像平面重合时观察到显微图像；虚线表示中间镜物平面与物镜背焦面重合时观察到电子衍射谱。

2. 扫描电子显微镜 (SEM)

究竟能看清多大的细节，这不仅和显微镜的分辨率有关，而且还与物体本身的性质有关。例如：对于羊毛纤维、金属断口等，用光学显微镜，因其景深短而无法观察到样品的全貌。用透射电镜，因试样必须做得很薄，故也很难观察凹凸如此不平的物体的细节。扫描电镜则利用一极细的电子束（直径约 7 ~ 10nm），在试样表面来回扫描，把试样表面反射出来的二次电子作为信号，调制显像管荧光屏的亮度，和电视相似，就可逐点逐行地显示出试样表面的像。扫描电镜的优点是景深长，视场调节范围宽，制样极为简单，可直接观察试样，对各种信息检测的适应性强，故是一种实用的分析工具。扫描电镜的分辨率可达 10 ~ 7nm。

图 12-2 所示为扫描电镜的原理。由电子枪发出的电子束，依次经过两个或三个电磁透镜的聚集，最后投射到试样表面的一个小点上。末级透镜上面的扫描线圈的作用是使电子束做光栅式扫描。在电子束的轰击下，试样表面被激发而产生各种信号，如反射电子、二次电子、阴极发光光子、电导试样电流、吸收试样电流、X 射线光子、俄歇电子、透射电子信。这些信号是分析研究试样表面状态及其性能的重要依据。利用适当的探测器接收信号，经放大并转换为电压脉冲，再经放大，并用以调制同步扫描的阴极射线管的光束亮度，于是在阴极射线管的荧光屏上构成了一幅经放大的试样表面特征图像，以此来研究试样的形貌、成分及其他电子效应。

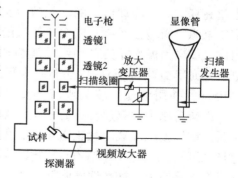

图 12-2 扫描电镜的原理

3. 高压电子显微镜（HVEM）

这种电镜的一个优点是电子的穿透能力强，可以观察厚试样。常用的 10^5V 电镜，要求试样的厚度不超过数百纳米。这种薄膜的性质由于受到上、下两表面的严重影响，往往与块状材料并不完全相同。如果用百万伏超高压电镜，则可直接观察几微米厚的试样。这不仅简化了制样技术，而且试样的性质已接近大块材料，为研究工作带来了很大的方便。但是，超高压电镜体积庞大，结构复杂，价格昂贵。

4. 分析电子显微镜（AEM）

将扫描电子技术应用到透射电子显微镜，形成了扫描透射电子显微镜（STEM），再在此基础上结合能量分析和各种能谱仪就构成了分析电子微镜（AEM）。

图 12-3 所示为扫描透射电子显微镜的原理图。它是由场发射枪、电子束形成透镜和电子束偏转系统组成，通常带有电子能量损失谱装置。STEM 可以观察较厚样品和低衬度样品。在样品下设有成像透镜，电子经过较厚样品所引起的能量损失不会形成色差，故能得到较高的分辨率。当分辨率相仿时，STEM 样品厚度可以是 TEM 的 2～3 倍。利用样品后接能量分析器，可以分别收集和处理弹性散射和非弹性散射电子，从而形成一种具有新的衬度源-z（原子序数）的衬度，用这种方法可以观察到单个原子。还因为 STEM 中单位内打到样品上的总电流很小，通常为 10^{-12}～10^{-10}A（常规透射电镜中约为 10^{-7}～10^{-5}A），所以电子束引起的辐射损伤也较小。利用场发射电子枪的较高亮度（比发叉形钨高 3～4 个数量级），照射到样品上的电子束直径可减少到 0.3～0.5nm，因此分辨率可达 0.3～0.5nm。

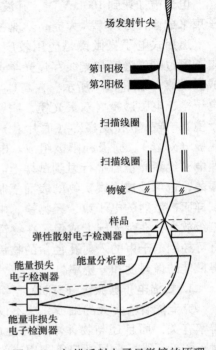

图 12-3　扫描透射电子显微镜的原理
注：带有电子能量损失谱装置。

12.2.2　场离子显微镜

场离子显微镜的结构如图 12-4 所示，主要由超高真空室、冷却试样的液氦致冷头、稳压高压电源、像增强系统、成像气体供给系统等组成。试样为极细针尖（如用单晶细丝，通过电解抛光等方法得到），尖端曲率半径约为 20～50nm，并用液氮、液氢或液氦冷却至深低温，以减少原子的热震动，使原子的图像稳定可辨。试样上施加数千伏正电压时，尖端局部电场强度可高达 30～50V/nm。此时靠近样品的成像气体原子（如惰性气体氖和氦）由于隧道效应而被离化为正离子，沿表面法线方向飞向荧光屏产生场离子像。图 12-5 所示为 FIM 成像原理。平行排列的原子面在近似为半球

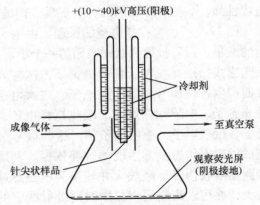

图 12-4　场离子显微镜的结构

形的试样尖端表面形成许多台阶，此处场强最大，成像气体电离概率也最大，因而形成亮点。图中画阴影线的原子将成像，它们在屏上所成的像描绘了台阶处原子的行为。退火纯金属的场离子像由许多形成同心圆的亮点构成，每组同心圆即为某晶面族的像。FIM 放大倍数约一百万倍，能分辨单个原子，观察到表面排列。应用场蒸发逐原子层剥离可得到显微组织的三维图像。局限性是视野太小，要求被观察对象的密度足够高。

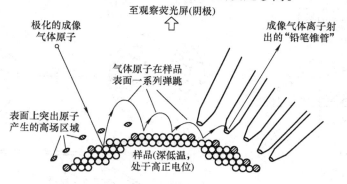

图 12-5　FIM 成像原理

在 FIM 后配置飞行时间质谱仪就构成了原子探针，即组成所谓的原子探针场离子显微镜（APFIM），用它可以分析样品表面单个原子的化学成分。因此，用 FIM 和 APFIM 可以研究样品表面原子结构和原子运动。

12.2.3　扫描隧道显微镜

扫描隧道显微镜（STM）利用导体针尖与样品之间的隧道电流，并用精密压电晶体控制导体针尖沿样品表面扫描，从而能以原子尺度记录样品形貌以及获得原子排列、电子结构等信息。

STM 的主体由三维扫描控制器、样品逼近装置、减振系统、电子控制系统、计算机控制数据采集和图像分析系统等组成。其工作原理是利用量子隧道效应。图 12-6 所示为隧道电流原理。先讨论金属 M_1-绝缘层（I）-金属 M_2 的情况（见图 12-6a）。当绝缘层厚度 s 减至 0.1nm 以下，并且 M_2 相对于 M_1 加上正偏压 V 时，它们之间就有电流流过。图 12-6b 示出了此结的位能图。由于在界面和绝缘层中出现势垒，经典理论不能解释这种电流，但量子力学理论可以解释它，并将其称为最子隧道效应。当 $V \leqslant E_\phi$ 时，电流密度 j 可以写成：

$$j = (e^2/h)(K_0/4\pi^2 s)V_{\exp}(-2K_0 s)$$

式中，s 为有效隧道距离（此处单位为 nm）；K_0 为界面外波函数密度衰减长度的倒数，$2K_0 = 0.1025\sqrt{E_b}$；$\sqrt{E_b} \approx (E_{\phi1} + E_{\phi2})/2$，为有效势垒（$E_b$ 的单位为 eV）；$e^2/h = 2.44 \times 10^{-4}\Omega^{-1}$。

图 12-6c 表示出隧道电流集中在针尖附近。图 12-7a 所示为 STM 结构主体，其中 X、Y、Z 为压电驱动杆；L 为静电初调位置架；G 为样品架。图 12-7b 所示为针尖顶端与样品架放大一万倍后的示意图；图 12-7c 所示为图 12-7b 放大一万倍后的示意图；圆圈代表原子，虚线代表电子云等密度线，箭头表示隧道电流的方向。如果在 Z 压电驱动杆上加上可调节的直流电压则可将随道电流控制在 1~10nA 的任意值上。在 X 压电驱动杆上加锯齿波电压，使针尖做类似于电视中的行扫描，在 Y 压电驱动杆上加另一台阶锯齿波电压，使针尖做帧扫描。当针尖因扫描而处于原子上或原子间时，隧道电流要发生变化。若要隧道电流保持不

变，则针尖应随表面起伏（称为皱纹）而移动，即 Z 压电驱动杆上的电压要改变，其改变量与表面皱纹有关，这由电路自控完成。若在记录仪上画出行、帧扫描时按 z 方向高度的变化，则可得到表面形貌图。

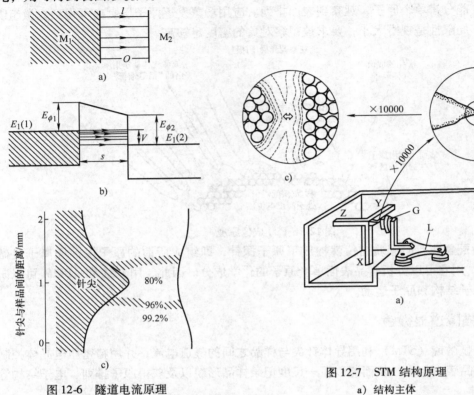

图 12-6　隧道电流原理
a）金属 M_1-绝缘层（I）-金属 M_2 情况
b）M_1-I M_2 结的位能图
c）隧道电流集中在针尖附近

图 12-7　STM 结构原理
a）结构主体
X、Y、Z—压电驱动杆　L—静电初调位置架　G—样品架
b）针尖端与样品架放大一万倍后的示意图
c）图 b 放大一万倍后的示意图

　　实际上，STM 是在五维空间提供信息，即实际空间（x，y，z）、隧道电流 I_t 和隧道电压 V_t，因此可以有多种成像模式。上面描述的是通过电子反馈线路控制尖端与样品间距离恒定，扫描样品时针的运动轨迹直接表征了样品表面电子态密度的分布或原子排列图像。如果监测隧道电流与外加偏压的关系，就可得到样品表面电子结构的信息。如果利用隧道电流与间距之间的依赖关系还可以测定样品表面局域势垒的变化。

　　STM 是在 1981 年由 Binnig 和 Bohrer 发明的，他们为此获得 1986 年诺贝尔物理奖。STM 的纵向分辨率已达到 0.01nm，横向分辨率优于 0.2nm，可用来研究各种金属、半导体、生物样品的表面形貌，也可用来研究表面沉积、表面原子扩散和徙动、表面粒子的成核和生长以及吸附和脱险等。STM 可在真空、大气、溶液、常温、低温等不同环境下工作。

12.2.4　原子力显微镜

　　在 STM 基础上，Binnig、Quate 和 Gerber 在 1986 年发明的原子力显微镜（AFM），正在成为许多科学技术领域中一个有效的工具。它是将 STM 的工作原理与针式轮廓曲线仪原理结合起来而形成的一种新型显微镜。如前所述，STM 是基于量子隧道效应工作的，当一个原子尺度的金属针尖非常接近样品，在有外电场存在时，就有隧道电流 I_t 产生。I_t 强烈地依赖于针尖与样品之间的距离。例如：0.1nm 距离的微小变化就能使 I_t 改变一个数量级，因而探测 I_t 就能得到具有原子分辨率的样品表面的三维图像。STM 能获得表面电子结构等信息，样品又可在真空、大气、低温及液体覆盖下进行分析，因此 STM 得到了广泛的应用。但是，STM 因在操作中需要施加偏电压而只能用于导体和半导体。AFM 是使用一个一端固定而另一端装有针尖的弹性微悬臂来检测样品表面形貌的。当样品在针尖扫描时，同距离有关的针尖与样品之间微弱的相互作用力，如范德华力、静电力等，就会引起微悬臂的形变，即微悬臂的形变是对样品与针尖相互作用的直接测量。这种相互作用力是随样品表面形貌而变化的。如果用激光束探测微悬臂位移的方法来探测该原子力，就能得到原子分辨率的样品形貌图像。AFM 不需要加偏压，故适用于所有材料，应用更为广泛。同时，AFM 能够探测任何类型的力，于是派生出各种扫描力的显微镜，如磁力显微镜（MFM）、电力显微镜（EFM）、摩擦力显微镜（FFM）等。

AFM 中微悬臂具有的弹簧常数一般为 0.004 ~ 1.85N/m，针尖曲率半径约为 30nm。即使小于 0.01nm 的微悬臂形变也可检测，此时激光束将它反射到光电检测器后，变成了 3 ~ 10nm 的激光点位移，由此产生一定的电压变化。通过测量检测器电压对应样品扫描位置的变化，就可得到样品的表面形貌图像。

AFM 有三种不同的操作模式：接触模式、非接触模式，以及介于这两者之间的轻敲模式。图 12-8 给出了各模式在针尖和样品相互作用力曲线中的工作区间。在接触模式中，针尖始终同样品接触，两者互相接触的原子中电子间存在库仑排斥力。虽然它可形成稳定、高分辨图像，但探针在样品表面上的移动以及针尖与表面间的黏附力，可能使样品主产生相当大的变形并对针尖产生较大的损害，从而在图像数据中产生假象。非接触模式是控制探针在样品表面上方 5 ~ 20nm 距离处扫描，所检测的范德华力和静电力等对成像样品没有破坏的长程作用力，但分辨率较接触模式的低。实际上，由于针尖容易被表面的黏附力所捕获，因而非接触模式的操作是很难的。在轻敲模式中，针尖同样品接触，分辨率几乎与接触模式的一样好，同时因接触很短暂而使剪切力引起的对样品的破坏几乎完全消失。轻敲模式的针尖在接触样品表面时，有足够的振幅（大于 20nm）来克服针尖与样品之间的黏附力。目前，轻敲模式不仅用于真空、大气环境中，在液体环境中的应用研究也不断增多。

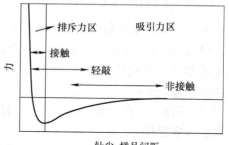

图 12-8　针尖与样品相互作用力随距离变化的曲线

AFM 能够探测各种类型的力，目前已派生出磁力显微镜（MFM）、电力显微镜（EFM）、摩擦力显微镜（FFM）、化学力显微镜（CFM）等。例如：磁力显微镜（MFM）的结构如图 12-9 所示，

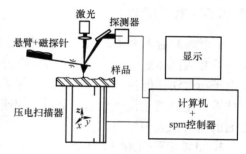

图 12-9　磁力显微镜（MFM）的结构

该显微镜由纳米尺度磁针尖加上纳米尺度的扫描高度，使磁性材料表面磁结构的探测精细到纳米尺度。

12. 2. 5 X 射线衍射

目前电镜虽有很高的分辨率，但最多只能看到一些特殊制备的试样中的原子与原子晶格平面，而测定的晶体结构通常是采用 X 射线衍射和电子衍射方法，即测定的依据是衍射数据。

X 射线管的结构如图 12-10 所示。在抽真空的玻璃管的一端有阴极，通电加热后产生的电子经聚焦和加速，打到阳极上，把阳极材料的内层电子轰击出来，当较高能态的电子去填补这些电子空位时，就形成了 X 射线。它从铍窗口射出，射到晶体试样上，晶体的每个原子或离子就成为一个小散射波的中心。由于结构分析用的 X 射线波长与晶体中原子间距是同一数量级，又由于晶体内质点排列的周期性，使这些小散射波互相干涉而产生衍射现象。可以证明，一束波长为 λ 的 X 射线，入射到面间距为 d 的 （hkl） 点阵平面上，当满足布拉格条件 $2d\sin\theta = n\lambda$ 时就可能产生衍射线，如图 12-11 所示。

图 12-10　X 射线管的结构　　　　　　　图 12-11　布拉格条件

为了达到发生衍射的目的，常采用以下三种方式：

1）劳埃法，即用一束连续 X 射线以一定方向射入一个固定不动的单晶体，此时 X 射线的 λ 值是连续变化的，许多具有不同 θ 和 d 值的点阵平面都可能有一个相应的 λ 使之满足布拉格条件。

2）转晶法，即用单一波长的 X 射线射入一个单晶体，射线与某晶轴垂直，并使晶体绕此轴旋转或回摆。

3）粉末法，它用一束单色 X 射线射向块状或粉末状的多晶试样，因其中小晶粒取向各不相同，故有许多小晶粒的晶面满足布拉格条件而产生衍射。

记录衍射线的方法主要有照相法和衍射仪法。

12. 2. 6　电子衍射

X 射线的射入固体较深，一般用于三维晶体和表层结构分析。电子与表面物质相互作用强，而穿入固体的能力较弱，并可用电磁场进行聚焦，因此早在 20 世纪 20 年代已经提出低能电子衍射法，但当时在一般真空条件下较难得到稳定的结果，直到 20 世纪 60 年代由于电子技术、超高真空技术和电子衍射后加速技术的成熟，使低电子衍射法在表面二维结构分析方面的重要性大为增加。

1. 低能电子衍射（LEED）

低能电子衍射是用能量很低的入射电子束（通常是 10 ~ 500eV，波长为 0. 05 ~ 0. 4nm），通过弹性散射和电子波间的相互干涉产生衍射图样。由于样品物质与电子的强烈相互作用，常使参与衍射的样品体积只有表面一个原子层，即使能量稍高（≥100eV）的电子，也只有2 或 3 层原子，所以 LEED 是目前研究固体表面晶体结构的主要技术之一。

LEED 实际上是一种二维衍射。如果由散射质点构成单位矢量为 a 的一维周期性点列，则波长为 λ 的电子波垂直入射，如图 12-12 所示，那么在与入射反方向成 φ 角的背散射方向上，将得到相互加强的散射波：

$$a\sin\varphi = h\lambda \quad (h \text{ 为整数})$$

若考虑二维情况，平移矢量分别为 a 和 b（见图 12-13），则衍射条件还需满足另一条件：

$$b\sin\varphi' = K\lambda \quad (K \text{ 为整数})$$

此时，衍射方向即为以入射方向为轴，半顶角为 φ 和 φ' 的两个圆锥面的交线。这是二维劳厄条件。LEED 图样是与二维晶体结构相对应的二维倒易点阵的直接投影，故其特别适用于清洁晶体表面和对有序吸附层等进行结构分析。

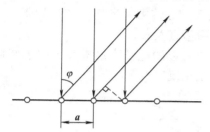

图 12-12　垂直入射的一维点阵的衍射

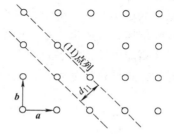

图 12-13　二维点阵示意

图 12-14 所示为利用后加速技术的 LEED 装置。从电子枪的钨丝发射的热电子，经三级聚焦杯加速、聚焦并准直，照射到样品（靶极）表面，束斑直径约为 0.4～1nm，发射角度约为 1°。样品处于半球接收极的中心，两者之间还有 3 或 4 个半球形的网状栅极：

1）G_1 与样品同电位（接地），使靶极与 G_1 之间保持为无电场空间，使能量很低的入射和衍射电子束不发生畸变。

2）G_2 与 G_3 相连并有略大于灯丝（阴极）的负电位，用来排斥损失了部分能量的非弹性散射电子。

3）G_4 接地，主要起着对接收极的屏蔽作用，减少 G_3 与接收极之间的电容。

半球形接收极上涂有荧光粉，并接5kV 正电位，对穿过栅极的、由弹性散射

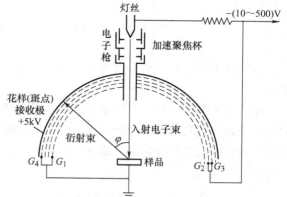

图 12-14　利用后加速技术的 LEED 装置

电子组成的衍射束起加速作用，增加其能量，使之在接收极的荧光面上产生肉眼可见的低能电子衍射图样，可从靶极后面直接观察或拍照记录。低能电子发生衍射以后被加速，称为后加速技术。它能使原来不易被检测的微弱衍射信息得到加强，并不改变衍射图样的几何特性。

　　在实验过程中样品要处于超高真空状态；样品表面要净化，样品若受到污染则不能反映真实的表面结构。另外，低能电子受到晶体中声子和光子的强非弹性散射，衍射束强度一般仅为入射强度的1%左右，故实验要做得精细。

　　低能电子衍射点排布的图样表明了单元网格的形状和大小，但不能确定原子的位置、吸附原子与基底之间的距离等。为此需要分析各级衍射束强度与电压有关的曲线（I-V），此曲线称为低能电子衍射谱。在实际分析时，通常是固定入射电子束的方向，然后测某几级衍射束的强度随电子束能量的变化数据，再将此实验数据与根据某种模型计算出来的谱进行比较，调整原子的位置使两者符合得最好，即可确定表面原子的位置。

　　LEED有许多应用，如分析晶体的表面原子排列、气相沉积表面膜的生长、氧化膜的形成、气体吸附和催化、表面平整度和清洁度、台阶高度和台阶密度等。LEED使我们了解表面一些真正的结构和发生的变化。

2. 高能电子衍射（HEED）和反射式高能电子衍射（RHEED）

　　高能（大于10keV）电子也会产生衍射，它有较大的穿透力，平均自由程为2～10nm。为分析表面结构，宜用掠入射，而不像LEED那样采用垂直入射。

　　反射式高能电子衍射装置如图12-15所示。电子枪发射的电子束经准直、聚焦和偏转，以掠入射的方式到达样品表面，衍射束在荧光屏上显示出反射电子图像。

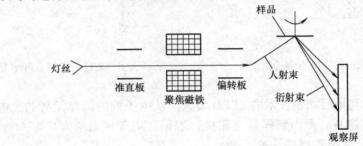

图 12-15　反射式高能电子衍射装置

　　高能电子束衍射采用掠入射时，入射束要覆盖住约1cm长的表面，因此要求样品表面平整。

　　高能电子束强度高，平行度好，在实际应用方面，RHEED可以弥补LEED的一些不足。例如：LEED的样品温升到500℃以上时就观察不到衍射图样，而在RHEED中，温度高达1300℃时也能观察到衍射图。因此，RHEED可用于研究与温度有关的表面过程及结构变化情况。

12.2.7　X射线光谱仪和电子探针

1. X射线光谱仪

　　在X射线分析仪器中，除了主要用于晶体结构分析的X射线仪之外，还有用于成分分析的X射线荧光分析仪（即X射线光谱仪）。所谓X射线荧光分析，就是用X射线作为一种外来的能量去打击样品，使试样产生波长大于入射线的特征X射线，而后经分光做定性和定量分析。

图 12-16 所示为 X 射线荧光光谱仪的原理。由 X 射线管射出的 X 射线打在试样上，由试样产生所含元素的二次 X 射线（X 射线荧光）向不同方向发射，只有通过准直管的一部分形成一束平行的光投射到分光晶体上。分光晶体用 LiF 或 NaCl 等制成，它起光栅或棱镜的分光作用，把一束混杂各种波长的二次 X 射线按不同波长的顺序排列起来。改变分光晶体的旋转角 θ，则检测器相应地回转 2θ，投射到检测器上的 X 射线只能为某一种（或几种）波长。由于分光晶体的旋转角 θ 在一定条件下对应于某一定波长，故角 θ 就是定性分析的依据。从检测器接收到的 X 射线强度就对应于某一波长 X 射线的强度，它表示样品中含有该原子的数量，因此这就是定量分析的依据。

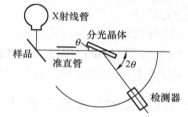

图 12-16　X 射线荧光光谱仪的原理

X 射线荧光光谱仪的特点是分析速度快、准确，对样品没有破坏性等，因此用途甚广。

2. 电子探针

在 X 射线光谱仪中，除 X 射线荧光光谱仪外，还有一种是 X 射线发射光谱分析仪。它是用高速运动的电子直接打击被分析的样品，而不像 X 射线荧光分析仪那样是用一次 X 射线打击样品的。高速电子轰击到原子的内层，使各种元素产生对应的特征 X 射线，经过分光，根据波长进行定性分析，根据特征波长强度做定量分析。但是在单纯的 X 射线分析仪器中这一类应用较少，主要是用在电子探针上。

电子探针又称微区 X 射线光谱分析仪。它实质上是由 X 射线光谱仪和电子显微镜这两种设备组合而成的。图 12-17 所示为电子探针的原理，它主要由五个部分组成：

1）电子光学系统，包括电子枪、两对电子透镜、电子束扫描线圈。

2）X 射线光谱仪部分，包括分光晶体、计数器、X 射线显示装置。

3）光学显微镜目测系统，它用来观察电子束所处的位置和调整样品与电子束的相对位置，以便对准所需分析的微区。

4）背散射电子图像显示系统。当高速电子轰击样品表面时，除发射特征 X 射线光谱外，还有一部分电子被样品表面的原子散射出来，称为背散射电子，把它给出的信号在荧光屏上显示出来，以此来研究样品表面的组织结构，而且可以说明样品表面各种原子序数的原子分布情况。

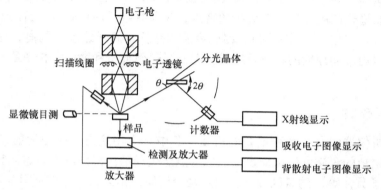

图 12-17　电子探针的原理

5）吸收电子图像显示系统。电子束打到样品上，有一部分电子被分布在表面的各种不同元素的原子所吸收，把它给出的信号显示出来，同样可以说明样品表面各种不同元素原子的分布状态。

电子探针具有分析区域小（一般为几个立方微米），灵敏度较高，可直接观察选区，制样方便，不损坏试样以及可做多种分析等特点，故是一种有力的分析工具。电子探针可与扫描镜结合起来，即在获得高分辨率图像的同时，进行微区成分分析。

12.2.8　质谱仪和离子探针

1949年研究人员把二次离子发射与质谱联系起来，不久将二次离子质谱（SIMS）用于表面分析。20世纪60年代出现了动态SIMS；20世纪70年代又发展了静态SIMS。它是对固体表面或薄层进行元素痕量分析的质谱方法。

质谱仪与离子探针的关系犹如X射线光谱仪与电子探针，故合在一起介绍。

1. 质谱仪

质谱仪是一种根据质量差异而进行分析的仪器。因为不同元素或同位素的原子质量是不同的，因此可以把原子质量作为区分各种元素或同位素（化合物也是如此）的标志。不同质量的正、负离子，在其能量相同的条件下运动速度是不同的。速度（或动量）不同的正或负离子在磁场或交变电场或自由空间中运动，将发生不同程度的偏转或飞行时间不同，从而使不同质量的离子区分开来。因此，质谱仪是先使元素电离成正离子，然后在电场扫描作用下，使不同荷质比的离子顺序地到达捕集器，发生信号，加以记录和构成质谱图。质谱仪在设备上主要由离子源（包括有关供电系统）、质量分析系统（包括有关供电系统）、离子检测系统（包括离子质量、数量测量和显示）三大部分组成（见图12-18）。

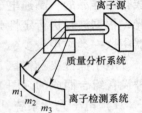

图12-18　质谱仪的结构

由于它能分析所有元素，分辨率高，灵敏度高，效率高和速度快，故应用很广。在材料研究上，主要用作超纯分析。

2. 离子探针

离子探针的结构与电子探针相似，但它是离子显微镜与质谱仪相结合的产物。它是用聚焦离子束轰击试样，使之产生反映试样特征的离子束，由质谱仪检测得出分析结果的仪器。离子探针具有质谱仪的高灵敏、全分析的特点，又兼有电子探针微区分析的性质。但是它对样品有破坏性（这与电子探针不同），因此可使样品从表面开始逐层剥离，逐层深入，从而了解固体表面以内不同深度的状态及组成情况，是薄膜分析和微区分析中最有前途的分析工具之一。

12.2.9　激光探针

激光在分析仪器中有一系列重要的用途。其中一个用途是，作为发射光谱仪中的激发源，利用高度聚焦的激光束使试样表面被照射点产生局部高温而激发。这点特别适用于非导体试样（如离子晶体等）的微区分析。缺点是分析体积稍大，灵敏度不很高。

图12-19所示为激光探针（或称激光显微镜光谱分析仪）的原理。输出的激光经聚光路的转向棱镜，将激光光束转90°，再经聚焦物镜把激光会聚在焦点处，即在样品上获得功率

密度极大的微小光斑，使此处物质汽化，当气体云通过辅助电极时放电激发（整个过程约需 10^{-3} s）。激发所产生的样品成分的信息经聚光系统引入摄谱仪（或光电记录光谱仪）分光记录光谱。

12.2.10　电子能谱仪

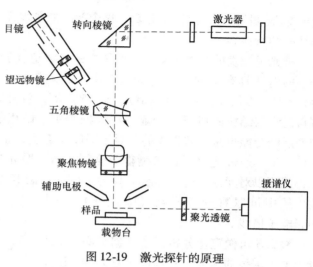

图 12-19　激光探针的原理

对表面成分的分析，有效的工具是 20 世纪 70 年代以来迅速发展起来的电子能谱仪，如光电子谱（PES）、俄歇电子谱（AES）、能量损失谱（ELS）、出现势谱（APS）和特征 X 射线谱等。它们对样品表面浅层元素的组成一般能给出比较精确的分析。同时，它们还能在动态条件下进行测量，例如对薄膜形成过程中成分的分布、变化给出较好的探测结果，使监制备高质量的薄膜器件成为可能。下面简略介绍几种经常使用的电子能谱仪。

1. 光电子能谱（PES）

任何材料在光子作用下都能发射电子。光电子谱仪分析样品成分的基本方法，就是用已知光子照射样品，然后检测从样品上发射的电子所带的关于样品成分的信息。检测的光电流是许多参量的函数：

$$I = f(h\nu, \boldsymbol{P}, \theta_{\mathrm{p}}, \varphi_{\mathrm{p}}; E, \theta_{\mathrm{e}}, \varphi_{\mathrm{e}}, \sigma)$$

式中，$h\nu$ 是光电子能量；$\boldsymbol{P}$ 是光的偏振矢量；θ_{p}、φ_{p} 是入射光的极角和方位角；E 是逸出光电子的能量；θ_{e}、φ_{e} 是逸出光电子的极角和方位角；σ 是逸出光电子的自旋特性。

在实际中，作为探针的光子，其参量是已知的。检测电子所带的信息为能量分布、角度分布和自旋特性，确定这些信息与样品成分的关系就可以分析样品的成分。

按光子的能量，PES 可分为两种类型：X 射线光电子谱（XPS），能量范围为 0.1～10keV；紫外线电子谱（UPS），能量范围为 10～40eV。

XPS 是用 X 射线激发内壳层电子（芯电子），然后分析这些芯电子的能量分布，从而进行元素的定性分析和化学状态分析。UPS 主要用于分析价电子和能带结构。

（1）X 射线光电子谱（XPS）　它的分析原理是基于爱因斯坦的光电理论。入射到样品上的光子与样品原子作用，激发电子。在单电子近似中，认为光子将其全部能量 $h\nu$ 转交给电子，被激发的电子（称为光电子）增加了能量 $h\nu$。这个光电子在向表面输运过程中损失能量为 A，如果表面逸出功为 E_ϕ，则发射到真空中的光电子具有的动能为 E_{K}。这个发射过程方程为

$$h\nu = E_{\mathrm{K}} + E_\phi + A + (E_{\mathrm{F}} - E_i)$$

式中，E_{F} 是费米能级；E_i 是电子的初态能量。固体中光电子发射的能量关系如图 12-20 所示。

由于光电子在输运过程中会与晶格、自由电子、杂质发生散射，使能量损失变得复杂。

如果在光电子能谱中只考虑那些没有发生非弹性碰撞的电子，可取 $A=0$。又知 $E_\phi = E_V - E_F$，这里 E_V 为真空能级，并取 $E_V = 0$，于是上式可写为

$$E_K = hv + E_i$$

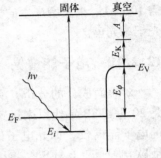

图 12-20　固体中光电子发射的能量关系

当已知 hv 测得 E_V，就可算出 E_i。这个初态能量表征了样品成分和结构的特性。

被光子激发的光电子来自于原子中的各轨道（壳层）。不同壳层的电子具有不同的结合能（E_B），如对应于 K、L、M、N 等，有 $E_B(K)$、$E_B(L)$、$E_B(M)$、$E_B(N)$ 等，各种元素又都具有自己壳层结构的特征结合能。在周期表中，即相邻元素其相同壳层结合能也是相差很大的。对于固体（金属、半导体），$E_B = E_F - E_i$。通过光电子谱可测得结合能，而对照元素结合能谱图，就可以对元素进行"指纹"鉴定。例如：图 12-21 所示为 $(C_3H_7)_4N^+S_2PF_2^-$ 的 XPS 谱图，从中可以看到各元素（除氢外）的光电子谱线。

XPS 还可做定量分析，其依据是测量光电子谱线的强度（在谱图中它为谱线峰的面积），即由记录到的谱线强度反映原子的含量或相对浓度。

光电子谱不仅通过结合能来分析成分，而且通过结合能位移（称为化学位移）可以分析原子所处的化学环境，从而得到化合物构成的信息。

（2）紫外线电子谱（UPS）　UPS 的分析原理基本上与 XPS 的相似，不过紫外线光子的能量一般只有 20 ~

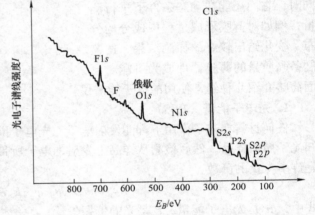

图 12-21　$(C_3H_7)_4N^+S_2PF_2^-$ 的 XPS 谱图

40eV，只能电离结合能不大于紫外线能量的外壳层能级，实际探测深度约为一个纳米到几个纳米。UPS 的分辨能力高，它能很好反映表面价带的精细结构，并适于研究表面吸附现象。例如：首先对清洁表面测量 UPS 谱，然后引入吸附物，并再次测量表面的 UPS 谱，对这两种 UPS 谱线进行比较，就可了解吸附和解吸情况以及吸附的性质。XPS 与 UPS 各有特点，在实际分析中可以互相补充。

（3）光电子能谱仪　光电子能谱仪主要由样品室、样品导入机构、激发光源、电子能量分析器、电子探测（倍增）器、高真空系统、测量系统和记录仪等组成。UPS 所用光源通常是能量在 15 ~ 40eV 的气体（He、Ne 等）共振灯；XPS 常用 MgK_α、AlK_α、CrK_α、CuK_α 等 X 射线做激发源。光电子谱仪有很高的灵敏度，并且基本上不破坏样品。

在光电子谱仪中，实际上光电子有三个物理量可测量：光电子的动能分布、角度分布及自旋分布。通常以测定动能分布为主，但角分布测量因可以获得更精细的表面信息而受到重视。用角分布光电子谱，不仅能分析元素组成、化学结构，而且可以分析能带结构。在实验时，可以使样品固定，旋转激发光源或电子能量分析器，测不同角度下的光电子能量分布时，也可以固定光源，旋转样品测角分布能量曲线。

2. 俄歇电子能谱仪（AES）

高速电子打到材料表面上，除产生 X 射线外，还能激发出俄歇电子。俄歇电子是一种可以表征元素种类及其化学价态的二次电子。由于俄歇电子的穿透能力很差，故只可用来分析距离表面 1nm 深处，即几个原子层的成分。如果配上溅射离子枪，则可对试样进行逐层分析，得到杂质成分的剖面分析数据。现在，扫描电镜上已可附加这种俄歇谱仪，以便有目的地对微小区域做成分分析。俄歇谱仪几乎对所有元素都可分析，尤其对轻元素更为有效。因此，俄歇谱仪对轻元素分析和表面科学研究有重大意义。

图 12-22 所示为俄歇电子谱仪的原理图。电子枪用来发射电子束，以激发试样使之产生包含有俄歇电子的二次电子；电子倍增器用来接收俄歇电子，并将其送到俄歇能量分析器中进行分析；溅射离子枪用来分析试样进行逐层剥离。

AES 是以法国科学家俄歇（Auger）发现的俄歇效应而得名的。他在 1925 年用威尔逊云室研究 X 射线电离稀有气体时，发现除光电子轨迹外，还有 1~3 条轨迹，根据轨迹的性质，断定它们是由原子内部发射的电子造成的，以后把这种电子发射现象称为俄歇效应。

俄歇电子的发射是一个双电子三能级的过程。原子在高能电子（聚焦的数千电子伏一次电子束）或 X 射线、质子等照射下，内层电子受激电离而留下空穴。当较外层电子跃迁入这个空穴时，多余能量可通过两种方式释放：①发射 X 线（辐射跃迁）；②将能量转移给另一个电子，即发

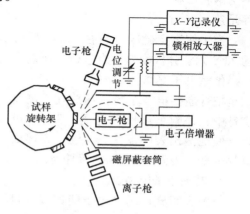

图 12-22 俄歇电子能谱仪的原理

射俄歇电子（无辐射跃迁）。俄歇跃迁涉及三个电子能级：空穴能级、填入空穴的电子能级、俄歇电子发射前所在能级。因此，需用三个符号描述。一般的情况是由 A 壳层电子电离，B 壳层电子向 A 壳层的空穴跃迁，导致 C 壳层电子的发射。考虑到后一过程中 A 电子的电离将引起原子库仑场的改组，使 C 壳层能级略有变化，可以看成原子处于失去一个电子的正离子状态，因而对于原子序数为 z 的原子，电离以后 C 壳层能级由 $E_C(z)$ 变为 $E_C(z + \Delta)$，于是俄歇电子的特征能量应为

$$E_{ABC}(z) = E_A(z) - E_B - E_C(z + \Delta) - E_W$$

式中，E_W 为样品材料逸出功；Δ 是一个修正量，为 $1/2 \sim 3/4$，近似取为 1。也就是说，式中 E_C 可以近似地被认为比 z 高 1 的那个元素原子中 C 壳层电子的结合能。可能引起俄歇电子发射的电子跃迁过程是多种多样的。例如：对于 K 层电离的初始激发关态，其后的跃迁过程中既可能发射各种不同能量的 K 系 X 射线光子（$K_{\alpha1}$、$K_{\alpha2}$、$K_{\beta1}$、$K_{\beta2}$ 等），也可能发射各种不同能量的 K 系俄歇电子（KL_1L_1、$KL_1L_{2,3}$、$KL_{2,3}L_{2,3}$ 等），这是两个相互竞争的不同跃迁方式，它们的相对发射概率（即荧光产额 ω_K 和俄歇电子产额 $\bar{a}_K$）之和为 1。分析表明，对于 z < 15 的轻元素的 K 系，以及几乎所有的 L 和 M 系，俄歇电子的产额都是很高的，因此 AES 对于轻元素特别有效。对于中、高原子序数的元素来说，采用 L 和 M 系俄歇电子也比采用荧光产额很低的长波长 L 或 M 系 X 射线进行分析，灵敏度要高得多。通常，对 $z \leq 14$ 的元素，用 KLL 电子来鉴定。z 高于 14 时，LMM 电子较合适。$z \geq 42$ 的元素，以 MNN 和

MNO 电子为佳。为了激发上述这些类型的俄歇跃迁，产生必要的初始电离所需的入射电子能量都不高，如 2keV 以下就足够了。一般俄歇谱中采用 0.05～2keV 的能量。如果俄歇电子的产生过程与价电子的迁移有关，则称该俄歇电子为 KVV、LVV 等。物质的结合状态影响着价电子带结构，而价带的变化会伴随俄歇谱形状和位置的变化而变化。

目前 AES 分析通常采用指纹对照法和形状对称法，即以标准物质（纯元素、合金或化合物）得到的谱作为标准谱，然后将实测的谱与它相比较，从而确定实测谱的性质。

AES 可采用 X-Y 记录仪或阴极射线显示记录。将能量分析器扫描电压作为 X 信号，锁相放大器的输出信号作为 Y 信号，则可显示出微分形式的俄歇电子能谱 $\mathrm{d}N(E)/\mathrm{d}E$。图 12-23 所示为 X-Y 记录仪记录的不锈钢表面的 AES，读出谱线能量，进行元素鉴定，可以看出不锈钢表面存在 P、C、O、Cr、Ni、Fe 等元素。

为了使定点微区（直径 1μm 以下）的 AES 元素分析能够逐点进行，研制了扫描俄歇电子显微镜（SAEM 或 SAM）。它是把普通扫描电子显微镜放在超高真空室中，并附上俄歇分光器。SAEM 可以方便地测出表面氧化、腐蚀、表面或晶界分凝、表面污染和薄层间扩散等。

3. 其他电子能谱仪

作为表面分析用的电子能谱仪，目前应用最广泛的是 PES 和 AES。此外，还有一些电子能谱仪。下面对其他某些电子能谱仪做一简单说明。

（1）电子能量损失谱（EELS）　它

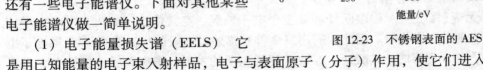

图 12-23　不锈钢表面的 AES

是用已知能量的电子束入射样品，电子与表面原子（分子）作用，使它们进入较高的轨道，入射电子因而损失一部分能量，即 $\Delta E = E_\mathrm{p} - E_\mathrm{s}$。其中，$E_\mathrm{p}$ 为入射电子能量，E_s 为散射电子能量。若 E_p 不变，只要测出 E_s 就可以显示被测原子（分子）的激发能。这种能量损失可有几种情况，即能量损失谱按其损失能量的情况可分为三种类型：

1）激发芯能级的电子能量损失谱。损失能量相当于芯能级电子结合能（≈1keV）。

2）激发价带电子能量损失谱。损失能量是因为激发导带和价带中的电子，或体内和表面等离子激元（≈10eV）。

3）声子能量损失谱。损失能量是因为入射电子与点阵振动波（格波）的相互作用（≈0.1eV）。从电子能量损失谱中，可以获得各种元素激发的信息，了解表面的电子态。

（2）出现电势谱（APS）　入射电子激发样品的芯能电子或满带电子至未占据态能或连续的电离态，入射电子将损失至少激发态或电离态的特征能量。检测特征能量损失有两种方法：①检测退激发时的次级发射，即要么俄歇电子发射，要么特征 X 射线发射；②检测激发电子束在阈值附近的变化。前者用的主要方法是俄歇电子出现势谱（AEAPS）和软 X 射线出现势谱（SXAPS）；后者用的是消隐势谱（DAPS）。

1）俄歇电子出现势谱（AEAPS）。图 12-24 所示为测量 AEAPS 的装置。电子枪发射电子，入射到样品上，产生次级电子发射。样品电流是入射电子流和次级电子流之差，它被送到锁相放大器中。测量电流中包含准弹性反射电子。有时采用高通能量滤波器，只检测俄歇电子的高能部分。当入射电子从 0 ～ 2000eV 扫描，在入射电子能量只够产生芯能级空位，其退激发发射俄歇电子时，便可检测到俄歇电子，并做出 dI/dE 或 d^2I/dE^2-E 曲线（谱）。

　　2）软 X 射线出现势谱（SXAPS）。入射到样品的电子束达一定值产生芯能级空位后的退激发为辐射跃迁时，将产生特征 X 射线辐射。一般是使这个软 X 射线照射特定的光电阴极，产生光电子，然后检测这个光电子。通常用一次或二次光电流的微商来标定信号强度。

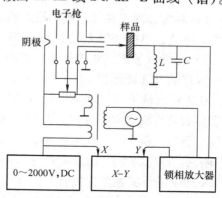

图 12-24　测量 AEAPS 的装置

　　3）消隐势谱（DAPS）。当入射电子束在样品上扫描时，可以检测到准弹性反射电子。如果入射电子能量足以产生新的激发时，在样品中将产生芯能级空位，而损失特征能量。这样就出现入射电子能量的消隐，即在其反射电子中扣除了一个特征能量。结果在某个激发阈值，准弹性反射电子的强度急剧下降，记录下这个反射电子流和入射电子能量的关系，就可以得到消隐势谱。其谱的形式与 AEAPS 和 SXAPS 谱的形式基本相似，但 DAPS 的信号与 AEAPS、SXAPS 相反。DAPS 具有较高的分辨率，并且谱线简单易辨认。

12. 2. 11　弹道电子发射显微镜

　　固体的电子作为电的载流子在电场中的运动，是一个不断的自由加速→与晶格原子碰撞散射→自由加速→……随机运动，两次碰撞散射之间的自由加速运动有一个统计平均的自由程。如果涉及的运动范围小于平均自由程，则此范围内的电子运动基本上是不发生碰撞散射的自由运动，称为弹道运动。在固体材料或器件表面，可能形成很薄的势垒结构，有基于量子力学隧道效应的电子（固体内载流子）隧穿现象。测定隧穿电流随探针与样品间电压变化的曲线，可获得隧穿电流-隧穿电压函数关系的 I-V 曲线，其称为扫描隧道谱。在该研究的基础上发展出一种能够对界面系统进行直接、实时及无损检测的、具有纳米级空间分辨率的弹道电子发射显微镜（BEEM）。图 12-25 所示为 BEEM 的原理。位于样品附近的探针为发射弹道电子的发射极。样品由金属薄膜（基极）与半导体（集电极）两者构成。探针发明的电子经过隧道结进入基极后，有一小部分成为没有能量损失的弹道电子，从

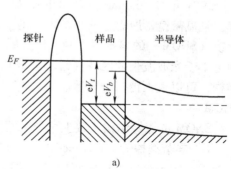

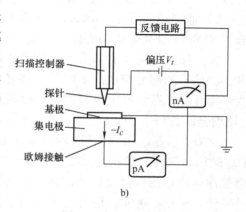

图 12-25　BEEM 的原理

a）BEEM 能带示意图　b）BEEM 电路示意图

而到达金属。如果电子能量大于界面肖特基势垒高度 eV_b，有些电子能穿越界面进入半导体而形成 BEEM 电流 I_c。电子的能量由探针上所加的偏压 V_t 决定，即 $V_t > V_b$ 时，$I_c \neq 0$，$V_t < V_b$ 时，$I_c = 0$。一般采用下列两种方式能获得纳米级分辨率的金属-半导体界面性质的有关信息：

1）将探针固定在样品表面附近的某一位置上，并使隧道电流恒定，在连续扫描 V_t 的同时收集电流，以此获得 I_c-V_t 曲线（BEEM 谱）。

2）探针以恒流模式扫描样品表面，在采集表面形貌像的同时收集电流 I_c，以此来获得同一区域的 BEEM 图像。

BEEM 电流 I_c 的大小和 BEEM 谱形状，受到隧道电子的特性、电子在金属膜中的散射以及界面的传输性质等影响。人们力图从微观的角度在理论上描述电子从发射极到集电极的过程。例如：Bell 和 Kaiser 推导出当偏压 V_t 略大于阈值电压 V_b 时，$I_c \propto (V_t - V_b)^2$，这称为 BK 理论。商广义等用 BEEM 测得 Au/n-Si（100）样品在不同 V_t 下定点的 BEEM 谱，并根据 BK 理论进行实验数据拟合，计算出界面的肖特基势垒高度值为 0.8eV。这是纳米尺度上的直接观测，而不是平均值，因此有重要意义。BEEM 有多方面的应用，并且在界面研究中日益重要。

12.2.12　扫描近场光学显微镜和光子扫描隧道显微镜

1. 扫描近场光学显微镜（SNOM）

1981 年 G. Binning 和 H. Rohrer 发明的扫描隧道显微镜（STM）极大地提高了观测灵敏度，是显微镜发展史上的一个重要里程碑。它被应用到光学领域里，促进了扫描近场光学显微镜（SNOM）的早日诞生和快速发展。人们认识到，应用微细光束作为探针，在离样品表面远小于光波波长的区域（近场区域），通过收集局域的散射、反射及衍射光束探测样品微结构，可以大大提高分辨率。1984 年，D. Pohl 等人利用微孔径作为探针制成了世界第一台 SNOM。

SNOM 的探针结构大致上可分为两大类（见图 12-26）：

1）屏蔽型探针（screened tip）。它是在金属薄膜上钻一微小孔径，或者在拉伸细光纤外镀银、铝等全反射包层而只留尖端通光。

2）非屏蔽型探针（unscreened tip）。它是把不镀包层的拉伸光纤作为微针尖，以及结合了 STM 和 AFM 功能的探针。

每类探针都由针尖部分、收集光的部分和传输信号的部分组成。不同的是前者针尖为一微孔径，后者针尖则可视为一介质微球（拉细光纤头）。

SNOM 的基本结构如图 12-27 所示。SNOM 的很多部件与关键技术类似于原子力显微镜那样的扫描探针显微镜，而区别在于光路系统。SNOM 通常使用可见光波段的激光光源。为了提高图像信号的信噪比，入射光通常要经过一个斩波器进行光的调制。这样

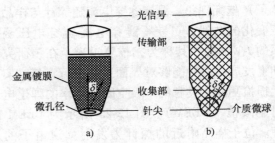

图 12-26　近场光学显微镜的两类探针

a）屏蔽型　b）非屏蔽型

注：δ 为探针的收集角。

对探测到的图像信号可以采用相敏放大器来抑制干扰和噪声。SNOM 的探针-样品距离控制的方法有：

1）用粘贴压电片使光探针做垂直于探针扫描方向的横向振动。

2）利用到很近距离后振动幅度随距离变化的现象来探测针与样品间的微小距离。

测量振动幅度的方法之一是粘贴另外一个压电片。为确保 SNOM 在近场范围工作，可利用探测出的、正比振动幅度的输出电压来进行反馈控制；还可以使用聚焦的激光束照射振动的探针，通过位敏光电探测器收集散射后的激光束，两个半边探测器组成一个光探测器，根据探测器输出幅度和频率，以探测到的光纤探针振动幅度来进行反馈控制。

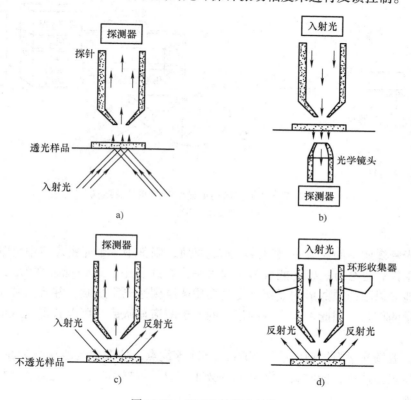

图 12-27　SNOM 的基本结构

a）外部照射-光纤探针透射收集式　b）光纤探针照射-外部透射收集式

c）外部照射-光纤探针反射收集式　d）光纤探针照射-外部反射收集式

2. 光子扫描隧道显微镜（PSTM）

近 20 多年来，SNOM 有了许多新成员，其中光子扫描隧道显微镜（PSTM）因操作简单、概念清晰而得到广泛应用。图 12-28 所示为光子扫描隧道显微镜的原理及结构，图中光以大于全反射角照射样品，在样品表面形成强度随表面高度呈指数衰减的局域化的光场分布，这个所谓近场的隐逝波与表面形状有关。通过探测这个隐逝波分布，可以了解样品表面的有关信息。

光学显微镜的分辨率受到光衍射的限制，突破这一限制的一个有效方法是使用近场的隐逝波来获得光学图像。光线从光密物质入射到两个媒质的界面上，当入射角大于全反射角时，在光疏媒质中没有波动传输形式的电磁波或光波，但仍存在非传输形式的、限于界面附近的电磁场，其幅度随离开界面的距离而呈指数衰减，这就是隐逝波。如果有一定厚度的金属板垂直放置，其中开有一个直径远小于可见光波长的小孔，光从左边射入小孔，则根据电磁波导波理论，在小孔孔道构成的波导里不能形成传输形式的光导波，但存在着一种电磁场，其幅度随距离以指数形式衰减，这也是隐逝波。在金属板右边小孔孔道的另一端仍有电磁场，其分布范围限于孔径及其附近。这说明隐逝波的分布范围可以远远小于衍射限制的尺度。因此，使用小孔附近的隐逝波可形成超衍射限制的微小束斑，用来构建扫描式光学显微镜。

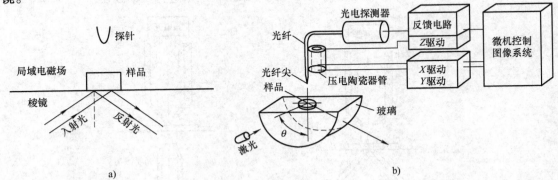

图 12-28　光子扫描隧道显微镜的原理及结构

a）工作原理　b）结构

若两个光密媒质中间夹有一层很薄的光疏媒质，则其中一个光密媒质中传输的光，即使满足全反射条件，也会有一些光能量透入到另一光密媒质中，这一现象称为光子隧道效应。该效应是光能量以隐逝波的形式隧穿过光疏媒质薄层到达光密媒质，并且携带超过衍射极限图像高频分量的信息，因此以此为基础建立的光子隧道显微镜，可以获得超过衍射极限的图像分辨率。

多年来，近场光学显微镜吸收了 STM、AFM 等优点，使探针既能探测到原子力的信息，以测定出样品表面形貌，同时又探测到光场分布，以了解样品的内部光信息，从而使功能和用途大为拓展。

12.2.13　红外光谱和拉曼光谱

1. 红外光谱和拉曼光谱的基本概念

红外光谱（IR）是一种分子吸收光谱。分子在振动的同时，还存在转动，虽然转动所涉及的能量变化较小，处在远红外区，但转动影响到振动所产生偶极矩的变化，因而在红外光谱区实际所测得的图谱是分子的振动与转动两种运动的加合表现。由此，红外光谱又称为分子振转光谱。由于化合物中化学键的键能、键长及化学键两端原子质量均对红外光谱特征吸收产生影响，所以通过图谱的解析可以获取分子结构的信息。

红外光谱波长处于可见光区和微波光区之间，波长范围约为 $0.75 \sim 1000\,\mu m$。通常将红外光区分为三个区：近红外光区（$0.75 \sim 2.5\,\mu m$）、中红外光区（$2.5 \sim 25\,\mu m$）、远红外光区（$25 \sim 1000\,\mu m$）。近红外区的吸收带主要是由低能电子跃迁、含氢原子团（如 O—H、N—

H、C—H）伸缩振动的倍频和组合频吸收产生。中红外区是研究和应用最多的区域，绝大多数有机和无机化合物的基频吸收带都出现在该区。远红外区则是金属原子与无机、有机配位体之间的伸缩振动和弯曲振动的吸收，以及气体的转动吸收所出现的区域。

由上所述，物质的分子对红外光有选择性地吸收，其吸收频率（或波长、波数）与化合物的分子结构有对应关系，吸收的强度与化合物浓度在一定条件下成正比，根据这一原理建立的定性和定量分析法称为红外光谱法。

红外光谱仪经历了三代的发展历程。第一代和第二代是分别用棱镜和光栅作为单色器，均为色散型红外光谱仪。20 世纪 70 年代开始出现第三代干涉型分光光度计，即傅里叶变换红外光谱仪。根据光源和检测器不同，该光谱仪可以进行近红外、中红外和远红外光谱的测定。样品形式可以是固体、液体和气体。

拉曼光谱（RAMAN）是一种利用光子与分子之间发生非弹性碰撞得到的散射光谱来研究分子或物质微观结构的光谱技术。它是在印度物理学家拉曼（C. V. Raman）于 1928 年发现的拉曼散射基础上发展起来的。当用波长比试样粒径小得多的单色光通过试样时，大部分的光按原来的方向透射，而一小部分的光则会按不同的角度进行散射，即物质的分子会发生散射的现象；如果这种散射是光子与物质分子发生能量交换的，则不仅光子的运动方向发生变化，而且它的能量也发生变化，该现象称为拉曼散射。拉曼散射光的频率与入射光的频率不同，称为拉曼位移。它一般发生在 $25 \sim 4000 cm^{-1}$，相当于远红外至中红外光谱区，对应于分子的振动或转动能级的频率。拉曼光谱图的横坐标为拉曼位移，不同的分子振动、不同的晶体结构具有不同的特征拉曼位移，据此可以对物质结构做定性分析；用光谱的相对强度，可以确定某一指定组分的含量，用作定量分析。

应用激光作光源的激光拉曼光谱，提高了拉曼散射的强度，并且具有谱线简单、易于解析、灵敏度高、容易测量去偏振度（或退偏比）等优点。激光拉曼光谱仪由激光器、色散型的分光单色仪、光子检测器、计算机控制及数据处理等部分组成。由于激光束的聚焦直径通常只有 $0.2 \sim 2mm$，常规拉曼光谱只需少量的样品就可以得到，这是拉曼光谱相对常规红外光谱一个很大的优势。拉曼显微镜可将激光束进一步聚焦至 $20\mu m$ 甚至更小，从而可以分析更小面积的样品。但是，对于温度敏感的样品，要防止样品烧坏。

综上所述，红外光谱和拉曼光谱都是分子振动转动光谱，不同的是红外光谱为吸收光谱，而拉曼光谱为散射光谱，并且两种光谱的选律也不一样。任何气态、液态、固态样品均可进行红外和拉曼光谱测定，但拉曼光谱更能无损伤地定性定量分析，并且无须样品准备，可直接通过光纤探头或者通过玻璃、石英和光纤测量样品。红外和拉曼光谱都是有机化合物结构解析的重要手段；两种光谱选律不同，互为补充。

在测量、研究红外和拉曼光谱时，都有活性与非活性两种情况。只有在振动过程中引起偶极矩变化的振动才具有红外活性，振动中偶极矩变化越大，红外吸收越强；当振动过程不能引起偶极矩变化，则没有红外吸收，称为非红外活性振动。在研究拉曼光谱时，对于非极性分子，若极化率越大，则在外电场诱导出的偶极矩越大，而振动中产生极化率变化的振动为拉曼活性振动。

研究得出三个规则：

1）凡具有对称中心的分子，具有红外活性（跃迁是允许），则其拉曼是非活性（跃迁是禁阻）的；反之，若该分子的振动对拉曼是活性的，则其红外就是非活性的。

2）一般来说，没有对称中心的分子，其红外光谱和拉曼光谱都是活性的。

3）有少数分子的振动，其红外和拉曼都是非活性的。

以上三个规则分别称为相互排斥、相互允许和相互禁阻规则。

将红外光谱和拉曼光谱两种光谱结合起来使用，可更加完整地研究分子的振动和转动能级，对分子结构的鉴定提供更加丰富的信息。

2. 红外光谱仪及应用

如前所述，在20世纪70年代开始出现第三代干涉型分光光度计。其光源发出的光首先经过迈克尔逊干涉仪变成干涉光，再让干涉光照射样品。检测器仅获得干涉图而得不到红外吸收光谱。实际吸收光谱是由计算机对于干涉图进行傅里叶变换得到的。

图12-29所示为傅里叶变换红外光谱仪的组成，主要组成是光源、干涉仪、检测器和计算机。其中干涉仪是光学系统的核心部分。从红外光源发出的红外光经干涉仪变成干涉光，接着照射样品得到干涉图：单色光在理想状态下，其干涉图是一条余弦曲线，不同波长的单色光，干涉图的周期和振幅有所不同；复色光因各种波长的单色光在零光程差处都发生相长干涉而光强最强，随着光程差的增大，各种波长的干涉光因发生很大程度的相互抵消而强度降低，因此复色光的干涉图为一条中心具有极大值、两侧迅速衰减的对称形干涉图。

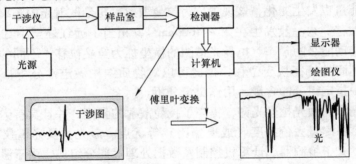

图12-29　傅里叶变换红外光谱仪的组成

在复色光干涉图的每一点上，都包含各种单色光的光谱信息，通过傅里叶变换的计算机处理，可以把干涉图变换成光谱形式。

进行红外测试，需要用一定的方法制备好样品。固体样品采用压片法、糊状法。液体样品采用液膜法、液体吸收池法。气态样品一般都灌注于气体池内。此外，还有特殊样品的熔融、热压和溶液三种制膜法。由于标准图谱是用纯化合物测定的，所以试样纯度要求高于98%。试样不能含有游离水，以免干扰光谱。为使光谱图中大多数吸收峰的透射比处于10%～80%，试样的浓度和厚度应选择适当。

红外光谱已积累了大量的标准图谱，在日常有机化学分析中应用最为普遍。红外光谱在现代表面技术也获得较为普遍的应用。例如：王国建等人研究了在甲基三甲氧基硅烷（MTMS）/硅溶胶

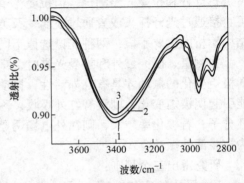

图12-30　不同MTMS用量时涂膜的红外光谱图

/丙烯酸羟丙酯透明薄膜中，MTMS 用量对涂膜憎水性的影响。图 12-30 所示为不同 MTMS 用量时涂膜的红外光谱图。其中曲线 1、2、3 分别对应 $r = 0.025$、0.1、0.4 时的憎水性薄膜的红外光谱，r 为 MTMS 和酸性硅溶胶的体积比值。可以看出，随着 r 值的增大，即 MT-MS 用量的增加，$3400cm^{-1}$ 左右的羟基吸收峰减小，$2956cm^{-1}$ 处的 C—H 吸收峰增大。这说明水解后的 MTMS 形成的硅醇和酸性硅溶胶发生羟基缩合反应，导致羟基含量减少；同时使硅醇接枝到酸性硅溶胶上，使酸性硅溶胶表面连接上具有低表面能的甲基，从而提高了涂膜的憎水性能，表现为接触角的增大。

3. 激光拉曼光谱仪及应用

图 12-31 所示为激光拉曼光谱仪的组成。其由以下五部分组成：

（1）光源　由于拉曼散射很弱，一般采用能量集中、功率密度高的激光光源，如紫外激光器（308nm、351nm 紫外区发光）、Ar^+ 激光器（488.0nm、514.5nm 等可见区发光）、掺钕的钇铝石榴石 Nd：YAG 激光器（1064nm 近红外区发光）等。

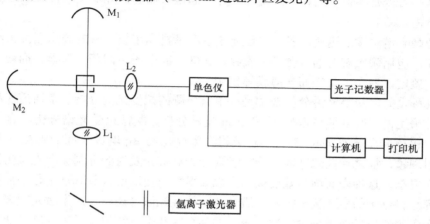

图 12-31　激光拉曼光谱仪的组成

（2）外光路　它包括聚光、集光、样品架、滤光、偏振等部件。

1）聚光，用一块或两块焦距合适的会聚透镜构成，大大提高光对样品的辐照功率。

2）集光，用透镜组或反射凹面镜做散射光的收集镜组成。

3）样品架，对于透明样品，最佳的样品安置方案是使样品被照射部分呈光谱仪入射狭缝形状的长圆柱体，并使收集光方向垂直于入射光的传播方向。

4）滤光，典型的滤光部件是前置单色器或干涉滤光片，能滤除光源中非激光频率的大部分光能，提高拉曼散射的信噪比。

5）偏振，做偏振测量时必须在外光路中插入偏振元件。当一束偏振光照射介质时，散射光的偏振方向因光子与介质分子相互作用而可能发生变化，并且引入退偏比这个参数，即与入射偏振方向垂直的拉曼散射光强度与平行的拉曼散射光强度之比，可以提供有关分子振动的对称性及分子构型等信息。

（3）色散系统　通常使用单色仪，使拉曼散射光按波长在空间分开。

（4）接收系统　拉曼散射信号的接收类型分单通道和多通道接收。光电倍增管接收属于单通道接收，另外还有多通道的电荷耦合器件等。

（5）信息处理　常用的电子学处理方法有直流放大、选频和光子计数，然后用记录仪或计算机接口软件做出图谱。

由于拉曼谱线的数目、拉曼位移的大小、谱线的长度等直接与样品分子振动和转动能级有关，因此对拉曼光谱的研究可以得到有关分子振动或转动的信息。拉曼光谱适合于研究有机物的非极性基团和骨架的对称振动。它也可在水溶液中研究无机体系，如 VO_4^{3-}、$Si(OH)_6^{2-}$ 等含金属—氧键的化合物，是拉曼活性的。在振动过程中，水的极化度变化很小，其拉曼散射很弱，因此干扰很小。在络合物中，金属—配位体键的振动频率一般为 100～700cm^{-1}，这些键的振动常具有拉曼活性，而用红外光谱研究则较为困难。拉曼光谱适宜于测试水溶液体系，这对于电化学、催化体系和生物大分子体系中含水环境的研究十分重要。拉曼光谱法还具有其他一些优点，如不需要对样品进行前处理，没有样品的制备过程，分析时操作简便，扫描范围宽，测定时间短，灵敏度高。另外，由于拉曼光谱是一种光的散射现象，所以样品可以是不透明的粉末或薄片，这对固体表面的研究及固体催化剂性能的测试带来很大的方便。

目前拉曼光谱法发展迅速，各种拉曼光谱仪不断推向市场，有的公司还推出小尺寸手持拉曼光谱仪。应用领域有石油、食品、农牧、化学、高分子、制药、医学、刑侦、珠宝、环保、物理、鉴定、地质以及表面与薄膜等领域。

现在几种重要的拉曼光谱分析技术是：单道检测的拉曼光谱分析、多通道探测器的拉曼光谱分析、采用傅里叶变换技术的 FT-Raman 光谱分析、共振拉曼光谱分析、表面增强拉曼效应分析。1974 年 Fleischmann 等人发现吸附在粗糙化的 Ag 电极表面的吡啶分子具有巨大的拉曼散射现象，加之活性载体表面选择吸附分子对荧光发射的抑制，激光拉曼光谱分析的信噪比大大提高，这种表面增强效应被称为表面增强拉曼散射（SERS），是一种可以在分子水平上研究材料分子的表面测试技术。激光共振拉曼光谱（RRS）产生激光频率与待测分子的某个电子吸收峰接近或重合时，这一分子的某个或几个特征拉曼谱带强度可达到正常拉曼谱带的 104～106 倍，并观察到正常拉曼效应中难以出现的振动光谱。这项技术与表面增强技术结合，灵敏度可达到单分子检测。

目前红外光谱已积累了大量的标准图谱，而拉曼光谱与结构的关系尚在建立中。虽然拉曼光谱法有许多突出的优点，但也存在不足，并且拉曼散射光的强度通常很弱，它与红外光谱的选率也不一样，因此需要两者配合，互为补充，成为化合物结构分析的重要手段。

参 考 文 献

[1] 徐滨士，朱绍华，刘世参. 材料表面工程技术 [M]. 哈尔滨：哈尔滨工业大学出版社，2014.
[2] 钱苗根，郭兴伍. 现代表面工程 [M]. 上海：上海交通大学出版社，2012.
[3] 姚寿山，李戈扬，胡广彬. 表面科学与技术 [M]. 北京：机械工业出版社，2000.
[4] 郦振声，杨明安，钱翰城，等. 现代表面工程技术 [M]. 北京：机械工业出版社，2007.
[5] 徐滨士，刘世参. 表面工程技术手册 [M]. 北京：化学工业出版社，2009.
[6] 钱苗根. 材料表面技术及其应用手册 [M]. 北京：机械工业出版社，1998.
[7] 戴达煌，周克崧，袁镇海，等. 现代材料表面技术科学 [M]. 北京：冶金工业出版社，2004.
[8] 戴达煌，刘敏，余志明，等. 薄膜与涂层现代表面技术 [M]. 长沙：中南大学出版社，2008.
[9] 曾晓雁，吴懿平. 表面工程学 [M]. 北京：机械工业出版社，2001.
[10] 高志，潘红良. 表面科学与工程 [M]. 上海：华东理工大学出版社，2006.
[11] 王兆华，张鹏，林修洲，等. 材料表面工程 [M]. 北京：化学工业出版社，2011.
[12] 李金桂，周师岳，胡业锋. 现代表面工程技术与应用 [M]. 北京：化学工业出版社，2014.
[13] 胡传炘，白韶军，安跃生，等. 表面处理手册 [M]. 北京：北京工业大学出版社，2004.
[14] 石力开. 材料辞典 [M]. 北京：化学工业出版社，2006.
[15] 周公度. 化学辞典 [M]. 北京：化学工业出版社，2004.
[16] 曹立礼. 材料表面科学 [M]. 北京：清华大学出版社，2007.
[17] 胡福增，陈国荣，杜永娟. 材料表界面 [M]. 2版. 上海：华东理工大学出版社，2007.
[18] 张玉军. 物理化学 [M]. 北京：化学工业出版社，2008.
[19] 李松林. 材料化学 [M]. 北京：化学工业出版社，2008.
[20] 季惠明. 无机材料化学 [M]. 天津：天津大学出版社，2007.
[21] 许并社. 材料界面的物理与化学 [M]. 北京：化学工业出版社，2006.
[22] 渡辺辙. 纳米电镀 [M]. 陈祝平，杨光，译. 北京：化学工业出版社，2007.
[23] 陈范才，肖鑫，周琦，等. 现代电镀技术 [M]. 北京：中国纺织出版社，2009.
[24] 田民波，李正操. 薄膜技术与薄膜材料 [M]. 北京：清华大学出版社，2011.
[25] 曾荣昌，韩恩厚. 材料的腐蚀与防护 [M]. 北京：化学工业出版社，2006.
[26] 吴其胜，蔡安兰，杨亚群. 材料物理性能 [M]. 上海：华东理工大学出版社，2006.
[27] 史鸿鑫，王农跃，项斌，等. 化学功能材料概论 [M]. 北京：化学工业出版社，2006.
[28] 杨座国. 膜科学技术过程与原理 [M]. 上海：华东理工大学出版社，2009.
[29] 王维一，丁启圣，等. 过滤介质及其选用 [M]. 北京：中国纺织出版社，2008.
[30] 郝新敏，杨元. 功能纺织材料和防护服装 [M]. 北京：中国纺织出版社，2010.
[31] 钱苗根，钱良，蒋玉兰. 电加热防雾镜：中国，ZL200910098456.5 [P]. 2011-05-10.
[32] 韦丹. 材料的电磁光基础 [M]. 2版. 北京：科学出版社，2009.
[33] 刘仁志. 非金属电镀与精饰——技术与实践 [M]. 2版. 北京：化学工业出版社，2012.
[34] 薛文彬，邓志威，来永春，等. 有色金属表面微弧氧化技术评述 [J]. 金属热处理，2000 (1)：1-3.
[35] 蒋百灵，白力静，等. 铝合金微弧氧化技术 [J]. 西安理工大学学报，2000，16 (2)：138-142.
[36] 刘文亮. 铝合金在不同溶液中微弧氧化膜层的性能研究 [J]. 电镀与精饰，1999，21 (4)：9-11.
[37] 宋光铃. 镁合金腐蚀与防护 [M]. 北京：化学工业出版社，2004.
[38] 刘秀生，肖鑫. 涂装技术与应用 [M]. 北京：机械工业出版社，2007.

[39]　张学敏，郑化，魏铭. 涂料与涂装技术 [M]. 北京：化学工业出版社，2006.

[40]　杨建文，曾兆华，陈用烈. 光固化涂料及应用 [M]. 北京：化学工业出版社，2005.

[41]　魏杰，金养智. 光固化涂料 [M]. 北京：化学工业出版社，2005.

[42]　李东光. 功能性涂料生产与应用 [M]. 南京：江苏科学技术出版社，2006.

[43]　胡传炘，杨爱弟. 特种功能涂层 [M]. 北京：北京工业大学出版社，2009.

[44]　陈作璋，童忠良，等. 涂料最新生产技术与配方 [M]. 北京：化学工业出版社，2015.

[45]　徐滨士. 纳米表面工程 [M]. 北京：化学工业出版社，2004.

[46]　密特 KL，皮兹 A. 粘接表面处理技术 [M]. 陈步宁，黎复华，等译. 北京：化学工业出版社，2004.

[47]　朱晓敏，章基凯. 有机硅材料基础 [M]. 北京：化学工业出版社，2013.

[48]　刘国杰. 纳米材料改性涂料 [M]. 北京：化学工业出版社，2008.

[49]　徐志军，初瑞清. 纳米材料与纳米技术 [M]. 北京：化学工业出版社，2010.

[50]　陈敬中，刘剑洪，孙学良，等. 纳米材料科学导轮 [M]. 2版. 北京：高等教育出版社，2010.

[51]　王海军. 热喷涂材料及应用 [M]. 北京：国防工业出版社，2008.

[52]　廖景娱，罗建东，等. 表面覆盖层的结构与物性 [M]. 北京：化学工业出版社，2010.

[53]　程延海，陈祖坤，张新美. 达克罗技术的研究进展及展望 [J]. 石油化工腐蚀与防护，2006，23（3）：6-9.

[54]　胡会利，李宁，韩家军，等. 达克罗的研究现状 [J]. 电镀与涂饰，2005，24（3）：31-33.

[55]　曲志敏，黄金玲. 达克罗处理技术的应用研究概况 [J]. 上海涂料，2005，43（9）：30-31.

[56]　张俊敏，张宏，文自伟，等. 达克罗技术的现状与发展方向 [J]. 表面技术，2004，33（6）：11-12.

[57]　柯昌美，王全全，汤宁，等. 无铬达克罗的研究进展 [J]. 涂装与电镀，2010（1）：11-15.

[58]　张以忱. 真空镀膜技术 [M]. 北京：冶金工业出版社，2009.

[59]　王增福，关秉羽，杨太平，等. 实用镀膜技术 [M]. 北京：电子工业出版社，2008.

[60]　王福贞，马文存. 气相沉积应用技术 [M]. 北京：机械工业出版社，2007.

[61]　张通和，吴瑜光. 离子束表面工程技术与应用 [M]. 北京：机械工业出版社，2005.

[62]　张钧，赵彦辉. 多弧离子镀技术与应用 [M]. 北京：冶金工业出版社，2007.

[63]　郑伟涛. 薄膜材料与薄膜技术 [M]. 2版. 北京：化学工业出版社，2009.

[64]　肖定全，朱建国，朱基亮，等. 薄膜物理与器件 [M]. 北京：国防工业出版社，2011.

[65]　王晓冬，巴德纯，张世伟，等. 真空技术 [M]. 北京：冶金工业出版社，2006.

[66]　张以忱，黄英. 真空材料 [M]. 北京：冶金工业出版社，2005.

[67]　马晓燕，颜红侠. 塑料装饰 [M]. 北京：化学工业出版社，2004.

[68]　石新勇，杨建军，陈璐. 安全玻璃 [M]. 北京：化学工业出版社，2006.

[69]　刘缙. 平板玻璃的加工 [M]. 北京：化学工业出版社，2008.

[70]　刘志海，李超. 低辐射玻璃及其应用 [M]. 北京：化学工业出版社，2006.

[71]　姜辛，孙超，洪瑞江，等. 透明导电氧化物薄膜 [M]. 北京：高等教育出版社，2008.

[72]　熊惟皓. 模具表面处理与表面加工 [M]. 北京：化学工业出版社，2007.

[73]　宋贵宏，杜昊，贺春林. 硬质与超硬涂层——结构、性能、制备与表征 [M]. 北京：化学工业出版社，2007.

[74]　吴承建，陈国良，强文江，等. 金属材料学 [M]. 2版. 北京：冶金工业出版社，2008.

[75]　曾令可，王慧. 陶瓷材料表面改性技术 [M]. 北京：化学工业出版社，2006.

[76]　周元康，孙丽华，李晔. 陶瓷表面技术 [M]. 北京：国防工业出版社，2007.

[77]　贾红兵，朱绪飞. 高分子材料 [M]. 南京：南京大学出版社，2009.

[78] 王琛，严玉蓉. 高分子材料改性技术 [M]. 北京：中国纺织出版社，2007.

[79] 鲁云，朱世杰，马鸣图，等. 先进复合材料 [M]. 北京：机械工业出版社，2004.

[80] 黄拿灿，胡社军. 稀土表面改性及其应用 [M]. 北京：国防工业出版社，2007.

[81] 许根慧，姜恩永，盛京，等. 等离子体技术与应用 [M]. 北京：国防工业出版社，2006.

[82] 杨慧芬，陈淑祥. 环境工程材料 [M]. 北京：化学工业出版社，2008.

[83] 王军，杨许召. 表面活性剂新应用 [M]. 北京：化学工业出版社，2009.

[84] 宣天鹏. 材料表面功能镀覆层及其应用 [M]. 北京：机械工业出版社，2008.

[85] 张津，章宗和. 镁合金及应用 [M]. 北京：化学工业出版社，2004.

[86] 钱苗根，潘建华. 真空镀层与有机涂层的复合及其应用 [C]//2009 年全国电子电镀及表面处理学术交流会论文集. 上海，2009.

[87] 赵王涛. 铝合金车轮制造技术 [M]. 北京：机械工业出版社，2004.

[88] 钱苗根，潘建华，吴晓云. 铝合金轮毂的镀膜工艺. 中国，ZL200710164455 [P]. 2010-06-02.

[89] 钱苗根，潘建华，吴晓云. 汽车轮毂盖镀膜方法. 中国，ZL200710070670.0 [P]. 2010-05-26.

[90] 沈杰，郁祖湛. 溅射技术在印制线路板表面处理中的应用 [J]. 电子电镀，2008，14 (1)：16.

[91] 姚建华. 激光表面改性技术及其应用 [M]. 北京：国防工业出版社，2012.

[92] 黄霞，郑元锁，高积强. 新型无毒可生物降解氨基酸衍生环氧树脂的合成表征 [J]. 中国胶粘剂，2007，16 (7)：10-12.

[93] 钱苗根，鲁旭亮. 一种塑料镀铬方法. 中国，ZL200910098456.5 [P]. 2011-06-29.

[94] 任毅，周家斌，付志强，等. 纳米多层超硬膜力学性能研究进展 [J]. 金属热处理. 2007，32 (5)：6-9.

[95] 梁秀兵，白金元，程江波，等. 电弧喷涂非晶纳米晶复合涂层材料研究 [J]. 热喷涂技术. 2009，1 (2)：23-26.

[96] 张培磊，闫华，徐培全，等. 激光熔覆和重熔制备 Fe-Ni-B-Si-Nb 系非晶纳米晶复合涂层 [J]. 中国有色金属学报. 2011 (11)：2846-2851.

[97] 张辽远. 现代加工技术 [M]. 2 版. 北京：机械工业出版社，2008.

[98] 曹凤国. 特种加工手册 [M]. 北京：机械工业出版社，2010.

[99] 唐天同，王北宏. 微纳米加工科学原理 [M]. 北京：电子工业出版社，2010.

[100] 戴起勋，赵玉涛. 材料设计教程 [M]. 北京：化学工业出版社，2007.

[101] 戴起勋，赵玉涛. 材料科学研究方法 [M]. 北京：国防工业出版社，2004.

[102] 苏达根，钟明峰. 材料生态设计 [M]. 北京：化学工业出版社，2007.

[103] 中国科学院先进材料领域战略研究组. 中国至 2050 年先进材料发展路线图 [M]. 北京：科学出版社，2009.

[104] 黎兵. 现代材料分析技术 [M]. 北京：国防工业出版社，2008.

[105] 贾贤. 材料表面现代分析方法 [M]. 北京：化学工业出版社，2010.

[106] 万一千，苏成勇，童叶翔，等. 现代化学研究技术与实践：方法篇 [M]. 北京：化学工业出版社，2011.

[107] 王国建，石全，沙海祥，等. 甲基三甲氧基硅烷改性硅溶胶憎水膜的制备 [J]. 化工学报. 2009，60 (9)：2398-2403.

[108] 张九渊. 表面工程与失效分析 [M]. 杭州：浙江大学出版社，2005.

[109] 胡保全，牛晋川. 先进复合材料 [M]. 2 版. 北京：国防工业出版社，2013.

[110] Wu Shaobing, Matthew T Sear, Mark D Soucek, et al. Synthesis of Reactive Diluents for Cationic Cycloaliphatic Epoxide UV Coatings [J]. Polymer, 1999 (40)：5675-5686.

[111] Wu S, Jorgensen J D. Soucek M D. Synthesis Synthesis of Model Acrylic Latexes for Cross Lin King with

Cycloaliphatic Diepoxides [J]. Polymer, 2000 (41)：81-92.

[112] MYER KUTZ. 材料选用手册 [M]. 陈祥宝，戴圣龙，等译. 北京：化学工业出版社，2005.

[113] Asquith D T, Yerokhin A L, Yates J R, et al. Effect of combined shot peening and PEO treatment on fatigue life of 2024 Al alloy [J]. Thin Solid Films, 2006, 515：1187.

[114] Lonyuk B, Apachitei I, Duszczyk J. The effect of oxide coatings on fatigue properties of 7475-T6 aluminum alloy [J]. Surf Co at Techn, 2007, 201：8688.

[115] 张帆，郭益平，周伟敏. 材料性能学 [M]. 2版. 上海：上海交通大学出版社，2014.